▲ 实例:"反转"效果制作特效大片色调

▲ 实例:"裁剪"效果制作影片片段

▲ 实例:"Lumetri 颜色、颜色平衡（HLS）、RGB 曲线"效果打造唯美人像

▲ 实例:"镜像"效果制作对称版式人像画面

▲ 实例:"渐变、RGB 曲线"效果制作午后骄阳画面

本书精彩案例欣赏

▲ 实例：制作抽帧视频效果

▲ 实例：视频变速动画

▲ 综合实例：短视频常用热门特效

▲ 综合实例：使用过渡效果制作文艺清新风格的广告

本书精彩案例欣赏

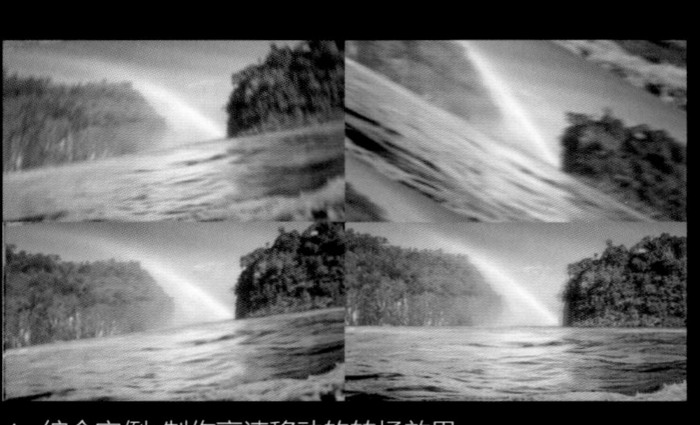

▲ 综合实例：制作高速移动的转场效果

▲ 综合实例：茶叶广告动画

▲ 综合实例：制作朦胧感弹性转场效果

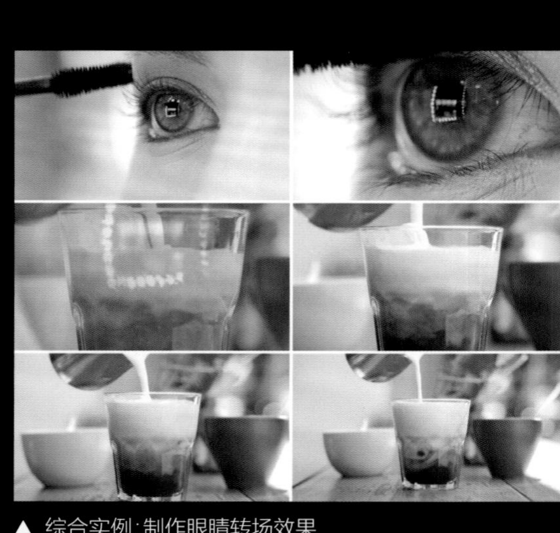

▲ 综合实例：制作眼睛转场效果

▲ 综合实例：制作残影风格画面

▲ 综合实例：制作灵魂出窍特效

唯美

中文版Premiere Pro 2023完全案例教程

（微课视频版）

182个实例讲解+**216集**教学视频+**赠送**海量资源+**在线交流**

☑ 配色宝典 ☑ 构图宝典 ☑ 创意宝典 ☑ 商业设计宝典 ☑ 色彩速查宝典
☑ After Effects 基础视频 ☑ Photoshop 基础视频 ☑ 3ds Max 基础视频
☑ PPT 课件 ☑ 素材资源库 ☑ 快捷键速查 ☑ Premiere 视频效果速查

唯美世界　曹茂鹏　编著

· 北京 ·

内 容 提 要

《中文版 Premiere Pro 2023 完全案例教程（微课视频版）》以案例的形式系统讲述了 Premiere Pro 2023 软件在视频剪辑、视频效果、视频过渡、关键帧动画、调色、抠像、文字、音频效果等方面的核心技术和实例应用，是一本全面讲述 Premiere Pro 2023 软件应用的自学教程、案例视频教程。全书共 18 章，具体内容包括 Premiere Pro 入门、认识 Premiere Pro 2023 界面、Premiere Pro 常用操作、视频剪辑、视频效果、视频过渡、关键帧动画、调色、抠像、文字、音频效果、输出作品，以及 Premiere Pro 在广告动画、视频特效、电子相册、高级转场效果、自媒体视频制作和短视频制作等方面的综合应用。全书每个实例均配有视频教程，极大地方便了读者学习。

《中文版 Premiere Pro 2023 完全案例教程（微课视频版）》的各类学习资源包括：

（1）本书资源：216 集教学视频和素材源文件。

（2）赠送《After Effects 基础视频》《Photoshop 基础视频》《3ds Max 基础视频》。

（3）赠送 11 部电子书：《Premiere 快捷键速查》《Premiere 视频效果重点速查手册》《Premiere 调色效果重点速查手册》《配色宝典》《构图宝典》《创意宝典》《商业设计宝典》《色彩速查宝典》《43 个高手设计师常用网站》《行业色彩应用宝典》《解读色彩情感密码》。

（4）赠送素材：视频素材和实用设计素材。

（5）赠送教师授课的辅助资源：《Premiere Pro 基础教学 PPT 课件》。

《中文版 Premiere Pro 2023 完全案例教程（微课视频版）》既适合各类视频制作、视频后期处理的初学者学习使用，又适合高等院校及相关培训机构作为教材使用，所有视频设计与制作的爱好者均可学习和参考。本书使用 Premiere Pro 2023 版本制作和编写，建议读者下载此版本或者以上的版本进行学习，低版本可能会导致部分文件无法打开的情况。

图书在版编目（CIP）数据

中文版 Premiere Pro 2023 完全案例教程：微课视频版 / 唯美世界，曹茂鹏编著．— 北京：中国水利水电出版社，2023.12（2024. 7 重印）．

ISBN 978-7-5226-1838-8

Ⅰ．①中… Ⅱ．①唯… ②曹… Ⅲ．①视频编辑软件—教材 Ⅳ．① TP317.53

中国国家版本馆 CIP 数据核字（2023）第 193756 号

书　　名	中文版Premiere Pro 2023完全案例教程（微课视频版） ZHONGWENBAN Premiere Pro 2023 WANQUAN ANLI JIAOCHENG
作　　者	唯美世界　曹茂鹏　编著
出版发行	中国水利水电出版社 （北京市海淀区玉渊潭南路1号D座　100038） 网址：www.waterpub.com.cn E-mail：zhiboshangshu@163.com 电话：（010）62572966-2205/2266/2201（营销中心）
经　　售	北京科水图书销售有限公司 电话：（010）68545874、63202643 全国各地新华书店和相关出版物销售网点
排　　版	北京智博尚书文化传媒有限公司
印　　刷	河北文福旺印刷有限公司
规　　格	190mm×235mm　16开本　29.5印张　945千字　2插页
版　　次	2023年12月第1版　2024年 7 月第2次印刷
印　　数	5001—9000册
定　　价	128.00元

Premiere Pro 2023（简称 PR）软件是 Adobe 公司研发的目前使用最为广泛的视频后期剪辑编辑软件，其提供视频采集、剪辑、调色、音频、字幕和输出的一整套流程，被广泛应用于电视节目制作、影视剪辑、自媒体视频制作、广告制作、视觉创意、MG 动画、微电影制作、抖音短视频和个人影像编辑等领域。Premiere Pro 2023 功能强大，并且可以与 Adobe 公司的其他软件如 Photoshop、After Effects 等互补使用，创建出令人耳目一新的视觉效果。尤其是与 After Effects 结合，可以创作出任何你能想到的效果。Premiere Pro 和 After Effects 是视频制作的完美搭档。

特别注意： Premiere Pro 2023 版本已经无法在 Windows 7 及以下版本的操作系统中安装，建议在 Windows 10（64 位）版本系统中安装该软件。

本书显著特色

1. 配备大量视频讲解，手把手教你学PR

本书配备了 216 集教学视频，几乎涵盖全书所有实例及常用重要知识点，如同老师在身边手把手教你，学习更轻松、更高效。

2. 扫描二维码，随时随地看视频

本书在章首页、重点、实例等多处设置了二维码，手机扫一扫，可以随时随地看视频（若个别手机不能播放，可在计算机端下载观看）。

3. 内容全面，注重学习规律

本书将 Premiere Pro 2023 常用工具和命令的使用融入实例，以实战操作的形式进行讲解，知识点更容易被理解和吸收。同时采用“实例操作 + 选项解读 + 提示”的模式进行编写，也符合轻松易学的学习规律。

4. 实例丰富，强化动手能力

全书共 182 个实例，其中包括 120 个中小型练习实例和 62 个大型综合实例。实例类别涵盖了视频剪辑、广告动画、视频特效、电子相册、高级转场效果、自媒体视频制作、短视频制作等诸多设计领域，便于读者动手操作，在模仿中学习。

5. 实例效果精美，注重审美熏陶

PR 只是软件工具，设计优秀的作品一定要有美的意识。本书实例效果精美，可以熏陶和培养读者的美感。

6. 配套资源完备，便于深度、广度拓展

除了提供几乎覆盖全书实例的配套视频和素材源文件外，本书还根据设计师必学的内容赠送了大量的教学与练习资源。

（1）赠送 11 部电子书，包括《Premiere 快捷键速查》《Premiere 视频效果重点速查手册》《Premiere 调色效果重点速查手册》《配色宝典》《构图宝典》《创意宝典》《商业设计宝典》《色彩速查宝典》《 43 个高手设计师常用网站》《行业色彩应用宝典》《解读色彩情感密码》。

（2）赠送视频，包括《After Effects 基础视频》《Photoshop 基础视频》《3ds Max 基础视频》。

（3）赠送素材，包括视频素材和实用设计素材。

（4）赠送教师授课的辅助资源，即《Premiere Pro 基础教学 PPT 课件》。

7. 专业作者心血之作，经验技巧尽在其中

作者系艺术专业高校教师、中国软件行业协会专家委员、Adobe 创意大学专家委员会委员、Corel 中国专家委员会成员。作者的设计、教学经验丰富，在撰写本书时，将大量的经验技巧融于书中，可以使读者提高学习效率，少走弯路。

8. 提供在线服务，随时随地交流学习

提供公众号、QQ 群等资源下载和在线互动答疑服务。

另外，读者须注意：书中在介绍操作步骤时，在设置参数时不带“.0”等，而有些参数在设置之后默认加上了小数点及其后的数字 0，因此出现了图文在此方面不一致的现象，忽略这一细节即可，不影响操作。

关于本书资源的使用及下载方法

（1）读者可以使用手机微信的“扫一扫”功能扫描下面的微信公众号二维码，或者在微信公众号中搜索“设计指北”，关注后输入 PR231001 并发送到公众号后台，获取本书资源的下载链接，将该链接复制到计算机浏览器的地址栏中，根据提示进行下载。

（2）读者也可加入本书 QQ 学习交流群 943402751（群满后，会创建新群，请注意加群时的提示，并根据提示加入相应的群），与老师和广大读者进行在线交流学习。

提示：本书提供的下载文件包括教学视频和素材等，教学视频可以演示观看。要按照书中实例操作，必须安装 Premiere Pro 2023 软件之后才可以进行。您可以通过以下方式获取 Premiere Pro 2023 简体中文版。

（1）登录 Adobe 官方网站查询。

（2）可到网上咨询、搜索购买方式。

关于作者

本书由唯美世界组织编写，其中，曹茂鹏负责主要编写工作，参与本书编写和资料整理的还有瞿颖健、瞿玉珍、董辅川、王萍、瞿雅婷、杨力、瞿学严、杨宗香、瞿学统、王爱花、李芳、瞿云芳、韩坤潮、瞿秀英、韩财孝、韩成孝、朱菊芳、尹玉香、尹文斌、邓志云、曹元美、曹元钢、曹元杰、张玉华、张吉太、孙翠莲、唐玉明、李志瑞、李晓程、朱于凤、石志庆、张玉美、仲米华、张连春、张玉秀、何玉莲、尹菊兰、尹高玉、瞿君业、瞿学儒、瞿小艳、瞿强业、瞿玲、瞿秀芳、瞿红弟、马世英、马会兰、李兴凤、李淑丽、孙敬敏、曹金莲、冯玉梅、孙云霞、张久荣、张凤辉、张吉孟、张桂玲、张玉芬、曹元俊。部分插图素材购买于摄图网，在此一并表示感谢。

编 者

2023年10月

目录

Contents

目 录

Chapter 1

第1章

扫一扫，看视频

Premiere Pro入门

本章内容简介：

本章主要讲解在正式学习Premiere Pro之前的必备基础理论知识，包括Premiere Pro的概念、Premiere Pro的行业应用、Premiere Pro的学习思路、安装Premiere Pro以及与Premiere Pro相关的理论。

重点知识掌握：

- Premiere Pro第一课
- 安装Premiere Pro 2023
- 与Premiere Pro相关的理论

1.1 Premiere Pro第一课

扫一扫，看视频

在正式开始学习Premiere Pro功能之前，你肯定有许多问题想问，例如：Premiere Pro是什么？对我有用吗？我能用Premiere Pro做什么？学Premiere Pro难吗？怎么学？这些问题将在本节中一一解决。

重点 1.1.1 Premiere Pro是什么

大家口中所说的PR，也就是Premiere Pro，全称为Adobe Premiere Pro 2023，是由Adobe Systems公司开发和发行的视频剪辑、影视特效处理软件，本书所用版本为Premiere Pro 2023。

为了更好地理解Premiere Pro 2023，可以把其名称分开解释。Adobe就是Premiere Pro、Photoshop等软件所属公司的名称；Premiere Pro是软件名称，常被缩写为PR；Pro 2023是版本号，就像“腾讯QQ 2016”一样，“腾讯”是企业名称，QQ是软件名称，2016是版本号，如图1.1和图1.2所示。

图 1.1

腾讯 QQ 2016

图 1.2

提示：关于Premiere Pro的版本号

Premiere Pro版本号中的CS和CC究竟是什么意思呢？CS是Creative Suite的首字母缩写。Adobe Creative Suite（Adobe创意套件）是Adobe公司出品的一个图形设计、影像编辑与网络开发的软件产品套装。

Premiere Pro的版本发展主要经历了4个阶段，第1阶段主要的版本为Premiere Pro 6.5、Premiere Pro 7.0；第2阶段主要的版本为Premiere Pro 1.5、Premiere Pro 2.0；第3阶段主要的版本为Premiere Pro CS3、Premiere Pro CS4、Premiere Pro CS5、Premiere Pro CS5.5、CS6；第4阶段主要的版本为Premiere Pro CC、Premiere Pro CC 2014、Premiere Pro CC 2015、Premiere Pro CC 2017、Premiere Pro CC 2018、Premiere Pro CC 2019、Premiere Pro 2020、Premiere Pro 2021、Premiere Pro 2022、Premiere Pro 2023。

CC是Creative Cloud的首字母缩写，从字面上可以翻译为“创意云”。至此，Premiere Pro进入了“云”时代。图1.3所示为Adobe CC套装中包括的软件。

图 1.3

随着技术的不断发展，Premiere Pro的技术团队也在不断地对软件功能进行优化，Premiere Pro经历了许许多多版本的更新。目前，Premiere Pro的多个版本都拥有数量众多的用户群，每个版本的升级都会有性能的提升和功能上的改进，但是在日常工作中并不一定要使用最新版本。要知道，新版本虽然可能会有功能上的更新，但是对设备的要求也会有所提升，在软件的运行过程中可能会消耗更多的资源。所以，有时候在用新版本（如Premiere Pro 2023）时可能会感觉运行起来特别“卡”，操作反应非常慢，非常影响工作效率。这时就要考虑是否因为计算机配置较低，无法更好地满足Premiere Pro的运行要求。可以尝试使用低版本的Premiere Pro。如果“卡”“顿”的问题得以缓解，那么就安心地使用这个版本吧！虽然是较早期的版本，但是其功能也是非常强大的，与最新版本之间并没有特别大的差别，几乎不会影响到日常工作。

重点 1.1.2 Premiere Pro给人的第一印象：剪辑+视频特效处理

说到Premiere Pro，给人们的第一印象就是“剪辑”。在剪辑时通过对素材的分解、组接，将不同角度的镜头及声音等进行拼接，从而给人以不同的视觉和心理感受，图1.4和图1.5所示为使用Premiere Pro剪辑的影视作品。

图 1.4

图 1.5

Premiere Pro不仅剪辑功能强大，特效处理也非常出色。那么什么是“视频特效”呢？简单来说，视频特效就是指围绕视频进行各种各样的编辑修改，如为视频添加特效、为视频调色、为视频人像抠像等，比如为美女脸部美白、将灰蒙蒙的风景视频变得鲜艳明丽、为人物瘦身、视频抠像合成等，如图 1.6 ～图 1.9 所示。

图 1.6

图 1.7

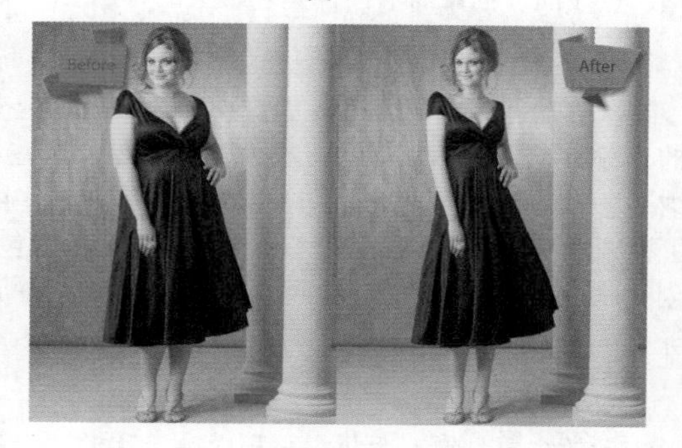

图 1.8

图 1.9

其实，Premiere Pro视频特效处理功能的强大远不限于此，对于影视从业人员来说，Premiere Pro绝对是集万千功能于一身的“特效玩家”。拍摄的视频太普通，需要合成飘动的树叶？没问题！广告视频素材不够精彩？没问题！有了Premiere Pro，再加上你的熟练操作，这些问题统统都能搞定，如图 1.10 和图 1.11 所示。

图 1.10

图 1.11

充满创意的你肯定会有很多想法。想要和大明星“合影”，想要去火星“旅行”，想生活在童话世界里，想美到没朋友，想炫酷到炸裂，想变身机械侠，想飞天，统统没问题！在Premiere Pro的世界中，只有你的“功夫”不到位，没有实现不了的画面，如图 1.12 ～图 1.15 所示。

图 1.12

图 1.13

图 1.14

图 1.15

当然，Premiere Pro可不只是用来“玩”的，在各种动态效果设计领域里也少不了它的身影。

1.1.3 学会了Premiere Pro，我能做什么

学会了Premiere Pro，我能做什么？这应该是每一位学习Premiere Pro的朋友最关心的问题。Premiere Pro的功能非常强大，适用于很多设计行业。熟练掌握Premiere Pro的应用，可以打开更多设计大门，在未来的就业方面有更多选择。根据目前的Premiere Pro热点应用行业，主要分为电视栏目包装，影视片头，宣传片，影视特效合成，广告设计，MG动画，自媒体、短视频、Vlog，UI动效等。

1. 电视栏目包装

说到Premiere Pro，很多人第一感觉就想到“电视栏目包装”这个词语，这是因为Premiere Pro非常适合制作电视栏目包装设计。电视栏目包装是对电视节目、栏目、频道、电视台整体形象进行的一种特色化、个性化的包装宣传。其目的是突出节目、栏目、频道的个性特征和特色；增强观众对节目、栏目、频道的识别能力；建立持久的节目、栏目、频道的品牌地位；通过包装对整个节目、栏目、频道保持统一的风格；通过包装可为观众展示更精美的视觉体验。

2. 影视片头

每部电影、电视剧、微视频等作品都会有片头及片尾，为了给观众更好的视觉体验，通常都会有极具特点的片头和片尾动画效果。其目的是既能有好的视觉体验，又能展示该作品的特色镜头、特色剧情、风格等。除了Premiere Pro之外，也建议大家学习After Effects软件，两者搭配可制作更多的视频效果。

3. 宣传片

Premiere Pro在婚礼宣传片（如婚礼纪录片）、企业宣传片（如企业品牌形象展示）、活动宣传片（如世界杯宣传）等宣传片中发挥着巨大的作用。

4. 影视特效合成

Premiere Pro中最强大的功能就是特效。在大部分特效类电影或非特效类电影中都会有“造假”的镜头，这是因为很多镜头在现实拍摄中不易实现，如爆破、蜘蛛侠在高楼之间跳跃、火海等，而在Premiere Pro中则比较容易实现。拍摄完成后，发现拍摄的画面有瑕疵需要调整时，也可以使用Premiere Pro。其中后期特效、抠像、后期合成、配乐、调色等都是影视作品中重要的环节，这些在Premiere Pro中都可以实现。

5. 广告设计

广告设计的目的是宣传商品、活动、主题等内容。其新颖的构图、炫酷的动画、舒适的色彩搭配、虚幻的特效是广告的重要组成部分。网店平台越来越多的视频作为广告形式取代了图片，如淘宝、京东、今日头条等平台中大量的视频广告，使产品的介绍变得更容易、更具吸引力。

6. MG动画

MG动画的英文全称为Motion Graphics，直接翻译为动态图形或者图形动画，是近几年超级流行的动画风格。动态图形可以解释为会动的图形设计，是影像艺术的一种。如今MG已经发展为一种潮流的动画风格，扁平化、点线面、抽象简洁设计是它最大的特点。

7. 自媒体、短视频、Vlog

随着移动互联网的不断发展，移动端出现了越来越多的视频社交App，如抖音、快手、微博等，这些App容纳了海量的自媒体、短视频、Vlog等内容。这些内容除了视频本身录制、剪辑之外，也需要进行简单的包装，如创建文字动画、添加动画元素、设置转场、增加效果等。

8. UI动效

UI动效主要是针对手机、平板电脑等移动端设备上运行的App的动画效果设计。随着硬件设备性能的提升，动效已经不再是视觉设计中的奢侈品。UI动效可以解决很多实际问题，它可以提高用户对产品的体验、增强用户对产品的理解、使动画过渡更平滑舒适、增加用户的应用乐趣、提升人机互动感。

1.1.4 Premiere Pro不难学

千万别把学习Premiere Pro想得太难。Premiere Pro其实很简单，就像玩手机一样。手机可以用来打电话、发短信，也可以用来聊天、玩游戏、看电影。同样，Premiere Pro可以用来工作赚钱，同时也可以为自己的视频调色，或者“恶搞”好朋友的视频。因此，在学习Premiere Pro之前希望大家一定要把它当成一个有趣的玩具。首先你得喜欢去“玩”，想要去“玩”，这样学习的过程将会是愉悦而快速的。

前面铺垫了很多，相信大家对Premiere Pro已经有

了一定的认识，下面要开始告诉大家如何有效地学习Premiere Pro。

1.短教程，快入门

如果你非常急切地要在最短的时间内达到能够简单使用Premiere Pro的程度，建议先看一套非常简单而基础的教学视频，恰好你手中这本书就配备了这样一套视频教程:《新手必看——Premiere Pro基础视频教程》。这套视频教程选取了Premiere Pro中最常用的功能，每个视频讲解必学理论或者操作的教学时间都非常短，短到在你感到枯燥之前就结束了。视频虽短，但是建议读者一定要打开Premiere Pro，跟着视频一起尝试练习，这样就会对Premiere Pro的操作方式、功能有了基本的认识。

由于“入门级”的视频教程时长较短，部分参数的解释无法完全在视频中呈现，所以在练习的过程中如果遇到了问题，马上翻开书找到相应的小节，阅读这部分内容即可。

当然，一分努力一分收获，学习没有捷径。2个小时与200个小时的学习效果肯定是不一样的。只学习了简单的视频内容是无法参透Premiere Pro的全部功能的，但此时读者应该能够做一些简单的操作了。

2.翻开教材+打开Premiere Pro=系统学习

经过基础视频教程的学习后，你应该已经“看上去”学会了Premiere Pro。但是要知道，之前的学习只接触到了Premiere Pro的皮毛而已，很多功能只是做到了“能够使用”，而不一定做到“了解并熟练应用”的程度。所以接下来开始系统地学习Premiere Pro。你手中的这本书主要以操作为主，所以在翻开书的同时，打开Premiere Pro，边看书边练习。Premiere Pro是一门应用型技术，单纯的理论输入很难使读者熟记功能操作。而且Premiere Pro的操作是“动态”的，每次鼠标的移动或点击都可能会触发指令，所以在动手练习过程中要能够更直观、更有效地理解软件功能。

3.勇于尝试，一试就懂

在学习Premiere Pro的过程中，一定要“勇于尝试”。在使用Premiere Pro中的工具或者命令时，总能看到很多参数或者选项设置。面对这些参数，通过看书的确可以了解参数的作用，但是更好的办法是动手尝试。例如，随意勾选一个选项；把数值调到最大、最小、中档，分别观察效果；移动滑块的位置，看看画面有什么变化。

4.别背参数，没用

另外，在学习Premiere Pro的过程中，切忌死记硬背书中的参数。同样的参数在不同的情况下得到的效果各不相同，所以在学习过程中，需要理解参数为什么这么设置，而不是记住特定的参数。

其实Premiere Pro的参数设置并不复杂，在独立创作的过程中，涉及参数设置时可以多次尝试各种不同的参数，肯定能够得到看起来很舒服的合适的参数。

5.抓住重点快速学

为了能够更有效地快速学习，在本书的目录中可以看到部分内容被标注为【重点】，那么这部分知识需要重点学习。在时间比较充裕的情况下，可以将非重点的知识一并学习。实例练习是非常重要的，书中的练习实例非常多，通过实例的操作不仅可以练习到本章节学过的知识，还能够复习之前学习过的知识。在此基础上还能够尝试使用其他章节的功能，为后面章节的学习做铺垫。

6.在临摹中进步

经过前面几个阶段的学习后，对于Premiere Pro的常用功能，相信读者都能够熟练地掌握了。接下来就需要通过大量的创作练习提升技术。如果此时恰好你有需要完成的设计工作或者课程作业，那么这将是非常好的练习过程。如果没有这样的机会，那么建议你可以在各大设计网站欣赏优秀的设计作品，并选择适合自己水平的优秀作品进行“临摹”。仔细观察优秀作品的构图、配色、元素、动画的应用及细节的表现，尽可能一模一样地制作出来。这个过程并不是教大家去抄袭优秀作品的创意，而是通过对画面内容无限接近的临摹，尝试在没有教程的情况下提高独立思考、独立解决制图过程中遇到的各种技术问题的能力，以此来提升“Premiere Pro功力”。图1.16和图1.17所示为难度不同的作品临摹。

图 1.16

图 1.17

7.网上一搜，自学成才

当然，在独立作图的时候，肯定也会遇到各种各样的问题。例如，临摹的作品中出现了一个火焰燃烧的效果，这个效果可能是之前没有接触过的，那么这时“百度一下”就是最便捷的方式了。网络上有非常多的教学资源，善于利用网络自主学习是非常有效的自我提升过程，如图1.18和图1.19所示。

图 1.18

图 1.19

8.永不止步地学习

好了，到这里Premiere Pro软件技术对于读者来说已经不是问题了。克服了技术障碍，接下来就可以尝试独立设计了。有了好的创意和灵感，可以通过Premiere Pro在画面中准确、有效地表达，这才是终极目标。要知道，在设计的道路上，软件技术学习的结束并不意味着设计学习的结束。国内外优秀作品的学习、新鲜设计理念的吸纳及设计理论的研究都应该是永不止步的。

想要成为一名优秀的设计师，自学能力是非常重要的。学校或者老师都无法教会我们全部知识，很多时候网络和书籍更能够帮助我们。

提示：快捷键背不背？

很多新手朋友会执着于背快捷键，熟练掌握快捷键的确很方便，但是快捷键速查表中列出了很多快捷键，要想背下所有快捷键可能会花费很长时间；而且并不是所有的快捷键都适合我们使用，有的工具命令在实际操作中几乎用不到。所以建议大家先不用急着背快捷键，逐渐尝试使用Premiere Pro，在使用的过程中体会哪些操作是经常使用的，然后再看一下这个命令是否有快捷键。

其实快捷键大多数是很有规律的，很多命令的快捷键都与命令的英文名称相关。例如，【打开】命令的英文是open，而快捷键就选取了首字母o并配合Ctrl键使用，快捷键为Ctrl+O，【新建序列】的命令则是Ctrl+N（new，“新”的首字母）。这样记忆就容易多了。

重点 1.2 安装Premiere Pro 2023

我们带着一颗坚定要学好Premiere Pro的心，准备开始美妙的Premiere Pro之旅。首先来了解一下如何安装Premiere Pro，不同版本的安装方式略有不同，本书讲解的是Premiere Pro 2023，所以在这里介绍的也是Premiere Pro 2023的安装方式。如果想要安装其他版本的Premiere Pro，可以在网络上搜索一下，非常简单。在安装了Premiere Pro之后熟悉一下Premiere Pro的操作界面，为后面的学习做准备。

（1）打开Adobe的官方网站，单击右上角的“帮助与支持”按钮，在打开的下拉列表中单击“下载并安装”按钮，如图1.20所示。继续在打开的网页里向下滚动，找到Creative Cloud并单击“下载”按钮，如图1.21所示。

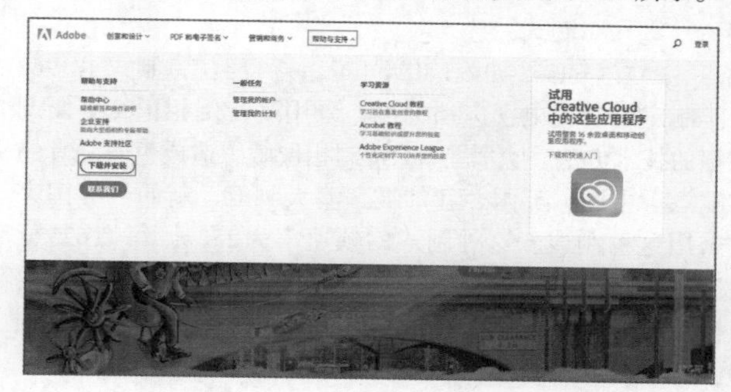

图 1.20

图 1.21

（2）弹出下载Creative Cloud的窗口，按照提示进行下载即可，如图1.22所示。下载完成后进行安装，如图1.23所示。

图 1.22

图 1.23

（3）Creative Cloud的安装程序将会被下载到计算机中。双击安装程序进行安装，如图1.24所示。安装成功后，双击该程序的快捷方式，启动Adobe Creative Cloud，如图1.25所示。

图 1.24

图 1.25

提示：试用与购买

刚刚在安装的过程中我们是以“试用”的方式进行的，在没有付费购买Premiere Pro软件之前，可以免费使用一小段时间，如果想长期使用，则需要购买软件。

（4）启动了Adobe Creative Cloud后，需要进行登录，如果没有Adobe ID，可以单击顶部的“创建账户”按钮，按照提示创建一个新的账户并进行登录，如图1.26所示。打开Adobe Creative Cloud，在其中找到需要安装的软件并单击“试用”按钮，如图1.27所示。软件会被自动安装到当前计算机中。

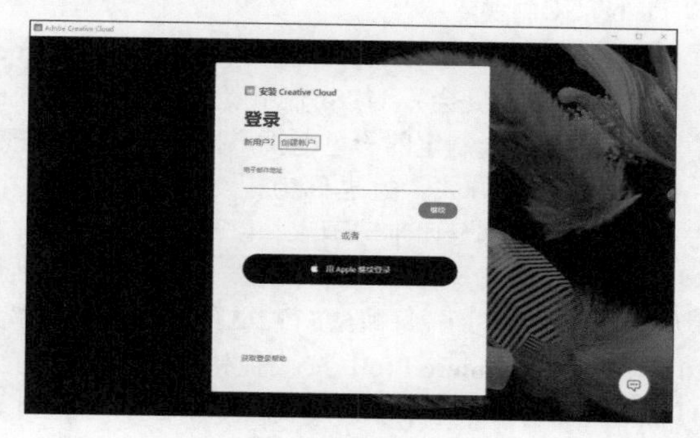

图 1.26

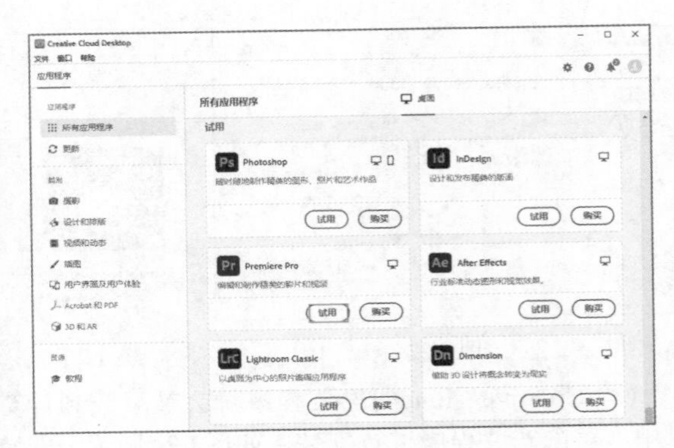

图 1.27

1.3 与Premiere Pro相关的理论

在正式学习Premiere Pro软件操作之前，应该对相关的影视理论有简单的了解，对影视作品的规格、标准有清晰的认识。本节主要了解常见的电视制式、帧、分辨率、像素长宽比。

重点 1.3.1 常见的电视制式

世界上主要使用的电视广播制式有NTSC、PAL、SECAM三种，在中国的大部分地区都使用PAL制式，日本、韩国、美国和加拿大等国家使用NTSC制式，而法国、俄罗斯和东欧一些国家使用SECAM制式。

电视信号的标准也称为电视的制式。目前各国的电视制式不尽相同，制式的区分主要在于其帧频（场频）的不同、分解率的不同、信号带宽及载频的不同、色彩空间的转换关系不同等。

1. NTSC制式

NTSC（national television standards committee，国家电视标准委员会），NTSC制式是1952年由美国国家电视标准委员会制定的彩色电视广播标准，采用正交平衡调幅的技术方式，故也称为正交平衡调幅制。美国、加拿大等大部分西半球国家，以及中国的台湾、日本、韩国、菲律宾等均采用这种制式。这种制式的帧速率为29.97f/s（帧/秒），每帧525行262线，标准分辨率为720×480。在Premiere Pro中按快捷键Ctrl+N，在打开的【新建序列】窗口中显示NTSC制式的类型，如图1.28所示。

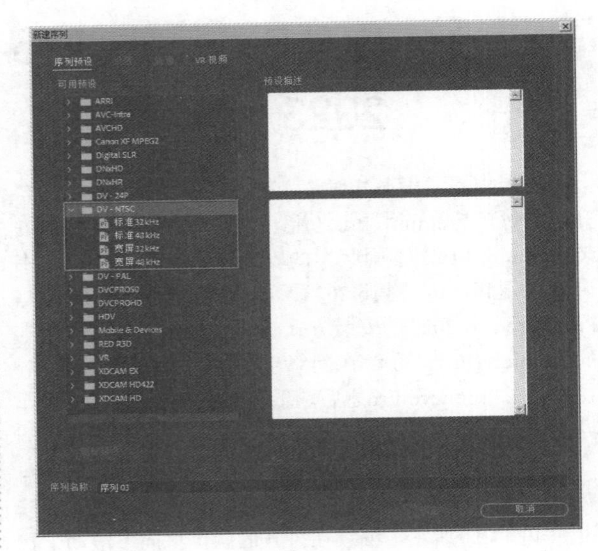

图 1.28

2. PAL制式

PAL（phase-alternative line，逐行倒相）制式是1962年制定的彩色电视广播标准，采用逐行倒相正交平衡调幅的技术方法，克服了NTSC制相位敏感造成色彩失真的缺点。中国、英国、新加坡、澳大利亚、新西兰等国家采用这种制式。这种制式的帧速率为25f/s，每帧625行312线，标准分辨率为720×576。在Premiere Pro中按快捷键Ctrl+N，在打开的【新建序列】窗口中显示PAL制的类型，如图1.29所示。

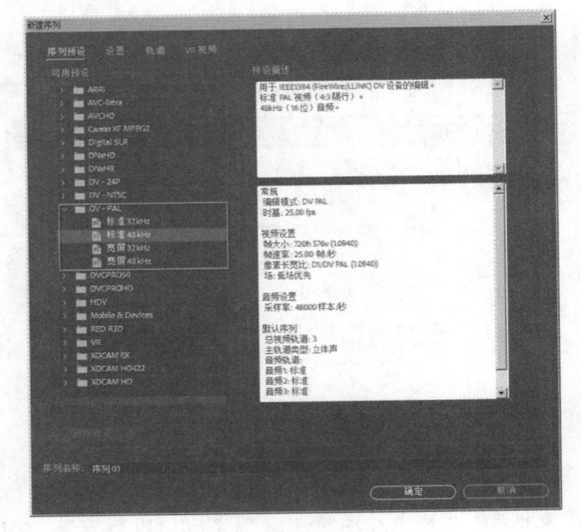

图 1.29

3. SECAM制式

SECAM（sequential couleur avec memoire，行轮换调频）制式顺序传送彩色信号与存储恢复彩色信号制，是由法国在1956年提出、1966年制定的一种新的彩色电视制式。它也克服了NTSC制式相位失真的缺点，但是采用时间分隔法传送两个色差信号。采用这种制式的有法国、俄罗斯和东欧一些国家。这种制式的帧速率为25f/s，每帧625行312线，标准分辨率为720×576。

重点 1.3.2 帧

f/s（帧速率）是指画面每秒传输的帧数，通俗地讲，就是指动画或视频的画面数，而帧是电影中最小的时间单位。例如，通常我们说的“30f/s”是指每秒由30张画面组成，那么30f/s在播放时会比15f/s流畅很多。通常NTSC制常用的帧速率为29.97f/s，而PAL制常用的帧速率为25f/s。图1.30和图1.31所示在新建序列时可以设置【序列预设】的类型，而【帧速率】会自动进行设置。

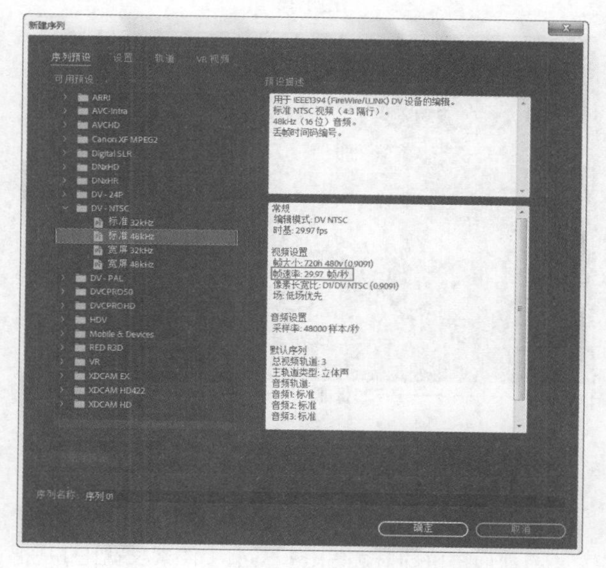

图 1.30

电影是每秒24帧，是电影最早期的技术标准。如今随着技术的不断提升，越来越多的电影在挑战更高的帧速率，以给观众带来更丰富的视觉体验。例如，李安执导的电影作品《比利·林恩的中场战事》首次采用了120 f/s进行拍摄。

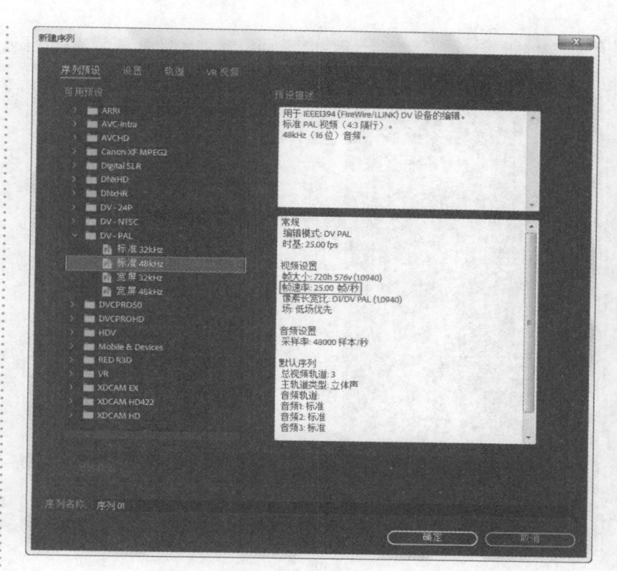

图 1.31

重点 1.3.3 分辨率

我们经常能听到4K、2K、1920、1080、720等数字，这些数字指的就是作品的分辨率。

分辨率是指用于度量图像内数据量多少的一个参数。例如，分辨率为720×576是指在横向和纵向上的有效像素为720和576，因此在很小的屏幕上播放该作品时很清晰，而在很大的屏幕上播放该作品时，由于作品本身像素不够，自然也就模糊了。

在数字技术领域，通常采用二进制运算，而且用构成图像的像素描述数字图像的大小。当像素数量巨大时，通常用K表示。2的10次方即1024，因此，$1K=2^{10}=1024$，$2K=2^{11}=2048$，$4K=2^{12}=4096$。

在打开Premiere Pro软件后，首先在菜单栏中执行【文件】/【新建】/【项目】命令，然后执行【文件】/【新建】/【序列】命令，此时进入【新建序列】窗口，如图1.32所示。接着在窗口顶部选择【设置】选项卡，单击【编辑模式】按钮，此时在列表中有多种分辨率的预设类型供大家选择，如图1.33所示。

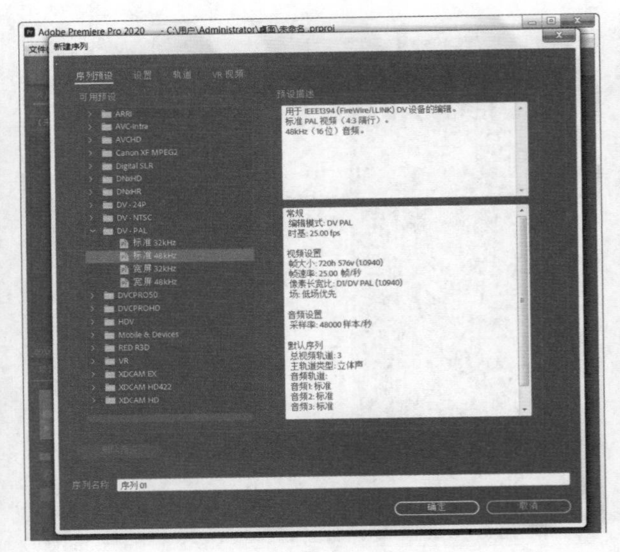

图 1.32

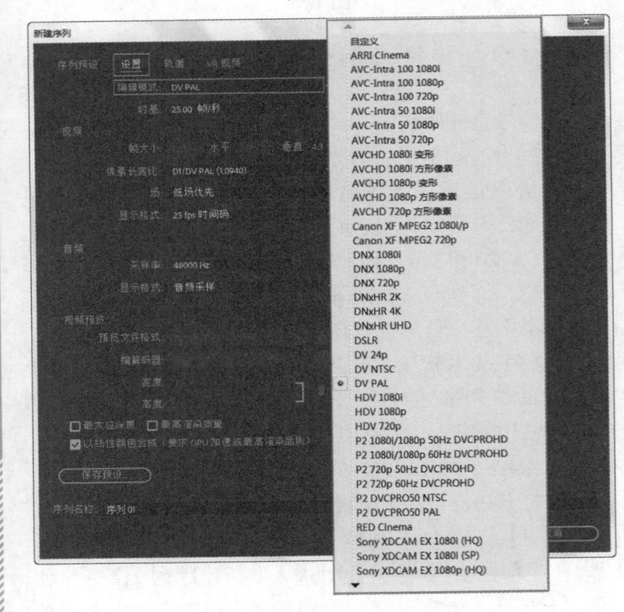

图 1.33

当设置宽度、高度数值后，序列的宽高比例也会随着数值进行更改，如设置【宽度】为720、【高度】为576，如图1.34所示。此时画面像素为720×576，如图1.35所示。需要注意，此处的【宽高比】是指在Premiere Pro中新建序列整体的宽度和高度尺寸的比例。

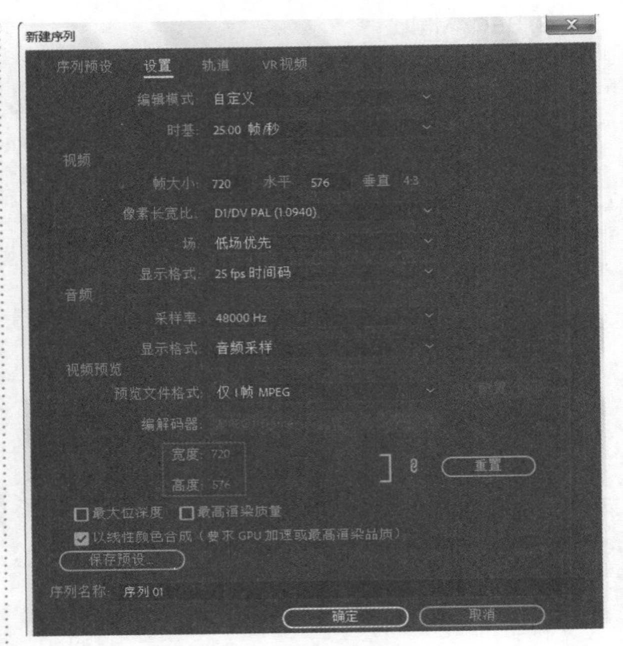

图 1.34

图 1.35

重点 1.3.4 像素长宽比

与前面讲解的【宽高比】不同，【像素长宽比】是指在放大作品到极限时看到的每一个像素宽度和高度的比例。由于电视等播放设备上本身的像素宽高比不是1:1，因此，若在电视等设备上播放作品，就需要修改【像素长宽比】数值。图1.36所示为设置【像素长宽比】为【方形像素(1.0)】和设置为【D1/DV PAL 宽银屏16 : 9 (1.4587)】时的对比效果。因此，选择哪种像素长宽比类型取决于要将该作品放在哪种设备上播放。

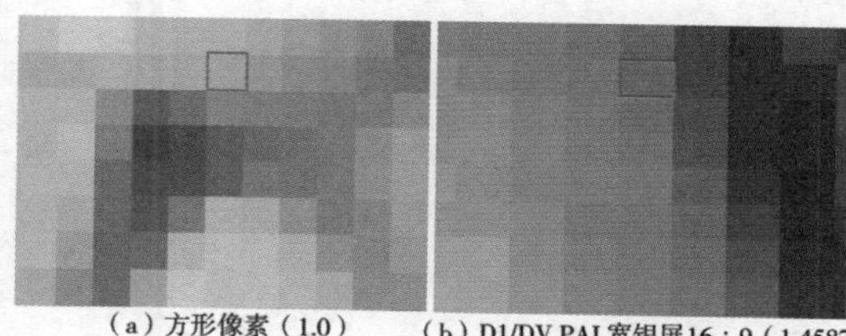

（a）方形像素（1.0）　（b）D1/DV PAL宽银屏16：9（1.4587）

图 1.36

通常在计算机上播放作品的像素长宽比为1.0，而在电视、电影院等设备上播放的像素长宽比通常大于1.0。在Premiere Pro中设置【像素长宽比】，先将【设置】下方的【编辑模式】设置为【自定义】，即可显示出全部【像素长宽比】类型，如图1.37所示。

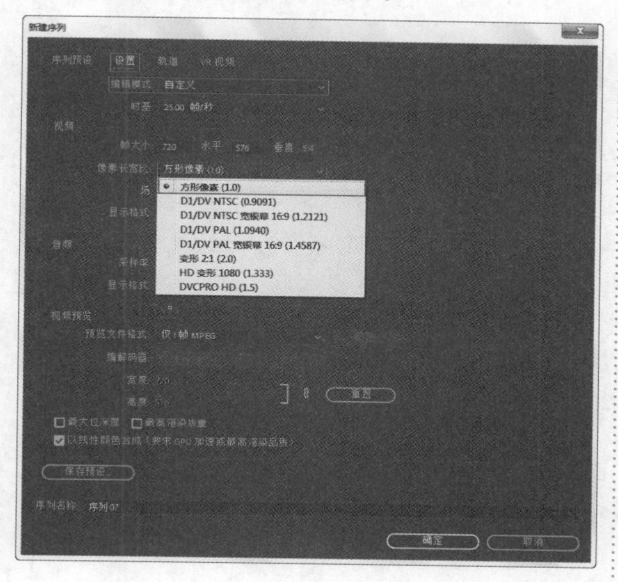

图 1.37

提示：有些格式的文件无法导入Premiere Pro中，怎么办？

为了使Premiere Pro中能够导入MOV格式、AVI格式的文件，需要在计算机上安装特定文件使用的编解码器（例如，需要安装QuickTime软件才可以导入MOV格式，安装常用的播放器软件会自动安装常见编解码器以导入AVI格式）。

若在导入文件时提示错误消息或视频无法正确显示，那么可能需要安装该格式文件使用的编解码器。

Chapter 2

第2章

认识Premiere Pro 2023界面

本章内容简介：

本章作为全书基础章节，主要讲解Premiere Pro 2023的界面。熟悉Premiere Pro 2023的界面是制作作品的基础，本章为零基础读者详细讲解了每个常用面板的功能，为后续学习奠定稳固的基础。通过本章的学习，能够了解Premiere Pro 2023的工作界面、自定义工作区、Premiere Pro 2023的面板等内容。

重点知识掌握：

- 认识Premiere Pro 2023的工作界面
- 自定义工作区
- Premiere Pro 2023的面板

2.1 认识Premiere Pro 2023的工作界面

Premiere Pro 2023是由Adobe公司推出的一款优秀的视频编辑软件，它可以帮助用户完成作品的视频剪辑、编辑、特效制作、视频输出等，实用性极为突出。图2.1所示为Premiere Pro 2023的启动界面。

扫一扫，看视频

Premiere Pro 2023的工作界面主要由标题栏、菜单栏、工具面板、项目面板、时间轴面板、节目监视器及多个控制面板组成，如图2.2所示。

图 2.1

图 2.2

- 标题栏：用于显示程序、文件名称、文件位置。
- 菜单栏：按照程序功能分为多个菜单栏，包括文件、编辑、剪辑、序列、标记、图形和标题、视图、窗口、帮助。
- 【效果控件】面板：可在该面板中设置视频的效果参数及默认的运动属性、不透明度属性及时间重映射属性。
- 【Lumetri范围】面板：用于显示素材文件的颜色数据。
- 【源监视器】面板：预览和剪辑素材文件，为素材设置出入点及标记等，指定剪辑的源轨道。
- 【音频剪辑混合器】面板：对音频素材的左、右声道进行处理。
- 【项目】面板：用于素材的存放、导入及管理。
- 【媒体浏览器】面板：用于查找或浏览用户计算机中各磁盘的文件信息。
- 【监视器】面板：可播放序列中的素材文件并对文件进行出入点设置等。
- 【工具】面板：编辑【时间轴】面板中的视频、音频素材。
- 【时间轴】面板：用于编辑和剪辑视频、音频素材，为视频、音频提供存放轨道。
- 【音频仪表】面板：显示混合声道输出音量大小的面板。当音量超出安全范围时，在柱状顶端会显示红色警告，用户可以及时调整音频的增益，以免损伤音频设备。
- 【效果】面板：可为视频、音频素材文件添加特效。
- 【基本图形】面板：用于浏览和编辑图形素材。
- 【基本声音】面板：可对音频文件进行对话、音乐、XFX及环境编辑。
- 【Lumetri颜色】面板：对所选素材文件的颜色校正调整。
- 【库】面板：可以连接Creative Cloud Libraries并应用库。
- 【标记】面板：可在搜索框中快速查找带有不同颜色标记的素材文件，方便剪辑操作。
- 【历史记录】面板：在面板中可显示用户最近对素材进行的操作步骤。
- 【信息】面板：显示【项目】面板中所选素材的相关信息。

实例：切换不同的工作界面

文件路径：Chapter 2 认识Premiere Pro 2023界面→实例：切换不同的工作界面

扫一扫，看视频

步骤 01 在菜单栏中，用户可以根据平时的操作习惯设置不同模式的工作界面。执行【窗口】/【工作区】命令，即可对将工作区域进行更改，如图2.3所示。

步骤 02 通常情况下，选择【效果】工作区更加便于添加和观察画面效果，此时【效果】面板位于【节目监视器】面板右侧，如图2.4所示。

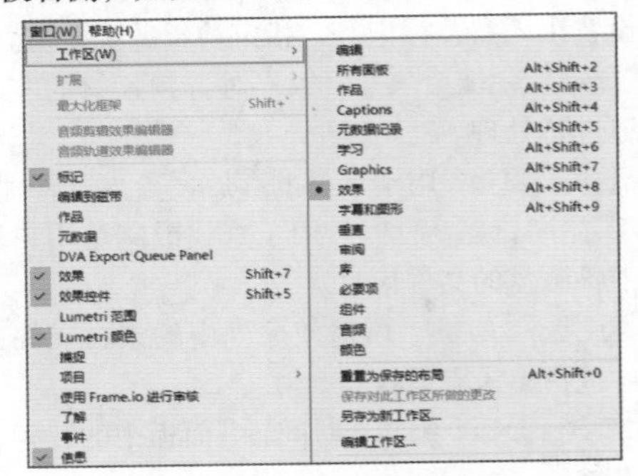

图 2.3

图 2.4

步骤 03 若将【工作区】切换为【音频】，此时在【节目监视器】面板左右两侧会出现【音频剪辑混合器】面板、【音轨混合器】及【基本声音】面板，更便于音频剪辑，如图2.5所示。

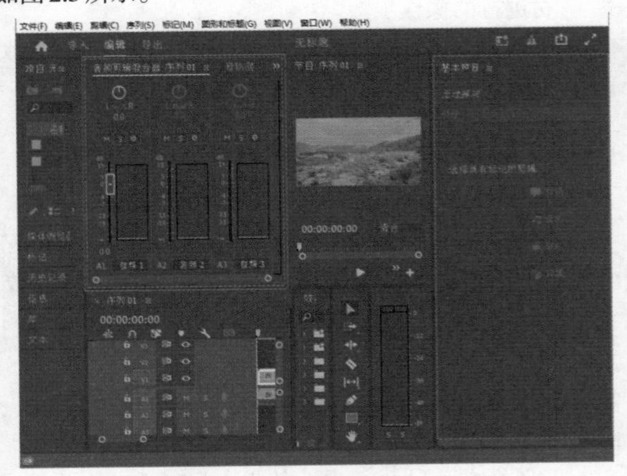

图 2.5

2.2 自定义工作区

Premiere Pro 2023提供了可自定义的工作区，在默认工作区状态下包含面板组和独立面板，用户可以根据自己的工作风格及操作习惯将面板重新排列。

实例：修改工作区顺序或删除工作区

扫一扫，看视频

文件路径：Chapter 2 认识Premiere Pro 2023界面→实例：修改工作区顺序或删除工作区

在Premiere Pro界面中可根据自己的操作习惯调整工作区顺序，若有些工作区在操作过程中用不到，可将其删除，增大其他面板的面积。

步骤 01 单击工作区菜单右侧的按钮，在弹出的窗口中选择【编辑工作区】命令，如图2.6所示。此时会弹出【编辑工作区】窗口，如图2.7所示。也可以在菜单栏中执行【窗口】/【工作区】/【编辑工作区】命令，打开【编辑工作区】窗口。

图 2.6

步骤 02 在【编辑工作区】窗口中选择想要移动的界面，按住鼠标左键移动到合适的位置，松开鼠标后即可完成移动，接着单击【确定】按钮，此时工作区界面完成修改，如图2.8所示。若不想进行移动，恢复到默认状态，可单击【取消】按钮取消当前操作。

步骤 03 若想删除工作区，选择需要删除的工作区，单击【编辑工作区】窗口左下角的【删除】按钮，接着单击【确定】按钮，即可完成删除操作，如图2.9所示。删除所选工作区后，下次启动 Premiere Pro时，将使用新的默认工作区，将其他界面依次向上移动，填补此处位置。

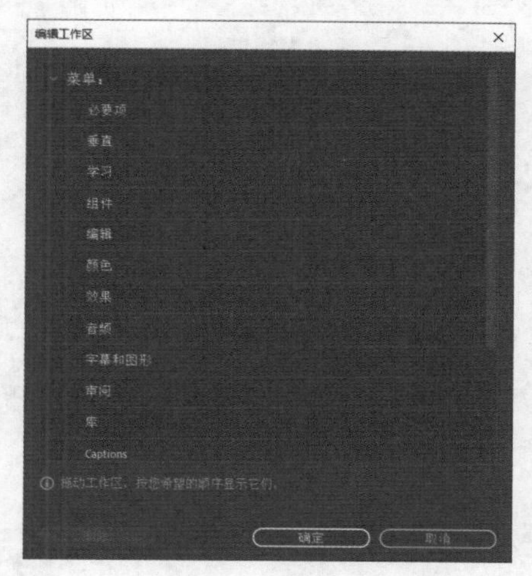

图 2.7

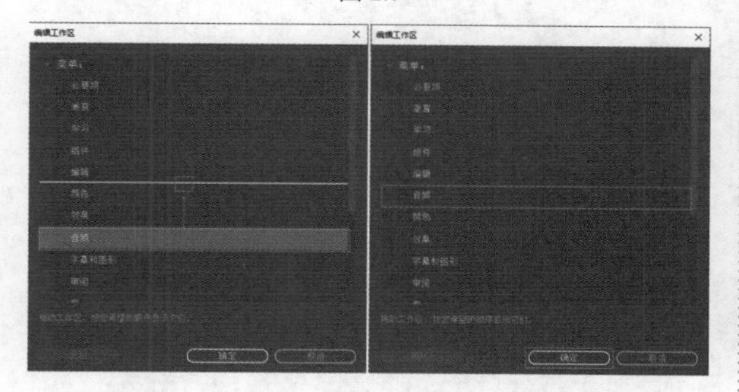

图 2.8

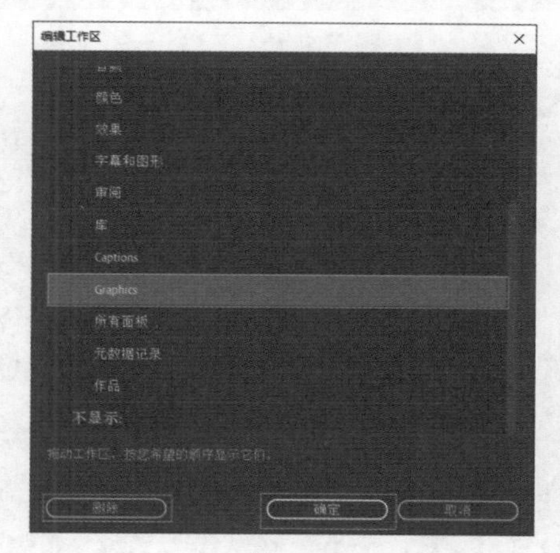

图 2.9

实例：保存或重置工作区

文件路径：Chapter 2 认识Premiere Pro 2023 界面→实例：保存或重置工作区

扫一扫，看视频

步骤 01 在自定义工作区完成后，界面会随之变化，可以存储最近的自定义布局。若想持续使用自定义工作区，可在菜单栏中执行【窗口】/【工作区】/【另存为新工作区】命令，在弹出的【新建工作区】窗口中设置【名称】为自己想定义的名称，在这里将其设置为【未命名工作区】，设置完成后单击【确定】按钮，此时已经保存完新的自定义工作区，以便于下次使用，如图2.10所示。此时界面效果为自定义调整后的状态，如图2.11所示。

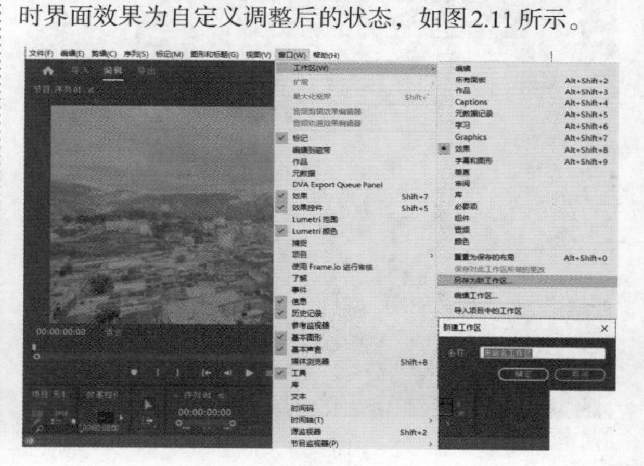

图 2.10

图 2.11

步骤 02 若在操作时将工作区切换为其他模式，再次想将工作区调整为自己设置的自定义模式布局，可在菜单栏中执行【窗口】/【工作区】/【重置为保存的布局】命令，或使用快捷键Alt+Shift+0，如图2.12和图2.13所示。

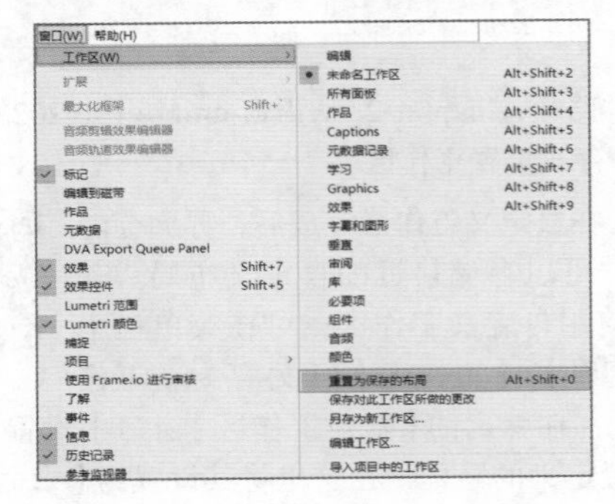

图 2.12

图 2.13

实例：停靠、分组或浮动面板

扫一扫，看视频

文件路径：Chapter 2 认识Premiere Pro 2023界面→实例：停靠、分组或浮动面板

Premiere Pro的各种面板可进行停靠、分组或浮动。

步骤 01 按住鼠标左键拖动面板时，放置区的颜色会比其他区域相对亮一些，如图2.14所示。释放鼠标后，面板位置调整完成，如图2.15所示。

步骤 02 放置区决定了面板插入的位置、停靠和分组。将面板拖动到放置区时，应用程序会根据放置区的类型进行停靠或分组。在拖动面板的同时按住Ctrl键可使面板自由浮动，如图2.16和图2.17所示。

图 2.14

图 2.15

图 2.16

图 2.17

> **提示：在面板左/右上角单击≡按钮**
>
> 在面板左/右上角单击≡按钮，会弹出一个快捷菜单，在快捷菜单中执行【浮动面板】命令，如图2.18所示，此时该面板为浮动状态。若想将浮动的面板还原，可在菜单栏中执行【窗口】/【工作区】/【重置为保存的布局】命令，如图2.19所示。此时界面恢复默认状态。

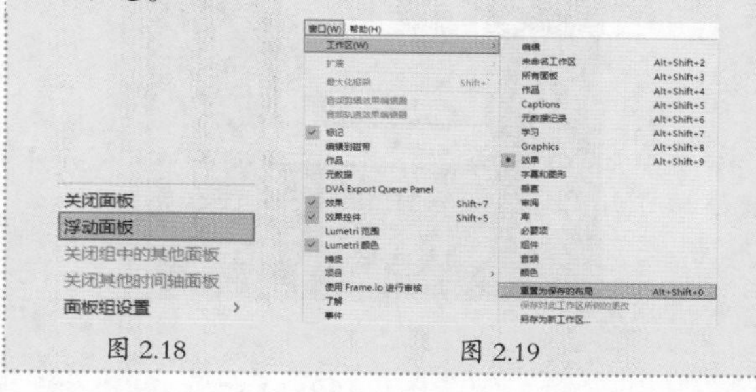

图 2.18　　图 2.19

实例：调整面板组的大小

文件路径：Chapter 2　认识Premiere Pro 2023界面→实例：调整面板组的大小

扫一扫，看视频

步骤 01 将光标放置在相邻面板组之间的分隔条上时，光标会变为 ，此时按住鼠标左键拖动光标，分隔条两侧相邻的面板组面积会增大或减小，如图2.20和图2.21所示。

图 2.20

图 2.21

步骤 02 若想同时调节多个面板，可将光标放置在多个面板组的交叉位置，此时光标变为 ，按住鼠标左键进行拖动即可改变多个面板组的面积大小，如图2.22和图2.23所示。

图 2.22

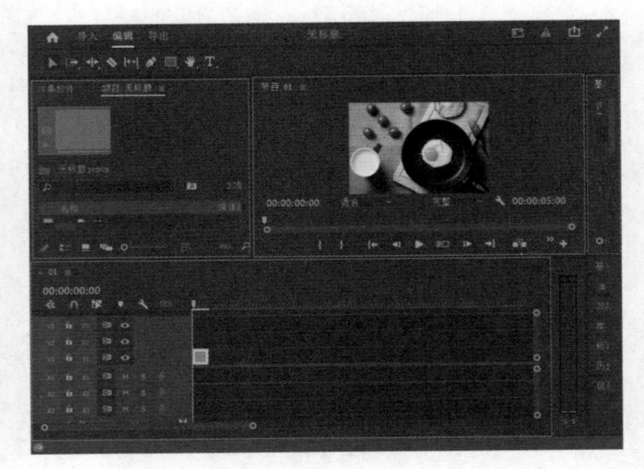

图 2.23

实例：打开、关闭和滚动面板

扫一扫，看视频

文件路径：Chapter 2 认识Premiere Pro 2023界面→实例：打开、关闭和滚动面板

步骤 01 若读者朋友想在界面中打开某一面板组，可在【窗口】菜单中勾选各个命令，如图2.24所示。此时刚刚执行的命令会在Premiere Pro界面中打开。在这里以【Lumetri颜色】面板为例，执行【窗口】/【Lumetri颜色】命令，如图2.25所示。

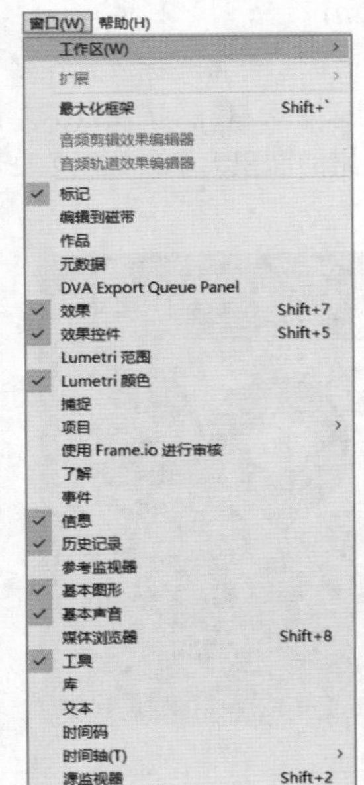

图 2.24

图 2.25

步骤 02 在软件界面中出现【Lumetri颜色】面板，如图2.26所示。

图 2.26

步骤 03 若想关闭该面板，可直接单击窗口右上角的 （关闭）按钮，或单击【Lumetri颜色】文字右侧的 按钮，在快捷菜单中执行【关闭面板】命令，如图2.27所示，此时面板在界面中消失。

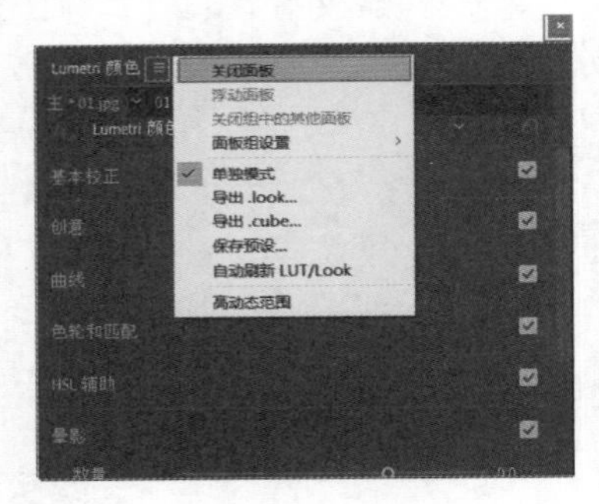

图 2.27

2.3 Premiere Pro 2023的面板

扫一扫，看视频

了解和掌握Premiere Pro的面板是学好Premiere Pro的基础，通过各面板之间的贯通即可轻松地制作出完整的视频。接下来针对Premiere Pro 2023的面板进行详细的讲解。

重点 2.3.1 【项目】面板

【项目】面板用于显示、存放和导入素材文件，如图2.28所示。

图 2.28

1. 预览区

【项目】面板上部预览区可将当前选择的静帧素材文件进行预览，如图2.29所示。在显示音频素材文件时，会将声音时长及频率等信息显示在面板中，如图2.30所示。

图 2.29

图 2.30

- （标识帧）：拖动预览窗口底部的滑块，可为视频素材设置标识帧。
- （播放）：单击【播放】按钮即可将音频素材进行播放。

2. 素材显示区

素材显示区用于存放素材文件和序列。同时，【项目】面板底部包括了多个工具按钮，如图2.31所示。

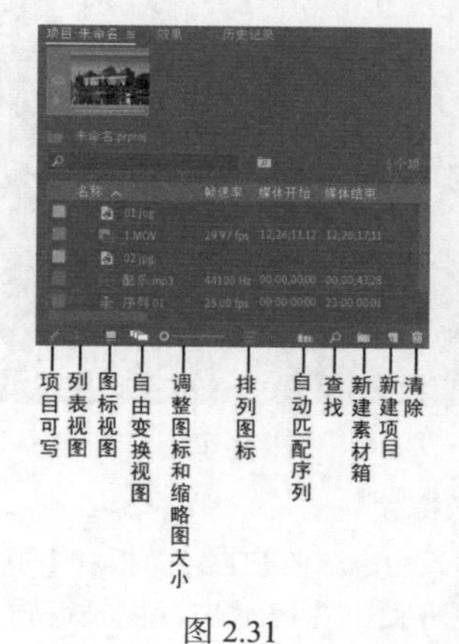

图 2.31

- （项目可写）：单击该按钮，可将项目切换为只读模式。
- （列表视图）：将【项目】面板中的素材文件以列表的形式呈现。
- （图标视图）：将【项目】面板中的素材文件以图标的形式呈现。
- （自由变换视图）：将【项目】面板中的素材文件以自由的形式上、下排列呈现。
- （调整图标和缩略图大小）：拖动即可放大或缩小素材缩略图。
- （排列图标）：当激活 （图标视图）时，该选项可用，用于按不同方式排序。
- （自动匹配序列）：将文件存放区中选择的素材按顺序排列。
- （查找）：单击该按钮，可在弹出的【查找】窗口中查找所需的素材文件。
- （新建素材箱）：可在文件存放区中新建一个文件夹。将素材文件移至文件夹中，方便素材的整理。
- （新建项目）：单击该按钮，可在弹出的快捷菜单中快速执行命令。
- （清除）：选择需要删除的素材文件，单击该按钮，可将素材文件进行移除操作，快捷键为Backspace。

3. 右键快捷菜单

在素材显示区的空白处右击，会弹出如图2.32所示的菜单。

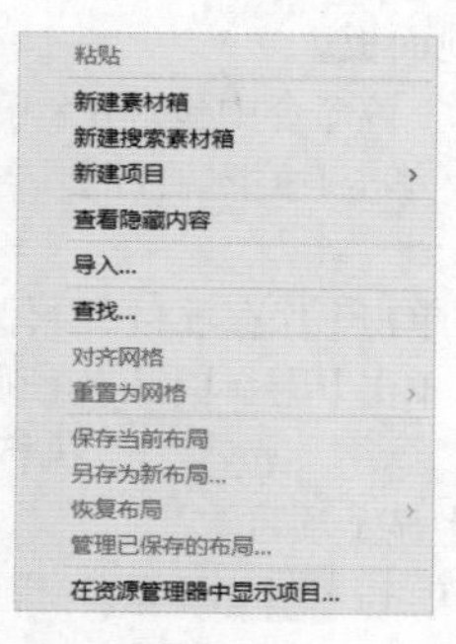

图 2.32

- 粘贴：将【项目】面板中复制的素材文件进行粘贴，此时会出现一个相同的素材文件。
- 新建素材箱：执行该命令，可在【素材显示区】中新建一个文件夹。
- 新建搜索素材箱：与 （新建项目）按钮的功能相同。

- 新建项目：与 ■（新建项目）按钮的功能相同。
- 查看隐藏内容：可将隐藏的素材文件显现出来。
- 导入：可将计算机中的素材导入到【素材显示区】中。
- 查找：与 ■（查找）按钮功能相同。

4.【项目】面板菜单

单击【项目】面板右上角的 ■ 按钮，会弹出如图2.33所示的快捷菜单。

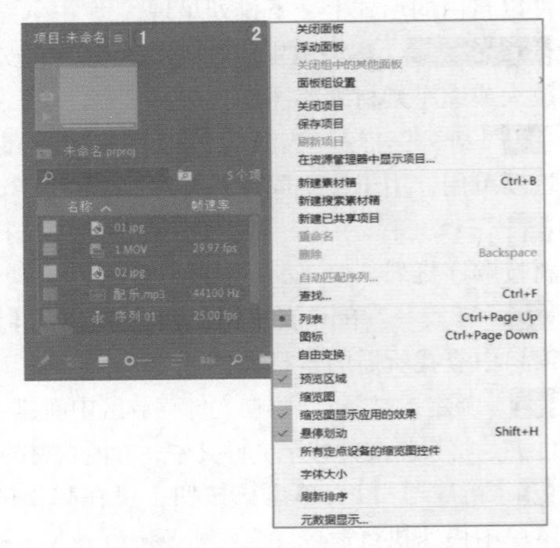

图 2.33

- 关闭面板：单击【关闭面板】会将当前面板删除。
- 浮动面板：可将面板以独立的形式呈现在界面中，变为浮动的独立面板。
- 关闭组中的其他面板：执行该命令的同时会关闭组中的其他面板。
- 面板组设置：该命令中包含6个子命令。
- 关闭项目：单击【关闭项目】，当前项目会从界面中消失。
- 保存项目：单击【保存项目】会保存当前项目。
- 刷新项目：单击【刷新项目】会刷新当前项目。
- 在资源管理器中显示项目：执行该命令后会在资源管理器中显示项目。
- 新建素材箱：与 ■（新建素材箱）按钮功能相同。
- 新建搜索素材箱：与 ■（新建项目）按钮功能相同。
- 新建已共享项目：可以新建已经共享的项目。
- 重命名：可将素材文件名称重新命名。
- 删除：与 ■（清除）按钮功能相同。
- 自动匹配序列：与 ■（自动匹配序列）按钮功能相同。
- 查找：与 ■（查找）按钮功能相同。
- 列表：与 ■（列表视图）按钮功能相同。
- 图标：与 ■（图标视图）按钮功能相同。
- 自由变换：与 ■（自由变换视图）按钮功能相同。
- 预览区域：勾选该选项，可以在【项目】面板上方显示素材预览图。
- 缩览图：素材文件会以缩览图的方式呈现在列表中。
- 缩览图显示应用的效果：此设置适用于【图标】和【列表】视图中的缩览图。
- 悬停划动：控制素材文件是否处于悬停的状态。
- 所有定点设备的缩览图控件：执行该命令后，可在【项目】面板中使用相应的控件。
- 字体大小：调整面板的字体大小。
- 刷新排序：将素材文件重新调整，按顺序排列。
- 元数据显示：在弹出的面板中对素材进行查看和修改素材属性。

重点 2.3.2 【监视器】面板

【监视器】面板主要用于对视频、音频素材的预览，监视【项目】面板中的内容，可以在素材中设置入点、出点、改变静帧图像持续时间和设置标记等，如图2.34所示。Premiere Pro 2023中提供了4种模式的监视器，分别为双显示模式、修剪监视器模式、Lumetri范围模式和多机位监视器模式，接下来进行详细讲解。

图 2.34

1. 双显示模式

双显示模式由【源监视器】面板和【节目监视器】面板组成，可更方便、快速地进行视频编辑，选择【时间轴】面板中带有特效的素材文件，此时在【节目监视器】

面板中即可显现当前素材文件的状态，如图2.35所示。在菜单栏中执行【窗口】/【源监视器】命令即可打开【源监视器】面板，然后在【时间轴】面板中双击素材文件，在【源监视器】面板中即可显现出该素材文件未添加特效之前的原始状态，如图2.36所示。

图 2.35

图 2.36

此时界面呈现出双显示模式，如图2.37所示。

图 2.37

在【监视器】面板右下角单击 ➕（按钮编辑器）按钮，接着在弹出的面板中选择需要的按钮拖动到工具栏中即可进行使用，如图2.38所示。

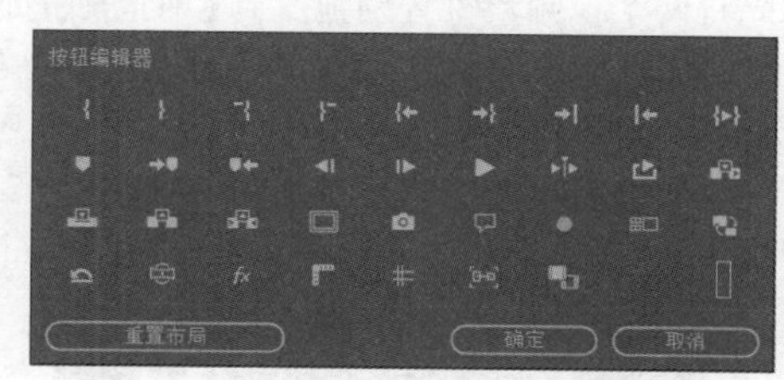

图 2.38

- （标记入点）：单击该按钮后，可设置素材文件的入点，按住Alt键再次单击即可取消设置。
- （标记出点）：单击该按钮后，可设置素材文件的出点，按住Alt键再次单击即可取消设置。
- （转到入点）：单击该按钮，时间线自动跳转到入点位置。
- （转到出点）：单击该按钮，时间线自动跳转到出点位置。
- （从入点到出点播放视频）：单击该按钮，可以播放从入点到出点之间的内容。
- （添加标记）：将时间线拖动到相应位置，单击该按钮，可为素材文件添加标记。
- （转到下一标记）：单击该按钮，时间线可以跳转到下一个标记点位置。
- （转到上一标记）：单击该按钮，时间线可以跳转到上一个标记点位置。
- （后退一帧）：单击该按钮，时间线会跳转到当前帧的上一帧的位置。
- （前进一帧）：单击该按钮，时间线会跳转到当前帧的下一帧的位置。
- （播放/停止切换）：单击该按钮，【时间轴】面板中的素材文件被播放，再次单击该按钮即可停止播放。
- （播放邻近区域）：单击该按钮，可播放时间线附近的素材文件。
- （循环）：单击该按钮，可以将当前的素材文件循环播放。
- （安全边框）：单击该按钮，可以在画面周围显示出安全框。
- （插入）：单击该按钮，可将正在编辑的素材插入到当前位置。
- （覆盖）：单击该按钮，可将正在编辑的素材覆盖到当前位置。
- （导出帧）：单击该按钮，可输出当前停留的画面。

2. 修剪监视器模式

当视频进行粗剪后，通常在素材与素材的交接位置会出现连接不一致的现象，此时应进行边线的修剪。当对粗剪素材两端端点进行编辑设置时，可以看出在正常状态下选中素材后，只能将粗剪的素材在结束位置向右侧拖曳把视频拉长，如图2.39所示；但在素材的起始位置将素材向左侧拉曳时素材不发生任何变化，如图2.40所示。

这时需要切换到修剪监视器模式，便于对素材的精确剪辑。单击工具箱中的（波纹编辑工具）按钮，将光标移动到想要修剪的素材上方的起始位置，当光标变为时，按住鼠标左键向左侧拖动，如图2.41所示。此时【节目监视器】面板中的素材呈现双画面效果，如图2.42所示。释放鼠标后素材变长，如图2.43所示。

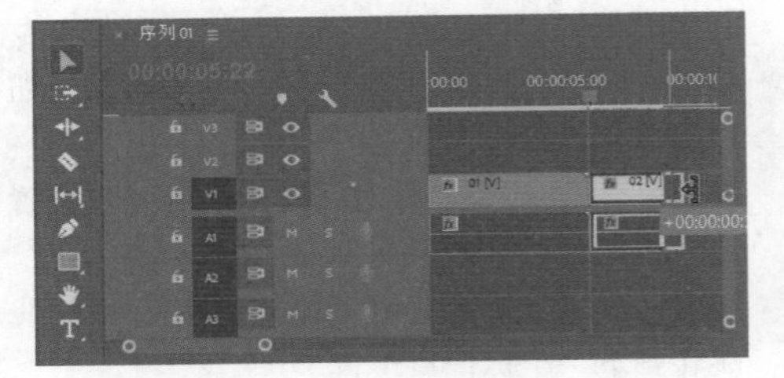

图 2.39

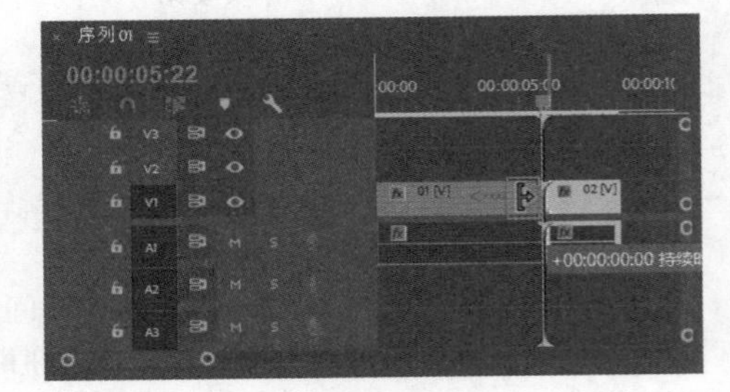

图 2.40

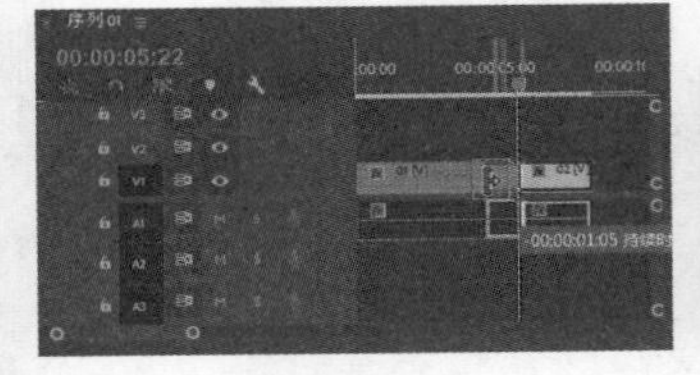

图 2.41

图 2.42

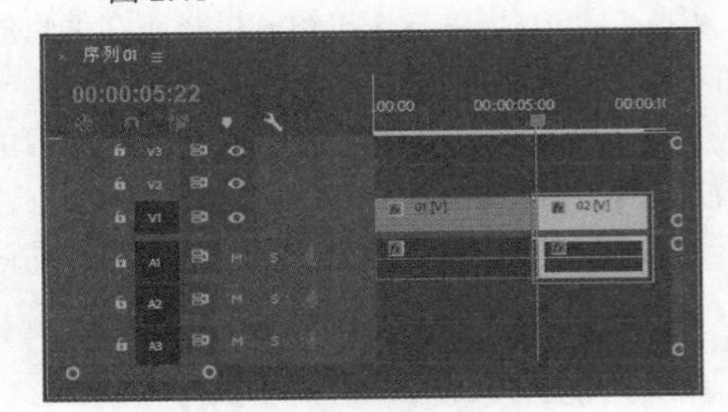

图 2.43

在修剪监视器模式下，当编辑线上的两段视频前后交接且粗剪的前部分素材结束部分有剩余和后部分素材开始部分有剩余时，可使用波纹编辑工具改变素材时长，且总时长不变。

在工具箱中长按 (波纹编辑工具)按钮，此时在弹出的工具组中选择 (滚动编辑工具)按钮，然后将光标放在【时间轴】面板中两个素材的交接位置，按住鼠标左键向左或向右移动，改变这两个素材的持续时间，此时【节目监视器】面板中呈现双画面状态，如图2.44所示。在【时间轴】面板中改变单个素材时长时，总时长不变，如图2.45所示。

图 2.44

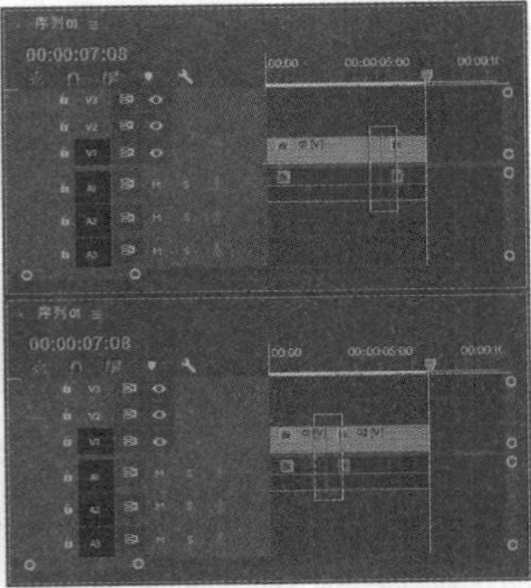

图 2.45

3. Lumetri范围模式

在Lumetri范围模式下，可以显示素材的波形并与【节目监视器】面板中的素材进行统一调整，在【节目监视器】面板中查看实时素材的同时还可以对素材进行颜色和音频的调整，如图2.46所示。

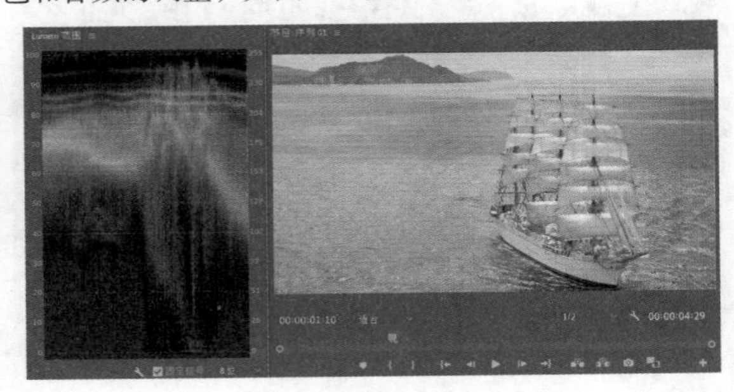

图 2.46

4. 多机位监视器模式

首先将两个视频素材分别拖曳到【时间轴】面板中的V1、V2轨道上，如图2.47所示。选中这两个素材，右击执行【嵌套】命令，如图2.48所示。

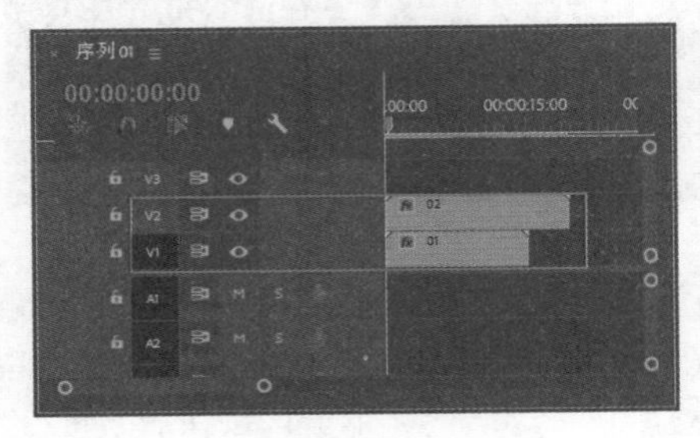

图 2.47

此时会弹出【嵌套序列名称】窗口，设置合适的名称后单击【确定】按钮，如图2.49所示。【时间轴】面板中的两个素材文件变为一个，且颜色变为绿色，如图2.50所示。

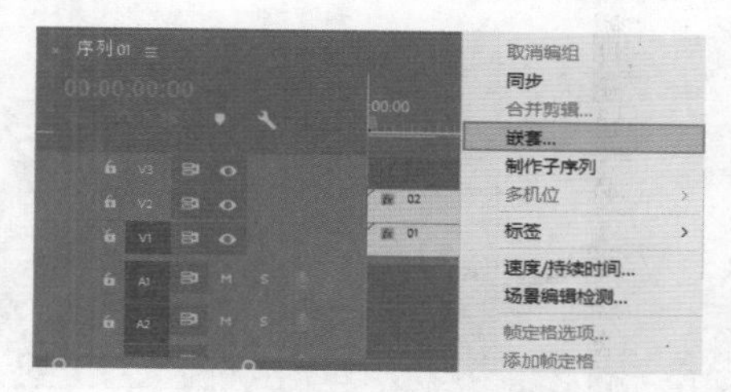

图 2.48

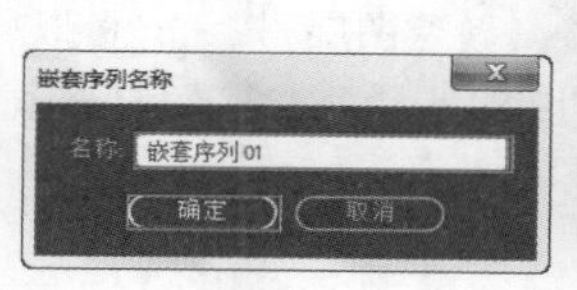

图 2.49

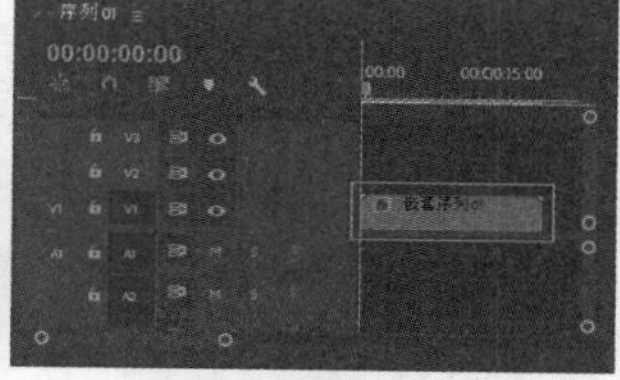

图 2.50

在【时间轴】面板中右击嵌套素材，执行【多机位】/【启用】命令，如图2.51所示。单击【监视器】面板中的 （设置）按钮，在快捷菜单中执行【多机位】命令，如图2.52所示。

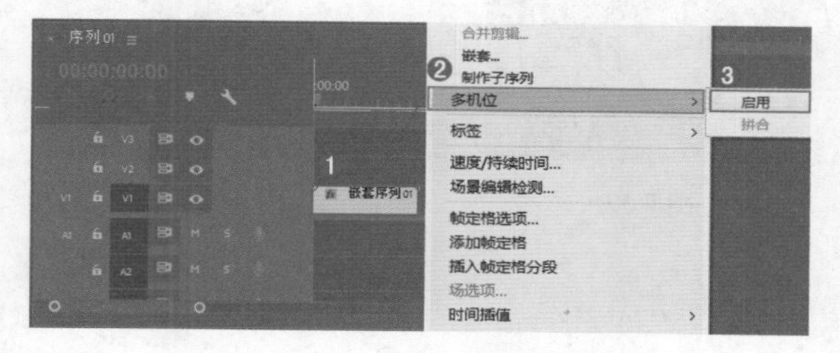

图 2.51

图 2.52

此时【监视器】中的画面一分为二。在多机位监视器模式下，可以编辑从不同的机位同步拍摄的视频素材，如图2.53所示。

图 2.53

提示：

多机位剪辑手法常用于剪辑一些分镜画面，如会议视频、晚会活动、MV画面及电影等，剪辑时最好在同一个音频下将音频声波对齐，这样才能更准确地将画面进行剪辑转换，如图2.54所示。

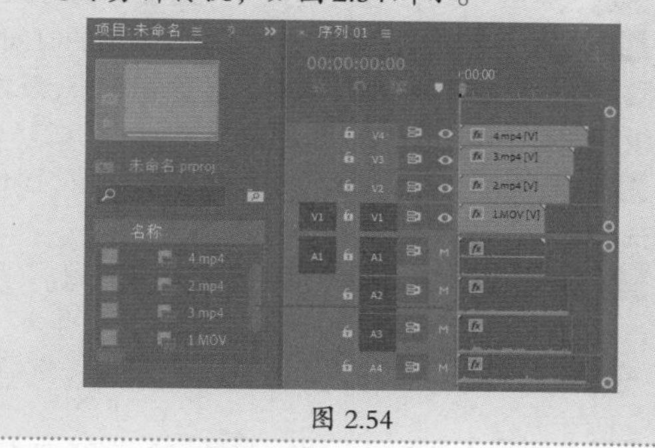

图 2.54

重点 2.3.3 【时间轴】面板

【时间轴】面板可以编辑和剪辑视频、音频文件，为文件添加字幕、效果等，其是Premiere Pro 2023界面中重要的面板之一，如图2.55所示。

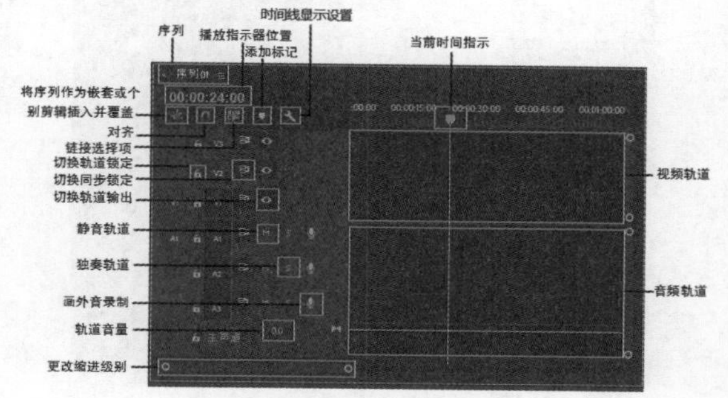

图 2.55

- 00:00:24:00（播放指示器位置）：显示当前时间线所在的位置。
- （当前时间指示）：单击并拖动此按钮即可显示当前素材的时间位置。
- （切换轨道锁定）：单击此按钮，该轨道停止使用。
- （切换同步锁定）：可限制在修剪期间的轨道转移。
- （切换轨道输出）：单击此按钮，可隐藏该轨道中的素材文件并以黑场视频的形式呈现在【节目监视器】面板中。
- M（静音轨道）：单击此按钮，将当前的音频轨道静音。
- S（独奏轨道）：单击此按钮，该轨道可成为独奏轨道。
- （画外音录制）：单击此按钮可进行录音操作。
- 0.0（轨道音量）：数值越大，轨道音量越高。
- （更改缩进级别）：更改时间轴的时间间隔，向左滑动级别增大，素材占地面积较小；反之，级别变小，素材占地面积较大。
- V1（视频轨道）：可在轨道中编辑静帧图像、序列、视频文件等素材。
- A1（音频轨道）：可在轨道中编辑音频素材。

重点 2.3.4 【基本图形】面板

在【基本图形】面板中可以编辑文字、形状或为文字、形状添加描边、阴影等效果。执行【窗口】/【基本图形】命令即可打开【基本图形】面板，如图2.56所示。此时打开【基本图形】面板，如图2.57所示。

图 2.56

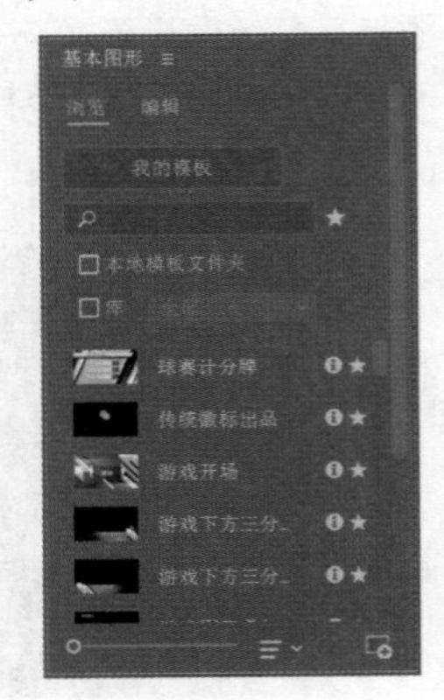

图 2.57

【基本图形】面板主要包括【浏览】和【编辑】2个部分，在【浏览】选项中，可以选择合适的图形模板将其添加到素材上，效果如图2.58所示。

图 2.58

在【编辑】选项中，单击（新建图层）按钮，可以创建【文本】和【图形】，如图2.59所示。在【节目监视器】面板中查看画面效果，如图2.60所示。

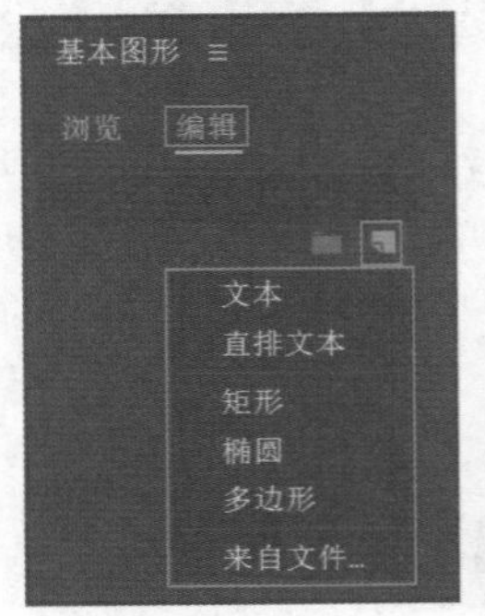

图 2.59

图 2.60

重点 2.3.5 【效果】面板

【效果】面板可以更好地对视频和音频进行过渡及效果的处理，如图2.61所示。

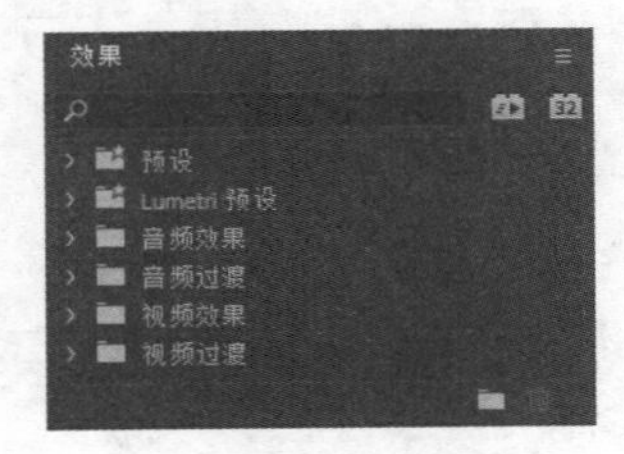

图 2.61

在【效果】面板中选择合适的视频效果，按住鼠标左键拖曳到素材文件上即可为素材文件添加效果，如图2.62所示。若想调整效果参数，可在【效果控件】面板中展开该效果进行调整，如图2.63所示。

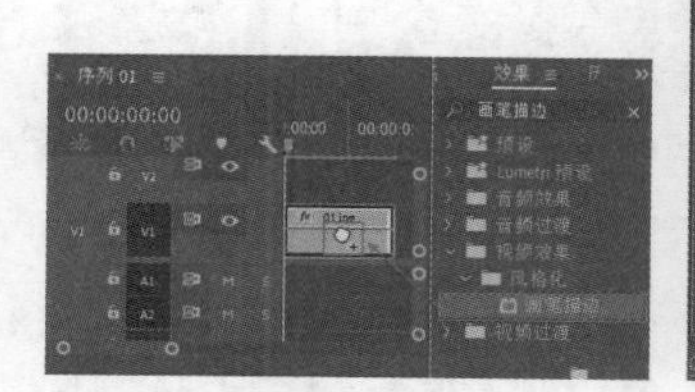

图 2.62

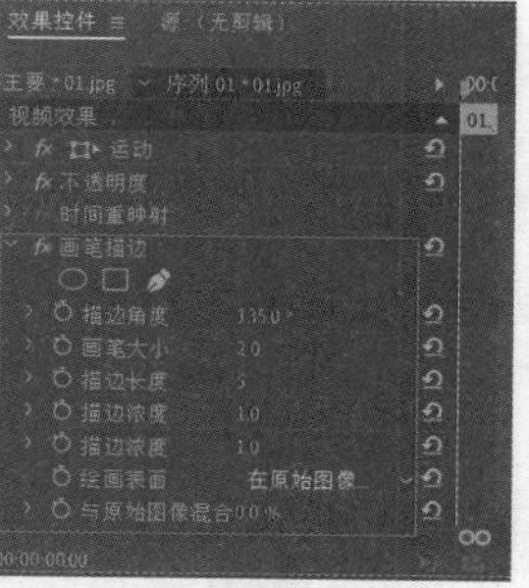

图 2.63

2.3.6 【音轨混合器】面板

在【音轨混合器】面板中可调整音频素材的声道、效果及音频录制等，如图2.64所示。

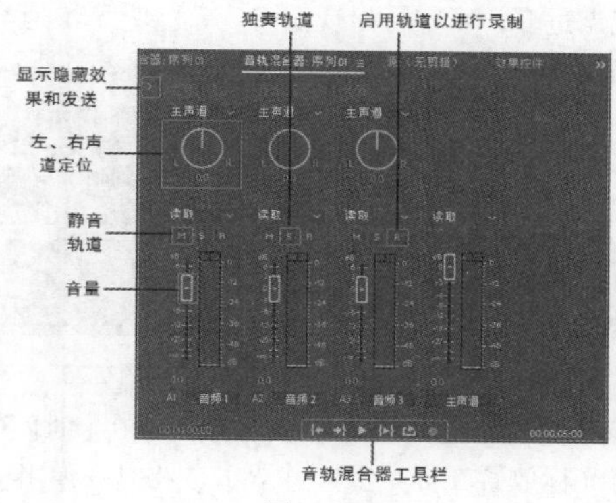

图 2.64

重点 2.3.7 【工具】面板

【工具】面板主要应用于编辑【时间轴】面板中的素材文件，如图2.65所示。

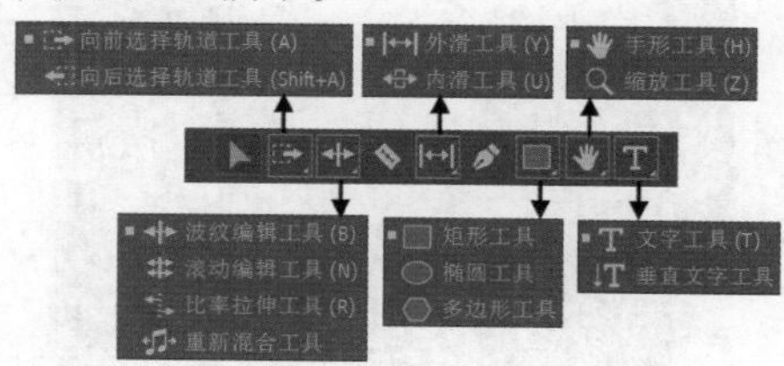

图 2.65

- （选择工具）：用于选择时间线轨道上的素材文件，快捷键为V，选择素材文件时，按住Ctrl键可进行加选。
- （向前选择轨道工具）/（向后选择轨道工具）：选择箭头方向的全部素材。
- （波纹编辑工具）：选择该工具，可调节素材文件长度，将素材缩短时，该素材后方的素材文件会自动向前跟进。
- （滚动编辑工具）：选择该工具，更改素材出入点时，相邻素材的出入点也会随之改变。
- （比率拉伸工具）：选择该工具，可更改素材文件的长度和速率。
- （剃刀工具）：使用该工具剪辑素材文件，可将剪辑后的每一段素材文件进行单独调整和编辑，按住Shift键可以同时剪辑多条轨道中的素材。
- （外滑工具）：改变所选素材的出入点位置。
- （内滑工具）：改变相邻素材的出入点位置。
- （钢笔工具）：可以在【监视器】面板中绘制形状或在素材文件上方创建关键帧。
- （矩形工具）：可以在【监视器】面板中绘制矩形。
- （椭圆工具）：可以在【监视器】面板中绘制椭圆形。
- （手形工具）：按住鼠标左键即可在【节目监视器】面板中移动素材文件的位置。
- （缩放工具）：可以放大或缩小【时间轴】面板中的素材。
- （文字工具）：可在【监视器】面板中单击输入横排文字。
- （垂直文字工具）：可在【监视器】面板中单击输入直排文字。

重点 2.3.8 【效果控件】面板

在【时间轴】面板中若不选择素材文件，【效果控件】面板为空，如图2.66所示。若在【时间轴】面板中选择素材文件，可在【效果控件】面板中调整素材效果的参数，默认状态下会显示【运动】【不透明度】【时间重映射】3种效果，也可为素材添加关键帧制作动画，如图2.67所示。

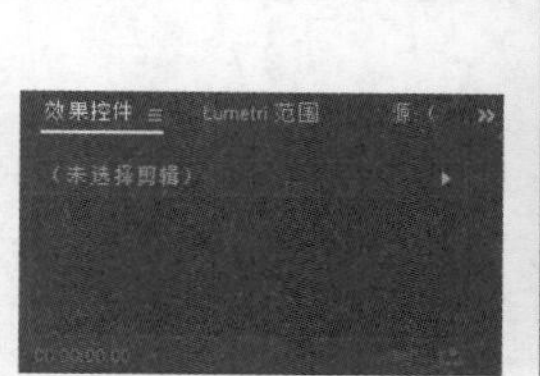

图 2.66

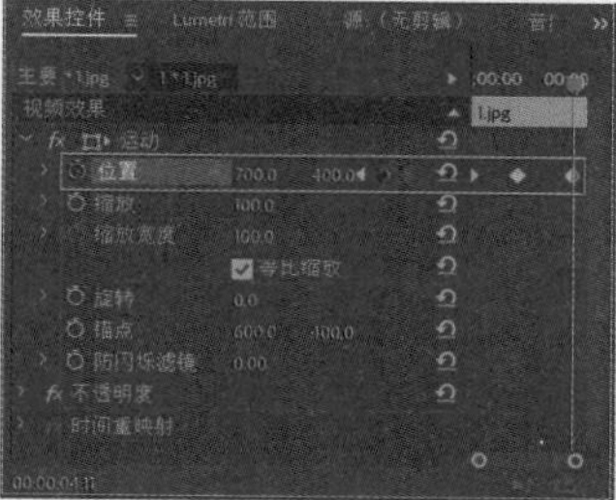

图 2.67

2.3.9 【历史记录】面板

【历史记录】面板用于记录所操作过的步骤。在操作时若想快速回到前几步，可在【历史记录】面板中选择想要回到的步骤，此时位于该步骤下方的步骤变为灰色，如图2.68所示。若想清除全部历史步骤，可在【历史记录】面板中右击，在弹出的快捷菜单中执行【清除历史记录】命令，此时会弹出【清除历史记录】窗口，单击【确定】按钮即可清除所有步骤，如图2.69所示。

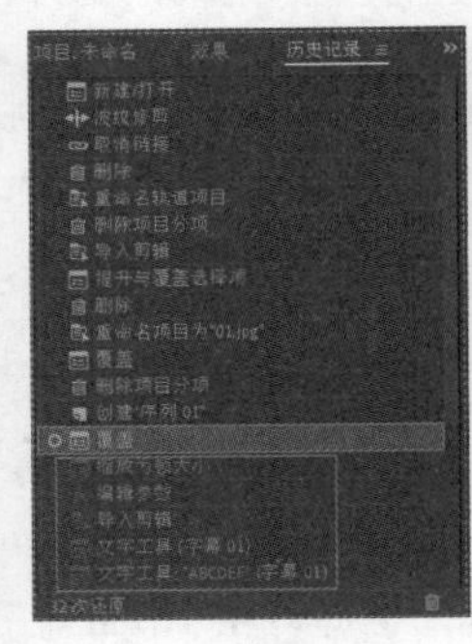

图 2.68

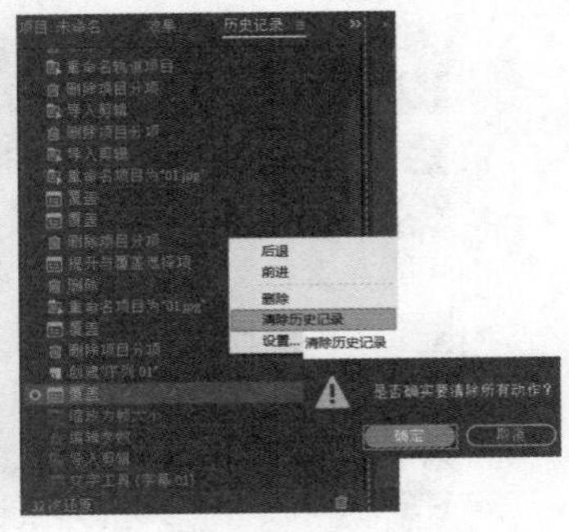

图 2.69

2.3.10 【信息】面板

【信息】面板主要用于显示所选素材文件的剪辑或者效果信息，如图2.70所示。【信息】面板中所显示的信息会随着媒体类型和当前窗口等因素的不同而发生变化。若在界面中没有找到【信息】面板，则在菜单栏中执行【窗口】/【信息】命令即可弹出【信息】面板，如图2.71所示。

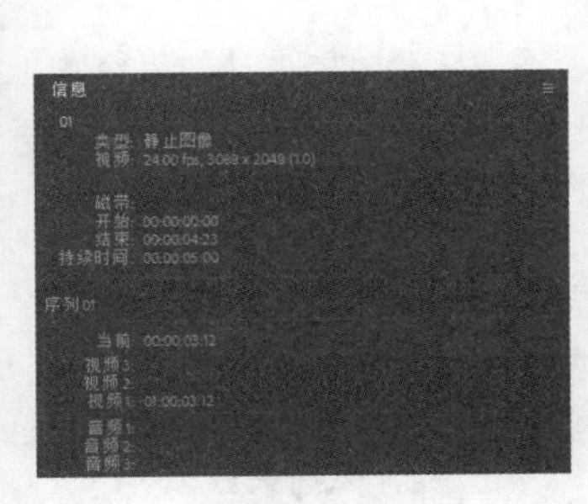

图 2.70

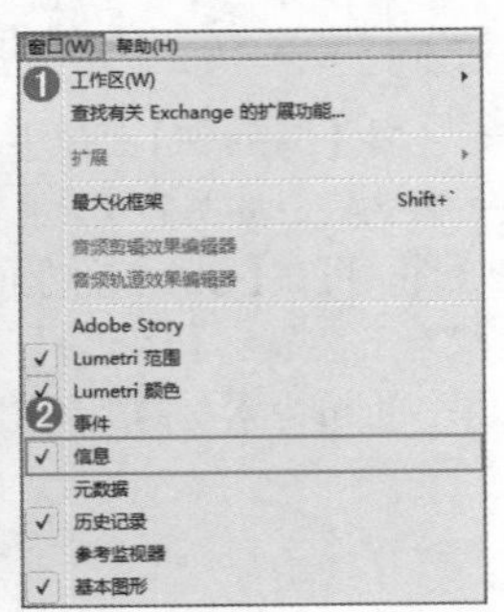

图 2.71

2.3.11 【媒体浏览器】面板

在【媒体浏览器】面板中可查看计算机中各磁盘信息，同时可以在【源监视器】面板中预览所选择的路径文件，如图2.72和图2.73所示。

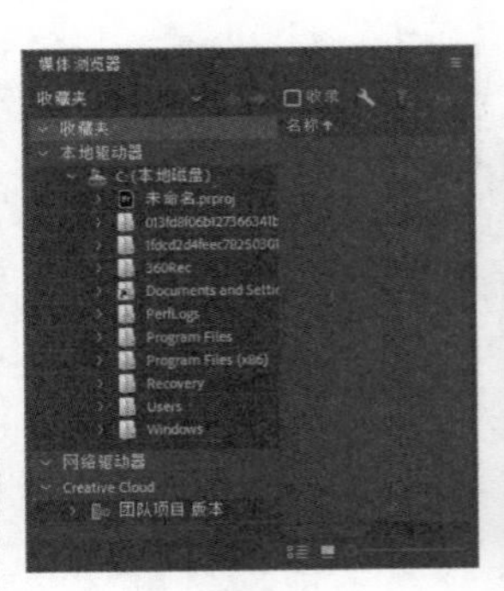

图 2.72

图 2.73

2.3.12 【标记】面板

【标记】面板可对素材文件添加标记，快速定位到标记的位置，为用户提供方便，如图2.74所示。若素材中的标记点过多，则容易出现混淆现象。为了快速准确地查找位置，可赋予标记不同的颜色，如图2.75所示。

图 2.74

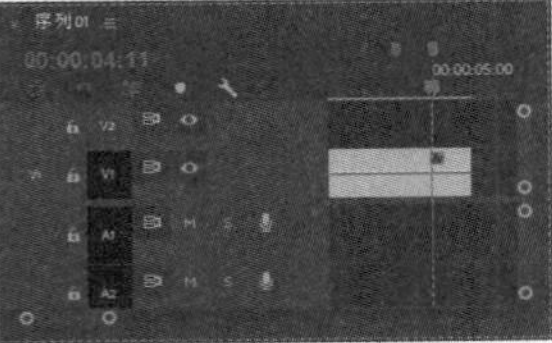

图 2.75

若想更改标记颜色或添加注释，可在【时间轴】面板中将光标放置在标记上方并双击，此时在弹出的窗口中即可进行标记的编辑，如图2.76所示。

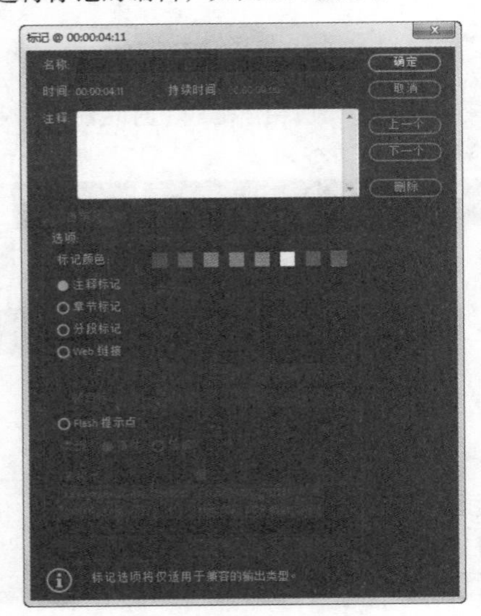

图 2.76

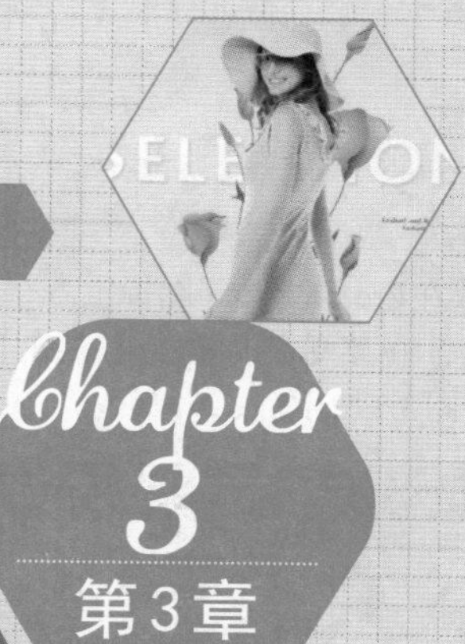

Chapter 3

第3章

Premiere Pro常用操作

本章内容简介：

本章为Premiere Pro的基础章节，要想熟练地完成影片制作，掌握基础知识是一堂必修课。本章主要讲解使用Premiere Pro进行创作的常用步骤、导入素材的多种方法、项目文件和素材文件的基本操作及Premiere Pro的外观设置等。

重点知识掌握：

- 在Premiere Pro中剪辑视频的常用步骤
- 如何导入素材文件
- 编辑素材和项目的基本操作
- 自定义界面设置

重点 3.1 我的第一个Premiere Pro作品

扫一扫，看视频

Adobe Premiere Pro 2023是一款功能强大的视频剪辑软件。在使用该软件创作作品之前，首先需要了解作品的创作步骤。

3.1.1 养成好习惯：收集和整理素材到文件夹

在制作视频之前，首先需要选择大量与主题相符的图片、视频或音频素材并整理到一个文件夹中，粗选完成后，需要在文件夹中进行二次挑选，将挑选的素材文件移动到新的素材文件夹中作为最终素材，如图3.1所示。然后根据要剪辑的先后顺序将素材重命名为数字编号或更直观的文字，如图3.2所示。

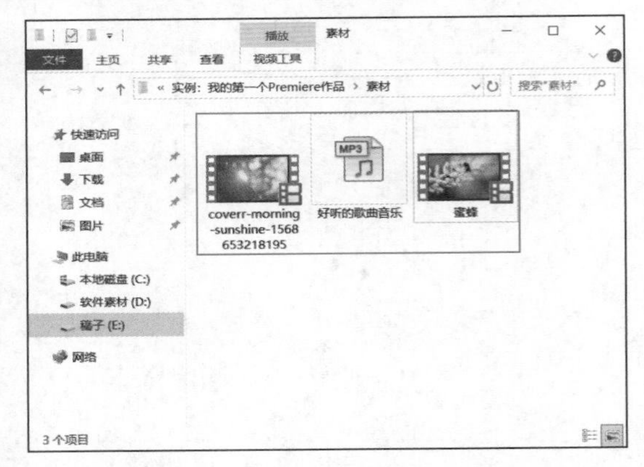

图 3.1

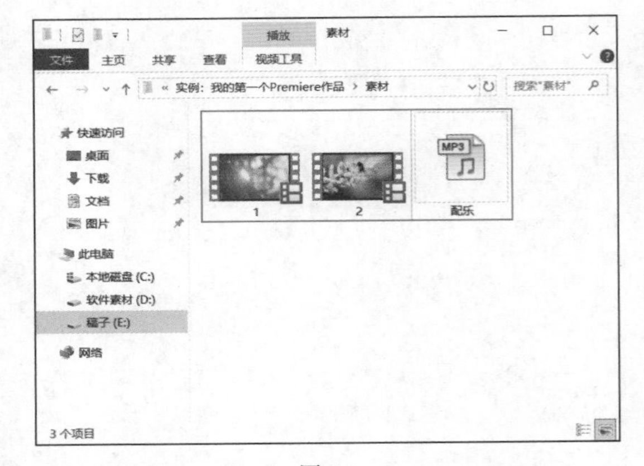

图 3.2

3.1.2 新建项目

（1）将光标放在Premiere Pro图标上方，双击打开软件。打开软件后，在菜单栏中执行【文件】/【新建】/【项目】命令，如图3.3所示。

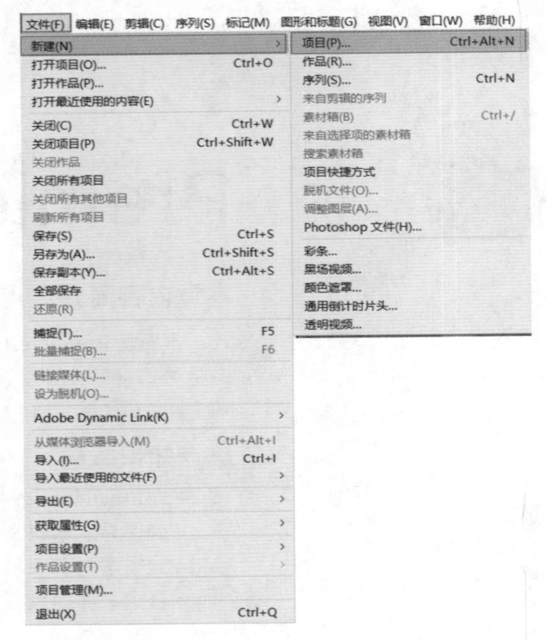

图 3.3

（2）在弹出的【导入】面板中设置文件名称，单击【项目位置】后方的 ⌄ 按钮，执行【选择位置】命令，此时会弹出【项目位置】窗口，为项目选择合适的路径文件夹，然后单击【选择文件夹】按钮。在【导入】面板中单击【创建】按钮，如图3.4所示。

图 3.4

（3）此时进入Premiere Pro界面，如图3.5所示。

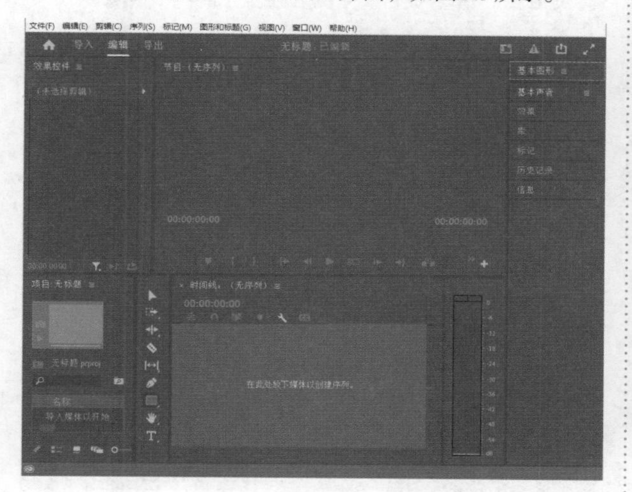

图 3.5

3.1.3 新建序列

新建序列是在新建项目的基础上进行操作的，可根据素材大小选择合适的序列类型。

新建项目完成后，在菜单栏中执行【文件】/【新建】/【序列】命令，也可以使用快捷键Ctrl+N直接进入【新建序列】窗口。在【新建序列】窗口中选择HDV文件夹下的【HDV 1080p24】，设置【序列名称】为【序列01】，然后单击【确定】按钮，如图3.6所示。此时新建的序列出现在【项目】面板中，如图3.7所示。

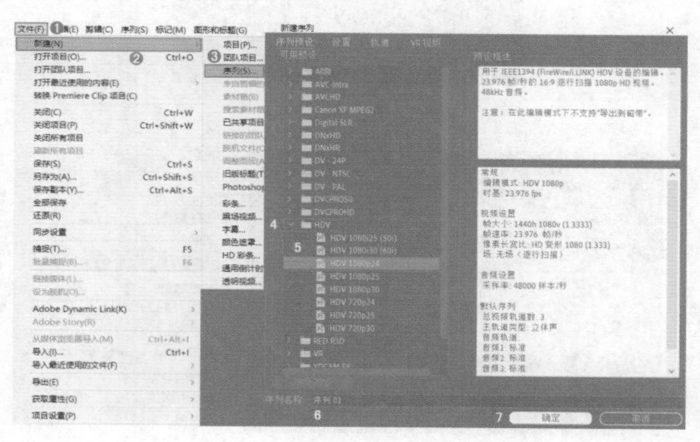

图 3.6

图 3.7

3.1.4 导入素材

（1）在界面中新建项目和序列后，将制作作品时需要用的素材导入到Premiere Pro的【项目】面板中。此时在【项目】面板下方的空白处双击，如图3.8所示。或者使用快捷键Ctrl+I打开【导入】窗口，导入所需的素材文件，选择素材后单击【打开】按钮即可进行导入，如图3.9所示。

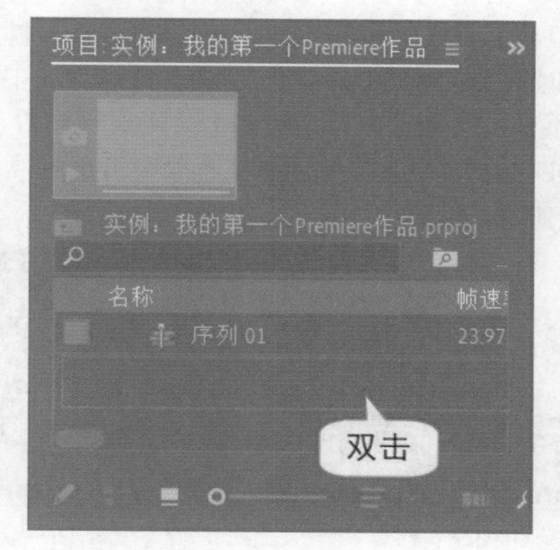

图 3.8

（2）此时素材导入到【项目】面板中，如图3.10所示。

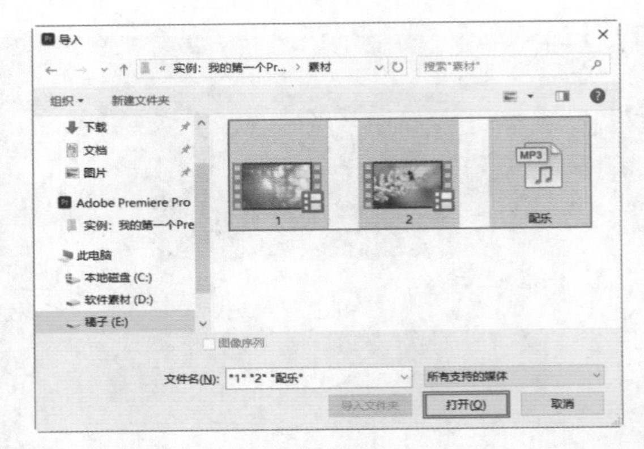

图 3.9

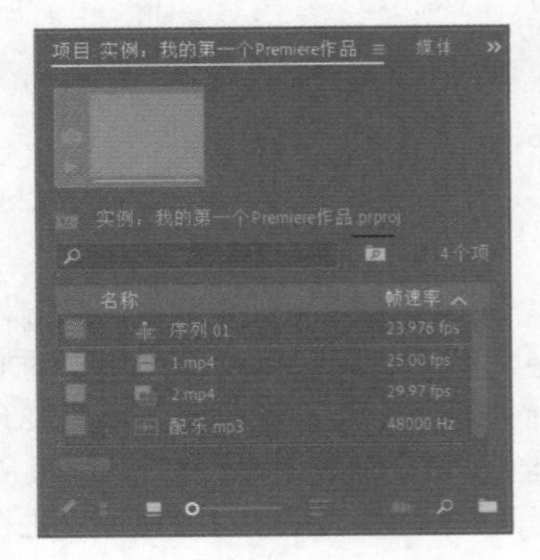

图 3.10

（3）将【项目】面板中的1.mp4和2.mp4素材文件拖曳到【时间轴】面板中的V1轨道上，此时界面中会出现【剪辑不匹配警告】窗口，单击【保持现有设置】按钮，如图3.11所示。此时【时间轴】面板中出现刚刚拖入的素材，如图3.12所示。

图 3.11

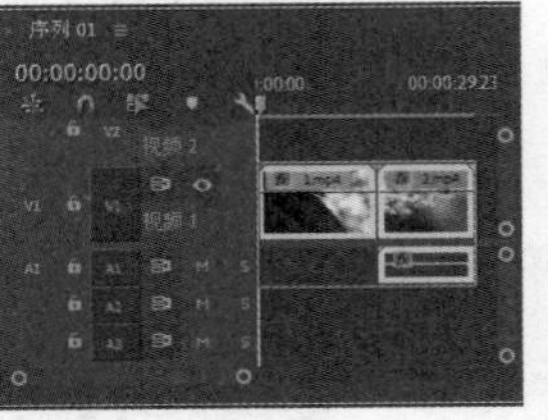

图 3.12

提示：剪辑不匹配警告

若将【项目】面板中影片格式的素材文件拖曳到【时间轴】面板中，会弹出【剪辑不匹配警告】窗口。若在窗口中单击【更改序列设置】按钮，此时【项目】面板中已设置完成的序列将根据影片尺寸进行修改和再次匹配；若单击【保持现有设置】按钮，则会不改变序列尺寸，但要注意此时影片素材可能会与序列大小不匹配，这时可针对影片素材的大小进行调整。

3.1.5 剪辑素材

（1）在【时间轴】面板中选择2.mp4素材，右击执行【取消链接】命令，如图3.13所示。选择A1轨道上的音频，按Delete键将音频删除，如图3.14所示。

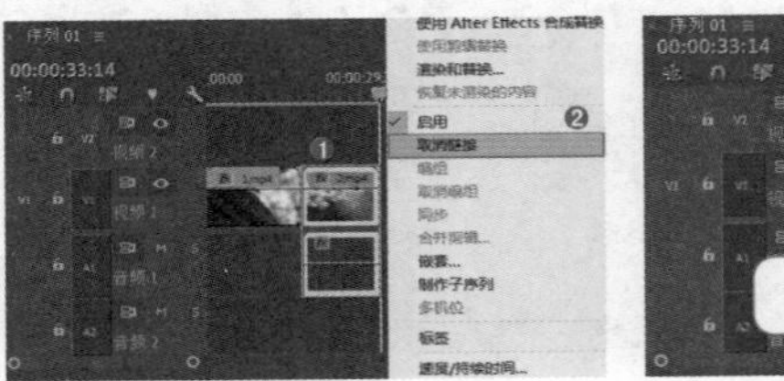

图 3.13

图 3.14

（2）剪辑视频素材。将时间线滑动到6秒17帧位置，单击工具箱中的 （剃刀工具）按钮，也可按C键将光标进行切换，然后在当前位置剪辑1.mp4素材，如图3.15所示。接着在工具栏中单击 （选择工具）按钮，选择1.mp4素材的前半部分，右击执行【波纹删除】命令，如图3.16所示。

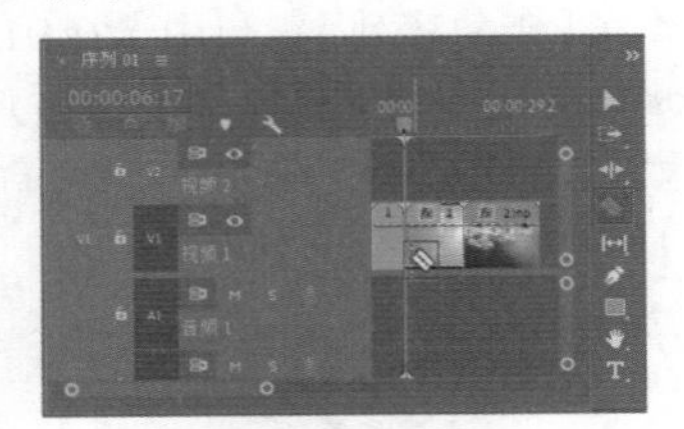

图 3.15

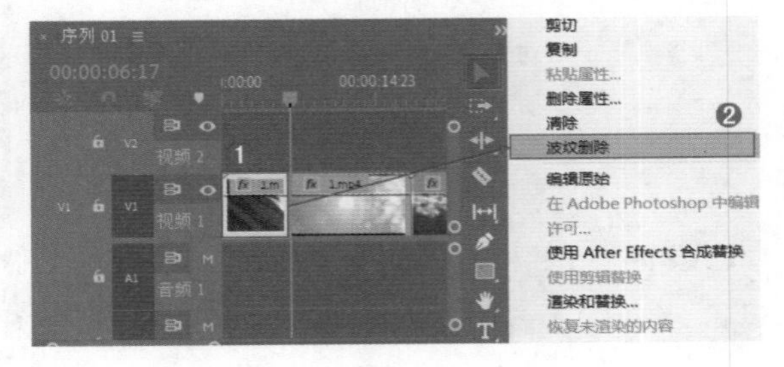

图 3.16

3.1.6 配乐

（1）剪辑音频文件。将【项目】面板中的配乐素材拖曳到【时间轴】面板中的A1轨道，如图3.17所示。

图 3.17

（2）将时间线滑动到26秒21帧位置，按下C键将光标切换为【剃刀工具】，在当前位置剪辑配乐素材，如图3.18所示。接着按V键将光标切换为【选择工具】，选择配乐的后半部分，按Delete键删除，如图3.19所示。

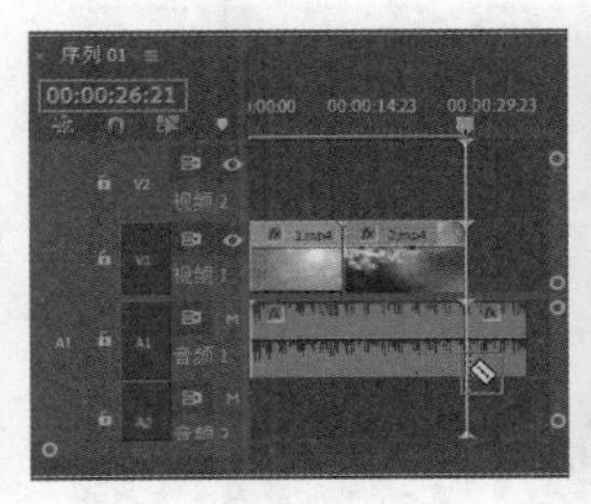

图 3.18

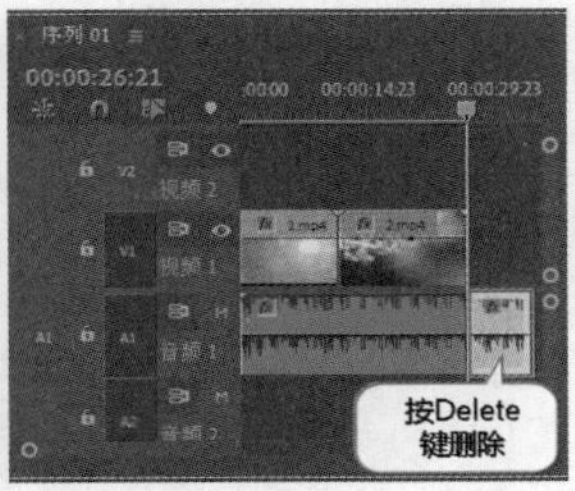

图 3.19

（3）制作淡入淡出的音频效果。选择音频素材，将时间线滑动到起始帧位置，双击音频素材前方空白位置，此时出现 （添加/删除关键帧）按钮，在当前位置进行添加，如图3.20所示。使用同样的方式在第3秒、第24秒已经结束帧位置添加关键帧，如图3.21所示。

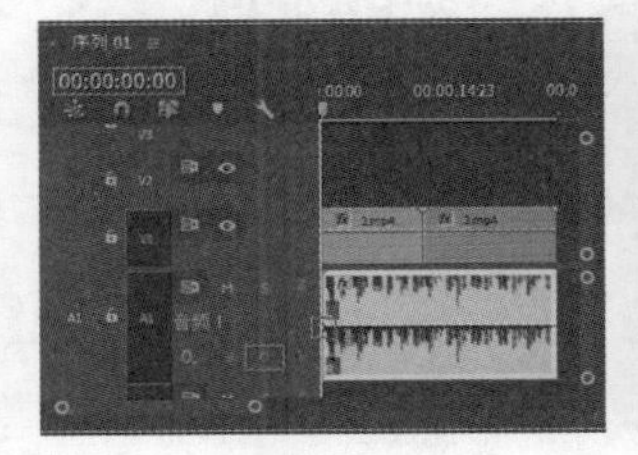

图 3.20

图 3.21

（4）分别选择起始位置和结束位置的关键帧，按住鼠标左键向下拖动，如图3.22所示。

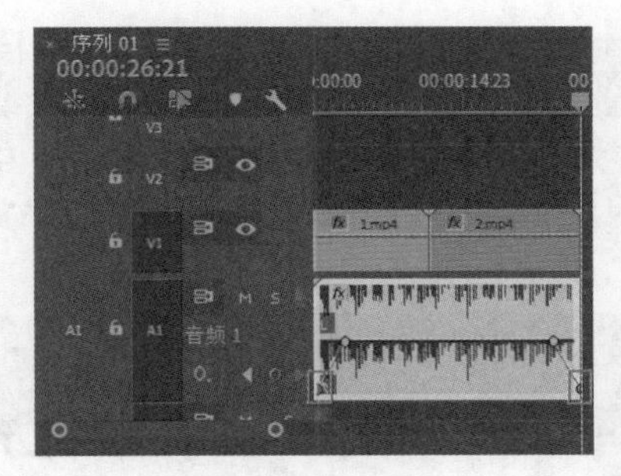

图 3.22

3.1.7 为素材添加字幕效果

（1）将时间线滑动至起始位置，单击【工具】面板中的T（文字工具）按钮，在工作区域合适的位置输入“美好清晨”文字内容。如图3.23所示。

图 3.23

（2）在【时间轴】面板中选中文字图层，在【效果控件】面板中展开【文本】/【源文本】，设置合适的【字体系列】，设置合适的【字体系列】及【字体样式】，【字体大小】设置为188，【颜色】为白色。接着展开【变换】，设置【位置】为（402.4,268.5），如图3.24所示。

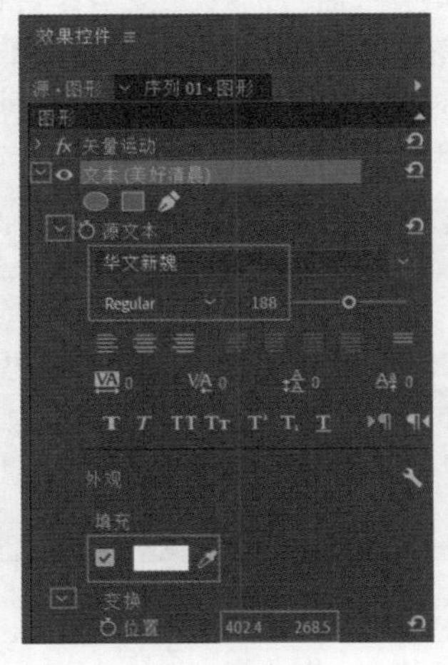

图 3.24

（3）在【时间轴】面板中设置文字图层的结束时间与下方素材对齐，将光标移动到文字图层的结束位置，当光标变为 时，按住鼠标左键将素材的结束时间与下方视频对齐，如图3.25所示。此时画面效果如图3.26所示。

图 3.25

图 3.26

3.1.8 为素材添加特效

（1）在【效果】面板的搜索框中搜索【带状内滑】，按住鼠标左键将效果拖曳到【时间轴】面板中1.mp4和2.mp4素材的中间位置，如图3.27所示。此时画面过渡效果如图3.28所示。

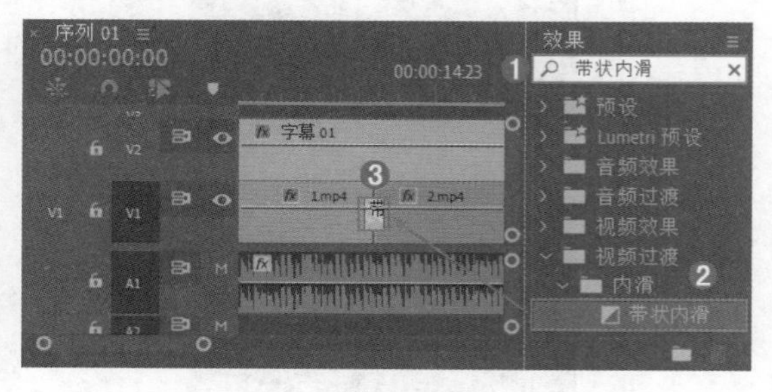

图 3.27

图 3.28

（2）在【效果】面板的搜索框中搜索【黑场过渡】，按住鼠标左键将效果拖曳到【时间轴】面板中的2.mp4素材的结束位置，如图3.29所示。此时画面过渡效果如图3.30所示。

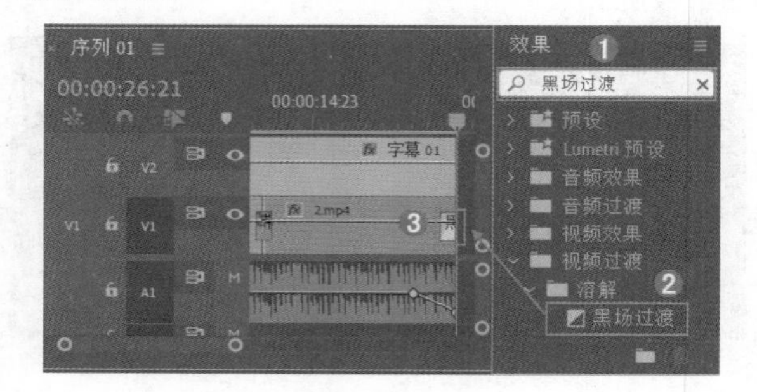

图 3.29

图 3.30

3.1.9 输出作品

当视频文件制作完成后，需要将作品进行输出，使作品在便于观看的同时更加便于存储。

（1）选择【时间轴】面板，然后在菜单栏中执行【文件】/【导出】/【媒体】命令或使用快捷键Ctrl+M打开【导出设置】窗口，如图3.31所示。

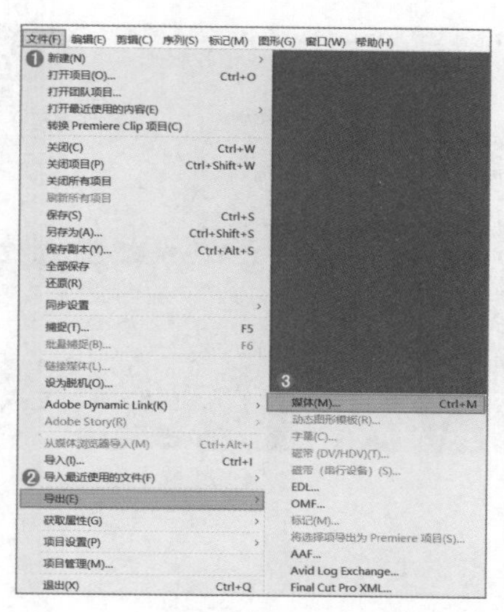

图 3.31

（2）在【导出设置】窗口中设置【格式】为H.264，单击【输出名称】后方文字，此时会弹出【另存为】窗口，在窗口中设置导出文件保存路径，设置完成后勾选【使用最高渲染质量】，单击【导出】按钮，如图3.32所示。

图 3.32

（3）在弹出的窗口中显示渲染进度条，如图3.33所示。等待一段时间后即可完成渲染，并且可以在刚刚设置的路径中找到输出的视频作品【我的第一个Premiere作品】，如图3.34所示。

图 3.33

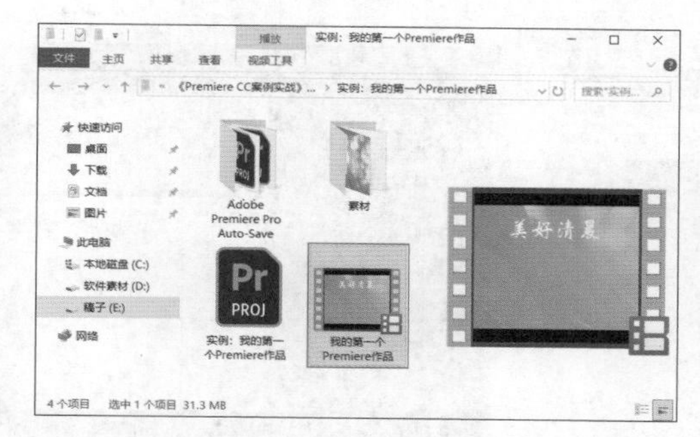

图 3.34

重点 3.2 导入素材文件

在Premiere Pro中可以导入素材的格式有很多种，其中最常用的有导入图片、导入视频与音频素材、导入序列素材和导入PSD素材等。

实例：导入视频素材

文件路径：Chapter 3 Premiere Pro常用操作→实例：导入视频素材

本实例通过在软件中新建项目和序列，然后导入视频素材并进行一系列的操作。

扫一扫，看视频

步骤 01 在菜单栏中选择【文件】/【新建】/【项目】命令，在弹出的【导入】面板中设置文件名称，单击【项目位置】后方的 按钮，选择【选择位置】命令，此时会弹出【项目位置】窗口，为项目选择合适的路径文件夹，然后单击【选择文件夹】按钮。在【导入】面板中单击【创建】按钮，如图3.35所示。然后在【项目】面板的空白处右击，选择【新建项目】/【序列】命令，弹出【新建序列】窗口，在DV-PAL文件夹下选择【标准48kHz】，设置【序列名称】为【序列01】，单击【确定】按钮，如图3.36所示。

图 3.35

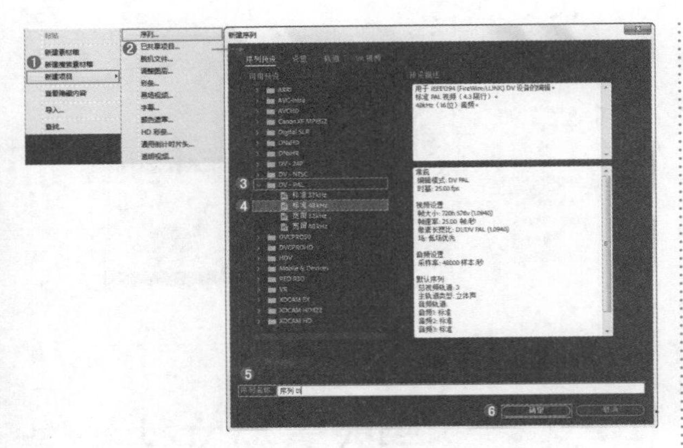

图 3.36

步骤 02 在【项目】面板的空白处双击或者使用快捷键Ctrl+I，在打开的窗口中选择01.mp4素材文件，单击【打开】按钮导入素材，如图3.37所示。

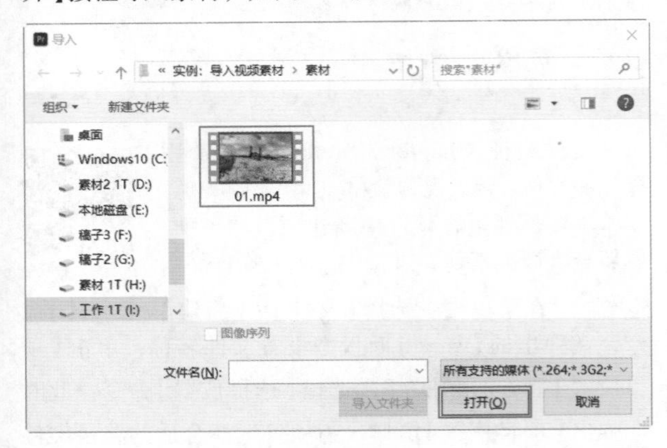

图 3.37

步骤 03 在【项目】面板中选择01.mp4素材文件并按住鼠标左键将其拖曳到【时间轴】面板中的V1轨道上，如图3.38所示。

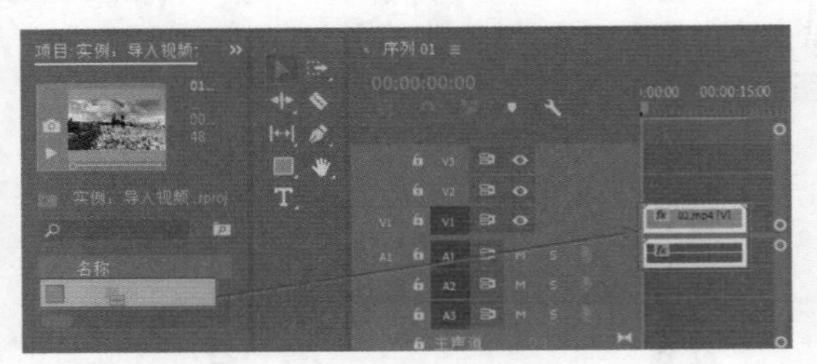

图 3.38

步骤 04 此时即可以当前序列的尺寸显示视频大小，如图3.39所示。

图 3.39

实例：导入序列素材

扫一扫，看视频

文件路径：Chapter 3　Premiere Pro常用操作→实例：导入序列素材

本实例在导入序列素材时需勾选【图像序列】，导入后的序列为一段视频素材，而不是一张张的图片。

步骤 01 在菜单栏中选择【文件】/【新建】/【项目】命令，在弹出的【导入】面板中设置文件名称，单击【项目位置】后方的 按钮，选择【选择位置】命令，此时会弹出【项目位置】窗口，为项目选择合适的路径文件夹，然后单击【选择文件夹】按钮。在【导入】面板中单击【创建】按钮，如图3.40所示。然后在【项目】面板的空白处右击，选择【新建项目】/【序列】命令，弹出【新建序列】窗口，在DV-PAL文件夹下选择【标准48kHz】，设置【序列名称】为【序列01】，单击【确定】按钮，如图3.41所示。

图 3.40

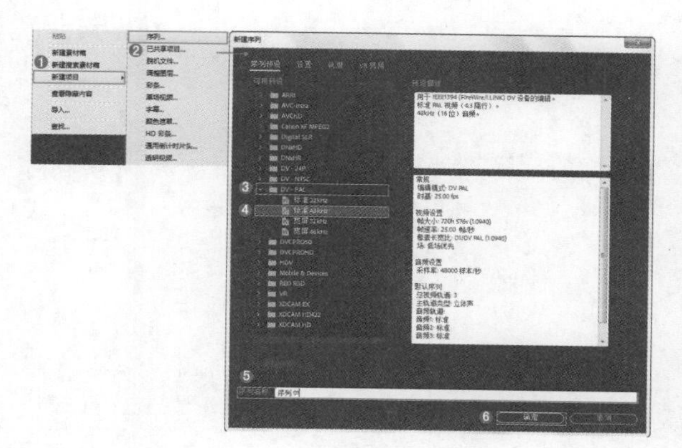

图 3.41

步骤 02 在【项目】面板的空白处双击或者使用快捷键Ctrl+I，在打开的窗口中选择【序列0100.jpg】素材文件，勾选【图像序列】，单击【打开】按钮进行导入，如图3.42所示。

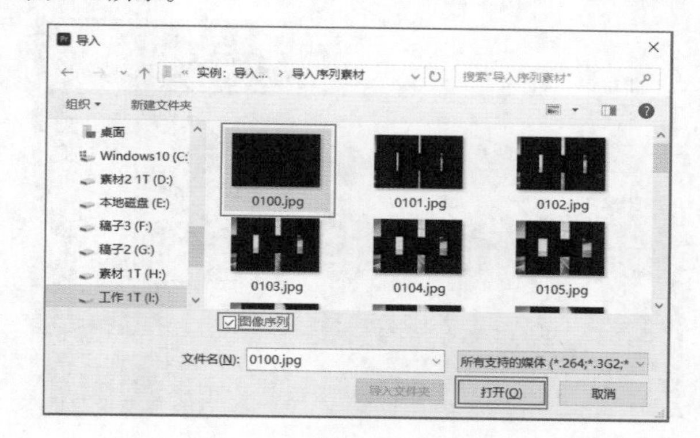

图 3.42

步骤 03 此时【项目】面板中已经出现了序列素材【序列0100.jpg】，然后按住鼠标左键将该序列拖曳到【时间轴】面板的V1轨道上，如图3.43所示。

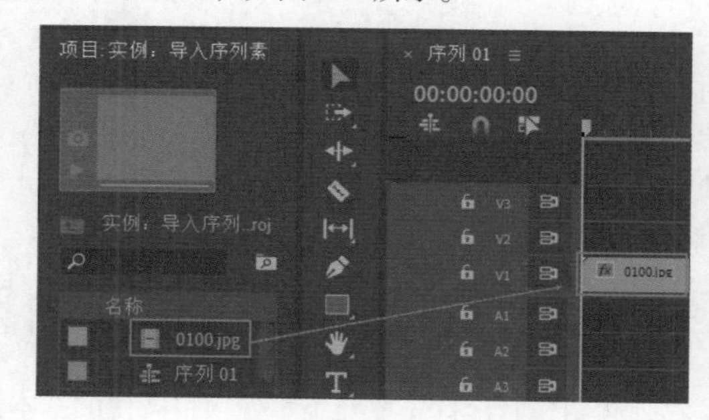

图 3.43

步骤 04 拖动时间线进行查看即可以动画的形式呈现，如图3.44所示。

图 3.44

实例：导入PSD素材

扫一扫，看视频

文件路径：Chapter 3 Premiere Pro常用操作→实例：导入PSD素材

本实例讲解如何将PSD格式的文件导入到Premiere Pro中。

步骤 01 在菜单栏中选择【文件】/【新建】/【项目】命令，在弹出的【导入】面板中设置文件名称，单击【项目位置】后方的 按钮，选择【选择位置】命令，此时会弹出【项目位置】窗口，为项目选择合适的路径文件夹，然后单击【选择文件夹】按钮。在【导入】面板中单击【创建】按钮，如图3.45所示。在【项目】面板的空白处右击，选择【新建项目】/【序列】命令，弹出【新建序列】窗口，在DV-PAL文件夹下选择【标准48kHz】，设置【序列名称】为【序列01】，单击【确定】按钮，如图3.46所示。

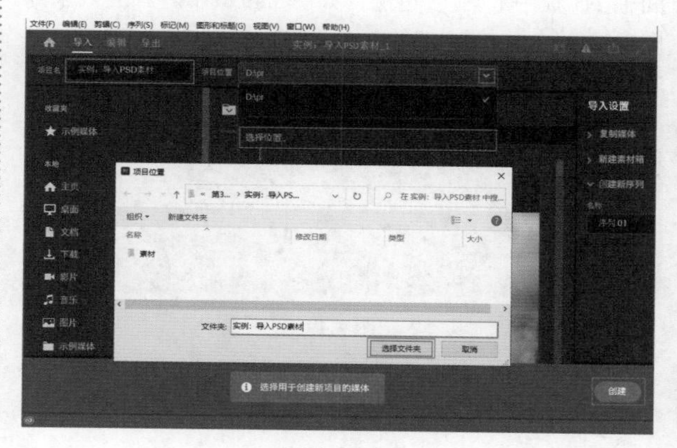

图 3.45

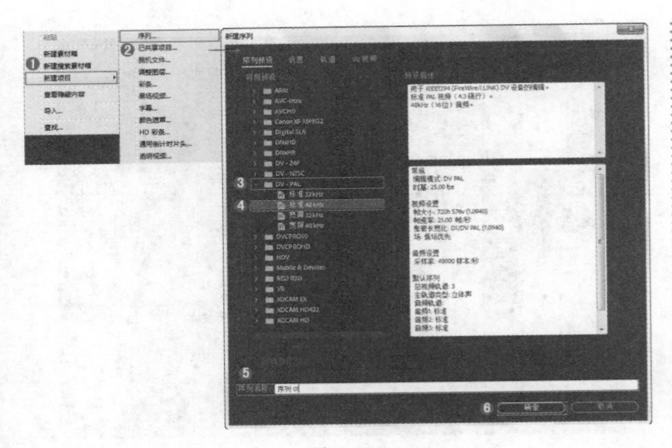

图 3.46

步骤 02 在【项目】面板的空白处双击进入【导入】窗口，选择01.psd素材文件，单击【打开】按钮进行导入，如图3.47所示。此时Premiere Pro中会弹出【导入分层文件】窗口，在【导入为】后面选择导入类型，在本实例中选择【合并所有图层】，选择完成后单击【确定】按钮，如图3.48所示。

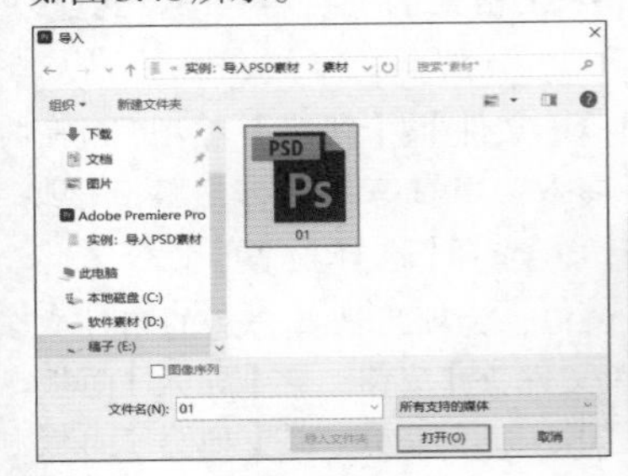

图 3.47

图 3.48

步骤 03 此时在【项目】面板中会以图片的形式出现导入的01.psd合层素材，接着按住鼠标左键将其拖曳到【时间轴】面板中的V1轨道上，如图3.49所示。画面效果如图3.50所示。

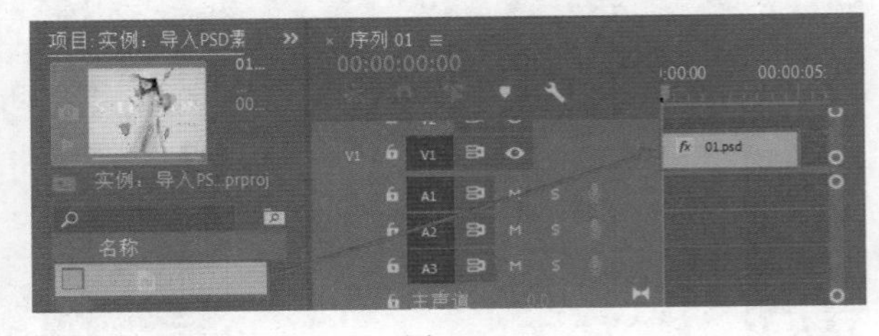

图 3.49

图 3.50

提示：导入PSD格式文件时，也可导入多个图层

（1）若在导入PSD素材文件时，将【导入为】设置为【各个图层】，如图3.51所示。

（2）此时在【项目】面板中出现PSD文件中的各个素材图层，如图3.52所示。

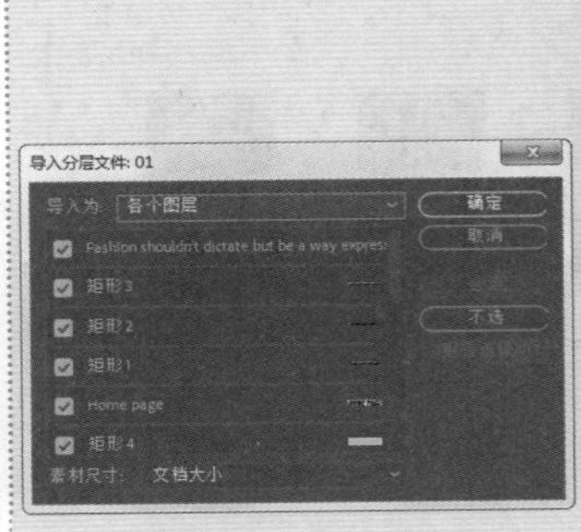

图 3.51

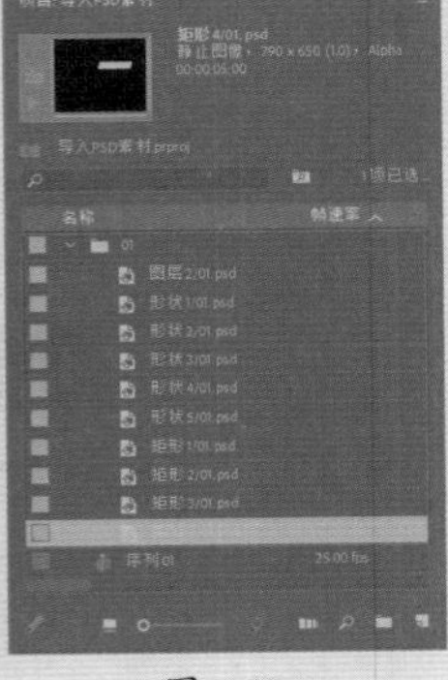

图 3.52

提示：为什么有一些格式的视频无法导入Premiere Pro？

在Premiere Pro中支持的视频格式有限，普遍支持AVI、WMV、MPEG等，若视频格式为其他类型，可使用视频格式转换软件，如格式工厂等。若视频为以上类型但仍然无法导入，可检查计算机中是否安装了QuickTime软件。

重点 3.3 项目文件的基本操作

在视频制作时，首先要熟练掌握项目文件的基本操作才能编辑出精彩的视频。接下来针对项目文件的操作进行讲解。

实例：创建项目文件

扫一扫，看视频

文件路径：Chapter 3 Premiere Pro常用操作→实例：创建项目文件

步骤 01 在菜单栏中选择【文件】/【新建】/【项目】命令，在弹出的【导入】面板中设置文件名称，单击【项目位置】后方的按钮，选择【选择位置】命令，此时会弹出【项目位置】窗口，为项目选择合适的路径文件夹，然后单击【选择文件夹】按钮。在【导入】面板中单击【创建】按钮，如图3.53所示。

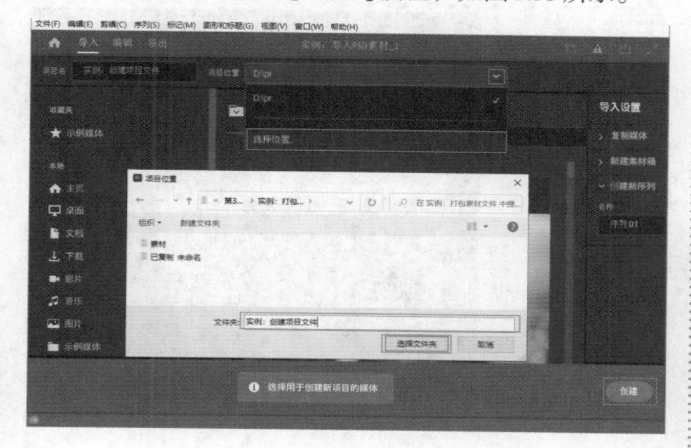

图 3.53

步骤 02 新建的项目如图3.54所示。

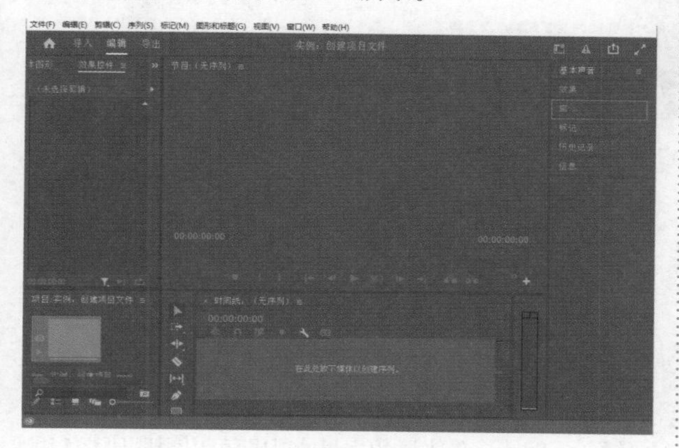

图 3.54

步骤 03 在编辑文件之前新建序列。在【项目】面板的空白处右击，执行【新建项目】/【序列】命令，或使用快捷键Ctrl+N进行新建。接着在弹出的【新建序列】窗口中通常选择DV-PAL文件夹下的【标准48kHz】，如图3.55所示。此时【项目】面板中出现新建的序列，也可通过【节目监视器】面板查看序列大小，如图3.56所示。

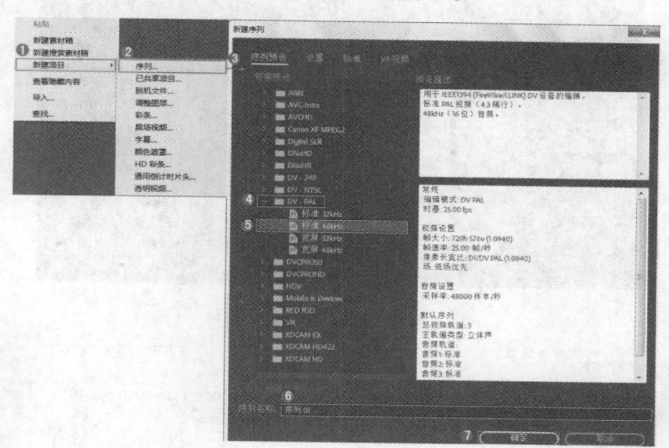

图 3.55

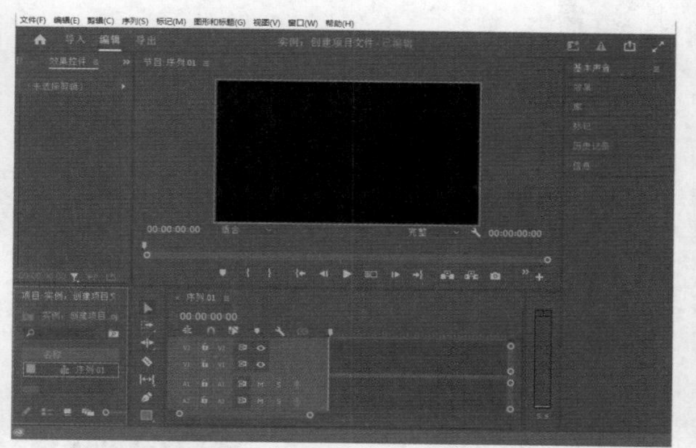

图 3.56

实例：打开项目文件

扫一扫，看视频

文件路径：Chapter 3 Premiere Pro常用操作→实例：打开项目文件

步骤 01 打开Premiere Pro软件时，会弹出【开始】窗口，单击【打开项目】按钮，如图3.57所示。在弹出的【打开项目】窗口中选择文件所在的路径文件夹，在文件夹中选择已制作完成的Premiere Pro项目文件，选择完成后单击【打开】按钮，如图3.58所示。

图 3.57

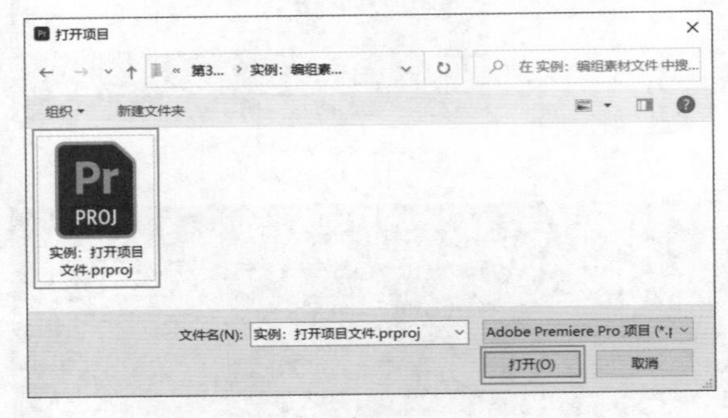

图 3.58

步骤 02 此时该文件在Premiere Pro中打开，如图3.59所示。

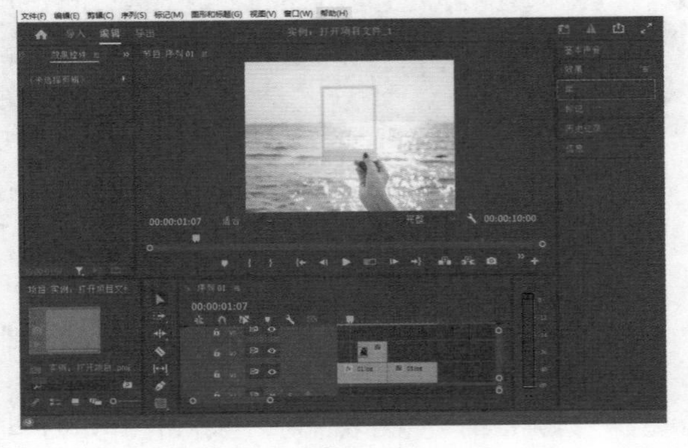

图 3.59

提示：还有哪些可以打开项目文件的方法？

可以在菜单栏中执行【文件】/【打开项目】命令，或使用快捷键Ctrl+O打开【打开项目】窗口，也可以直接在计算机中找到Premiere Pro项目文件，双击打开。

实例：保存项目文件

扫一扫，看视频

文件路径：Chapter 3 Premiere Pro常用操作→实例：保存项目文件

步骤 01 当文件制作完成后，要将项目文件及时进行保存。执行【文件】/【另存为】命令（图3.60），或使用快捷键Ctrl+Shift+S打开【保存项目】窗口，设置合适的【文件名】及【保存类型】，设置完成后单击【保存】按钮，如图3.61所示。

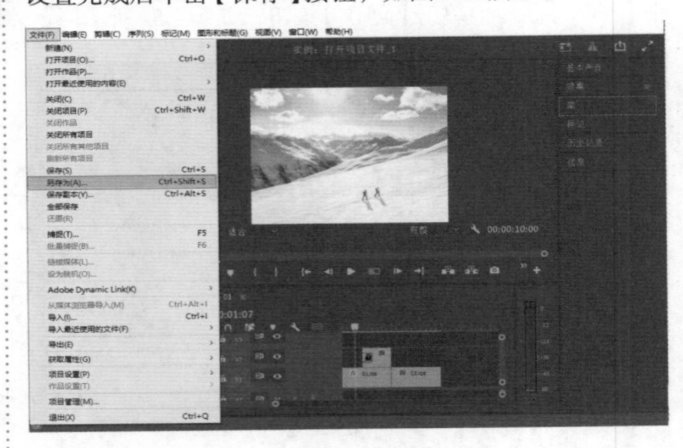

图 3.60

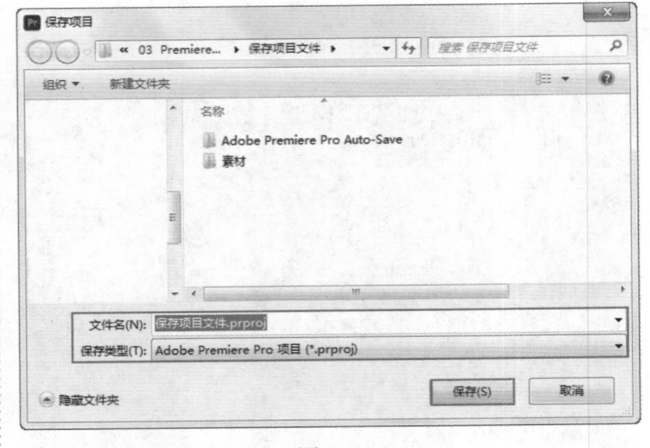

图 3.61

步骤 02 此时，在选择的文件夹中即可出现刚刚保存的Premiere Pro项目文件，如图3.62所示。

图 3.62

提示：在Premiere Pro中制作作品时，要及时保存

在Premiere Pro中制作作品时，有时会出现文件过大或卡顿现象，导致Premiere Pro文件丢失，影响工作进度。所以在制作视频时要及时按下保存快捷键Ctrl+S保存当前的步骤，以免软件停止工作，导致文件丢失。

实例：关闭项目文件

文件路径：Chapter 3 Premiere Pro常用操作→实例：关闭项目文件

扫一扫，看视频

步骤 01 项目保存完成后，在菜单栏中选择【文件】/【关闭项目】命令，或使用关闭项目快捷键Ctrl+Shift+W进行快速关闭，如图3.63所示。此时Premiere Pro界面中的项目文件被关闭，如图3.64所示。

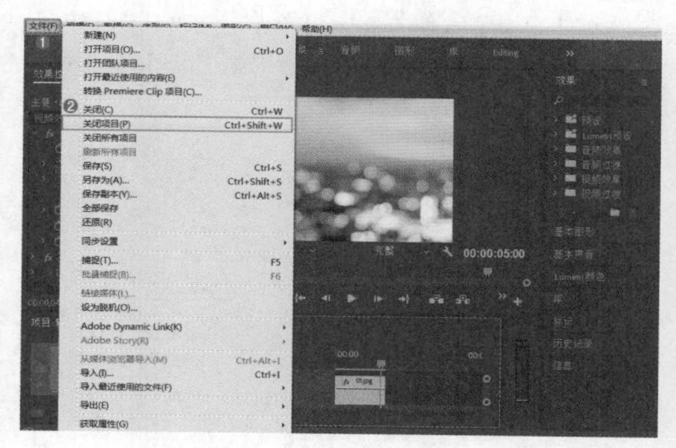

图 3.63

图 3.64

步骤 02 若在Premiere Pro中同时打开多个项目文件，关闭时可执行【文件】/【关闭所有项目】命令，如图3.65所示。此时Premiere Pro中打开的所有项目被同时关闭，如图3.66所示。

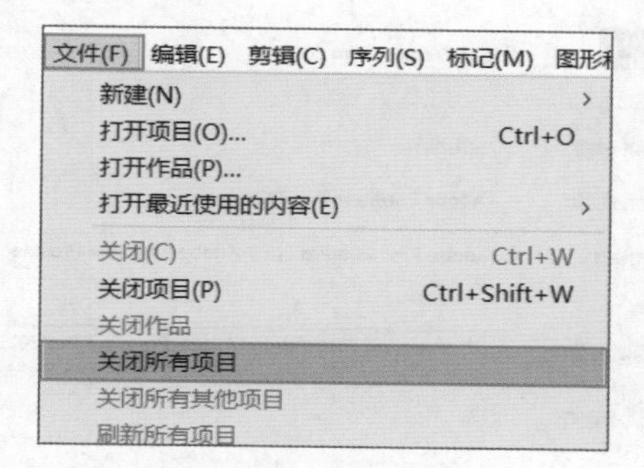

图 3.65

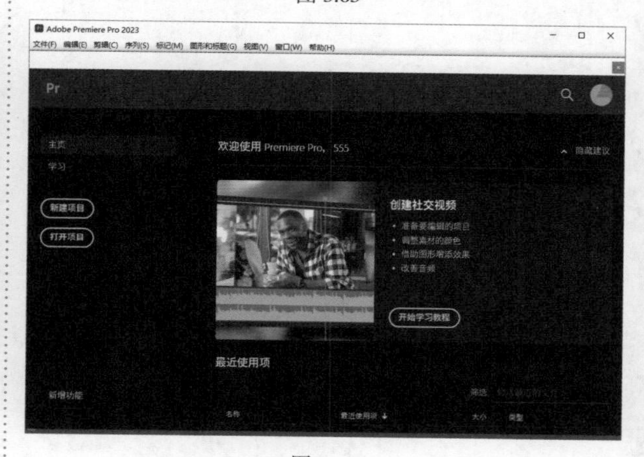

图 3.66

实例：找到自动保存的文件

扫一扫，看视频

文件路径：Chapter 3 Premiere Pro常用操作→实例：找到自动保存的文件

当Premiere Pro意外退出或因计算机突然断电等外界因素导致正在操作的Premiere Pro项目文件未能及时保存，这时可以通过搜索Premiere Pro的自动保存路径来找到意外退出的备份文件。

步骤 01 确定Premiere Pro所在磁盘位置。右击选择Premiere Pro图标，在弹出的快捷菜单中执行【属性】命令，此时会弹出【Adobe Premiere Pro 2023属性】窗口，在窗口中找到【起始位置】查看磁盘安装位置，如图3.67所示，可以看出在该计算机中Premiere Pro软件安装在C盘上。

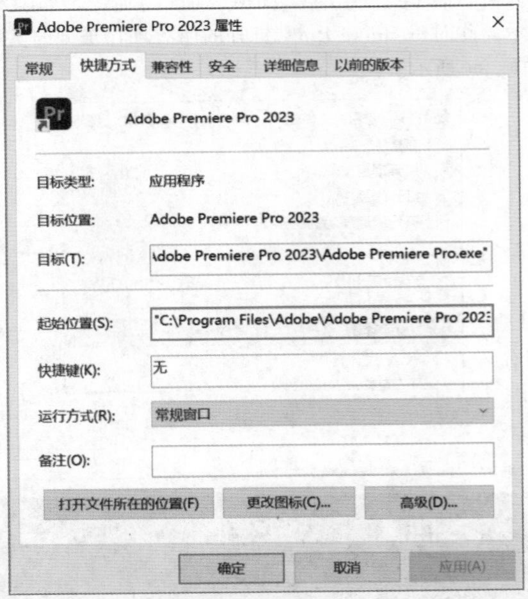

图 3.67

步骤 02 打开计算机的本地磁盘C盘，在右上角搜索框中搜索Auto-Save文件夹，此时在C盘中自动搜索带有Auto-Save文字的所有文件夹，如图3.68所示。当搜索完成后，选择Adobe Premiere Pro Auto-Save文件夹，如图3.69所示，双击将其打开。

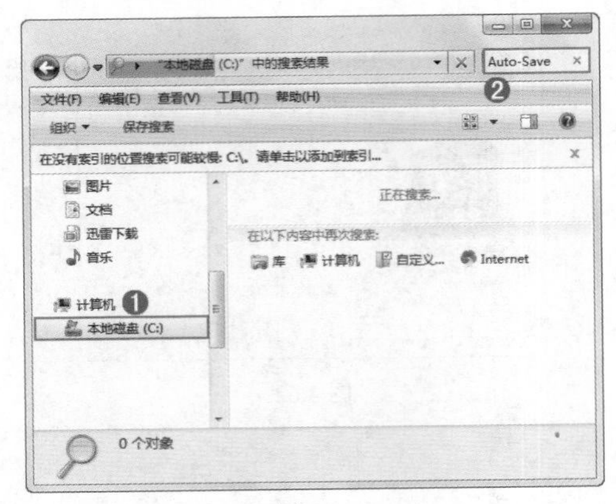

图 3.68

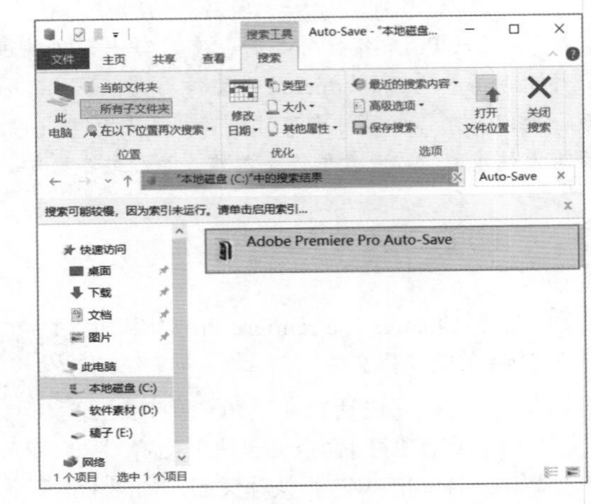

图 3.69

步骤 03 在文件夹中可以看到本机中所有的Premiere Pro备份文件。为了方便查找，可单击【修改日期】按钮，此时文件会按操作时间自动排列顺序，如图3.70所示。

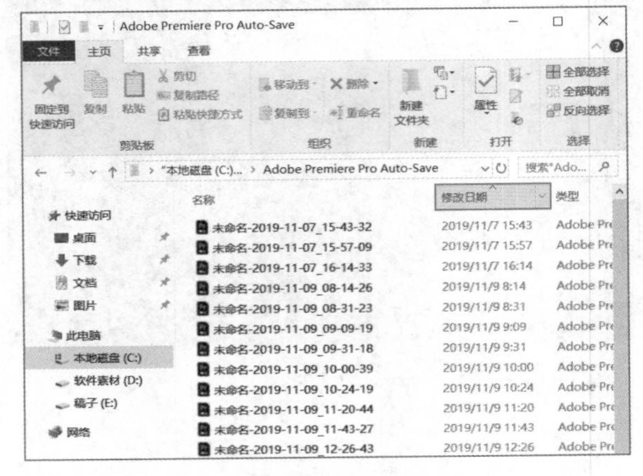

图 3.70

步骤 04 将最近保存的几个备份文件复制到一个新文件夹中，再次进行备份，以免在原文件夹中将备份文件改动而失去原始文件信息。下面打开新备份的文件夹，如图3.71所示。在文件夹中将最近保存的备份文件打开查看，检查是否与丢失时的操作步骤相近，选择丢失步骤较少的文件，此时丢失的文件即可被找回。

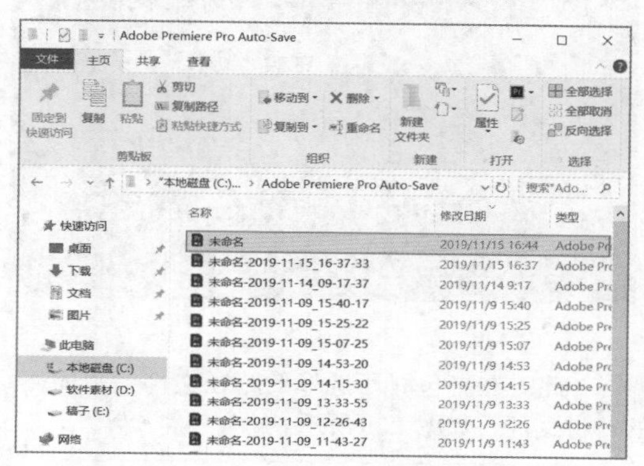

图 3.71

重点 3.4 素材文件的基本操作

素材作为在Premiere Pro中操作的基础，可根据视频编辑需要，将素材进行打包、编组、嵌套等操作，在方便操作的同时更加便于素材的浏览和归纳。

实例：导入素材文件

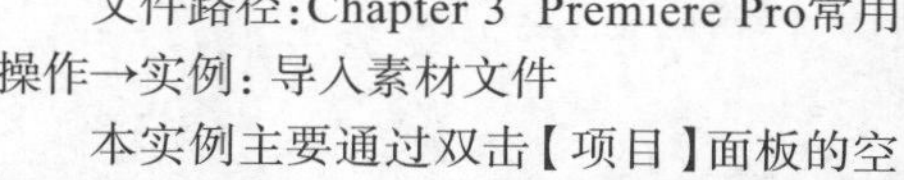

文件路径：Chapter 3 Premiere Pro常用操作→实例：导入素材文件

扫一扫，看视频

本实例主要通过双击【项目】面板的空白位置导入文件，也可使用快捷键进行快速导入文件。

步骤 01 在菜单栏中选择【文件】/【新建】/【项目】命令，在弹出的【导入】面板中设置文件名称，单击【项目位置】后方的 按钮，选择【选择位置】命令，此时会弹出【项目位置】窗口，为项目选择合适的路径文件夹，然后单击【选择文件夹】按钮。在【导入】面板中单击【创建】按钮，如图3.72所示。然后在【项目】面板的空白处右击，选择【新建项目】/【序列】命令，弹出【新建序列】窗口，在DV-PAL文件夹下选择【标准48kHz】，设置【序列名称】为【序列01】，单击【确定】按钮，如图3.73所示。

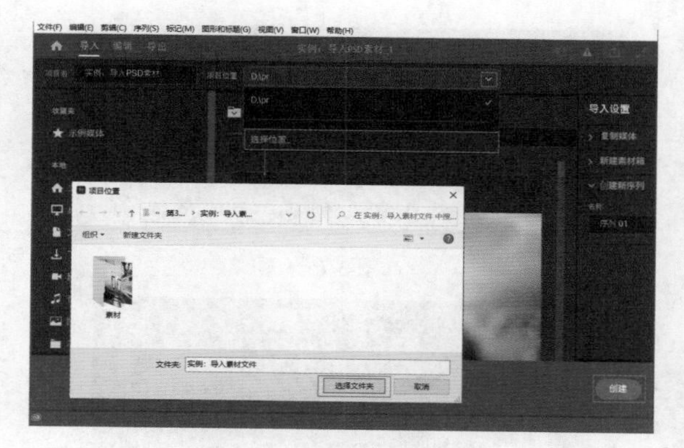

图 3.72

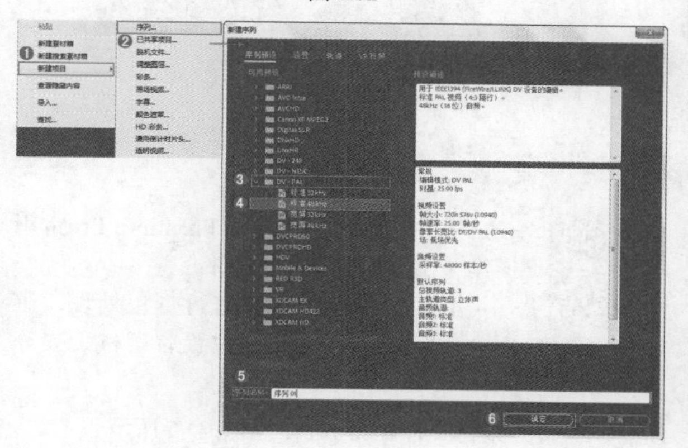

图 3.73

步骤 02 在【项目】面板的空白处双击或者使用快捷键Ctrl+I导入素材01.jpg和02.jpg，最后单击【打开】按钮导入素材，如图3.74所示。

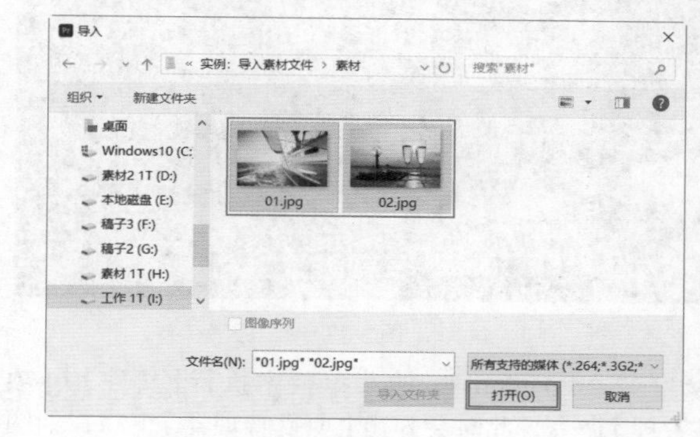

图 3.74

步骤 03 在【项目】面板中选择01.jpg素材文件并按住鼠标左键将其拖曳到【时间轴】面板中的V1轨道上，如图3.75所示。使用同样的方法将【项目】面板中的02.jpg拖曳到01.jpg的后方位置，如图3.76所示。

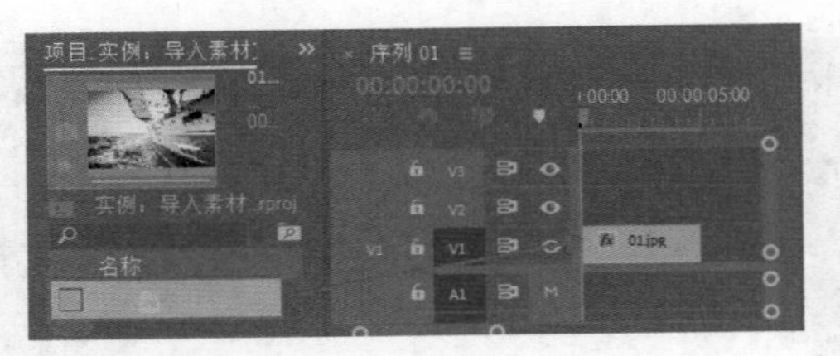

图 3.75

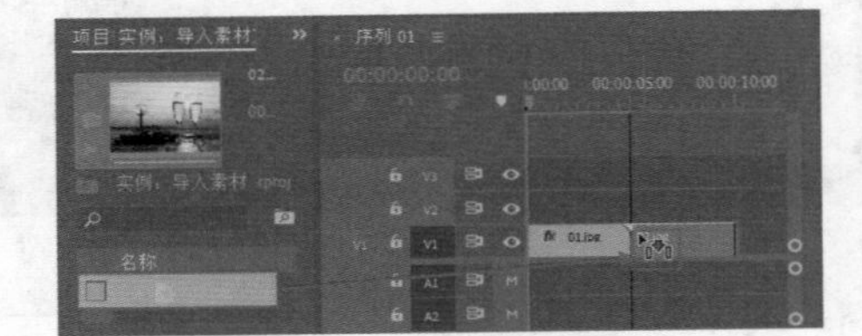

图 3.76

实例：打包素材文件

扫一扫，看视频

文件路径：Chapter 3 Premiere Pro常用操作→实例：打包素材文件

本实例通过将文件进行打包处理，避免文件备份或移动其他位置后素材丢失等现象。

步骤 01 打开素材文件01.prproj，如图3.77所示。

图 3.77

步骤 02 在Premiere Pro的菜单栏中执行【文件】/【项目管理】命令，此时会弹出【项目管理器】窗口，如图3.78所示。在窗口中勾选【序列01】，因为该序列是需要应用的序列文件，在【生成项目】下方选中【收集文件并复制到新位置】单选按钮，接着单击【浏览】按钮选择文件的目标路径，单击【确定】按钮完成素材的打包操作。此时要注意，尽量选择空间较大的磁盘进行存储。

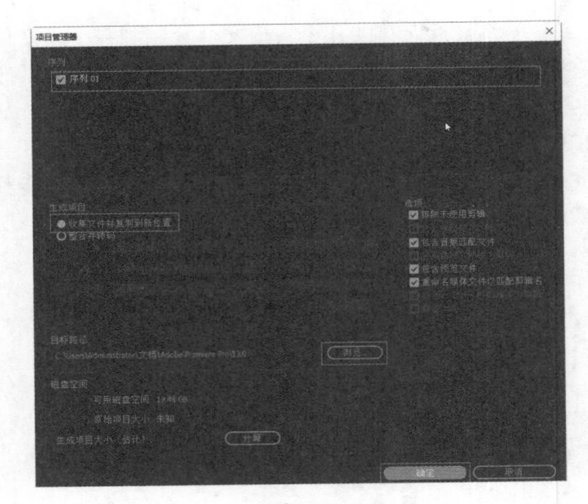

图 3.78

步骤 03 此时在打包时所选择的路径文件夹中即显示打包的素材文件，如图3.79所示。

图 3.79

实例：编组素材文件

扫一扫，看视频

文件路径：Chapter 3 Premiere Pro常用操作→实例：编组素材文件

本实例通过对多个素材进行编组处理，将多个素材文件转换为一个整体，可同时选择或添加效果。

步骤 01 在菜单栏中选择【文件】/【新建】/【项目】命令，在弹出的【导入】面板中设置文件名称，单击【项目位置】后方的 按钮，选择【选择位置】命令，此时会弹出【项目位置】窗口，为项目选择合适的路径文件夹，然后单击【选择文件夹】按钮。在【导入】面板中单击【创建】按钮，如图3.80所示。然后在【项目】面板的空白处右击，选择【新建项目】/【序列】命令，弹出【新建序列】窗口，在DV-PAL文件夹下选择【标准48kHz】，设置【序列名称】为【序列01】，单击【确定】按钮，如图3.81所示。

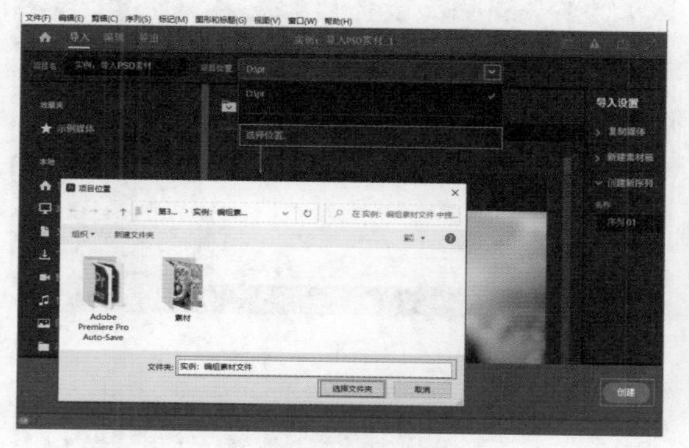

图 3.80

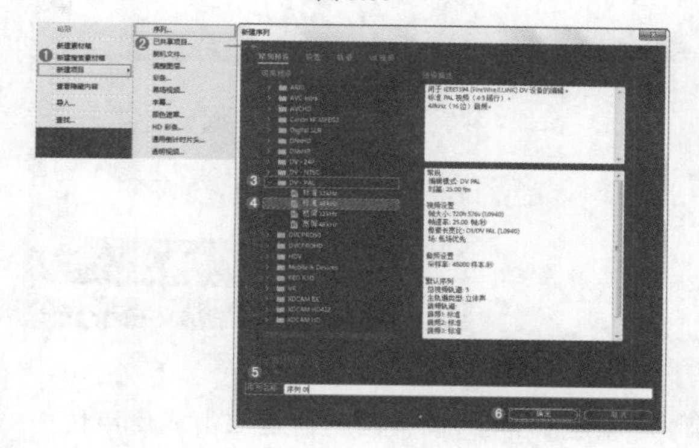

图 3.81

步骤 02 在【项目】面板的空白处双击或使用快捷键Ctrl+I导入全部素材文件，单击【打开】按钮导入素材，如图3.82所示。

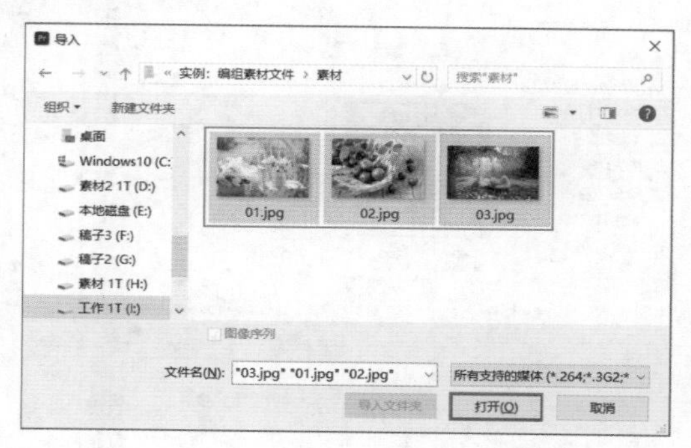

图 3.82

步骤 03 在【项目】面板中选择01.jpg、03jpg素材文件并按住鼠标左键将其拖曳到【时间轴】面板中的V1轨道上。选择02.jpg素材文件，按住鼠标左键将其拖曳到【时间轴】面板中的V2轨道上。设置02.jpg素材文件的起始时间为第2秒，结束时间与V1轨道上的01.jpg素材文件对齐，如图3.83所示。

步骤 04 分别选择01.jpg和02.jpg素材文件，在【效果控件】面板中设置它们的【缩放】值均为92，如图3.84所示。此时画面效果如图3.85所示。

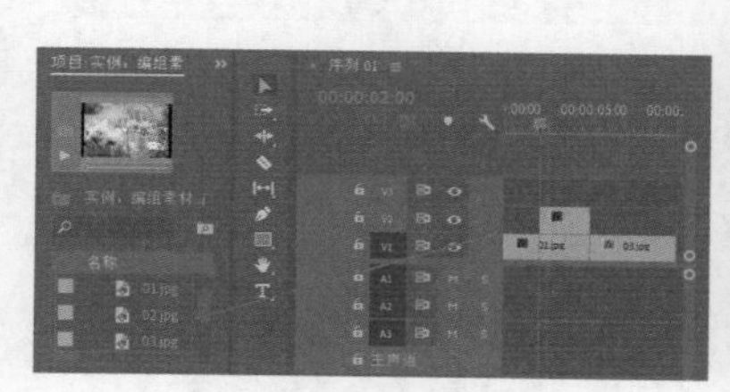

图 3.83

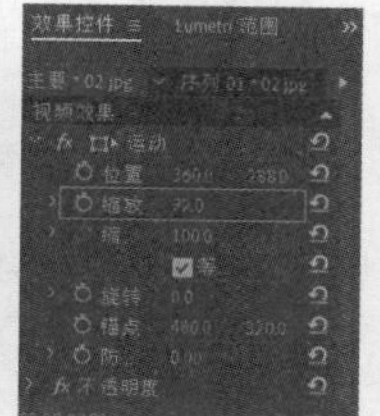

图 3.84

图 3.85

步骤 05 对01.jpg、02.jpg素材文件进行编组操作，方便为素材添加相同的视频效果。选中01.jpg、02.jpg素材文件，右击执行【编组】命令，如图3.86所示。此时这两个素材文件可同时进行选择或移动，如图3.87所示。（注意：如果不成功，可以在菜单栏中执行【序列】/【链接选择项】命令，再试一下。）

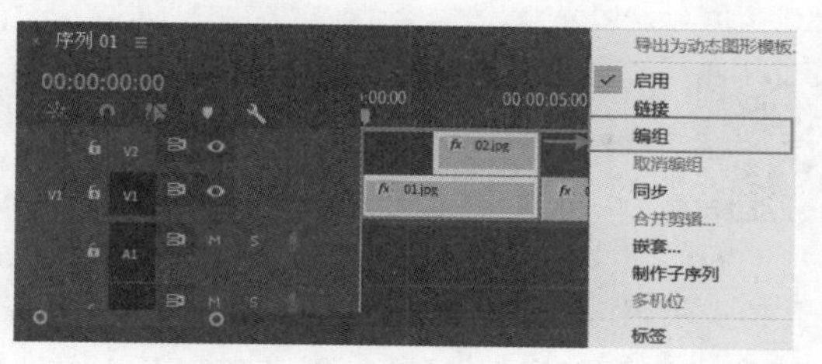

图 3.86

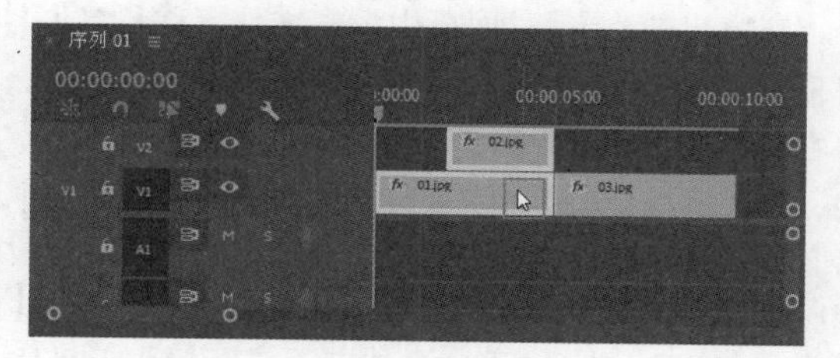

图 3.87

步骤 06 为编组对象添加【叠加溶解】效果。在【效果】面板中搜索【叠加溶解】，然后按住鼠标左键将该效果拖曳到编组对象上方，如图3.88所示。效果如图3.89所示。

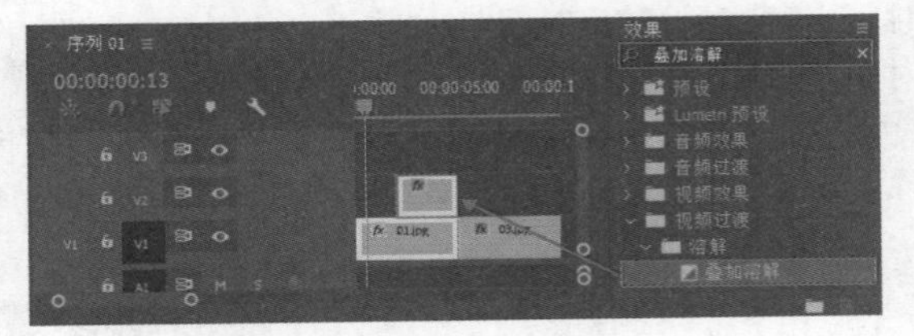

图 3.88

图 3.89

提示：为什么要为素材编组？

在Premiere Pro中选中多个素材并进行编组，可以让多个对象锁定在一起，方便移动的同时也方便为编组素材添加效果。

实例：嵌套素材文件

扫一扫，看视频

文件路径：Chapter 3 Premiere Pro常用操作→实例：嵌套素材文件

本实例通过对【时间轴】面板中的素材文件以嵌套的方式转换为一个素材文件，便于素材的操作和归纳。

步骤 01 在菜单栏中选择【文件】/【新建】/【项目】命令，在弹出的【导入】面板中设置文件名称，单击【项目位置】后方的 按钮，选择【选择位置】命令，此时会弹出【项目位置】窗口，为项目选择合适的路径文件夹，然后单击【选择文件夹】按钮。在【导入】面板中单击【创建】按钮，如图3.90所示。然后在【项目】面板的空白处右击，选择【新建项目】/【序列】命令，弹出【新建序列】窗口，在DV-PAL文件夹下选择【标准48kHz】，设置【序列名称】为【序列01】，单击【确定】按钮，如图3.91所示。

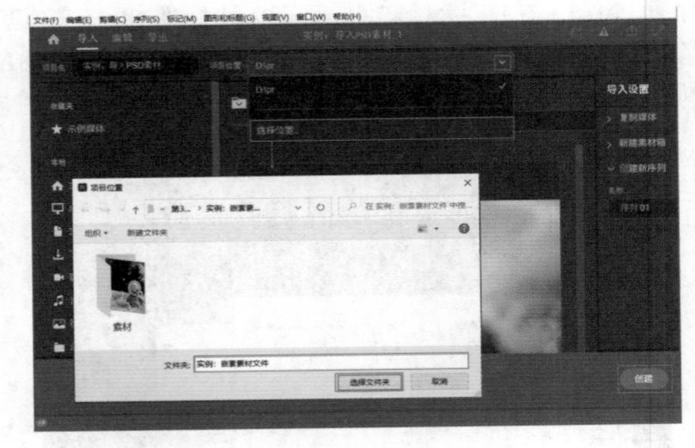

图 3.90

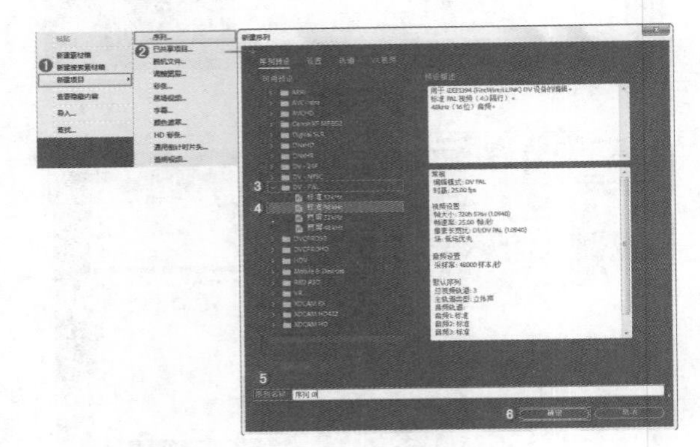

图 3.91

步骤 02 在【项目】面板的空白处双击或使用快捷键Ctrl+I，在打开的窗口中选择01.jpg素材文件，单击【打开】按钮导入素材，如图3.92所示。

图 3.92

步骤 03 在【项目】面板中选择01.jpg素材文件，并按住鼠标左键将其拖曳到【时间轴】面板中的V1轨道上，如

图3.93所示。

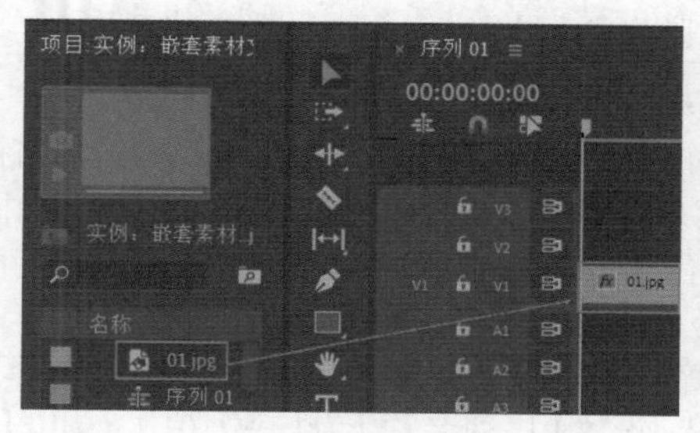

图 3.93

步骤 04 在【时间轴】面板中选中01.jpg素材文件，在【效果控件】面板中设置【缩放】为92，如图3.94所示。

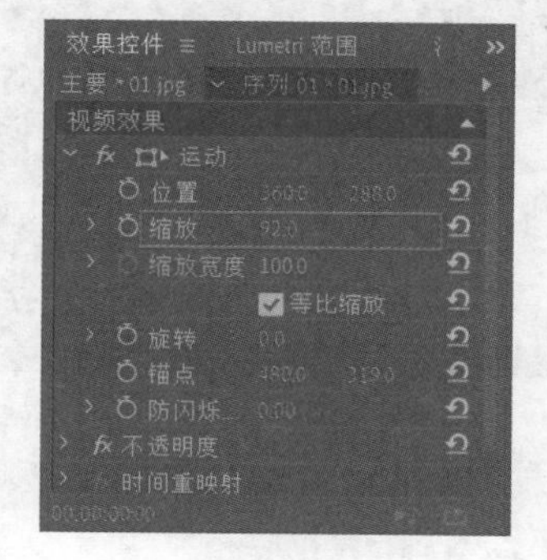

图 3.94

步骤 05 在【效果】面板的搜索框中搜索【裁剪】，然后按住鼠标左键将该效果拖曳到【时间轴】面板中V1轨道的01.jpg素材文件上，如图3.95所示。

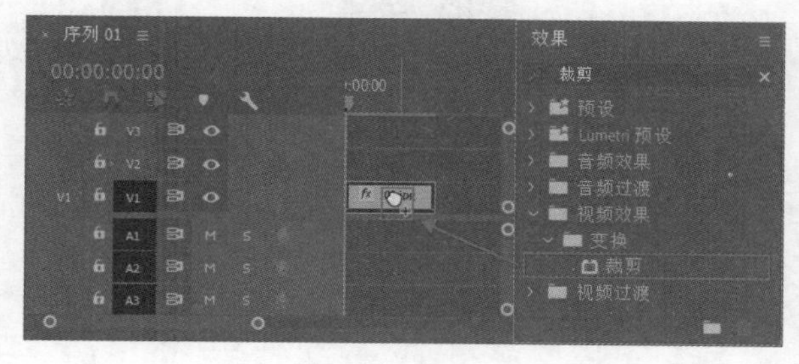

图 3.95

步骤 06 将时间线拖动到起始位置，在【效果控件】面板中设置【位置】为(360,930)，单击【位置】前面的 (切换动画)按钮，开启自动关键帧；继续将时间线拖动到第2秒10帧的位置，设置【位置】为(360,288)。展开【裁剪】效果，设置【右侧】为50%，如图3.96所示。此时滑动时间线画面效果如图3.97所示。

步骤 07 在【时间轴】面板中选中V1轨道上的01.jpg素材文件，使用快捷键Ctrl+C进行复制，接着将时间线拖动到【时间轴】面板后方的空白位置，使用快捷键Ctrl+V进行粘贴，如图3.98所示。

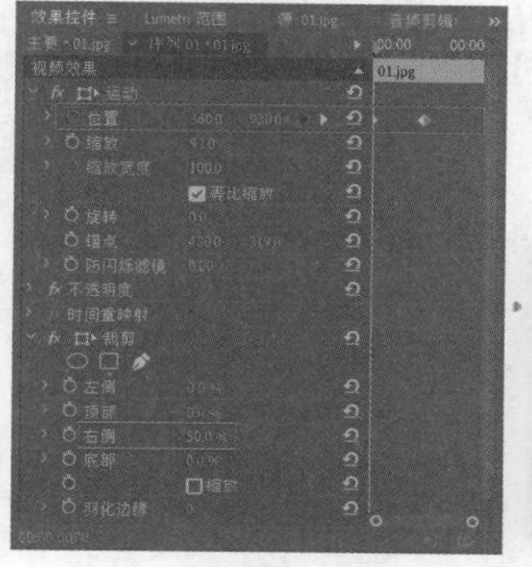

图 3.96

图 3.97

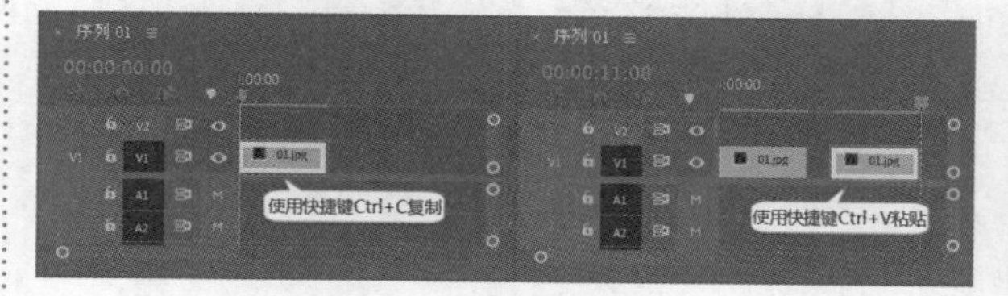

图 3.98

提示：复制和粘贴的其他方式

也可以在【时间轴】面板中选中V1轨道上的01.jpg素材文件，按住Alt键的同时按住鼠标左键向V2轨道上拖曳，释放鼠标后完成复制，如图3.99所示。

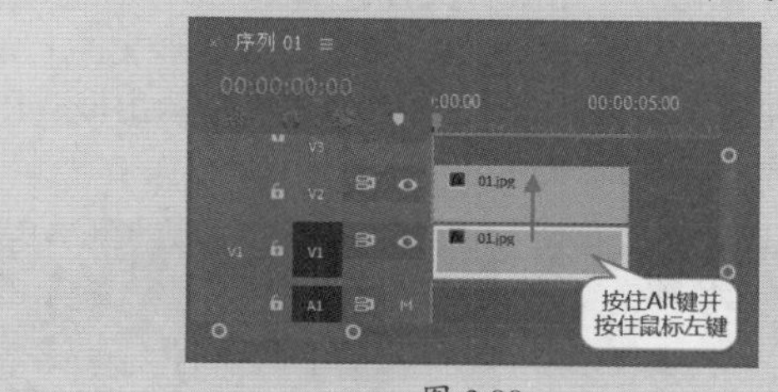

图 3.99

步骤 08 选中【时间轴】面板中V1轨道上后方复制的素材文件，将其拖曳到V2轨道上并与V1轨道上的01.jpg素材文件对齐，如图3.100所示。

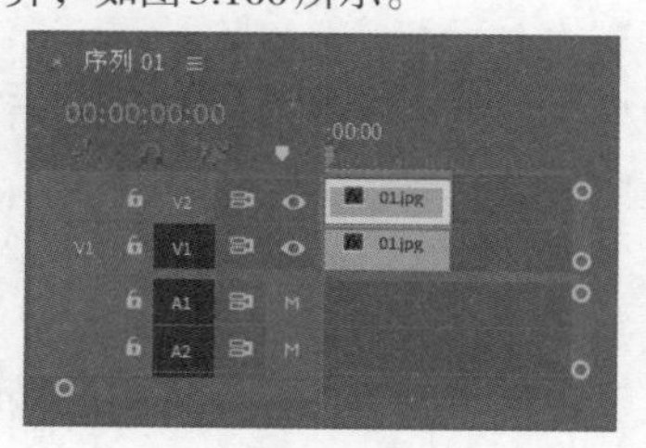

图 3.100

步骤 09 选中V2轨道上的01.jpg素材文件，在【效果控件】面板中进行参数更改。将时间线拖动到起始位置，设置【位置】为(360,−345)，接着展开【裁剪】效果，设置【左侧】为50%，【右侧】为0%，如图3.101所示。

步骤 10 将素材进行嵌套。框选【时间轴】面板中V1和V2轨道上的素材文件，右击执行【嵌套】命令，如图3.102所示。此时会弹出【嵌套序列名称】窗口，在窗口中设置合适的名称，然后单击【确定】按钮，如图3.103所示。

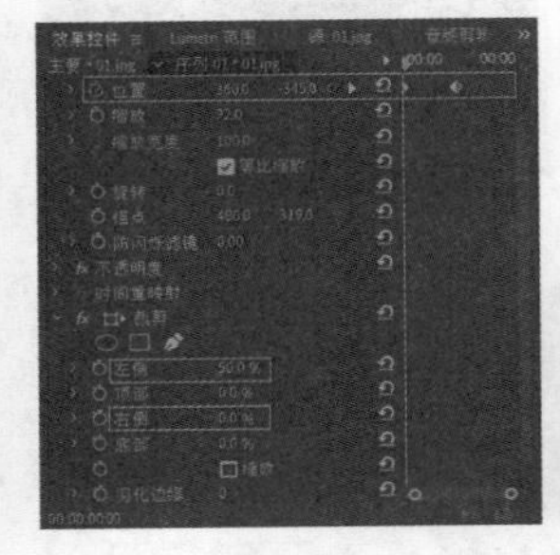

图 3.101

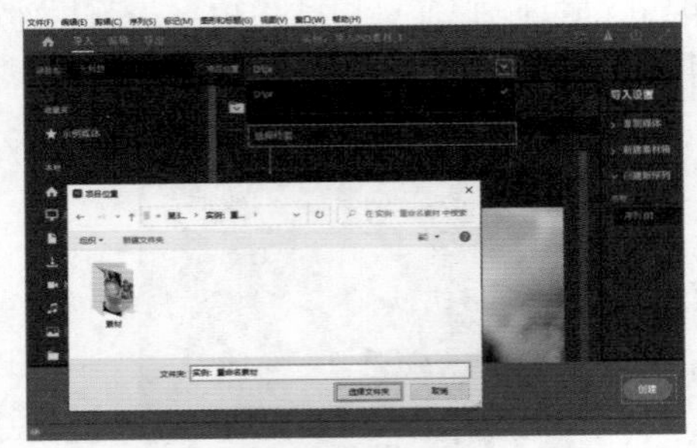

图 3.102

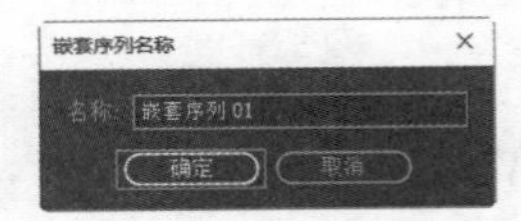

图 3.103

步骤 11 此时完成嵌套操作，在【时间轴】面板中将两个素材文件转化为一个素材文件，如图3.104所示。若要将嵌套之前的素材进行更改，可在嵌套序列文件上方双击鼠标左键，即可在【时间轴】面板中显示出嵌套序列内的素材，如图3.105所示。

图 3.104

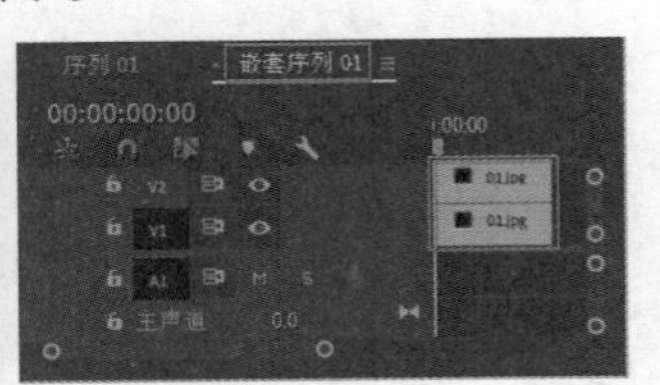

图 3.105

实例：重命名素材

扫一扫，看视频

文件路径：Chapter 3 Premiere Pro常用操作→实例：重命名素材

本实例通过重命名素材可以将素材的顺序进行排列，在操作时可使视线更加清晰，同时便于素材的整理。

步骤 01 在菜单栏中选择【文件】/【新建】/【项目】命令，在弹出的【导入】面板中设置文件名称，单击【项目位置】后方的 按钮，选择【选择位置】命令，此时会弹出【项目位置】窗口，为项目选择合适的路径文件夹，然后单击【选择文件夹】按钮。在【导入】面板中单击【创建】按钮，如图3.106所示。在【项目】面板的空白处右击，选择【新建项目】/【序列】命令，弹出【新建序列】窗口，并在DV-PAL文件夹下选择【标准48kHz】，设置【序列名称】为【序列01】，单击【确定】按钮，如图3.107所示。

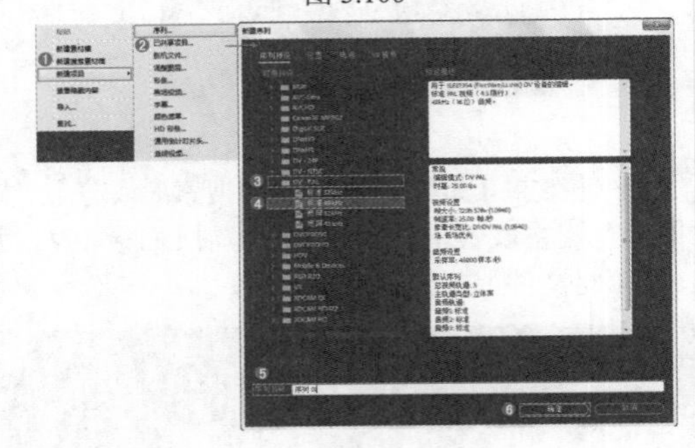

图 3.106

图 3.107

步骤 02 在【项目】面板的空白处双击或使用快捷键Ctrl+I，在打开的窗口中选择【咖啡.jpg】和【水果.jpg】素材文件，然后单击【打开】按钮导入素材，如图3.108所示。

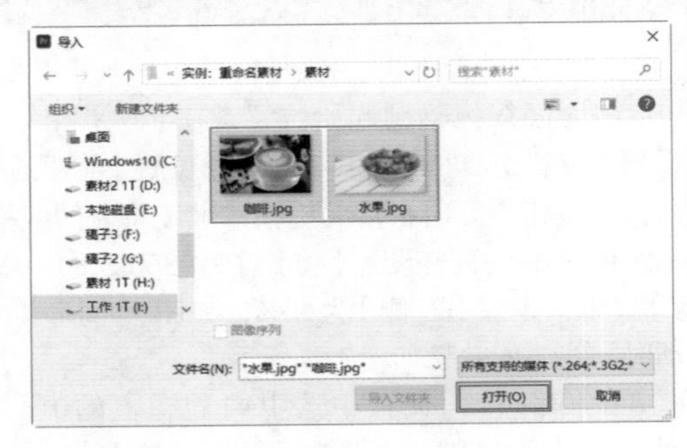

图 3.108

步骤 03 此时两个素材会出现在【项目】面板中，接下来将两个素材进行重命名，右击【水果.jpg】素材文件，执行【重命名】命令，如图3.109所示。

步骤 04 此时可在素材上方重新编辑名称，命名为01.jpg，如图3.110所示。输入完成后单击【项目】面板的空白位置即可完成重命名。

步骤 05 另外一种方法是直接在【项目】面板中选中【咖啡.jpg】素材，在素材名称上单击即可将素材重新编辑命名为02.jpg，如图3.111所示。

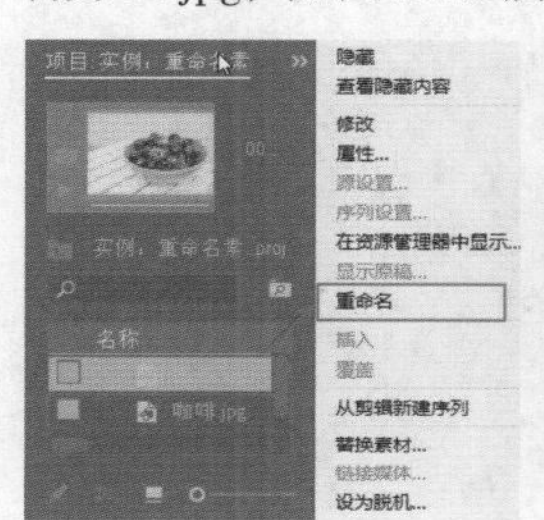

图 3.109

图 3.110

图 3.111

实例：替换素材

文件路径：Chapter 3 Premiere Pro常用操作→实例：替换素材

扫一扫，看视频

本实例通过【替换素材】命令在替换素材的同时还可以保留原来素材的效果。另外，假如由于素材的路径被更改、素材被删除等问题导致素材无法识别时，也可使用该方法。

步骤 01 在菜单栏中选择【文件】/【新建】/【项目】命令，在弹出的【导入】面板中设置文件名称，单击【项目位置】后方的 按钮，选择【选择位置】命令，此时会弹出【项目位置】窗口，为项目选择合适的路径文件夹，然后单击【选择文件夹】按钮。在【导入】面板中单击【创建】按钮，如图3.112所示。然后在【项目】面板的空白处右击，选择【新建项目】/【序列】命令，弹出【新建序列】窗口，在DV-PAL文件夹下选择【标准48kHz】，设置【序列名称】为【序列01】，单击【确定】按钮，如图3.113所示。

步骤 02 在【项目】面板的空白处双击或者使用快捷键Ctrl+I导入01.jpg素材文件，如图3.114所示。

步骤 03 在【项目】面板中选择01.jpg素材文件并按住鼠标左键将其拖曳到【时间轴】面板中的V1轨道上，如图3.115所示。

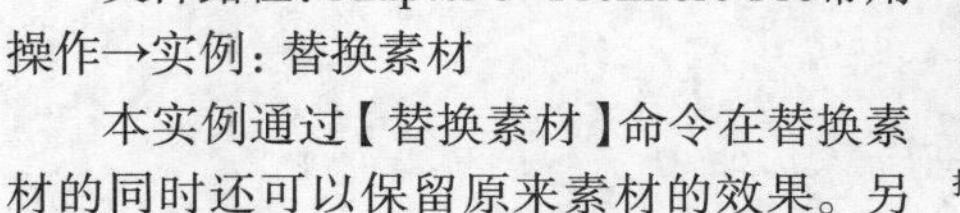

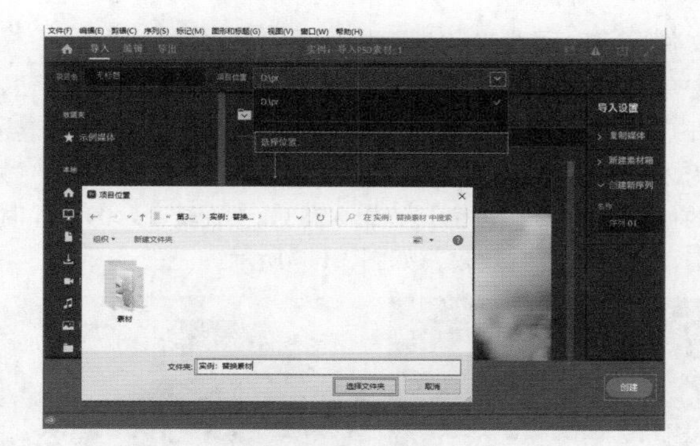

图 3.112

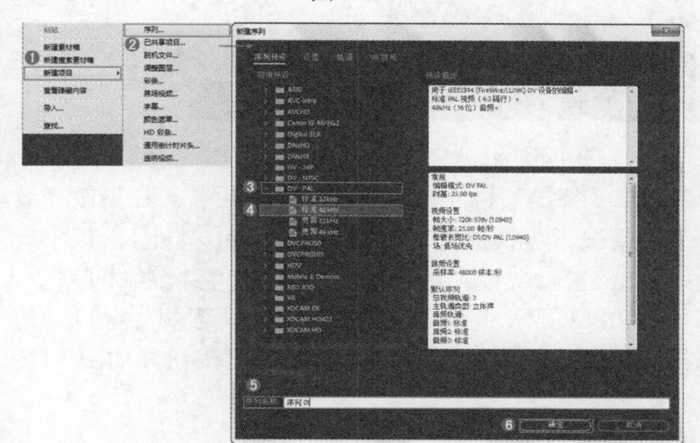

图 3.113

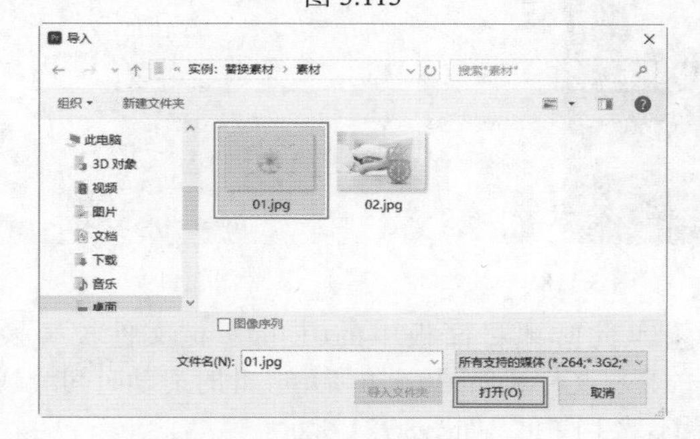

图 3.114

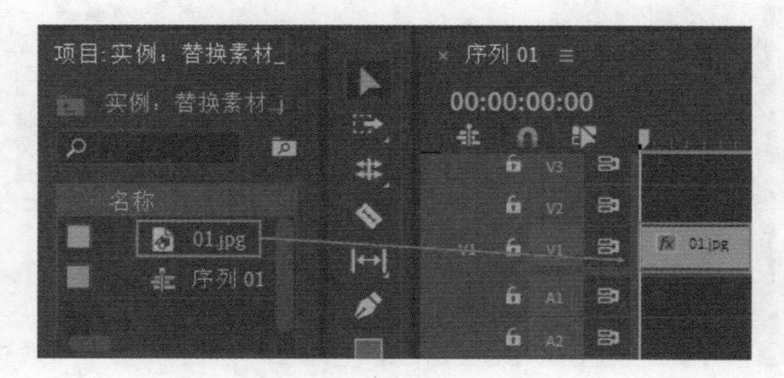

图 3.115

步骤 04 选中【时间轴】面板中V1轨道上的01.jpg素材

文件，将时间线拖动到起始位置，在【效果控件】面板中单击【位置】和【旋转】前方的（切换动画）按钮，开启自动关键帧，设置【位置】为(360,-320)，【旋转】为2×0.0°，如图3.116所示；继续将时间线拖动到第3秒的位置，设置【位置】为(360,288)，【旋转】为0°。此时滑动时间线查看效果，如图3.117所示。

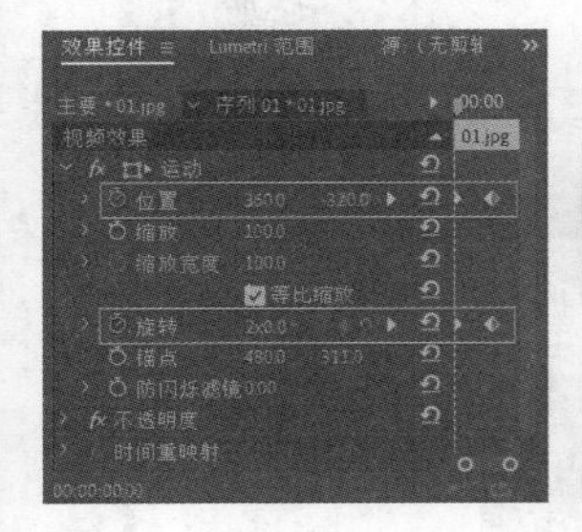

图 3.116

图 3.117

步骤 05 替换素材。为素材添加效果后若想在不改变效果的情况下更快捷地更换素材，可在【项目】面板中选中01.jpg素材文件，然后右击，执行【替换素材】命令，如图3.118所示。弹出【替换“01.jpg”素材】窗口，选择02.jpg素材文件，然后单击【选择】按钮，如图3.119所示。

图 3.118

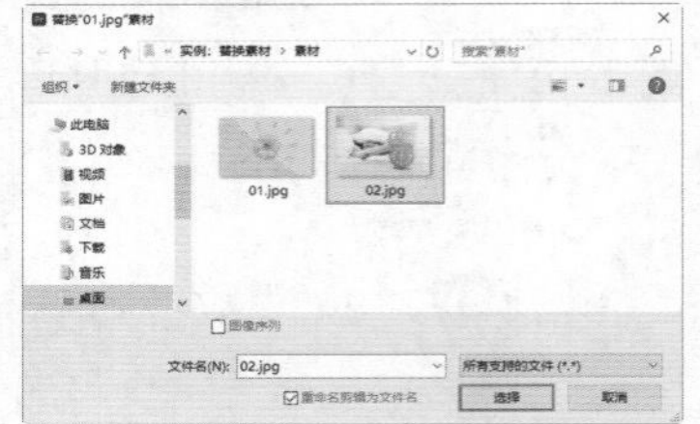

图 3.119

步骤 06 此时项目面板中的01.jpg素材文件被替换为02.jpg素材文件，如图3.120所示。此时滑动时间线画面效果不发生改变，如图3.121所示。

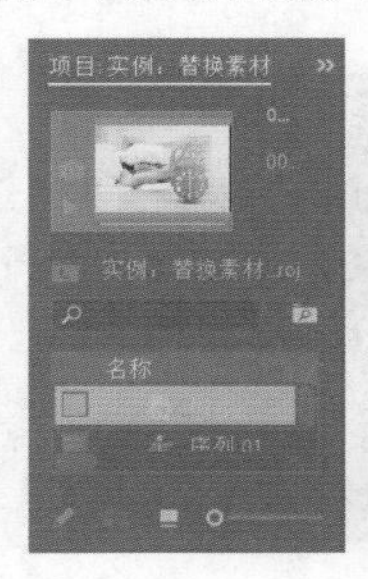

图 3.120

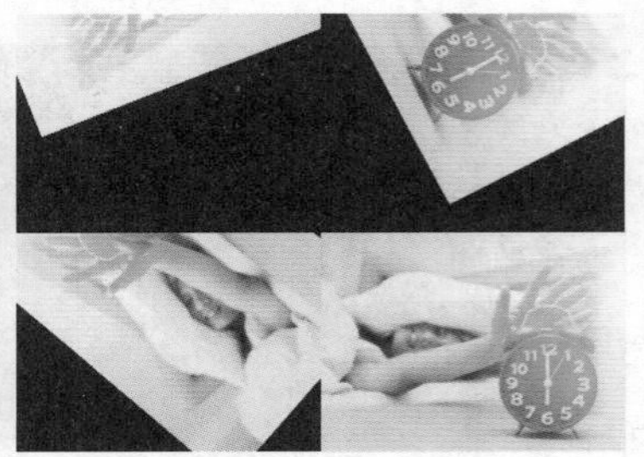

图 3.121

提示：由于某些操作导致打开文件时出错怎么办？

如果由于更换素材位置、误删素材、修改素材名称导致打开文件时提示错误，如图3.122所示，可以按照下面两种方法进行修改。

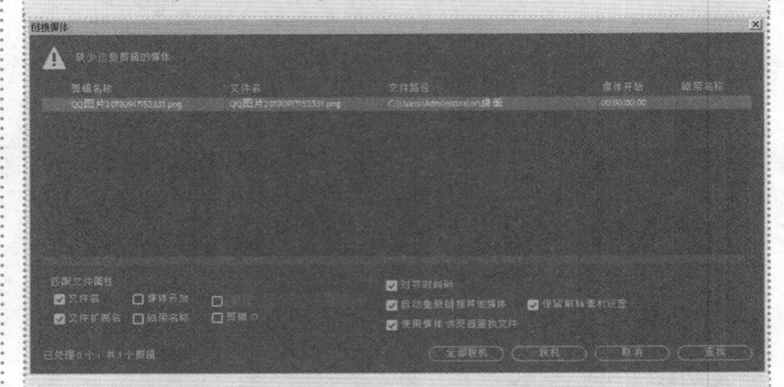

图 3.122

方法1：查找。该方法比较适用于素材名称未被更改，只是不小心修改了文件所在路径。

(1) 自动查找与缺失的素材同名的文件。单击【查找】按钮，如图3.123所示。

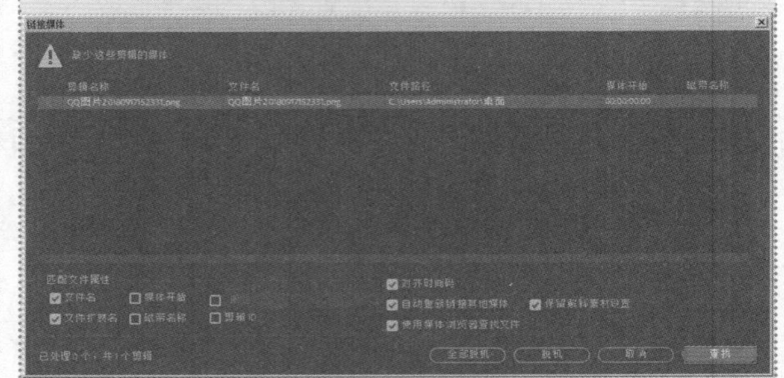

图 3.123

(2) 在左侧选择【本地驱动器】并单击右下角的【搜索】按钮，如图3.124所示。

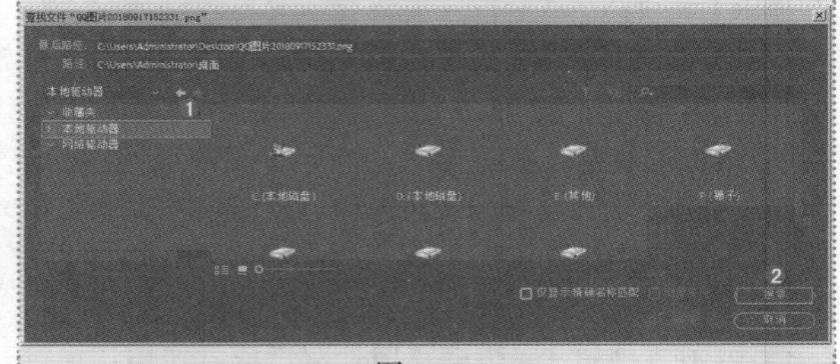

图 3.124

(3) 此时进行全盘搜索，等待一段时间搜索完毕，如果能搜到与缺失的素材同名的文件，则可勾选【仅显示精确名称匹配】，并单击【确定】按钮，如图3.125所示。

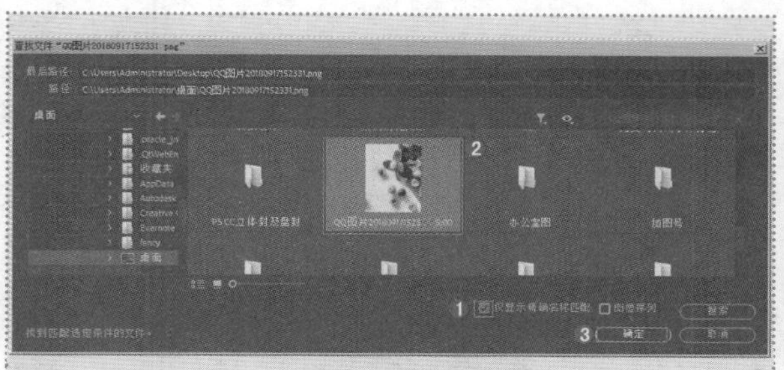

图 3.125

(4) 此时可以看到缺失的素材已经被找到，并且文件被自动正确打开，如图3.126所示。

图 3.126

方法2：脱机。该方法比较适用于文件名称被修改。

(1) 单击【脱机】按钮，如图3.127所示。

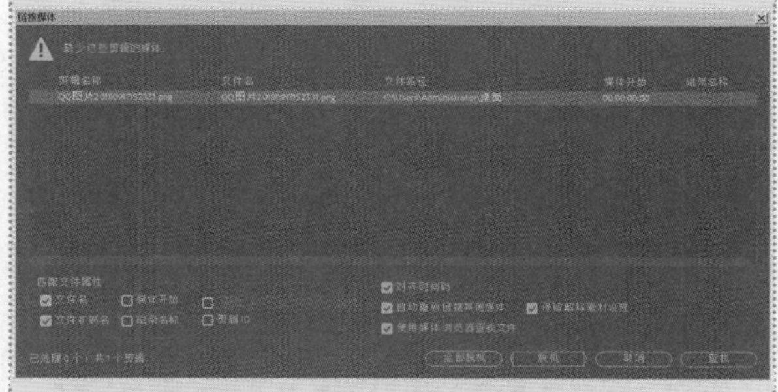

图 3.127

(2) 此时已经进入Premirer Pro界面，但是发现【节目监视器】面板和【时间线】面板中的素材都显示为红色错误，说明该素材还是没有被找到，如图3.128所示。

(3) 在【项目】面板中右击缺失的素材，执行【替换素材】命令，如图3.129所示。

(4) 在弹出的窗口中单击缺失的素材(或缺失的素材已经找不到了，找到了一个类似的也可以)，单击【选择】按钮，如图3.130所示。

图 3.128

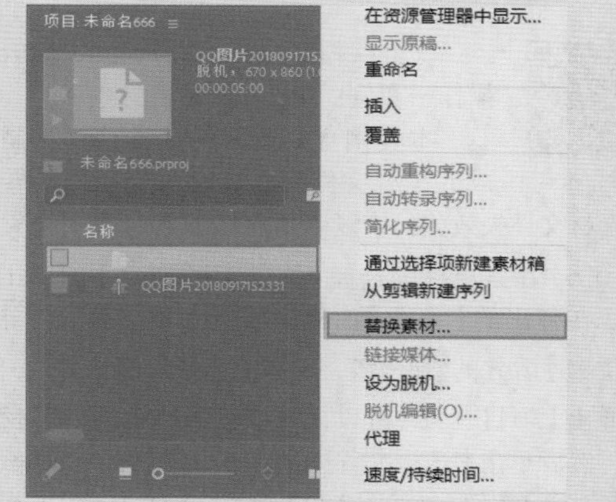

图 3.129

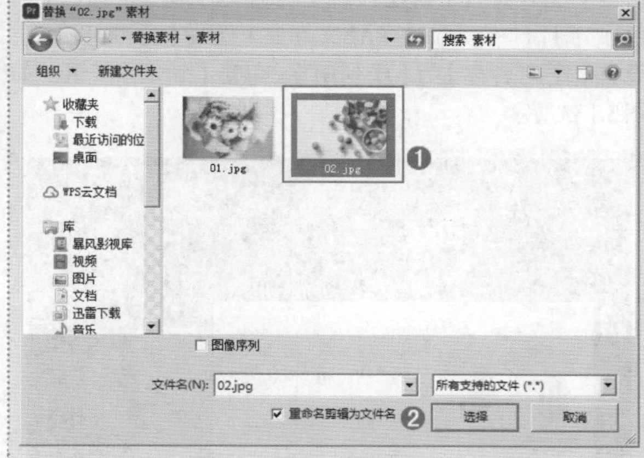

图 3.130

(5) 此时可以看到缺失的素材已经被找到，并且文件被自动正确打开，如图3.131所示。

图 3.131

实例：失效和启用素材

扫一扫，看视频

文件路径：Chapter 3 Premiere Pro常用操作→实例：失效和启用素材

本实例主要讲解的是在打开已制作完成的工程文件时，有时由于压缩或转码导致素材文件失效如何恢复启用素材。

步骤 01 在菜单栏中选择【文件】/【新建】/【项目】命令，在弹出的【导入】面板中设置文件名称，单击【项目位置】后方的 按钮，选择【选择位置】命令，此时会弹出【项目位置】窗口，为项目选择合适的路径文件夹，然后单击【选择文件夹】按钮。在【导入】面板中单击【创建】按钮，，如图3.132所示。在【项目】面板的空白处右击，选择【新建项目】/【序列】命令，弹出【新建序列】窗口，在DV-PAL文件夹下选择【标准48kHz】，设置【序列名称】为【序列01】，单击【确定】按钮，如图3.133所示。

图 3.132

图 3.133

步骤 02 在【项目】面板的空白处双击或使用快捷键Ctrl+I导入01.jpg和02.jpg素材文件，如图3.134所示。

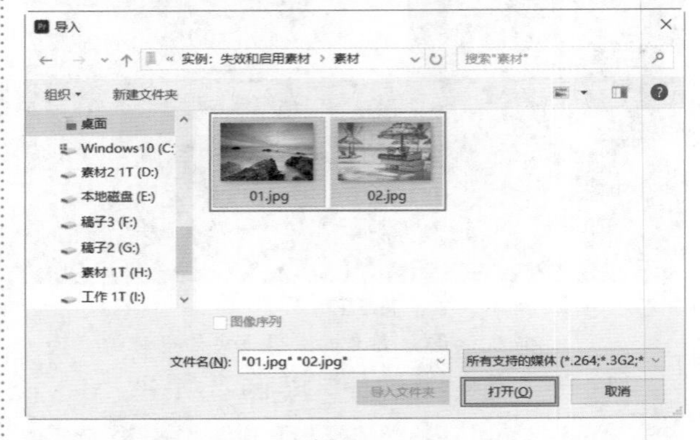

图 3.134

步骤 03 在【项目】面板中选择01.jpg和02.jpg素材文件并按住鼠标左键依次将其拖曳到【时间轴】面板中的V1轨道上，如图3.135所示。

图 3.135

步骤 04 依次选择【时间轴】面板中V1轨道上的01.jpg和02.jpg 素材文件，在【效果控件】面板中设置【缩放】均为90，如图3.136所示。此时效果如图3.137所示。

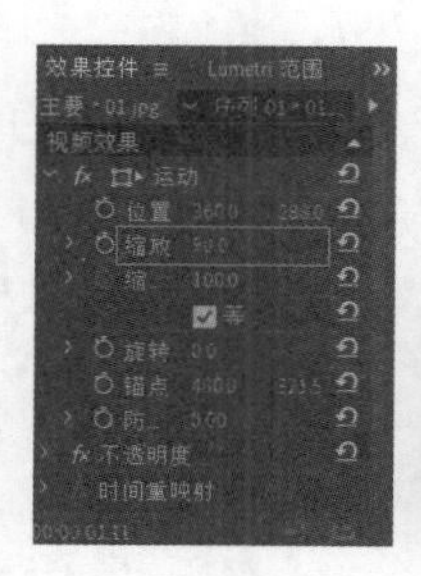

图 3.136

图 3.137

步骤 05 若在操作中暂时用不到01.jpg素材文件，可选中该素材，右击执行【启用】命令将其关闭，如图3.138所示。

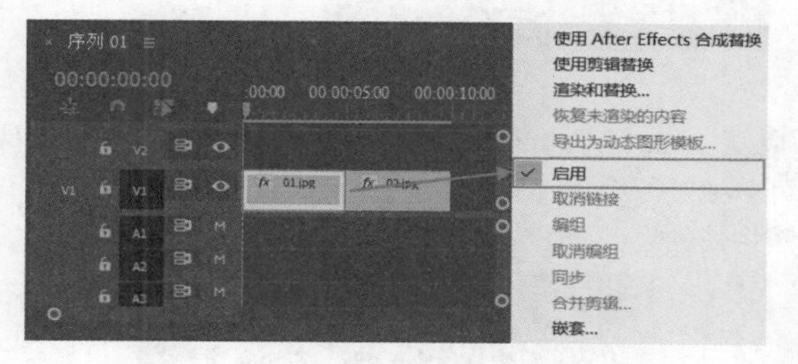

图 3.138

步骤 06 此时在【时间轴】面板中失效的素材变为深紫色，如图3.139所示。滑动时间线失效素材的画面效果为黑色，如图3.140所示。

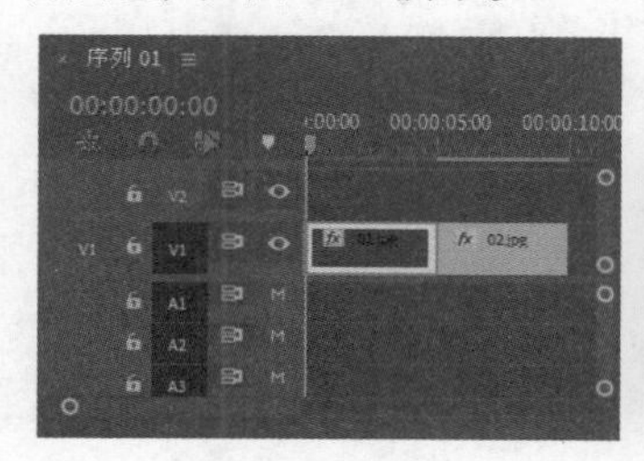

图 3.139

图 3.140

步骤 07 若想再次启用该素材，选中【时间轴】面板中V1轨道上的01.jpg素材文件，右击执行【启用】命令将其开启，如图3.141所示。此时滑动时间线，画面重新显示出来，如图3.142所示。

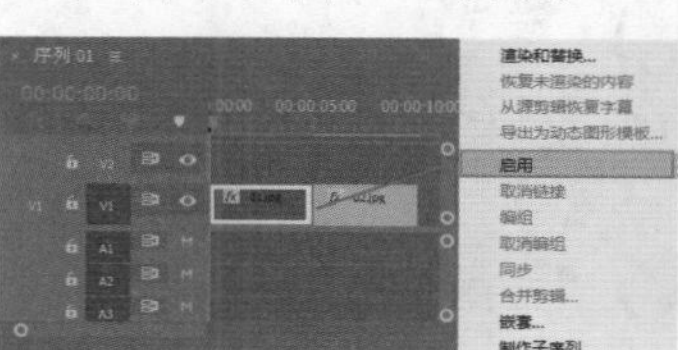

图 3.141

图 3.142

实例：链接和取消视频、音频链接

文件路径：Chapter 3　Premiere Pro常用操作→实例：链接和取消视频、音频链接

扫一扫，看视频

本实例通过链接和取消视频、音频链接的方法方便视频的剪辑。

步骤 01 在菜单栏中选择【文件】/【新建】/【项目】命令，在弹出的【导入】面板中设置文件名称，单击【项目位置】后方的按钮，选择【选择位置】命令，此时会弹出【项目位置】窗口，为项目选择合适的路径文件夹，然后单击【选择文件夹】按钮。在【导入】面板中单击【创建】按钮，如图3.143所示。在【项目】面板的空白处右击，选择【新建项目】/【序列】命令，弹出【新建序列】窗口，在DV-PAL文件夹下选择【标准48kHz】，设置【序列名称】为【序列01】，单击【确定】按钮，如图3.144所示。

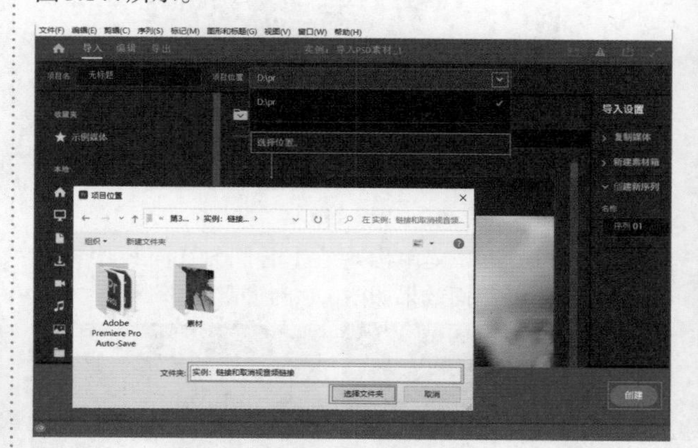

图 3.143

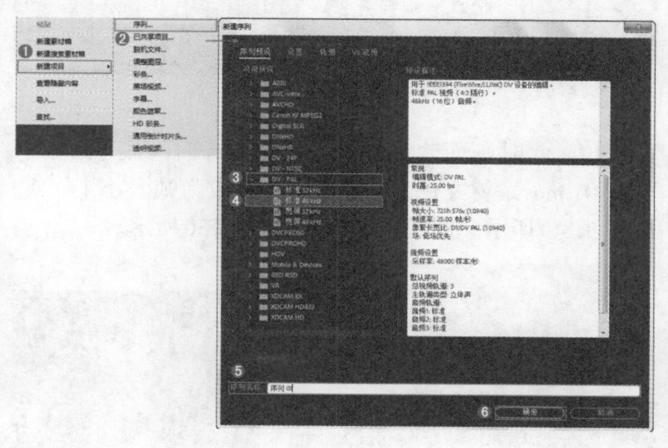

图 3.144

步骤 02 在【项目】面板的空白处双击或使用快捷键Ctrl+I导入01.mov素材文件，如图3.145所示。

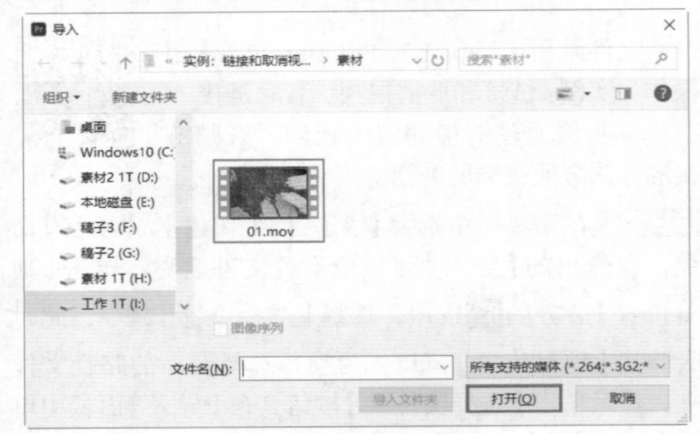

图 3.145

步骤 03 在【项目】面板中选择01.mov素材文件并按住鼠标左键将其拖曳到【时间轴】面板中，如图3.146所示。

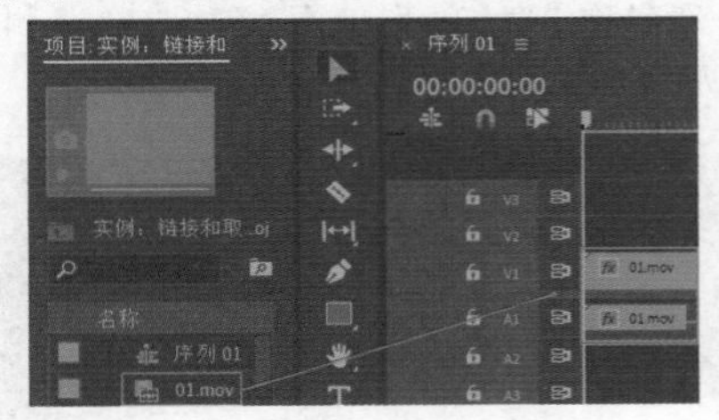

图 3.146

步骤 04 此时素材文件出现在【时间轴】面板中，如图3.147所示。画面效果如图3.148所示。

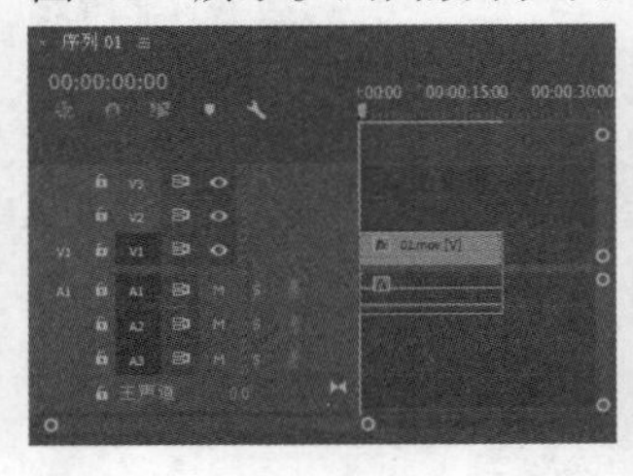

图 3.147

图 3.148

步骤 05 此时画面效果过大，所以在【时间轴】面板中选中01.mov素材文件，右击执行【缩放为帧大小】命令，如图3.149所示。此时画面效果如图3.150所示。

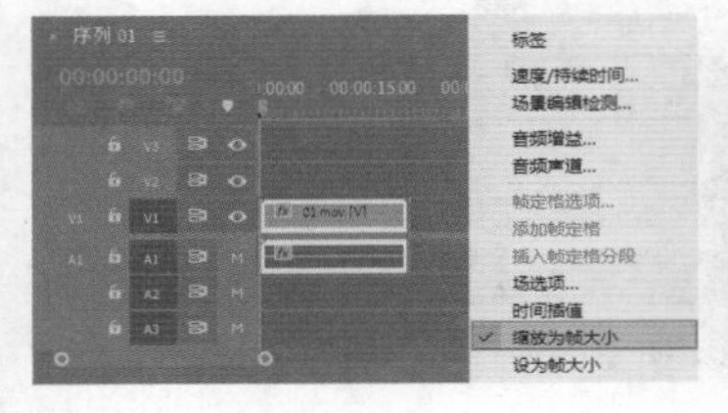

图 3.149

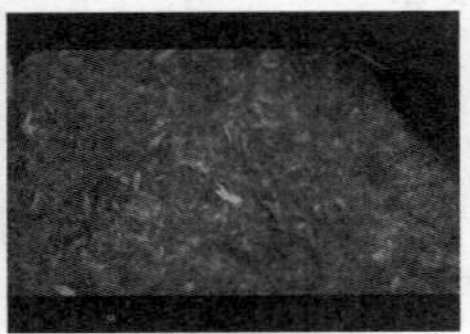

图 3.150

步骤 06 由于摄像机在录制视频、音频时是同步进行的，在视频编辑中，通常以链接的形式出现，一般情况下只需要视频文件，将音频文件进行删除。此时会用到取消链接操作。在【时间轴】面板中选中01.mov素材，右击执行【取消链接】命令，如图3.151所示。

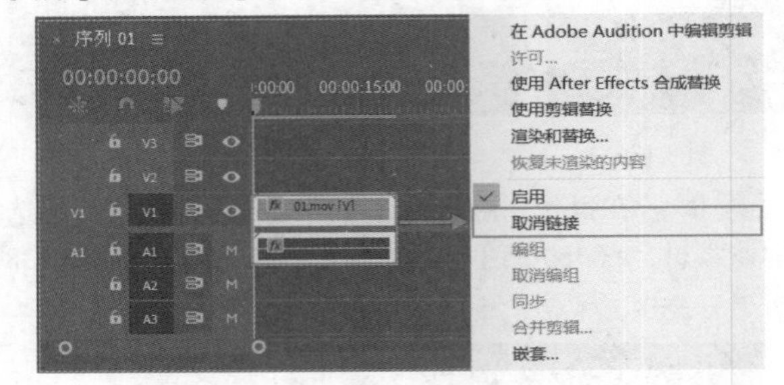

图 3.151

步骤 07 此时【时间轴】面板中的音频、视频素材文件可单独进行编辑。选择A1轨道上的素材文件，按Delete键将其删除，如图3.152所示。

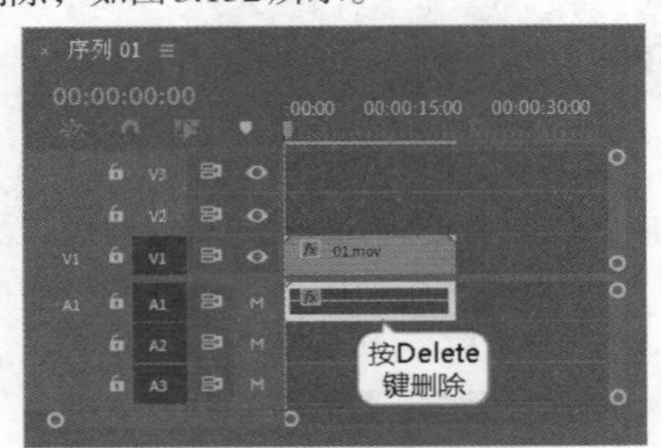

图 3.152

提示：视频、音频重新链接

若想将单独的视频、音频重新链接在一起，可选择视频轨道和音频轨道的素材文件，右击，在弹出的快捷菜单中执行【链接】命令，此时分离的素材文件即可链接在一起，如图3.153所示。

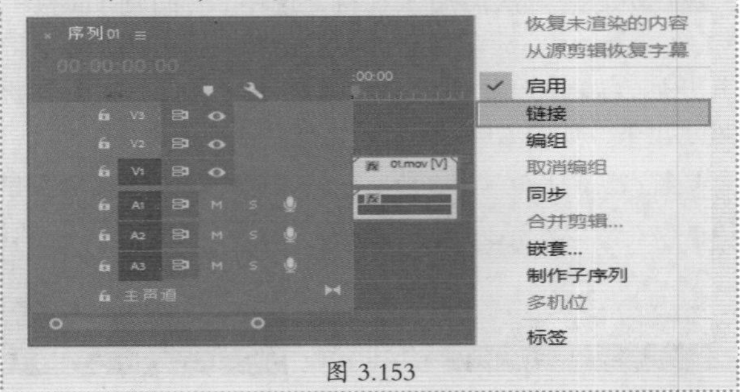

图 3.153

实例：视频快放

扫一扫，看视频

文件路径：Chapter 3 Premiere Pro常用操作→实例：视频快放

本实例中对素材执行【速度/持续时间】命令，可改变素材的速度，使素材持续时间变快或变慢。

步骤 01 在菜单栏中选择【文件】/【新建】/【项目】命令，在弹出的【新建项目】窗口中设置【名称】，单击【浏览】按钮设置保存路径，单击【确定】按钮，如图3.154所示。

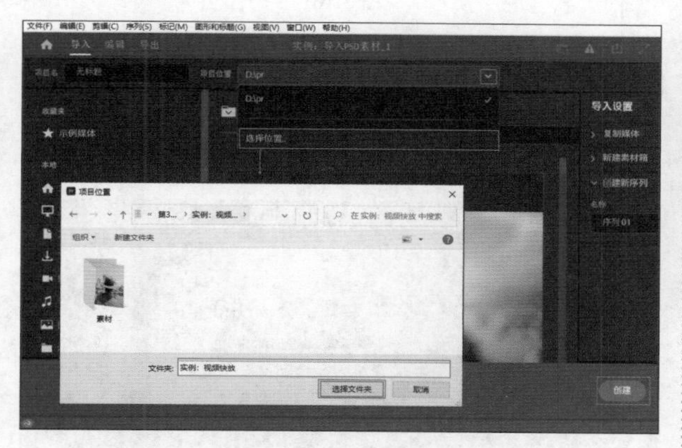

图 3.154

步骤 02 在【项目】面板的空白处双击或使用快捷键Ctrl+I导入01.jpg和02.jpg素材文件，如图3.155所示。

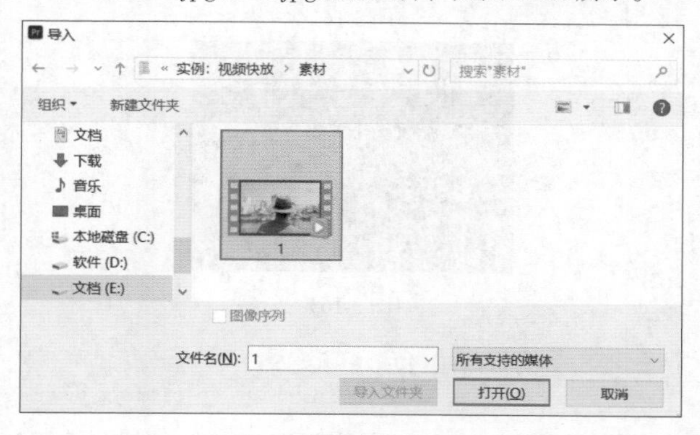

图 3.155

步骤 03 按住鼠标左键将【项目】面板中的1.mp4素材文件拖曳到【时间轴】面板中的V1轨道上，如图3.156所示，此时在【项目】面板中自动出现序列。

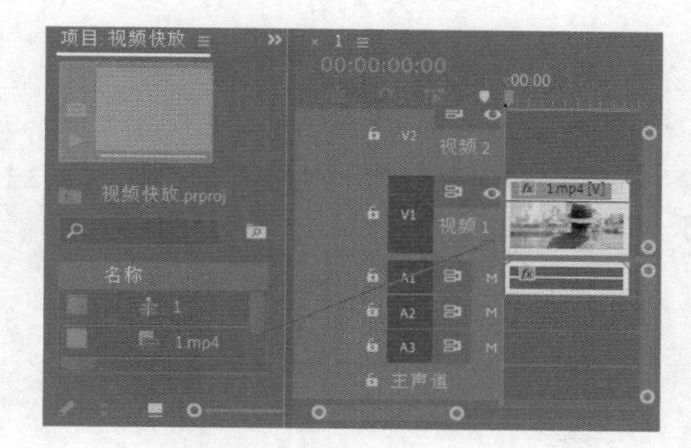

图 3.156

步骤 04 在【时间轴】面板中选择视频素材，然后右击，执行【速度/持续时间】命令，在弹出的窗口中设置【速度】为300%，单击【确定】按钮，如图3.157所示。

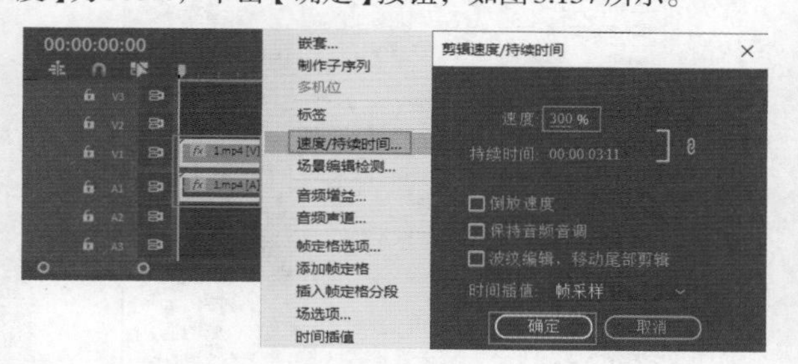

图 3.157

步骤 05 此时滑动时间线查看视频播放速度，可以发现当前视频相对调整之前的速度加快，持续时间缩短，如图3.158所示。反之，若将速度数值调小，原画面播放速度变慢，持续时间会延长。

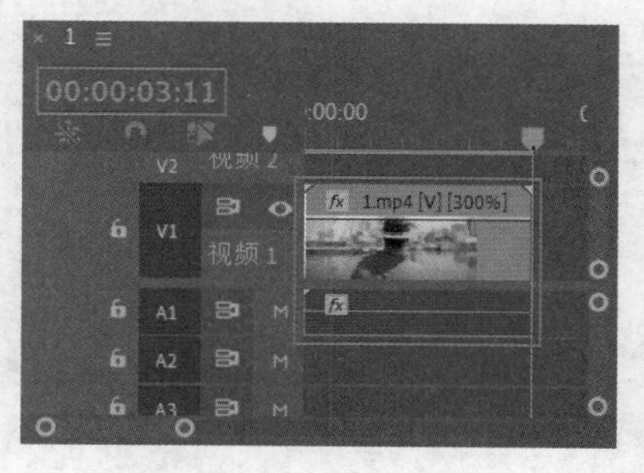

图 3.158

3.5 个性化设置

扫一扫，看视频

在Adobe Premiere Pro 2023中可根据个人喜好进行个性化设置，如更改界面明暗、工作界面的结构及常用命令的快捷键。

3.5.1　设置外观界面颜色

（1）在菜单栏中执行【编辑】/【首选项】/【外观】命令，如图3.159所示。弹出【首选项】窗口，如图3.160所示。

图3.159

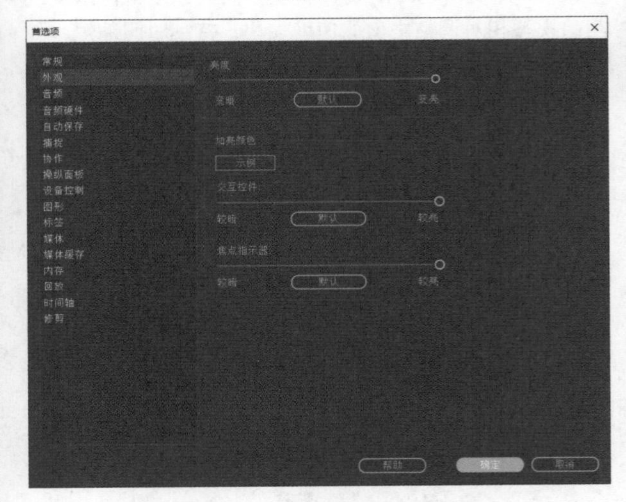

图3.160

（2）在窗口中将【亮度】滑块滑动到最左侧位置可将界面变暗，如图3.161所示；将【亮度】滑块滑动到最右侧位置可将界面整体提亮，如图3.162所示。为了便于操作，通常会将界面调节到最亮状态。

图3.161

（3）在【外观】选项中还可通过调节【交互控件】和【焦点指示器】改变控件的明暗，与调节【亮度】的方法相同，向左侧滑动颜色变暗，反之颜色变亮，如图3.163所示。

图3.162

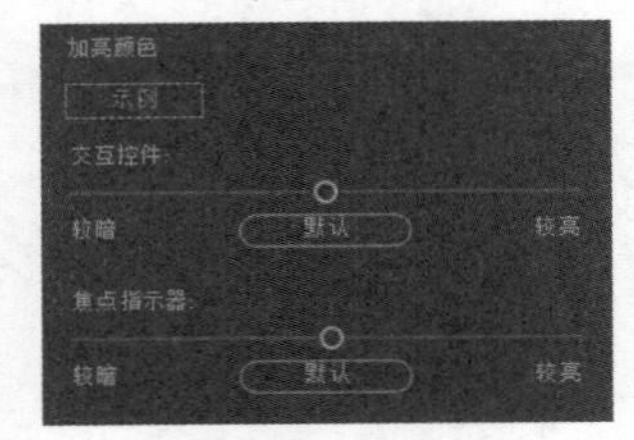

图3.163

3.5.2　自定义快捷键

快捷键在方便启用程序的同时可大大节约操作时间和计算机运行速度。

执行【编辑】/【快捷键】命令或使用快捷键Ctrl+Alt+K打开【键盘快捷键】窗口，如图3.164所示。此时在窗口中即可自定义各命令的快捷键，如图3.165所示。

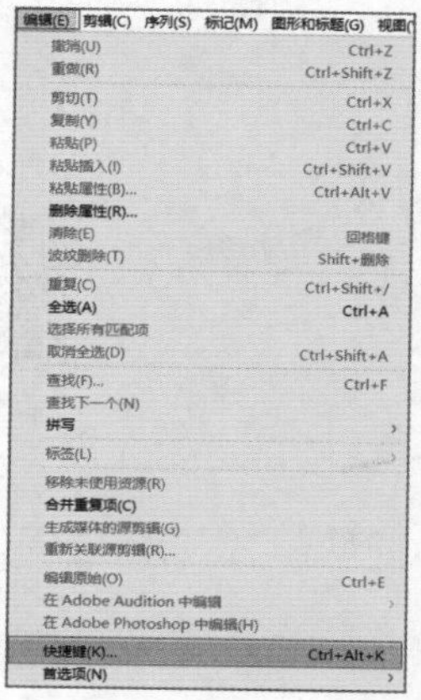

编辑(E) 剪辑(C) 序列(S) 标记(M) 图形和标题(G) 视图(
撤消(U) Ctrl+Z
重做(R) Ctrl+Shift+Z
剪切(T) Ctrl+X
复制(Y) Ctrl+C
粘贴(P) Ctrl+V
粘贴插入(I) Ctrl+Shift+V
粘贴属性(B)... Ctrl+Alt+V
删除属性(R)...
清除(E) 回格键
波纹删除(T) Shift+删除
重复(C) Ctrl+Shift+/
全选(A) Ctrl+A
选择所有匹配项
取消全选(D) Ctrl+Shift+A
查找(F)... Ctrl+F
查找下一个(N)
拼写
标签(L)
移除未使用资源(R)
合并重复项(C)
生成媒体的源剪辑(G)
重新关联源剪辑(R)...
编辑原始(O) Ctrl+E
在 Adobe Audition 中编辑
在 Adobe Photoshop 中编辑(H)
快捷键(K)... Ctrl+Alt+K
首选项(N)

图 3.164

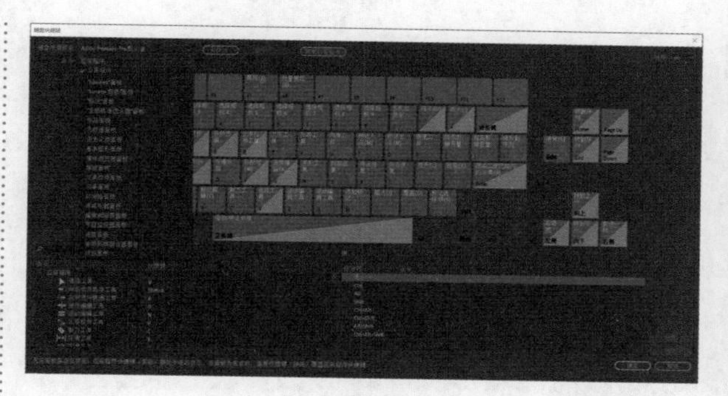

图 3.165

视频剪辑

本章内容简介：

视频剪辑是对视频进行非线性编辑的一种方式。在剪辑过程中可通过对加入的图片、配乐、特效等素材与视频进行重新组合，以分割、合并等方式生成一个更加精彩的、全新的视频。本章主要介绍视频剪辑的主要流程、剪辑工具的使用方法及剪辑在视频中的应用等。

重点知识掌握：

- 认识剪辑
- 剪辑的基本流程
- 与剪辑相关的工具
- 剪辑在视频制作中的实际应用

4.1 认识剪辑

在Premiere Pro中剪辑可分为整理素材、初剪、精剪和完善4个流程。

1. 整理素材

前期的素材整理对后期剪辑具有非常大的帮助。通常在拍摄时会把一个故事情节分段拍摄，拍摄完成后将所有素材进行浏览，留取其中可用的素材文件并添加标记便于二次查找，然后可以按脚本、景别、角色将素材进行分类排序，将同属性的素材文件存放在一起。整齐有序的素材文件可以提高剪辑效率和影片质量，并且可以显示出剪辑的专业性，如图4.1所示。

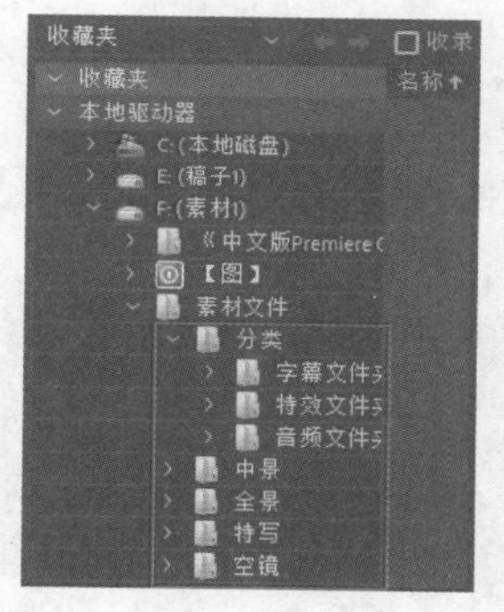

图 4.1

2. 初剪

初剪又称为粗剪，将整理完成的素材文件按脚本进行归纳、拼接并按照影片的中心思想、叙事逻辑逐步剪辑，从而粗略剪辑成一个无配乐、旁白、特效的影片初样。以初样作为这个影片的雏形，一步一步地制作整个影片，如图4.2所示。

图 4.2

3. 精剪

精剪是影片中最重要的一道剪辑工序，其是在粗剪基础上进行的剪辑操作，取精去糟，从镜头的修整、声音的修饰到文字的添加与特效合成等方面都花费了大量时间，精剪可控制镜头的长短、调整镜头分剪与剪接点、为画面添加点睛技巧等，是决定影片质量的关键步骤，如图4.3所示。

图 4.3

4. 完善

完善是剪辑影片的最后一道工序，它在注重细节调整的同时更注重节奏点。通常在该步骤会将导演者的情感、剧本的故事情节及观者的视觉追踪注入整体架构中，使整个影片更有故事性和看点，如图4.4所示。

图 4.4

4.2 认识剪辑的工具

在Premiere Pro中，将镜头进行删减、组接、重新编排可形成一个完整的视频影片。接下来讲解几个在剪辑中经常使用的工具。

扫一扫，看视频

重点 4.2.1 【工具】面板

【工具】面板中包括【选择工具】【向前/向后选择轨道工具】【波纹编辑工具】【剃刀工具】等17种工具，如图4.5所示。其中部分工具在视频剪辑中的应用十分广泛。

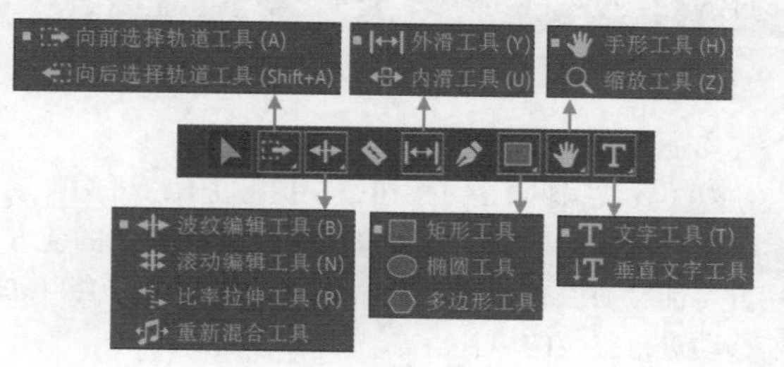

图 4.5

1. 选择工具

▶(选择工具)按钮，快捷键为V。顾名思义，是选择对象的工具，可对素材、图形、文字等对象进行选择，还可以单击选择或按住鼠标左键拖曳。

若想将【项目】面板中的素材文件置于【时间轴】

面板中，可单击工具箱中的▶（选择工具）按钮，在【项目】面板中将光标定位在素材文件上方，按住鼠标左键将素材文件拖动到【时间轴】面板中，如图4.6所示。

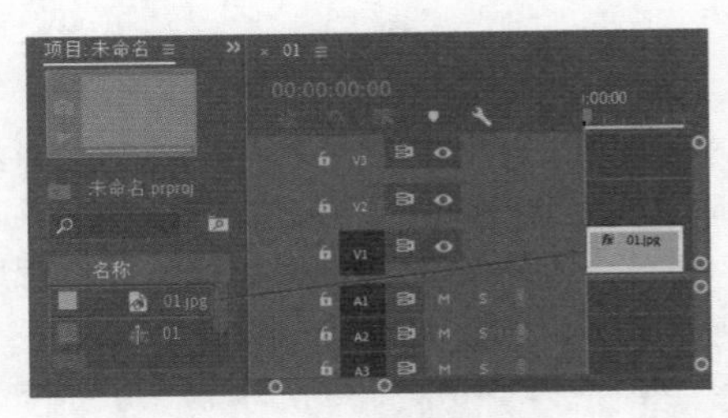

图 4.6

2. 向前/向后选择轨道工具

（向前选择轨道工具）/（向后选择轨道工具）按钮，快捷键为A，可选择目标文件左侧或右侧同轨道上的所有素材文件，当【时间轴】面板中的素材文件过多时，使用该种工具选择文件更加方便快捷。

（1）以（向前选择轨道工具）为例，若要选择V1轨道上01.jpg素材文件后方的所有文件，可首先单击（向前选择轨道工具）按钮，然后单击【时间轴】面板中的01.jpg和02.jpg，如图4.7所示。

（2）此时01.jpg素材文件后方的文件被全部选中，如图4.8所示。

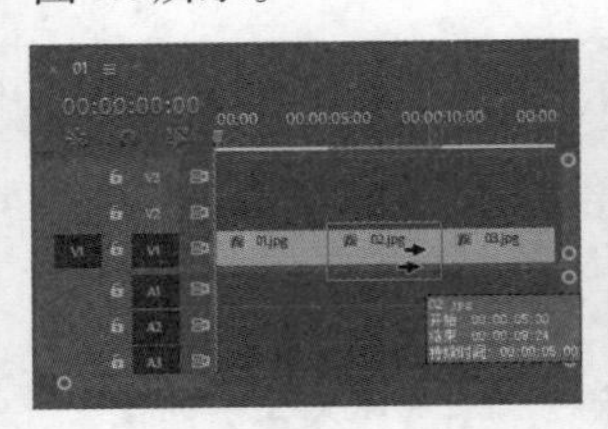

图 4.7

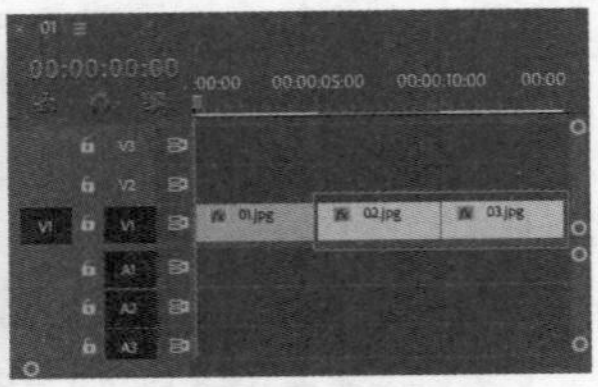

图 4.8

3. 波纹编辑工具

（波纹编辑工具）按钮，快捷键为B，可调整选中素材文件的持续时间，在调整素材文件时素材的前方或后方可能会有空位出现，此时相邻的素材文件会自动向前移动进行空位的填补。

调整V1轨道上01.jpg素材文件的持续时间，将长度适当进行缩短。单击（波纹编辑工具）按钮，将光标定位在01.jpg和02.jpg素材文件的中间位置，当光标变为时，按住鼠标左键向左侧拖动，如图4.9所示。此时01.jpg素材文件后方的全部文件会自动向前跟进，如图4.10所示。

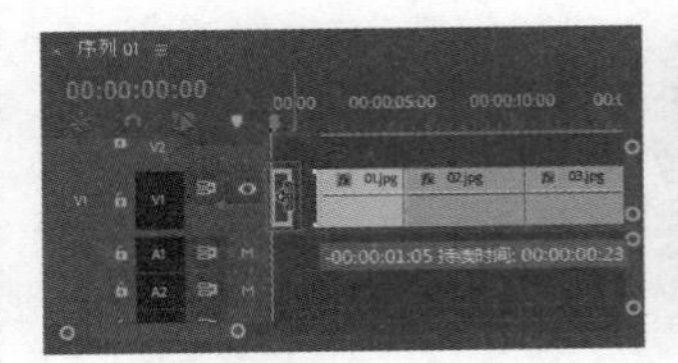

图 4.9

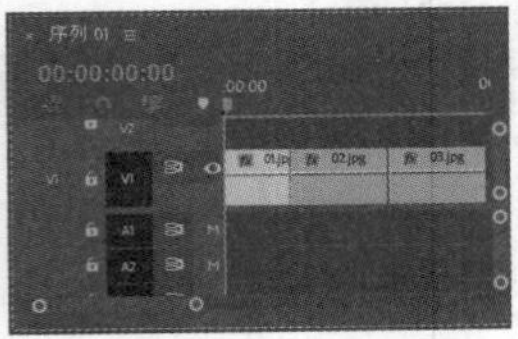

图 4.10

4. 滚动编辑工具

（滚动编辑工具）按钮，快捷键为N。在素材文件总长度不变的情况下，可控制素材文件自身的长度并适当调整剪切点。

（1）选择V1轨道上的01.jpg素材文件，若想将该素材文件的长度增长，可单击（滚动编辑工具）按钮，将光标定位在01.jpg素材文件的上方，按住鼠标左键向右侧拖曳，如图4.11所示。

（2）在不改变素材文件总长度的情况下，01.jpg素材文件变长，而相邻的02.jpg素材文件的长度会相对缩短，如图4.12所示。

图 4.11

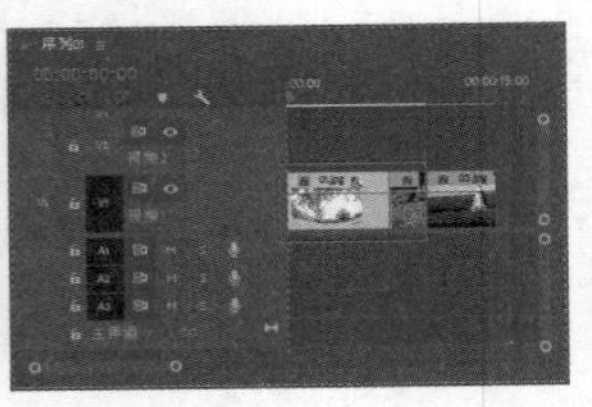

图 4.12

5. 比率拉伸工具

（比率拉伸工具）可以改变【时间轴】面板中素材的播放速率。

单击（比率拉伸工具）按钮，当光标变为时，按住鼠标左键向右侧拉长，如图4.13所示。此时该素材文件的播放时间变长，速率变慢，如图4.14所示。

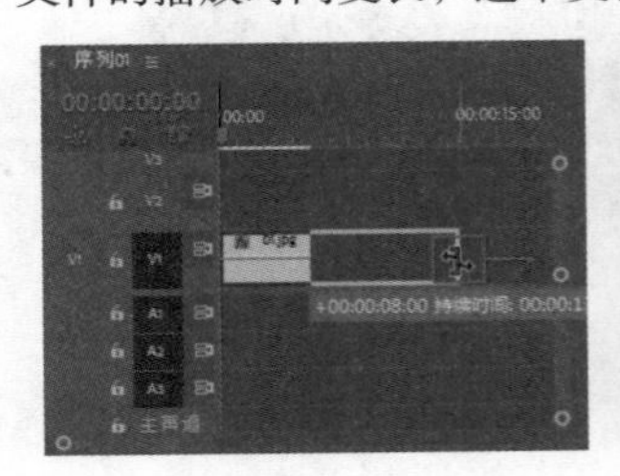

图 4.13

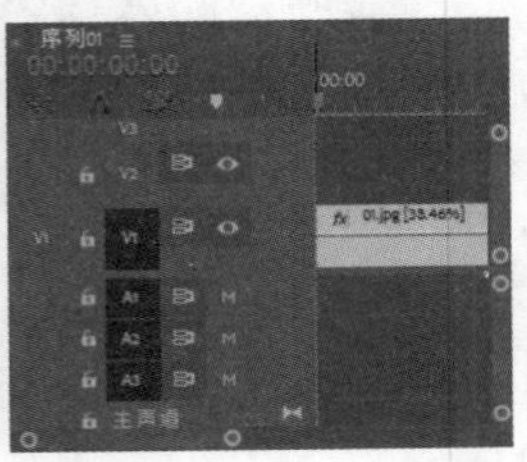

图 4.14

6. 剃刀工具

（剃刀工具）按钮，快捷键为C，可将一段视频裁剪为多个视频片段，按住Shift键可以同时剪辑多个轨道中的素材。

（1）单击（剃刀工具）按钮，将光标定位在素材文件的上方，按下鼠标左键即可进行裁剪，如图4.15所示。裁剪完成后，该素材文件的每一段都可成为一个独立的素材文件，如图4.16所示。

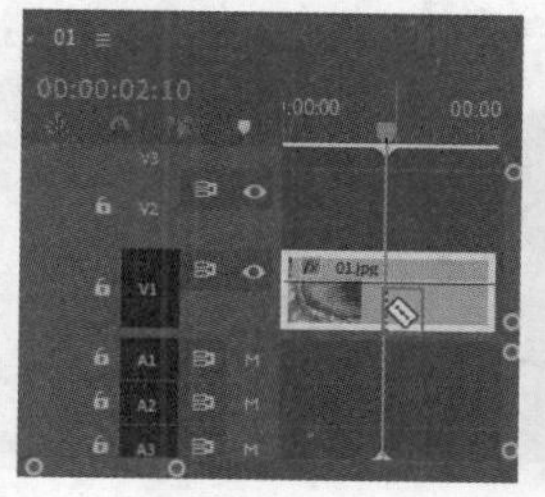

图 4.15

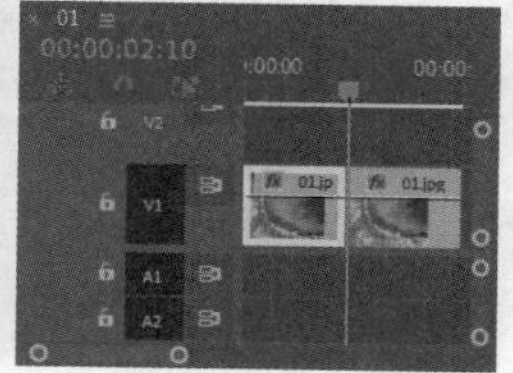

图 4.16

（2）同时剪辑多个素材。首先取消选择任何素材，按住Shift键即可同时裁剪多个轨道上的素材文件。此时在时间线位置不同轨道上的素材文件会被同时进行裁剪，如图4.17所示。

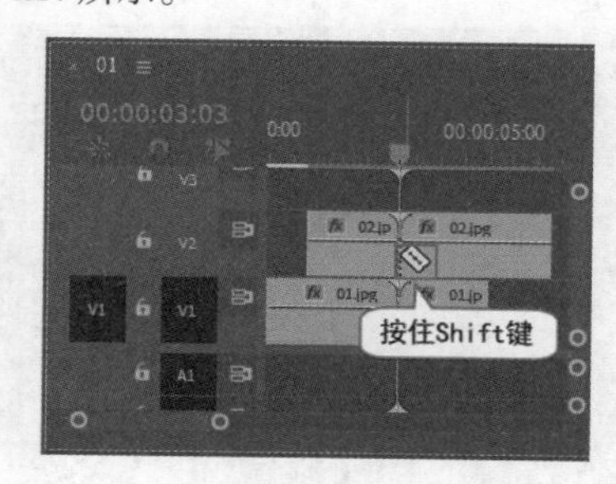

图 4.17

重点 4.2.2　其他剪辑工具

除【工具】面板外，在【时间轴】面板中右击素材文件，在弹出的快捷菜单中有些命令也常用于视频剪辑中。

1. 波纹删除

【波纹删除】命令能很好地提高工作效率，常搭配【剃刀工具】一起使用。在剪辑时，通常会将废弃片段进行删除，使用【波纹删除】命令不用再去移动其他素材来填补删除后的空白，它在删除的同时能将前后素材文件很好地连接在一起。

（1）单击（剃刀工具）按钮，将时间线滑动到合适的位置，单击剪辑01.jpg素材文件，此时01.jpg素材被分割为两部分，如图4.18所示。

（2）单击（选择工具）按钮，然后右击剪辑后半部分的01.jpg素材文件，在弹出的快捷菜单中执行【波纹删除】命令，如图4.19所示。此时02.jpg素材文件会自动向前跟进，如图4.20所示。

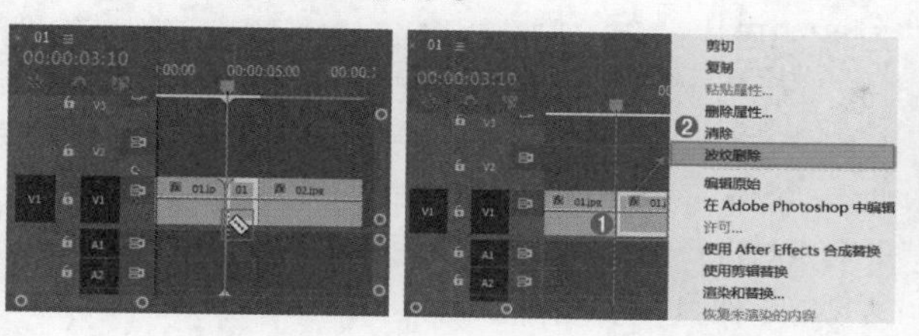

图 4.18　　图 4.19

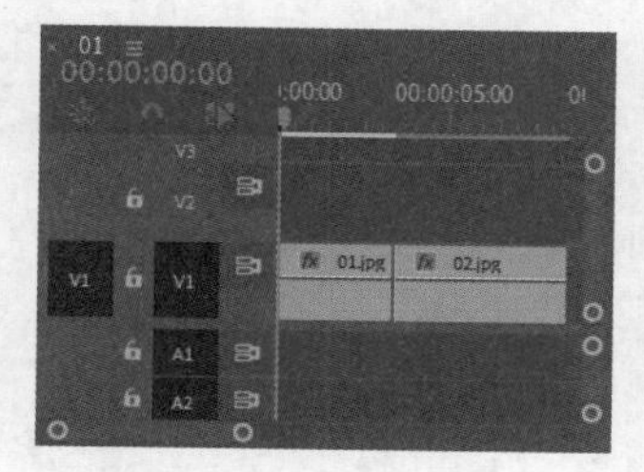

图 4.20

2. 取消链接

当素材文件中的视频、音频链接在一起时，针对视频或音频素材进行单独操作就会相对烦琐。此时需要解除视频、音频链接。

单击（选择工具）按钮，右击选择该素材文件，在弹出的快捷菜单中执行【取消链接】命令，如图4.21所示。此时可以针对【时间轴】面板中的视频、音频文件进行单独移动或执行其他操作，如图4.22所示。

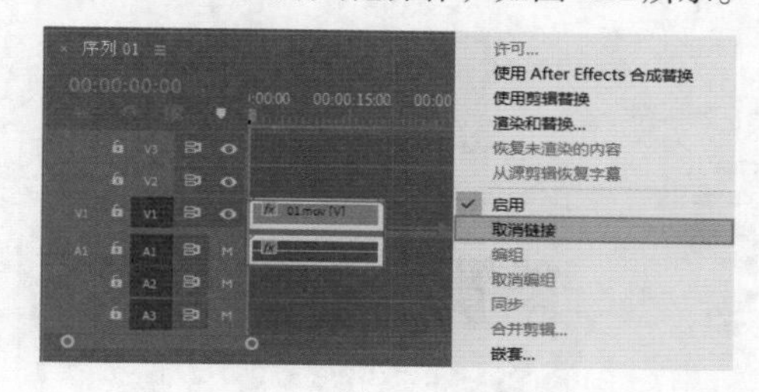

图 4.21

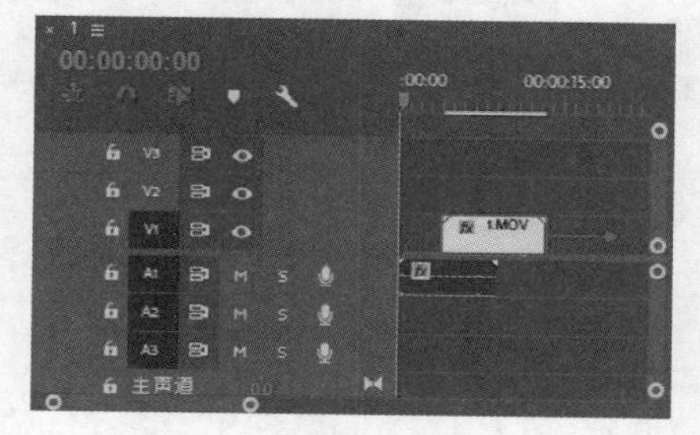

图 4.22

综合实例：定格黑白卡点婚礼纪录片

扫一扫，看视频

文件路径：Chapter 4 视频剪辑→综合实例：定格黑白卡点婚礼纪录片

本实例首先使用标记记录需要定格的位置，使用【比率拉伸工具】调整素材速度并对素材进行帧定格，最后为定格的素材添加黑白效果。实例效果如图4.23所示。

图 4.23

步骤 01 执行【文件】/【新建】/【项目】命令，新建一个项目。执行【文件】/【导入】命令，导入全部素材文件，如图4.24所示。

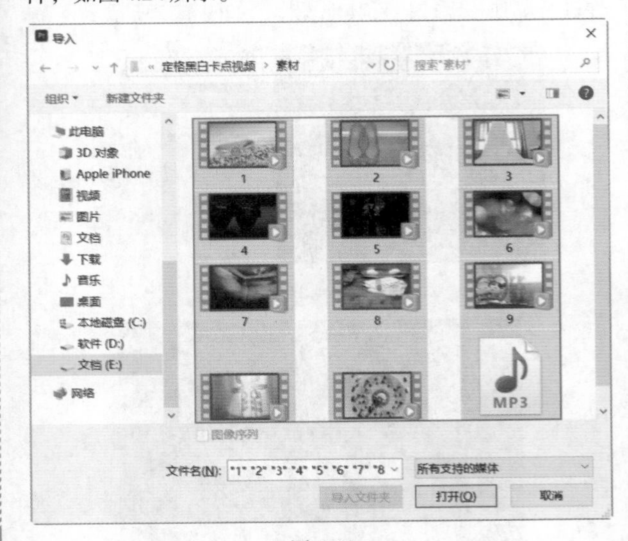

图 4.24

步骤 02 在【项目】面板中将配乐.mp3素材文件拖曳到【时间轴】面板中的A1轨道上，如图4.25所示。将时间线滑动到16秒位置，使用快捷键C将光标切换到剃刀工具，在时间线位置进行剪辑，接着使用快捷键V将光标切换到选择工具，选择剪辑之后的后半部分音频，按Delete键进行删除，如图4.26所示。

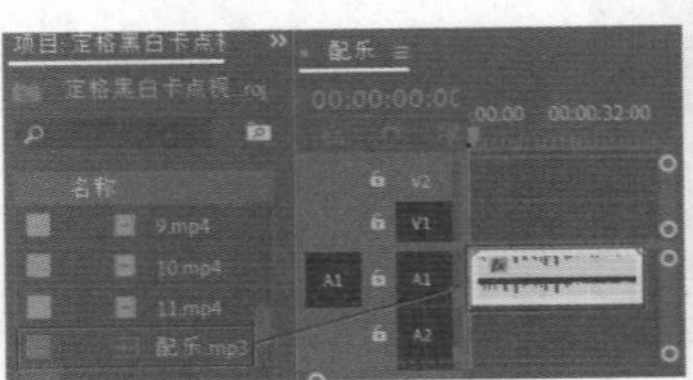

图 4.25

图 4.26

步骤 03 将时间线滑动到起始帧位置，单击▶（播放/停止切换）按钮或者按空格键聆听配乐，在节奏强烈的位置按M键快速添加标记，直到音频结束，此时共添加了11个标记，如图4.27所示。

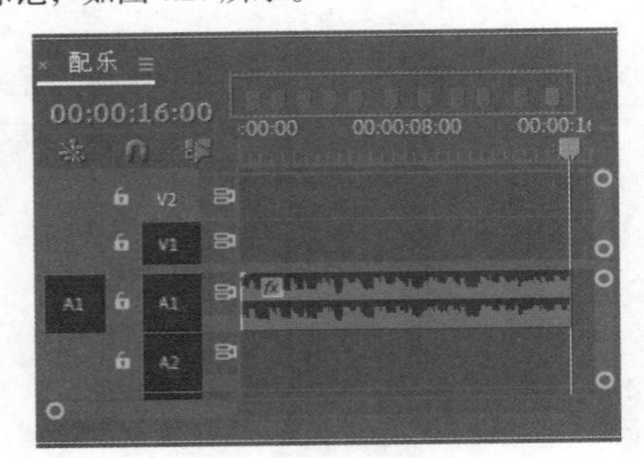

图 4.27

步骤 04 由于稍后需要继续添加标记，为了观看明显、易识别，更改刚刚添加的标记的颜色。双击添加的标记，打开【标记】窗口，将【标记颜色】设置为红色，如图4.28所示。使用同样的方式更改其他标记颜色，此时【时间轴】面板中的标记如图4.29所示。

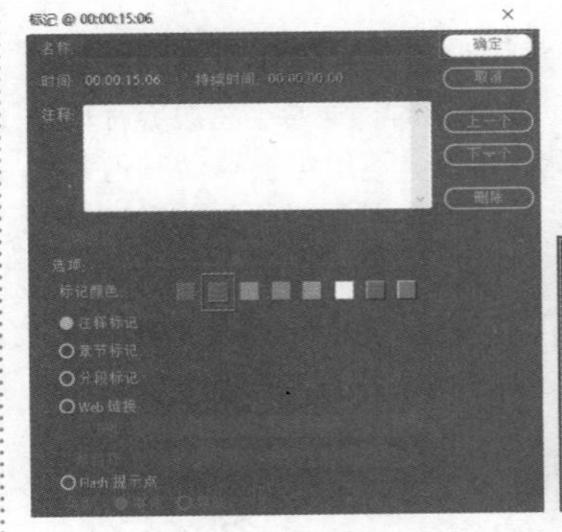

图 4.28

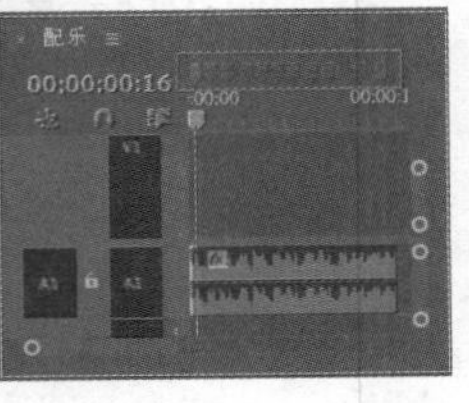

图 4.29

步骤 05 单击选择第一个红色标记，按住Shift键的同时按下小键盘上的向右键，此时时间线向右侧移动5帧，连着按3次，此时时间线向右移动15帧，在当前位置按下M键进行标记，如图4.30所示。使用同样的方式在其他红色标记后方15帧位置添加绿色标记，如图4.31所示。

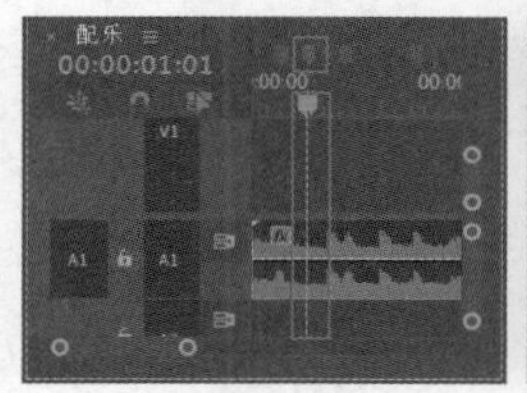

图 4.30

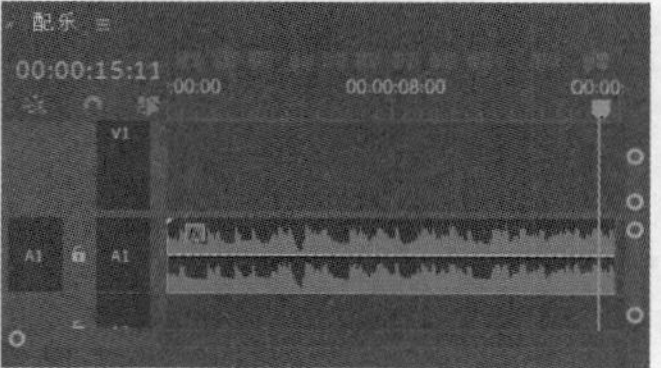

图 4.31

步骤 06 在【项目】面板中将1.mp4素材拖曳到【时间轴】面板中的V1轨道上，如图4.32所示。将时间线移动到第1个绿色标记位置，然后按快捷键R，此时光标切换为（比率拉伸工具），选择V1轨道上的1.mp4素材，在其结束位置按下鼠标左键向时间线位置拖动，将结束时间落在时间线上，改变素材的速度，如图4.33所示。

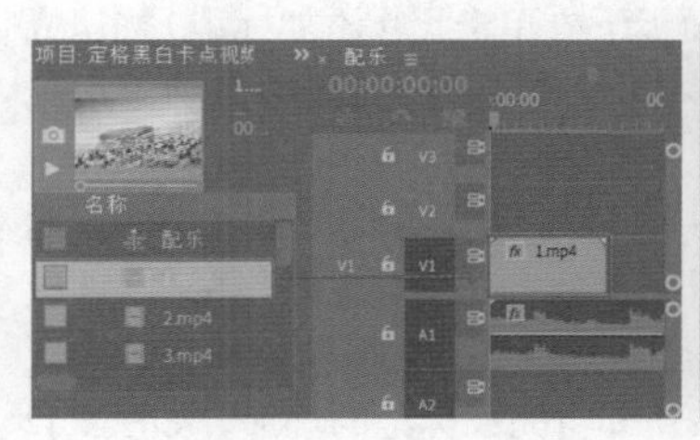

图 4.32

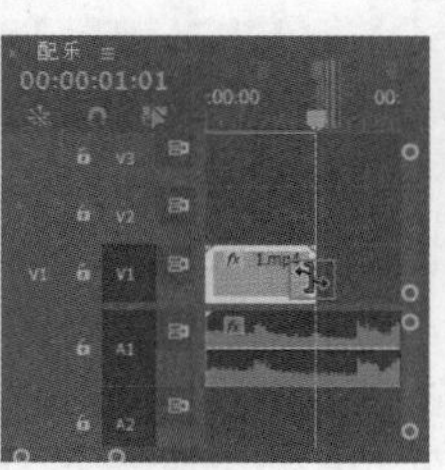

图 4.33

步骤 07 继续在【项目】面板中将2.mp4素材拖曳到【时间轴】面板中1.mp4素材后方，将时间线移动到第2个绿色标记位置，按快捷键R，将光标切换为【比率拉伸工具】，选择V1轨道上的2.mp4素材，使用【比率拉伸工具】将其拖曳到第2个绿色标记位置，如图4.34所示。使用同样的方式制作其他视频素材，如图4.35所示。

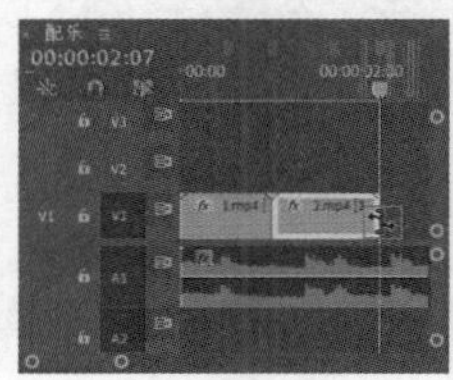

图 4.34

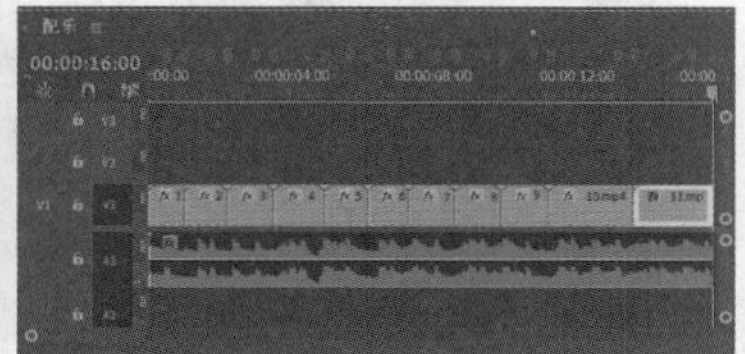

图 4.35

步骤 08 进行帧定格操作。单击第一个红色标记，此时时间线自动跳转到红色标记位置，选择V1轨道上的第一个视频素材，右击执行【添加帧定格】命令，如图4.36所示。此时在时间线位置自动剪辑素材，前半部分为动态画面，后半部分为静止的帧定格画面，如图4.37所示，使用同样的方式为2.mp4~11.mp4执行此命令。

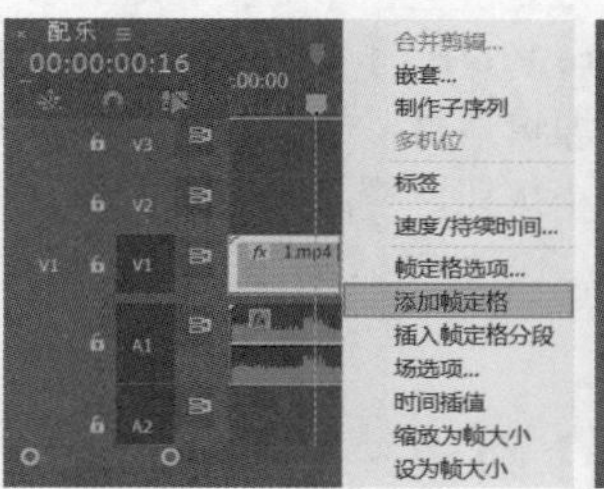

图 4.36

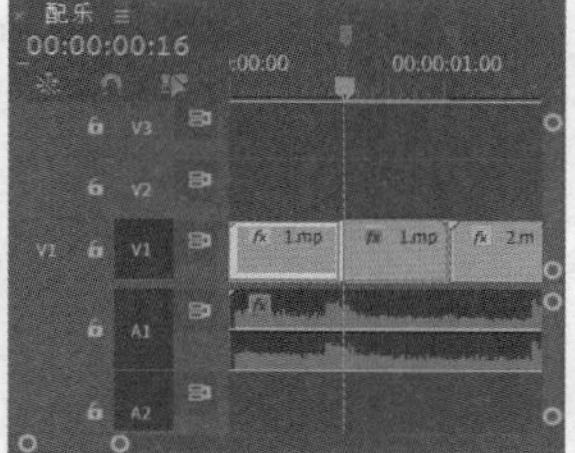

图 4.37

步骤 09 在【效果】面板中搜索【黑白】，将其拖曳到红色标记与绿色标记中间的素材上（或可理解为：从第一个素材向右侧数，每隔一个素材添加黑白效果），如图4.38所示。

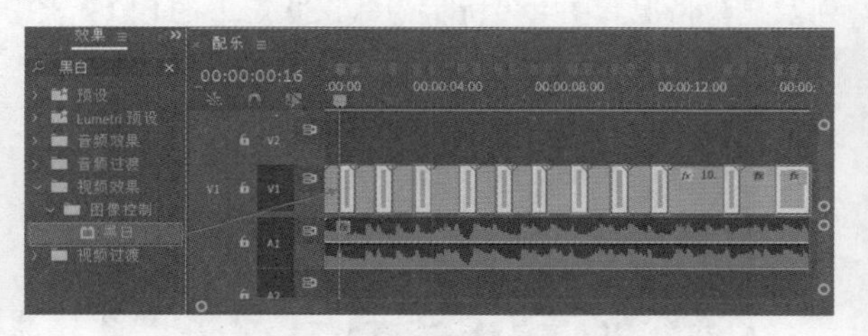

图 4.38

步骤 10 本实例制作完成，滑动时间线查看黑白定格画面效果，如图4.39所示。

图 4.39

4.3 在【监视器】面板中进行素材剪辑

扫一扫，看视频

在Premiere Pro中，【监视器】面板用来显示素材和编辑素材，位于【监视器】面板下方的各个小按钮同样具有重要的作用，它向我们提供了多种模式的监视、寻帧和设置出入点操作。

4.3.1 认识【监视器】面板

在Premiere Pro的【监视器】面板底部设有各种功能的编辑按钮。使用这些按钮可以更便捷地对所选素材进行操作，同时可根据自己的习惯，通过单击该面板右下角的■（按钮编辑器）按钮，自定义各个按钮的位置排列及显隐情况。图4.40所示为默认状态下的【监视器】面板。

图 4.40

4.3.2 添加标记

编辑视频时在素材上添加标记，不仅便于素材位置的查找，同时还方便剪辑操作。当标记添加过多时，还可以为标记设置不同的颜色及注释，避免了视线混淆并能很好地起到提示作用。设置标记的方法有以下3种。

1.在菜单栏中添加标记

在菜单栏中选择【标记】命令，在下拉列表中即可为选择的素材文件添加标记或设置出入点等，如图4.41所示。

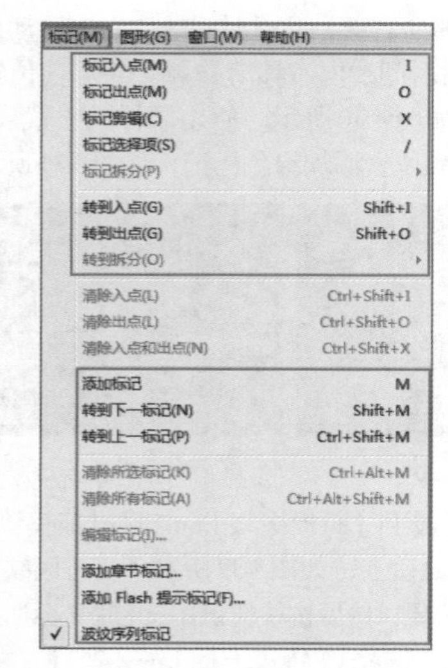

图 4.41

2.在【源监视器】面板中添加标记

在【源监视器】面板下方单击■（添加标记）按钮或者使用快捷键M即可在【源监视器】面板中成功添加标记。

（1）双击【时间轴】面板中需要标记的素材文件，此时即可出现【源监视器】面板，然后在【源监视器】面板中拖动时间线滑块进行素材预览并在需要做标记的位置单击■（添加标记）按钮即可完成标记的添加，如图4.42所示。

（2）此时，在【时间轴】面板中所选素材的相同位置也会出现标记符号，如图4.43所示。

图 4.42

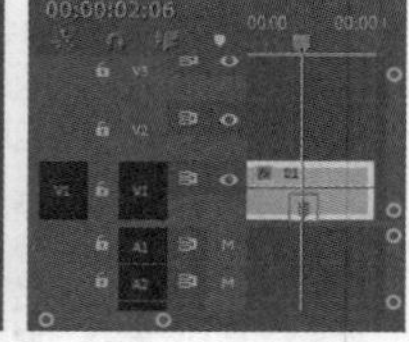

图 4.43

3.在【节目监视器】面板中添加标记

（1）首先将时间线滑动到需要添加标记的位置，然后单击【节目监视器】面板下方的■（添加标记）按钮即可快速为素材添加标记，如图4.44所示。

（2）同时，在【时间轴】面板中的序列上方相同位置出现标记符号，如图4.45所示。

图 4.44

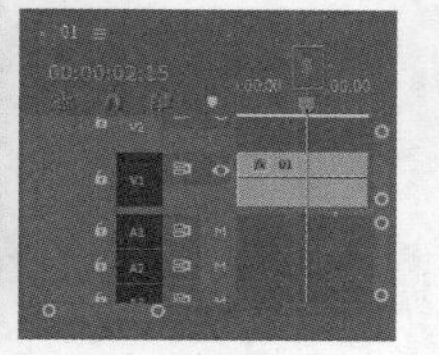

图 4.45

提示：设置当前标记的名称、颜色

双击【节目监视器】下方的（添加标记）按钮，会弹出【标记】窗口，可以在窗口中设置当前标记的名称、颜色等，如图4.46所示。

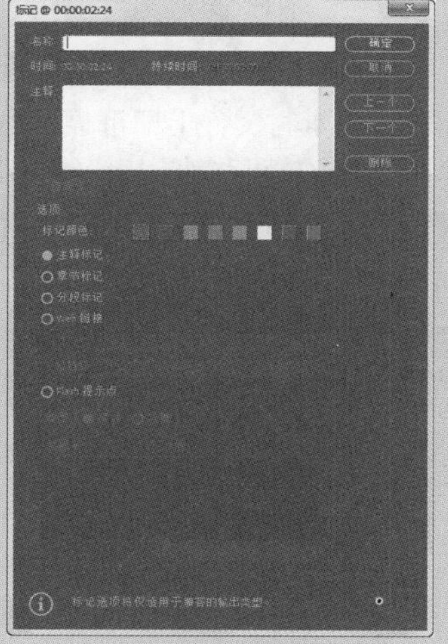

图 4.46

4.3.3 设置素材的入点和出点

素材的入点和出点是指经过修剪后为素材设置开始时间位置和结束时间位置，也可理解为定义素材的操作区段。此时入点和出点之间的素材会被保留，而其他部分用作保留性删除。可通过此方法进行快速剪辑，并且在导出文件时会以该区段作为有效时间进行导出。

（1）在【时间轴】面板中将时间线拖动到合适的位置，单击（标记入点）按钮或使用快捷键I可设置入点，如图4.47所示。此时在【时间轴】面板中的相同位置也会出现入点符号，如图4.48所示。

图 4.47

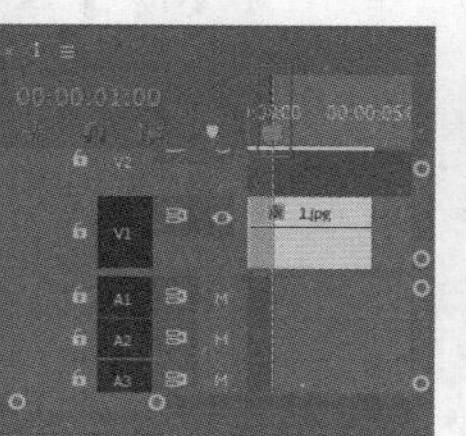

图 4.48

（2）继续滑动时间线，选择合适的位置，单击（标记出点）按钮或使用快捷键O设置出点，如图4.49所示。此时在【时间轴】面板中的相同位置也会出现出点符号，如图4.50所示。

图 4.49

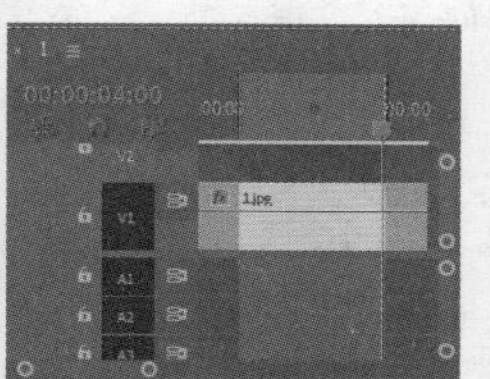

图 4.50

提示：在【源监视器】面板中为素材设置入点、出点

（1）双击【时间轴】面板中的素材文件，如图4.51所示。此时会进入【源监视器】面板，如图4.52所示。

（2）单击【源监视器】面板底部的（标记入点）按钮即可为素材添加入点；继续滑动时间线，单击（标记出点）按钮，此时为素材成功添加出点，如图4.53所示。此时在【时间轴】面板中只保留出入点之间的区段，出入点以外部分将被删除，如图4.54所示。

图 4.51

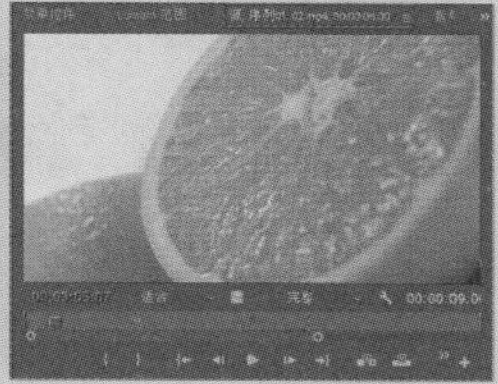

图 4.52

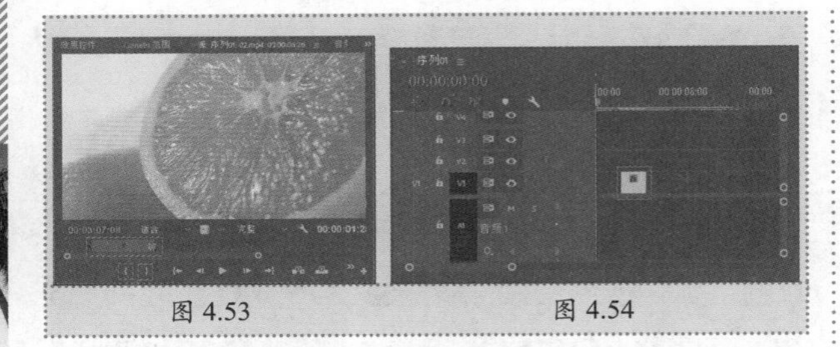

图 4.53　　图 4.54

4.3.4　使用提升和提取快速剪辑

在出入点设置完成后，出入点之间的区段可通过【提升】及【提取】进行剪辑操作。

1. 提升

单击【节目监视器】面板下方的(提升)按钮或在菜单栏中执行【序列】/【提升】命令，此时出入点之间的区段自动删除并以空白的形式呈现在【时间轴】面板中，如图4.55所示。

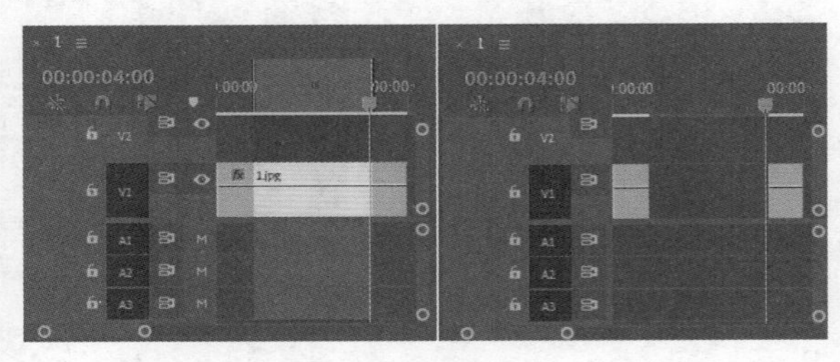

图 4.55

2. 提取

单击【节目监视器】面板下方的(提取)按钮或在菜单栏中执行【序列】/【提取】命令，此时出入点之间的区段在删除的同时后方素材会自动向前跟进，如图4.56所示。

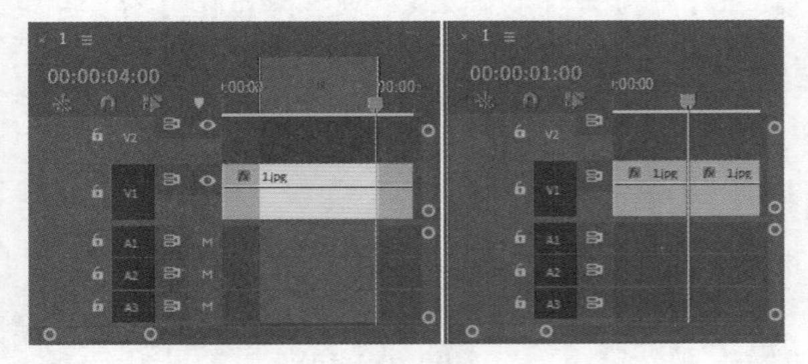

图 4.56

4.3.5　按钮编辑器

在Premiere Pro中，【按钮编辑器】可根据使用者的习惯和喜好对按钮进行编辑和位置排序。单击(按钮编辑器)按钮，会弹出【按钮编辑器】界面，如图4.57所示。

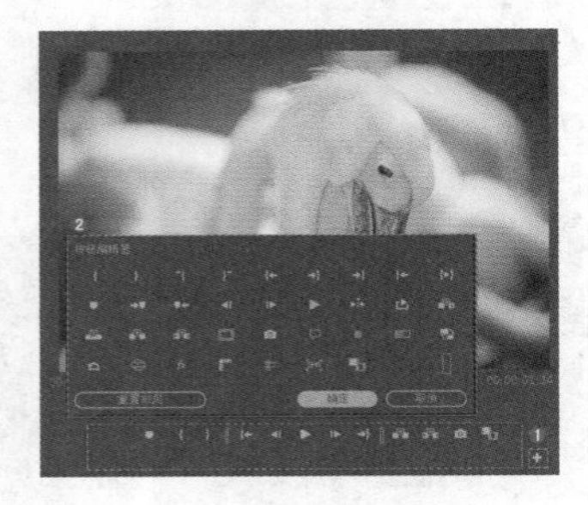

图 4.57

(1)以(安全边框)按钮为例，若想将该按钮移动到【节目监视器】面板底部，首先在【按钮编辑器】中选择该按钮，按住鼠标左键将其拖曳到【节目监视器】面板底部的按钮中，然后单击【确定】按钮，如图4.58所示。

(2)此时单击(安全边框)按钮，在【节目监视器】面板中的素材文件上即可显示出边框，如图4.59所示。以同样的方式可移动【按钮编辑器】中的其他按钮。

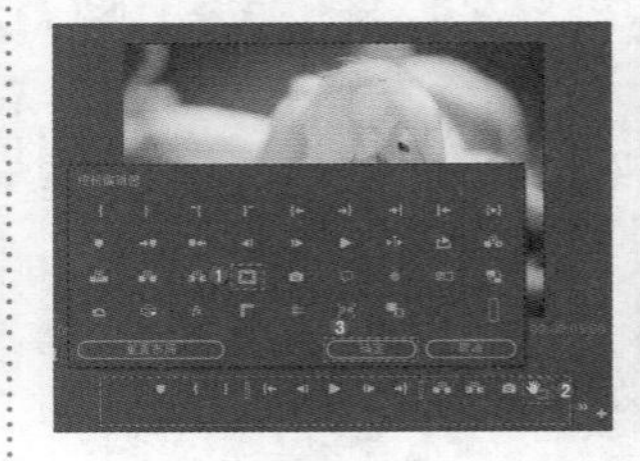

图 4.58　　图 4.59

提示：激活视频、音频轨道

当将影片片段拖曳到【时间轴】面板中时，通常会遇到视频、音频在某个轨道中不显现的现象。此时要检查是否将视频或音频轨道激活。

(1)单击选择视频轨道前的按钮时，表示激活视频轨道，影片只对视频轨道发生作用，此时影片中的音频部分在【时间轴】面板中不进行显现，如图4.60所示。

(2)单击选择音频轨道前的按钮时，表示激活音频轨道，影片只对音频轨道发生作用，此时影片中的视频部分在【时间轴】面板中不进行显现，如图4.61所示。

(3)将视频、音频全部激活时或全部取消激活时，将影片拖曳到【时间轴】面板中可同时对视频、音频发生作用，如图4.62所示。

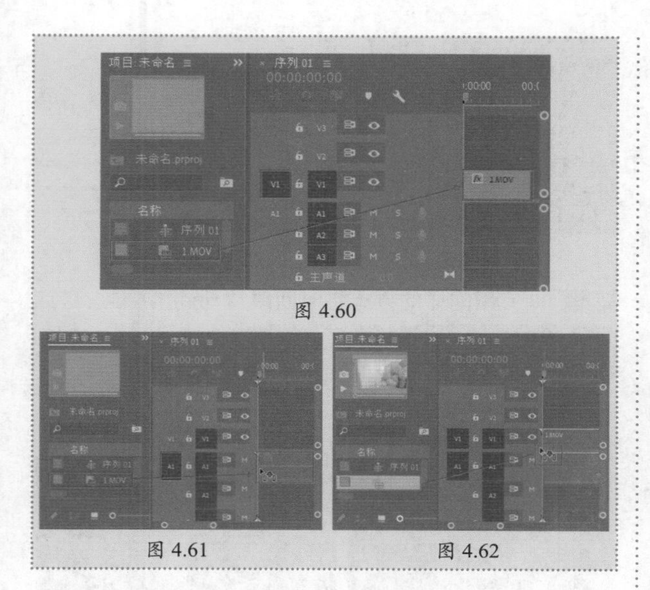

图 4.60

图 4.61　　图 4.62

实例：制作抽帧视频效果

文件路径：Chapter 4　视频剪辑→实例：制作抽帧视频效果

扫一扫，看视频

本实例主要使用曲线调整视频颜色，接着使用【剃刀工具】跟着音乐节奏制作抽帧画面。实例效果如图4.63所示。

图 4.63

步骤 01 执行【文件】/【新建】/【项目】命令，新建一个项目，然后新建一个HDV 1080p24的序列。在菜单栏中执行【文件】/【导入】命令导入全部素材文件，如图4.64所示。

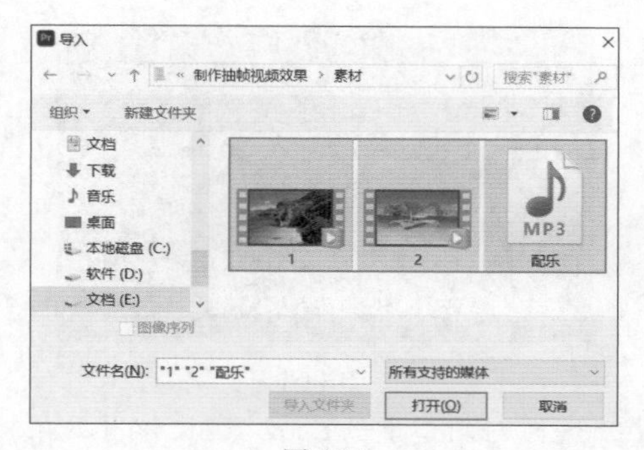

图 4.64

步骤 02 将【项目】面板中的1.mp4、2.mp4素材文件拖曳到【时间轴】面板中的V1轨道上，如图4.65所示。接着选择2.mp4素材，右击执行【取消链接】命令，选择A1轨道音频，将其进行删除，如图4.66所示。

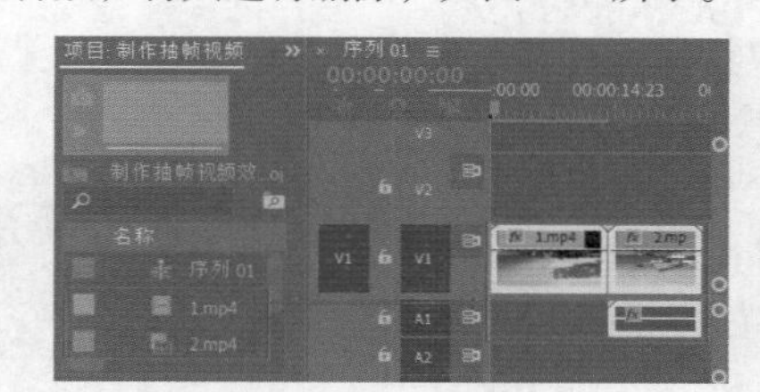

图 4.65

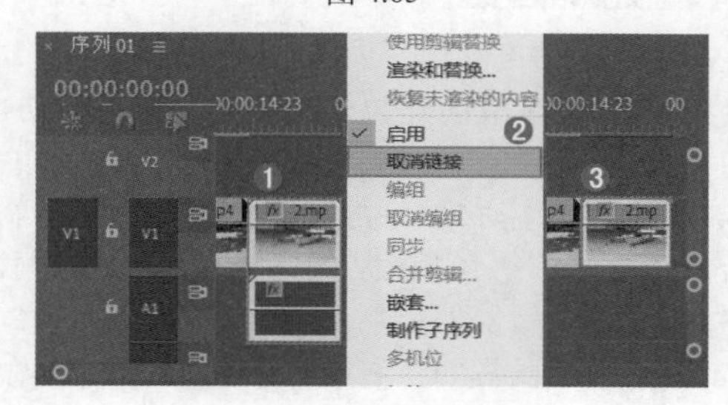

图 4.66

步骤 03 将【配乐.mp3】素材拖曳到A1轨道上，如图4.67所示。

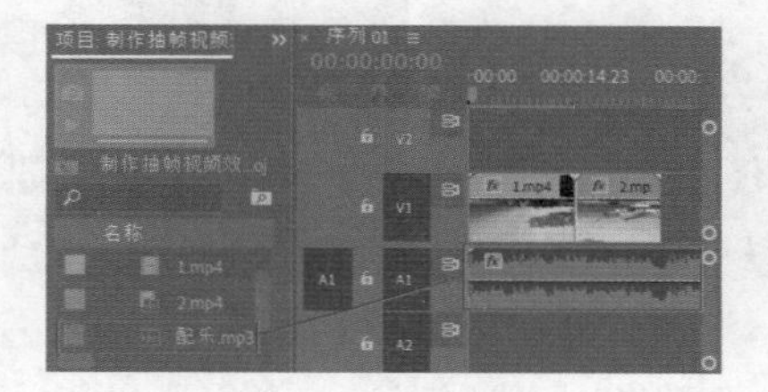

图 4.67

步骤 04 在【效果】面板中搜索【RGB 曲线】，按住鼠标左键将该效果拖曳到1.mp4素材文件上，如图4.68所示。

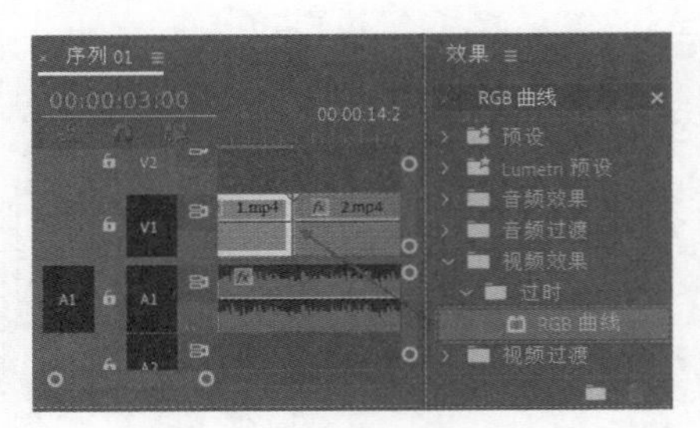

图 4.68

步骤 05 选择V1轨道上的1.mp4素材，在【效果控件】面板中展开【RGB曲线】，在【主要】下方的曲线上单击添加控制点并向左上角拖动，提高画面亮度，如图4.69所示。画面效果如图4.70所示。

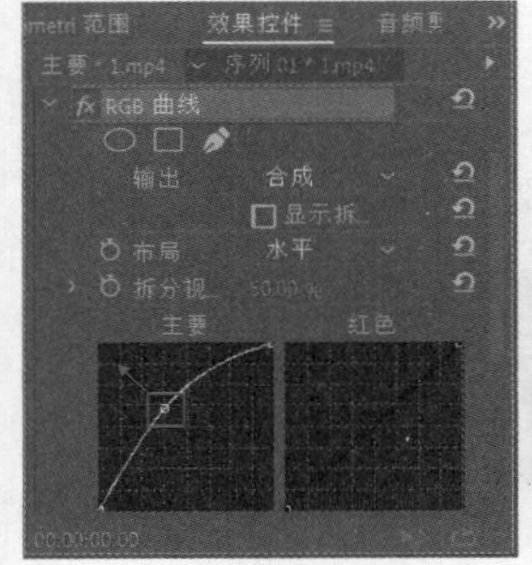

图 4.69　　图 4.70

步骤 06 将时间线滑动到起始帧位置，将光标切换到【剃刀工具】，按住Shift键的同时单击小键盘上的右键，此时时间线向右移动5帧，再次重复操作，继续向右侧移动5帧，在当前第10帧位置单击剪辑素材，以同样的方式每隔10帧剪辑8段视频，如图4.71所示。选择剪辑后的1、3、5、7段视频，右击执行【波纹删除】命令，如图4.72所示，此时素材自动向前跟进。

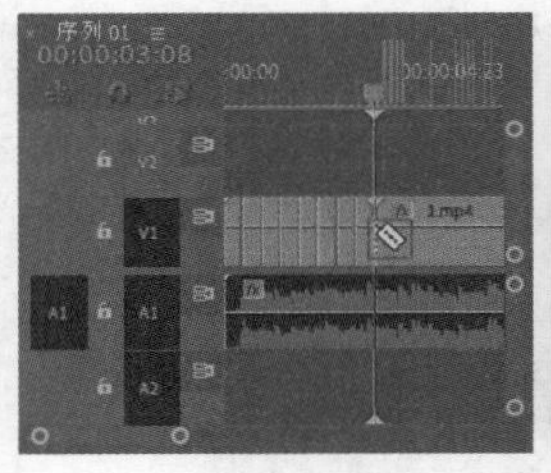

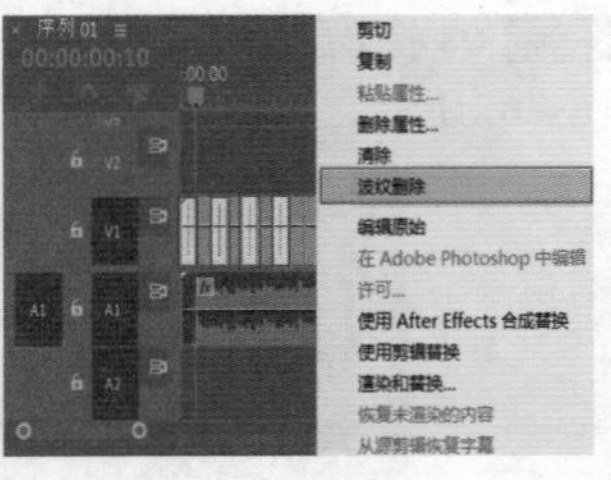

图 4.71　　图 4.72

步骤 07 继续将时间线滑动到第3秒位置，再次每隔10帧剪辑素材，同样剪辑8段，如图4.73所示。选择刚刚剪辑完成的1、3、5、7段视频，右击执行【波纹删除】命令，如图4.74所示。

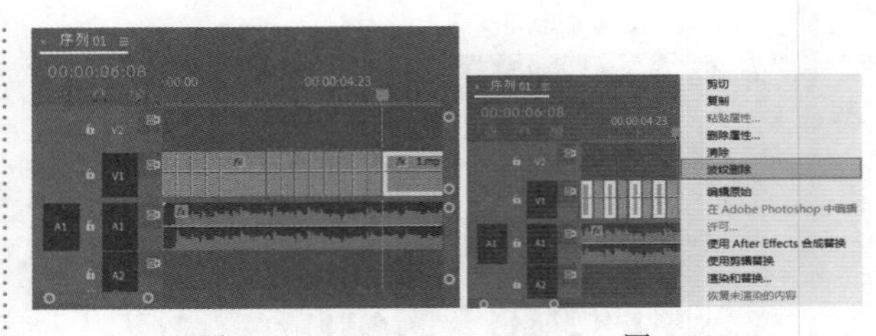

图 4.73　　图 4.74

步骤 08 使用同样的方式将时间线滑动到第6秒，继续每隔10帧剪辑8段视频素材，使用波纹删除制作抽帧画面效果，如图4.75和图4.76所示。

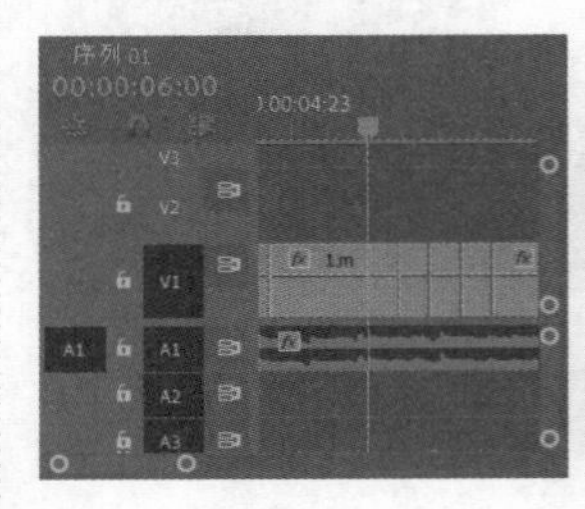

图 4.75　　图 4.76

步骤 09 在【效果】面板中搜索【交叉溶解】，按住鼠标左键将该效果拖曳到1.mp4和2.mp4素材中间位置，如图4.77所示。此时滑动时间线画面效果如图4.78所示。

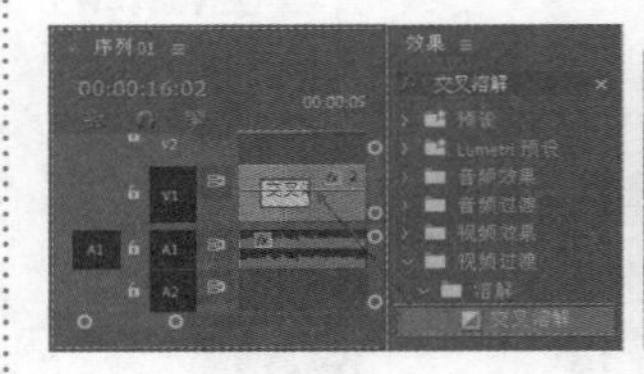

图 4.77　　图 4.78

步骤 10 制作2.mp4抽帧画面。将时间线滑动到第11秒，每隔15帧进行剪辑，连续剪辑5次，接着选择剪辑后的1、3、5段，进行波纹删除，将时间线滑动到第14秒位置，继续重复剪辑操作，如图4.79所示。此时2.mp4素材效果如图4.80所示。

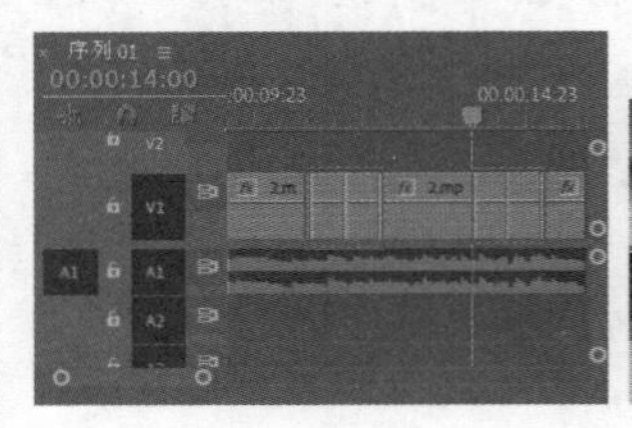

图 4.79　　图 4.80

步骤 11 将时间线滑动到视频结束位置，在当前位置剪辑多余的音频部分，如图4.81所示。接着选择剪辑后的音频的后半部分，按Delete键删除，如图4.82所示。

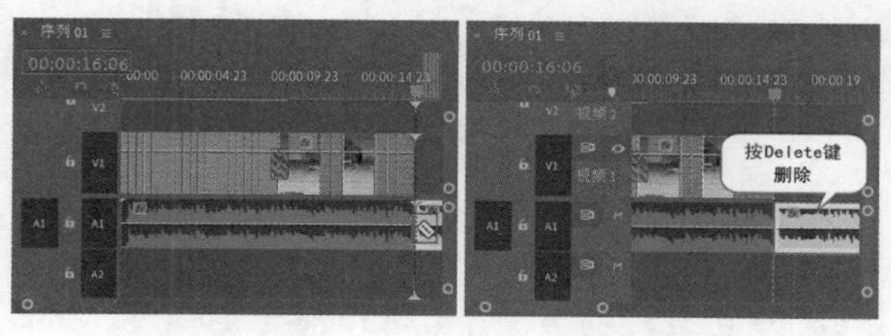

图 4.81　　图 4.82

步骤 12 本实例制作完成，滑动时间线查看实例制作效果，如图4.83所示。

图 4.83

实例：剪辑趣味魔术小视频

文件路径：Chapter 4　视频剪辑→实例：剪辑趣味魔术小视频

扫一扫，看视频

本实例主要使用【亮度曲线】提亮画面颜色，使用【剃刀工具】搭配【波纹删除】制作神奇的魔术效果。实例效果如图4.84所示。

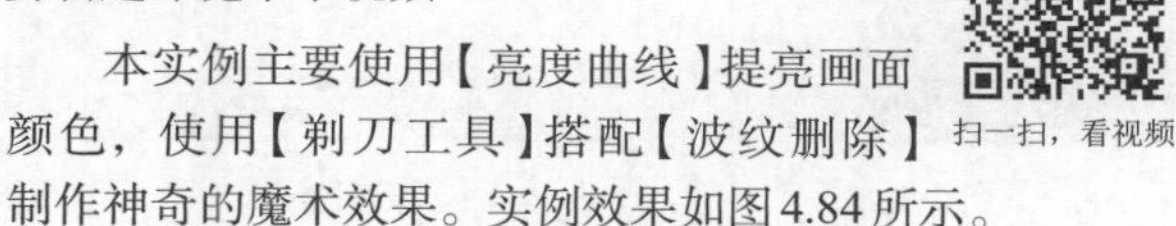

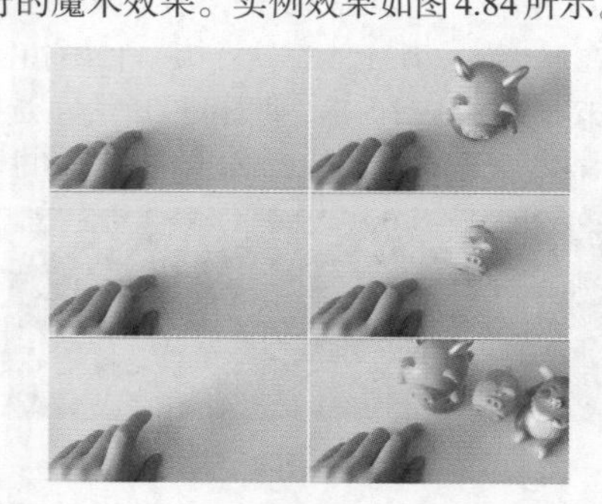

图 4.84

步骤 01 执行【文件】/【新建】/【项目】命令，新建一个项目。在【项目】面板的空白处右击，执行【新建项目】/【序列】命令。接着会弹出【新建序列】窗口，设置【帧大小】为960，【水平】为544，【像素长宽比】为【方形像素（1.0）】。执行【文件】/【导入】命令，导入视频素材文件，如图4.85所示。

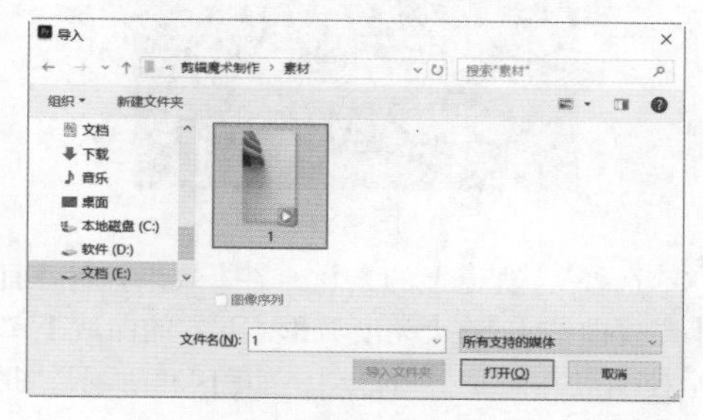

图 4.85

步骤 02 在【时间轴】面板中激活 V1（对插入和覆盖进行源修补），在【项目】面板中选择1.mp4视频素材，将素材拖曳到【时间轴】面板中的V1轨道上，此时会弹出【剪辑不匹配警告】窗口，单击【保持现有设置】按钮，如图4.86所示。画面效果如图4.87所示。

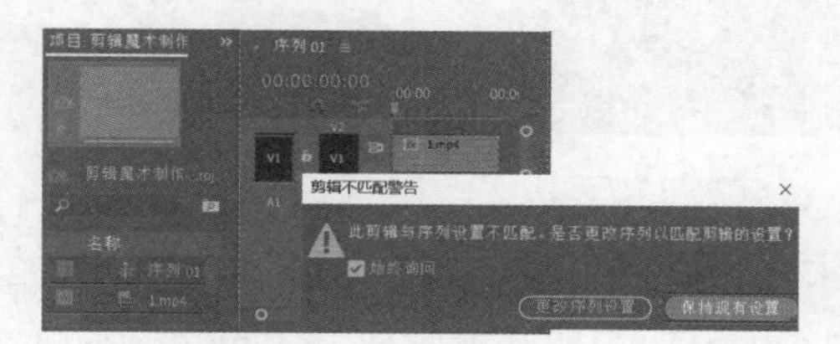

图 4.86

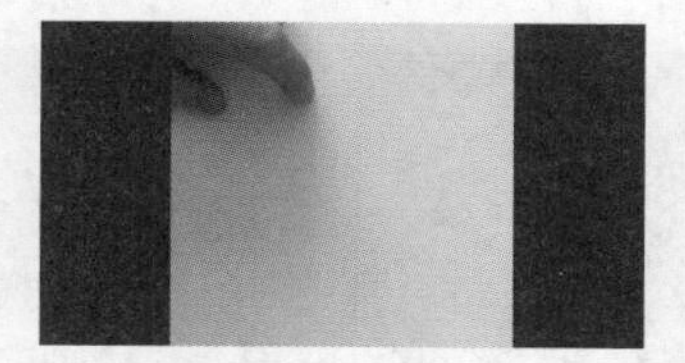

图 4.87

步骤 03 选择V1轨道上的视频素材，在【效果控件】面板中展开【运动】属性，设置【旋转】为-90°，如图4.88所示。

图 4.88

步骤 04 提高画面亮度。在【效果】面板中搜索【亮度曲线】，按住鼠标左键将该效果拖曳到V1轨道上的1.mp4视频素材处，如图4.89所示。

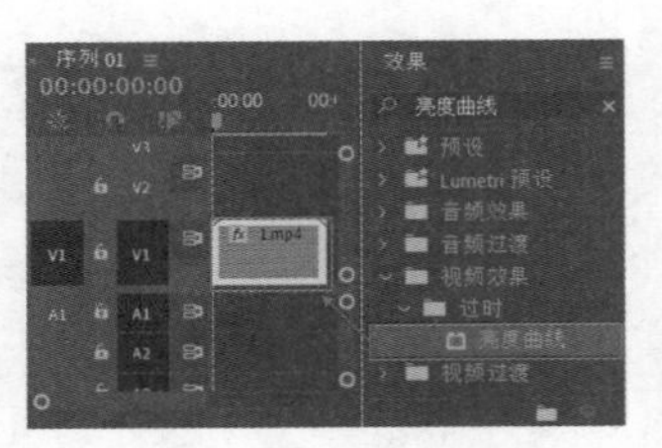

图 4.89

步骤 05 选择V1轨道上的素材，在【效果控件】面板中展开【亮度曲线】，在【亮度波形】下方的曲线上单击添加一个控制点并向左上角拖动，如图4.90所示。此时画面效果如图4.91所示。

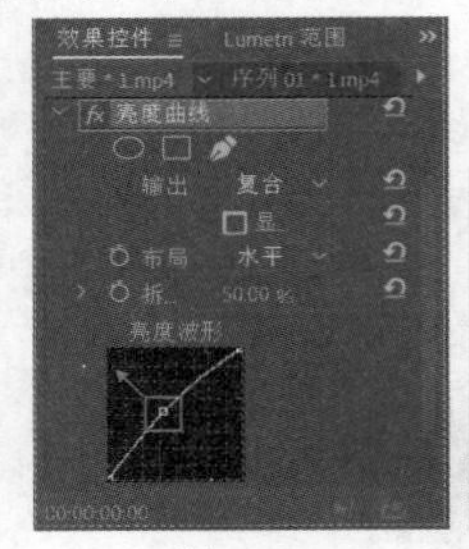

图 4.90　　图 4.91

步骤 06 将时间线滑动到第3秒位置，按C键将光标切换为（剃刀工具），在当前位置进行剪辑，如图4.92所示。继续将时间线滑动到第6秒2帧，在当前位置继续剪辑，如图4.93所示。

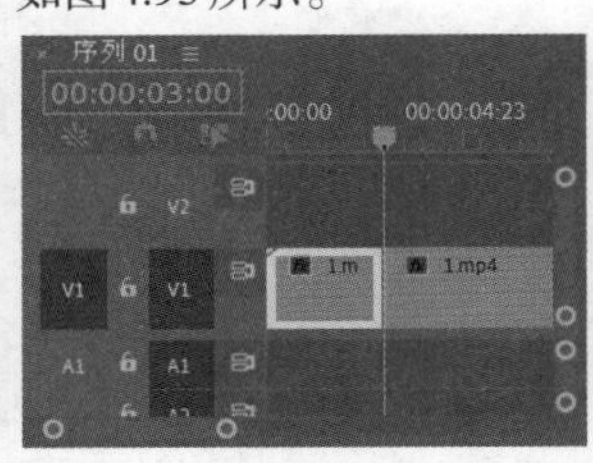

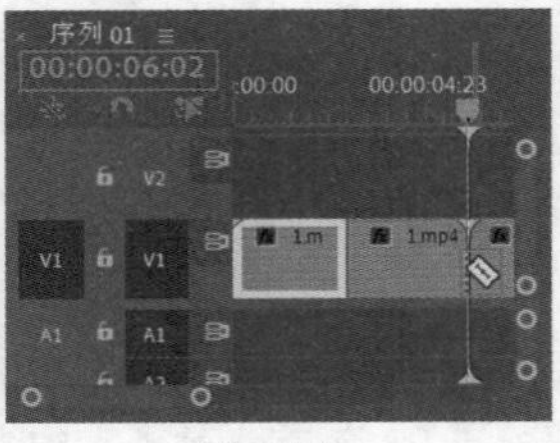

图 4.92　　图 4.93

步骤 07 为了掩盖魔术破绽，在【时间轴】面板中选择第2部分1.mp4视频素材，右击执行【波纹删除】命令，如图4.94所示。此时后方素材自动向前跟进，如图4.95所示。

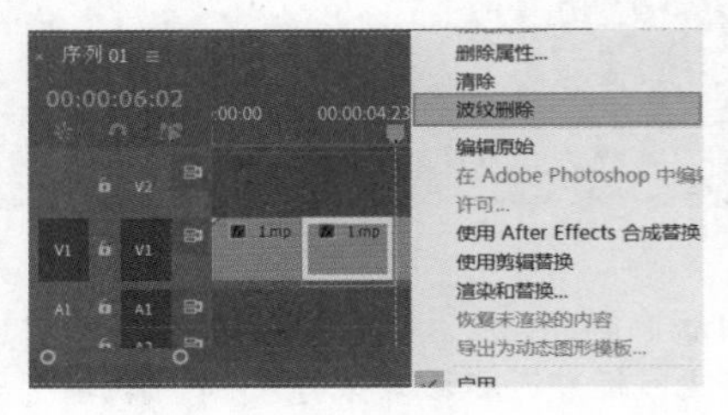

图 4.94

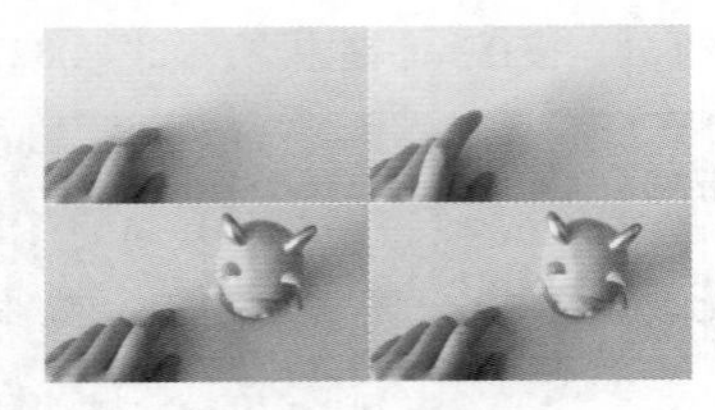

图 4.95

步骤 08 在第5秒3帧位置剪辑1.mp4素材文件，如图4.96所示。继续将时间线滑动到第6秒15帧，在当前位置继续剪辑，选择时间线前一部分视频素材，右击执行【波纹删除】命令，如图4.97所示。

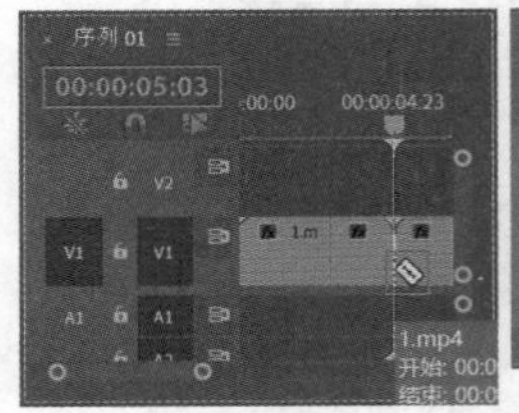

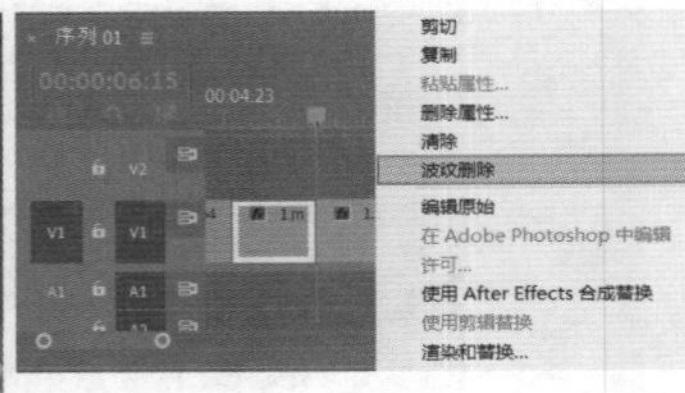

图 4.96　　图 4.97

步骤 09 使用同样的方式继续在第7秒7帧和第10秒位置剪辑视频素材，选择时间线前一部分视频素材，右击执行【波纹删除】命令，如图4.98所示。使用同样的方式制作小猪出现画面以及小猪消失画面，如图4.99所示。

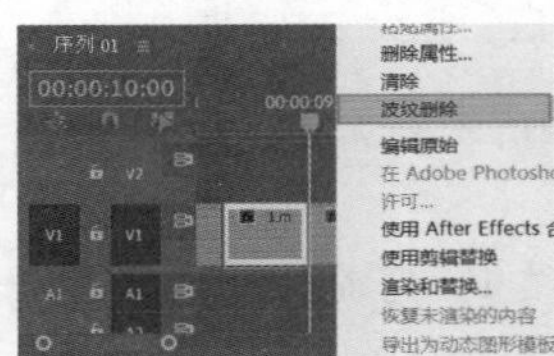

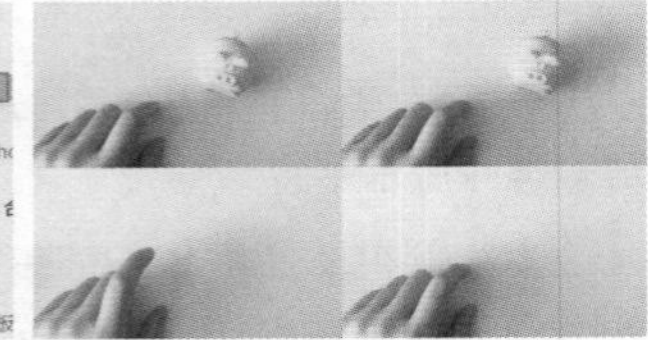

图 4.98　　图 4.99

步骤 10 在第9秒、第11秒12帧、第14秒03帧、第30秒20帧、第32秒23帧进行剪辑，如图4.100所示。选择倒数第1、3、5个片段，右击执行【波纹删除】命令，如图4.101所示。

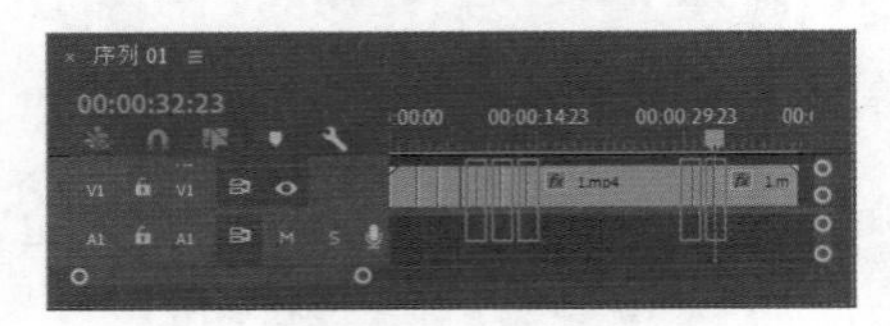

图 4.100

图 4.101

步骤 11 本实例制作完成，滑动时间线查看画面效果，如图4.102所示。

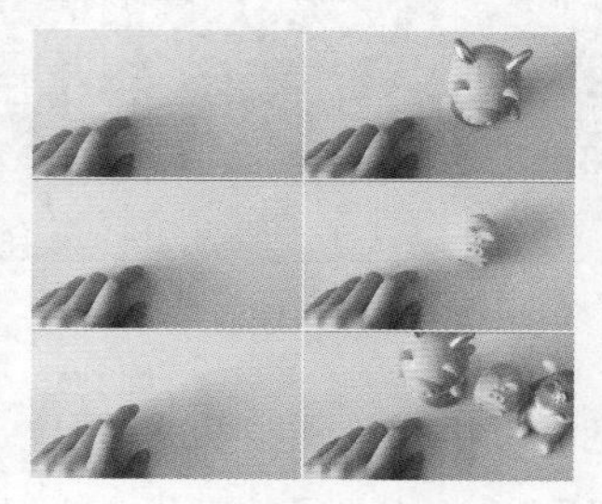

图 4.102

综合实例：多机位视频剪辑

文件路径：Chapter 4 视频剪辑→综合实例：多机位视频剪辑

在多个机位拍摄同一幅画面的前提下，使用多机位剪辑更加便捷，更能提高剪辑的效率。实例效果如图4.103所示。

扫一扫，看视频

图 4.103

Part 01 剪辑多机位视频

步骤 01 执行【文件】/【新建】/【项目】命令，新建一个项目。执行【文件】/【导入】命令，导入全部素材文件，如图4.104所示。

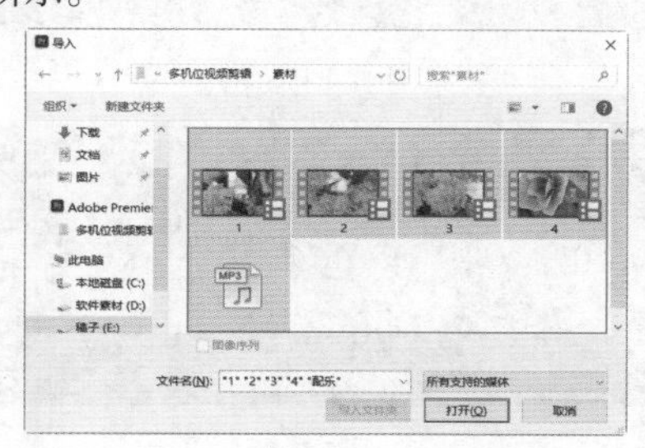

图 4.104

步骤 02 在【项目】面板中依次选择1.mov~4.mov视频素材，依次拖曳到【时间轴】面板中的V1~V4轨道上，如图4.105所示，此时在【项目】面板中自动生成序列。

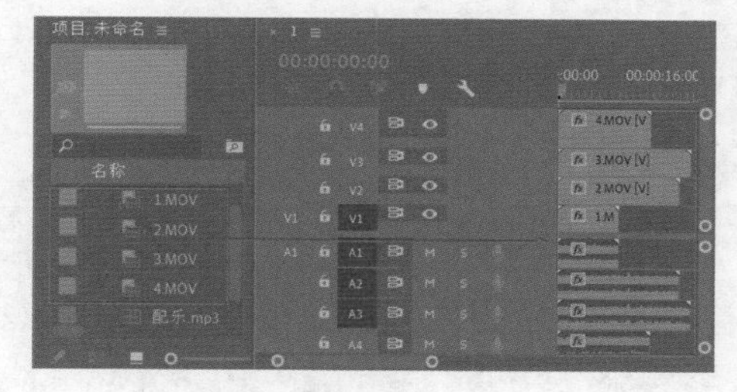

图 4.105

步骤 03 选择【时间轴】面板中的全部内容，右击执行【嵌套】命令，在弹出的【嵌套序列名称】窗口中设置【名称】为【嵌套序列01】，如图4.106所示。此时【时间轴】面板如图4.107所示。

步骤 04 选择全部音频素材，按Delete键将其删除，如图4.108所示。接着选择【嵌套序列01】，右击执行【多机位】/【启用】命令，如图4.109所示，此时多机位被激活。

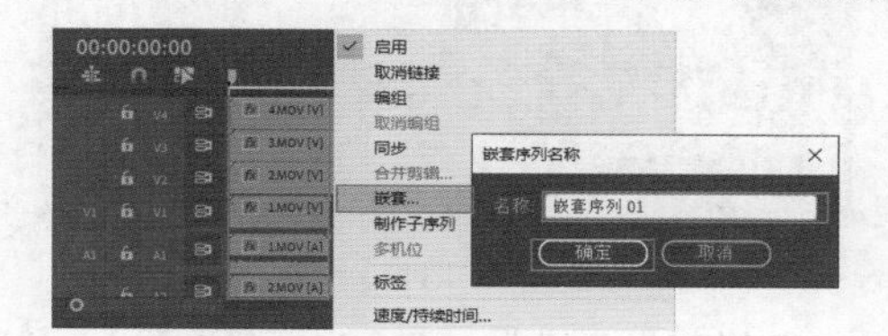

图 4.106

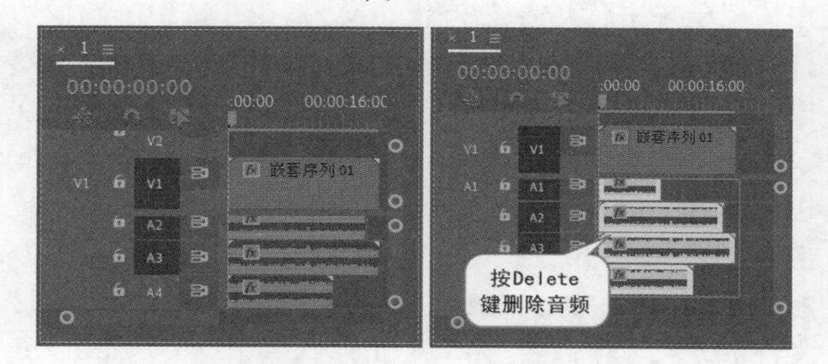

图 4.107　　图 4.108

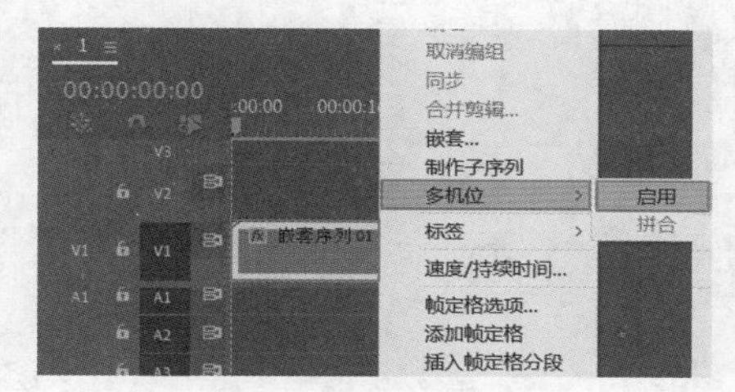

图 4.109

步骤 05 单击【节目监视器】面板右下角的 (按钮编

辑器)，在【按钮编辑器】窗口中按住▣(切换多机位视图)按钮，将其拖曳到按钮栏中，如图4.110所示。此时单击▣按钮，【节目监视器】面板变为多机位剪辑框，分为两部分，左边为多机位窗口，右边为录制窗口，如图4.111所示。

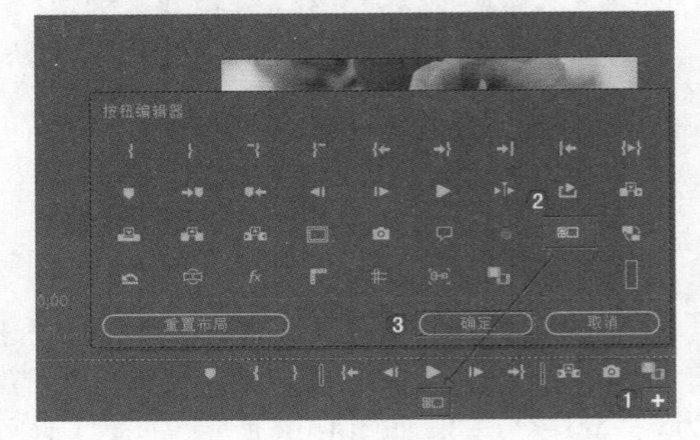

图 4.110

图 4.111

步骤 06 剪辑多机位素材。在【节目监视器】面板下方按钮栏中单击▶(播放/停止切换)按钮，选中的图像边框为黄色，再单击左侧多机位窗口4个机位中的任意图像，此时正在被剪辑的机位图像边框呈红色，说明正在录制此机位的图像，这个时候右侧的录制窗口会呈现此机位图像，如图4.112所示。在多机位窗口里不断地单击需要的机位的图像，直到录制完毕，或单击【播放/停止切换】按钮，停止录制，此时【时间轴】面板中的素材文件被分段剪辑，如图4.113所示。

图 4.112

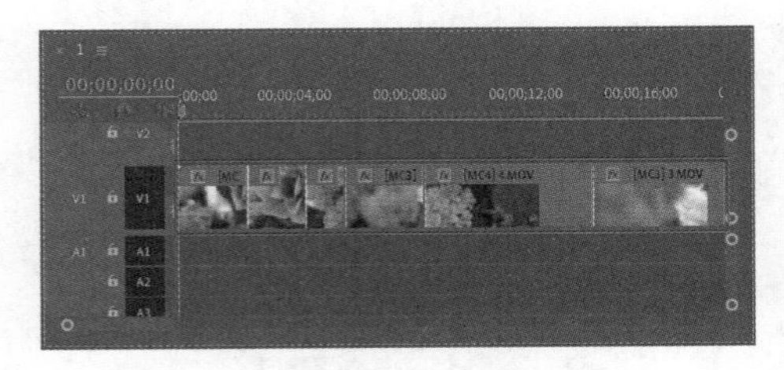

图 4.113

提示：多机位剪辑相关知识

多机位剪辑手法常用于剪辑一些分镜画面，如会议视频、晚会活动、MV画面及电影等，剪辑时最好在同一个音频下将音频声波对齐，这样才能更准确地将画面剪辑转换，如图4.114所示。

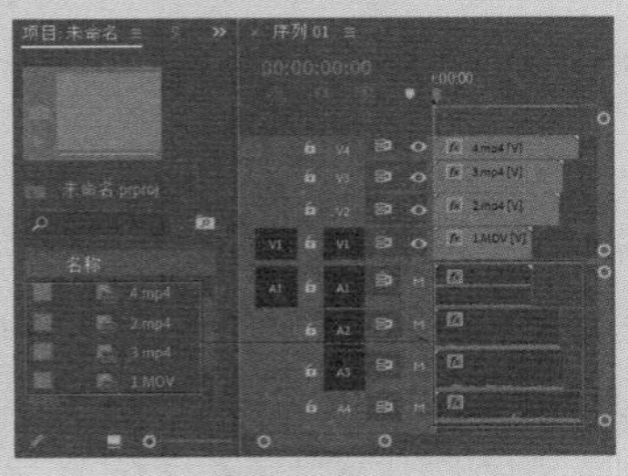

图 4.114

Part 02　添加过渡效果并为视频调色

步骤 01 在【效果】面板中搜索【白场过渡】，按住鼠标左键将该效果拖曳到V1轨道上第1个素材文件的起始位置，如图4.115所示。接着在【效果】面板中搜索【黑场过渡】，按住鼠标左键将该效果拖曳到V1轨道上最后一个素材文件的结束位置，如图4.116所示。

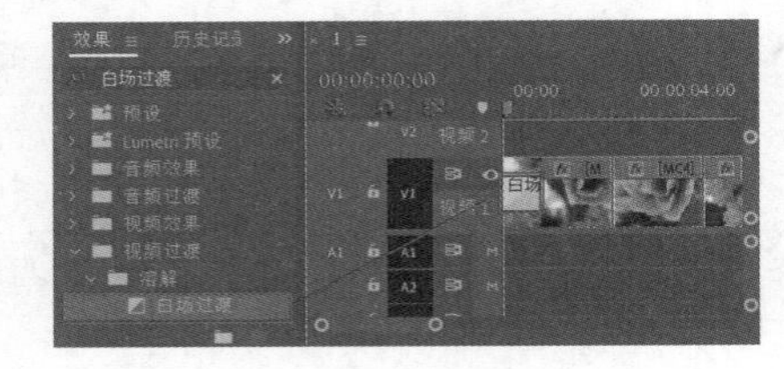

图 4.115

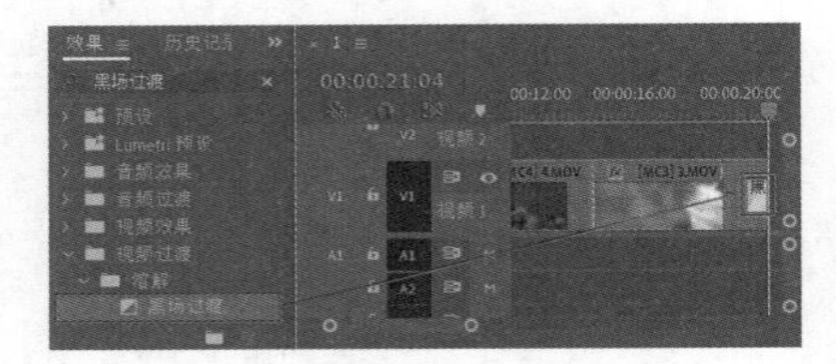

图 4.116

步骤 02 使用同样的方式在【效果】面板中搜索【交叉溶解】，按住鼠标左键将该效果拖曳到相邻两个素材的中间位置，如图4.117所示。

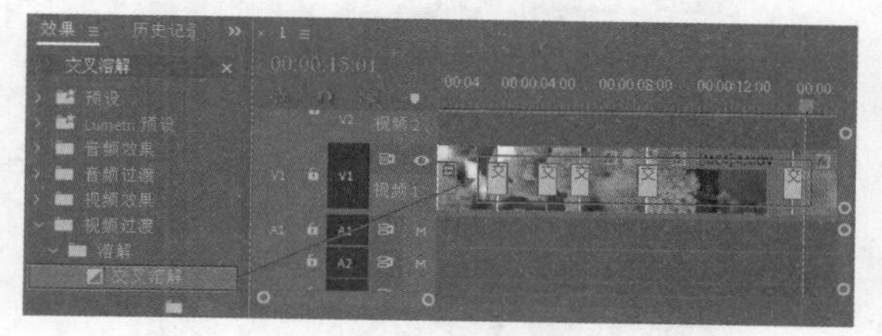

图 4.117

步骤 03 此时滑动时间线查看画面效果，如图4.118所示。

图 4.118

步骤 04 可以看出当前画面过暗，在【项目】面板下方的空白位置右击，执行【新建项目】/【调整图层】命令，如图4.119所示。将【项目】面板中的调整图层拖曳到【时间轴】面板中的V2轨道上，设置结束时间与V1轨道上的素材结束时间相同，如图4.120所示。

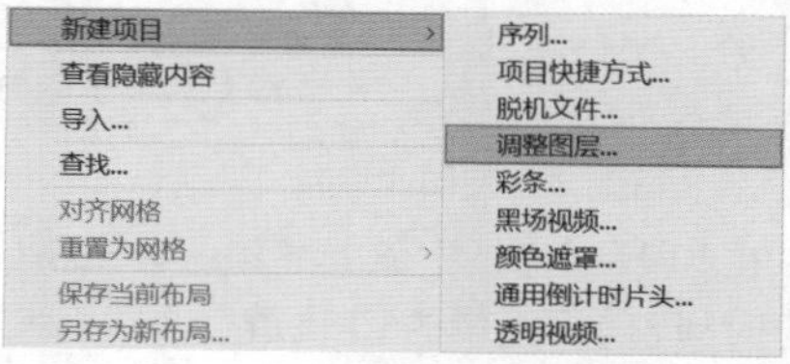

新建项目　　序列...
查看隐藏内容　　项目快捷方式...
导入...　　脱机文件...
查找...　　调整图层...
对齐网格　　彩条...
重置为网格　　黑场视频...
保存当前布局　　颜色遮罩...
另存为新布局...　　通用倒计时片头...
透明视频...

图 4.119

图 4.120

步骤 05 在【效果】面板中搜索【RGB曲线】，按住鼠标左键将该效果拖曳到V2轨道中的【调整图层】上，如图4.121所示。

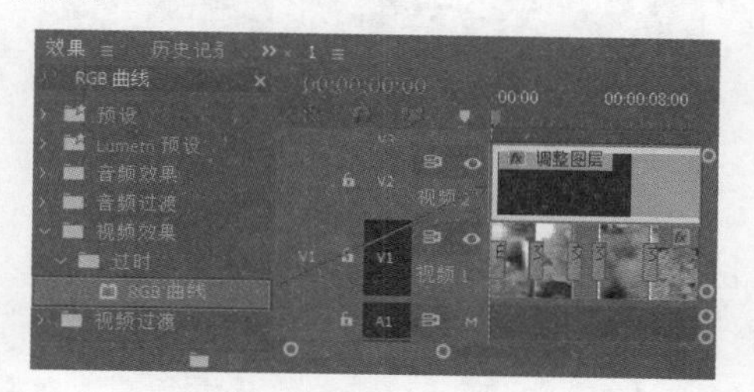

图 4.121

步骤 06 在【时间轴】面板中选择调整图层，在【效果控件】面板中展开【RGB曲线】，在【主要】下方的曲线上单击添加一个控制点并向左上角拖动，提高画面亮度，如图4.122所示。此时画面效果如图4.123所示。

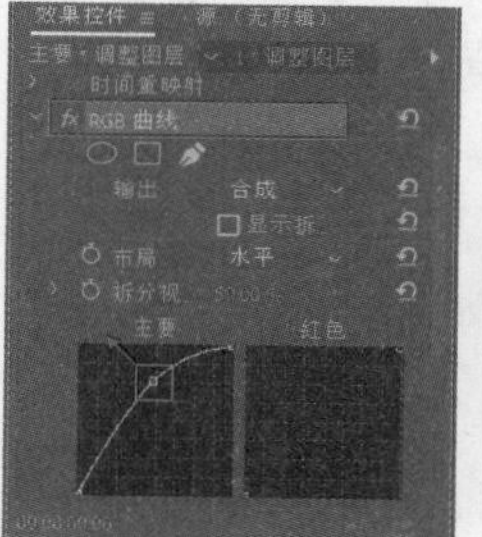

图 4.122

图 4.123

Part 03　制作配乐部分

步骤 01 在【项目】面板中将【配乐.mp3】素材文件拖曳到【时间轴】面板中的A1轨道上，如图4.124所示。

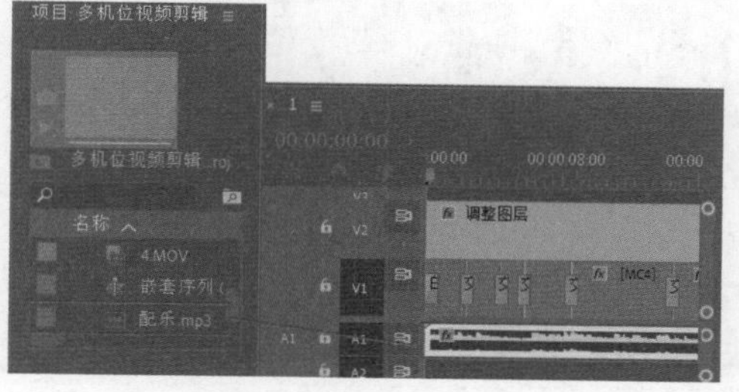

图 4.124

步骤 02 将时间线滑动到1秒10帧位置，在工具栏中选择（剃刀工具），在当前位置单击剪辑音频素材，如图4.125所示。

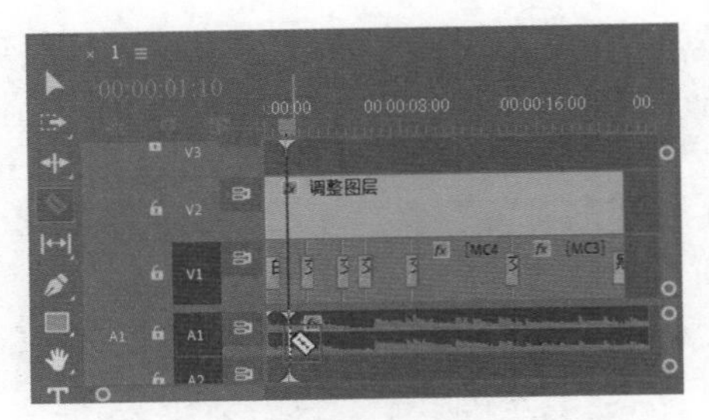

图 4.125

步骤 03 选择剪辑后的前半部分音频，按Delete键将素材删除，如图4.126所示。接着将后方的音频素材向起始帧位置拖动，如图4.127所示。

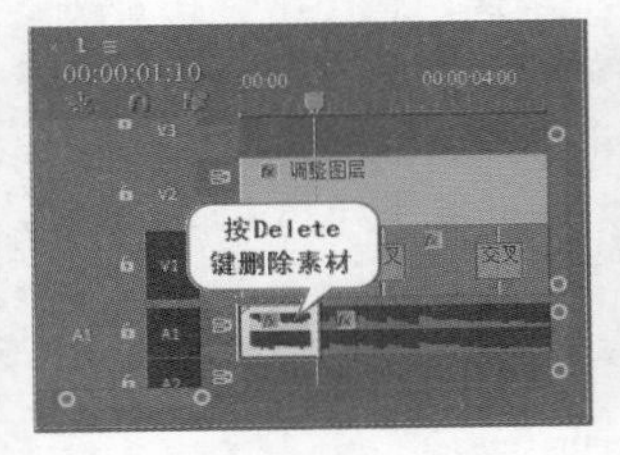

图 4.126

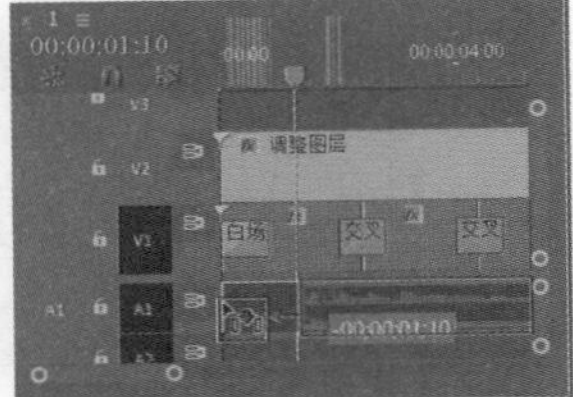

图 4.127

步骤 04 本实例制作完成，滑动时间线查看制作效果，如图4.128所示。

图 4.128

综合实例：剪辑Vlog励志短片

扫一扫，看视频

文件路径：Chapter 4 视频剪辑→综合实例：剪辑Vlog励志短片

本实例主要通过剪辑视频和使用【文字工具】输入字幕完成小故事的制作。实例效果如图4.129所示。

图 4.129

Part 01 剪辑视频

步骤 01 执行【文件】/【新建】/【项目】命令，新建一个项目。执行【文件】/【导入】命令，导入全部素材文件，如图4.130所示。

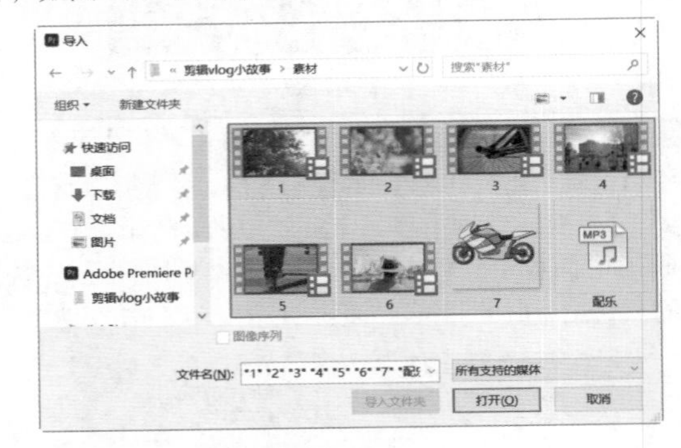

图 4.130

步骤 02 在【项目】面板中依次将1.mp4~5.mp4视频素材拖曳到【时间轴】面板中的V1轨道上，如图4.131所示。选择V1轨道上的全部素材，右击执行【缩放为帧大小】命令，如图4.132所示。

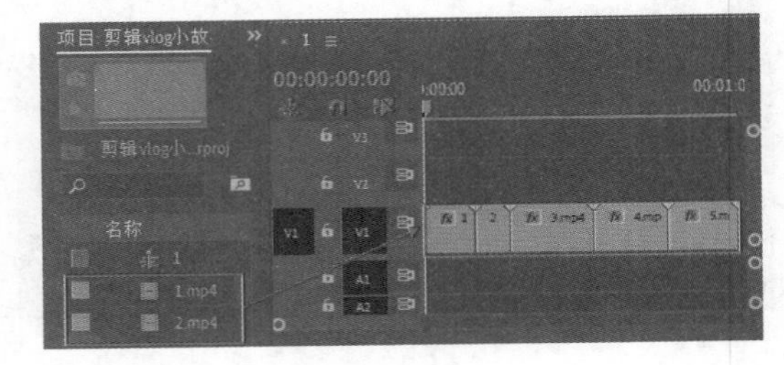

图 4.131

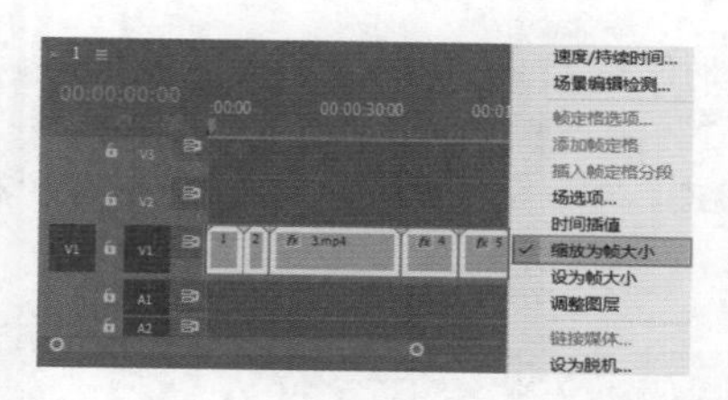

图 4.132

步骤 03 将时间线滑动到14秒位置，按C键将光标切换为【剃刀工具】，在当前位置剪辑3.mp4素材，接着按V键将光标切换为【选择工具】，选择3.mp4前半部分素材，右击执行【波纹删除】命令，此时在删除该素材的同时，后方素材自动向前跟进，如图4.133和图4.134所示。

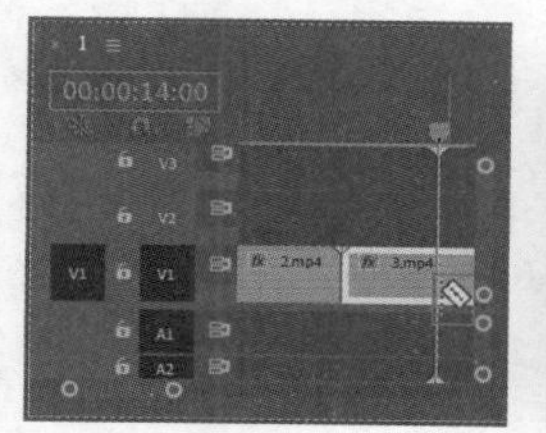

图 4.133

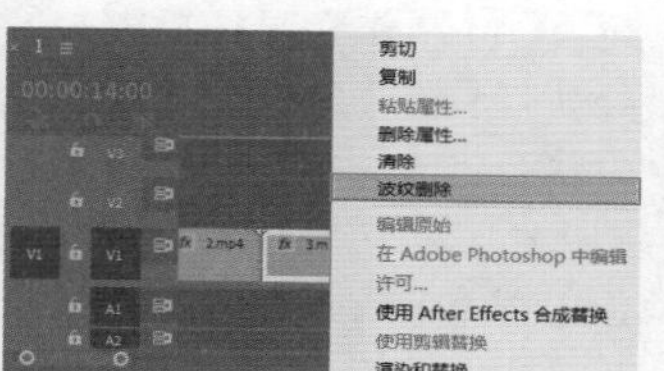

图 4.134

步骤 04 将时间线滑动到14秒15帧位置，继续使用【剃刀工具】剪辑3.mp4素材，如图4.135所示。接着选择剪辑完成的后半部分素材，右击执行【波纹删除】命令，如图4.136所示。

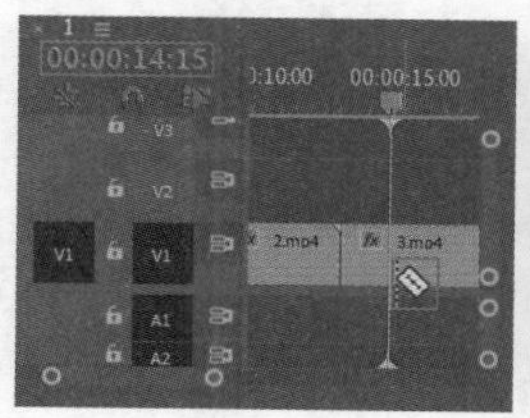

图 4.135

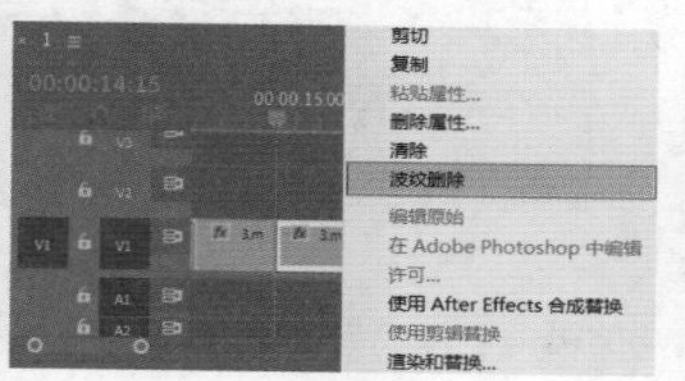

图 4.136

步骤 05 使用同样的方式将时间线滑动到16秒10帧位置，剪辑4.mp4素材，使用【波纹删除】命令删除后方部分4.mp4素材，如图4.137所示。将时间线滑动到18秒5帧位置，剪辑5.mp4素材，使用【波纹删除】命令删除后方部分5.mp4素材，如图4.138所示。

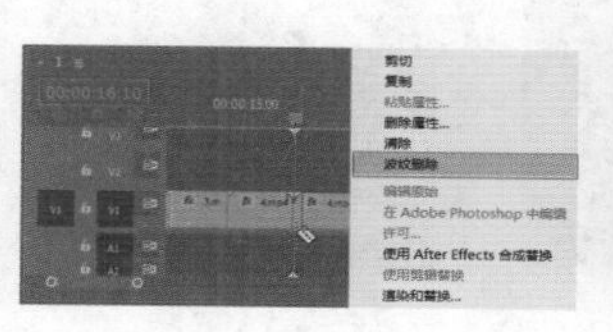

图 4.137

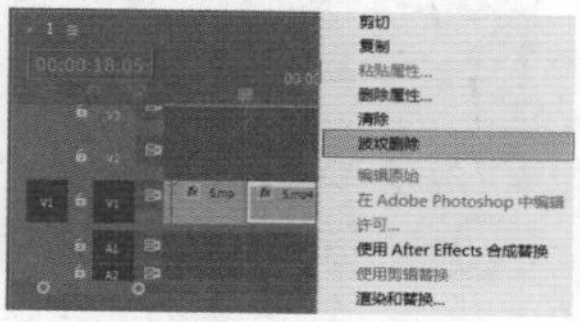

图 4.138

步骤 06 在【项目】面板中将3.mp4和6.mp4素材拖曳到V1轨道上的5.mp4素材后方，如图4.139所示。选择这2个素材，右击执行【缩放为帧大小】命令，如图4.140所示。

步骤 07 选择6.mp4素材，右击为素材取消链接，如图4.141所示。接着删除6.mp4视频素材下方的音频。

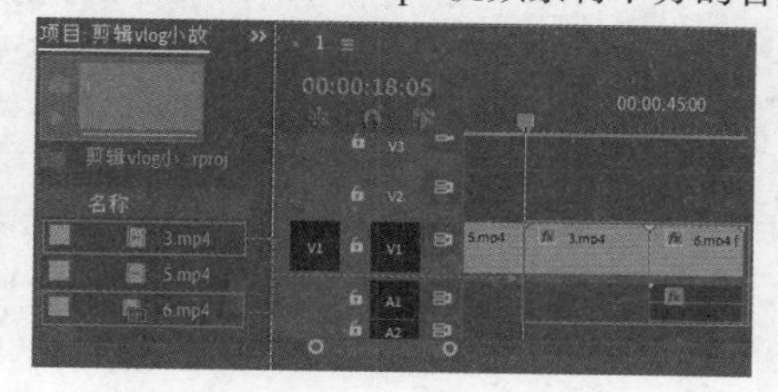

图 4.139

图 4.140　　图 4.141

步骤 08 将时间线滑动到22秒位置，使用【剃刀工具】剪辑3.mp4素材，使用【波纹删除】命令删除前半部分，如图4.142所示。接着将时间线滑动到20秒20帧位置，再次剪辑3.mp4素材，使用【波纹删除】命令删除后半部分，如图4.143所示。

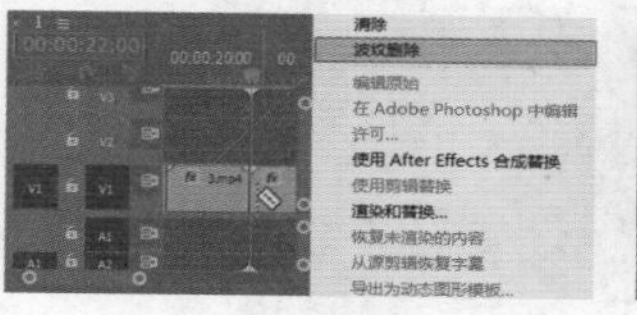

图 4.142

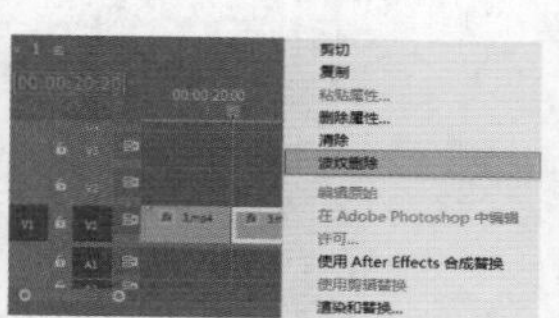

图 4.143

步骤 09 将时间线滑动到26秒位置，在工具栏中选择（比率拉伸工具），接着将光标移动到6.mp4尾部，按住鼠标左键向时间线位置拖动，如图4.144所示。此时该视频素材的持续时间缩短，速度加快。

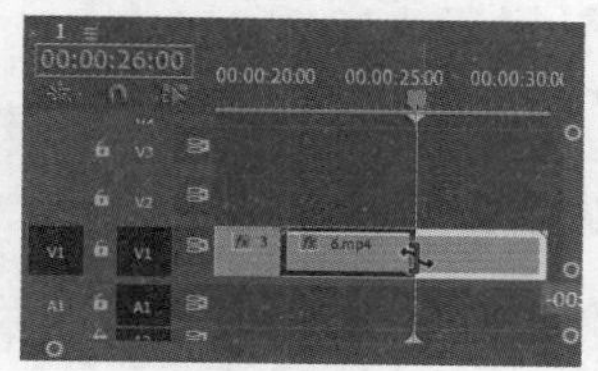

图 4.144

步骤 10 为素材添加过渡效果。在【效果】面板中搜索

【交叉溶解】，将该效果拖曳到【时间轴】面板中1.mp4和2.mp4视频素材中间，如图4.145所示。在【效果控件】面板中设置【持续时间】为3秒，如图4.146所示。

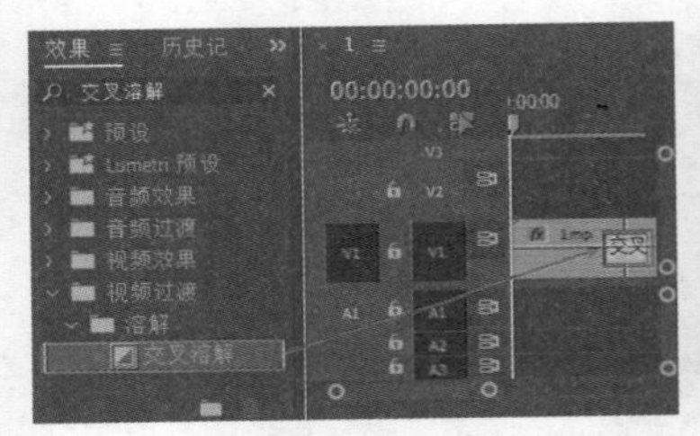

图 4.145

图 4.146

步骤 11 再次将【交叉溶解】拖动到2.mp4素材的结束位置，如图4.147所示。接着在【效果】面板中搜索【黑场过渡】，将该效果拖曳到【时间轴】面板中6.mp4视频素的材结束位置，如图4.148所示。

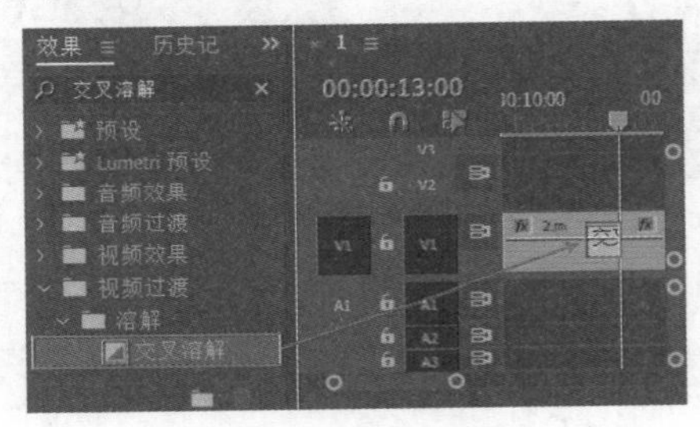

图 4.147

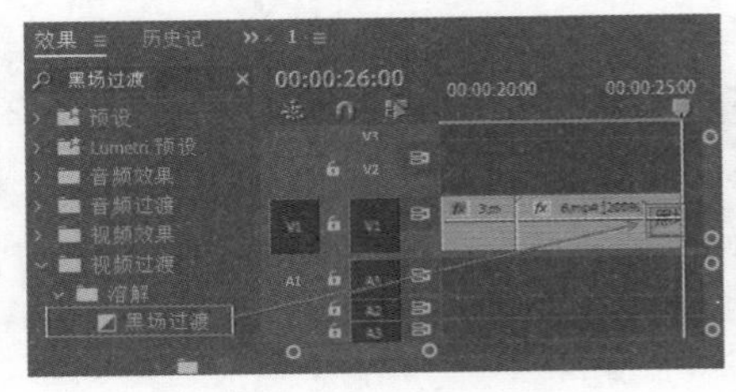

图 4.148

步骤 12 调整画面亮度。在【项目】面板下面空白处执行【新建项目】/【调整图层】命令，如图4.149所示。将调整图层拖曳到V2轨道上，结束时间与V1轨道上的6.mp4素材对齐，如图4.150所示。

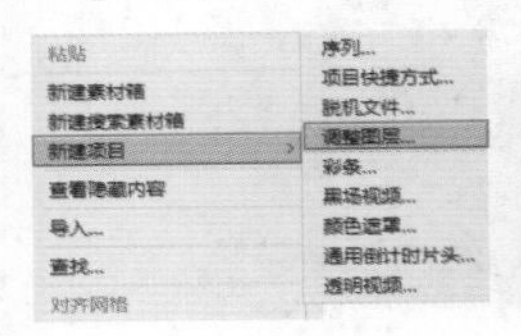

图 4.149

图 4.150

步骤 13 在【效果】面板中搜索【RGB曲线】，将该效果拖曳到【时间轴】面板中的调整图层上，如图4.151所示。在【效果控件】面板中展开【RGB曲线】，在主要下方的曲线上单击添加一个控制点并向左上角拖动，提高画面亮度，如图4.152所示。

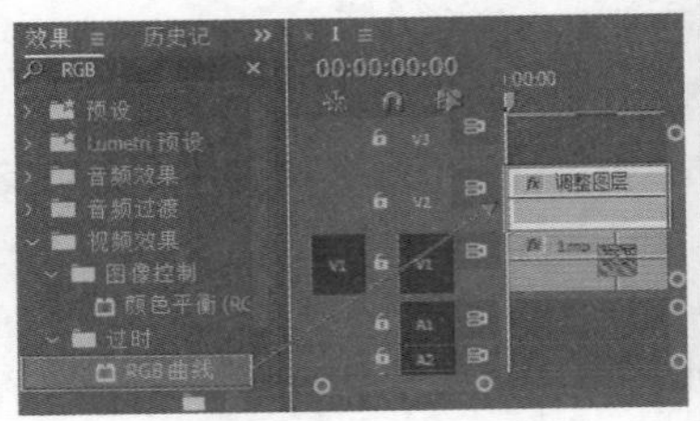

图 4.151

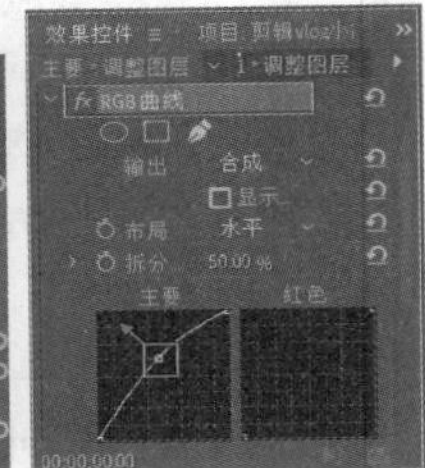

图 4.152

步骤 14 制作睁眼拉幕效果。在【项目】面板下方空白处执行【新建项目】/【颜色遮罩】命令，按照弹出的窗口执行操作，在【拾色器】窗口中设置颜色为黑色，如图4.153所示。然后将其拖至V3轨道上，在【效果】面板中搜索【裁剪】，将效果拖曳到【时间轴】面板中的颜色遮罩上，如图4.154所示。

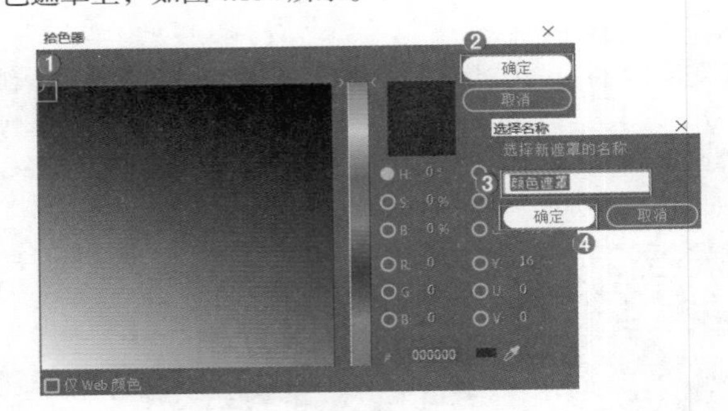

图 4.153

步骤 15 在【效果控件】面板中展开【裁剪】，将时间线滑动到3秒位置，开启【顶部】关键帧，设置【顶部】为65%，继续将时间线滑动到5秒位置，设置【顶部】为100%，如图4.155所示。选择V3轨道上的【颜色遮罩】，按住Alt键的同时按住鼠标左键向V4轨道上拖曳，释放鼠标后完成复制，如图4.156所示。

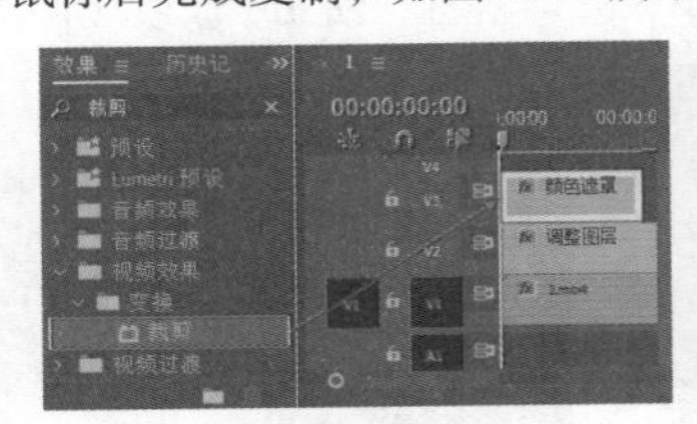

图 4.154

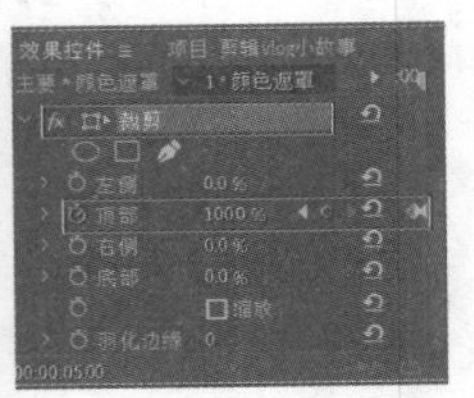

图 4.155

步骤 16 选择V4轨道上的【颜色遮罩】，在【效果控件】面板中单击【顶部】前的(切换动画)按钮，关闭关键帧，重置【顶部】为0%。将时间线滑动到起始帧位置，开启【底部】关键帧，设置【底部】为35%；滑动时间线到1秒15帧位置，设置【底部】为55%；滑动时间线到3秒位置，设置【底部】为35%，如图4.157所示；最后滑动时间线到5秒位置，设置【底部】为100%。滑动时间线查看拉幕效果，如图4.158所示。

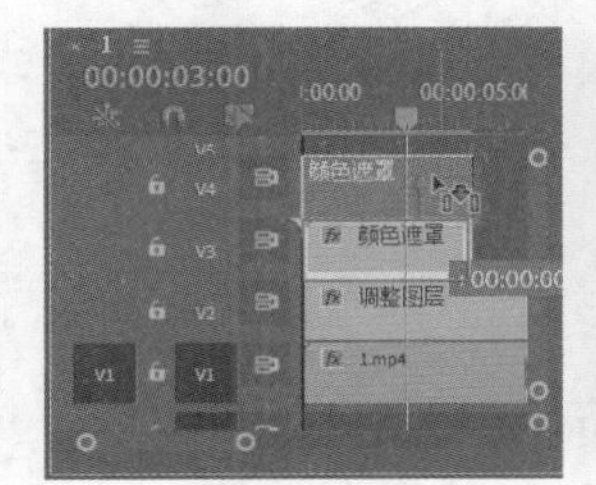

图 4.156

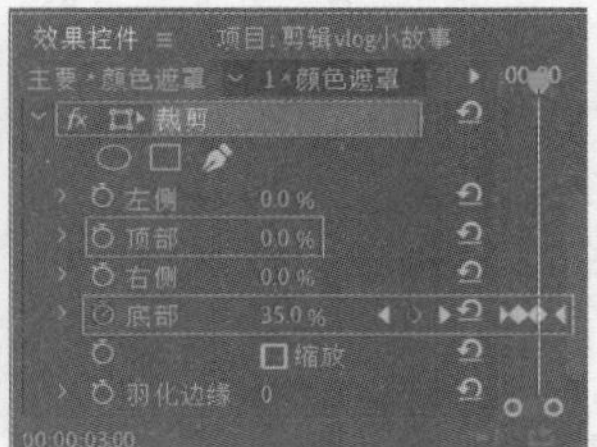

图 4.157

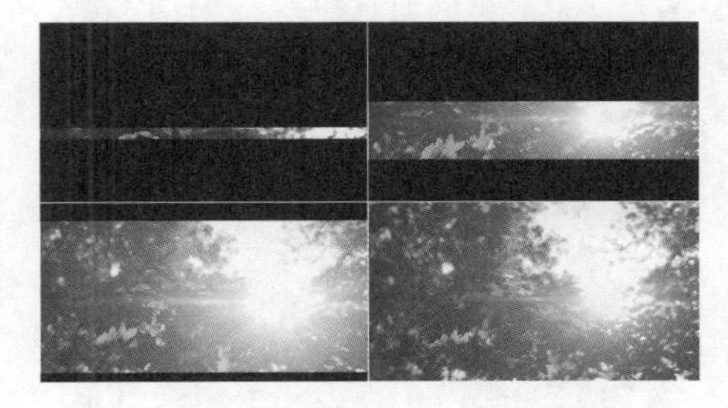

图 4.158

Part 02 制作字幕

步骤 01 将时间线滑动到起始位置，在【工具】面板中单击(文字工具)按钮，在工作区域合适位置输入文字内容，如图4.159所示。

图 4.159

步骤 02 选中文字，在【效果控件】面板中展开【文本】/【源文本】，设置合适的【字体系列】和【字体样式】，设置【字体大小】为164，设置【填充颜色】为白色，接着展开【变换】，设置【位置】为(550,2029)，如图4.160所示。

步骤 03 将时间线滑动至7秒21帧位置，选中V5轨道上的文字图层，按住Alt键的同时按住鼠标左键拖动至7秒21帧位置，将其复制一份。如图4.161所示。

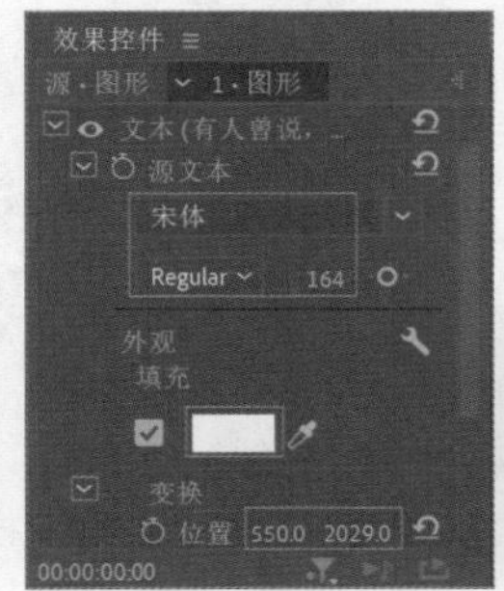

图 4.160

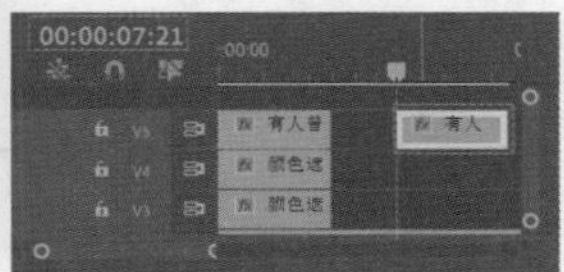

图 4.161

步骤 04 选中文字，在【工具】面板中单击(文字工具)按钮，在【节目监视器】面板中更改文字内容并适当移动文字位置，如图4.162所示。

图 4.162

步骤 05 使用同样的方式制作其他文字，滑动时间线的效果如图4.163所示。在【项目】面板中将7.png素材文件拖曳到V4轨道上，将该素材文件与上方文字图层对齐，如图4.164所示。

图 4.163

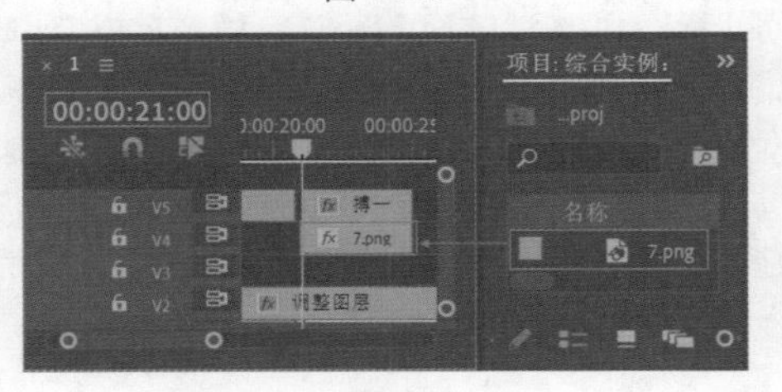

图 4.164

步骤 06 在【效果控件】面板中设置【位置】为(2563, 1970),【缩放】为25，如图4.165所示。此时画面效果如图4.166所示。

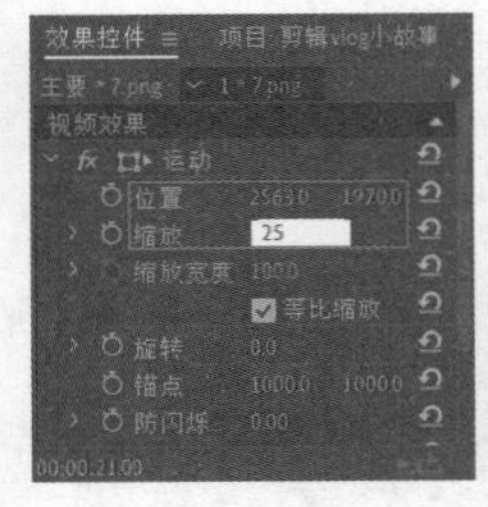

图 4.165

图 4.166

步骤 07 在【效果】面板中搜索【推】，将该过渡效果拖曳到【字幕04】结束位置，如图4.167所示。最后将配乐素材拖曳到A1轨道上，如图4.168所示。

步骤 08 将时间线滑动到26秒位置，使用【剃刀工具】剪辑音频素材，选择剪辑之后的后半部分素材，按Delete键将素材删除，如图4.169所示。

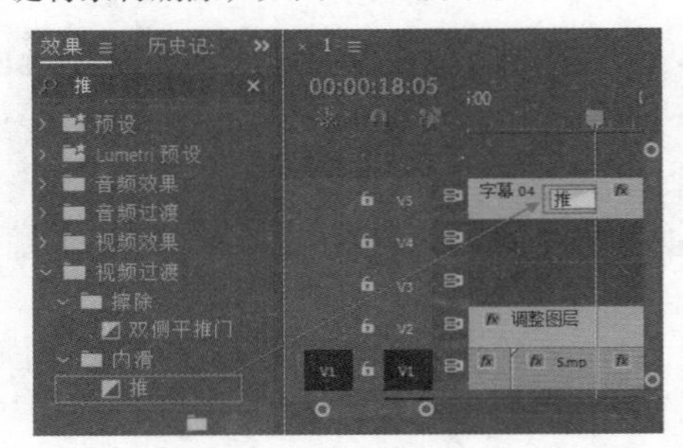

图 4.167

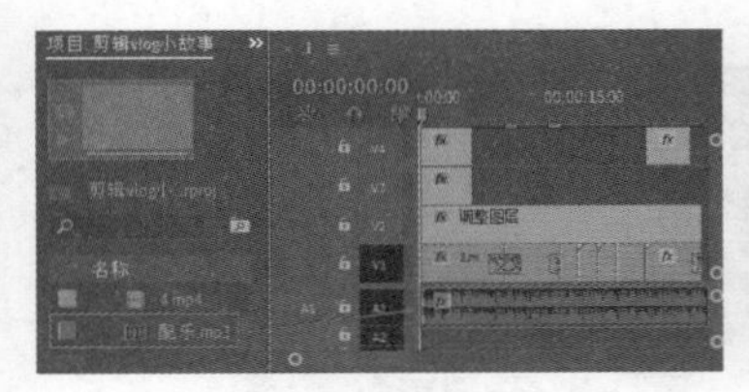

图 4.168

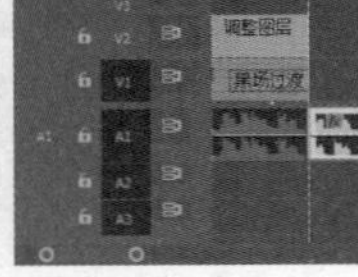

图 4.169

步骤 09 制作淡出音频效果。选择A1轨道上的音频素材，将时间线滑动到24秒位置，双击A1轨道前方空白位置。此时出现关键帧，在当前位置单击◀◇▶(添加/移除关键帧)按钮，继续将时间线滑动到26秒位置再次添加关键帧按钮，将光标移动到该关键帧上方，按住鼠标左键向下拖动，如图4.170所示。本实例制作完成，滑动时间线查看实例效果，如图4.171所示。

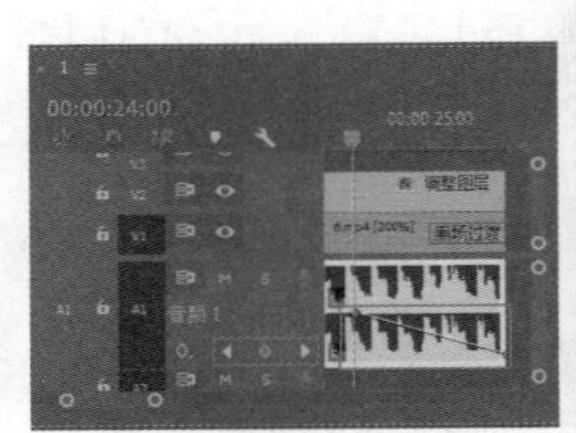

图 4.170

图 4.171

综合实例："我的一天"视频剪辑

扫一扫，看视频

文件路径：Chapter 4 视频剪辑→综合实例："我的一天"视频剪辑

本实例通过更改视频【持续时间】调整视频速度进行剪辑，使用文字点缀画面，最后使用过渡效果进行衔接。实例效果如图4.172所示。

图 4.172

Part 01 剪辑视频

步骤 01 执行【文件】/【新建】/【项目】命令，新建一个项目。在【项目】面板的空白处右击，执行【新建项目】/【序列】命令，在打开的【新建序列】窗口中选择HDV下方的HDV 1080p24，设置【序列名称】为【序列01】。执行【文件】/【导入】命令，导入全部素材文件，如图4.173所示。

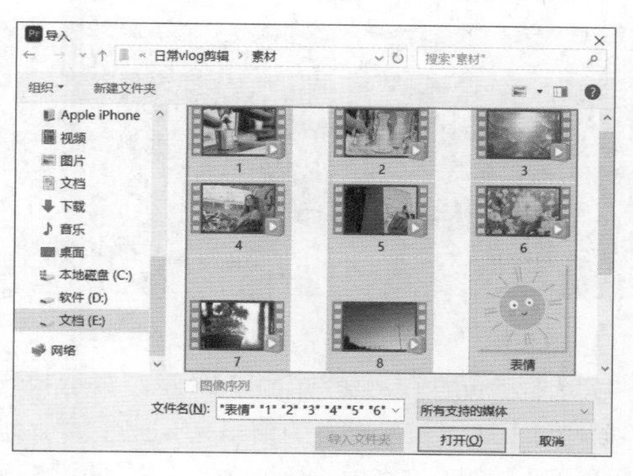

图 4.173

步骤 02 在【项目】面板中将1.mp4视频素材拖曳到【时间轴】面板中的V1轨道上，此时弹出【剪辑不匹配警告】窗口，单击【保持现有设置】按钮，如图4.174和图4.175所示。

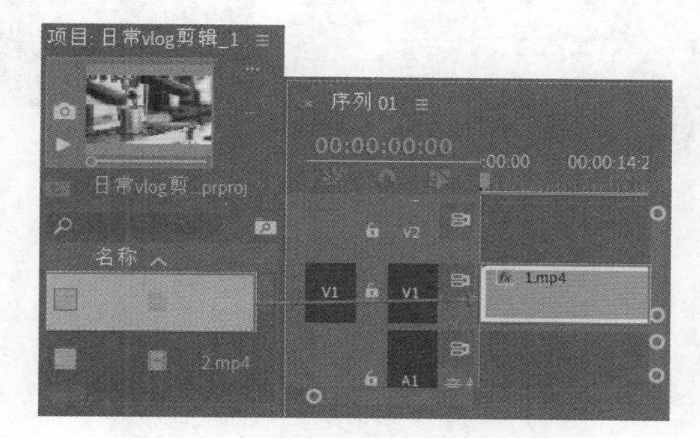

图 4.174

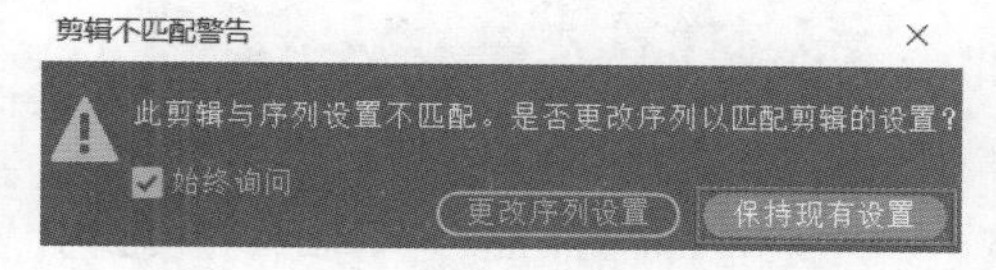

图 4.175

步骤 03 在【时间轴】面板中选择V1轨道上的1.mp4视频素材，右击执行【速度/持续时间】命令，在弹出的【剪辑速度/持续时间】窗口中设置【持续时间】为10秒，单击【确定】按钮，如图4.176所示。

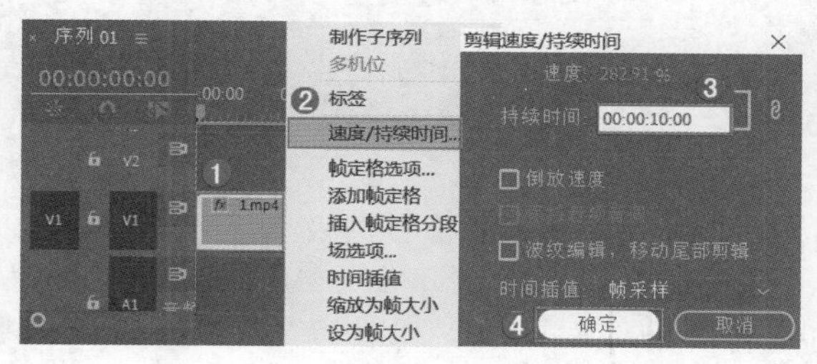

图 4.176

步骤 04 继续选择V1轨道上的1.mp4视频素材，在【效果控件】面板中展开【运动】属性，将时间线滑动到起始帧位置，单击【缩放】前的◎（切换动画）按钮，开启关键帧，设置【缩放】为145，继续将时间线滑动到7秒位置，设置【缩放】为100，如图4.177所示。此时滑动时间线画面效果如图4.178所示。

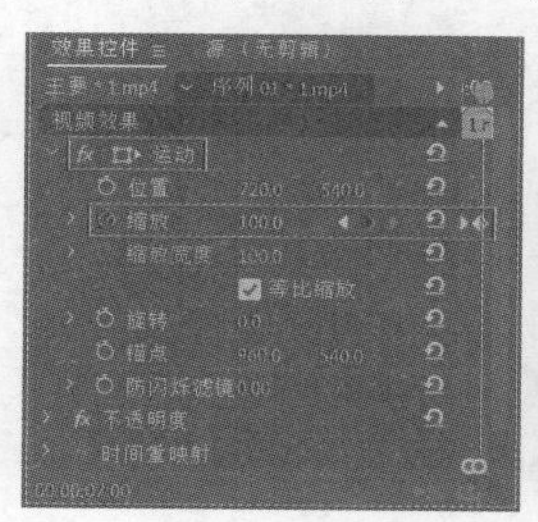

图 4.177

图 4.178

步骤 05 在【项目】面板中将2.mp4视频素材拖曳到V2轨道上，设置【起始时间】为9秒15帧，【结束时间】为15秒15帧，如图4.179所示。

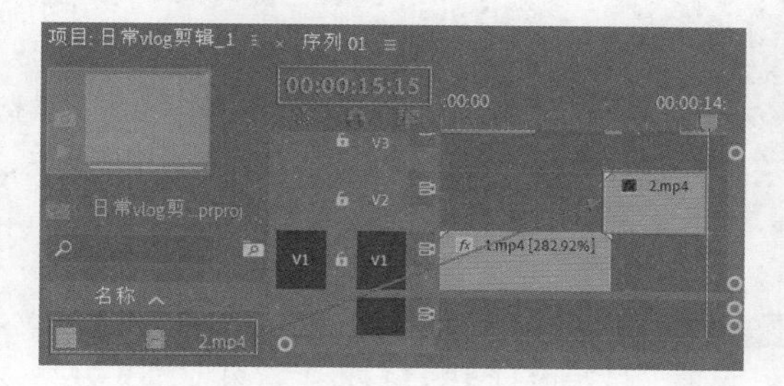

图 4.179

步骤 06 在【时间轴】面板中选择2.mp4视频素材，设置【位置】为(998,540)，【缩放】为163，如图4.180所示。画面效果如图4.181所示。

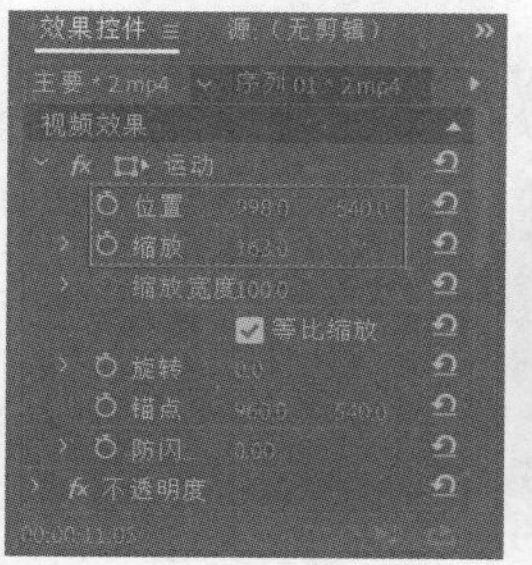

图 4.180

图 4.181

步骤 07 提高画面亮度。在【效果】面板中搜索【亮度曲线】，将该效果拖曳到【时间轴】面板中的2.mp4视频素材上，如图4.182所示。

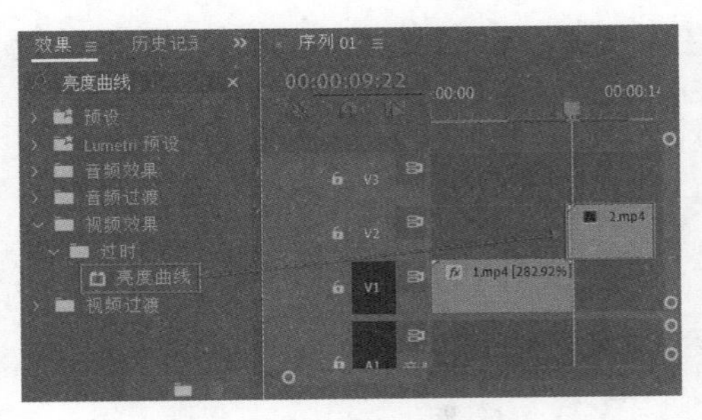

图 4.182

步骤 08 选择2.mp4视频素材，在【效果控件】面板中展开【亮度曲线】，在【亮度波形】下方的曲线上单击添加一个控制点并向左上角拖动，提高画面亮度，如图4.183所示。此时画面效果如图4.184所示。

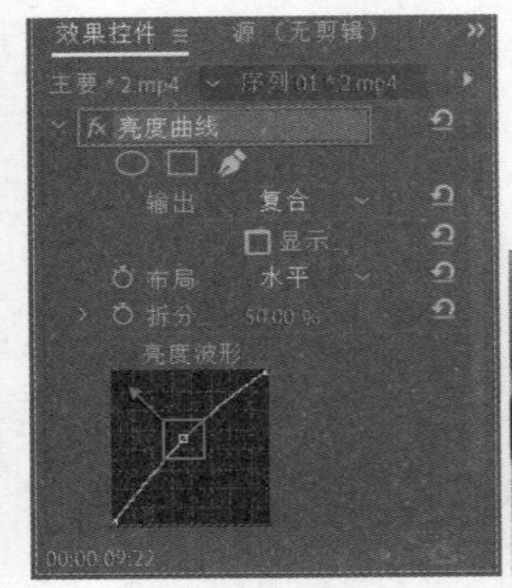

图 4.183

图 4.184

步骤 09 继续将【项目】面板中的3.mp4拖曳到V1轨道上，设置【起始时间】为14秒，【结束时间】为23秒，如图4.185所示。接着在【效果控件】面板中将时间线滑动到14秒位置，开启【缩放】关键帧，设置【缩放】为160，继续将时间线滑动到23秒，设置【缩放】为110，如图4.186所示。

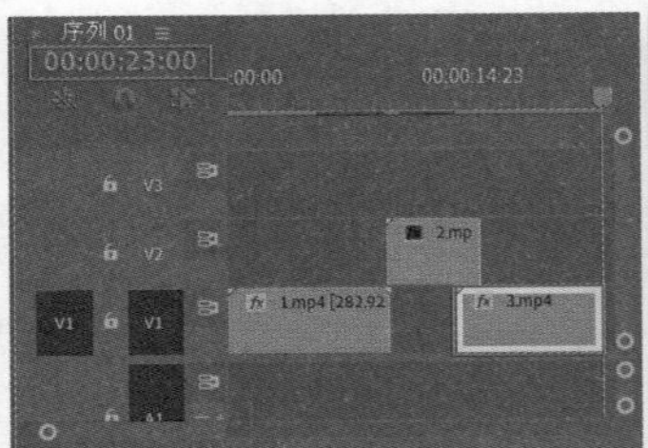

图 4.185

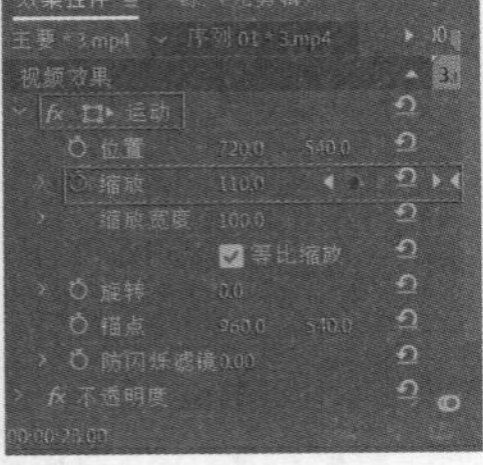

图 4.186

步骤 10 将4.mp4和5.mp4视频素材拖曳到3.mp4素材后方，如图4.187所示。将时间线滑动到32秒10帧位置，按C键将光标切换为（剃刀工具），在当前位置进行剪辑，如图4.188所示。

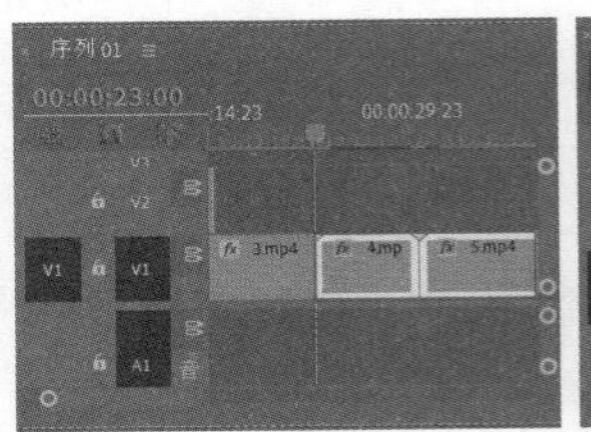

图 4.187

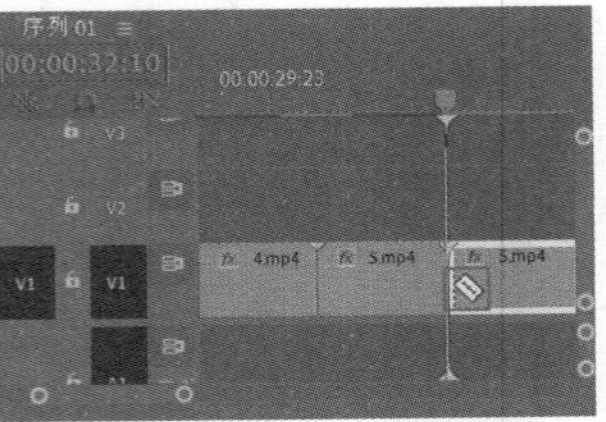

图 4.188

步骤 11 选择5.mp4视频素材后半部分，右击执行【速度/持续时间】命令，在弹出的窗口中勾选【倒放速度】，单击【确定】按钮，如图4.189所示。接着设置5.mp4视频素材的结束时间为36秒20帧，如图4.190所示。

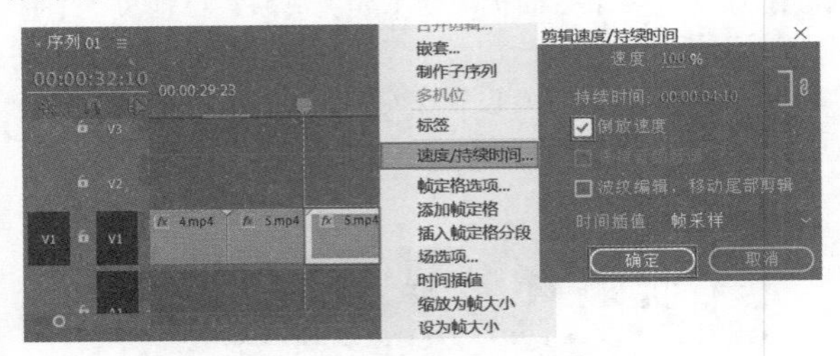

图 4.189

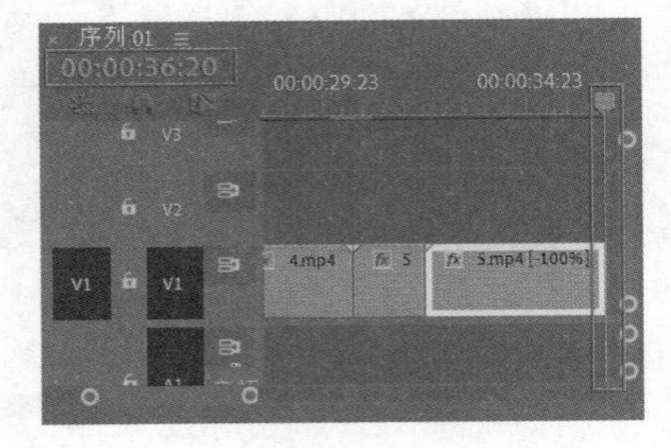

图 4.190

步骤 12 继续将6.mp4和7.mp4素材文件拖曳到V1轨道后方，如图4.191所示。将时间线滑动到44秒20帧，在当前位置剪辑视频，如图4.192所示。

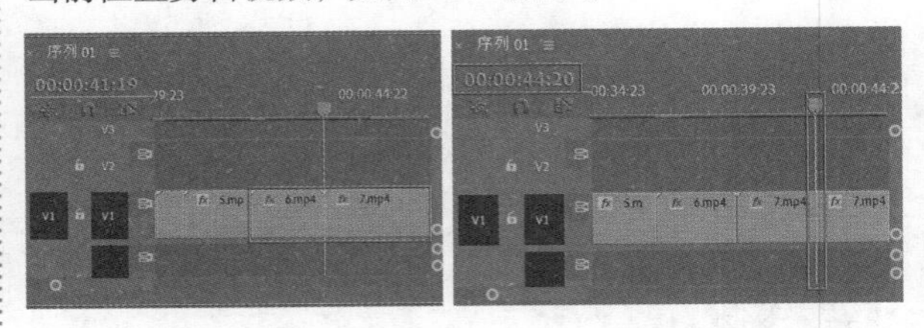

图 4.191　　图 4.192

步骤 13 选择7.mp4素材文件的后半部分，右击执行【速度/持续时间】命令，在弹出的窗口中设置【速度】为30%，单击【确定】按钮，如图4.193所示。设置7.mp4素材文件的结束时间为53秒，如图4.194所示。

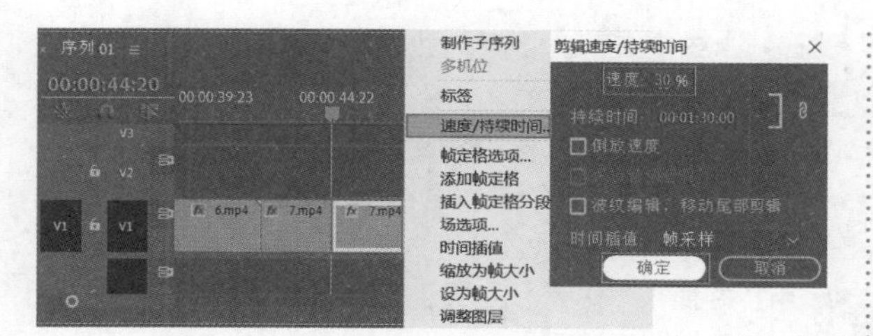

图 4.193

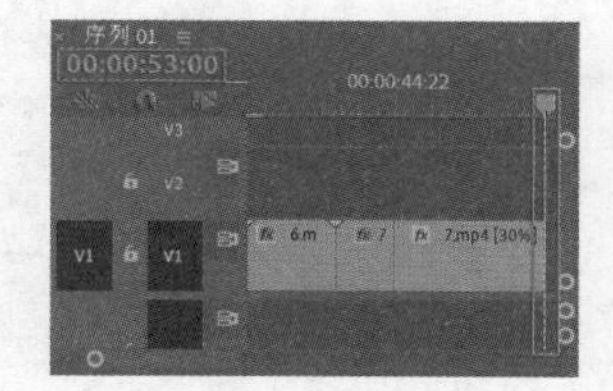

图 4.194

步骤 14 将8.mov素材文件拖曳到V1轨道上的7.mp4素材文件后方，在53秒21帧位置进行剪辑，如图4.195所示。选择8.mov素材文件前半部分，右击执行【波纹删除】命令将其删除，如图4.196所示。此时后方视频自动向前跟进。

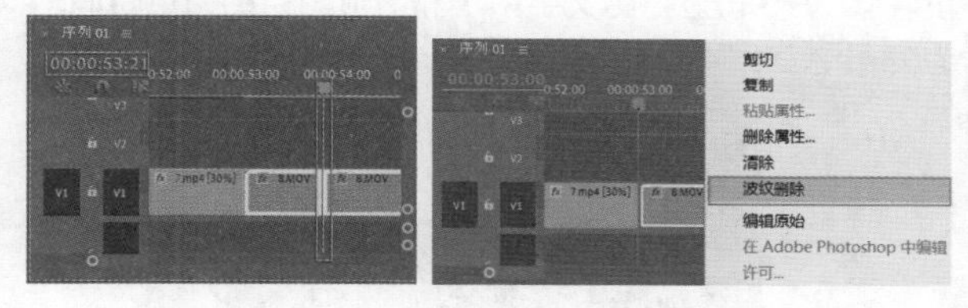

图 4.195　　图 4.196

步骤 15 选择8.mov素材文件，按照同样的方式在【剪辑速度/持续时间】窗口中设置【持续时间】为11秒，单击【确定】按钮，如图4.197所示。

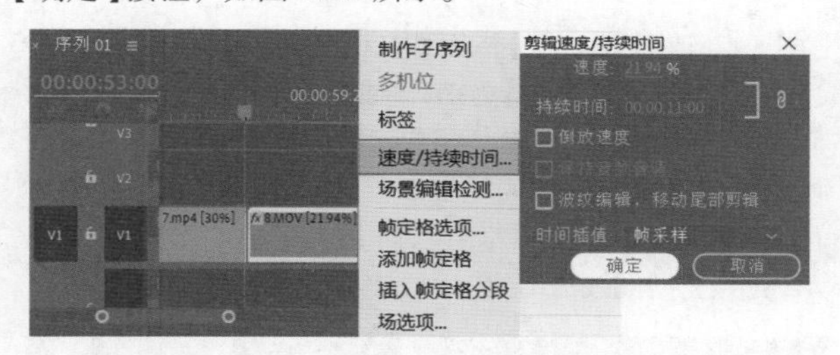

图 4.197

Part 02　制作文字部分

步骤 01 制作文字部分。将时间线滑动至15帧位置，在【工具】面板中单击T（文字工具）按钮，在工作区域中的合适位置输入文字MORNING。在【效果控件】面板中展开【文本】/【源文本】，设置合适的【字体系列】和【字体样式】，设置【字体大小】为270，【填充颜色】为白色，如图4.198所示。

图 4.198

步骤 02 文字制作完成后，在【项目】面板中将【表情.png】素材文件拖曳到V3轨道上，设置文字图层和【表情.png】素材文件的起始时间为15帧，结束时间为5秒14帧，如图4.199所示。

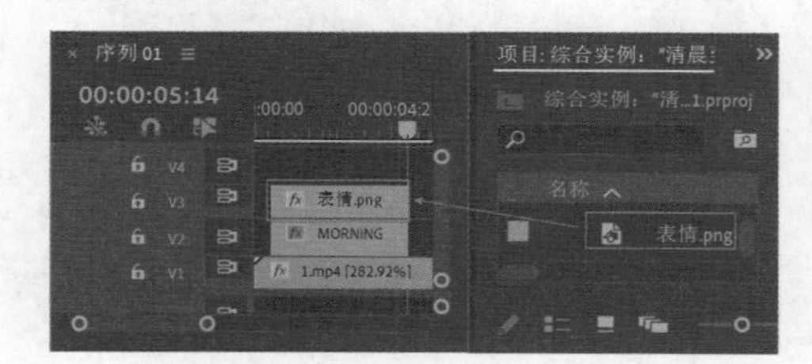

图 4.199

步骤 03 选择V2轨道上的【文字图层】，设置【位置】为(163.4,599)，将时间线拖动到15帧位置，开启【缩放】关键帧，设置【缩放】为140，如图4.200所示；将时间线拖动到3秒位置，设置【缩放】为100。

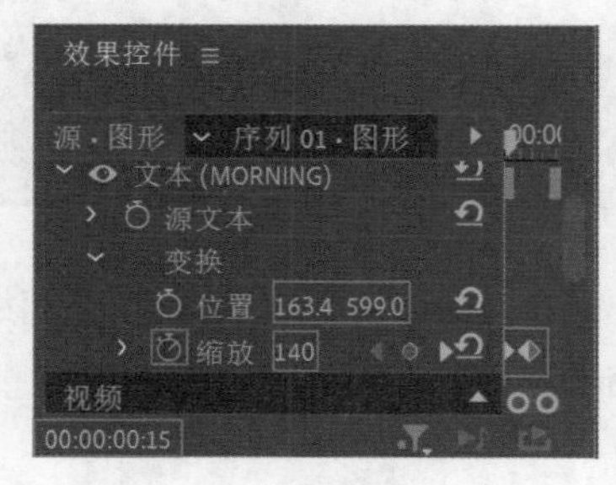

图 4.200

步骤 04 选择V3轨道上的【表情.png】素材，在【效果控件】面板中将时间线滑动到15帧位置，开启【位置】关键帧，设置【位置】为(1055,-328)，如图4.201所示，将时间线滑动到3秒位置，设置【位置】为(1055,495)，设置【缩放】为25。

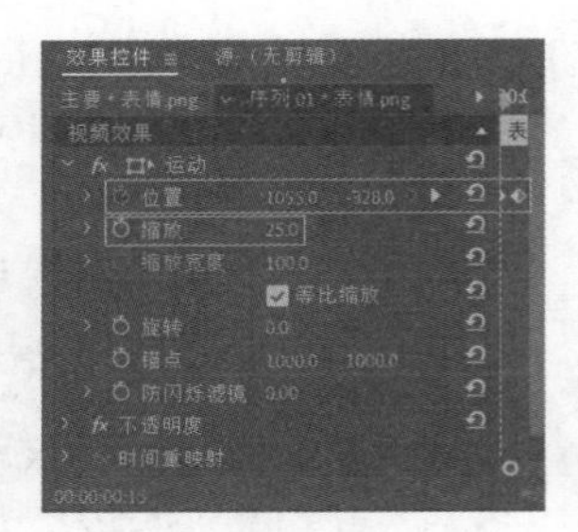

图 4.201

步骤 05 此时滑动时间线查看当前制作效果，如图4.202所示。

图 4.202

步骤 06 新建字幕绘制形状。在【工具】面板中单击（钢笔工具）按钮，在画面右下角绘制一个箭头形状，如图4.203所示。接着在【效果控件】面板中展开【形状（形状01）】/【外观】，取消勾选【填充】，勾选【描边】，设置【描边颜色】为白色，【描边宽度】为10，如图4.204所示。

图 4.203　图 4.204

步骤 07 继续使用同样的方法绘制其他图形，效果如图4.205所示。

图 4.205

步骤 08 新建字幕，将时间线滑动至20秒位置，在【工具】面板中单击（文字工具）按钮，然后在【节目监视器】面板中的合适位置输入文字内容，如图4.206所示。在【效果控件】面板中设置合适的【字体系列】和【字体样式】，设置【字体大小】为260，【颜色】为白色，接着展开【变换】，设置【位置】为（1191.3,496.2），【旋转】为30°，如图4.207所示。

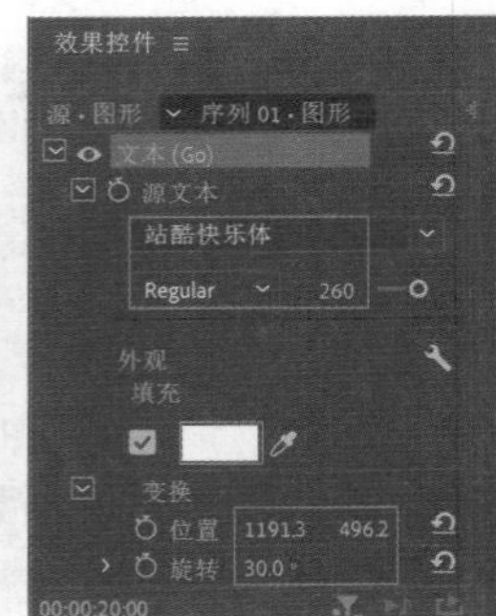

图 4.206　图 4.207

步骤 09 将时间线滑动至23秒位置，在【时间轴】面板中设置V2、V3轨道上的文字图层和图形图层的结束时间均为23秒，如图4.208所示。

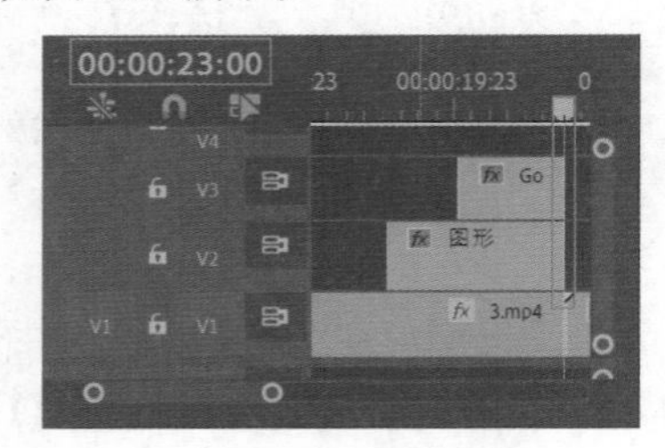

图 4.208

步骤 10 选择V2轨道【图案图层】，将时间线滑动到18秒1帧，设置【不透明度】为0%，如图4.209所示；继续将时间线滑动到20秒，设置【不透明度】为100%，制作不透明度动画。接着选择V3轨道上的【文字图层】，在当前20秒位置开启【缩放】关键帧，设置【缩放】为0，如图4.210所示；继续将时间线滑动到23秒，设置【缩放】为100。

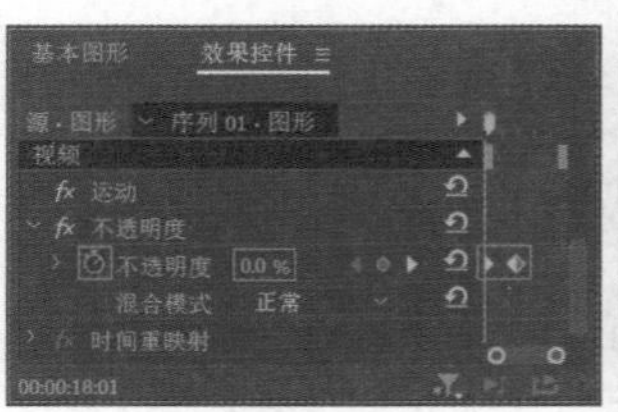

图 4.209　图 4.210

步骤 11 在菜单栏中执行【新建】/【黑场视频】命令，如图4.211所示。将【项目】面板中的黑场视频拖曳到V2轨道上，设置起始时间为58秒，持续时间为6秒，如图4.212所示。

步骤 12 选择V2轨道上的【黑场视频】，将时间线滑动到58秒，在【效果控件】面板中开启【位置】关键帧，设置【位置】为(720,-562)，如图4.213所示；继续将时间线滑动到1分4秒位置，设置【位置】为(720,540)。

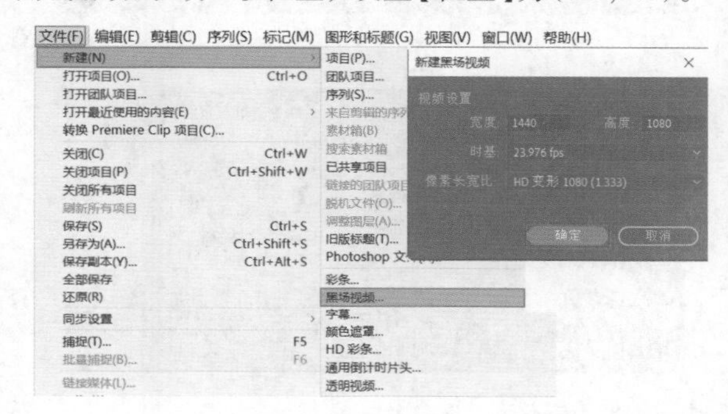

图 4.211

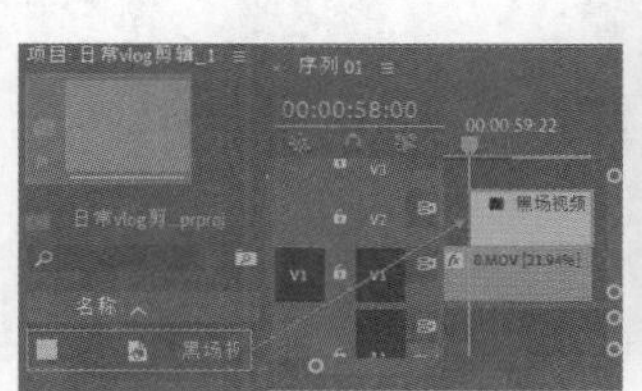

图 4.212

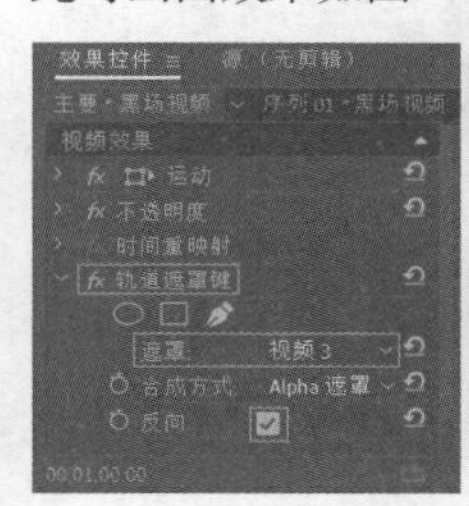

图 4.213

步骤 13 继续新建字幕，将时间线滑动到1分钟位置，在【工具】面板中单击T(文字工具)按钮，然后在【节目监视器】面板中的合适位置输入文字内容，如图4.214所示。然后在【效果控件】面板中设置合适的【字体系列】和【字体样式】，设置【字体大小】为260，【颜色】为白色，如图4.215所示。

图 4.214

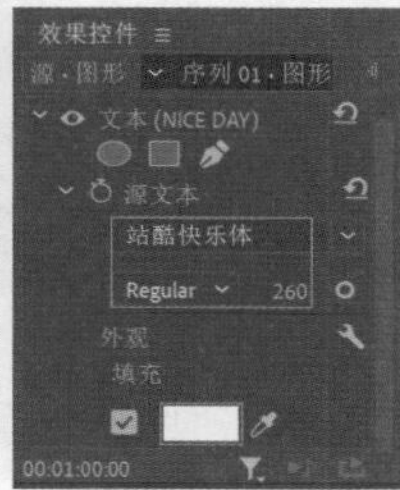

图 4.215

步骤 14 在【时间轴】面板中设置V3轨道上1分钟位置的文字图层的结束时间与下方的素材文件对齐，接着在【效果】面板的搜索框中搜索【轨道遮罩键】，将该效果拖曳到【时间轴】面板中V2轨道的【黑场视频】上，如图4.216所示。。

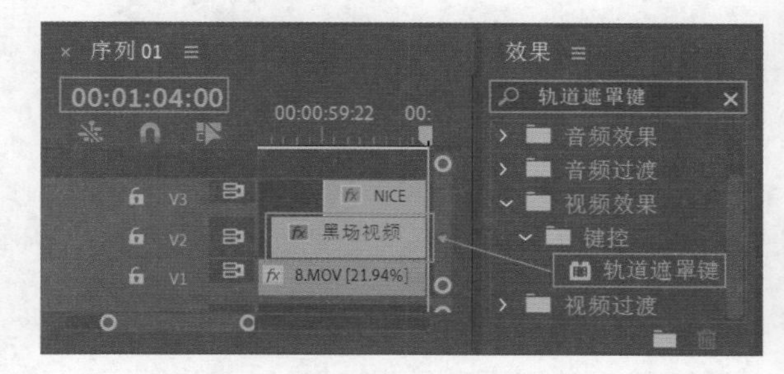

图 4.216

步骤 15 在【效果控件】面板中展开【轨道遮罩键】，设置【遮罩】为【视频3】，勾选【反向】，如图4.217所示。此时画面效果如图4.218所示。

图 4.217　　图 4.218

Part 03　制作过渡效果

步骤 01 制作过渡效果。在【效果】面板中搜索【白场过渡】，将该效果拖曳到【时间轴】面板中的1.mp4和2.mp4的起始位置，如图4.219所示。此时滑动时间线画面效果如图4.220所示。

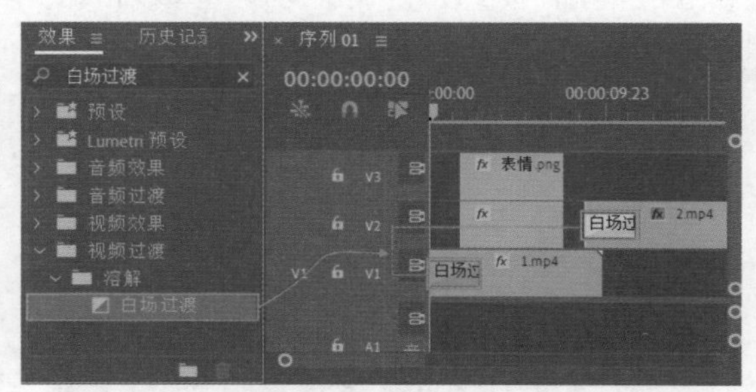

图 4.219

图 4.220

步骤 02 在【效果】面板中搜索【叠加溶解】，将该效果拖曳到【时间轴】面板中的2.mp4的结束位置，如图4.221所示。在【时间轴】面板中选择【叠加溶解】，在【效果控件】面板中设置【持续时间】为1秒15帧，如图4.222所示。

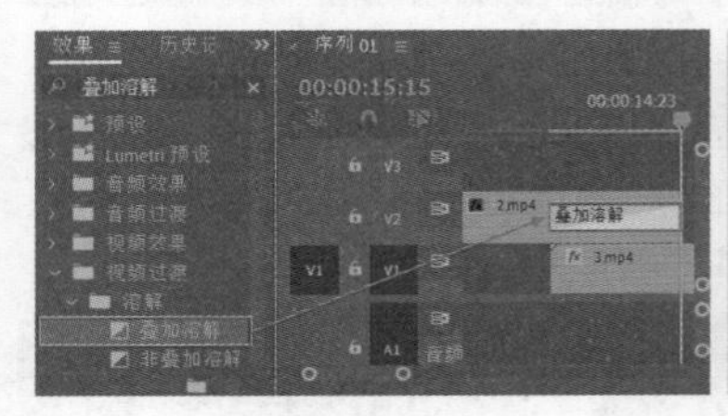

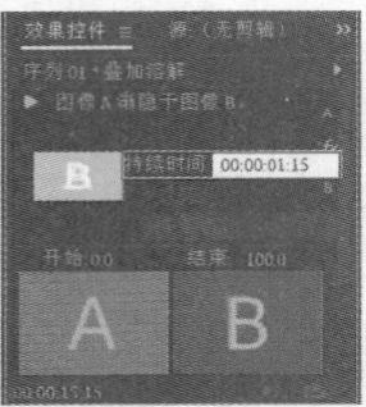

图 4.221　　图 4.222

步骤 03 使用同样的方式在【效果】面板中搜索【翻页】，将该效果拖曳到【时间轴】面板中的4.mp4素材文件的起始位置；在【效果】面板中搜索【交叉缩放】，将该效果拖曳到【时间轴】面板中4.mp4和5.mp4素材文件的中间位置；最后在【效果】面板中搜索【胶片溶解】，将该效果拖曳到【时间轴】面板中的6.mp4素材文件的起始位置，如图4.223所示。滑动时间线查看画面效果，如图4.224所示。

步骤 04 在【效果】面板中搜索【黑场过渡】，将该效果拖曳到【时间轴】面板中的8.MOV的起始位置，如图4.225所示。选择【时间轴】面板中的【黑场视频】，在【效果控件】面板中设置【持续时间】为1秒15帧，如图4.226所示。

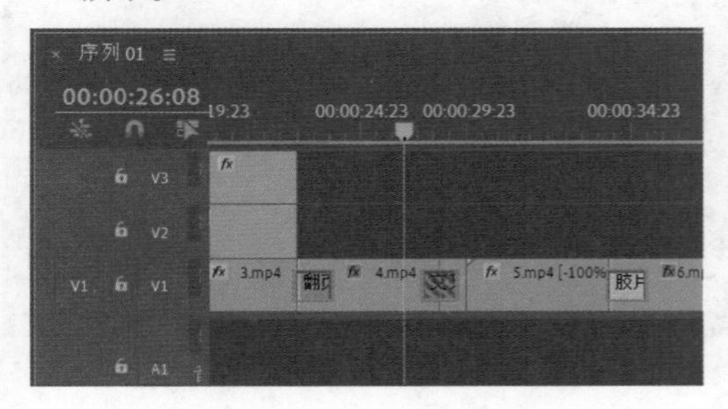

图 4.223

图 4.224

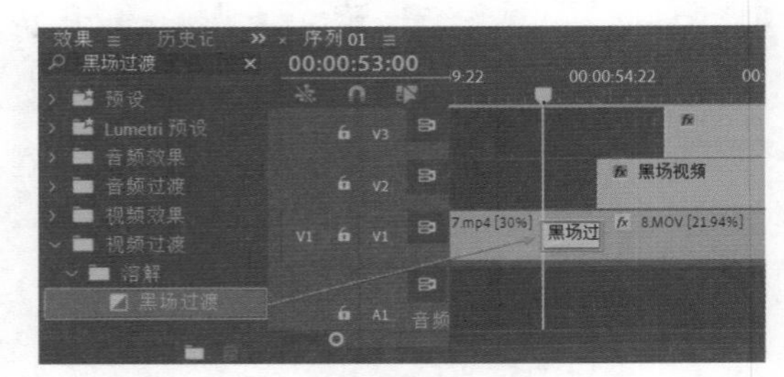

图 4.225

步骤 05 滑动时间线查看画面效果，如图4.227所示。

图 4.226　　图 4.227

Part 04　制作淡入淡出音频

步骤 01 在【项目】面板中将【配乐.mp3】素材文件拖曳到A1轨道上，如图4.228所示。

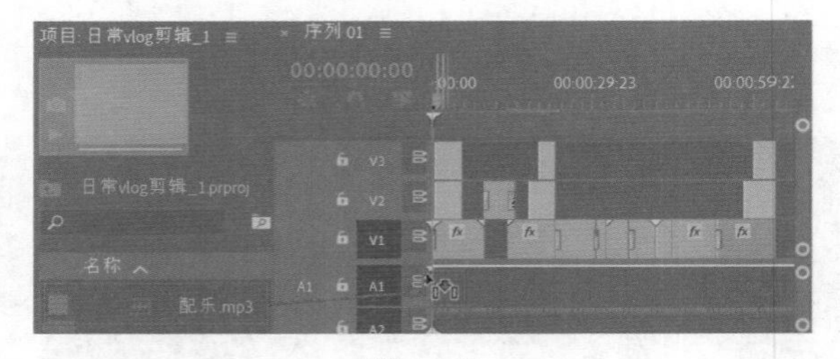

图 4.228

步骤 02 将时间线滑动到1分4秒位置，在【时间轴】面板中按C键，在当前位置剪辑音频，如图4.229所示。选择剪辑后的后半部分音频素材，按Delete键将其删除。

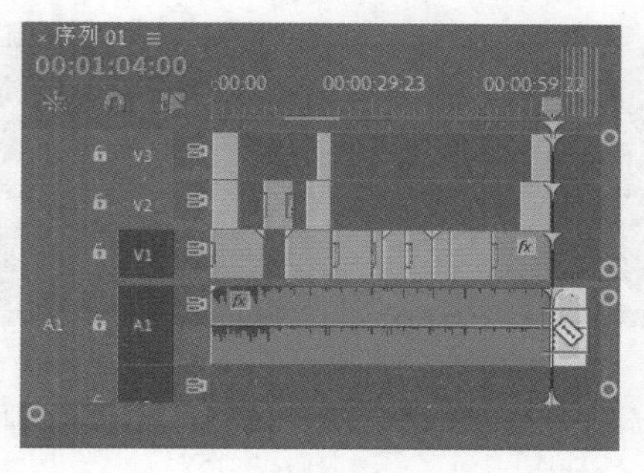

图 4.229

步骤 03 选择A1轨道上的音频素材文件，分别在起始位置、结束位置及4秒和58秒位置添加关键帧，如图4.230所示。选择音频素材首尾位置的关键帧，按住鼠标左键向下拖动，制作淡入淡出效果，如图4.231所示。

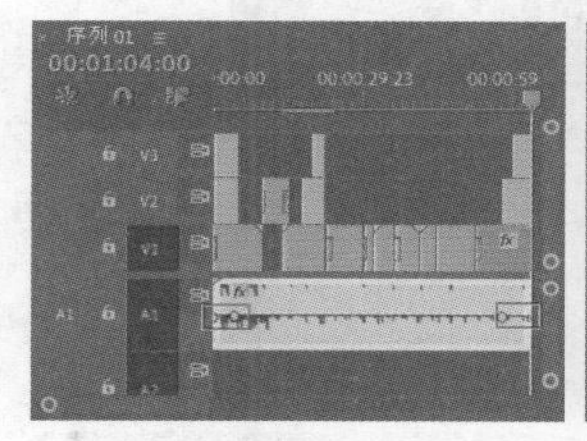

图 4.230

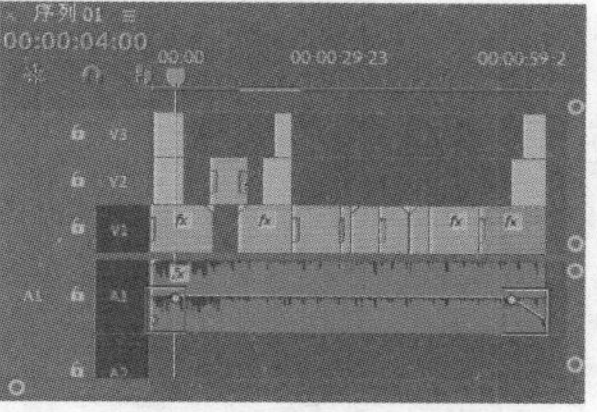

图 4.231

综合实例："关于我和你" Vlog视频剪辑

文件路径：Chapter 4　视频剪辑→综合实例："关于我和你" Vlog视频剪辑

扫一扫，看视频

本实例使用【颜色遮罩】和【蒙版】制作圆形遮罩效果，将文字和视频素材根据音频进行剪辑。实例效果如图4.232所示。

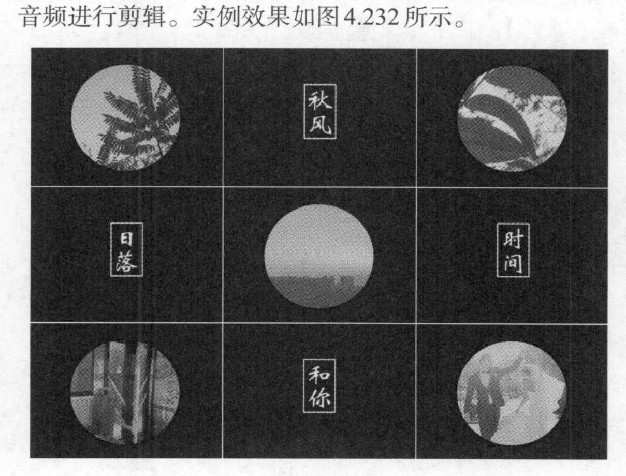

图 4.232

步骤 01 执行【文件】/【新建】/【项目】命令，新建一个项目。在【项目】面板的空白处右击，执行【新建项目】/【序列】命令，弹出【新建序列】窗口，在DV-PAL文件夹下选择【标准48kHz】。执行【文件】/【导入】命令，导入全部素材文件，如图4.233所示。

图 4.233

步骤 02 在【项目】面板中将音频素材拖曳到【时间轴】面板中的A1轨道上，如图4.234所示。

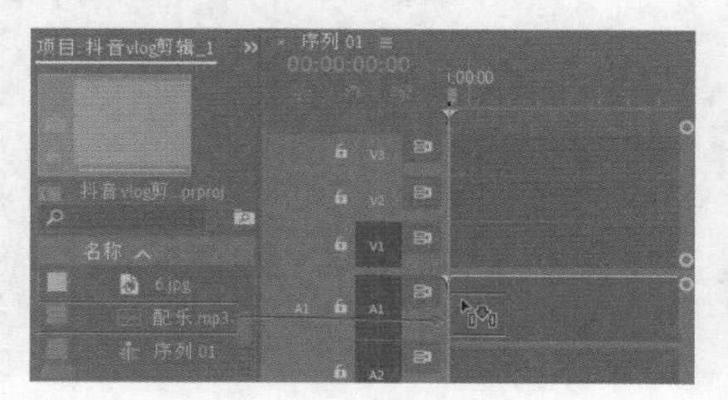

图 4.234

步骤 03 在【项目】面板下方的空白处右击，执行【新建项目】/【颜色遮罩】命令，在弹出的窗口中单击【确定】按钮，在【拾色器】窗口中选择黑色，设置【选择名称】为【颜色遮罩】，如图4.235所示。

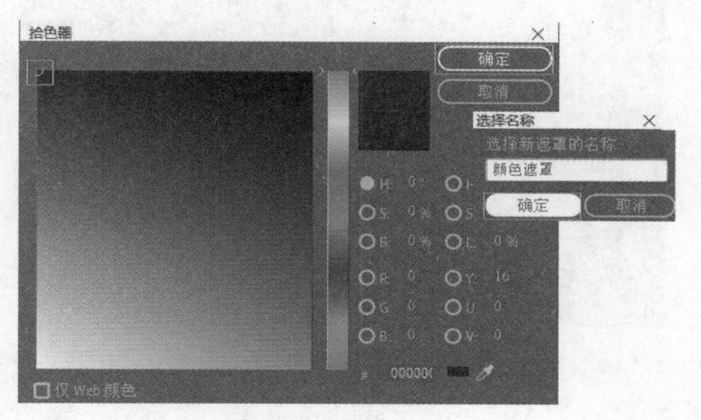

图 4.235

步骤 04 将【项目】面板中的颜色遮罩拖曳到V2轨道上，设置结束时间与音频素材对齐，如图4.236所示。

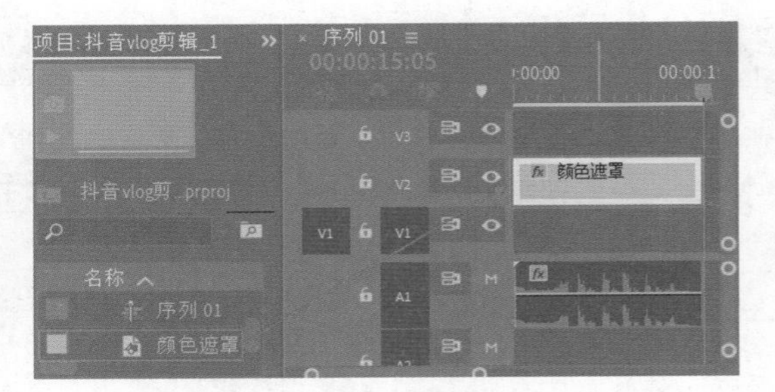

图 4.236

步骤 05 选择V2轨道上的【颜色遮罩】，在【效果控件】面板中展开【不透明度】属性，单击◯（创建椭圆形蒙版）按钮，设置【蒙版羽化】为0，勾选【已反转】，然后在【节目监视器】面板中调整圆形蒙版的大小及位置，如图4.237所示。

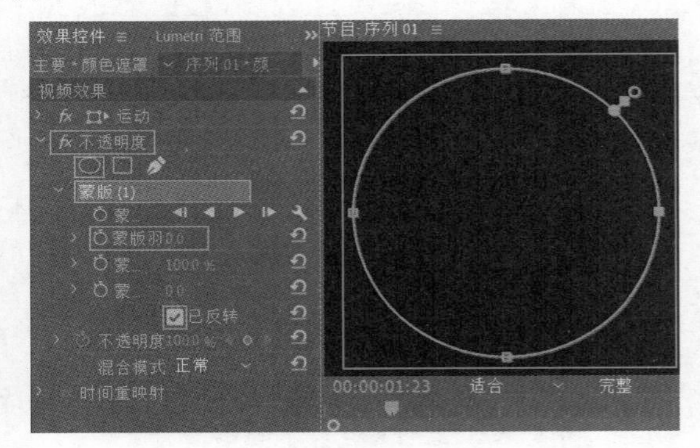

图 4.237

步骤 06 将【项目】面板中的1.mp4素材拖曳到V1轨道上，设置其持续时间为2秒23帧，如图4.238所示。

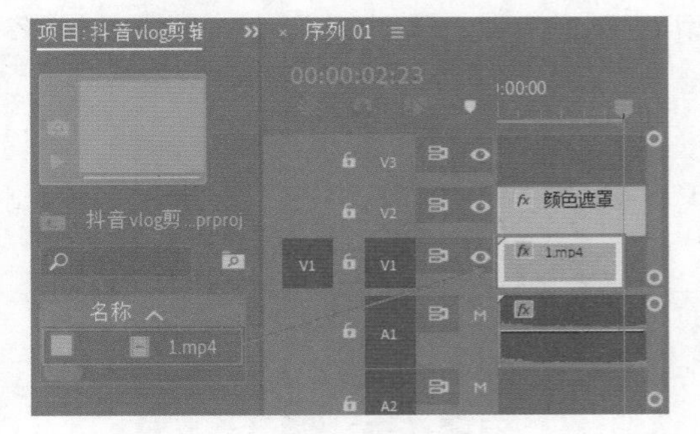

图 4.238

步骤 07 选择V1轨道上的1.mp4素材，右击执行【缩放为帧大小】命令，如图4.239所示。此时画面效果如图4.240所示。

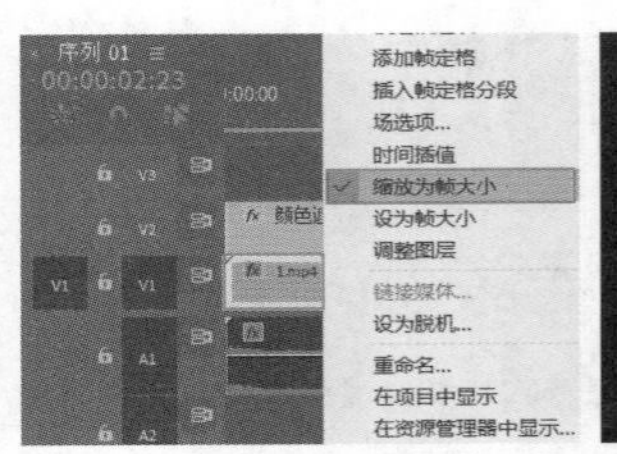

图 4.239

图 4.240

步骤 08 在【项目】面板中将2.mp4素材拖曳到V1轨道上第一个视频素材的后面，如图4.241所示。

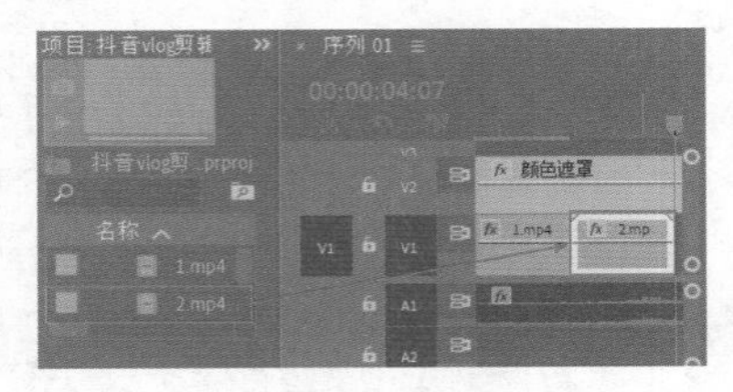

图 4.241

步骤 09 在【效果控件】面板中设置【位置】为（360,–15），如图4.242所示。画面效果如图4.243所示。

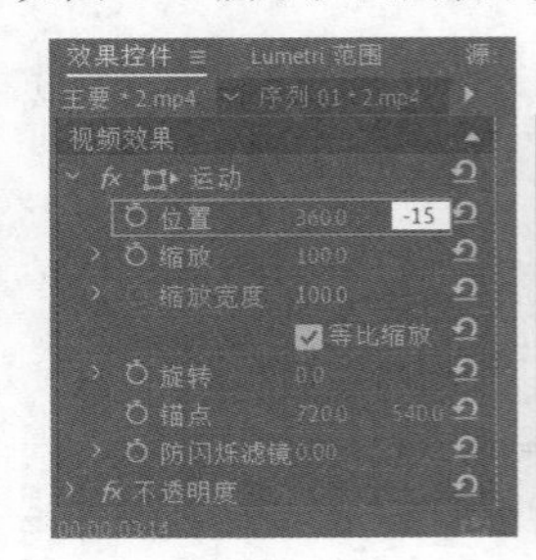

图 4.242

图 4.243

步骤 10 制作文字部分。将时间线滑动到4秒7帧位置，在【工具】面板中单击IT（垂直文字工具）按钮，在工作区中的合适位置输入文字“秋风”，如图4.244所示。

图 4.244

步骤 11 在【工具】面板中单击 (选择工具)按钮，在【时间轴】面板中选择V2轨道上的文字图层，在【效果控件】面板中展开【文本】/【源文本】，设置合适的【字体系列】和【字体样式】，设置【字体大小】为100，【颜色】为白色，如图4.245所示。

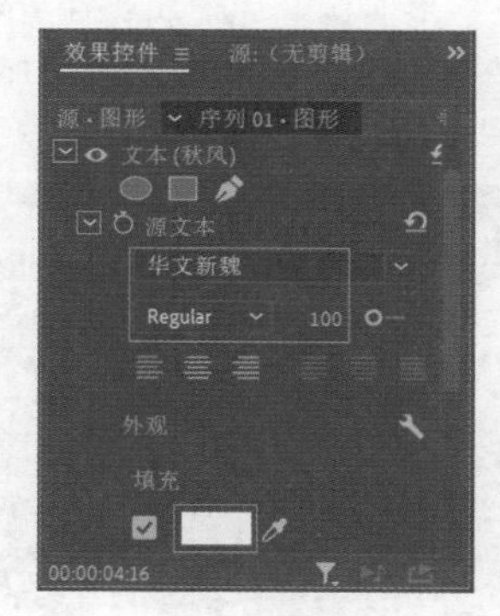

图 4.245

步骤 12 在文字图层选中状态下，在【工具】面板中单击 (矩形工具)按钮，围绕文字绘制一个矩形，如图4.246所示。

图 4.246

步骤 13 在【工具】面板中单击 (选择工具)按钮，在【时间轴】面板中选择V2轨道上的文字图层，在【效果控件】面板中展开【形状(形状01)】/【外观】，取消勾选【填充】，勾选【描边】，设置【颜色】为白色，【描边宽度】为5，如图4.247所示。此时画面效果如图4.248所示。

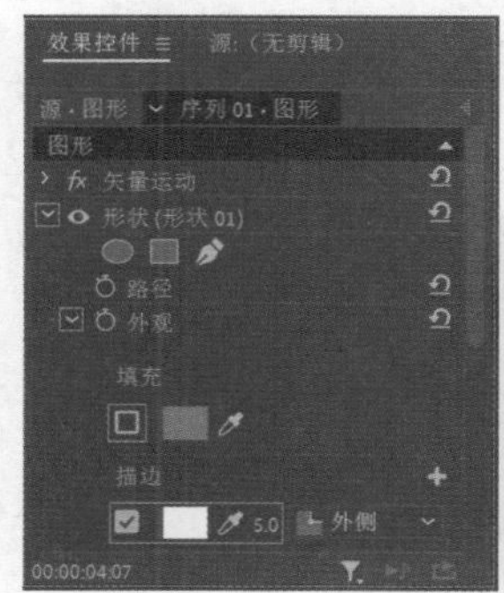

图 4.247　　图 4.248

步骤 14 在【时间轴】面板中设置文本图层的结束时间为5秒16帧，接着将【项目】面板中的3.mp4素材拖曳到文字图层后方，如图4.249所示。

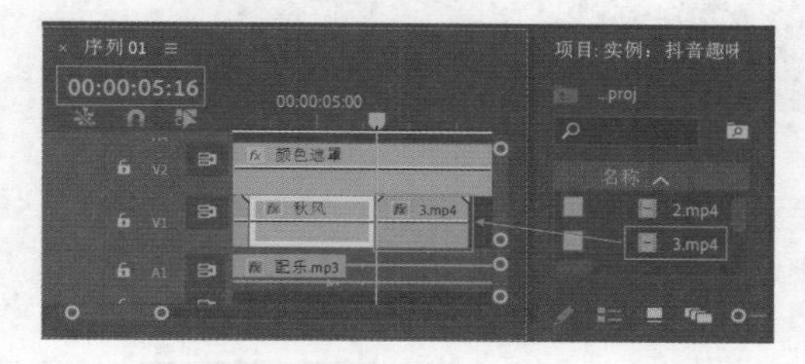

图 4.249

步骤 15 在【时间轴】面板中选中【秋风】文字图层，按住Alt键的同时按住鼠标左键拖曳到6秒16帧位置，将其移动并复制一份，如图4.250所示。

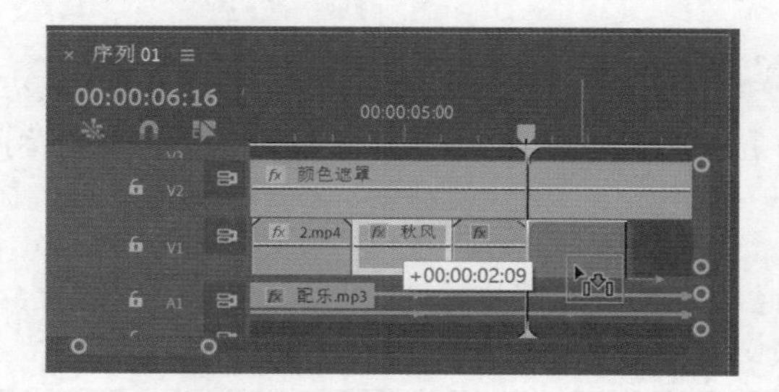

图 4.250

步骤 16 在【时间轴】面板中选中复制的文字图层，接着在【工具】面板中单击 (垂直文字工具)按钮，在工作区中修改文字内容，如图4.251所示。

图 4.251

步骤 17 将4.mp4素材文件拖曳到V1轨道上的【日落】文字图层后方，将时间线拖动到9秒位置，按C键将光标切换为【剃刀工具】，在当前位置剪辑视频素材，如图4.252所示。将光标切换为【选择工具】，选择剪辑后的前部分4.mp4素材，右击执行【波纹删除】命令将其删除，如图4.253所示，此时后方素材自动向前跟进。

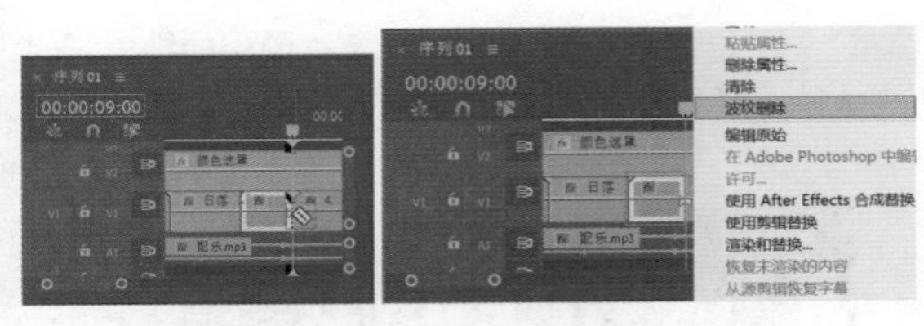

图 4.252　　图 4.253

步骤 18 将4.mp4素材文件的结束时间设置为8秒15帧，如图4.254所示。继续使用同样的方法制作两个文字图层与5.mp4素材，如图4.255所示。

图 4.254

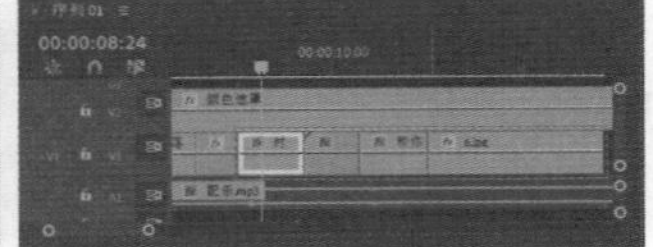

图 4.255

步骤 19 将6.jpg素材拖曳到V1轨道上并设置【持续时间】为2秒15帧，在【效果控件】面板中设置【位置】为(297,272)。将时间线滑动到11秒10帧位置，单击【缩放】前的（切换动画）按钮，设置【缩放】为160，如图4.256所示；继续将时间线滑动到12秒17帧位置，设置【缩放】为50。缩放效果如图4.257所示。

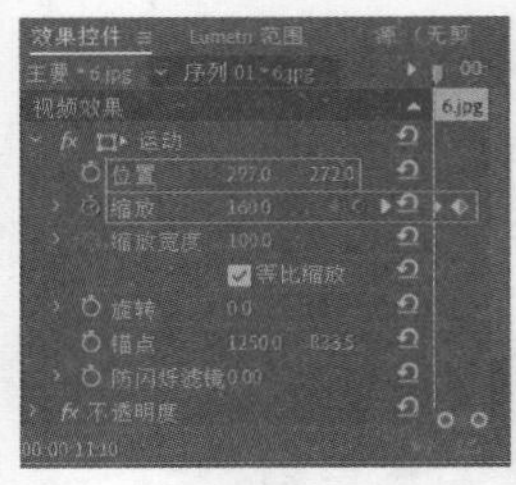

图 4.256

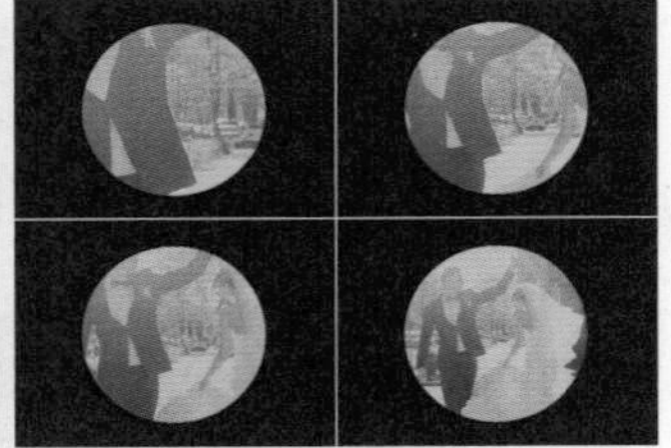

图 4.257

步骤 20 本实例制作完成，画面效果如图4.258所示。

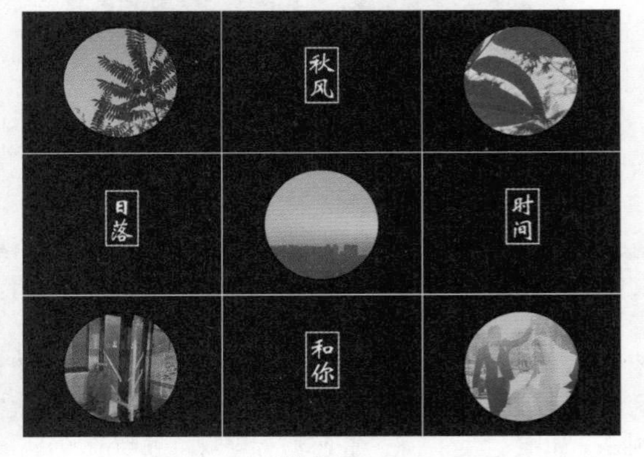

图 4.258

综合实例："日常的一天"Vlog视频剪辑

扫一扫，看视频

文件路径：Chapter 4　视频剪辑→综合实例："日常的一天"Vlog视频剪辑

本实例首先剪辑视频素材，接着使用文字工具制作文字，最后加上配乐素材。实例效果如图4.259所示。

图 4.259

步骤 01 执行【文件】/【新建】/【项目】命令，新建一个项目。在【项目】面板的空白处右击，执行【新建项目】/【序列】命令。在弹出的【新建序列】窗口中单击【设置】，设置【编辑模式】为【自定义】，【帧大小】为720，【水平】为1080，【像素长宽比】为【方形像素(1.0)】。接着执行【文件】/【导入】命令，导入全部素材文件，如图4.260所示。

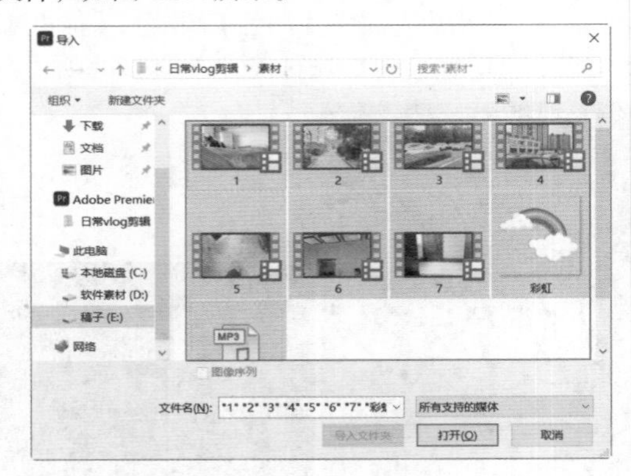

图 4.260

步骤 02 在【项目】面板中将1.mp4~7.mp4视频素材依次拖曳到V1轨道上，如图4.261所示。

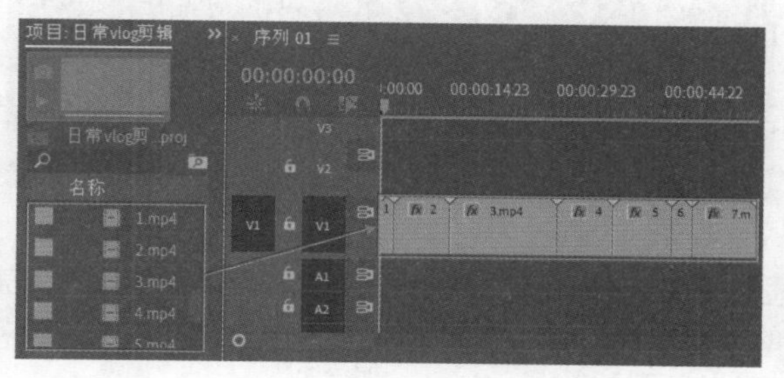

图 4.261

步骤 03 在【时间轴】面板中将时间线滑动到6秒位置，按下C键将光标切换为【剃刀工具】，在当前位置剪辑2.mp4素材，如图4.262所示。选择2.mp4素材后半部分，右击执行【波纹删除】命令将其删除，如图4.263所示，此时后方素材自动向前跟进。

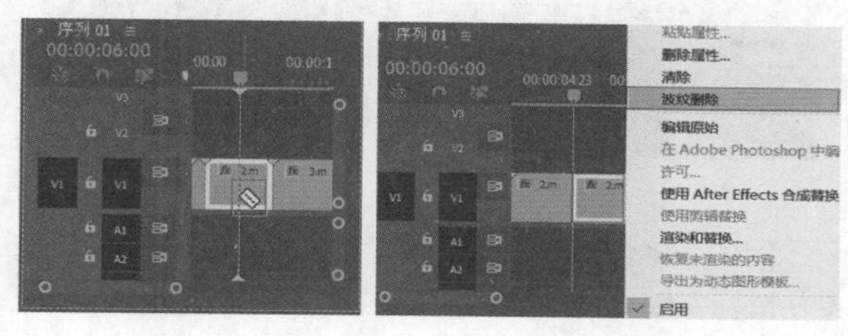

图 4.262　　图 4.263

步骤 04 将时间线滑动到15秒位置，在工具栏中选择（比率拉伸工具），按住3.mp4视频素材的结束位置向时间线位置拖动，如图4.264所示。接着将4.mp4~7.mp4素材向前拖动，跟进3.mp4素材，如图4.265所示。

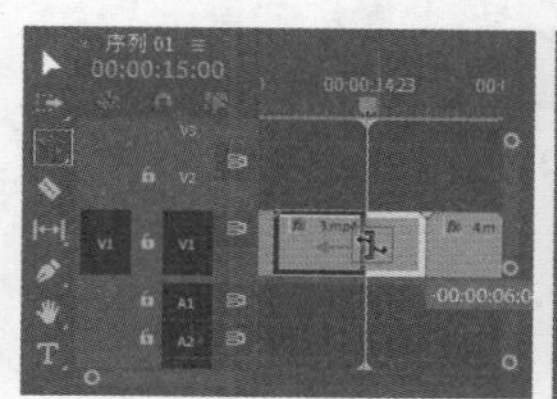

图 4.264

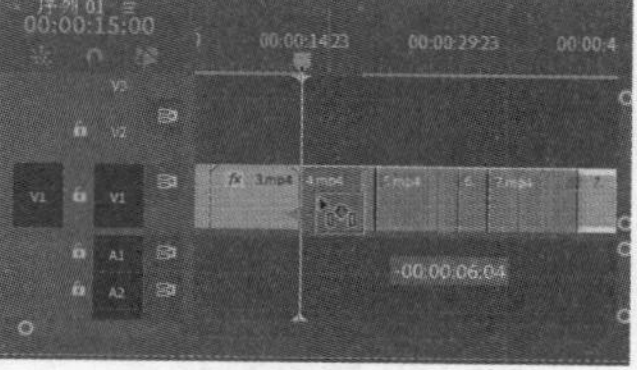

图 4.265

步骤 05 制作颜色遮罩。执行【文件】/【新建】/【颜色遮罩】命令，接着在弹出的【拾色器】窗口中设置【颜色】为黑色，设置遮罩的名称为【颜色遮罩】，如图4.266和图4.267所示。

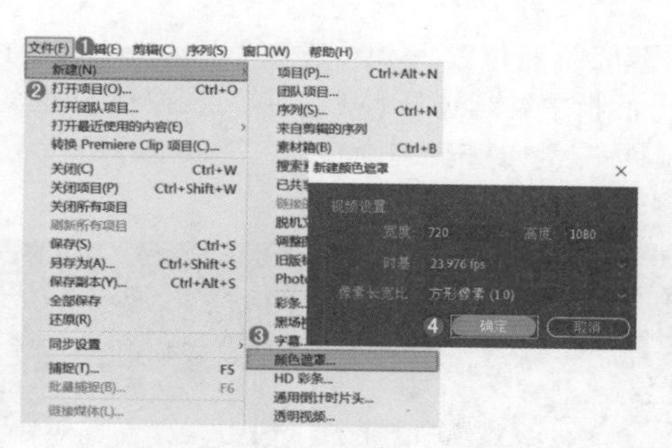

图 4.266

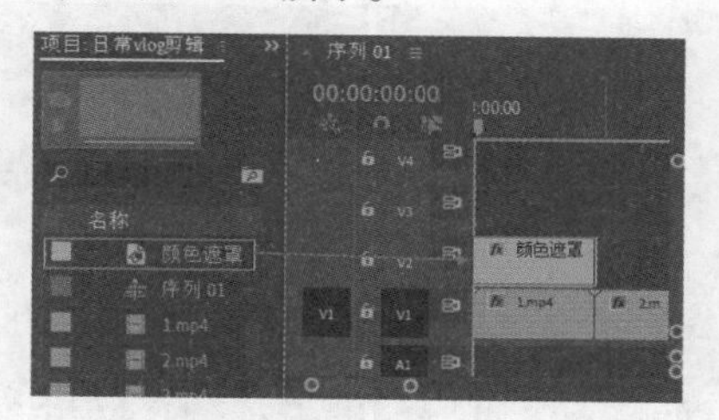

图 4.267

步骤 06 在【项目】面板中将【颜色遮罩】拖曳到【时间轴】面板中，如图4.268所示。

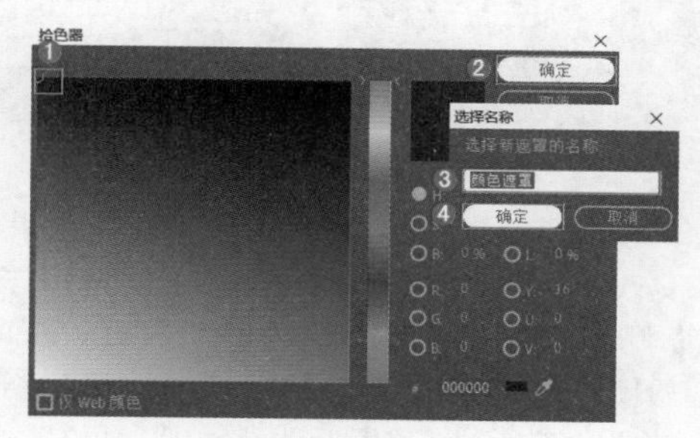

图 4.268

步骤 07 在【效果】面板中搜索【裁剪】，将该效果拖曳到V2轨道的【颜色遮罩】上，如图4.269所示。

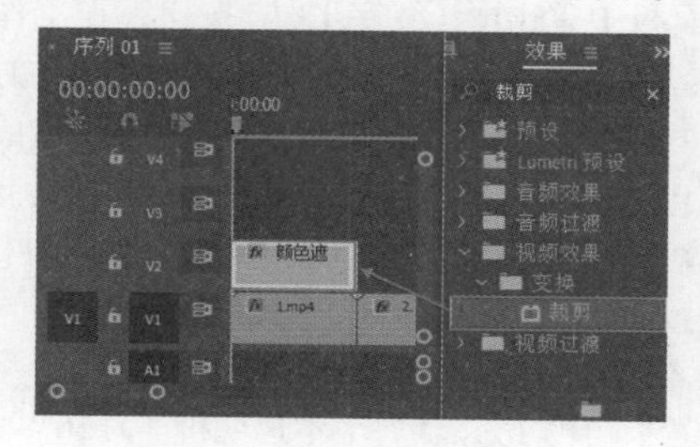

图 4.269

步骤 08 选择【颜色遮罩】，在【效果控件】面板中展开【裁剪】，将时间线滑动到起始帧位置，开启【顶部】关键帧，设置【顶部】为50%，如图4.270所示；继续将时间线滑动到1秒位置，设置【顶部】为100%。接着在【时间轴】面板中继续选择【颜色遮罩】，按住Alt键的同时按住鼠标左键向V3轨道上拖动，释放鼠标后完成复制，如图4.271所示。

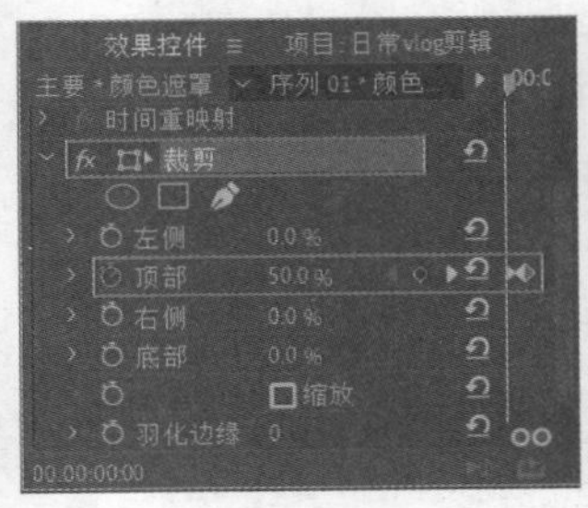

图 4.270

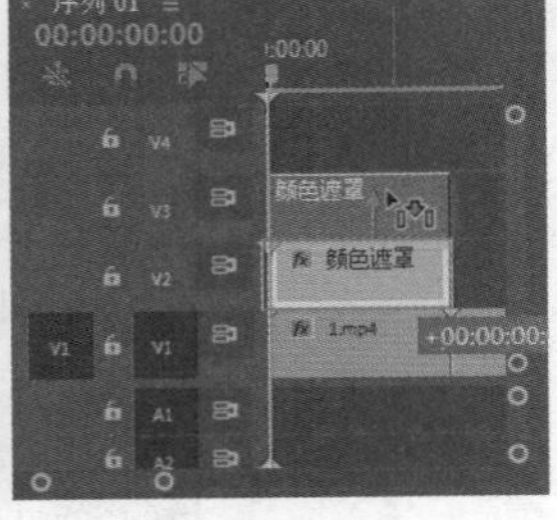

图 4.271

步骤 09 选择V3轨道上的【颜色遮罩】，在【效果控件】面板中更改【裁剪】效果的参数，单击【顶部】前方的⏱（切换动画）按钮，设置【顶部】为0%。接着将时间线滑动到起始帧位置，开启【底部】关键帧，设置【底部】为50%，如图4.272所示；将时间线滑动到1秒位置，设置【底部】为100%。滑动时间线查看画面效果，如图4.273所示。

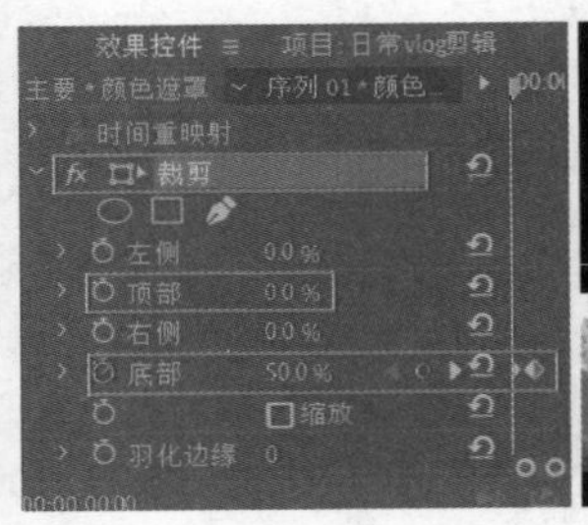

图 4.272

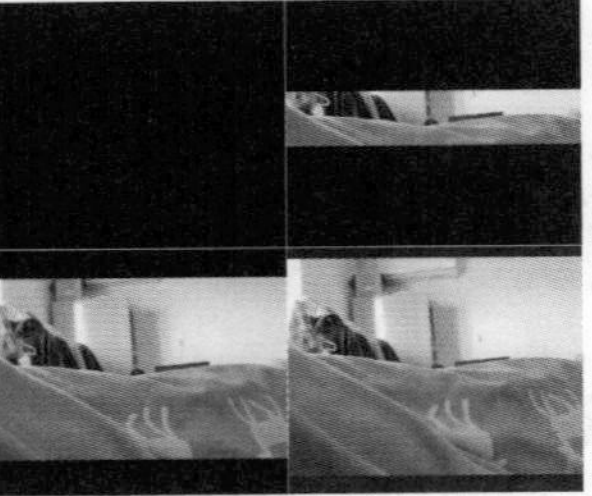

图 4.273

步骤 10 制作文字部分。将时间线滑动到起始位置，在【工具】面板中单击T（文字工具）按钮，在工作区中输入文字“开启新的一天♡”，如图4.274所示。在【工具】面板中单击▶（选择工具）按钮，在【时间轴】面板选择V4轨道上的文字图层，在【效果控件】面板中展开【文本】/【源文本】，设置合适的【字体系列】和【字体样式】，设置【字体大小】为60，【颜色】为白色；勾选【描边】，设置【颜色】为橙色，【描边宽度】为2，勾选【阴影】，设置【颜色】为黑色，【不透明度】为50%，【角度】为100°，【距离】为10，【模糊】为30；展开【变换】，设置【位置】为(138.8,890.4)，如图4.275所示。

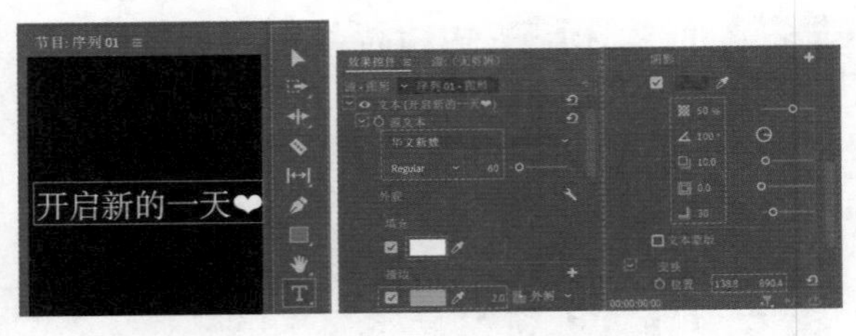

图 4.274　　图 4.275

步骤 11 在【时间轴】面板中设置V4轨道上的文本图层的结束时间为2秒5帧，如图4.276所示。此时画面效果如图4.277所示。

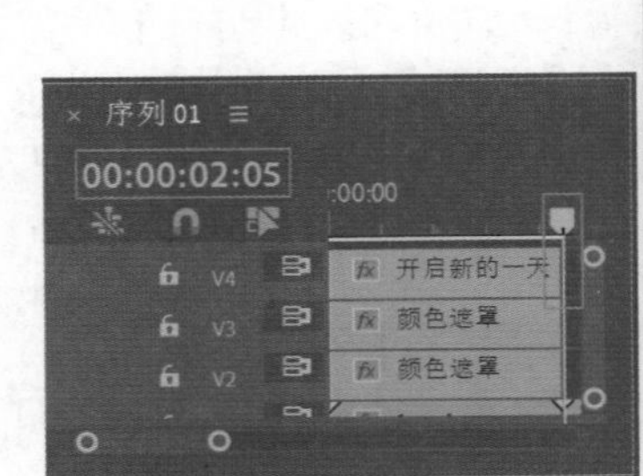

图 4.276

图 4.277

步骤 12 选中V4轨道上的文字图层，按住Alt键的同时按住鼠标左键拖曳到V2轨道上的颜色遮罩后方，将其复制一份并设置结束时间为6秒，如图4.278所示。

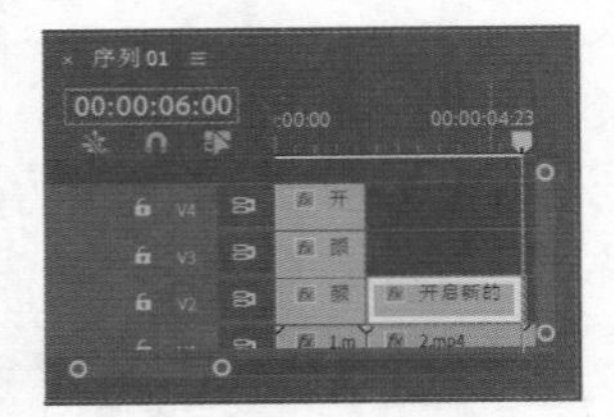

图 4.278

步骤 13 选中V2轨道上的文字图层，接着在【工具】面板中单击T（文字工具）按钮，在工作区中修改文字内容，如图4.279所示。

图 4.279

步骤 14 继续使用同样的方法制作其他文字，如图4.280所示。

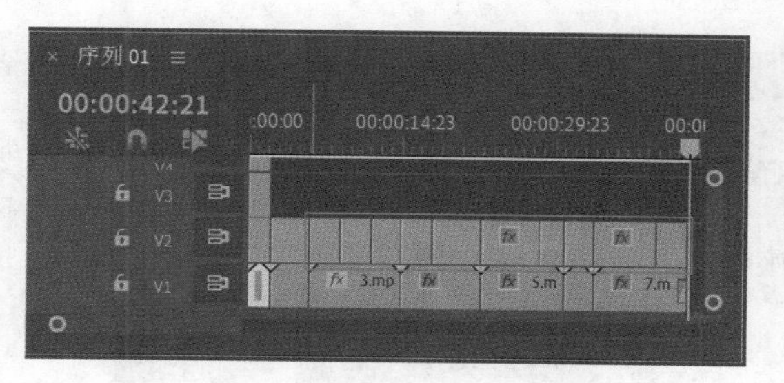

图 4.280

步骤 15 选择V2轨道上的39秒17帧位置后方的文字图层，在【效果控件】面板中将时间线拖动到39秒17帧，设置【缩放】为180，将时间线拖动到40秒15帧，设置【缩放】为100，如图4.281所示。滑动时间线查看画面效果，如图4.282所示。

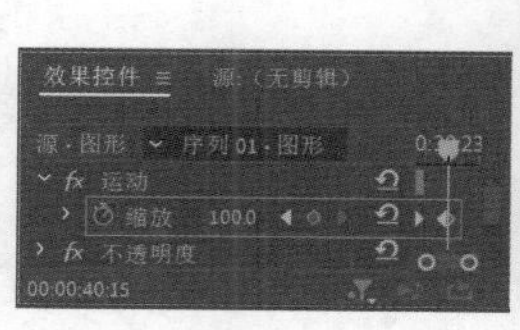

图 4.281

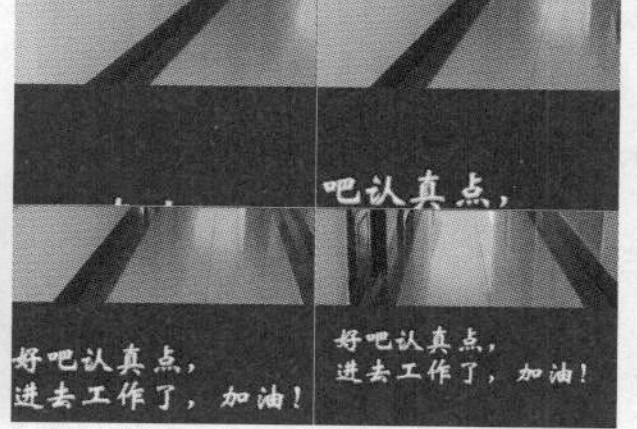

图 4.282

步骤 16 在【项目】面板中将【彩虹.png】素材拖曳到V3轨道上并将该素材的结束时间与下方的文字图层对齐，如图4.283所示。

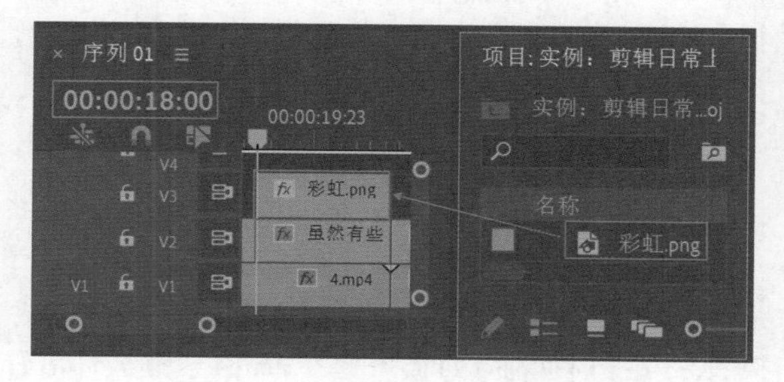

图 4.283

步骤 17 选择V3轨道上的【彩虹.png】素材，在【效果控件】面板中设置【位置】为(570,940)，【缩放】为12，将时间线滑动到20秒位置，设置【不透明度】为100%，如图4.284所示；继续将时间线滑动到22秒16帧，设置【不透明度】为0%。此时滑动时间线画面效果如图4.285所示。

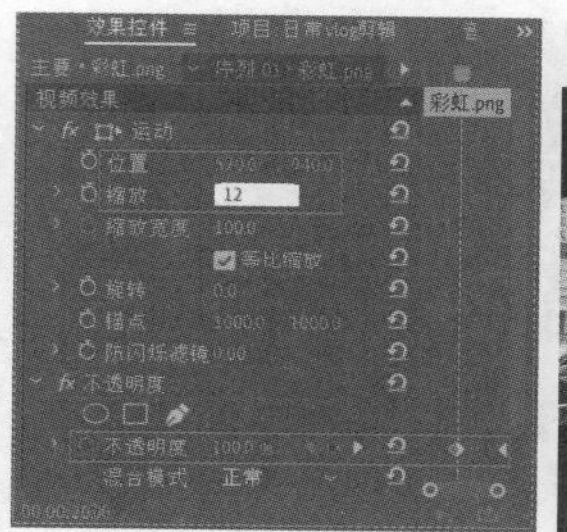

图 4.284

图 4.285

步骤 18 在【效果】面板中搜索【交叉溶解】，将该效果拖曳到与V2轨道上相邻素材的中间位置，如图4.286所示。接着在【效果】面板中搜索【黑场过渡】，将该效果拖曳到【时间轴】面板中7.mp4和V2轨道上文字图层的结束位置，如图4.287所示。

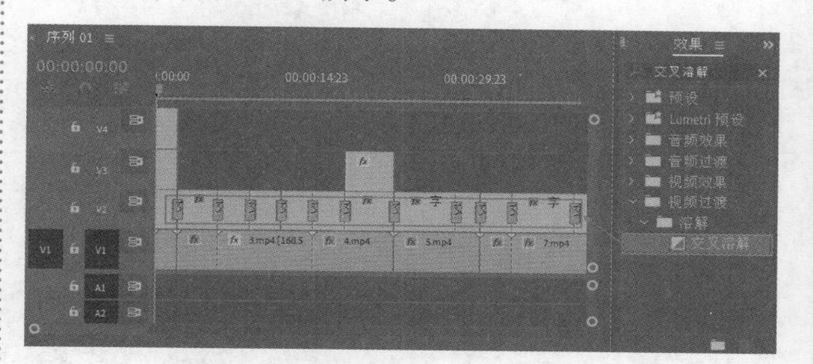

图 4.286

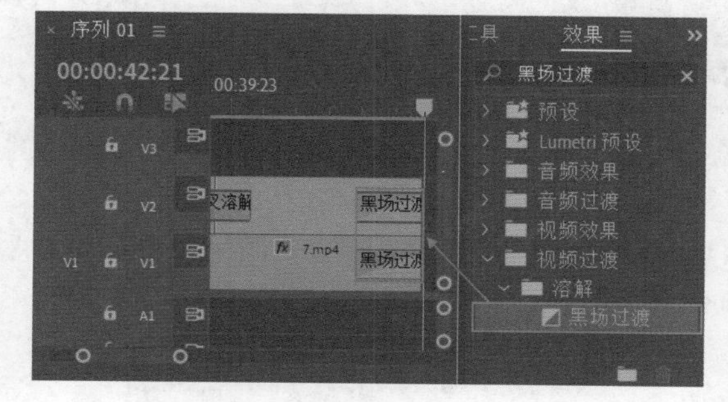

图 4.287

步骤 19 将【项目】面板中的【配乐.mp3】素材拖曳到A1轨道上，如图4.288所示。将时间线滑动到23秒位置，使用【剃刀工具】剪辑音频素材，选择前半部分配乐，按Delete键删除，然后将后方的【配乐.mp3】素材移动至起始帧位置，如图4.289所示。

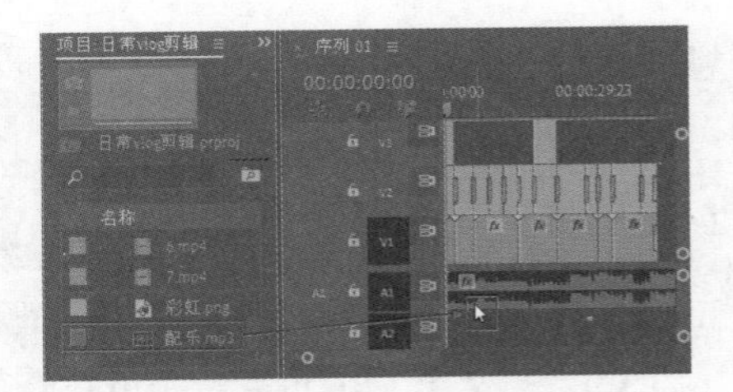

图 4.288

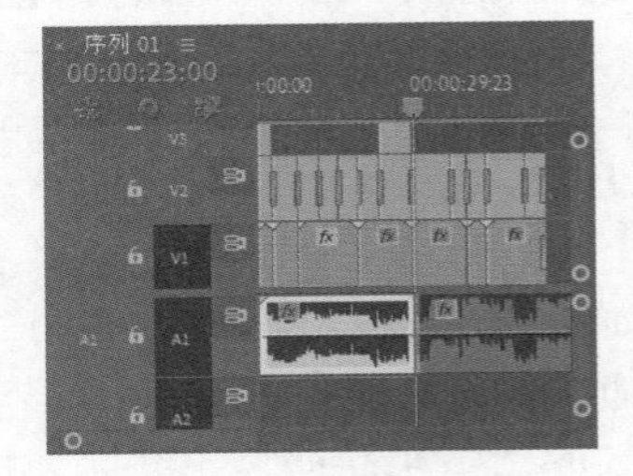

图 4.289

步骤 20 继续将时间线滑动到视频素材的结束位置，剪辑音频素材并将后半部分音频删除，如图4.290所示。在【效果】面板中搜索【指数淡化】，将该效果拖曳到【时间轴】面板中【配乐.mp3】素材的结束位置，如图4.291所示。

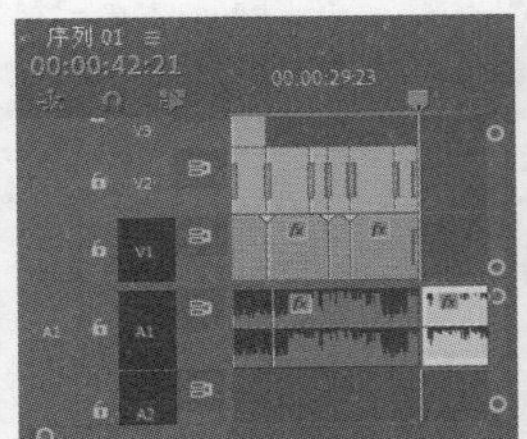

图 4.290

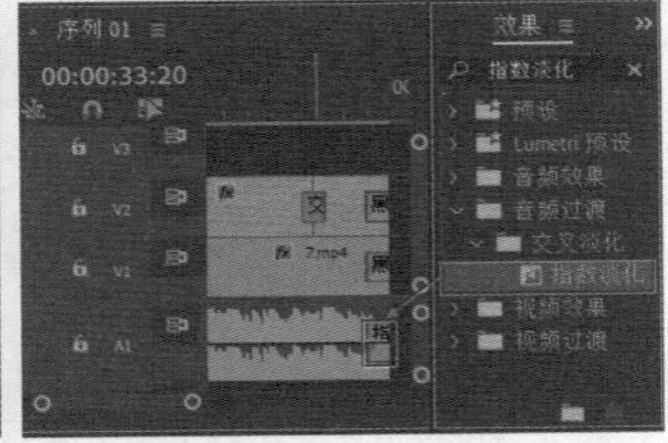

图 4.291

步骤 21 本实例制作完成，滑动时间线查看画面效果，如图4.292所示。

图 4.292

综合实例：视频变速剪辑

扫一扫，看视频

文件路径：Chapter 4 视频剪辑→综合实例：视频变速剪辑

本实例主要使用【时间重映射】及【方向模糊】制作视频由快到慢再到模糊的转换画面。实例效果如图4.293所示。

图 4.293

步骤 01 执行【文件】/【新建】/【项目】命令，新建一个项目。执行【文件】/【导入】命令，导入全部素材，如图4.294所示。

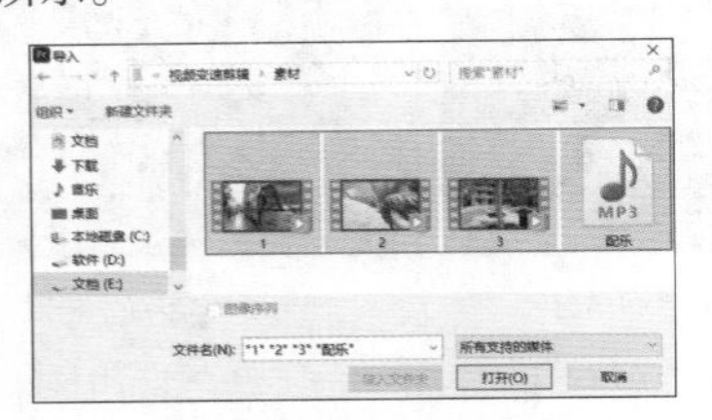

图 4.294

步骤 02 在【项目】面板中依次选择1.mp4~3.mp4素材文件，将素材分别拖曳到V1轨道上，如图4.295所示。

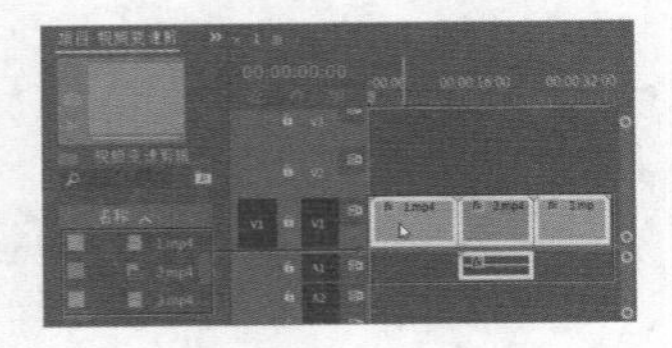

图 4.295

步骤 03 在【时间轴】面板中选择2.mp4素材文件，右击执行【取消链接】命令，删除A1轨道上的音频，如图4.296所示。

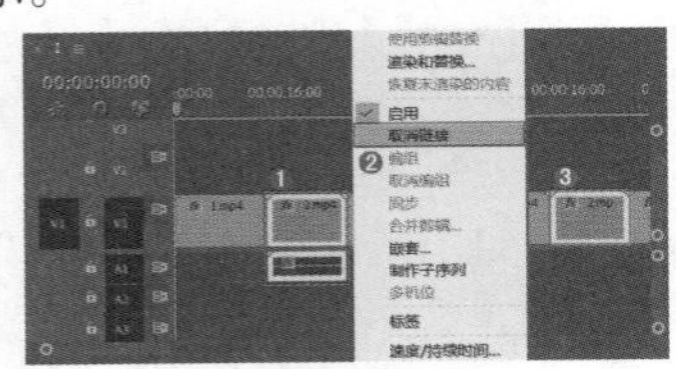

图 4.296

步骤 04 在【项目】面板中选择【配乐.mp3】素材，将素材拖曳到A1轨道上，如图4.297所示。将时间线滑动到25秒10帧，按下C键将光标切换为【剃刀工具】，在当前位置剪辑音频。接着按下V键将光标切换为【选择工具】，选择前半部分音频，按Delete键将音频删除，如图4.298所示。

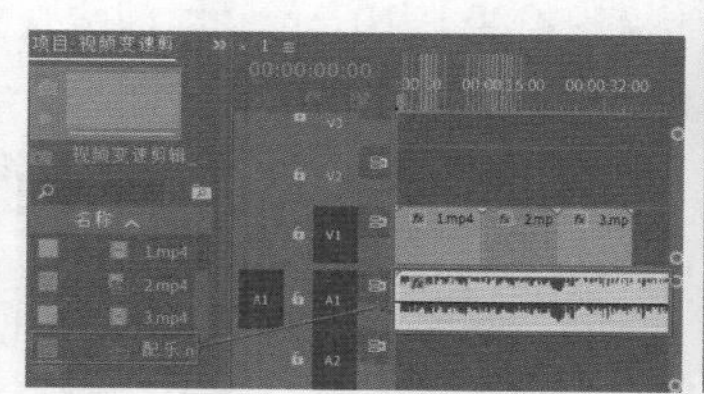

图 4.297

图 4.298

步骤 05 选择A1轨道上的音频，按住鼠标左键向起始帧位置拖动，如图4.299所示。

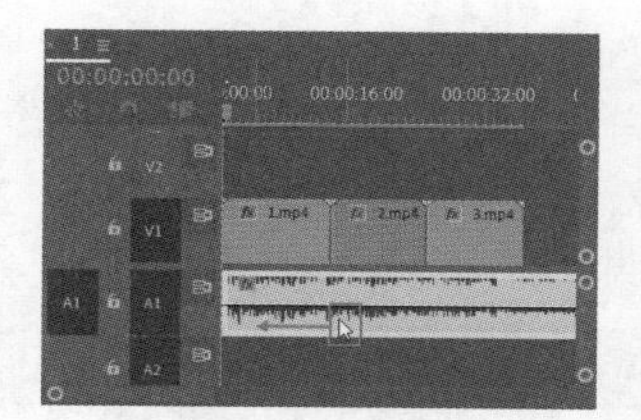

图 4.299

步骤 06 制作变速效果。在【时间轴】面板中选择1.mp4素材文件，右击执行【显示剪辑关键帧】/【时间重映射】/【速度】命令，如图4.300所示。此时【时间轴】面板如图4.301所示。

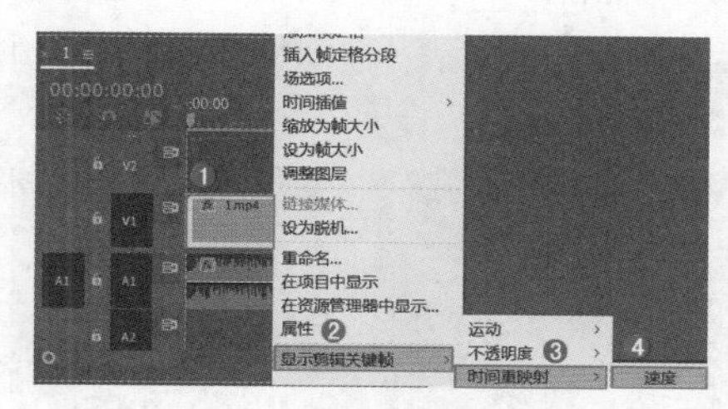

图 4.300

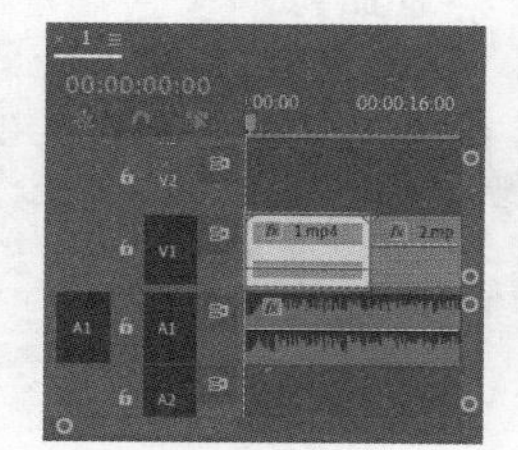

图 4.301

步骤 07 在【时间轴】面板中将时间线滑动到5秒位置，在当前位置剪辑1.mp4素材，如图4.302所示。将时间线滑动到起始帧位置，按住Ctrl键的同时按住鼠标左键在1.mp4素材上方单击，添加速度关键帧滑块，如图4.303所示。

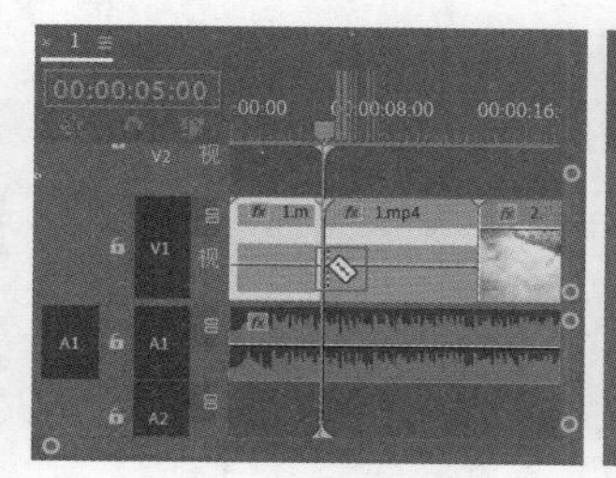

图 4.302

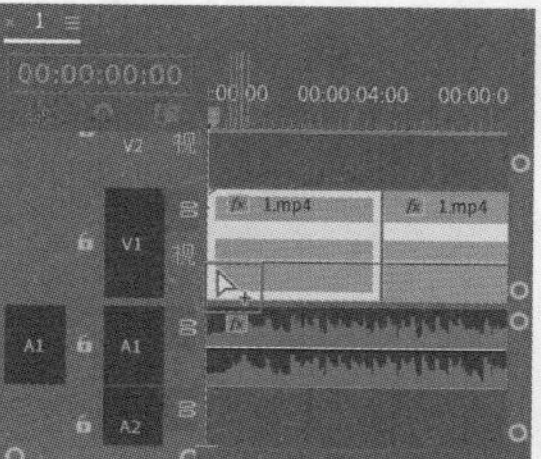

图 4.303

步骤 08 将时间线滑动到2秒位置，再次添加关键帧并适当调整滑块右侧线段的高度，改变素材速度，如图4.304所示。接着将【时间轴】面板的后方素材向前拖动，跟进前半部分的1.mp4素材。接下来选择1.mp4素材的后半部分，在4秒和6秒位置添加速度关键帧滑块，适当调整滑块速度，调整完成后继续在6秒左右添加速度关键帧，调整素材的速度，如图4.305所示。

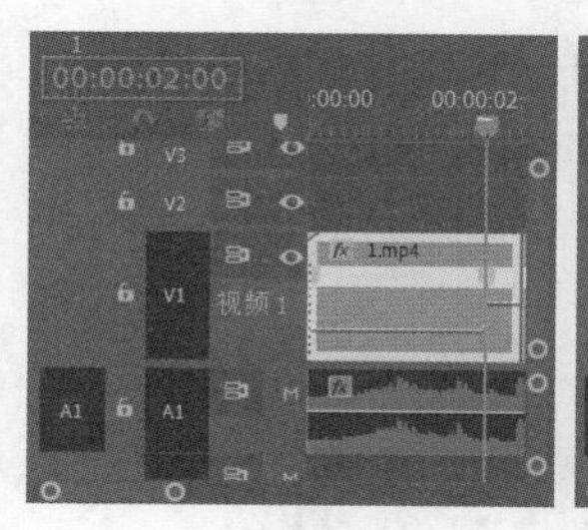

图 4.304

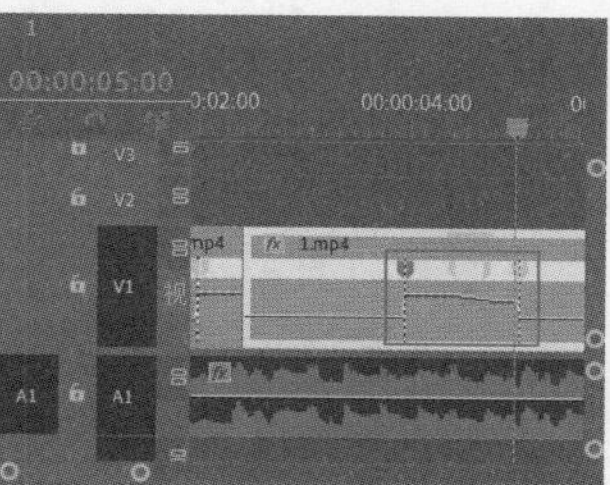

图 4.305

步骤 09 继续将2.mp4素材向前移动跟进，在8秒和15秒位置添加速度关键帧滑块，向上拖动速度时间线，使素材的速度加快，如图4.306所示。使用同样的方式将3.mp4素材向前移动跟进，在16秒和22秒位置添加速度关键帧滑块，调整滑块来调整素材速度，如图4.307所示。

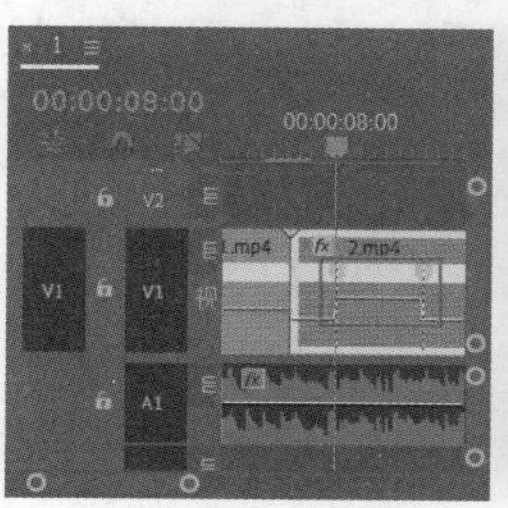

图 4.306

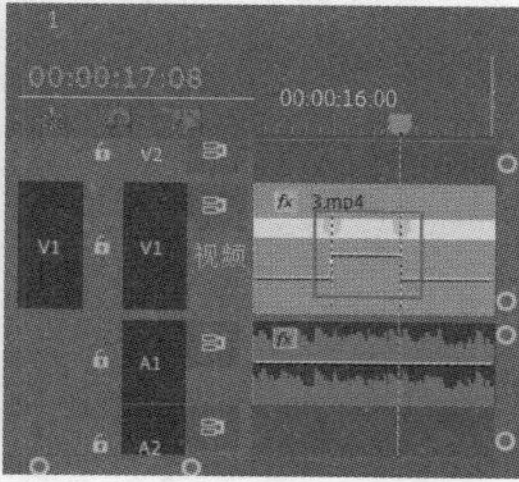

图 4.307

步骤 10 在【时间轴】面板中将时间线滑动到视频素材的结束位置，在当前位置剪辑音频素材，选择后面部分音频，按Delete键将其删除，如图4.308所示。在【效果】面板中搜索【指数淡化】，将该效果拖曳到音频素材结束位置，使音乐结束得更加自然，如图4.309所示。

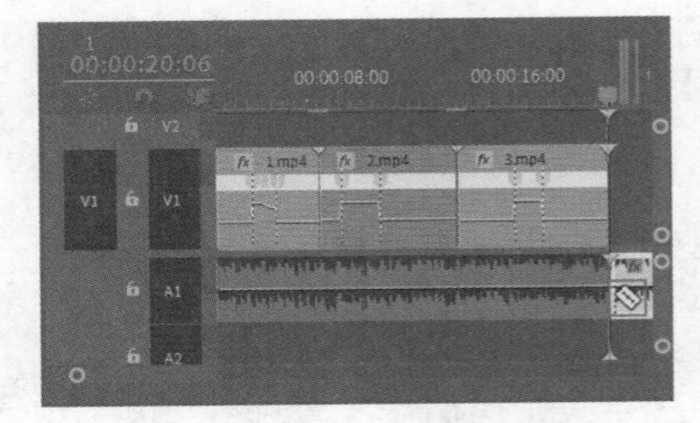

图 4.308

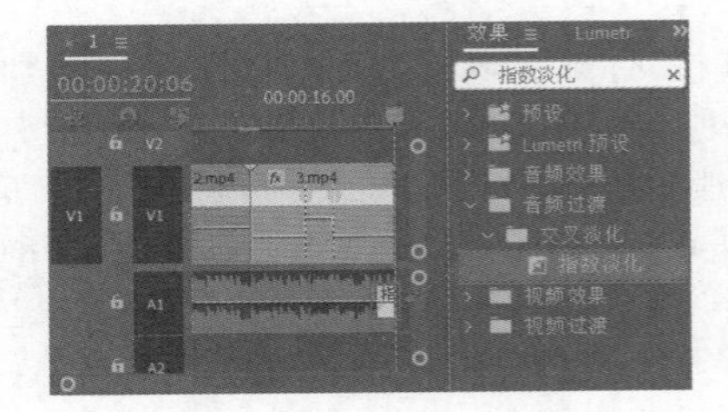

图 4.309

步骤 11 在【项目】面板中右击，执行【新建项目】/【调整图层】命令，然后将【项目】面板中的调整图层拖曳到【时间轴】面板中的V2轨道上，设置起始时间为6秒15帧，持续时间为1秒，如图4.310所示。

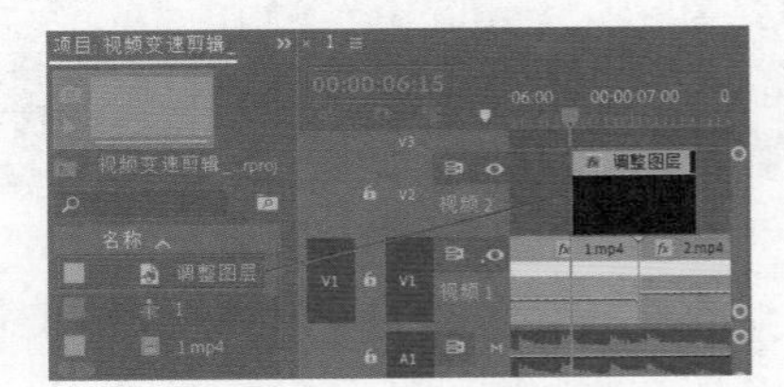

图 4.310

步骤 12 在【效果】面板中搜索【方向模糊】，将该效果拖曳到V2轨道的调整图层上，如图4.311所示。

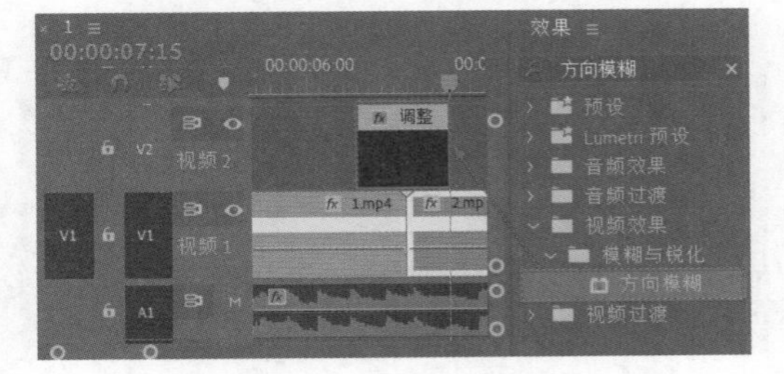

图 4.311

步骤 13 在【时间轴】面板中选择调整图层，在【效果控件】面板中展开【方向模糊】，设置【方向】为90°，将时间线滑动到6秒15帧位置，开启【模糊长度】关键帧，设置【模糊长度】为0，如图4.312所示；继续将时间线滑动到7秒1帧位置，也就是下方1.mp4和2.mp4素材交接的位置，设置【模糊长度】为50°；最后将时间线滑动到7秒15帧位置，设置【模糊长度】为0。滑动时间线查看当前画面效果，如图4.313所示。

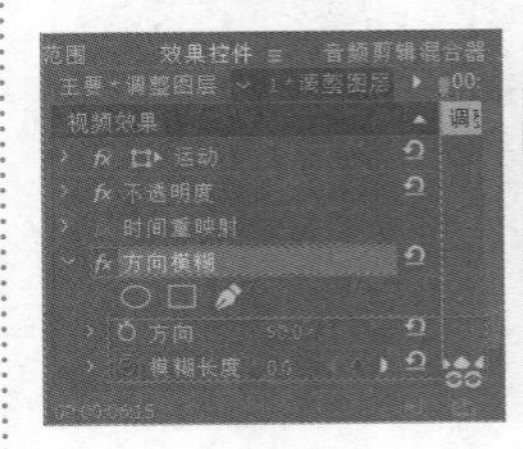

图 4.312

图 4.313

步骤 14 将时间线滑动到12秒23帧位置，选择V2轨道上的调整图层，按住Alt键的同时按住鼠标左键向时间线位置拖动，松开鼠标后完成复制，如图4.314所示。此时画面效果如图4.315所示。

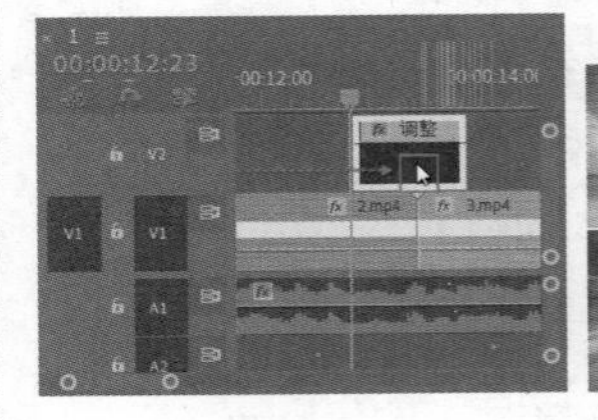

图 4.314

图 4.315

步骤 15 本实例制作完成，滑动时间线查看实例制作效果，如图4.316所示。

图 4.316

Chapter 5 第5章

扫一扫，看视频

视频效果

本章内容简介：

Premiere Pro视频效果的功能非常强大。由于其效果种类众多，可模拟各种质感、风格、调色等效果，深受视频工作者的喜爱。在Premiere Pro 2023中大约包含100多种视频效果，被广泛应用于视频、电视、电影、广告制作等设计领域。读者在学习时，可以尝试每一种视频效果所呈现的效果，以及修改各种参数带来的变化，以加深对每种效果的印象和理解。

注意：如果需要查找Premiere中视频效果的重点参数解释，可以从本书配套资源《Premiere视频效果重点速查手册》电子书中查看学习。

重点知识掌握：

- 视频效果的概念
- 视频效果的操作流程
- Premiere Pro常用视频效果的应用

5.1 认识视频效果

扫一扫，看视频

作为Premiere Pro中的重要部分之一，视频效果种类繁多、应用范围广泛。在制作作品时，使用视频效果可烘托画面气氛，将作品进一步升华，从而呈现出更加震撼的视觉效果。在学习视频效果时，由于效果数量非常多，参数也比较多，建议大家不要背参数，可以分别调节每一个参数，自己体验一下该参数产生变化时对作品的影响，从而加深印象。

5.1.1 什么是视频效果

Premiere Pro中的视频效果是可以应用于视频素材或其他素材图层的，通过添加效果并设置参数即可制作出很多绚丽效果，其中包含很多效果组分类，而每个效果组又包括很多效果，如图5.1所示。

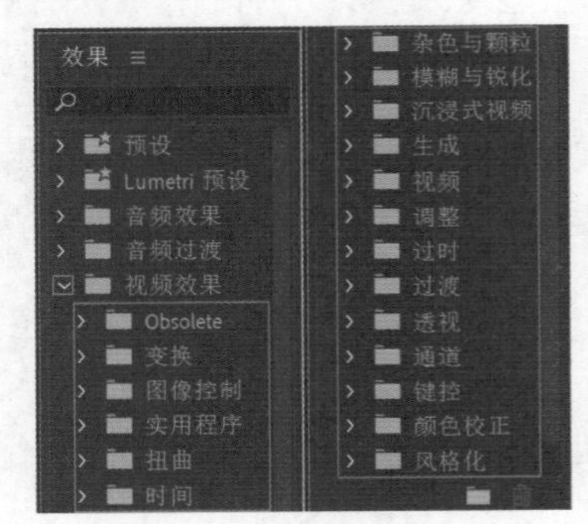

图 5.1

5.1.2 为什么要使用视频效果

在创作作品时，不仅需要对素材进行基本的编辑，如修改位置、设置缩放等，而且需要为素材的部分元素添加合适的视频效果，使作品更具灵性。例如，为人物后方的白色文字添加【发光】视频效果，从而使画面更具视觉冲击力，如图5.2所示。

（a）未设置效果　（b）添加"Alpha发光"效果

图 5.2

重点 5.1.3 与视频效果相关的面板

在Premiere Pro中使用视频效果时，主要会用到【效果】面板和【效果控件】面板。如果当前界面中没有找到这两个面板，可以在菜单栏中选择【窗口】命令，勾选下方的【效果】和【效果控件】即可，如图5.3所示。

图 5.3

1.【效果】面板

在【效果】面板中可以搜索或手动找到需要的效果。图5.4所示为搜索某个效果的名称，该名称的所有效果都被显示出来。图5.5所示为手动找到需要的效果。

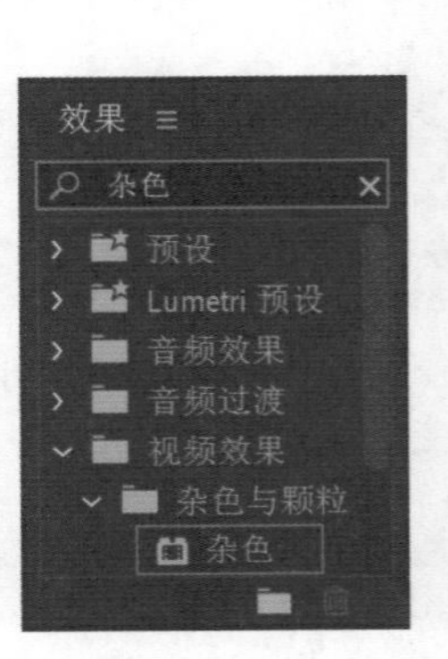

图 5.4

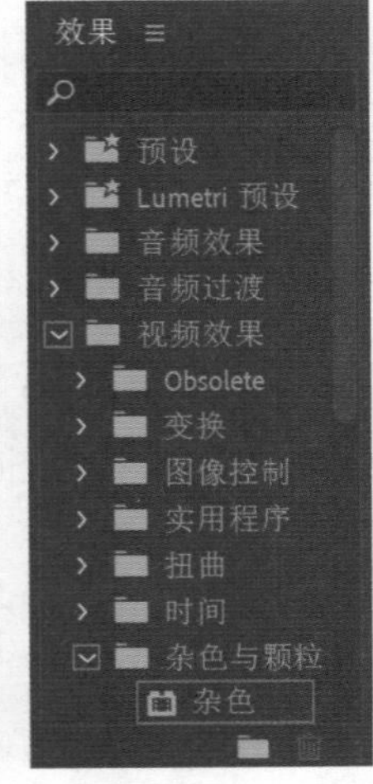

图 5.5

2.【效果控件】面板

【效果控件】面板主要用于修改该效果的参数。在找到需要的效果后，可以将【效果】面板中的效果拖动到【时间轴】面板中的素材上，此时该效果添加成功，如图5.6所示，然后单击被添加效果的素材，此时在【效果控件】面板中就可以看到该效果的参数了，如图5.7所示。

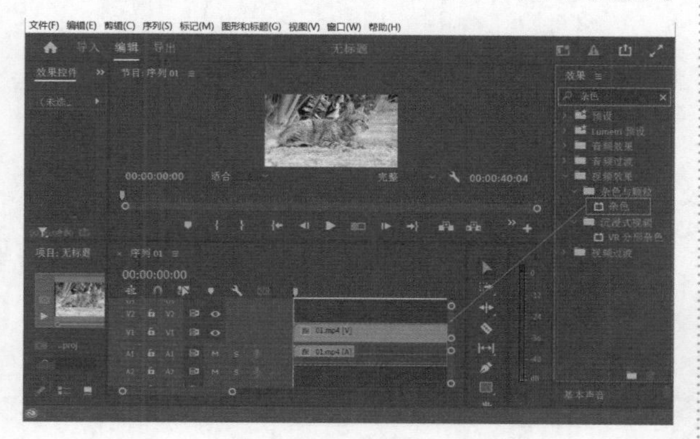

图 5.6

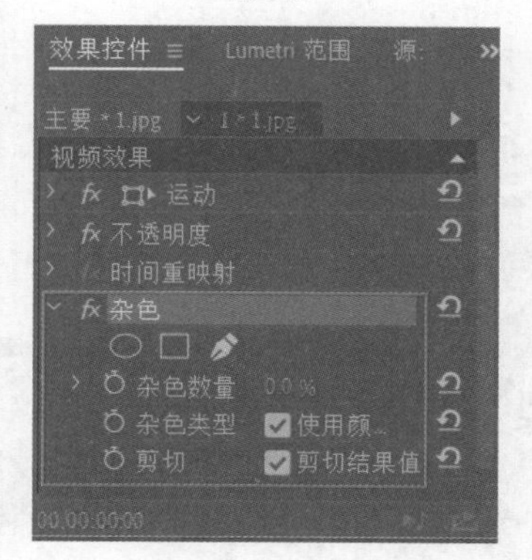

图 5.7

5.2 变换类视频效果

变换类视频效果可以使素材产生变化效果。该视频效果组包括【垂直翻转】【水平翻转】【羽化边缘】【自动重构】【裁剪】，如图5.8所示。

- 垂直翻转：可使素材产生垂直翻转效果。为素材添加该效果的前后对比如图5.9所示。
- 水平翻转：可使素材产生水平翻转效果。为素材添加该效果的前后对比如图5.10所示。

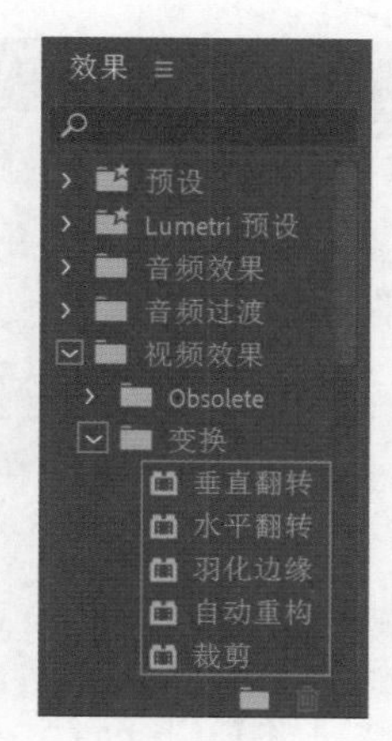

图 5.8

图 5.9

图 5.10

- 羽化边缘：可针对素材边缘进行羽化模糊处理。为素材添加该效果的前后对比如图5.11所示。

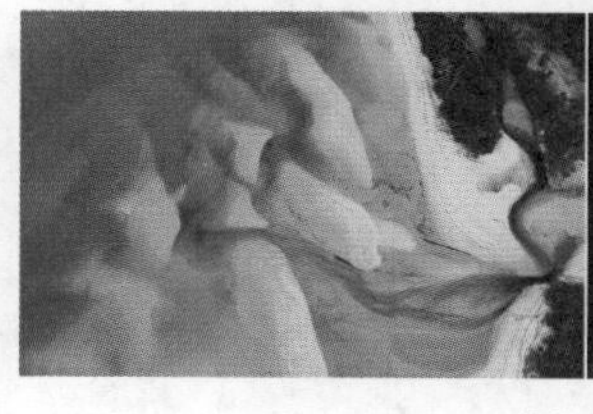

图 5.11

- 自动重构：效果可以自动调整视频内容与画面比例。该效果可应用于单个画面或整个序列的重新构图。
- 裁剪：可以通过参数调整画面裁剪的大小。为素材添加该效果的前后对比如图5.12所示。

图 5.12

实例:【裁剪】效果制作影片片段

扫一扫，看视频

文件路径:Chapter 5 视频效果→实例:【裁剪】效果制作影片片段

本实例主要使用【裁剪】效果将人物图片的顶部和底部进行裁剪，接着添加合适的文字进行烘托。实例效果如图5.13所示。

图 5.13

步骤 01 执行【文件】/【新建】/【项目】命令，新建一个项目。执行【文件】/【导入】命令，导入1.jpg素材文件，如图5.14所示。

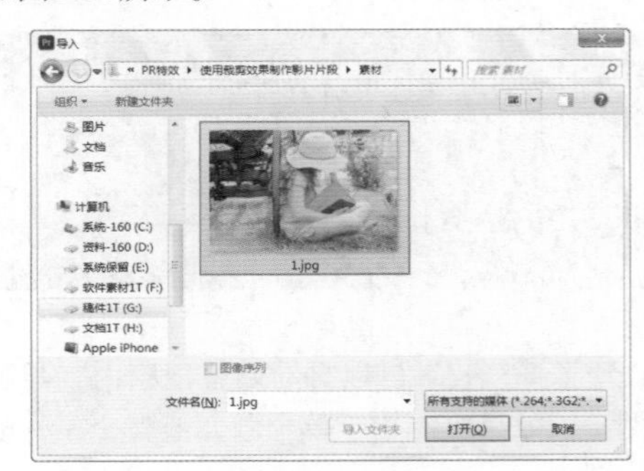

图 5.14

步骤 02 将【项目】面板中的1.jpg素材文件拖曳到V1轨道上，如图5.15所示，此时在【项目】面板中自动生成序列。

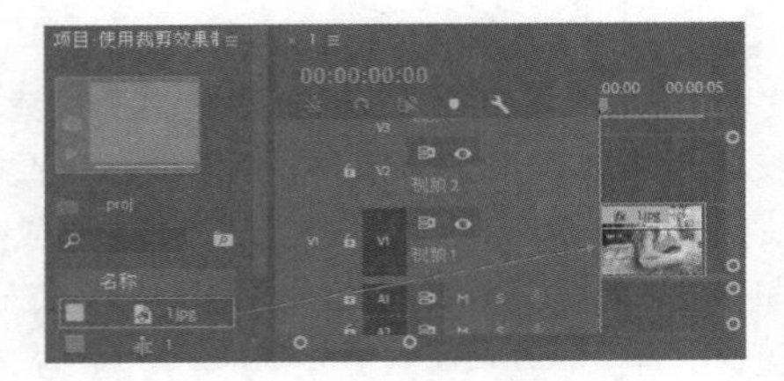

图 5.15

步骤 03 在【效果】面板中搜索【裁剪】，按住鼠标左键将该效果拖曳到V1轨道的1.jpg素材文件上，如图5.16所示。

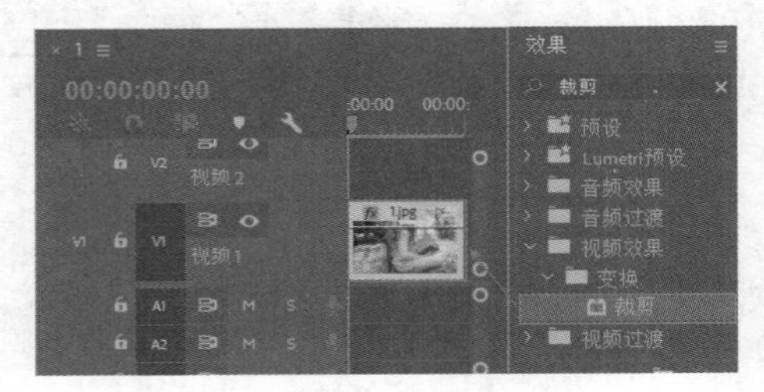

图 5.16

步骤 04 在【效果控件】面板中展开【裁剪】，设置【顶部】为7%，【底部】为7%，如图5.17所示。此时画面效果如图5.18所示。

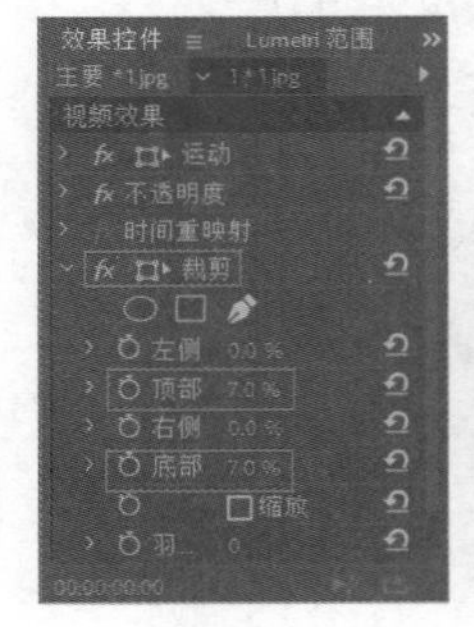

图 5.17　　图 5.18

步骤 05 制作文字。将时间线滑动至起始位置。在【工具】面板中选择T(文字工具)，在【节目监视器】面板中合适的位置输入文字，如图5.19所示。

图 5.19

步骤 06 设置合适的【字体系列】及【字体样式】,【字体大小】为26,【颜色】为白色，接着展开【变换】，设置【位置】为(120.8,574.3)，如图5.20所示。此时实例制作完成，画面最终效果如图5.21所示。

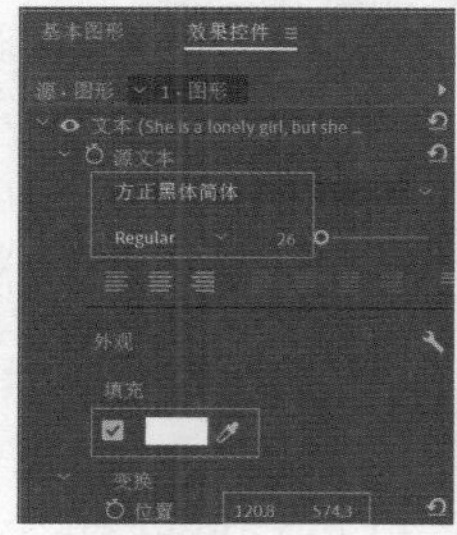

图 5.20

图 5.21

选项解读：【裁剪】重点参数速查

左侧/顶部/右侧/底部：设置画面左侧/顶部/右侧/底部的裁剪大小。

缩放：勾选【缩放】后，会根据画布大小自动将裁剪后的素材平铺于整个画面。

羽化：针对素材边缘进行羽化模糊处理。

5.3 实用程序类视频效果

该视频效果组只包括【Cineon转换器】效果，如图5.22所示。

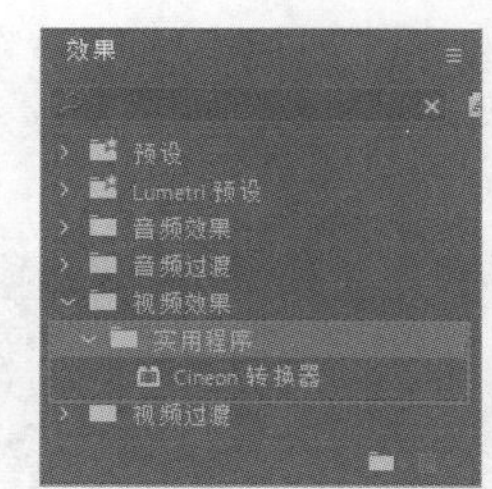

图 5.22

Cineon转换器：可改变画面的明度、色调、高光和灰度等。为素材添加该效果的前后对比如图5.23所示。

图 5.23

5.4 扭曲类视频效果

该视频效果组包括【Lens Distortion】【偏移】【变形稳定器】【变换】【放大】【旋转扭曲】【果冻效应修复】【波形变形】【湍流置换】【球面化】【边角定位】【镜像】12种效果，如图5.24所示。

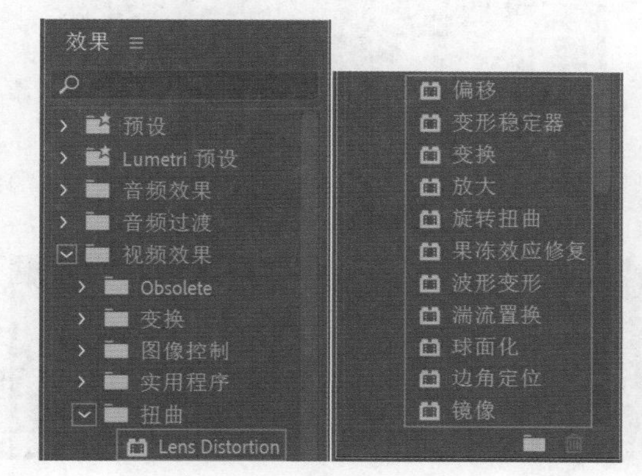

图 5.24

- 偏移：该效果可以使画面水平或垂直移动，画面中空缺的像素会自动进行补充。为素材添加该效果的前后对比如图5.25所示。

图 5.25

- 变形稳定器：可以消除因摄像机移动而导致的画面抖动，将抖动效果转化为稳定的平滑拍摄效果。
- 变换：可对图像的位置、大小、角度及不透明度进行调整。为素材添加该效果的前后对比如图5.26所示。

图 5.26

- 放大：可以使素材产生放大的效果。为素材添加该效果的前后对比如图5.27所示。

图 5.27

- **旋转扭曲：**在默认情况下以中心为轴点，可使素材产生旋转变形的效果。为素材添加该效果的前后对比如图5.28所示。

图 5.28

- **果冻效应修复：**可修复素材在拍摄时产生的抖动、变形等效果。
- **波形变形：**可使素材产生类似水波的波浪形状。为素材添加该效果的前后对比如图5.29所示。

图 5.29

- **湍流置换：**可使素材产生扭曲变形的效果。为素材添加该效果的前后对比如图5.30所示。

图 5.30

- **球面化：**可使素材产生类似放大镜的球形效果。为素材添加该效果的前后对比如图5.31所示。

图 5.31

- **边角定位：**可重新设置素材的左上、右上、左下、右下4个位置的参数，从而调整素材的四角位置。为素材添加该效果的前后对比如图5.32所示。

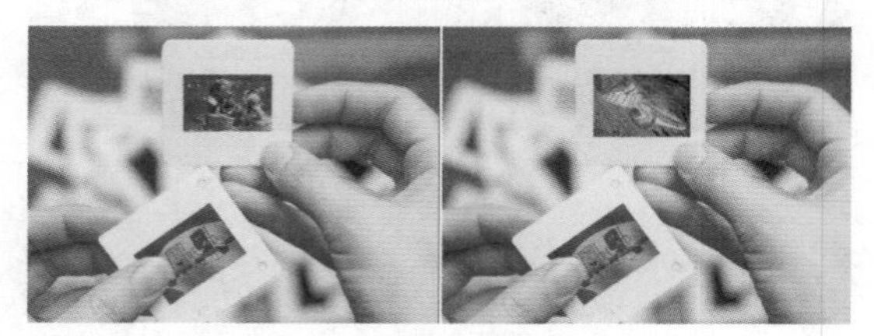

图 5.32

- **镜像：**可使素材制作出对称翻转效果。为素材添加该效果的前后对比如图5.33所示。

图 5.33

- **Lens Distortion：**用于调整素材在画面中水平或垂直的扭曲程度。为素材添加该效果的前后对比如图5.34所示。

图 5.34

实例:【边角定位】效果更换手机屏幕

扫一扫，看视频

文件路径：Chapter 5　视频效果→实例：【边角定位】效果更换手机屏幕

本实例主要使用【边角定位】效果将一张冷饮图片定位在手机屏幕上，使整体感觉更加真实。实例效果如图5.35所示。

图 5.35

步骤 01 执行【文件】/【新建】/【项目】命令，新建一个项目。在【项目】面板的空白处右击，执行【新建项目】/【序列】命令。弹出【新建序列】窗口，在DV-PAL文件夹下选择【标准48kHz】。执行【文件】/【导入】命令，导入全部素材文件，如图5.36所示。

步骤 02 将【项目】面板中的1.jpg、2.JPG素材文件依次拖曳到【时间轴】面板中的V1、V2轨道上，如图5.37所示。

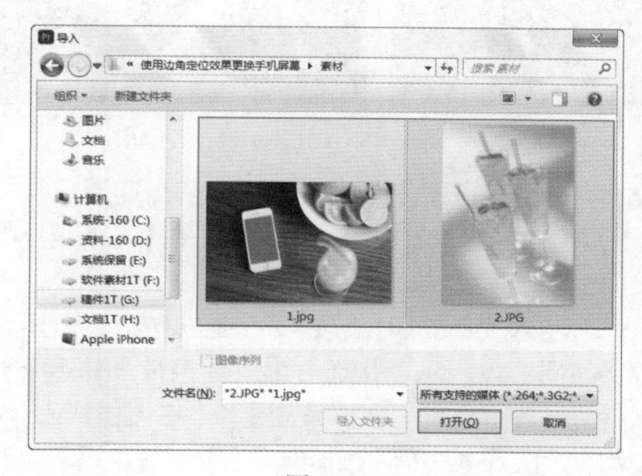

图 5.36

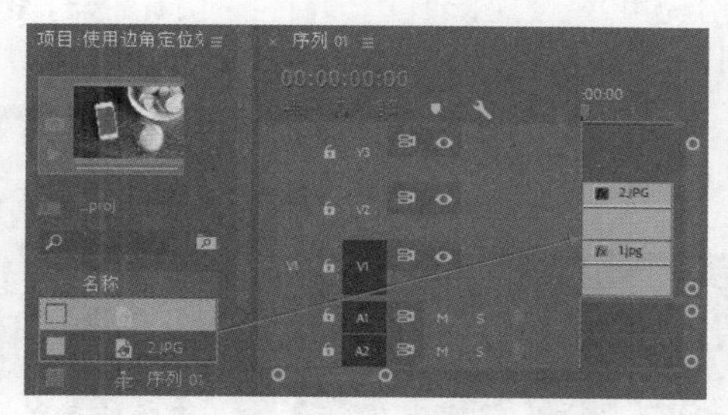

图 5.37

步骤 03 调整冷饮图片的位置及大小。在【时间轴】面板中选择V2轨道上的2.JPG素材文件，然后在【效果控件】面板中展开【运动】属性，设置【位置】为(200,278)，【缩放】为44，【旋转】为-10°，如图5.38所示。此时画面效果如图5.39所示。

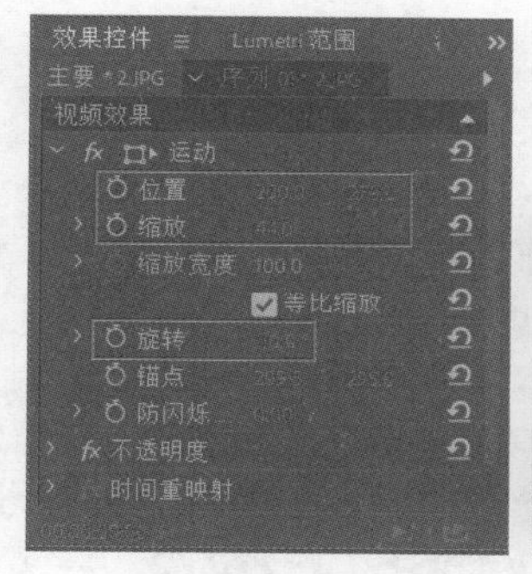

图 5.38

图 5.39

步骤 04 可以看出此时的冷饮图片并没有与手机屏幕完成贴合，接下来在【效果】面板中搜索【边角定位】，按住鼠标左键将该效果拖曳到V2轨道上的2.JPG素材文件上，如图5.40所示。

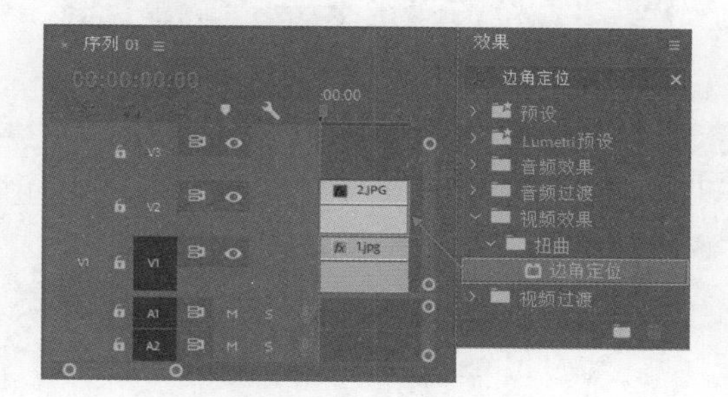

图 5.40

步骤 05 在【时间轴】面板中选择V2轨道上的2.JPG素材文件，在【效果控件】面板中展开【边角定位】，设置【左上】为(-21,-16)，【右上】为(319,-15)，【左下】为(-27,555)，【右下】为(320,555)，如图5.41所示。此时实例制作完成，画面效果如图5.42所示。

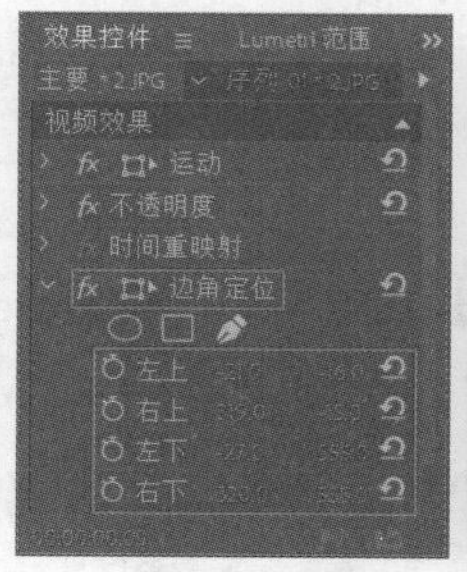

图 5.41

图 5.42

选项解读:【边角定位】重点参数速查

【左上】/【右上】/【左下】/【右下】：针对素材的四角位置进行透视调整。

实例：【镜像】效果制作对称版式人像画面

扫一扫，看视频

文件路径：Chapter 5 视频效果→实例：【镜像】效果制作对称版式人像画面

本实例使用【镜像】效果让人物发生对称变化。实例效果如图5.43所示。

图 5.43

步骤 01 执行【文件】/【新建】/【项目】命令，新建一个项目，然后执行【文件】/【导入】命令，导入1.jpg素材文件，如图5.44所示。

图 5.44

步骤 02 在【项目】面板中选择1.jpg素材，将其拖曳到【时间轴】面板中，如图5.45所示。此时在【项目】面板中自动生成序列。

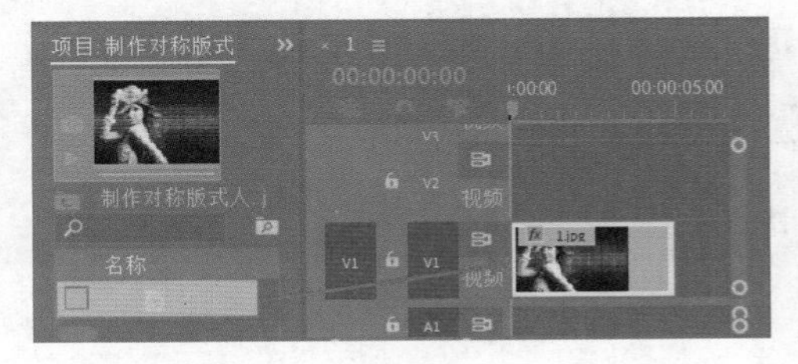

图 5.45

步骤 03 在【效果】面板中搜索【镜像】，将该效果拖曳到V1轨道的1.jpg素材上，如图5.46所示。

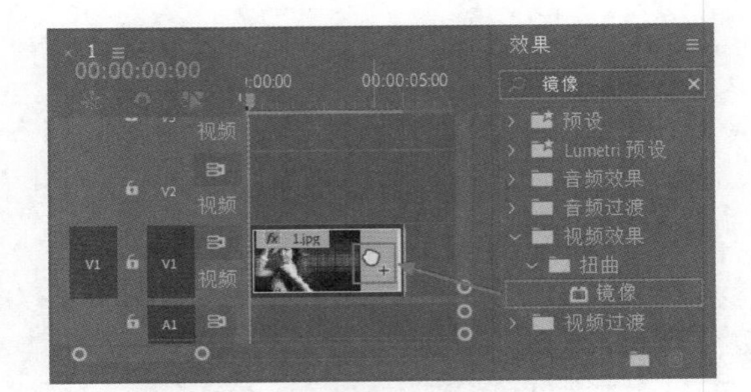

图 5.46

步骤 04 在【时间轴】面板中选择1.jpg素材，在【效果控件】面板中展开【镜像】，设置【反射中心】为(607,401.5)，如图5.47所示。画面效果如图5.48所示。

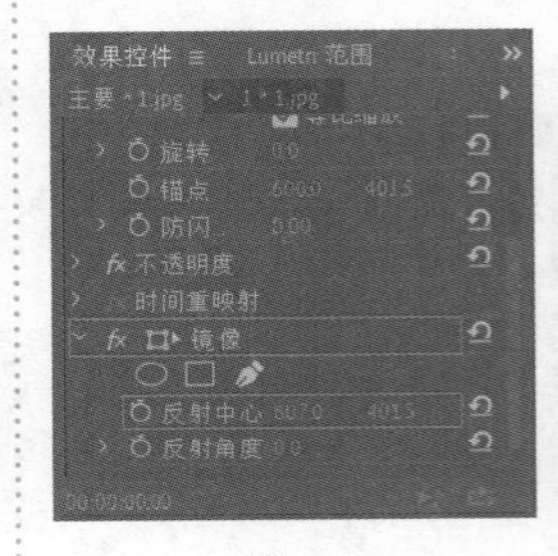

图 5.47

图 5.48

步骤 05 制作文字部分。将时间线滑动至起始位置。在【工具】面板中选择T（文字工具），在【节目监视器】面板中的适当位置单击输入文字Personality flying Sexy Girls，当输入完flying时，按Enter键，将文字切换到下一行，如图5.49所示。接着在【效果控件】面板中展开【文本】，设置合适的【字体系列】和【字体样式】，设置【字体大小】为90，然后选择（居中对齐文本）并设置【行距】为-12。设置【颜色】为白色，接着展开【变换】，设置【位置】为(618.6,644.3)，如图5.50所示。

图 5.49

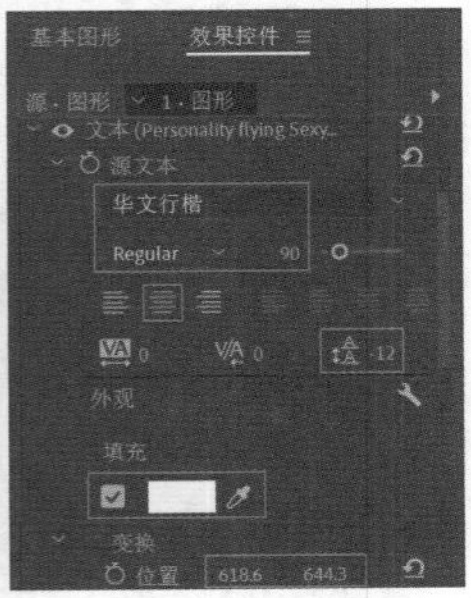

图 5.50

步骤 06 此时文字创建完成，画面效果如图5.51所示。

中文版Premiere Pro 2023完全案例教程（微课视频版）

图 5.51

步骤 07 在【效果】面板中搜索【Alpha发光】，将该效果拖曳到V2轨道的文字素材上，如图5.52所示。

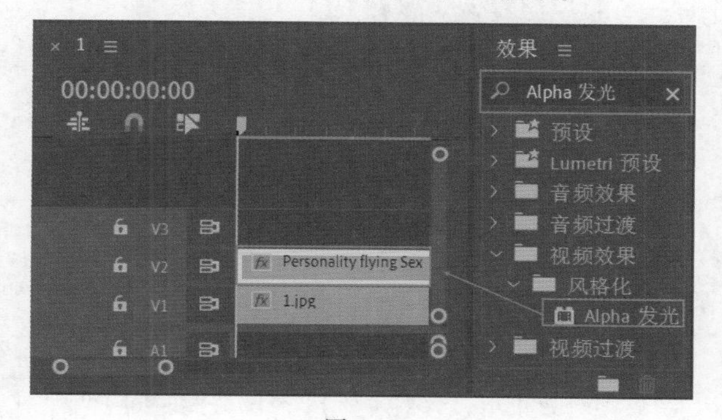

图 5.52

步骤 08 选择V2轨道上的文字素材，在【效果控件】面板中展开【Alpha发光】，设置【发光】为10，【亮度】为255，【起始颜色】为青蓝色，【结束颜色】为白色，如图5.53所示。本实例制作完成，画面效果如图5.54所示。

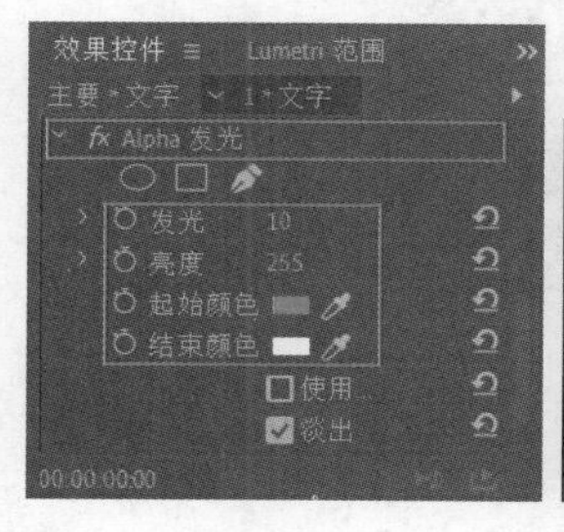

图 5.53

图 5.54

选项解读:【镜像】重点参数速查

反射中心：设置镜面反射中心的位置，通常搭配【反射角度】一起使用。

反射角度：设置镜面反射的倾斜角度。

综合实例:【偏移】效果制作趣味滑动的影视转场

文件路径:Chapter 5 视频效果→综合实例:【偏移】效果制作趣味滑动的影视转场

扫一扫，看视频

本实例主要使用【偏移】效果将图片制作出倾斜移动并拼接的画面效果。实例效果如图5.55所示。

图 5.55

步骤 01 执行【文件】/【新建】/【项目】命令，新建一个项目。在菜单栏中执行【文件】/【导入】命令，导入1.jpg素材文件，如图5.56所示。

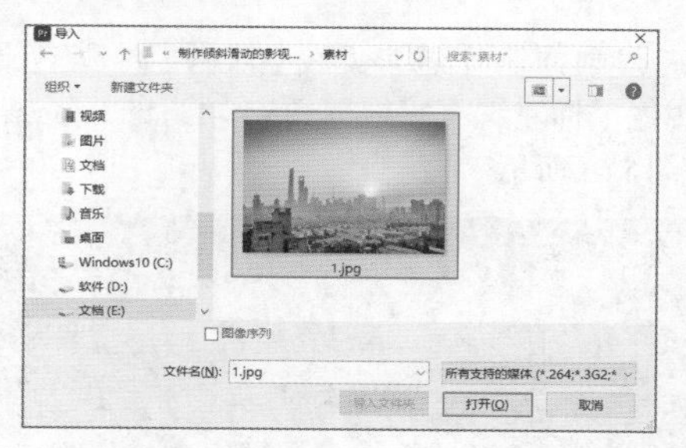

图 5.56

步骤 02 在【项目】面板中选择1.jpg素材文件，按住鼠标左键将它拖曳到【时间轴】面板中的V1轨道上，如图5.57所示，此时【项目】面板中会出现与1.jpg素材文件等大的序列。

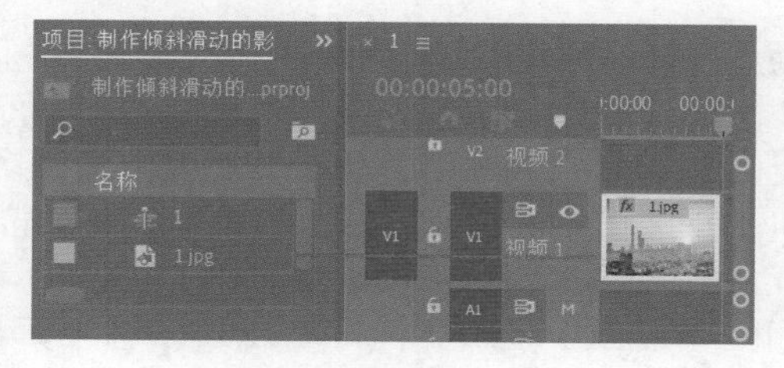

图 5.57

步骤 03 调整素材的持续时间。在【时间轴】面板中选择1.jpg素材文件，右击执行【速度/持续时间】命令，如图5.58所示。在弹出的【剪辑速度/持续时间】窗口中设置【持续时间】为3秒，如图5.59所示。此时【时间轴】面板中的素材如图5.60所示。

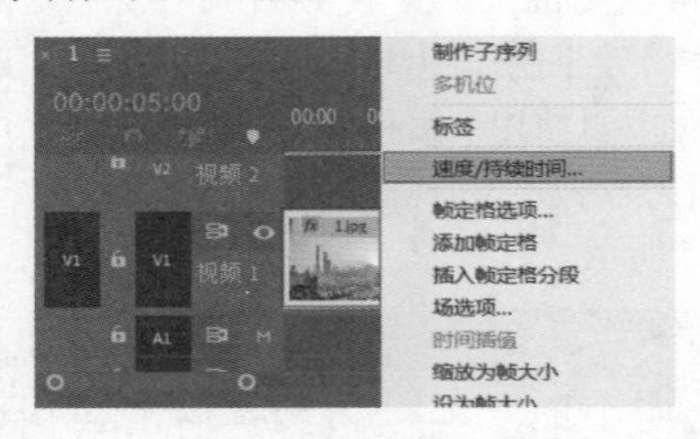

图 5.58

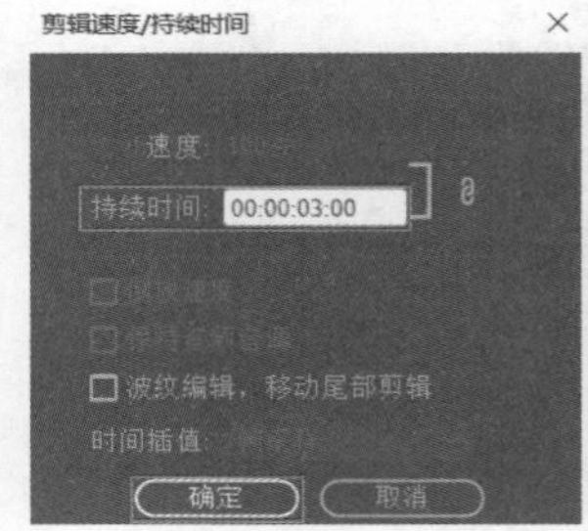

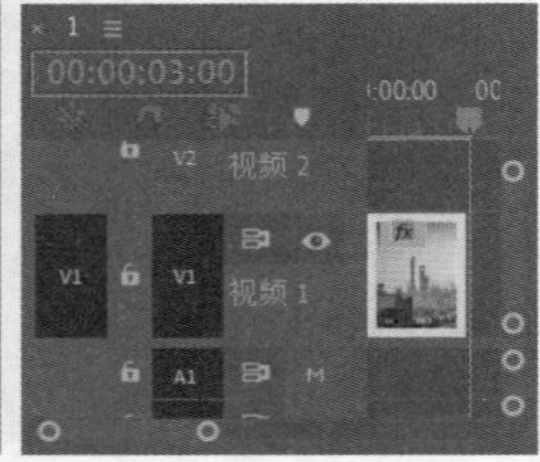

图 5.59　　图 5.60

步骤 04 为画面制作效果。在【效果】面板中搜索【偏移】，按住鼠标左键将它拖曳到V1轨道的1.jpg素材文件上，如图5.61所示。

图 5.61

步骤 05 在【时间轴】面板中选择1.jpg素材文件，在【效果控件】面板中展开【偏移】，将时间线滑动到起始帧位置，单击【将中心移位至】前的■（切换动画）按钮，开启自动关键帧，设置【将中心移位至】为（640,260）；接着将时间线滑动到1秒11帧位置，设置【将中心移位至】为（1500,-334），如图5.62所示。本实例制作完成，滑动时间线查看画面效果，如图5.63所示。

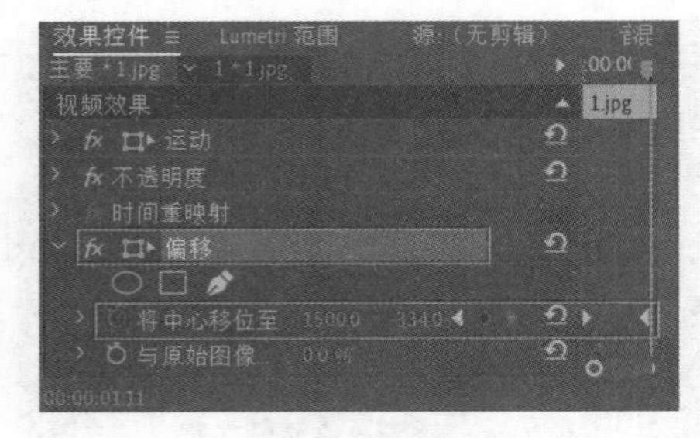

图 5.62

图 5.63

5.5 时间类视频效果

该视频效果组包含【残影】【色调分离时间】两种视频效果，如图5.64所示。

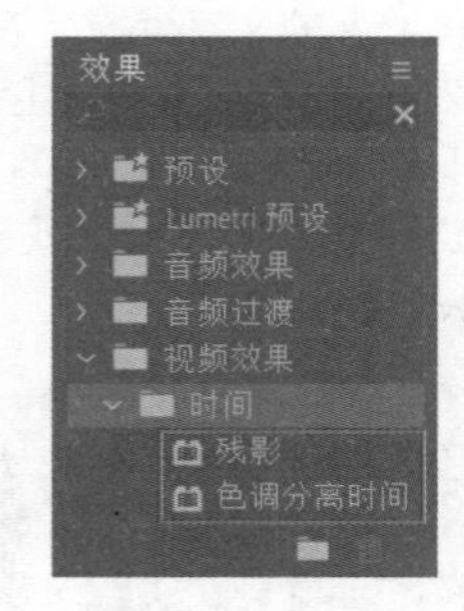

图 5.64

- 残影：可将画面中不同帧像素进行混合处理。为素材添加该效果的前后对比如图5.65所示。
- 色调分离时间：通过修改帧速率参数，设置色调分离的时间。

图 5.65

5.6 杂色与颗粒类视频效果

杂色与颗粒类视频效果可以为画面添加杂色，制作复古的质感。该类视频效果包含【杂色】、【Obsolete】效果组中的【Noise Alpha】【Noise HLS】【Noise HLS Auto】以及【过时】效果组中的【中间值(旧版)】【蒙尘与划痕】共6种，如图5.66所示。

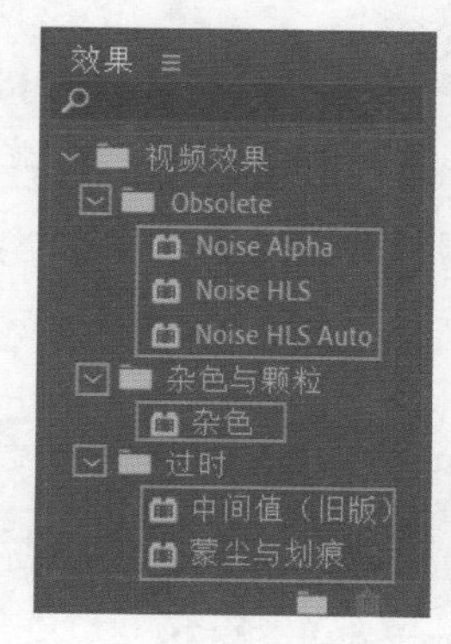

图 5.66

- 中间值(旧版)：可将每个像素替换为另一像素，此像素具有指定半径的邻近像素的中间颜色值选择，常用于制作类似绘画的效果。为素材添加该效果的前后对比如图5.67所示。

图 5.67

- 杂色：可以为画面添加混杂不纯的颜色颗粒。为素材添加该效果的前后对比如图5.68所示。

图 5.68

- Noise Alpha（杂色Alpha）：可以使素材产生不同大小的单色颗粒。为素材添加该效果的前后对比如图5.69所示。
- Noise HLS（杂色HLS）：可设置画面中杂色的色相、亮度、饱和度和颗粒大小等。为素材添加该效果的前后对比如图5.70所示。

图 5.69

图 5.70

- Noise HLS Auto（杂色HLS自动）：与杂色HLS相似，可通过参数调整噪波色调。为素材添加该效果的前后对比如图5.71所示。

图 5.71

- 蒙尘与划痕：可通过数值的调整区分画面中各颜色像素，使层次感更加强烈。为素材添加该效果的前后对比如图5.72所示。

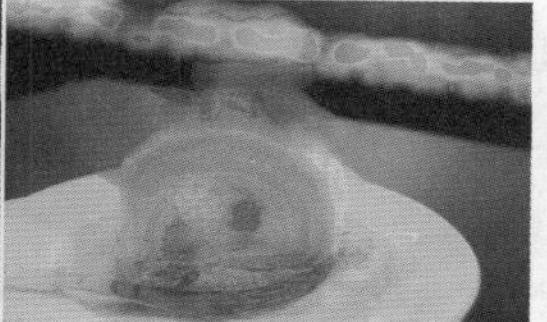

图 5.72

实例:【蒙尘与划痕】效果制作照片变油画

扫一扫，看视频

文件路径:Chapter 5 视频效果→实例:【蒙尘与划痕】效果制作照片变油画

本实例主要使用【蒙尘与划痕】效果模糊图片像素，将图片制作出类似油画的效果。实例效果如图5.73所示。

图 5.73

步骤 01 执行【文件】/【新建】/【项目】命令，新建一个项目。在【项目】面板的空白处右击，执行【新建项目】/【序列】命令。弹出【新建序列】窗口，在DV-PAL文件夹下选择【标准48kHz】。执行【文件】/【导入】命令，导入1.jpg、2.png素材文件，如图5.74所示。

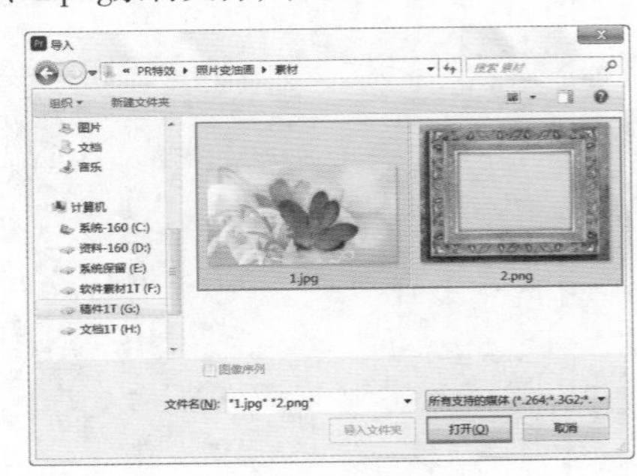

图 5.74

步骤 02 将【项目】面板中的1.jpg素材文件拖曳到V1轨道上，如图5.75所示。

图 5.75

步骤 03 在【时间轴】面板中选择1.jpg素材文件，在【效果控件】面板中展开【运动】属性，设置【缩放】为60，如图5.76所示。此时画面效果如图5.77所示。

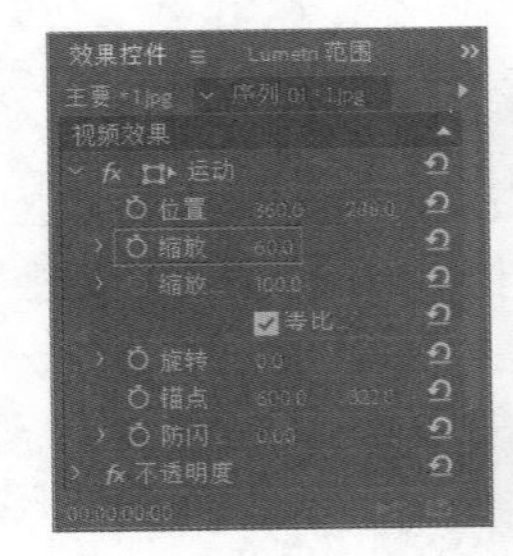

图 5.76　　图 5.77

步骤 04 在【效果】面板中搜索【蒙尘与划痕】，按住鼠标左键将该效果拖曳到V1轨道的1.jpg素材文件上，如图5.78所示。

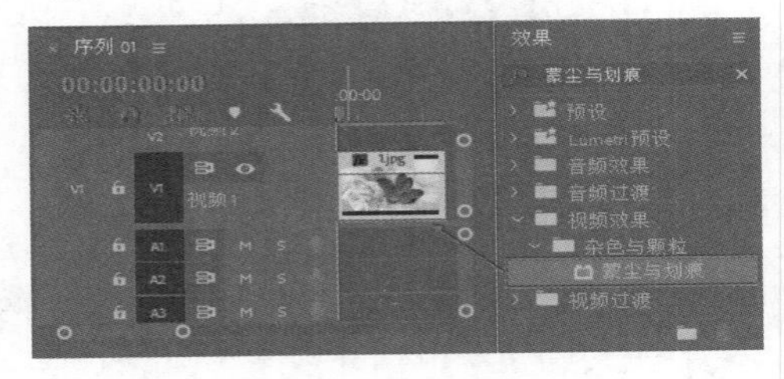

图 5.78

步骤 05 在【效果控件】面板中展开【蒙尘与划痕】，设置【半径】为7，如图5.79所示。此时画面效果如图5.80所示。

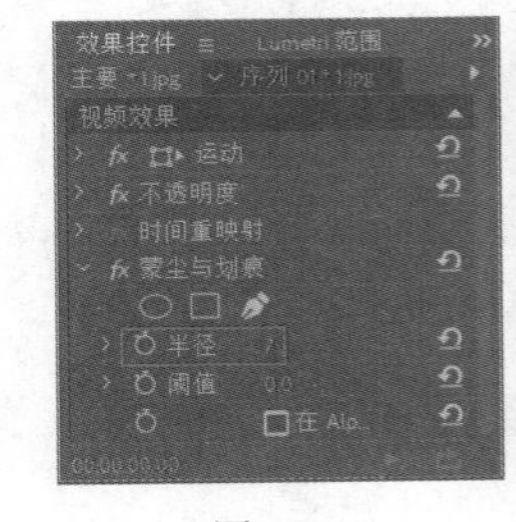

图 5.79　　图 5.80

步骤 06 为图片添加边框。在【项目】面板中将2.png素材文件拖曳到【时间轴】面板中的V2轨道上，如图5.81所示。

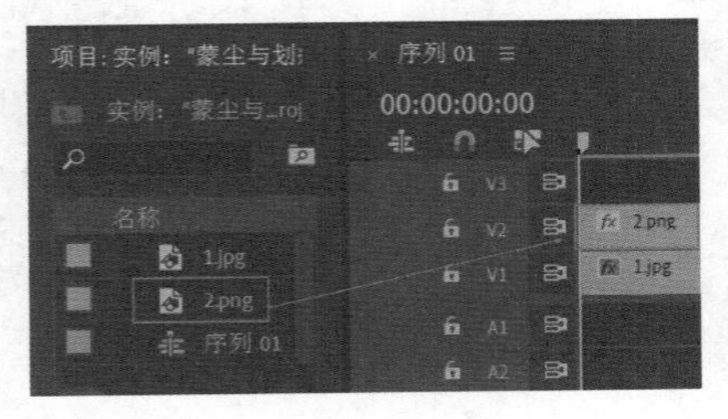

图 5.81

步骤 07 选择【时间轴】面板中的2.png素材文件，在【效果控件】面板中展开【运动】属性，设置【缩放】为66，如图5.82所示。此时画面效果如图5.83所示。

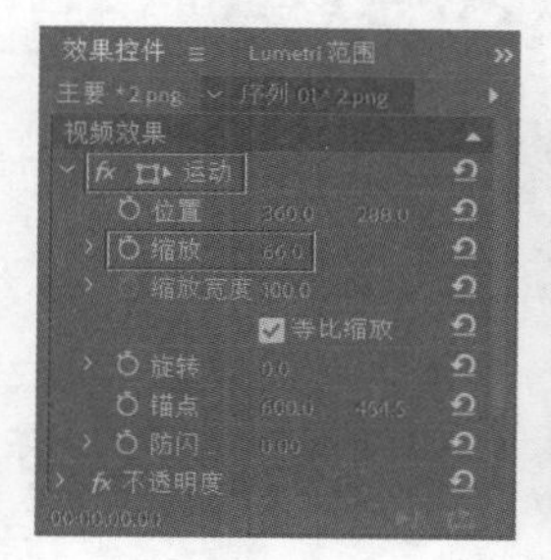

图 5.82

图 5.83

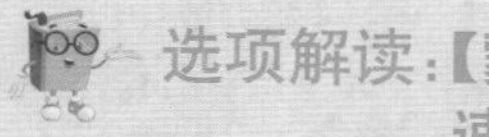

选项解读:【蒙尘与划痕】重点参数速查

半径：设置蒙尘和划痕颗粒的半径值。

阈值：设置画面中各色调之间的容差值。

在Alpha通道：勾选【在Alpha通道】时，调整效果可应用于Alpha通道。

实例:【Noise Alpha】【钝化蒙版】效果制作大雪纷飞效果

文件路径:Chapter 5 视频效果→实例:【Noise Alpha】【钝化蒙版】效果制作大雪纷飞效果

扫一扫，看视频

本实例主要使用【Noise Alpha】效果将白色遮罩制作出颗粒感效果，接着使用【钝化蒙版】效果弱化画面中的一些白色像素，调整颗粒数量及半径，使颗粒变得更加清晰。实例效果如图5.84所示。

图 5.84

步骤 01 执行【文件】/【新建】/【项目】命令，新建一个项目。在【项目】面板的空白处右击，执行【新建项目】/【序列】命令。弹出【新建序列】窗口，在DV-PAL文件夹下选择【宽屏48kHz】，设置【序列名称】为【序列01】，单击【确定】按钮。执行【文件】/【导入】命令，导入1.jpg素材文件，如图5.85所示。

图 5.85

步骤 02 将【项目】面板中的1.jpg素材文件拖曳到V1轨道上，如图5.86所示。在【时间轴】面板中选择1.jpg素材文件，右击执行【缩放为帧大小】命令，如图5.87所示。

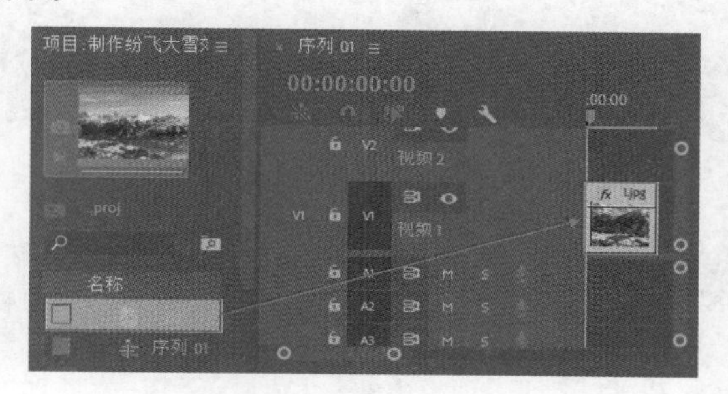

图 5.86

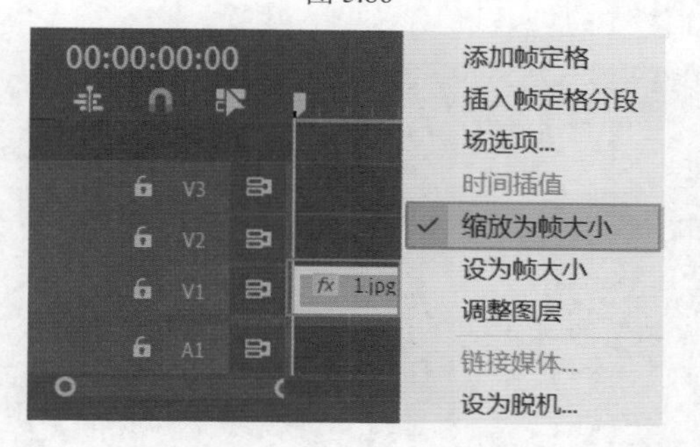

图 5.87

步骤 03 在【时间轴】面板中选择1.jpg素材文件，在【效果控件】面板中展开【运动】属性，设置【位置】为(360,315)，【缩放】为113，如图5.88所示。此时画面效果如图5.89所示。

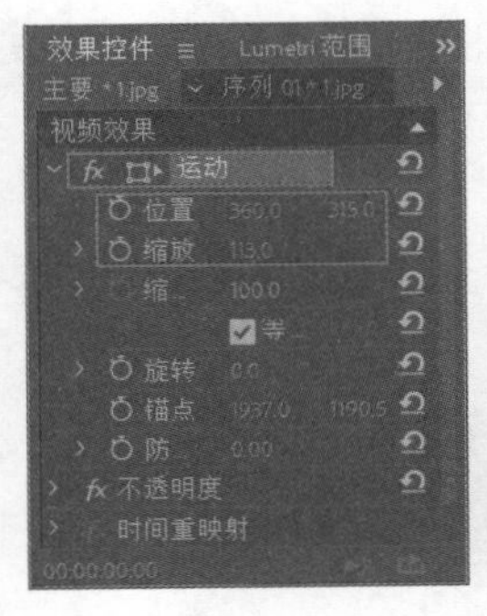

图 5.88

图 5.89

步骤 04 执行【文件】/【新建】/【颜色遮罩】命令，在弹出的窗口中单击【确定】按钮。在弹出的【拾色器】窗口中设置【颜色】为白色，弹出【选择名称】窗口，设置新遮罩的名称为【颜色遮罩】，单击【确定】按钮，如图5.90所示。

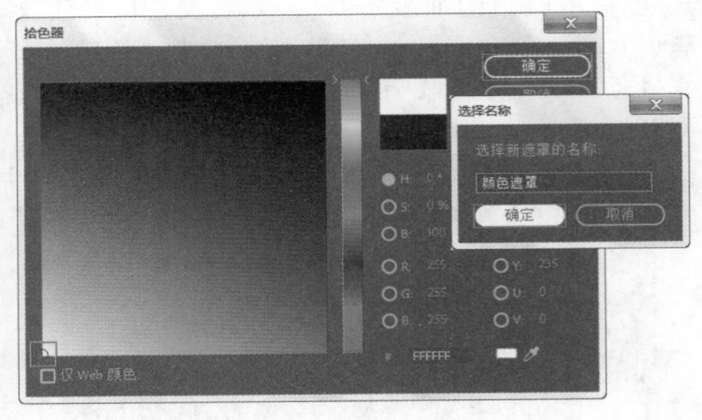

图 5.90

步骤 05 将【项目】面板中的【颜色遮罩】拖曳到【时间轴】面板中的V2轨道上，如图5.91所示。

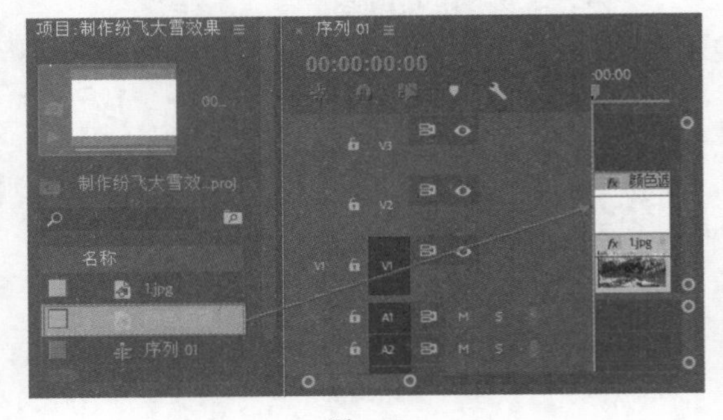

图 5.91

步骤 06 在【效果】面板中搜索【Noise Alpha】，按住鼠标左键将该效果拖曳到V2轨道的【颜色遮罩】上，如图5.92所示。

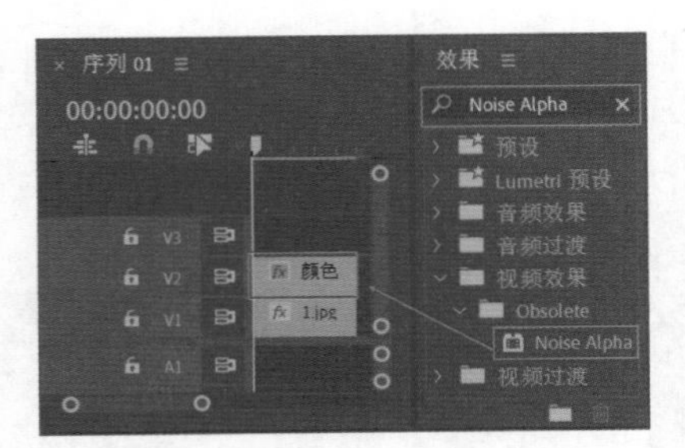

图 5.92

步骤 07 在【效果控件】面板中展开【Noise Alpha】，设置【杂色】为【均匀动画】，【数量】为150%，如图5.93所示。此时画面效果如图5.94所示。

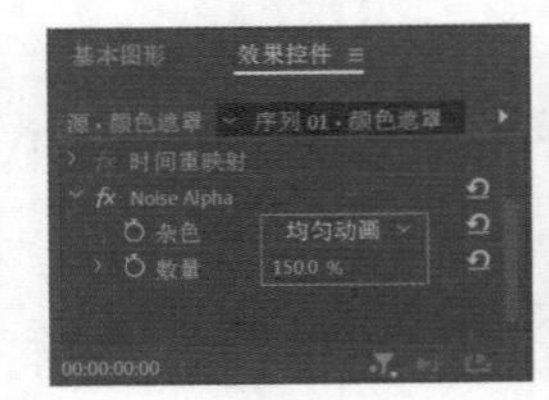

图 5.93

图 5.94

步骤 08 在【效果】面板中搜索【钝化蒙版】，同样按住鼠标左键将该效果拖曳到V2轨道上的【颜色遮罩】上，如图5.95所示。

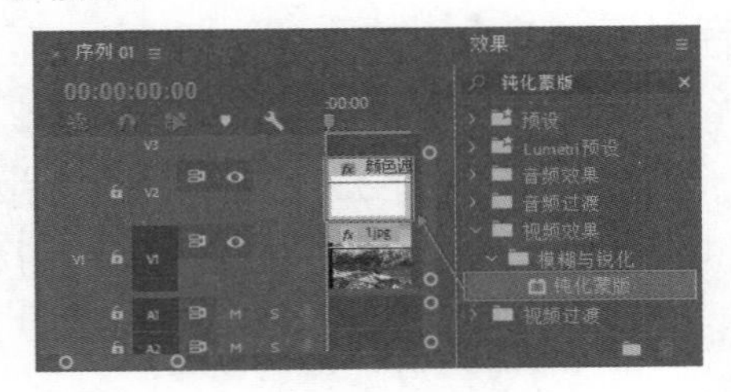

图 5.95

步骤 09 在【效果控件】面板中展开【钝化蒙版】，设置【数量】为150，【半径】为0.3，如图5.96所示。此时实例制作完成，画面最终效果如图5.97所示。

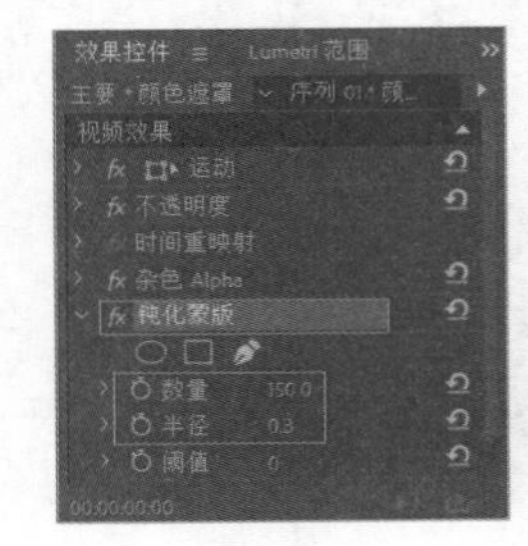

图 5.96

图 5.97

选项解读:【Noise Alpha】(杂色Alpha)重点参数速查

杂色数量:设置杂色在画面中存在的数量。

杂色类型:勾选【使用颜色杂色】时,画面中单色的噪点会变为彩色。

剪切:勾选【剪切杂色值】后,杂色下方会显现出素材画面;取消勾选该选项,则只显示杂色。

选项解读:【钝化蒙版】重点参数速查

数量:设置画面的锐化程度,数值越大,锐化效果越明显。

半径:设置画面的曝光半径。

阈值:设置画面中模糊度的容差值。

5.7 模糊与锐化类视频效果

模糊与锐化类视频效果可以将素材变得更模糊或更锐化。该类视频效果包含【模糊与锐化】效果组中的【Camera Blur】【减少交错闪烁】【方向模糊】【钝化蒙版】【锐化】【高斯模糊】以及【过时】效果组中的【复合模糊】【通道模糊】共8种,如图5.98所示。

- 减少交错闪烁:通过修改柔和度参数,减少视频交错闪烁的问题。
- 复合模糊:可根据轨道的选择自动将画面生成一种模糊的效果。为素材添加该效果的前后对比如图5.99所示。

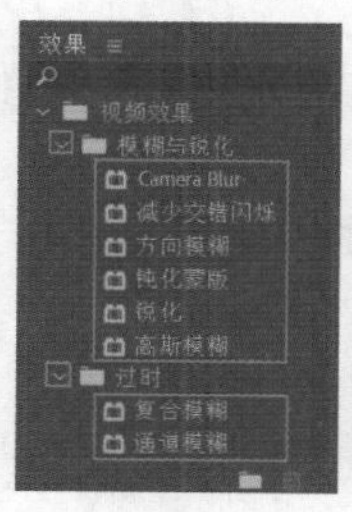

图 5.98

图 5.99

- 方向模糊:可根据模糊角度和长度将画面进行模糊处理。为素材添加该效果的前后对比如图5.100所示。

图 5.100

- Camera Blur(相机模糊):可模拟摄像机在拍摄过程中出现的虚焦现象。为素材添加该效果的前后对比如图5.101所示。

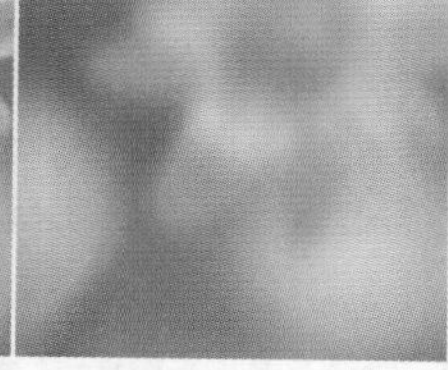

图 5.101

- 通道模糊:可以对RGB通道中的红、绿、蓝、Alpha通道进行模糊处理。数值越大,该颜色在画面中存在得越少。为素材添加该效果的前后对比如图5.102所示。

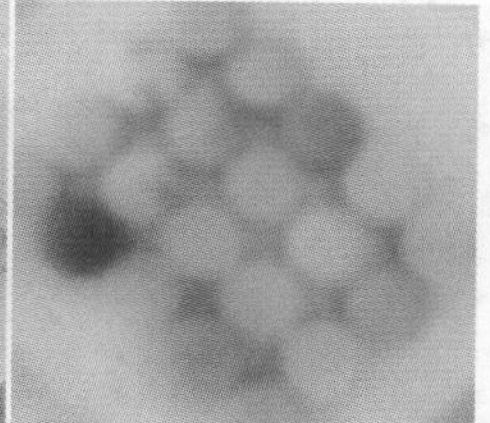

图 5.102

- 钝化蒙版:该效果在模糊画面的同时可调整画面的曝光和对比度。为素材添加该效果的前后对比如图5.103所示。

图 5.103

- 锐化:可快速聚焦模糊边缘,提高画面清晰度。为素材添加该效果的前后对比如图5.104所示。

图 5.104

- 高斯模糊:该效果可使画面既模糊又平滑,有效降低素材的层次细节。为素材添加该效果的前后对比如图5.105所示。

图 5.105

实例：【方向模糊】效果制作多彩人像

文件路径：Chapter 5　视频效果→实例：【方向模糊】效果制作多彩人像

本实例主要使用【方向模糊】效果将光晕素材进行一定角度的模糊。实例效果如图5.106所示。

扫一扫，看视频

图 5.106

步骤 01 执行【文件】/【新建】/【项目】命令，新建一个项目。执行【文件】/【导入】命令，导入全部素材文件，如图5.107所示。

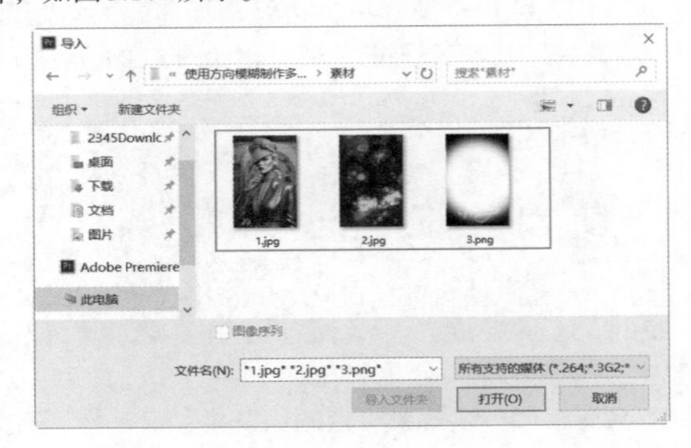

图 5.107

步骤 02 在【项目】面板中选择1.jpg和2.jpg素材，依次将素材拖曳到V1和V2轨道上，如图5.108所示，此时在【项目】面板中自动生成序列。

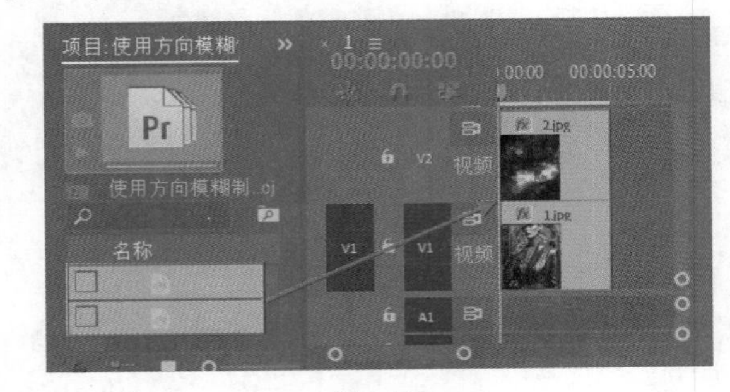

图 5.108

步骤 03 在【效果】面板中搜索【方向模糊】，将该效果拖曳到V2轨道的2.jpg素材上，如图5.109所示。

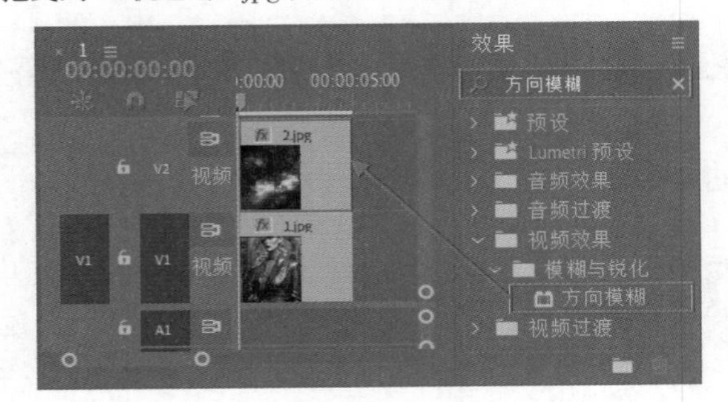

图 5.109

步骤 04 选中V2轨道上的2.jpg素材，在【效果控件】面板中展开【不透明度】，设置【混合模式】为【滤色】，展开【方向模糊】，设置【方向】为51°，【模糊长度】为100，如图5.110所示。此时画面效果如图5.111所示。

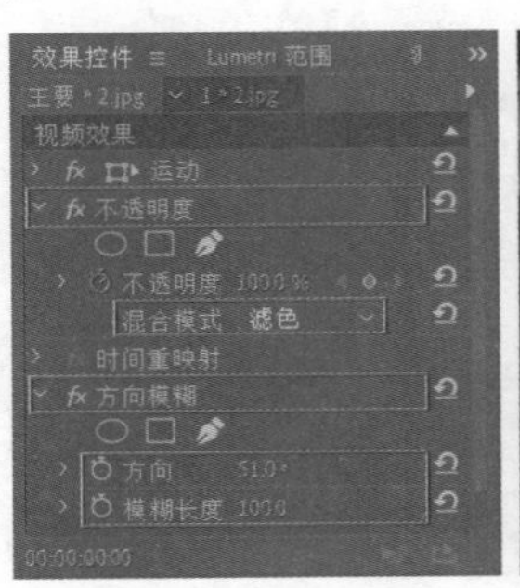

图 5.110

图 5.111

步骤 05 在【项目】面板中将3.png素材文件拖曳到V3轨道上，如图5.112所示。

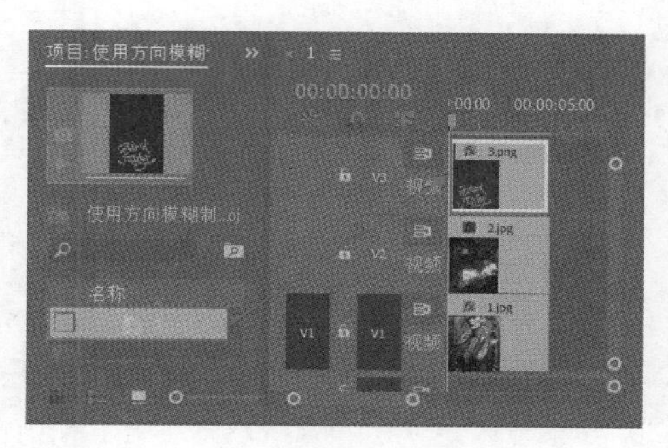

图 5.112

步骤 06 选择V3轨道上的文字素材，在【效果控件】面板中设置【缩放】为105，如图5.113所示。画面最终效果如图5.114所示。

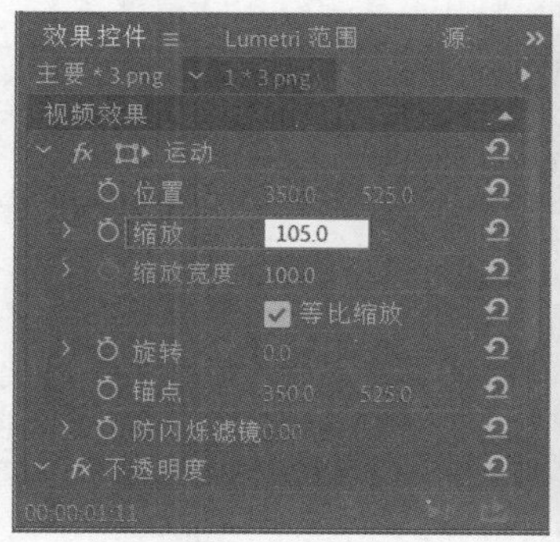

图 5.113　　图 5.114

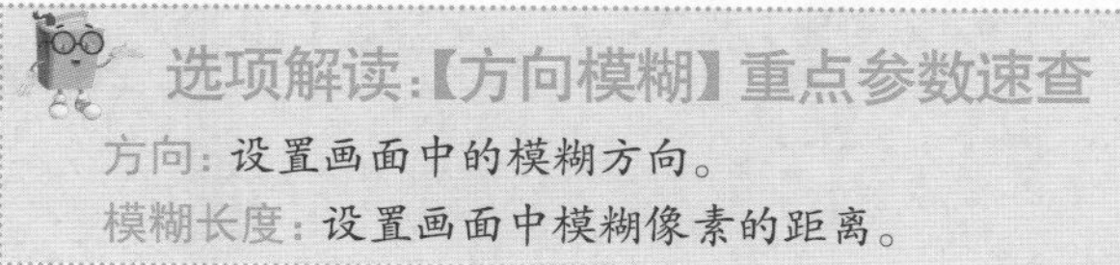

选项解读:【方向模糊】重点参数速查

方向：设置画面中的模糊方向。

模糊长度：设置画面中模糊像素的距离。

实例:【高斯模糊】效果突出主体人物

文件路径:Chapter 5　视频效果→实例:【高斯模糊】效果突出主体人物

扫一扫，看视频

本实例主要使用【高斯模糊】及【蒙版】效果模糊人物周围环境，突出人物主体。实例效果如图5.115所示。

步骤 01 执行【文件】/【新建】/【项目】命令，新建一个项目。执行【文件】/【导入】命令，导入1.jpg素材文件，如图5.116所示。

步骤 02 在【项目】面板中选择1.jpg素材，将其拖曳到V1轨道上，如图5.117所示，此时在【项目】面板中自动生成序列。

图 5.115

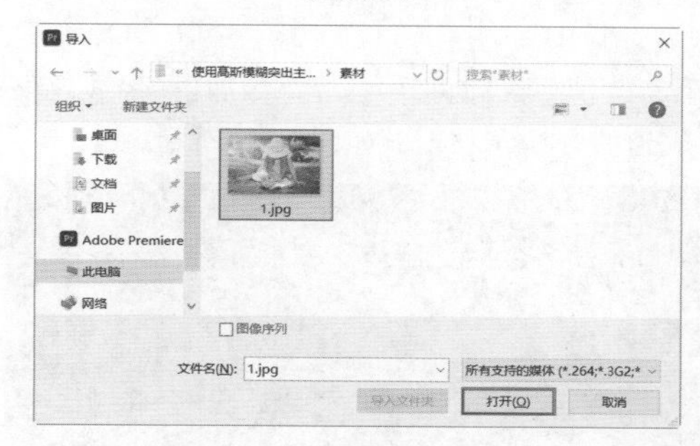

图 5.116

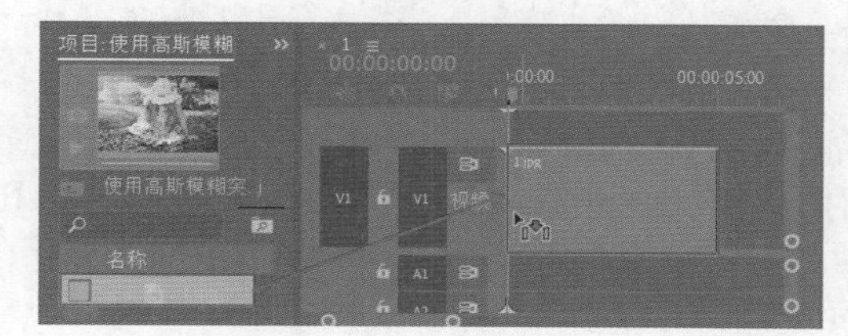

图 5.117

步骤 03 在【效果】面板中搜索【高斯模糊】，将该效果拖曳到V1轨道的1.jpg素材上，如图5.118所示。

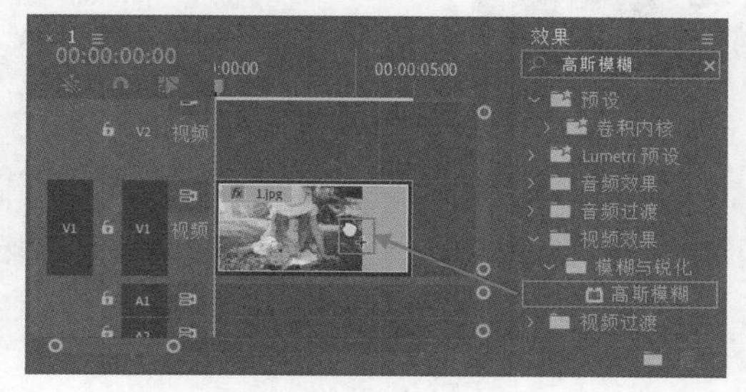

图 5.118

步骤 04 在【时间轴】面板中单击选择1.jpg素材，在【效果控件】面板中展开【高斯模糊】，设置【模糊度】为20，选择 (椭圆工具)，勾选【蒙版(1)】下方的【已反转】，在【节目监视器】面板中的人物上方按住鼠标左键拖曳一个椭圆形遮罩，如图5.119和图5.120所示。

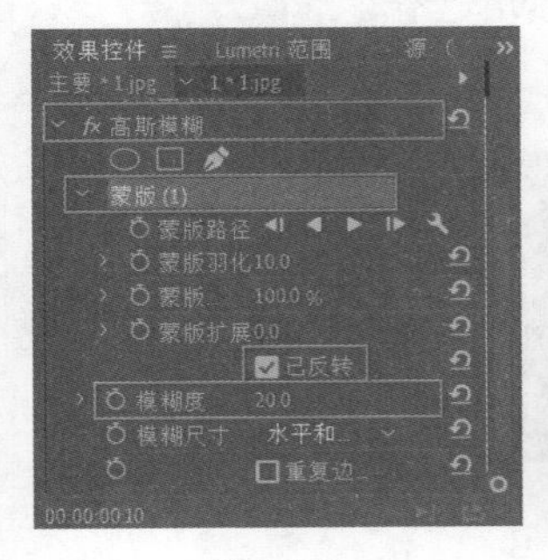

图 5.119

图 5.120

步骤 05 在【效果】面板中搜索【裁剪】，将该效果拖曳到V1轨道的1.jpg素材上，如图5.121所示。

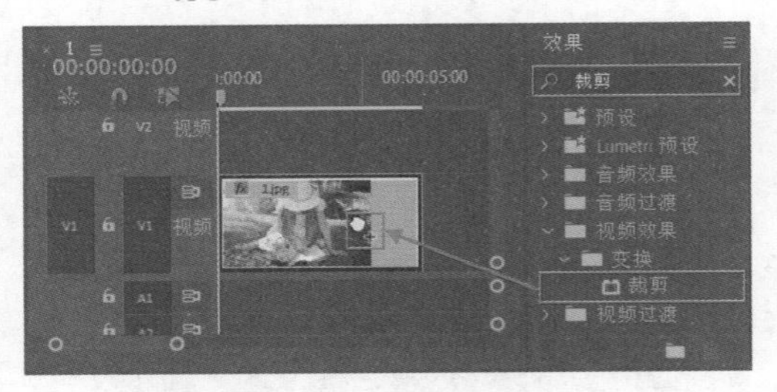

图 5.121

步骤 06 在【时间轴】面板中选择1.jpg素材，在【效果控件】面板中展开【裁剪】，设置【顶部】为7%，【底部】为7%，如图5.122所示。此时画面效果如图5.123所示。

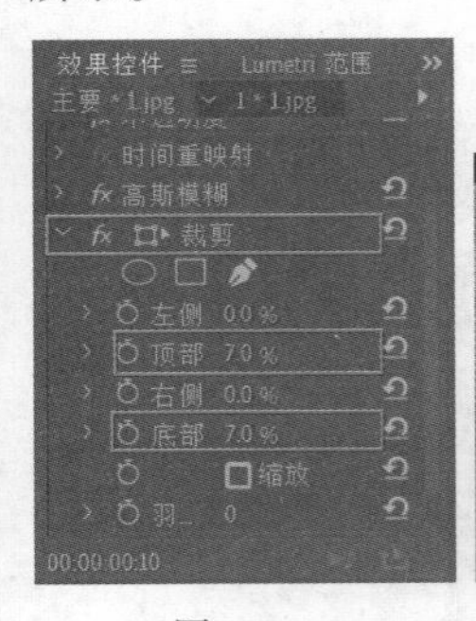

图 5.122

图 5.123

步骤 07 制作文字部分。将时间线滑动至起始位置。在【工具】面板中选择 T（文字工具），在【节目监视器】面板中合适的位置输入文字，如图5.124所示。

步骤 08 设置合适的【字体系列】及【字体样式】，设置【字体大小】为90，【颜色】为白色，接着展开【变换】，设置【位置】为(195.7,573.4)，如图5.125所示。画面最终效果如图5.126所示。

图 5.124

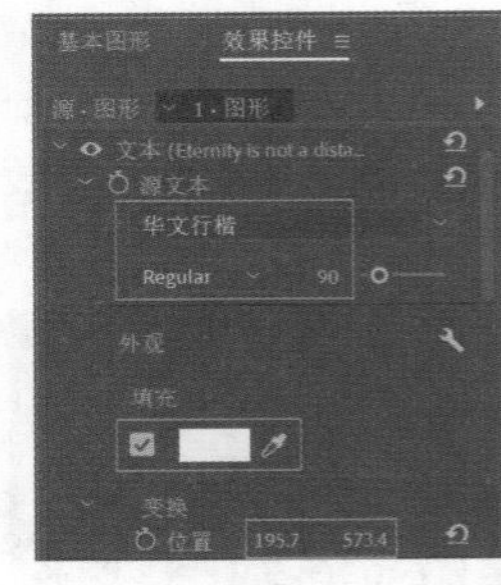

图 5.125

图 5.126

选项解读：【高斯模糊】重点参数速查

模糊度：控制画面中高斯模糊效果的强度。

模糊尺寸：包含【水平】【垂直】【水平和垂直】3种模糊处理方式。

重复边缘像素：勾选该选项后，可以对素材边缘进行像素模糊处理。

实例：【锐化】效果制作沧桑感人像效果

扫一扫，看视频

文件路径：Chapter 5 视频效果→实例：【锐化】效果制作沧桑感人像效果

本实例使用【锐化】效果加深人物整体细节，使用【颜色遮罩】搭配【混合模式】更改人物色调。实例前后对比效果如图5.127所示。

图 5.127

步骤 01 执行【文件】/【新建】/【项目】命令，新建一个项目。在【项目】面板的空白处右击，执行【新建项目】/【序列】命令，弹出【新建序列】窗口，在DV-PAL文件夹下选择【标准48kHz】。执行【文件】/【导入】命令，导入1.jpg素材文件，如图5.128所示。

图5.128

步骤 02 将【项目】面板中的1.jpg素材文件拖曳到V1轨道上，如图5.129所示。此时画面效果如图5.130所示。

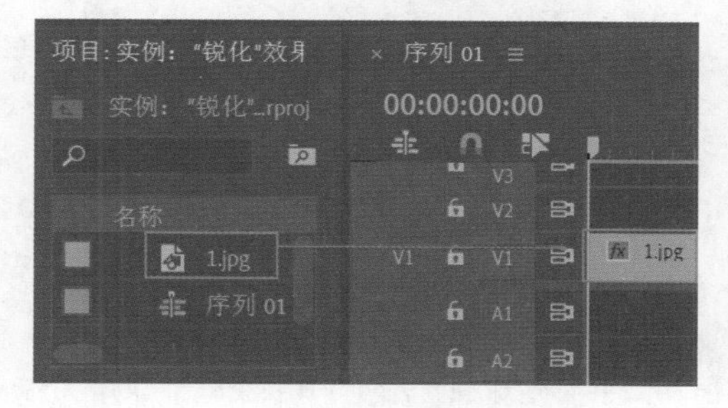

图5.129

图5.130

步骤 03 由于画面两侧有黑色像素显露出来，在【时间轴】面板中选择这个素材文件，然后在【效果控件】面板中展开【运动】属性，设置【位置】为(360,253)，【缩放】为110，如图5.131所示。此时画面效果如图5.132所示。

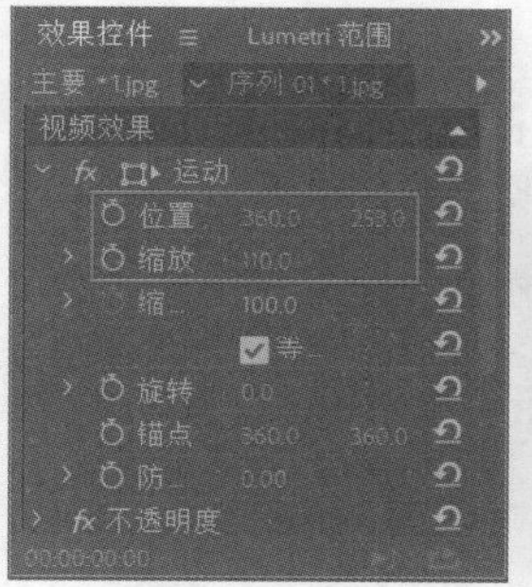

图5.131

图5.132

步骤 04 进行锐化操作。在【效果】面板中搜索【锐化】，按住鼠标左键将该效果拖曳到V1轨道的1.jpg素材文件上，如图5.133所示。

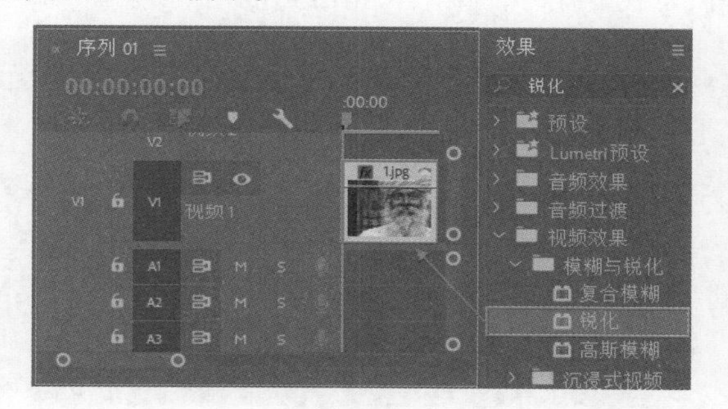

图5.133

步骤 05 在【时间轴】面板中选择1.jpg素材文件，然后在【效果控件】面板中展开【锐化】，设置【锐化量】为35，如图5.134所示。此时画面效果如图5.135所示。

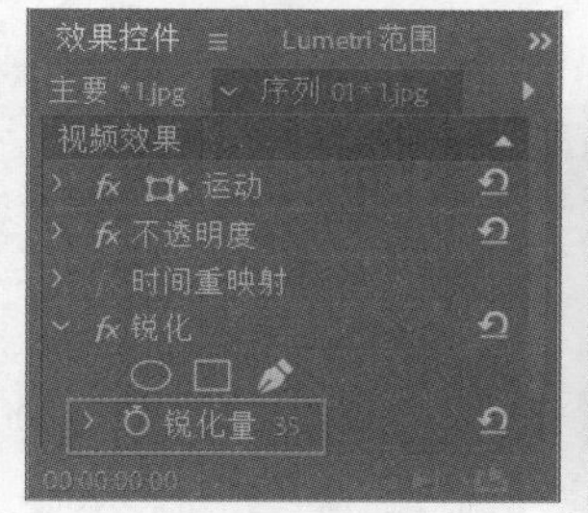

图5.134

图5.135

步骤 06 执行【文件】/【新建】/【颜色遮罩】命令。接着在弹出的【拾色器】窗口中设置【颜色】为棕色，弹出【选择名称】窗口，设置新遮罩的名称为【颜色遮罩】，如图5.136所示。

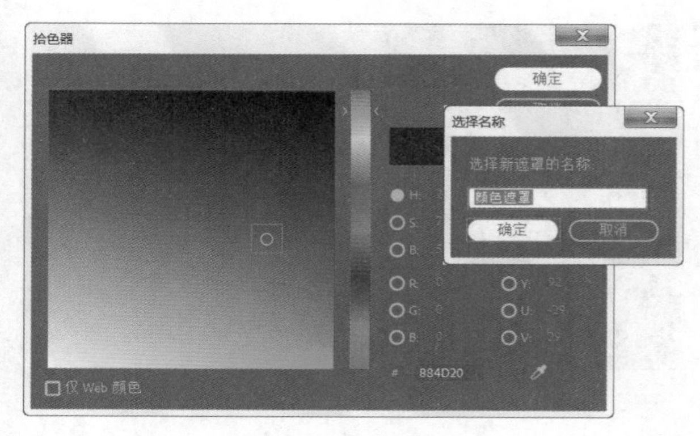

图 5.136

步骤 07 将【项目】面板中的【颜色遮罩】拖曳到【时间轴】面板中的V2轨道上，如图5.137所示。

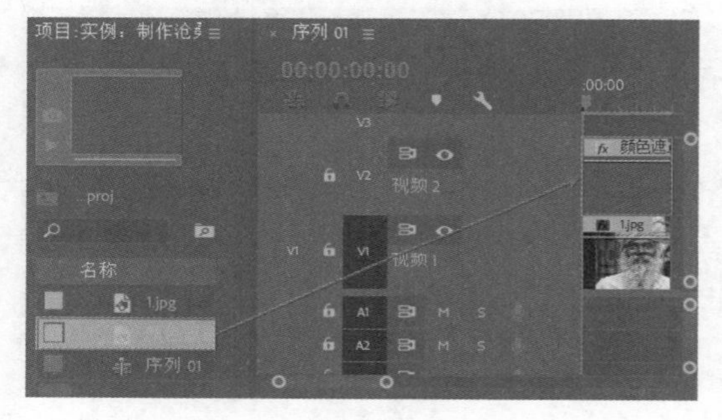

图 5.137

步骤 08 在【时间轴】面板中选择【颜色遮罩】，接着在【效果控件】面板中展开【不透明度】，设置【混合模式】为【色相】，如图5.138所示。本实例制作完成，画面最终效果如图5.139所示。

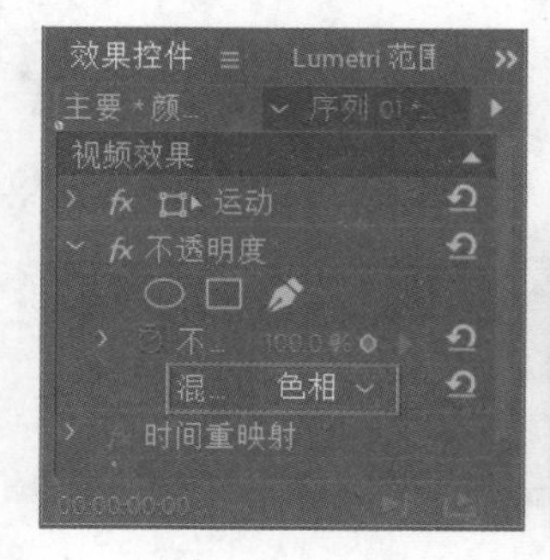

图 5.138

图 5.139

选项解读：【锐化】重点参数速查

锐化量：调整素材锐化的强弱程度。

5.8 沉浸式视频类视频效果

该视频效果组包含【VR 分形杂色】【VR 发光】【VR 平面到球面】【VR 投影】【VR 数字故障】【VR 旋转球面】【VR 模糊】【VR 色差】【VR 锐化】【VR 降噪】【VR 颜色渐变】11种视频效果，如图5.140所示。

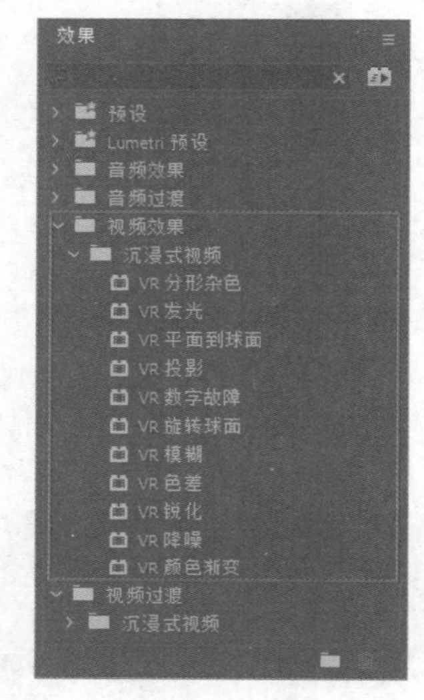

图 5.140

- VR 分形杂色：用于VR沉浸式分形杂色效果的应用。
- VR 发光：用于VR沉浸式光效的应用。
- VR 平面到球面：用于VR沉浸式效果中图像从平面到球面的效果处理。
- VR 投影：用于VR沉浸式投影效果的应用。
- VR 数字故障：用于VR沉浸式效果中文字的数字故障处理。
- VR 旋转球面：用于VR沉浸式效果中旋转球面效果的应用。
- VR 模糊：用于VR沉浸式模糊效果的应用。
- VR 色差：用于VR沉浸式效果中图像的颜色校正。
- VR 锐化：用于VR沉浸式效果中图像的锐化处理。
- VR 降噪：用于VR沉浸式效果中图像降噪的处理。
- VR 颜色渐变：用于VR沉浸式效果中图像颜色渐变的处理。

5.9 生成类视频效果

该类视频效果包含【生成】效果组中的【四色渐变】【渐变】【镜头光晕】【闪电】以及【过时】效果组中的【书

写】【单元格图案】【吸管填充】【圆形】【棋盘】【椭圆】【油漆桶】【网格】共12种，如图5.141所示。

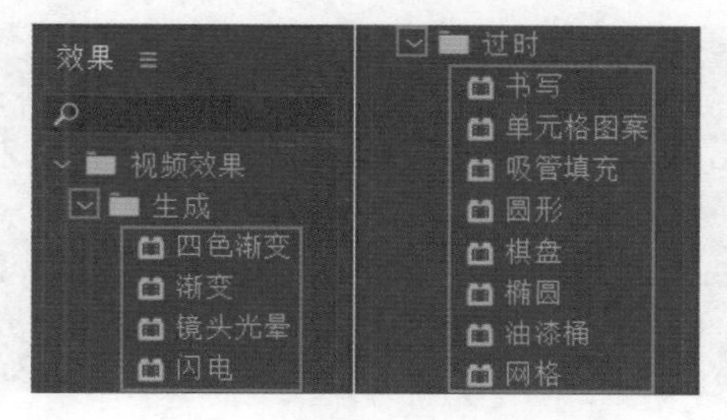

图 5.141

- **书写**：可以制作出类似画笔的笔触感。为素材添加该效果的前后对比如图5.142所示。

图 5.142

- **单元格图案**：可以通过参数的调整在素材上方制作出纹理效果。为素材添加该效果的前后对比如图5.143所示。

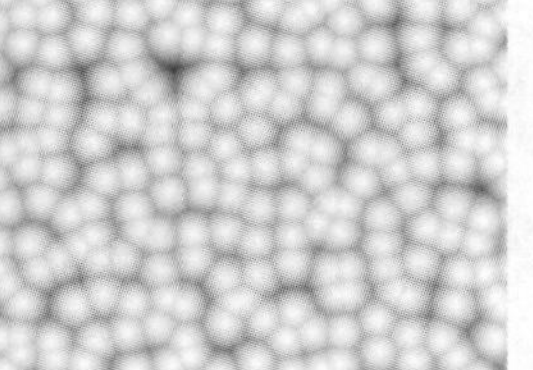

图 5.143

- **吸管填充**：可通过调整素材色调将素材进行填充修改。为素材添加该效果的前后对比如图5.144所示。

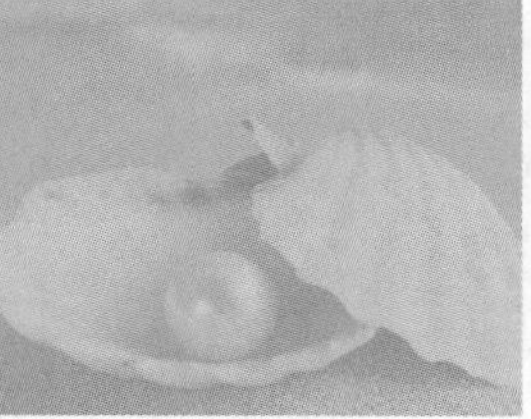

图 5.144

- **四色渐变**：可通过颜色及参数的调节，使素材上方产生4种颜色的渐变效果。为素材添加该效果的前后对比如图5.145所示。

图 5.145

- **圆形**：可以在素材上方制作一个圆形并通过调整圆形的颜色、不透明度、羽化等参数更改圆形效果。为素材添加该效果的前后对比如图5.146所示。

图 5.146

- **棋盘**：添加该效果后，在素材上方可自动呈现黑白矩形交错的棋盘效果。为素材添加该效果的前后对比如图5.147所示。

图 5.147

- **椭圆**：添加该效果后会在素材上方自动出现一个椭圆形，通过参数的调整可更改椭圆形的位置、颜色、宽度、柔和度等。为素材添加该效果的前后对比如图5.148所示。

图 5.148

- **油漆桶**：可为素材的指定区域填充所选颜色。为素材添加该效果的前后对比如图5.149所示。

图 5.149

- 渐变：可在素材上方填充线性渐变或径向渐变。为素材添加该效果的前后对比如图5.150所示。

图 5.150

- 网格：应用该效果可以使素材文件上方自动呈现矩形网格。为素材添加该效果的前后对比如图5.151所示。

图 5.151

- 镜头光晕：可模拟在自然光下拍摄时所遇到的强光，从而使画面产生光晕效果。为素材添加该效果的前后对比如图5.152所示。

图 5.152

- 闪电：可模拟天空中的闪电形态。为素材添加该效果的前后对比如图5.153所示。

图 5.153

实例：【镜头光晕】效果制作手机广告

扫一扫，看视频

文件路径：Chapter 5 视频效果→实例：【镜头光晕】效果制作手机广告

本实例主要使用【镜头光晕】效果制作背景中的光晕部分，接着使用【运动】属性调整手机的位置、大小以及文字的旋转角度等。实例效果如图5.154所示。

图 5.154

步骤 01 执行【文件】/【新建】/【项目】命令，新建一个项目。执行【文件】/【导入】命令，导入全部素材文件，如图5.155所示。

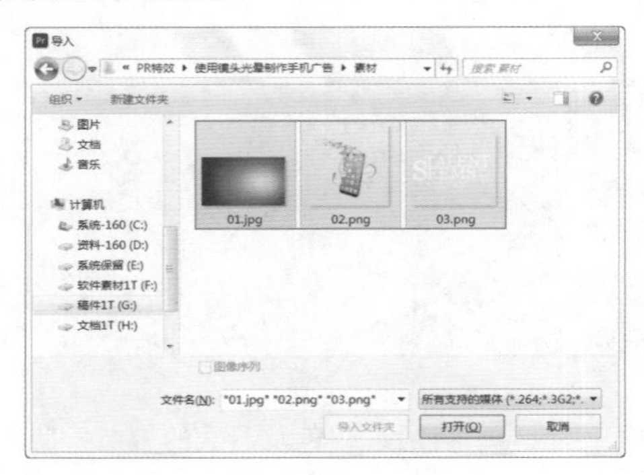

图 5.155

步骤 02 将【项目】面板中的01.jpg素材文件拖曳到V1轨道上，此时在【项目】面板中自动生成与01.jpg素材文件等大的序列，如图5.156所示。

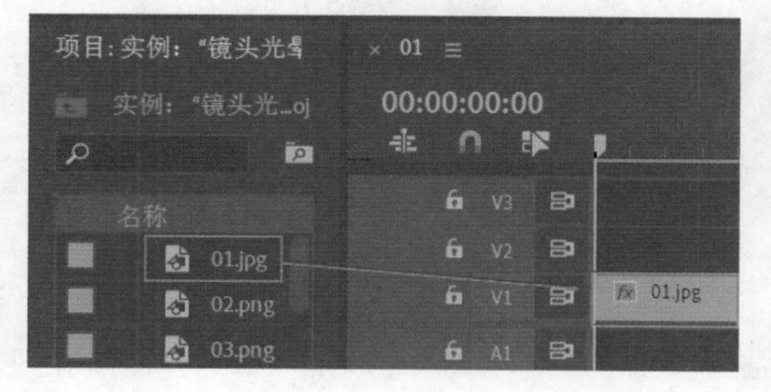

图 5.156

步骤 03 为背景添加光晕效果。在【效果】面板中搜索【镜头光晕】，按住鼠标左键将该效果拖曳到V1轨道的01.jpg素材文件上，如图5.157所示。

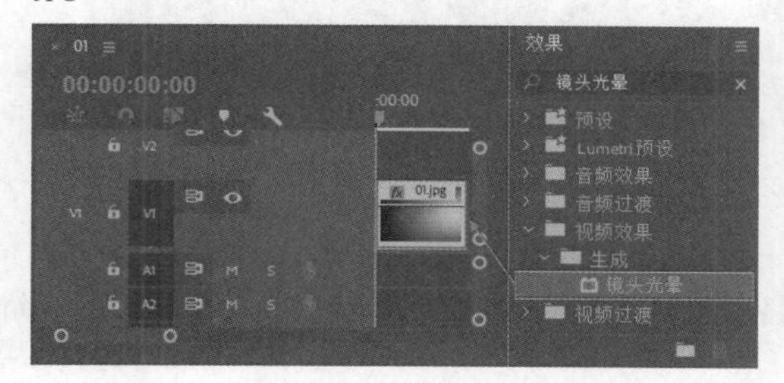

图 5.157

步骤 04 在【时间轴】面板中选择01.jpg素材文件，在【效果控件】面板中展开【镜头光晕】，设置【光晕中心】为(1075,335)，如图5.158所示。此时画面效果如图5.159所示。

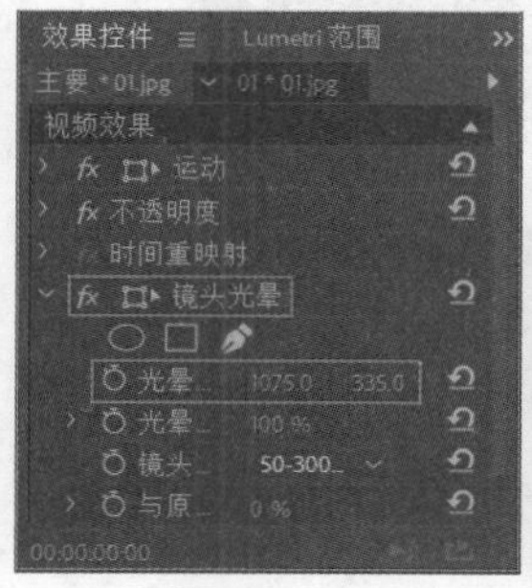

图 5.158　　图 5.159

步骤 05 在【项目】面板中选择02.png素材文件，将该素材拖曳到【时间轴】面板中的V2轨道上，如图5.160所示。

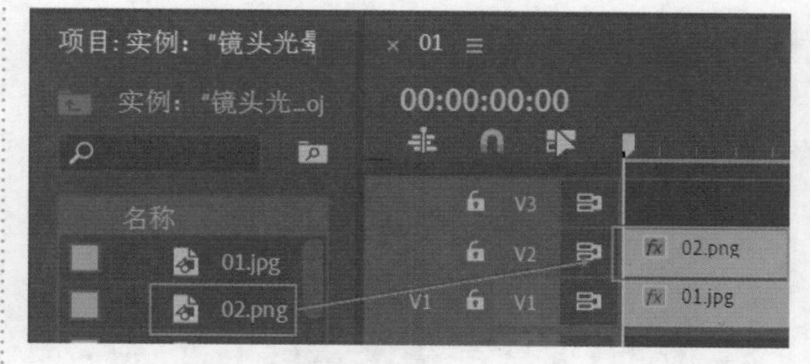

图 5.160

步骤 06 在【时间轴】面板中选择02.png素材文件，在【效果控件】面板中展开【运动】属性，设置【位置】为(1100,428)，【缩放】为107，如图5.161所示。画面效果如图5.162所示。

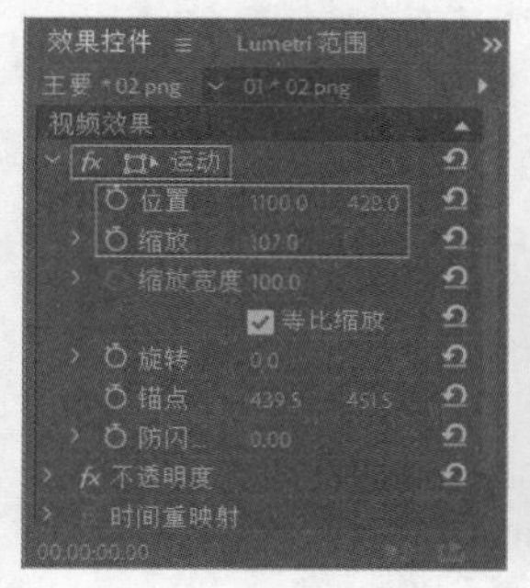

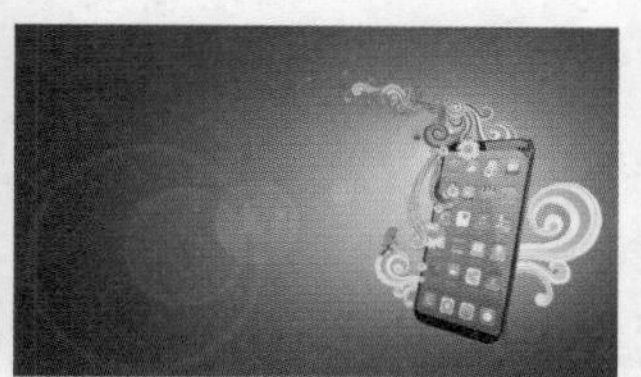

图 5.161　　图 5.162

步骤 07 在【项目】面板中选择03.png素材文件，将该素材拖曳到【时间轴】面板中的V3轨道上，如图5.163所示。

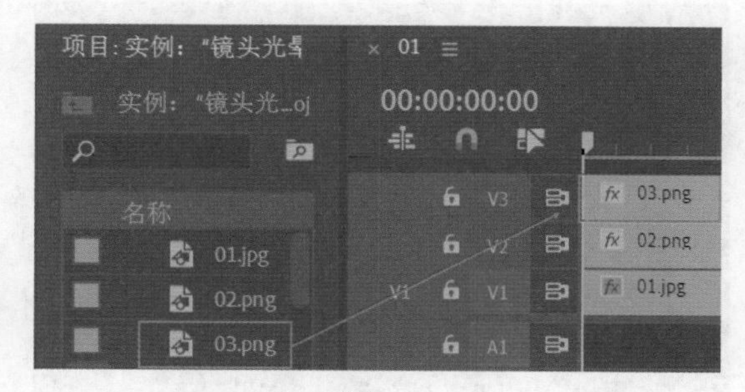

图 5.163

步骤 08 在【时间轴】面板中选择03.png素材文件，在【效果控件】面板中展开【运动】属性，设置【位置】为(473,465)，【缩放】为105，【旋转】为8°，如图5.164所示。画面最终效果如图5.165所示。

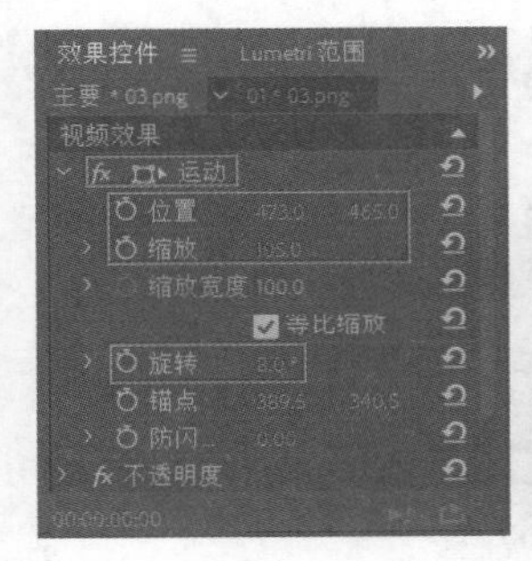

图 5.164

图 5.165

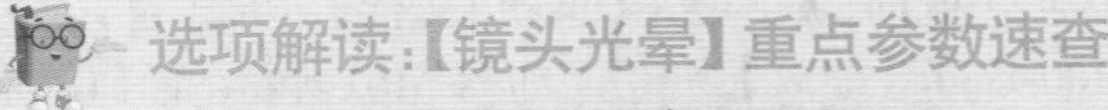

选项解读:【镜头光晕】重点参数速查

光晕中心：设置光晕中心所在的位置。

光晕亮度：设置镜头光晕的范围及明暗程度。

镜头类型：包括3种透镜焦距，分别是【50 ～ 300毫米变焦】【35毫米定焦】【105毫米定焦】。

与原始图像混合：设置镜头光晕效果与原素材层的混合程度。

实例:【网格】效果制作广告动态效果

扫一扫，看视频

文件路径:Chapter 5 视频效果→实例:【网格】效果制作广告动态效果

本实例主要使用【网格】效果制作精美的背景动画，接着使用【文字工具】制作文字并制作缩放动态效果。实例效果如图5.166所示。

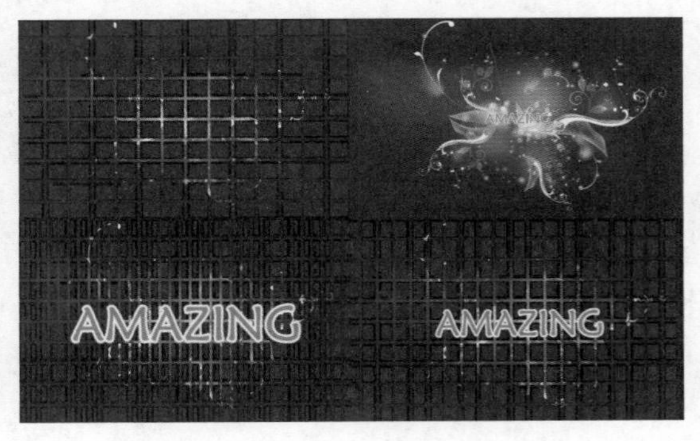

图 5.166

步骤 01 执行【文件】/【新建】/【项目】命令，新建一个项目。执行【文件】/【导入】命令，导入1.jpg素材文件，如图5.167所示。

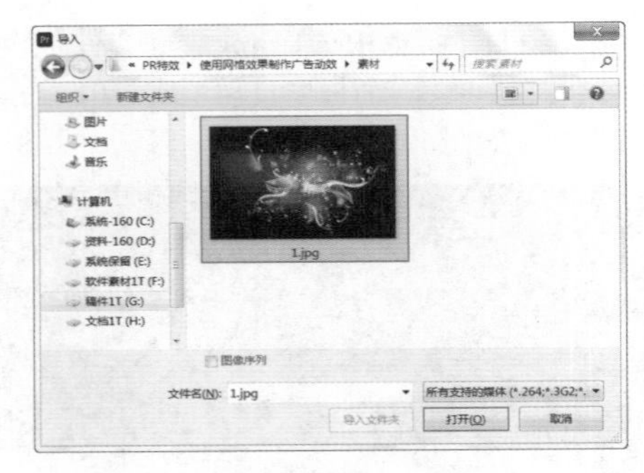

图 5.167

步骤 02 将【项目】面板中的1.jpg素材文件拖曳到【时间轴】面板中的V1轨道上，此时在【项目】面板中自动生成与素材尺寸等大的序列，如图5.168所示。

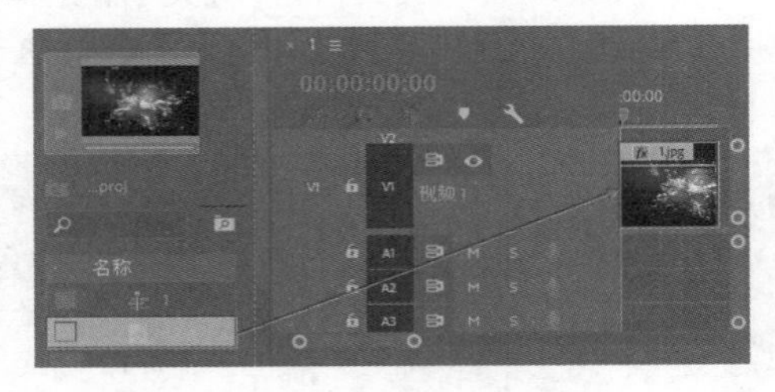

图 5.168

步骤 03 在【效果】面板中搜索【网格】，按住鼠标左键将该效果拖曳到V1轨道的1.jpg素材文件上，如图5.169所示。

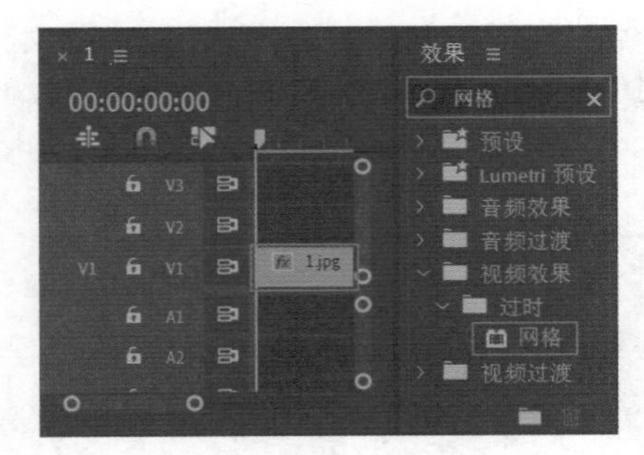

图 5.169

步骤 04 在【效果控件】面板中展开【网格】，将时间线滑动到起始帧位置，单击【锚点】前面的按钮，开启自动关键帧，设置【锚点】为(510,312)；继续将时间线滑动到1秒位置，设置【锚点】为(579,312)；最后将时间线滑动到4秒位置，设置【锚点】为(630,312)，然后设置【边角】为(580,375)，【边框】为9，【混合模式】为【模板Alpha】，如图5.170所示。此时滑动时间线查看画面效果，如图5.171所示。

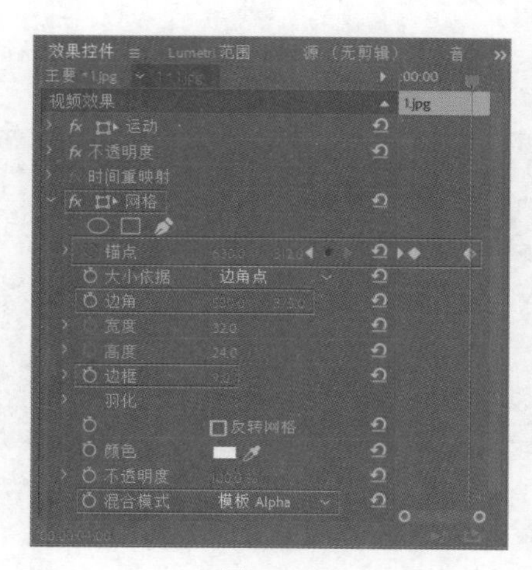

图 5.170

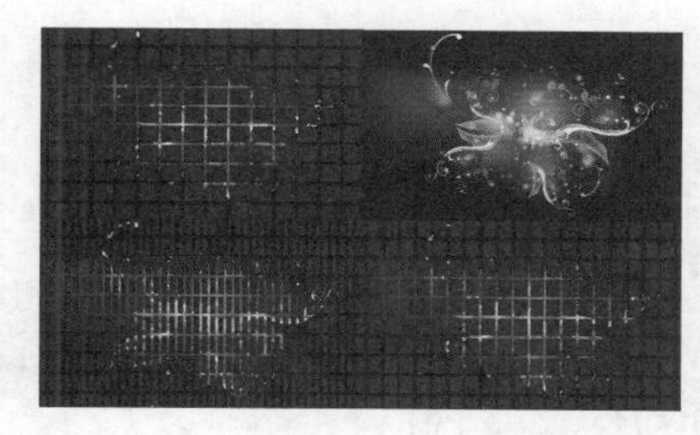

图 5.171

步骤 05 制作文字部分。将时间线滑动至起始位置，在【工具】面板中单击T（文字工具）按钮，在【节目监视器】面板中的适当位置输入文字AMAZING，如图5.172所示。

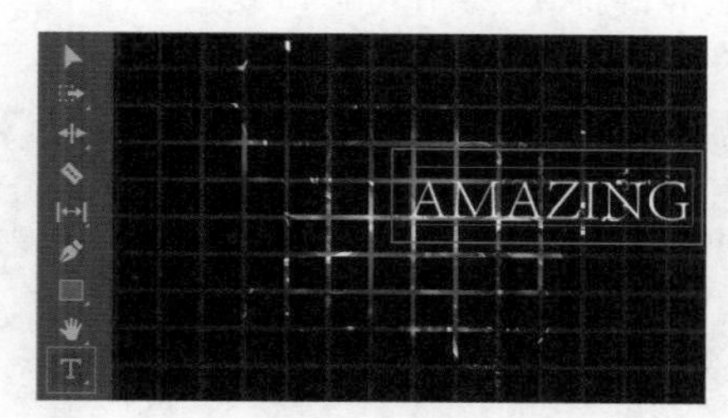

图 5.172

步骤 06 单击【选择工具】按钮，在【时间轴】面板中选中文本图层，在【效果控件】面板中展开文本，设置合适的【字体系列】和【字体样式】，设置【字体大小】为100；在【外观】选项中设置【颜色】为蓝色，接着勾选【描边】，设置【颜色】为白色，【描边宽度】为5.3，【描边类型】为外侧；接着展开【变换】，设置【位置】为（254.8,355.5），如图5.173所示。

步骤 07 此时画面效果如图5.174所示。

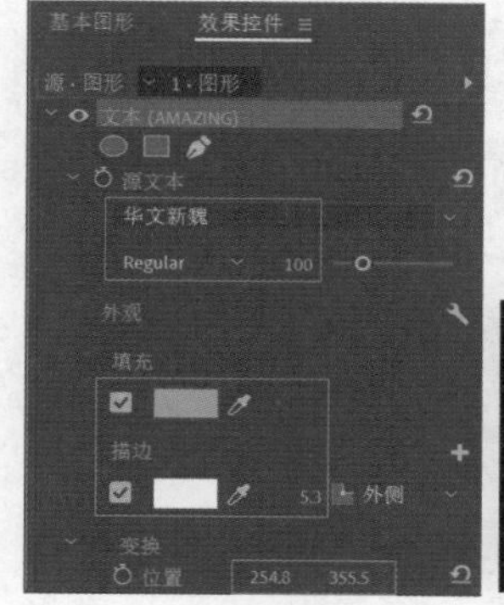

图 5.173

图 5.174

步骤 08 选择【时间轴】面板中V2轨道上的文字图层，在【效果控件】面板中将时间线滑动到1秒位置，单击【缩放】前面的按钮，开启自动关键帧，设置【缩放】为0；继续将时间线滑动到2秒10帧位置，设置【缩放】为150；最后将时间线滑动到4秒位置，设置【缩放】为100，如图5.175所示。滑动时间线查看实例效果，如图5.176所示。

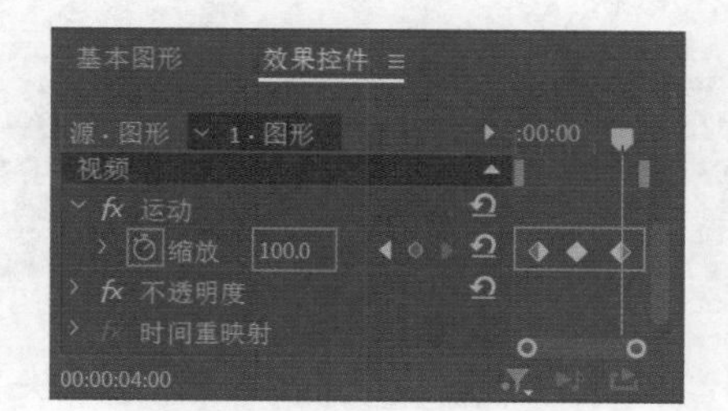

图 5.175

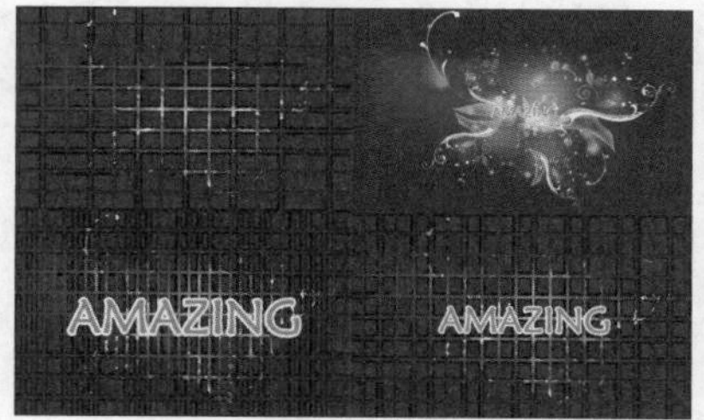

图 5.176

选项解读：【网格】重点参数速查

锚点：设置水平和垂直方向的网格数量。

大小依据：在列表中包含【边角点】【宽度滑块】【宽度和高度滑块】3种类型。

边角：设置画面中网格边角的所在位置。

宽度：设置画面中矩形网格的宽度。

高度：设置画面中矩形网格的高度。

边框：设置网格的粗细程度。

羽化：设置网格水平或垂直线段的模糊程度。

反转网格：勾选【反转网格】时，画面中的颜色会随着网格效果进行反转。

颜色：设置网格的填充颜色。

不透明度：设置网格在画面中的不透明度。

混合模式：设置网格层与素材层的混合模式。

实例：【闪电】效果制作真实闪电

扫一扫，看视频

文件路径：Chapter 5 视频效果→实例：【闪电】效果制作真实闪电

本实例使用【闪电】效果模拟天空中闪电的景象。实例效果如图5.177所示。

图 5.177

步骤 01 执行【文件】/【新建】/【项目】命令，新建一个项目。在【项目】面板的空白处右击，执行【新建项目】/【序列】命令。弹出【新建序列】窗口，在DV-PAL文件夹下选择【宽屏48kHz】，设置【序列名称】为【序列01】，单击【确定】按钮。执行【文件】/【导入】命令，导入1.jpg素材文件，如图5.178所示。

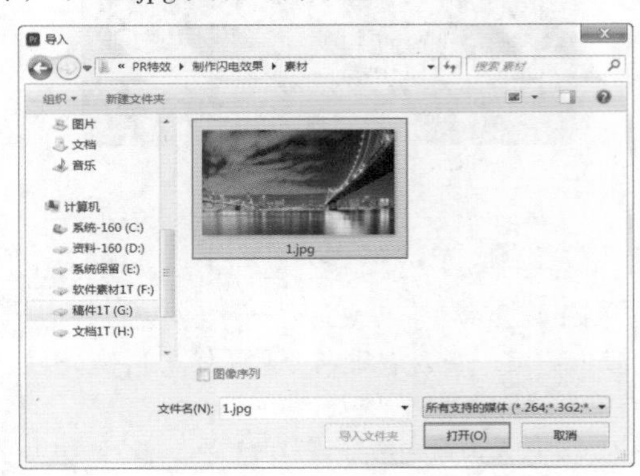

图 5.178

步骤 02 将【项目】面板中的1.jpg素材文件拖曳到V1轨道上，如图5.179所示。

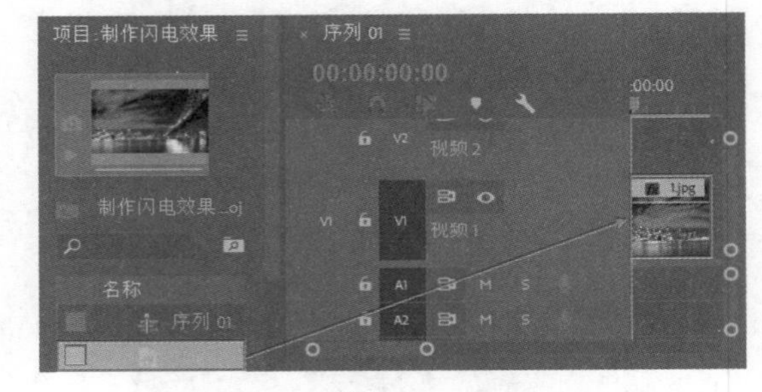

图 5.179

步骤 03 在【时间轴】面板中选择1.jpg素材文件，在【效果控件】面板中展开【运动】属性，设置【缩放】为107，如图5.180所示。此时画面如图5.181所示。

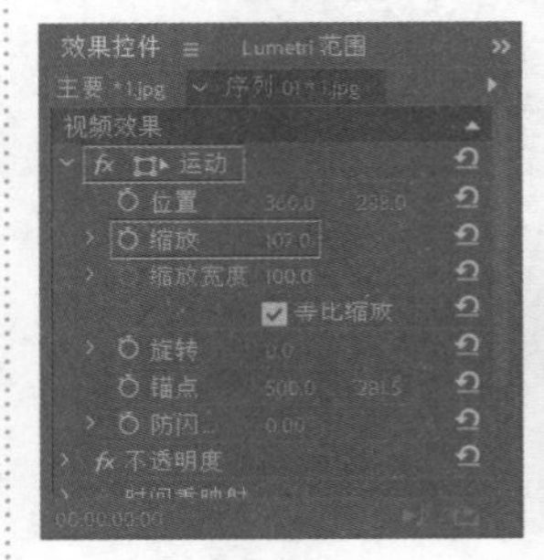

图 5.180　　图 5.181

步骤 04 制作闪电效果。在【效果】面板中搜索【闪电】，按住鼠标左键将该效果拖曳到V1轨道的1.jpg素材文件上，如图5.182所示。

图 5.182

步骤 05 在【效果控件】面板中展开【闪电】，设置【起始点】为(478,278)，【结束点】为(799,8)，【细节级别】为5，【分支】为1，【宽度】为4，【宽度变化】为0.4，【随机植入】为14，如图5.183所示。此时画面效果如图5.184所示。

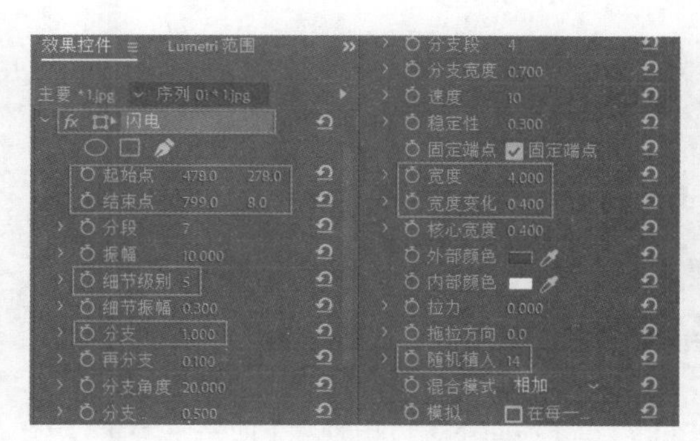

图 5.183

图 5.184

步骤 06 再次制作一道闪电。设置【起始点】为(293,124),【结束点】为(663,-35),【振幅】为25,【细节级别】为8,【宽度】为5,【宽度变化】为0.8,【随机植入】为10,如图5.185所示。此时闪电效果制作完成,如图5.186所示。

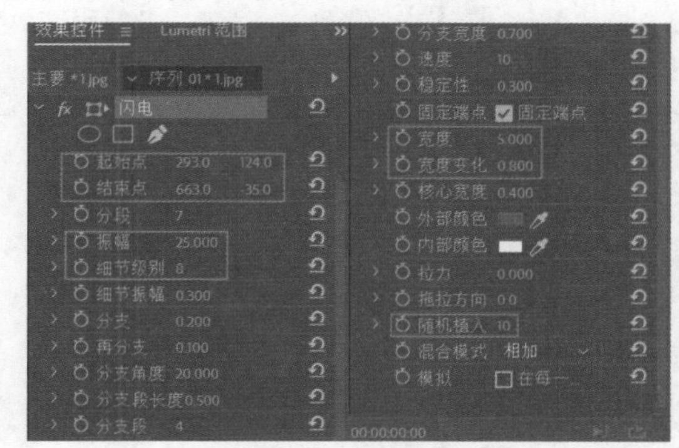

图 5.185

图 5.186

选项解读:【闪电】重点参数速查

起始点:设置闪电线条起始位置的坐标点。

结束点:设置闪电线条结束位置的坐标点。

分段:设置闪电主干上的段数分支。

振幅:以闪电主干为中心点,设置闪电的扩张范围。

细节级别:设置闪电的粗细及自身曝光度。

细节振幅:设置闪电在每一个分支上的弯曲程度。

分支:设置主干上的分支数量。

再分支:设置分支上的再分支数量,相对【分支】更为精细。

分支角度:设置闪电各分支的倾斜角度。

分支段长度:设置闪电各个子分支的长度。

分支段:设置闪电分支的线段数,参数越大,线段越密集。

分支宽度:设置闪电子分支中宽度的直径。

速度:设置闪电在画面中变换形态的速度。

稳定性:设置闪电在画面中的稳定度。

固定端点:勾选此选项时,闪电的初始点和结束点会固定在某一坐标上。

宽度:设置闪电的整体直径宽度。

宽度变化:根据参数的变化随机调整闪电的粗细。

核心宽度:设置闪电中心宽度的粗细变化。

外部颜色:设置闪电最外边缘的发光色调。

内部颜色:设置闪电内部填充颜色的色调。

拉力:设置闪电分支的伸展程度。

拖拉方向:设置闪电拉伸的方向。

随机植入:设置闪电的随机变化形状。

混合模式:设置闪电特效和原素材的混合方式。

模拟:勾选【在每一帧处重新运行】可改变闪电的变换形态。

实例:【四色渐变】效果制作多彩沙滩

文件路径:Chapter 5 视频效果→实例:【四色渐变】效果制作多彩沙滩

扫一扫,看视频

本实例主要使用【四色渐变】效果为图片添加4种不同色调的颜色并通过【混合模式】使颜色变得更加柔和与自然。实例效果如图5.187所示。

图 5.187

步骤 01 执行【文件】/【新建】/【项目】命令，新建一个项目。在【项目】面板的空白处右击，执行【新建项目】/【序列】命令。弹出【新建序列】窗口，在DV-PAL文件夹下选择【标准48kHz】，设置【序列名称】为【序列01】，单击【确定】按钮。执行【文件】/【导入】命令，导入1.jpg素材文件，如图5.188所示。

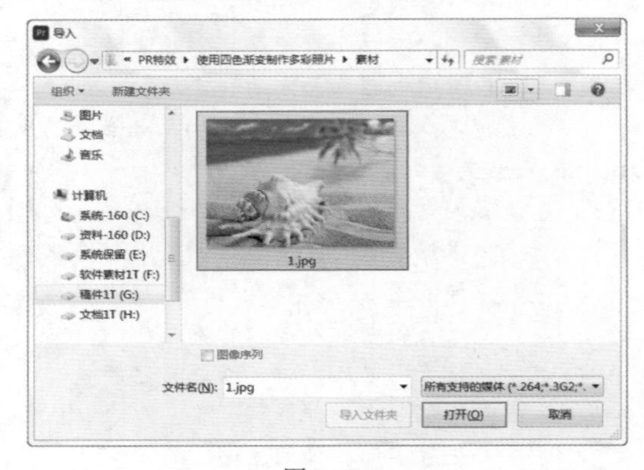

图 5.188

步骤 02 将【项目】面板中的1.jpg素材文件拖曳到V1轨道上，如图5.189所示。

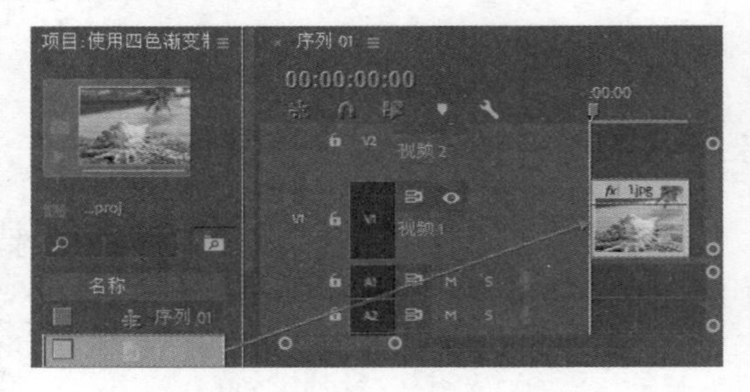

图 5.189

步骤 03 在【时间轴】面板中选择1.jpg素材文件，在【效果控件】面板中展开【运动】属性，设置【缩放】为28，如图5.190所示。此时画面效果如图5.191所示。

图 5.190

图 5.191

步骤 04 在【效果】面板中搜索【四色渐变】，按住鼠标左键将该效果拖曳到V1轨道的1.jpg素材文件上，如图5.192所示。

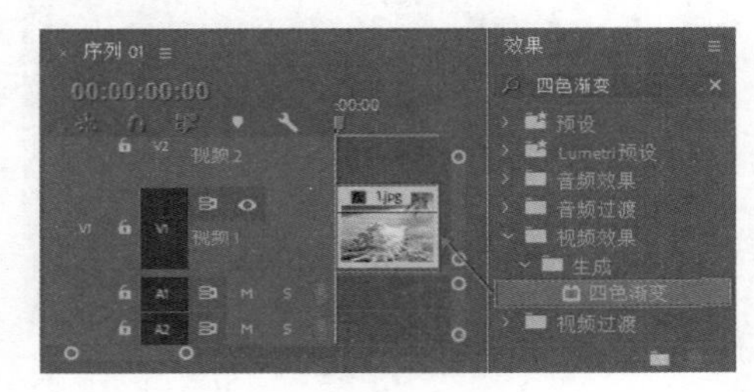

图 5.192

步骤 05 在【效果控件】面板中展开【四色渐变】，设置【颜色1】为蓝色，【颜色2】为洋红色，【颜色3】为橘红色，【颜色4】为橙色，接着设置【不透明度】为71%，【混合模式】为【滤色】，如图5.193所示。此时画面效果如图5.194所示。

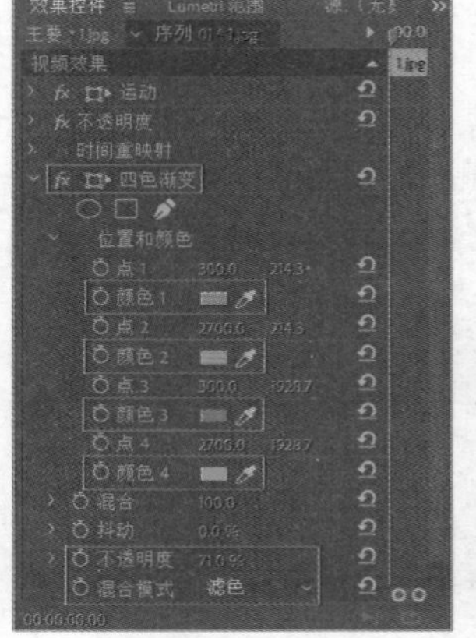

图 5.193

图 5.194

选项解读:【四色渐变】重点参数速查

位置和颜色：设置渐变颜色的坐标位置和颜色倾向，不同的数值会使画面产生不同的效果。

混合：设置渐变颜色在画面中的明度。

抖动：设置颜色变化的流量。

不透明度：设置画面中渐变色的不透明度。

混合模式：设置渐变层与原素材的混合方式，在列表中包含16种混合方式。

实例：【单元格图案】效果制作水粉笔触效果

文件路径：Chapter 5 视频效果→实例：【单元格图案】效果制作水粉笔触效果

扫一扫，看视频

本实例使用【单元格图案】效果将画面制作出像素块效果。实例效果如图5.195所示。

图 5.195

步骤 01 执行【文件】/【新建】/【项目】命令，新建一个项目。执行【文件】/【导入】命令，导入1.jpg素材文件，如图5.196所示。

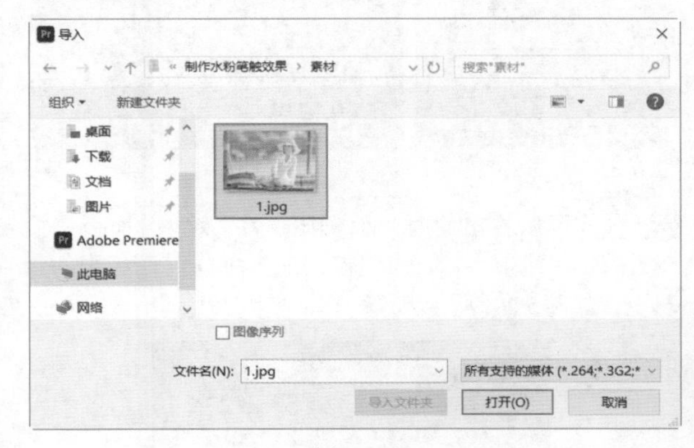

图 5.196

步骤 02 在【项目】面板中选择1.jpg素材，将其拖曳到【时间轴】面板中的V1轨道上，如图5.197所示，此时在【项目】面板中自动生成序列。

图 5.197

步骤 03 在【项目】面板中的空白处右击，执行【新建项目】/【调整图层】命令，在【项目】面板中选择调整图层，将其拖曳到V2轨道上，如图5.198所示。

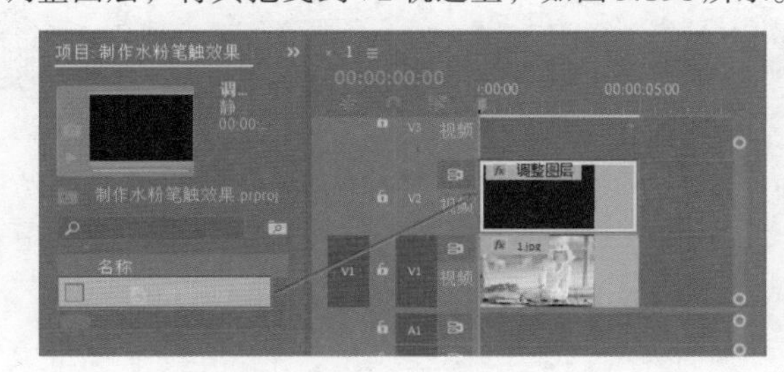

图 5.198

步骤 04 在【效果】面板中搜索【单元格图案】，将该效果拖曳到V2轨道的调整图层上，如图5.199所示。

步骤 05 选择V2轨道上的调整图层，在【效果控件】面板中展开【单元格图案】，设置【单元格图案】为【晶格化】，【锐度】为180，【分散】为1.5，【大小】为15，如图5.200所示。画面效果如图5.201所示。

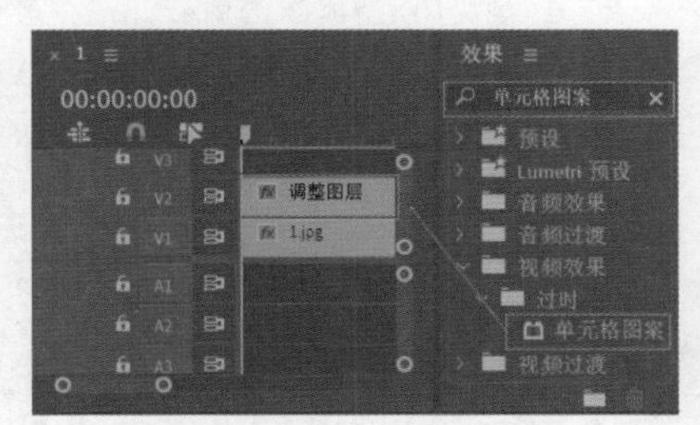

图 5.199

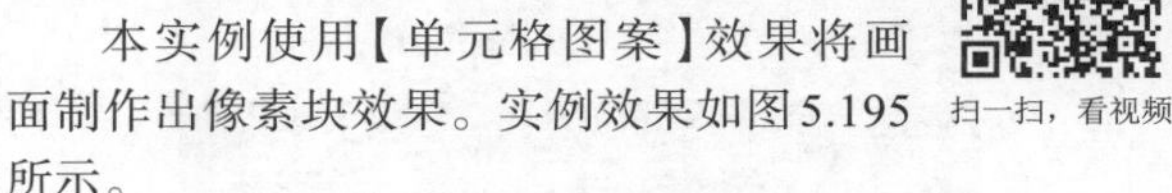

图 5.200

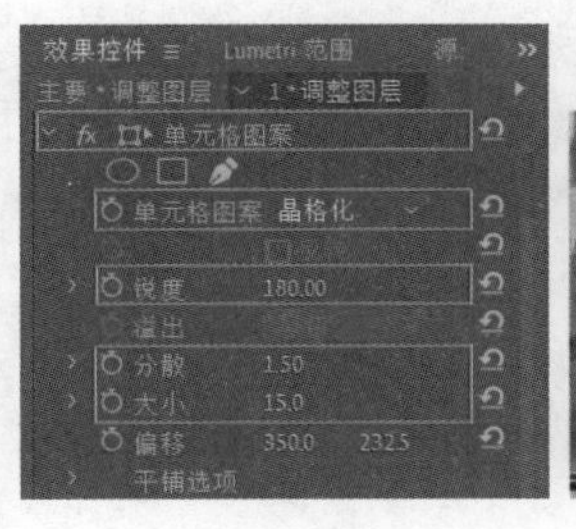

图 5.201

选项解读:【单元格图案】重点参数速查

反转：勾选【反转】选项时，画面的纹理颜色将进行转换。

锐度：调整画面中纹理图案对比度的强弱。

溢出：设置蜂巢图案溢出部分的方式，包含【剪切】【柔和固定】【反绕】3种方式。

分散：设置蜂巢图案在画面中的分布情况。

大小：设置蜂巢图案的大小。

偏移：设置蜂巢图案的坐标位置。

平铺选项：设置蜂巢图案在画面中水平或垂直的分布数量。

演化：设置蜂巢图案在画面中运动的角度及颜色分布。

演化选项：设置蜂巢图案的运动参数及分布变化。

综合实例:【RGB曲线】【油漆桶】效果制作描边影片

扫一扫，看视频

文件路径:Chapter 5 视频效果→综合实例:【RGB曲线】【油漆桶】效果制作描边影片

本实例首先将需要描边的画面执行帧定格操作，然后使用【油漆桶】效果调整描边参数。实例效果如图5.202所示。

图 5.202

步骤 01 执行【文件】/【新建】/【项目】命令，新建一个项目。执行【文件】/【导入】命令，导入视频素材文件，如图5.203所示。

图 5.203

步骤 02 在【项目】面板中将1.mp4视频素材拖曳到【时间轴】面板中的V1轨道上，如图5.204所示。

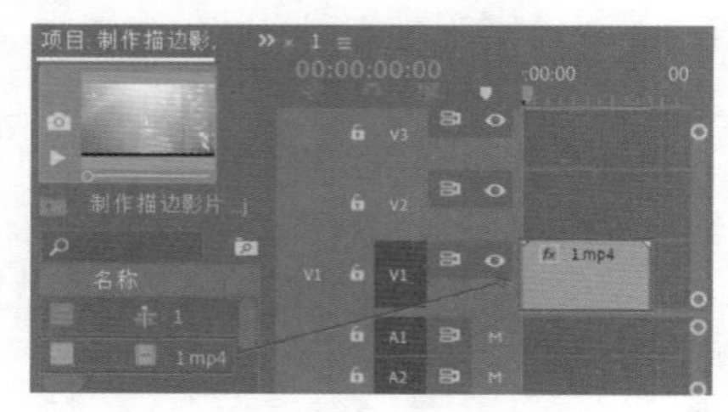

图 5.204

步骤 03 将画面放大一些，去除顶部和底部的黑边。在【时间轴】面板中选择1.mp4素材文件，在【效果控件】面板中设置【缩放】为110，如图5.205所示。画面效果如图5.206所示。

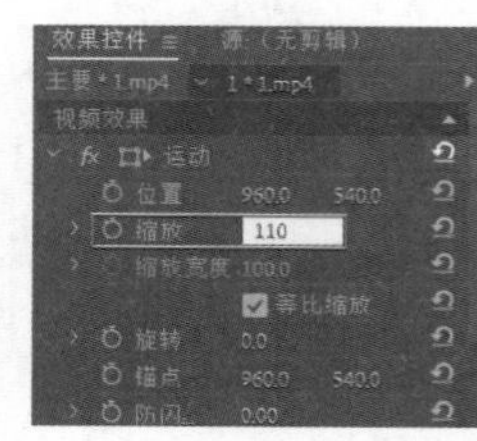

图 5.205

图 5.206

步骤 04 可以看出此时画面偏暗。在【效果】面板中搜索【RGB曲线】，将该效果拖曳到【时间轴】面板中的素材上，如图5.207所示。

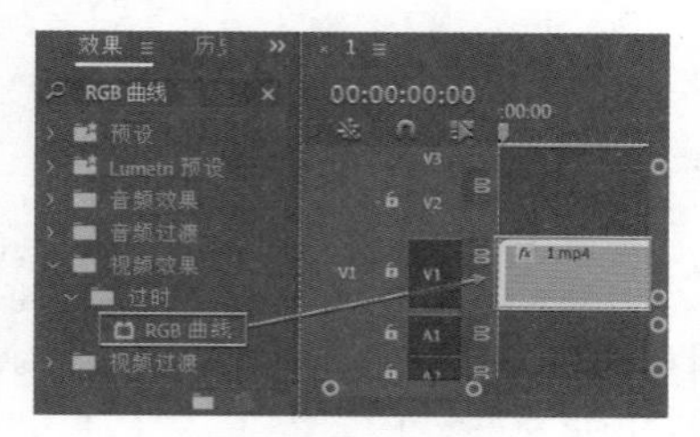

图 5.207

步骤 05 选择V1轨道上的素材，在【效果控件】面板中展开【RGB 曲线】，在【主要】下方的曲线上单击添加一个控制点并向左上角拖曳，提高画面亮度，如图5.208所示。此时画面效果如图5.209所示。

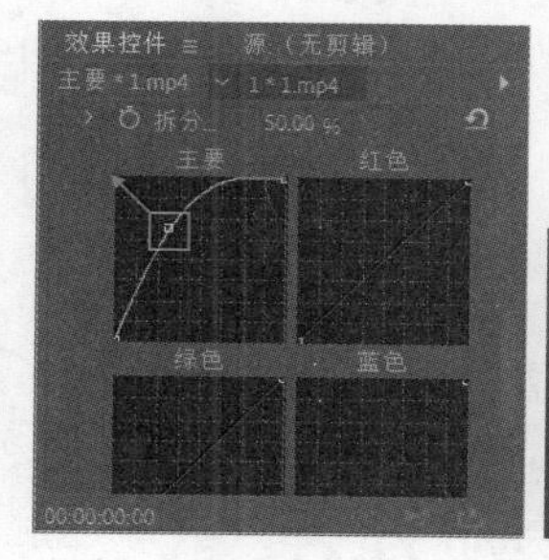

图 5.208

图 5.209

步骤 06 将时间线滑动到8秒20帧位置，按C键将光标切换为【剃刀工具】，在时间线位置剪辑视频素材，如图5.210所示。选择V1轨道上的后半部分视频素材，右击执行【添加帧定格】命令，如图5.211所示。此时后方视频素材为静止状态。

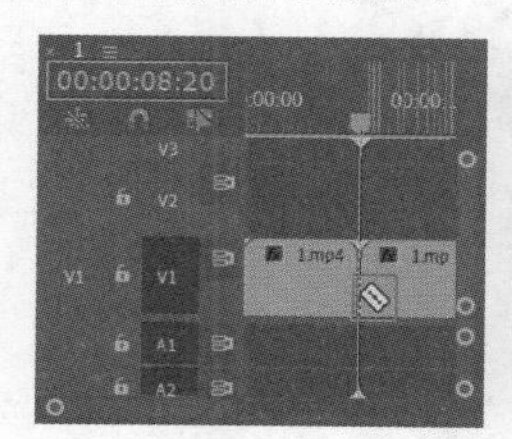

图 5.210

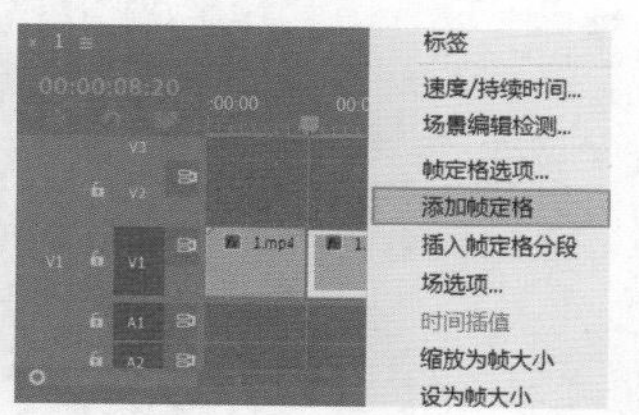

图 5.211

步骤 07 选择V1轨道上的帧定格素材，按住Alt键的同时按住鼠标左键向V2轨道上拖动，如图5.212所示。

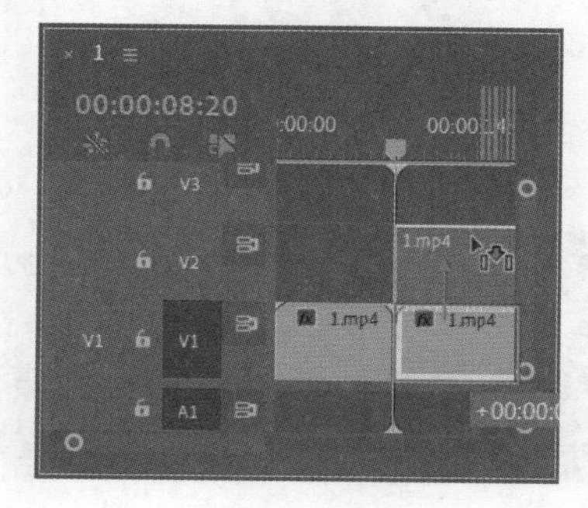

图 5.212

步骤 08 选择V2轨道上的1.mp4素材文件，在【效果控件】面板中展开【不透明度】属性，选择下方的✎(自由绘制贝塞尔曲线)，然后将光标移动到画面中，沿着人物轮廓绘制蒙版路径，如图5.213所示。

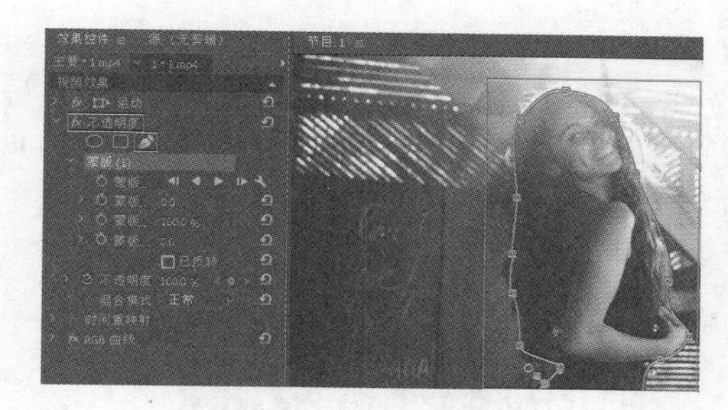

图 5.213

步骤 09 选择V2轨道上的素材，右击执行【嵌套】命令，在打开的窗口中设置【名称】为【嵌套序列01】，单击【确定】按钮，如图5.214所示。此时在V2轨道上得到【嵌套序列01】，如图5.215所示。

步骤 10 在【效果】面板中搜索【油漆桶】，将该效果拖曳到V2轨道的【嵌套序列01】上，如图5.216所示。

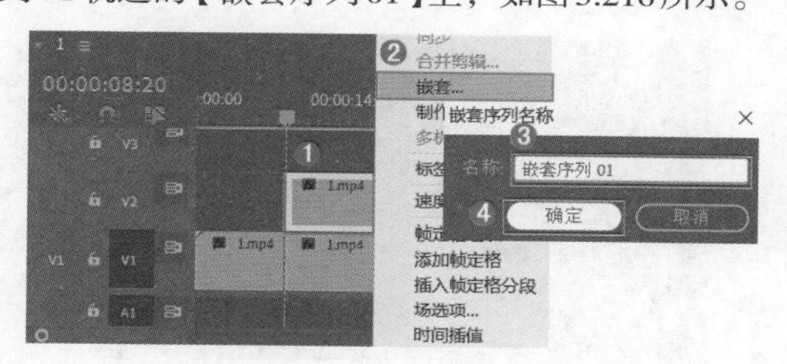

图 5.214

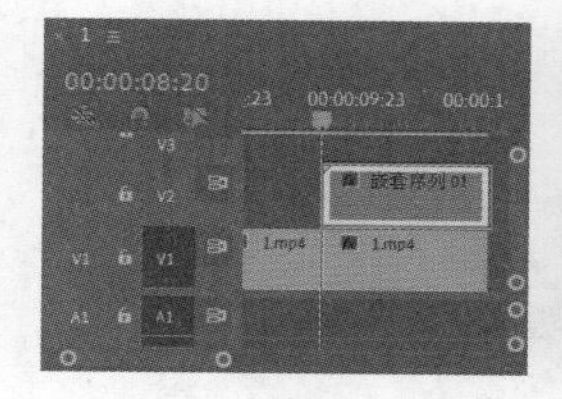

图 5.215

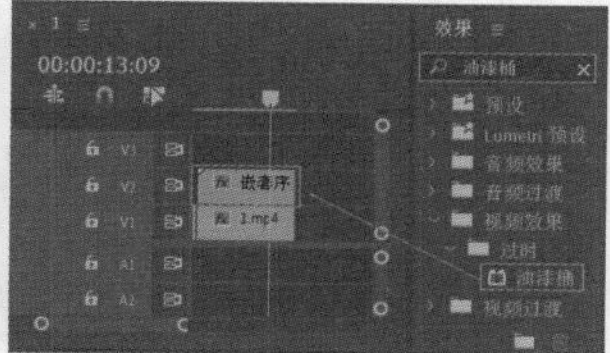

图 5.216

步骤 11 选择V2轨道上的【嵌套序列01】，在【效果控件】面板中展开【油漆桶】，设置【填充】为【不透明度】，【描边】为【描边】，【描边宽度】为7，【颜色】为白色，如图5.217所示。此时画面效果如图5.218所示。

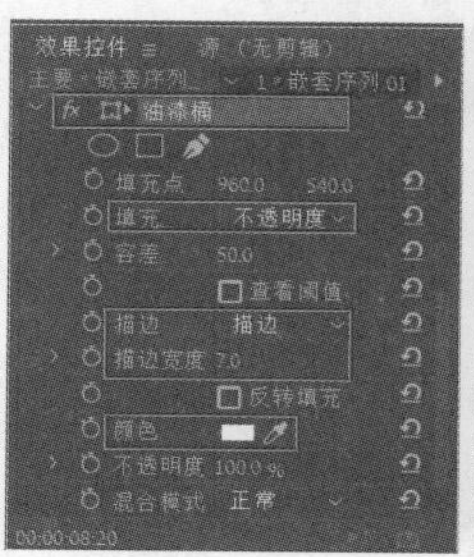

图 5.217

图 5.218

步骤 12 展开【运动】属性，将时间线滑动到8秒20帧位置，开启【缩放】关键帧，设置【缩放】为100；继续将时间线滑动到12秒20帧位置，设置【缩放】为140，如图5.219所示。在【效果】面板中搜索【白场过渡】，将该效果拖曳到V2轨道上的【嵌套序列01】的起始位置，如图5.220所示。

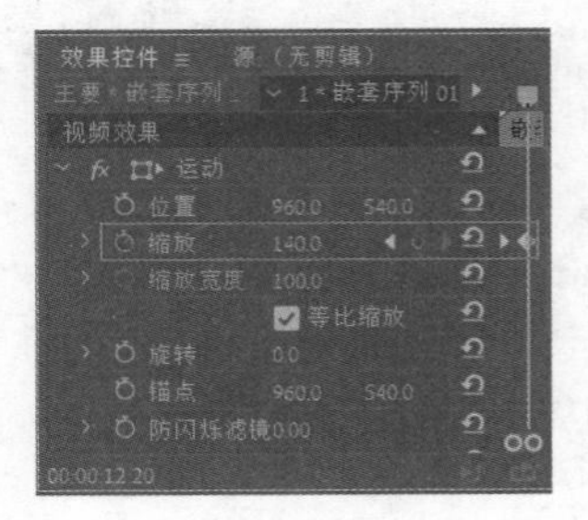

图 5.219

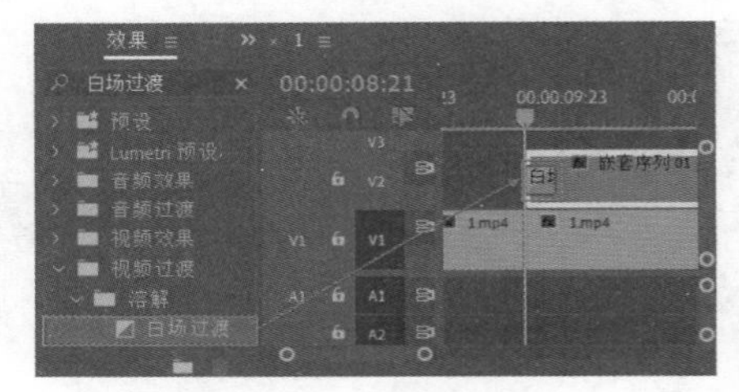

图 5.220

步骤 13 本实例制作完成，滑动时间线查看制作效果，如图5.221所示。

图 5.221

选项解读：【油漆桶】重点参数速查

填充点：设置填充颜色的所在位置。

填充选择器：包括【颜色和Alpha】【直接颜色】【透明度】【不透明度】【Alpha通道】5种颜色填充形式。

容差：设置填充区域的颜色容差度。

查看阈值：勾选该选项后，画面将以黑白阈值效果呈现。

描边：设置画笔的描边方式，其中包括【消除锯齿】【羽化】【扩展】【阻塞】【描边】5种类型。

未使用：当【描边】为【消除锯齿】时，参数面板中会出现【未使用】参数。

反转填充：勾选【反转填充】时，颜色会反向填充。

颜色：设置画面中的填充颜色。

不透明度：设置填充颜色的不透明度。

混合模式：设置填充颜色和原素材的混合模式。

5.10 视频类视频效果

该视频效果组中包含【SDR遵从情况】【剪辑名称】【时间码】【简单文本】4种视频效果，如图5.222所示。

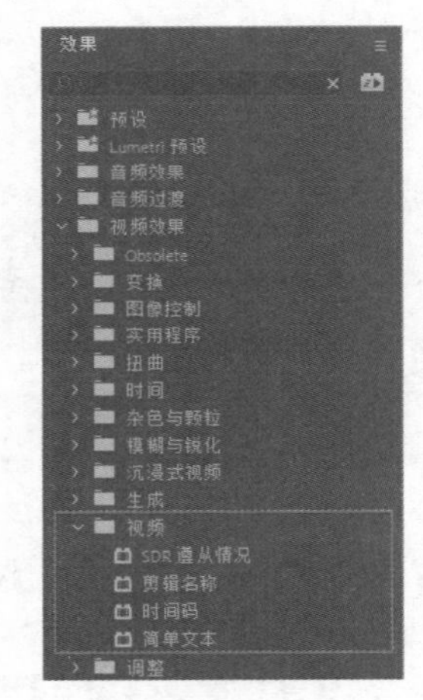

图 5.222

- SDR遵从情况：可设置素材的亮度、对比度及阈值。为素材添加该效果的前后对比如图5.223所示。

图 5.223

- 剪辑名称：会在素材上方显现出素材的名称。为素材添加该效果的前后对比如图5.224所示。
- 时间码：摄像机在记录图像信号时的一种数字编码。为素材添加该效果的前后对比如图5.225所示。

图 5.224

图 5.225

- **简单文本：**可在素材上方进行文字编辑。为素材添加该效果的前后对比如图5.226所示。

图 5.226

实例：【时间码】效果模拟VCR播放画面

文件路径：Chapter 5 视频效果→实例：【时间码】效果模拟VCR播放画面

扫一扫，看视频

本实例主要使用【时间码】效果将视频进行计时，使每一帧画面为一个单独的码数，随着视频的播放，数值逐渐递增。实例效果如图5.227所示。

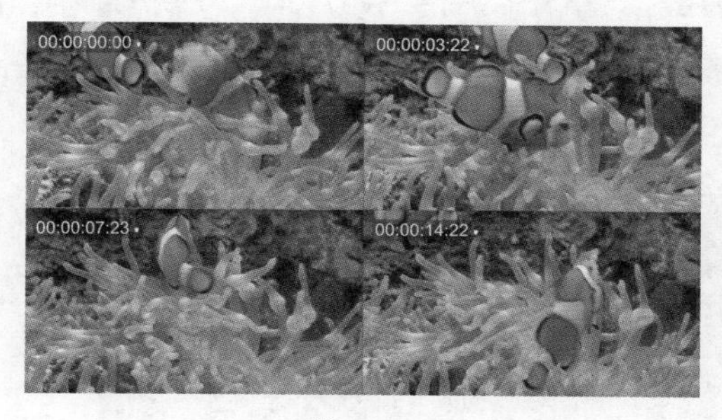

图 5.227

步骤 01 执行【文件】/【新建】/【项目】命令，新建一个项目。在【项目】面板的空白处右击，执行【新建项目】/【序列】命令。在弹出的【新建序列】窗口中【设置】的下方设置【编辑模式】为【自定义】，【时基】为30帧/秒，【帧大小】为1920，【水平】为1080，【像素长宽比】为【方形像素(1.0)】，【序列名称】为【序列01】，单击【确定】按钮。执行【文件】/【导入】命令，导入1.mov素材文件，如图5.228所示。

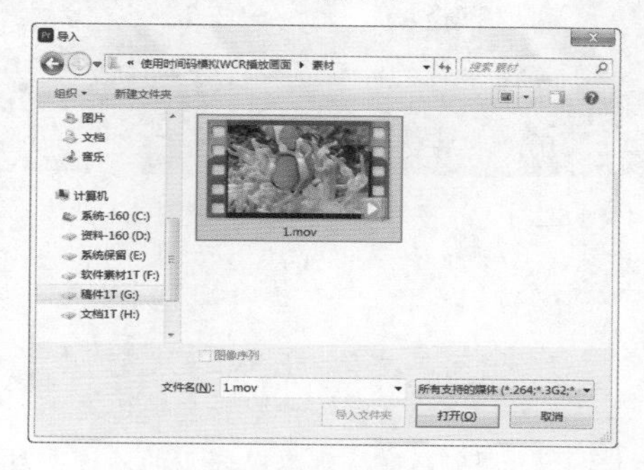

图 5.228

步骤 02 在【时间轴】面板中单击A1轨道前的 V1 按钮，使其变为灰色 A1 ，使素材只对视频轨道发生作用，接着将【项目】面板中的1.mov素材文件拖曳到V1轨道上，此时会弹出【剪辑不匹配警告】窗口，单击【保持现有设置】按钮，如图5.229所示。此时素材文件出现在V1轨道上。

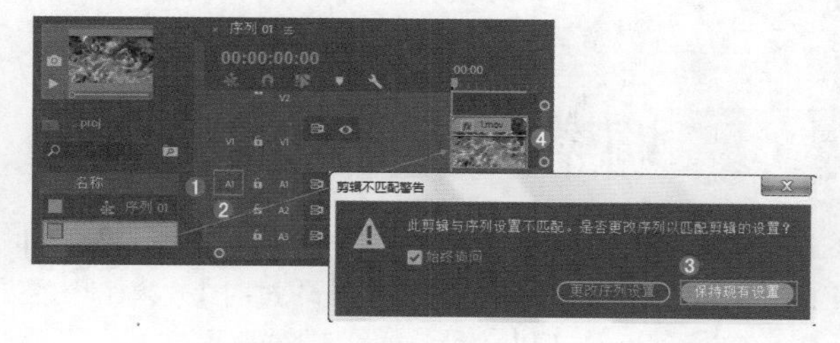

图 5.229

步骤 03 为素材添加时间码。在【效果】面板中搜索【时间码】，按住鼠标左键将该效果拖曳到V1轨道的1.mov素材文件上方，如图5.230所示。

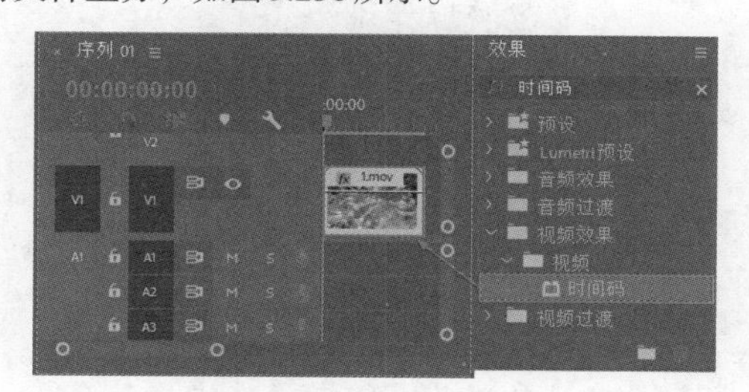

图 5.230

步骤 04 在【时间轴】面板中选择1.mov素材文件，在【效果控件】面板中展开【时间码】，设置【位置】为(358,115)，如图5.231所示。此时按空格键进行播放，效果如图5.232所示。

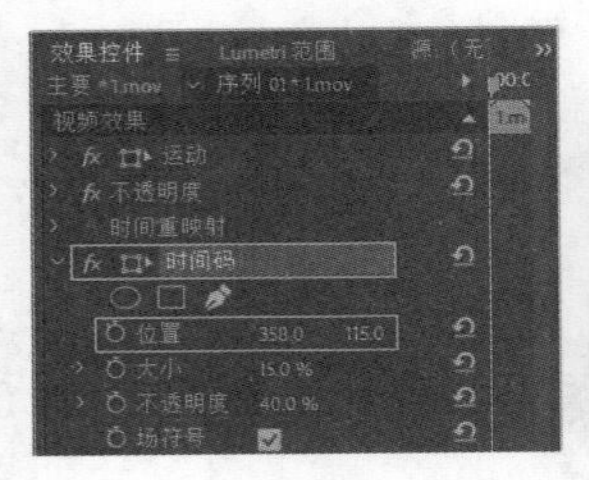

图 5.231

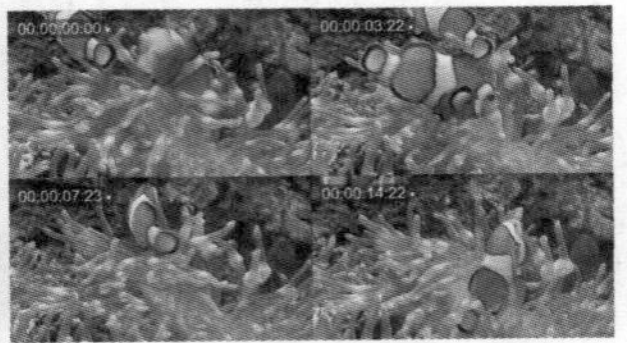

图 5.232

选项解读：【时间码】重点参数速查

位置：设置时间码在素材上的位置坐标。

大小：设置时间码在画面中显示的大小状态。

不透明度：调整数字底部黑色矩形的不透明度。

场符号：勾选【场符号】时，在数字右侧可实现一个倒三角形状。

格式：设置时间码在画面中的显示方式。

时间码源：设置时间码的初始状态。

时间显示：设置时间码的显示制式。

位移：调整时间码中的数字信息。

标签文本：在下拉列表中包含10种时间码文本格式。

源轨道：设置时间码的轨道遮罩情况。

5.11 调整类视频效果

该类视频效果包含【调整】效果组中的【Extract】【Levels】【ProcAmp】【光照效果】与【过时】效果组中的【Convolution Kernel】共5种，如图5.233所示。

图 5.233

- ProcAmp：可调整素材的亮度、对比度、色相、饱和度。为素材添加该效果的前后对比如图5.234所示。

图 5.234

- 光照效果：可模拟灯光照射在物体上的状态。为素材添加该效果的前后对比如图5.235所示。

图 5.235

- Convolution Kernel（卷积内核）：可以通过参数调整画面的色阶。为素材添加该效果的前后对比如图5.236所示。

图 5.236

- Extract（提取）：可以将彩色画面转化为黑白效果。为素材添加该效果的前后对比如图5.237所示。

图 5.237

- Levels（色阶）：可以调整画面中的明暗层次关系。为素材添加该效果的前后对比如图5.238所示。

图 5.238

实例:【光照效果】制作夜视仪

文件路径:Chapter 5 视频效果→实例:【光照效果】制作夜视仪

本实例使用【光照效果】模拟夜视仪扫视的绿光效果。实例效果如图5.239所示。

图 5.239

步骤 01 执行【文件】/【新建】/【项目】命令，新建一个项目。在【项目】面板的空白处右击，执行【新建项目】/【序列】命令。弹出【新建序列】窗口，在DV-PAL文件夹下选择【宽屏48kHz】，设置【序列名称】为【序列01】，单击【确定】按钮。执行【文件】/【导入】命令，导入1.jpg素材文件，如图5.240所示。

图 5.240

步骤 02 将【项目】面板中的1.jpg素材文件拖曳到V1轨道上，如图5.241所示。

步骤 03 在【效果】面板中搜索【光照效果】，按住鼠标左键将该效果拖曳到V1轨道的1.jpg素材文件上，如图5.242所示。

步骤 04 在【效果控件】面板中展开【光照效果】/【光照1】，设置【光照颜色】为绿色，将时间线滑动到起始帧位置，单击【中央】前面的按钮，开启自动关键帧，设置【中央】为(285,337)；继续将时间线滑动到2秒位置，设置【中央】为(925,337)；最后将时间线滑动到4秒位置，设置【中央】为(178,195)。接着设置【主要半径】为12，【次要半径】为12，【角度】为300°，【聚焦】为70，【环境光照颜色】为较深一些的绿色，如图5.243所示。此时实例制作完成，滑动时间线查看画面效果，如图5.244所示。

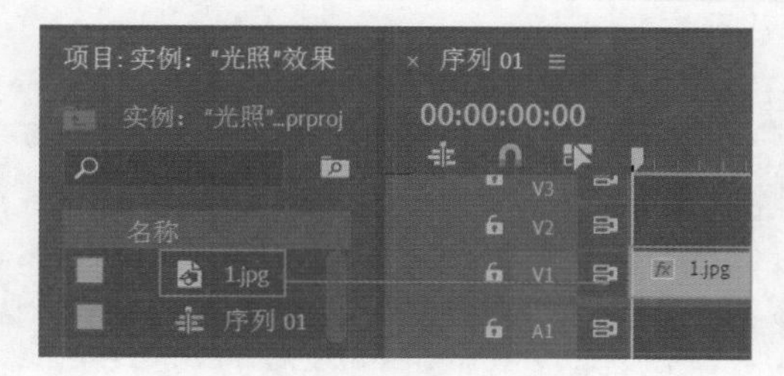

图 5.241

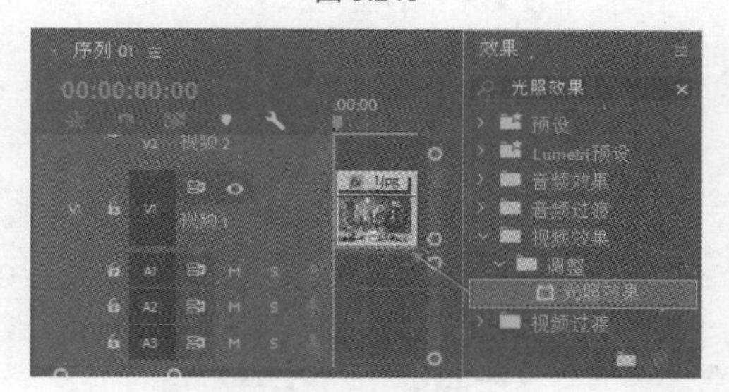

图 5.242

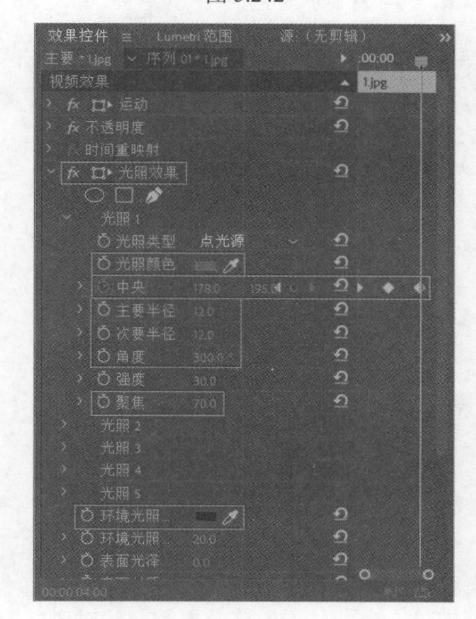

图 5.243

图 5.244

选项解读:【光照效果】重点参数速查

光照1：为素材添加灯光照射效果。【光照2】【光照3】【光照4】【光照5】为同样道理，这里以光照1为例。

环境光照颜色：调整素材周围环境的颜色倾向。

环境光照强度：控制周围环境光的强弱程度。

表面光泽：设置光源的明暗程度。

表面材质：设置图像表面的材质效果。

曝光：控制灯光的曝光强弱。

凹凸层：选择产生浮雕的轨道。

凹凸通道：设置产生浮雕的通道。

凹凸高度：控制浮雕的深浅和大小。

白色部分凸起：勾选该选项，可以反转浮雕的方向。

5.12 过渡类视频效果

该类视频效果包含【过渡】效果组中的【块溶解】【渐变擦除】【线性擦除】与【过时】效果组中的【径向擦除】【百叶窗】共5种，如图5.245所示。

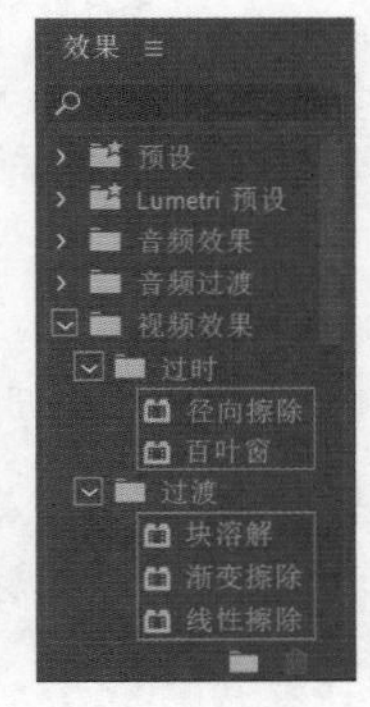

图 5.245

- 块溶解：可以将素材制作出逐渐显现或隐去的溶解效果。为素材添加该效果的前后对比如图5.246所示。

 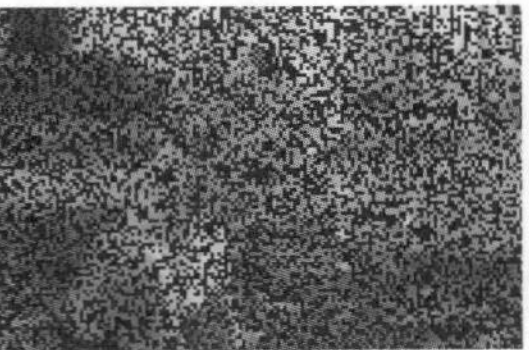

图 5.246

- 径向擦除：会沿着设置的中心轴点进行表针式画面擦除。为素材添加该效果的前后对比如图5.247所示。

图 5.247

- 渐变擦除：可以制作出类似色阶梯度渐变的效果。为素材添加该效果的前后对比如图5.248所示。

图 5.248

- 百叶窗：在视频播放时可使画面产生类似百叶窗叶片摆动的效果。为素材添加该效果的前后对比如图5.249所示。

图 5.249

- 线性擦除：可使素材以线性的方式进行画面擦除。为素材添加该效果的前后对比如图5.250所示。

图 5.250

5.13 透视类视频效果

该类视频效果包含【透视】效果组中的【基本3D】【投影】与【过时】效果组中的【斜面Alpha】【边缘斜面】【径向阴影】共5种，如图5.251所示。

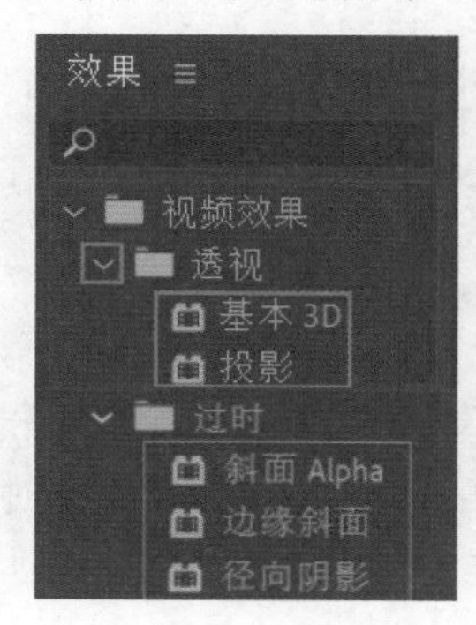

图 5.251

- 基本3D：可使素材产生翻转或透视的3D效果。为素材添加该效果的前后对比如图5.252所示。

图 5.252

- 径向阴影：可使素材后方出现阴影效果，加强画面空间感。为素材添加该效果的前后对比如图5.253所示。

图 5.253

- 投影：可使素材边缘呈现阴影效果。为素材添加该效果的前后对比如图5.254所示。

图 5.254

- 斜面Alpha：可通过Alpha通道使素材产生三维效果。为素材添加该效果的前后对比如图5.255所示。

图 5.255

- 边缘斜面：可使画面呈现出立体效果，光照越强，棱角越明显。为素材添加该效果的前后对比如图5.256所示。

图 5.256

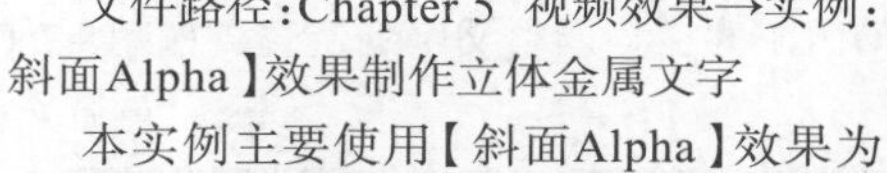

实例:【斜面Alpha】效果制作立体金属文字

扫一扫，看视频

文件路径:Chapter 5 视频效果→实例:【斜面Alpha】效果制作立体金属文字

本实例主要使用【斜面Alpha】效果为文字制作立体效果，从而将金属的坚硬感表现出来。实例效果如图5.257所示。

图 5.257

步骤 01 执行【文件】/【新建】/【项目】命令，新建一个项目。执行【文件】/【导入】命令，导入1.jpg素材文件，如图5.258所示。

步骤 02 将【项目】面板中的1.jpg素材文件拖曳到【时间轴】面板中的V1轨道上，此时在【项目】面板中自动生成与素材尺寸等大的序列，如图5.259所示。

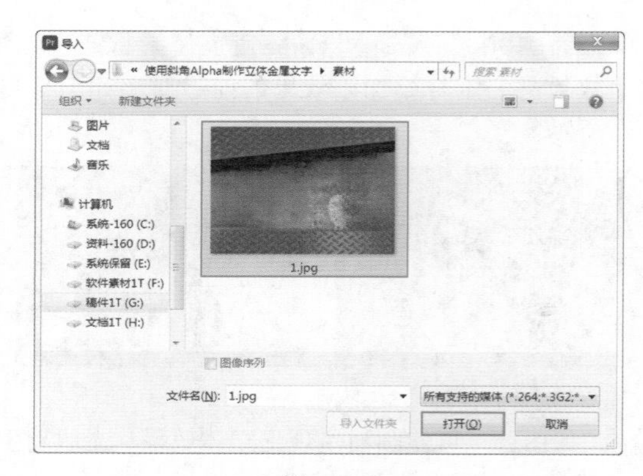

图 5.258

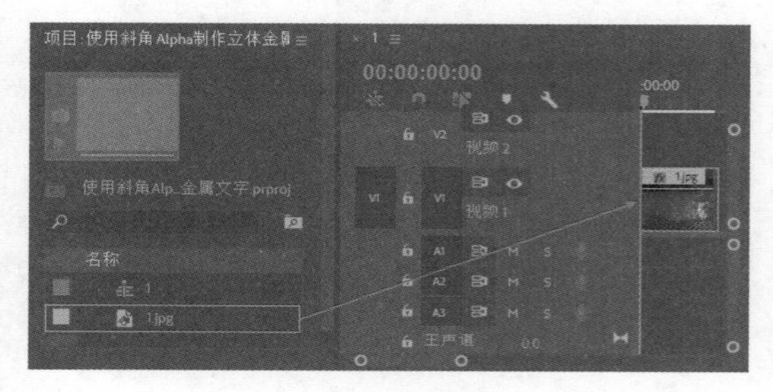

图 5.259

步骤 03 制作文字部分。将时间线滑动至起始位置，在【工具】面板中选择T（文字工具），在画面中合适的位置输入文字TOUGH并适当调整文字的位置，如图5.260所示。

图 5.260

步骤 04 为文字添加效果。选择文字图层，在【效果控件】面板中展开文本。设置合适的【字体系列】及【字体样式】，设置【字体大小】为200，单击【填充】后方的颜色，在弹出的【拾色器】窗口中设置【填充类型】为【线性渐变】，【颜色】为金色到蓝色再到金色的渐变效果，设置完成后单击【确定】按钮，【勾选】阴影，设置【颜色】为深黄色，【不透明度】为80%，【角度】为102°，【距离】为10.5，【大小】为25，【扩展】为75，接着展开【变换】，设置【位置】为(171.9,626.5)，如图5.261所示。

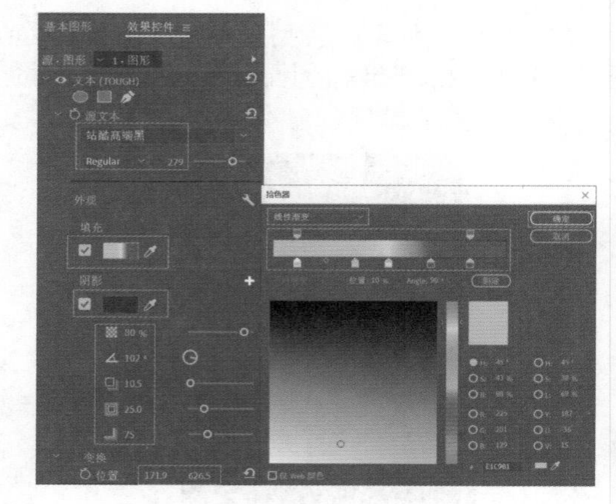

图 5.261

步骤 05 文字制作完成，此时画面效果如图5.262所示。

图 5.262

步骤 06 选择【时间轴】面板中V2轨道上的文字图层，在【效果】面板中搜索【斜面Alpha】，按住鼠标左键将该效果拖曳到V2轨道的文字图层上，如图5.263所示。

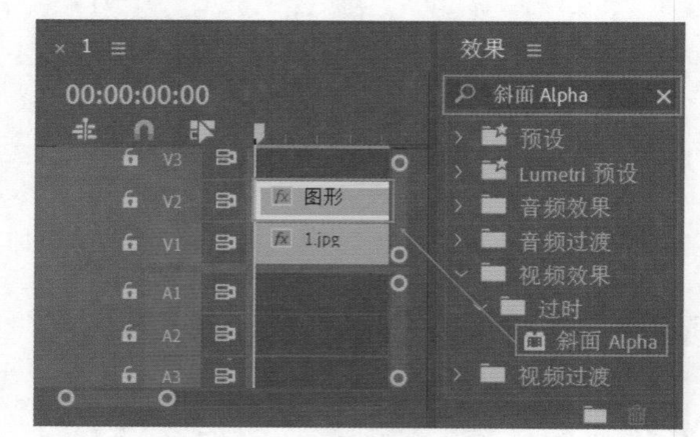

图 5.263

步骤 07 在【效果控件】面板中展开【斜面Alpha】，设置【边缘厚度】为13，【光照角度】为-72°，【光照颜色】

为深黄色，【光照强度】为1，如图5.264所示。此时实例制作完成，画面效果如图5.265所示。

图 5.264

图 5.265

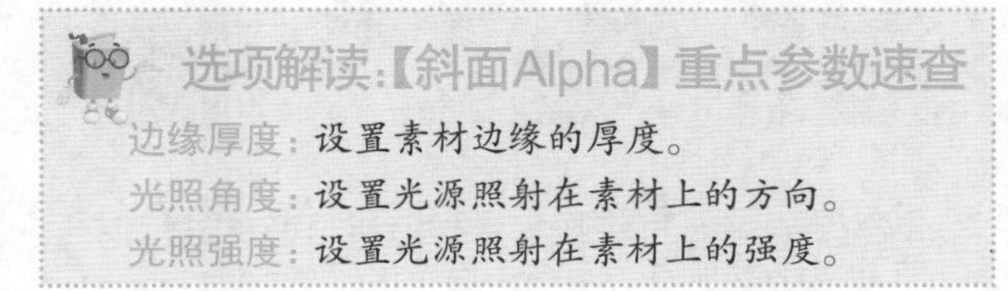

选项解读:【斜面Alpha】重点参数速查

边缘厚度：设置素材边缘的厚度。

光照角度：设置光源照射在素材上的方向。

光照强度：设置光源照射在素材上的强度。

实例:【边缘斜面】效果制作水晶凸起质感

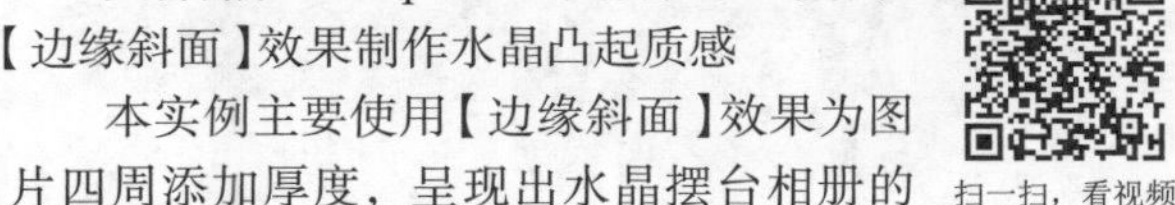

文件路径:Chapter 5 视频效果→实例:【边缘斜面】效果制作水晶凸起质感

扫一扫，看视频

本实例主要使用【边缘斜面】效果为图片四周添加厚度，呈现出水晶摆台相册的感觉。实例效果如图5.266所示。

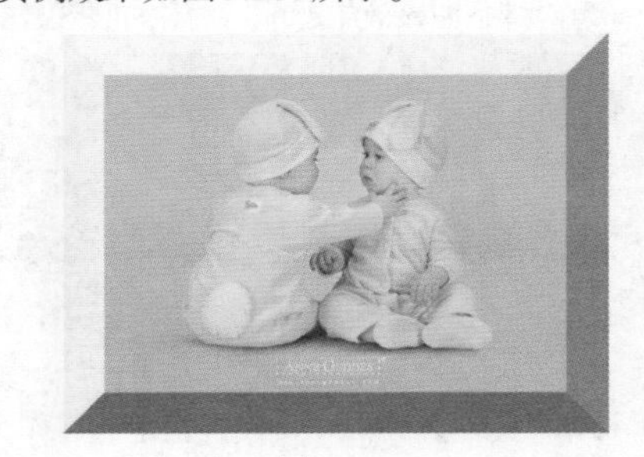

图 5.266

步骤 01 执行【文件】/【新建】/【项目】命令，新建一个项目。执行【文件】/【导入】命令，导入1.jpg素材文件，如图5.267所示。

步骤 02 将【项目】面板中的1.jpg素材文件拖曳到【时间轴】面板中，此时在【项目】面板中自动生成与1.jpg素材文件尺寸等大的序列，如图5.268所示。

步骤 03 在【时间轴】面板中选择1.jpg素材文件，在【效果】面板中搜索【边缘斜面】，按住鼠标左键将该效果拖曳到V1轨道的1.jpg素材文件上，如图5.269所示。

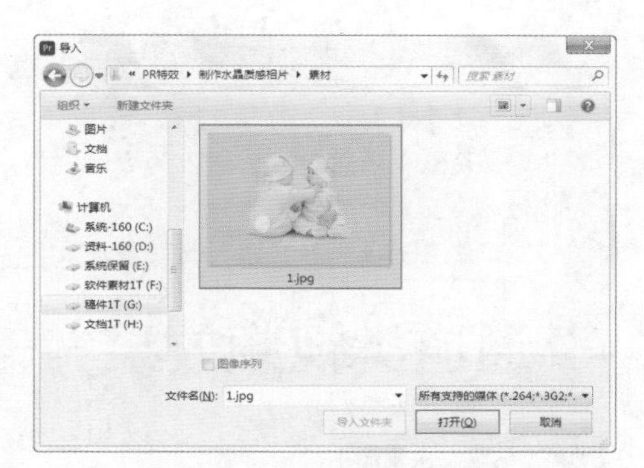

图 5.267

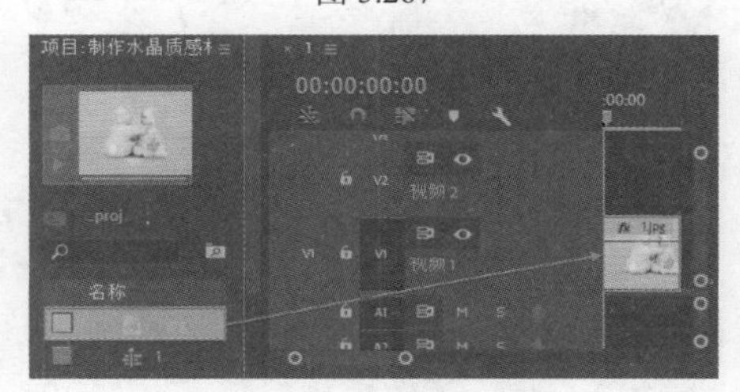

图 5.268

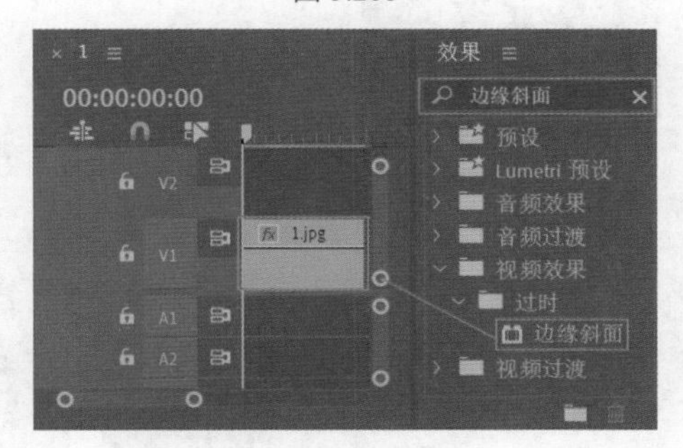

图 5.269

步骤 04 在【效果控件】面板中展开【边缘斜面】，设置【边缘厚度】为0.1，【光照角度】为-35°，【光照颜色】为白色，【光照强度】为0.4，如图5.270所示。此时实例制作完成，画面效果如图5.271所示。

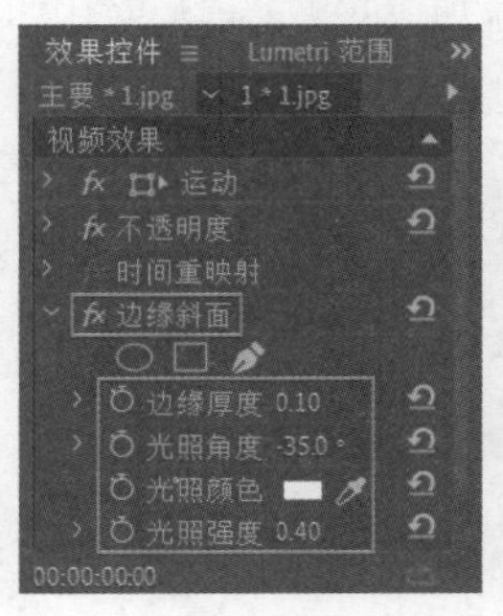

图 5.270

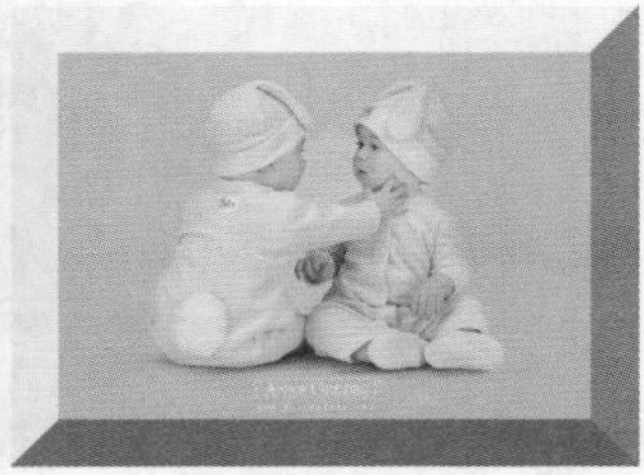

图 5.271

选项解读:【边缘斜面】重点参数速查

边缘厚度：设置素材边缘的厚度。

光照角度：设置光源照射在素材上的方向。

光照颜色：设置光源的颜色。

光照强度：设置光源照射在素材上的强度。

5.14 通道类视频效果

该类视频效果包含【Obsolete】效果组中的【Set Matte】、【过时】效果组中的【计算】【混合】【算术】【纯色合成】【复合运算】以及【通道】效果组中的【反转】共7种，如图5.272所示。

图 5.272

- 反转：应用该效果后，素材可以自动进行通道反转。为素材添加该效果的前后对比如图5.273所示。

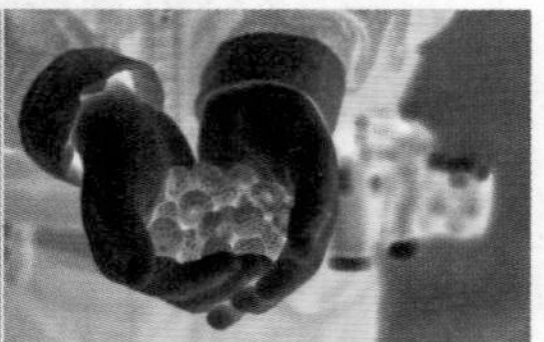

图 5.273

- 复合运算：用于对指定的视频轨道与原素材的通道进行混合设置。为素材添加该效果的前后对比如图5.274所示。

图 5.274

- 混合：用于制作两个素材在进行混合时的叠加效果。为素材添加该效果的前后对比如图5.275所示。

图 5.275

- 算术：用于控制画面中RGB颜色的阈值情况。为素材添加该效果的前后对比如图5.276所示。

图 5.276

- 纯色合成：可将指定素材与所选颜色进行混合。为素材添加该效果的前后对比如图5.277所示。

图 5.277

- 计算：可指定一种素材文件与原素材文件进行通道混合。为素材添加该效果的前后对比如图5.278所示。

图 5.278

- Set Matte（设置遮罩）：可设置指定通道作为遮罩并与原素材进行混合。为素材添加该效果的前后对比如图5.279所示。

图 5.279

实例：【反转】效果制作特效大片色调

文件路径：Chapter 5　视频效果→实例：【反转】效果制作特效大片色调

本实例主要使用【反转】效果更改原图像的通道颜色，使其变为蓝紫色感。实例效果如图5.280所示。

图 5.280

步骤 01 执行【文件】/【新建】/【项目】命令，新建一个项目。执行【文件】/【导入】命令，导入1.jpg素材文件，如图5.281所示。

图 5.281

步骤 02 将【项目】面板中的1.jpg素材文件拖曳到V1轨道上，此时在【项目】面板中自动生成与1.jpg素材文件等大的序列，如图5.282所示。

图 5.282

步骤 03 在【效果】面板中搜索【反转】，按住鼠标左键将该效果拖曳到V1轨道的1.jpg素材文件上，如图5.283所示。

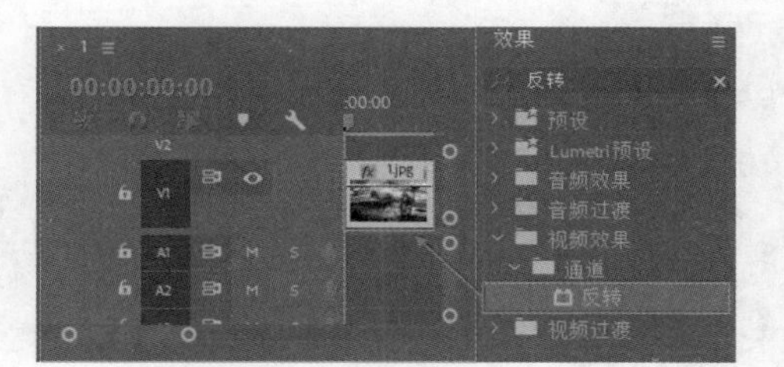

图 5.283

步骤 04 在【效果控件】面板中展开【反转】，设置【声道】为【正交色度】，如图5.284所示。画面最终效果如图5.285所示。

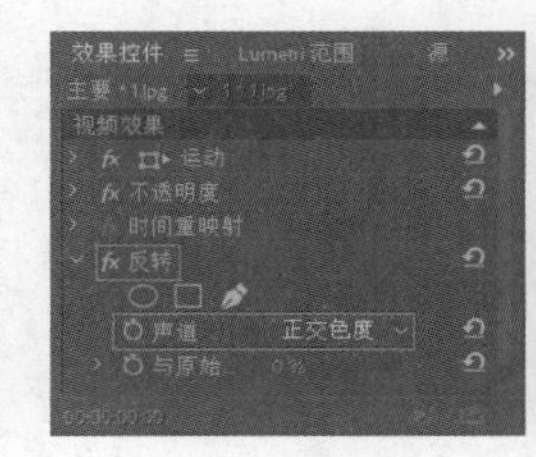

图 5.284

图 5.285

选项解读：【反转】重点参数速查

声道：在下拉列表中可设置需要反转颜色的【声道】类型。

与原始图像混合：设置反转后的画面与原素材进行混合的百分比。

5.15 风格化类视频效果

该类视频效果包含【风格化】效果组中的【Alpha发光】【复制】【彩色浮雕】【查找边缘】【画笔描边】【粗糙边缘】【色调分离】【闪光灯】【马赛克】、【Obsolete】效果组中的【Threshold】以及【过时】效果组中的【Solarize】【浮雕】【纹理】共13种，如图5.286所示。

- Alpha发光：可在素材上方制作出发光效果。
- 复制：可将素材进行复制，从而产生大量相同的素材。为素材添加该效果的前后对比如图5.287所示。
- 彩色浮雕：可在素材上方制作出彩色凹凸感效果。为素材添加该效果的前后对比如图5.288所示。

图 5.286

图 5.287

图 5.288

- Solarize（曝光过度）：可通过参数设置调整画面曝光强弱。为素材添加该效果的前后对比如图5.289所示。

图 5.289

- 查找边缘：可以使画面产生类似彩色铅笔绘画的线条感。为素材添加该效果的前后对比如图5.290所示。

图 5.290

- 浮雕：会使画面产生灰色的凹凸感效果。为素材添加该效果的前后对比如图5.291所示。

图 5.291

- 画笔描边：可使素材表面产生类似画笔涂鸦或水彩画的效果。为素材添加该效果的前后对比如图5.292所示。

图 5.292

- 粗糙边缘：可以将素材边缘制作出腐蚀感效果。为素材添加该效果的前后对比如图5.293所示。

图 5.293

- 纹理：可在素材表面呈现出类似贴图感的纹理效果。为素材添加该效果的前后对比如图5.294所示。

图 5.294

- 色调分离：指一幅图像由紧紧相邻的渐变色阶构成。为素材添加该效果的前后对比如图5.295所示。

图 5.295

- 闪光灯：可以模拟真实闪光灯的闪烁效果。为素材添加该效果的前后对比如图5.296所示。

图 5.296

- Threshold（阈值）：应用该效果可自动将画面转化为黑白图像。为素材添加该效果的前后对比如图5.297所示。

图 5.297

- 马赛克：可将画面自动转换为以像素块为单位拼凑的画面。为素材添加该效果的前后对比如图5.298所示。

图 5.298

实例：【马赛克】效果制作色块背景

文件路径：Chapter 5　视频效果→实例：【马赛克】效果制作色块背景

本实例使用【马赛克】效果制作色块背景。实例效果如图5.299所示。

扫一扫，看视频

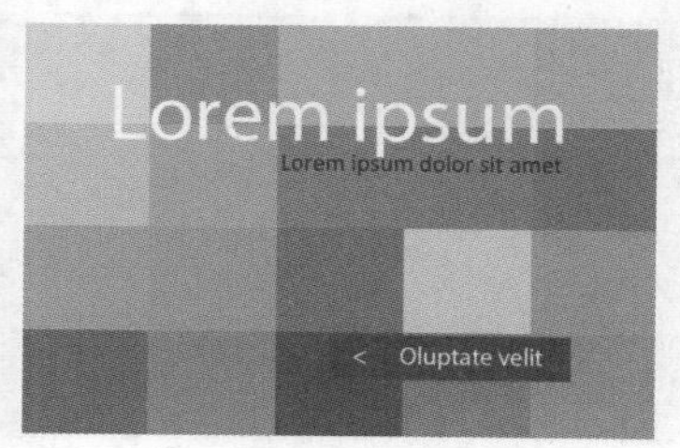

图 5.299

步骤 01 执行【文件】/【新建】/【项目】命令，新建一个项目。执行【文件】/【导入】命令，导入全部素材文件，如图5.300所示。

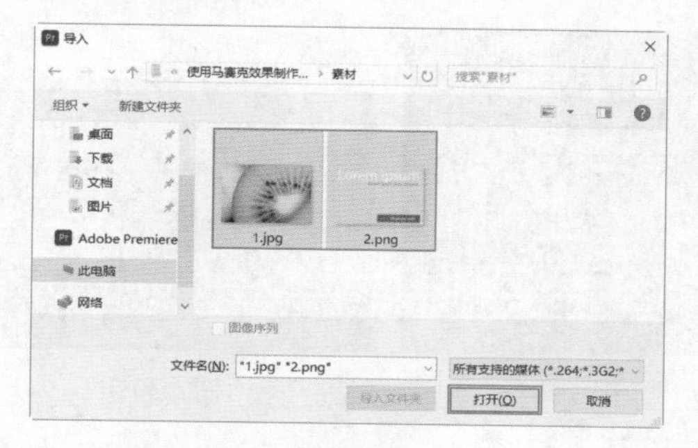

图 5.300

步骤 02 在【项目】面板中选择1.jpg、2.png素材，将其拖曳到V1、V2轨道上，如图5.301所示，此时在【项目】面板中自动生成序列。此时画面效果如图5.302所示。

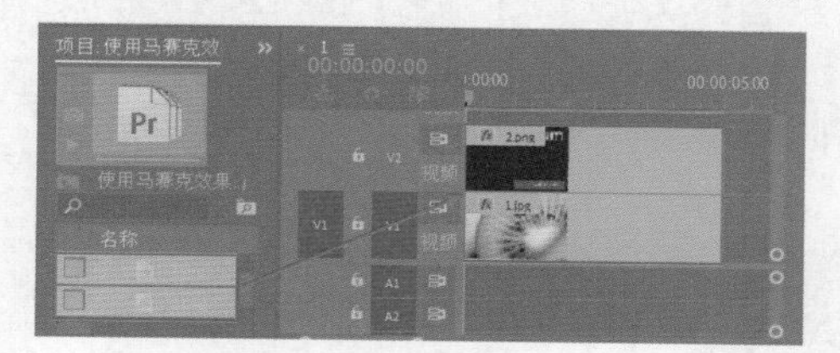

图 5.301

图 5.302

步骤 03 在【效果】面板中搜索【马赛克】，将该效果拖曳到V1轨道的1.jpg素材上，如图5.303所示。

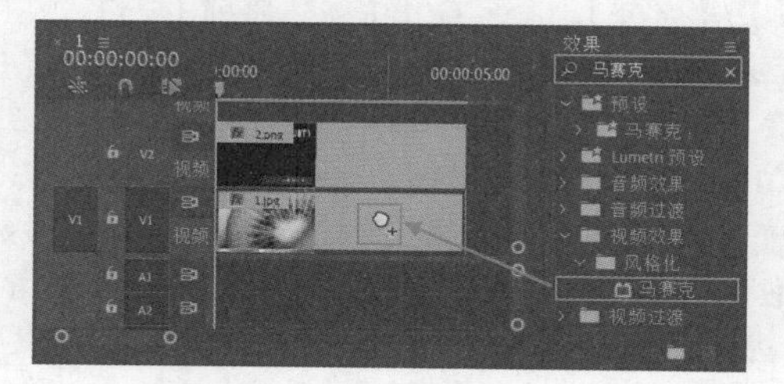

图 5.303

步骤 04 在【时间轴】面板中选择1.jpg素材，在【效果控件】面板中展开【马赛克】，设置【水平块】为5，【垂直块】为4，如图5.304所示。画面效果如图5.305所示。

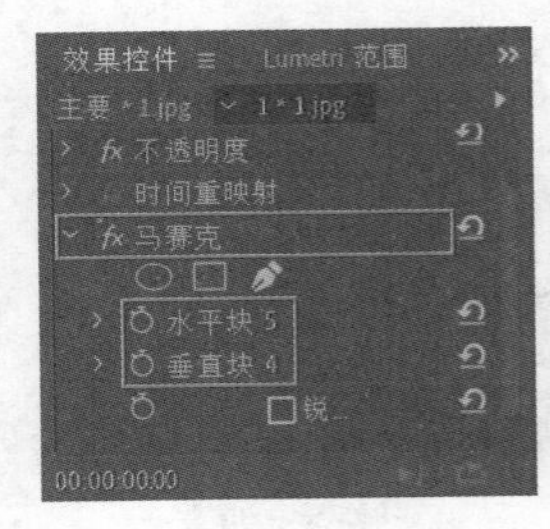

图 5.304

图 5.305

选项解读:【马赛克】重点参数速查

水平块：设置马赛克的水平数量。

垂直块：设置马赛克的垂直数量。

锐化颜色：勾选【锐化颜色】可强化像素块的颜色阈值。

实例:【Alpha发光】效果制作炫酷广告

扫一扫，看视频

文件路径：Chapter 5 视频效果→实例：【Alpha发光】效果制作炫酷广告

本实例主要使用【Alpha发光】效果为人物边缘制作出发光效果。实例效果如图5.306所示。

图 5.306

步骤 01 执行【文件】/【新建】/【项目】命令，新建一个项目。在【项目】面板的空白处右击，执行【新建项目】/【序列】命令，弹出【新建序列】窗口，在HDV文件夹下选择HDV 720p24，设置【序列名称】为【序列01】，单击【确定】按钮。执行【文件】/【导入】命令，导入1.png和2.png素材文件，如图5.307所示。

步骤 02 制作画面背景部分。执行【文件】/【新建】/【颜色遮罩】命令，在弹出的【拾色器】窗口中设置【颜色】为蓝色，此时会弹出【选择名称】窗口，设置新遮罩的名称为【颜色遮罩】，单击【确定】按钮，如图5.308所示。

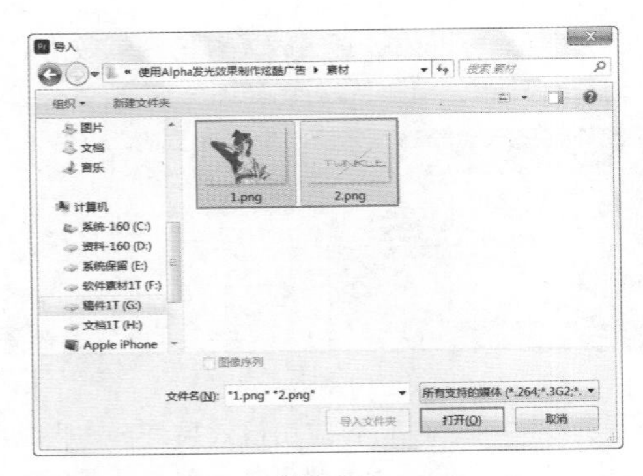

图 5.307

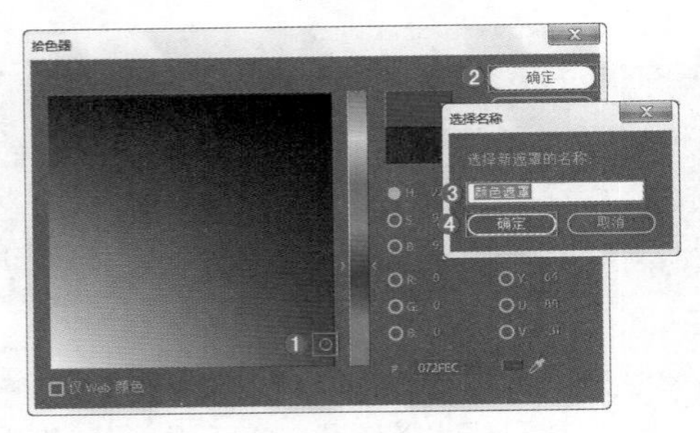

图 5.308

步骤 03 将【项目】面板中的颜色遮罩、1.png、2.png素材文件依次拖曳到【时间轴】面板中的V1、V2、V3轨道上，如图5.309所示。

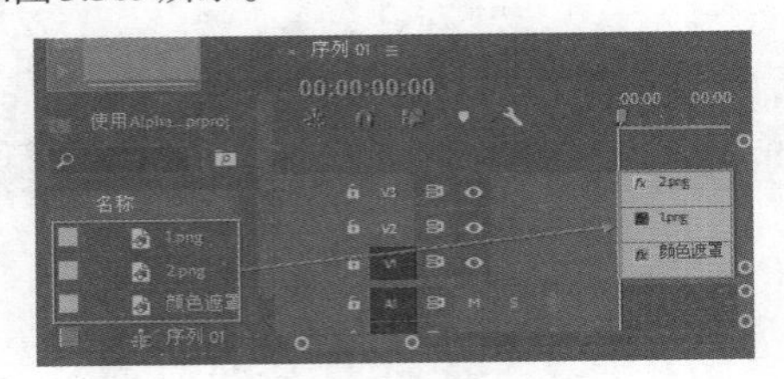

图 5.309

步骤 04 为了便于观看和操作，单击V2、V3轨道上的 (切换轨道输出)按钮，将轨道内容进行隐藏。下面制作渐变背景，在【效果】面板中搜索【渐变】，按住鼠标左键将该效果拖曳到V1轨道的【颜色遮罩】上，如图5.310所示。

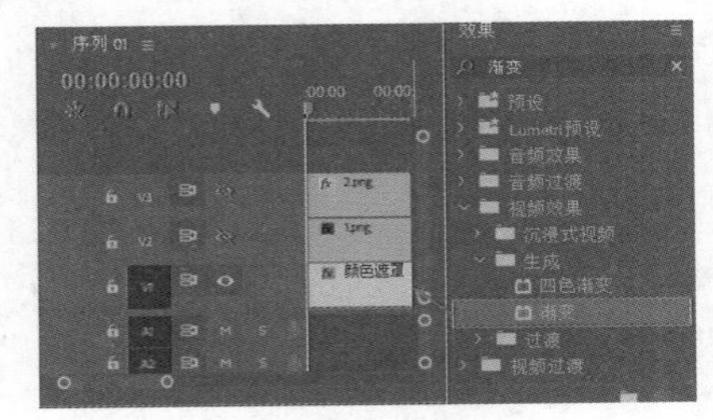

图 5.310

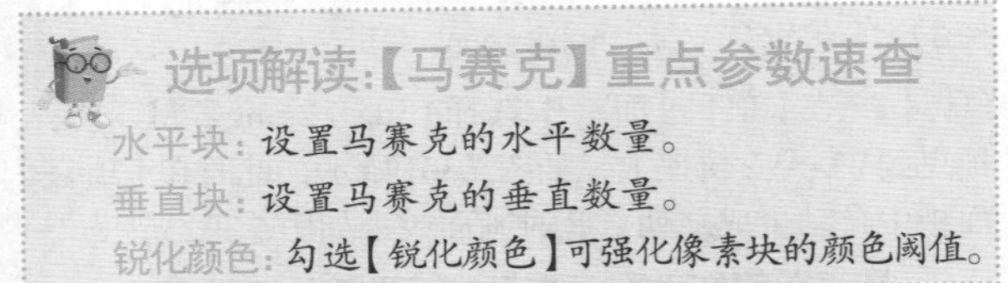

步骤 05 在【时间轴】面板中选择【颜色遮罩】，接着在【效果控件】面板中展开【渐变】，设置【渐变起点】为(380,0)，【起始颜色】为蓝色，【渐变终点】为(640,720)，【结束颜色】为青蓝色，如图5.311所示。此时背景效果如图5.312所示。

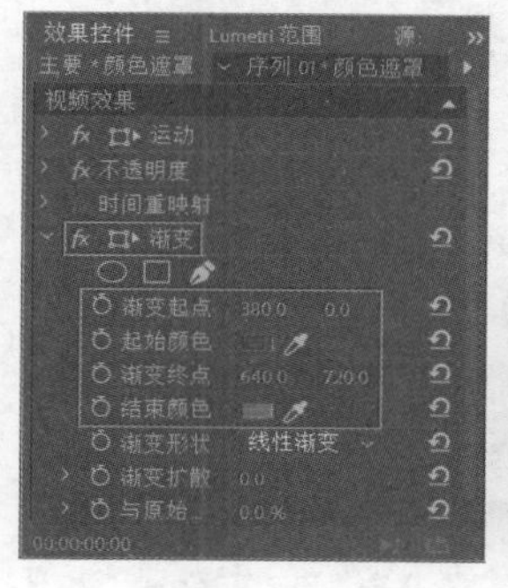

图 5.311

图 5.312

步骤 06 在【时间轴】面板中显现并选择V2轨道上的1.png素材文件，如图5.313所示。在【效果控件】面板中展开【运动】属性，设置【位置】为(665,360)，【缩放】为72，如图5.314所示。

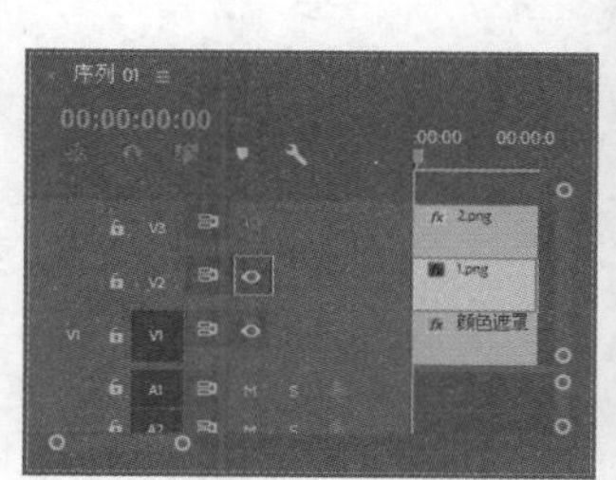

图 5.313

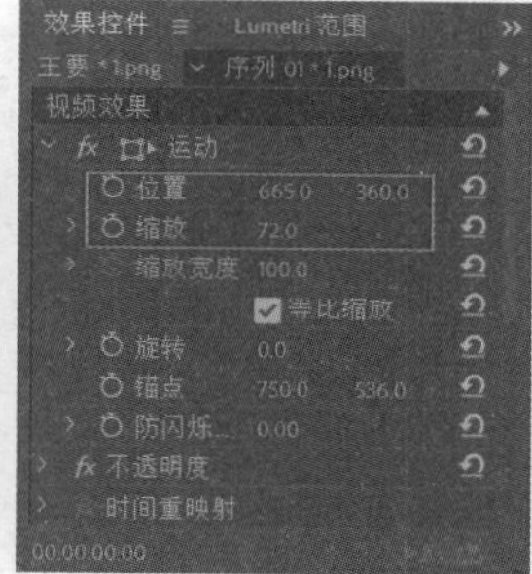

图 5.314

步骤 07 此时画面效果如图5.315所示。

图 5.315

步骤 08 在【效果】面板中搜索【Alpha发光】，按住鼠标左键将该效果拖曳到V2轨道的1.png素材文件上，如图5.316所示。

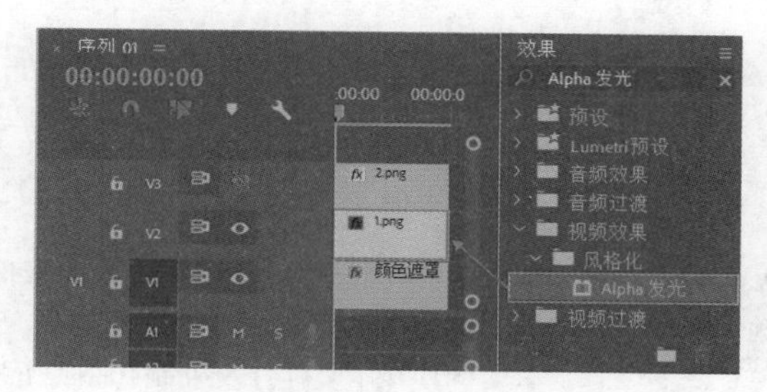

图 5.316

步骤 09 在【时间轴】面板中选择1.png素材文件，接着在【效果控件】面板中展开【Alpha光】，设置【发光】为60，【亮度】为255，【起始颜色】为青蓝色，【结束颜色】为黄色，如图5.317所示。此时人物效果如图5.318所示。

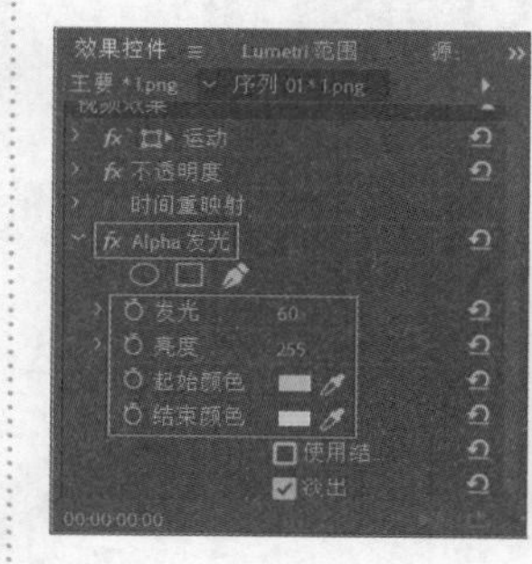

图 5.317

图 5.318

步骤 10 在【时间轴】面板中显现并选择V3轨道上的2.png文字素材，在【效果控件】面板中展开【运动】属性，设置【位置】为(618,409)，【缩放】为73，如图5.319所示。本实例制作完成，画面最终效果如图5.320所示。

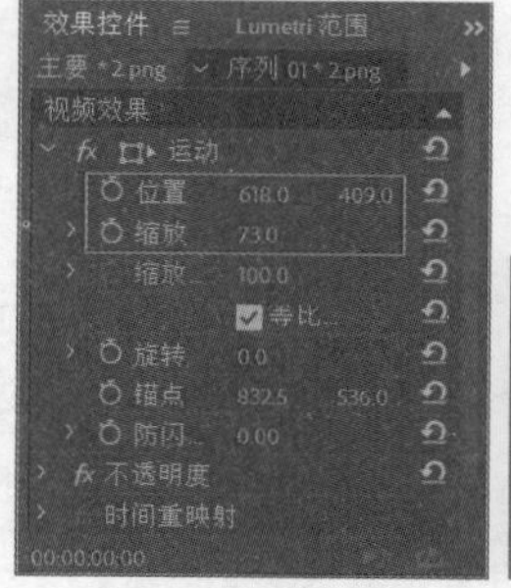

图 5.319

图 5.320

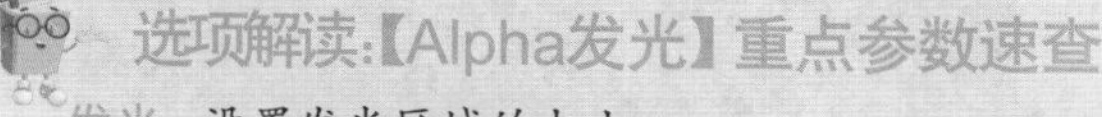

选项解读:【Alpha发光】重点参数速查

发光：设置发光区域的大小。

亮度：设置发光的强弱。

起始颜色：设置发光的起始颜色。

结束颜色：设置发光的结束颜色。

淡出：勾选该选项时，发光会产生平滑的过渡效果。

实例：【复制】效果克隆人像

扫一扫，看视频

文件路径：Chapter 5 视频效果→实例：【复制】效果克隆人像

本实例使用【复制】效果制作拼贴镜像效果。实例效果如图5.321所示。

图 5.321

步骤 01 执行【文件】/【新建】/【项目】命令，新建一个项目。执行【文件】/【导入】命令，导入1.jpg素材文件，如图5.322所示。

图 5.322

步骤 02 在【项目】面板中选择1.jpg素材，将其拖曳到V1轨道上，如图5.323所示，此时在【项目】面板中自动生成序列。

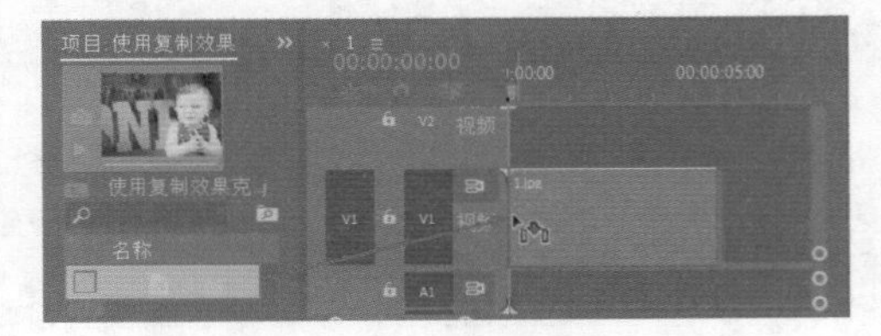

图 5.323

步骤 03 在【效果】面板中搜索【复制】，将该效果拖曳到V1轨道的1.jpg素材上，如图5.324所示。

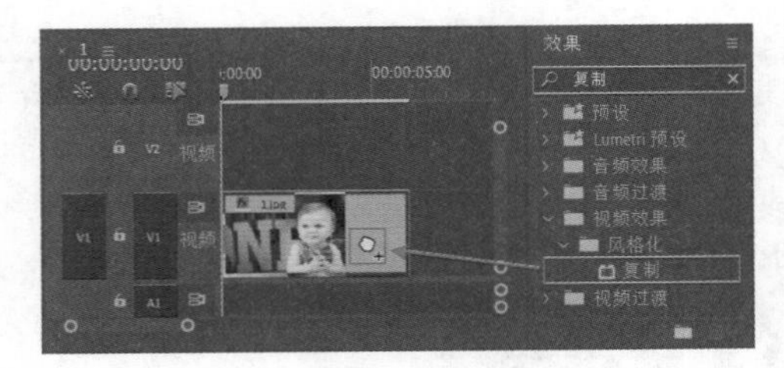

图 5.324

步骤 04 选择V1轨道上的1.jpg素材，在【效果控件】面板中展开【复制】，设置【计数】为3，如图5.325所示。此时画面效果如图5.326所示。

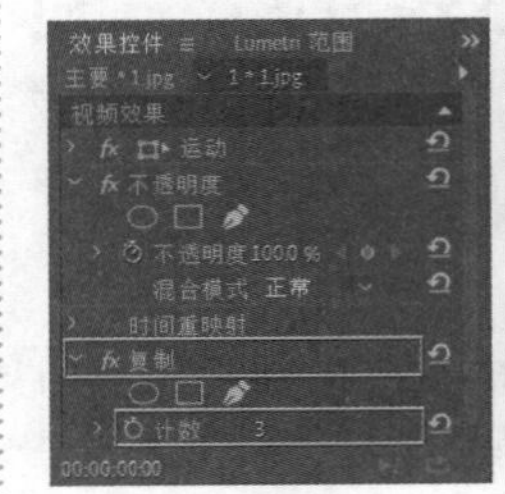

图 5.325

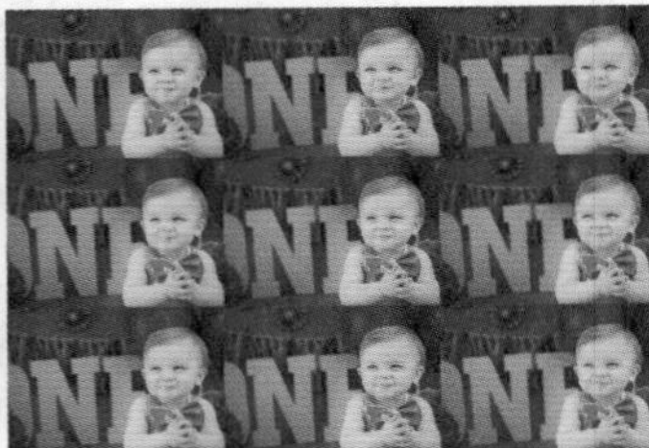

图 5.326

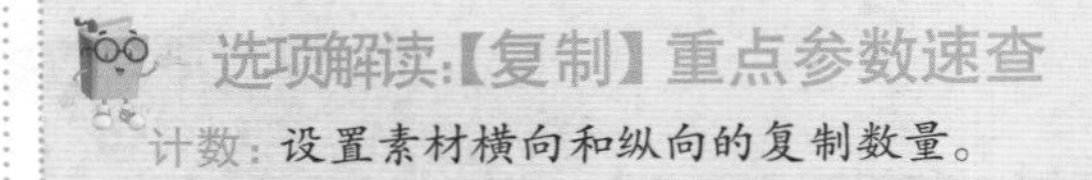

选项解读：【复制】重点参数速查

计数：设置素材横向和纵向的复制数量。

综合实例：【Threshold】【百叶窗】效果制作古典风格宣传广告

文件路径：Chapter 5 视频效果→综合实例：【Threshold】【百叶窗】效果制作古典风格宣传广告

本实例主要使用【Threshold】效果将人物调整为黑白色感效果，使用【百叶窗】效果为形状添加特效，从而使形状呈现出另外一种感觉。实例效果如图5.327所示。

扫一扫，看视频

图 5.327

步骤 01 执行【文件】/【新建】/【项目】命令，新建一个项目。执行【文件】/【导入】命令，导入全部素材文件，如图5.328所示。

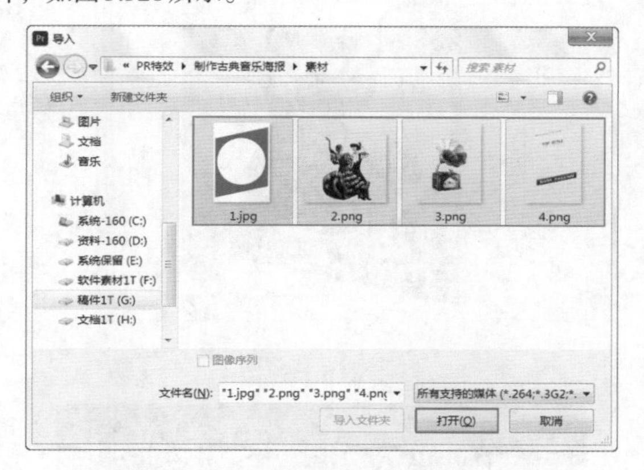

图 5.328

步骤 02 将【项目】面板中的1.jpg素材文件拖曳到【时间轴】面板中，此时在【项目】面板中自动生成与该素材尺寸等大的序列，如图5.329所示。

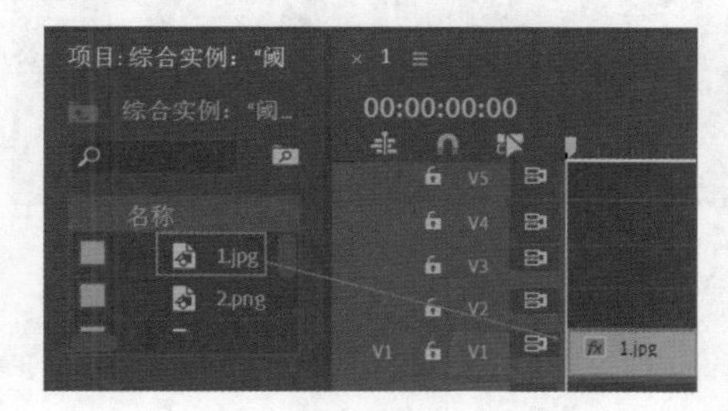

图 5.329

步骤 03 将【项目】面板中的2.png、3.png素材文件拖曳到【时间轴】面板中的V2、V3轨道上，如图5.330所示。

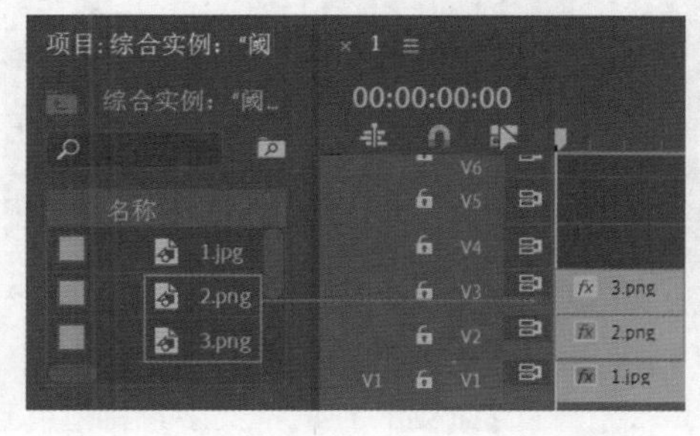

图 5.330

步骤 04 为了便于操作，单击V3轨道前的（切换轨道输出）按钮，将该轨道内容隐藏。在【效果】面板中搜索【Threshold】，按住鼠标左键将该效果拖曳到V2轨道上的2.png素材文件上，如图5.331所示。

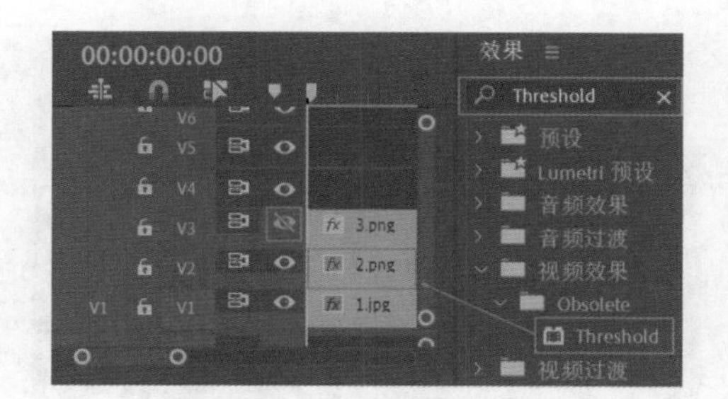

图 5.331

步骤 05 在【时间轴】面板中选择V2轨道上的2.png素材文件，在【效果控件】面板中展开【Threshold】，设置【级别】为1，如图5.332所示。此时画面效果如图5.333所示。

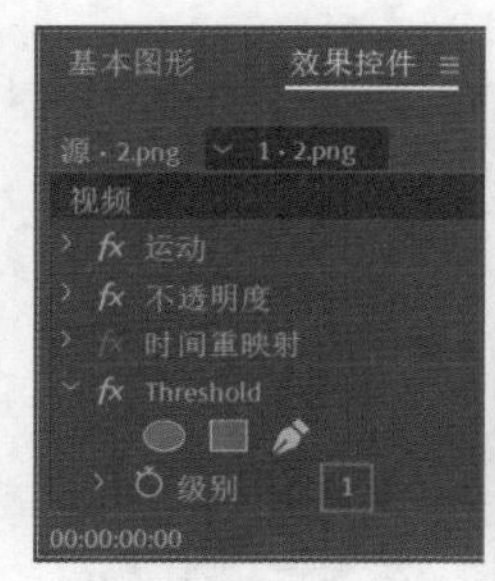

图 5.332

图 5.333

步骤 06 在【时间轴】面板中显现并选择V3轨道上的3.png素材文件，接着在【效果控件】面板中设置【位置】为(387,1422)，【缩放】为73，如图5.334所示。此时画面效果如图5.335所示。

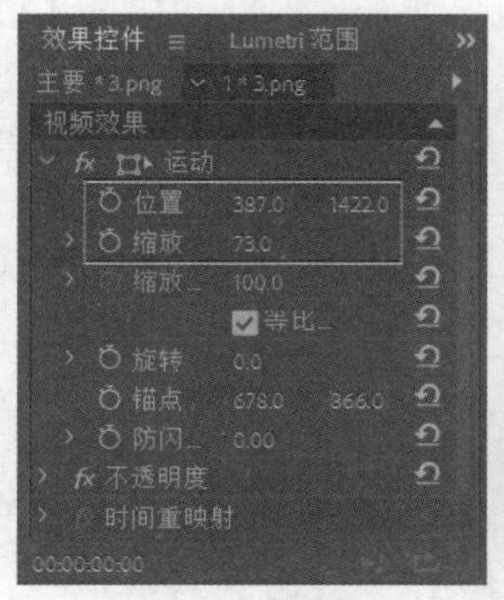

图 5.334

图 5.335

步骤 07 制作画面点缀形状。将时间线滑动至起始位置，在【工具】面板中选择（钢笔工具），在【节目监视器】面板中单击建立锚点，绘制一个三角形。选择图形图层，在【效果控件】面板中展开【形状(形状01)】，设置【填充颜色】为朱红色；接着展开【变换】，设置【位置】为

(43.5,38)，如图5.336所示。

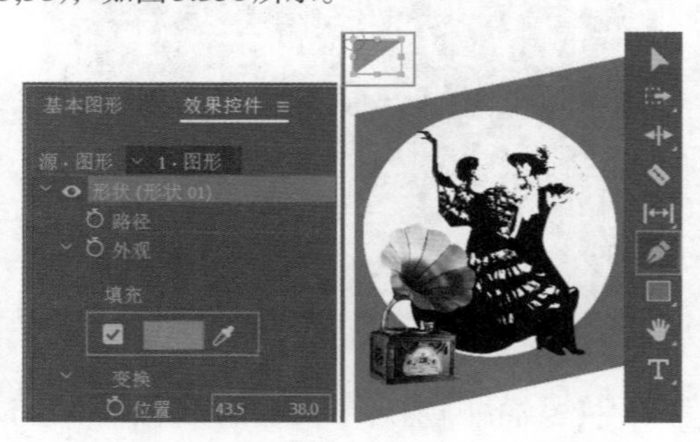

图 5.336

步骤 08 使用同样的方式将光标移动到画面右下角位置，再次绘制一个三角形，在【效果控件】面板中展开【形状(形状02)】，设置【填充颜色】为朱红色；接着展开【变换】，设置【位置】为(1201,2156)，如图5.337所示。

图 5.337

步骤 09 在【工具】面板中选择 (椭圆工具)，在【时间轴】面板中选择图形图层，在【节目监视器】面板中绘制一个椭圆形；接着在【效果控件】面板中展开【形状(形状04)】，设置【填充颜色】为朱红色；接着展开【变换】，设置【位置】为(1341,1795)，【锚点】为(145,145)，如图5.338所示。此时画面效果如图5.339所示。

步骤 10 在【效果】面板中搜索【百叶窗】，按住鼠标左键将该效果拖曳到V4轨道的【图形】上，如图5.340所示。

图 5.338

图 5.339

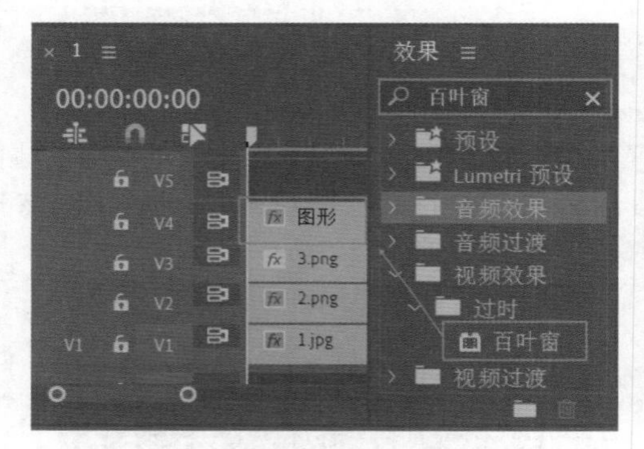

图 5.340

步骤 11 在【效果控件】面板中展开【百叶窗】，设置【过渡完成】为50%，【方向】为70°，【宽度】为30，如图5.341所示。此时形状效果如图5.342所示。

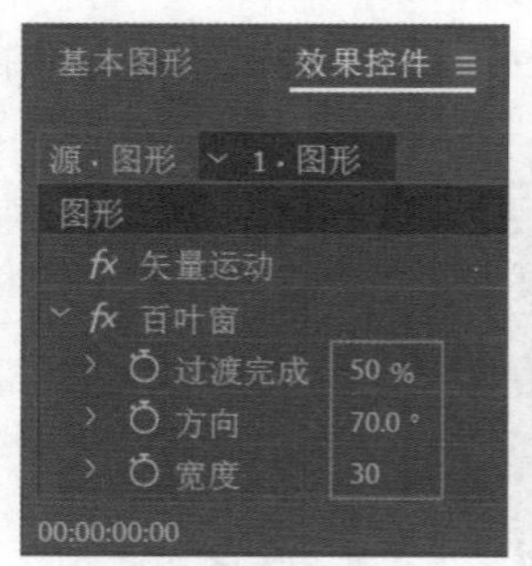

图 5.341　　　　图 5.342

步骤 12 将【项目】面板中的4.png文字素材拖曳到【时间轴】面板中的V5轨道上，如图5.343所示。画面最终效果如图5.344所示。

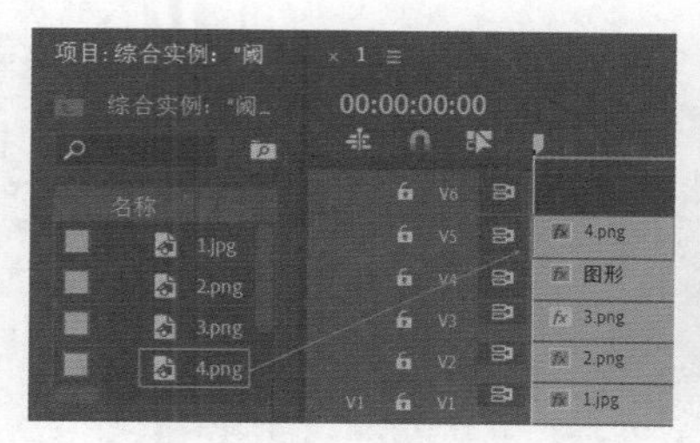

图 5.343

图 5.344

> **提示：**
>
> 在使用【Threshold】(阈值)效果制作画面时，不要直接设置【级别】数值，可将光标移动到【级别】后方的数字上左、右移动，相同级别参数可出现不同的画面效果。图5.345所示为同样设置【级别】为1时的不同效果。
>
> 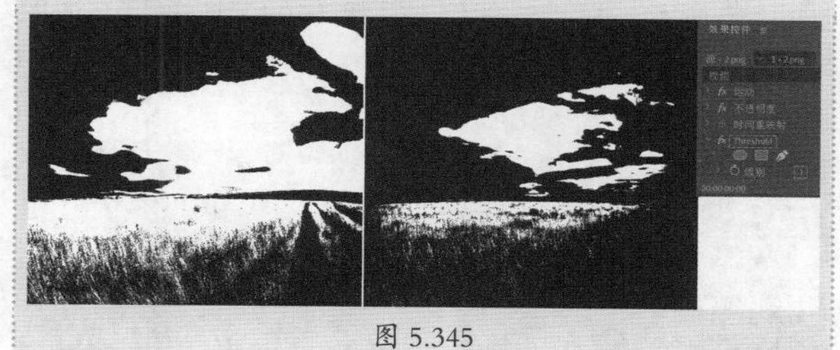
>
> 图 5.345

> **选项解读：【Threshold】重点参数速查**
>
> 级别：设置画面中黑白比例大小，参数越大，黑色数量所占比例越大。

综合实例：【查找边缘】【轨道遮罩键】效果制作漫画效果

文件路径：Chapter 5 视频效果→综合实例：【查找边缘】效果制作漫画效果

扫一扫，看视频

本实例主要使用【查找边缘】及【轨道遮罩键】效果制作漫画效果，如图5.346所示。

步骤 01 执行【文件】/【新建】/【项目】命令，新建一个项目。执行【文件】/【导入】命令，导入视频素材文件，如图5.347所示。在【项目】面板中将1.mp4视频素材拖曳到【时间轴】面板中V1、V2轨道上，如图5.348所示，此时在【项目】面板中自动生成序列。

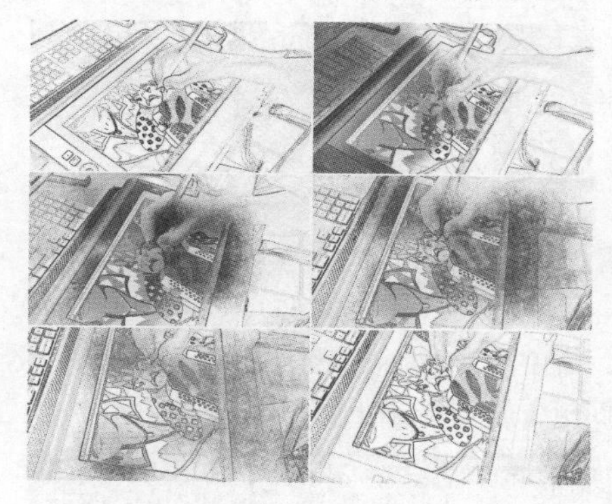

图 5.346

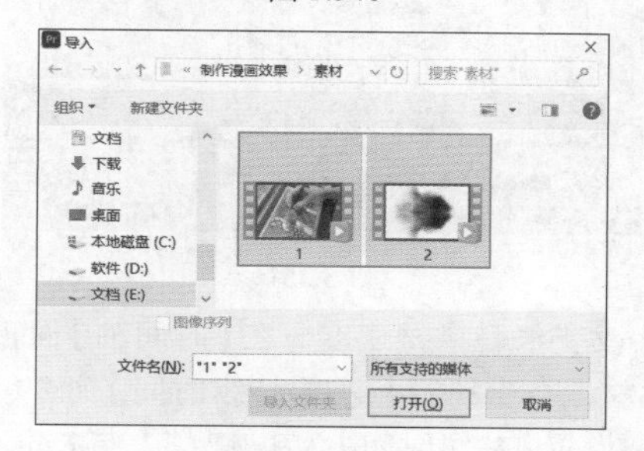

图 5.347

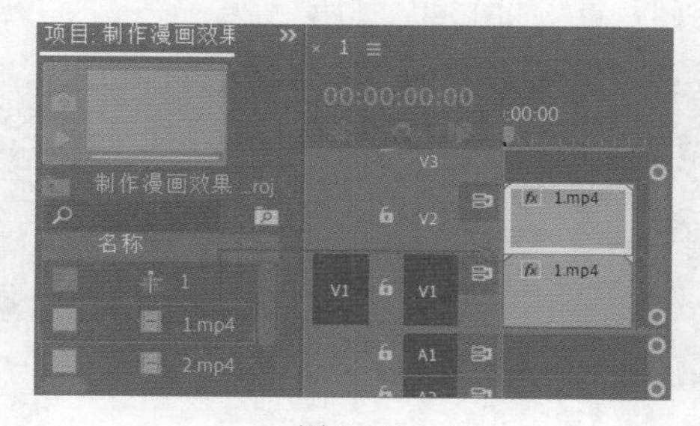

图 5.348

步骤 02 在【效果】面板中搜索【查找边缘】，将该效果拖曳到V2轨道的视频素材上，如图5.349所示。此时画面效果如图5.350所示。

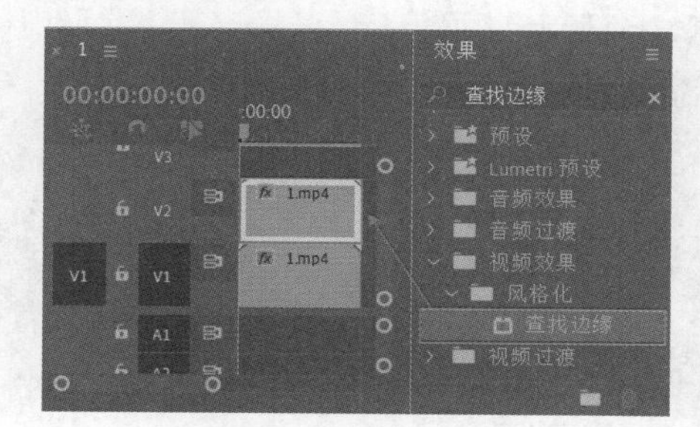

图 5.349

图 5.350

步骤 03 在【项目】面板中将2.mp4视频素材拖曳到【时间轴】面板中的V3轨道上，如图5.351所示。

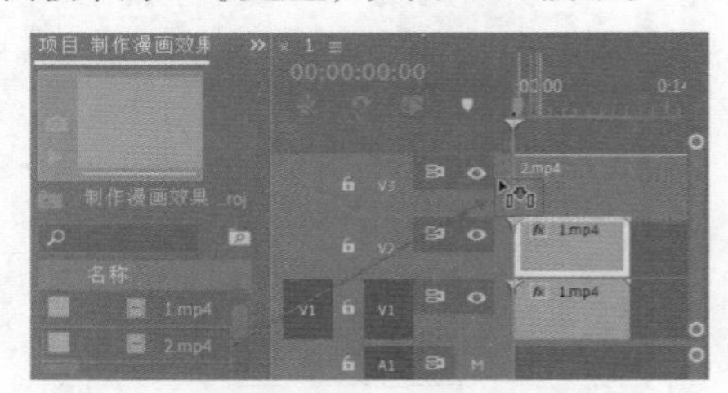

图 5.351

步骤 04 改变水墨素材速度。在【时间轴】面板中选择2.mp4素材，右击执行【速度/持续时间】命令，在弹出的窗口中设置【持续时间】为9秒7帧，与1.mp4素材的持续时间相同，如图5.352所示。

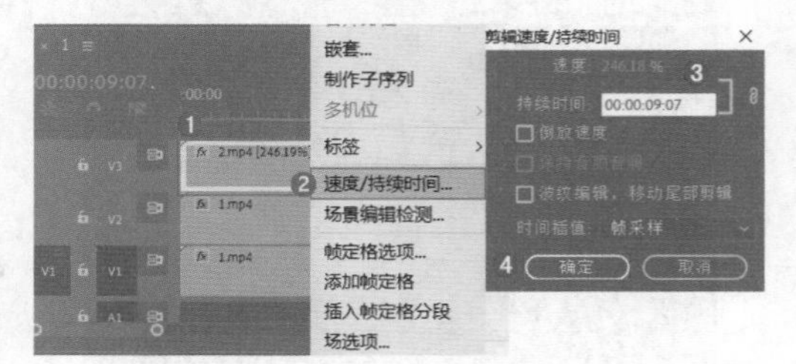

图 5.352

步骤 05 选择【时间轴】面板中的2.mp4素材，在【效果控件】面板中展开【运动】属性，设置【位置】为(188,540)，【缩放】为200，如图5.353所示。此时画面效果如图5.354所示。

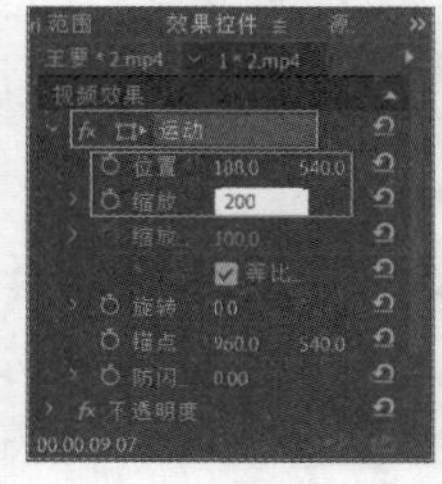

图 5.353　　图 5.354

步骤 06 在【效果】面板中搜索【轨道遮罩键】，将该效果拖曳到V2轨道的1.mp4视频素材上，如图5.355所示。

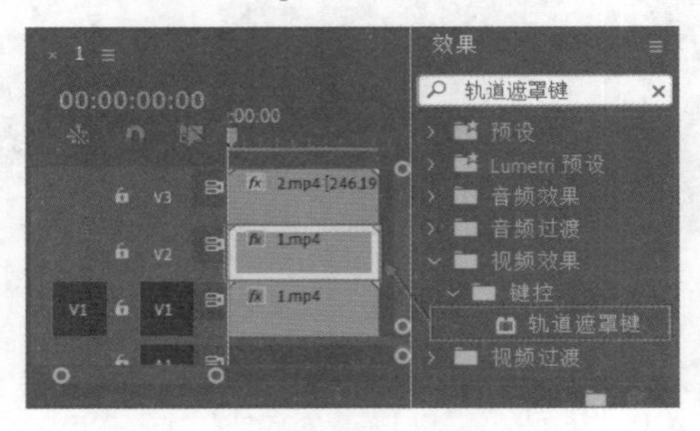

图 5.355

步骤 07 在【时间轴】面板中选择V2轨道上的1.mp4素材，在【效果控件】面板中展开【轨道遮罩键】，设置【遮罩】为【视频3】，【合成方式】为【亮度遮罩】，如图5.356所示。滑动时间线查看制作的漫画效果，如图5.357所示。

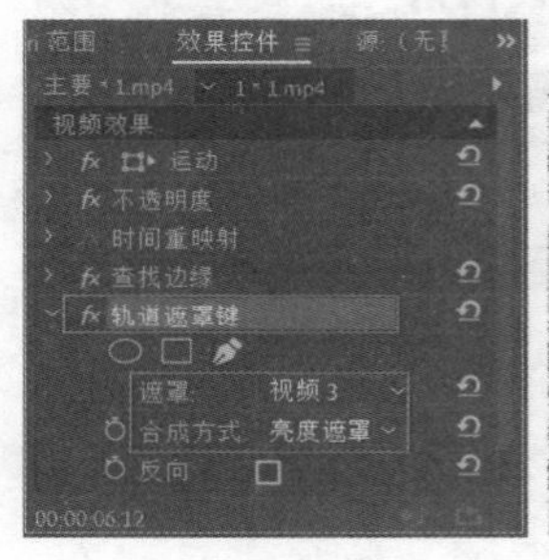

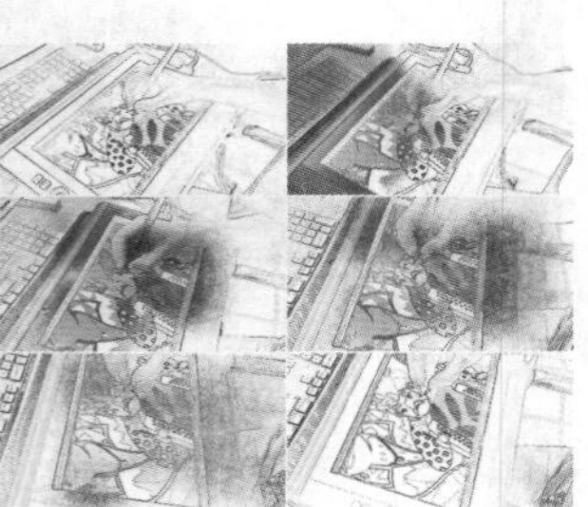

图 5.356　　图 5.357

选项解读:【查找边缘】重点参数速查

反转：用于画面像素的反向选择。

与原始图像混合：该效果与原素材之间的混合情况。

综合实例:【查找边缘】【黑白】【投影】效果制作素描画

扫一扫，看视频

文件路径:Chapter 5 视频效果→综合实例:【查找边缘】【黑白】【投影】效果制作素描画

本实例主要使用【查找边缘】【黑白】及【投影】效果将图片制作为素描画效果。实例效果如图5.358所示。

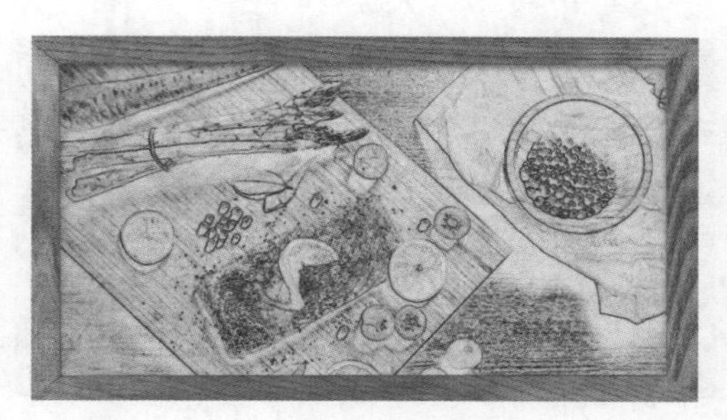

图 5.358

步骤 01 执行【文件】/【新建】/【项目】命令，新建一个项目。在【项目】面板的空白处右击，执行【新建项目】/【序列】命令，弹出【新建序列】窗口在HDV文件夹下选择HDV 720p24 。执行【文件】/【导入】命令，导入全部素材文件，如图5.359所示。

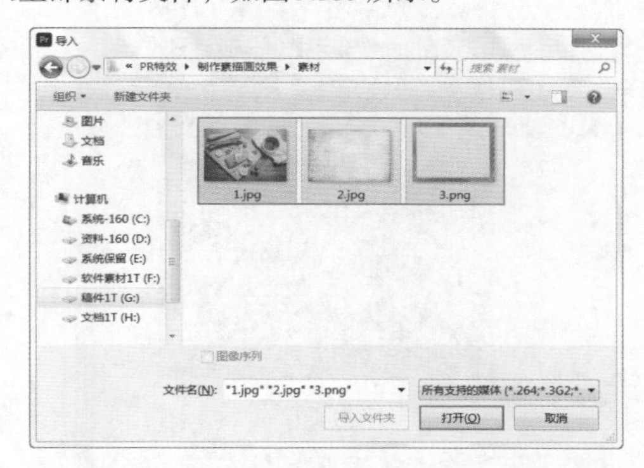

图 5.359

步骤 02 将【项目】面板中的1.jpg、2.jpg、3.png素材文件分别拖曳到【时间轴】面板中的V1、V2、V3轨道上，如图5.360所示。

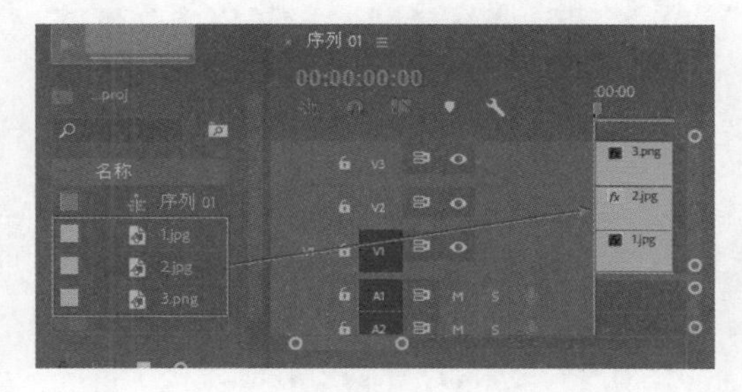

图 5.360

步骤 03 在【时间轴】面板中单击V2、V3轨道前的 (切换轨道输出)按钮，隐藏轨道内容，接着选择V1轨道上的1.jpg素材文件，在【效果控件】面板中展开【运动】属性，设置【位置】为(640,430)，【缩放】为87，如图5.361所示。此时画面效果如图5.362所示。

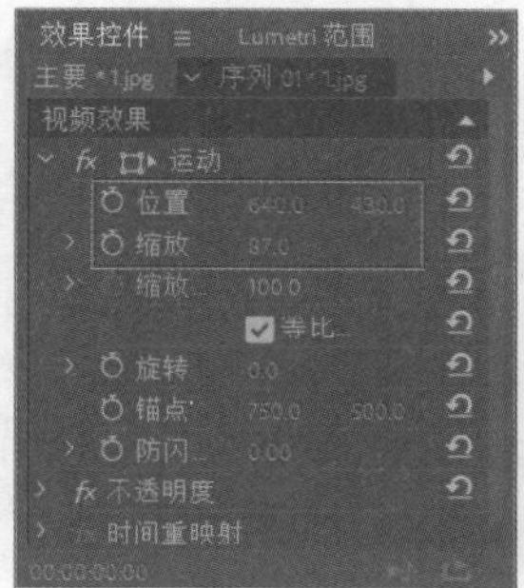

图 5.361

图 5.362

步骤 04 在【效果】面板中搜索【查找边缘】，按住鼠标左键将该效果拖曳到V1轨道的1.jpg素材文件上，如图5.363所示。此时画面效果如图5.364所示。

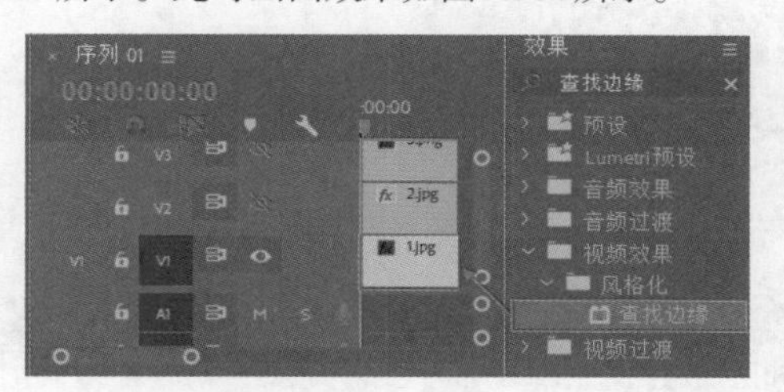

图 5.363

图 5.364

步骤 05 在【效果】面板中搜索【黑白】，按住鼠标左键将该效果拖曳到V1轨道的1.jpg素材文件上，如图5.365所示。此时画面自动变为黑白色调，如图5.366所示。

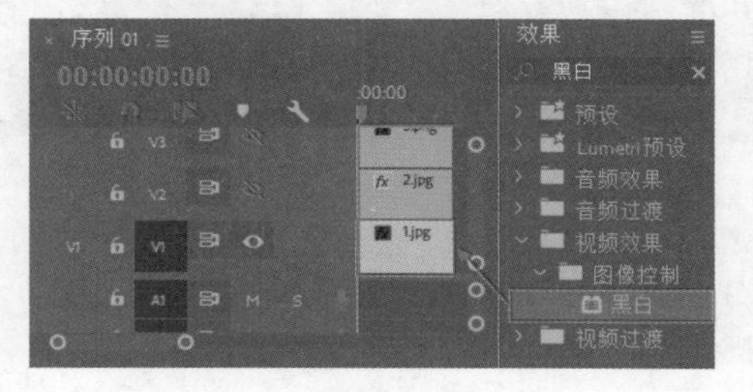

图 5.365

图 5.366

步骤 06 显现并选择V2轨道上的2.jpg素材文件，在【效果控件】面板中展开【运动】属性，设置【缩放】为90；接着展开【不透明度】属性，设置【混合模式】为【相乘】，如图5.367所示。此时画面效果如图5.368所示。

图 5.367

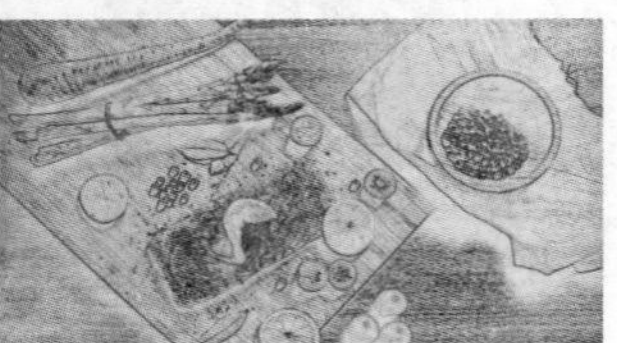

图 5.368

步骤 07 显现并选择V3轨道上的3.png素材文件，在【效果控件】面板中展开【运动】属性，取消勾选【等比缩放】，设置【缩放高度】为48，【缩放宽度】为65，如图5.369所示。此时画面效果如图5.370所示。

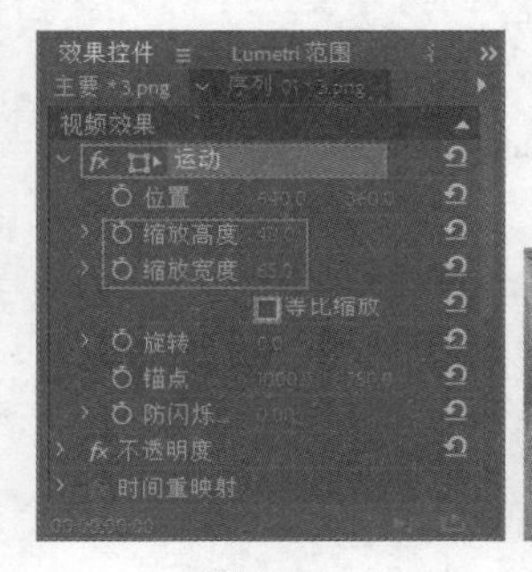

图 5.369

图 5.370

步骤 08 为画框添加投影效果。在【效果】面板中搜索【投影】，按住鼠标左键将该效果拖曳到V3轨道的3.png素材文件上，如图5.371所示。

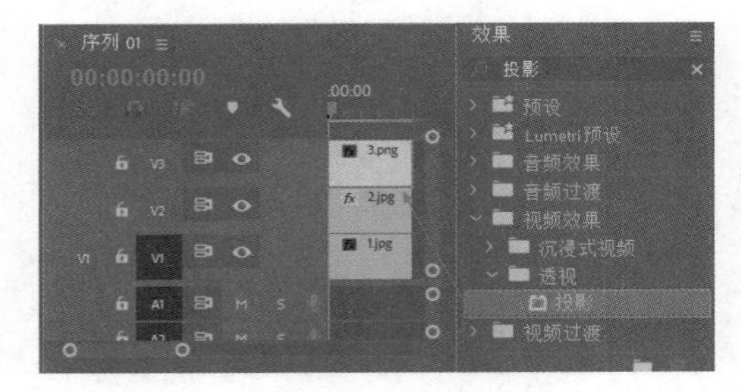

图 5.371

步骤 09 在【效果控件】面板中展开【投影】效果，设置【阴影颜色】为黑色，【不透明度】为50%，【方向】为-180°，【距离】为15，【柔和度】为55，如图5.372所示。此时实例制作完成，画面最终效果如图5.373所示。

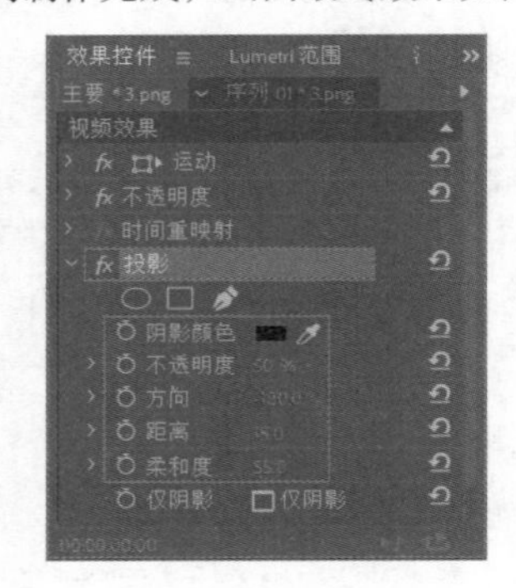

图 5.372

图 5.373

选项解读：【投影】重点参数速查

阴影颜色：设置阴影的投射颜色。

不透明度：设置阴影的不透明度。

方向：设置阴影产生的方向和角度。

距离：设置阴影和原素材的拉伸距离。

柔和度：设置阴影边缘的柔和程度。

Chapter 6

第6章

扫一扫，看视频

视频过渡

本章内容简介：

视频过渡可针对两个素材之间进行过渡处理，也可针对单独素材的首尾部分进行过渡处理。本章讲解视频过渡的操作流程、各个过渡效果组的使用方法及视频过渡在实战中的综合运用等。

重点知识掌握：

- 认识视频过渡
- 添加或删除视频过渡
- 掌握视频过渡的常用效果

6.1 认识视频过渡

扫一扫，看视频

在影片制作中视频过渡效果具有至关重要的作用，它可将两段素材更好地过渡融合，接下来一起学习Premiere Pro中的视频过渡效果。

6.1.1 什么是视频过渡

视频过渡效果也称为视频转场或视频切换，主要用于素材与素材之间的画面场景切换。在影视制作中，通常将视频过渡效果添加在两个相邻素材之间，在播放时可产生相对平缓或连贯的视觉效果，可以吸引观者眼球，增强画面氛围感，如图6.1所示。

图 6.1

视频过渡效果在操作时分为【效果】面板和【效果控件】面板，如图6.2和图6.3所示。

图 6.2

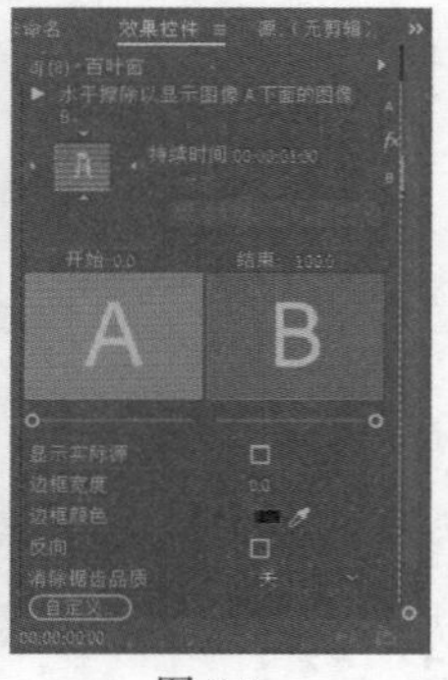

图 6.3

提示：如何快速找到视频效果？

在【效果】面板上方的搜索框中直接搜索想要添加的过渡效果，此时【效果】面板中快速出现搜索的效果，在一定程度上节约了操作时间，如图6.4所示。

图 6.4

重点 6.1.2 编辑转场效果

为素材添加过渡效果后若想将该效果进行编辑，可在【时间轴】面板中单击选择该效果，接着在【效果控件】面板中会显示出该效果的一系列参数，从中可编辑该过渡效果的【持续时间】【对齐方式】【显示实际源】【边框宽度】【边框颜色】【反向】【消除锯齿品质】等。需要注意的是，不同的转场效果其参数也不同，如图6.5所示。

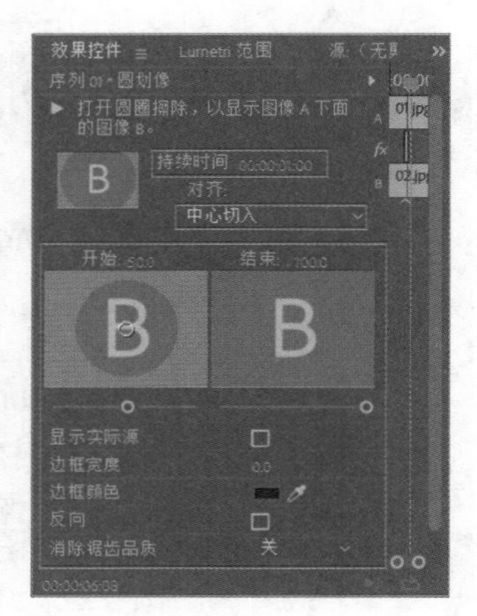

图 6.5

实例：过渡效果的操作步骤

扫一扫，看视频

文件路径：Chapter 6 视频过渡→实例：过渡效果的操作步骤

本实例首先使用【白场过渡】【交叉划像】及【百叶窗】制作画面的过渡效果。实例效果如图6.6所示。

图 6.6

步骤 01 执行【文件】/【新建】/【项目】命令，新建一个项目。在【项目】面板的空白处右击，执行【新建项目】/【序列】命令，弹出【新建序列】窗口，在DV-

PAL文件夹下选择【标准48kHz】，设置【序列名称】为【序列01】，单击【确定】按钮。执行【文件】/【导入】命令，导入全部素材文件，如图6.7所示。

图 6.7

步骤 02 在【项目】面板中选择01.jpg、02.jpg素材文件，按住鼠标左键将它们拖曳到【时间轴】面板中的V1轨道上，如图6.8所示。

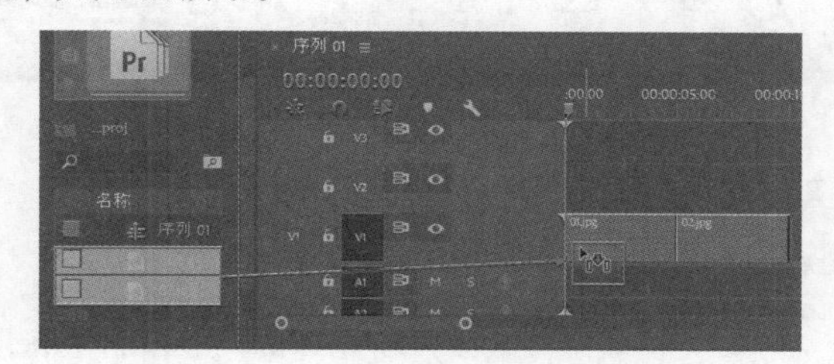

图 6.8

步骤 03 在【时间轴】面板中选择01.jpg、02.jpg素材文件，右击，在弹出的快捷菜单中执行【缩放为帧大小】命令，如图6.9所示。此时画面自动与序列大小进行匹配，如图6.10所示。

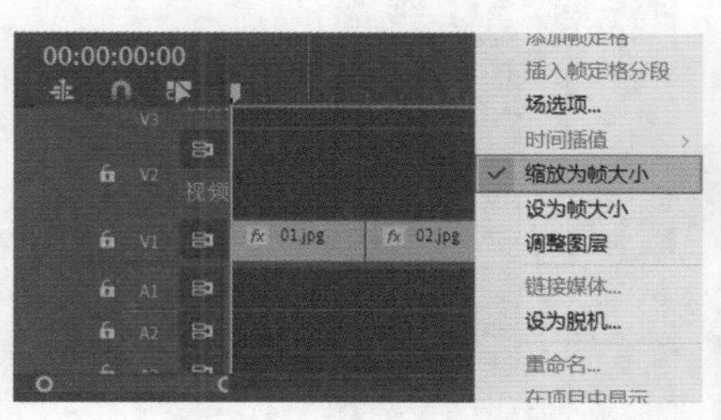

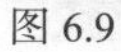

图 6.9　　图 6.10

步骤 04 可以看出，此时画面上、下两端出现黑边，为了画面美观，接下来再次调整画面大小。选择01.jpg素材文件，在【效果控件】面板中展开【运动】属性，设置【缩放】为105；接着选择02.jpg素材文件，在【效果控件】面板中展开【运动】属性，同样设置【缩放】为105，如图6.11所示。此时画面效果如图6.12所示。

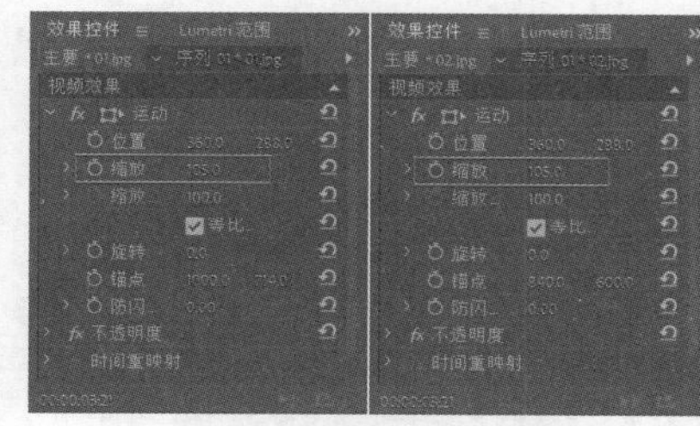

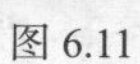

图 6.11　　图 6.12

步骤 05 为素材添加过渡效果。在【效果】面板中搜索【白场过渡】，按住鼠标左键将该效果拖曳到V1轨道上01.jpg素材文件的起始位置，如图6.13所示。滑动时间线查看当前效果，如图6.14所示。

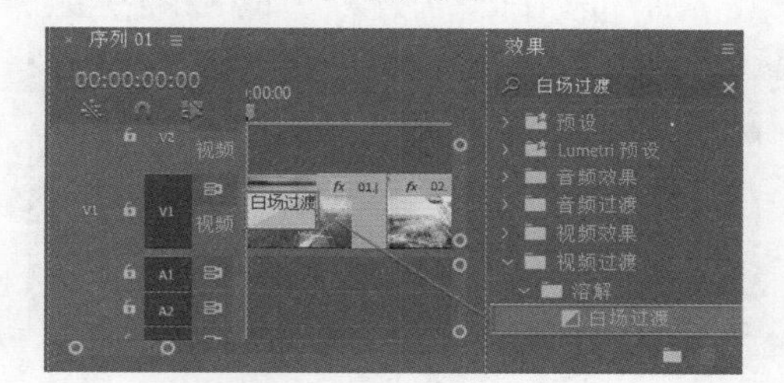

图 6.13

图 6.14

步骤 06 在【效果】面板中搜索【交叉划像】，按住鼠标左键将该效果拖曳到01.jpg素材文件与02.jpg素材文件的中间位置，如图6.15所示。滑动时间线查看当前效果，如图6.16所示。

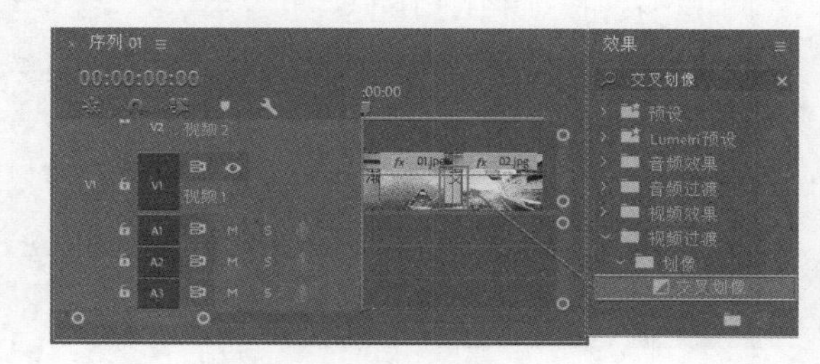

图 6.15

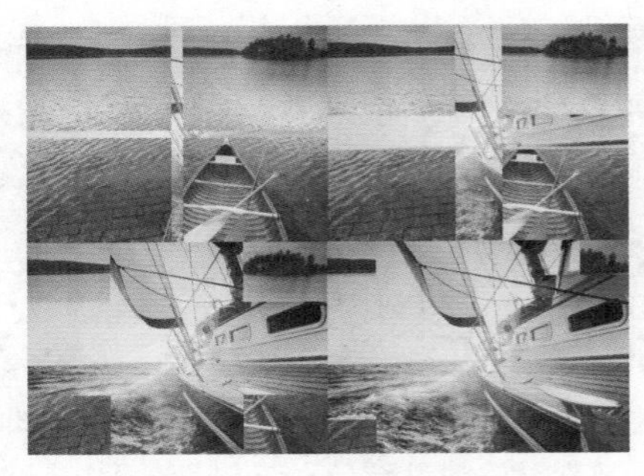

图 6.16

步骤 07 在【效果】面板中搜索【百叶窗】，按住鼠标左键将该效果拖曳到02.jpg素材文件的结束位置，如图6.17所示。滑动时间线查看当前效果，如图6.18所示。

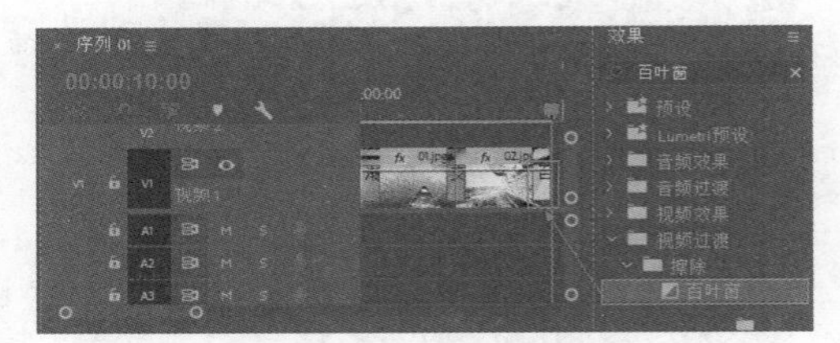

图 6.17

图 6.18

步骤 08 滑动时间线查看画面效果时可以感受到静态画面停留时间过长，接着在【时间轴】面板中选择这两个素材文件，右击执行【速度/持续时间】命令，如图6.19所示。此时在弹出的【剪辑速度/持续时间】窗口中设置【持续时间】为2秒，勾选【波纹编辑，移动尾部剪辑】，单击【确定】按钮，如图6.20所示。

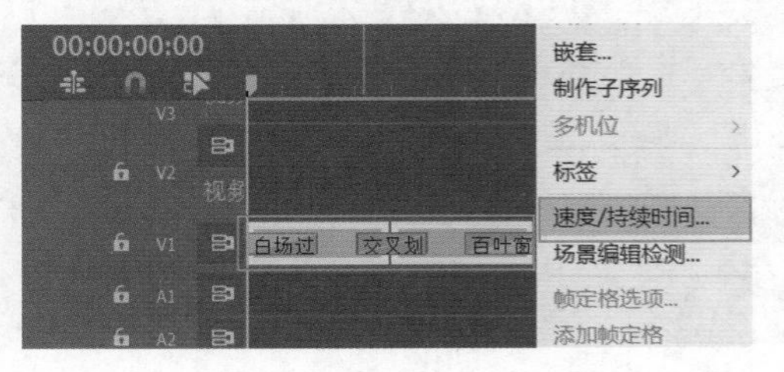

图 6.19

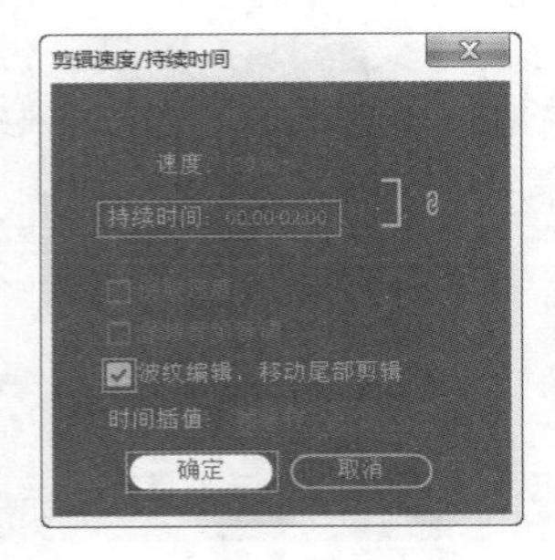

图 6.20

步骤 09 此时【时间轴】面板中的素材持续时间缩短并自动向前移动，如图6.21所示。

步骤 10 滑动时间线查看画面效果，如图6.22所示。

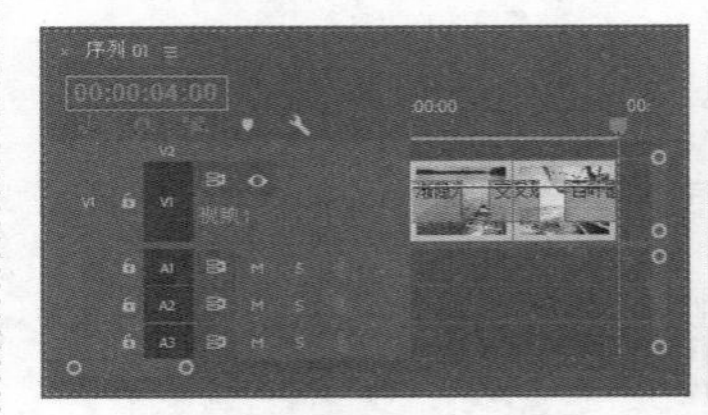

图 6.21

图 6.22

6.2 过时类视频过渡效果

过时类视频过渡效果可将相邻的两个素材进行层次划分，实现从二维到三维的过渡效果。该效果组下包括【立方体旋转】和【翻转】两种过渡效果，如图6.23所示。

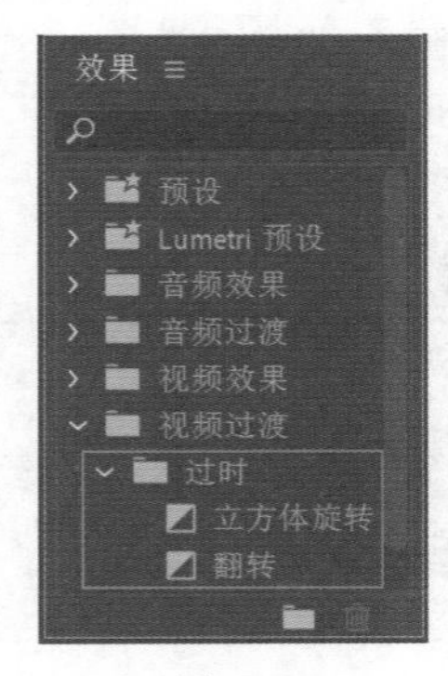

图 6.23

- 立方体旋转：可将素材在过渡中制作出空间立方体效果。为素材添加该效果的画面如图6.24所示。
- 翻转：应用该效果，以中线为垂直轴线，素材A逐渐翻转隐去，渐渐显示出素材B。为素材添加该效果的画面如图6.25所示。

图 6.24

图 6.25

6.3 划像类视频过渡效果

划像类视频过渡效果可将素材A进行伸展逐渐切换到素材B。其中包括【交叉划像】【圆划像】【盒形划像】【菱形划像】4种效果，如图6.26所示。

图 6.26

- **交叉划像：** 可将素材A逐渐从中间分裂，向4角处伸展直至显示出素材B。为素材添加该效果的画面如图6.27所示。
- **圆划像：** 在播放时，素材B会以圆形的呈现方式逐渐扩大到素材A上方，直到完全显现出素材B。为素材添加该效果的画面如图6.28所示。

图 6.27

图 6.28

- **盒形划像：** 在播放时，素材B会以矩形形状逐渐扩大到素材A画面中，直到完全显现出素材B。为素材添加该效果的画面如图6.29所示。

图 6.29

- **菱形划像：** 在播放时，素材B会以菱形形状逐渐出现在素材A上方并逐渐扩大，直到素材B占据整个画面。为素材添加该效果的画面如图6.30所示。

图 6.30

6.4 擦除类视频过渡效果

擦除类视频过渡效果可将两个素材呈现擦拭过渡出现的画面效果。其中包括【划出】【双侧平推门】【带状擦除】【径向擦除】【插入】【时钟式擦除】【棋盘】【棋盘擦除】【楔形擦除】【水波块】【油漆飞溅】【渐变擦除】【百叶窗】【螺旋框】【随机块】【随机擦除】【风车】17种效果，如图6.31所示。

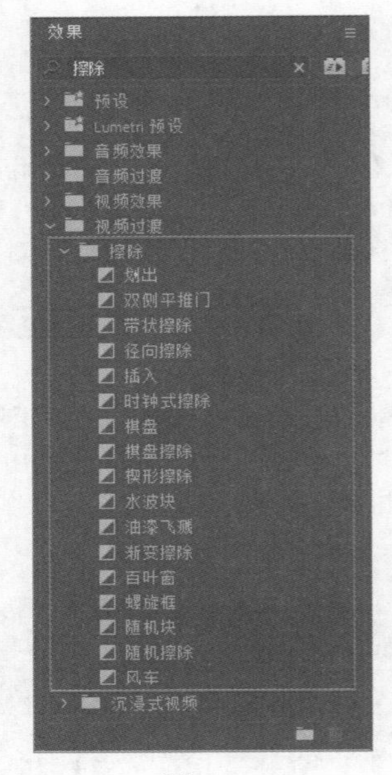

图 6.31

- **划出**：在播放时，素材A会从左到右逐渐划出直到消失完全显现出素材B。为素材添加该效果的画面如图6.32所示。

图 6.32

- **双侧平推门**：在播放时，素材A从中间向两边推去逐渐显现出素材B，直到素材B填满整个画面。为素材添加该效果的画面如图6.33所示。

图 6.33

- **带状擦除**：将素材B以条状形态出现在画面两侧，由两侧向中间不断运动，直至素材A消失。为素材添加该效果的画面如图6.34所示。

图 6.34

- **径向擦除**：以左上角为中心点，顺时针擦除素材A并逐渐显示出素材B。为素材添加该效果的画面如图6.35所示。

图 6.35

- **插入**：将素材B由素材A的左上角慢慢延伸到画面中，直至覆盖整个画面。为素材添加该效果的画面如图6.36所示。
- **时钟式擦除**：在播放时，素材A会以时钟转动的方式进行画面旋转擦除，直到画面完全显示出素材B。为素材添加该效果的画面如图6.37所示。

图 6.36

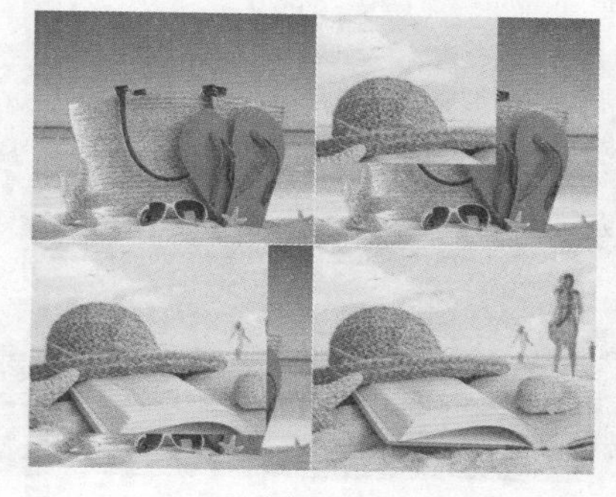

图 6.37

● 棋盘：素材B会以方块的形式逐渐显现在素材A上方，直到素材A完全被素材B覆盖。为素材添加该效果的画面如图6.38所示。

图 6.38

● 棋盘擦除：会使素材B以棋盘的形式进行画面擦除。为素材添加该效果的画面如图6.39所示。

图 6.39

● 楔形擦除：会使素材B以扇形形状逐渐呈现在素材A中，直到素材A被素材B完全覆盖。为素材添加该效果的画面如图6.40所示。

图 6.40

● 水波块：可将素材A以水波形式横向擦除，直到画面完全显现出素材B。为素材添加该效果的画面如图6.41所示。

图 6.41

● 油漆飞溅：可将素材B以油漆点状呈现在素材A上方，直到素材B覆盖整个画面。为素材添加该效果的画面如图6.42所示。

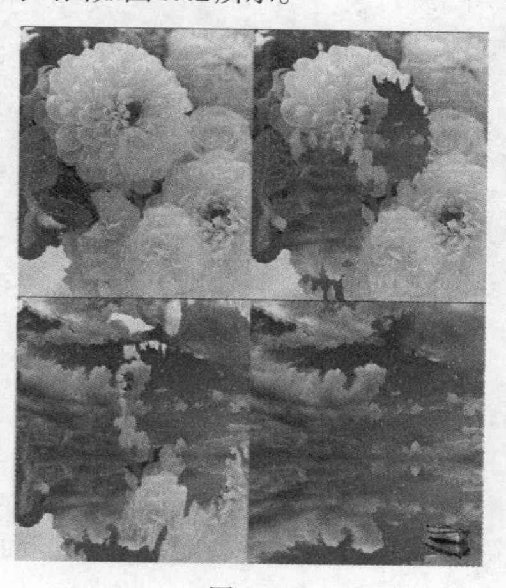

图 6.42

- 渐变擦除：在播放时，可将素材A淡化直到完全显现出素材B。为素材添加该效果的画面如图6.43所示。

图 6.43

- 百叶窗：模拟真实百叶窗拉动的动态效果，以百叶窗的形式将素材A逐渐过渡到素材B。为素材添加该效果的画面如图6.44所示。

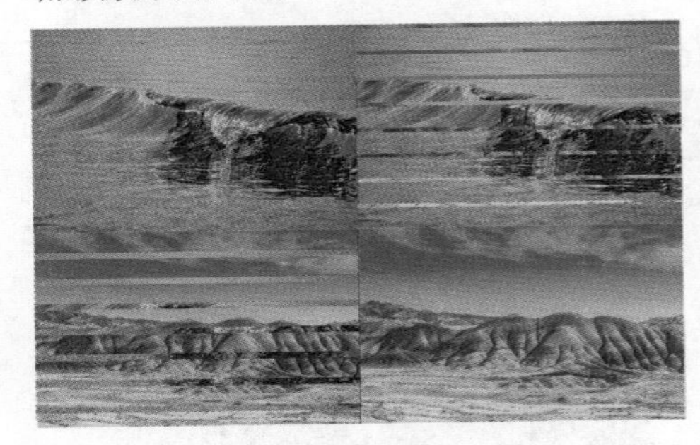

图 6.44

- 螺旋框：会使素材B以螺旋状形态逐渐呈现在素材A中。为素材添加该效果的画面如图6.45所示。

图 6.45

- 随机块：可将素材B以多个方块形状呈现在素材A上方。为素材添加该效果的画面如图6.46所示。
- 随机擦除：可将素材B由上到下随机以方块的形式擦除素材A。为素材添加该效果的画面如图6.47所示。

图 6.46

图 6.47

- 风车：可模拟风车旋转的擦除效果。素材B以风车旋转叶形式逐渐出现在素材A中，直到素材A被素材B全部覆盖。为素材添加该效果的画面如图6.48所示。

图 6.48

6.5 沉浸式视频类过渡效果

沉浸式视频类过渡效果可将两个素材以沉浸的方式进行画面的过渡。其中包括【VR光圈擦除】【VR光线】【VR渐变擦除】【VR漏光】【VR球形模糊】【VR色度泄漏】【VR随机块】【VR默比乌斯缩放】8种效果，如图6.49所示。需要注意的是，这些过渡效果需要GPU加速，可使用VR头戴设备体验。

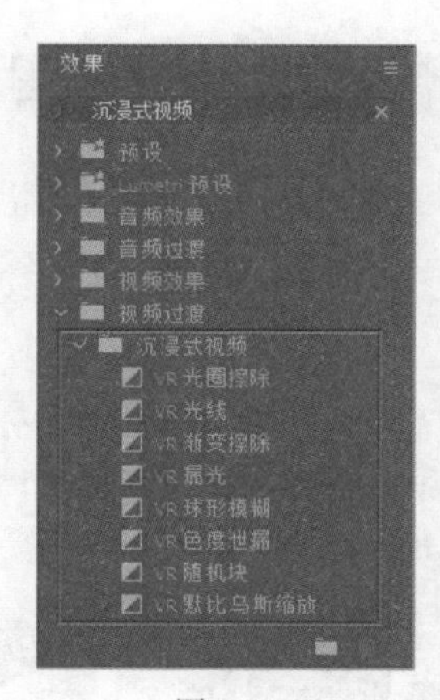

图 6.49

- VR光圈擦除：可模拟相机拍摄时的光圈擦除效果。
- VR光线：用于VR沉浸式的光线效果。
- VR渐变擦除：用于VR沉浸式的画面渐变擦除效果。
- VR漏光：用于VR沉浸式画面的光感调整。
- VR球形模糊：用于VR沉浸式中模拟模糊球状的应用。
- VR色度泄漏：用于画面中VR沉浸式的颜色调整。
- VR随机块：用于设置VR沉浸式的画面状态。
- VR默比乌斯缩放：用于VR沉浸式的画面效果调整。

6.6 溶解类视频过渡效果

溶解类视频过渡效果可将画面从素材A逐渐过渡到素材B中，过渡效果自然柔和。其中包括【MorphCut】【交叉溶解】【叠加溶解】【白场过渡】【胶片溶解】【非叠加溶解】【黑场过渡】7种效果，如图6.50所示。

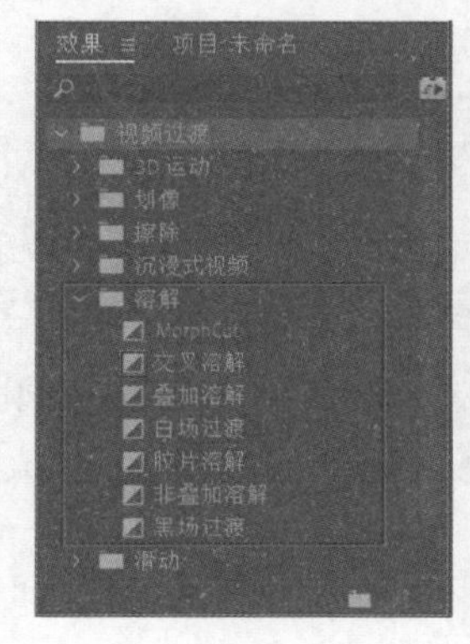

图 6.50

- MorphCut：可修复素材之间的跳帧现象。
- 交叉溶解：可使素材A的结束部分与素材B的开始部分交叉叠加，直到完全显示出素材B。为素材添加该效果的画面如图6.51所示。

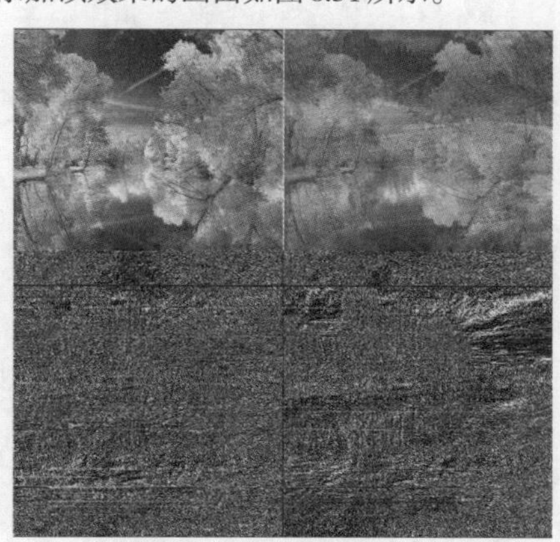

图 6.51

- 叠加溶解：可使素材A的结束部分与素材B的开始部分相叠加，并且在过渡的同时会将画面色调及亮度进行相应的调整。为素材添加该效果的画面如图6.52所示。

图 6.52

- 白场过渡：可使素材A逐渐变为白色，再由白色逐渐过渡到素材B中。为素材添加该效果的画面如图6.53所示。

图 6.53

- 胶片溶解：可使素材A的透明度逐渐降低，直到完全显示出素材B。为素材添加该效果的画面如图6.54所示。

图 6.54

- 非叠加溶解：在视频过渡时素材B中较明亮的部分将直接叠加到素材A画面中。为素材添加该效果的画面如图6.55所示。

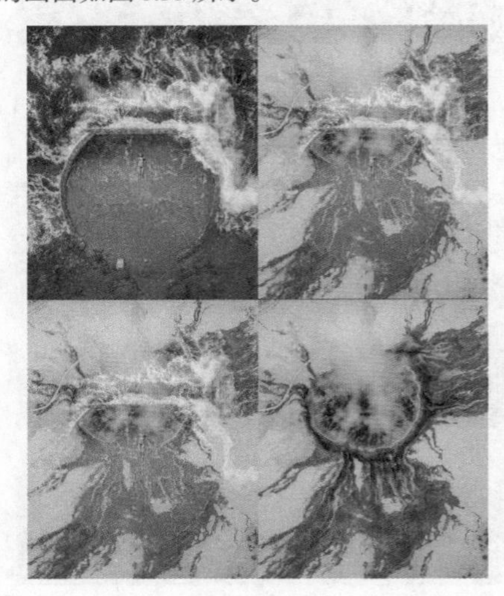

图 6.55

- 黑场过渡：可使素材A逐渐变为黑色，再由黑色逐渐过渡到素材B中。为素材添加该效果的画面如图6.56所示。

图 6.56

6.7 内滑类视频过渡效果

内滑类视频过渡效果主要通过画面滑动来进行素材A和素材B的过渡切换。其中包括【中心拆分】【内滑】【带状内滑】【急摇】【拆分】【推】6种效果，如图6.57所示。

- 中心拆分：可将素材A切分成4部分，分别向画面4角处移动，直到移出画面显示出素材B。为素材添加该效果的画面如图6.58所示。

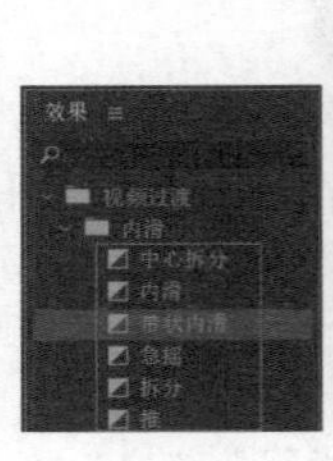

图 6.57

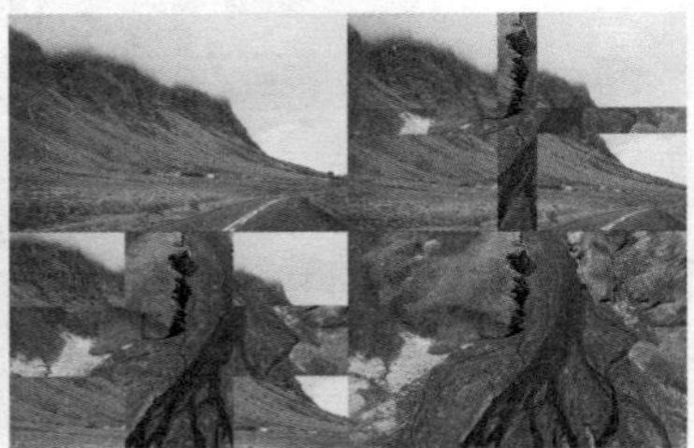

图 6.58

- 内滑：与【推】类似，将素材B由左向右进行滑动，直到完全覆盖素材A。为素材添加该效果的画面如图6.59所示。

图 6.59

- 带状内滑：将素材B以细长条形状覆盖在素材A上方并从左右两侧向中间滑动。为素材添加该效果的画面如图6.60所示。

图 6.60

- 急摇：可以将素材A移至左侧或在左右晃动过程中显示出素材B。

- **拆分**：可将素材A从中间分开向两侧滑动并逐渐显示出素材B。为素材添加该效果的画面如图6.61所示。

图 6.61

- **推**：将素材B由左向右进入画面，直到完全覆盖素材A。为素材添加该效果的画面如图6.62所示。

图 6.62

6.8 缩放类视频过渡效果

缩放类视频过渡效果可将素材A和素材B以缩放的形式进行画面过渡。其中只包括【交叉缩放】效果，如图6.63所示。

交叉缩放：可将素材A不断地放大，直到移出画面，同时素材B由大到小进入画面。为素材添加该效果的画面如图6.64所示。

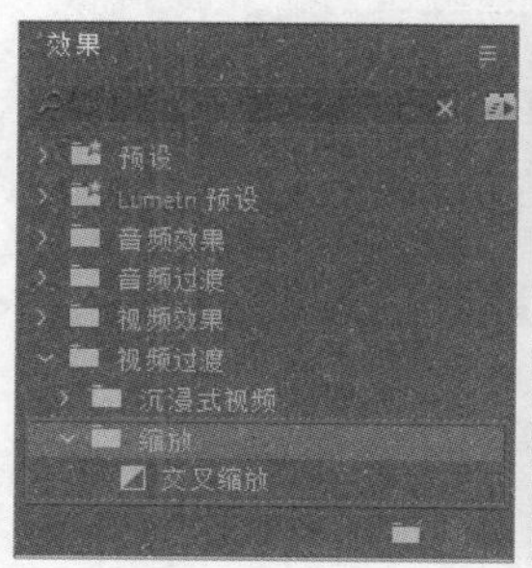

图 6.63

图 6.64

6.9 页面剥落类视频过渡效果

页面剥落类视频过渡效果通常应用在表现空间及时间的画面场景中。其中包括【翻页】和【页面剥落】两种效果，如图6.65所示。

- **翻页**：可将素材A以翻书的形式进行过渡，卷起时背面为透明状态，直到完全显示出素材B。为素材添加该效果的画面如图6.66所示。

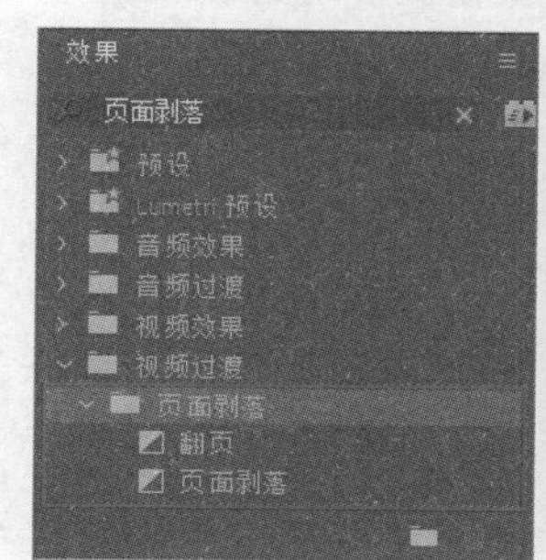

图 6.65

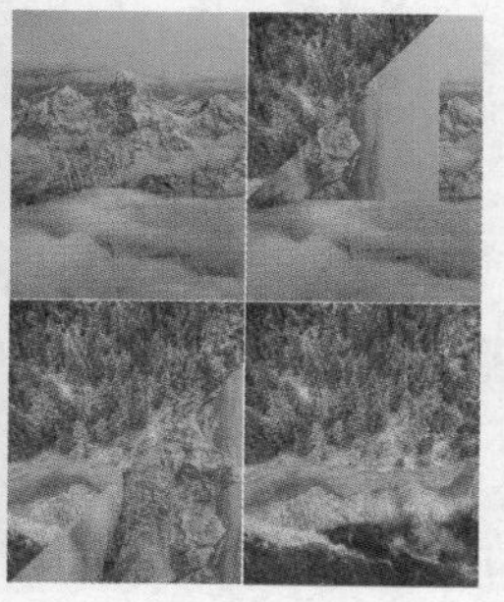

图 6.66

- **页面剥落**：可将素材A以翻页的形式过渡到素材B中，卷起时背面为不透明状态，直到完全显示出素材B。为素材添加该效果的画面如图6.67所示。

图 6.67

6.10 过渡效果经典实例

实例：【圆划像】【交叉缩放】【翻页】效果制作婚恋网广告介绍

文件路径：Chapter 6 视频过渡→实例：【圆划像】【交叉缩放】【翻页】效果制作婚恋网广告介绍

扫一扫，看视频

本实例主要使用【白场过渡】【圆划像】【交叉缩放】及【翻页】效果将静态图片连接在一起，使视觉效果非常连贯。实例效果如图6.68所示。

图 6.68

步骤 01 执行【文件】/【新建】/【项目】命令，新建一个项目。在【项目】面板的空白处右击，执行【新建项目】/【序列】命令。接着会弹出【新建序列】窗口，在HDV文件夹下选择HDV 720p24，设置【序列名称】为【序列01】，单击【确定】按钮。执行【文件】/【导入】命令，导入全部素材文件，如图6.69所示。

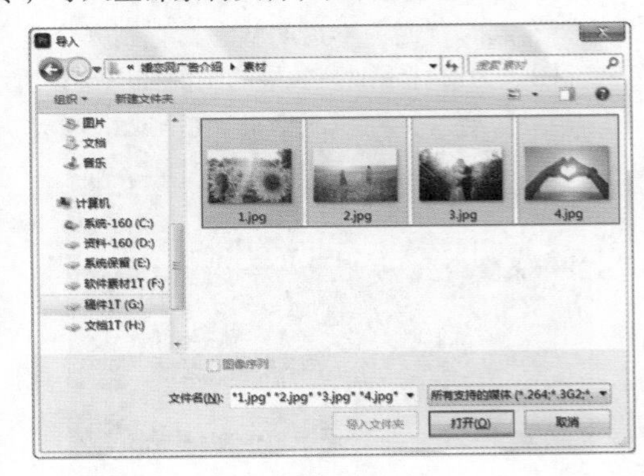

图 6.69

步骤 02 在【项目】面板中依次选择1.jpg~4.jpg素材文件，按住鼠标左键将它们依次拖曳到【时间轴】面板中的V1轨道上，如图6.70所示。

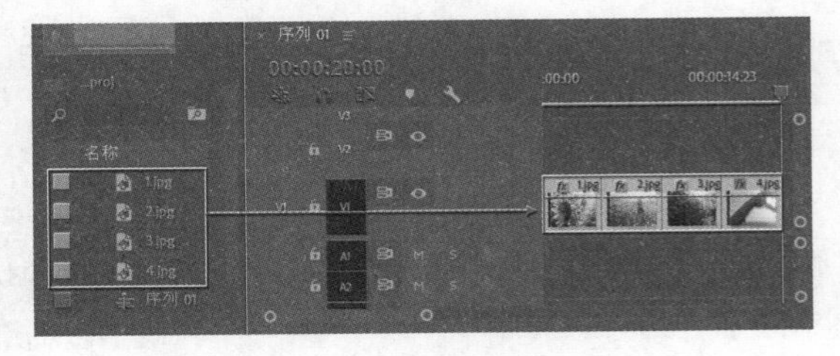

图 6.70

步骤 03 调整素材的位置及大小。在【时间轴】面板中选择V1轨道上的1.jpg素材文件，在【效果控件】面板中展开【运动】属性，设置【位置】为(640,290)，【缩放】为87，如图6.71所示。在【时间轴】面板中选择2.jpg素材文件，在【效果控件】面板中设置【位置】为(640,310)，【缩放】为130，如图6.72所示。最后在【时间轴】面板中选择3.jpg素材文件，设置【缩放】为140，如图6.73所示。

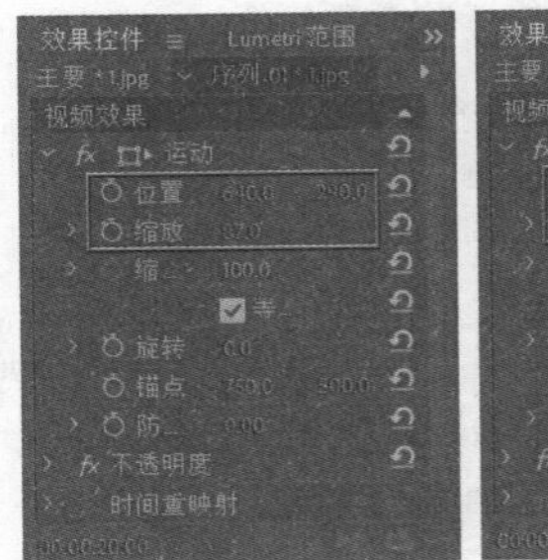

图 6.71

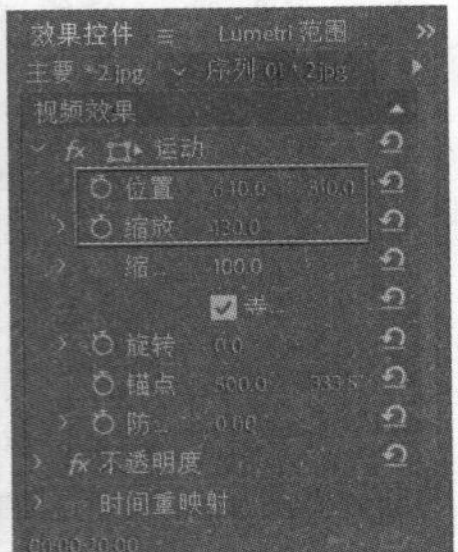

图 6.72

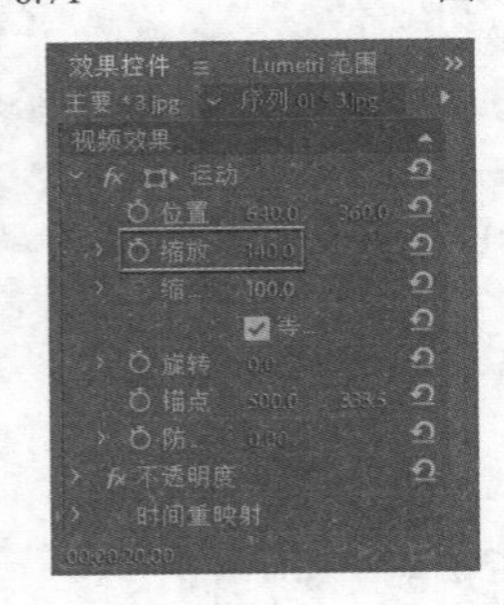

图 6.73

步骤 04 制作画面的转场效果。在【效果】面板中搜索【圆划像】，按住鼠标左键将该效果拖曳到V1轨道上的1.jpg素材文件和2.jpg素材文件的交接位置，如图6.74所示。

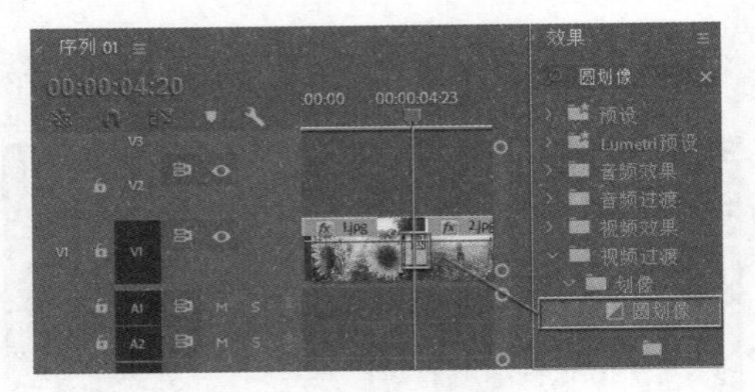

图 6.74

步骤 05 选择【时间轴】面板中刚添加的【圆划像】效果，在【效果控件】面板中更改【持续时间】为2秒，如图6.75所示。此时滑动时间线查看画面效果，如图6.76所示。

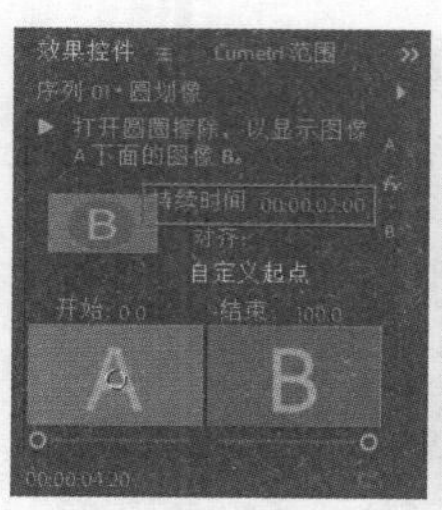

图 6.75

图 6.76

步骤 06 在【效果】面板中搜索【交叉缩放】，按住鼠标左键将该效果拖曳到2.jpg素材文件和3.jpg素材文件的中间位置，如图6.77所示。

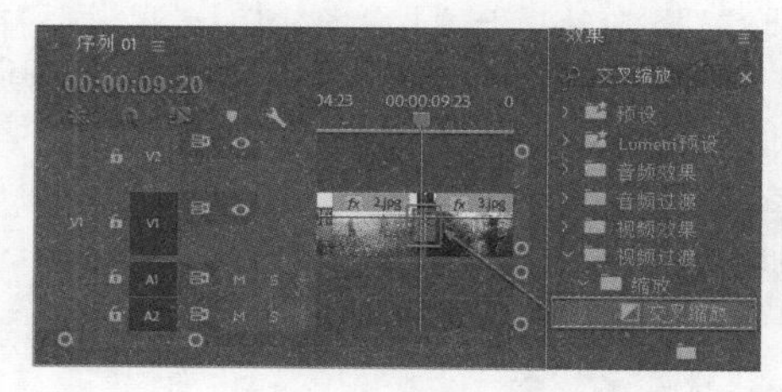

图 6.77

步骤 07 选择V1轨道上的【交叉缩放】效果，在【效果控件】面板中更改【持续时间】为2秒，如图6.78所示。此时滑动时间线查看画面效果，如图6.79所示。

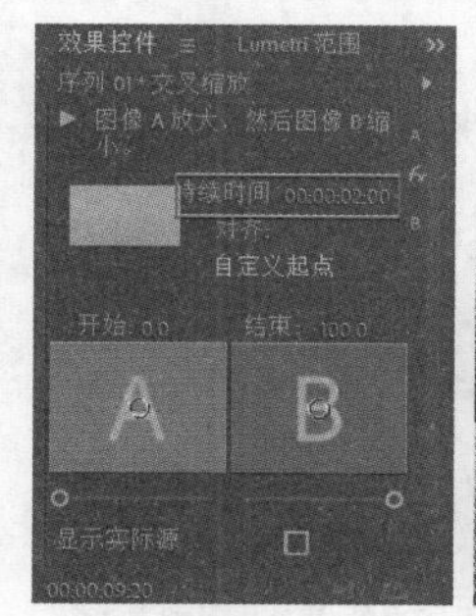

图 6.78

图 6.79

步骤 08 在【效果】面板中搜索【翻页】，按住鼠标左键将该效果拖曳到3.jpg素材文件和4.jpg素材文件的中间位置，如图6.80所示。

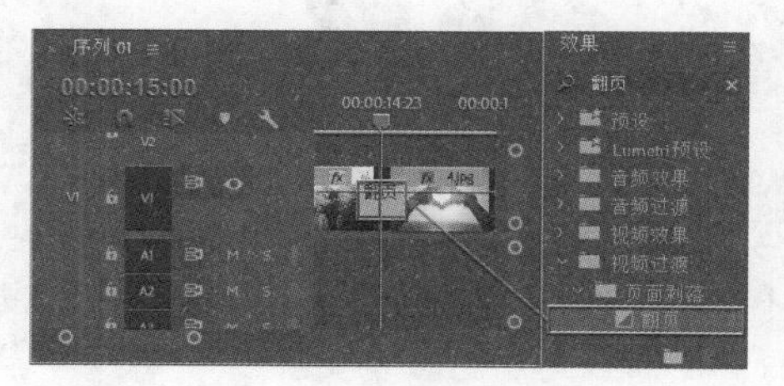

图 6.80

步骤 09 选择V1轨道上的【翻页】效果，同样在【效果控件】面板中更改【持续时间】为2秒，如图6.81所示。此时滑动时间线查看画面效果，如图6.82所示。

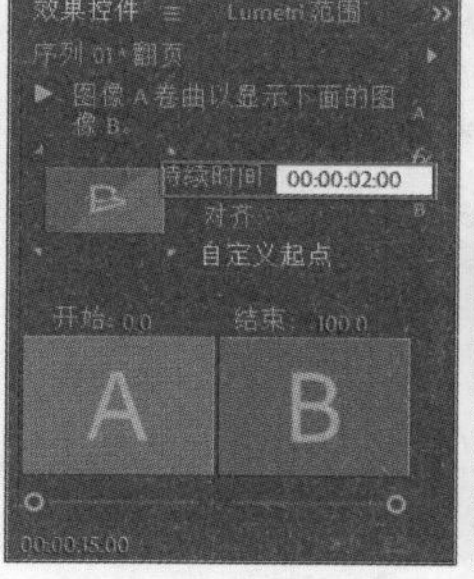

图 6.81

图 6.82

步骤 10 制作文字部分。将时间线滑动至起始位置，在【工具】面板中选择T（文字工具），在【节目监视器】面板中合适的位置输入文字内容。在【时间轴】面板中选择刚刚添加的文字图层，在【效果控件】面板中选择文本，设置合适的【字体系列】和【字体样式】，设置【字体大小】为120，【颜色】为白色。展开【变换】，设置【位置】为(467.3,672.5)，如图6.83所示。

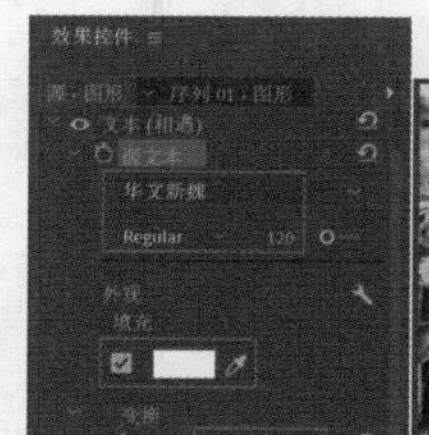

图 6.83

步骤 11 在【时间轴】面板中选择刚刚添加的文字，使用快捷键Ctrl+C进行复制，将时间线滑动至5秒位置，接着使用快捷键Ctrl+V进行粘贴，如图6.84所示。

步骤 12 选择刚刚复制的文字图层，在【工具】面板中再次选择【文字工具】，选中【节目监视器】面板底部的文字内容，将其更改为“相知”，如图6.85所示。

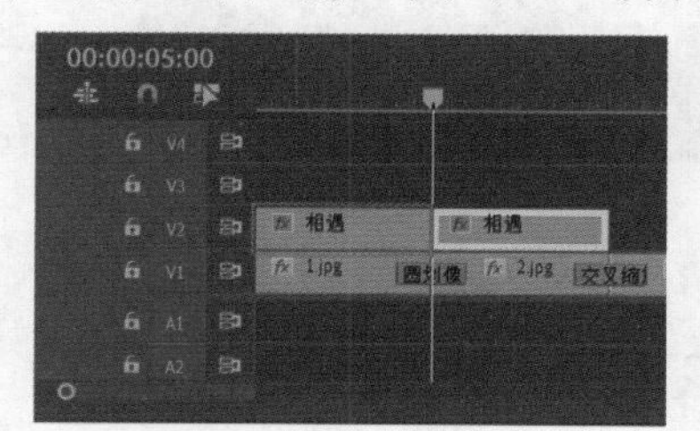

图 6.84

图 6.85

步骤 13 使用同样的方式继续复制文字图层放置在合适的时间并分别更改文字内容，如图6.86所示。

图 6.86

步骤 14 滑动时间线查看画面效果，如图6.87所示。

图 6.87

步骤 15 在【效果】面板中搜索【白场过渡】，按住鼠标左键将该效果拖曳到【相遇】文字图层的起始帧位置，如图6.88所示。

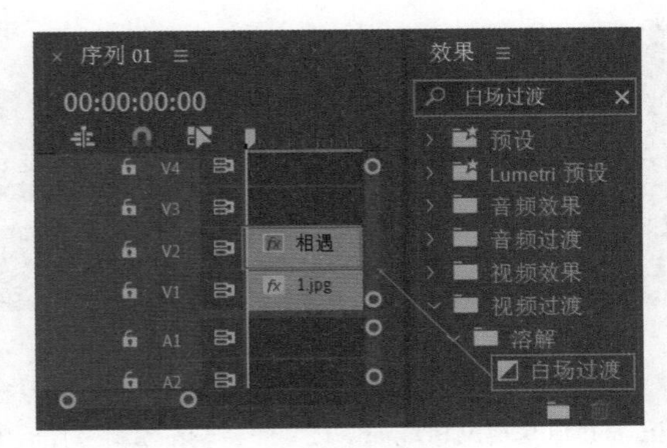

图 6.88

步骤 16 选择V2轨道上的【白场过渡】效果，同样在【效果控件】面板中更改【持续时间】为2秒，如图6.89所示。滑动时间线查看画面效果，如图6.90所示。

图 6.89　　图 6.90

步骤 17 此时实例制作完成，滑动时间线查看画面最终效果，如图6.91所示。

图 6.91

提示：如何将转场的时间变长、速度变慢？

在默认情况下，转场的持续时间为1秒，持续时间越长，速度越慢；持续时间越短，速度越快。若想更改转场的持续时间和速度，有两种方法。第一种是可以在【时间轴】面板中选择该转场效果，然后右击，在弹出的快捷菜单中执行【设置过渡持续时间】命令，如图6.92所示。接着在弹出的窗口中更改转场的持续时间，更改完成后单击【确定】按钮即可完成操作，如图6.93所示。

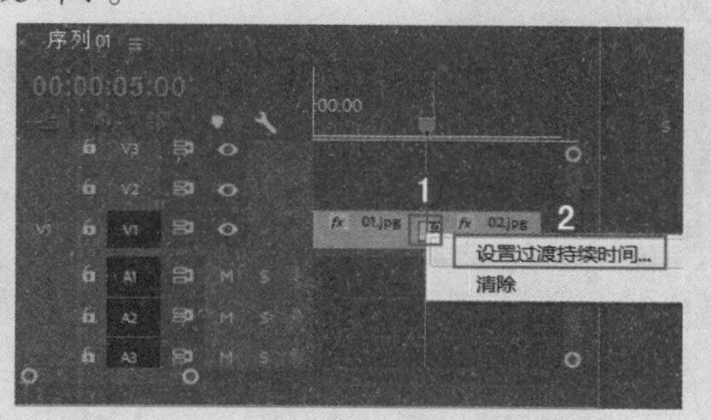

图 6.92

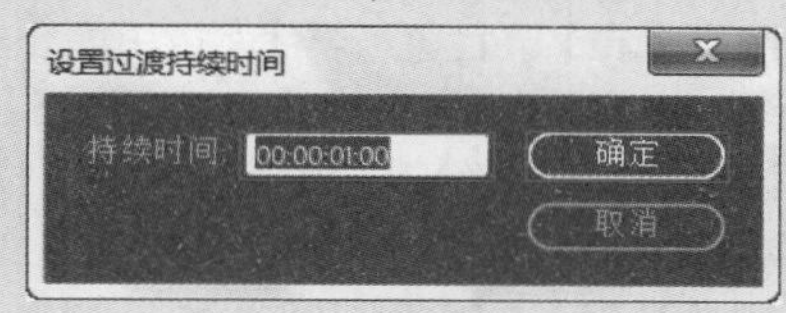

图 6.93

第二种是可以在【效果控件】面板中更改转场的持续时间及速度。首先在【时间轴】面板中选择过渡效果，在【效果控件】面板中将【持续时间】的数值进行编辑，数值越大，转场时间越长，同时速度会越慢，如图6.94所示。除此以外，还可以选择转场并按住鼠标左键拖动其起始或末尾位置，使其变得更长或更短。

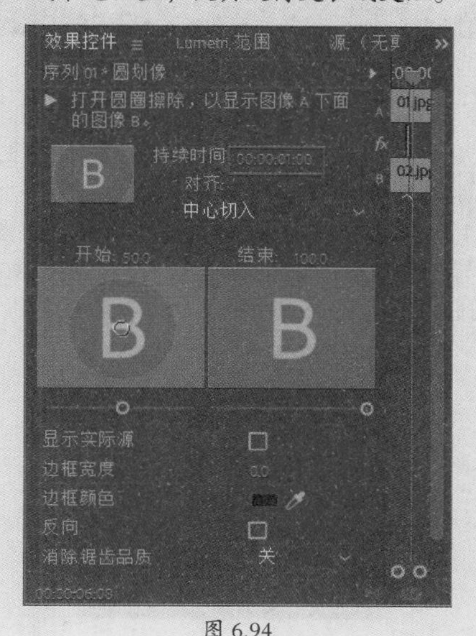

图 6.94

实例：【交叉划像】效果制作旅游产品介绍

扫一扫，看视频

文件路径：Chapter 6　视频过渡→实例：【交叉划像】效果制作旅游产品介绍

本实例主要学习如何使用【交叉划像】【立方体旋转】及【交叉溶解】过渡效果制作出富有美感的旅游产品广告片。实例效果如图6.95所示。

图 6.95

步骤 01 执行【文件】/【新建】/【项目】命令，新建一个项目。执行【文件】/【导入】命令，导入全部素材文件，如图6.96所示。

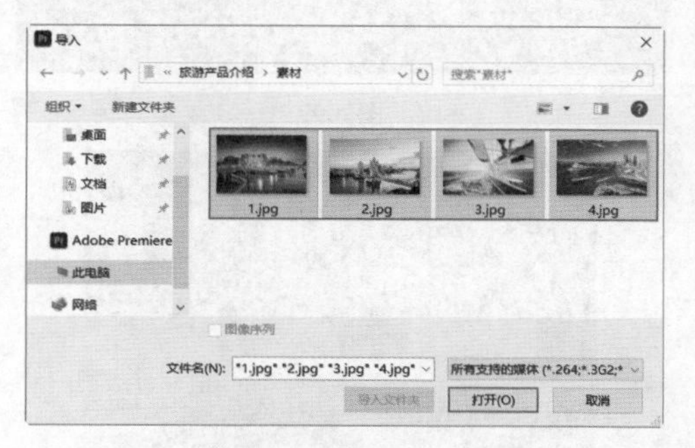

图 6.96

步骤 02 在【项目】面板中选择1.jpg~4.jpg素材，按住鼠标左键依次将其拖曳到V1轨道上，如图6.97所示，此时在【项目】面板中自动生成序列。

步骤 03 在【时间轴】面板中选择V1轨道上的2.jpg~4.jpg素材，在【效果控件】面板中设置【缩放】均为110，如图6.98所示。

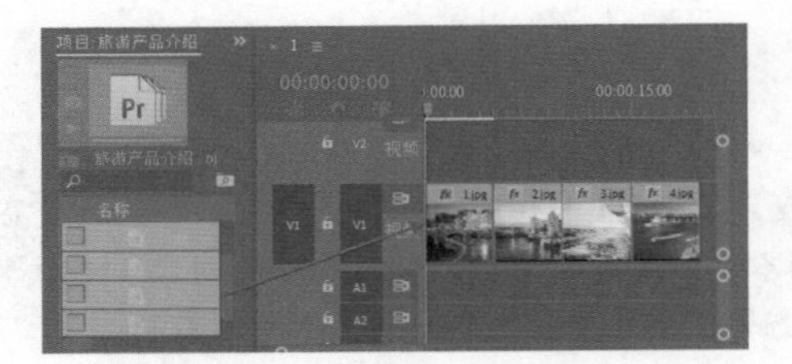

图 6.97

图 6.98

步骤 04 在【效果】面板中搜索【交叉划像】，将该效果拖曳到1.jpg和2.jpg素材的中间位置，如图6.99所示。此时画面效果如图6.100所示。使用同样的方法将【立方体旋转】效果拖曳到2.jpg和3.jpg素材的中间位置，将【交叉溶解】效果拖曳到3.jpg和4.jpg素材的中间位置。

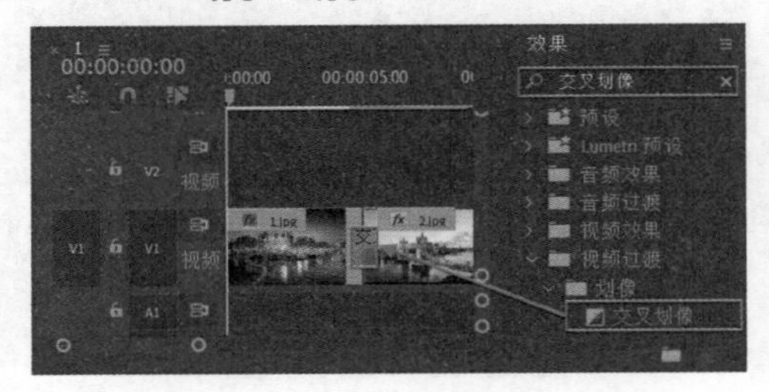

图 6.99

图 6.100

步骤 05 制作文字部分。将时间线滑动至起始位置。在【工具】面板中选择 T（文字工具），在【节目监视器】面板中的适当位置单击输入文字“新的启程与心畅游”；接着在【时间轴】面板中选择刚刚添加的文字图层，在【效果控件】面板中展开【文本】。设置合适的【字体系列】和【字体样式】，设置【字体大小】为90，【颜色】为白色；接着展开【变换】，设置【位置】为(97.2,369)，如图6.101所示。

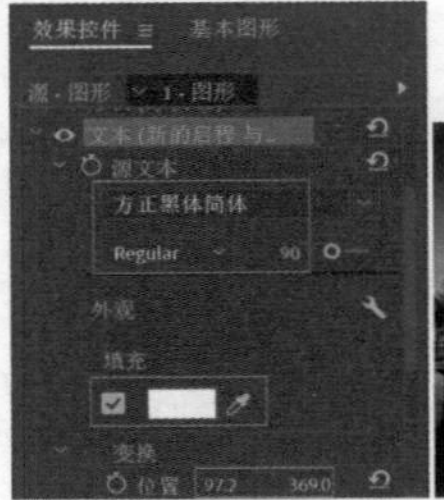

图 6.101

步骤 06 在【工具】面板中选择（钢笔工具），选择刚刚的文字图层，在【节目监视器】面板中的合适位置绘制一条直线；接着在【效果控件】面板中展开【形状(形状01)】/【外观】，取消勾选【填充】，勾选【描边】，设置【描边宽度】为5，设置为【中心】；展开【变换】，设置【位置】为(94,253)，如图6.102所示。

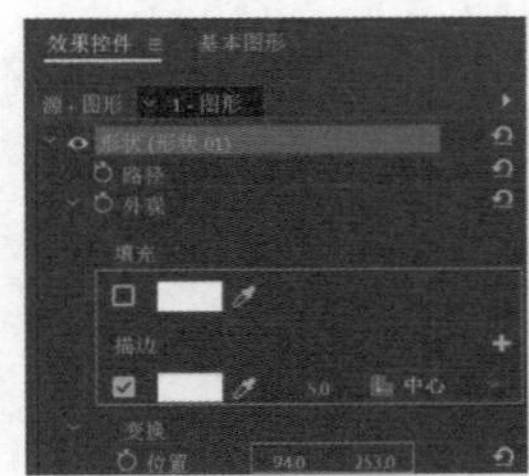

图 6.102

步骤 07 在【效果控件】面板中选择刚刚绘制的形状图层，使用快捷键Ctrl+C与Ctrl+V进行复制与粘贴，接着展开刚刚复制的【形状】/【变换】，设置【位置】为(88,398.1)；接着在【时间轴】面板中设置文字图层的结束时间与V1轨道图片素材的结束时间对齐，如图6.103所示。画面效果如图6.104所示。

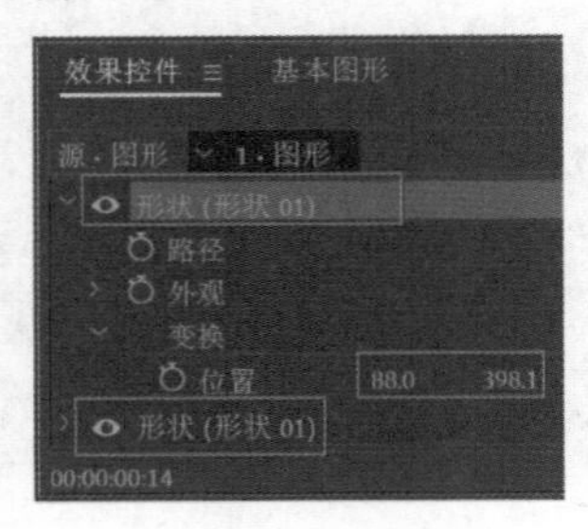

图 6.103

图 6.104

步骤 08 选择V2轨道上的文字图层，将时间线滑动到起始位置，在【效果控件】面板中分别展开【矢量运动】与【不透明度】，单击【缩放】【不透明度】前方的⏱按钮，开启自动关键帧，设置【缩放】为650，【不透明度】为0%，此时在当前位置自动添加关键帧，如图6.105所示；将时间线滑动至2秒位置，设置【缩放】为100，【不透明度】为100。实例制作完成，拖动时间线查看实例最终效果，如图6.106所示。

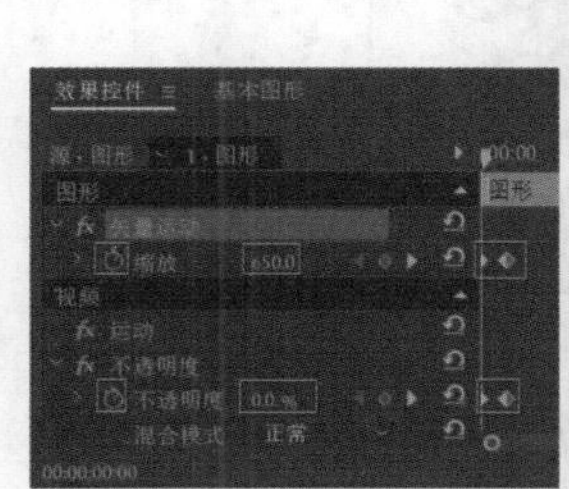

图 6.105

图 6.106

提示：如何快速删除视频效果？

在【时间轴】面板中单击选择需要删除的过渡效果，按Delete键或Backspace键即可进行快速删除，如图6.107所示。

图 6.107

实例：【推】【圆划像】【立方体旋转】【油漆飞溅】效果制作度假景点宣传广告

文件路径：Chapter 6 视频过渡→实例：【推】【圆划像】【立方体旋转】【油漆飞溅】效果制作度假景点宣传广告

扫一扫，看视频

本实例主要使用多种过渡效果为素材制作转场效果。实例效果如图6.108所示。

图 6.108

步骤 01 执行【文件】/【新建】/【项目】命令，新建一个项目。在【项目】面板的空白处右击，执行【新建项目】/【序列】命令，弹出【新建序列】窗口，在DV-PAL文件夹下选择【标准48kHz】，设置【序列名称】为【序列01】，单击【确定】按钮。执行【文件】/【导入】命令，导入全部素材文件，如图6.109所示。

图 6.109

步骤 02 在【项目】面板中依次选中01.jpg、02.jpg、03.jpg、04.jpg素材文件，按住鼠标左键将它们拖曳到【时间轴】面板中的V1轨道上，如图6.110所示。

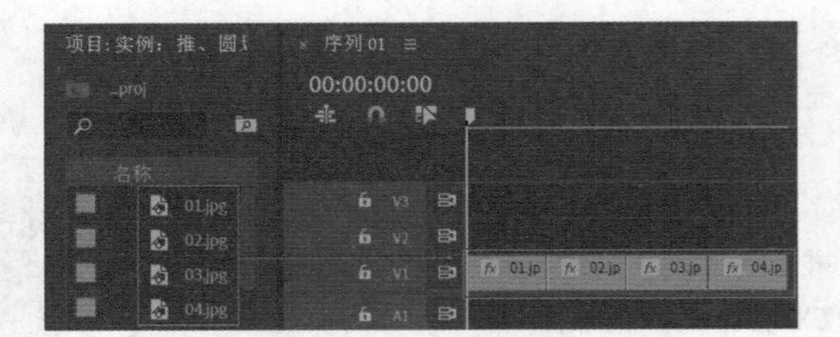

图 6.110

步骤 03 调整素材文件的持续时间，在【时间轴】面板中选择全部素材文件，右击执行【速度/持续时间】命令，如图6.111所示。在弹出的【剪辑速度/持续时间】窗口中设置【持续时间】为2秒，勾选【波纹编辑，移动尾部剪辑】，单击【确定】按钮，如图6.112所示。

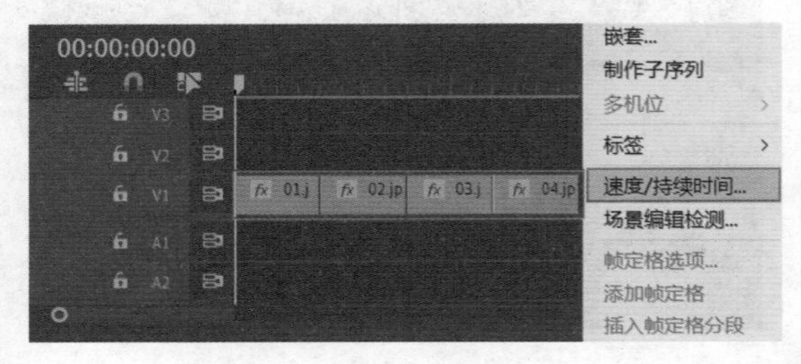

图 6.111

图 6.112

步骤 04 此时【时间轴】面板中的素材持续时间缩短并依次向前递进移动，如图6.113所示。

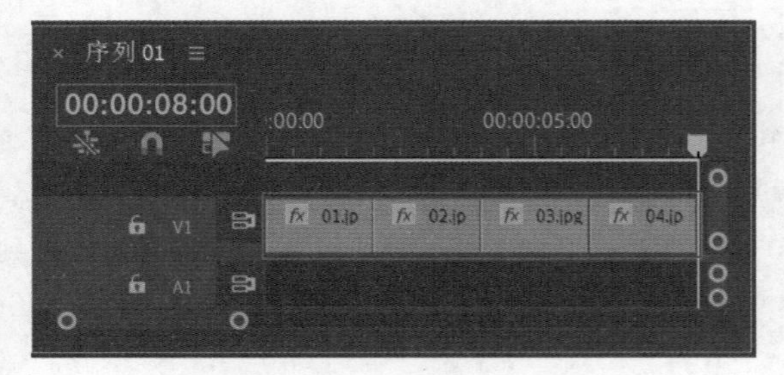

图 6.113

步骤 05 在【时间轴】面板中分别选择01.jpg、02.jpg、03.jpg、04.jpg素材文件，在【效果控件】面板中展开【运动】属性，分别设置它们的【缩放】为51、62、50以及18，如图6.114所示。此时画面效果如图6.115所示。

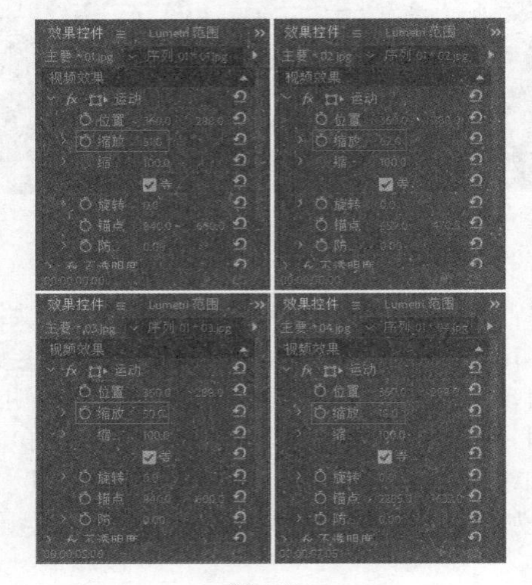

图 6.114

图 6.115

步骤 06 为素材添加转场效果。在【效果】面板中搜索【推】，按住鼠标左键将该效果拖曳到V1轨道上01.jpg素材文件的起始位置，如图6.116所示。滑动时间线查看当前效果，如图6.117所示。

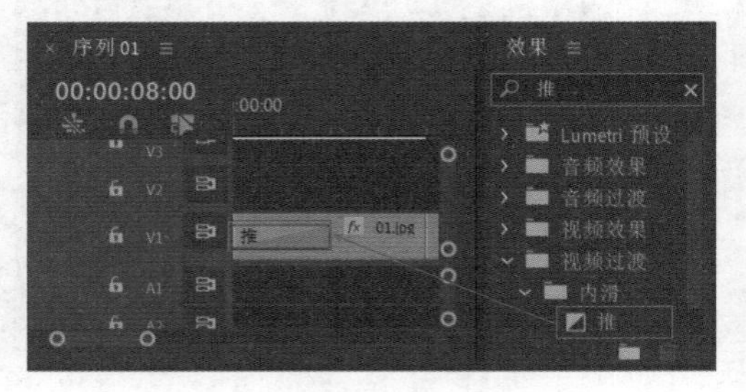

图 6.116

图 6.117

步骤 07 在【效果】面板中搜索【圆划像】，按住鼠标左键将该效果拖曳到01.jpg素材文件与02.jpg素材文件的中间位置，如图6.118所示。滑动时间线查看当前效果，如图6.119所示。

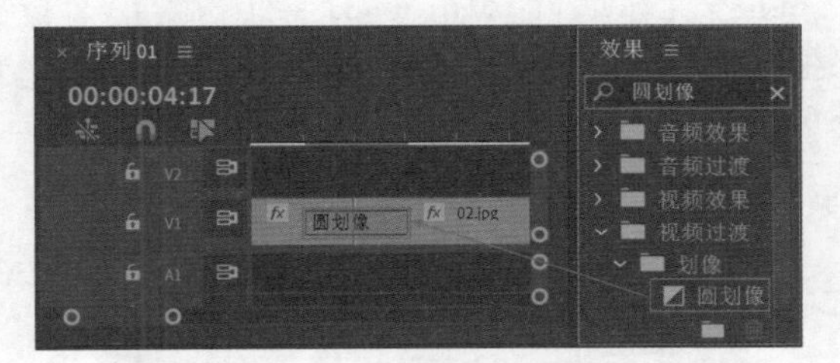

图 6.118

图 6.119

步骤 08 继续在【效果】面板中搜索【立方体旋转】，按住鼠标左键将该效果拖曳到02.jpg素材文件与03.jpg素材文件的中间位置，如图6.120所示。滑动时间线查看当前效果，如图6.121所示。

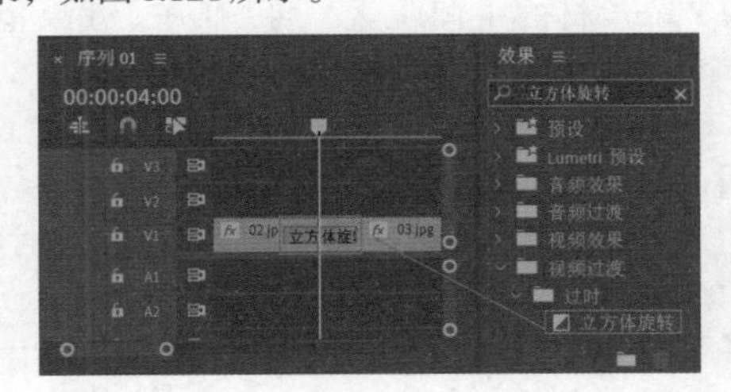

图 6.120

图 6.121

步骤 09 在【效果】面板中搜索【油漆飞溅】，按住鼠标左键将该效果拖曳到03.jpg素材文件与04.jpg素材文件的中间位置，如图6.122所示。滑动时间线查看当前效果，如图6.123所示。

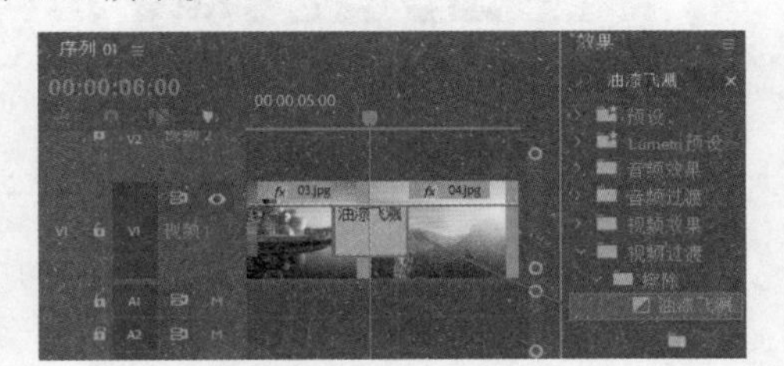

图 6.122

图 6.123

步骤 10 本实例制作完成，滑动时间线查看画面效果，如图6.124所示。

图 6.124

实例:【带状擦除】【棋盘擦除】【风车】效果制作宠物乐园宣传广告

扫一扫，看视频

文件路径:Chapter 6 视频过渡→实例:【带状擦除】【棋盘擦除】【风车】效果制作宠物乐园宣传广告

本实例使用【带状擦除】【棋盘擦除】和【风车】效果制作宠物乐园的宣传广告。实例效果如图6.125所示。

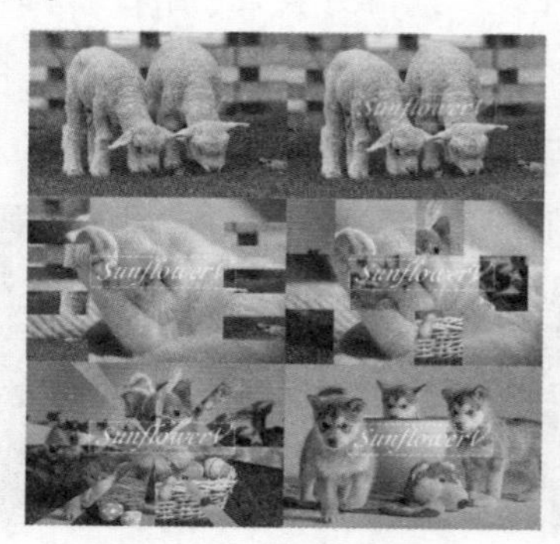

图 6.125

步骤 01 执行【文件】/【新建】/【项目】命令，新建一个项目。执行【文件】/【导入】命令，导入全部素材文件，如图6.126所示。

步骤 02 在【项目】面板中选择1.jpg~4.jpg素材，按住鼠标左键依次将其拖曳到V1轨道上，如图6.127所示，此时在【项目】面板中自动生成序列。

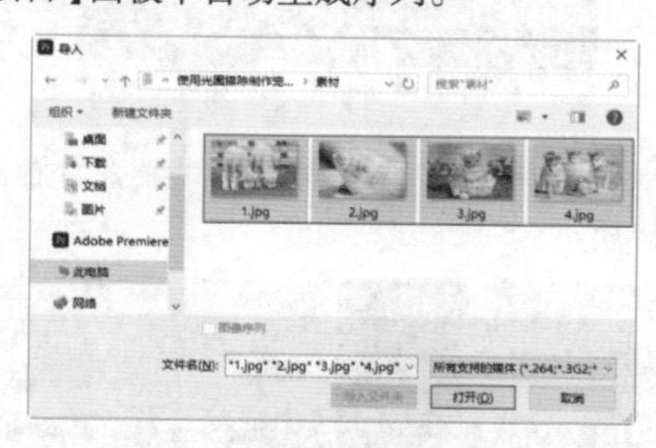

图 6.126

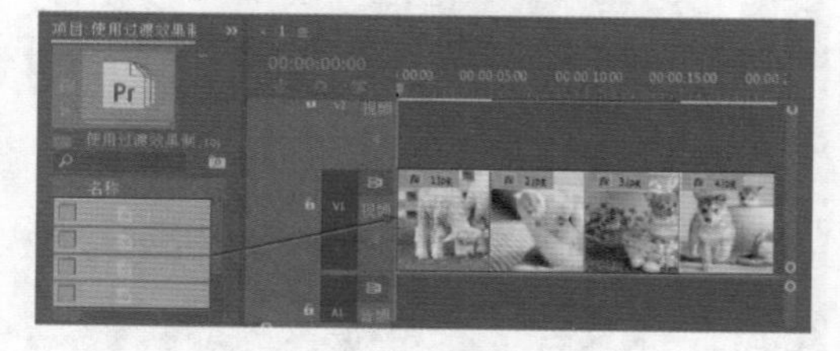

图 6.127

步骤 03 在【时间轴】面板中分别选择2.jpg和3.jpg素材，在【效果控件】面板中设置2.jpg素材的【缩放】为110，3.jpg素材的【缩放】为70，如图6.128和图6.129所示。

图 6.128

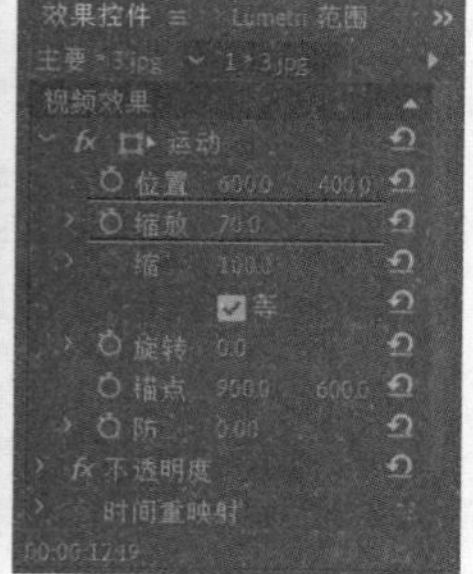

图 6.129

步骤 04 在【效果】面板中搜索【带状擦除】，将该效果拖曳到V1轨道上的1.jpg和2.jpg素材的中间位置，如图6.130所示。此时画面效果如图6.131所示。

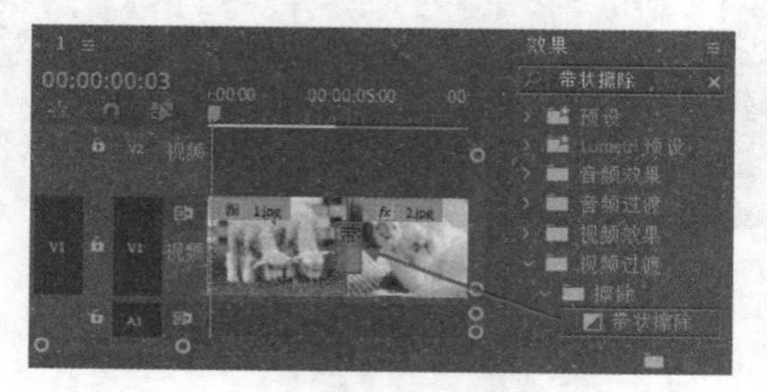

图 6.130

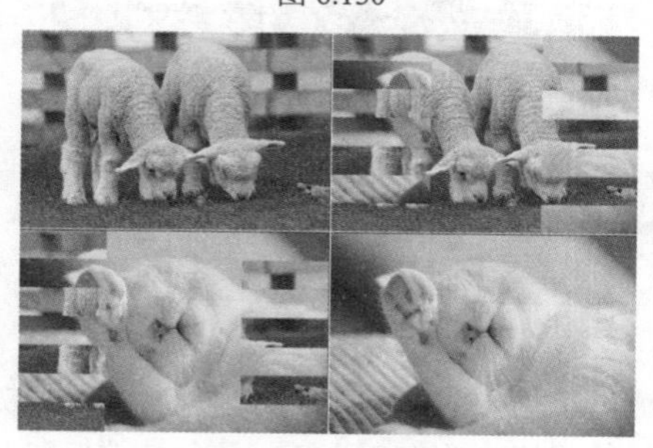

图 6.131

步骤 05 使用同样的方法将【棋盘擦除】效果拖曳到2.jpg和3.jpg素材的中间位置，将【风车】效果拖曳到3.jpg和4.jpg素材的中间位置，如图6.132和图6.133所示。

步骤 06 制作文字部分。将时间线滑动至起始位置。在【工具】面板中选择T（文字工具），在【节目监视器】面板中的适当位置输入文字Sunflower，接着在【时间轴】面板中选择文字图层，在【效果控件】面板中展开【文本】/【源文本】，设置合适的【字体系列】和【字体样式】，设置【字体大小】为90，【颜色】为白色，接着展开【变换】，设置【位置】为(362.8,388.3)，如图6.134所示。

图 6.132

图 6.133

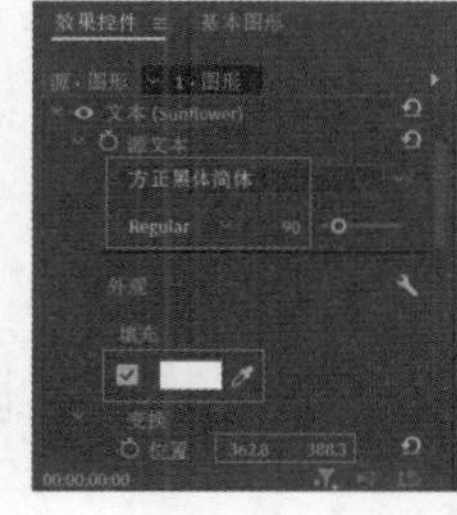

图 6.134

步骤 07 在【时间轴】面板中选择刚刚添加的文字。在【工具】面板中选择□(矩形工具)，在文字周围单击绘制矩形；接着在【效果控件】面板中展开【形状】/【外观】，取消勾选【填充】，勾选【描边】，设置【颜色】为白色，【描边宽度】为3；接着展开【变换】，设置【位置】为(628,361)，【锚点】为(337,74)，如图6.135所示。

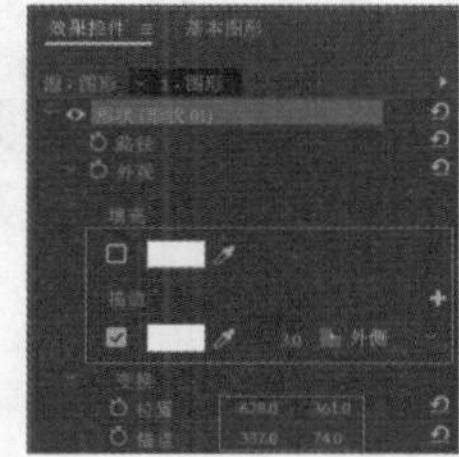

图 6.135

步骤 08 设置文字图层的结束时间与V1轨道上的素材的结束时间对齐，如图6.136所示。

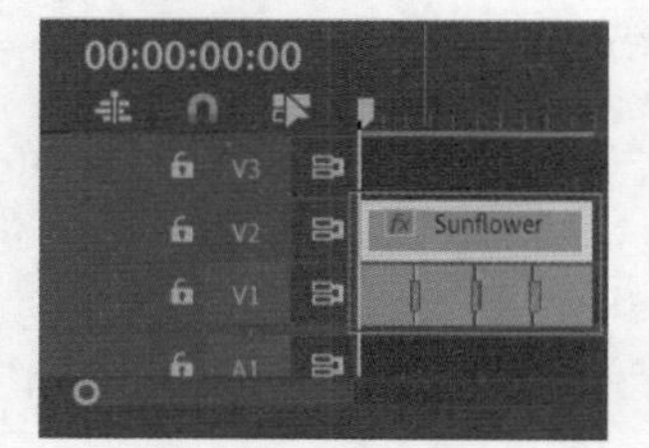

图 6.136

步骤 09 在【效果】面板中搜索【高斯模糊】，将该效果拖曳到【时间轴】面板中的V2轨道的文字图层上，如图6.137所示。

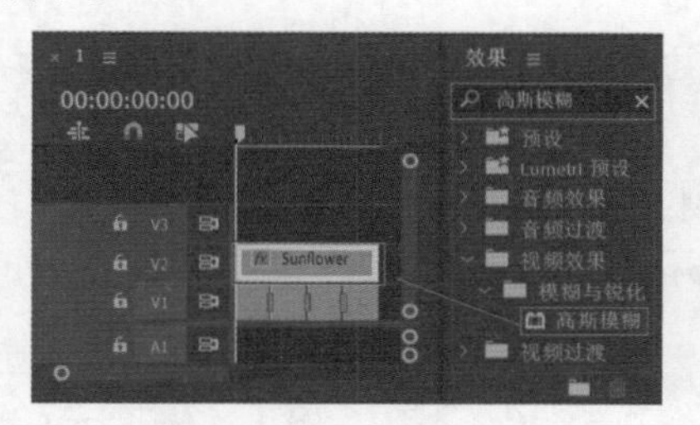

图 6.137

步骤 10 选择V2轨道上的文字图层，将时间线滑动到起始位置，在【效果控件】面板中展开【高斯模糊】，单击【模糊度】前方的⏱按钮，开启关键帧，设置【模糊度】为40，如图6.138所示；将时间线滑动至3秒10帧位置，设置【模糊度】为0。实例制作完成，滑动时间线查看实例最终效果，如图6.139所示。

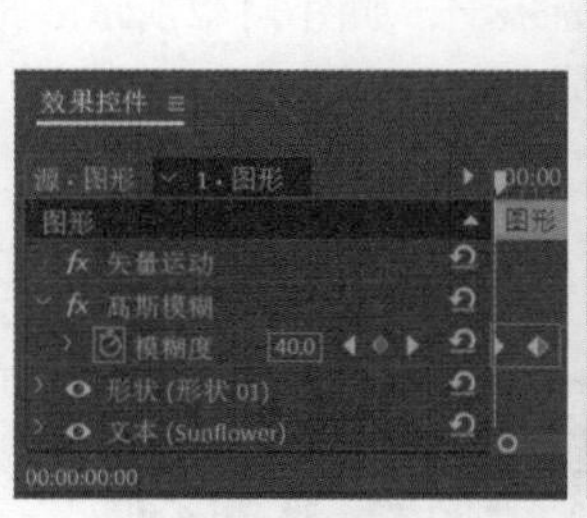

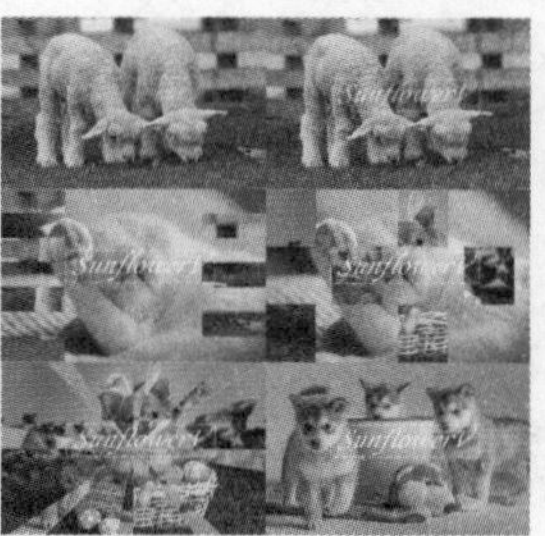

图 6.138　　图 6.139

实例:【油漆飞溅】【白场过渡】效果制作水墨动画

文件路径：Chapter 6 视频过渡→实例：【油漆飞溅】【白场过渡】效果制作水墨动画

扫一扫，看视频

本实例主要学习如何使用【油漆飞溅】【白场过渡】及【渐变擦除】效果制作出柔和且有意境的水墨动画。实例效果如图6.140所示。

图 6.140

步骤 01 执行【文件】/【新建】/【项目】命令，新建一个项目。在菜单栏中执行【文件】/【导入】命令，导入全部素材文件，如图6.141所示。

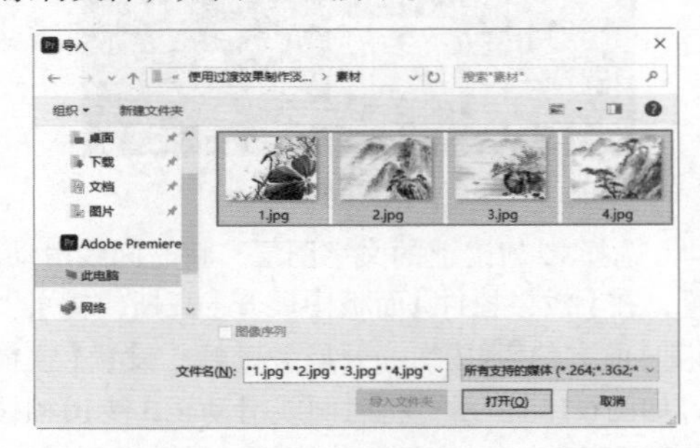

图 6.141

步骤 02 在【项目】面板中选择1.jpg~4.jpg素材，按住鼠标左键依次将其拖曳到V1轨道上，如图6.142所示，此时在【项目】面板中自动生成序列。

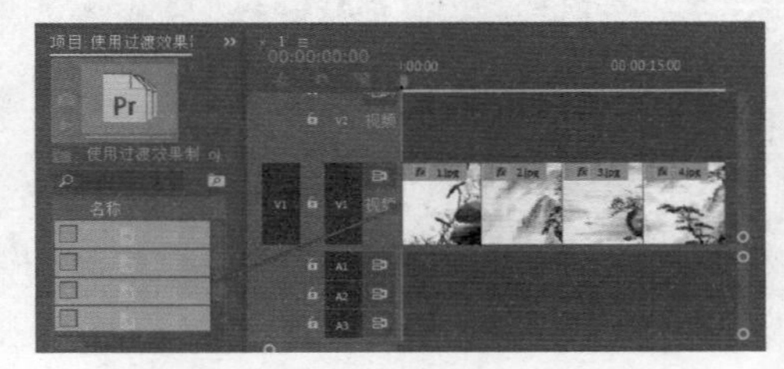

图 6.142

步骤 03 在【时间轴】面板中选中所有素材，右击，在弹出的快捷菜单中执行【速度/持续时间】命令，如图6.143所示。在弹出的【剪辑速度/持续时间】窗口中设置【持续时间】为3秒，勾选【波纹编辑，移动尾部剪辑】，单击【确定】按钮，如图6.144所示。

图 6.143

图 6.144

步骤 04 在【效果】面板中搜索【旋转扭曲】，将该效果拖曳到V1轨道的1.jpg素材上，如图6.145所示。

图 6.145

步骤 05 选择V1轨道上的1.jpg素材，将时间线滑动到起始位置，在【效果控件】面板中展开【旋转扭曲】，单击【角度】前方的⏱（切换动画）按钮，开启关键帧，设置【角度】为130°，【旋转扭曲】为45；将时间线拖动至2秒5帧位置，设置【角度】为0°，如图6.146所示。此时画面呈现出扭曲动画，如图6.147所示。

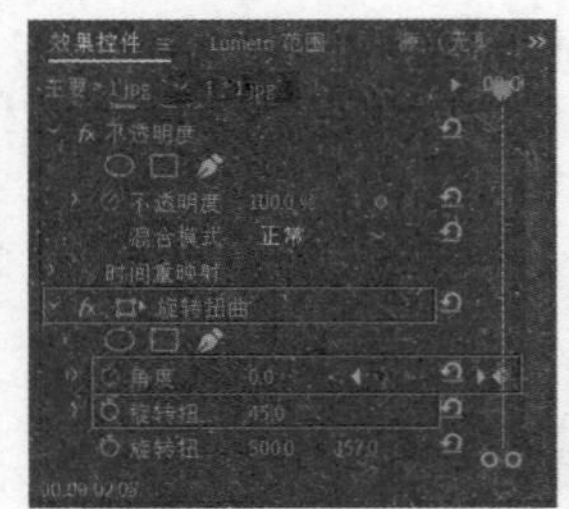

图 6.146

图 6.147

步骤 06 在【效果】面板中搜索【油漆飞溅】，将该效果拖曳到V1轨道上的1.jpg和2.jpg素材的中间位置，如图6.148所示。此时滑动时间线查看画面效果，如图6.149所示。

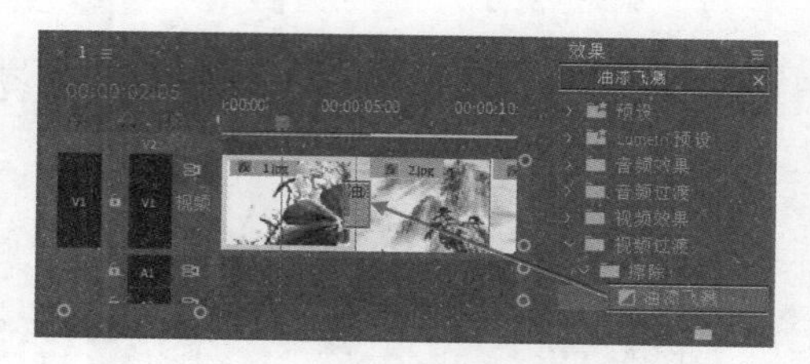

图 6.148

图 6.149

步骤 07 选择V1轨道上的1.jpg和2.jpg素材之间的【油漆飞溅】，在【效果控件】面板中设置【持续时间】为2秒，如图6.150所示。

步骤 08 使用同样的方法将【白场过渡】效果拖曳到2.jpg和3.jpg素材的中间位置，将【渐变擦除】效果拖曳到3.jpg和4.jpg素材的中间位置，如图6.151所示。滑动时间线查看实例最终效果，如图6.152所示。

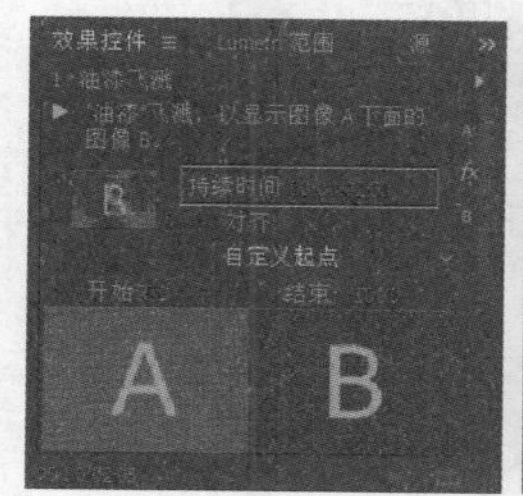

图 6.150

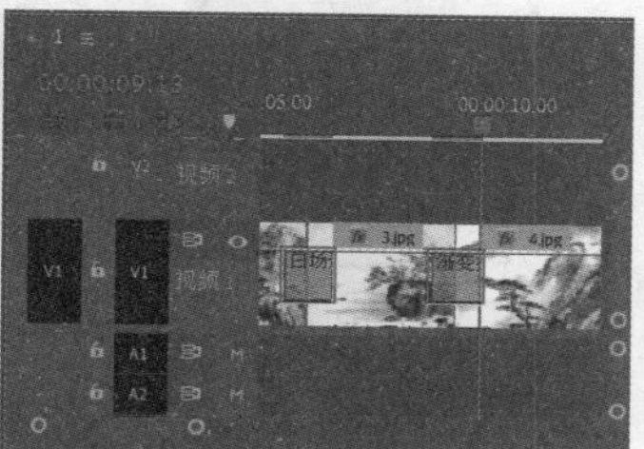

图 6.151

图 6.152

实例：【划像过渡】效果制作海底世界广告

文件路径：Chapter 6 视频过渡→实例：【划像过渡】效果制作海底世界广告

扫一扫，看视频

本实例主要使用【划像】效果组中的各个过渡效果将画面进行衔接，最后使用【文字工具】制作文字及效果。实例效果如图6.153所示。

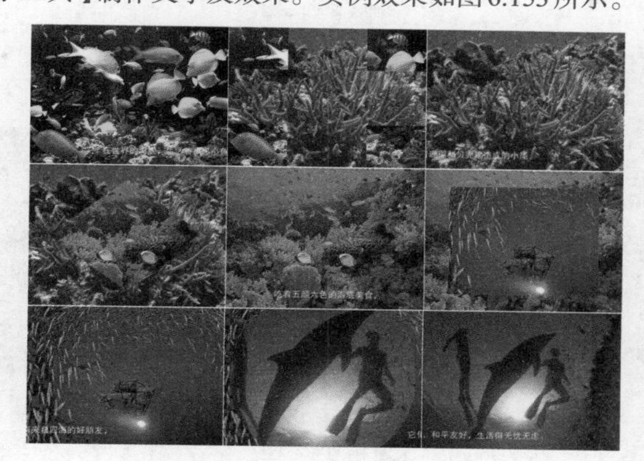

图 6.153

步骤 01 执行【文件】/【新建】/【项目】命令，新建一个项目。在【项目】面板的空白处右击，执行【新建项目】/【序列】命令，弹出【新建序列】窗口，在DV-PAL文件夹下选择【标准48kHz】，设置【序列名称】为【序列01】，单击【确定】按钮。在菜单栏中执行【文件】/【导入】命令，导入全部素材文件，如图6.154所示。

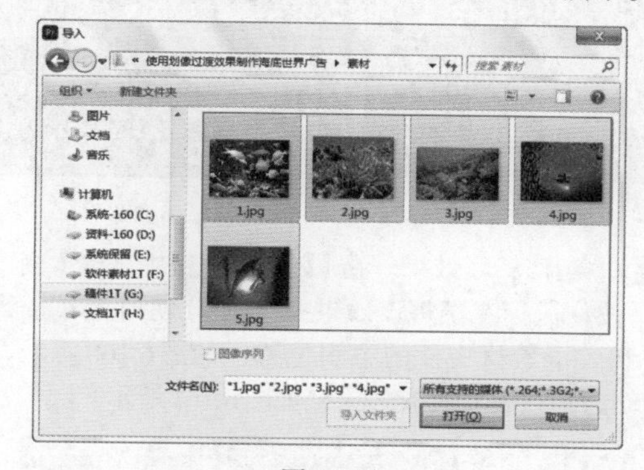

图 6.154

步骤 02 在【项目】面板中依次选中1.jpg~5.jpg素材文件，按住鼠标左键将其拖曳到【时间轴】面板中的V1轨道上，如图6.155所示。

步骤 03 在【时间轴】面板中选择1.jpg素材文件，在【效果控件】面板中展开【运动】属性，设置【缩放】为80，如图6.156所示。此时画面效果如图6.157所示。

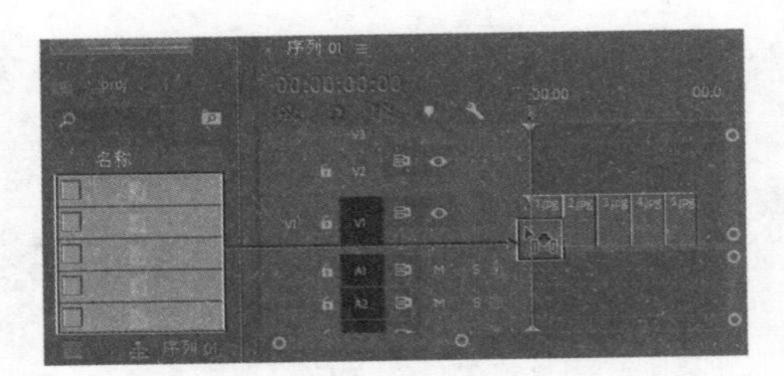

图 6.155

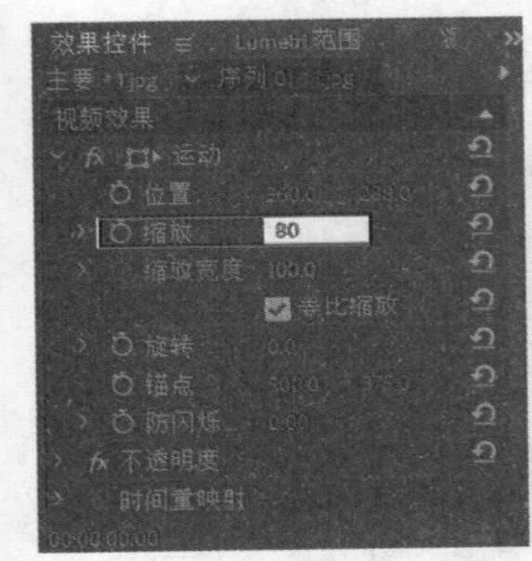

图 6.156

图 6.157

步骤 04 在【时间轴】面板中选择2.jpg素材文件，在【效果控件】面板中展开【运动】属性，设置【缩放】为63，如图6.158所示。此时画面效果如图6.159所示。

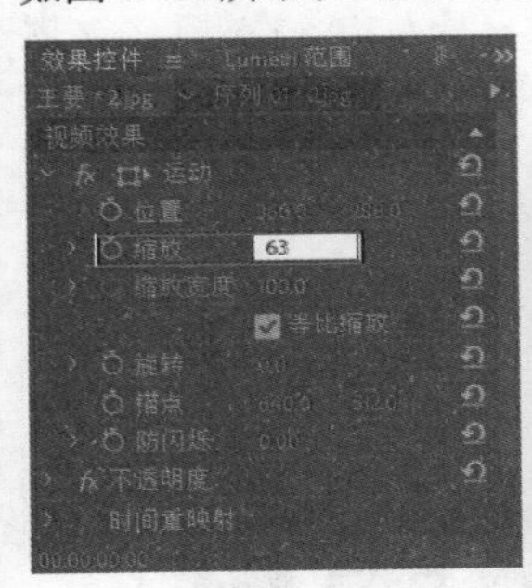

图 6.158

图 6.159

步骤 05 制作转场效果。在【效果】面板中搜索【交叉划像】，按住鼠标左键将该效果拖曳到V1轨道上1.jpg素材文件和2.jpg素材文件的中间位置，如图6.160所示。此时滑动时间线查看过渡效果，如图6.161所示。

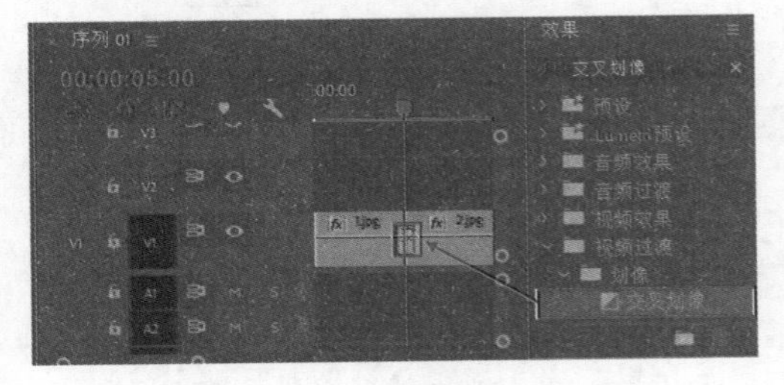

图 6.160

图 6.161

步骤 06 在【效果】面板中搜索【菱形划像】，按住鼠标左键将该效果拖曳到2.jpg素材文件和3.jpg素材文件的中间位置，如图6.162所示。此时滑动时间线查看过渡效果，如图6.163所示。

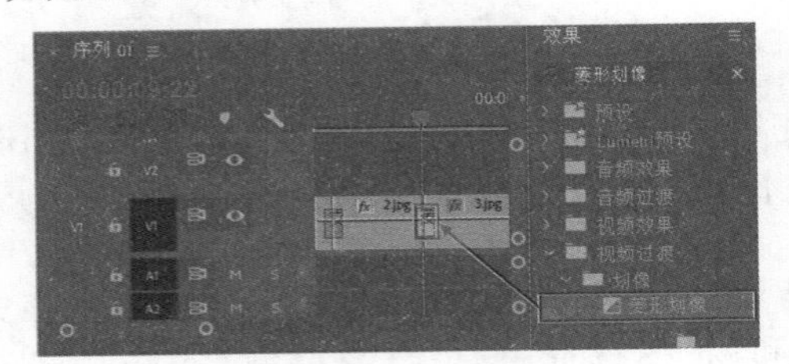

图 6.162

图 6.163

步骤 07 使用同样的方式在【效果】面板中搜索【盒形划像】，按住鼠标左键将该效果拖曳到3.jpg素材文件和4.jpg素材文件的中间位置，如图6.164所示。此时滑动时间线查看过渡效果，如图6.165所示。

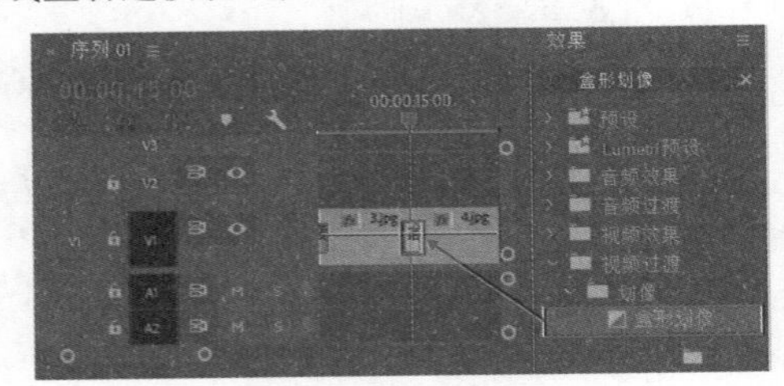

图 6.164

图 6.165

步骤 08 在【效果】面板中搜索【圆划像】，按住鼠标左键将该效果拖曳到4jpg素材文件和5.jpg素材文件的中间位置，如图6.166所示。

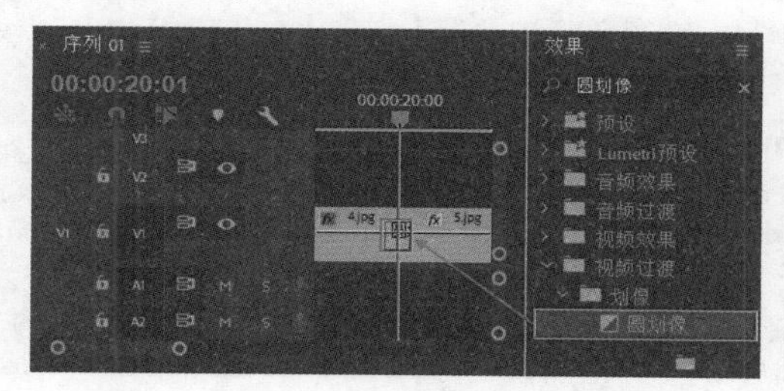
图 6.166

步骤 09 选择【时间轴】面板中5.jpg素材文件，在【效果控件】面板中展开【运动】属性，将时间线滑动到19秒13帧位置，单击【缩放】前面的按钮，开启自动关键帧，设置【缩放】为120；将时间线滑动到20秒20帧位置，设置【缩放】为55，如图6.167所示。此时滑动时间线查看画面效果，如图6.168所示。

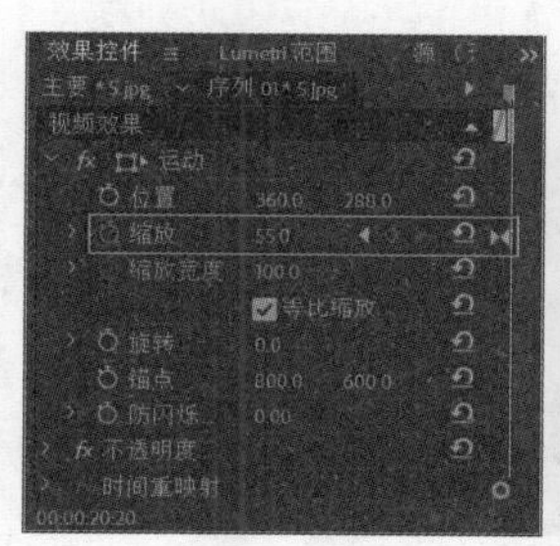
图 6.167

图 6.168

步骤 10 制作文字部分。将时间线滑动至起始位置。在【工具】面板中选择(文字工具)，在【节目监视器】面板中的合适位置输入文字。在【时间轴】面板中选择文字图层，在【效果控件】面板中展开【文本】/【源文本】，设置合适的【字体系列】和【字体样式】，设置【字体大小】为33，设置【填充颜色】为白色；接着展开【变换】，单击【位置】前方的(切换动画)按钮，设置【位置】为(720.6,530.6)，如图6.169所示。将时间线滑动至4秒24帧位置，设置【位置】为(−527.4,530.6)。

图 6.169

步骤 11 在【时间轴】面板中选择文字图层，使用快捷键Alt键进行复制与粘贴并向后拖曳到5秒位置，如图6.170所示。

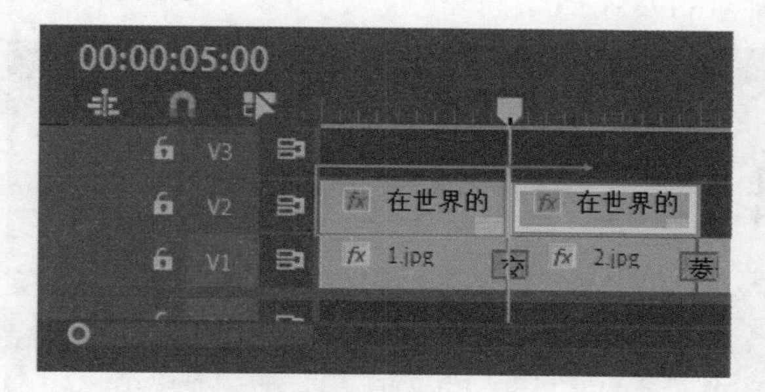

图 6.170

步骤 12 单击【工具】面板中的【文字工具】按钮，选择当前5秒位置的文字图层，更改文字内容，如图6.171所示。

图 6.171

步骤 13 使用同样的方式在【时间轴】面板中按Alt键复制与粘贴并更改文字内容，接着设置合适的文字时间，如图6.172所示。

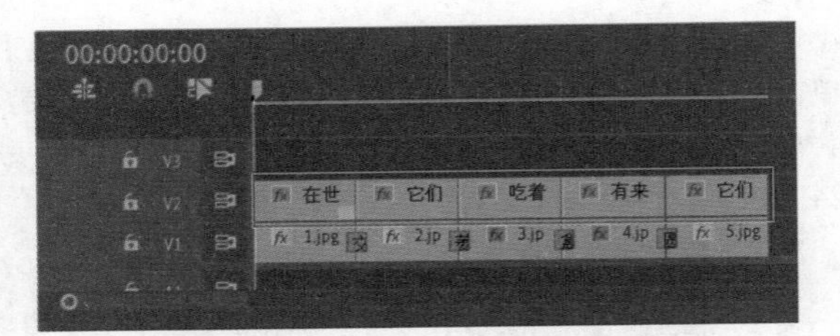

图 6.172

步骤 14 此时滑动时间线查看画面效果，如图6.173所示。

图 6.173

步骤 15 此时实例制作完成，滑动时间线查看画面效果，如图6.174所示。

图 6.174

实例：【胶片溶解】【圆划像】效果制作甜蜜时刻

文件路径：Chapter 6 视频过渡→实例：【胶片溶解】【圆划像】效果制作甜蜜时刻

扫一扫，看视频

本实例主要学习如何使用【胶片溶解】【圆划像】及【交叉缩放】过渡效果制作甜蜜时刻。实例效果如图6.175所示。

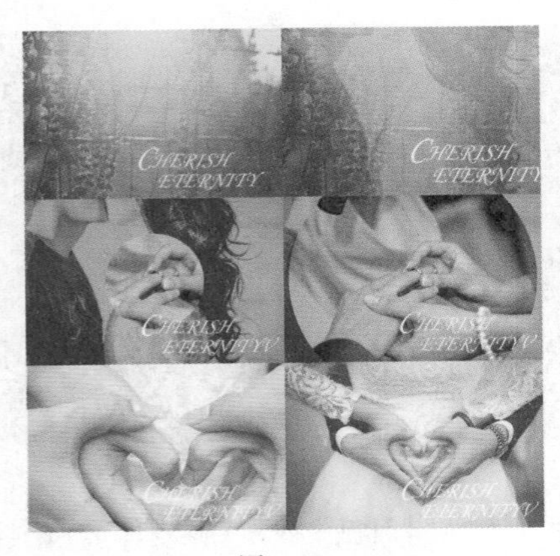

图 6.175

步骤 01 执行【文件】/【新建】/【项目】命令，新建一个项目。在菜单栏中执行【文件】/【导入】命令，导入全部素材文件，如图6.176所示。

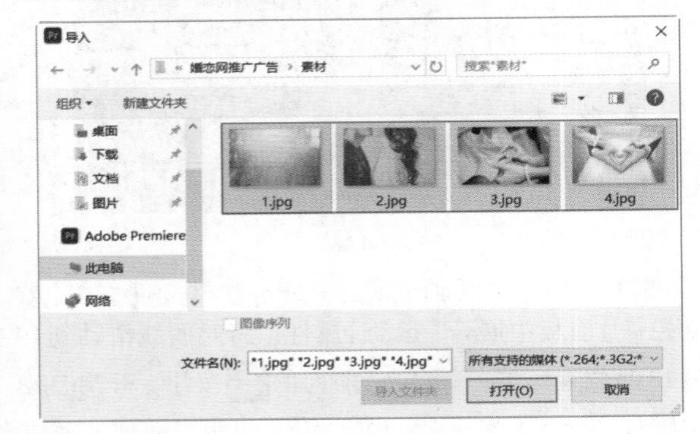

图 6.176

步骤 02 在【项目】面板中选择1.jpg～4.jpg素材，按住鼠标左键依次将其拖曳到V1轨道上，如图6.177所示，此时在【项目】面板中自动生成序列。

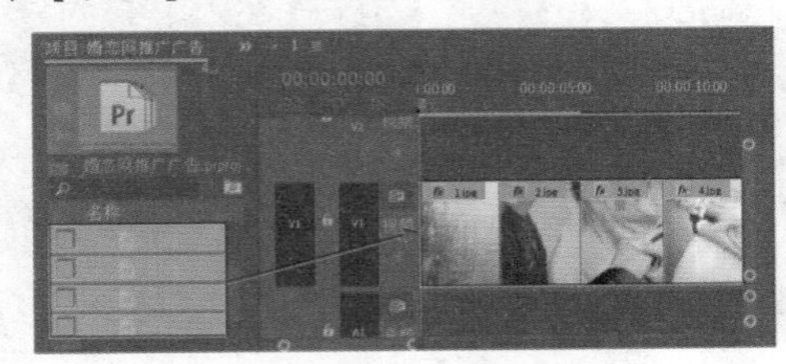

图 6.177

步骤 03 在【时间轴】面板中选中所有素材，右击执行【速度/持续时间】命令，如图6.178所示。在弹出的【剪辑速度/持续时间】窗口中设置【持续时间】为3秒，勾选【波纹编辑，移动尾部剪辑】，单击【确定】按钮，如图6.179所示。

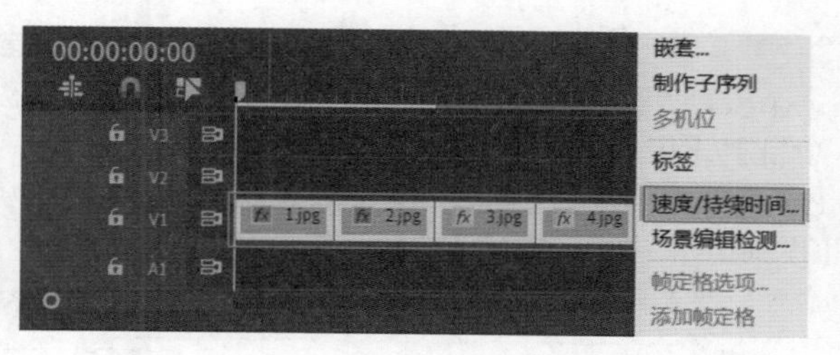

图 6.178

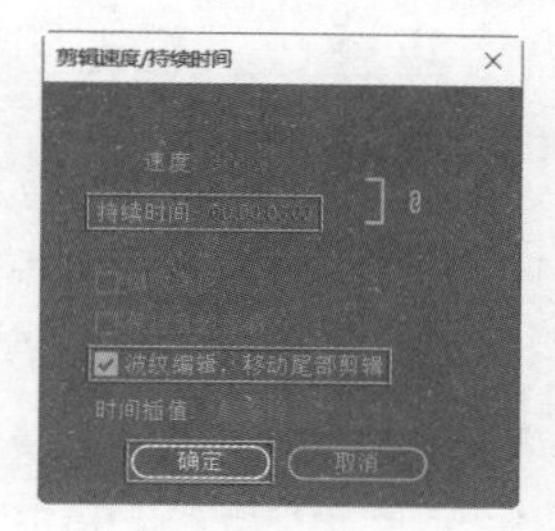

图 6.179

步骤 04 在【效果】面板中搜索【胶片溶解】，将该效果拖曳到V1轨道上的1.jpg和2.jpg素材的中间位置，如图6.180所示。

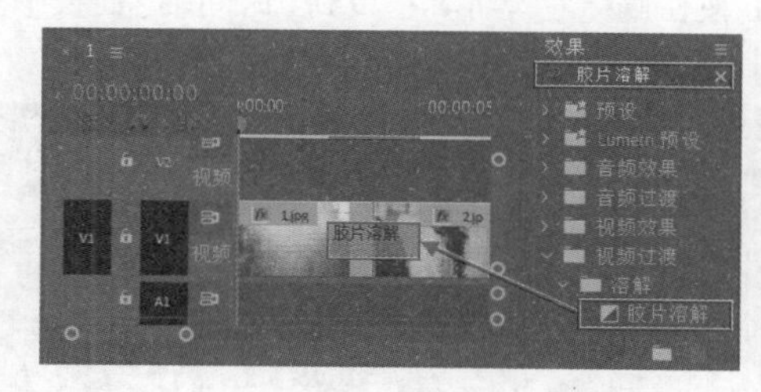

图 6.180

步骤 05 在【时间轴】面板中选择【胶片溶解】，在【效果控件】面板中设置【持续时间】为2秒，如图6.181所示。

步骤 06 在【效果】面板中搜索【圆划像】，将该效果拖曳到2.jpg和3.jpg素材的中间位置，如图6.182所示。此时画面效果如图6.183所示。使用同样的方法将【交叉缩放】效果拖曳到3.jpg和4.jpg素材的中间位置。

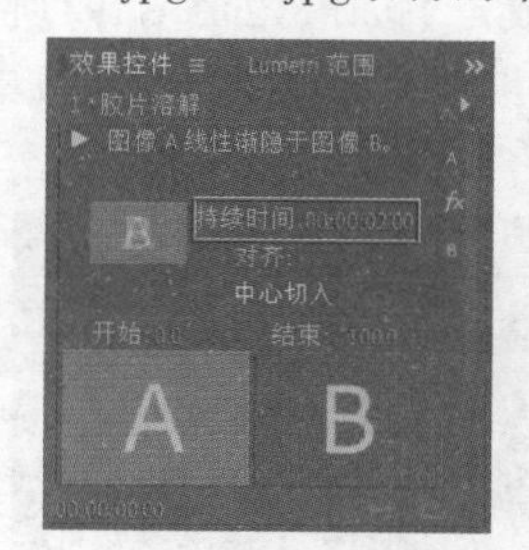

图 6.181

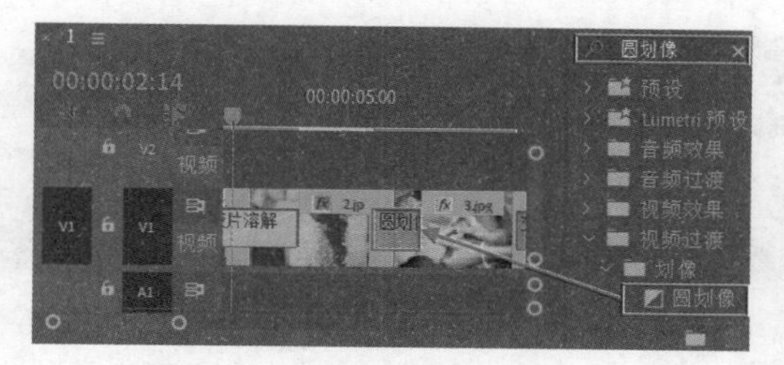

图 6.182

图 6.183

步骤 07 制作文字部分。将时间线滑动至起始位置，在【工具】面板中选择T（文字工具），在【节目监视器】面板中的适当位置单击输入文字CHERISH ETERNITY，在输入过程中，可使用Enter键进行换行操作；接着在【时间轴】面板中选择文字图层，在【效果控件】面板中展开【文本】/【源文本】。设置合适的【字体系列】和【字体样式】，设置【字体大小】为80，【行距】为-24，单击T（仿斜体）按钮，设置【颜色】为白色，展开【变换】，设置【位置】为(429.6,544.8)，如图6.184所示；接着选中第一个字母C，更改【字体大小】为120。

步骤 08 设置文字图层的结束时间与V1轨道上的素材结束时间对齐，如图6.185所示。画面效果如图6.186所示。

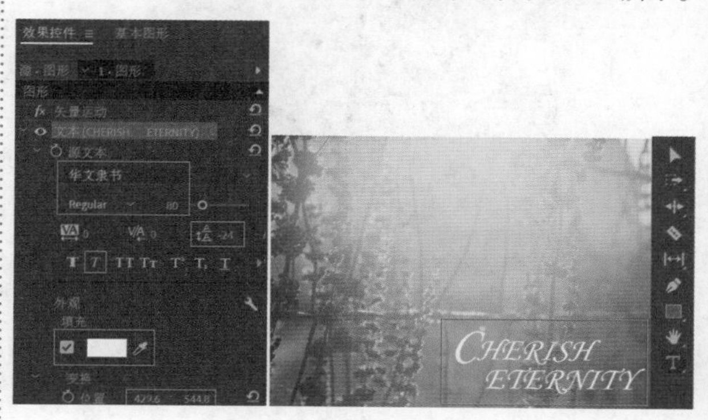

图 6.184

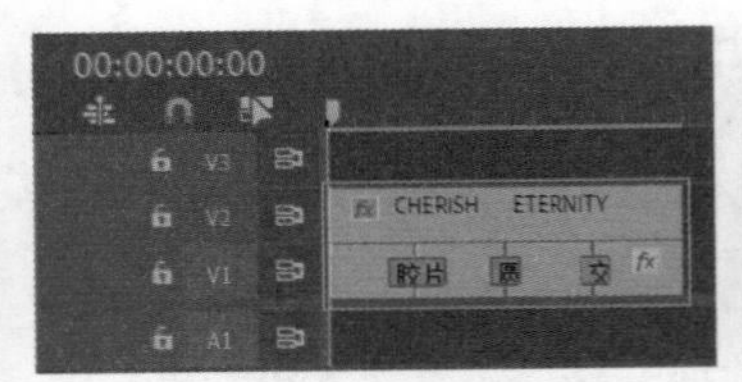

图 6.185

图 6.186

步骤 09 此时实例制作完成，滑动时间线查看实例最终效果，如图6.187所示。

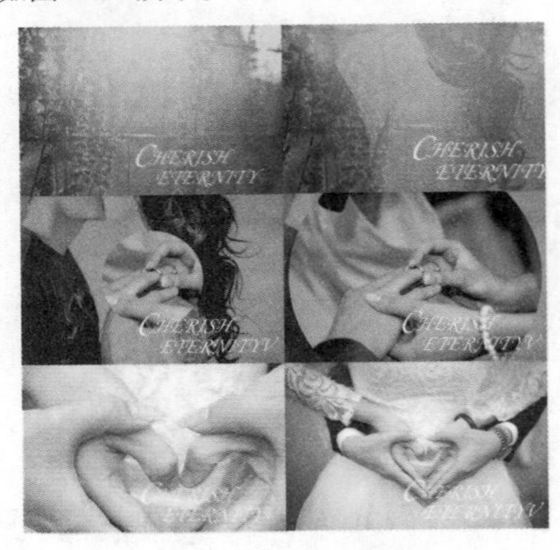

图 6.187

综合实例：使用过渡效果制作美食广告

扫一扫，看视频

文件路径：Chapter 6 视频过渡→综合实例：使用过渡效果制作美食广告

本实例首先使用【缩放】属性调整画面大小，接着为画面制作转场效果，最后使用【文字工具】输入合适的文字内容。实例效果如图6.188所示。

图 6.188

步骤 01 执行【文件】/【新建】/【项目】命令，新建一个项目。在【项目】面板的空白处右击，执行【新建项目】/【序列】命令，弹出【新建序列】窗口，在DV-PAL文件夹下选择【标准48kHz】，设置【序列名称】为【序列01】，单击【确定】按钮。执行【文件】/【导入】命令，导入全部素材文件，如图6.189所示。

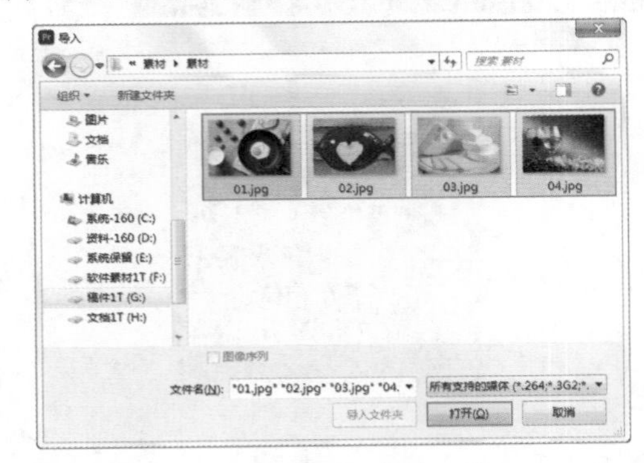

图 6.189

步骤 02 在【项目】面板中依次选中01.jpg ~ 04.jpg素材文件，按住鼠标左键将其拖曳到【时间轴】面板中的V1轨道上，如图6.190所示。

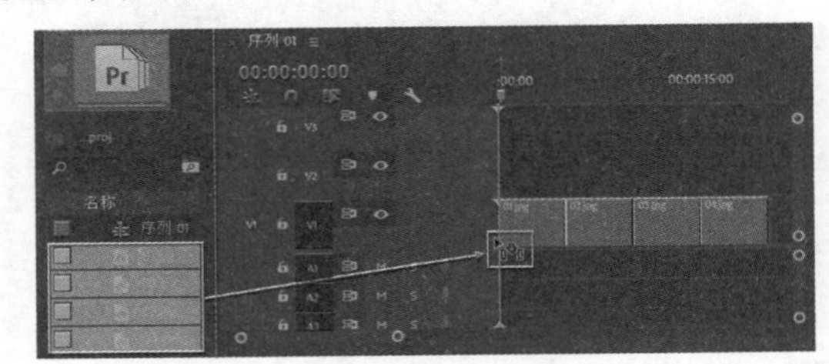

图 6.190

步骤 03 调整素材文件的持续时间，在【时间轴】面板中选择全部素材文件，右击执行【速度/持续时间】命令，如图6.191所示。在弹出的【剪辑速度/持续时间】窗口中设置【持续时间】为3秒，勾选【波纹编辑，移动尾部剪辑】，单击【确定】按钮，如图6.192所示。

步骤 04 此时【时间轴】面板中素材的持续时间缩短并依次向前递进移动，如图6.193所示。

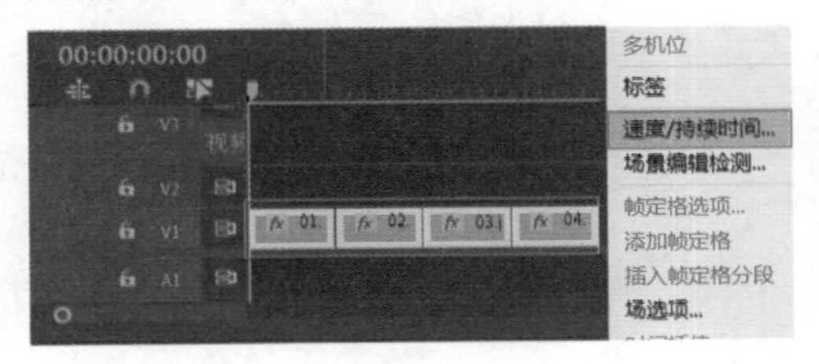

图 6.191

图 6.192

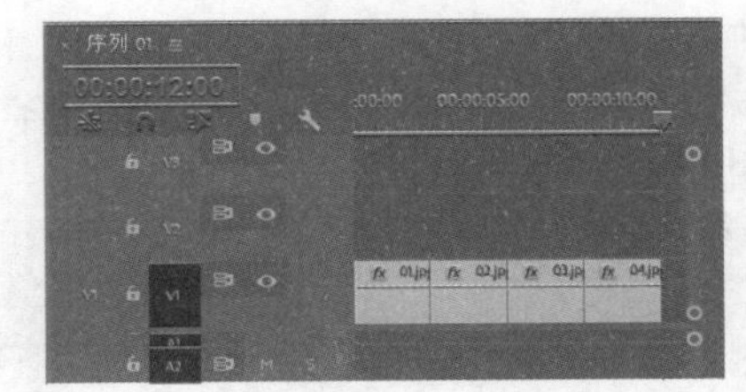

图 6.193

步骤 05 在【时间轴】面板中选择01.jpg素材文件，在【效果控件】面板中展开【运动】属性，设置【缩放】为23，如图6.194所示。此时画面效果如图6.195所示。

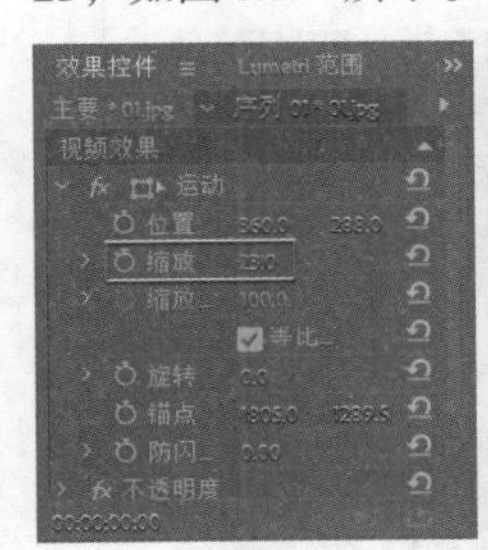

图 6.194

图 6.195

步骤 06 在【时间轴】面板中选择02.jpg素材文件，在【效果控件】面板中展开【运动】属性，设置【缩放】为18，如图6.196所示。此时画面效果如图6.197所示。

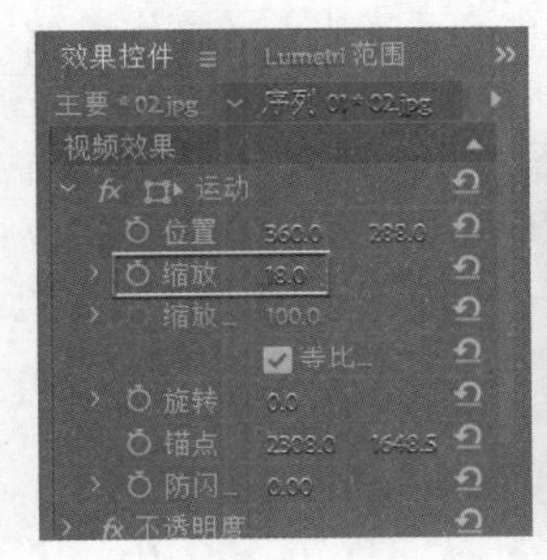

图 6.196

图 6.197

步骤 07 在【时间轴】面板中选择03.jpg素材文件，在【效果控件】面板中展开【运动】属性，设置【缩放】为61，如图6.198所示。此时画面效果如图6.199所示。

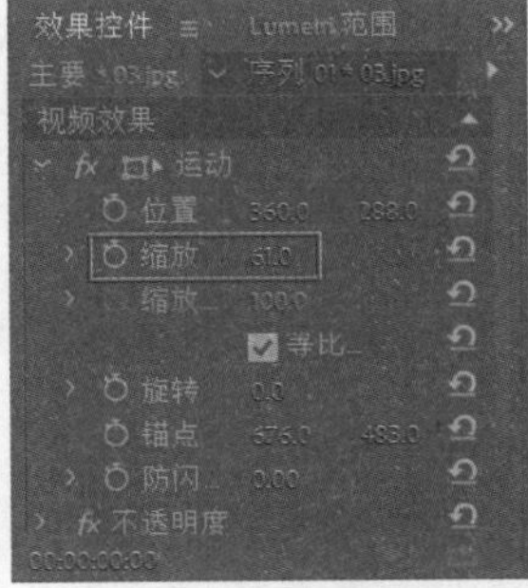

图 6.198

图 6.199

步骤 08 在【时间轴】面板中选择04.jpg素材文件，在【效果控件】面板中展开【运动】属性，设置【缩放】为12，如图6.200所示。此时画面效果如图6.201所示。

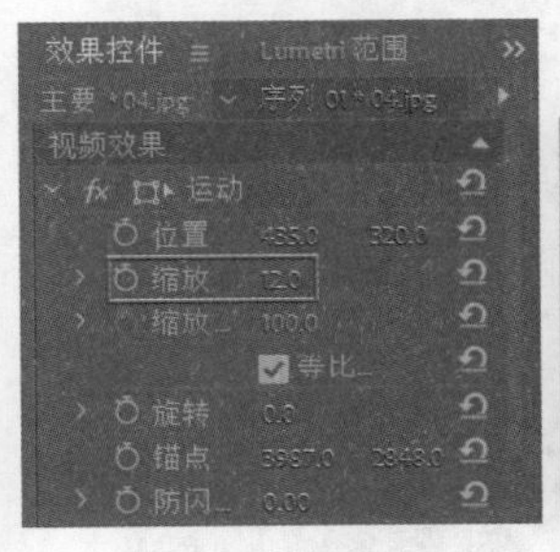

图 6.200

图 6.201

步骤 09 在【效果】面板中搜索【白场过渡】，按住鼠标左键将该效果拖曳到V1轨道上01.jpg素材文件的起始位置，如图6.202所示。滑动时间线查看画面效果，如图6.203所示。

步骤 10 在【效果】面板中搜索【交叉缩放】，按住鼠标左键将该效果拖曳到01.jpg素材文件与02.jpg素材文件的中间位置，如图6.204所示。滑动时间线查看画面效果，如图6.205所示。

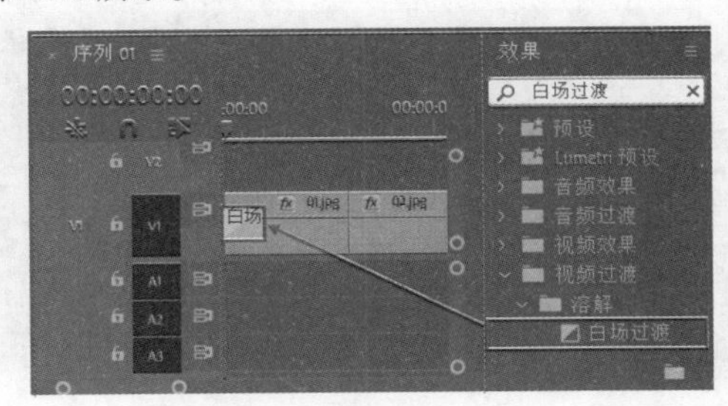

图 6.202

图 6.203

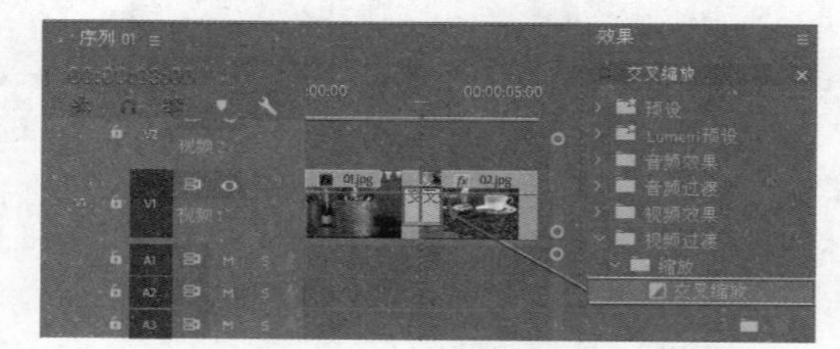

图 6.204

图 6.205

步骤 11 在【效果】面板中搜索【油漆飞溅】，按住鼠标左键将效果拖曳到02.jpg素材文件和03.jpg素材文件的中间位置，如图6.206所示。滑动时间线查看画面效果，如图6.207所示。

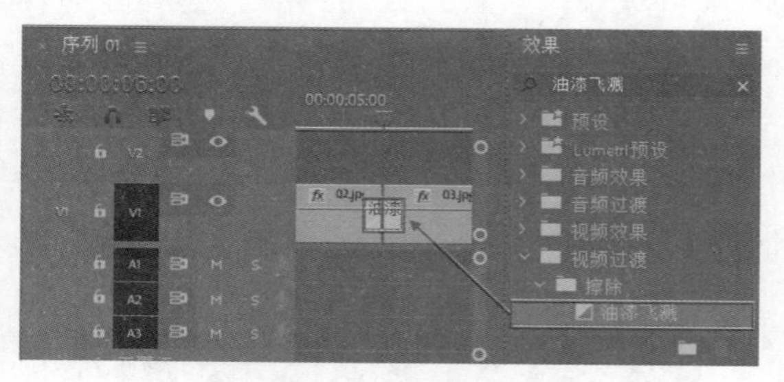

图 6.206

图 6.207

步骤 12 在【效果】面板中搜索【立方体旋转】，按住鼠标左键将该效果拖曳到03.jpg素材文件和04.jpg素材文件的中间位置，如图6.208所示。滑动时间线查看画面效果，如图6.209所示。

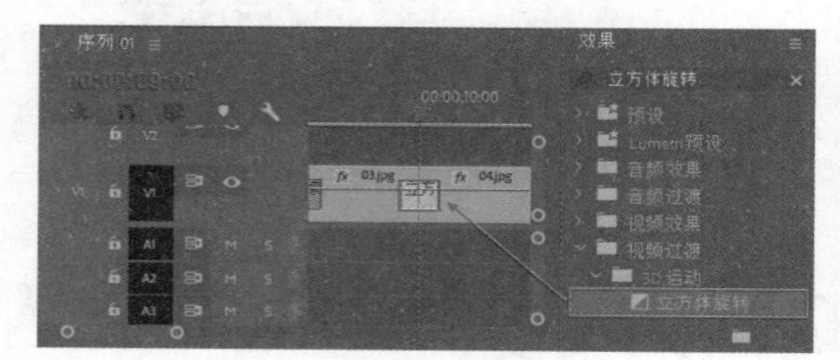

图 6.208

图 6.209

步骤 13 制作文字部分。将时间线滑动至起始位置，在【工具】面板中选择T（文字工具），在【节目监视器】面板中的合适位置处输入文字内容并适当调整文字的位置，当第一个单词输入完成后可按Enter键切换到下一行，按空格键调整文字的位置，然后在第二行中继续输入另外其他文字。在【效果控件】面板中展开【文本】/【源文本】，设置合适的【字体系列】及【字体样式】，设置【字体大小】为58，【行距】为11，【颜色】为白色，接着勾选【阴影】，设置【不透明度】为50，【角度】为124°，【距离】为10，【大小】为0，【模糊】为30；接着展开【变换】，设置【位置】为(32.3,86.2)，如图6.210所示。

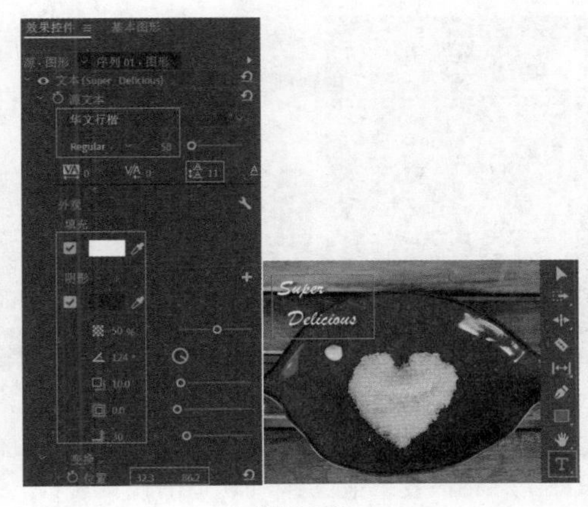

图 6.210

步骤 14 设置文字图层的结束时间为12秒位置，如图6.211所示。

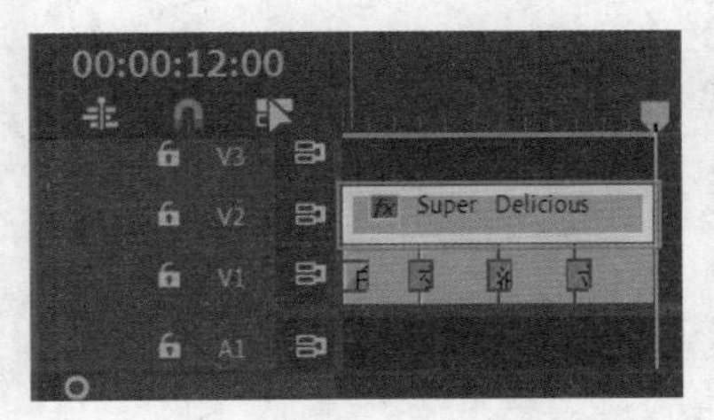

图 6.211

步骤 15 在【时间轴】面板中选择【文字图层】，然后在【效果控件】面板中展开【不透明度】属性，将时间线滑动到起始帧位置，设置【不透明度】为0%，如图6.212所示；由于【不透明度】关键帧为开启状态，所以此时在起始帧位置自动添加一个关键帧；将时间线滑动到2秒位置，设置【不透明度】为100%；将时间线滑动到10秒位置，同样设置【不透明度】为100%；最后将时间线滑动到结束帧位置，设置【不透明度】为0%。本实例制作完成，滑动时间线查看画面效果，如图6.213所示。

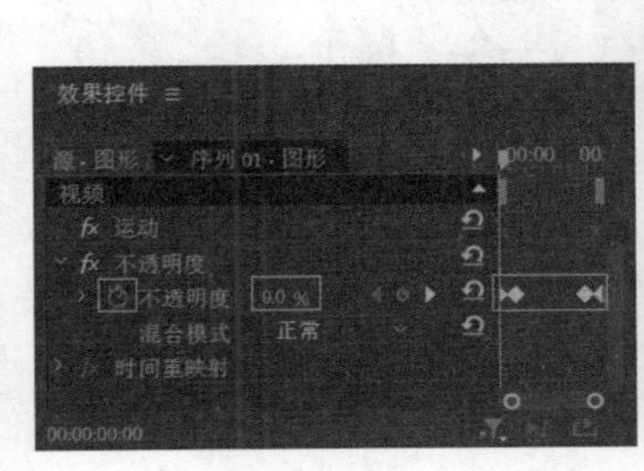

图 6.212　　图 6.213

综合实例:【白场过渡】效果制作婚鞋定格画面

文件路径：Chapter 6 视频过渡→综合实例:【白场过渡】效果制作婚鞋定格画面

扫一扫，看视频

本实例主要【白场过渡】【径向阴影】等效果制作婚鞋定格画面。实例效果如图6.214所示。

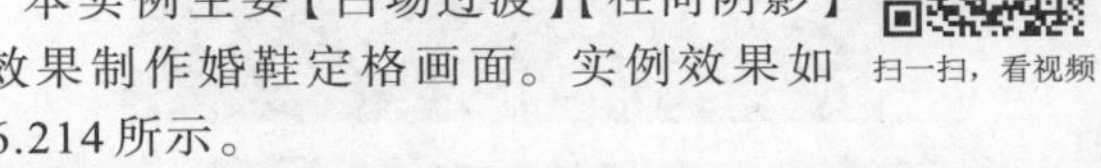

图 6.214

步骤 01 执行【文件】/【新建】/【项目】命令，新建一个项目。在【项目】面板的空白处右击，执行【新建项目】/【序列】命令，弹出【新建序列】窗口，在HDV文件夹下方选择HDV 1080p24，设置【序列名称】为【序列01】，单击【确定】按钮。执行【文件】/【导入】命令，导入视频和音频素材，如图6.215所示。

图 6.215

步骤 02 在【项目】面板中将婚鞋.mp4视频素材拖曳到【时间轴】面板中的V1轨道上，在弹出的【剪辑不匹配警告】窗口中单击【保持现有设置】按钮，如图6.216和图6.217所示。

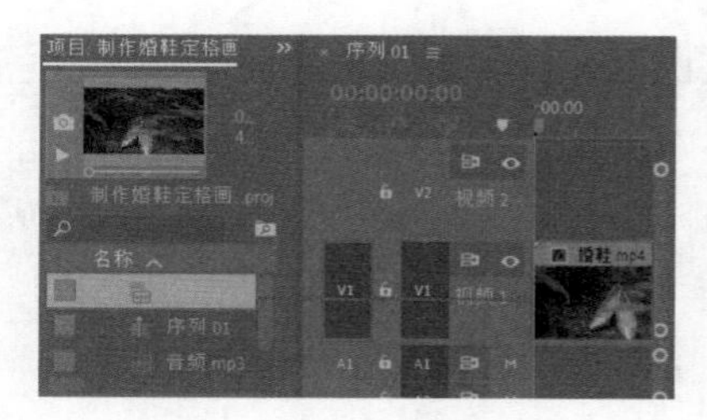

图 6.216

图 6.217

步骤 03 在工具栏中选择 (比率拉伸工具)，在【时间轴】面板中选择V1轨道的视频素材，将素材结束时间设置为3秒，改变素材速度，如图6.218所示。

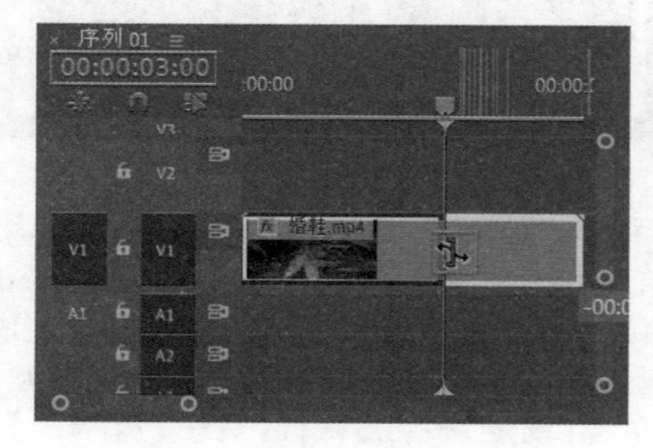

图 6.218

步骤 04 调整画面亮度。在【效果】面板中搜索【亮度曲线】，将该效果拖曳到V1轨道上的视频素材上，如图6.219所示。

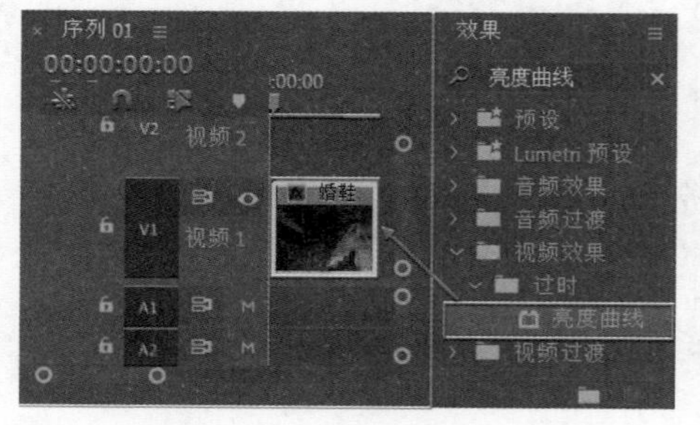

图 6.219

步骤 05 在【时间轴】面板中选择视频素材，在【效果控件】面板中展开【亮度曲线】，在【亮度波形】下方的曲线上单击添加两个控制点并调整曲线形状，如图6.220所示。此时画面效果如图6.221所示。

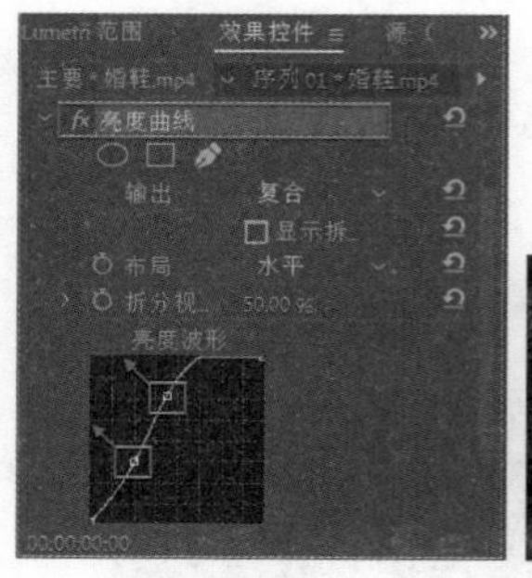

图 6.220

图 6.221

步骤 06 调整饱和度。在【效果】面板中搜索【颜色平衡（HLS）】，将该效果拖曳到V1轨道的视频素材上，如图6.222所示。

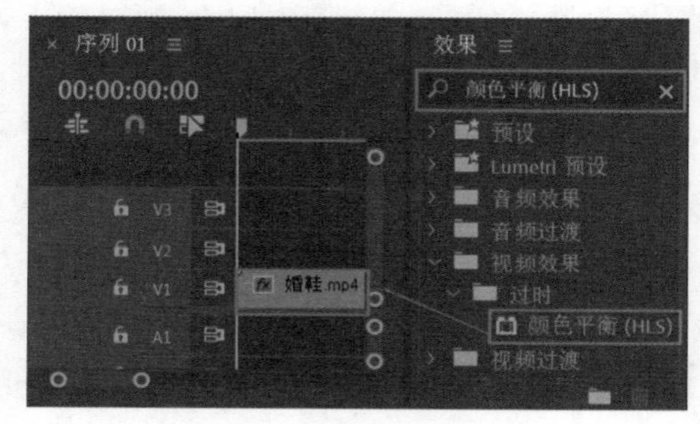

图 6.222

步骤 07 选择【时间轴】面板中的视频素材，在【效果控件】面板中展开【颜色平衡（HLS）】，设置【饱和度】为10，如图6.223所示。此时画面效果如图6.224所示。

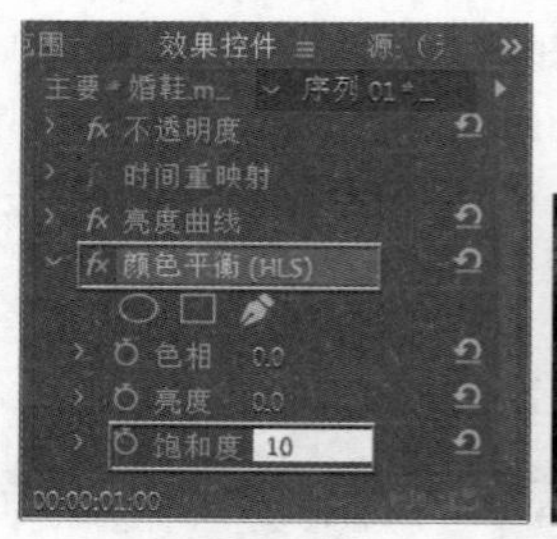

图 6.223

图 6.224

步骤 08 将时间线向前滑动1帧，此时时间线停留在2秒23帧位置，选择V1轨道上的素材，右击执行【添加帧定格】命令，如图6.225所示。将时间线滑动到2秒位置，将刚刚制作的定格素材拖动到时间线位置，结束时间与下方素材对齐，如图6.226所示。

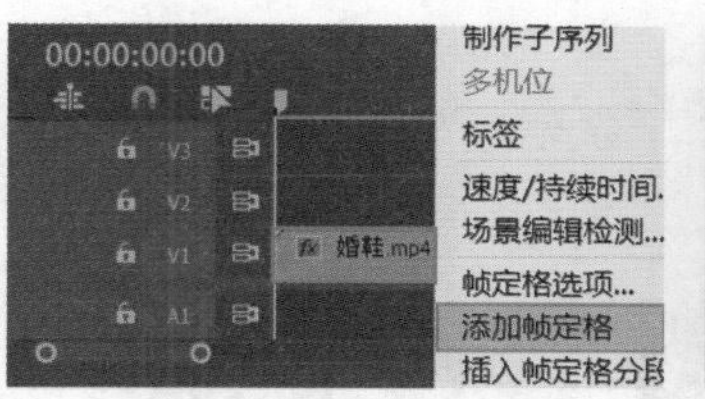

图 6.225

图 6.226

步骤 09 制作相机拍摄的定格画面。在【项目】面板中选择【音频.mp3】素材，将素材拖曳到【时间轴】面板中2秒位置，如图6.227所示。

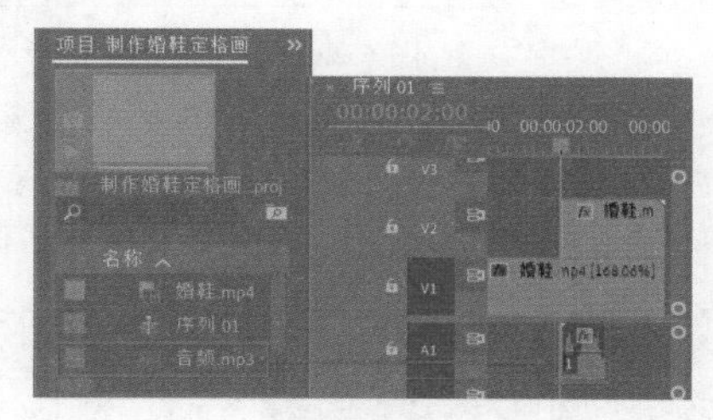

图 6.227

步骤 10 在【效果】面板中搜索【裁剪】，将该效果拖曳到V2轨道的素材上，如图6.228所示。

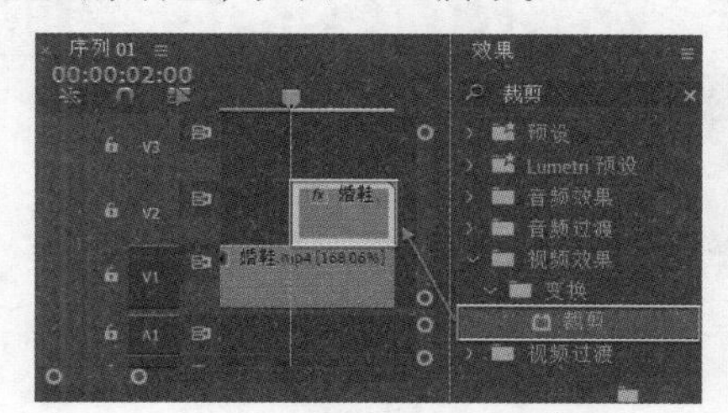

图 6.228

步骤 11 在【时间轴】面板中隐藏V1轨道，选择V2轨道上的视频素材，在【效果控件】面板中展开【裁剪】，设置【左侧】为20%，【顶部】为10%，【右侧】为20%，【底部】为18%，如图6.229所示。此时画面效果如图6.230所示。

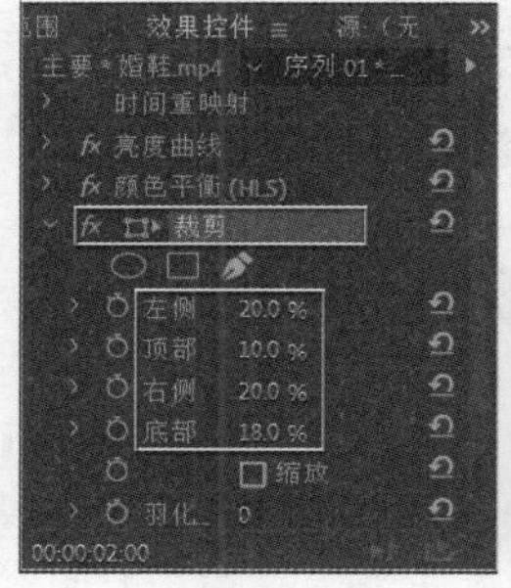

图 6.229

图 6.230

步骤 12 在【效果】面板中搜索【径向阴影】，将该效果拖曳到V2轨道的素材上，如图6.231所示。

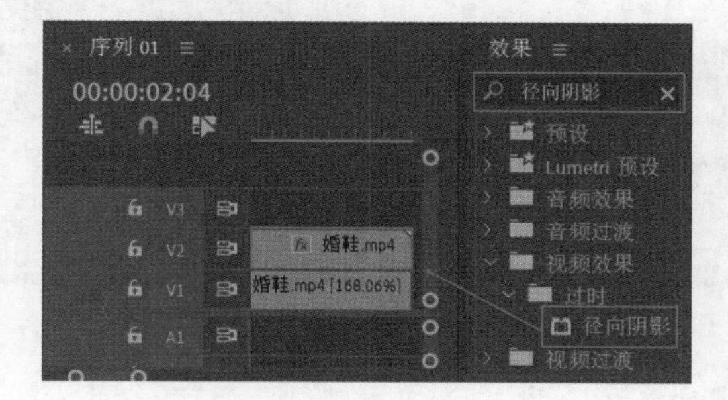

图 6.231

步骤 13 在【时间轴】面板中选择V2轨道上的视频素材，在【效果控件】面板中展开【径向阴影】，设置【阴影颜色】为白色，【不透明度】为100%，【光源】为(953,483)，【投影距离】为10，如图6.232所示。此时画面效果如图6.233所示。

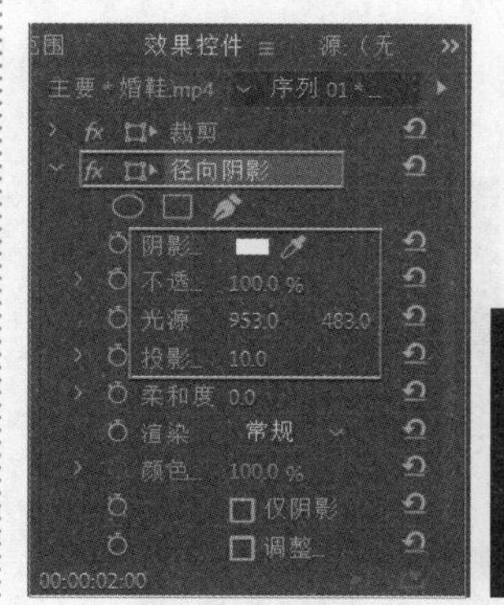

图 6.232

图 6.233

步骤 14 显现V1轨道上的素材，最后在【效果】面板中搜索【白场过渡】，将该效果拖曳到V2轨道上的素材的起始位置，如图6.234所示。

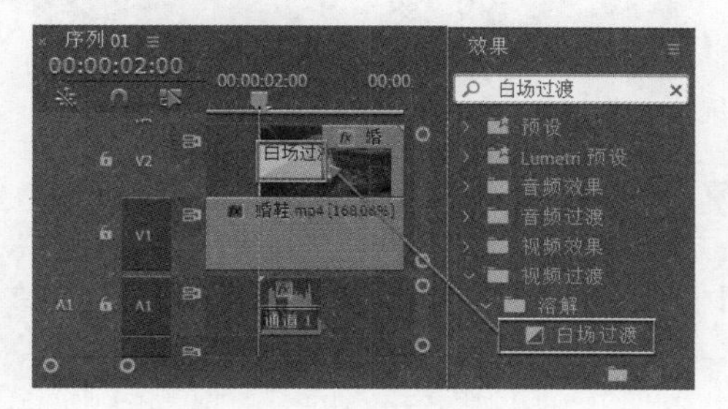

图 6.234

步骤 15 在【时间轴】面板中选择【白场过渡】，在【效果控件】面板中设置【持续时间】为10帧，如图6.235所示。此时画面效果如图6.236所示。

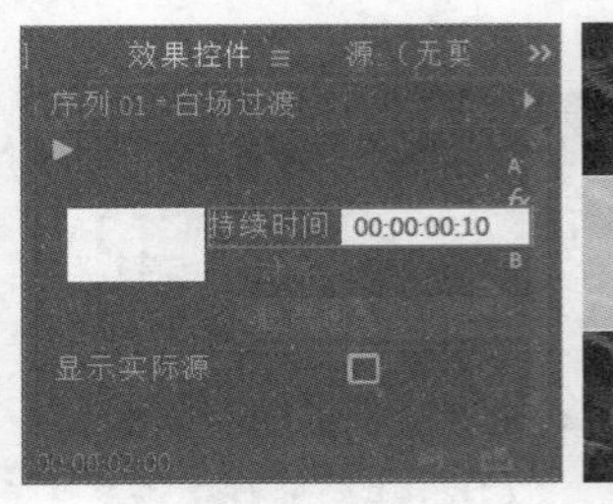

图 6.235

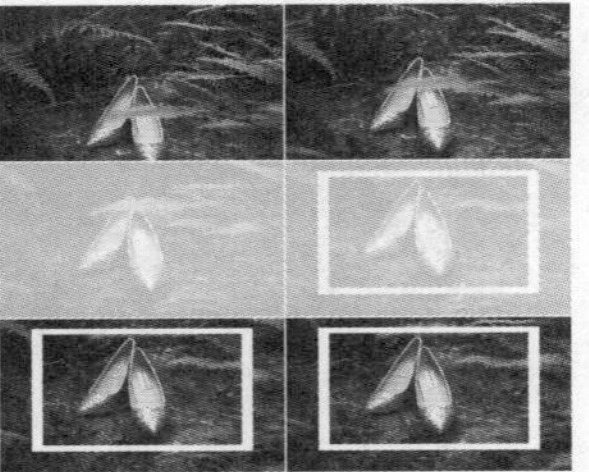

图 6.236

综合实例：使用过渡效果制作文艺清新风格的广告

扫一扫，看视频

文件路径：Chapter 6 视频过渡→综合实例：使用过渡效果制作文艺清新风格的广告

本实例首先使用【颜色遮罩】制作文字背景，在背景上方使用【文字工具】输入文字，最后将图片素材拖曳到【时间轴】面板中并为其添加精彩的过渡效果。实例效果如图6.237所示。

图 6.237

步骤 01 执行【文件】/【新建】/【项目】命令，新建一个项目。在【项目】面板的空白处右击，执行【新建项目】/【序列】命令，弹出【新建序列】窗口，在DV-PAL文件夹下选择【标准48kHz】，设置【序列名称】为【序列01】，单击【确定】按钮。执行【文件】/【导入】命令，导入全部素材文件，如图6.238所示。

图 6.238

步骤 02 在菜单栏中执行【文件】/【新建】/【颜色遮罩】命令，在弹出的【拾色器】窗口中设置颜色为绿松石色，此时会弹出【选择名称】窗口，设置新遮罩的名称为【颜色遮罩】，单击【确定】按钮，如图6.239所示。

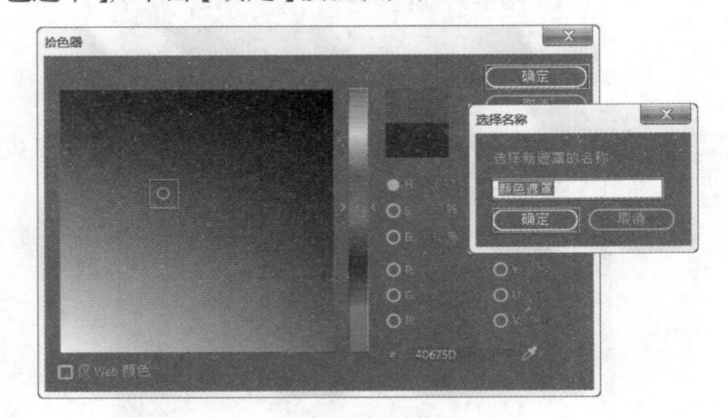

图 6.239

步骤 03 将【项目】面板中的【颜色遮罩】拖曳到【时间轴】面板中的V1轨道上，设置结束时间为6秒位置，如图6.240所示。

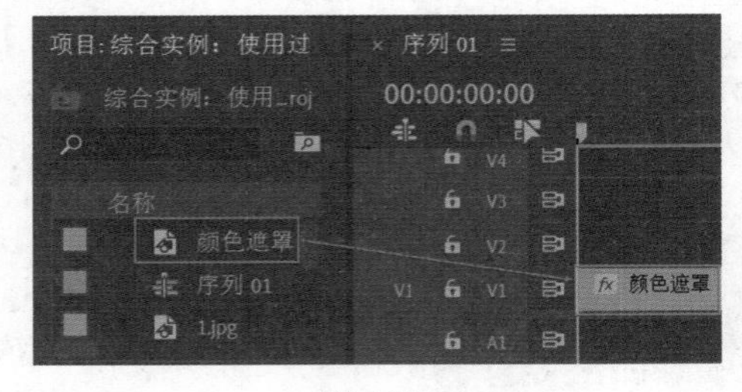

图 6.240

步骤 04 在【时间轴】面板中选择【颜色遮罩】，然后在【效果控件】面板中展开【运动】属性，将时间线滑动到20帧位置，单击【缩放】前方的⏱按钮，开启自动关键帧，设置【缩放】为100；继续将时间线滑动到1秒15帧位置，设置【缩放】为0，如图6.241所示。滑动时间线查看画面效果，如图6.242所示。

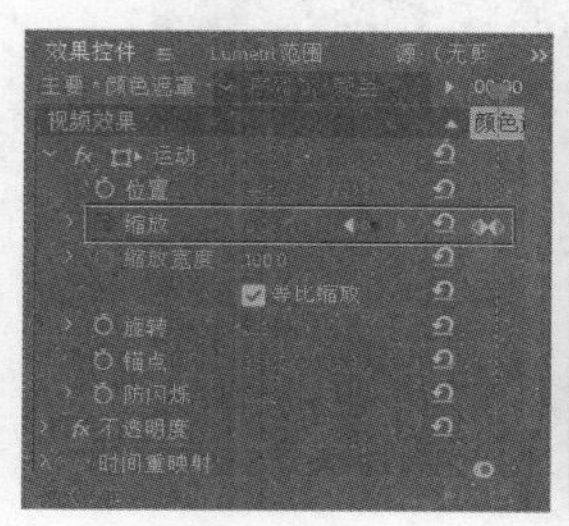

图6.241

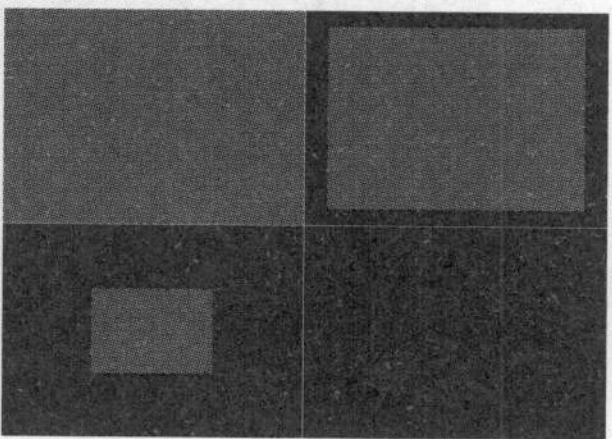

图6.242

步骤 05 创建文字，将时间线滑动至起始位置，在【工具】面板中选择T（文字工具），接着在【节目监视器】面板中单击输入文字内容并适当调整文字的位置。在【时间轴】面板中选择文字图层，在【效果控件】面板中展开【文本】/【源文本】，设置合适的【字体系列】和【字体样式】，设置【字体大小】为55，【行距】为19，【颜色】为白色；展开【变换】，设置【位置】为(80.3,246.8)，如图6.243所示。

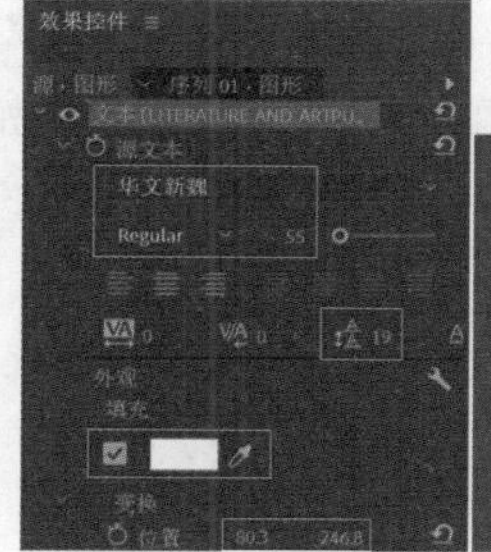

图6.243

步骤 06 设置文字图层的结束时间与V1轨道上的文件的结束时间相同，如图6.244所示。

图6.244

步骤 07 在【时间轴】面板中选择V2轨道上的【文字图层】文件，在【效果控件】面板中展开【运动】属性，将时间线滑动到起始帧位置，单击【缩放】前方的⏱按钮，开启自动关键帧，设置【缩放】为100，如图6.245所示；继续将时间线滑动到20帧位置，设置【缩放】为0。滑动时间线查看画面效果，如图6.246所示。

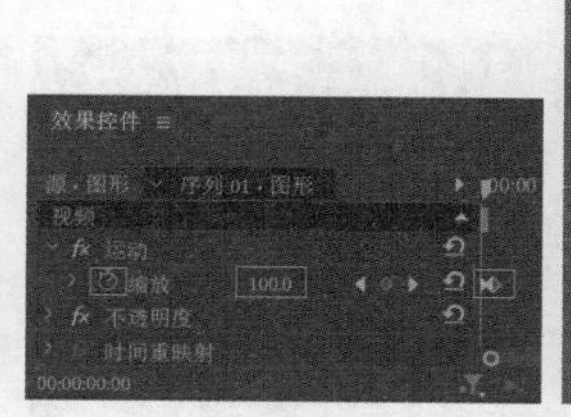

图6.245

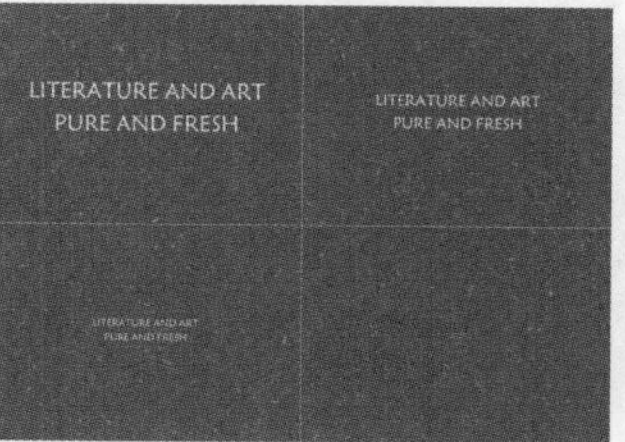

图6.246

步骤 08 将【项目】面板中的1.jpg~4.jpg拖曳到【时间轴】面板中的V3~V6轨道上，设置这4个素材文件的起始时间分别为1秒15帧、2秒15帧、3秒15帧和4秒15帧位置，结束时间与下方其他素材文件对齐，如图6.247所示。

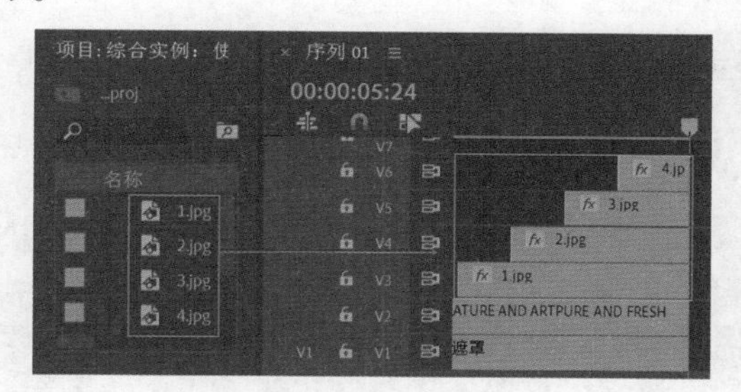

图6.247

步骤 09 调整素材文件的大小。在【时间轴】面板中选择V3轨道上的1.jpg素材文件，在【效果控件】面板中展开【运动】属性，设置【缩放】为58，如图6.248所示。此时画面效果如图6.249所示。

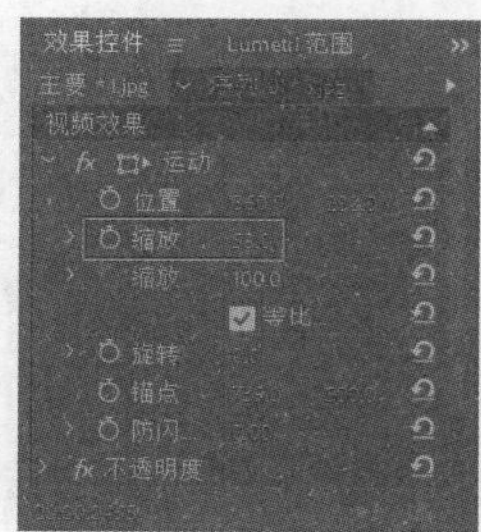

图6.248

图6.249

步骤 10 在【时间轴】面板中选择V4轨道上的2.jpg素材文件，在【效果控件】面板中展开【运动】属性，设置【缩放】为60，如图6.250所示。此时画面效果如图6.251所示。

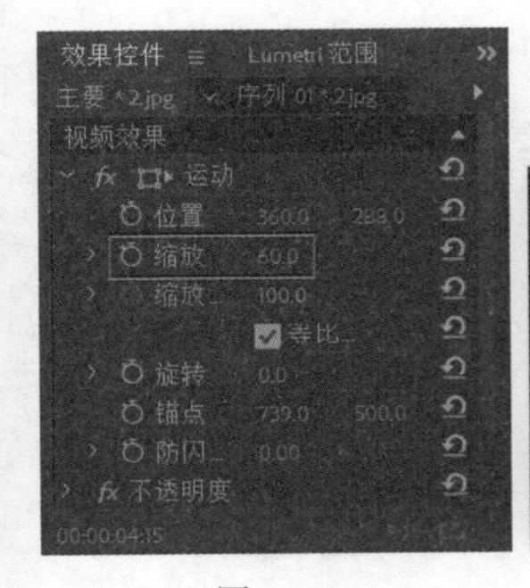

图 6.250

图 6.251

步骤 11 在【时间轴】面板中选择V5轨道上的3.jpg素材文件，在【效果控件】面板中展开【运动】属性，设置【缩放】为62，如图6.252所示。此时画面效果如图6.253所示。

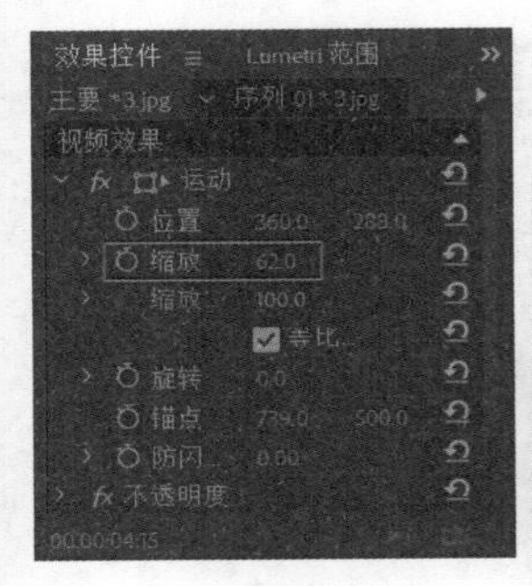

图 6.252

图 6.253

步骤 12 在【时间轴】面板中选择V6轨道上的4.jpg素材文件，在【效果控件】面板中展开【运动】属性，设置【缩放】为60，如图6.254所示。此时画面效果如图6.255所示。

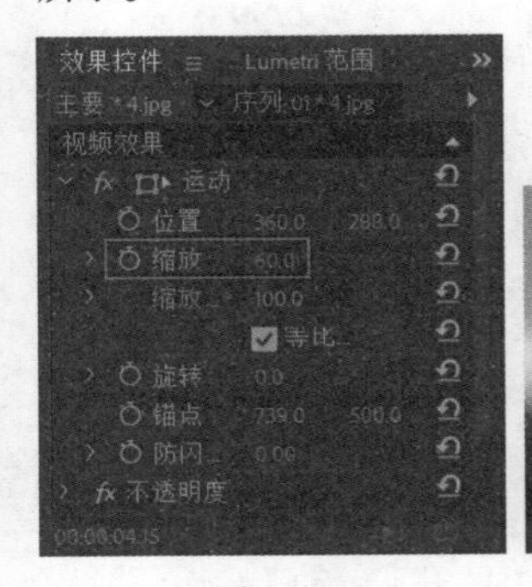

图 6.254

图 6.255

步骤 13 为这4个素材文件添加过渡效果。在【效果】面板中搜索【白场过渡】，按住鼠标左键将该效果拖曳到V3轨道上1.jpg素材文件的起始位置，如图6.256所示。滑动时间线查看画面效果，如图6.257所示。

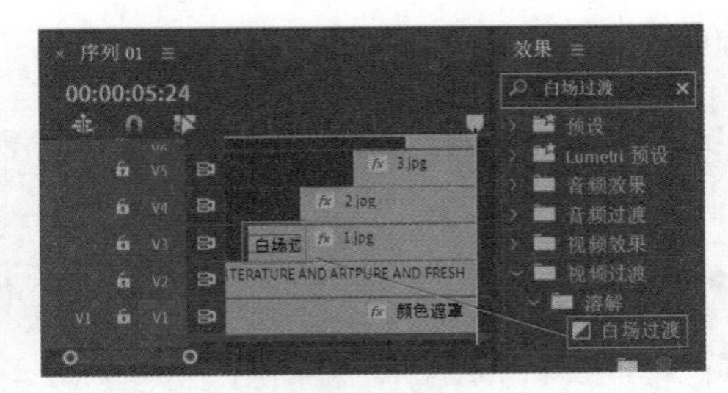

图 6.256

图 6.257

步骤 14 在【效果】面板中搜索【带状擦除】，按住鼠标左键将该效果拖曳到V4轨道上2.jpg素材文件的起始位置，如图6.258所示。滑动时间线查看画面效果，如图6.259所示。

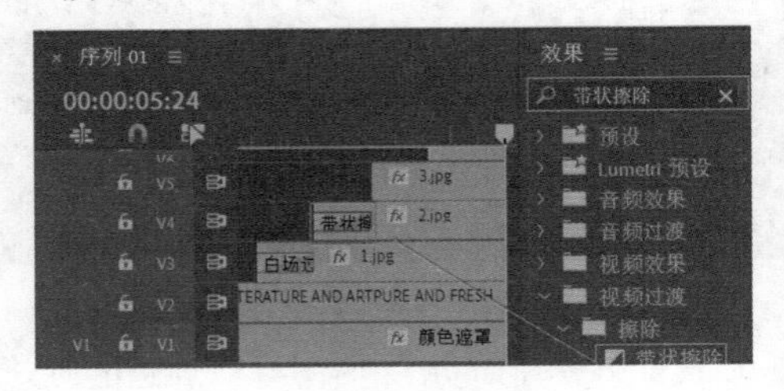

图 6.258

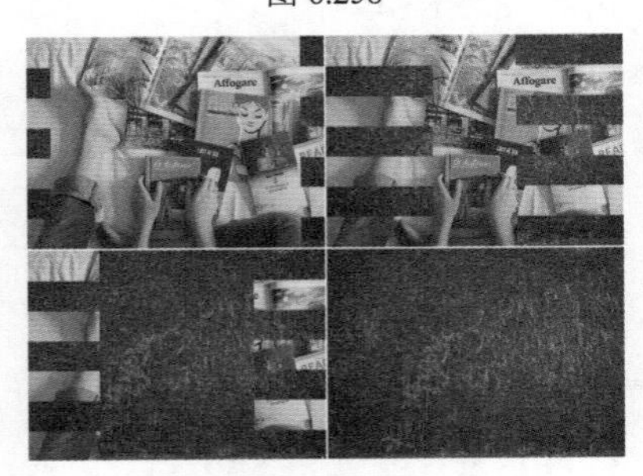

图 6.259

步骤 15 在【效果】面板中搜索【菱形划像】，按住鼠标左键将该效果拖曳到V5轨道上3.jpg素材文件的起始位置，如图6.260所示。滑动时间线查看画面效果，如图6.261所示。

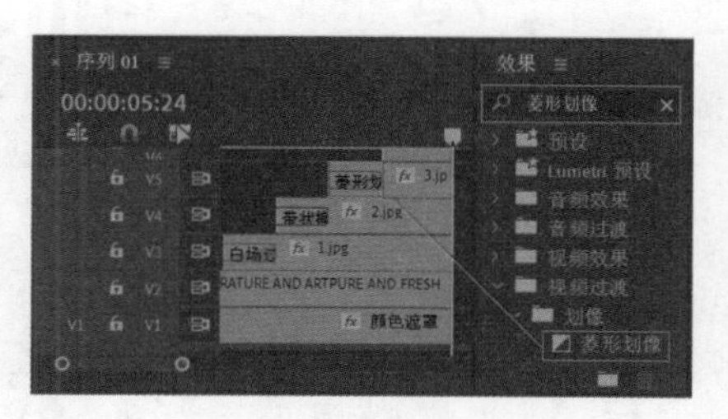

图 6.260

图 6.261

步骤 16 在【效果】面板中搜索【交叉溶解】，按住鼠标左键将该效果拖曳到V6轨道上3.jpg素材文件的起始位置，如图6.262所示。滑动时间线查看画面效果，如图6.263所示。

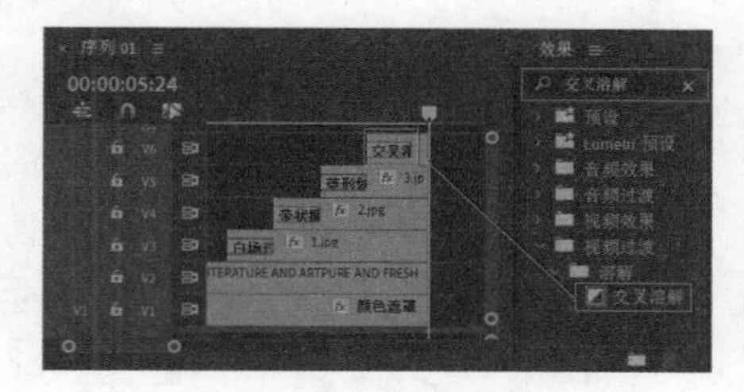

图 6.262

图 6.263

步骤 17 本实例制作完成，滑动时间线查看画面效果，如图6.264所示。

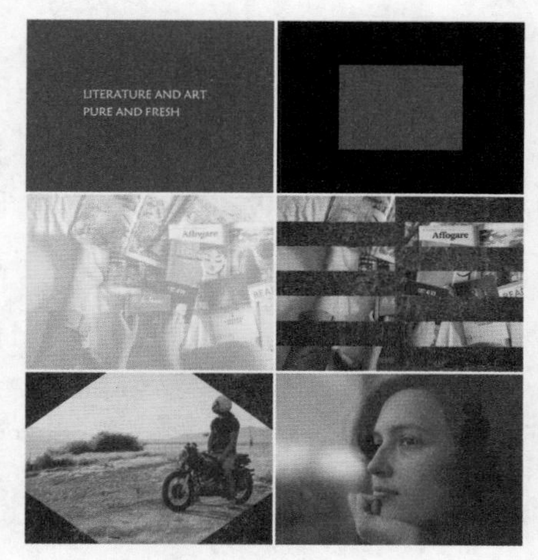

图 6.264

Chapter 7

第7章

扫一扫，看视频

关键帧动画

本章内容简介：

动画是一门综合艺术，它融合了绘画、漫画、电影、数字媒体、摄影、音乐、文学等多门学科，可以给观者带来更多的视觉体验。在 Premiere Pro中，可以为图层添加关键帧动画，产生基本的位置、缩放、旋转、不透明度等动画效果，还可以为已经添加【效果】的素材设置关键帧动画，产生画面效果的变化。

重点知识掌握：

- 了解什么是关键帧
- 创建和删除关键帧
- 复制和粘贴关键帧
- 关键帧在动画制作中的应用

7.1 认识关键帧

关键帧动画通过为素材的不同时刻设置不同的属性，使该过程中产生动画的变换效果。

重点 7.1.1 什么是关键帧

帧是动画中的单幅影像画面，是最小的计量单位。影片是由一张张连续的图片组成的，每张图片就是一帧，PAL制式每秒25帧，NTSC制式每秒30帧，而关键帧是指动画上关键的时刻，至少有两个关键时刻才构成动画。可以通过设置动作、效果、音频及多种其他属性参数使画面形成连贯的动画效果。关键帧动画至少要通过两个关键帧来完成，如图7.1和图7.2所示。

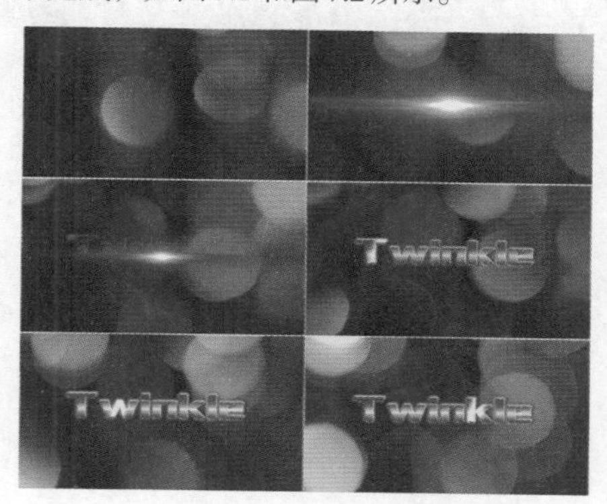

图 7.1

图 7.2

重点 7.1.2 实例：为素材设置关键帧动画

文件路径：Chapter 7 关键帧动画→实例：为素材设置关键帧动画

扫一扫，看视频

步骤 01 执行【文件】/【新建】/【项目】命令，在弹出的窗口中设置【名称】，接着单击【浏览】按钮设置保存路径。在【项目】面板的空白处右击，执行【新建项目】/【序列】命令，在弹出的【新建序列】窗口中选择DV-PAL文件夹下的【标准48kHz】，设置【序列名称】为【序列01】，单击【确定】按钮。在【项目】面板的空白处双击，导入01.jpg素材文件，最后单击【打开】按钮导入，如图7.3所示。

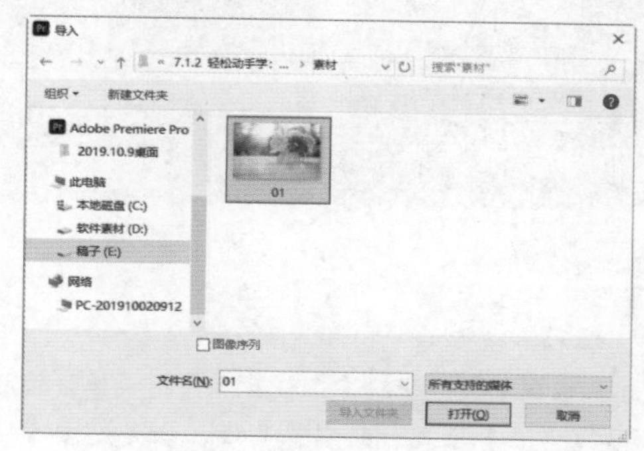

图 7.3

步骤 02 将【项目】面板中的01.jpg素材文件拖曳到【时间轴】面板中的V1轨道上，如图7.4所示。

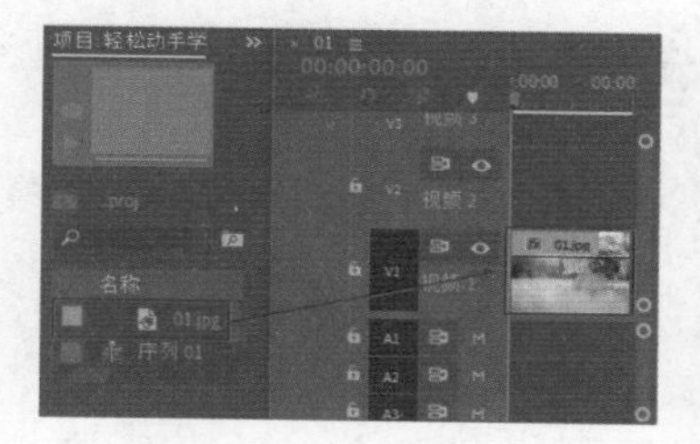

图 7.4

步骤 03 在【时间轴】面板中右击该素材文件，执行【缩放为帧大小】命令，如图7.5所示。此时图片缩放到画布以内，如图7.6所示。

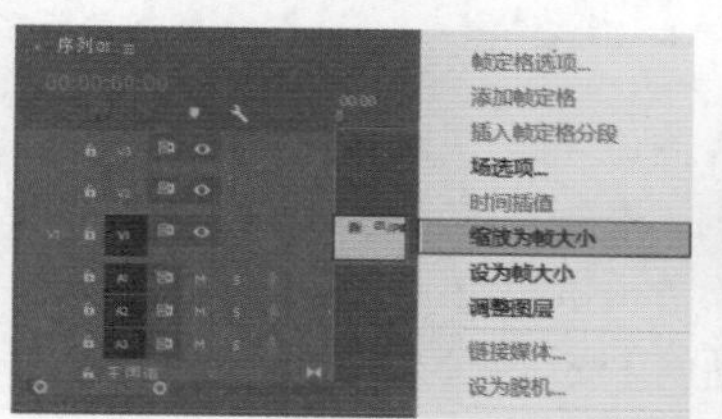

图 7.5

图 7.6

步骤 04 在【时间轴】面板中选择01.jpg素材文件，将时间线滑动到起始帧位置，然后在【效果控件】面板中激活【缩放】和【不透明度】前的 (切换动画)按钮，创建关键帧，接着设置【缩放】为400，【不透明度】为0%；将时间线滑动到3秒位置，设置【缩放】为110，【不透明度】为100%，如图7.7所示。此时画面呈现的动画效果如图7.8所示。

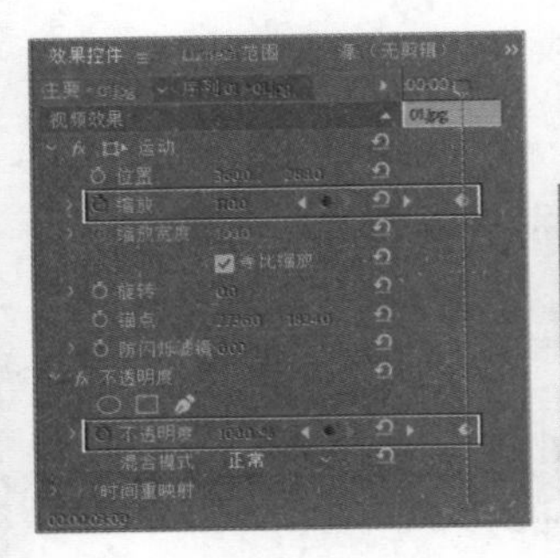
图 7.7

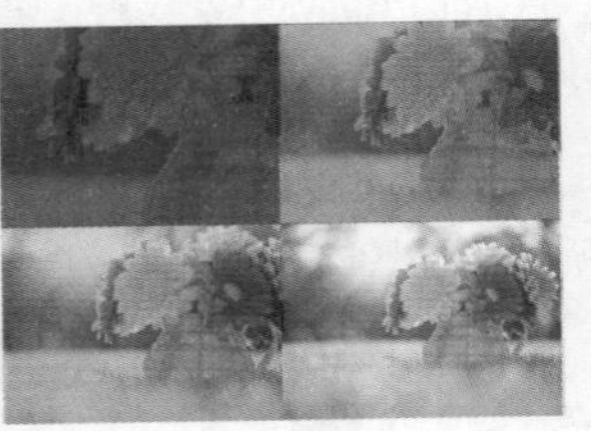
图 7.8

提示：

当本书中出现“激活【不透明度】前的（切换动画）按钮时”，表示此时的不透明度属性是需要被激活的状态，激活后变为蓝色。若已经被激活，则无须单击；若未被激活，则需要单击。

7.2 创建关键帧

扫一扫，看视频

关键帧动画常用于影视制作、微电影、广告等动态设计中。在Premiere Pro中创建关键帧的方法主要有以下3种，可在【效果控件】面板中单击【切换动画】按钮添加关键帧、使用【添加/移除关键帧】按钮添加关键帧或在【节目监视器】面板中直接创建关键帧。

重点 7.2.1 使用【切换动画】按钮添加关键帧

在【效果控件】面板中，每个属性前都有（切换动画）按钮，单击该按钮即可启用关键帧，此时切换动画按钮变为蓝色，再次单击该按钮，则会关闭该属性的关键帧，此时【切换动画】按钮变为灰色。在创建关键帧时，至少在同一属性中添加两个关键帧，此时画面才会呈现出动画效果。

（1）打开Premiere Pro软件，新建项目和序列并导入合适的图片。将图片拖曳到【时间轴】面板中，如图7.9所示。选择【时间轴】面板中的素材，在【效果控件】面板中将时间线滑动到合适位置，更改所选属性的参数。以【缩放】属性为例，此时单击【缩放】属性前的（切换动画）按钮即可创建第1个关键帧，如图7.10所示。

图 7.9

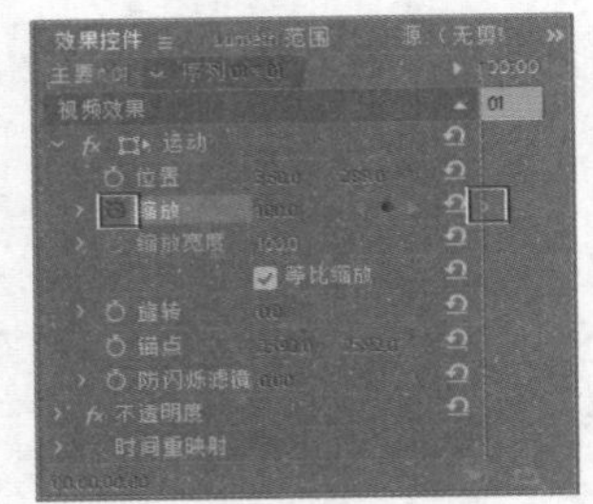
图 7.10

（2）继续滑动时间线，然后更改属性的参数会自动创建出第2个关键帧，如图7.11所示。此时按空格键播放动画即可看到动画效果，如图7.12所示。

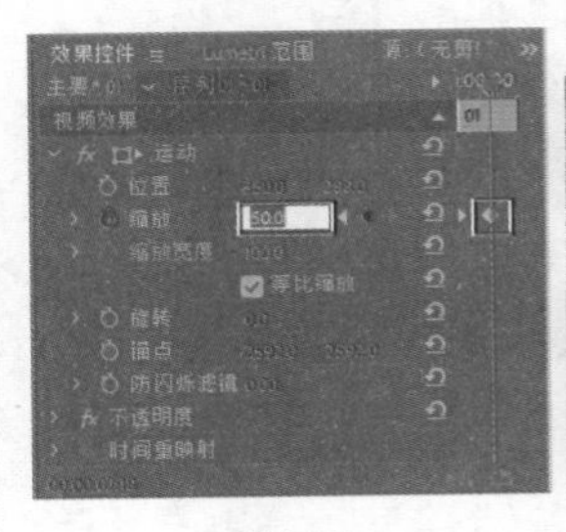
图 7.11

图 7.12

重点 7.2.2 使用【添加/移除关键帧】按钮添加关键帧

（1）在【效果控件】面板中将时间线滑动到合适位置，单击选择属性前的（切换动画）按钮即可创建第1个关键帧，如图7.13所示。

（2）此时该属性后会显示◆（添加/删除关键帧）按钮，将时间线继续滑动到其他位置，单击◆按钮即可手动创建第2个关键帧，如图7.14所示。此时该属性的参数与第1个关键帧参数一致，若需要更改，直接更改参数即可。

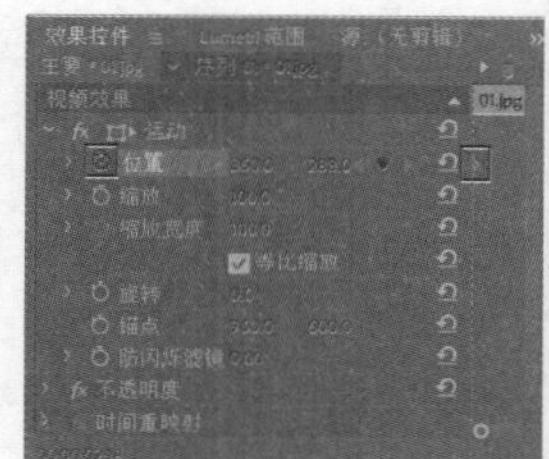

图 7.13

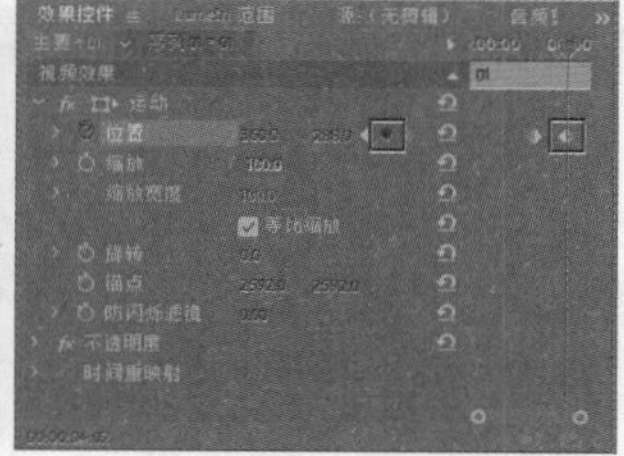

图 7.14

重点 7.2.3 在【节目监视器】面板中添加关键帧

（1）在【效果控件】面板中将时间线移动到合适的位置，更改所选属性的参数，然后单击属性前面的⏱按钮，此时会自动创建关键帧，如图7.15所示。效果如图7.16所示。

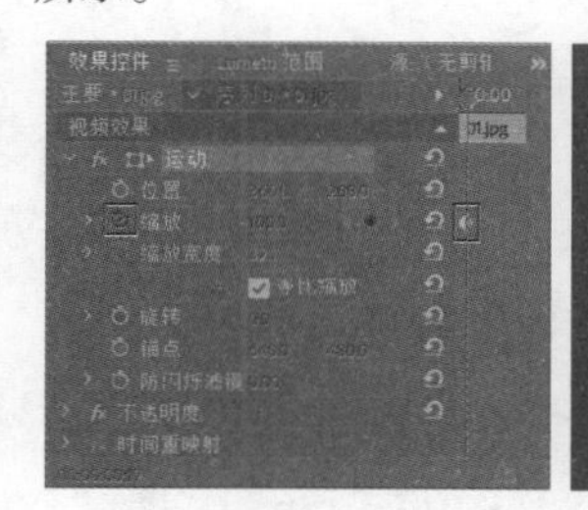

图 7.15

图 7.16

（2）继续将时间线进行移动，在【节目监视器】面板中选中该素材（图7.17）并双击，此时素材周围出现控制点。接下来将光标放置在控制点上方，按住鼠标左键缩放素材大小，如图7.18所示，此时在【效果控件】面板中的时间线上自动创建关键帧，如图7.19所示。

图 7.17

图 7.18

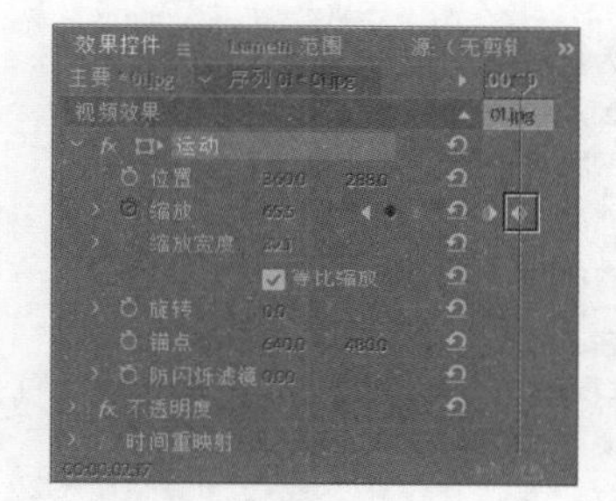

图 7.19

提示：在【效果】面板中为效果设置关键帧

在为【效果】面板中的效果添加关键帧或更改关键帧参数时，方法与【运动】和【不透明度】属性的添加方式相同，如图7.20和图7.21所示。

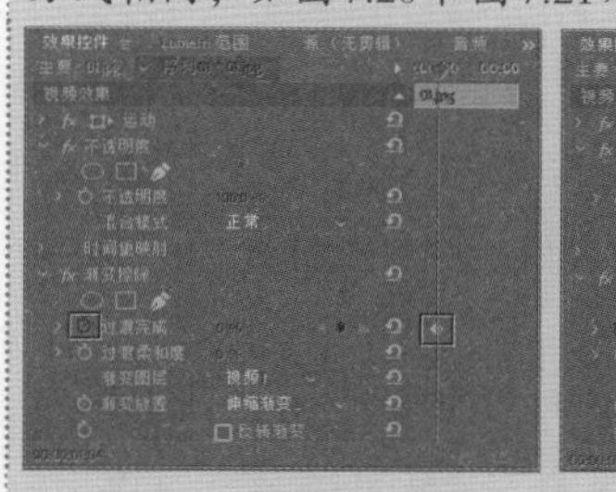

图 7.20

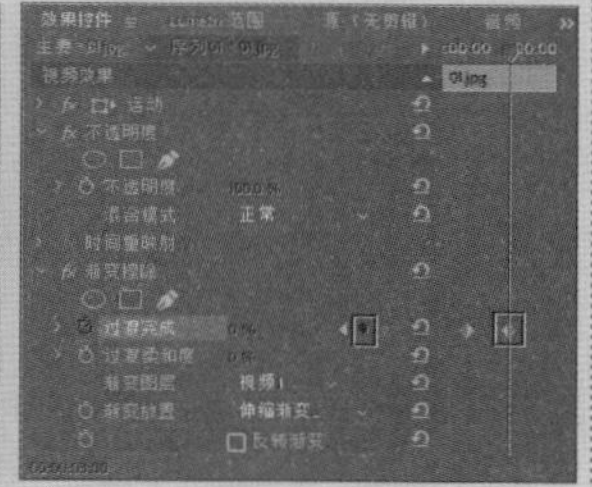

图 7.21

提示：在【时间轴】面板中为【不透明度】属性添加关键帧

在【时间轴】面板中双击V1轨道上1.jpg素材前的空白位置，如图7.22所示。

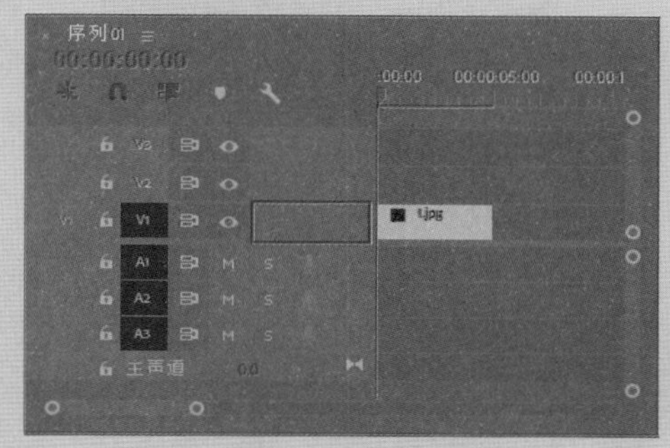

图 7.22

选择V1轨道上的1.jpg素材，右击执行【显示剪辑关键帧】/【不透明度】/【不透明度】命令，如图7.23所示。

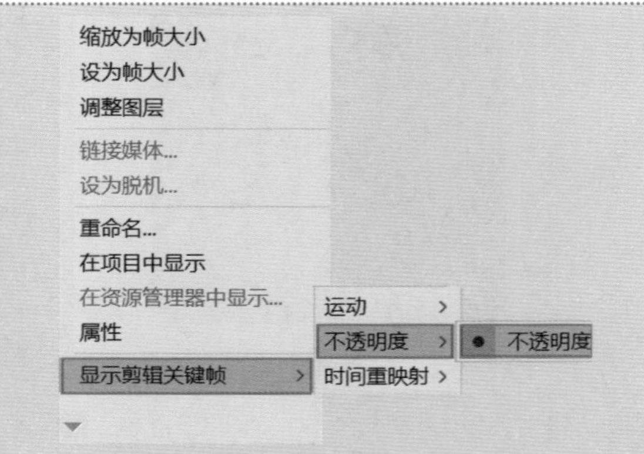

图 7.23

将时间线移动到起始帧的位置，单击V1轨道前的【添加/移除关键帧】按钮，此时在素材上方添加了一个关键帧，如图7.24所示。

继续将时间线移动到合适的位置，然后单击V1轨道前的【添加/移除关键帧】按钮，此时为素材添加第2个关键帧，如图7.25所示。

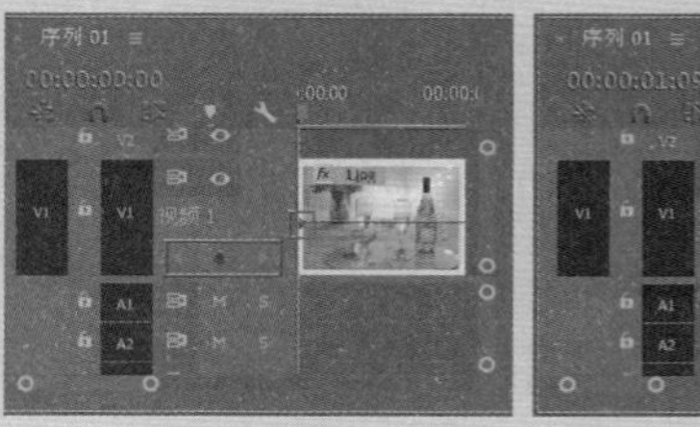

图 7.24

图 7.25

选择素材上方的关键帧，并将该关键帧的位置向上移动（向上表示不透明度数值增大），如图7.26所示。画面调整前后的对比效果如图7.27所示。

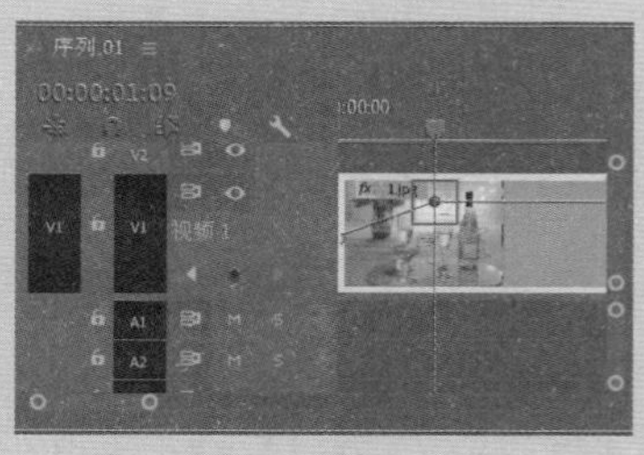

图 7.26

图 7.27

7.3 移动关键帧

移动关键帧所在的位置可以控制动画的节奏，比如两个关键帧隔得越远，动画呈现的效果越慢；反之，则越快。

重点 7.3.1 移动单个关键帧

在【效果控件】面板中展开已制作完成的关键帧效果，单击工具箱中的▶（移动工具）按钮，将光标放在需要移动的关键帧上方，按住鼠标左键左右移动，当移动到合适的位置时松开鼠标，完成移动操作，如图7.28所示。

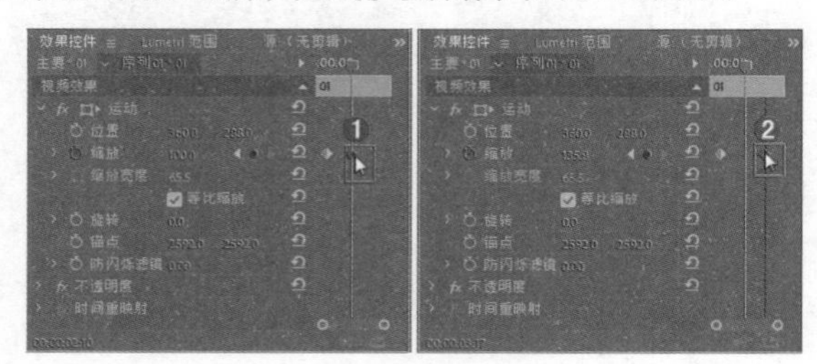

图 7.28

重点 7.3.2 移动多个关键帧

（1）单击工具箱中的▶（移动工具）按钮，按住鼠标左键将需要移动的关键帧进行框选，接着将选中的关键帧向左或向右进行拖曳即可完成移动操作，如图7.29所示。

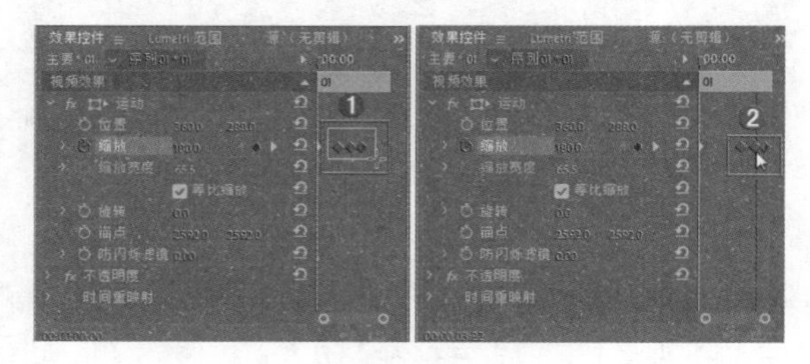

图 7.29

（2）当想要移动的关键帧不相邻时，单击工具箱中的▶（移动工具）按钮，按住Ctrl键或Shift键并选中需要移动的关键帧将其进行拖曳，如图7.30所示。

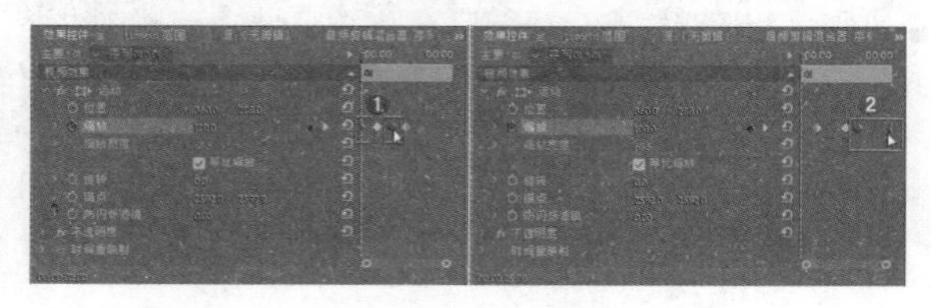

图 7.30

提示：在【节目监视器】面板中对【位置】属性进行手动制作关键帧

(1)选择设置完关键帧的【位置】属性，如图7.31所示。在【节目监视器】中双击，此时素材周围出现控制点，如图7.32所示。

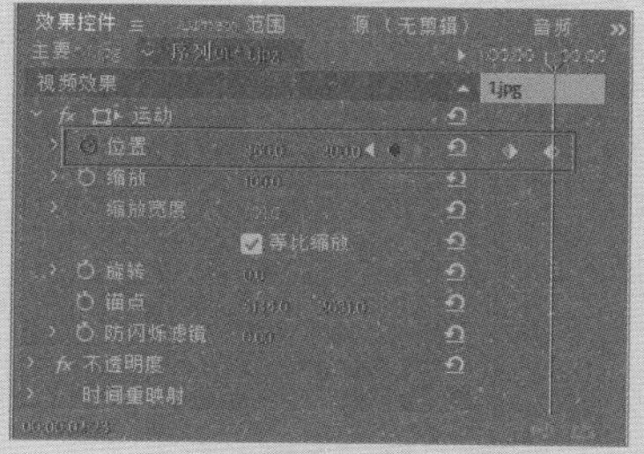
图 7.31

图 7.32

(2)单击工具箱中的▶(移动工具)按钮，在【节目监视器】面板中拖动路径的控制柄，将直线路径手动拖曳为弧形，如图7.33所示。此时滑动时间线查看效果时，素材以弧形的运动方式呈现在画面中，如图7.34所示。

图 7.33

图 7.34

7.4 删除关键帧

在实际操作中，有时会在素材文件中添加一些多余的关键帧，这些关键帧既无实质性用途，又使动画变得复杂，此时需要将多余的关键帧进行删除处理。删除关键帧的常用方法有3种。

7.4.1 使用快捷键删除关键帧

单击工具箱中的▶(移动工具)按钮，在【效果控件】面板中选择需要删除的关键帧，按Delete键即可完成删除操作，如图7.35所示。

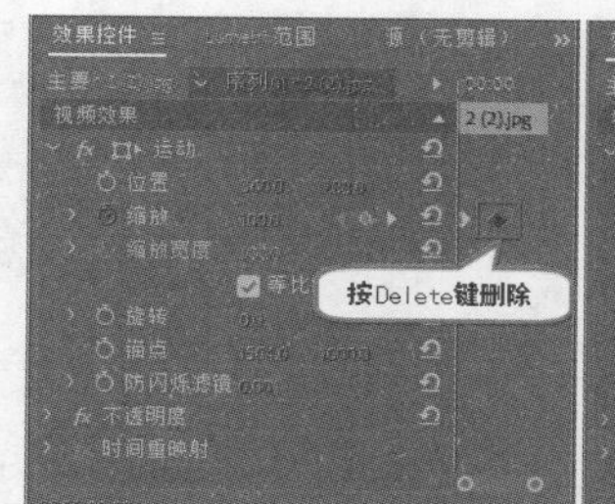

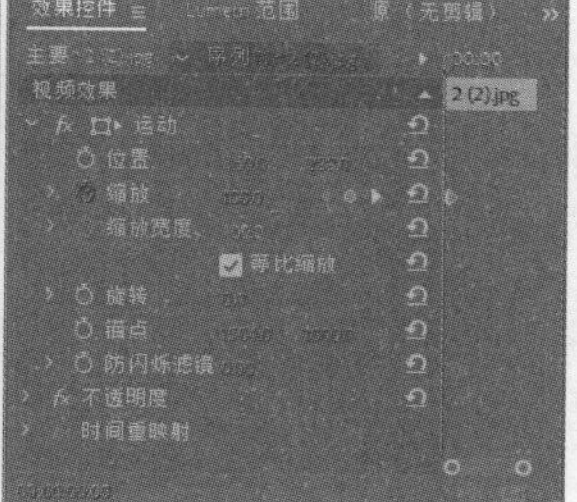
图 7.35

7.4.2 使用【添加/移除关键帧】按钮删除关键帧

在【效果控件】面板中将时间线滑动到需要删除的关键帧上，单击已启用的◆(添加/移除关键帧)按钮即可删除关键帧，如图7.36所示。

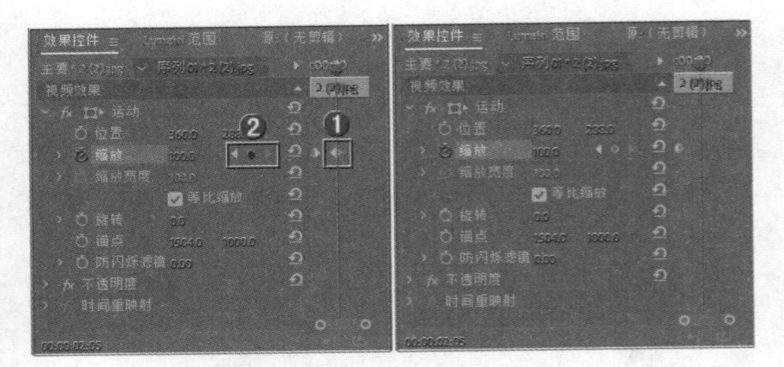

图 7.36

7.4.3　在快捷菜单中清除关键帧

单击工具箱中的▶（移动工具）按钮，右击选择需要删除的关键帧，在弹出的快捷菜单中执行【清除】命令即可删除关键帧，如图7.37所示。

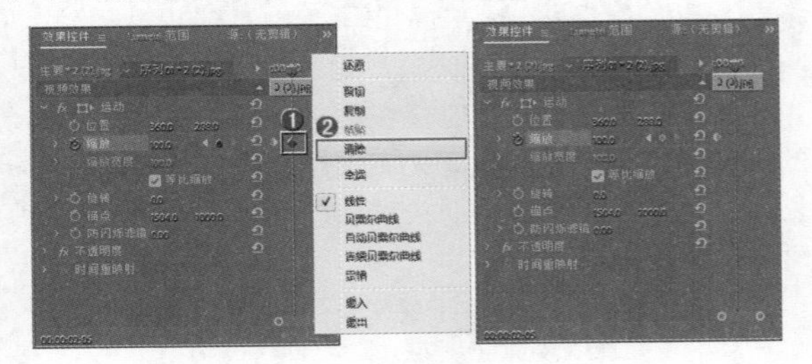

图 7.37

7.5　复制关键帧

在制作影片或动画时，经常会遇到不同素材使用同一组关键帧动画的情况。此时可选中这组制作完的关键帧动画，使用【复制】【粘贴】命令以更便捷的方式完成其他素材的动画制作。复制关键帧有3种方法。

7.5.1　使用Alt键复制

单击工具箱中的▶（移动工具）按钮，在【效果控件】面板中单击选择需要复制的关键帧，然后按住Alt键将其向左或向右拖曳进行复制，如图7.38所示。

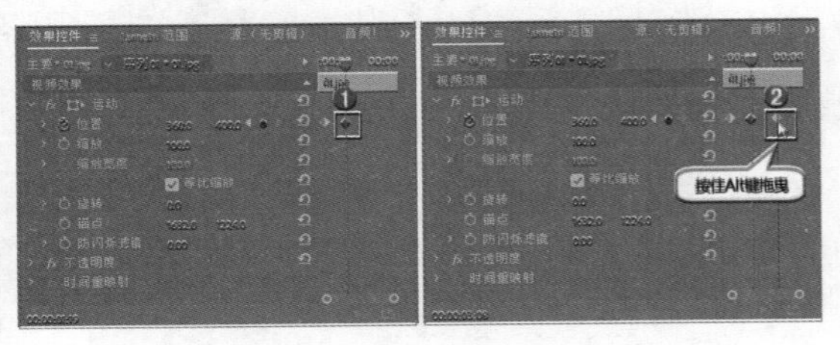

图 7.38

7.5.2　在快捷菜单中复制

（1）单击工具箱中的▶（移动工具）按钮，在【效果控件】面板中右击选择需要复制的关键帧，此时会弹出一个快捷菜单，在快捷菜单中执行【复制】命令，如图7.39所示。

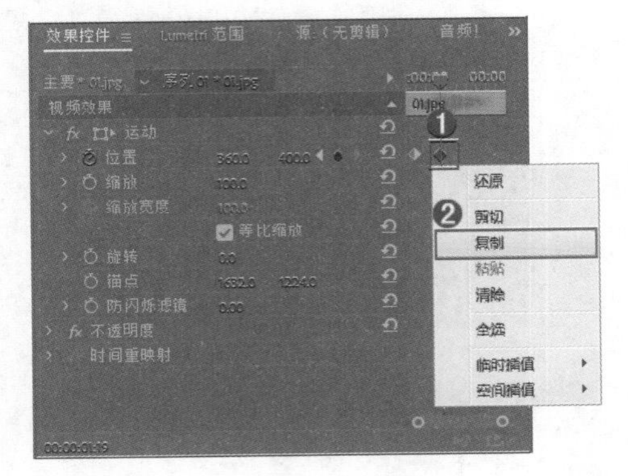

图 7.39

（2）将时间线滑动到合适的位置，右击，在弹出的快捷菜单中执行【粘贴】命令，此时复制的关键帧出现在时间线上，如图7.40所示。

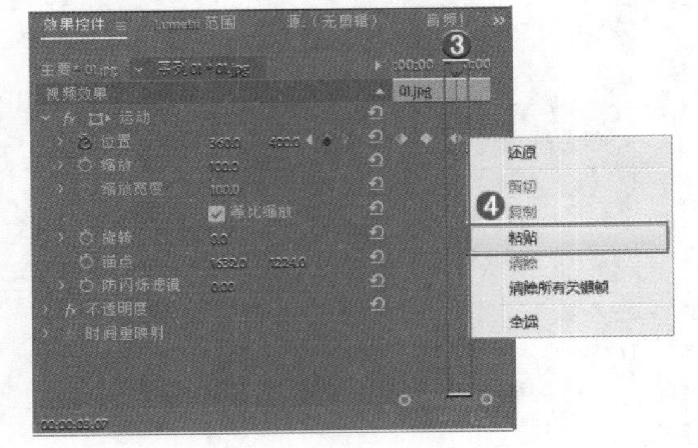

图 7.40

7.5.3　使用快捷键复制

（1）单击工具箱中的▶（移动工具）按钮，单击选择需要复制的关键帧，然后使用快捷键Ctrl+C进行复制，如图7.41所示。

（2）将时间线滑动到合适的位置，使用快捷键Ctrl+V进行粘贴，如图7.42所示。这种方法在制作动画时操作简单且节约时间，是较为常用的方法。

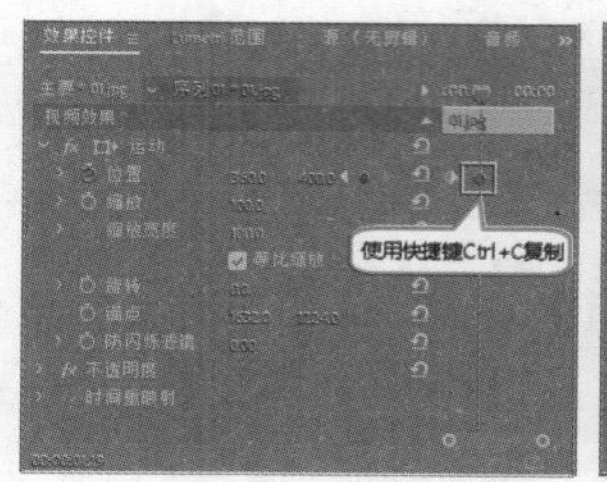

图 7.41

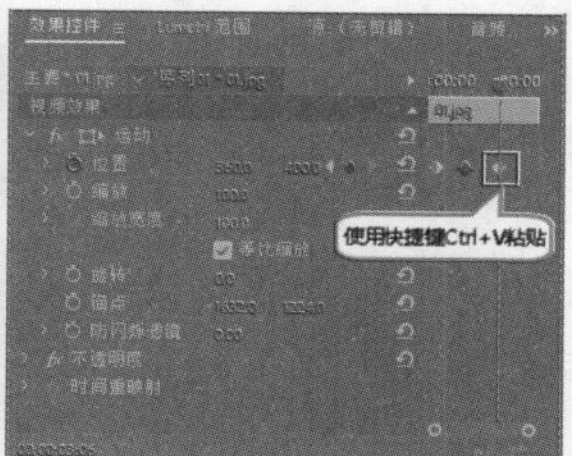

图 7.42

重点 7.5.4 复制关键帧到另外一个素材中

除了可以在同一个素材中复制、粘贴关键帧以外，还可以将关键帧动画复制到其他素材上。

（1）选择一个素材中的关键帧，如选择【位置】属性中的所有关键帧，如图7.43所示。

（2）使用快捷键Ctrl+C进行复制，然后在【时间轴】面板中选择另外一个素材并选择【效果控件】面板中的【位置】属性，如图7.44所示。

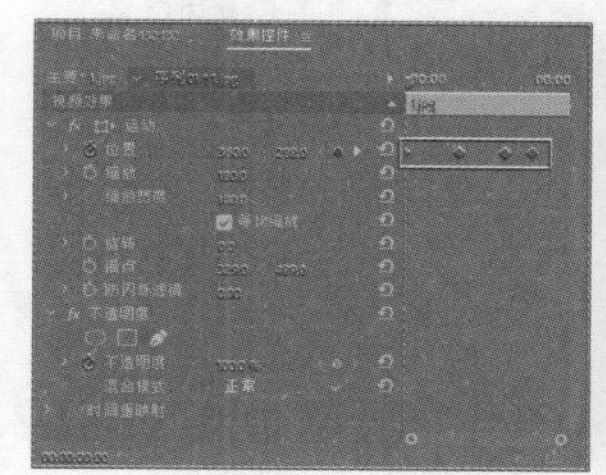

图 7.43

图 7.44

（3）使用快捷键Ctrl+V完成复制，如图7.45所示。

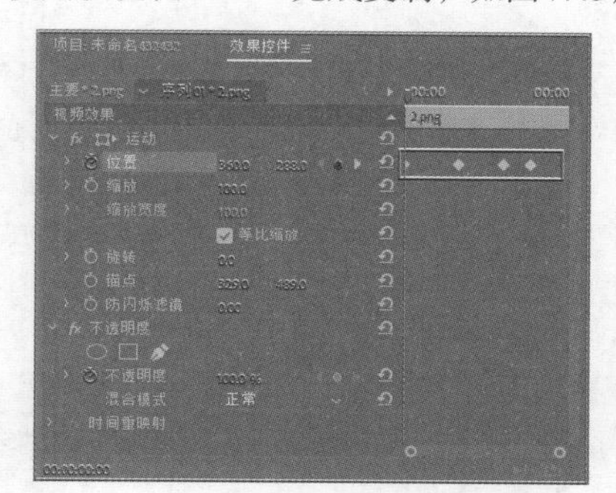

图 7.45

7.6 关键帧插值

插值是指在两个已知值之间填充未知数据的过程。关键帧插值可以控制关键帧的速度变化状态，主要分为【临时插值】和【空间插值】两种。在一般情况下，系统默认使用线性插值法。若想更改插值类型，可右击选择关键帧，在弹出的快捷菜单中进行类型更改，如图7.46所示。

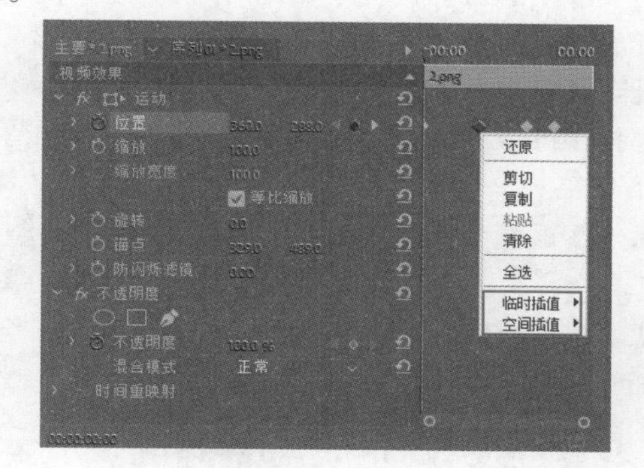

图 7.46

7.6.1 临时插值

【临时插值】是控制关键帧在时间线上的速度变化状态。【临时插值】快捷菜单如图7.47所示。

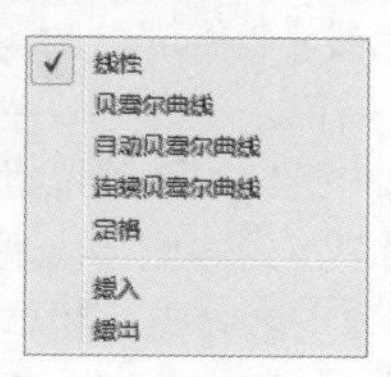

图 7.47

1. 线性

【线性】插值可以创建关键帧之间的匀速变化。首先在【效果控件】面板中针对某一属性添加两个或两个以上的关键帧，然后右击添加的关键帧，在弹出的快捷菜单中执行【临时插值】/【线性】命令，滑动时间线，当时间线与关键帧位置重合时，该关键帧由灰色变为蓝色，此时的动画效果更为匀速平缓，如图7.48所示。

图 7.48

2. 贝塞尔曲线

【贝塞尔曲线】插值可以在关键帧的任意一侧手动调整图表的形状及变化速率。在快捷菜单中选择【临时插值】/【贝塞尔曲线】命令时，滑动时间线，当时间线与关键帧位置重合时，该关键帧样式为，并且可在【节目监视器】面板中通过拖动曲线控制柄调节曲线两侧，从而改变动画的运动速度。在调节过程中，单独调节其中一个控制柄，另一个控制柄不发生变化，如图7.49所示。

图 7.49

3. 自动贝塞尔曲线

【自动贝塞尔曲线】插值可以调整关键帧的平滑变化速率。选择【临时插值】/【自动贝塞尔曲线】命令时，滑动时间线，当时间线与关键帧位置重合时，该关键帧样式为。在曲线节点的两侧会出现两个没有控制线的控制点，拖动控制点可将自动曲线转换为弯曲的贝塞尔曲线状态，如图7.50所示。

图 7.50

4. 连续贝塞尔曲线

【连续贝塞尔曲线】插值可以创建通过关键帧的平滑变化速率。选择【临时插值】/【连续贝塞尔曲线】命令，滑动时间线，当时间线与关键帧位置重合时，该关键帧样式为。双击【节目监视器】面板中的画面，此时会出现两个控制柄，可以通过拖动控制柄改变两侧的曲线弯曲程度，从而改变动画效果，如图7.51所示。

图 7.51

5. 定格

【定格】插值可以更改属性值且不产生渐变过渡。选择【临时插值】/【定格】命令时，滑动时间线，当时间线与关键帧位置重合时，该关键帧样式为，两个速率曲线节点将根据节点的运动状态自动调节速率曲线的弯曲程度。当动画播放到该关键帧时，将出现保持前一关键帧画面的效果，如图7.52所示。

图 7.52

6. 缓入

【缓入】插值可以减慢进入关键帧的速度。选择【临时插值】/【缓入】命令时，滑动时间线，当时间线与关键帧位置重合时，该关键帧样式为，速率曲线节点前面将变成缓入的曲线效果。当滑动时间线播放动画时，动画在进入该关键帧时速度逐渐减缓，消除因速度波动大而产生的画面不稳定感，如图7.53所示。

图 7.53

7. 缓出

【缓出】插值可以逐渐加快离开关键帧的值变化。选择【临时插值】/【缓出】命令时，滑动时间线，当时间线与关键帧位置重合时，该关键帧样式为▣。速率曲线节点后面将变成缓出的曲线效果。当播放动画时，可以使动画在离开该关键帧时速率减缓，同样可消除因速度波动大而产生的画面不稳定感，与缓入的道理相同，如图 7.54 所示。

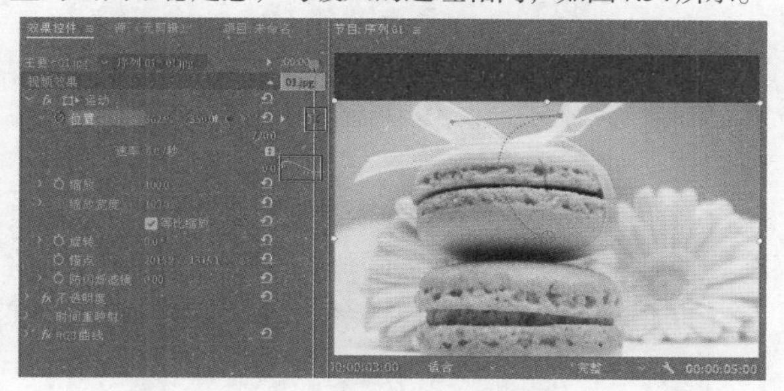

图 7.54

7.6.2 空间插值

【空间插值】可以设置关键帧的过渡效果，如转折强烈的线性方式、过渡柔和的自动贝塞尔曲线方式等，如图 7.55 所示。

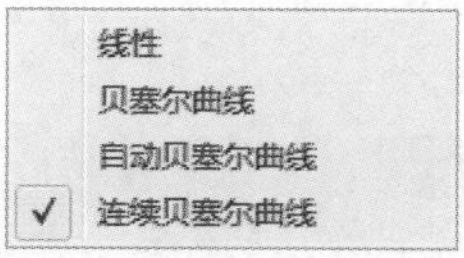

线性
贝塞尔曲线
自动贝塞尔曲线
✓ 连续贝塞尔曲线

图 7.55

1. 线性

右击关键帧，在选择【空间插值】/【线性】命令时，关键帧两侧线段为直线，角度转折较明显，如图 7.56 所示。播放动画时会产生位置突变的效果。

图 7.56

2. 贝塞尔曲线

在选择【空间插值】/【贝塞尔曲线】命令时，可在【节目监视器】面板中手动调节控制点两侧的控制柄，通过控制柄调节曲线形状和画面的动画效果，如图 7.57 所示。

图 7.57

3. 自动贝塞尔曲线

在选择【空间插值】/【自动贝塞尔曲线】命令时，更改自动贝塞尔关键帧数值，控制点两侧的手柄位置会自动更改，以保持关键帧之间的平滑速率。如果手动调整自动贝塞尔曲线的方向手柄，则可以将其转换为连续贝塞尔曲线的关键帧，如图 7.58 所示。

图 7.58

4. 连续贝塞尔曲线

在选择【空间插值】/【连续贝塞尔曲线】命令时，也可以手动设置控制点两侧的控制柄来调整曲线方向，与【自动贝塞尔曲线】操作相同，如图 7.59 所示。

图 7.59

7.7 常用关键帧动画实例

通过对关键帧动画的创建、编辑等操作的学习，读者应该对关键帧有了很清晰的认识。本节通过大量的实例，为读者开启了动画制作的大门，动画的创建方式比较简单，但是需要注意完整作品的制作思路。

实例：企业动态标志演绎动画

扫一扫，看视频

文件路径：Chapter 7 关键帧动画→实例：企业动态标志演绎动画

本实例使用【蒙版】及形状关键帧制作动画标志。实例效果如图7.60所示。

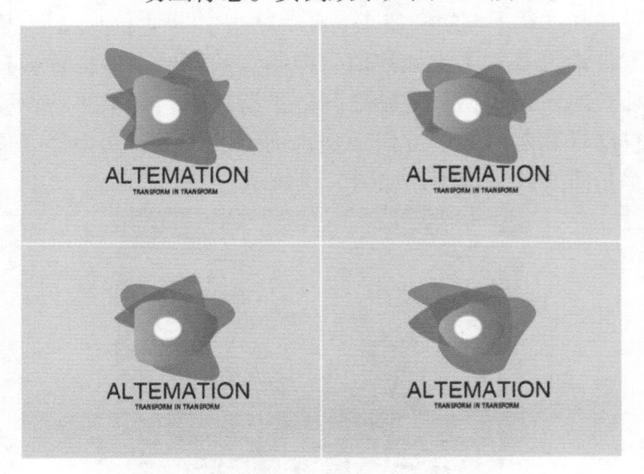

图 7.60

步骤 01 执行【文件】/【新建】/【项目】命令，新建一个项目。在弹出的【新建序列】窗口中单击【设置】模块，设置【编辑模式】为【自定义】,【帧大小】为1440,【水平】为1080,【像素长宽比】为【方形像素（1.0）】。执行【文件】/【新建】/【颜色遮罩】命令，如图7.61所示。在弹出的【拾色器】窗口中设置颜色为蓝灰色，此时会弹出【选择名称】窗口，设置名称为【颜色遮罩】，单击【确定】按钮，如图7.62所示。

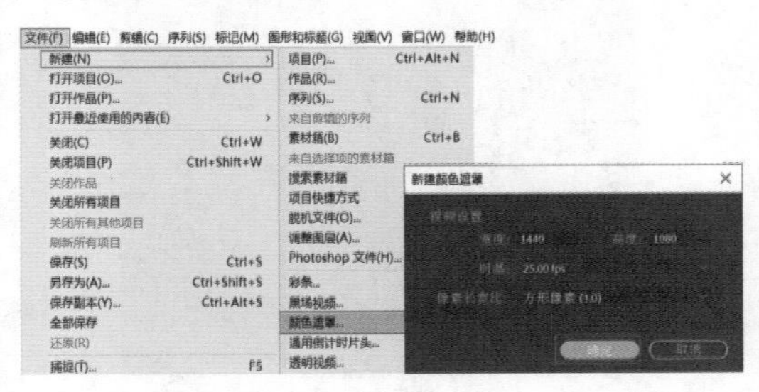

图 7.61

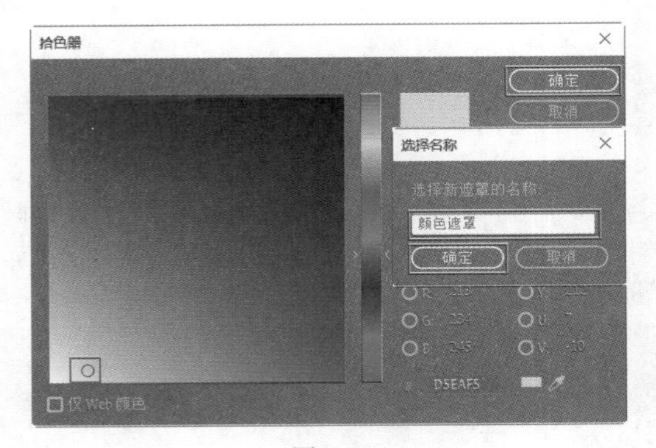

图 7.62

步骤 02 在【项目】面板中选择【颜色遮罩】，将其拖曳到【时间轴】面板中的V1轨道上，如图7.63所示。

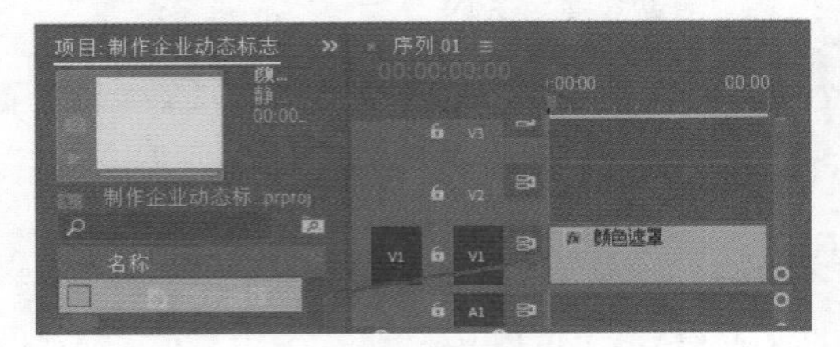

图 7.63

步骤 03 在【时间轴】面板中选择V1轨道上的【颜色遮罩】，接着按住Alt键的同时按住鼠标左键向V2轨道上拖动，如图7.64所示。

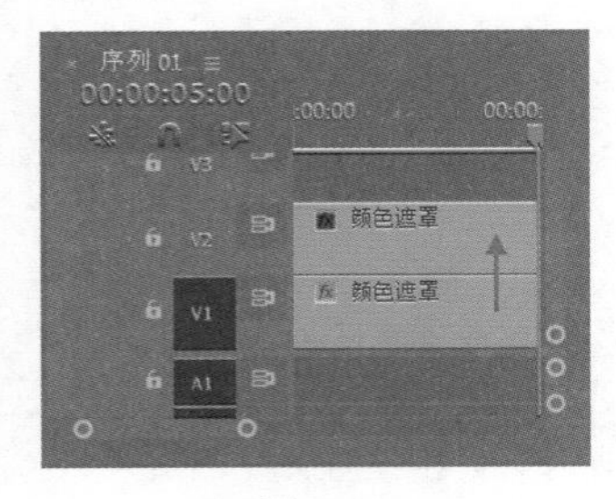

图 7.64

步骤 04 在【效果】面板中搜索【渐变】，将效果拖曳到V2轨道的【颜色遮罩】上，如图7.65所示。

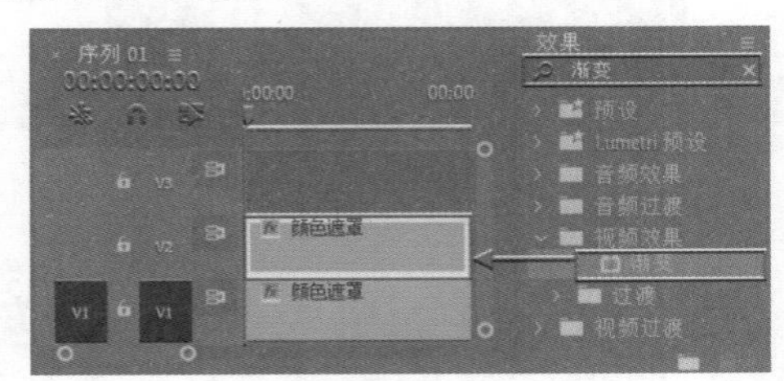

图 7.65

步骤 05 选择V2轨道上的【颜色遮罩】，在【效果控件】面板中展开【渐变】，设置【渐变起点】为(360,500)，【起始颜色】为青蓝色，【结束颜色】为绿色，如图7.66所示。

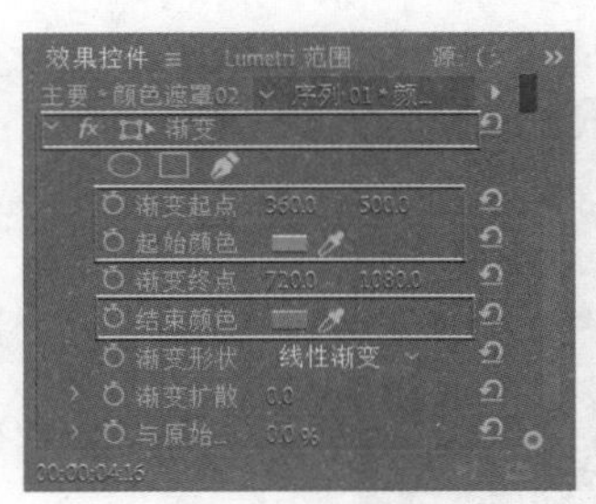

图 7.66

步骤 06 展开【不透明度】属性，将时间线滑动到起始帧位置，单击✎(自由绘制贝塞尔曲线)按钮，展开【蒙版(1)】，设置【蒙版羽化】为0，单击【蒙版路径】前的◎(切换动画)按钮，开启自动关键帧，接着在【节目监视器】面板中单击建立锚点并绘制形状，如图7.67所示。

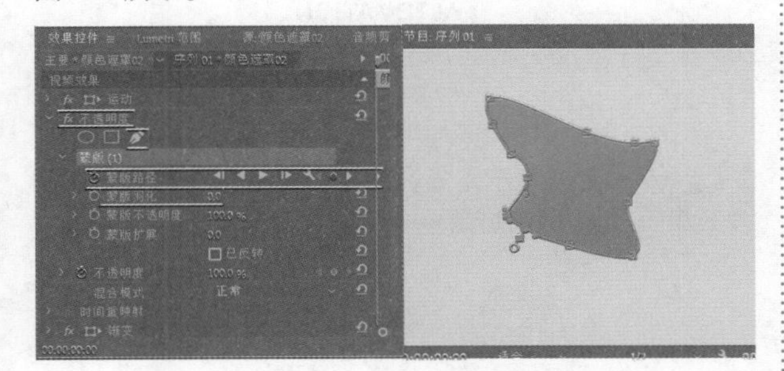

图 7.67

步骤 07 将时间线滑动到1秒位置，移动锚点两端控制柄调整蒙版路径形状，如图7.68所示。继续将时间线滑动到2秒和3秒位置，按照同样的方式调整蒙版路径，如图7.69所示。

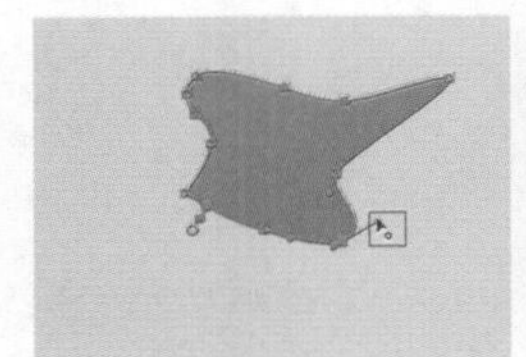

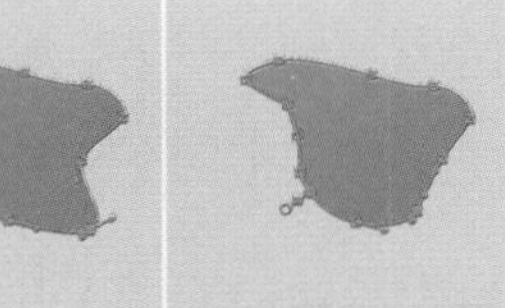

图 7.68　　图 7.69

步骤 08 使用同样的方法选择V2轨道上的【颜色遮罩】，接着按住Alt键的同时按住鼠标左键向V3和V4轨道上拖动，如图7.70所示。

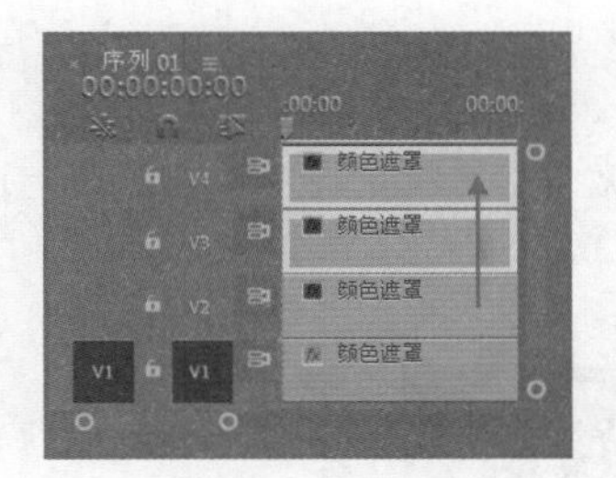

图 7.70

步骤 09 分别选择V3和V4轨道上的【颜色遮罩】，在【效果控件】面板中分别更改【渐变】效果的属性，如图7.71所示。

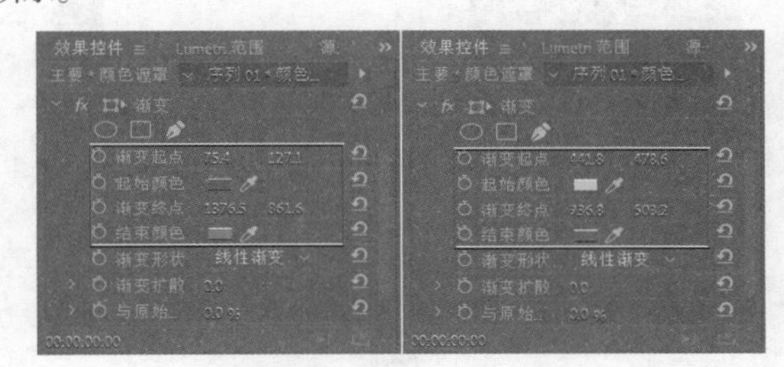

图 7.71

步骤 10 选择V3和V4轨道上的【颜色遮罩】，在【效果控件】面板中展开【不透明度】属性，调整蒙版路径形状和蒙版参数，如图7.72和图7.73所示。

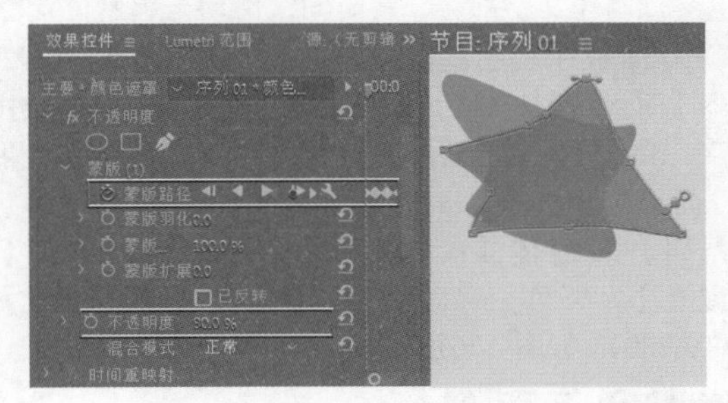

图 7.72

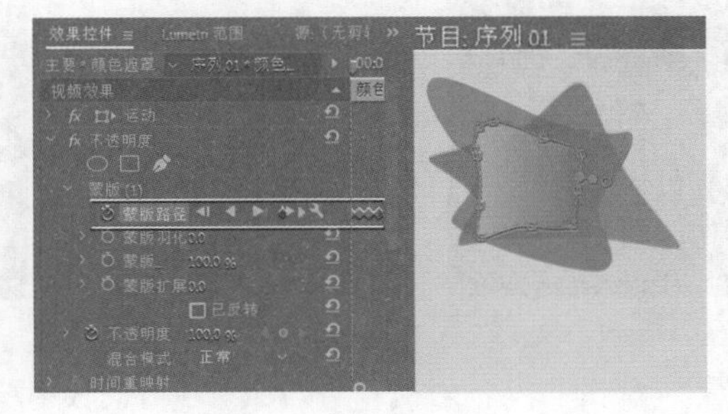

图 7.73

步骤 11 在【工具】面板中单击⬭(椭圆工具)按钮，在

【节目监视器】面板中按住Shift键在适当的位置绘制一个正圆，在【时间轴】面板中选择图形图层，在【效果控件】面板中展开【形状】，设置【填充颜色】为白色；接着展开【变换】，设置【位置】(721,435.1)，【锚点】为(54,54)，如图7.74所示。

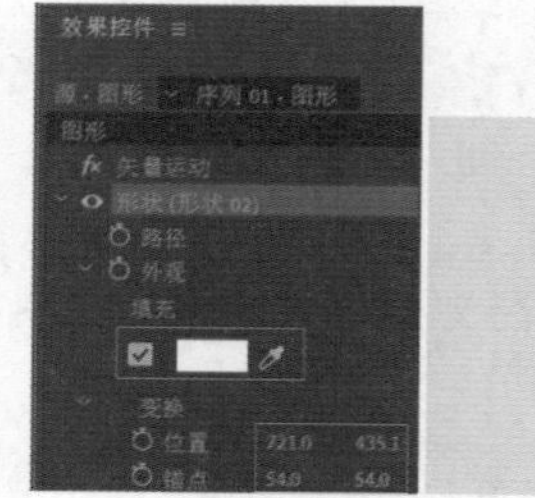

图 7.74

步骤 12 此时画面效果如图7.75所示。

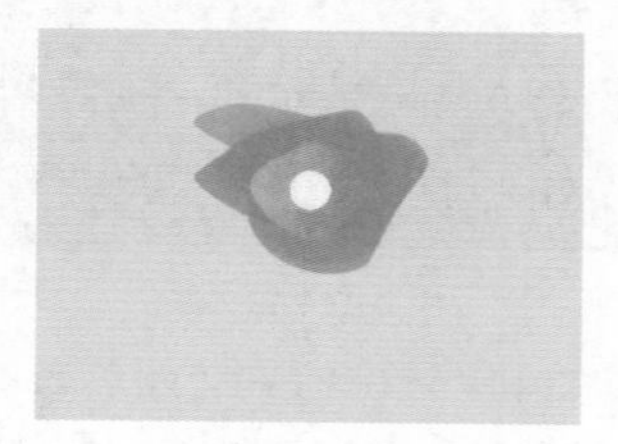

图 7.75

步骤 13 制作文字部分，将时间线滑动至起始位置，在【工具】面板中单击T(文字工具)按钮，在【节目监视器】面板中标志的下方位置单击输入ALTEMATION文字，在【时间轴】面板中选择文字图层，在【效果控件】面板中展开【文本】/【源文本】，设置合适的【字体系列】和【字体样式】，设置【字体大小】为100，【填充颜色】为黑色；接着展开【变换】，设置【位置】为(447.3,780)，如图7.76所示。

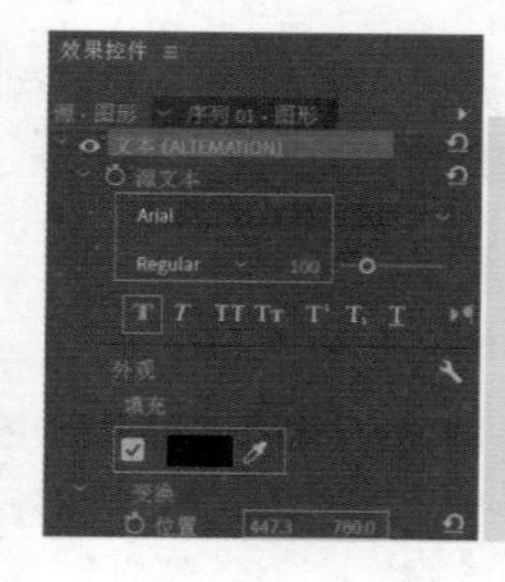

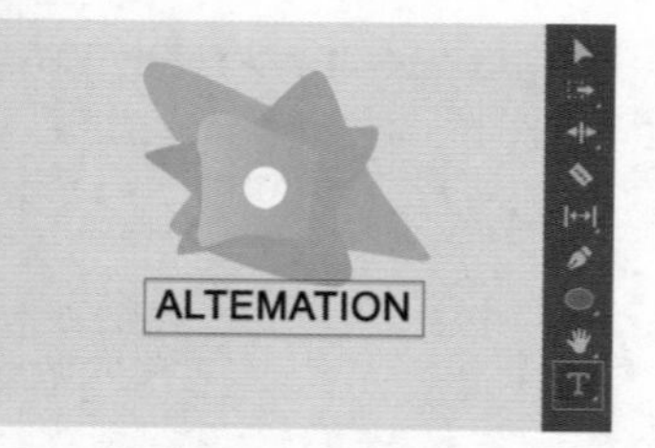

图 7.76

步骤 14 制作下一个文字，再次在【工具】面板中单击T(文字工具)按钮，在【节目监视器】面板中文字的下方位置单击输入transform in transform文字，在【时间轴】面板中选择文字图层，在【效果控件】面板中展开【文本】/【源文本】，设置合适的【字体系列】和【字体样式】，设置【字体大小】为35，勾选【小型大写字母】，设置【填充颜色】为黑色；接着展开【变换】，设置【位置】为(593.7,825.6)，如图7.77所示。

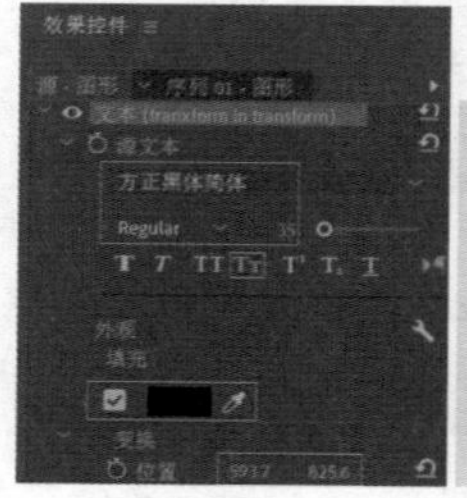

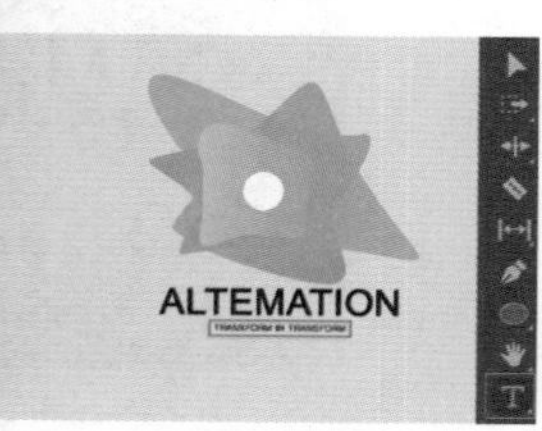

图 7.77

步骤 15 文字制作完成后的画面效果如图7.78所示。

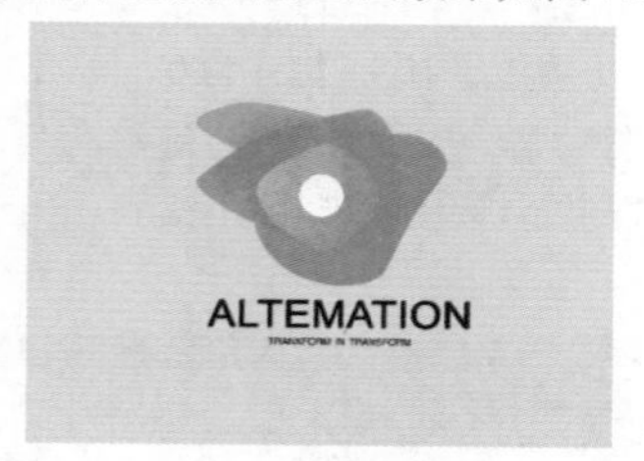

图 7.78

步骤 16 本实例制作完成，此时滑动时间线查看实例制作效果，如图7.79所示。

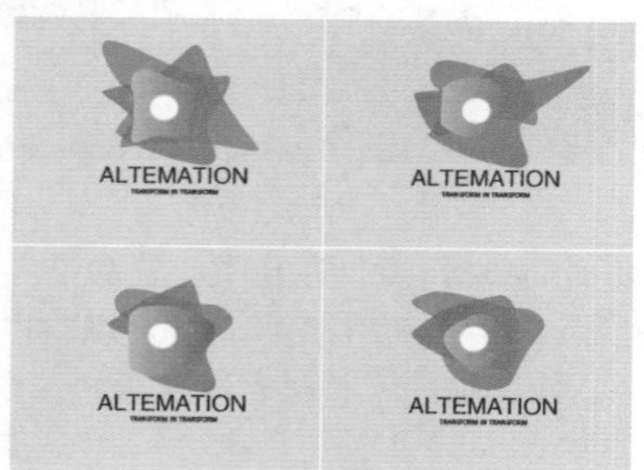

图 7.79

实例：头像加关注演示动画

扫一扫，看视频

文件路径：Chapter 7 关键帧动画→实例：头像加关注演示动画

本实例首先在人物图片上制作圆形蒙版，使用【椭圆工具】制作圆形及符号，最后使用【缩放】关键帧制作小视频加关注动效。实例效果如图7.80所示。

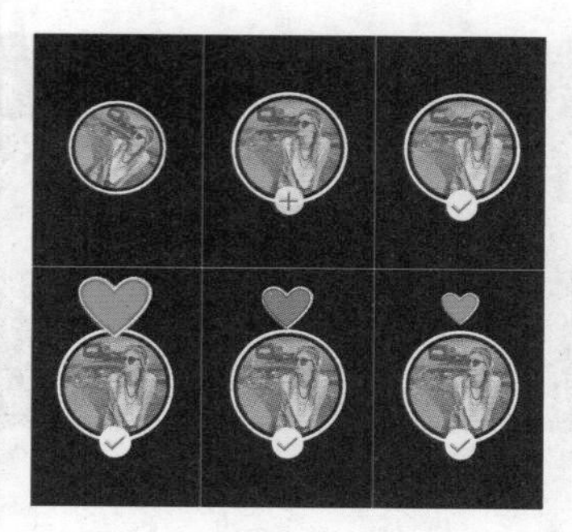

图 7.80

步骤 01 执行【文件】/【新建】/【项目】命令，新建一个项目。然后新建序列，在弹出的【新建序列】窗口中单击【设置】模块，设置【编辑模式】为自定义，【时基】为23.976，【帧大小】为700，【水平】为1000，【像素长宽比】为方形像素(1.0)。执行【文件】/【导入】命令，导入素材文件，如图7.81所示。

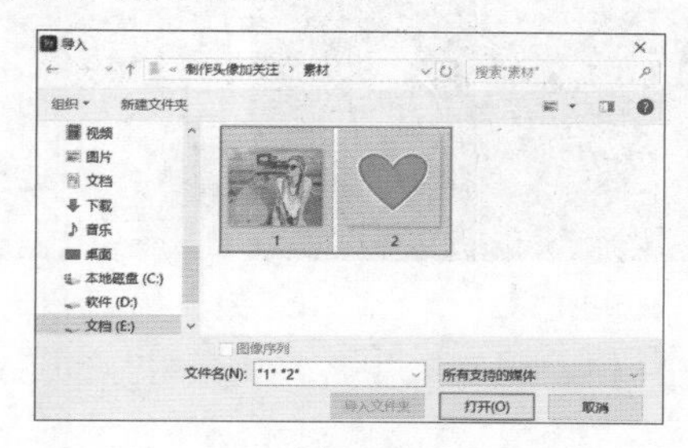

图 7.81

步骤 02 将时间线滑动至起始位置，在【工具】面板中选择(椭圆工具)，在【节目监视器】面板中按住Shift键的同时按住鼠标左键绘制一个正圆，调整正圆位置；接着在【时间轴】面板中选择图案图层，在【效果控件】面板中展开【形状】，取消勾选【填充】，勾选【描边】并设置【描边颜色】为白色，【描边宽度】为15.0，设置为【内侧】；接着展开【变换】，设置【位置】为(352.5,495.4)，【锚点】为(236.5,236.5)，如图7.82所示。

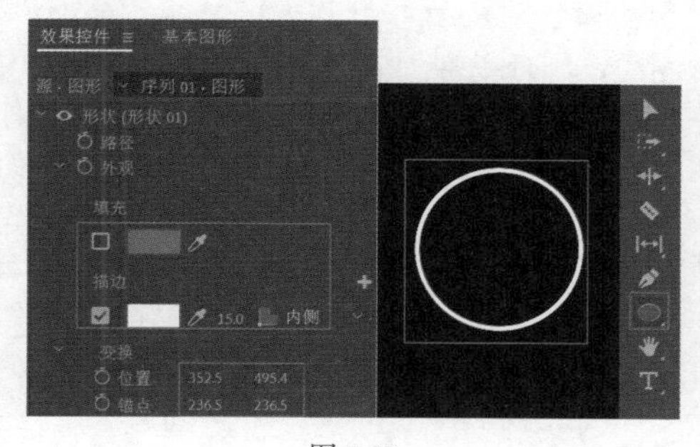

图 7.82

步骤 03 在【项目】面板中将1.jpg素材分别拖曳到V2轨道上，如图7.83所示。

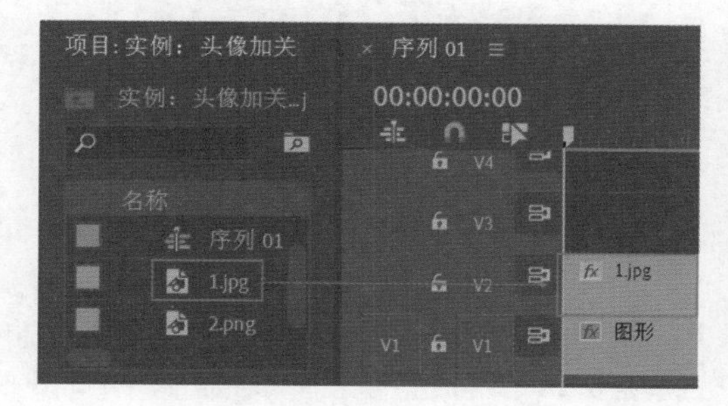

图 7.83

步骤 04 在【时间轴】面板中选择1.jpg素材，在【效果控件】面板中设置【位置】为(320,495)，【缩放】为50，展开【不透明度】属性，单击(创建椭圆形蒙版)按钮，在【节目监视器】面板中调整圆形蒙版形状和位置，如图7.84所示。

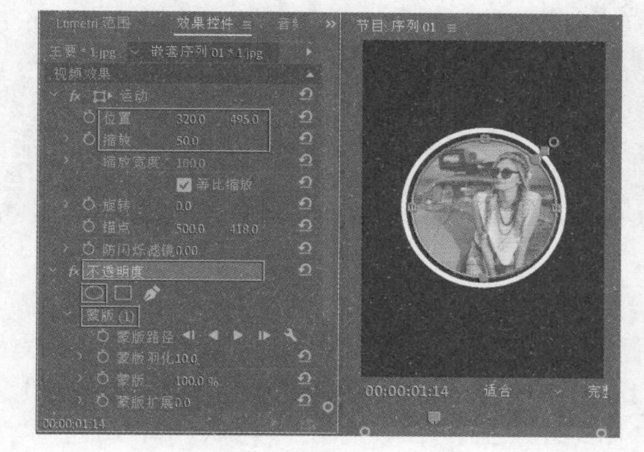

图 7.84

步骤 05 在【时间轴】面板中选择V1、V2轨道上的素材，右击选择【嵌套】命令，设置【名称】为【嵌套序列01】，单击【确定】按钮，如图7.85所示。此时在【时间轴】面板中得到【嵌套序列01】，如图7.86所示。

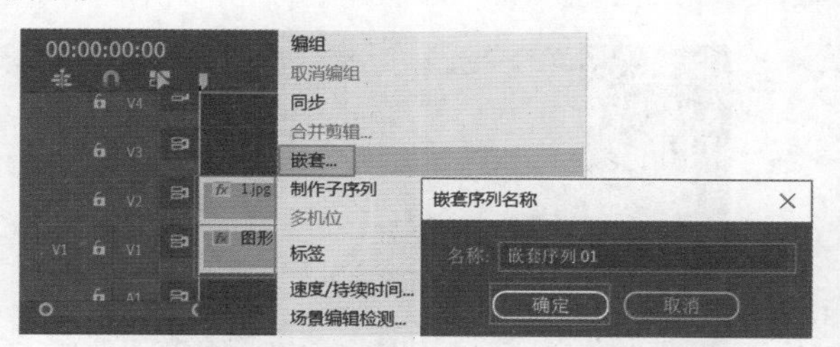

图 7.85

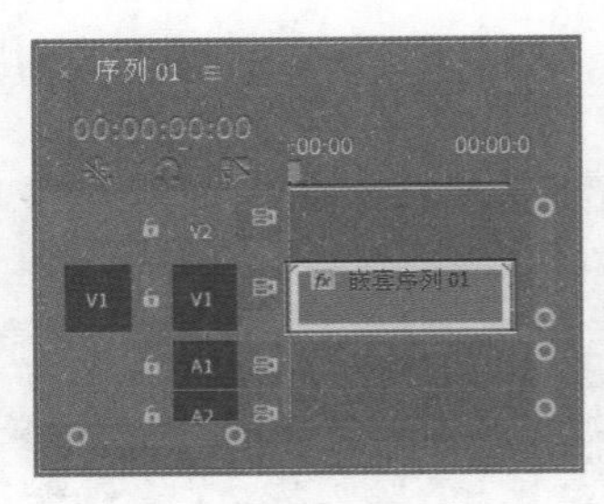

图 7.86

步骤 06 将时间线滑动到起始帧位置，选择V1轨道上的【嵌套序列01】，在【效果控件】面板中开启【缩放】【旋转】关键帧，设置【缩放】为0，【旋转】为180°，如图7.87所示；继续将时间线滑动到1秒位置，设置【缩放】为100，【旋转】为0°。此时滑动时间线画面效果如图7.88所示。

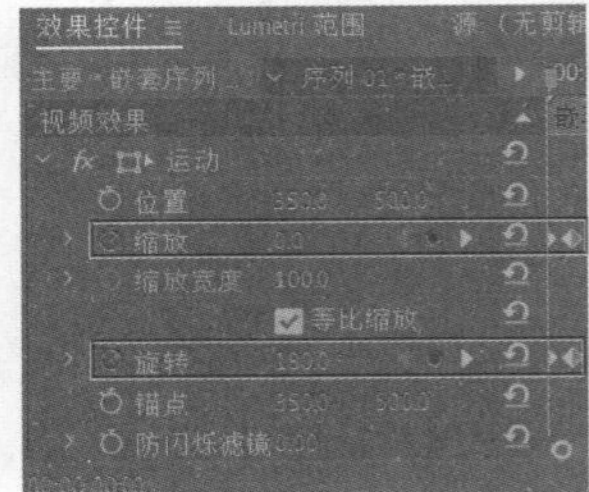

图 7.87

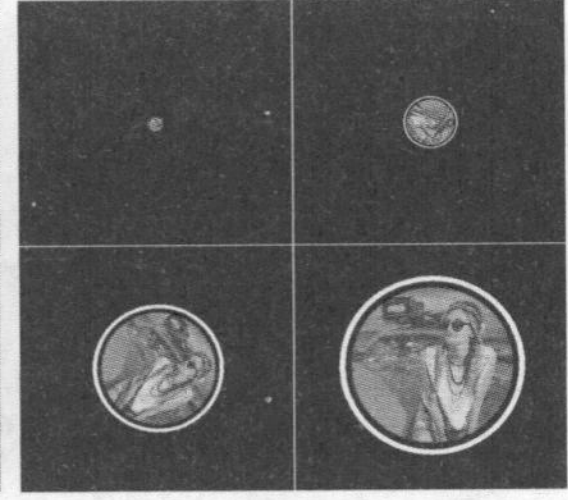

图 7.88

步骤 07 将时间线滑动至起始位置，在【工具】面板中选择◯（椭圆工具），在【节目监视器】面板中人物图片下方绘制一个正圆，在【时间轴】面板中选择图形图层，在【效果控件】面板中展开【形状（形状01）】，设置【填充颜色】为白色；接着展开【变换】，设置【位置】为(347,725.8)，【锚点】为(60,60)，如图7.89所示。在【时间轴】面板中选择图形图层，在【工具】面板中选择□（矩形工具），在白色小圆上绘制一个矩形，设置【位置】为(352,732.3)，【锚点】为(45,8.3)，【角半径】为11，【填充颜色】为红色，如图7.90所示。

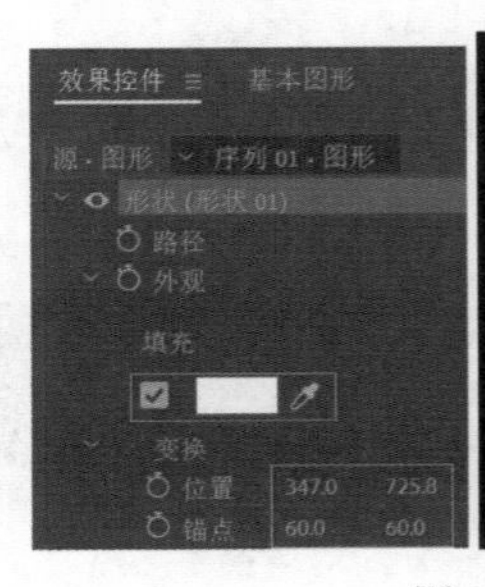

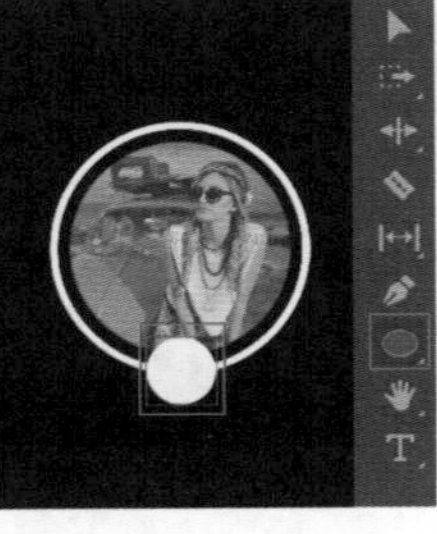

图 7.89

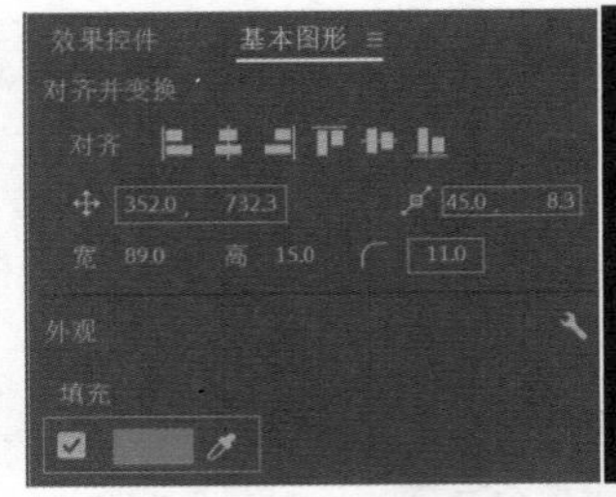

图 7.90

步骤 08 在【时间轴】面板中选择图形图层，在【工具】面板中选择□（矩形工具），在白色小圆上再次绘制一个矩形，设置【位置】为(352.1,732.9)，【锚点】为(7.1,43.9)，【角半径】为5.7，【填充颜色】为红色，如图7.91所示。使用同样的方法创建图形调整红色线段长度与位置，将其调整为对号形状，如图7.92所示。

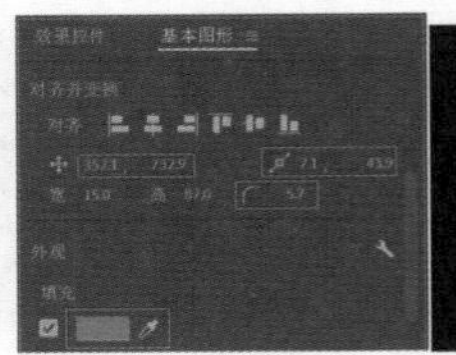

图 7.91

图 7.92

步骤 09 在【项目】面板中将2.png素材拖曳到V4轨道上，如图7.93所示。

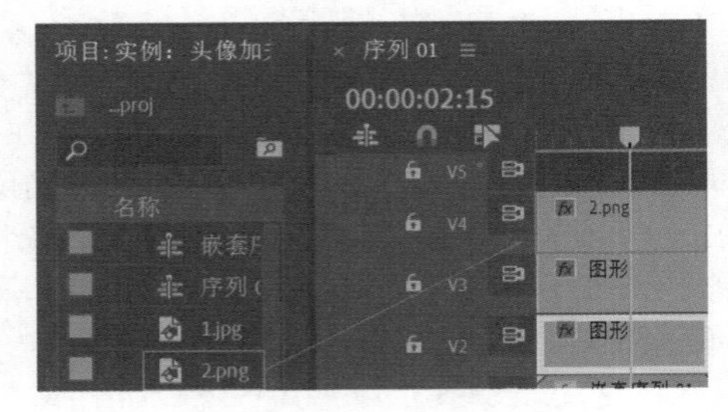

图 7.93

步骤 10 隐藏V3、V4轨道并选择V2轨道上的图形，将时间线滑动到1秒位置，在【效果控件】面板中打开【缩放】【不透明度】关键帧，设置【缩放】为0，【不透明度】为0%；继续将时间线滑动到1秒15帧，设置【缩放】为100，【不透明度】为100%，如图7.94所示。

步骤 11 显现并选择V3轨道上的素材，将时间线滑动到1秒15帧，设置【不透明度】为0%，此时在当前位置添加关键帧，如图7.95所示；继续将时间线滑动到2秒位置，设置【不透明度】为100%。

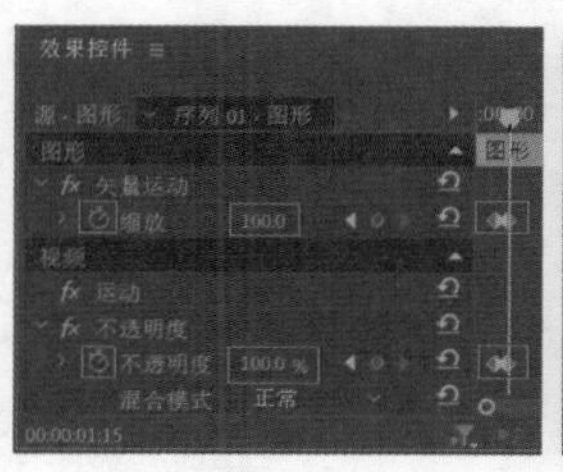

图 7.94

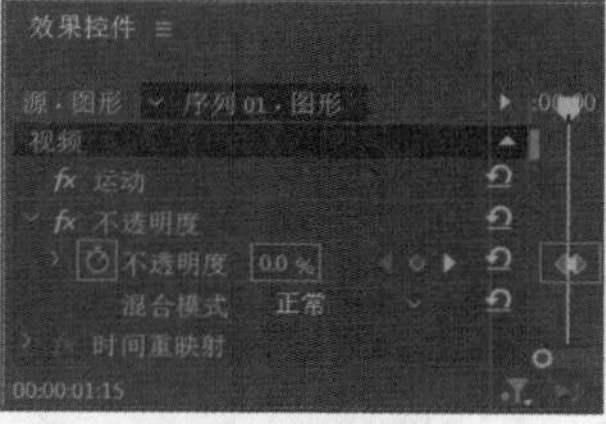

图 7.95

步骤 12 显现并选择V4轨道上的素材，在【效果】面板中搜索【颜色平衡（HLS）】，按住鼠标左键将效果拖曳到2.png素材上，如图7.96所示。

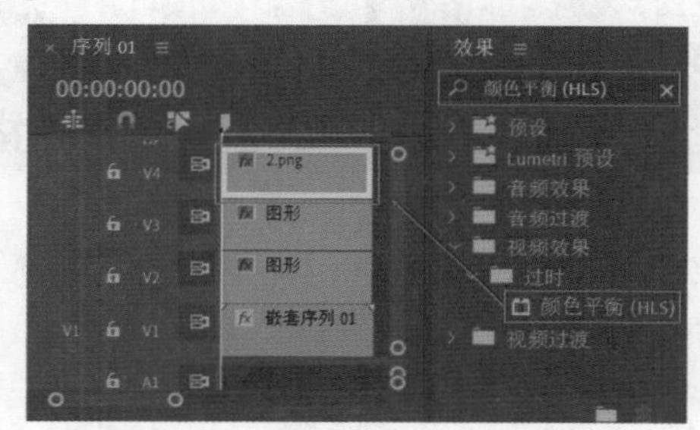

图 7.96

步骤 13 选择V4轨道上的2.png素材，将时间线滑动到2秒位置，在【效果控件】面板中展开【运动】属性，开启【位置】【缩放】关键帧，设置【位置】为(297,388)，【缩放】为0，如图7.97所示，将时间线滑动到3秒位置，设置【位置】为(350,157)，【缩放】为20；继续将时间线滑动到4秒位置，设置【缩放】为10。接下来展开【颜色平衡（HLS）】，将时间线滑动到3秒，开启【色相】关键帧，设置【色相】为0，用鼠标右键将关键帧设置为【定格】，如图7.98所示；将时间线滑动到3秒05帧，设置【色相】为88°，接着每隔5帧（快捷键:Shift+>）更改【色相】参数，继续设置5个关键帧。

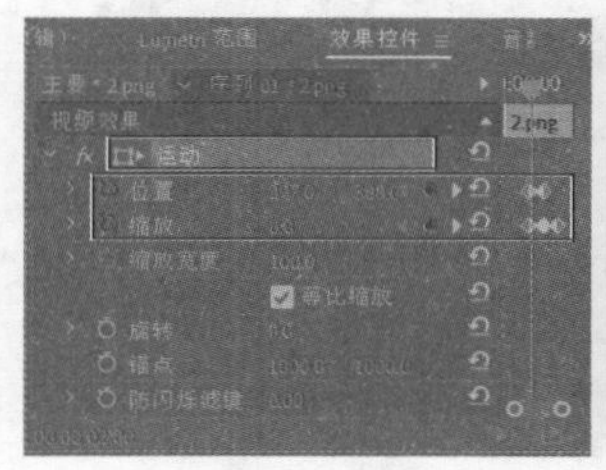

图 7.97

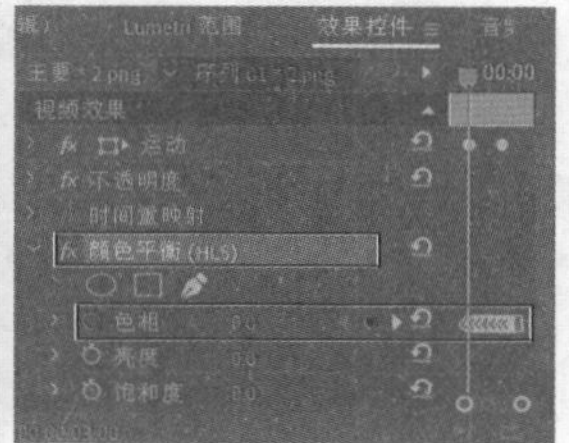

图 7.98

步骤 14 查看2.png素材动态效果，如图7.99所示。本实例制作完成，滑动时间线查看实例效果，如图7.100所示。

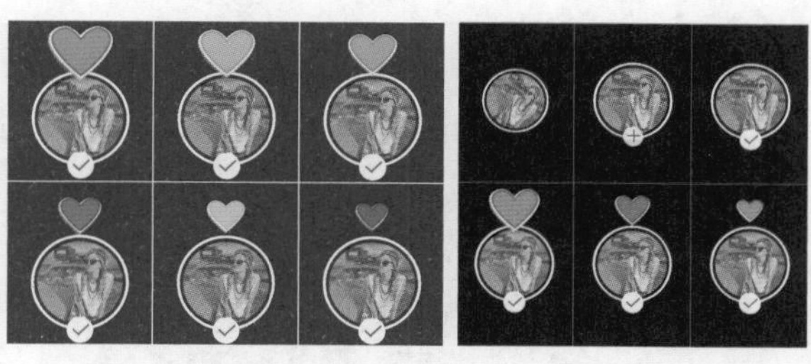

图 7.99　　图 7.100

实例：图标UI动画

文件路径:Chapter 7　关键帧动画→实例：图标UI动画

本实例首先使用相应形状工具绘制图标，使用【位置】关键帧制作按钮滑动状态。实例效果如图7.101所示。

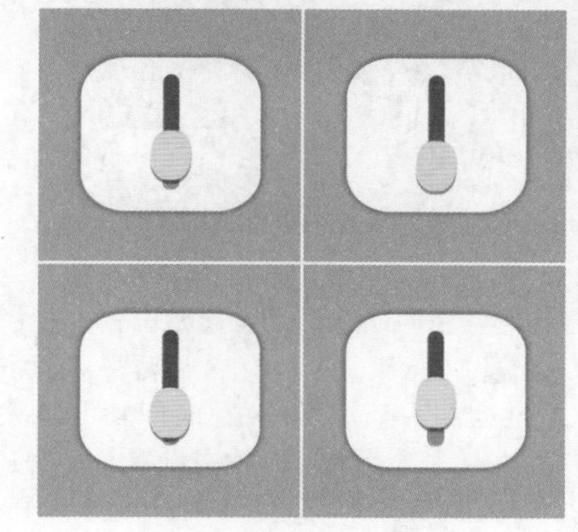

扫一扫，看视频

图 7.101

步骤 01 执行【文件】/【新建】/【项目】命令，新建一个项目。接着新建一个自定义序列，设置【帧大小】为1000，【水平】为1000，【像素长宽比】为【方形像素(1.0)】。执行【文件】/【新建】/【颜色遮罩】命令，在弹出的【拾色器】窗口中设置颜色为灰色，在【选择名称】窗口中设置名称为【颜色遮罩】，如图7.102和图7.103所示。

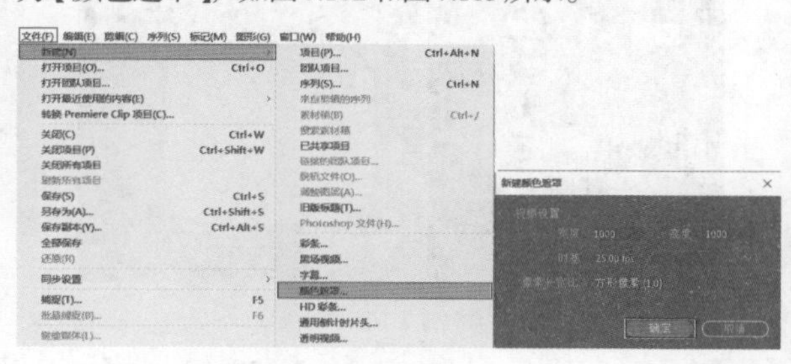

图 7.102

图 7.103

步骤 02 在【项目】面板中选择【颜色遮罩】，将其拖曳到【时间轴】面板中的V1轨道上，如图7.104所示。

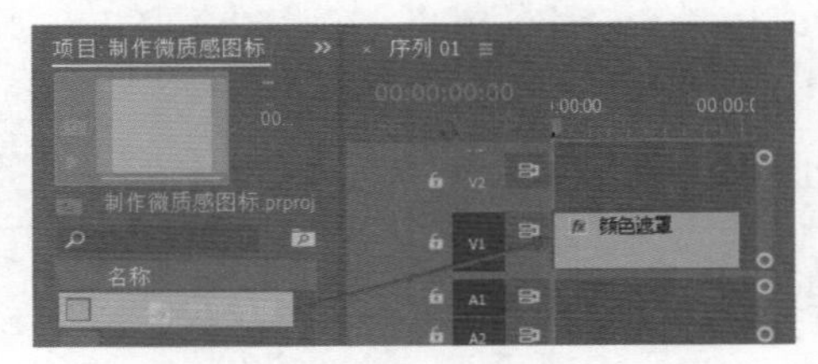

图 7.104

步骤 03 创建图形。将时间线滑动至起始位置，在【工具】面板中单击■(矩形工具)，在【节目监视器】面板中按住鼠标左键绘制一个矩形，在【时间轴】面板中选择图形图层，在【基本图形】面板中设置【位置】为(495,491.5)，【锚点】为(356,302.5)，【角半径】为159，【填充颜色】为白色，勾选【阴影】，设置【不透明度】为50%，【角度】为0，【距离】为0，【大小】为20，【模糊】为100，如图7.105所示。

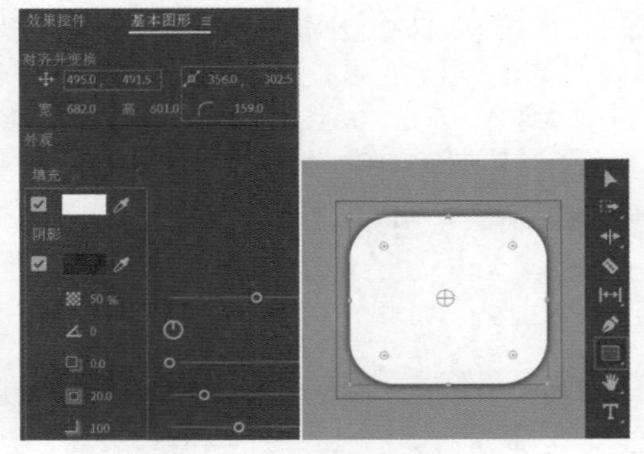

图 7.105

步骤 04 使用同样的方式新建一个形状图层，在【工具】面板中单击■(矩形工具)按钮，在白色圆角矩形上方绘制一个长条形状，在【基本图形】面板中设置【位置】为(505,487)，【锚点】为(30,230)，【角半径】为35.1。设置【填充类型】为【线性渐变】，【填充颜色】为由洋红色到藏蓝色的渐变，勾选【描边】，设置【描边颜色】为藏蓝色，【描边宽度】为1，【描边类型】为【内侧】，如图7.106所示。

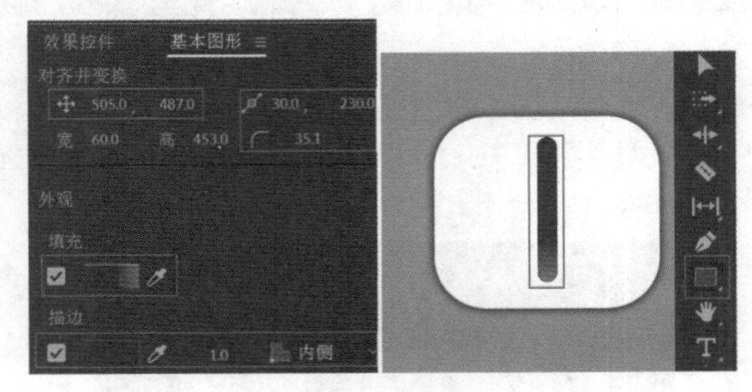

图 7.106

步骤 05 使用同样的方式新建一个形状图层，在【工具】面板中单击■(矩形工具)按钮，在矩形上方绘制一个矩形，在【基本图形】面板中设置【位置】为(508,551.5)，【锚点】为(74,92.5)，【角半径】为75。设置【填充颜色】为肉色，勾选【阴影】，设置【不透明度】为50%，【角度】为-180°，【距离】为15，【大小】为0，【模糊】为18，如图7.107所示。

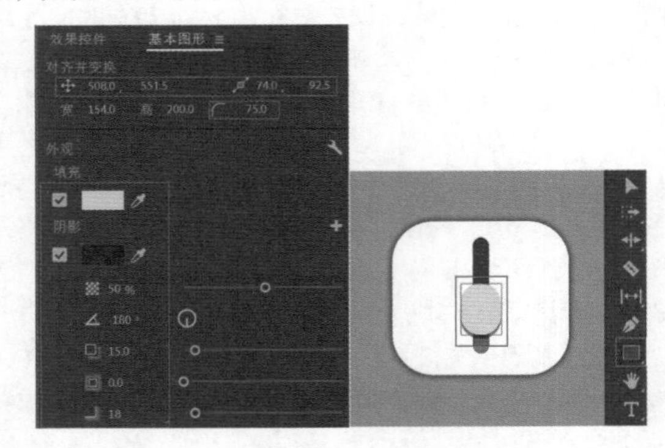

图 7.107

步骤 06 此时画面效果如图7.108所示。

图 7.108

步骤 07 选择V4轨道上的【形状03】，将时间线滑动到起始帧位置，在【效果控件】面板中展开【运动】属性，单击【位置】前的（切换动画）按钮，开启自动关键帧，设置【位置】为(500,500)，如图7.109所示；将时间线滑动到1秒位置，设置【位置】为(500,580)；继续将时间线滑动到2秒位置，设置【位置】为(500,500)。本实例制作完成，滑动时间线查看实例效果，如图7.110所示。

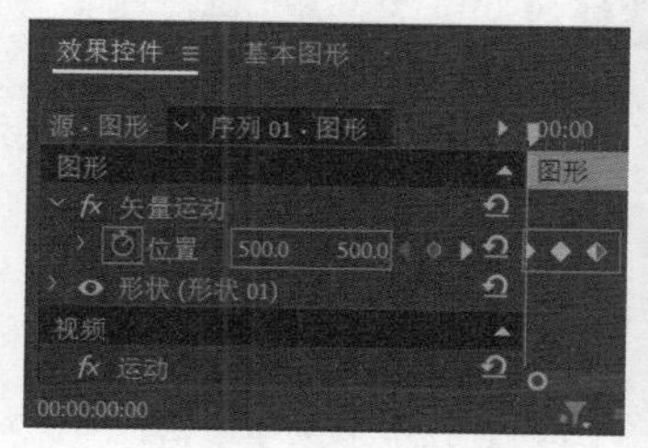

图 7.109

图 7.110

实例：正在下载动画

文件路径：Chapter 7 关键帧动画→实例：正在下载动画

扫一扫，看视频

本实例首先使用【矩形工具】及【钢笔工具】绘制形状，在形状上方输入文字，使用【位置】及【缩放】关键帧制作动画效果。实例效果如图7.111所示。

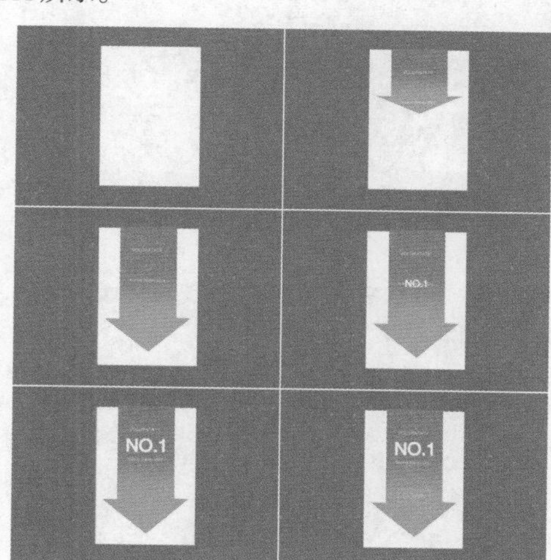

图 7.111

步骤 01 执行【文件】/【新建】/【项目】命令，新建一个项目。接着新建一个自定义序列，设置【帧大小】为1440，【水平】为1080，【像素长宽比】为【方形像素(1.0)】。下面制作背景，执行【文件】/【新建】/【颜色遮罩】命令，如图7.112所示。接着在弹出的【拾色器】窗口中设置颜色为淡紫色，在【选择名称】窗口中设置名称为【颜色遮罩】，单击【确定】按钮，如图7.113所示。

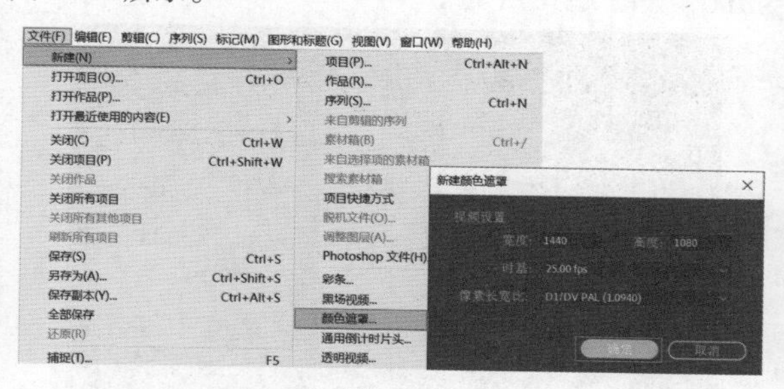

图 7.112

图 7.113

步骤 02 在【项目】面板中选择【颜色遮罩】，按住鼠标左键将其拖曳到【时间轴】面板中的V1轨道上，如图7.114所示。

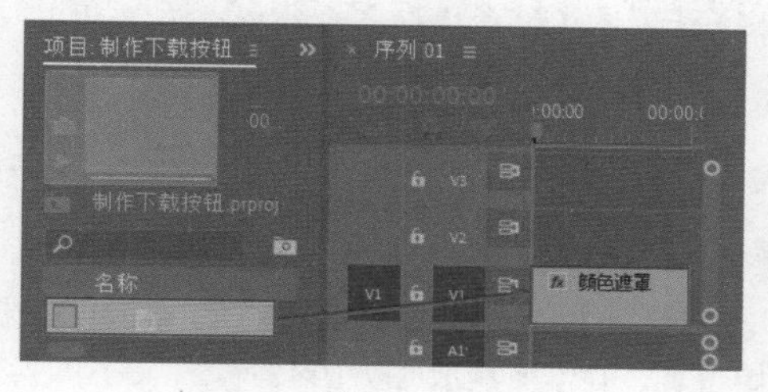

图 7.114

步骤 03 执行【文件】/【导入】命令，导入素材文件。在【项目】面板中将1.png与2.png素材文件拖曳到【时间轴】面板中V2和V3轨道上，如图7.115所示。

步骤 04 选择V3轨道上的2.png素材文件，将时间线滑动到起始帧位置，在【效果控件】面板中展开【运动】属性，取消勾选【等比缩放】。单击【位置】及【缩放】前的◎（切换动画）按钮，开启自动关键帧，设置【位置】为（720,115），设置【缩放高度】为0.0；继续将时间线滑动到2秒位置，设置【位置】为（720,540），【缩放高度】为100，如图7.116所示。

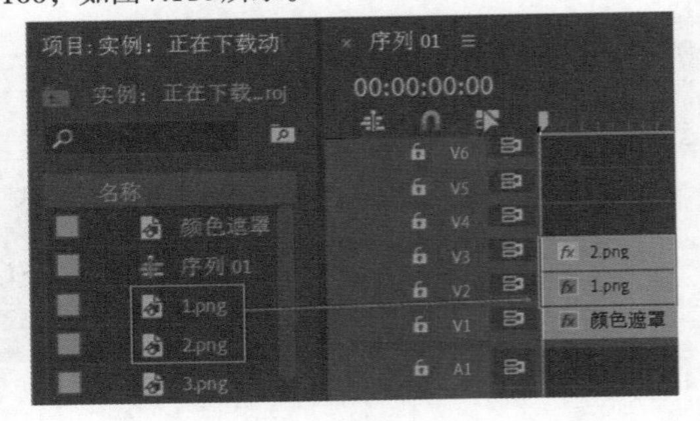

图 7.115

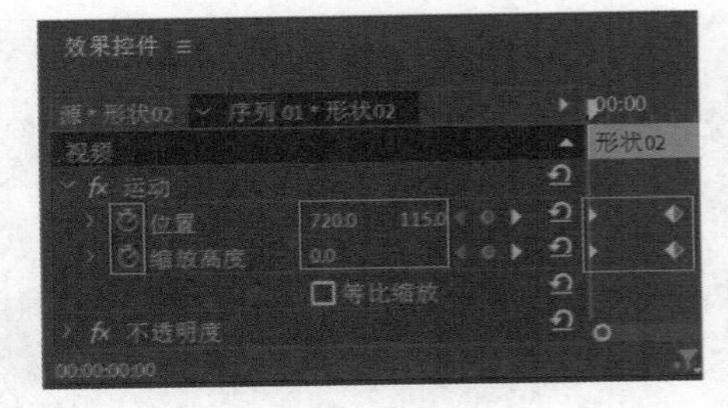

图 7.116

步骤 05 滑动时间线查看画面效果，如图7.117所示。

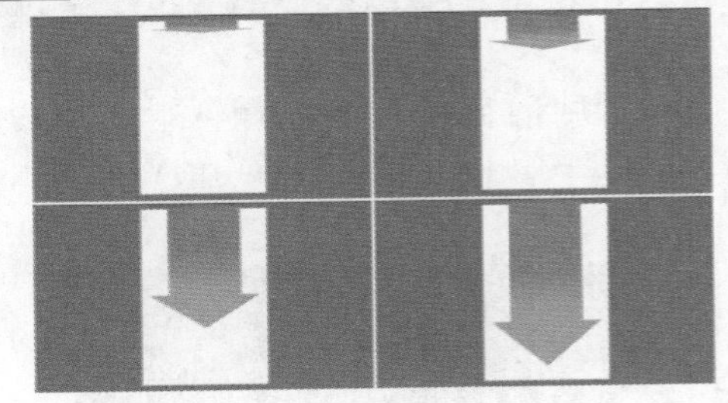

图 7.117

步骤 06 制作文字部分。为了方便观察，将【时间轴】面板中V2轨道上的1.png素材文件隐藏。将时间线滑动至起始位置，在【工具】面板中选择T（文字工具），在【节目控制器】面板中输入文字VOLUPATAT并适当调整文字的位置。在【时间轴】面板中选择V4轨道上的文字图层，在【效果控件】面板中展开【文本】/【源文本】，设置合适的【字体系列】和【字体样式】，设置【字体大小】为25，【填充颜色】为白色；接着展开【变换】，设置【位置】为（634.8,259），如图7.118所示。

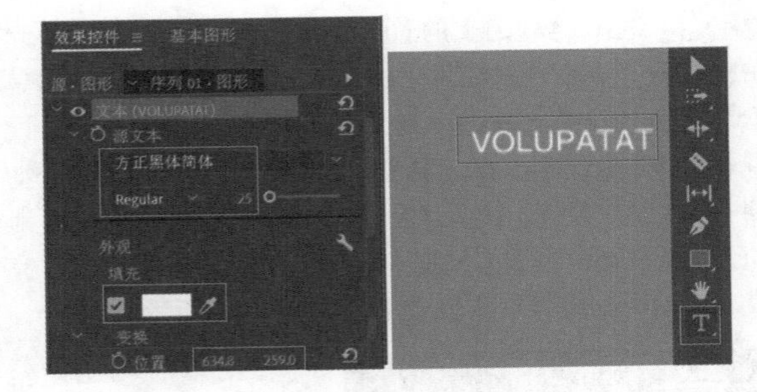

图 7.118

步骤 07 将时间线滑动至起始位置，在【工具】面板中选择T（文字工具），在【节目控制器】面板中输入文字NO.1并适当调整文字的位置。在【时间轴】面板中选择V5轨道上的文字图层，在【效果控件】面板中展开【文本】/【源文本】，设置合适的【字体系列】和【字体样式】，设置【字体大小】为85，【填充颜色】为白色，勾选【描边】，设置【描边颜色】为白色，【描边宽度】为2.5；接着展开【变换】，设置【位置】为（626,406.1），如图7.119所示。滑动时间线查看画面效果，如图7.120所示。

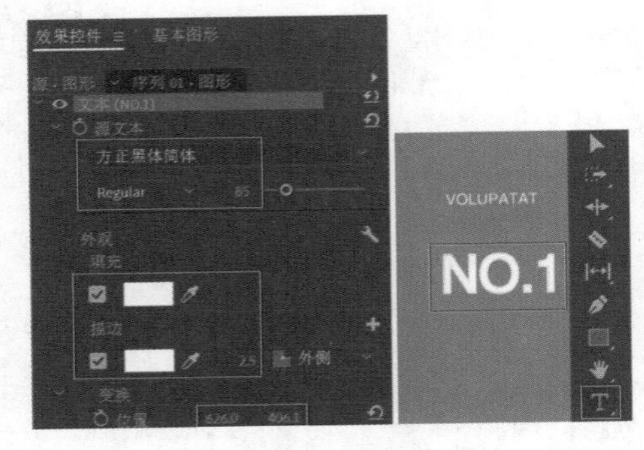

图 7.119

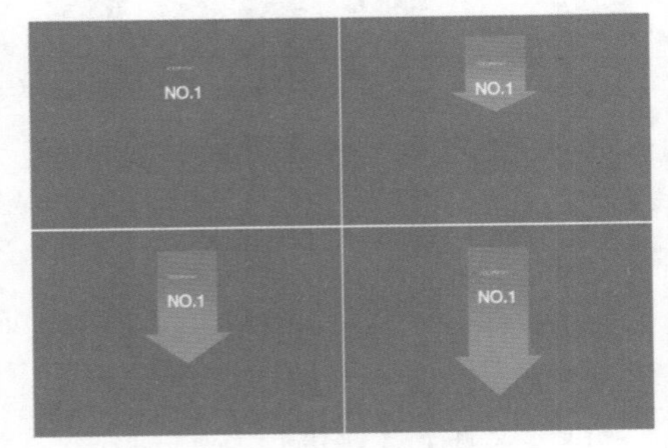

图 7.120

步骤 08 选择【时间轴】面板中V5轨道上的文字图层，将时间线滑动到2秒位置，在【效果控件】面板中展开【矢量运动】属性，单击【缩放】前的◎（切换动画）按钮，开启自动关键帧，设置【缩放】为0，如图7.121所示；将时间线滑动到2秒20帧位置，设置【缩放】为130；继续将时间线滑动到3秒位置，设置【缩放】为115。

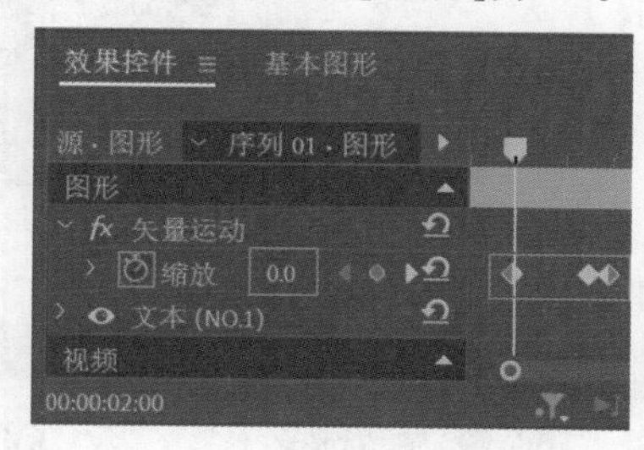

图 7.121

步骤 09 将时间线滑动至起始位置，在【工具】面板中选择T（文字工具），在【节目控制器】面板中输入文字Kubrick Staniey 2023并适当调整文字的位置。在【时间轴】面板中选择V6轨道上的文字图层，在【效果控件】面板中展开【文本】/【源文本】，设置合适的【字体系列】和【字体样式】，设置【字体大小】为20，【填充颜色】为白色；接着展开【变换】，设置【位置】为（626,439.1），如图7.122所示。滑动时间线查看画面效果，如图7.123所示。

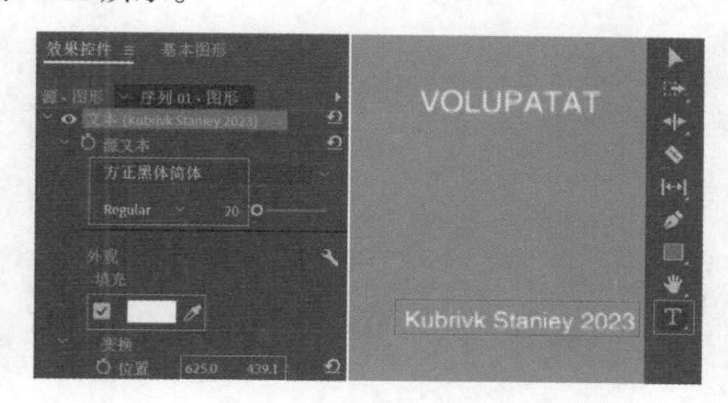

图 7.122

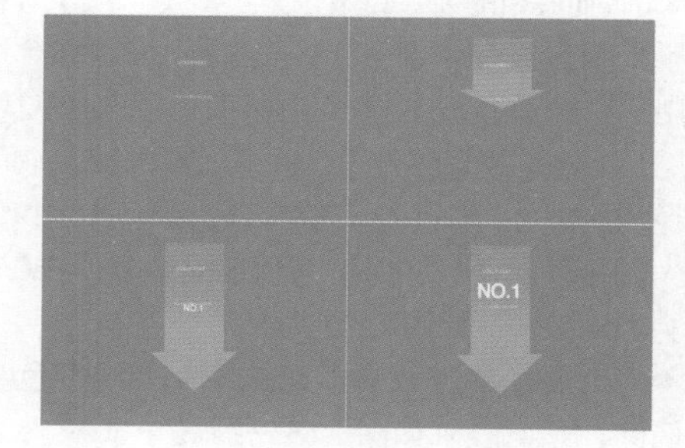

图 7.123

步骤 10 在【项目】面板中选择3.png素材文件，将3.png素材文件拖曳到【时间轴】面板中的V7轨道上，如图7.124所示。

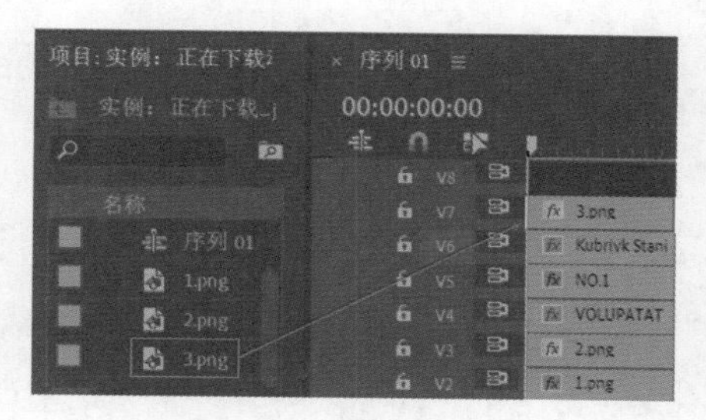

图 7.124

步骤 11 选择【时间轴】面板中V7轨道上的3.png素材文件，在【效果控件】面板中展开【运动】，设置【位置】为（720,631）；接着展开【不透明度】，将时间线滑动到3秒位置，单击【不透明度】前的◎（切换动画）按钮，设置【不透明度】为0%，如图7.125所示；将时间线滑动到4秒位置，设置【不透明度】为100%。

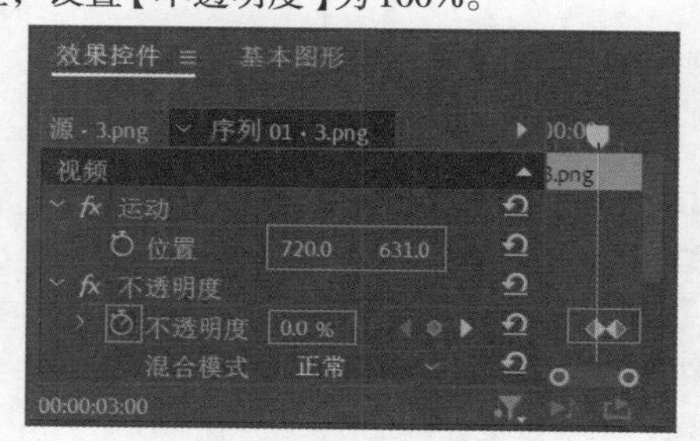

图 7.125

步骤 12 将时间线滑动至起始位置，在【工具】面板中选择T（文字工具），在【节目控制器】面板中输入合适的文字内容并适当调整文字的位置。在【时间轴】面板中选择V8轨道上的文字图层，在【效果控件】面板中展开【文本】/【源文本】，设置合适的【字体系列】和【字体样式】，设置【字体大小】为40，【填充颜色】为白色；接着展开【变换】，设置【位置】为（662.8,650），如图7.126所示；接着在【时间轴】面板中取消隐藏V2轨道的1.png素材文件。

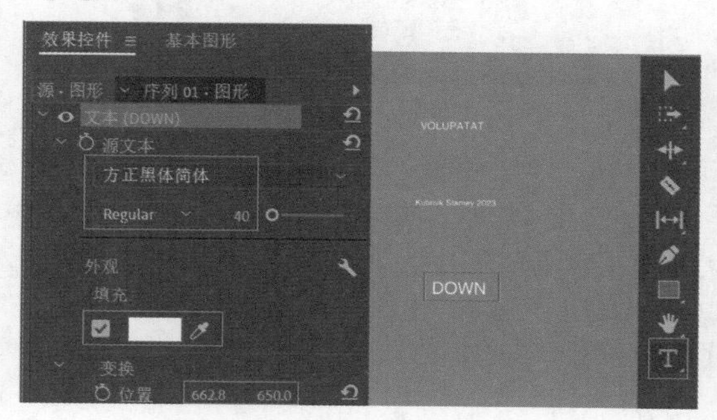

图 7.126

步骤 13 本实例制作完成，此时滑动时间线查看实例制作效果，如图7.127所示。

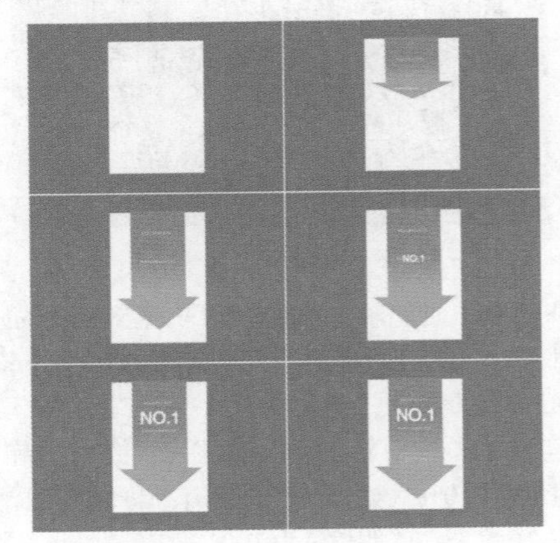

图 7.127

实例：炫彩圆环标志动画

扫一扫，看视频

文件路径：Chapter 7 关键帧动画→实例：炫彩圆环标志动画

本实例首先使用【缩放】关键帧制作环形缩放，使用【高斯模糊】效果制作彩色圆环的光影。实例效果如图7.128所示。

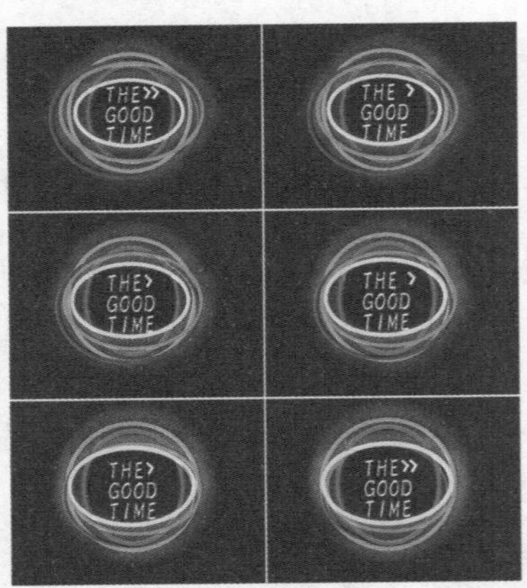

图 7.128

步骤 01 执行【文件】/【新建】/【项目】命令，新建一个项目。接着新建一个自定义序列，设置【帧大小】为1440，【水平】为1080，【像素长宽比】为【方形像素（1.0）】。执行【文件】/【新建】/【颜色遮罩】命令，如图7.129所示。在弹出的【拾色器】窗口中设置颜色为紫色，接着在【选择名称】窗口中设置名称为【颜色遮罩】，单击【确定】按钮，如图7.130所示。

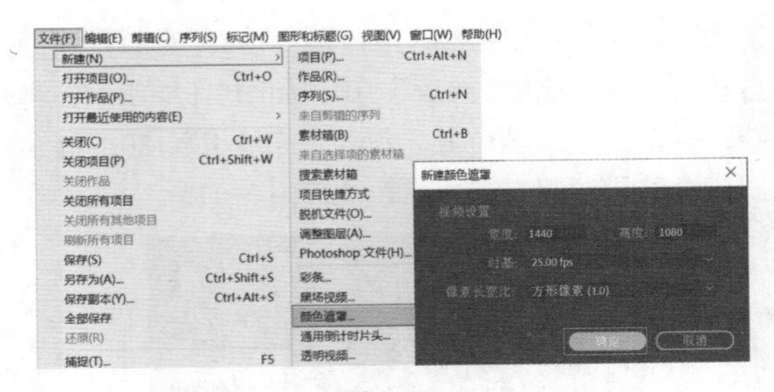

图 7.129

图 7.130

步骤 02 在【项目】面板中选择【颜色遮罩】，按住鼠标左键将其拖曳到【时间轴】面板中的V1轨道上，如图7.131所示。

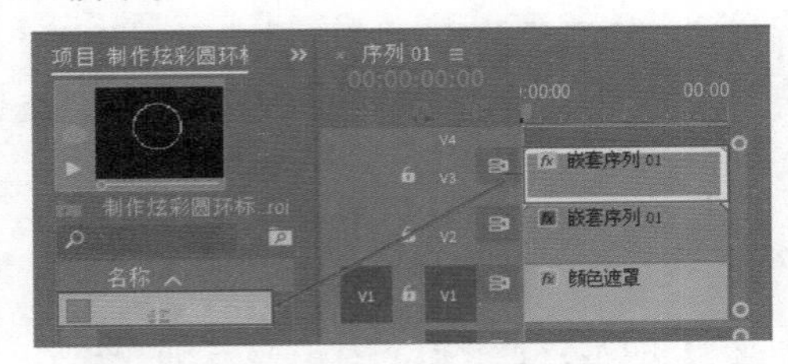

图 7.131

步骤 03 将时间线滑动至起始位置。在【工具】面板中单击（椭圆工具）按钮，在【节目监视器】面板中合适的位置处绘制一个椭圆形。在【时间轴】面板中选择V2轨道上的图形图层。在【效果控件】面板中展开图层，取消勾选【填充颜色】，勾选【描边】，设置【描边颜色】为19，设置为【中心】；接着展开【变换】，设置【位置】为（680.7,459），【锚点】为（286,286），如图7.132所示。

步骤 04 使用同样的方式再次绘制4个不同颜色、不同大小的椭圆，画面效果如图7.133所示。

步骤 05 选择V2轨道上的图形，在【效果控件】面板中展开【运动】属性，将时间线滑动到起始帧位置，单击【缩放】前的（切换动画）按钮，开启自动关键帧，设置【缩放】为100，如图7.134所示；将时间线滑动到5秒位置，设置【缩放】为110。

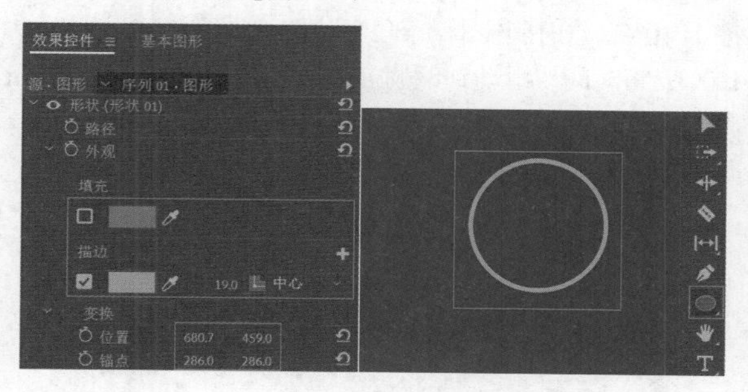

图 7.132

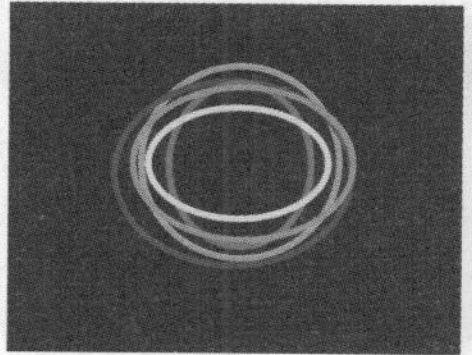
图 7.133

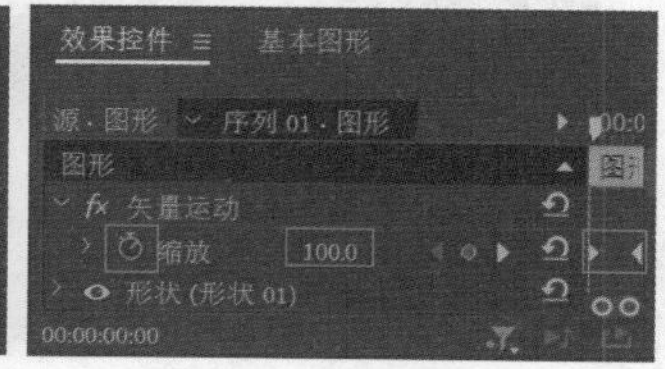

图 7.134

步骤 06 选择V4轨道上的图形，在【效果控件】面板中将时间线滑动到起始帧位置，单击【缩放】前的 (切换动画)按钮，开启自动关键帧，设置【缩放】为100，如图7.135所示；将时间线滑动到5秒位置，设置【缩放】为120。选择V5轨道上的图形，将时间线滑动到起始帧位置，开启【缩放】关键帧，设置【缩放】为100，如图7.136所示；将时间线滑动到5秒位置，设置【缩放】为90。

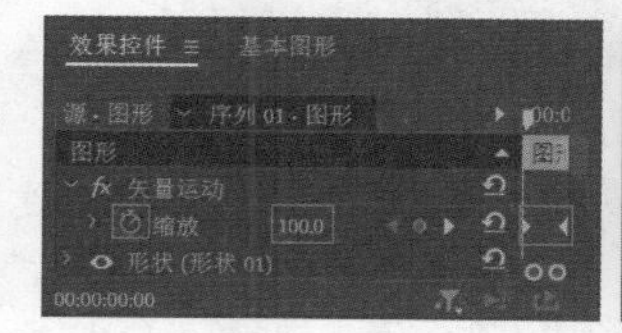
图 7.135

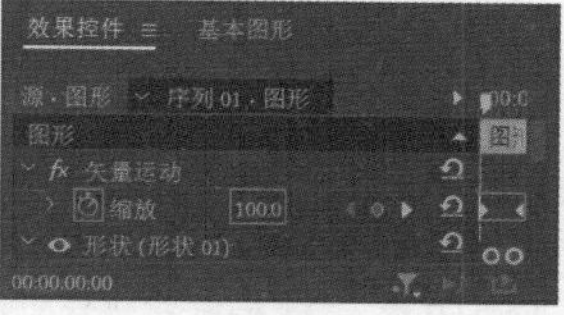
图 7.136

步骤 07 选择V6轨道上的图形，将时间线滑动到起始帧位置，开启【缩放】关键帧，设置【缩放】为100，如图7.137所示；将时间线滑动到5秒位置，设置【缩放】为120。

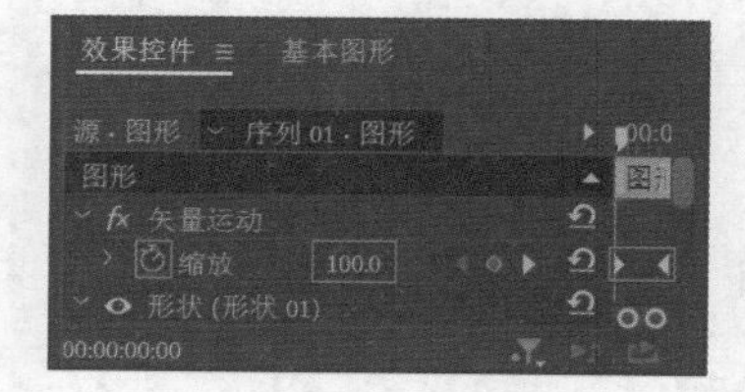

图 7.137

步骤 08 在【时间轴】面板中选中V2~V6轨道，右击，在弹出的快捷菜单中执行【嵌套】命令，如图7.138所示。弹出【嵌套序列名称】窗口，设置【名称】为嵌套序列01，单击【确定】按钮，如图7.139所示。

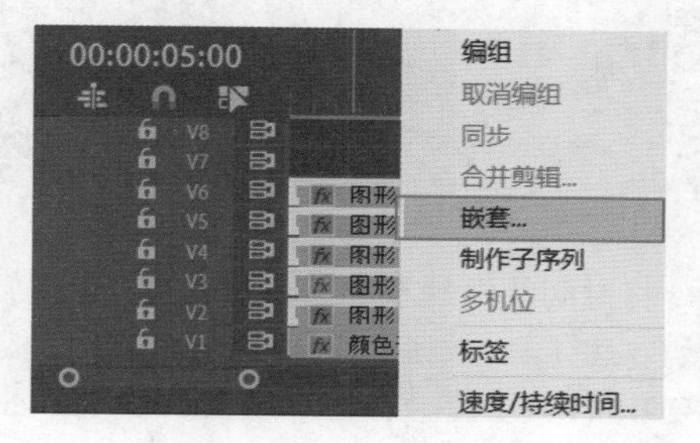

图 7.138

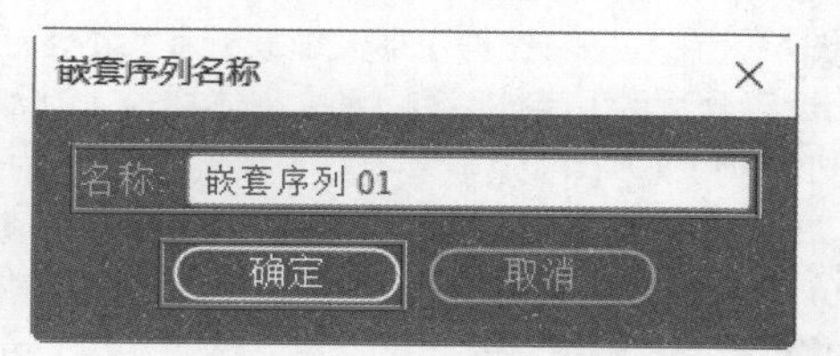

图 7.139

步骤 09 在【效果】面板中搜索【高斯模糊】，按住鼠标左键将该效果拖曳到【时间轴】面板中的【嵌套序列01】上，如图7.140所示。

步骤 10 选择V2轨道上的【嵌套序列01】，在【效果控件】面板中设置【位置】为(730,600)，【缩放】为147，接着展开【高斯模糊】效果，设置【模糊度】为60，如图7.141所示。

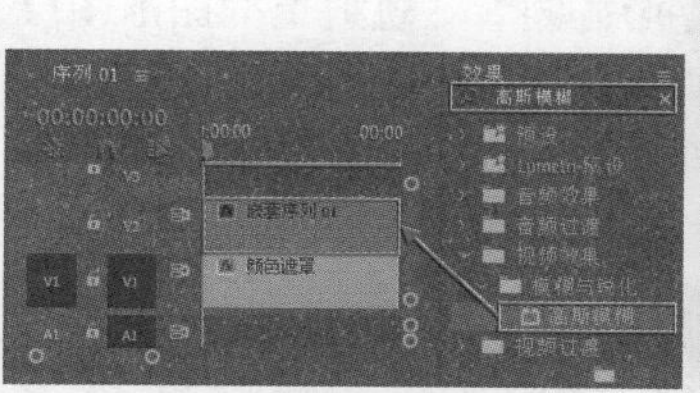
图 7.140

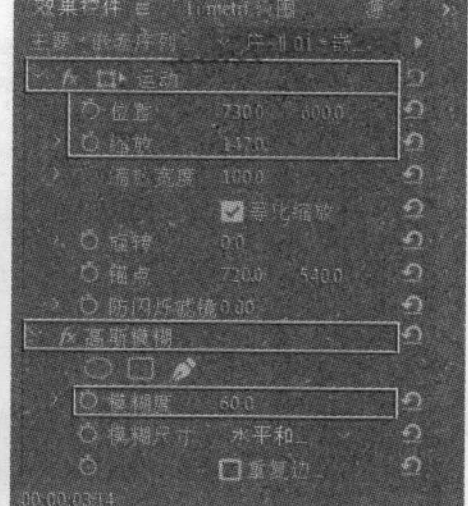
图 7.141

步骤 11 选择【项目】面板中的【嵌套序列01】，按住Alt键和鼠标左键将其拖曳到【时间轴】面板中的V3轨道上，如图7.142所示。

步骤 12 选择【时间轴】面板中V3轨道上的【嵌套序列01】，在【效果控件】面板中设置【位置】为(720,600)，【缩放】为130，并删除【高斯模糊】效果，如图7.143所示。

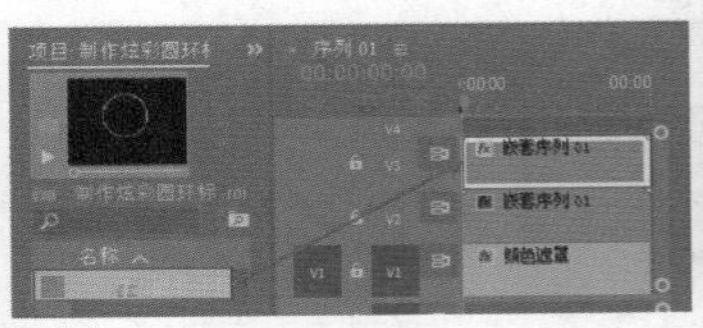

图 7.142

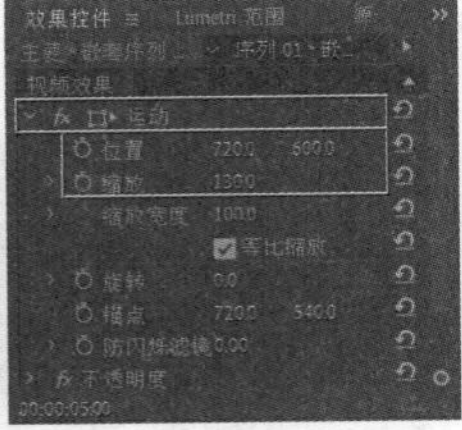

图 7.143

步骤 13 将时间线滑动至起始位置，在【工具】面板中单击T（文字工具）按钮，在【节目控制器】面板中输入THE GOOD TIME文字，在输入过程中可按Enter键将文字切换到下一行。在【时间轴】面板中选择V4轨道上的文字图层，在【效果控件】面板中展开【文本】/【源文本】，设置合适的【字体系列】和【字体样式】，设置【字体大小】为120、【行距】为-23，【填充颜色】为白色；接着展开【变换】，设置【位置】为(543.9,456.1)，如图7.144所示。

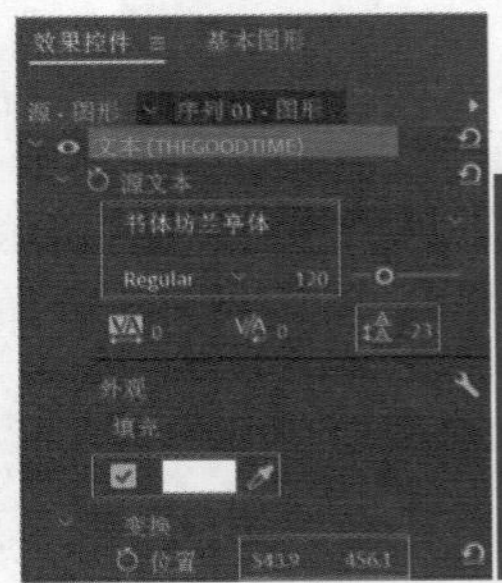

图 7.144

步骤 14 使用（钢笔工具）按钮，在THE右侧绘制箭头形状，在【时间轴】面板中选择V5轨道上的图形图层，在【效果控件】面板中展开【图形】，设置【填充颜色】为白色；接着展开【变换】，设置【位置】为(764,370)，如图7.145所示。

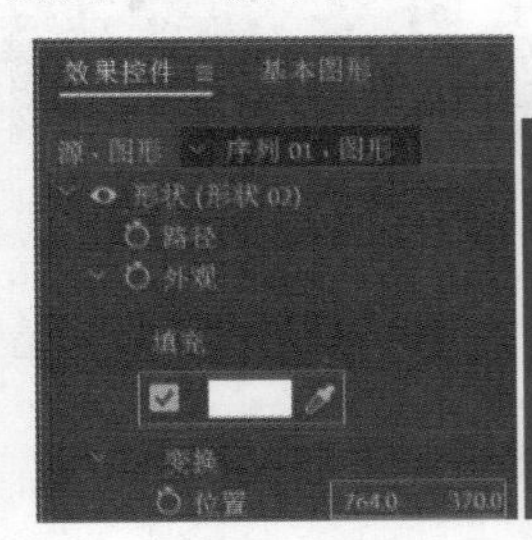

图 7.145

步骤 15 选择【时间轴】面板中V5轨道上的图形，将时间线滑动到起始帧位置，设置【不透明度】为100%，如图7.146所示；将时间线滑动到1秒位置，设置【不透明度】为0%；将时间线滑动到2秒位置，设置【不透明度】为100%；将时间线滑动到3秒位置，设置【不透明度】为0%；将时间线滑动到4秒位置，设置【不透明度】为100%。

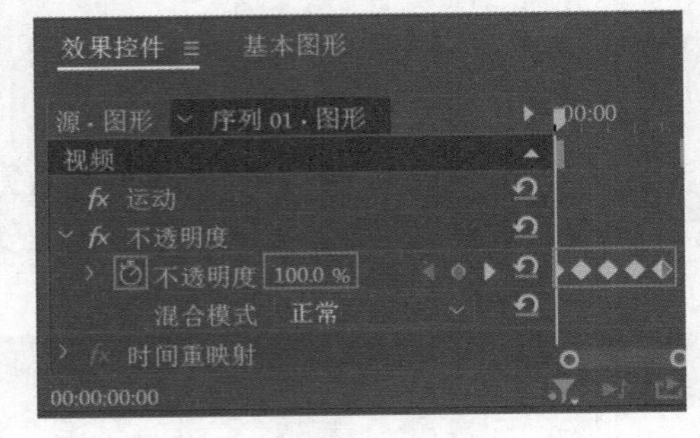

图 7.146

步骤 16 选择V5轨道上的图形，按住Alt键的同时按住鼠标左键向V6轨道上拖动，释放鼠标后完成复制，如图7.147所示。

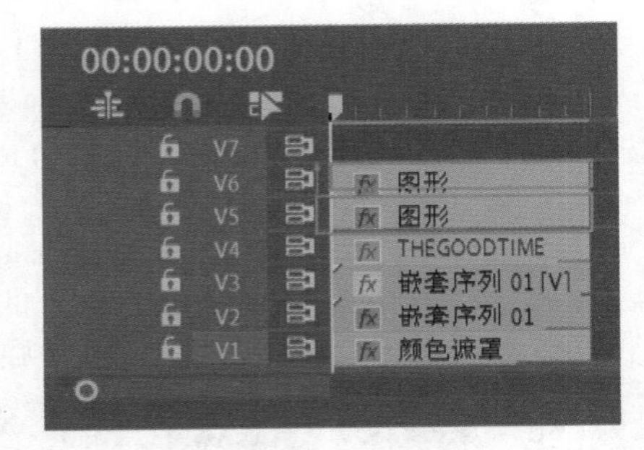

图 7.147

步骤 17 选择V6轨道上的内容，在【效果控件】面板中设置【位置】为(823,370)，将时间线滑动到1秒位置，选中所有【不透明度】关键帧向右侧移动，使第1个关键帧落在时间线位置，如图7.148所示。本实例制作完成，滑动时间线查看实例效果，如图7.149所示。

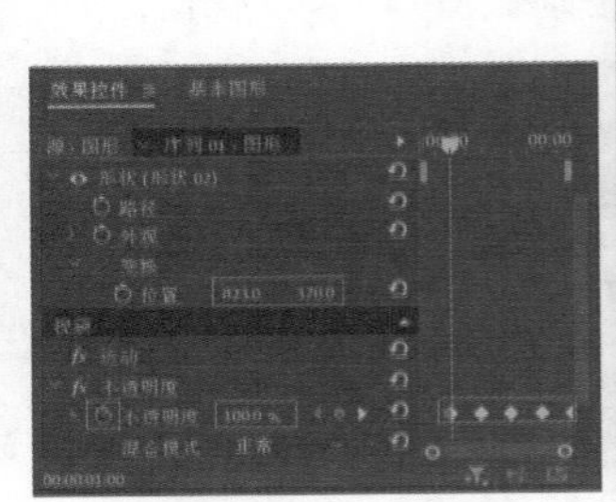

图 7.148

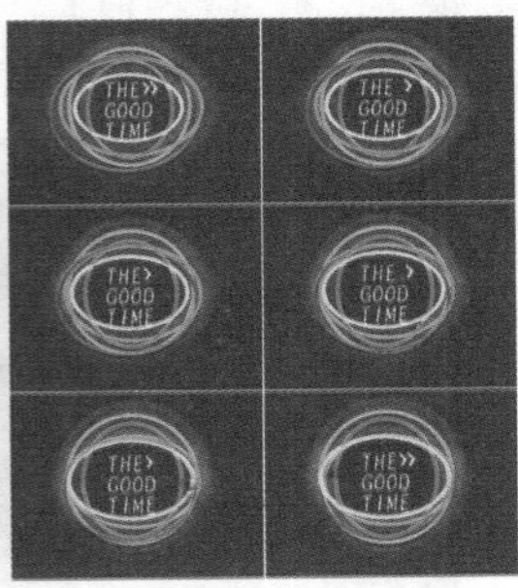

图 7.149

实例：视频变速动画

文件路径：Chapter 7 关键帧动画→实例：视频变速动画

本实例使用【时间重映射】及【钢笔工具】制作视频变速效果。实例效果如图7.150所示。

图 7.150

步骤 01 执行【文件】/【新建】/【项目】命令，新建一个项目。执行【文件】/【导入】命令，导入全部素材文件，如图7.151所示。

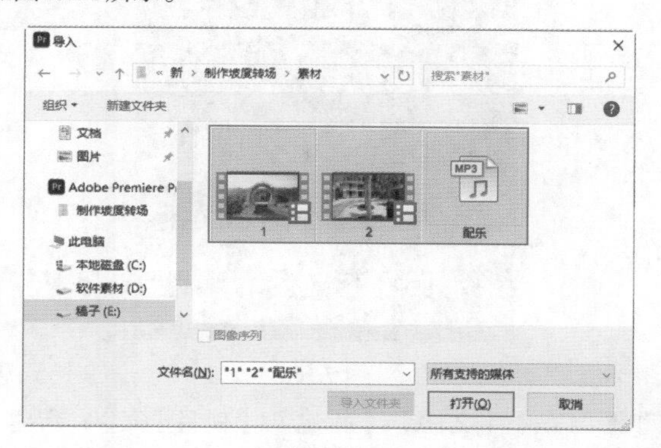

图 7.151

步骤 02 在【项目】面板中依次将1.mp4与2.mp4视频素材拖曳到【时间轴】面板中的V1轨道上，如图7.152所示。

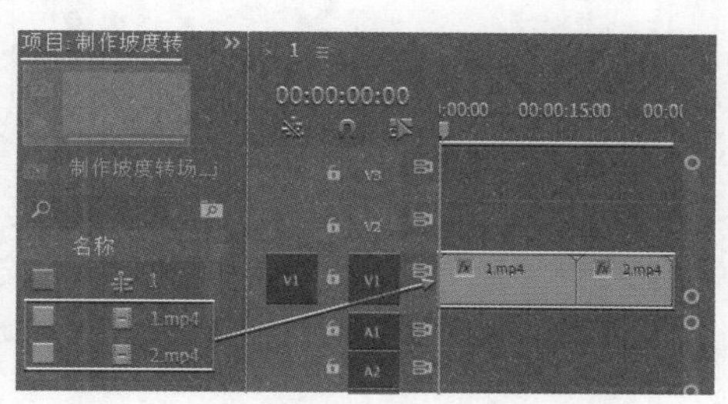

图 7.152

步骤 03 选择V1轨道上的1.mp4素材，右击执行【显示剪辑关键帧】/【时间重映射】/【速度】命令，如图7.153所示。此时将素材轨道拉高，可以看到视频素材上的速度线条，如图7.154所示。

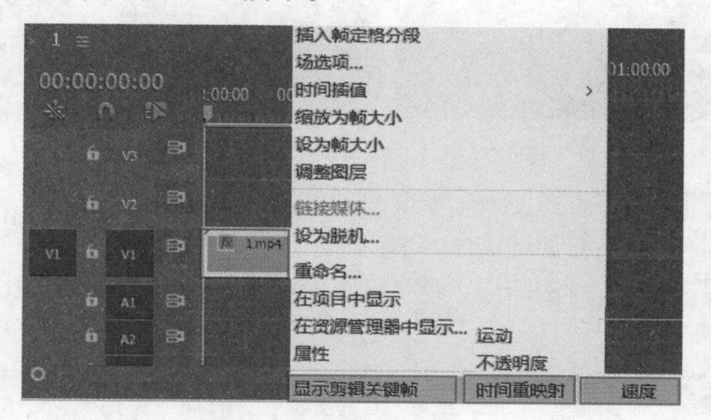

图 7.153

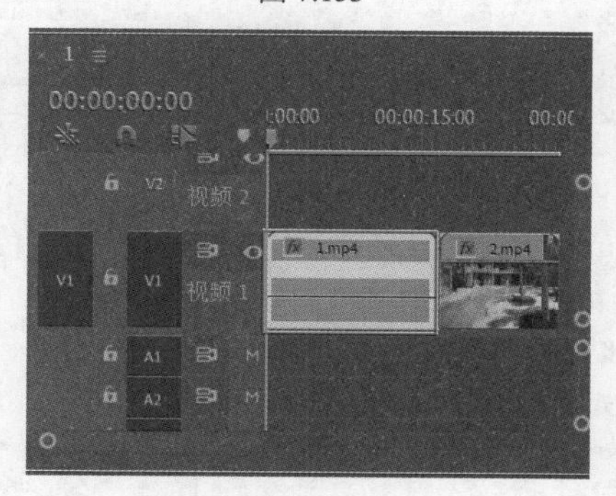

图 7.154

步骤 04 使用同样的方式调出2.mp4视频素材的速度线条，如图7.155所示。在工具栏中选择（钢笔工具），分别在12秒和22秒位置添加锚点，如图7.156所示。

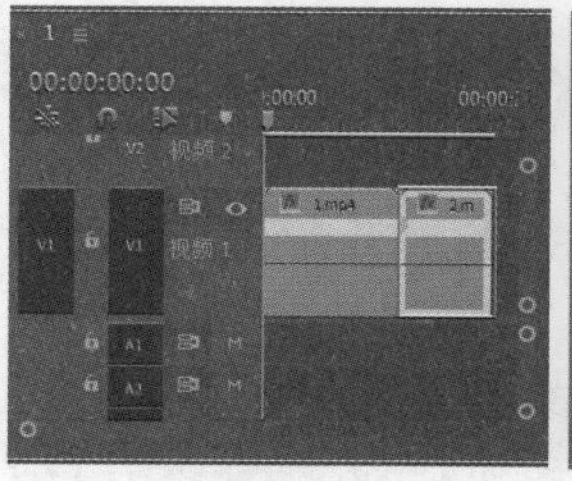

图 7.155

图 7.156

步骤 05 选择1.mp4素材中锚点后部的线段，按住鼠标左键向上拖动，提高素材的速度，如图7.157所示。释放鼠标后视频素材的持续时间变短，此时将2.mp4素材按住鼠标左键向前跟进，如图7.158所示。

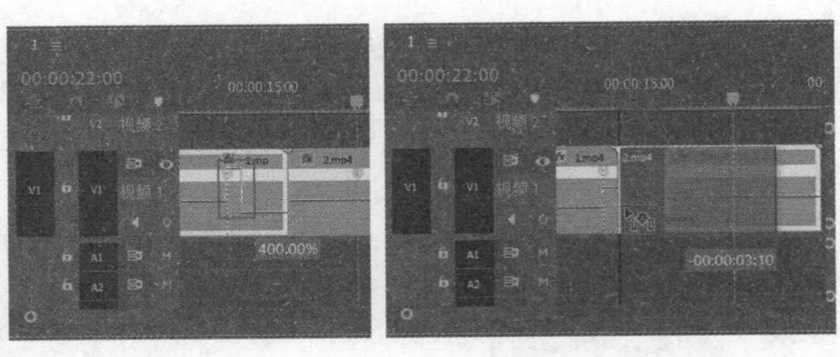

图 7.157　　图 7.158

步骤 06 选择2.mp4锚点前的线段，同样按住鼠标左键向上拖动，如图7.159所示。

步骤 07 调整标记，使2段线段呈现出坡状，如图7.160所示。

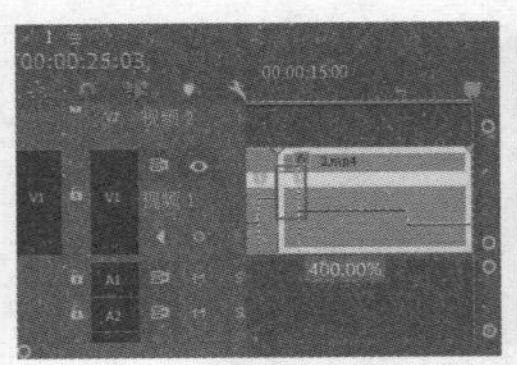

图 7.159

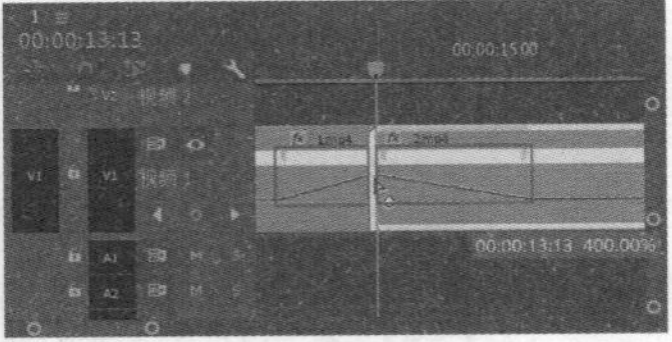

图 7.160

步骤 08 将【项目】面板中的配乐素材拖曳到A1轨道上，如图7.161所示。将时间线滑动到视频素材的结束位置，按C键将光标切换为【剃刀工具】，在当前位置剪辑音频素材，如图7.162所示。

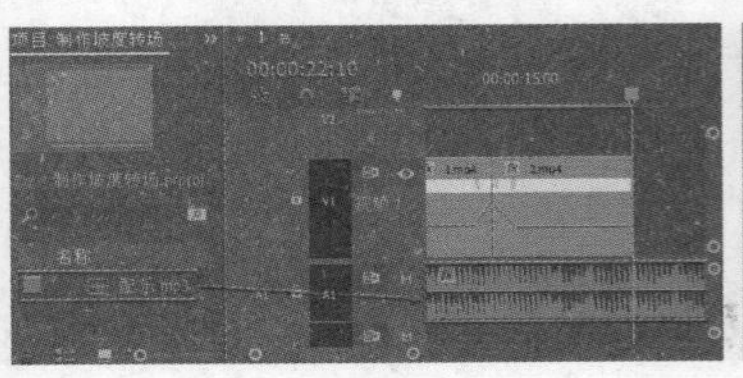

图 7.161

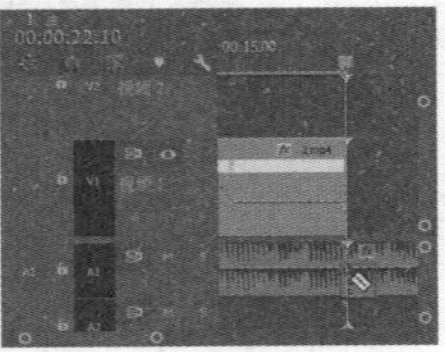

图 7.162

步骤 09 选择剪辑后的后半部分素材，按Delete键将后半部分素材删除，如图7.163所示。接着制作淡出音效，在【效果】面板中搜索【指数淡化】，将该效果拖曳到音频素材结束位置，如图7.164所示。

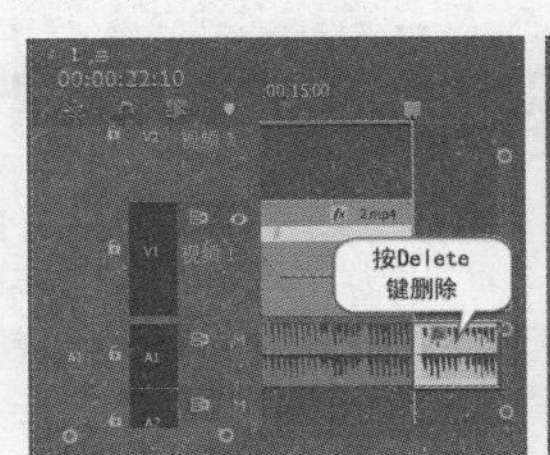

图 7.163

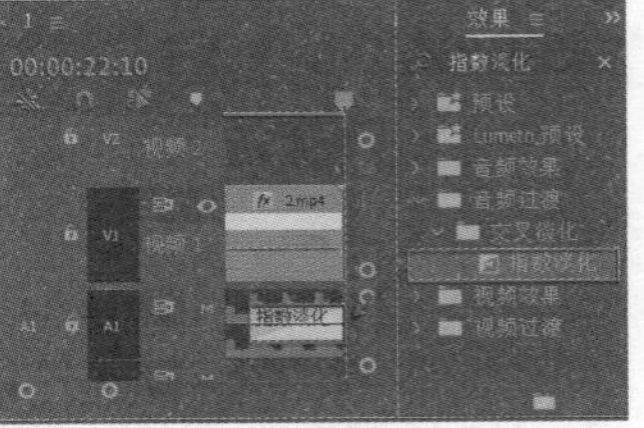

图 7.164

步骤 10 本实例制作完成，滑动时间线查看画面效果，如图7.165所示。

图 7.165

综合实例：Vlog常用转动动画

扫一扫，看视频

文件路径：Chapter 7　关键帧动画→综合实例：Vlog常用转动动画

本实例主要使用【复制】及【镜像】制作镜像画面，使用【变换】制作转动的模糊效果。实例效果如图7.166所示。

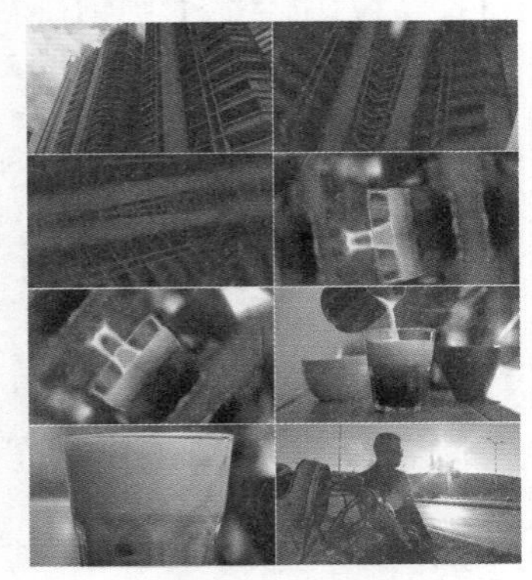

图 7.166

步骤 01 执行【文件】/【新建】/【项目】命令，新建一个项目。执行【文件】/【导入】命令，导入全部素材文件，如图7.167所示。

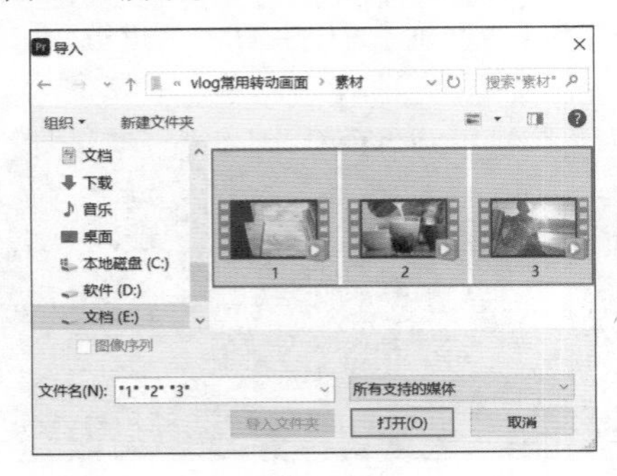

图 7.167

步骤 02 在【项目】面板中将1.mp4~3.mp4视频素材拖曳到【时间轴】面板中的V1轨道上，如图7.168所示。

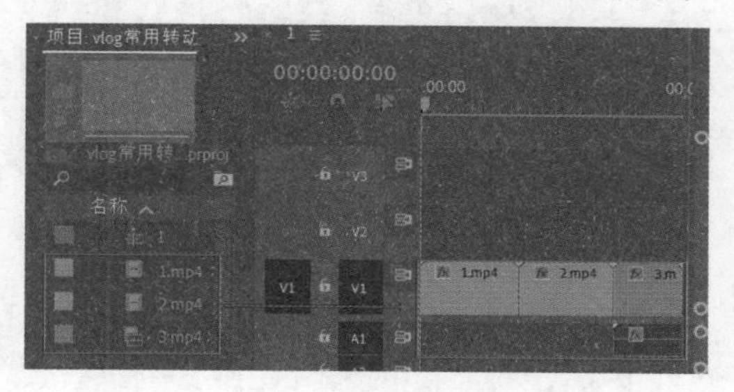

图 7.168

步骤 03 在【时间轴】面板中调整素材持续时间，选择1.mp4素材，右击执行【速度/持续时间】命令，在弹出的窗口中设置【持续时间】为8秒，勾选【波纹编辑，移动尾部剪辑】，如图7.169所示，此时后面部分的素材向前跟进。接着选择2.mp4素材，右击执行【速度/持续时间】命令，在弹出的窗口中设置【持续时间】为10秒，勾选【波纹编辑，移动尾部剪辑】，单击【确定】按钮，如图7.170所示。

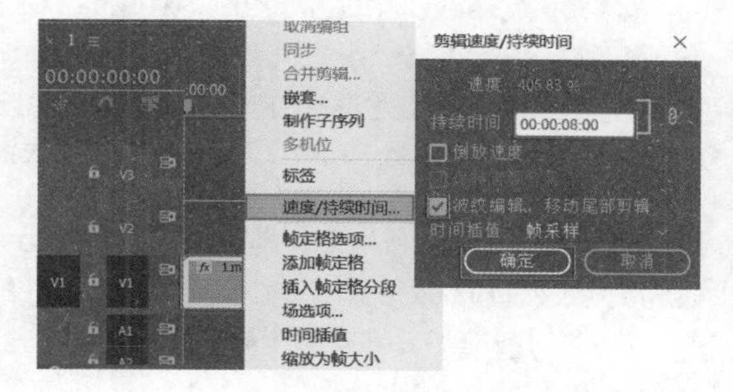

图 7.169

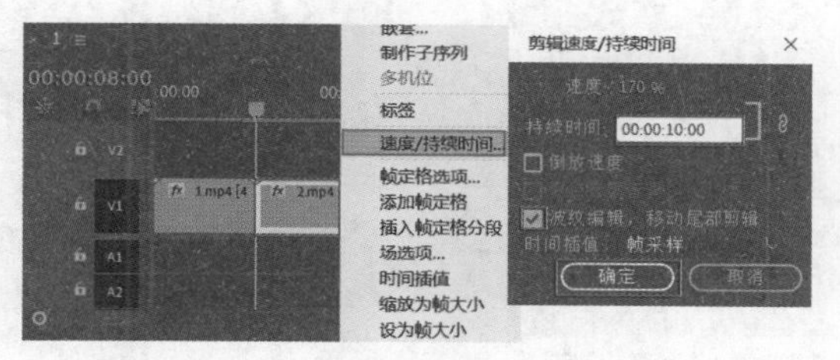

图 7.170

步骤 04 选择3.mp4素材文件，右击执行【取消链接】，接着选择A1轨道上的素材，按Delete键将其删除，如图7.171所示。

步骤 05 分别新建两个【调整图层】。在【项目】面板中执行【新建项目】/【调整图层】命令，在弹出的窗口中单击【确定】按钮，如图7.172和图7.173所示。

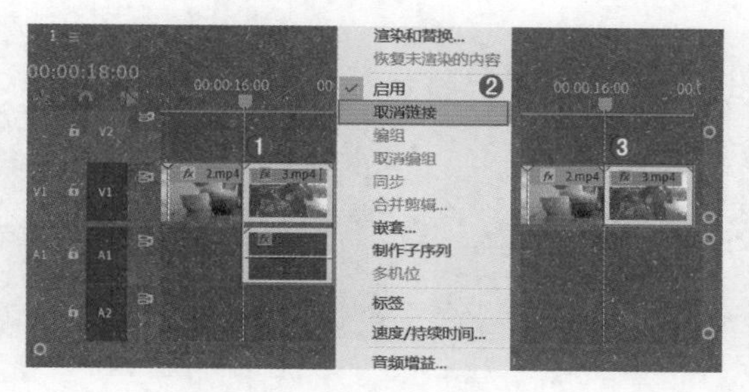

图 7.171

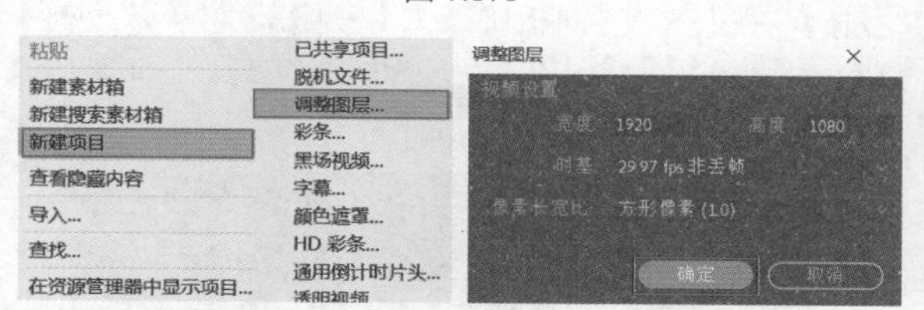

图 7.172　　图 7.173

步骤 06 在【项目】面板中将两个【调整图层】分别拖曳到V2和V3轨道上，设置起始时间为7秒，持续时间为2秒，如图7.174所示。

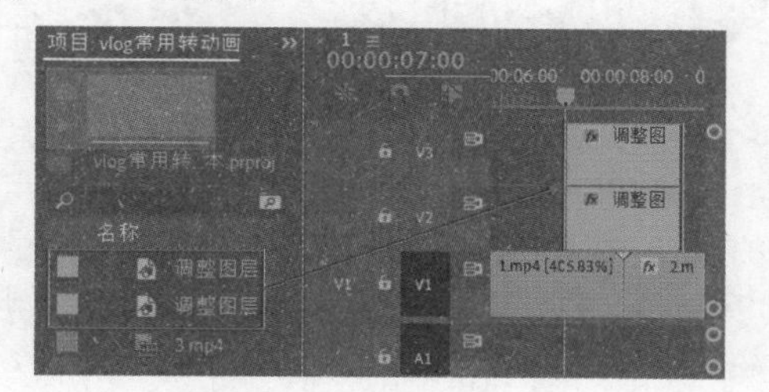

图 7.174

步骤 07 在【效果】面板中搜索【复制】，将该效果拖曳到V2轨道的【调整图层】上，如图7.175所示。

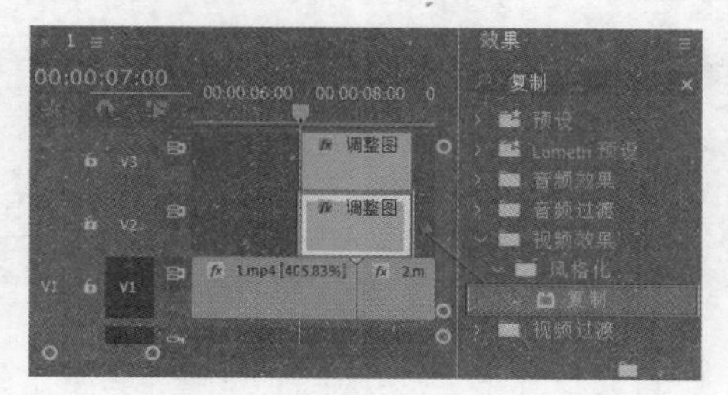

图 7.175

步骤 08 选择V2轨道上的【调整图层】，在【效果控件】面板中展开【复制】，设置【计数】为3，如图7.176所示。此时【节目监视器】面板中出现9幅画面，如图7.177所示。

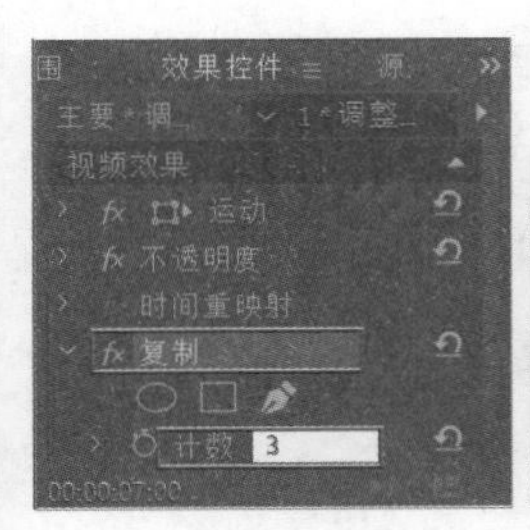

图 7.176

图 7.177

步骤 09 在【效果】面板中搜索【镜像】，将该效果拖曳到V2轨道的【调整图层】上，分别拖曳4次，如图7.178所示。

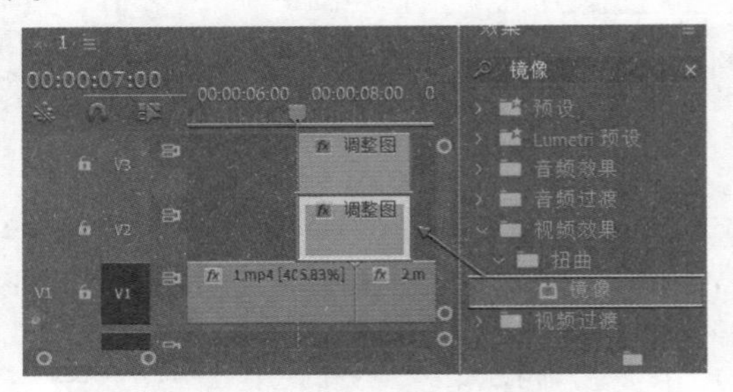

图 7.178

步骤 10 继续选择V2轨道上的【调整图层】，在【效果控件】面板中展开第1个【镜像】，设置【反射中心】为（1920,540）；接着展开第2个【镜像】，设置【反射中心】为（1920,720），【反射角度】为90°，如图7.179和图7.180所示。

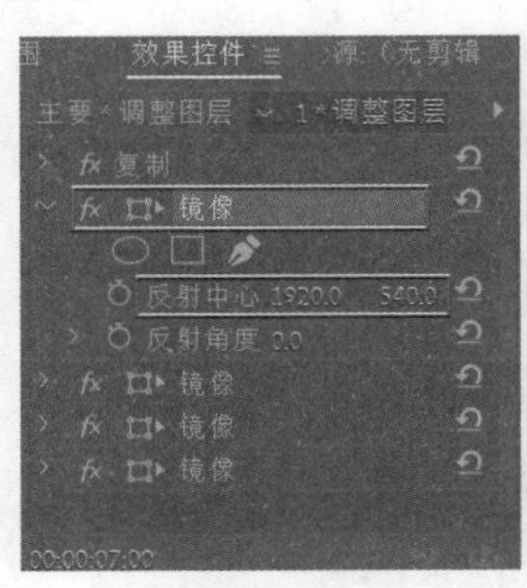

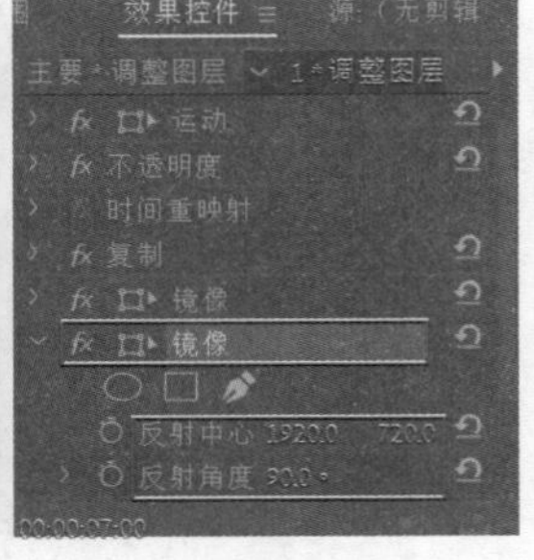

图 7.179　　图 7.180

步骤 11 继续展开第3个【镜像】，设置【反射中心】为（922,540），【反射角度】为180°；最后展开第4个【镜像】，设置【反射中心】为（1920,134），【反射角度】为270°，如图7.181和图7.182所示。

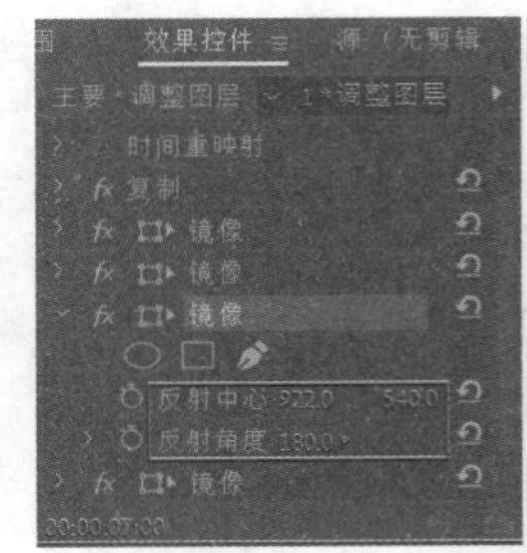

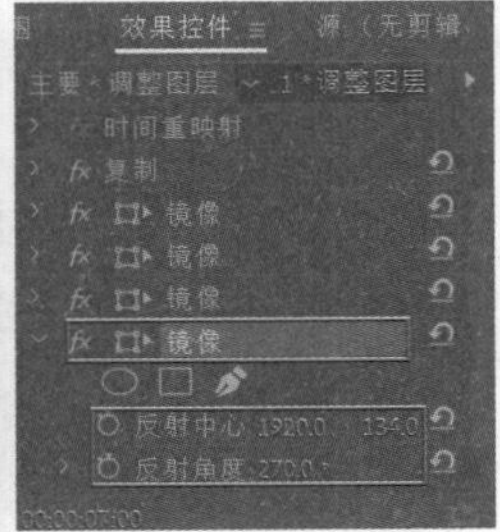

图 7.181　　图 7.182

步骤 12 在【效果】面板中搜索【变换】，将该效果拖曳到V3轨道的【调整图层】上，如图7.183所示。

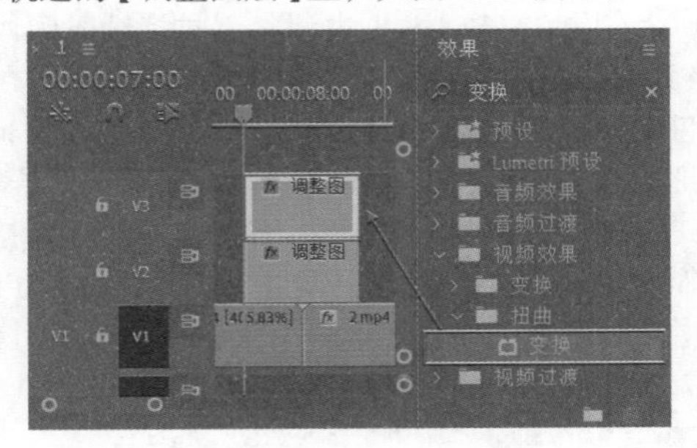

图 7.183

步骤 13 选择V3轨道上的【调整图层】，在【效果控件】面板中展开【变换】，设置【缩放】为300，将时间线滑动到7秒位置，开启【旋转】关键帧，设置【旋转】为0°；继续将时间线滑动到9秒位置，设置【旋转】为360°，接着取消勾选【使用合成的快门角度】，设置【快门角度】为360，如图7.184所示。滑动时间线查看画面效果，如图7.185所示。

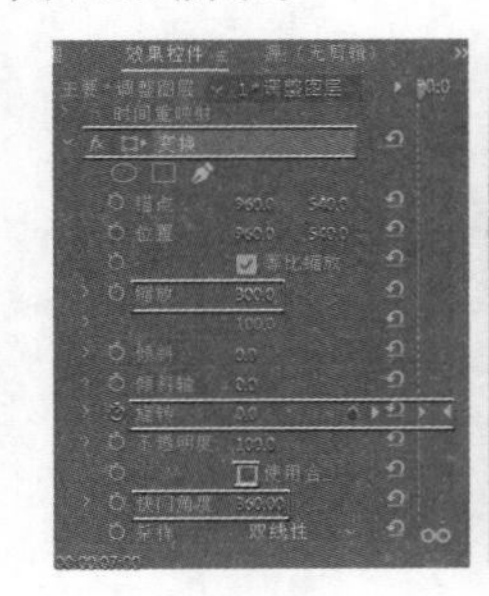

图 7.184　　图 7.185

步骤 14 在【效果】面板中搜索【交叉缩放】，将该效果拖曳到2.mp4和3.mp4素材文件的中间位置，如图7.186所示。

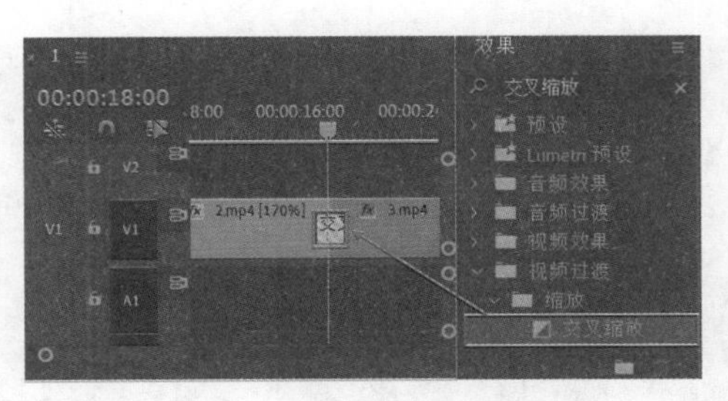

图 7.186

步骤 15 在【时间轴】面板中选择【交叉缩放】效果，设置【持续时间】为2秒，如图7.187所示。滑动时间线查看制作的实例效果，如图7.188所示。

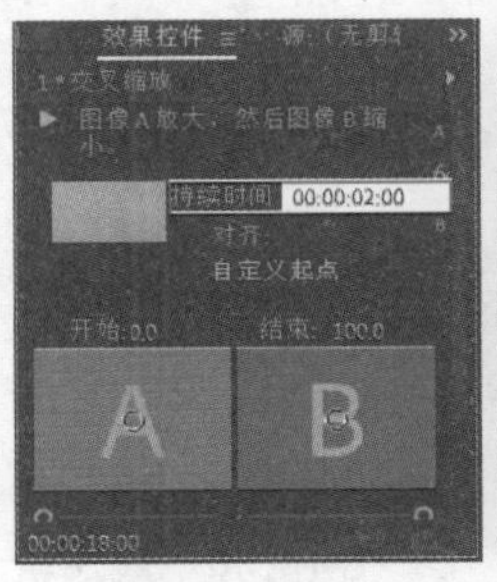

图 7.187

图 7.188

综合实例：茶叶广告动画

文件路径:Chapter 7 关键帧动画→综合实例：茶叶广告动画

扫一扫，看视频

本实例首先使用【颜色平衡】等效果制作出中式的圆形背景效果，接着在【字幕】面板中输入文字并适当地调整文字大小及不透明度，为其添加动画效果。实例效果如图7.189所示。

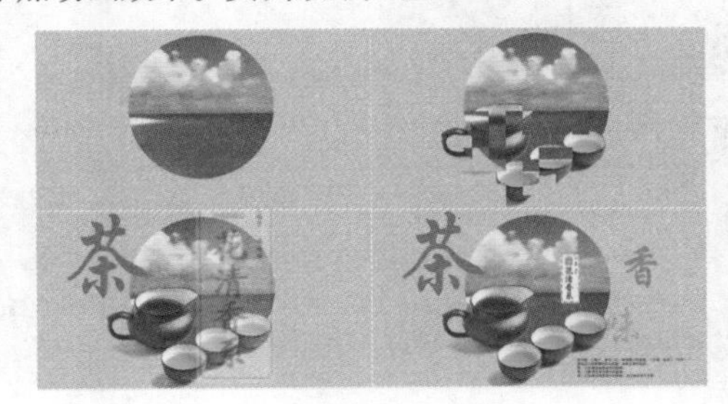

图 7.189

Part 01 制作图片部分

步骤 01 执行【文件】/【新建】/【项目】命令，新建一个项目。在【项目】面板的空白处右击，执行【新建项目】/【序列】命令，弹出【新建序列】窗口，在DV-PAL文件夹下选择【宽屏48kHz】，设置【序列名称】为【序列01】，单击【确定】按钮。执行【文件】/【导入】命令，导入全部素材文件，如图7.190所示。

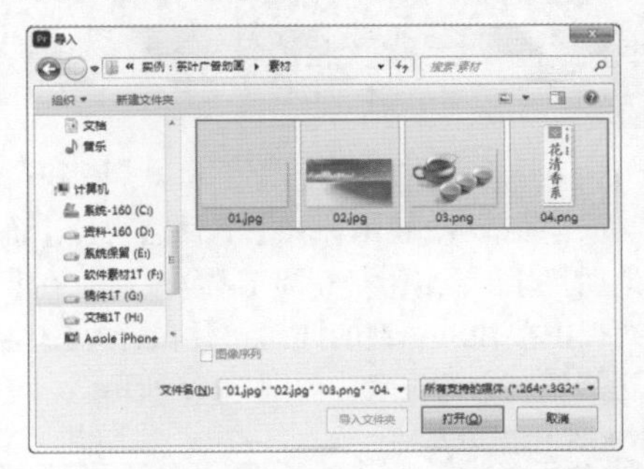

图 7.190

步骤 02 将【项目】面板中的01.jpg素材文件和02.jpg素材文件分别拖曳到V1和V2轨道上，如图7.191所示。

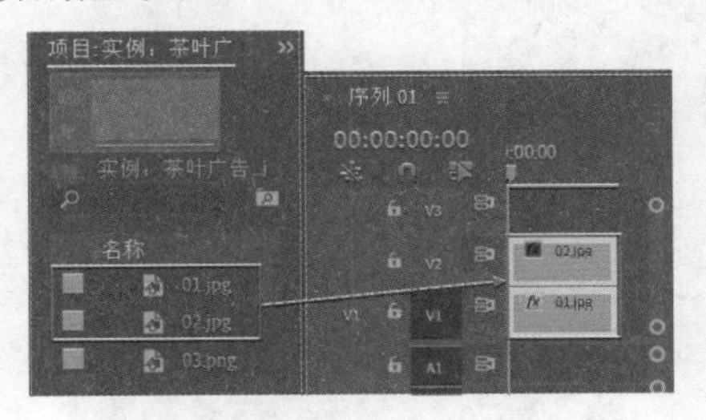

图 7.191

步骤 03 为了便于操作和观看，单击V2轨道前的 按钮将该轨道进行隐藏，然后选择V1轨道上的01.jpg素材文件，如图7.192所示。接着在【效果控件】面板中展开【不透明度】属性，将时间线滑动到起始帧位置，单击【不透明度】前方的 (切换动画)按钮，设置【不透明度】为0%；将时间线滑动到15帧位置，设置【不透明度】为100%，如图7.193所示。此时画面效果如图7.194所示。

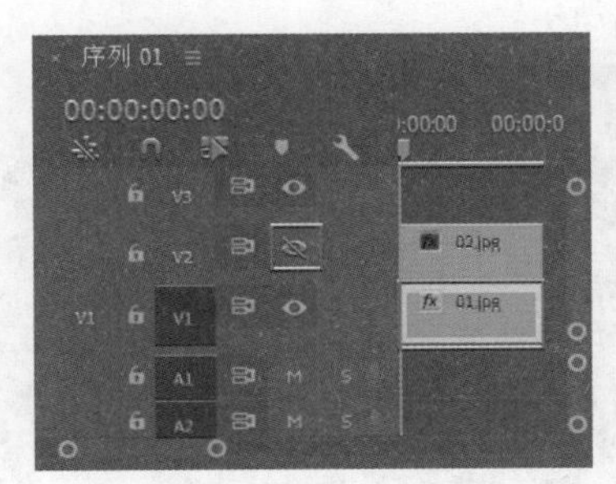

图 7.192

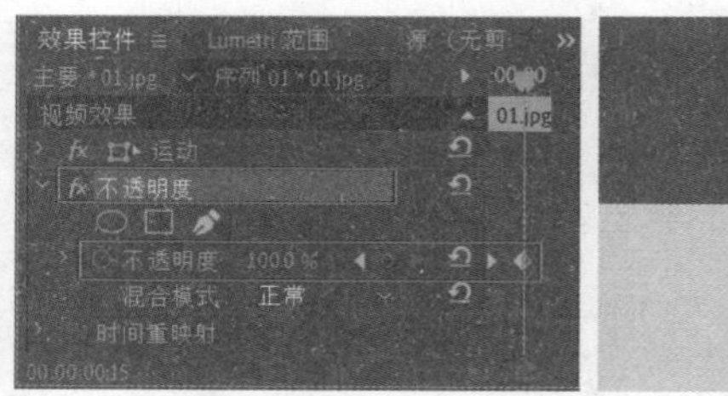

图 7.193

图 7.194

步骤 04 取消隐藏V2轨道。在【节目监视器】面板中展开【不透明度】，单击 (椭圆工具)按钮，在【节目监视器】面板中按住Shift键的同时按住鼠标左键绘制一个正圆并适当调整它的位置，如图7.195所示。

图 7.195

步骤 05 为风景图片制作效果。在【效果】面板中搜索【蒙尘与划痕】，按住鼠标左键将该效果拖曳到V2轨道的02.jpg素材文件上，如图7.196所示。

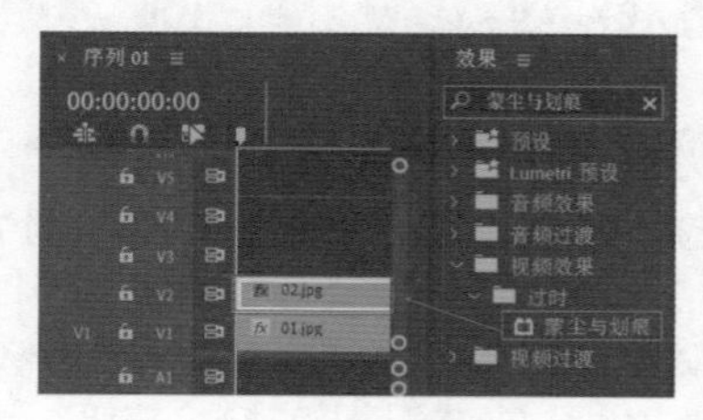

图 7.196

步骤 06 在【效果控件】面板中展开【蒙尘与划痕】属性，设置【半径】为5，如图7.197所示。此时画面效果如图7.198所示。

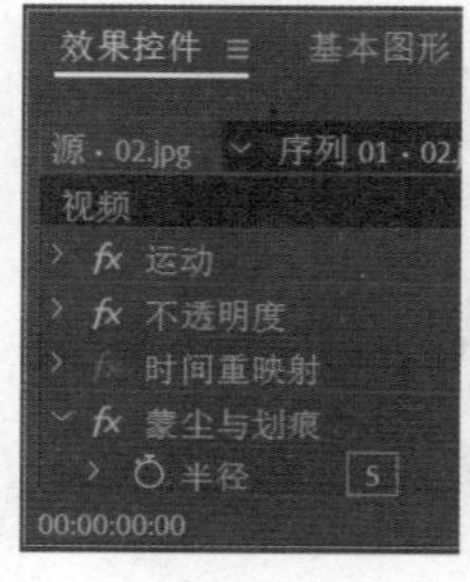

图 7.197　　图 7.198

步骤 07 在【效果】面板中搜索【黑白】，同样按住鼠标左键将该效果拖曳到V2轨道的02.jpg素材文件上，如图7.199所示。此时风景图层自动变为单色效果，如图7.200所示。

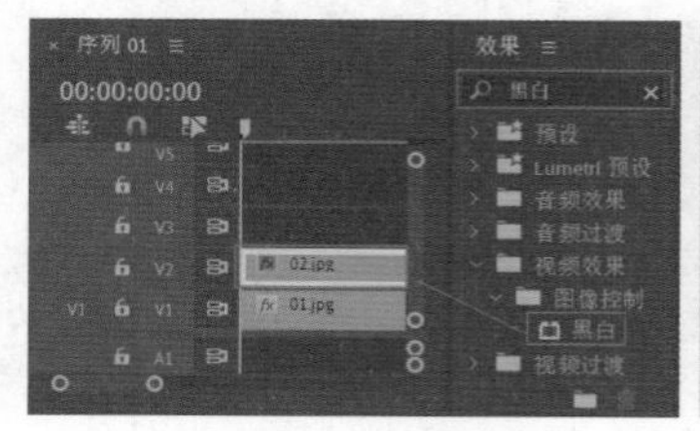

图 7.199　　图 7.200

步骤 08 在【效果】面板中搜索【Color Balance（RGB）】，同样将其拖曳到V2轨道的02.jpg素材文件上，如图7.201所示。

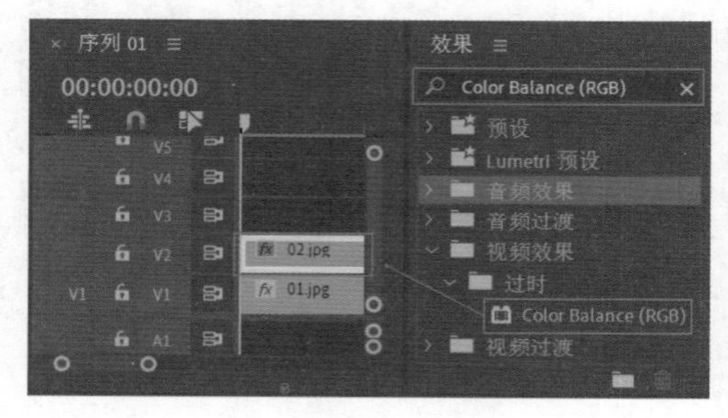

图 7.201

步骤 09 在【效果控件】面板中展开【Color Balance（RGB）】属性，设置【Red】为117，【Green】为110，【Blue】为95，如图7.202所示。此时画面效果如图7.203所示。

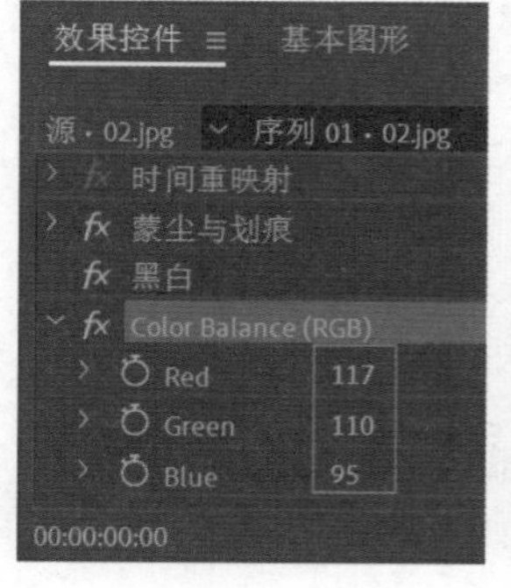

图 7.202　　图 7.203

步骤 10 在02.jpg素材文件上添加动画效果，选择02.jpg素材文件，在【效果控件】面板中展开【运动】属性，然后将时间滑动到15帧位置，单击【位置】前面的 按钮，开启自动关键帧，设置【位置】为(−180,288)，如

图7.204所示；继续将时间线滑动到1秒15帧位置，设置【位置】为(360,288)。滑动时间线查看效果，如图7.205所示。

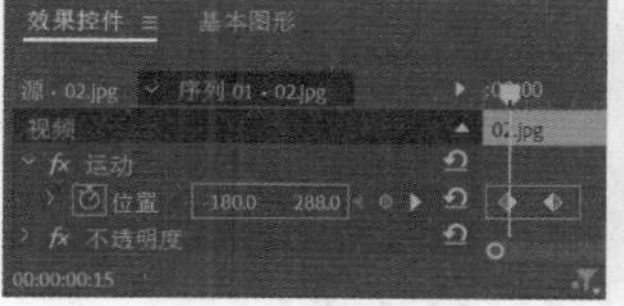

图 7.204

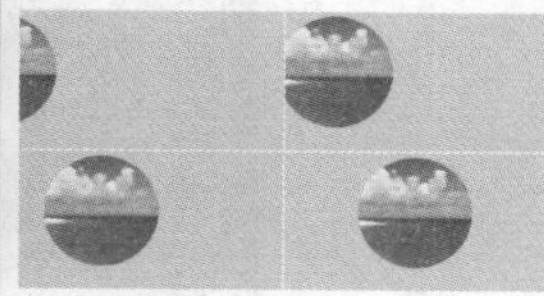

图 7.205

步骤 11 将【项目】面板中的03.png和04.png素材文件拖曳到【时间轴】面板中的V3和V4轨道上，设置03.png素材文件的起始时间为1秒15帧，结束时间与下方素材对齐；设置04.png素材文件的起始时间为2秒15帧，结束时间同样与下方素材对齐，如图7.206所示。

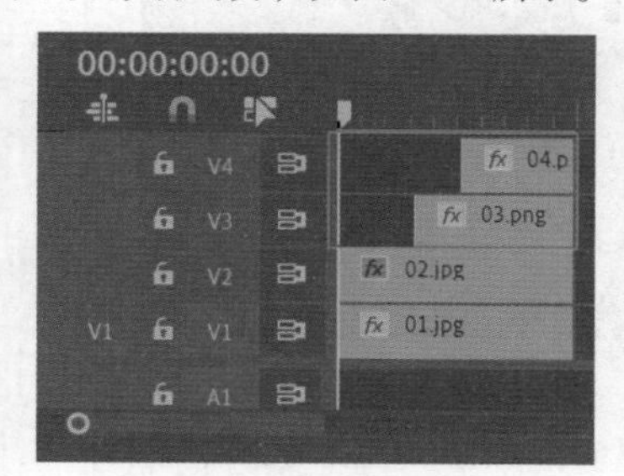

图 7.206

步骤 12 隐藏V4轨道上的04.png素材文件，接着选择V3轨道上的03.png素材文件，在【效果控件】面板中展开【运动】属性，设置【位置】为(328,395)，【缩放】为73，如图7.207所示。画面效果如图7.208所示。

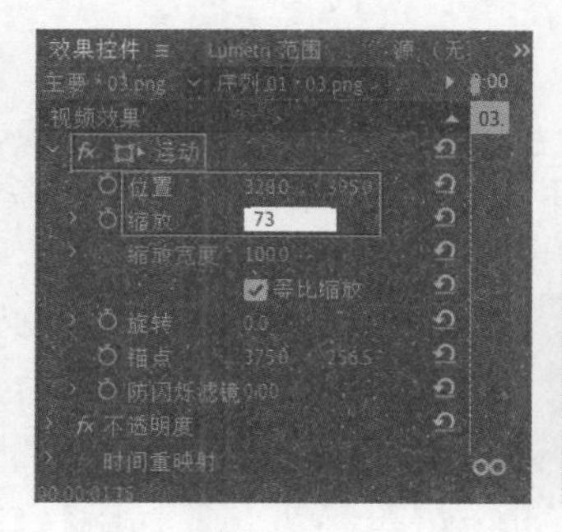

图 7.207

图 7.208

步骤 13 在【效果】面板中搜索【随机块】，将该效果拖曳到V3轨道上的03.png素材文件的起始位置，如图7.209所示。此时画面效果如图7.210所示。

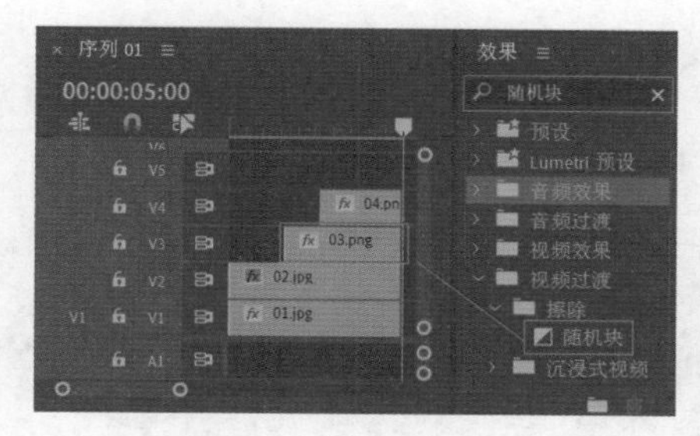

图 7.209

图 7.210

步骤 14 显现并选择V4轨道上的04.png素材文件，在【效果控件】面板中展开【运动】属性，设置【位置】为(425,225)，将时间滑动到2秒15帧位置，单击【缩放】和【不透明度】前面的按钮，开启自动关键帧，设置【缩放】为500，【不透明度】为0%；继续将时间线滑动到4秒10帧位置，设置【缩放】为90，【不透明度】为100%，如图7.211所示。滑动时间线查看效果，如图7.212所示。

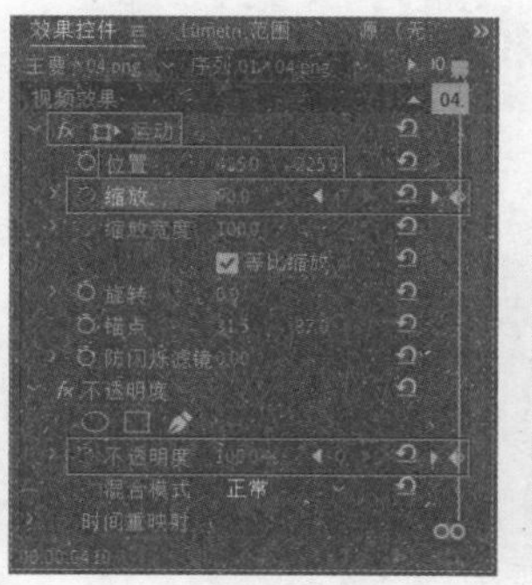

图 7.211

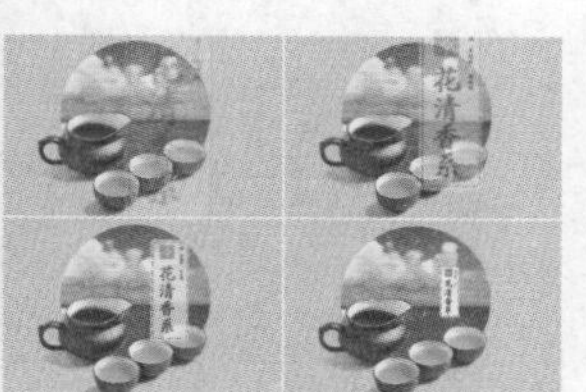

图 7.212

Part 02 制作文字部分

步骤 01 制作画面中的文字。将时间线滑动至2秒15帧位置处。在【工具】面板中单击T（文字工具）按钮，在【效果控件】面板中设置合适的【字体系列】和【字体样式】，设置【字体大小】为230，【颜色】为灰色，最后在【节目监视器】面板中单击输入文字“茶”并适当调整文字的位置，如图7.213所示。

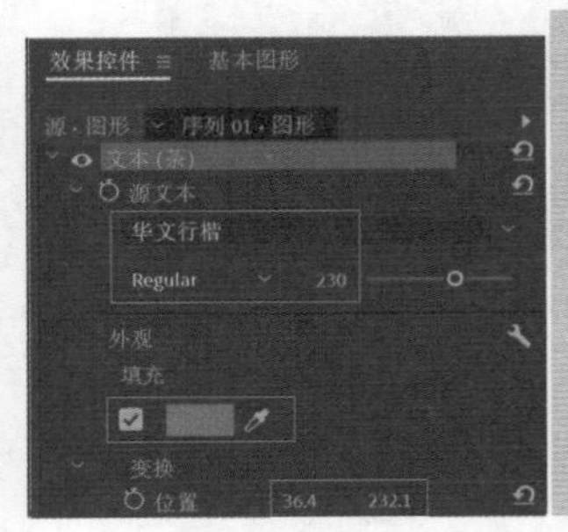

图 7.213

步骤 02 在【节目监视器】面板中的合适位置输入“香”字，在【基本图形】面板中设置【位置】为(523,234)。【不透明度】为70%，更改【字体大小】为120，如图7.214所示。继续在【节目监视器】面板中输入“味”字，设置【位置】为(485,414.1)，【不透明度】为30%，更改【字体大小】为110，如图7.215所示。

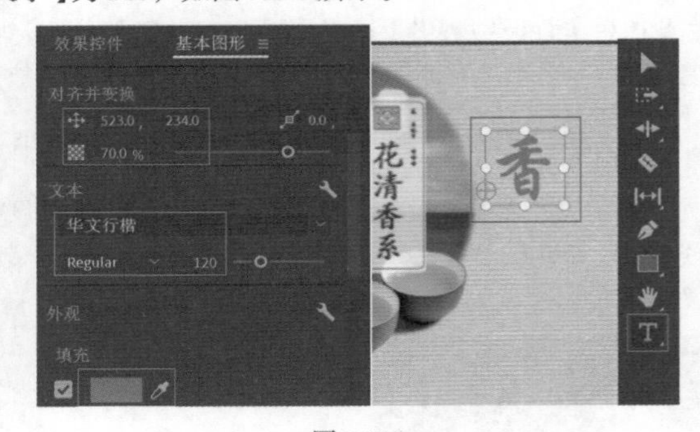

图 7.214

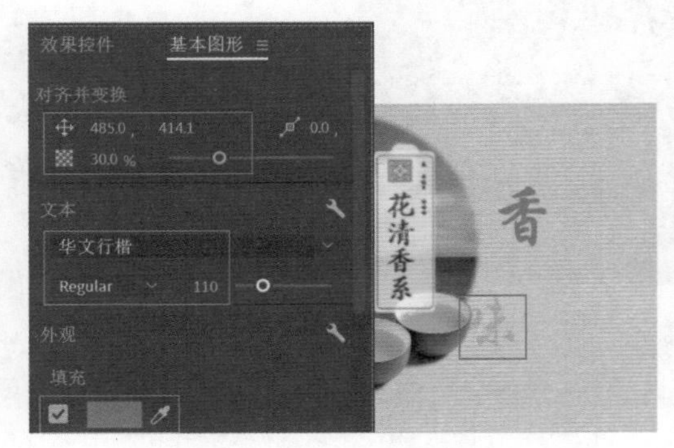

图 7.215

步骤 03 在【节目监视器】面板中设置V5轨道文字图层与V4轨道上的04.png素材文件的结束时间相同，如图7.216所示。

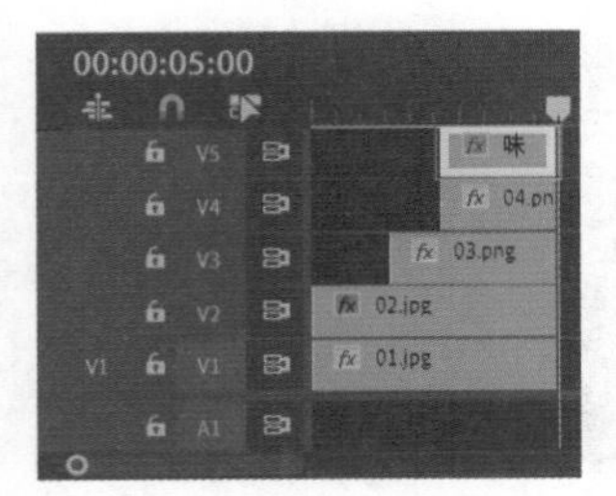

图 7.216

步骤 04 在【效果】面板中搜索【插入】，按住鼠标左键将该效果拖曳到V5轨道的文字图层上，如图7.217所示。滑动时间线，此时画面效果如图7.218所示。

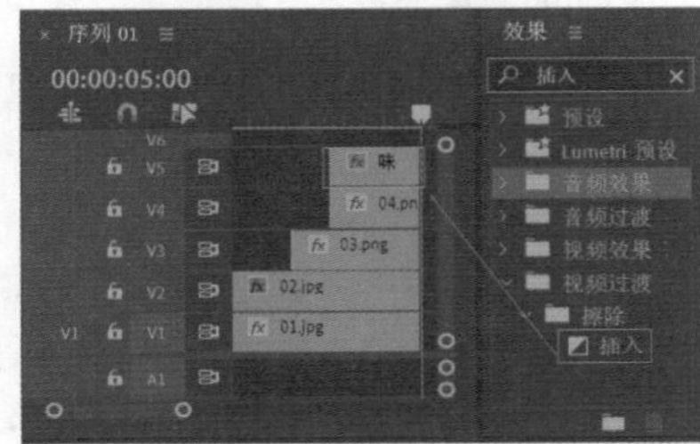

图 7.217　　图 7.218

步骤 05 将时间线滑动至2秒15帧位置。在【工具】面板中单击T（文字工具）按钮，在【效果控件】面板中设置合适的【字体系列】和【字体样式】，设置【字体大小】为8，【行距】为3，【填充颜色】为黑色，勾选【描边】，设置【描边颜色】为黑色，【描边宽度】为1.0。最后在【节目监视器】面板中单击输入合适的文字内容并适当调整文字的位置，如图7.219所示。

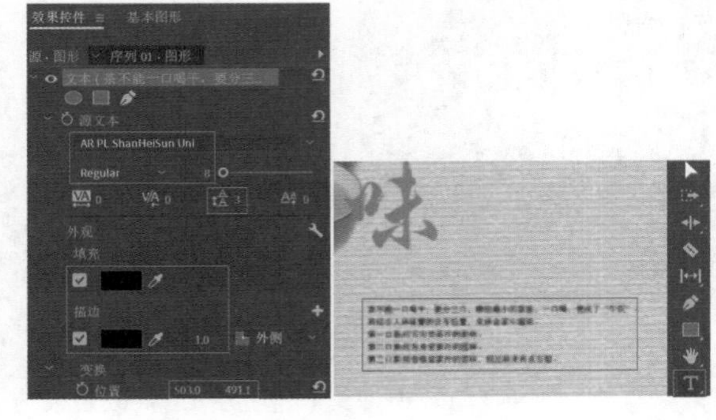

图 7.219

步骤 06 文字输入完成后，设置V6轨道上的文字图层与V5轨道上的文字图层相同，如图7.220所示。

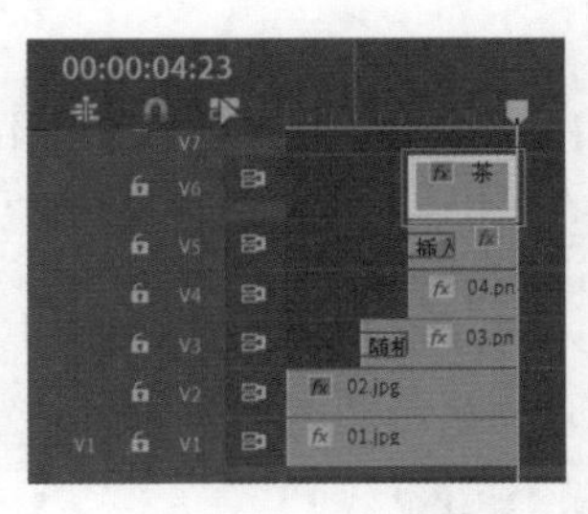

图 7.220

步骤 07 在【时间轴】面板中选择V6轨道上的文字图层，接着在【效果控件】面板中展开【矢量运动】属性，将时间滑动到4秒5帧位置，单击【位置】前面的 按钮，开启自动关键帧，设置【位置】为(590,288)，如图7.221所示；继续将时间线滑动到4秒20帧位置，设置【位置】为(360,288)。本实例制作完成，滑动时间线查看画面效果，如图7.222所示。

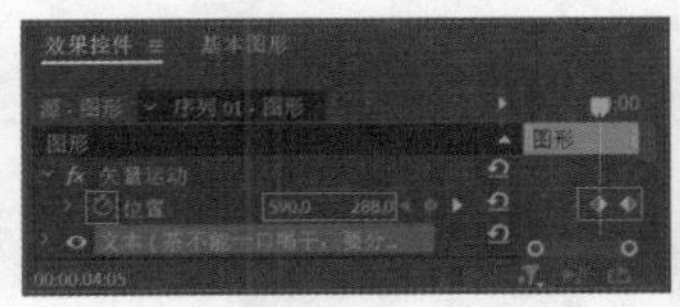

图 7.221

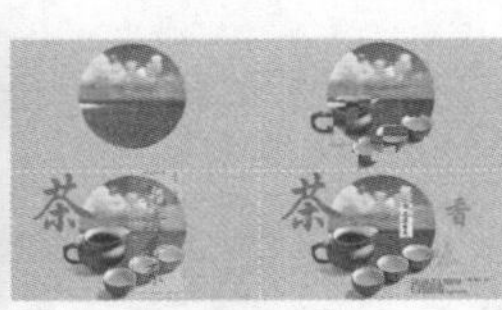

图 7.222

综合实例：水果展示动画

文件路径：Chapter 7 关键帧动画→综合实例：水果展示动画

扫一扫，看视频

本实例主要使用【形状工具】及【文字工具】制作水果展示卡片，使用【块溶解】和【百叶窗】等效果制作动画。实例效果如图7.223所示。

图 7.223

Part 01 制作图片部分

步骤 01 执行【文件】/【新建】/【项目】命令，新建一个项目。在【项目】面板的空白处右击，执行【新建项目】/【序列】命令，弹出【新建序列】窗口，在DV-PAL文件夹下选择【标准48kHz】，设置【序列名称】为【序列01】，单击【确定】按钮。执行【文件】/【导入】命令，导入全部素材文件，如图7.224所示。

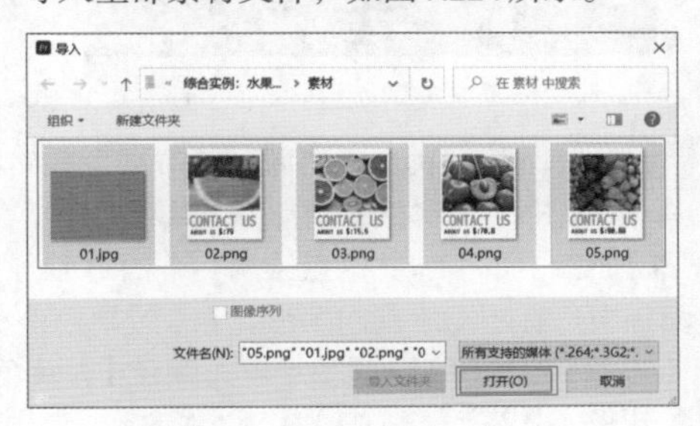

图 7.224

步骤 02 将【项目】面板中的01.jpg素材文件拖曳到V1轨道上，如图7.225所示。

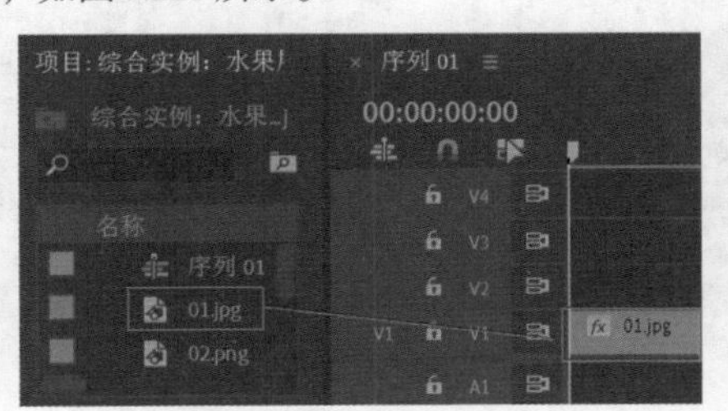

图 7.225

步骤 03 选择【时间轴】面板中V1轨道上的01.jpg文件，在【效果控件】面板中展开【运动】属性，设置【缩放】为50，如图7.226所示。画面效果如图7.227所示。

图 7.226

图 7.227

步骤 04 制作水果展示效果。在【项目】面板中分别将02.png ~ 05.png素材文件拖曳到【时间轴】面板中V2 ~ V5轨道上，如图7.228所示。

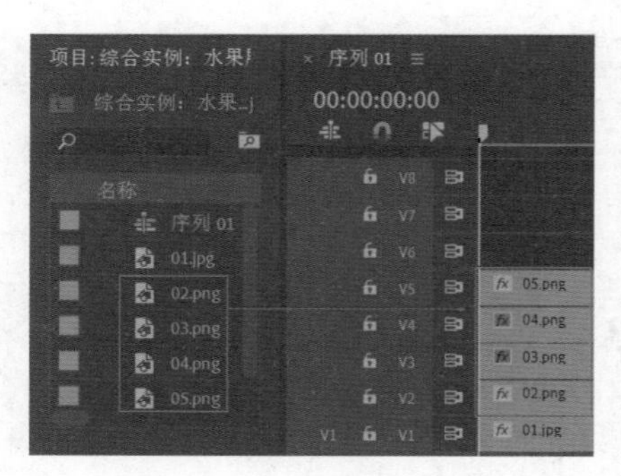

图 7.228

步骤 05 制作主体文字部分。将时间线滑动至起始位置。在【工具】面板中的工具栏中选择 (钢笔工具)，在【节目监视器】面板中单击建立锚点绘制一个四边形，在【时间轴】面板中选择刚刚绘制的图形，在【效果控件】面板中展开【形状(形状01)】，设置【填充颜色】为黄色；接着展开【变换】，设置【位置】为(55.6,438.5)，如图7.229所示。

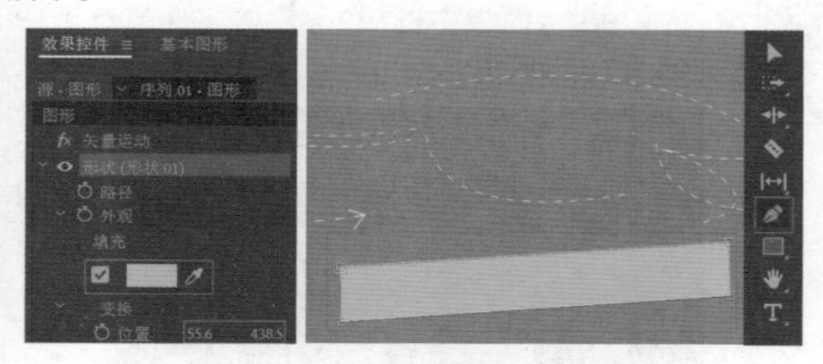

图 7.229

步骤 06 在【工具】面板中选择 T (文字工具)，在【节目监视器】面板中的合适位置输入文字，接着在【效果控件】面板中展示【文本】/【源文本】，设置合适的【字体系列】及【字体样式】，设置【字体大小】为20，【字距调整】为109，【填充颜色】为棕色；接着展开【变换】，设置【位置】为(146,522.1)，【旋转】为-4° ，如图7.230所示。

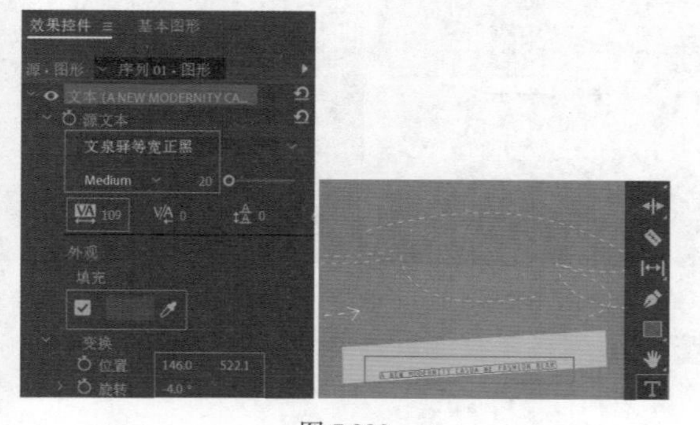

图 7.230

步骤 07 在【工具】面板中选择 T (文字工具)，在【节目监视器】面板中的合适位置输入文字，接着在【效果控件】面板中展示【文本】/【源文本】，设置合适的【字体系列】及【字体样式】，设置【字体大小】为68，【字距调整】为30，【填充颜色】为白色；接着展开【变换】，设置【位置】为(130,493.9)，【旋转】为4°，如图7.231所示。

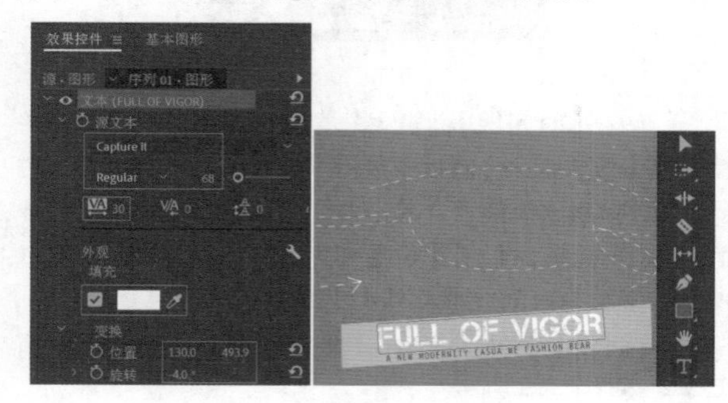

图 7.231

步骤 08 文字输入完成后。此时画面效果如图7.232所示。

图 7.232

Part 02 制作动画部分

步骤 01 制作动画效果。为了便于观看和操作，单击V2~V6轨道前的 按钮将图层隐藏，如图7.233所示。

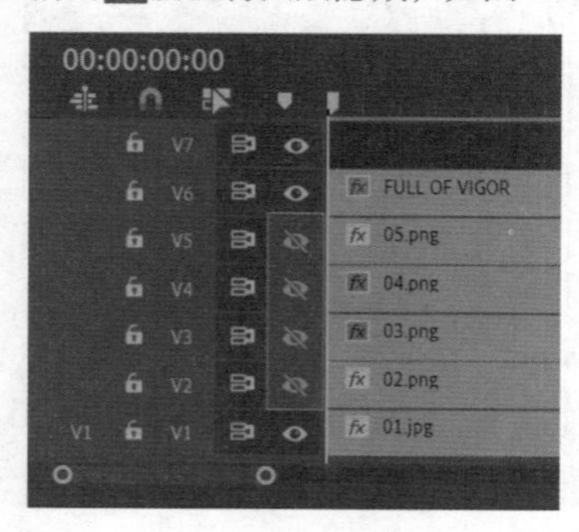

图 7.233

步骤 02 在【效果】面板中搜索【翻页】，按住鼠标左键将该效果拖曳到V1轨道上01.jpg素材文件的起始位置，如图7.234所示。此时滑动时间线查看画面效果，如图7.235所示。

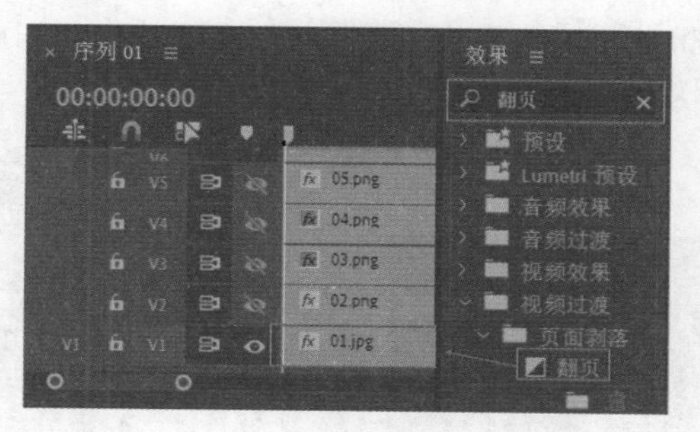

图 7.234

图 7.235

步骤 03 显现并选择V2轨道上的02.png素材文件，在【效果控件】面板中展开【运动】属性，将时间线滑动到1秒位置，单击【位置】前面的按钮，开启自动关键帧，设置【位置】为(–136,215)；继续将时间线滑动到1秒15帧位置，设置【位置】为(166,215)，设置【缩放】为24，【旋转】为–18°，如图7.236所示。此时画面效果如图7.237所示。

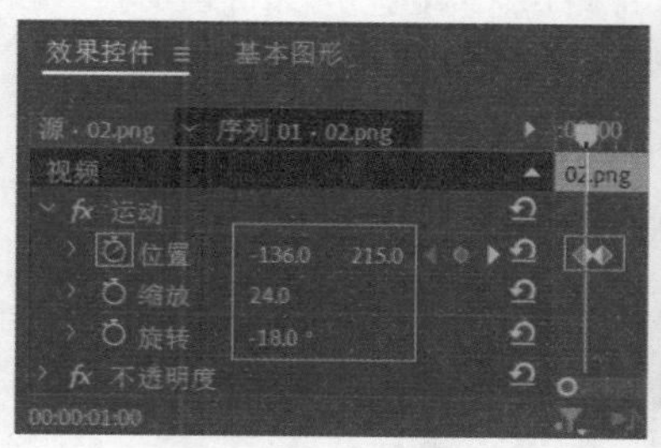

图 7.236

图 7.237

步骤 04 显现并选择V3轨道上的03.png素材文件，在【效果】面板中搜索【百叶窗】，按住鼠标左键将该效果拖曳到V3轨道的文件上，如图7.238所示。

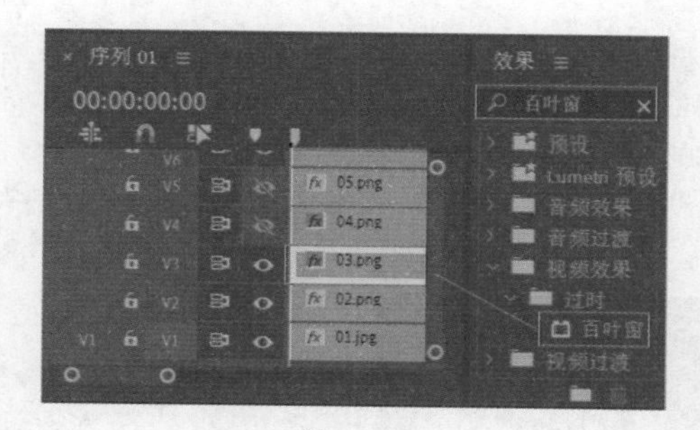

图 7.238

步骤 05 在【效果控件】面板中展开【运动】，设置【位置】为(299.1,276.4)，【缩放】为24，【旋转】为15° 。展开【百叶窗】效果，设置【方向】为60° ，【宽度】为50，将时间线滑动到1秒15帧位置，单击【过渡完成】前面的按钮，开启自动关键帧，设置【过渡完成】为100%，如图7.239所示；继续将时间线滑动到2秒10帧位置，设置【过渡完成】为0%。此时画面效果如图7.240所示。

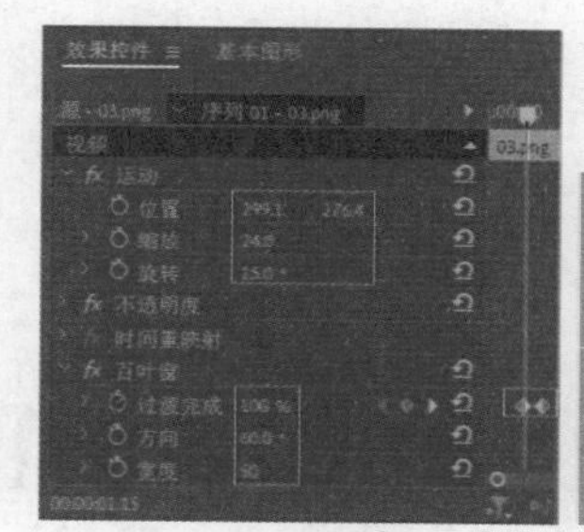

图 7.239

图 7.240

步骤 06 显现并选择V4轨道上的04.png素材文件，在【效果】面板中搜索【块溶解】效果，并按住鼠标左键将该效果拖曳到V4轨道的文件上，如图7.241所示。

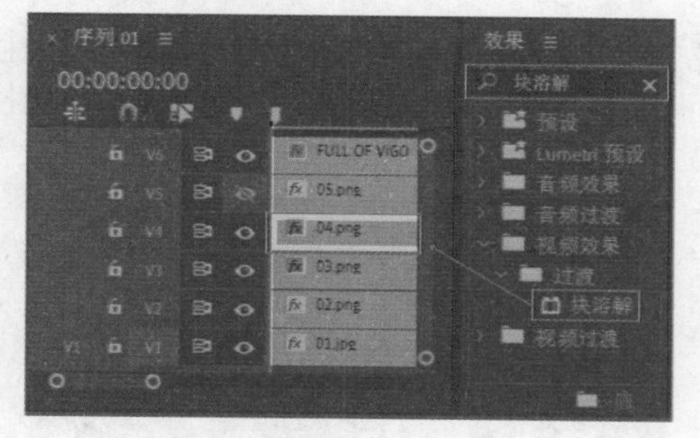

图 7.241

步骤 07 在【效果控件】面板中展开【运动】，设置【位置】为(436.3,167)，【缩放】为24，【旋转】为7° 。展开【块溶解】效果，设置【块宽度】和【块高度】均为

15，将时间线滑动到2秒10帧位置，单击【过渡完成】前面的按钮，开启自动关键帧，设置【过渡完成】为100%，如图7.242所示；继续将时间线滑动到3秒位置，设置【过渡完成】为0.0%。此时画面效果如图7.243所示。

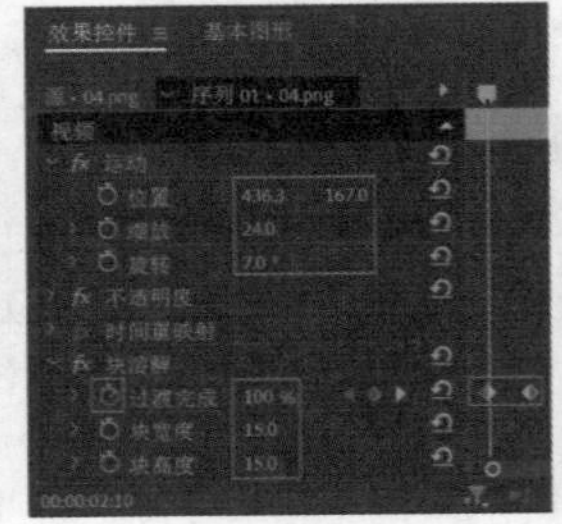

图 7.242

图 7.243

步骤 08 显现并选择V5轨道上的05.png，在【效果控件】面板中将时间线滑动到3秒位置，接着展开【运动】和【不透明度】，设置【位置】为(555,267.4)，【旋转】为−8°。单击【缩放】和【不透明度】前面的按钮，开启自动关键帧，此时设置【缩放】为500，【不透明度】为0%，如图7.244所示；继续将时间线滑动到4秒位置，设置【缩放】为100，【不透明度】为100%。此时画面效果如图7.245所示。

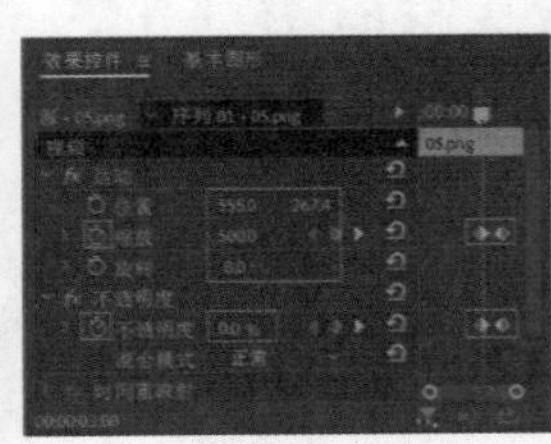

图 7.244

图 7.245

步骤 09 在【效果】面板中搜索【线性擦除】，按住鼠标左键将该效果拖曳到V6轨道的文字素材上，如图7.246所示。

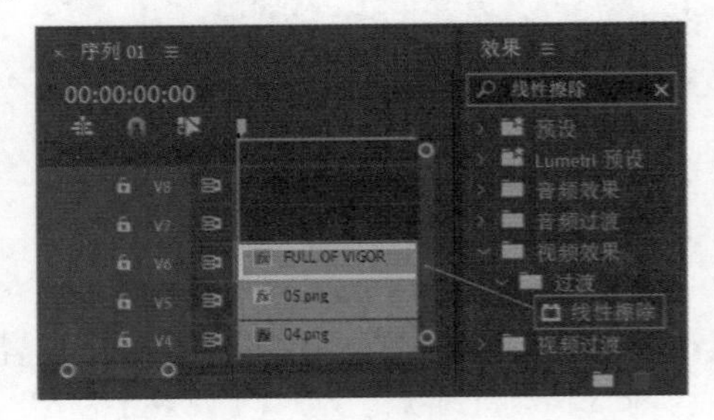

图 7.246

步骤 10 在【效果控件】面板中展开【线性擦除】效果，设置【擦除角度】为50°，将时间线滑动到4秒位置，单击【过渡完成】前面的按钮，开启自动关键帧，设置【过渡完成】为100%，如图7.247所示；继续将时间线滑动到4秒15帧位置，设置【过渡完成】为0%。此时画面效果如图7.248所示。

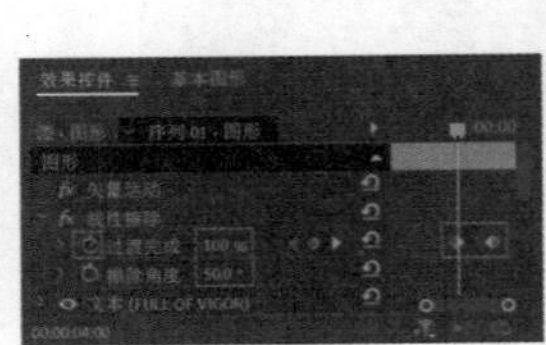

图 7.247

图 7.248

步骤 11 本实例制作完成，滑动时间线查看效果，如图7.249所示。

图 7.249

综合实例：制作淘宝双十一图书大促销广告

扫一扫，看视频

文件路径：Chapter 7 关键帧动画→综合实例：制作淘宝双十一图书大促销广告

本实例主要使用椭圆形蒙版制作圆形遮罩，使用【文字工具】及【预设】制作促销关键帧动画。实例效果如图7.250所示。

图 7.250

步骤 01 在Premiere Pro软件中新建一个项目，接着新建一个HDV 1080p24序列。在【项目】面板下方的空白处右击执行【新建项目】/【颜色遮罩】命令，在弹出的窗口中单击【确定】按钮，如图7.251所示。接着在【拾色器】窗口中设置颜色为淡蓝色，在【选择名称】窗口中设置新名称为【颜色遮罩】，单击【确定】按钮，如图7.252所示。

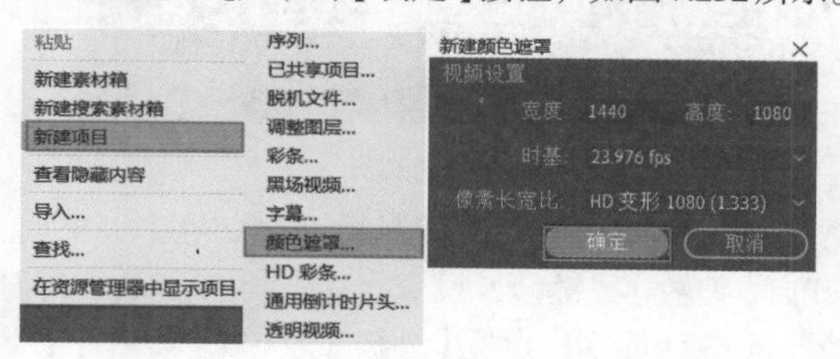

图 7.251

图 7.252

步骤 02 在【项目】面板中将颜色遮罩拖曳到【时间轴】面板中的V1轨道上，如图7.253所示。

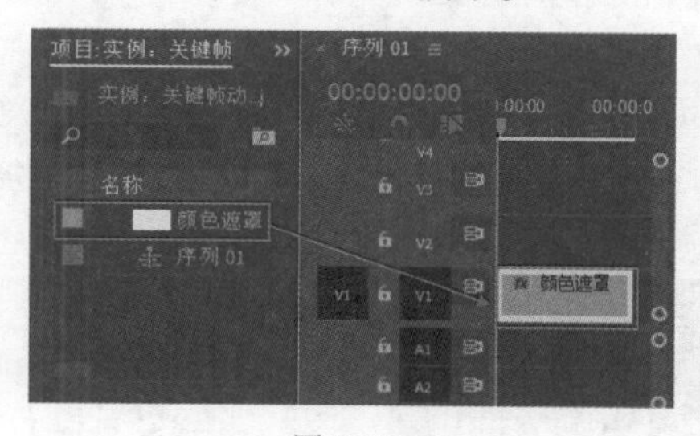

图 7.253

步骤 03 制作背景部分。将时间线滑动至起始位置，在【工具】面板中选择【椭圆工具】，在【节目控制器】面板中按住Shift键绘制一个圆形并调整位置，选择椭圆图层，在【效果控件】面板中展开【形状】，设置【填充颜色】为红色；接着展开【变换】，设置【位置】为(736.1,512.3)，【不透明度】为18%，【锚点】为(175.7,-51.6)，如图7.254所示。

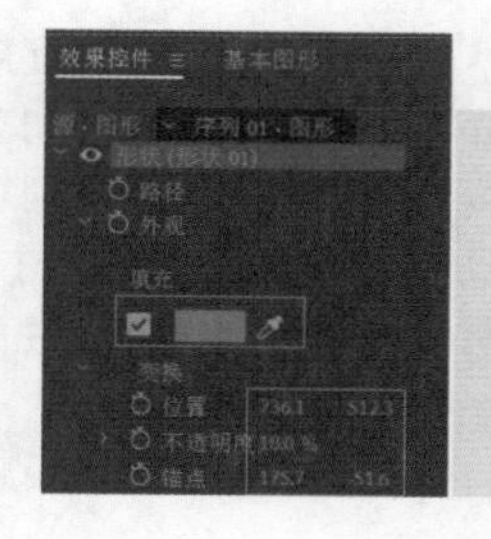
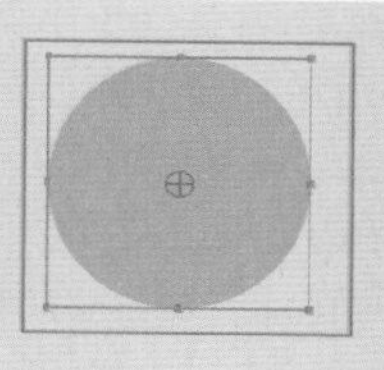

图 7.254

步骤 04 在【效果控件】面板中选择刚刚绘制的椭圆图层，使用同样的方法绘制一个比刚刚大一些的圆形，如图7.255所示。再次绘制一个圆形并在【效果控件】面板中展开【形状】，设置【填充颜色】为红色；接着展开【变换】，设置【位置】为(736.1,512.3)，【不透明度】为23%，【锚点】为(175.7,-51.6)，如图7.256所示。

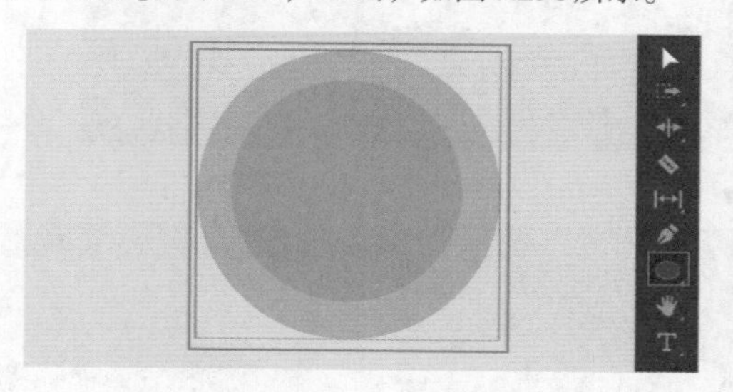

图 7.255

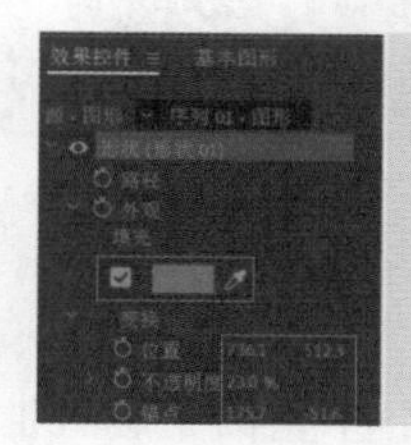

图 7.256

步骤 05 将时间线滑动到起始帧位置，选择V2轨道上的形状图层，在【效果控件】面板中开启【缩放】关键帧，设置【缩放】为441，如图7.257所示；继续将时间线滑动到1秒20帧，设置【缩放】为100。滑动时间线查看缩放效果，如图7.258所示。

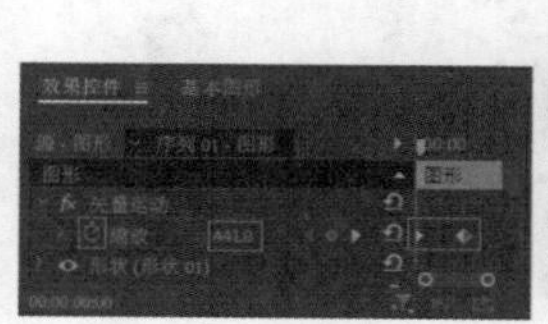

图 7.257

图 7.258

步骤 06 再次新建一个颜色遮罩，设置【颜色】为洋红色，新遮罩名称为【小圆1】，单击【确定】按钮，如图7.259所示。接着将【项目】面板中的【小圆1】拖曳到V3轨道上。选择V3轨道上的【小圆1】，在【效果控件】面板中单击【不透明度】下方的⬭（创建椭圆形蒙版）按钮，在【节目监视器】面板中调整圆形的形状及位置，设置【蒙版羽化】为0，如图7.260所示。

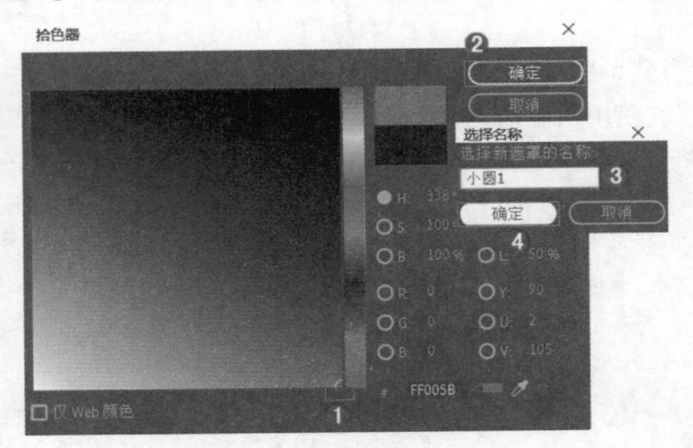

图 7.259

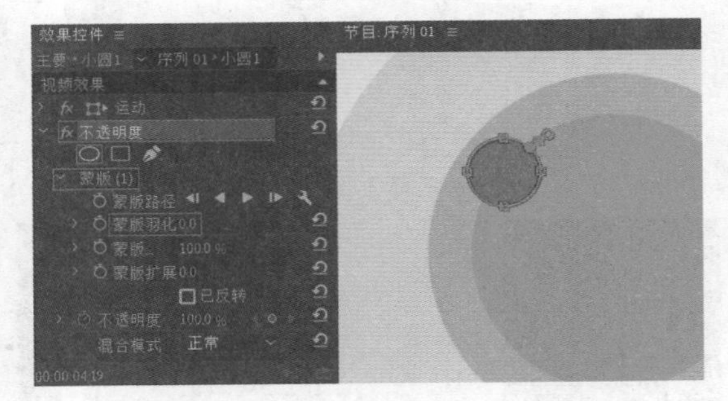

图 7.260

步骤 07 使用同样的方式再次绘制5个正圆蒙版，如图7.261所示。接着在【效果】面板中搜索【百叶窗】，按住鼠标左键将该效果拖曳到V3轨道的【小圆1】上，如图7.262所示。

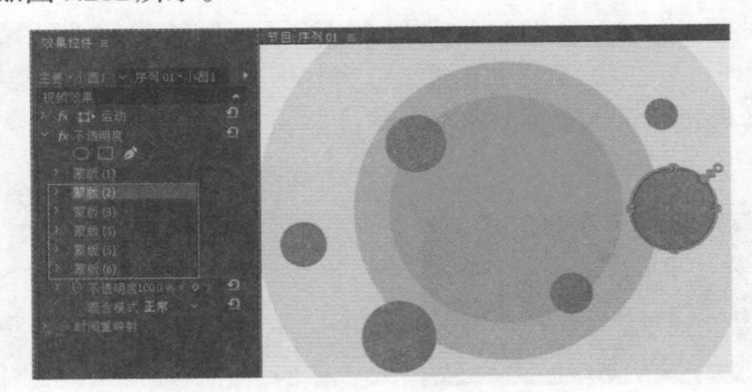
图 7.261

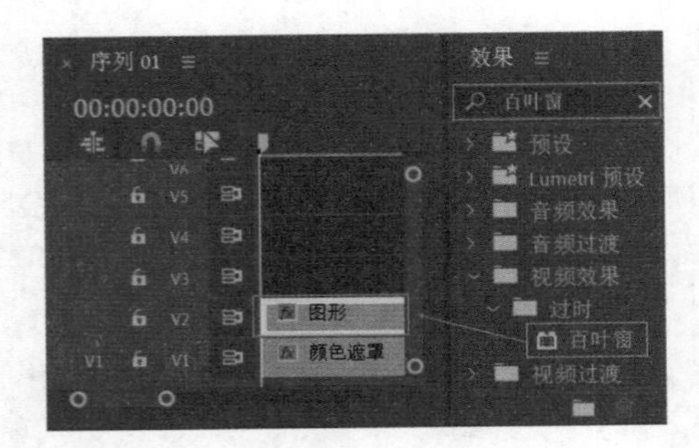

图 7.262

步骤 08 将时间线滑动到起始帧位置，在【效果面板】中开启【缩放】关键帧，设置【缩放】为0，继续将时间线滑动到3秒位置，设置【缩放】为100，然后在【百叶窗】下方设置【过渡完成】为50%，【方向】为45°，如图7.263所示。滑动时间线查看画面效果，如图7.264所示。

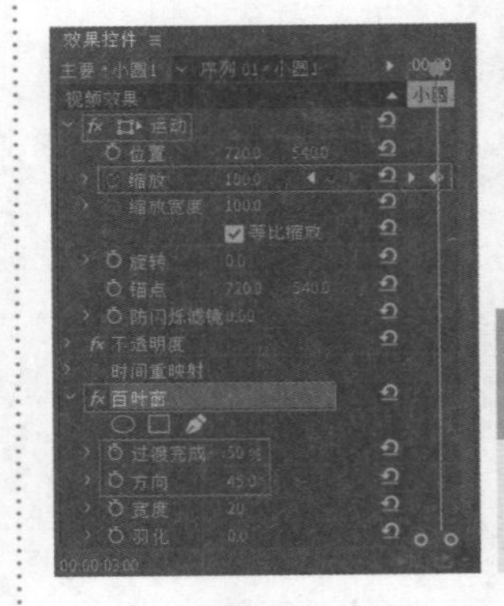

图 7.263

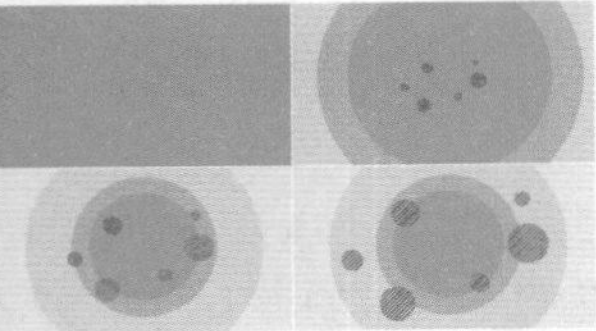
图 7.264

步骤 09 使用同样的方式制作【小圆2】，设置【颜色】为红色，将【小圆2】拖曳到V4轨道上，如图7.265所示，画面效果如图7.266所示。

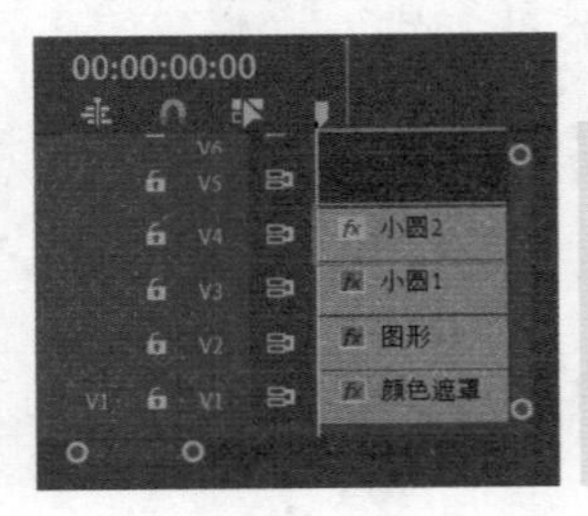

图 7.265

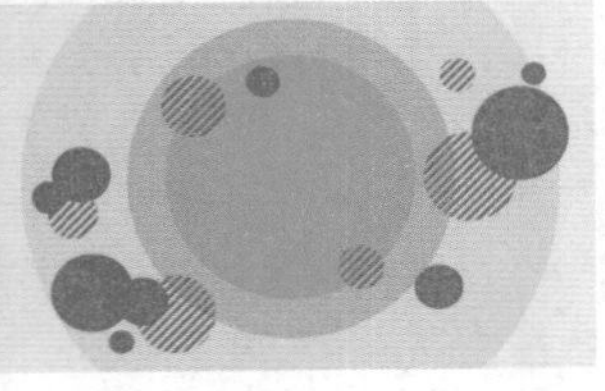
图 7.266

步骤 10 在【时间轴】面板中选择V4轨道上的【小圆2】，按住Alt键的同时按下鼠标左键向V5轨道上拖动，释放鼠标后完成复制，如图7.267所示。接着选择V3轨道上的【小圆1】，在【效果控件】面板中选择【百叶窗】效果，使用快捷键Ctrl+C复制，接着选择V5轨道上的【小圆2】，使用快捷键Ctrl+V进行粘贴，如图7.268所示。

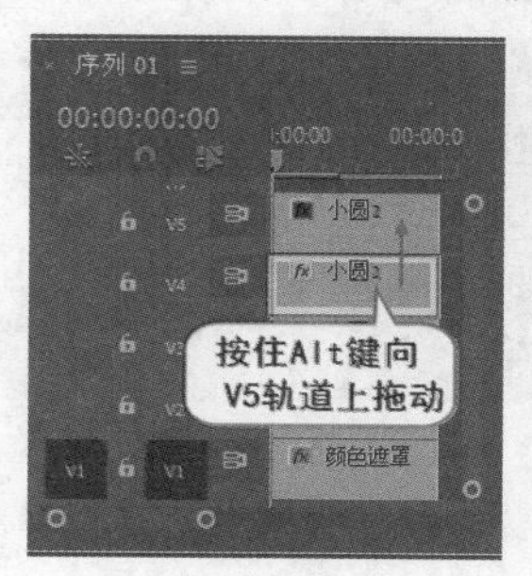

图 7.267

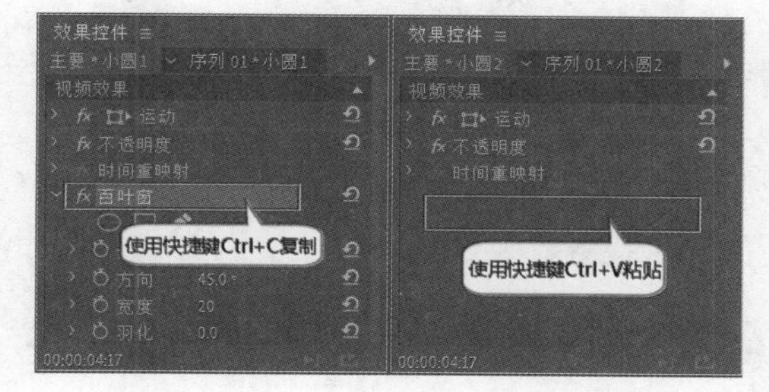

图 7.268

步骤 11 选择V5轨道上的【小圆2】，在【效果控件】面板中调整圆形蒙版的位置与大小，并适当增添几个圆形蒙版充实画面，设置所有【蒙版】的【蒙版羽化】为0，展开【百叶窗】，更改【方向】为130°，如图7.269所示。

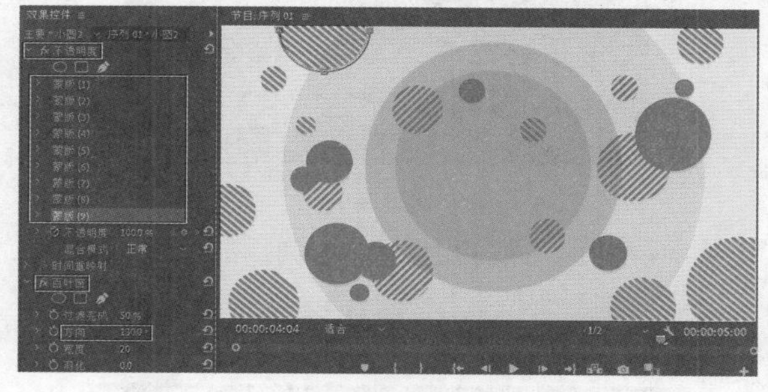
图 7.269

步骤 12 制作小圆2的动画效果。首先选择V4轨道上的【小圆2】，将时间线滑动到20帧位置，开启【缩放】关键帧，设置【缩放】为235；将时间线滑动到3秒10帧，设置【缩放】为100，如图7.270所示。接着选择V5轨道上的【小圆2】，将时间线滑动到1秒10帧，开启【缩放】关键帧，设置【缩放】为480；继续将时间线滑动到4秒2帧，设置【缩放】为100，如图7.271所示。

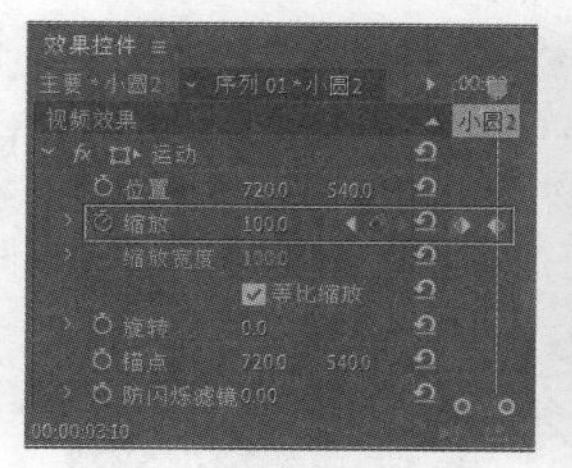

图 7.270

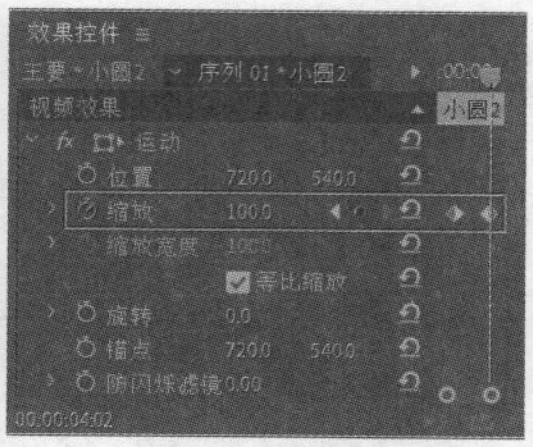

图 7.271

步骤 13 制作文字背景。将时间线滑动至2秒位置。在【工具】面板中选择（钢笔工具），在【节目监视器】面板中绘制一个自己喜欢的形状，接着在【时间轴】面板中选择刚刚绘制的图形。在【效果控件】面板中展开【形状】，设置【填充颜色】为白色，勾选【描边】，设置【描边颜色】为黑色，【描边宽度】为3，设置为【中心】，勾选【阴影】，设置【不透明度】为50%，【角度】为100°，【距离】为7，【大小】为6，【模糊】为30。接着展开【变换】，设置【位置】为(586.9,390)，如图7.272所示。接着在【时间轴】面板中选择刚刚的图案图层，选择（钢笔工具），按住Shift键在合适的位置绘制一条水平直线，接着在【效果控件】面板中取消勾选【填充】，勾选【描边】，设置【描边颜色】为黑色，【描边宽度】为3，设置为【中心】。接着展开【变换】，设置【位置】为(470,498)，如图7.273所示。

图 7.272

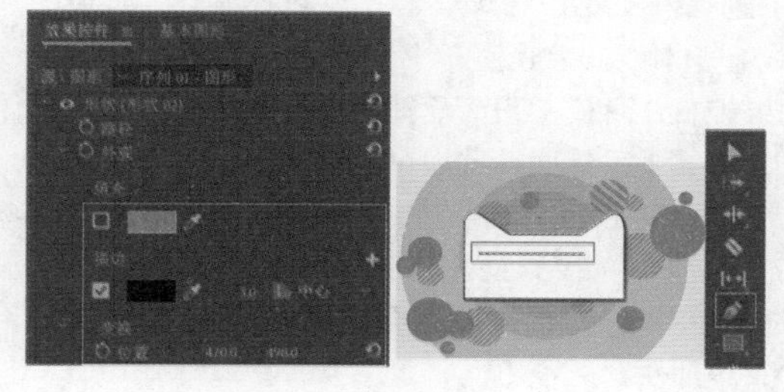
图 7.273

步骤 14 选择（钢笔工具），在白色形状上方绘制一个对话框，在【效果控件】面板中设置【填充颜色】为洋红色，接着展开【变换】，设置【位置】为(507,749)，如图7.274所示。在【时间轴】面板选择图案图层，设置结束时间与下方其他素材对齐，如图7.275所示。

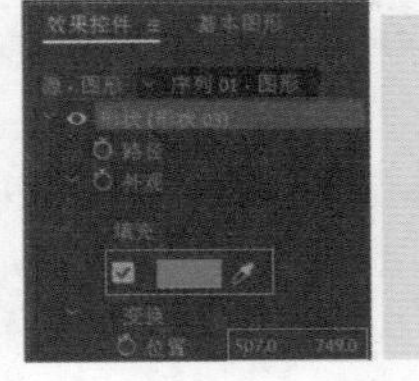

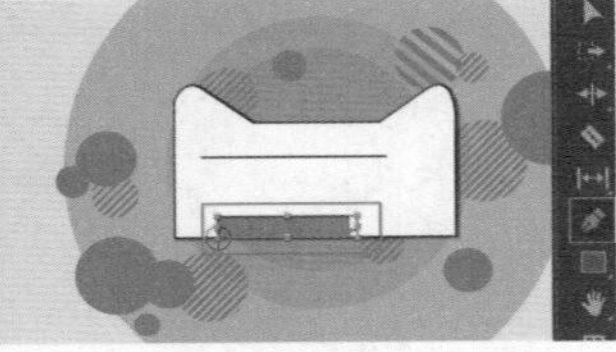

图 7.274

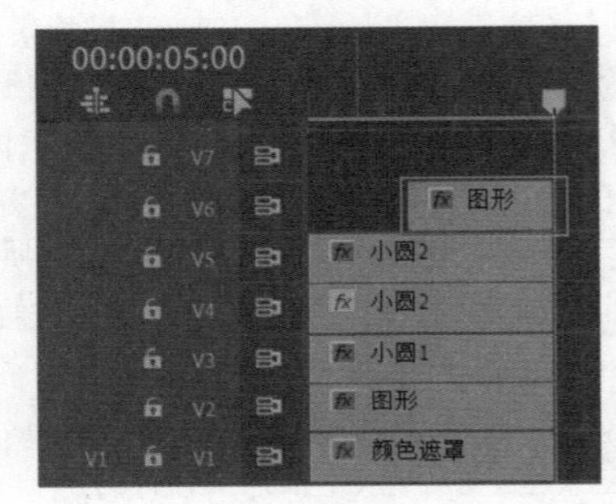

图 7.275

步骤 15 在【时间轴】面板中选择【文字背景】，将时间线滑动到2秒位置，设置【不透明度】为0%，如图7.276所示；继续将时间线滑动到2秒12帧，设置【不透明度】为100%。滑动时间线查看画面效果，如图7.277所示。

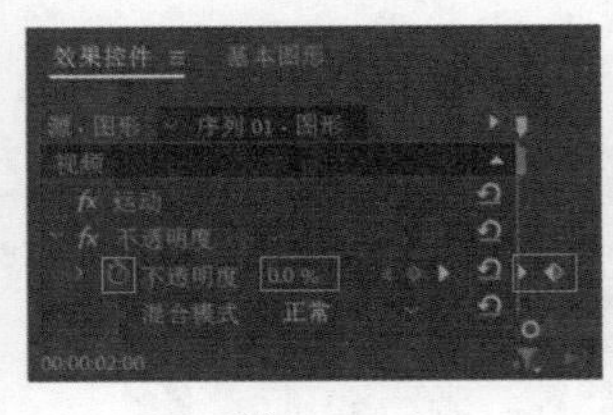

图 7.276

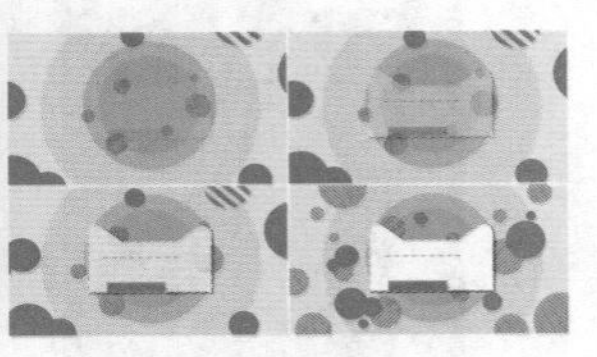

图 7.277

步骤 16 将时间线滑动至2秒15帧位置，在【工具】面板中选择T（文字工具），在【节目控制器】面板中黑色横线上方输入“100款新书”。接着选择文字图层，在【效果控件】面板中设置合适的【字体系列】与【字体样式】，设置【字体大小】为60，【填充颜色】为黑色，然后展开【变换】，设置【位置】为(469.8,473.1)，如图7.278所示。接着使用同样的方法继续创建文字输入合适的文字内容，并设置合适的位置与文字样式，如图7.279所示。

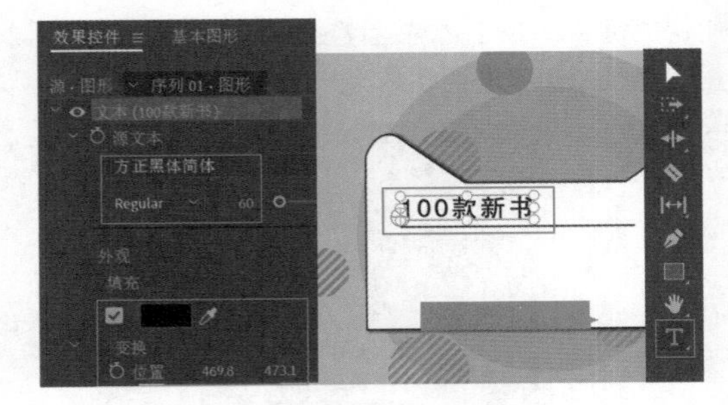

图 7.278

图 7.279

步骤 17 设置V7到V9轨道上的文字图层的结束时间与其他图层的结束时间相同，如图7.280所示。

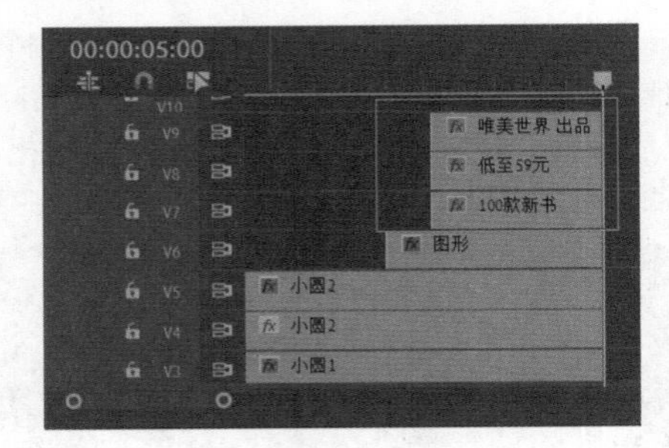

图 7.280

步骤 18 在【时间轴】面板中将时间线滑动到2秒15帧，在【效果】面板中搜索【马赛克】，将该效果拖曳到V7轨道的文字图层上，如图7.281所示。

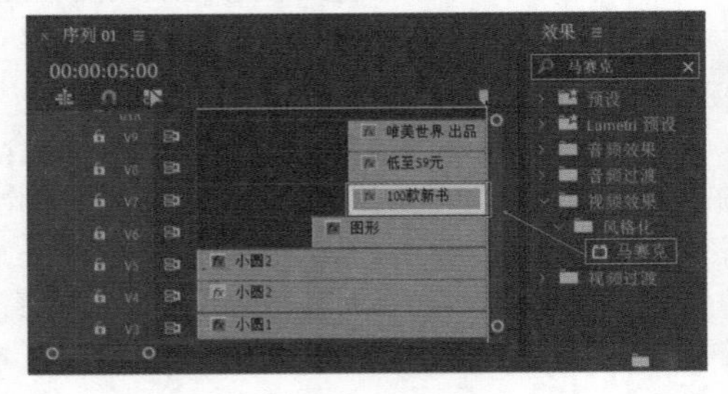

图 7.281

步骤 19 此时隐藏V8和V9轨道，滑动时间线查看画面效果，如图7.282所示。

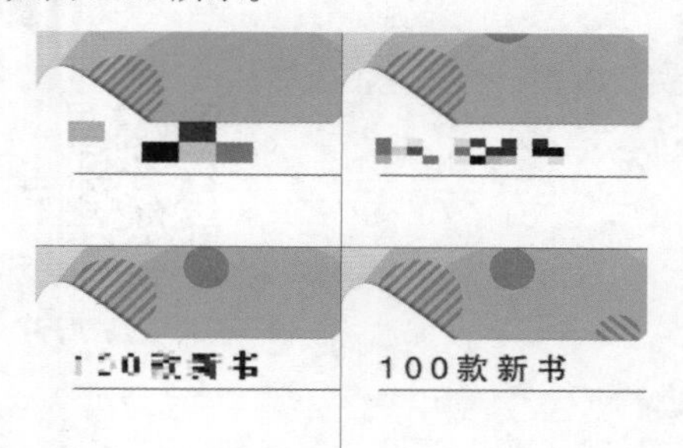

图 7.282

步骤 20 显现V8轨道上的文字图层，在【效果】面板中搜索【快速模糊入点】，在当前时间线位置将该效果拖曳到V8轨道的文字图层上，如图7.283所示。画面效果如图7.284所示。

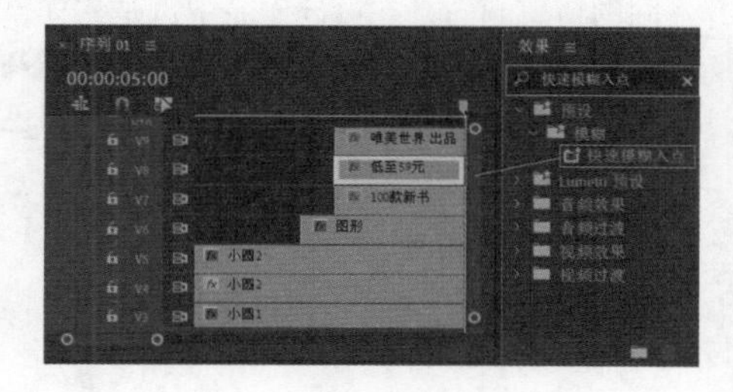

图 7.283

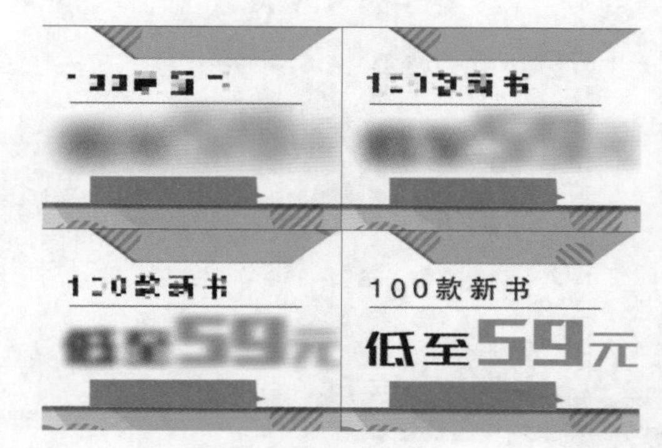

图 7.284

步骤 21 本实例制作完成，显现并选择V9轨道上的文字图层，滑动时间线查看实例制作效果，如图7.285所示。

图 7.285

扫一扫，看视频

调　色

本章内容简介：

调色是Premiere Pro中非常重要的功能，在很大程度上能够决定作品的“好坏”。通常情况下，不同的颜色往往带有不同的情感倾向，在设计作品中也是一样，只有与作品主题相匹配的色彩才能正确地传达作品的主旨内涵，因此正确地使用调色效果对设计作品而言是一道重要关卡。本章主要讲解在Premiere Pro中作品调色的流程，以及各类调色效果的应用。

重点知识掌握：

- 调色的概念
- Premiere Pro中的调色技巧与应用

8.1 调色前的准备工作

扫一扫，看视频

扫一扫，看视频

对于设计师来说，调色是后期处理的“重头戏”。一幅作品的颜色能够在很大程度上影响观者的心理感受。比如同样一张食物的照片，哪张看起来更美味一些？美食照片通常饱和度高一些，看起来会美味，如图8.1所示。的确，色彩能够美化照片，同时色彩也具有强大的“欺骗性”。同样一张“行囊”的照片，以不同的颜色进行展示，迎接它的或是轻松愉快的郊游，或是充满悬疑与未知的探险，如图8.2所示。

图 8.1

图 8.2

调色技术不仅在摄影后期中占有重要的地位，在设计中也是不可忽视的一个重要组成部分。设计作品中经常需要使用到各种各样的图片元素，而图片元素的色调与画面是否匹配也会影响到设计作品的成败。调色不仅可使元素变“漂亮”，更重要的是通过色彩的调整使元素“融合”到画面中。图8.3和图8.4所示可以看到部分元素与画面整体“格格不入”，而经过了颜色的调整，则会使元素不再显得突兀，画面整体气氛更统一。

图 8.3

图 8.4

色彩的力量无比强大，想要掌控这个神奇的力量，Premiere Pro必不可少。Premiere Pro的调色功能非常强大，不仅可以对错误的颜色(即色彩方面不正确的问题，如曝光过度、亮度不足、画面偏灰、色调偏色等)进行校正，如图8.5所示，更能够通过使用调色功能增强画面的视觉效果，丰富画面情感，打造出风格化的色彩，如图8.6所示。

图 8.5

图 8.6

8.2 图像控制类视频调色效果

Premiere Pro中的图像控制类视频调色效果可以平衡画面中强弱、浓淡、轻重的色彩关系，使画面更加符合观者的视觉感受。其中包括【图像控制】效果组中的【Color Pass】【Color Replace】【Gamma Correction】【黑白】以及【过时】效果组中的【Color Balance（RGB）】5种效果。【效果】面板如图8.7所示。

图8.7

- 【Gamma Correction】（灰度系数校正）：该效果可以对素材文件的明暗程度进行调整。为素材添加该效果的前后对比如图8.8所示。

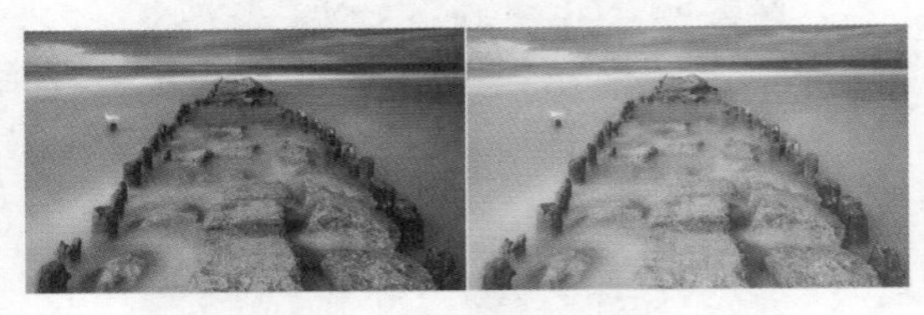

图8.8

- 【Color Balance（RGB）】（颜色平衡（RGB））：可根据参数的调整调节画面中三原色的数量值。为素材添加该效果的前后对比如图8.9所示。

图8.9

提示：学习调色时要注意的问题

调色命令虽然很多，但并不是每一种都特别常用，或者说，并不是每一种都适合自己使用。其实在实际调色过程中，想要实现某种颜色效果，往往是既可以使用这种命令，又可以使用那种命令。这时千万不要纠结于因为书中或者教程中使用的某个特定命令，而必须去使用这个命令，选择自己习惯使用的命令就可以。

- 【Color Replace】（颜色替换）：该效果可将所选择的目标颜色替换为【替换颜色】中的颜色。为素材添加该效果的前后对比如图8.10所示。

图8.10

- 【Color Pass】（颜色过滤）：可将画面中的各种颜色通过【相似性】调整为灰度效果。为素材添加该效果的前后对比如图8.11所示。

图8.11

- 黑白：可将彩色素材文件转换为黑白效果。为素材添加该效果的前后对比如图8.12所示。

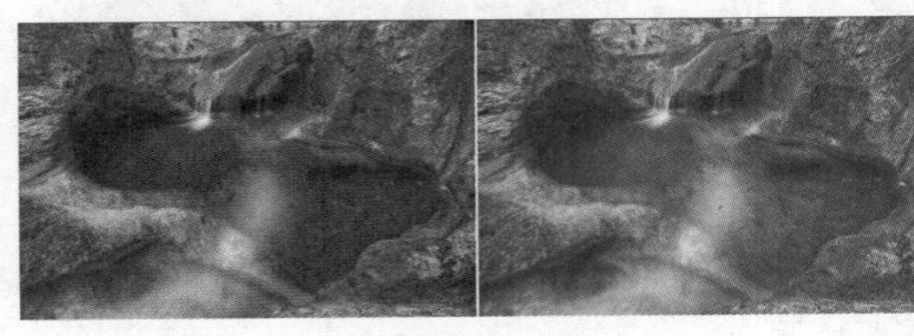

图8.12

实例：【黑白】效果制作双色图片

扫一扫，看视频

文件路径：Chapter 8 调色→实例：【黑白】效果制作双色图片

本实例主要使用【黑白】效果将画面变为单色，使用【自由绘制贝塞尔曲线】绘制一个树叶形状遮罩。实例对比效果如图8.13所示。

图8.13

步骤 01 执行【文件】/【新建】/【项目】命令，新建一个项目。执行【文件】/【导入】命令，导入素材文件，如图8.14所示。

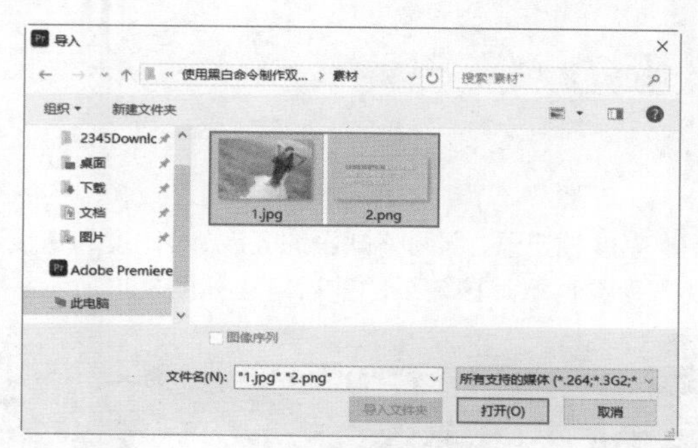

图 8.14

步骤 02 在【项目】面板中选择1.jpg素材，按住鼠标左键将其拖曳到【时间轴】面板中，如图8.15所示，此时在【项目】面板中自动生成序列。

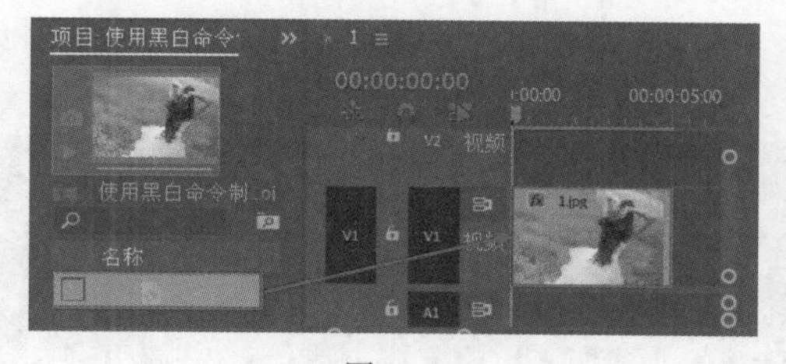

图 8.15

步骤 03 在【效果】面板的搜索框中搜索【黑白】，将该效果拖曳到V1轨道的1.jpg素材上，如图8.16所示。

图 8.16

步骤 04 选择V1轨道上的1.jpg素材，在【效果控件】面板中展开【黑白】效果，单击 (自由绘制贝塞尔曲线)按钮，在【蒙版(1)】中设置【蒙版羽化】为0，勾选【已反转】，如图8.17所示。在【节目监视器】面板中单击进行绘制，如图8.18所示。

步骤 05 将【项目】面板中的2.png文字素材拖曳到V2轨道上，如图8.19所示。

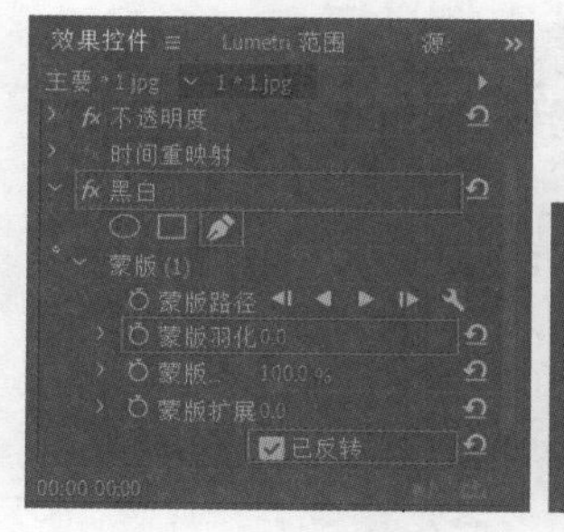

图 8.17

图 8.18

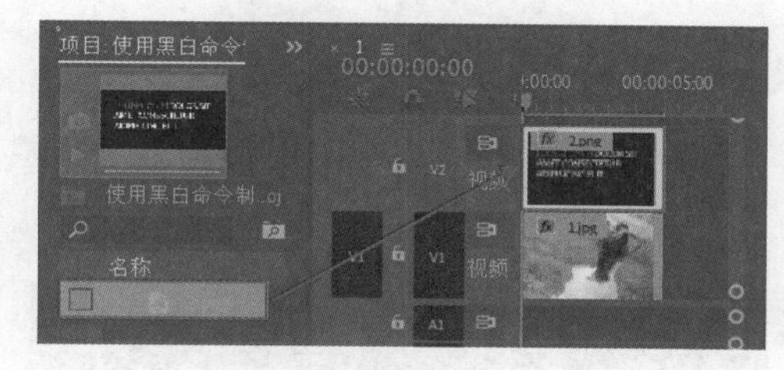

图 8.19

步骤 06 选择V2轨道上的2.png素材，在【效果控件】面板中设置【位置】为(310, 728)，如图8.20所示。画面效果如图8.21所示。

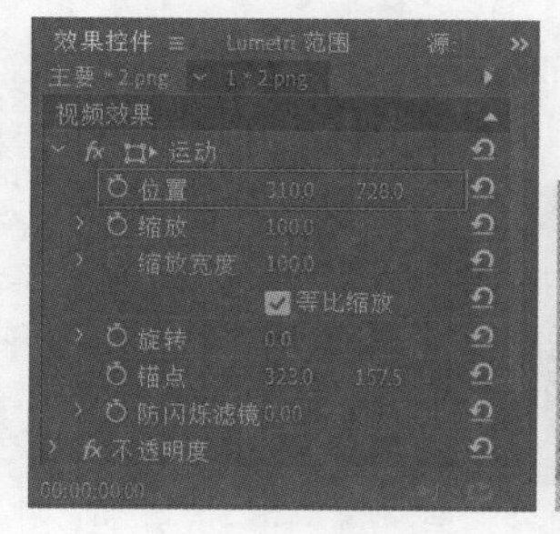

图 8.20

图 8.21

8.3 过时类视频效果

过时类视频效果包含【RGB曲线】【RGB 颜色校正器】【三向颜色校正器】【亮度曲线】【亮度校正器】【快速模糊】【快速颜色校正器】【自动对比度】【自动色阶】【自动颜色】【视频限幅器(旧版)】【阴影/高光】12种。选择【效果】面板中的【视频效果】/【过时】，面板如图8.22所示。

- RGB曲线：最常用的调色效果之一，可分别针对每一个颜色通道调节颜色，从而可以调节出更丰富的颜色效果。为素材添加该效果的前后对比如图8.23所示。

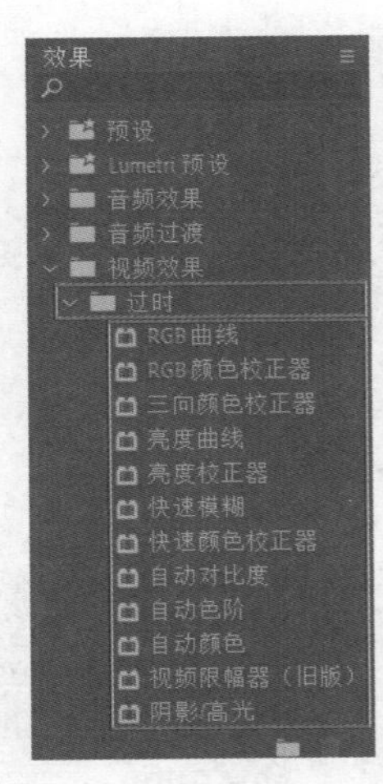

图 8.22

图 8.23

- **RGB 颜色校正器：** 比较强大的调色效果。为素材添加该效果的前后对比如图 8.24 所示。

图 8.24

- **三向颜色校正器：** 可对素材文件的阴影、高光和中间调进行调整。为素材添加该效果的前后对比如图 8.25 所示。

图 8.25

- **亮度曲线：** 可使用曲线来调整素材的亮度。为素材添加该效果的前后对比如图 8.26 所示。

图 8.26

- **亮度校正器：** 可调整画面的亮度、对比度和灰度值。为素材添加该效果的前后对比如图 8.27 所示。

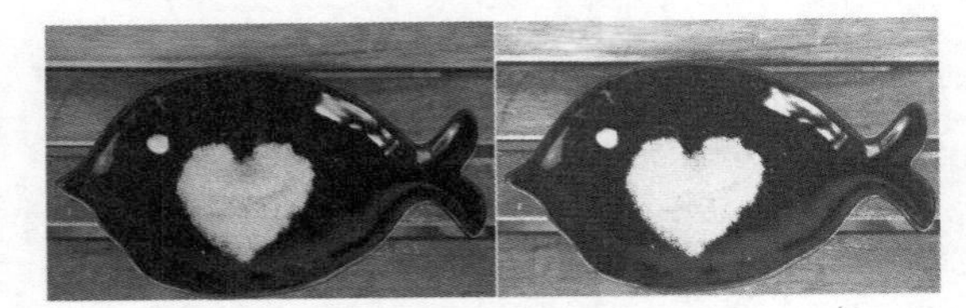

图 8.27

- **快速模糊：** 可根据所调整的模糊数值来控制画面的模糊程度。为素材添加该效果的前后对比如图 8.28 所示。

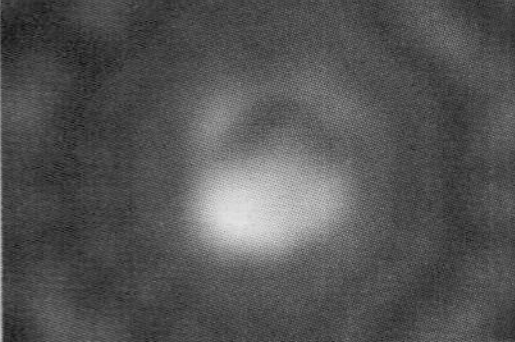

图 8.28

- **快速颜色校正器：** 可使用色相、饱和度来调整素材文件的颜色。为素材添加该效果的前后对比如图 8.29 所示。

图 8.29

- **自动对比度：** 可自动调整素材的对比度。为素材添加该效果的前后对比如图 8.30 所示。
- **自动色阶：** 可以自动对素材进行色阶调整。为素材添加该效果的前后对比如图 8.31 所示。
- **自动颜色：** 可以为素材的颜色进行自动调节。为素材添加该效果的前后对比如图 8.32 所示。

图 8.30

图 8.31

图 8.32

- 视频限幅器（旧版）：限制素材的亮度和颜色，让制作输出的视频在广播级范围内。
- 阴影/高光：可调整素材的阴影和高光部分。为素材添加该效果的前后对比如图8.33所示。

图 8.33

实例：【RGB 曲线】效果制作清新淡雅色调

文件路径：Chapter 8 调色→实例：【RGB 曲线】效果制作清新淡雅色调

扫一扫，看视频

本实例使用【RGB 曲线】效果调整画面颜色。实例对比效果如图8.34所示。

步骤 01 执行【文件】/【新建】/【项目】命令，新建一个项目。在【项目】面板的空白处右击，执行【新建项目】/【序列】命令，弹出【新建序列】窗口，并在DV-PAL文件夹下选择【标准48kHz】。执行【文件】/【导入】命令，导入1.jpg素材文件，如图8.35所示。

图 8.34

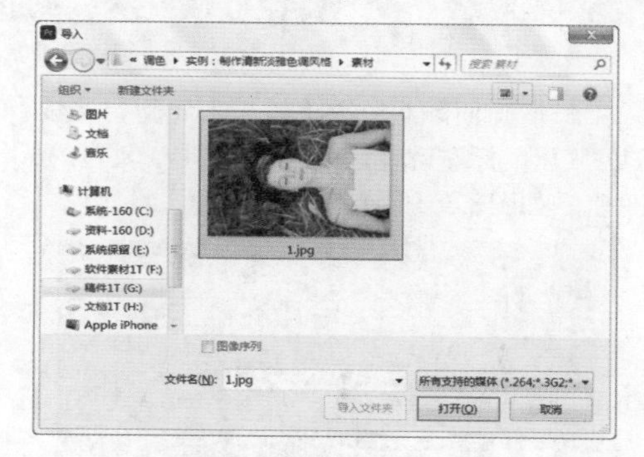

图 8.35

步骤 02 将【项目】面板中的1.jpg素材文件拖曳到V1轨道上，如图8.36所示。在【时间轴】面板中选择1.jpg素材文件，右击执行【缩放为帧大小】命令，如图8.37所示。

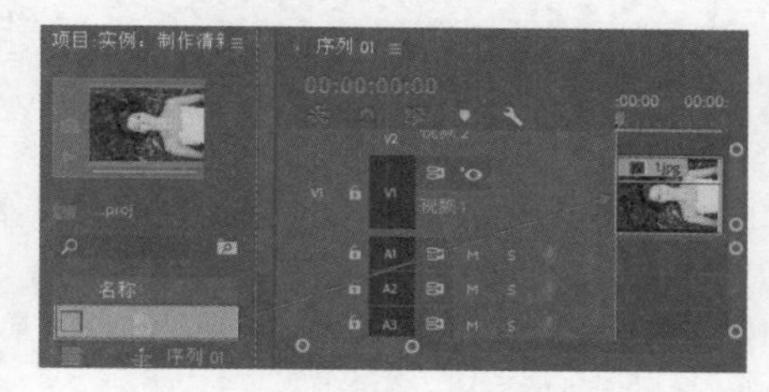

图 8.36

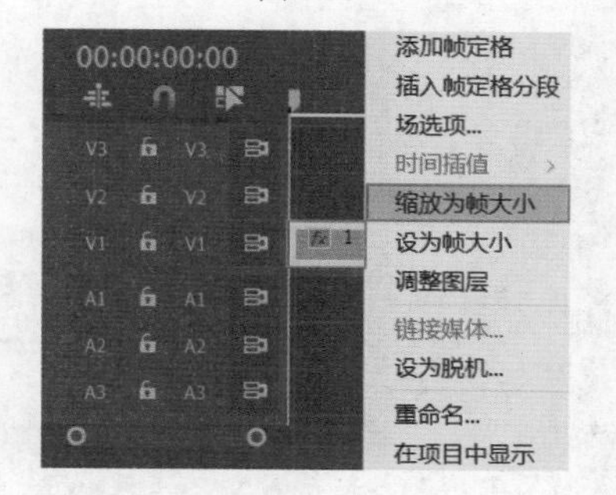

图 8.37

步骤 03 在【时间轴】面板中选择1.jpg素材文件，在【效果控件】面板中展开【运动】属性，设置【位置】为(400,288)，

【缩放】为111，如图8.38所示。此时画面效果如图8.39所示。

图 8.38

图 8.39

步骤 04 调整画面颜色，在【效果】面板中搜索【RGB曲线】，按住鼠标左键将该效果拖曳到V1轨道的1.jpg素材文件上，如图8.40所示。

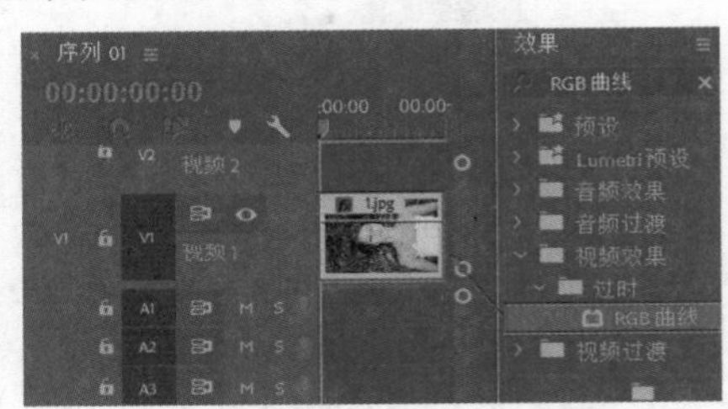

图 8.40

步骤 05 在【时间轴】面板中选择1.jpg素材文件，在【效果控件】面板中展开【RGB 曲线】效果，在【主要】下方的曲线上单击添加一个控制点并向左上角拖动，提高画面整体亮度，在【红色】下方的曲线上单击添加一个控制点并向右下角拖动，压暗画面中的红色数量，接着在【蓝色】下方的曲线上按住左下角处的控制点并向上进行拖动，如图8.41所示。画面最终效果如图8.42所示。

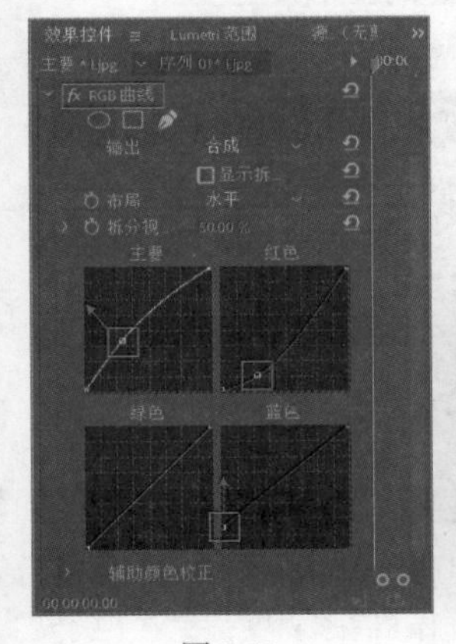

图 8.41

图 8.42

选项解读：【RGB曲线】重点参数速查

输出：其中包括【合成】和【输出】两种输出类型。

布局：其中包括【水平】和【垂直】两种布局类型。

拆分视图百分比：调整素材文件的视图大小。

辅助颜色校正：可以通过色相、饱和度与明亮度定义颜色并针对画面中的颜色进行校正。

实例：【RGB曲线】【亮度曲线】【颜色平衡（HLS）】效果制作山水仙境

扫一扫，看视频

文件路径：Chapter 8 调色→实例：【RGB曲线】【亮度曲线】【颜色平衡（HLS）】效果制作山水仙境

本实例使用【RGB曲线】效果调整天空和水面颜色，使用【亮度曲线】及【颜色平衡】效果调整画面整体色调。实例对比效果如图8.43所示。

图 8.43

步骤 01 执行【文件】/【新建】/【项目】命令，新建一个项目。执行【文件】/【导入】命令，导入01.jpg素材文件，如图8.44所示。

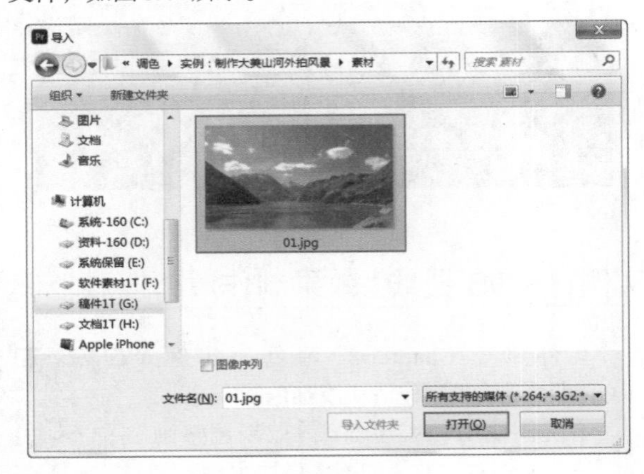

图 8.44

步骤 02 将【项目】面板中的01.jpg素材文件拖曳到V1轨道上，此时在【项目】面板中自动生成一个序列，如图8.45所示。

步骤 03 调整天空颜色。在【效果】面板中搜索【RGB曲线】，按住鼠标左键将该效果拖曳到V1轨道的01.jpg素材文件上，如图8.46所示。

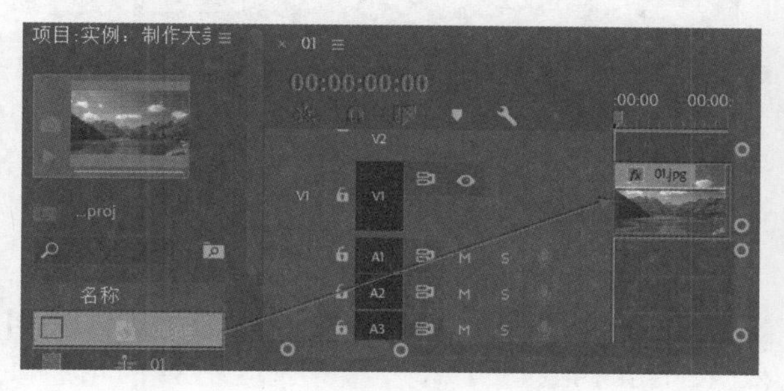

图 8.45

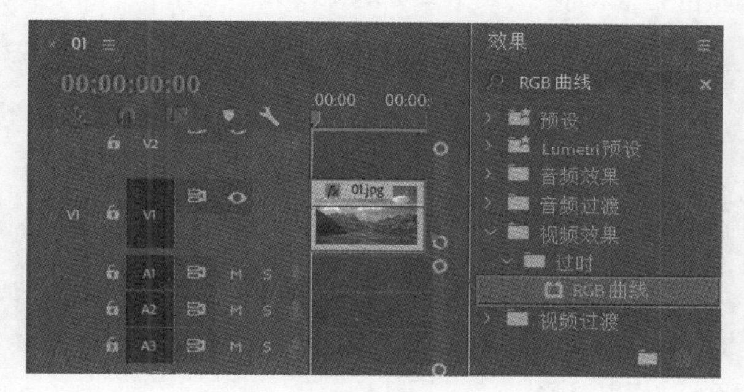

图 8.46

步骤 04 在【时间轴】面板中选择1.jpg素材文件，在【效果控件】面板中展开【RGB曲线】效果，单击（自由绘制贝塞尔曲线）按钮，然后在【节目监视器】面板中的天空位置绘制合适的形状，接着设置【蒙版羽化】为100，【蒙版不透明度】为90%，【蒙版扩展】为20，如图8.47所示。

图 8.47

步骤 05 在【主要】下方的曲线上单击添加一个控制点并向右下角拖曳，压暗蒙版区域的亮度，在【蓝色】下方的曲线上单击添加控制点并向左上角拖动，增强画面中的蓝色数量，如图8.48所示。此时的天空更加蔚蓝，效果如图8.49所示。

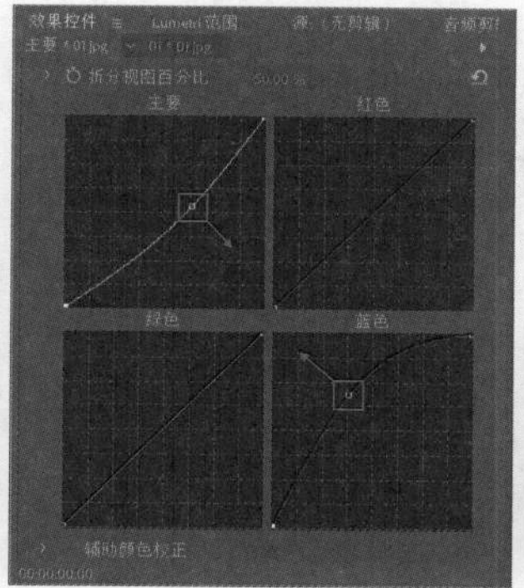

图 8.48

图 8.49

步骤 06 调整水面颜色。再次在【效果】面板中搜索【RGB曲线】，同样按住鼠标左键将该效果拖曳到V1轨道的01.jpg素材文件上，如图8.50所示。

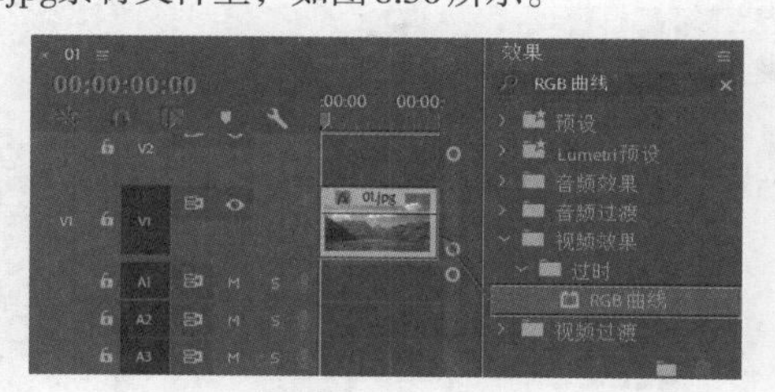

图 8.50

步骤 07 在【时间轴】面板中选择01.jpg素材文件，展开【RGB曲线】效果，单击（自由绘制贝塞尔曲线）按钮，然后在【节目监视器】面板中沿水面边缘绘制形状，在绘制时可调整锚点两端控制柄改变路径形状，如图8.51所示。接着在【RGB曲线】中的【主要】下方的曲线上单击添加两个控制点，将曲线调整为S形，继续在【绿色】下方的曲线上单击添加一个控制点并向左上角拖动，提亮水面中的绿色数量，如图8.52所示。

图 8.51

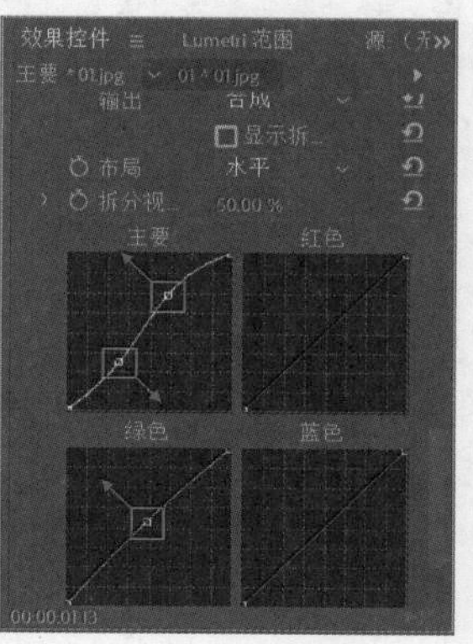

图 8.52

步骤 08 此时画面效果如图8.53所示。

图 8.53

步骤 09 调整画面颜色。在【效果】面板中搜索【亮度曲线】，按住鼠标左键将该效果拖曳到V1轨道的01.jpg素材文件上，如图8.54所示。

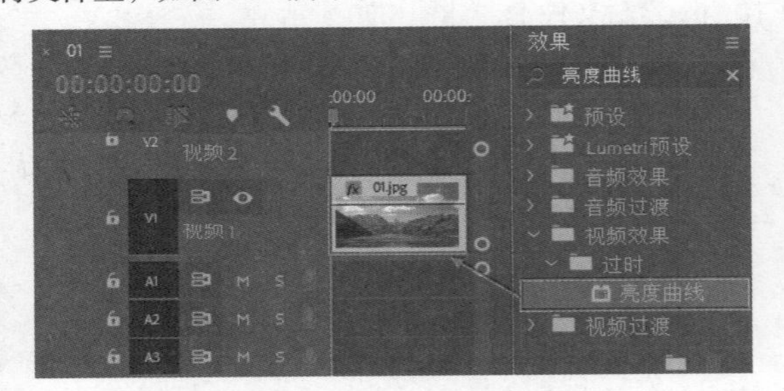

图 8.54

步骤 10 在【时间轴】面板中选择01.jpg素材文件，然后在【效果控件】面板中展开【亮度曲线】效果，在【亮度波形】下方的曲线上单击添加两个控制点，使曲线呈现为S形，如图8.55所示。此时画面效果如图8.56所示。

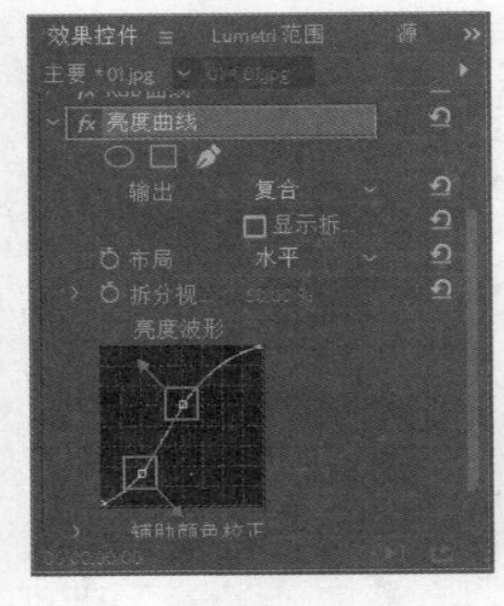

图 8.55　　图 8.56

步骤 11 在【效果】面板中搜索【颜色平衡（HLS）】，按住鼠标左键将该效果拖曳到V1轨道上的01.jpg素材文件上，如图8.57所示。

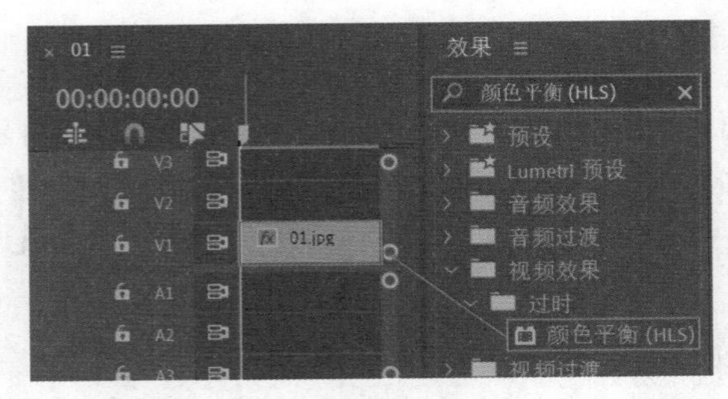

图 8.57

步骤 12 在【效果控件】面板中展开【颜色平衡（HLS）】效果，设置【饱和度】为23，如图8.58所示。此时画面颜色更加浓郁，最终效果如图8.59所示。

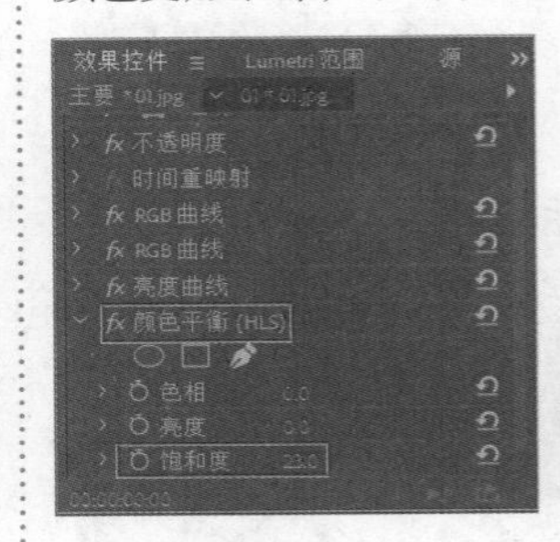

图 8.58　　图 8.59

实例：【渐变】【RGB 曲线】效果制作午后骄阳画面

扫一扫，看视频

文件路径：Chapter 8　调色→实例：【渐变】【RGB 曲线】效果制作午后骄阳画面

本实例使用【RGB曲线】效果提亮人物颜色，使用【渐变】效果搭配【混合模式】模拟阳光照射的画面感。实例前后对比效果如图8.60所示。

图 8.60

步骤 01 执行【文件】/【新建】/【项目】命令，新建一个项目。执行【文件】/【导入】命令，导入01.jpg素材文件，如图8.61所示。

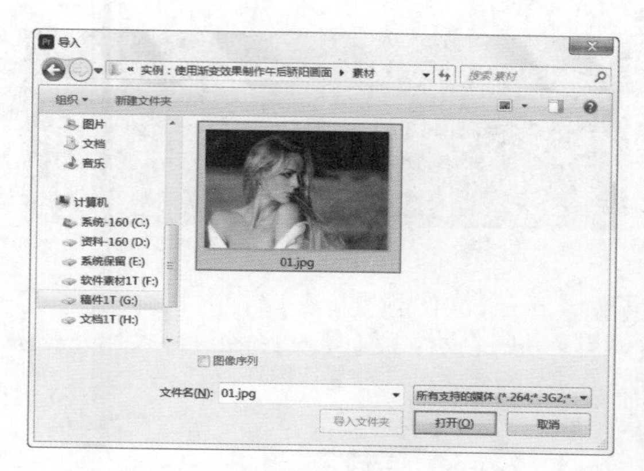

图 8.61

步骤 02 将【项目】面板中的01.jpg素材文件拖曳到V1轨道上，此时在【项目】面板中自动生成一个与01.jpg素材文件等大的序列，如图8.62所示。

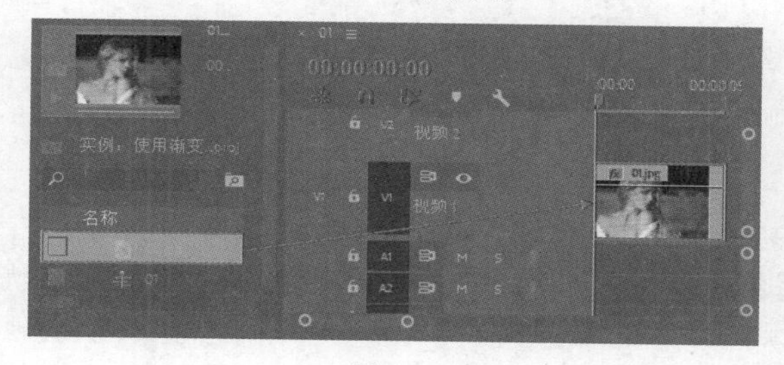

图 8.62

步骤 03 调整人物亮度。在【效果】面板中搜索【RGB曲线】，按住鼠标左键将该效果拖曳到V1轨道的01.jpg素材文件上，如图8.63所示。

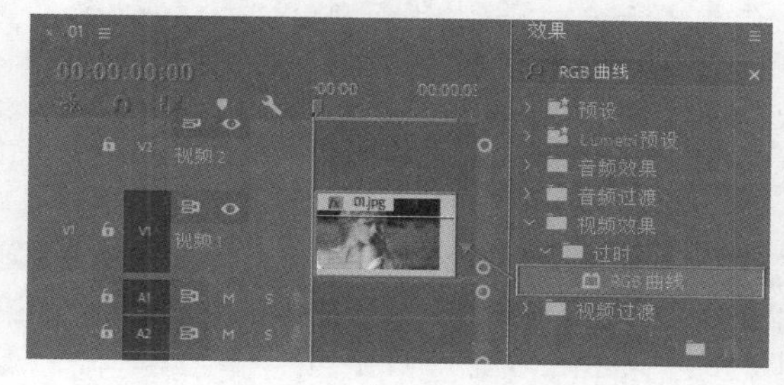

图 8.63

步骤 04 在【效果控件】面板中展开【RGB 曲线】效果，将【主要】下方的曲线左下角的控制点向上拖动，然后在曲线上单击添加一个控制点并向左上角拖动，提亮画面颜色，接着在【红色】下方的曲线上单击添加一个控制点并向右下角拖动，如图8.64所示。此时画面颜色如图8.65所示。

步骤 05 执行【文件】/【新建】/【颜色遮罩】命令。接着在弹出的【拾色器】对话框中设置颜色为黑色，单击【确定】按钮，此时会弹出一个【选择名称】对话框，设置新遮罩的名称为【颜色遮罩】，如图8.66所示。

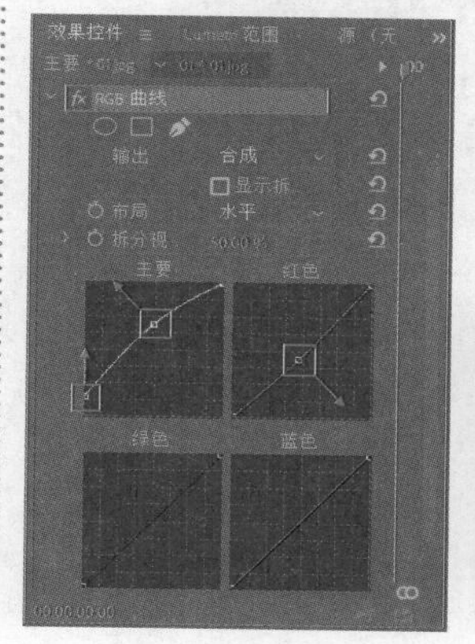

图 8.64

图 8.65

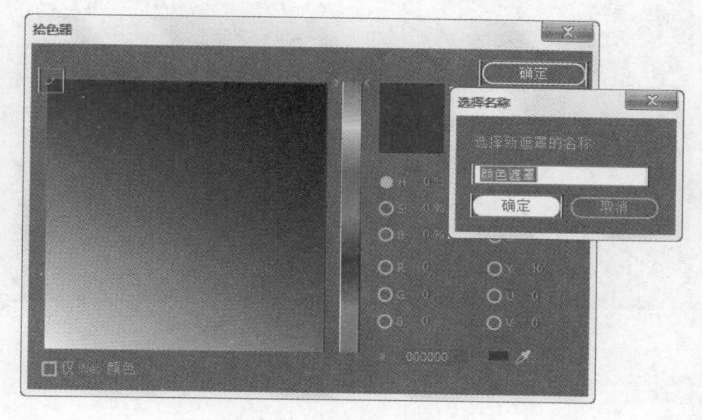

图 8.66

步骤 06 将【项目】面板中的【颜色遮罩】素材文件拖曳到V2轨道上，如图8.67所示。

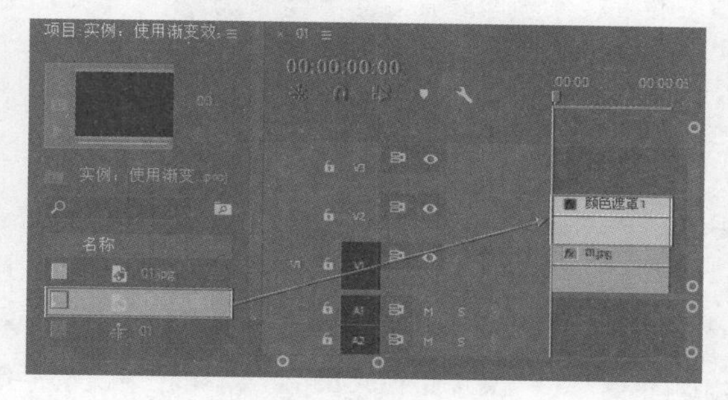

图 8.67

步骤 07 在【效果】面板中搜索【渐变】，按住鼠标左键将该效果拖曳到V2轨道上的【颜色遮罩】素材文件上，如图8.68所示。

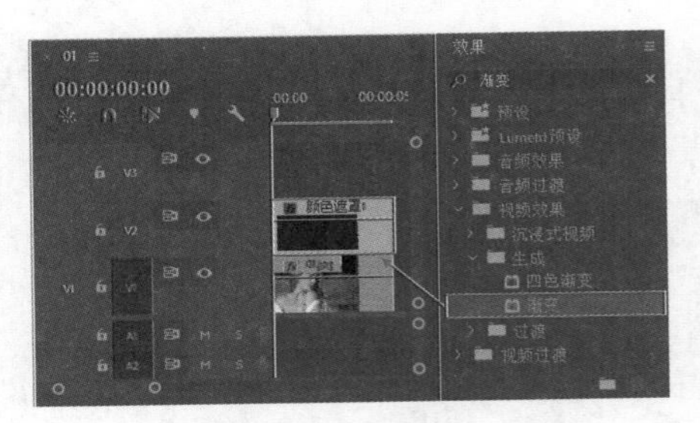

图 8.68

步骤 08 在【效果控件】面板中展开【渐变】效果，设置【渐变起点】为(440,135)，【起始颜色】为铭黄色，【渐变终点】为(865,540)，【结束颜色】为黑色，如图8.69所示。接着展开【不透明度】属性，设置【混合模式】为【滤色】，如图8.70所示。

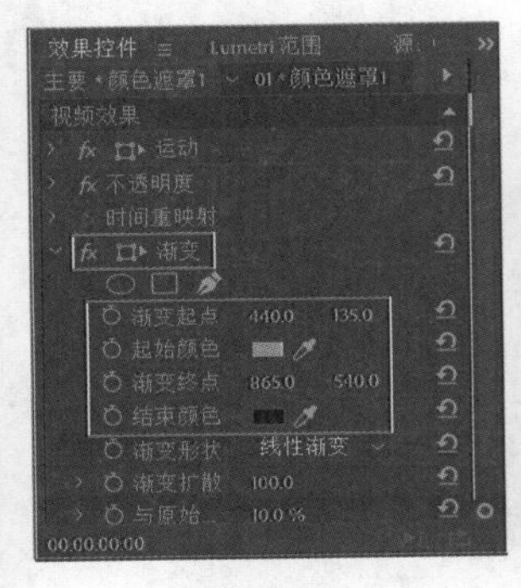

图 8.69

图 8.70

步骤 09 此时实例制作完成，画面效果如图8.71所示。

图 8.71

实例：【亮度曲线】【Lumetri颜色】【钝化蒙版】效果打造惊悚类型影片色调

扫一扫，看视频

文件路径：Chapter 8 调色→实例：【亮度曲线】【Lumetri颜色】【钝化蒙版】效果打造惊悚类型影片色调

本实例主要使用【亮度曲线】效果及【Lumetri颜色】调整画面色调，使用【钝化蒙版】锐化画面。实例前后对比效果如图8.72所示。

图 8.72

步骤 01 执行【文件】/【新建】/【项目】命令，新建一个项目。执行【文件】/【导入】命令，导入1.jpg素材文件，如图8.73所示。

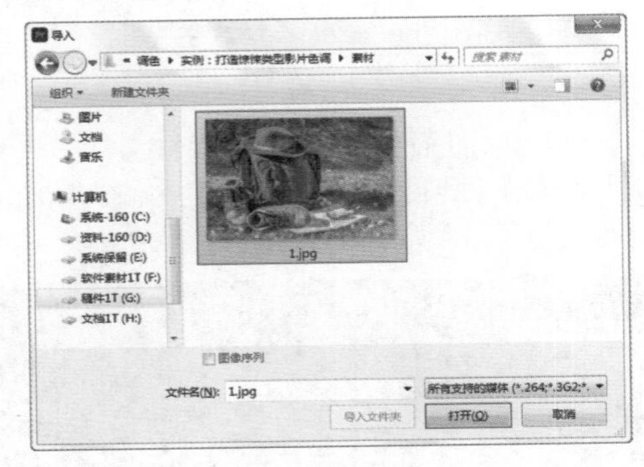

图 8.73

步骤 02 将【项目】面板中的1.jpg素材文件拖曳到V1轨道上，此时在【项目】面板中自动生成一个与1.jpg素材文件等大的序列，如图8.74所示。

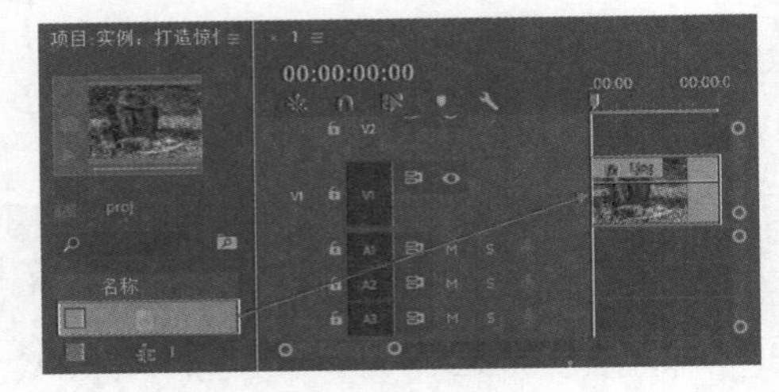

图 8.74

步骤 03 将画面进行压暗。在【效果】面板中搜索【亮度曲线】，按住鼠标左键将该效果拖曳到V1轨道的1.jpg素材文件上，如图8.75所示。

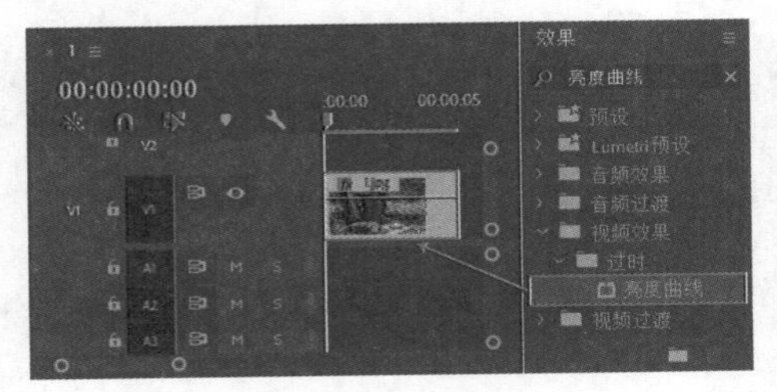

图 8.75

步骤 04 在【时间轴】面板中选择V1轨道上的1.jpg素材文件，在【效果控件】面板中展开【亮度曲线】效果，将【亮度波形】曲线右上角的锚点向下拖动，接着在曲线上单击添加一个控制点并向右下角拖动，如图8.76所示。此时画面变暗，效果如图8.77所示。

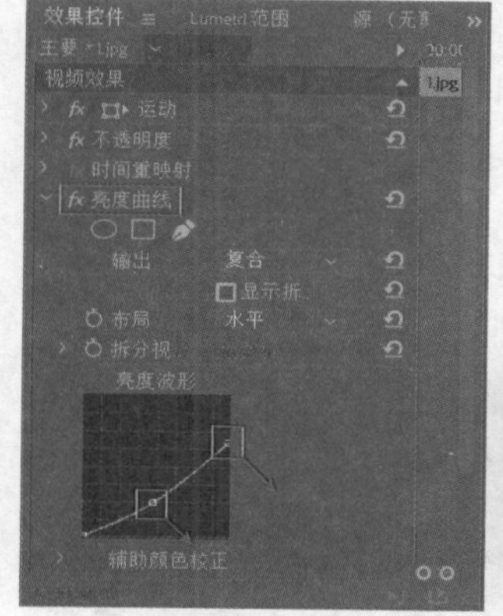

图 8.76

图 8.77

步骤 05 更改画面色相。在【效果】面板中搜索【Lumetri颜色】，按住鼠标左键将该效果拖曳到V1轨道的1.jpg素材文件上，如图8.78所示。

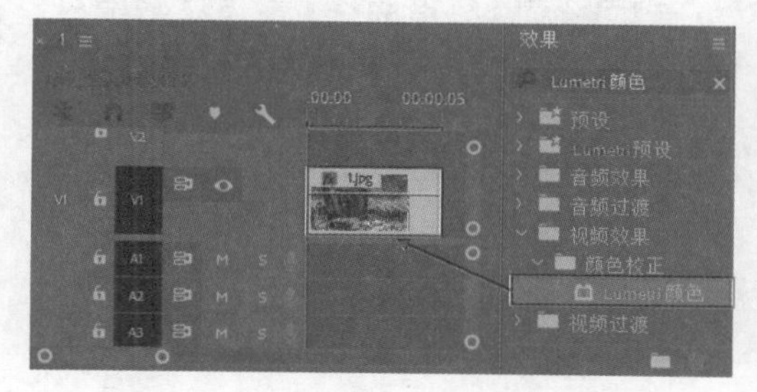

图 8.78

步骤 06 在【效果控件】面板中展开【Lumetri颜色】效果下方的【基本校正】，设置【色温】为-15，【对比度】为50，【黑色】为-20，【饱和度】为40，如图8.79所示。接下来向下滑动滚动条，单击绿色通道按钮，在绿色曲线上方单击添加一个控制点并向左上角拖动，此时画面中绿色数量增加；继续单击蓝色通道按钮，在蓝色曲线上方单击添加一个控制点并向左上角拖动，使蓝色曲线弧度更大一些，增添画面中的蓝色数量，如图8.80所示。

步骤 07 继续展开【晕影】效果，设置【数量】为-5，【中点】为50，【羽化】为50，如图8.81所示。此时画面效果如图8.82所示。

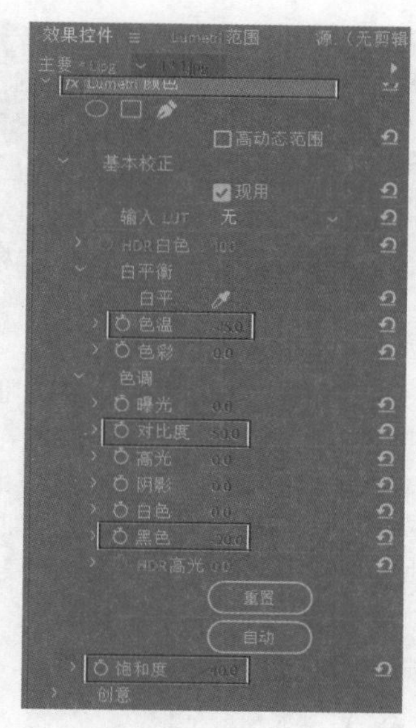

图 8.79

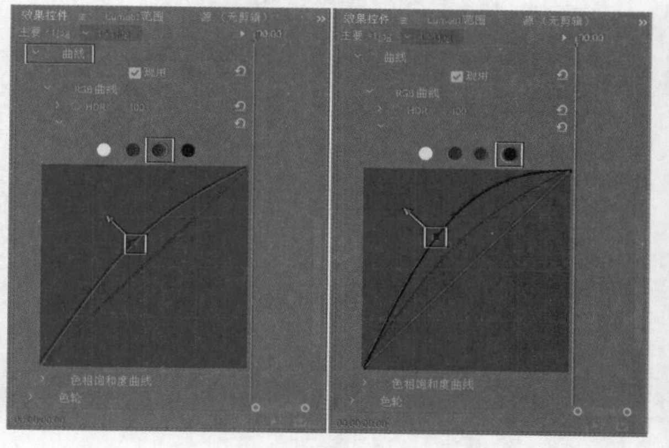

图 8.80

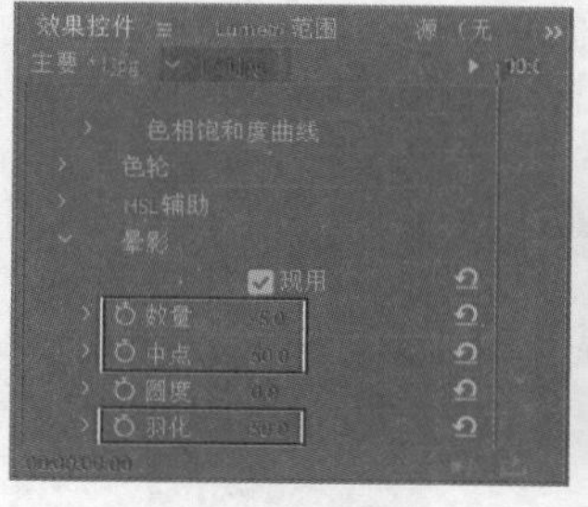

图 8.81

图 8.82

步骤 08 进行局部提亮。再次在【效果】面板中搜索【亮度曲线】，按住鼠标左键将该效果拖曳到V1轨道的1.jpg素材文件上，如图8.83所示。

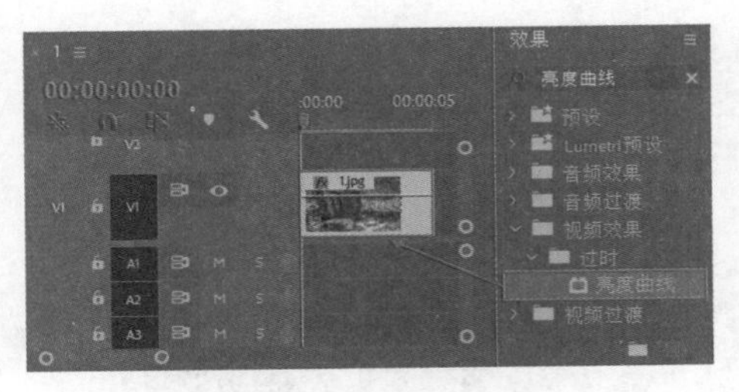

图 8.83

步骤 09 在【效果控件】面板中展开【亮度曲线】效果，单击◯（创建椭圆形蒙版）按钮，接着在【节目监视器】面板中调整椭圆蒙版的大小及位置，如图8.84所示。然后设置【蒙版羽化】为90，在【亮度波形】曲线上单击添加一个控制点并向左上角拖动提高画面亮度，如图8.85所示。此时画面效果如图8.86所示。

图 8.84

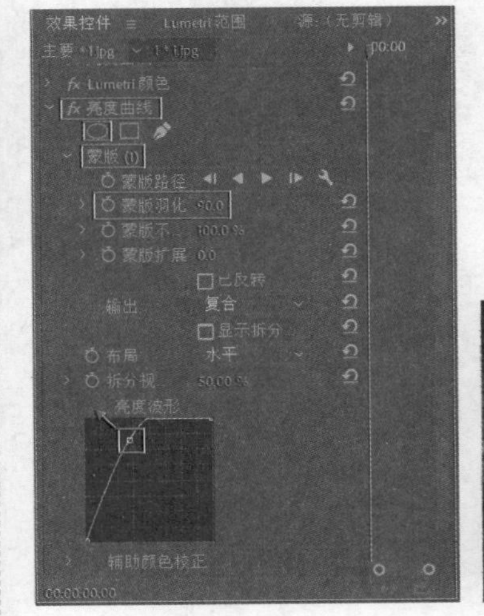

图 8.85　图 8.86

步骤 10 在【效果】面板中搜索【钝化蒙版】，按住鼠标左键将该效果拖曳到V1轨道的1.jpg素材文件上，如图8.87所示。

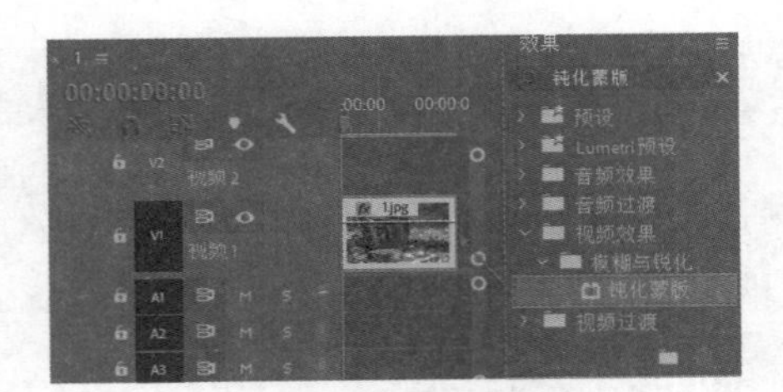

图 8.87

步骤 11 在【效果控件】面板中展开【钝化蒙版】效果，设置【数量】为80，【半径】为2，如图8.88所示。本实例制作完成，最终效果如图8.89所示。

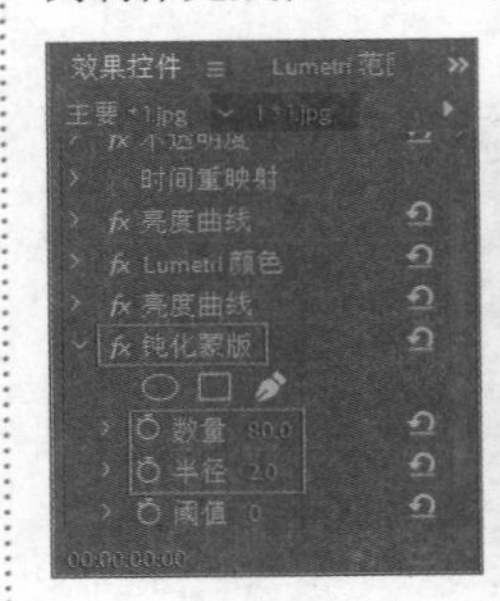

图 8.88　图 8.89

选项解读：【亮度曲线】重点参数速查

输出：可通过【输出】查看素材文件的最终效果。包含【复合】和【亮度】两种方式。

显示拆分视图：勾选该选项可显示素材文件调整前后的对比效果。

布局：包含【水平】和【垂直】两种布局方式。

拆分视图百分比：调整视图的大小情况。

实例：【三向颜色校正器】效果打造怀旧色调

扫一扫，看视频

文件路径：Chapter 8 调色→实例：【三向颜色校正器】效果打造怀旧色调

本实例使用【三向颜色校正器】效果将画面调整为暖橙色，呈现出一种复古画面。实例效果如图8.90和图8.91所示。

图 8.90

图 8.91

步骤 01 执行【文件】/【新建】/【项目】命令，新建一个项目。执行【文件】/【导入】命令，导入全部素材文件，如图8.92所示。

图 8.92

步骤 02 在【项目】面板中选择1.jpg、2.png、3.png素材，按住鼠标左键将其拖曳到V1、V2和V3轨道上，如图8.93所示，此时在【项目】面板中自动生成序列。

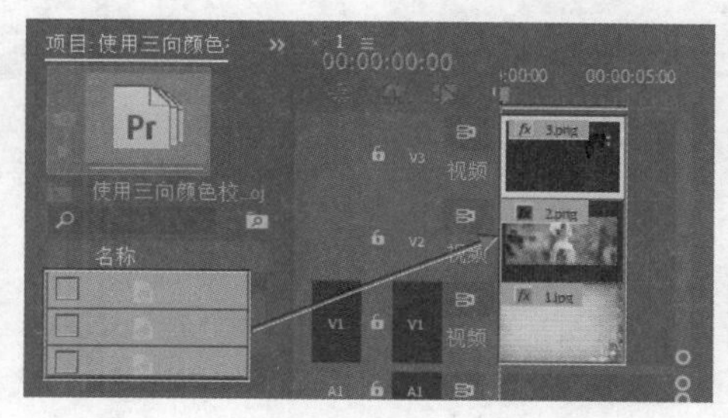

图 8.93

步骤 03 调整文字素材大小和位置。选中V3轨道上的3.png素材，在【效果控件】面板中设置【位置】为(535,480)，【缩放】为70，如图8.94所示。画面效果如图8.95所示。

步骤 04 在【效果】面板中搜索【三向颜色校正器】，将该效果拖曳到V2轨道的2.png素材上，如图8.96所示。

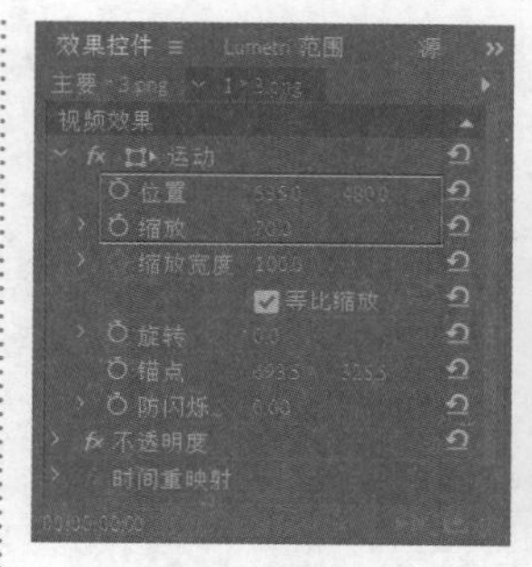

图 8.94

图 8.95

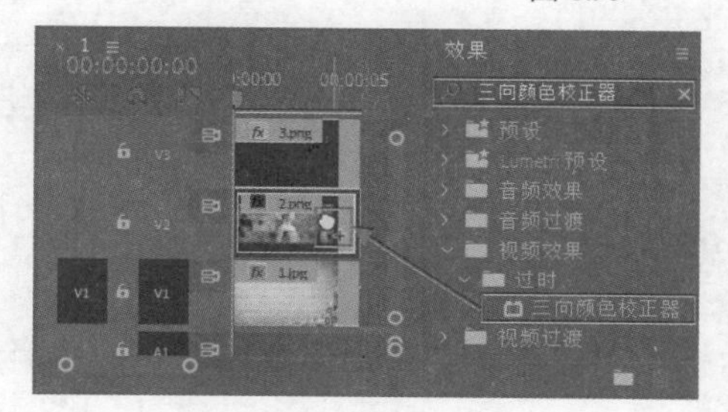

图 8.96

步骤 05 选中V2轨道上的2.png素材，在【效果控件】面板中展开【三向颜色校正器】效果，分别拖动【阴影】【中间调】和【高光】圆盘中的指针，调整指针方向和长度，按住鼠标左键向左上角拖曳，使指针分别指向红色区域、橙色区域和黄色区域，如图8.97所示。此时画面效果如图8.98所示。

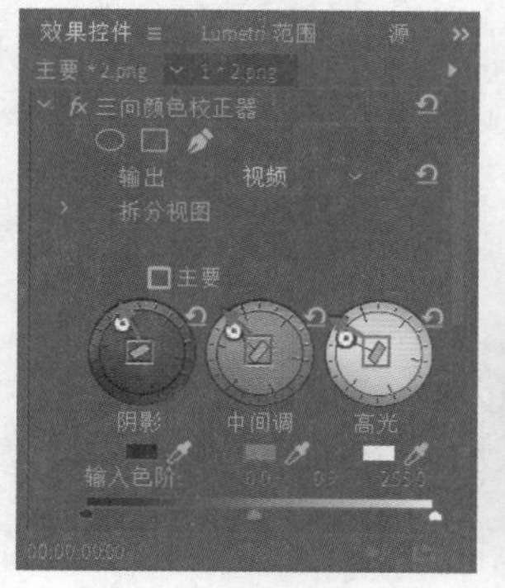

图 8.97

图 8.98

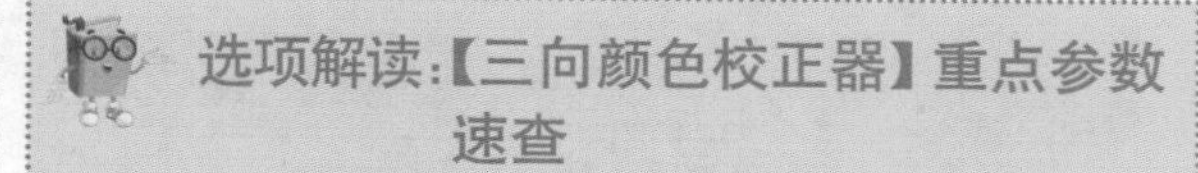

选项解读:【三向颜色校正器】重点参数速查

输出：可查看素材文件的色调范围，包含【视频】输出和【亮度】输出两种类型。

拆分视图：可在该参数下设置视图的校正情况。

色调范围定义：滑动滑块，在该参数下可调节阴影、中间调和高光的色调范围阈值。

饱和度：调整素材文件的饱和度情况。

辅助颜色校正：可将颜色进行进一步精确调整。

自动色阶：调整素材文件的阴影高光情况。

阴影：针对画面中的阴影部分进行调整。

中间调：调整素材文件的中间调颜色。

高光：调整素材文件的高光部分。

主要：调整画面中的整体色调偏向。

主色阶：调整画面中的黑白灰色阶。

实例：【阴影/高光】效果还原背光区域细节

扫一扫，看视频

文件路径：Chapter 8 调色→实例：【阴影/高光】效果还原背光区域细节

本实例使用【阴影/高光】效果将背光区域调亮，使细节显现出来。实例效果如图8.99所示。

图 8.99

步骤 01 执行【文件】/【新建】/【项目】命令，新建一个项目。执行【文件】/【导入】命令，导入1.jpg素材文件，如图8.100所示。

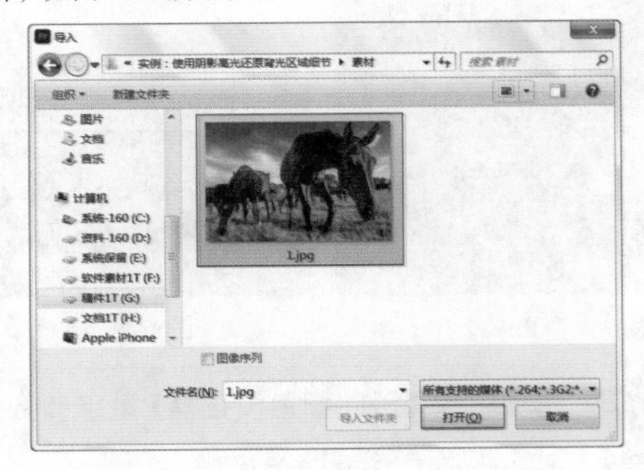

图 8.100

步骤 02 将【项目】面板中的1.jpg素材文件拖曳到V1轨道上，如图8.101所示。

步骤 03 调整画面颜色。在【效果】面板中搜索【阴影/高光】，按住鼠标左键将该效果拖曳到V1轨道的1.jpg素材文件上，如图8.102所示。

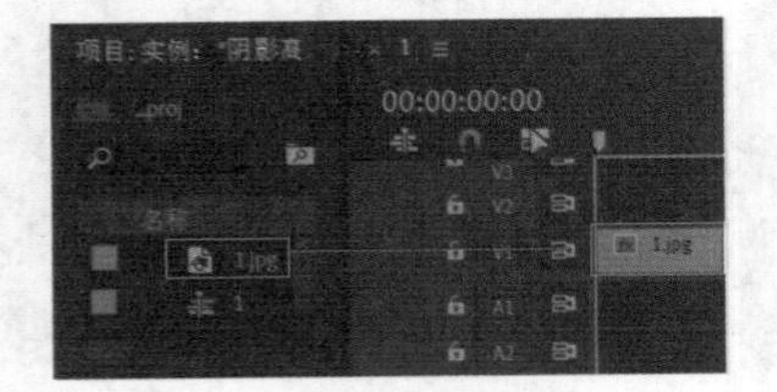

图 8.101

图 8.102

步骤 04 在【时间轴】面板中选择1.jpg素材文件，然后在【效果控件】面板中展开【阴影/高光】效果，取消勾选【自动数量】，设置【阴影数量】为65，如图8.103所示。此时实例制作完成，画面效果如图8.104所示。

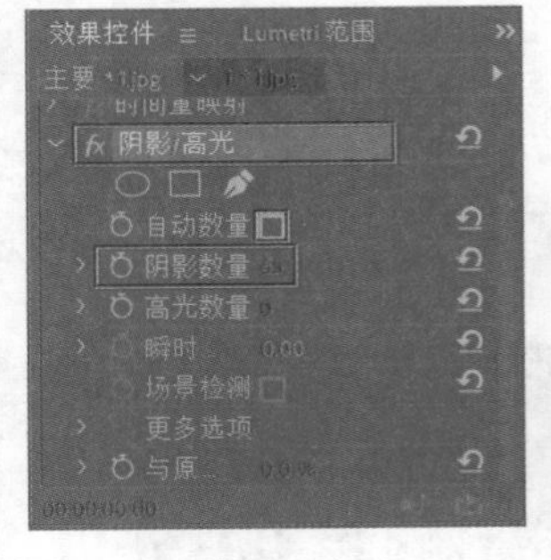

图 8.103

图 8.104

选项解读：【阴影/高光】重点参数速查

自动数量：勾选该选项后，会自动调整素材文件的阴影和高光部分，此时该效果中的其他参数将不能使用。

阴影数量：控制素材文件中阴影的数量。

高光数量：控制素材文件中高光的数量。

瞬时平滑：在调节时设置素材文件时间滤波的秒数。

场景检测：只有勾选【瞬时平滑】，该参数才可以进行场景检测。

更多选项：展开该选项可以对素材文件的【阴影】【高光】【中间调】等数量进行调整。

实例:【快速模糊】效果制作云雾效果

文件路径:Chapter 8 调色→实例:【快速模糊】制作云雾效果

本实例主要使用【快速模糊】效果将白色形状进行模糊处理，形成云雾蒙蒙的效果。实例效果如图8.105所示。

图 8.105

步骤 01 执行【文件】/【新建】/【项目】命令，新建一个项目。执行【文件】/【导入】命令，导入1.jpg素材文件，如图8.106所示。

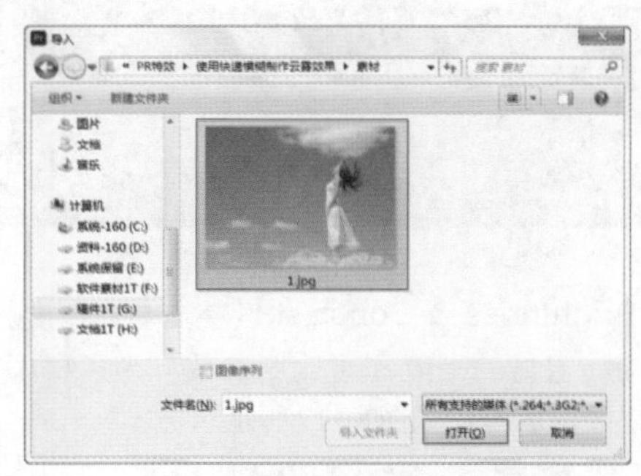

图 8.106

步骤 02 将【项目】面板中的1.jpg素材文件拖曳到V1轨道上，此时在项目面板中自动生成与1.jpg素材文件等大的序列，如图8.107所示。

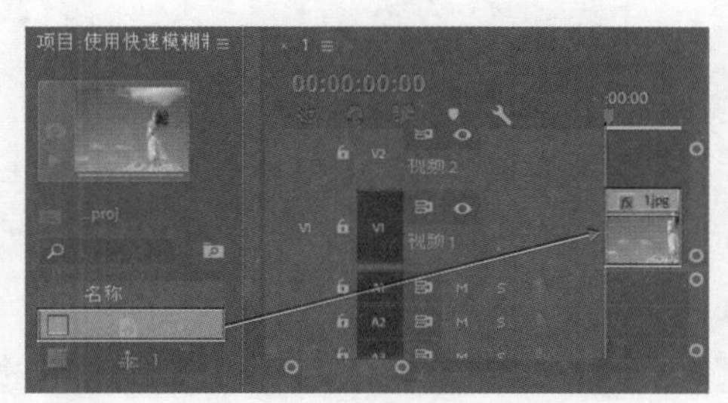

图 8.107

步骤 03 制作云雾效果。将时间线滑动至起始位置，在【工具】面板的工具栏中选择(钢笔工具)，在【节目控制器】面板中使用【钢笔工具】绘制一个比较随意的路径，在绘制过程中可调整锚点两侧控制柄改变路径形状，如图8.108所示。

图 8.108

步骤 04 在【时间轴】面板中选择刚刚添加的图形图层，在【效果控件】面板中展开【外观】，设置【填充颜色】为白色，展开【变换】，设置【位置】为(0,226.5)，如图8.109所示。

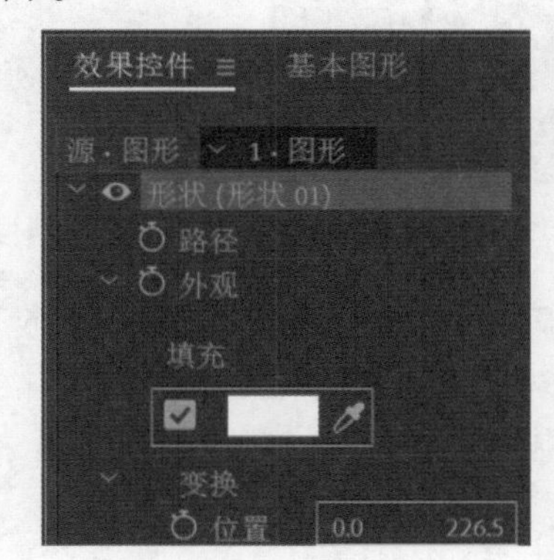

图 8.109

步骤 05 在【效果】面板中搜索【快速模糊】，按住鼠标左键将该效果拖曳到V2轨道上的图形图层上方，如图8.110所示。

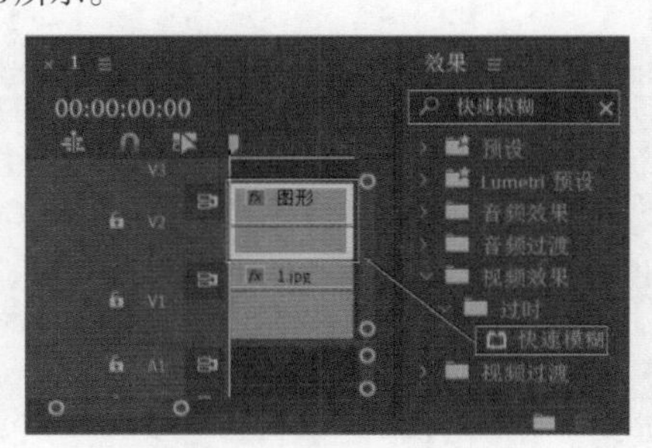

图 8.110

步骤 06 在【时间轴】面板中选择【图形】文件，在【效果控件】面板中展开【不透明度】属性，设置【不透明度】为65%，如图8.111所示。

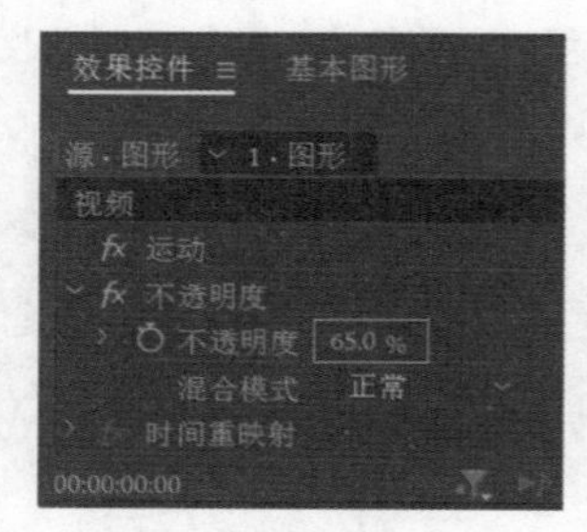

图8.111

步骤 07 继续展开【快速模糊】效果，设置【模糊度】为190，如图8.112所示。此时云雾效果制作完成，如图8.113所示。

图8.112

图8.113

选项解读：【快速模糊】重点参数速查

模糊度：调整画面的模糊程度。

模糊维度：包括【水平和垂直】【水平】【垂直】3种模糊方式。

重复边缘像素：勾选该选项，可对画面边缘像素进行模糊处理。

8.4 颜色校正类视频效果

颜色校正类视频效果可对素材的颜色进行细致校正。其中包括【过时】效果组中的【保留颜色】【均衡】【更改为颜色】【更改颜色】【通道混合器】【颜色平衡（HLS）】以及【颜色校正】效果组中的【ASC CDL】【Brightness & Contrast】【Lumetri 颜色】【色彩】【视频限制器】【颜色平衡】12种效果，如图8.114所示。

- ASC CDL：可对素材文件进行红、绿、蓝3种色相及饱和度的调整。为素材添加该效果的前后对比如图8.115所示。
- Lumetri 颜色：可对素材文件在通道中进行颜色调整。为素材添加该效果的前后对比如图8.116所示。

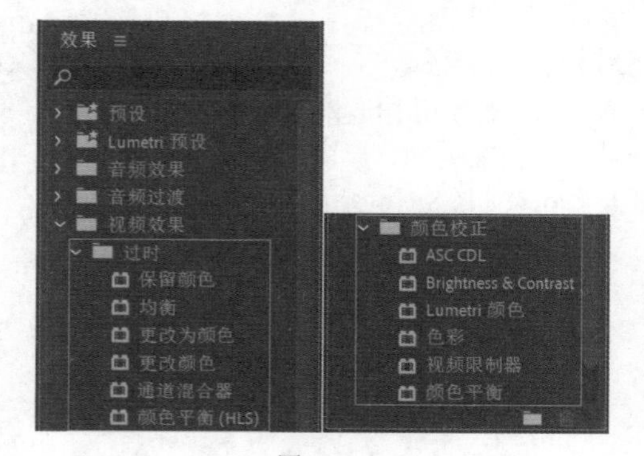

图8.114

图8.115

图8.116

- 【Brightness & Contrast】（亮度与对比度）：可以调整素材的亮度和对比度参数。为素材添加该效果的前后对比如图8.117所示。

图8.117

- 保留颜色：可以选择一种想要保留的颜色，将其他颜色的饱和度降低。为素材添加该效果的前后对比如图8.118所示。

图 8.118

- **均衡**：可通过RGB、亮度、Photoshop样式自动调整素材的颜色。为素材添加该效果的前后对比如图8.119所示。

图 8.119

- **更改为颜色**：可将画面中的一种颜色变为另外一种颜色。为素材添加该效果的前后对比如图8.120所示。

图 8.120

- **更改颜色**：与【更改为颜色】相似，可将颜色进行更改替换。为素材添加该效果的前后对比如图8.121所示。

图 8.121

- **色彩**：可以通过所更改的颜色对图像进行颜色的变换处理。为素材添加该效果的前后对比如图8.122所示。

图 8.122

- **视频限制器**：可以对画面中素材的颜色值进行限幅调整。为素材添加该效果的前后对比如图8.123所示。

图 8.123

- **通道混合器**：常用于修改画面中的颜色。为素材添加该效果的前后对比如图8.124所示。

图 8.124

- **颜色平衡**：可调整素材中阴影红绿蓝、中间调红绿蓝和高光红绿蓝所占的比例。为素材添加该效果的前后对比如图8.125所示。

图 8.125

- **颜色平衡（HLS）**：可通过色相、亮度和饱和度等参数调节画面色调。为素材添加该效果的前后对比如图8.126所示。

图 8.126

实例:【保留颜色】效果制作变色世界

扫一扫，看视频

文件路径:Chapter 8 调色→实例:【保留颜色】效果制作变色世界

本实例主要使用【保留颜色】效果将天空制作出由黑白到单色再到彩色的画面效果。实例效果如图8.127所示。

图 8.127

步骤 01 执行【文件】/【新建】/【项目】命令，新建一个项目。执行【文件】/【导入】命令，导入视频素材，如图8.128所示。

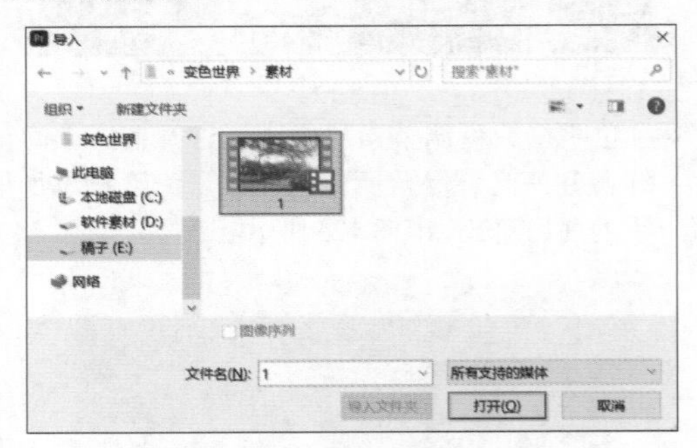

图 8.128

步骤 02 在【项目】面板中将1.mp4素材拖曳到V1轨道上，如图8.129所示。

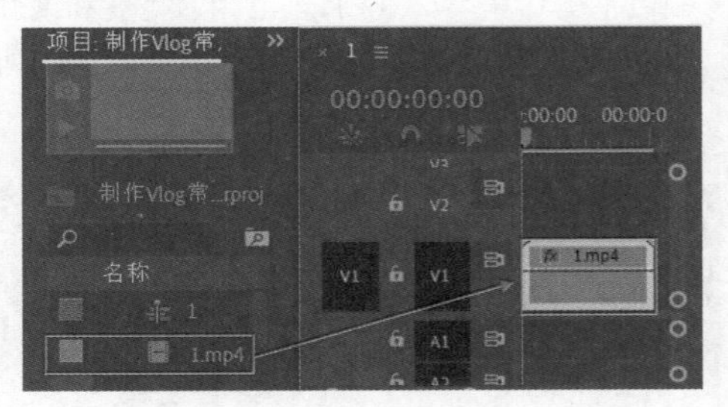

图 8.129

步骤 03 在【效果】面板中搜索【保留颜色】，按住鼠标左键将该效果拖曳到V1轨道的1.mp4素材上，如图8.130所示。

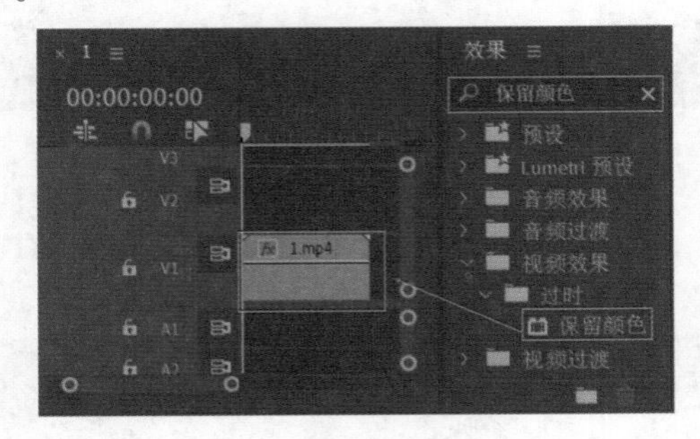

图 8.130

步骤 04 选择V1轨道上的素材，在【效果控件】面板中展开【保留颜色】效果，单击【要保留的颜色】后方的吸管工具，吸取画面中的绿色部分，接着设置【脱色量】为100%，【匹配颜色】为【使用色相】，如图8.131所示。

图 8.131

步骤 05 将时间线滑动到3秒位置，开启【容差】关键帧，选择刚刚添加的关键帧，在其上方右击选择【定格】命令，如图8.132所示。将时间线滑动到起始帧位置，设置【容差】为0%，如图8.133所示，然后将时间线滑动到6秒位置，设置【容差】为100%。

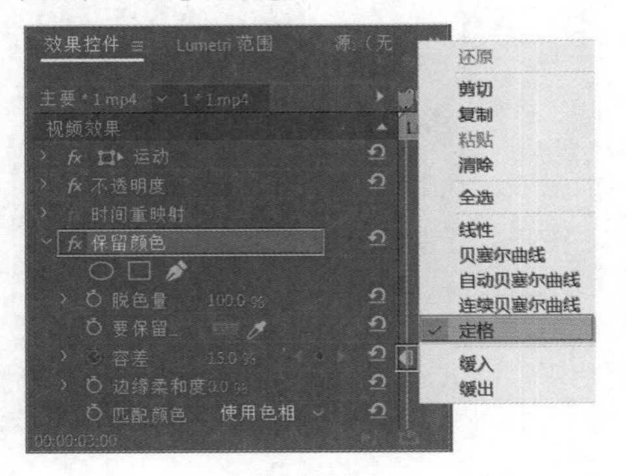

图 8.132

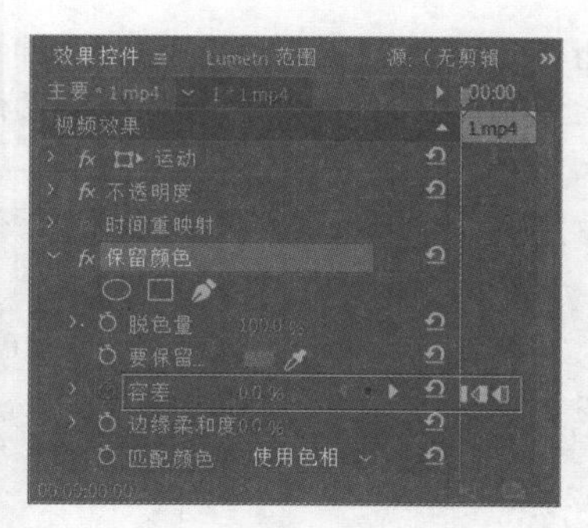

图 8.133

步骤 06 滑动时间线查看画面效果，如图8.134所示。

图 8.134

选项解读:【保留颜色】重点参数速查

脱色量：可控制目标颜色在画面中的面积。

要保留的颜色：将后方色块设置为哪种颜色，哪种颜色就会保留在画面中。

容差：在选取颜色时所设置的选取范围，容差越大，选取的范围也越大。

边缘柔和度：决定颜色边缘的粗糙程度。

匹配颜色：可设置为【使用RGB】【使用色相】两种模式。

实例:【Lumetri 颜色】【颜色平衡(HLS)】【RGB曲线】效果打造唯美人像

文件路径:Chapter 8 调色→实例:【Lumetri 颜色】【颜色平衡(HLS)】【RGB曲线】效果打造唯美人像

扫一扫，看视频

本实例主要使用【Lumetri颜色】效果制作画面边缘的白色晕影效果，使用【颜色平衡(HLS)】及【RGB曲线】调整画面色调。实例前后对比效果如图8.135和图8.136所示。

图 8.135

图 8.136

步骤 01 执行【文件】/【新建】/【项目】命令，新建一个项目。执行【文件】/【导入】命令，导入1.jpg与2.png素材文件，如图8.137所示。

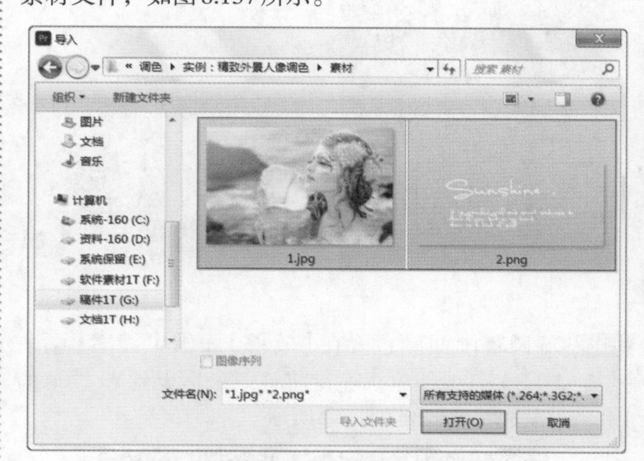

图 8.137

步骤 02 将【项目】面板中的1.jpg素材文件拖曳到V1轨道上，此时在【项目】面板中自动生成一个与1.jpg素材文件等大的序列，如图8.138所示。

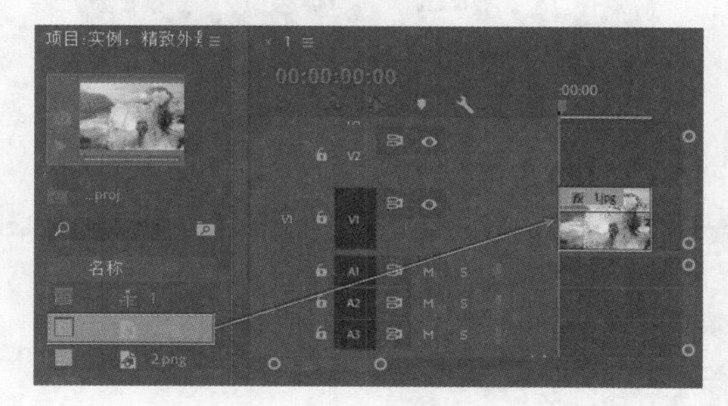

图 8.138

步骤 03 为画面添加晕影效果。在【效果】面板中搜索【Lumetri 颜色】，按住鼠标左键将该效果拖曳到V1轨道的1.jpg素材文件上，如图8.139所示。

步骤 04 在【时间轴】面板中选择V1轨道上的1.jpg素材文件，在【效果控件】面板中展开【Lumetri 颜色】效果，展开【晕影】，设置【数量】为4，【中点】为50，【羽化】为50，如图8.140所示。此时画面效果如图8.141所示。

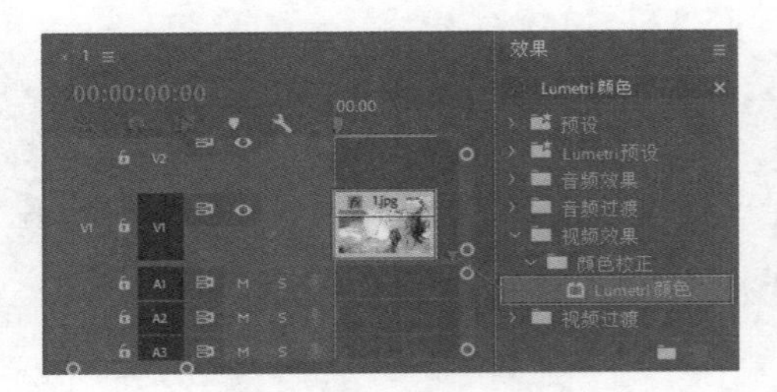

图 8.139

图 8.140

图 8.141

步骤 05 调整画面颜色。在【效果】面板中搜索【颜色平衡(HLS)】，按住鼠标左键将该效果拖曳到V1轨道的1.jpg素材文件上，如图8.142所示。

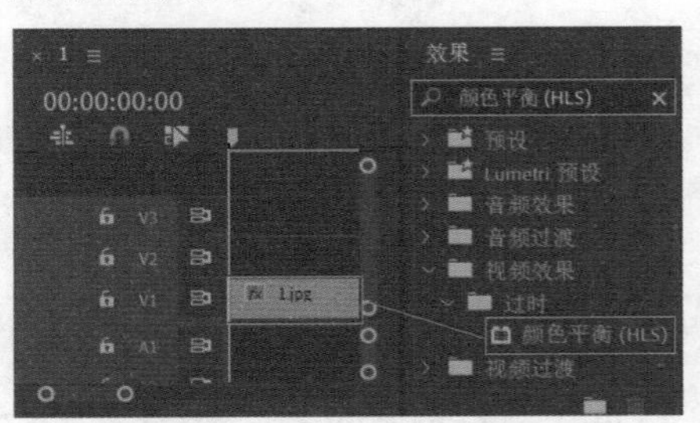

图 8.142

步骤 06 在【效果控件】面板中展开【颜色平衡(HLS)】效果，设置【饱和度】为−25，如图8.143所示。此时画面效果如图8.144所示。

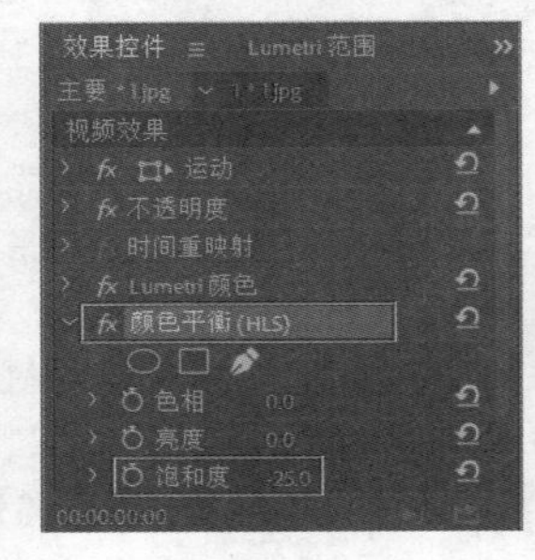

图 8.143

图 8.144

步骤 07 继续在【效果】面板中搜索【RGB曲线】，按住鼠标左键将该效果拖曳到V1轨道的1.jpg素材文件上，如图8.145所示。

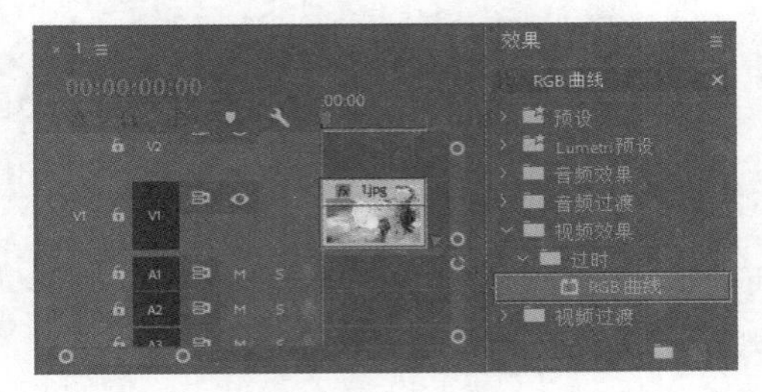

图 8.145

步骤 08 在【效果控件】面板中展开【RGB曲线】效果，在【主要】曲线上单击添加两个控制点绘制一个幅度较小的S形曲线，同样在【红色】曲线上继续单击两个添加控制点绘制一个幅度较【主要】曲线稍大的S形曲线，继续在【蓝色】曲线上单击添加两个控制点并向左上角拖曳调整曲线形状，如图8.146所示。此时画面效果如图8.147所示。

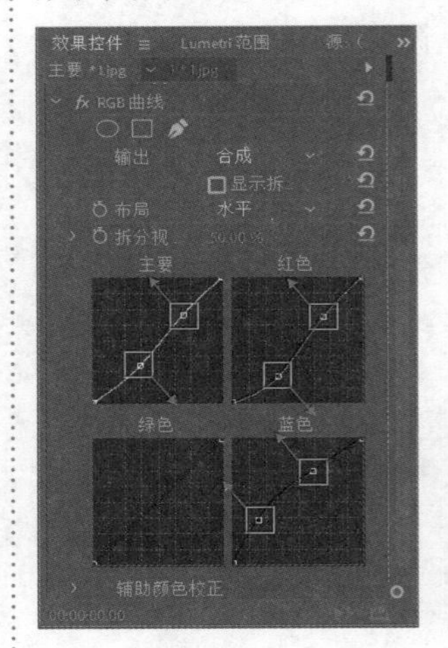

图 8.146

图 8.147

步骤 09 在【项目】面板中将2.png素材文件拖曳到【时间轴】面板中的V2轨道上，如图8.148所示。

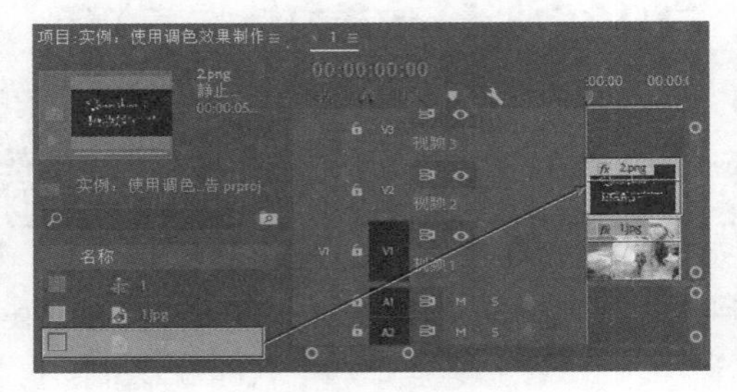

图 8.148

步骤 10 在【时间轴】面板中选择2.png素材文件，在【效果控件】面板中展开【运动】效果，设置【位置】为(557,1343)，【缩放】为120，如图8.149所示。此时画面最终效果如图8.150所示。

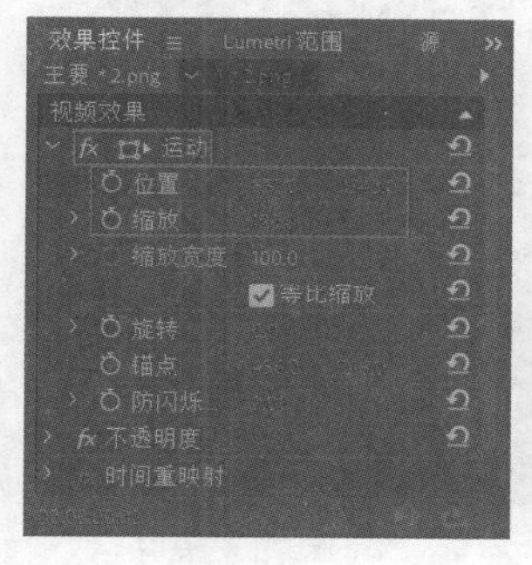

图 8.149

图 8.150

选项解读：【Lumetri 颜色】重点参数速查

高动态范围：勾选该选项，可针对【Lumetri 颜色】面板的HDR模式进行调整。

基本校正：可调整素材文件的色温、对比度、曝光程度等。

创意：勾选【现用】后才能启动【创意】效果。

曲线：包含【现用】【RGB曲线】【HDR范围】【色彩饱和度曲线】效果参数的调节。

色轮：勾选【现用】后才可应用【色轮】效果。

HSL辅助：对素材文件中颜色的调整具有辅助作用。

晕影：对素材文件中颜色的【数量】【中点】【圆度】【羽化】效果的调节。

实例：【更改为颜色】效果制作服装详情页

文件路径：Chapter 8 调色→实例：【更改为颜色】效果制作服装详情页

扫一扫，看视频

本实例主要使用【更改为颜色】效果更换人物裤子颜色。实例效果如图8.151所示。

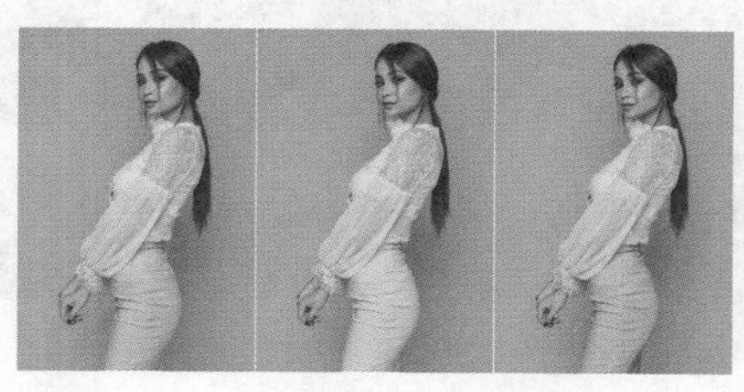

图 8.151

步骤 01 执行【文件】/【新建】/【项目】命令，新建一个项目。执行【文件】/【导入】命令，导入1.jpg素材，如图8.152所示。

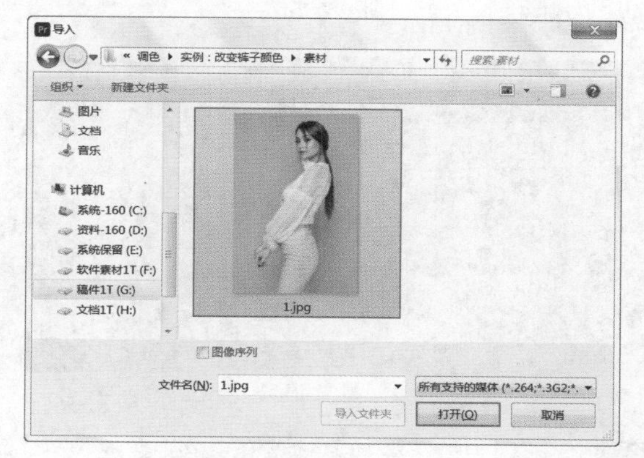

图 8.152

步骤 02 将【项目】面板中的1.jpg素材文件拖曳到V1轨道上，此时在【项目】面板中自动生成一个与1.jpg素材文件等大的序列，如图8.153所示。

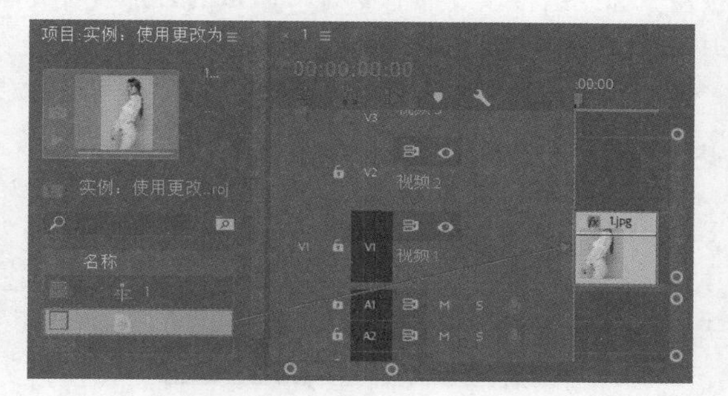

图 8.153

步骤 03 为人物裤子更改颜色。在【效果】面板中搜索【更改为颜色】，按住鼠标左键将该效果拖曳到V1轨道的1.jpg素材文件上，如图8.154所示。

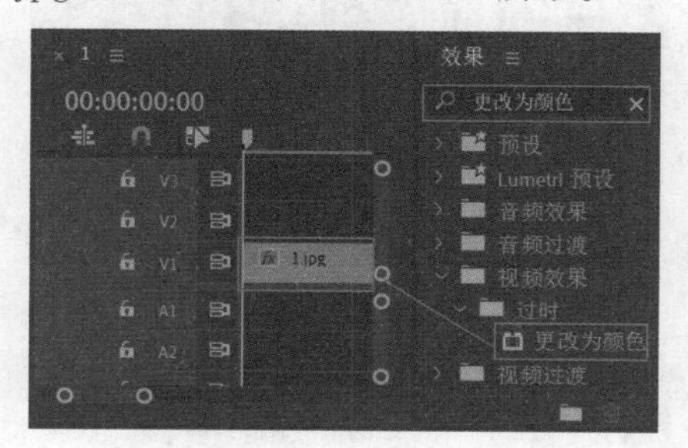

图 8.154

步骤 04 在【效果控件】面板中展开【更改为颜色】效果，单击【自】后方的吸管工具，将光标移动到【节目监视器】面板中，吸取人物裤子的薄荷绿颜色，接着设置【至】为深黄色，展开【容差】，设置【色相】为60%，【柔和度】为0%，如图8.155所示。此时人物裤子变为浅黄色，如图8.156所示。

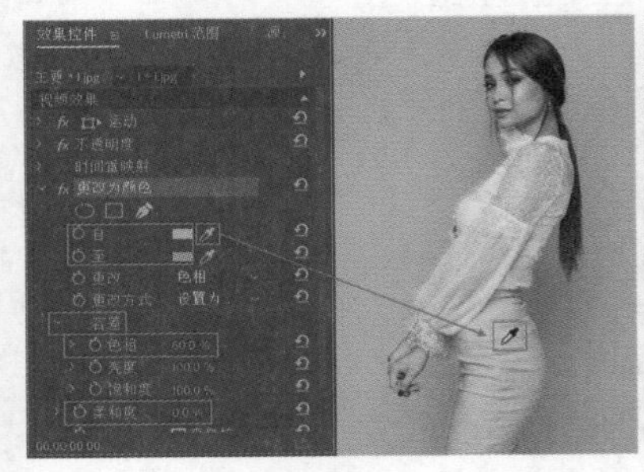

图 8.155

图 8.156

步骤 05 继续为裤子变换其他颜色，在【效果控件】面板中单击【更改为颜色】效果前的 fx（切换效果开关）按钮，将该效果隐藏，如图8.157所示，此时画面恢复调色前效果。再次在【效果】面板中搜索【更改为颜色】，按住鼠标左键将该效果拖曳到V1轨道的1.jpg素材文件上，如图8.158所示。

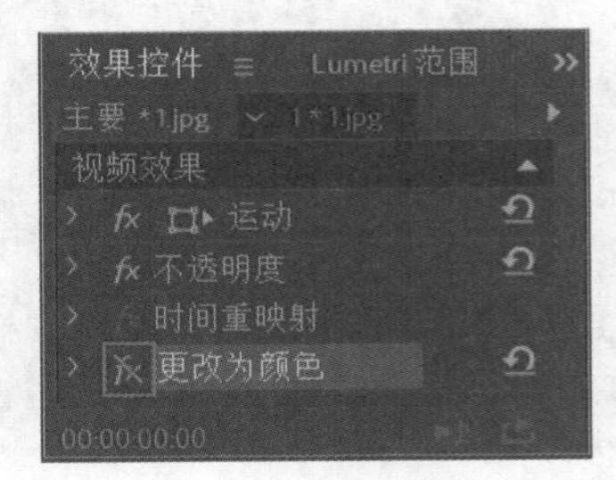

图 8.157

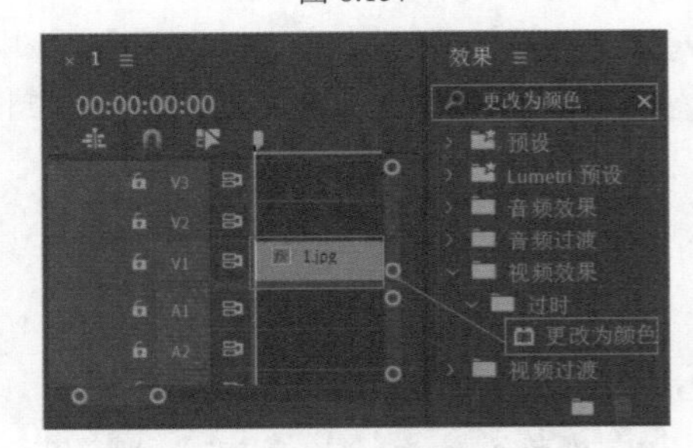

图 8.158

步骤 06 在【效果控件】面板中展开【更改为颜色】效果，设置【自】同样为人物裤子的颜色，设置【至】为粉红色，展开【容差】，设置【色相】为75%，【柔和度】为0%，如图8.159所示。此时人物裤子变为浅粉色，如图8.160所示。

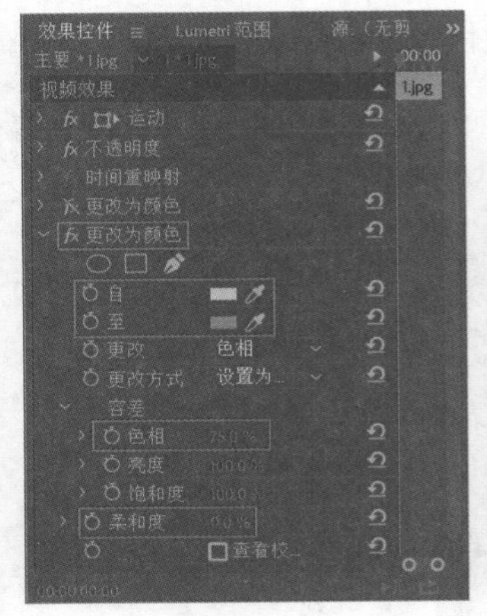

图 8.159

图 8.160

选项解读：【更改为颜色】重点参数速查

自：从画面中选择一种目标颜色。

至：设置【目标颜色】所替换的颜色。

更改：可设置更改的方式，包括【色相】【色相和亮度】【色相和饱和度】【色相、亮度和饱和度】。

更改方式：设置颜色的变换方式，包括【设置为颜色】【变化为颜色】。

容差：设置色相、亮度、饱和度数值。

柔和度：控制颜色替换后的柔和程度。

查看校正遮罩：勾选该选项，会以黑白颜色出现【自】和【至】的遮罩效果。

实例：【Brightness & Contrast】效果调整偏灰画面

扫一扫，看视频

文件路径：Chapter 8 调色→实例：【Brightness & Contrast】效果调整偏灰画面

本实例使用【Brightness & Contrast】效果增强画面的亮度与对比度。实例效果如图8.161所示。

图 8.161

步骤 01 执行【文件】/【新建】/【项目】命令，新建一个项目。执行【文件】/【导入】命令，导入1.jpg素材文件，如图8.162所示。

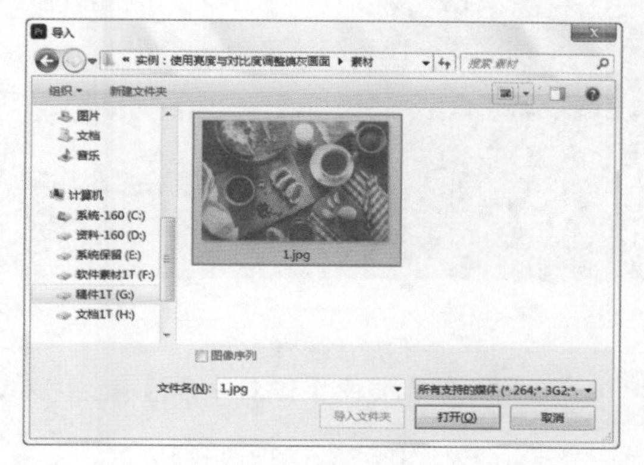

图 8.162

步骤 02 将【项目】面板中的1.jpg素材文件拖曳到V1轨道上，此时在【项目】面板中自动生成一个与1.jpg素材文件等大的序列，如图8.163所示。

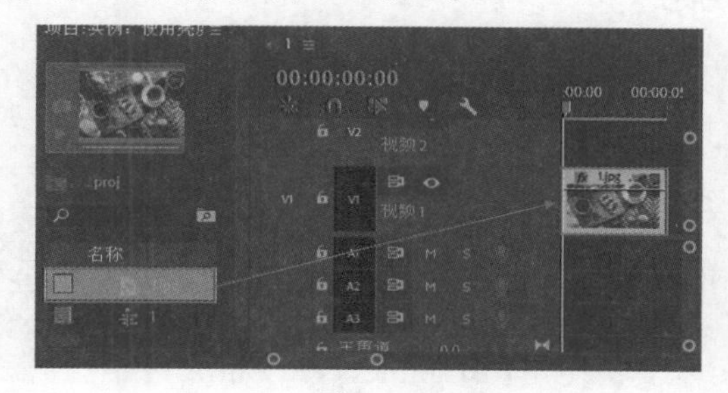

图 8.163

步骤 03 改善画面灰度。在【效果】面板中搜索【Brightness & Contrast】，按住鼠标左键将该效果拖曳到V1轨道上的1.jpg素材文件上，如图8.164所示。

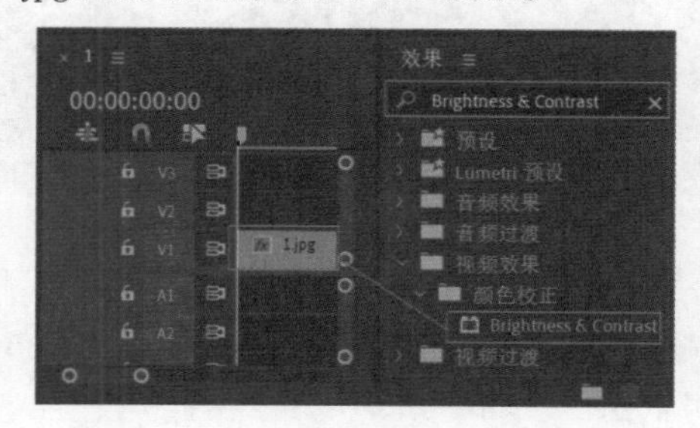

图 8.164

步骤 04 在【时间轴】面板中选择1.jpg素材文件，然后在【效果控件】面板中展开【Brightness & Contrast】效果，设置【亮度】为12，【对比度】为40，如图8.165所示。此时实例制作完成，画面效果如图8.166所示。

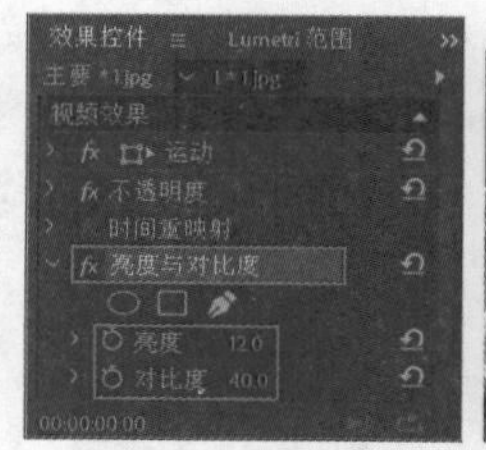

图 8.165

图 8.166

选项解读：【Brightness & Contrast】重点参数速查

亮度：调节画面的明暗程度。

对比度：调节画面中颜色的对比度。

实例：【颜色平衡(HLS)】效果增强画面色感

文件路径：Chapter 8　调色→实例：【颜色平衡（HLS）】效果增强画面色感

扫一扫，看视频

本实例使用【颜色平衡（HLS）】效果增强画面的亮度与对比度。实例效果如图8.167所示。

图 8.167

步骤 01 执行【文件】/【新建】/【项目】命令，新建一个项目。在【项目】面板的空白处右击，执行【新建项目】/【序列】命令。接着会弹出【新建序列】窗口，并在DV-PAL文件夹下选择【标准48kHz】。执行【文件】/【导入】命令，导入1.jpg素材文件，如图8.168所示。

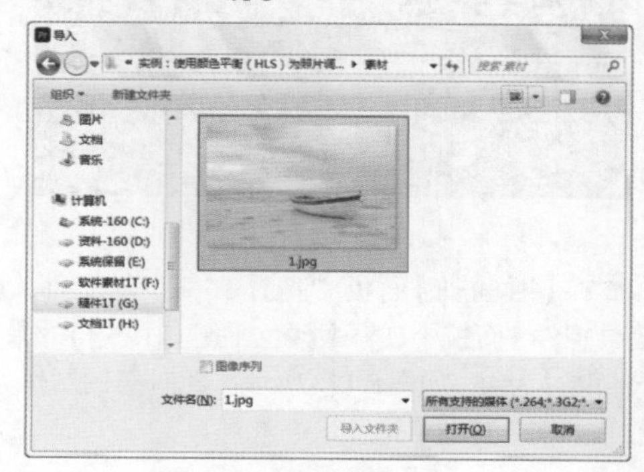

图 8.168

步骤 02 将【项目】面板中的1.jpg素材文件拖曳到V1轨道上，如图8.169所示。右击1.jpg素材，执行【缩放为帧大小】命令。

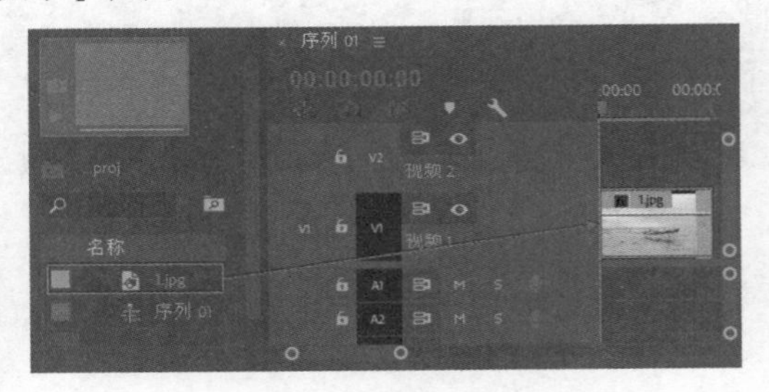

图 8.169

步骤 03 在【时间轴】面板中选择1.jpg素材文件，展开【运动】效果，设置【缩放】为110，如图8.170所示。此时画面效果如图8.171所示。

图 8.170　　图 8.171

步骤 04 调整画面颜色。在【效果】面板中搜索【颜色平衡（HLS）】，按住鼠标左键将该效果拖曳到V1轨道的1.jpg素材文件上，如图8.172所示。

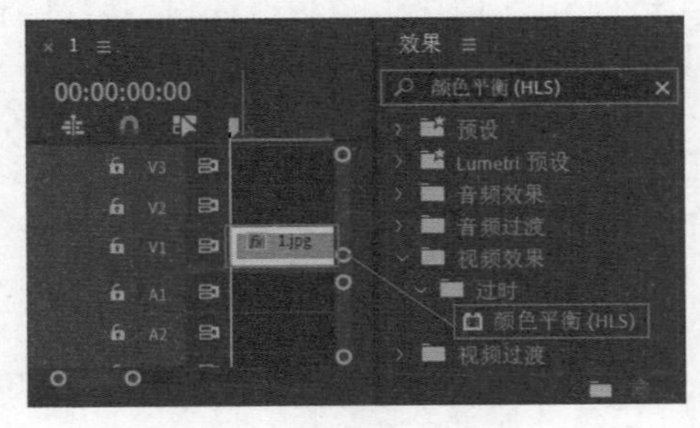

图 8.172

步骤 05 在【时间轴】面板中选择1.jpg素材文件，然后在【效果控件】面板中展开【颜色平衡（HLS）】效果，设置【饱和度】为45，如图8.173所示。此时实例制作完成，画面效果如图8.174所示。

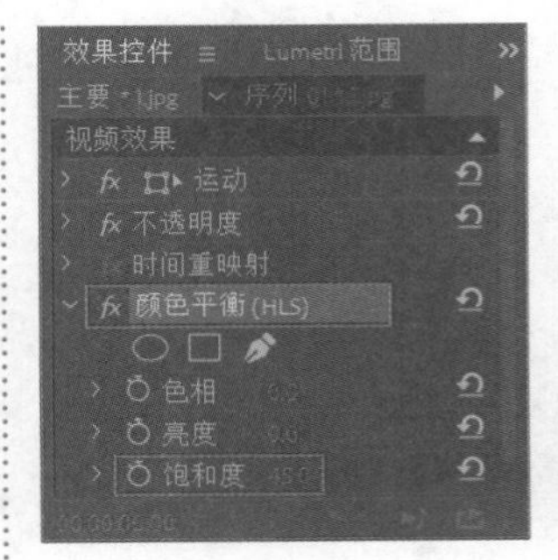

图 8.173　　图 8.174

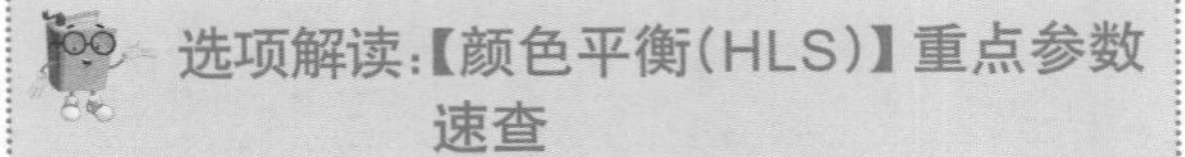

选项解读：【颜色平衡（HLS）】重点参数速查

色相：调整素材的颜色偏向。

亮度：调整素材的明亮程度。

饱和度：调整素材的饱和度强度，数值为–100时为黑白色。

实例：【Brightness & Contrast】【Lumetri颜色】效果制作复古色调

文件路径：Chapter 8 调色→实例：【Brightness & Contrast】【Lumetri 颜色】效果制作复古色调

扫一扫，看视频

本实例使用【Brightness & Contrast】及【Lumetri 颜色】效果调整图片颜色。实例前后对比效果如图8.175所示。

图 8.175

步骤 01 执行【文件】/【新建】/【项目】命令，新建一个项目。执行【文件】/【导入】命令，导入01.jpg、02.jpg素材文件，如图8.176所示。

步骤 02 将【项目】面板中的01.jpg素材文件拖曳到V1轨道上，此时在【项目】面板中自动生成一个与01.jpg素材文件等大尺寸的序列，如图8.177所示。

步骤 03 将【项目】面板中的02.jpg素材文件拖曳到V2轨道上，如图8.178所示。

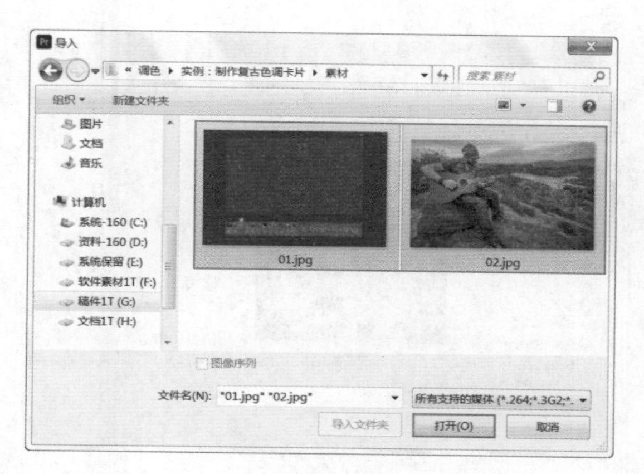

图 8.176

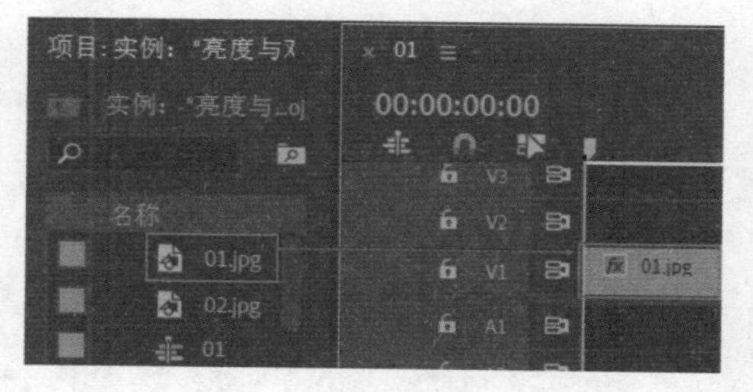

图 8.177

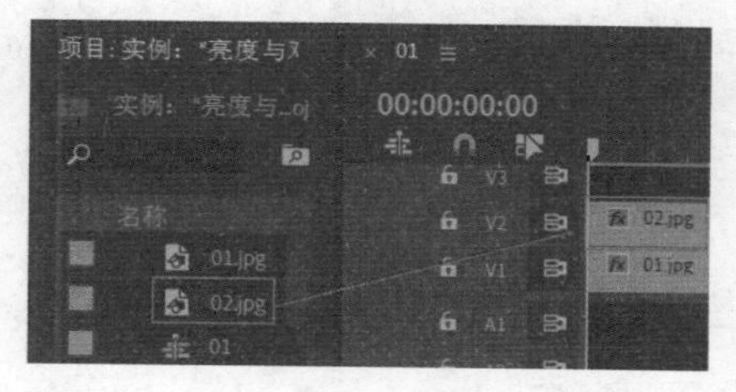

图 8.178

步骤 04 在【时间轴】面板中选择02.jpg素材文件，在【效果控件】面板中展开【运动】属性，设置【位置】为（2197,1149），【缩放】为131，如图8.179所示。此时画面效果如图8.180所示。

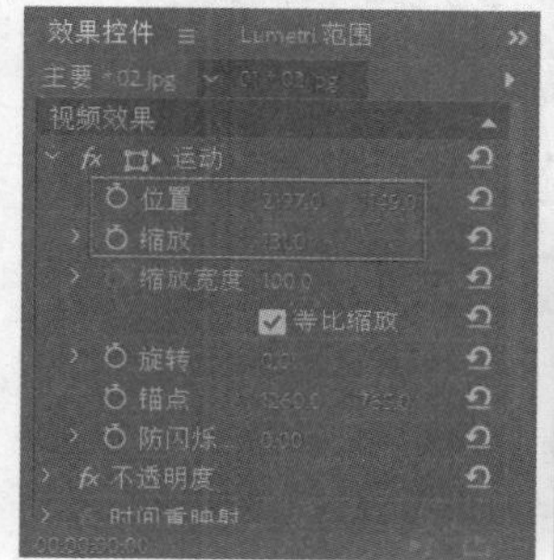

图 8.179

图 8.180

步骤 05 调整画面颜色。在【效果】面板中搜索【Brightness & Contrast】，按住鼠标左键将该效果拖曳到V2轨道的02.jpg素材文件上，如图8.181所示。

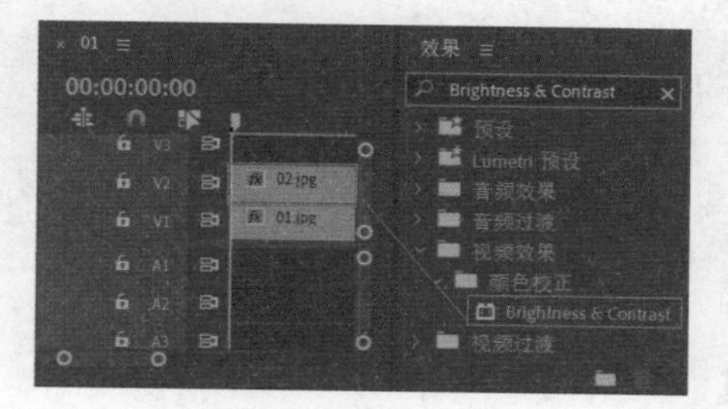

图 8.181

步骤 06 在【效果控件】面板中展开【Brightness & Contrast】效果，设置【亮度】为20，【对比度】为20，如图8.182所示。画面效果如图8.183所示。

图 8.182

图 8.183

步骤 07 在【效果】面板中搜索【Lumetri 颜色】，按住鼠标左键将该效果拖曳到V2轨道的02.jpg素材文件上，如图8.184所示。

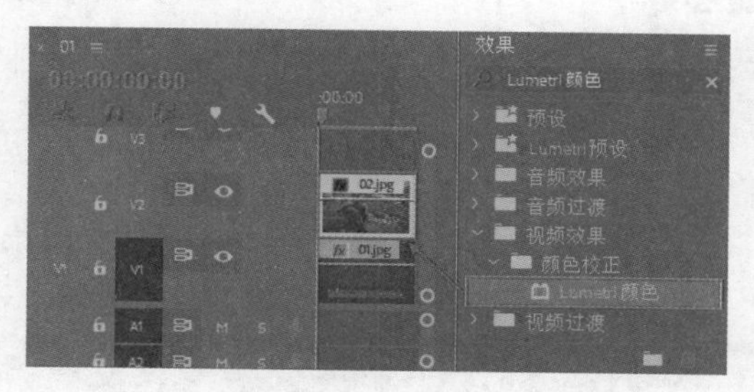

图 8.184

步骤 08 在【效果控件】面板中展开【Lumetri 颜色】/【RGB曲线】效果，首先选择白色通道，在白色曲线上单击添加一个控制点并向左上角拖动；接着按住左下角控制点沿水平方向向右侧拖动，将通道切换为红色，在红色曲线上单击添加一个控制点同样向左上角位置拖动，增强画面中红色数量；最后选择蓝色通道，将左下角控制点沿水平方向适当向右侧拖动，如图8.185所示。

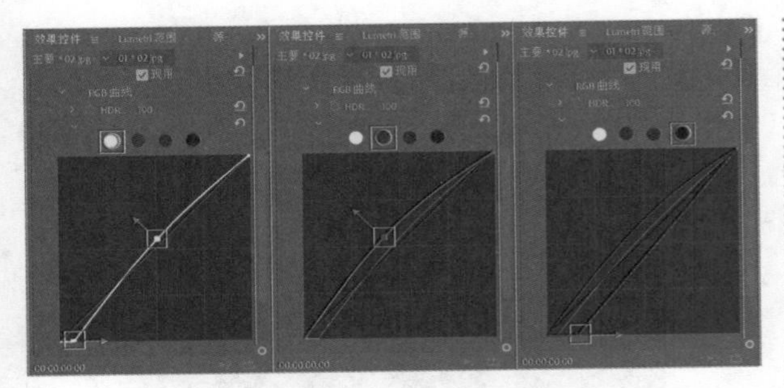

图 8.185

步骤 09 本实例制作完成，画面最终效果如图8.186所示。

图 8.186

综合实例:【颜色平衡(HLS)】【RGB 曲线】【RGB 颜色校正器】效果制作冷调大片

扫一扫，看视频

文件路径：Chapter 8 调色→综合实例：【颜色平衡（HLS）】【RGB 曲线】【RGB 颜色校正器】效果制作冷调大片

本实例使用【颜色平衡（HLS）】【RGB曲线】及【RGB颜色矫正器】将画面调整为冷色调，使用【混合模式】为人物唇部进行上色。实例效果如图8.187所示。

图 8.187

步骤 01 执行【文件】/【新建】/【项目】命令，新建一个项目。在【项目】面板的空白处右击，执行【新建项目】/【序列】命令，弹出【新建序列】窗口，在HDV文件夹下选择HDV 1080p24。执行【文件】/【导入】命令，导入1.jpg、2.png素材文件，如图8.188所示。

图 8.188

步骤 02 将【项目】面板中的1.jpg素材文件拖曳到V1轨道上，如图8.189所示。

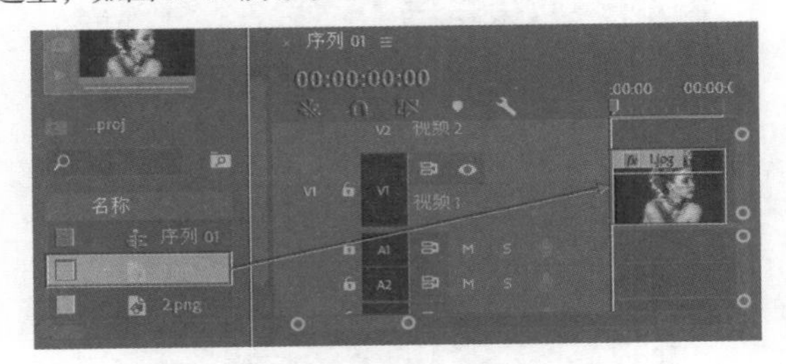

图 8.189

步骤 03 在【效果】面板中搜索【颜色平衡（HLS）】，按住鼠标左键将该效果拖曳到V1轨道的1.jpg素材文件上，如图8.190所示。

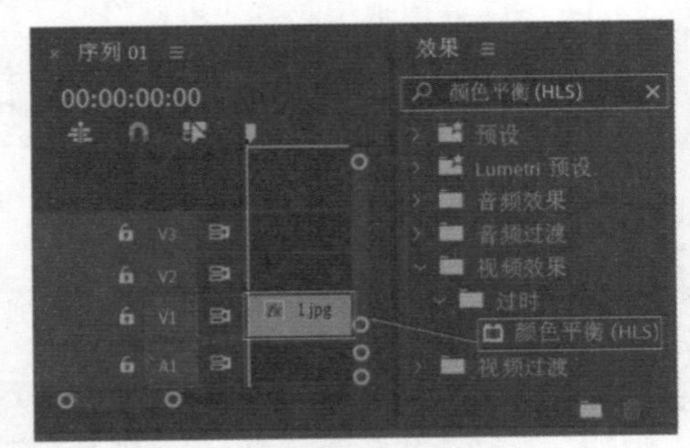

图 8.190

步骤 04 在【时间轴】面板中选择1.jpg素材文件，在【效果控件】面板中展开【颜色平衡（HLS）】效果，设置【亮度】为2，【饱和度】为-35，如图8.191所示。画面效果如图8.192所示。

图 8.191

图 8.192

步骤 05 在【效果】面板中搜索【RGB 曲线】，按住鼠标左键将该效果拖曳到V1轨道的1.jpg素材文件上，如图8.193所示。

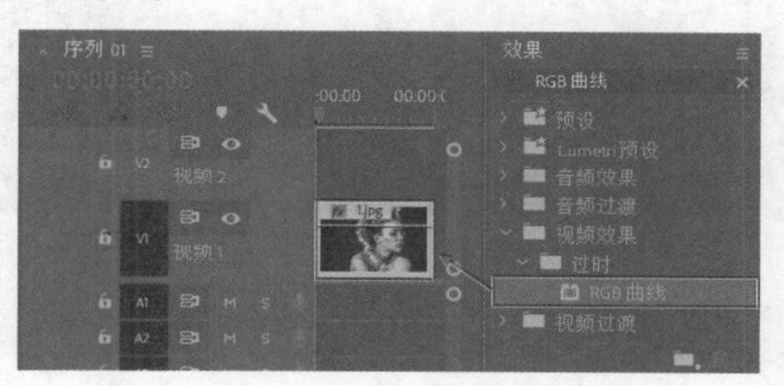

图 8.193

步骤 06 在【时间轴】面板中选择1.jpg素材文件，在【效果控件】面板中展开【RGB 曲线】效果，首先在【主要】下方的曲线上单击添加两个控制点并将控制点适当向左上角拖动，提高画面亮度；接着在【绿色】及【蓝色】下方的曲线上单击添加一个控制点，同样向左上角拖动并进行微调，如图8.194所示。此时画面效果如图8.195所示。

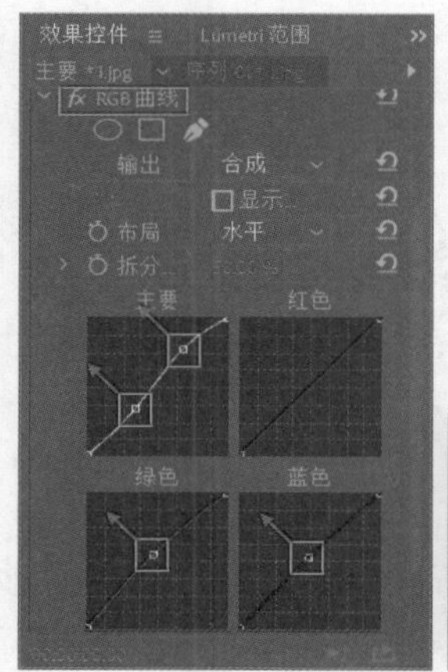

图 8.194

图 8.195

步骤 07 在【效果】面板中搜索【RGB 颜色校正器】，按住鼠标左键将该效果拖曳到V1轨道的1.jpg素材文件上，如图8.196所示。

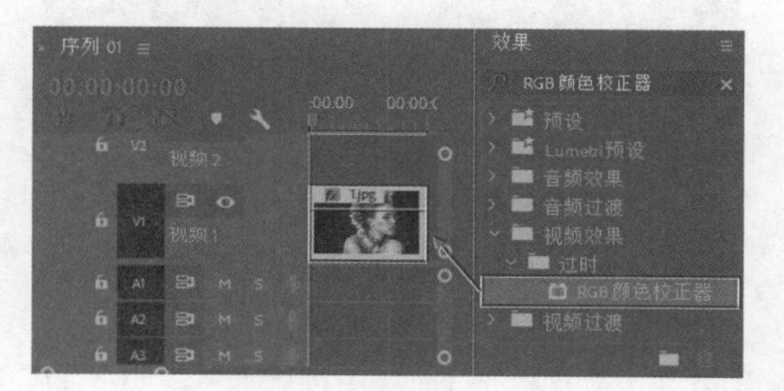

图 8.196

步骤 08 在【效果控件】面板中展开【RGB 颜色校正器】效果下方的RGB，设置【蓝色灰度系数】为1.5，如图8.197所示。此时画面效果如图8.198所示。

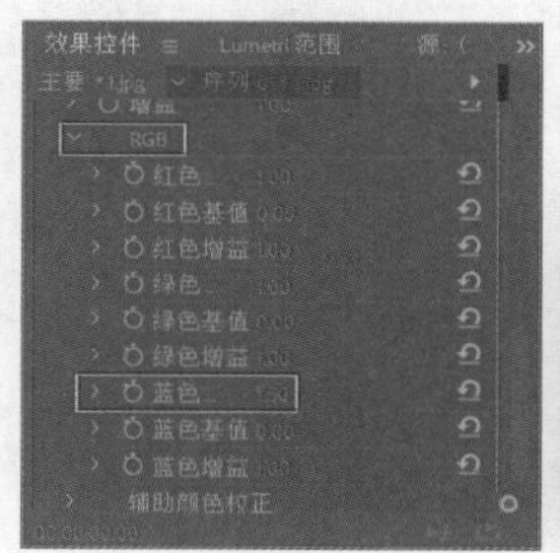

图 8.197

图 8.198

步骤 09 为人物唇部进行上色，制作出口红效果。执行【文件】/【新建】/【颜色遮罩】命令。接着在弹出的【拾色器】对话框中设置颜色为红色，此时会弹出一个【选择名称】对话框，设置新遮罩的名称为【颜色遮罩】，单击【确定】按钮，如图8.199所示。

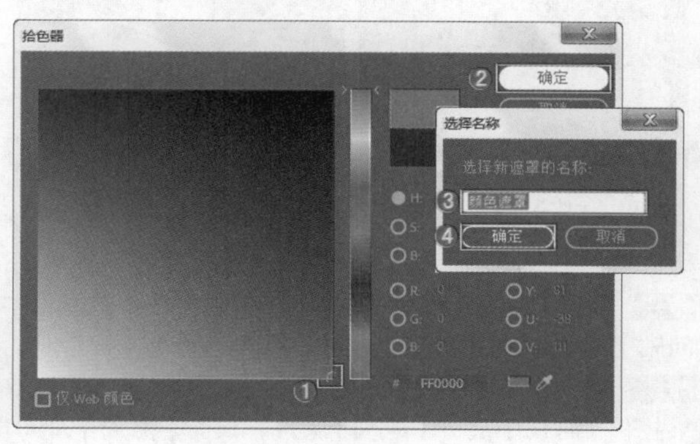

图 8.199

步骤 10 在【项目】面板中将【颜色遮罩】拖曳到【时间轴】面板中的V2轨道上，如图8.200所示。

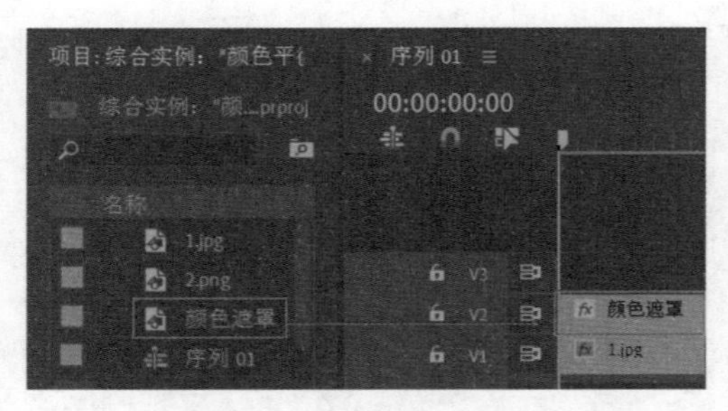

图 8.200

步骤 11 在【效果控件】面板中展开【不透明度】属性，单击（自由绘制贝塞尔曲线）按钮，然后将光标移动到唇部位置，沿着唇部边缘绘制路径，如图8.201所示。

图 8.201

步骤 12 设置【混合模式】为【变暗】，如图8.202所示。此时唇部颜色更加自然，如图8.203所示。

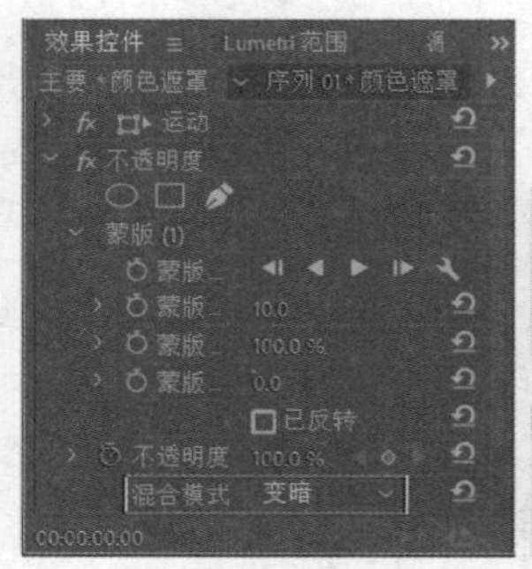

图 8.202　　图 8.203

步骤 13 将【项目】面板中的2.png素材文件拖曳到【时间轴】面板中的V3轨道上，如图8.204所示。

步骤 14 选择【时间轴】面板中的2.png素材文件，在【效果控件】面板中展开【运动】属性，设置【缩放】为90，如图8.205所示。本实例制作完成，画面最终效果如图8.206所示。

图 8.204

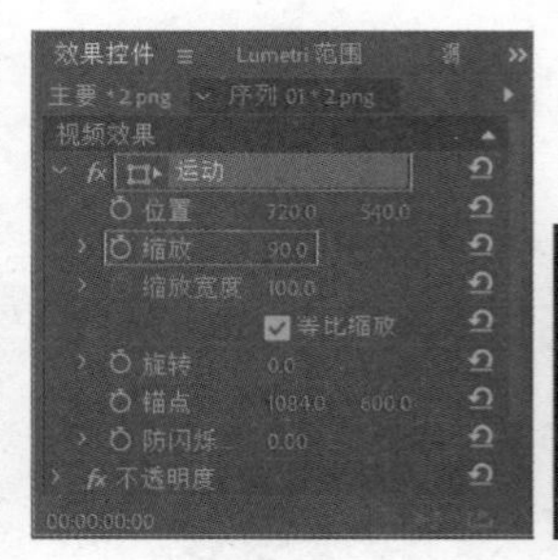

图 8.205　　图 8.206

选项解读：【RGB 颜色校正器】重点参数速查

输出：可通过【复合】【亮度】【色调范围】调整素材文件的输出值。

布局：以【水平】或【垂直】的方式确定视图布局。

拆分视图百分比：调整需要校正视图的百分比。

色调范围：可通过【高光】【中间调】【阴影】来控制画面的明暗数值。

灰度系数：调整画面中的灰度值。

基值：从 Alpha 通道中以颗粒状滤出的一种杂色。

增益：可调节音频轨道混合器中的增减效果。

RGB：可对红绿蓝中的灰度系数、基值、增益数值进行设置。

辅助颜色校正：可对选择的颜色进行进一步准确校正。

实例：【ASC CDL】【镜头光晕】效果制作落日风格影视广告

扫一扫，看视频

文件路径：Chapter 8 调色→实例：【ASC CDL】【镜头光晕】效果制作落日风格影视广告

本实例使用【镜头光晕】模拟落日光晕效果，并制作文字与线条。实例效果如图8.207和图8.208所示。

图 8.207

图 8.208

步骤 01 执行【文件】/【新建】/【项目】命令，新建一个项目。执行【文件】/【导入】命令，导入1.jpg素材文件，如图8.209所示。

图 8.209

步骤 02 将【项目】面板中的1.jpg素材文件拖曳到V1轨道上，如图8.210所示。此时在【项目】面板中自动生成一个与素材等大的序列。

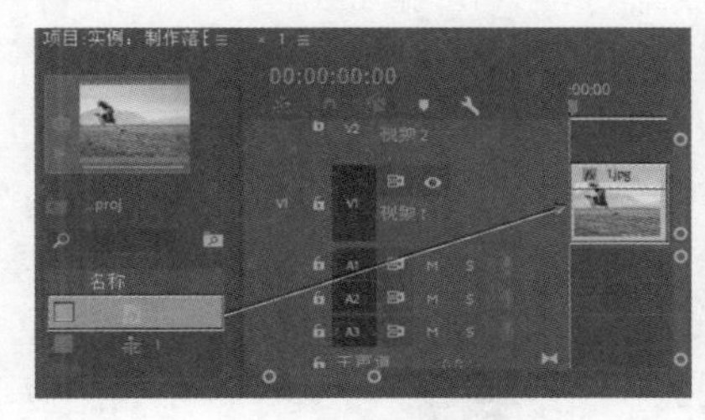

图 8.210

步骤 03 在【效果】面板中搜索【ASC CDL】，按住鼠标左键将该效果拖曳到V1轨道的1.jpg素材文件上，如图8.211所示。

图 8.211

步骤 04 在【时间轴】面板中选择1.jpg素材文件，在【效果控件】面板中展开【ASC CDL】效果，设置【蓝色斜率】为0.9，【饱和度】为1.2，如图8.212所示。画面效果如图8.213所示。

图 8.212

图 8.213

步骤 05 制作日落光晕效果。在【效果】面板中搜索【镜头光晕】，按住鼠标左键将该效果拖曳到V1轨道的1.jpg素材文件上，如图8.214所示。

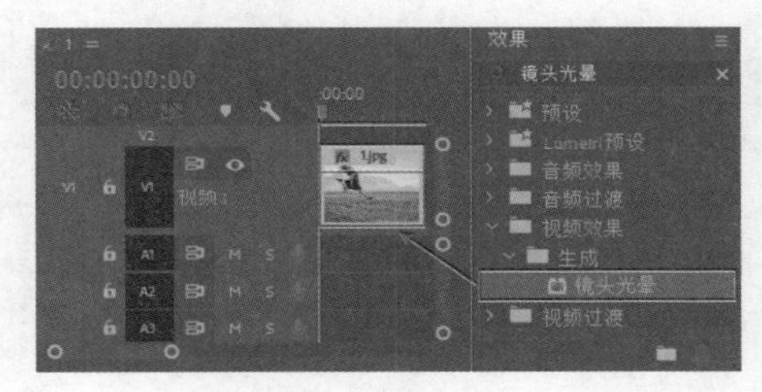

图 8.214

步骤 06 在【时间轴】面板中选择1.jpg素材文件，在【效果控件】面板中展开【镜头光晕】效果，设置【光晕中心】为(703,164)，【镜头类型】为【105毫米定焦】，如图8.215所示。此时画面效果如图8.216所示。

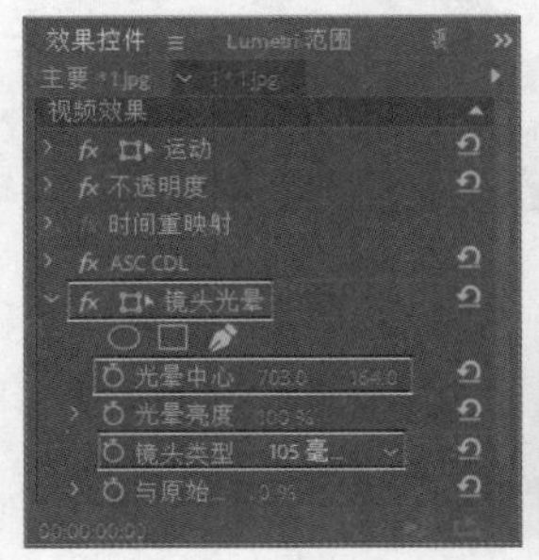

图 8.215

图 8.216

步骤 07 制作字幕部分。将时间线滑动至起始位置，在【工具】面板中选择T(文字工具)，接着在【节目监视器】面板中的合适设置输入合适的文字内容。接着在

【时间轴】面板中选择刚刚添加的文字图层，在【效果控件】面板中展开【文本】/【源文本】，设置合适的【字体系列】和【字体样式】，设置【字体大小】为78，【填充颜色】为白色；接着展开【变换】，设置【位置】为(138,314)，如图8.217所示。

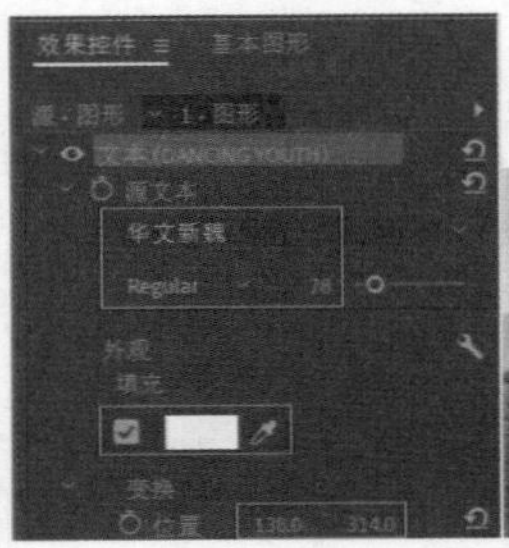

图 8.217

步骤 08 在【时间轴】面板中选择刚刚的文字图层。接着在【工具】面板中选择 (钢笔工具)，在【节目控制器】面板中文字的上方绘制一条直线。在【效果控件】面板中取消勾选【填充颜色】，勾选【描边】，设置【描边颜色】为白色，【描边宽度】为10.0，设置为【中心】；接着展开【变换】，设置【位置】为(139,216)，如图8.218所示。在【效果控件】面板中选择刚刚绘制的形状，使用快捷键Ctrl+C复制，接着使用快捷键Ctrl+V粘贴，接着展开【变换】，设置【位置】为(139,361)，如图8.219所示。

步骤 09 本实例制作完成，实例效果如图8.220所示。

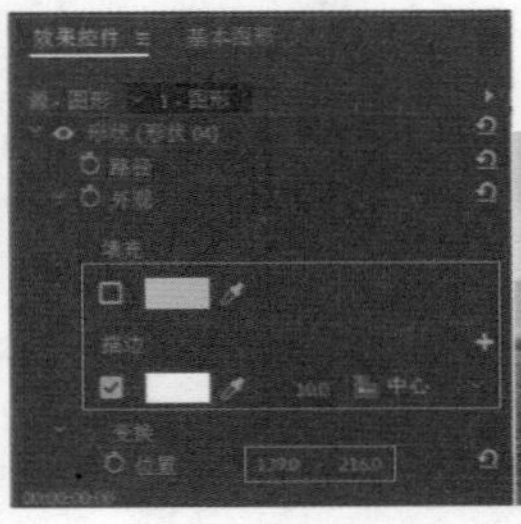

图 8.218

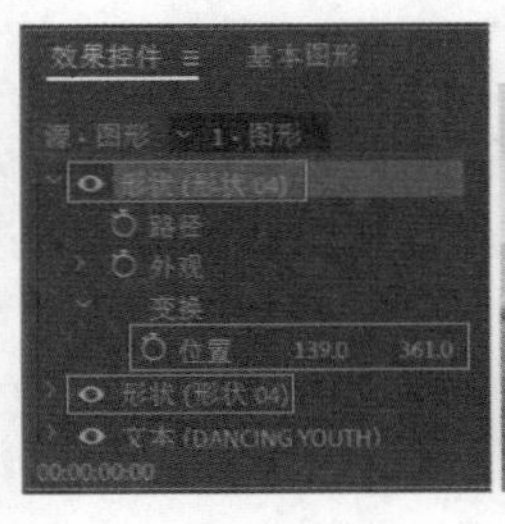

图 8.219

图 8.220

> **选项解读:【ASC CDL】重点参数速查**
>
> 红色/绿色/蓝色斜率：调整素材文件中红色/绿色/蓝色数量的斜率值。
>
> 红色/绿色/蓝色偏移：调整素材文件中红色/绿色/蓝色数量的偏移程度。
>
> 红色/绿色/蓝色功率：调整素材文件中红色/绿色/蓝色数量的功率大小。

实例:【颜色平衡】【RGB曲线】效果制作电影感暖调画面

扫一扫，看视频

文件路径:Chapter 8 调色→实例:【颜色平衡】【RGB曲线】效果制作电影感暖调画面

本实例主要使用【颜色平衡】和【RGB曲线】效果将一张色感普通的画面打造出偏酒红色的高级色调。实例对比效果如图8.221所示。

图 8.221

步骤 01 执行【文件】/【新建】/【项目】命令，新建一个项目。执行【文件】/【导入】命令，导入1.jpg素材文件，如图8.222所示。

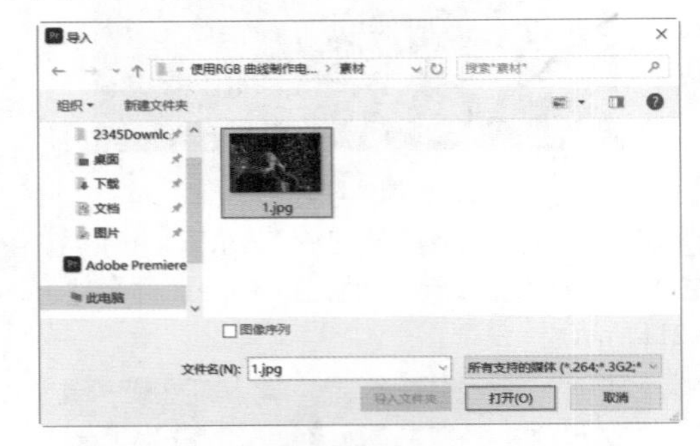

图 8.222

步骤 02 在【项目】面板中选择1.jpg素材，按住鼠标左键将其拖曳到【时间轴】面板中，如图8.223所示，此时在【项目】面板中自动生成序列。

步骤 03 在【效果】面板中搜索【颜色平衡】，将该效果拖曳到V1轨道的1.jpg素材上，如图8.224所示。

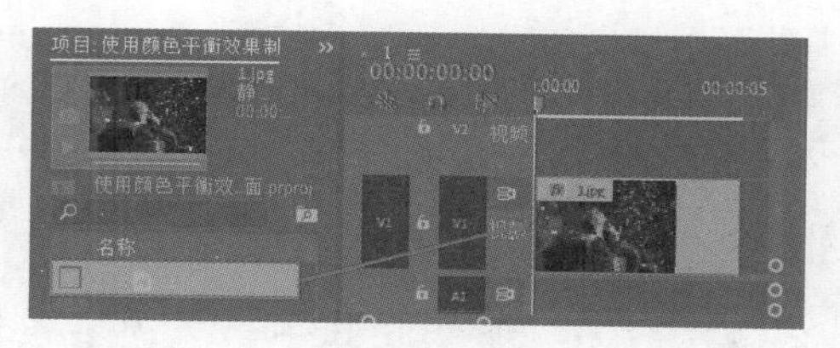

图 8.223

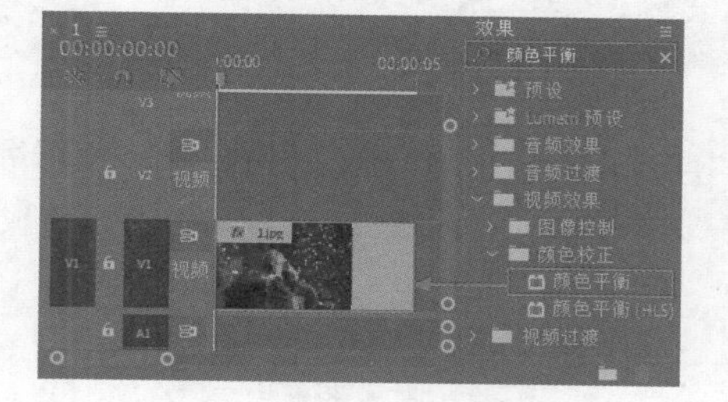

图 8.224

步骤 04 选中V1轨道上的1.jpg素材，在【效果控件】面板中展开【颜色平衡】效果，设置【阴影红色平衡】为45，【阴影蓝色平衡】为52，【中间调红色平衡】为12，【中间调绿色平衡】为20，【中间调蓝色平衡】为53，【高光红色平衡】为28，如图8.225所示。此时画面效果如图8.226所示。

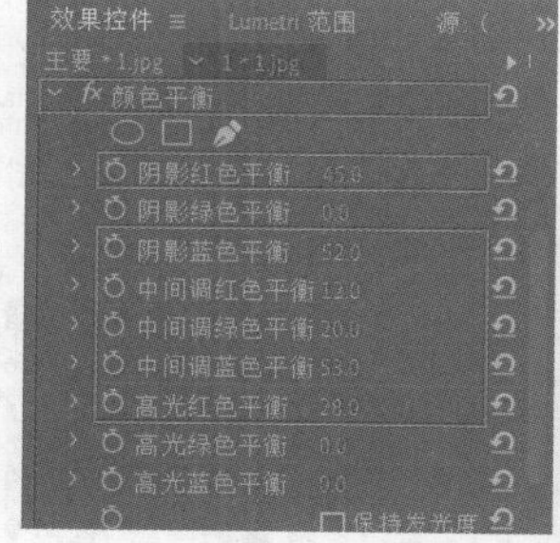

图 8.225

图 8.226

步骤 05 提高画面亮度。在【效果】面板中搜索【RGB曲线】，将该效果拖曳到V1轨道的1.jpg素材上，如图8.227所示。

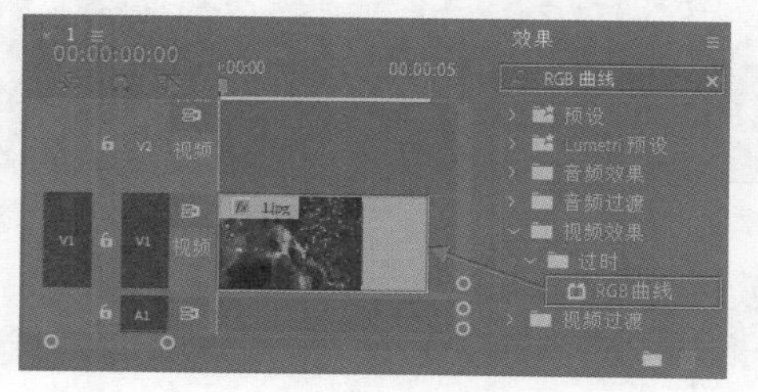

图 8.227

步骤 06 选中V1轨道上的1.jpg素材，在【效果控件】面板中展开【RGB曲线】效果，在【主要】曲线上单击添加两个控制点向左上角拖动，如图8.228所示。本实例制作完成，画面效果如图8.229所示。

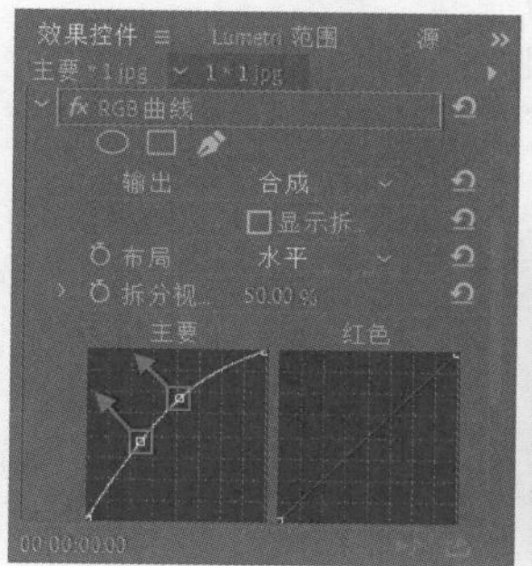

图 8.228

图 8.229

选项解读:【颜色平衡】重点参数速查

阴影红色平衡、阴影绿色平衡、阴影蓝色平衡：调整素材中阴影部分的红、绿、蓝颜色平衡情况。

中间调红色平衡、中间调绿色平衡、中间调蓝色平衡：调整素材中间调部分的红、绿、蓝颜色平衡情况。

高光红色平衡、高光绿色平衡、高光蓝色平衡：调整素材中高光部分的红、绿、蓝颜色平衡情况。

综合实例:【颜色平衡(HLS)】【杂色】效果制作抖音故障特效

文件路径:Chapter 8 调色→综合实例:【颜色平衡(HLS)】【杂色】效果制作抖音故障特效

扫一扫，看视频

本实例主要使用【颜色平衡(HLS)】及【杂色】制作人物轮廓重影效果，接着在人物图片上绘制彩色线条。实例效果如图8.230所示。

图 8.230

步骤 01 执行【文件】/【新建】/【项目】命令，新建一个项目。执行【文件】/【导入】命令，导入全部素材文件，如图8.231所示。

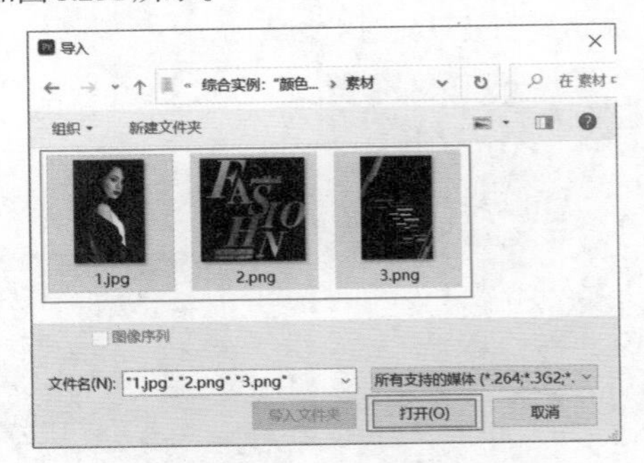

图 8.231

步骤 02 在【项目】面板中选择1.jpg素材，按住鼠标左键将其拖曳到【时间轴】面板中的V1、V2轨道上，如图8.232所示。

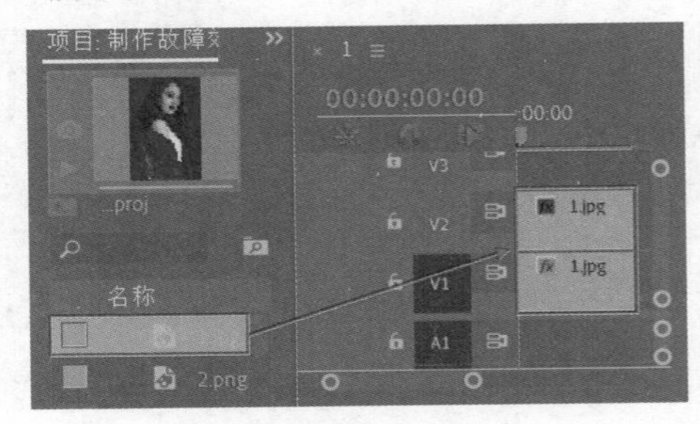

图 8.232

步骤 03 在【效果】面板中搜索【颜色平衡（HLS）】，将该效果拖曳到V2轨道的1.jpg素材上，如图8.233所示。

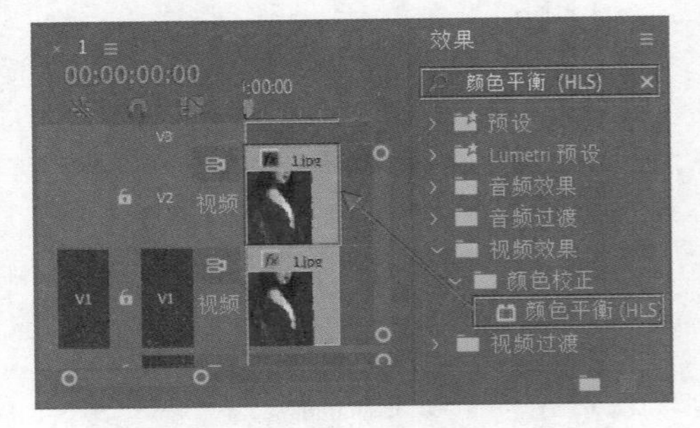

图 8.233

步骤 04 选中V2轨道上的1.jpg素材，在【效果控件】面板中设置【位置】为（490,739），展开【不透明度】属性，设置【混合模式】为【点光】，最后展开【颜色平衡（HLS）】效果，设置【色相】为167，如图8.234所示。

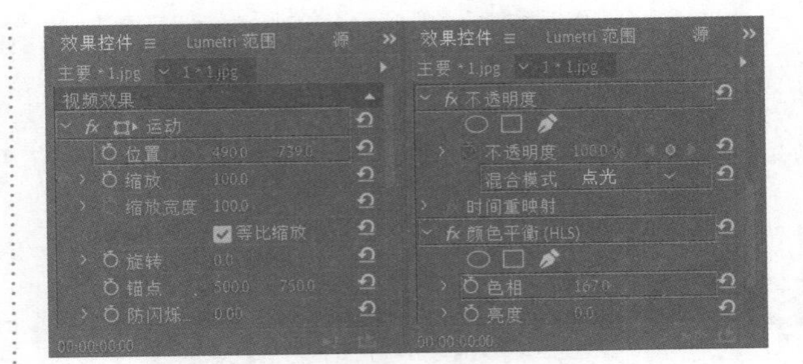

图 8.234

步骤 05 选择V2轨道上的1.jpg素材，按住Alt键的同时按住鼠标左键向V3轨道上拖动，释放鼠标后完成复制，如图8.235所示。

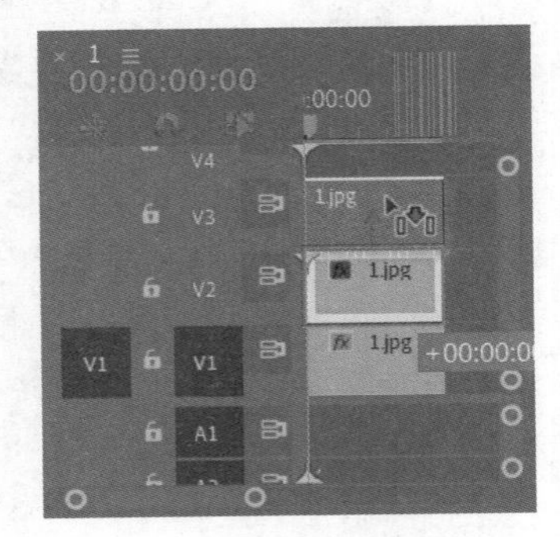

图 8.235

步骤 06 在【效果控件】面板中更改【位置】为（489,739），展开【颜色平衡（HLS）】效果，设置【色相】为298，如图8.236所示。画面效果如图8.237所示。

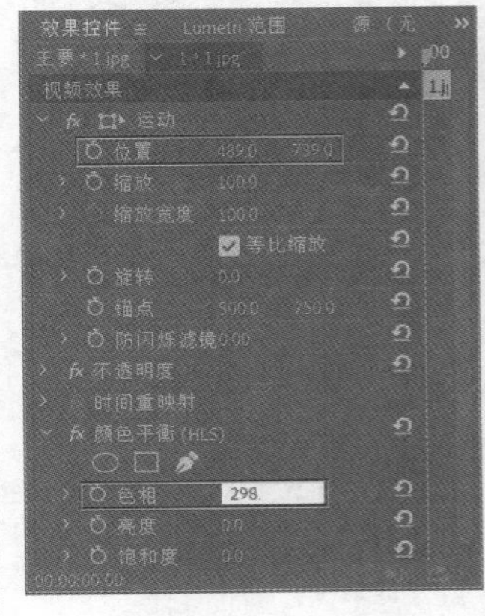

图 8.236

图 8.237

步骤 07 制作形状部分。在【项目】面板中将3.png素材文件拖曳到【时间轴】面板中的V4轨道上，如图8.238所示。

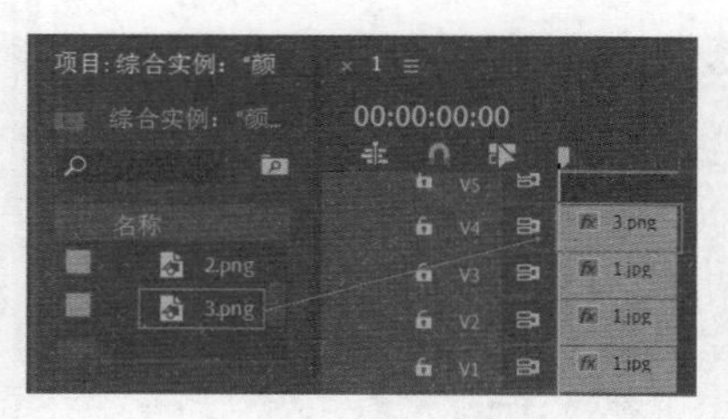

图 8.238

步骤 08 选择V4轨道上的3.png，在【效果控件】面板中展开【不透明度】效果，设置【不透明度】为80%，如图8.239所示。此时画面效果如图8.240所示。

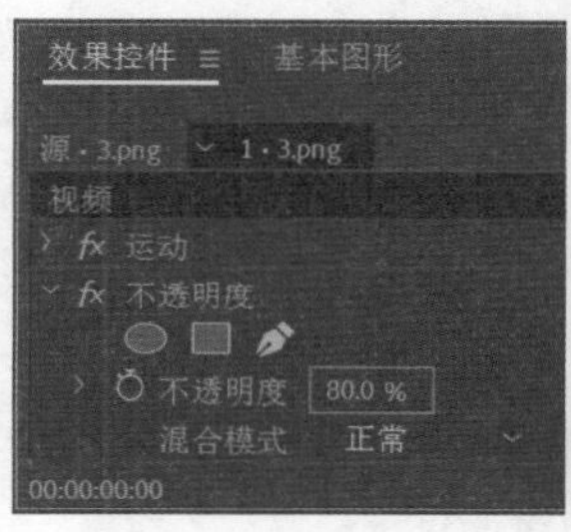

图 8.239　　图 8.240

步骤 09 在【项目】面板中选择2.png素材，按住鼠标左键将其拖曳到V5轨道上，如图8.241所示。

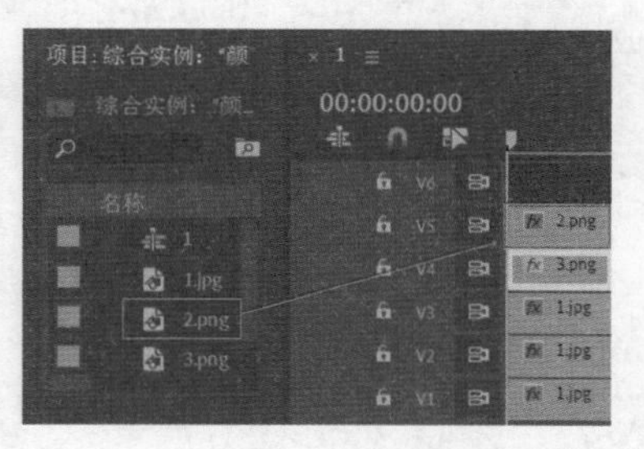

图 8.241

步骤 10 在【效果】面板中搜索【杂色】，将该效果拖曳到V5轨道的2.png素材上，如图8.242所示。

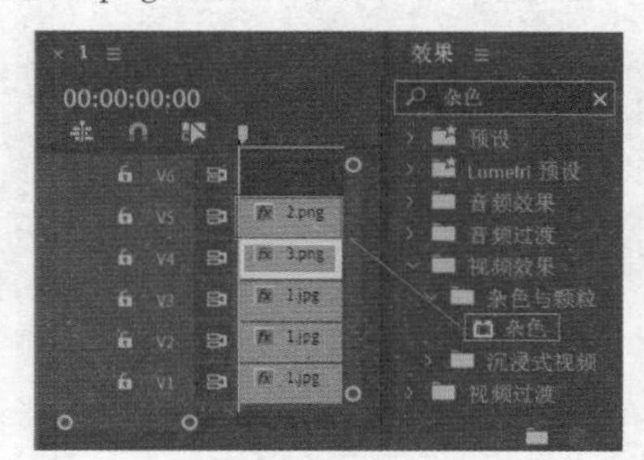

图 8.242

步骤 11 选中V5轨道上的2.png素材，在【效果控件】面板中设置【位置】为(268,1182)，然后展开【杂色】效果，设置【杂色数量】为100，如图8.243所示。画面效果如图8.244所示。

图 8.243　　图 8.244

实例:【颜色平衡】效果制作古籍风格画面

文件路径:Chapter 8 调色→实例:【颜色平衡】效果制作古籍风格画面

扫一扫，看视频

本实例使用【颜色平衡】效果调整画面中的风景图片。实例效果如图8.245和图8.246所示。

图 8.245　　图 8.246

步骤 01 执行【文件】/【新建】/【项目】命令，新建一个项目。执行【文件】/【导入】命令，导入全部素材文件，如图8.247所示。

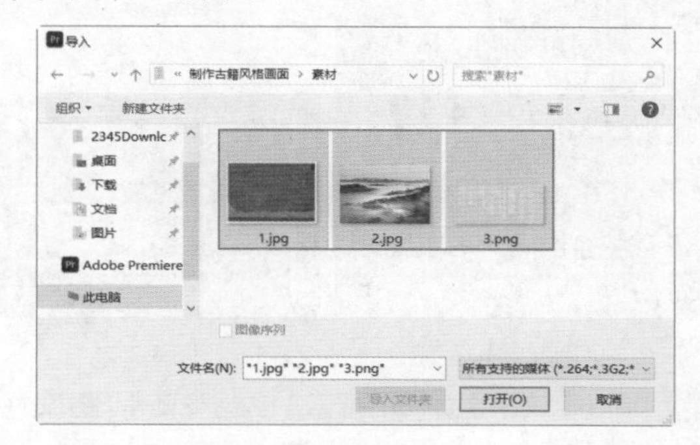

图 8.247

步骤 02 在【项目】面板中选择1.jpg和2.jpg素材，按住鼠标左键将其拖曳到V1和V2轨道上，如图8.248所示，此时在【项目】面板中自动生成序列。

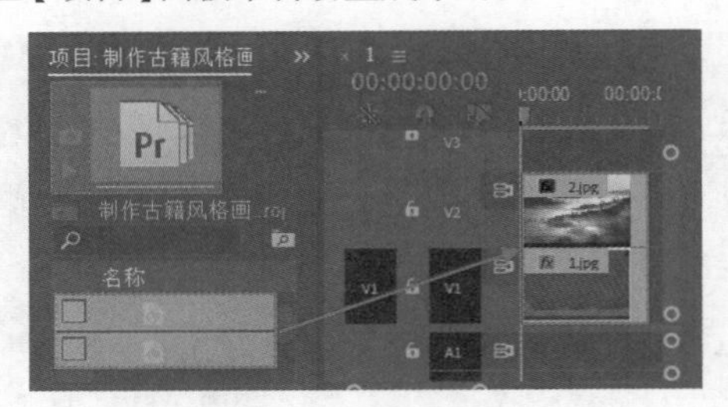

图 8.248

步骤 03 选中V2轨道上的2.jpg素材，在【效果控件】面板中设置【位置】为(751,994)，如图8.249所示。画面效果如图8.250所示。

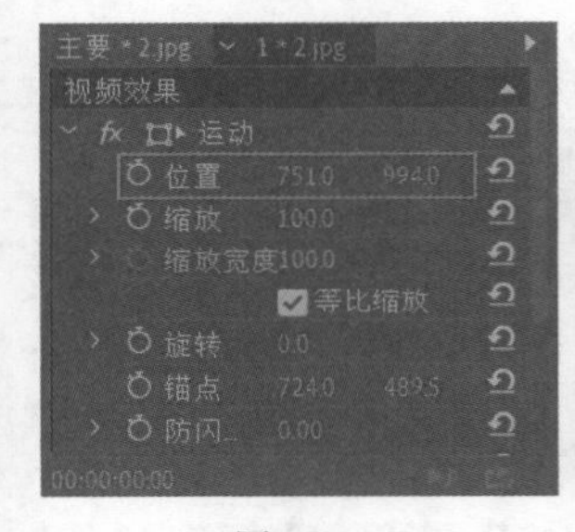

图 8.249

图 8.250

步骤 04 选中V2轨道上的2.jpg素材，在【效果控件】面板中展开【不透明度】属性，单击■(创建4点多边形蒙版工具)按钮，在【蒙版(1)】中设置【蒙版羽化】为0，勾选【已反转】，如图8.251所示。接着在【节目监视器】面板中移动4点多边形蒙版的各个锚点，调整蒙版的大小和位置，如图8.252所示。

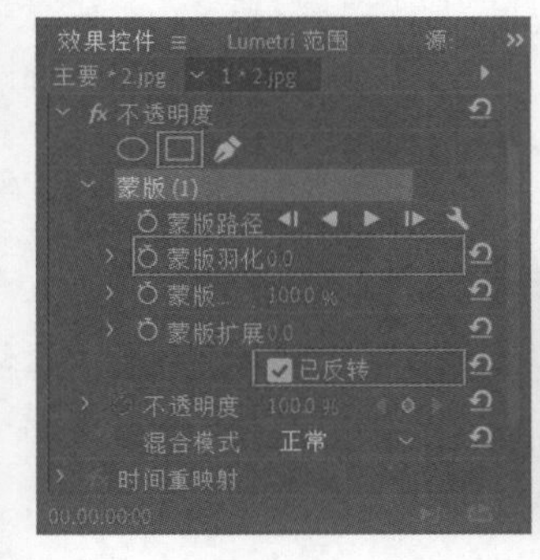

图 8.251

图 8.252

步骤 05 在【效果】面板中搜索【颜色平衡】，将该效果拖曳到V2轨道的2.jpg素材上，如图8.253所示。

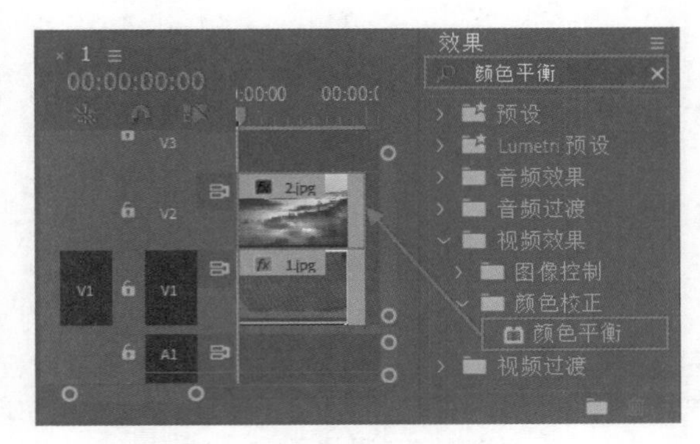

图 8.253

步骤 06 选中V2轨道上的2.jpg素材，在【效果控件】面板中展开【颜色平衡】效果，设置【阴影红色平衡】为82，【阴影蓝色平衡】为-30，如图8.254所示。画面效果如图8.255所示。

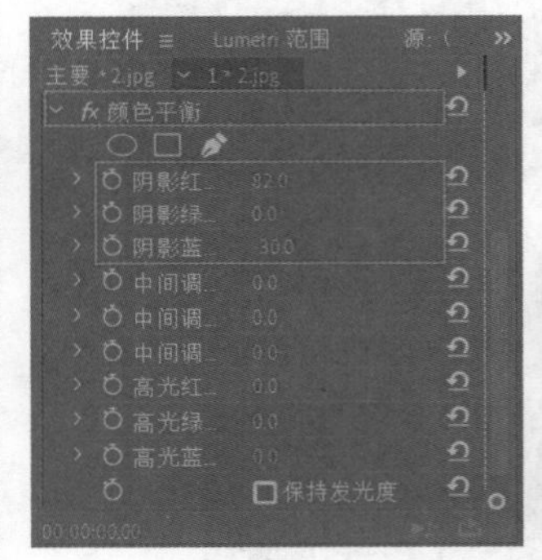

图 8.254

图 8.255

步骤 07 在【项目】面板中将3.png文字素材拖曳到V3轨道上，如图8.256所示。

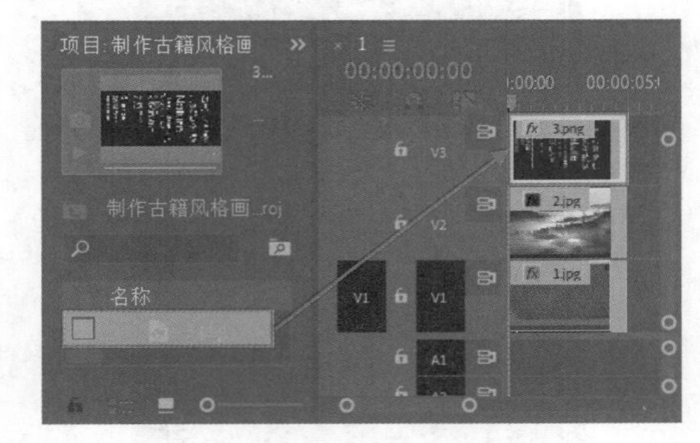

图 8.256

步骤 08 在【时间轴】面板中选中3.png素材，在【效果控件】面板中设置【位置】为(1022,262)，如图8.257所示。画面最终效果如图8.258所示。

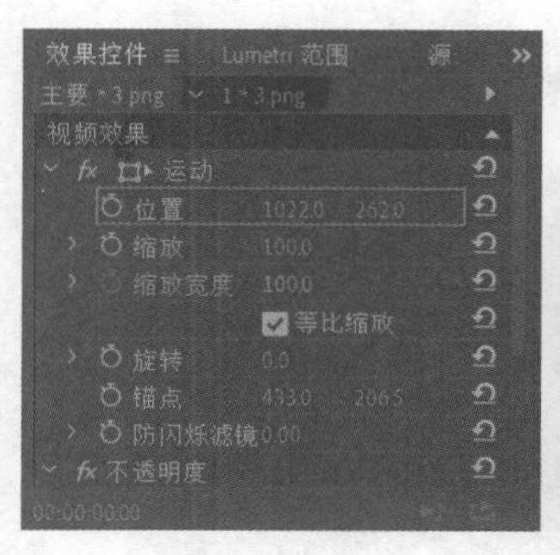

图 8.257

图 8.258

实例:【Lumetri 颜色】【颜色平衡(HLS)】效果制作日式风格菜品广告

文件路径:Chapter 8调色→实例:【Lumetri 颜色】【颜色平衡(HLS)】效果制作日式风格菜品广告

扫一扫,看视频

本实例使用【Lumetri颜色】和【颜色平衡】效果将食物调整得更加鲜艳,促进消费者食欲。实例效果如图8.259所示。

图 8.259

步骤 01 执行【文件】/【新建】/【项目】命令,新建一个项目。执行【文件】/【导入】命令,导入全部素材文件,如图8.260所示。

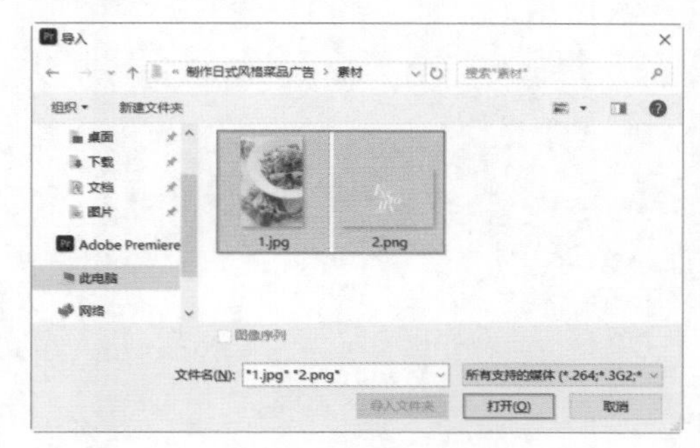

图 8.260

步骤 02 在【项目】面板中选择1.jpg素材,按住鼠标左键将其拖曳到【时间轴】面板中的V1轨道上,如图8.261所示,此时在【项目】面板中自动生成序列。

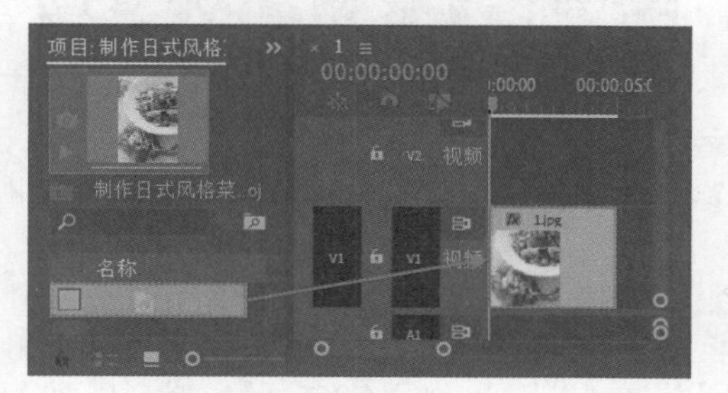

图 8.261

步骤 03 在【效果】面板中搜索【Lumetri 颜色】,将该效果拖曳到V1轨道的1.jpg素材上,如图8.262所示。

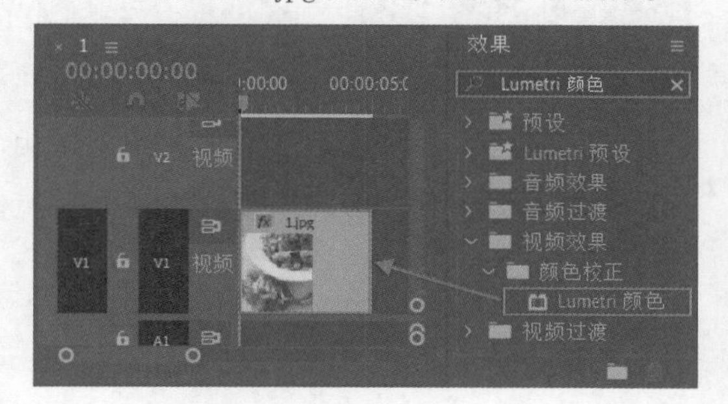

图 8.262

步骤 04 选中V1轨道上的1.jpg素材,在【效果控件】面板中展开【Lumetri 颜色】/【基本校正】/【白平衡】效果,设置【色温】为-10,在【色调】中设置【曝光】为0.2,【对比度】为24,【饱和度】为138,在【曲线】面板中选择绿色通道,在曲线上单击添加一个控制点并向左上角拖动,如图8.263所示。此时画面效果如图8.264所示。

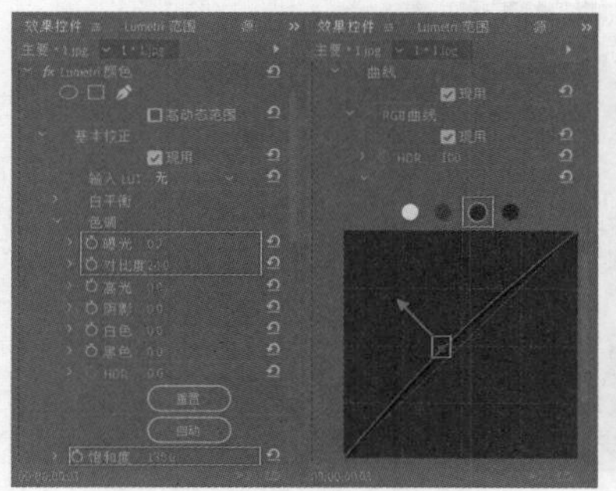

图 8.263

图 8.264

步骤 05 在【效果】面板中搜索【颜色平衡(HLS)】,将该效果拖曳到V1轨道的1.jpg素材上,如图8.265所示。

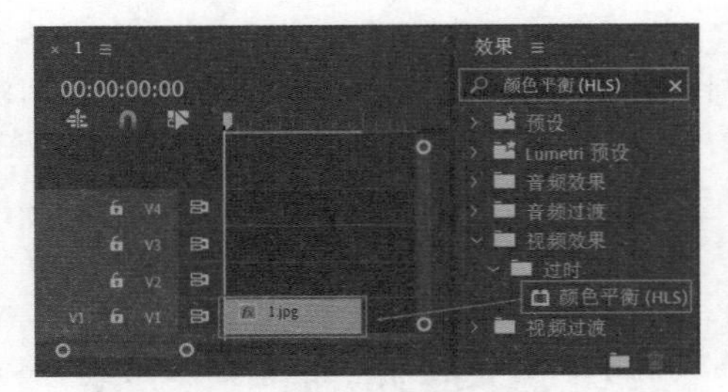

图 8.265

步骤 06 选中V1轨道上的1.jpg素材，在【效果控件】面板中展开【颜色平衡（HLS）】效果，设置【色相】为15，【饱和度】为23，如图8.266所示。此时画面效果如图8.267所示。

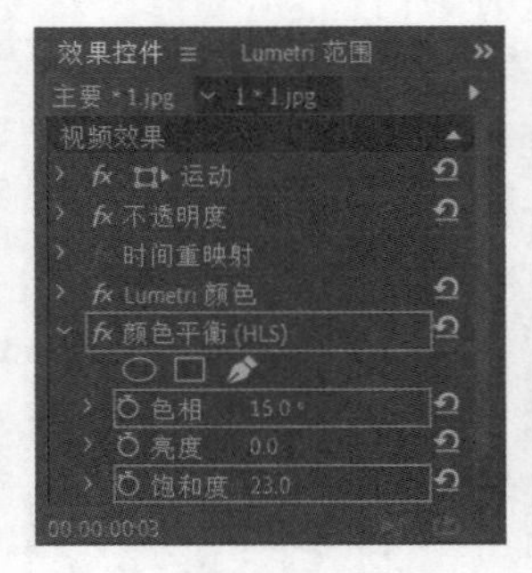

图 8.266　　图 8.267

步骤 07 将时间线滑动至起始位置，在【工具】面板中单击■（矩形工具）按钮，在【节目监视器】面板底部绘制一个矩形形状；接着在【时间轴】面板中选择形状图层，在【效果控件】面板中设置【填充颜色】为绿色，接着勾选【描边】，设置【描边颜色】为白色，【描边宽度】为5.0，设置为【外侧】；接着展开【变换】，设置【位置】为（548,1231），【锚点】文为（150,100），如图8.268所示。

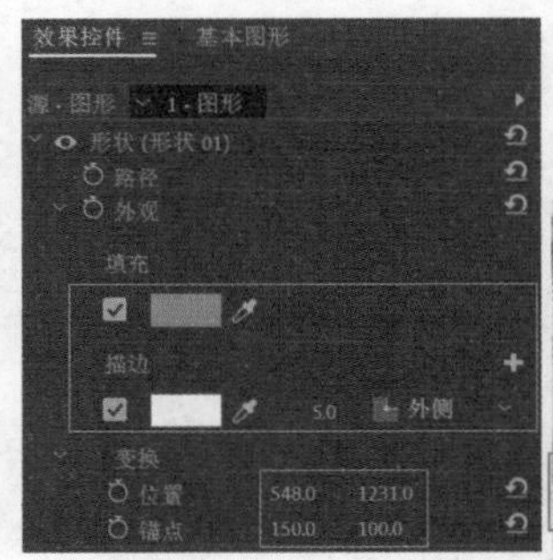

图 8.268

步骤 08 在【项目】面板中将2.png素材拖曳到V3轨道上，如图8.269所示。

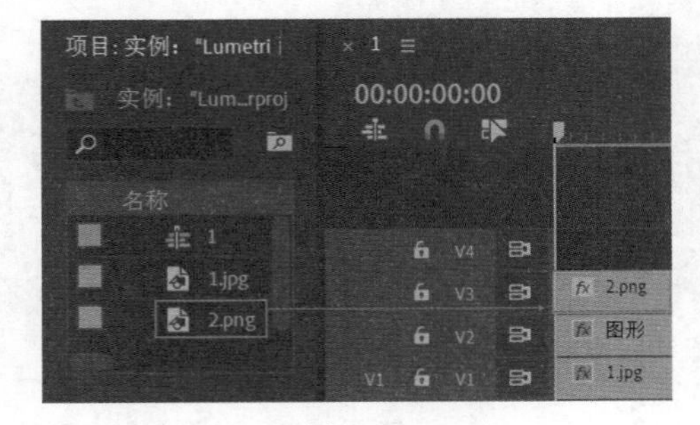

图 8.269

步骤 09 选择V3轨道上的文字素材，在【效果控件】面板中设置【位置】为（524,1233），如图8.270所示。此时实例制作完成，画面对比效果如图8.271所示。

图 8.270　　图 8.271

扫一扫，看视频

抠　像

本章内容简介：

抠像是影视制作中较为常用的技术手段，可抠除人像背景，使背景变得透明，此时即可重新更换背景，从而合成为更奇妙的画面效果。抠像技术可使一个实景画面更有层次感和设计感，是实现制作虚拟场景的重要途径之一。本章主要学习各种抠像类效果的使用方法。

重点知识掌握：

- 抠像的概念
- 抠像类效果的应用
- 使用抠像类效果抠像并合成

9.1 认识抠像

扫一扫，看视频

在影视作品中，常常可以看到很多夸张的、震撼的、虚拟的镜头画面，尤其是好莱坞的特效电影。例如，有些特效电影的人物在高楼间来回穿梭、跳跃，这是演员无法完成的动作，因此可以借助一些技术手段处理画面，达到想要的效果。这里讲到的一个概念就是抠像，抠像是指人或物在绿棚或蓝棚中表演，然后在Premiere Pro等后期软件中抠除绿色或蓝色背景，更换为合适的背景画面，进而人就可以和背景很好地结合在一起，制作出更具视觉冲击力的画面效果，如图9.1和图9.2所示。

图 9.1

图 9.2

重点 9.1.1 什么是抠像

抠像即将画面中的某一种颜色进行抠除转换为透明色，是影视制作领域较为常用的技术手段。当看见演员在绿色或蓝色的背景前表演，而在影片中看不到这些背景时，这就是运用了抠像的技术手段。在影视制作过程中，背景的颜色不仅仅局限于绿色和蓝色两种颜色，而是任何与演员服饰、妆容等区分开来的纯色都可以实现该技术，以此提升虚拟演播室的效果，如图9.3所示。

图 9.3

重点 9.1.2 为什么要抠像

抠像的最终目的是将人物与背景进行融合。使用其他背景素材替换原绿色背景，也可以再添加一些相应的前景元素，使其与原始图像相互融合，形成两层或多层画面的叠加合成，以达到丰富的层次感和神奇的合成视觉艺术效果，如图9.4所示。

图 9.4

重点 9.1.3 抠像前拍摄的注意事项

除了使用Premiere Pro进行人像抠除背景以外，更应该注意的是，在拍摄抠像素材时尽量做到规范，这样会给后期工作节省很多时间，也会取得更好的画面质量。拍摄时需注意以下几点。

(1) 在拍摄素材之前尽量选择颜色均匀、平整的绿色或蓝色背景进行拍摄。

(2) 要注意拍摄时的灯光照射方向应与最终合成的背景光线一致，避免合成效果较假。

(3) 需注意拍摄的角度，以便合成真实。

(4) 尽量避免人物穿着与背景同色的绿色或蓝色服饰，以免这些颜色在后期抠像时被一并抠除。

1. 蓝屏抠像

蓝屏抠像原理：抠像的主体物背景为蓝色且前景物体不可以包含蓝色，利用抠像技术抠除背景从而得到所需特殊效果的技术。目前广泛地应用于图像处理、虚拟演播室、影视制作等领域的后期处理中，是我国影视业在抠像中常用的方法。图9.5所示为蓝屏下拍摄的画面。

图 9.5

2. 绿屏抠像

绿屏抠像原理：该抠像方法与蓝屏相同，其背景为绿色，这种方法常适用于欧美人拍摄。因为个别地区的欧美人眼球为蓝色，在蓝屏背景下进行抠像会损坏前景人物像素。图9.6所示为绿屏下拍摄的画面。

图 9.6

9.2 常用抠像效果

在Premiere Pro中抠像又叫【键控】，常用的抠像效果有9种，分别为【过时】效果组中的【图像遮罩键】【差值遮罩】【移除遮罩】【非红色键】和【键控】效果组中的【Alpha调整】【亮度键】【超级键】【轨道遮罩键】【颜色键】，如图9.7所示。

扫一扫，看视频

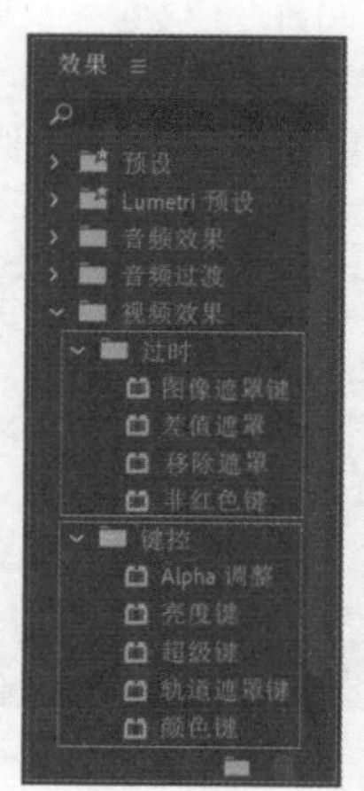

图 9.7

9.2.1 Alpha 调整

【Alpha 调整】可选择一个画面作为参考，按照它的灰度等级决定该画面的叠加效果，并可通过调整不透明度数值得到不同的画面效果。【Alpha调整】参数面板如图9.8所示。

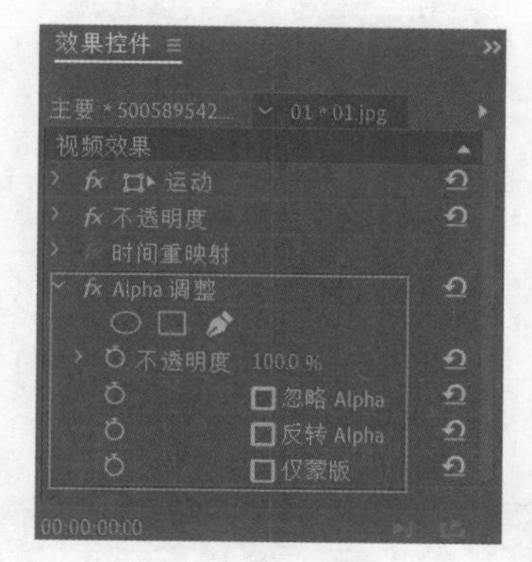

图 9.8

- **不透明度**：【不透明度】数值越小，Alpha通道中的图像越透明。
- **忽略Alpha**：勾选该选项时，会忽略Alpha通道。
- **反转Alpha**：勾选该选项时，会将Alpha通道进行反转。图9.9所示为勾选【反转Alpha】前后的对比效果。

图 9.9

- **仅蒙版**：勾选该选项，会仅显示Alpha通道的蒙版，不显示其中的图像。图9.10所示为勾选【仅蒙版】前后的对比效果。

图 9.10

重点 9.2.2 亮度键

【亮度键】可将叠加画面的灰度值设置为透明而保持色度不变。【亮度键】参数面板如图9.11所示。

- **阈值**：调整素材的透明程度。图9.12所示为设置不同【阈值】参数的对比效果。
- **屏蔽度**：设置被键控图像的终止位置。

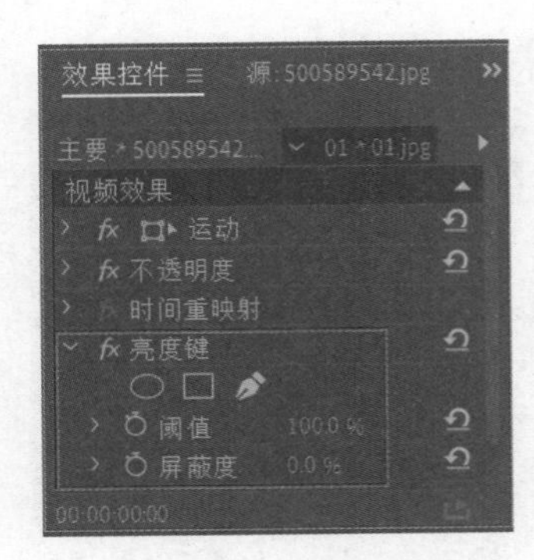

图 9.11

图 9.12

9.2.3 图像遮罩键

【图像遮罩键】可使用一个遮罩图像的Alpha通道或亮度值来控制素材的透明区域。【图像遮罩键】参数面板如图9.13所示。

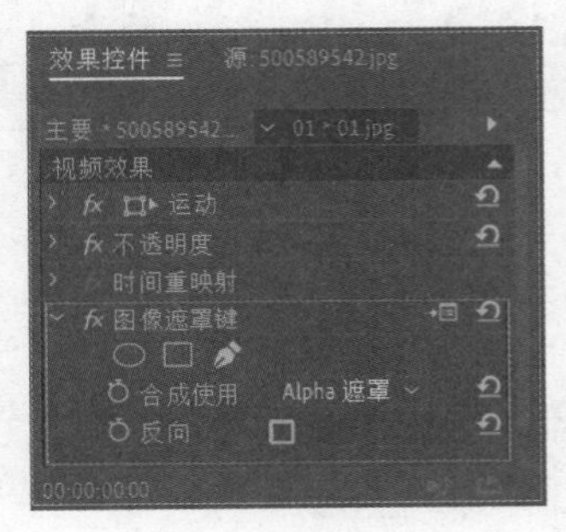

图 9.13

- 按钮：可以在弹出的窗口中选择合适的图片作为遮罩的素材文件。
- 合成使用：包含【Alpha遮罩】【亮度遮罩】两种遮罩方式。
- 反向：勾选该选项，遮罩效果将与实际效果相反。

9.2.4 差值遮罩

【差值遮罩】在为对象建立遮罩后可建立透明区域，显示出该图像下方的素材文件。【差值遮罩】参数面板如图9.14所示。

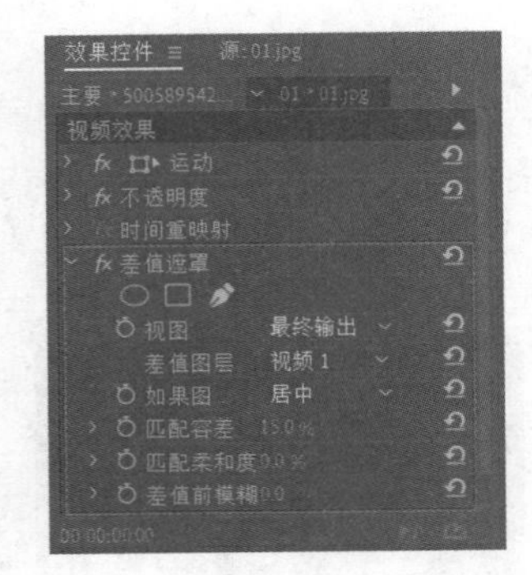

图 9.14

- 视图：设置合成图像的最终显示效果，包含【最终输出】【仅限源】【仅限遮罩】3种输出方式。
- 差值图层：设置与当前素材产生差值的层。
- 如果图层大小不同：如果差异层和当前素材层的尺寸不同，设置层与层之间的匹配方式。【居中】表示中心对齐，【伸展以适配】表示将拉伸差异层匹配当前素材层。
- 匹配容差：设置层与层之间的容差匹配值。
- 匹配柔和度：设置层与层之间的匹配柔和程度。
- 差值前模糊：将不同像素块进行差值模糊。

9.2.5 移除遮罩

【移除遮罩】可为对象定义遮罩后在对象上方建立一个遮罩轮廓，将带有【白色】或【黑色】的区域转换为透明效果进行移除。【移除遮罩】参数面板如图9.15所示。

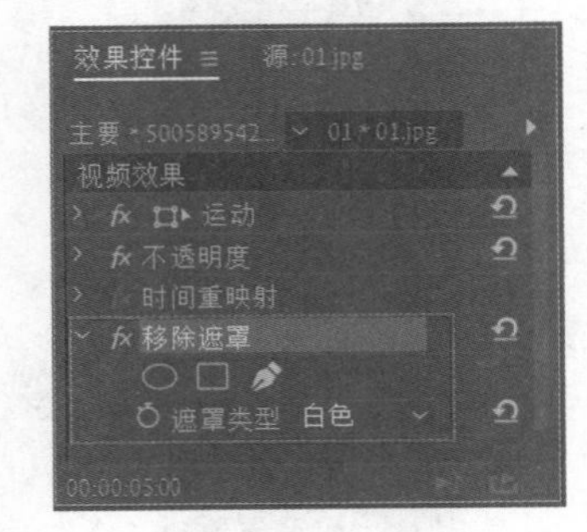

图 9.15

遮罩类型：选择要移除的颜色，包含【白色】【黑色】两种类型。

重点 9.2.6 超级键

【超级键】可使用（吸管工具）在画面中吸取需要抠除的颜色，此时该种颜色在画面中消失。【超级键】参数面板如图9.16所示。

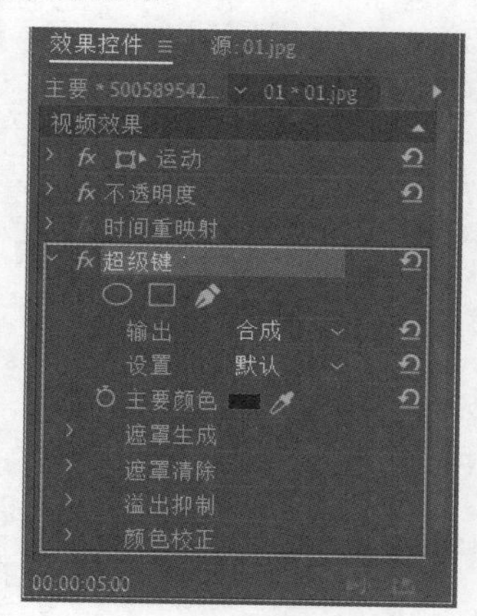

图 9.16

- **输出**：设置素材输出类型，包含【合成】【Alpha通道】【颜色通道】3种类型。
- **设置**：设置抠像的类型，包括【默认】【弱效】【强效】【自定义】。
- **主要颜色**：设置透明的颜色的针对对象。
- **遮罩生成**：调整遮罩产生的方式，包括【透明度】【高光】【阴影】【容差】【基值】等。
- **遮罩清除**：调整遮罩的属性类型，包括【抑制】【柔化】【对比度】【中间点】等。
- **溢出抑制**：调整对溢出色彩的抑制，包括【降低饱和度】【范围】【溢出】【亮度】等。
- **颜色校正**：对素材颜色的校正，包括【饱和度】【色相】【明亮度】等。

9.2.7 轨道遮罩键

【轨道遮罩键】可通过亮度值定义蒙版层的透明度。【轨道遮罩键】参数面板如图9.17所示。

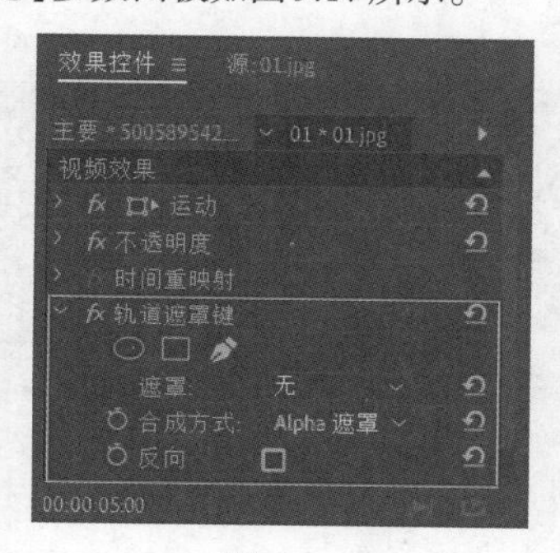

图 9.17

- **遮罩**：选择用来跟踪抠像的视频轨道。
- **合成方式**：选择用于合成的选项类型，包含【Alpha遮罩】和【亮度遮罩】两种。
- **反向**：勾选该选项，效果进行反向选择。

9.2.8 非红色键

【非红色键】可叠加带有蓝色背景素材并将蓝色或绿色区域变为透明效果。【非红色键】参数面板如图9.18所示。

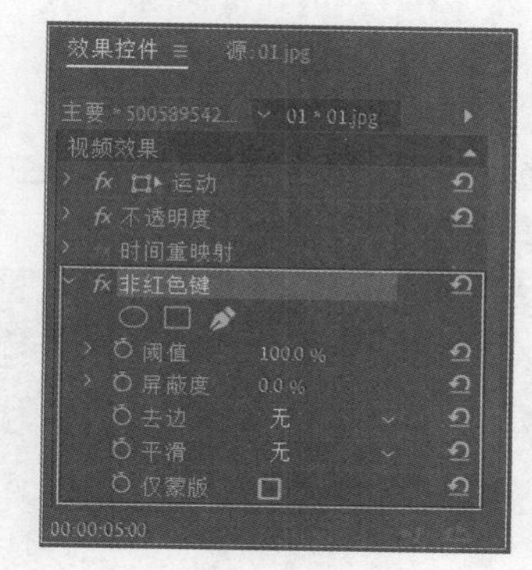

图 9.18

- **阈值**：调整素材文件的透明程度。图9.19所示为设置不同【阈值】参数的对比效果。

图 9.19

- **屏蔽度**：设置素材文件中【非红色键】效果的控制位置和图像屏蔽度。
- **去边**：在执行该效果时，可选择去除素材的绿色边缘或者蓝色边缘。
- **平滑**：设置素材文件的平滑程度，包含【低】程度和【高】程度两种。
- **仅蒙版**：设置素材文件在操作中自身蒙版的状态。

重点 9.2.9 颜色键

【颜色键】是抠像中最常用的效果之一，使用(吸管工具)吸取画面颜色即可将该种颜色变为透明效果。【颜色键】参数面板如图9.20所示。

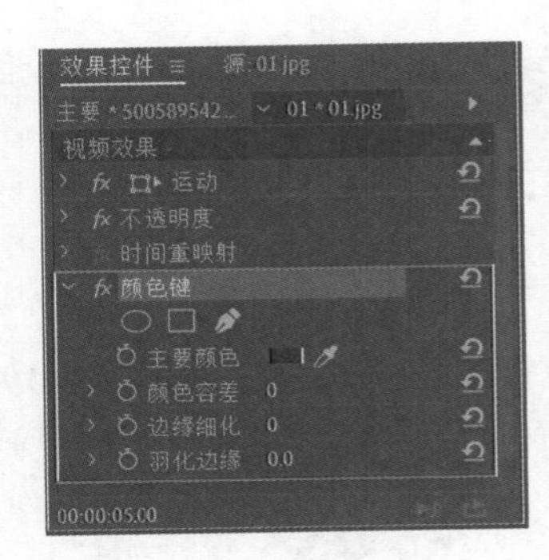

图 9.20

- **主要颜色：** 设置抠像的目标颜色。在默认情况下为蓝色。图9.21所示是将【主要颜色】设置为蓝色进行抠像处理的对比效果。

图 9.21

- **颜色容差：** 针对选择的【主要颜色】进行透明度设置。
- **边缘细化：** 设置边缘的平滑程度。
- **羽化边缘：** 设置边缘的柔和程度。

实例：【超级键】效果制作变天魔术法

扫一扫，看视频

文件路径：Chapter 9 抠像→实例：【超级键】效果制作变天魔术法

本实例主要使用【超级键】及【主要颜色】关键帧制作出变天效果。实例效果如图9.22所示。

图 9.22

步骤 01 执行【文件】/【新建】/【项目】命令，新建一个项目。执行【文件】/【导入】命令，导入视频素材文件，如图9.23所示。

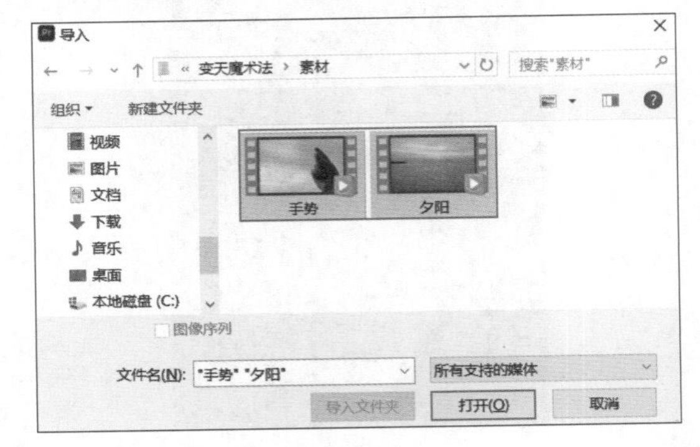

图 9.23

步骤 02 在【项目】面板中选择手势.mp4视频素材，将素材拖曳到【时间轴】面板中，如图9.24所示，此时在【项目】面板中自动生成序列。

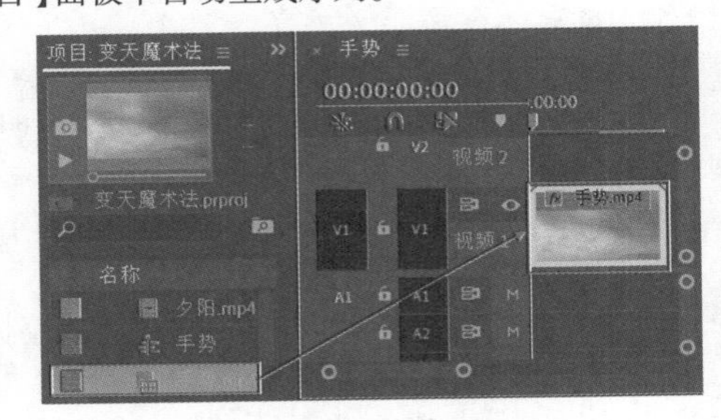

图 9.24

步骤 03 在【时间轴】面板中将手势.mp4视频素材移动到V2轨道上，接着将时间线滑动到3秒18帧，按M键在当前位置添加标记，在【项目】面板中将夕阳.mp4视频素材拖曳到V1轨道上的时间线位置，如图9.25所示。将夕阳.mp4视频素材的结束时间设置为6秒25帧，如图9.26所示。

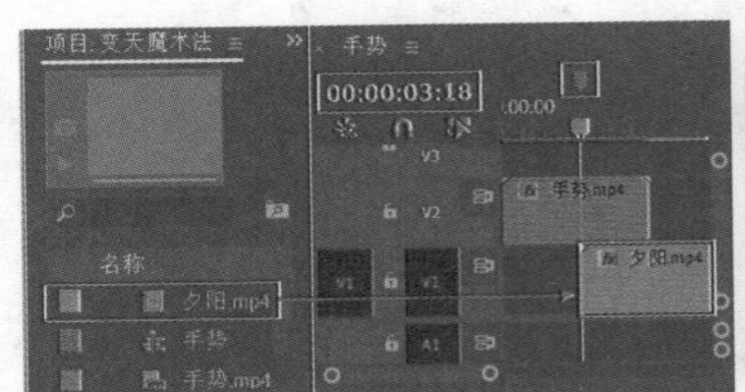

图 9.25　图 9.26

步骤 04 在【效果】面板中搜索【超级键】，按住鼠标左键将该效果拖曳到V2轨道的手势.mp4视频素材上，如图9.27所示。

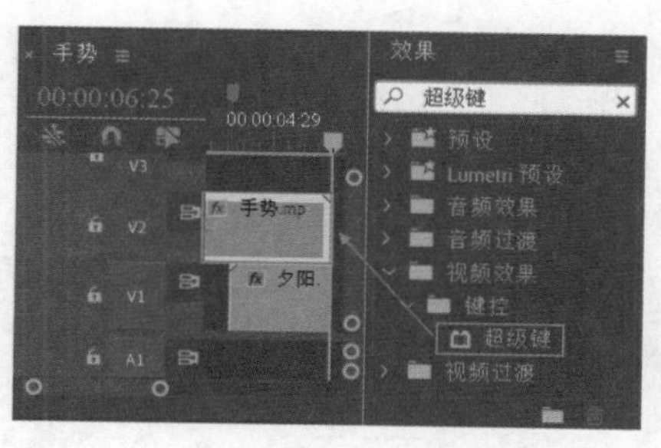

图 9.27

步骤 05 选择V2轨道上的素材，在【效果控件】面板中展开【超级键】效果，将时间线滑动到起始帧位置，单击【主要颜色】前方的（切换动画）按钮，开启关键帧，如图9.28所示。选择关键帧，右击执行【定格】命令，如图9.29所示。

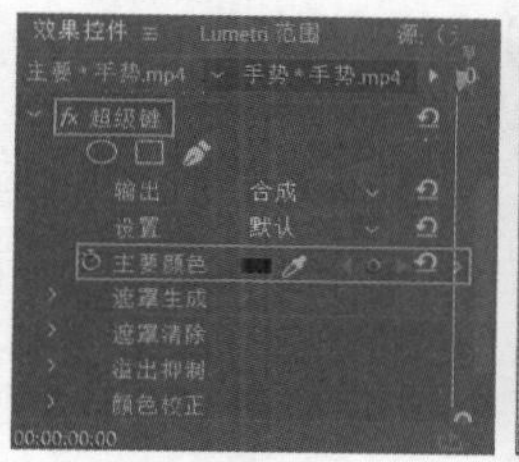

图 9.28

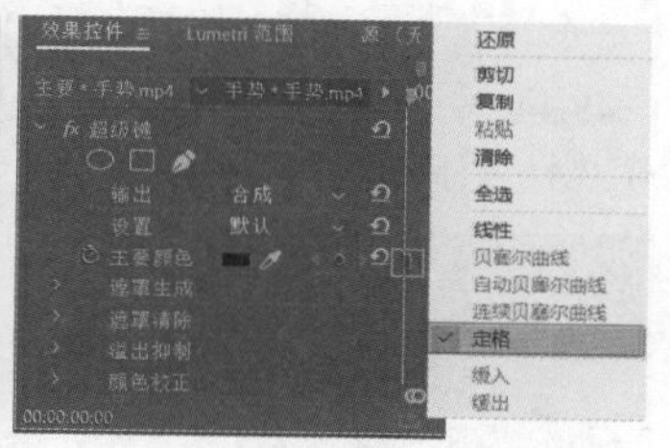

图 9.29

提示：

在【时间轴】面板中的合适位置执行【定格】命令，此时在当前时间线位置会将视频素材分为两部分，前半部分素材为正常的动态视频，后半部分视频素材为静止的图片状态，如图9.30所示。

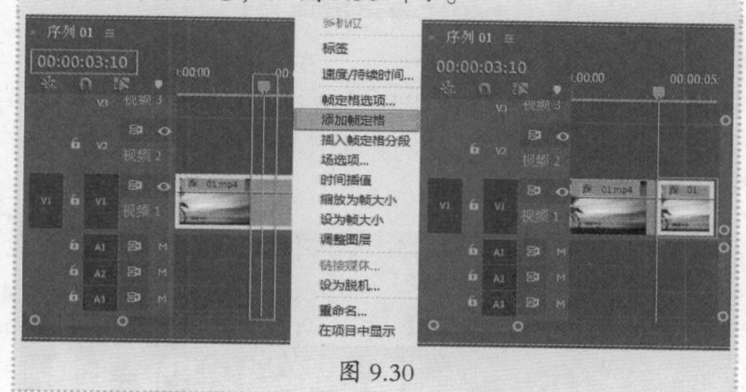

图 9.30

步骤 06 此时时间线滑动到标记位置（即3秒18帧位置），单击【主要颜色】后方的（吸管工具），吸取【节目监视器】面板中天空的颜色，此时在当前位置出现关键帧，如图9.31所示。此时画面效果如图9.32所示。

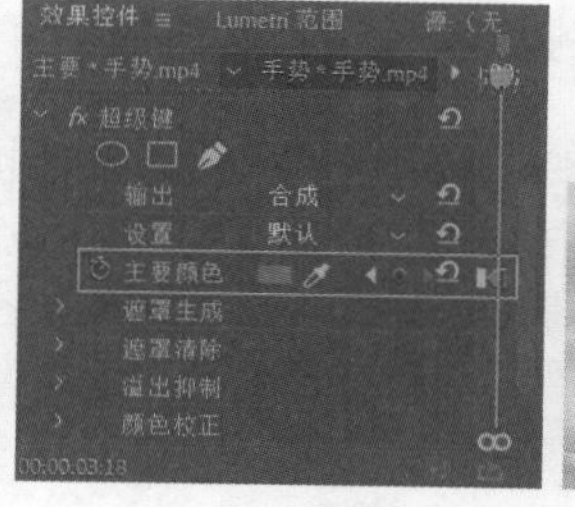

图 9.31

图 9.32

步骤 07 在【效果控件】面板中选择【超级键】效果，使用快捷键Ctrl+C复制，接着在下方的空白处使用快捷键Ctrl+V进行粘贴，如图9.33所示。展开复制的【超级键】，在3秒18帧位置吸取画面中白色天空部分，并展开【遮罩生成】，设置【透明度】和【高光】为100，【阴影】为66，【容差】为63，【基值】为100，如图9.34所示。

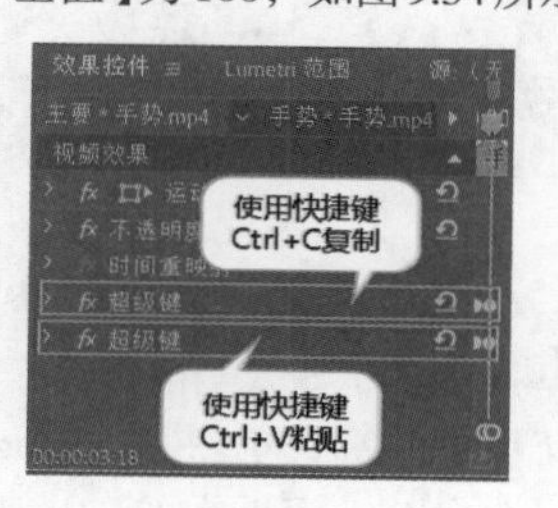

图 9.33

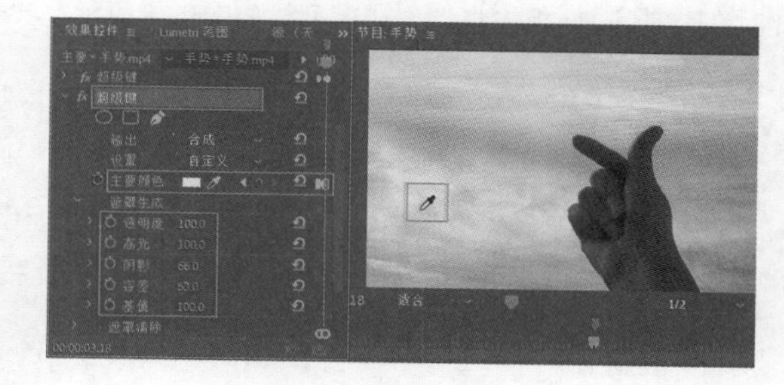

图 9.34

步骤 08 此时滑动时间线查看画面效果，如图9.35所示。

图 9.35

实例:【颜色键】效果制作淘宝服饰主图

扫一扫，看视频

文件路径:Chapter 9 抠像→实例:【颜色键】效果制作淘宝服饰主图

本实例主要使用【颜色键】效果快速抠除人物图片绿色背景。实例效果如图9.36所示。

图 9.36

步骤 01 执行【文件】/【新建】/【项目】命令，新建一个项目。执行【文件】/【导入】命令，导入全部素材，如图9.37所示。

步骤 02 在【项目】面板中将1.jpg、2.jpg、3.png素材文件依次拖曳到【时间轴】面板中的V1、V2、V3轨道上，此时在【项目】面板中自动生成序列，如图9.38所示。

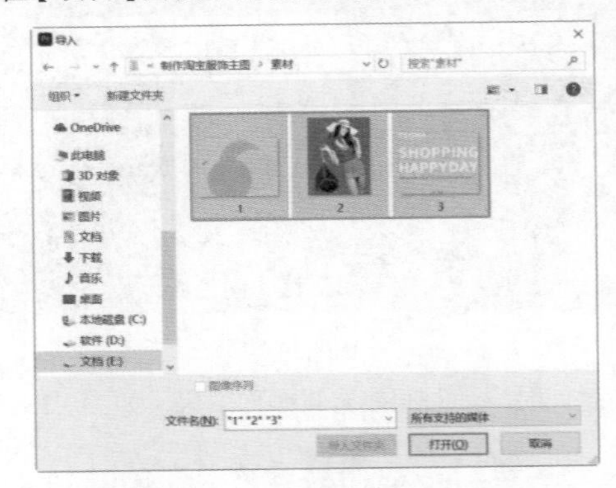
图 9.37

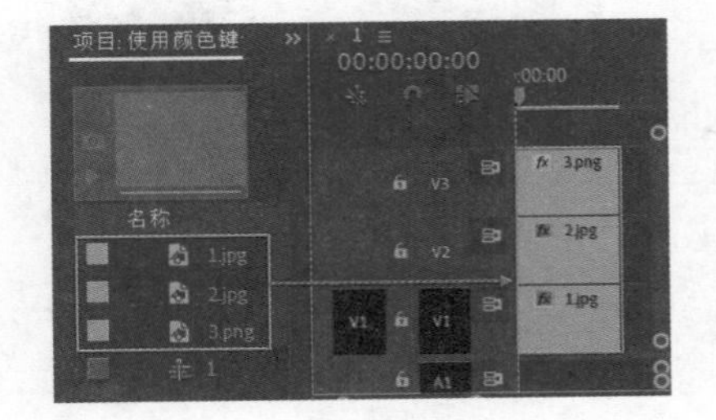
图 9.38

步骤 03 在【时间轴】面板中单击V3轨道上的（切换轨道输出）按钮，将轨道内容隐藏。在【效果】面板中搜索【颜色键】，按住鼠标左键将该效果拖曳到V2轨道的2.jpg素材文件上，如图9.39所示。

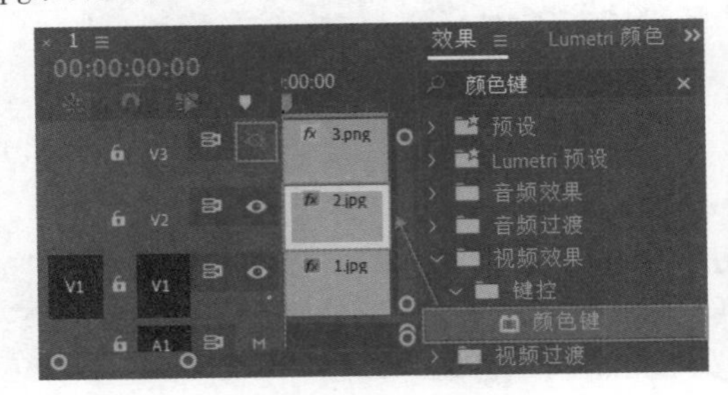

图 9.39

步骤 04 在【时间轴】面板中选择2.jpg素材文件，在【效果控件】面板中展开【运动】属性，设置【位置】为(848,445)，【缩放】为82，如图9.40所示。画面效果如图9.41所示。

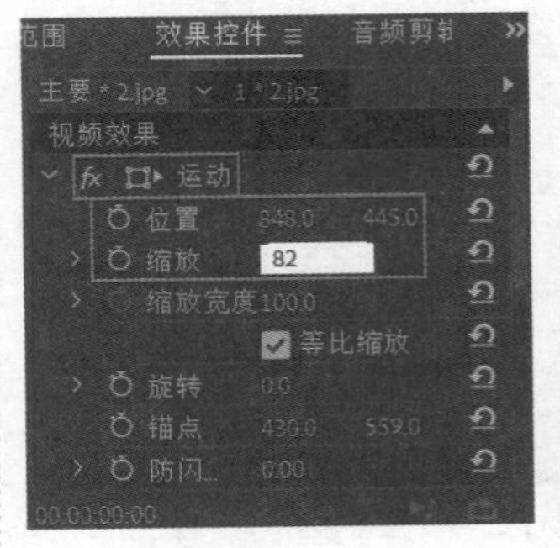

图 9.40

图 9.41

步骤 05 在【效果控件】面板中展开【颜色键】，单击【主要颜色】后方的吸管工具，在【节目监视器】面板中吸取人物后方的绿色背景，接着设置【颜色容差】为150，如图9.42所示。此时画面中的绿色背景去除，如图9.43所示。

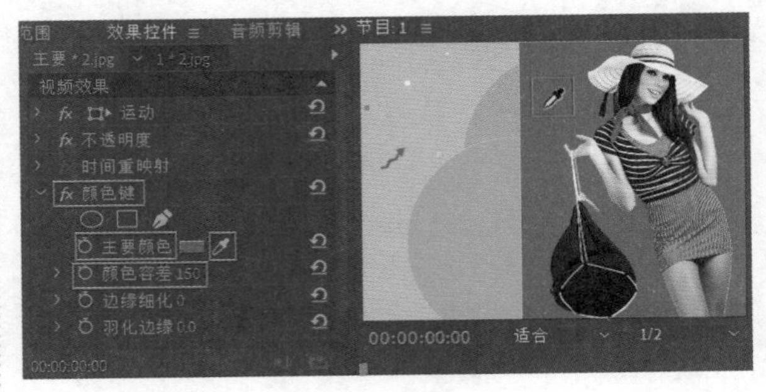

图 9.42

图 9.43

步骤 06 在【时间轴】面板中再次单击V3轨道上的 (切换轨道输出)按钮，将轨道内容进行显现，选择V3轨道上的3.png素材文件，在【效果控件】面板中展开【运动】属性，设置【缩放】为47，如图9.44所示。画面最终效果如图9.45所示。

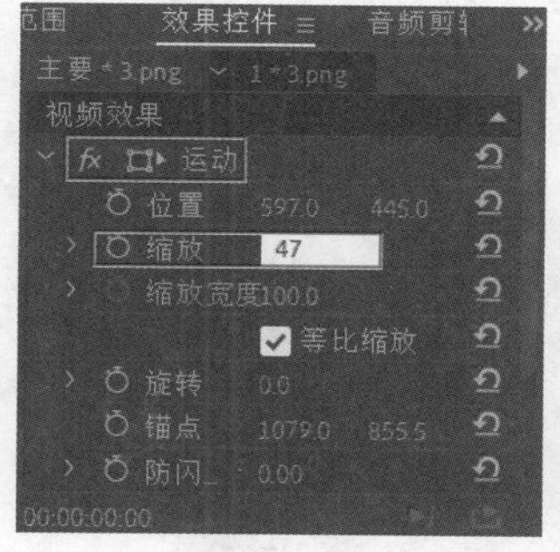

图 9.44

图 9.45

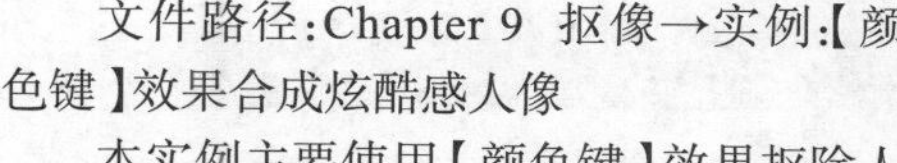

实例:【颜色键】效果合成炫酷感人像

扫一扫，看视频

文件路径:Chapter 9 抠像→实例:【颜色键】效果合成炫酷感人像

本实例主要使用【颜色键】效果抠除人物图片绿色背景并进行边缘细化。实例效果如图9.46所示。

图 9.46

步骤 01 执行【文件】/【新建】/【项目】命令，新建一个项目。执行【文件】/【导入】命令，导入全部素材，如图9.47所示。在【项目】面板中将1.jpg、2.jpg、3.png素材文件依次拖曳到【时间轴】面板中的V1、V2、V3轨道上，此时在【项目】面板中自动生成序列，如图9.48所示。

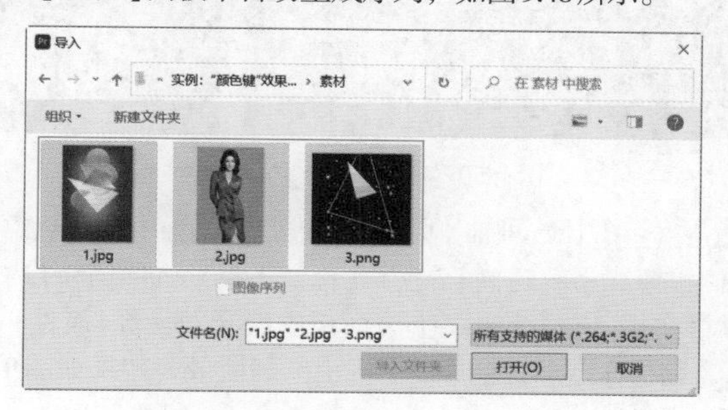

图 9.47

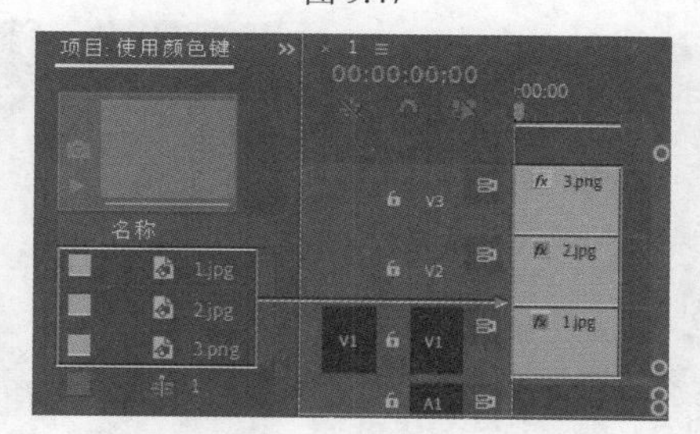

图 9.48

步骤 02 在【时间轴】面板中单击V3轨道上的 (切换轨道输出)按钮，将轨道内容隐藏。在【效果】面板中搜索【颜色键】，按住鼠标左键将该效果拖曳到V2轨道的2.jpg素材文件上，如图9.49所示。

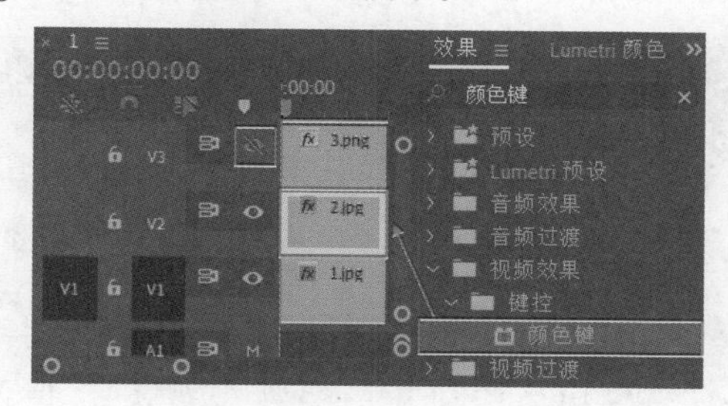

图 9.49

步骤 03 在【效果控件】面板中展开【颜色键】属性，单击【主要颜色】后方的吸管工具，在【节目监视器】面板中吸取人物后方的绿色背景，接着设置【颜色容差】为70，【边缘细化】为5，如图9.50所示。此时绿色背景去除，如图9.51所示。

图 9.50

图 9.51

步骤 04 在【时间轴】面板中再次单击 (切换轨道输出)按钮，将轨道内容进行显现，选择V2轨道上的2.png素材文件。在【效果控件】面板中展开【运动】属性，设置【缩放】为55，如图9.52所示。画面最终效果如图9.53所示。

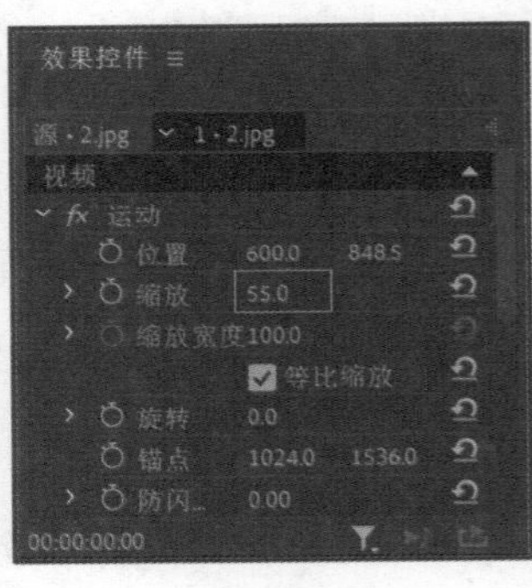

图 9.52

图 9.53

实例：【颜色键】效果制作保湿型化妆品广告

扫一扫，看视频

文件路径：Chapter 9 抠像→实例：【颜色键】效果制作保湿型化妆品广告

本实例主要使用【颜色键】效果抠除人物图片绿色背景，使用【RGB 曲线】效果调整人物肤色。实例效果如图9.54所示。

步骤 01 执行【文件】/【新建】/【项目】命令，新建一个项目。执行【文件】/【导入】命令，导入全部素材文件，如图9.55所示。

步骤 02 在【项目】面板中将1.jpg、2.jpg、3.png素材文件依次拖曳到【时间轴】面板中的V1、V2、V3轨道上，此时在【项目】面板中自动生成序列，如图9.56所示。

图 9.54

图 9.55

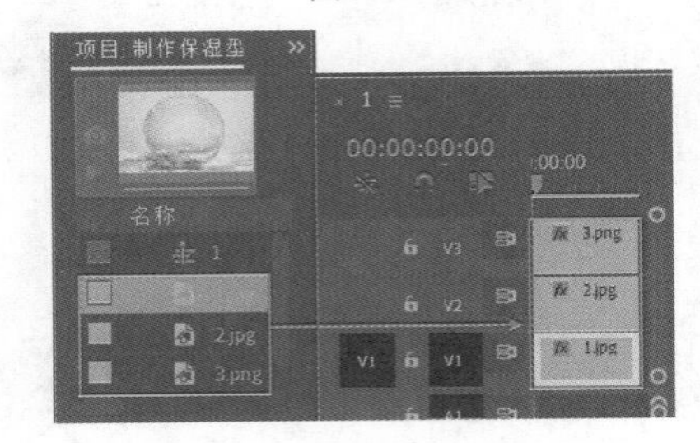

图 9.56

步骤 03 在【效果】面板中搜索【颜色键】，按住鼠标左键将该效果拖曳到V2轨道的2.jpg素材文件上，如图9.57所示。

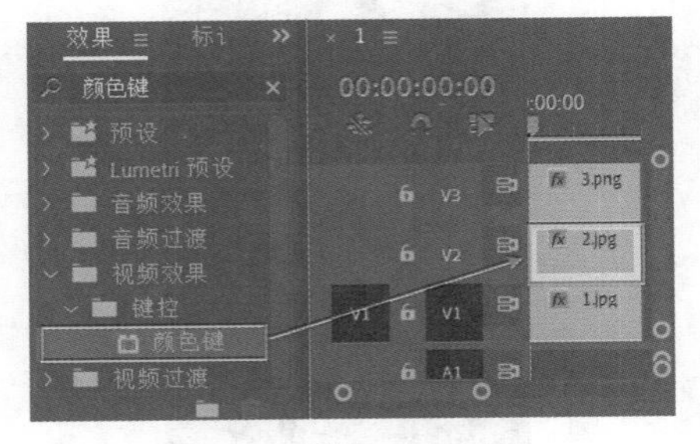

图 9.57

步骤 04 在【效果控件】面板中展开【颜色键】属性，单击【主要颜色】后方的吸管工具，在【节目监视器】面板中吸取人物后方的绿色背景，接着设置【颜色容差】为130,【边缘细化】为1,【羽化边缘】为2，如图9.58所示。此时绿色背景去除，如图9.59所示。

图 9.58

图 9.59

步骤 05 适当调整人物肤色。在【效果】面板中搜索【RGB 曲线】，按住鼠标左键将该效果拖曳到V2轨道的2.jpg素材文件上，如图9.60所示。

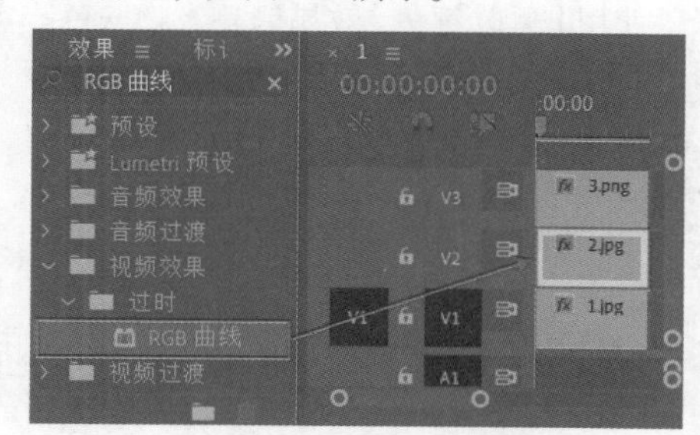

图 9.60

步骤 06 选择【时间轴】面板中的2.jpg素材，在【效果控件】面板中展开【RGB 曲线】属性，分别在【主要】和【红色】下方的曲线上单击添加一个控制点并向左上角拖动，如图9.61所示。此时人物颜色发生变化，如图9.62所示。

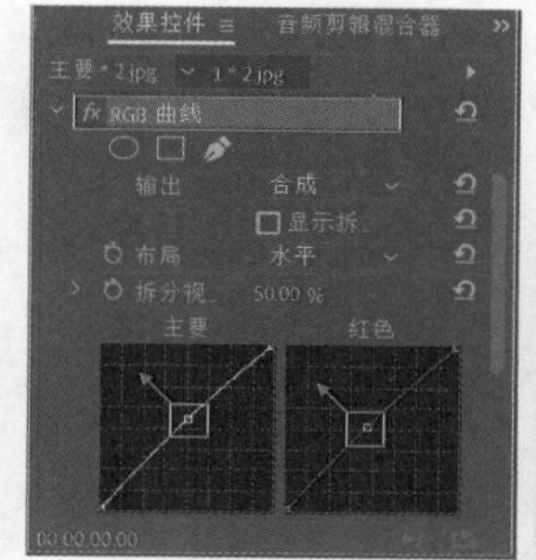

图 9.61

图 9.62

实例:【非红色键】效果制作时尚女装广告

文件路径:Chapter 9 抠像→实例:【非红色键】效果制作时尚女装广告

扫一扫，看视频

本实例主要使用【非红色键】效果抠除人物图片蓝色背景并调整边缘细节。实例效果如图9.63所示。

图 9.63

步骤 01 执行【文件】/【新建】/【项目】命令，新建一个项目。执行【文件】/【导入】命令，导入全部素材文件，如图9.64所示。

图 9.64

步骤 02 将【项目】面板中的1.jpg、2.jpg及3.png素材文件依次拖曳到【时间轴】面板中的V1、V2、V3轨道上，此时在【项目】面板中自动生成序列，如图9.65所示。

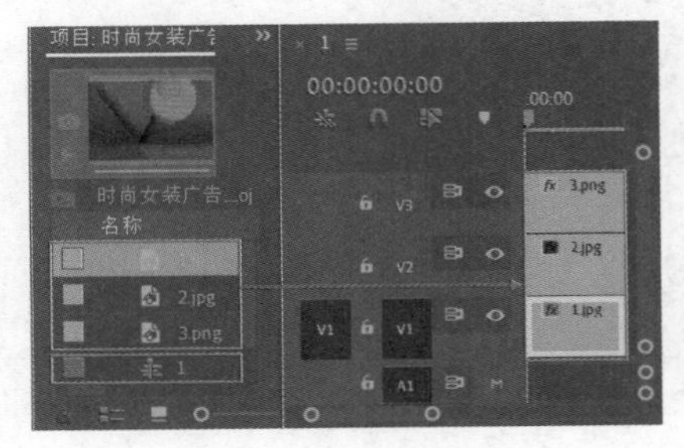

图 9.65

步骤 03 首先在【时间轴】面板中单击3.png素材前方的（切换轨道输出）按钮，然后选择V2轨道上的2.jpg素材，设置【位置】为(1095,526)，【缩放】为105，如图9.66所示。画面效果如图9.67所示。

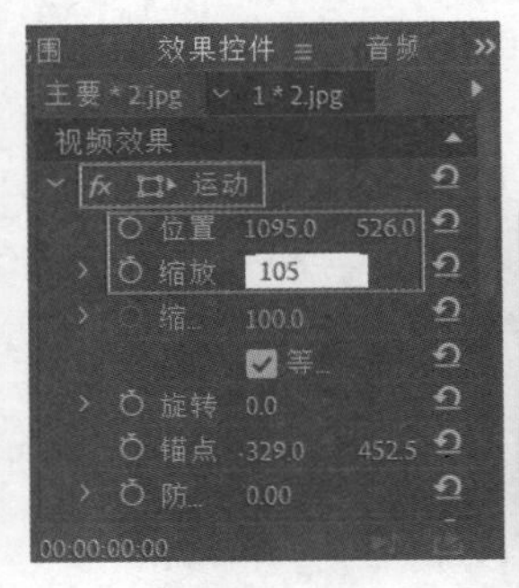

图 9.66

图 9.67

步骤 04 在【效果】面板中搜索【非红色键】，按住鼠标左键将该效果拖曳到V2轨道的2.jpg素材文件上，如图9.68所示。

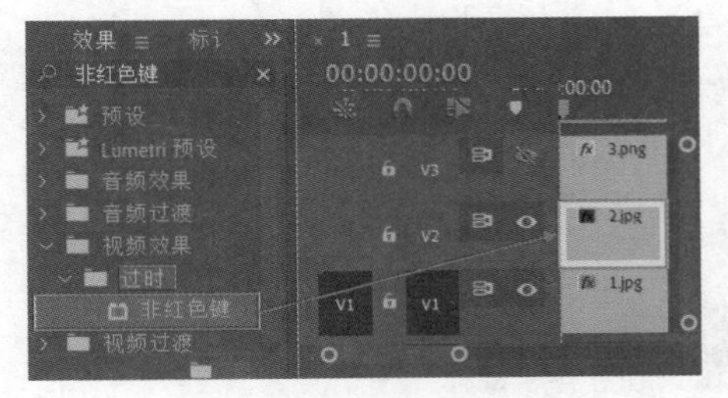

图 9.68

步骤 05 在【效果控件】面板中展开【非红色键】属性，设置【阈值】为60，【去边】为蓝色，【平滑】为高，如图9.69所示。画面效果如图9.70所示。

步骤 06 在【时间轴】面板中再次单击3.png素材前方的（切换轨道输出）按钮，将素材进行显现，选择该素材，在【效果控件】面板中展开【运动】属性，设置【位置】为(455,500)，如图9.71所示。本实例制作完成，最终效果如图9.72所示。

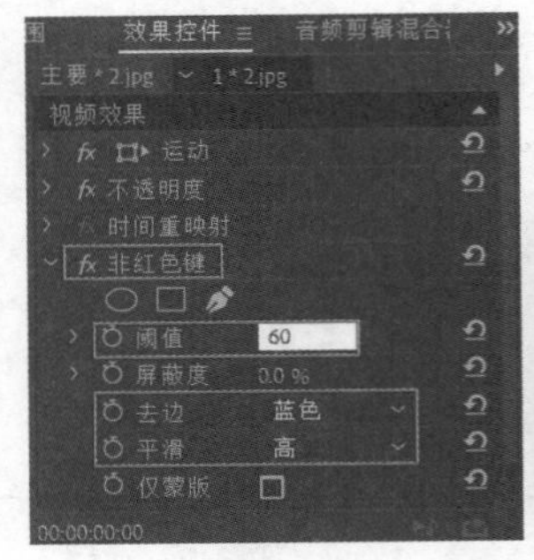

图 9.69

图 9.70

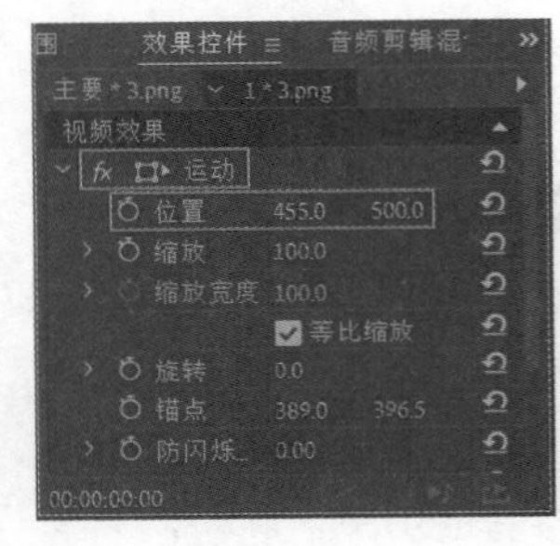

图 9.71

图 9.72

实例:【非红色键】效果合成甜美婚纱照

文件路径:Chapter 9 抠像→实例:【非红色键】效果合成甜美婚纱照

本实例主要使用【非红色键】效果抠除人物图片绿色背景，使用【更改颜色】效果调整人物肤色。实例效果如图9.73所示。

扫一扫，看视频

图 9.73

步骤 01 执行【文件】/【新建】/【项目】命令，新建一个项目。执行【文件】/【导入】命令，导入全部素材文件，如图9.74所示。

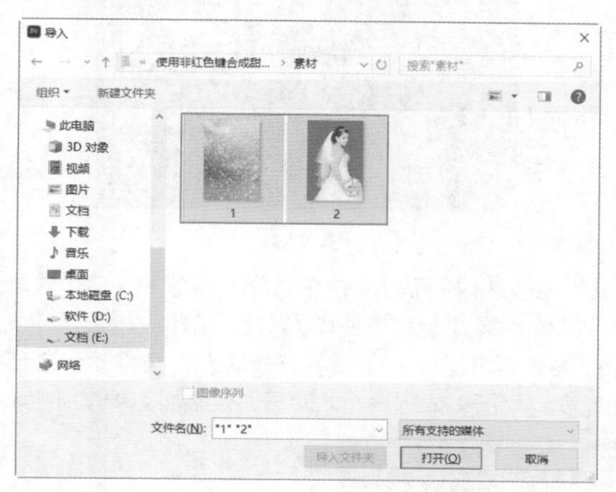

图 9.74

步骤 02 将【项目】面板中的1.jpg、2.png素材文件依次拖曳到【时间轴】面板中的V1、V2轨道上，此时在【项目】面板中自动生成序列，如图9.75所示。

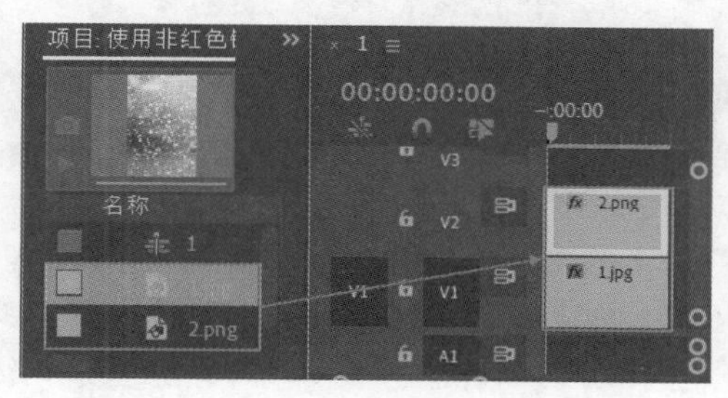

图 9.75

步骤 03 在【效果】面板中搜索【非红色键】，按住鼠标左键将该效果拖曳到V2轨道的2.png素材文件上，如图9.76所示。

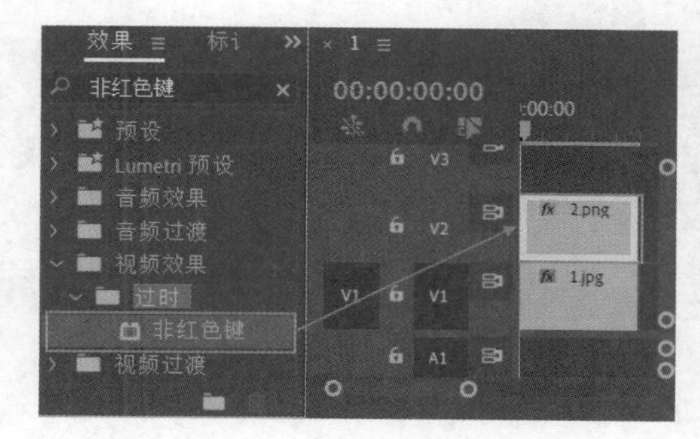

图 9.76

步骤 04 在【效果控件】面板中展开【非红色键】属性，设置【阈值】为38%，【去边】为绿色，如图9.77所示。此时人物肤色偏红，如图9.78所示。

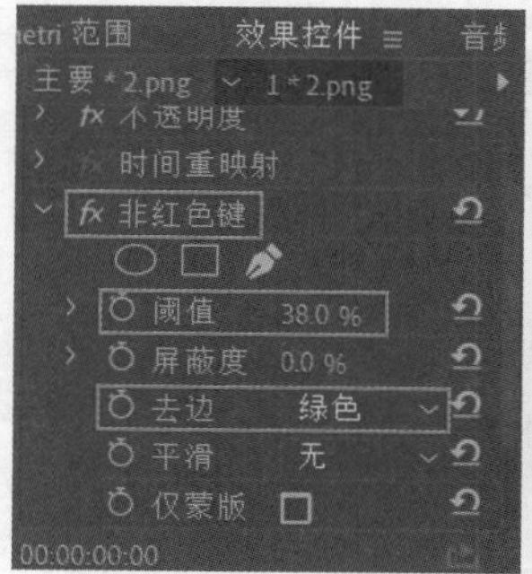

图 9.77

图 9.78

步骤 05 在【效果】面板中搜索【更改颜色】，按住鼠标左键将该效果拖曳到V2轨道的2.png素材文件上，如图9.79所示。

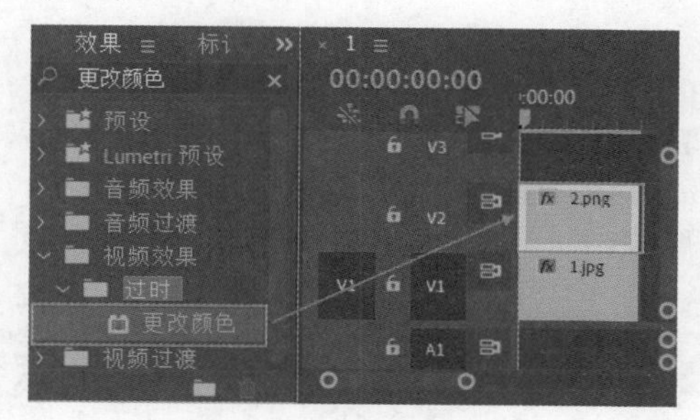

图 9.79

步骤 06 选择【时间轴】面板中的2.png素材，在【效果控件】面板中展开【更改颜色】，单击【要更改的颜色】后方的吸管工具，吸取画面中人物皮肤的颜色，然后设置【色相变换】为25，如图9.80所示。此时人物肤色正常，画面效果如图9.81所示。

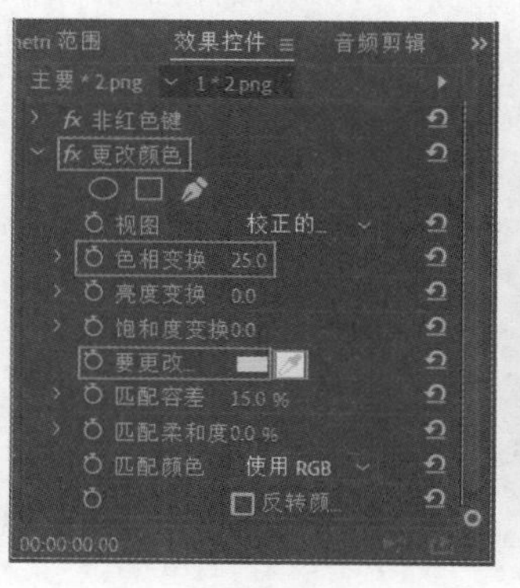

图 9.80

图 9.81

第9章 抠像

实例：【Alpha调整】效果制作反底文字

扫一扫，看视频

文件路径：Chapter 9　抠像→实例：【Alpha调整】效果制作反底文字

本实例首先使用【亮度曲线】效果提亮画面，接着使用【Alpha调整】效果制作反底文字。实例效果如图9.82所示。

图 9.82

步骤 01 执行【文件】/【新建】/【项目】命令，新建一个项目。执行【文件】/【导入】命令，导入1.jpg素材文件，如图9.83所示。

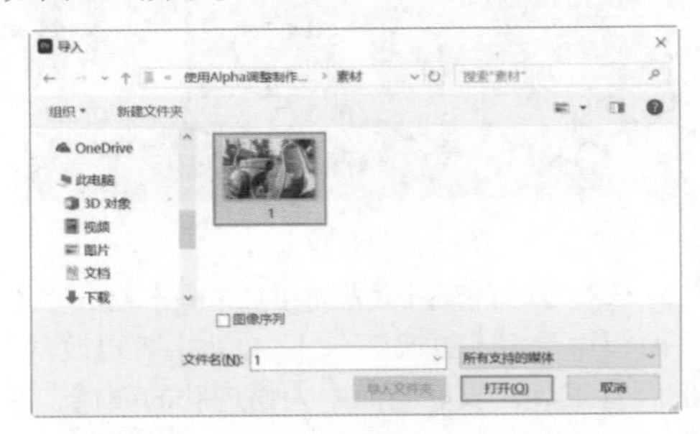

图 9.83

步骤 02 在【项目】面板中将1.jpg素材文件拖曳到【时间轴】面板中的V1轨道上，此时在【项目】面板中自动生成序列，如图9.84所示。

图 9.84

步骤 03 在【效果】面板中搜索【亮度曲线】，按住鼠标左键将该效果拖曳到【时间轴】面板中的1.jpg素材文件上，如图9.85所示。

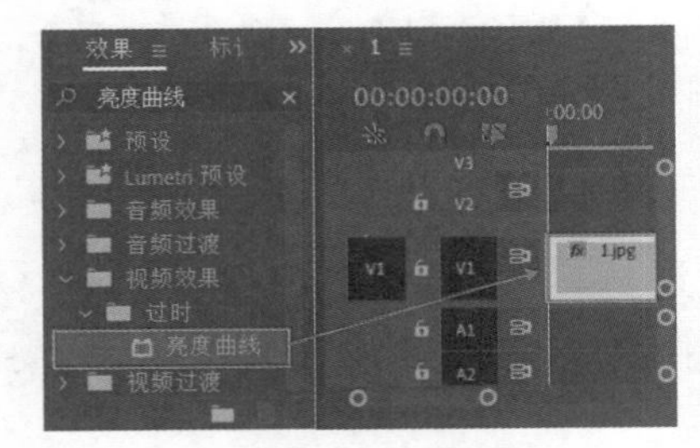

图 9.85

步骤 04 在【时间轴】面板中选择1.jpg素材，在【效果控件】面板中展开【亮度曲线】属性，在【亮度波形】下方的曲线上单击添加一个控制点并向左上角拖动，提高画面亮度，如图9.86所示。此时画面效果如图9.87所示。

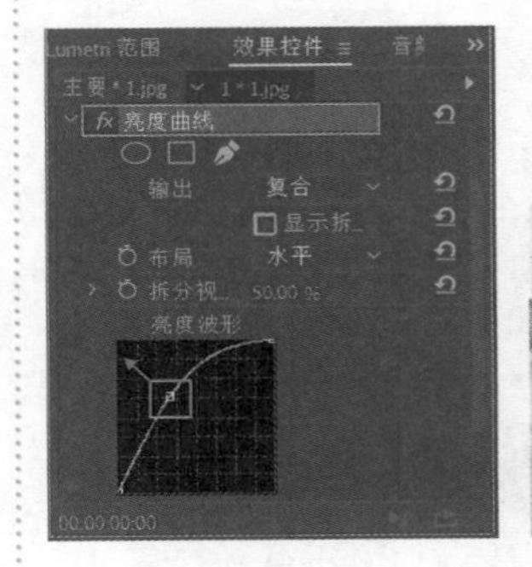

图 9.86

图 9.87

步骤 05 制作文字。将时间线滑动至起始位置，在【工具】面板中的适当位置单击T（文字工具）按钮，在工作区域中单击输入文字内容，在【效果控件】面板中展开【文本】/【源文本】，设置合适的【字体系列】和【字体样式】，设置【字体大小】为87，【字距】为27，【填充颜色】为白色，如图9.88所示。

图 9.88

步骤 06 继续使用文字工具，在主体文字下方输入合适的文字并设置合适的参数，此时画面效果如图9.89所示。

图 9.89

步骤 07 在文字图层选中状态下，单击【工具】面板中的【矩形工具】按钮，在【节目监视器】面板中绘制一个矩形，接着在【基本图形】面板中设置【角半径】为2，然后取消勾选【填充】，勾选【描边】，设置【描边颜色】为白色，【描边半径】为9，【描边类型】为外侧，如图9.90所示。

图 9.90

步骤 08 在【效果】面板中搜索【Alpha 调整】，按住鼠标左键将该效果拖曳到V2轨道上的文字图层文件上，如图9.91所示。

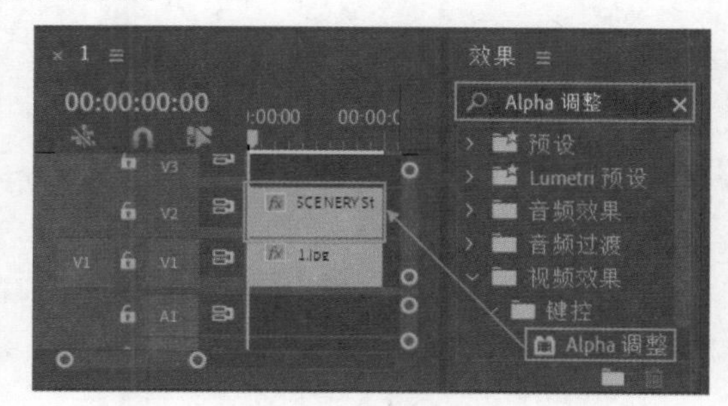

图 9.91

步骤 09 在【时间轴】面板中选择V2轨道上的素材，在【效果控件】面板中展开【Alpha 调整】属性，设置【不透明度】为60，勾选【反转 Alpha】，如图9.92所示。本实例制作完成，画面效果如图9.93所示。

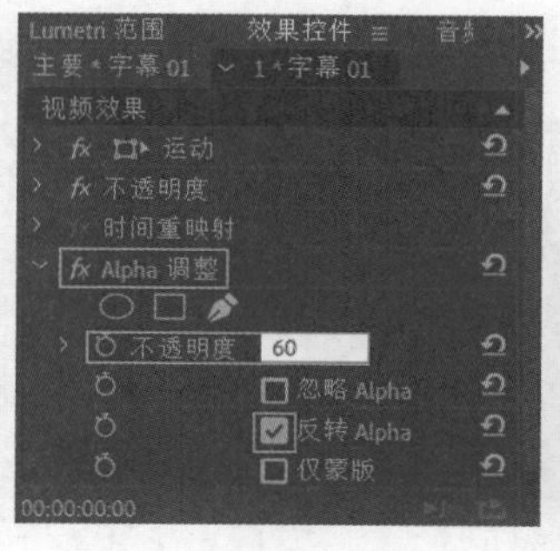

图 9.92

图 9.93

实例：【轨道遮罩键】效果制作印花文字

文件路径：Chapter 9 抠像→实例：【轨道遮罩键】效果制作印花文字

扫一扫，看视频

本实例使用【轨道遮罩键】效果将向日葵图片作为文字底纹。实例效果如图9.94所示。

图 9.94

步骤 01 执行【文件】/【新建】/【项目】命令，新建一个项目。执行【文件】/【导入】命令，导入全部素材文件，如图9.95所示。

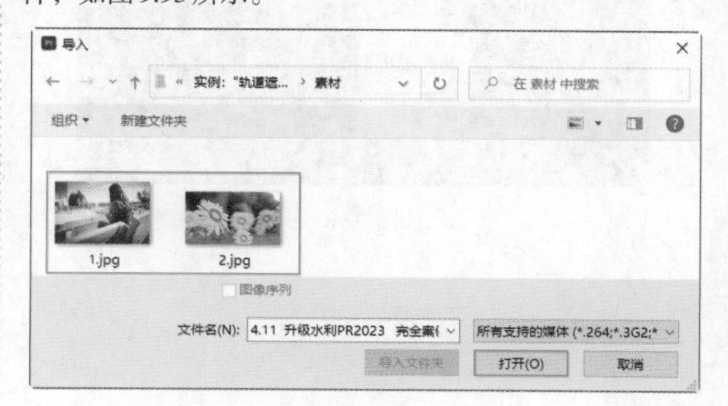

图 9.95

步骤 02 在【项目】面板中将1.jpg、2.jpg素材文件依次拖曳到【时间轴】面板中的V1、V2轨道上，此时在【项目】面板中自动生成序列，如图9.96所示。

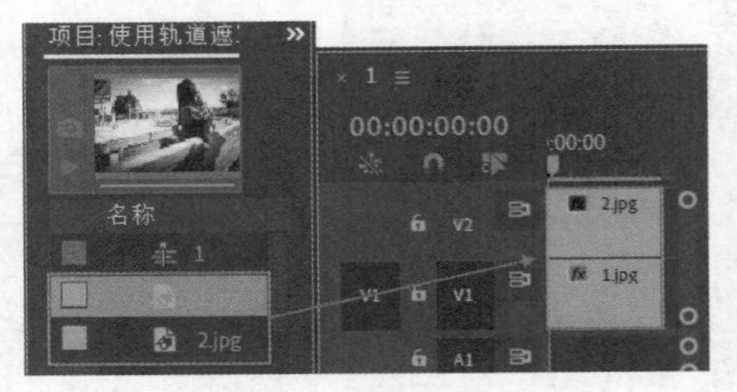

图 9.96

步骤 03 制作文字。将时间线滑动至起始位置，在【工具】面板中选择T（文字工具），在工作区域中的合适位置单击输入文字内容，接着在【效果控件】面板中，展开【文本】/【源文本】，设置合适的【字体系列】和【字体样式】，设置【字体大小】为246，【填充颜色】为白色，如图9.97所示。

图 9.97

步骤 04 在【效果】面板中搜索【轨道遮罩键】，按住鼠标左键将该效果拖曳到V2轨道的2.jpg素材文件上。如图9.98所示。

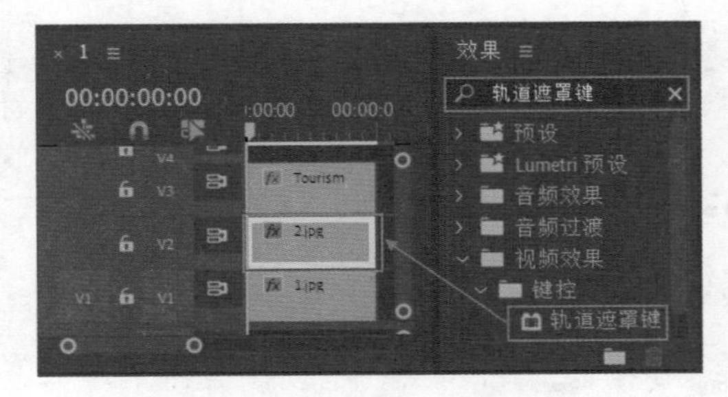

图 9.98

步骤 05 在【时间轴】面板中选择V2轨道上的素材，在【效果控件】面板中展开【轨道遮罩键】属性，设置【遮罩】为视频3，如图9.99所示；接着展开【运动】属性，设置【位置】为（492,353），如图9.100所示。

图 9.99

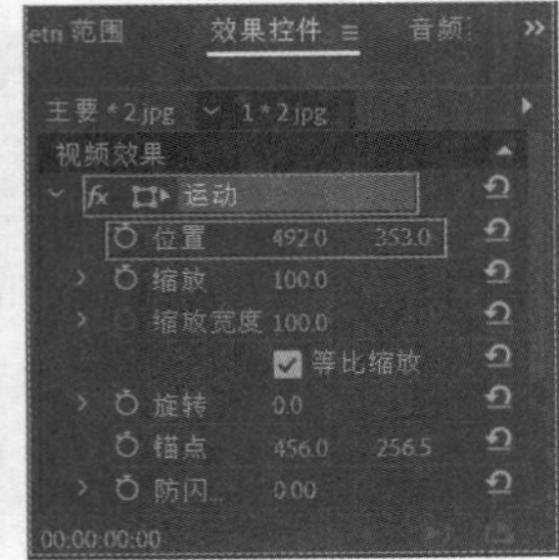

图 9.100

步骤 06 本实例制作完成，画面效果如图9.101所示。

图 9.101

Chapter
10
第10章

扫一扫，看视频

文　字

本章内容简介：

文字是设计作品中最常见的元素之一，它不仅可以快速地传递作品信息，同时也可以起到美化版面的作用，使传递的信息更加直观、深刻。Premiere Pro中有强大的文字创建与编辑功能，不仅提供了多种文字工具供操作者使用，还可使用多种参数设置面板修改文字效果。本章将讲解多种类型文字的创建及文字属性的编辑方法，最后通过为文字设置动画制作完整的作品效果。

重点知识掌握：

- 了解创建文字的方法
- 掌握创建文字及图形的基本操作
- 文字动画的应用

10.1 创建字幕

在Premiere Pro中可以创建横排文字和竖排文字，如图10.1和图10.2所示。除此以外，还可以沿路径创建文字。

图 10.1

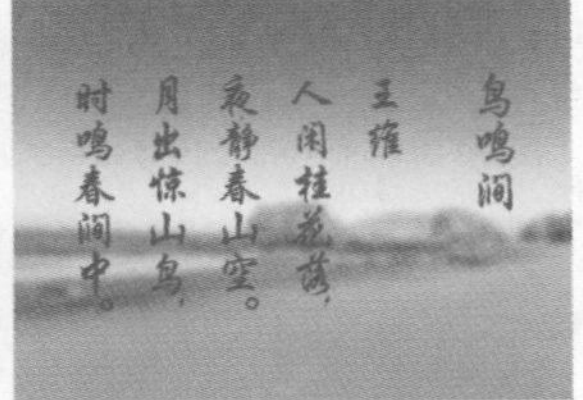

图 10.2

除了简单地输入文字以外，还可以通过设置文字的版式、质感等制作出更精彩的文字效果，如图10.3~图10.6所示。

图 10.3

图 10.4

图 10.5

图 10.6

重点 实例：使用【文字工具】创建文字

扫一扫，看视频

文件路径：Chapter 10 文字→实例：使用【文字工具】创建文字

自Premiere Pro CC 2017版本开始，菜单栏中的【字幕】变为了【图形】，但在工具箱中新增了T（文字工具）按钮，直接在工具箱中选择【文字工具】并在【节目监视器】面板中输入即可进行字幕的创建，这种方式操作起来更加简单、便捷。

步骤 01 执行【文件】/【新建】/【项目】命令，新建一个项目。然后在【项目】面板的空白处右击，选择【新建项目】/【序列】命令，弹出【新建序列】窗口，在DV-PAL文件夹下选择【标准48kHz】，在画面中制作淡黄色背景。执行【文件】/【新建】/【颜色遮罩】命令，单击【确定】按钮，如图10.7所示。接着在弹出的【拾色器】对话框中设置颜色为淡紫色，此时会弹出一个【选择名称】对话框，设置新遮罩的名称为【颜色遮罩】，单击【确定】按钮，如图10.8所示。

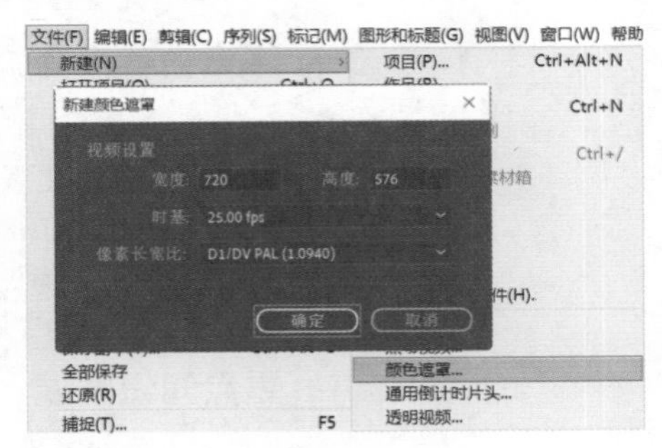

图 10.7

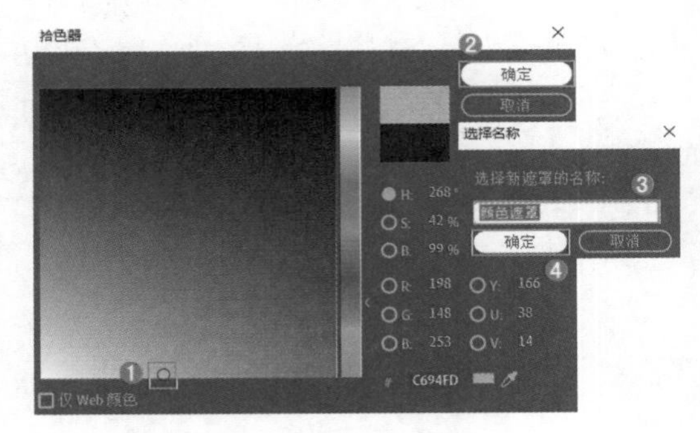

图 10.8

步骤 02 将【项目】面板中的【颜色遮罩】拖曳到V1轨道上，如图10.9所示。

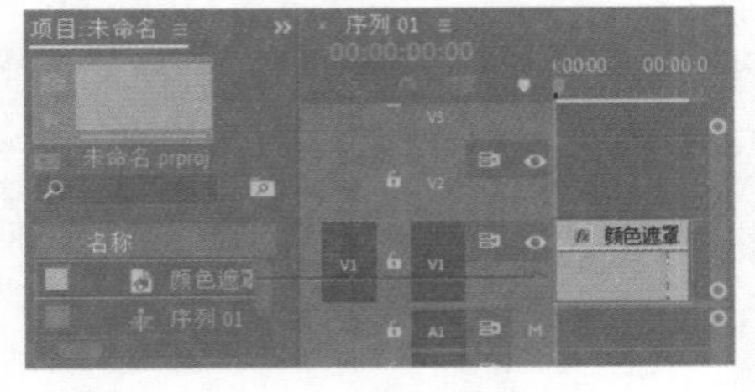

图 10.9

步骤 03 单击【时间轴】面板中的空白处，取消选择【时间轴】面板中的素材文件，然后在工具箱中单击T（文字工具）按钮，将光标定位在【节目监视器】面板中，单击插入光标，如图10.10所示。此时即可在画面中创建合适的字幕，如图10.11所示。字幕创建完成后，可以看到在【时间轴】面板中的V2轨道上自动出现新建的字幕素材文件，如图10.12所示。

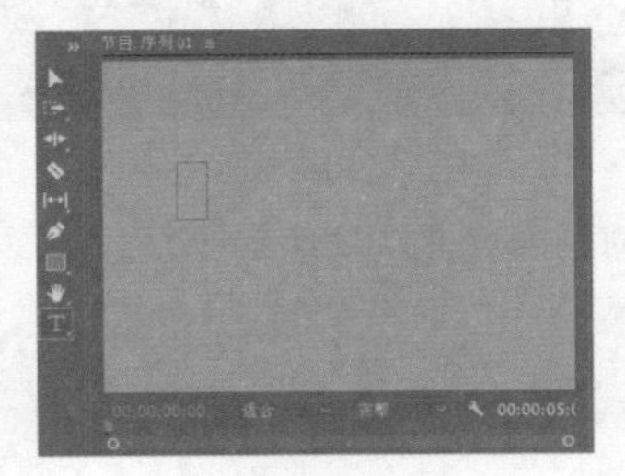

图 10.10

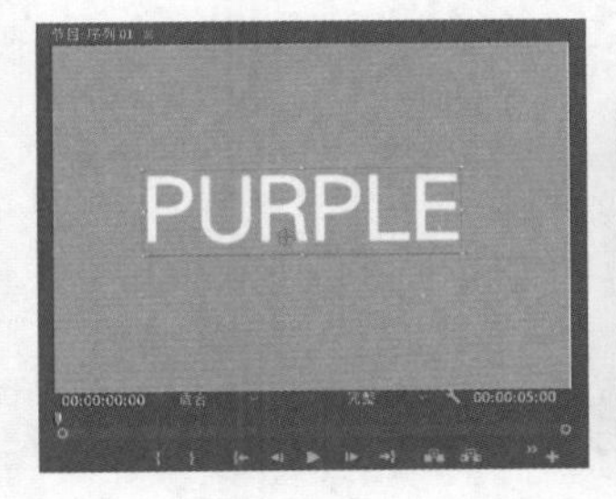

图 10.11

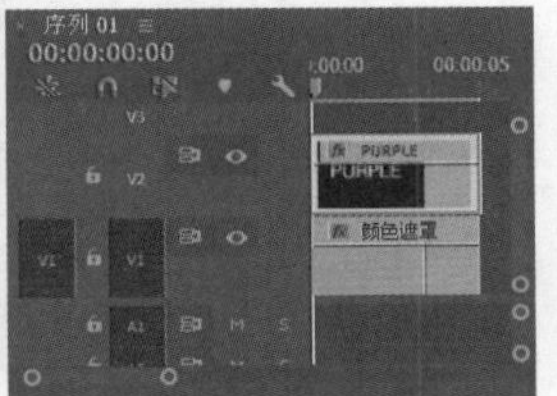

图 10.12

步骤 04 在默认状态下，字体颜色为白色。下面更改文字的颜色等属性。选择V2轨道上的字幕素材文件，在【效果控件】面板中展开【文本】属性并设置合适的【字体系列】，接着在【外观】下方的【填充】中设置【填充颜色】为淡黄色，然后勾选【阴影】效果，设置阴影的【不透明度】为75%，如图10.13所示。此时文字效果如图10.14所示。

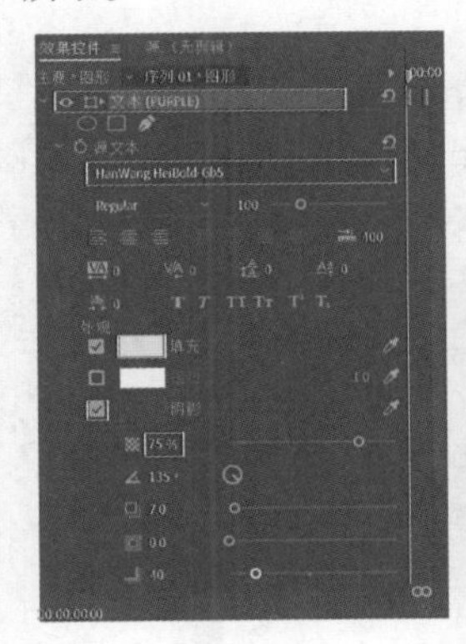

图 10.13

图 10.14

重点 实例：使用【基本图形】创建字幕

扫一扫，看视频

文件路径：Chapter 10 文字→实例：使用【基本图形】创建字幕

下面针对使用【基本图形】创建字幕的方法进行讲解，该方法不仅可以创建文字，还可以在【字幕】面板中创建形状、线段等，相比在工具箱中使用【文字工具】制作【字幕】的功能更加强大。

步骤 01 执行【文件】/【新建】/【项目】命令，新建一个项目。在【项目】面板的空白处右击，执行【新建项目】/【序列】命令，弹出【新建序列】窗口，并在DV-PAL文件夹下选择【标准48kHz】。在画面中制作淡蓝色背景，执行【文件】/【新建】/【颜色遮罩】命令，单击【确定】按钮，如图10.15所示。接着在弹出的【拾色器】对话框中设置颜色为橘色，此时会弹出一个【选择名称】对话框，设置新的名称为【颜色遮罩】，单击【确定】按钮，如图10.16所示。

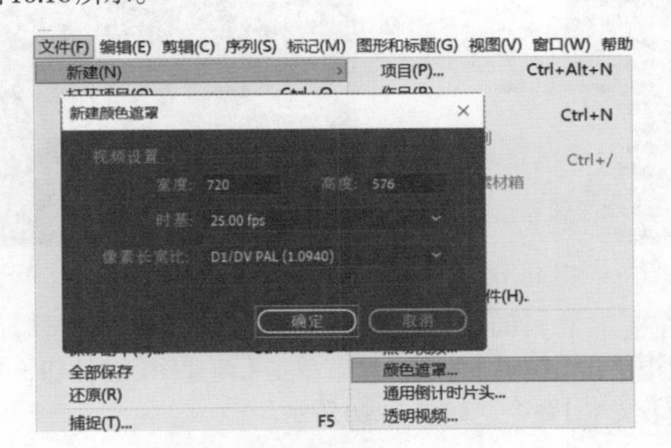

图 10.15

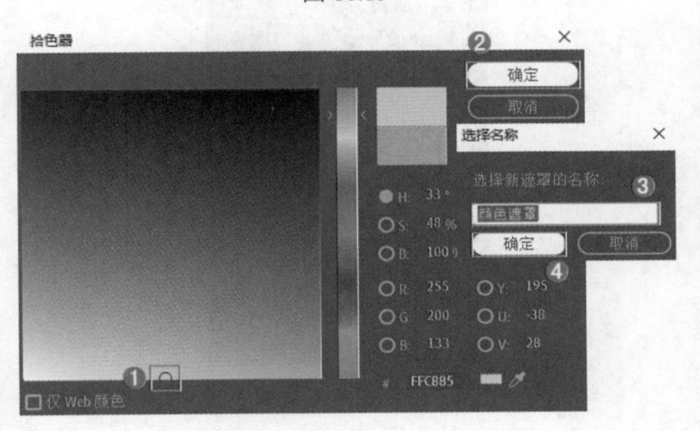

图 10.16

步骤 02 将【项目】面板中的【颜色遮罩】文件拖曳到V1轨道上，如图10.17所示。

步骤 03 执行【窗口】/【基本图形】命令，如图10.18所示。此时【基本图形】面板打开，如图10.19所示。

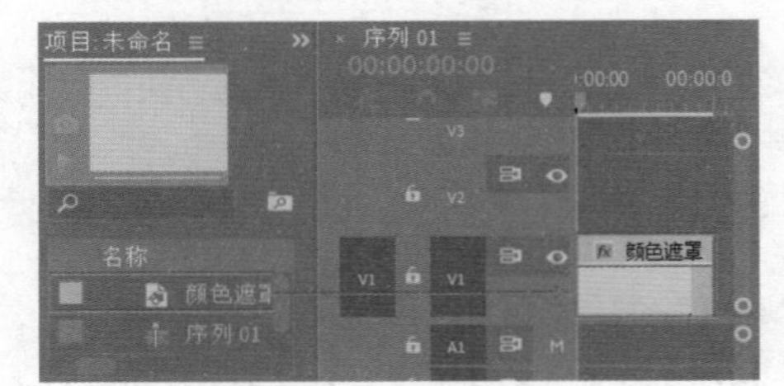

图 10.17

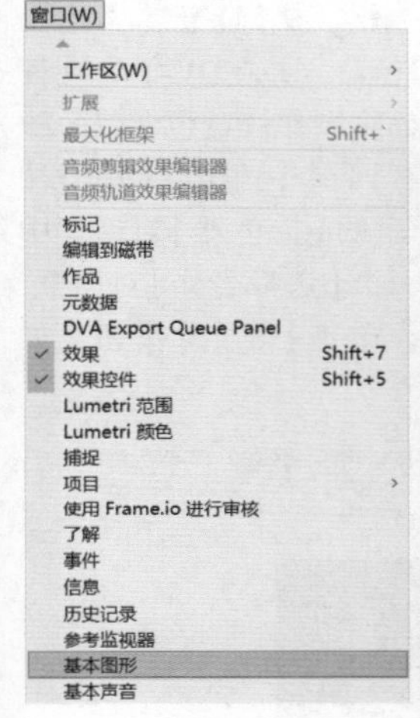

图 10.18

图 10.19

步骤 04 将时间线滑动至起始位置，在【基本图形】面板中单击【编辑】选项，接着单击【新建图层】按钮，选择【文本】命令，如图10.20所示。

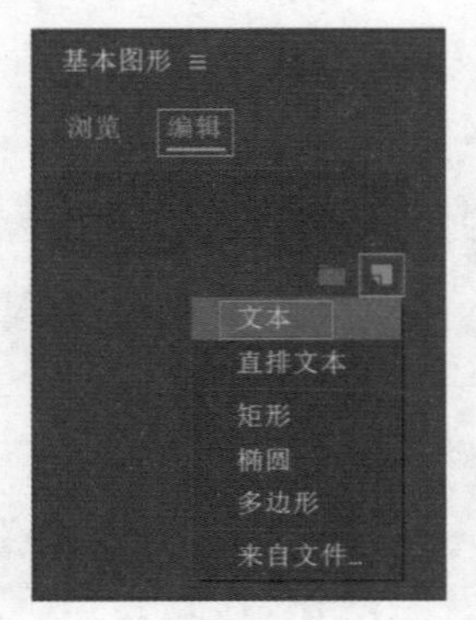

图 10.20

步骤 05 在【基本图形】面板中双击文字并更改文字内容，接着在【对齐并变换】中设置【位置】为(82.1,294)，在【文本】中设置合适的【字体系列】，设置【字体大小】为149，【字距】为43，在【外观】中设置【颜色】为淡蓝色，如图10.21所示。

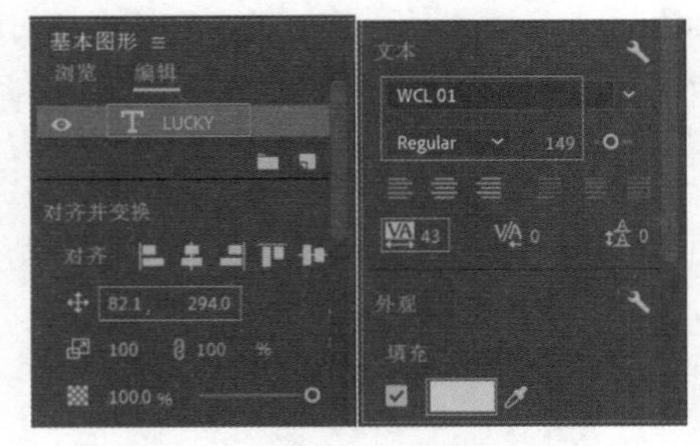

图 10.21

步骤 06 此时画面效果如图10.22所示。

图 10.22

提示：注意本书涉及文字的实例的问题

由于部分实例使用了一些特殊字体，在读者朋友的计算机中可能没有该字体，那么打开该文件时文字的效果就会与书中不完全一致，包括字体大小不一致、位置不一致、字体外观不一致等问题。读者朋友可以自行下载相应的字体并安装到计算机中解决这些问题，或者使用自己计算机中的相似字体，并按照实际情况适当修改字体大小和文字位置等。需要掌握的是学习创建文字、使用文字的方式和方法，字体的类型可以根据作品实际需要进行修改。

提示：在计算机中添加字体

在Premiere Pro中创建文字时，可以设置需要的字体，但是有时候计算机中默认的字体不一定非常适合该作品效果。假如我们从网络上下载了一款非常合适的字体，怎么在Premiere Pro中使用呢？

(1) 以Windows 7系统的计算机为例。找到下载的字体，选择该字体并按快捷键Ctrl+C将其复制。然后执行计算机中的【开始】/【控制面板】命令，然后单击【字体】按钮，如图10.23所示。

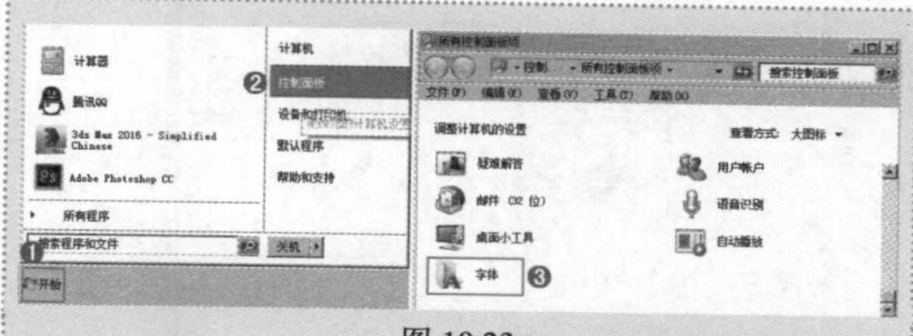

图 10.23

（2）在打开的文件夹中右击选择【粘贴】命令，此时开始安装字体，如图10.24所示。

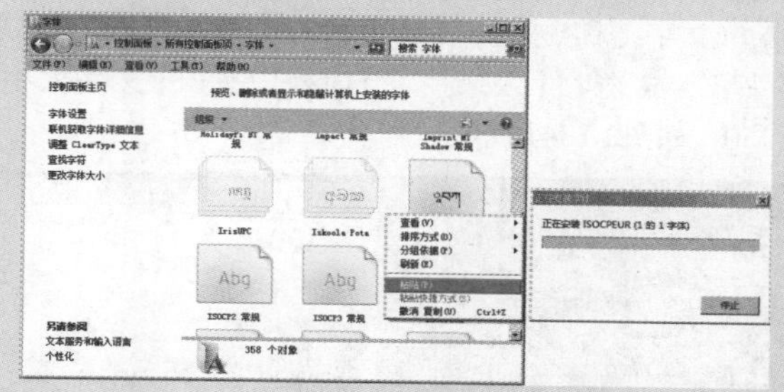

图 10.24

（3）字体安装成功之后，重新开启Premiere Pro，就可以使用新字体了。在使用Premiere Pro制作文字时，有时会出现一些问题，如打开一个项目文件，该计算机中可能没有制作此项目时使用的字体，那么会造成字体的缺失或字体替换等现象。此时可以在复制文件时将使用过的字体进行复制并安装到使用的计算机中，这样就不会出现文字替换等问题。图10.25所示为字体显示不正确和显示正确的对比效果。

图 10.25

实例：梦幻感化妆品广告

文件路径：Chapter 10 文字→实例：梦幻感化妆品广告

扫一扫，看视频

本实例主要使用【文字工具】和【椭圆工具】制作文字及形状并赋予主体文字渐变效果。实例效果如图10.26所示。

图 10.26

步骤 01 执行【文件】/【新建】/【项目】命令，新建一个项目。在【项目】面板的空白处右击，执行【新建项目】/【序列】命令，弹出【新建序列】窗口，在HDV文件夹下选择HDV 720p24。执行【文件】/【导入】命令，导入01.jpg素材文件，如图10.27所示。

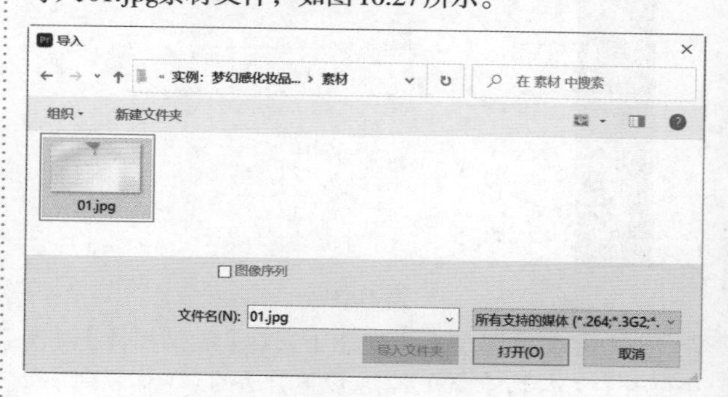

图 10.27

步骤 02 将【项目】面板中的01.jpg素材文件拖曳到【时间轴】面板中的V1轨道上，如图10.28所示。

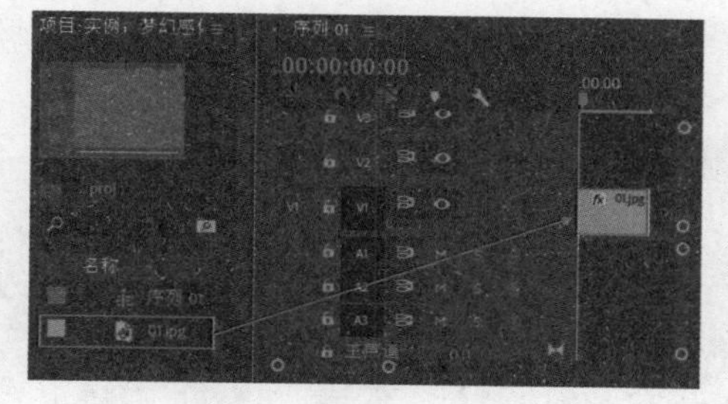

图 10.28

步骤 03 选择【时间轴】面板中的V1轨道上的01.jpg素材文件，在【效果控件】面板中展开【运动】属性，设置【缩放】为132，如图10.29所示。此时画面效果如图10.30所示。

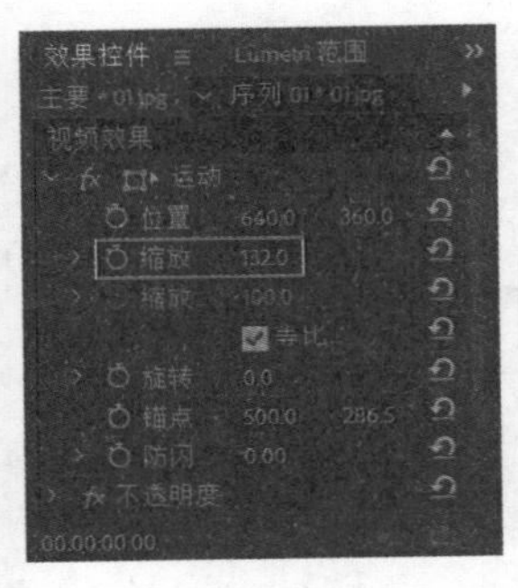

图 10.29

图 10.30

步骤 04 制作文字部分。将时间线滑动至起始位置，在【工具】面板中选择T（文字工具），在工作区域中合适的位置单击输入文字，如图10.31所示。

图 10.31

步骤 05 在文字图层选中状态下，在【效果控件】面板中展开【文本】/【源文本】，设置合适的【字体系列】和【字体样式】，设置【字体大小】为180，接着单击【填充颜色】按钮，在弹出的【拾色器】对话框中设置【填充选项】为【线性渐变】，接着编辑一个由淡粉色到玫瑰粉色的渐变，设置【角度】为90°，设置完成后单击【确定】按钮，如图10.32所示。

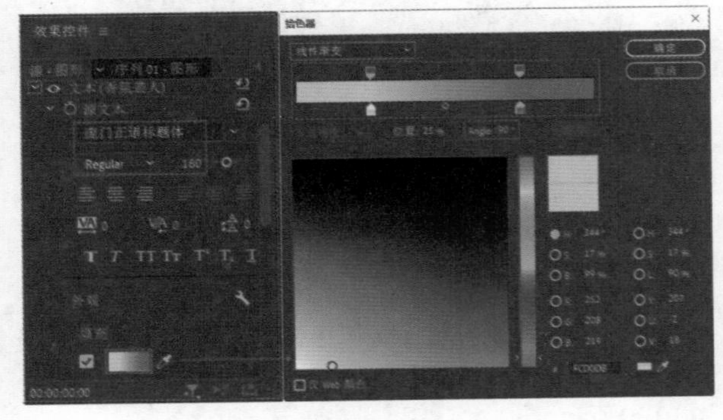

图 10.32

步骤 06 此时画面文字效果如图10.33所示。

图 10.33

步骤 07 在文字图层选中状态下，单击【工具】面板中的T（文字工具）按钮，在【节目监视器】面板中选中文字“香”，接着在【效果控件】面板中更改【文字大小】为150，如图10.34所示。

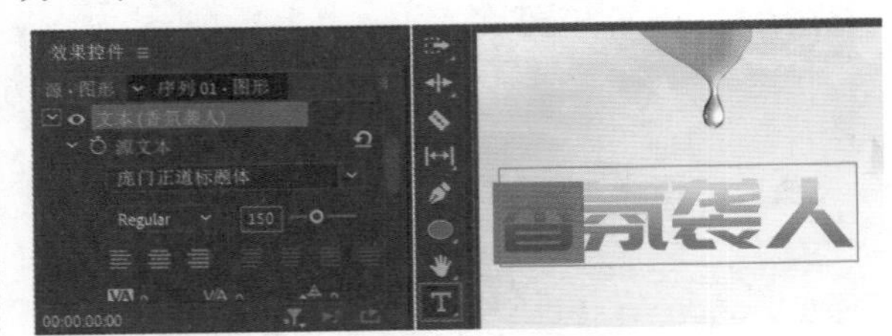

图 10.34

步骤 08 继续使用同样的方法更改其他文字大小，此时画面文字效果如图10.35所示。

图 10.35

步骤 09 在文字图层选中状态下，单击【工具】面板中的（椭圆工具）按钮，接着在【节目监视器】面板中主体文字下方按住Shift键的同时按住鼠标左键绘制一个正圆，接着在【效果控件】面板中展开【形状（形状01）】/【外观】，设置【填充颜色】为淡粉色，如图10.36所示。

图 10.36

步骤 10 在【效果控件】面板中选中【形状(形状01)】，使用快捷键Ctrl+C进行复制，Ctrl+V进行粘贴，接着将复制的正圆图形移动到右侧合适位置，效果如图10.37所示。

图 10.37

步骤 11 继续在文字图层选中状态下，单击【工具】面板中的T(文字工具)按钮，在画面合适位置单击输入合适的文本，如图10.38所示。

图 10.38

步骤 12 在【效果控件】面板中展开【文本】/【源文本】，设置合适的【字体系列】和【字体样式】，设置【字体大小】为83，【颜色】为白色，如图10.39所示。此时画面效果如图10.40所示。

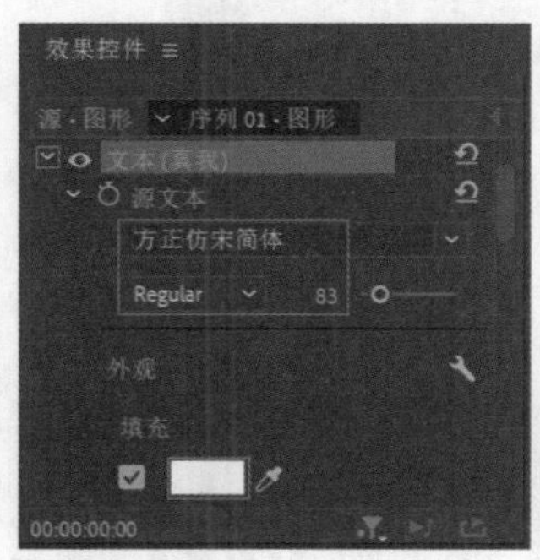

图 10.39

图 10.40

步骤 13 继续使用同样的方法制作其他文字，本实例制作完成，画面最终效果如图10.41所示。

图 10.41

实例：制作冰激凌色调文字

扫一扫，看视频

文件路径：Chapter 10 文字→实例：制作冰激凌色调文字

本实例主要使用【线性渐变】【光泽】【外描边】及【阴影】制作多彩文字效果，接着使用【效果】面板中的【斜面Alpha】为文字制作立体感。实例效果如图10.42所示。

图 10.42

步骤 01 执行【文件】/【新建】/【项目】命令，新建一个项目。在【项目】面板的空白处右击，执行【新建项目】/【序列】命令，弹出【新建序列】窗口，并在DV-PAL文件夹下选择【标准48kHz】。执行【文件】/【导入】命令，导入全部素材文件，如图10.43所示。

步骤 02 将【项目】面板中的01.jpg素材文件拖曳到V1轨道上，如图10.44所示。

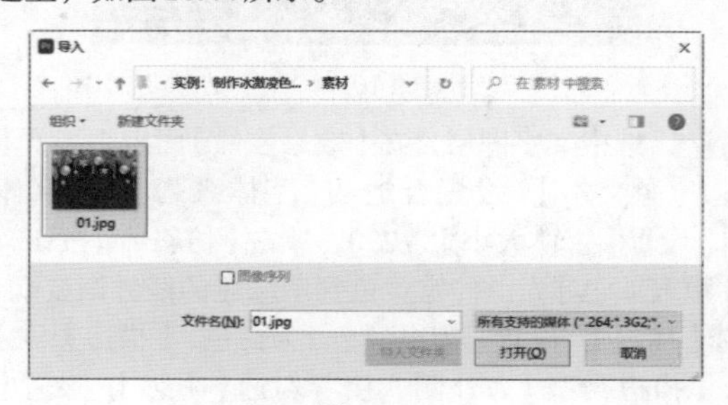

图 10.43

图 10.44

步骤 03 选择【时间轴】面板中V1轨道上的01.jpg素材文件，在【效果控件】面板中展开【运动】属性，设置【缩放】为90，如图10.45所示。此时画面效果如图10.46所示。

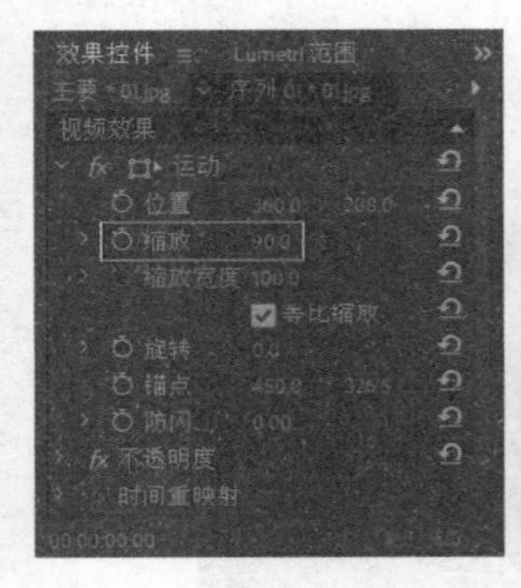

图 10.45　　图 10.46

步骤 04 制作文字部分。将时间线滑动至起始位置，在【工具】面板中选择T（文字工具），接着在【节目监视器】面板中的合适位置单击输入文本，如图10.47所示。

图 10.47

步骤 05 选中文字图层，在【效果控件】面板中展开【文本】/【源文本】，设置合适的【字体系列】和【字体样式】，设置【字体大小】为230，单击【仿斜体】按钮，设置【填充颜色】为由柠檬黄色到翠绿色的线性渐变颜色；勾选【描边】，设置【描边颜色】为白色，【描边宽度】为5.2，【描边类型】为外侧；接着勾选【阴影】，设置【阴影颜色】为黑色，【不透明度】为70%，【角度】为135°，【距离】为10，【模糊】为30，如图10.48所示。

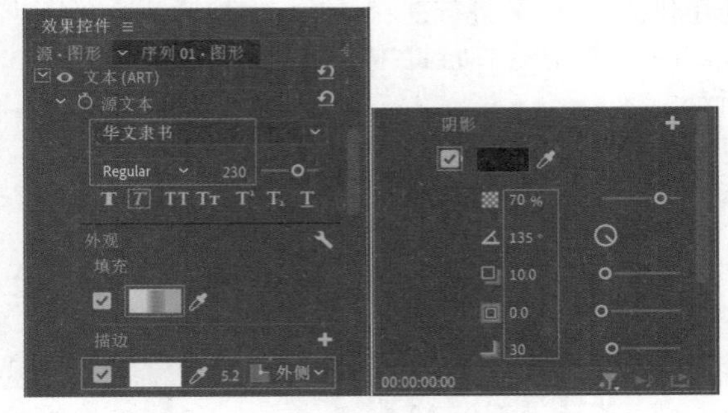

图 10.48

步骤 06 此时文字效果如图10.49所示。

图 10.49

步骤 07 为文字添加立体效果。在【效果】面板中搜索【变换】，将该效果拖曳到V2轨道的文字图层上，如图10.50所示。

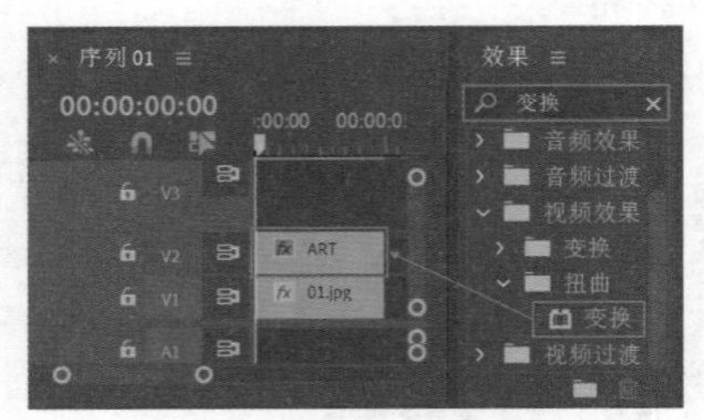

图 10.50

步骤 08 选择【时间轴】面板中的文字图层文件，在【效果控件】面板中展开【变换】效果，设置【倾斜】为-25，【旋转】为25°，如图10.51所示。此时画面效果如图10.52所示。

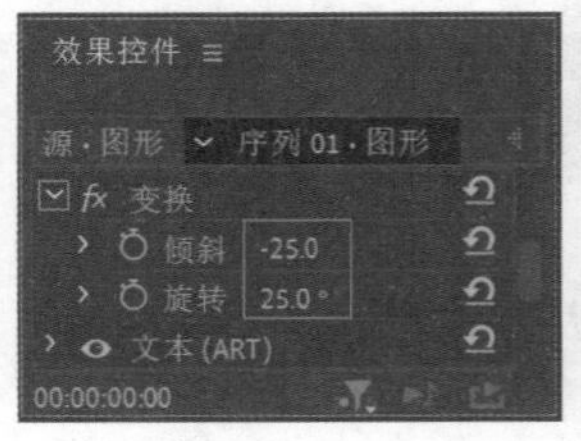

图 10.51　　图 10.52

步骤 09 为文字添加立体效果。在【效果】面板中搜索【斜面Alpha】，将该效果拖曳到V2轨道的文字图层上，如图10.53所示。

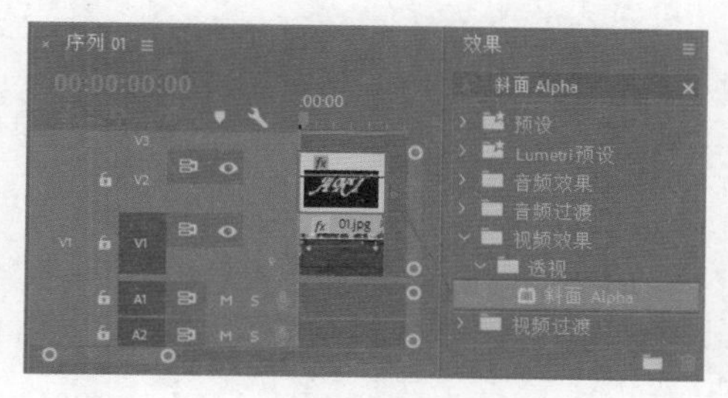

图 10.53

步骤 10 选择【时间轴】面板中的文字图层文件，在【效果控件】面板中展开【斜面Alpha】属性，设置【边缘厚度】为10.3，【光照角度】为13°，【光照颜色】为白色，【光照强度】为0.8，如图10.54所示。本实例制作完成，画面最终效果如图10.55所示。

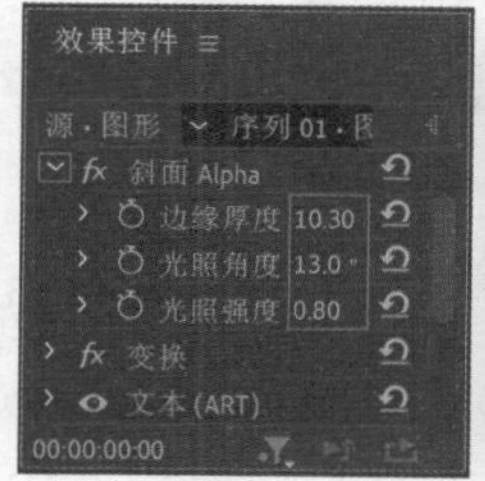

图 10.54

图 10.55

实例：使用【基本图形】制作儿童食品广告

扫一扫，看视频

文件路径：Chapter 10　文字→实例：使用【基本图形】制作儿童食品广告

本实例主要使用【形状工具】制作人物背景及文字边框，使用【亮度曲线】效果调亮人物颜色，最后制作出精美的文字。实例效果如图10.56所示。

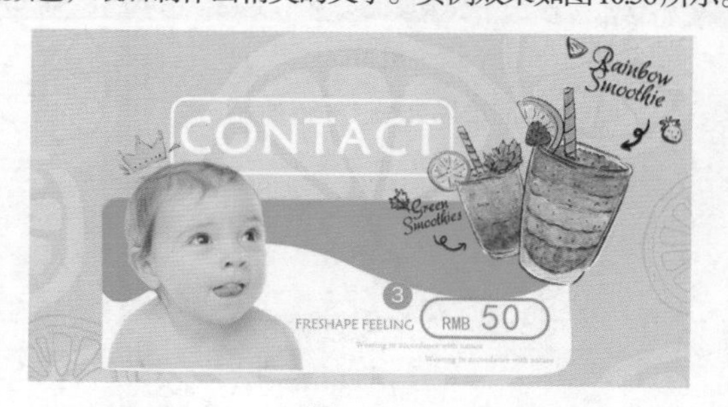

图 10.56

步骤 01 执行【文件】/【新建】/【项目】命令，新建一个项目。在【项目】面板的空白处右击，执行【新建项目】/【序列】命令，弹出【新建序列】窗口，并在DV-PAL文件夹下选择【宽屏48kHz】。执行【文件】/【导入】命令，导入全部素材文件，如图10.57所示。

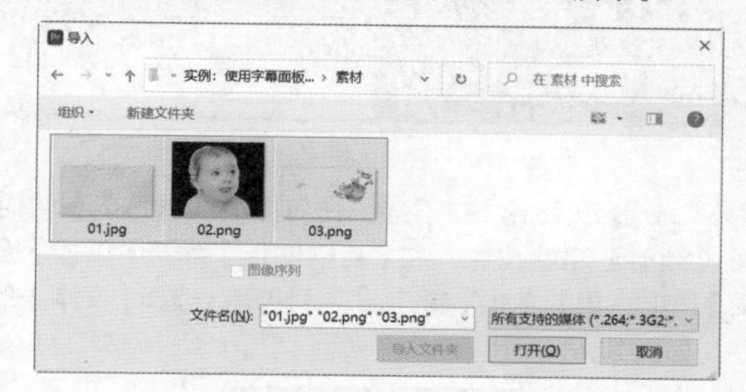

图 10.57

步骤 02 将【项目】面板中的01.jpg素材文件拖曳到V1轨道上，如图10.58所示。

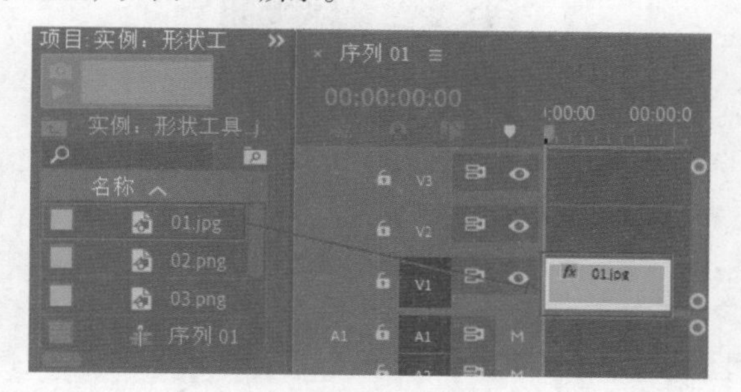

图 10.58

步骤 03 制作画面的背景形状。将时间线滑动至起始位置，在【工具】面板中选择 (钢笔工具)，然后在【节目监视器】面板中绘制图形，接着在【效果控件】面板中展开【形状(形状01)】/【外观】，设置【填充颜色】为白色，如图10.59所示。

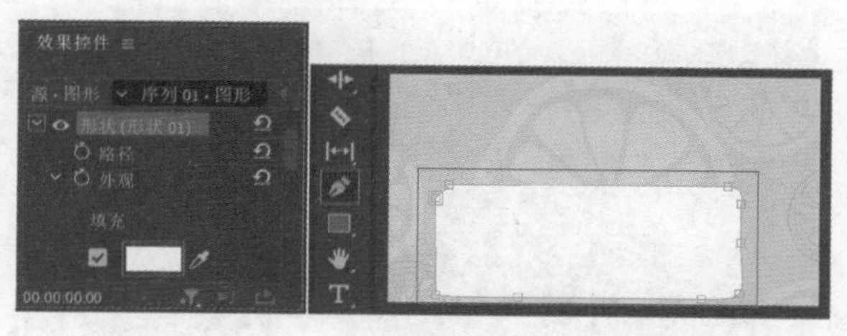

图 10.59

步骤 04 在形状图形图层选中状态下，继续使用【钢笔工具】在白色图形上绘制一个图形，设置【填充颜色】为橙色，如图10.60所示。

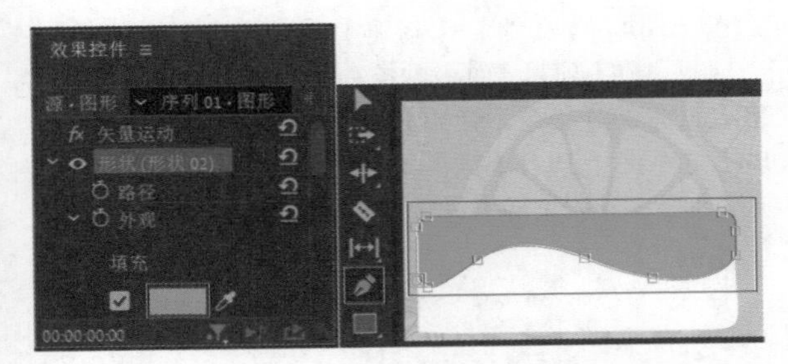

图 10.60

步骤 05 制作文字。在不选中任何图层的状态下，将时间线滑动至起始位置，在【基本图形】面板中单击【编辑】选项，接着单击【新建图层】按钮，选择【文本】命令，如图10.61所示。

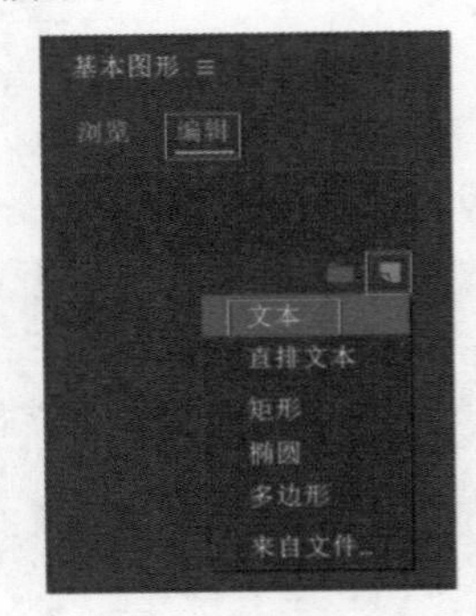

图 10.61

步骤 06 在【基本图形】面板中双击文字并更改文字内容，接着在【对齐并变换】中设置【位置】为（161,200）；在【文本】中设置合适的【字体系列】及【字体样式】，设置【字体大小】为81，【字距】为54；在【外观】中设置【填充颜色】为白色，勾选【描边】，设置【描边颜色】为白色，【描边宽度】为1.2，【描边类型】为外侧，如图10.62所示。

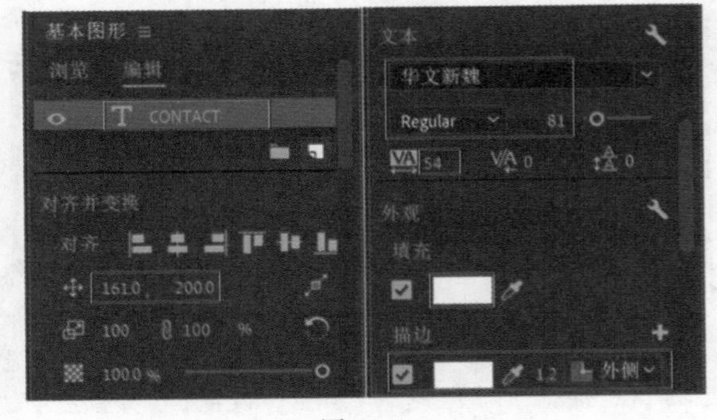

图 10.62

步骤 07 此时画面效果如图10.63所示。

图 10.63

步骤 08 在【基本图形】面板中单击【编辑】选项，接着单击【新建图层】按钮，选择【矩形】命令，如图10.64所示。

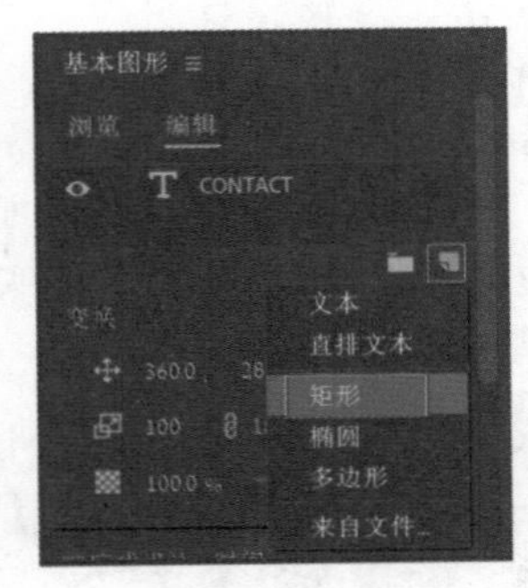

图 10.64

步骤 09 在【对齐并变换】中设置【位置】为（306,172），【角半径】为20；在【外观】中取消勾选【填充】，勾选【描边】，设置【描边颜色】为白色，【描边宽度】为5，【描边类型】为外侧，如图10.65所示。

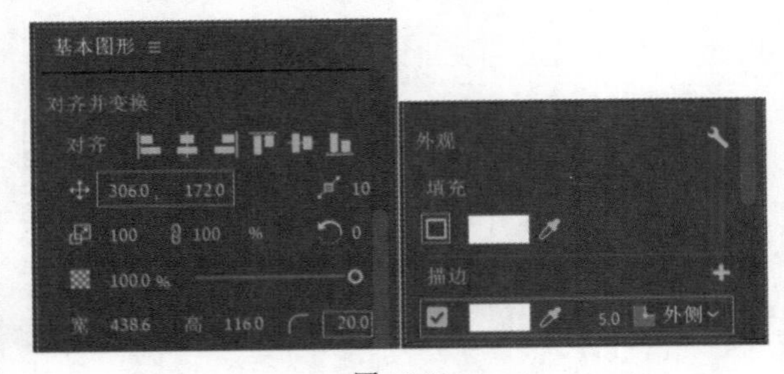

图 10.65

步骤 10 此时画面效果如图10.66所示。

图 10.66

步骤 11 将【项目】面板中的02.png和03.png素材文件拖曳到【时间轴】面板中的V4和V5轨道上，如图10.67所示。

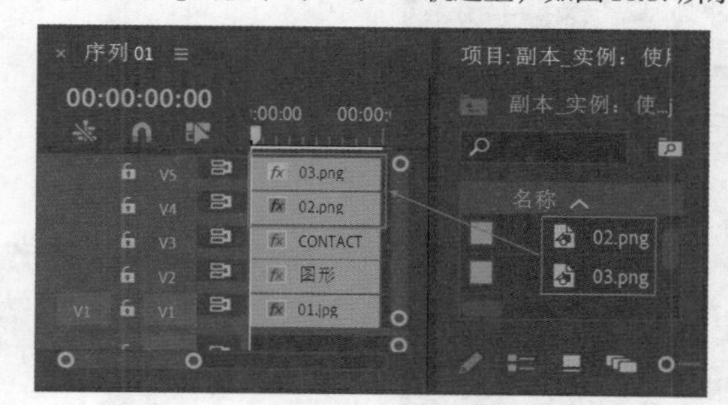

图 10.67

步骤 12 为了便于操作和观看，单击V5轨道前方的按钮隐藏轨道内容，如图10.68所示。

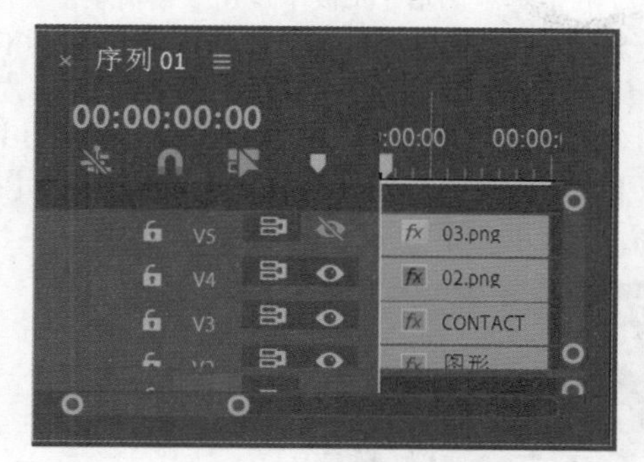

图 10.68

步骤 13 在【时间轴】面板中选择V4轨道上的02.png素材文件，在【效果控件】面板中展开【运动】属性，设置【位置】为(194,373)，【缩放】为72，如图10.69所示。此时画面效果如图10.70所示。

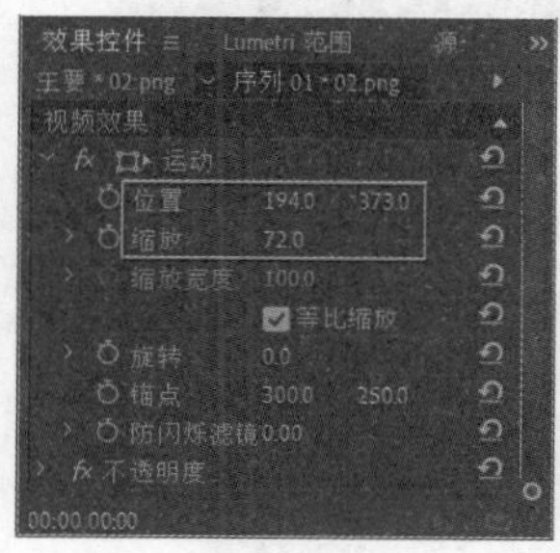

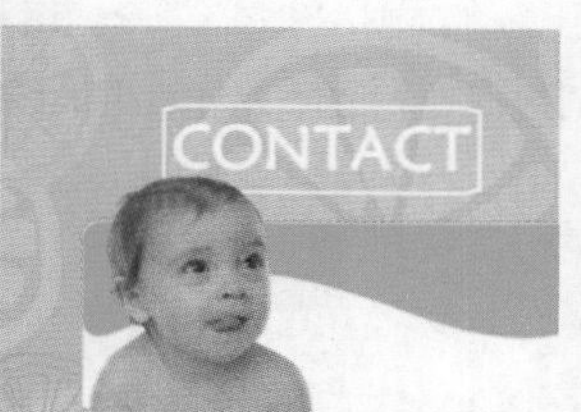

图 10.69　　图 10.70

步骤 14 可以看出此时儿童图像偏暗。在【效果】面板中搜索【亮度曲线】，按住鼠标左键将该效果拖曳到V4轨道的02.png素材文件上，如图10.71所示。

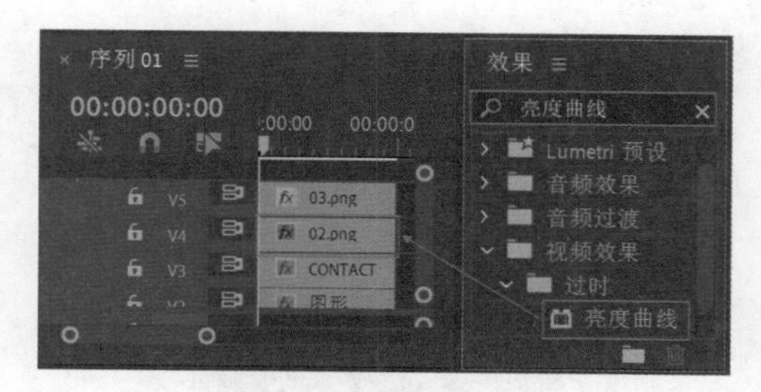

图 10.71

步骤 15 在【效果控件】面板中展开【亮度曲线】效果，在【亮度波形】下方的曲线上单击添加一个控制点并向左上角拖曳，提高画面亮度，如图10.72所示。此时人物效果如图10.73所示。

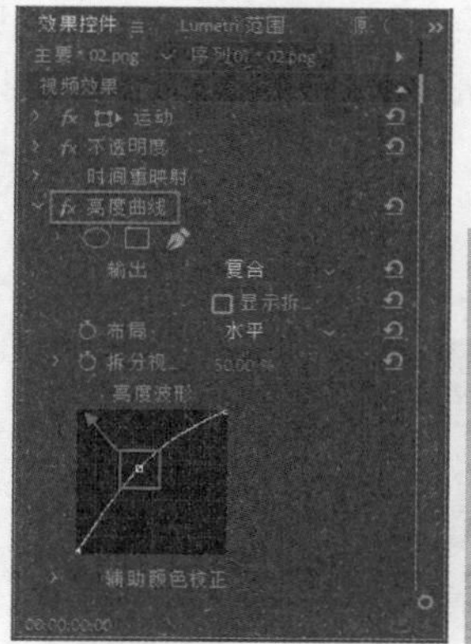

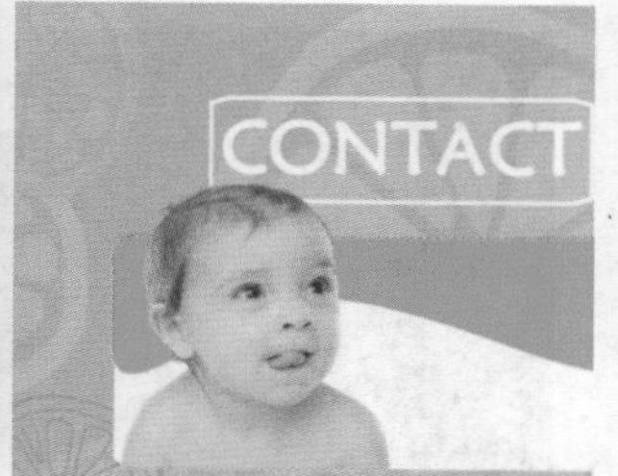

图 10.72　　图 10.73

步骤 16 显现并选择V5轨道上的03.png素材文件，在【效果控件】面板中展开【运动】属性，设置【位置】为(352,288)，【缩放】为85，如图10.74所示。此时画面效果如图10.75所示。

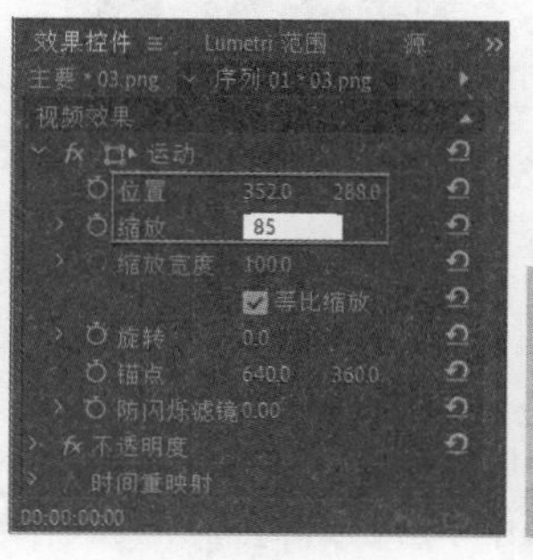

图 10.74　　图 10.75

步骤 17 将时间线滑动至起始位置，在【基本图形】面板中单击【编辑】选项，然后单击【新建图层】按钮，选择【文本】命令，如图10.76所示。

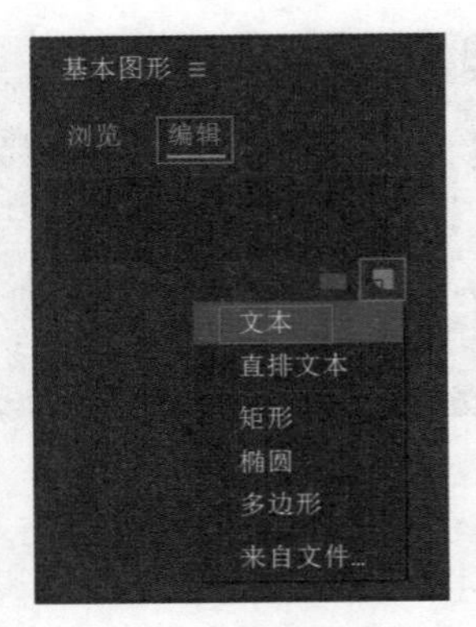

图 10.76

步骤 18 在【基本图形】面板中双击文字并更改文字内容，接着在【对齐并变换】中设置【位置】为(290,486)；在【文本】中设置合适的【字体系列】及【字体样式】，设置【字体大小】为22；在【外观】中设置【填充颜色】为蓝色，如图10.77所示。

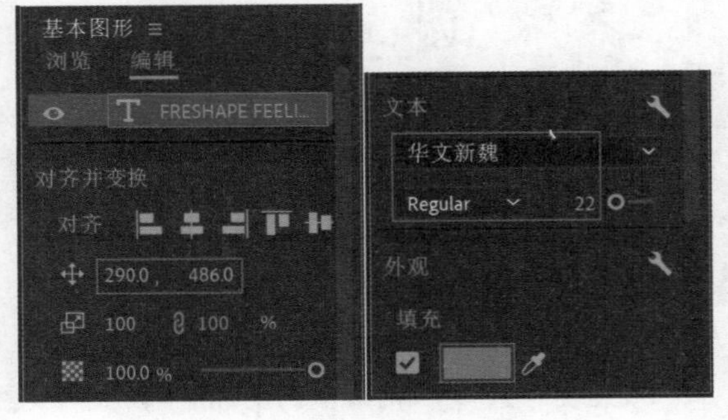

图 10.77

步骤 19 此时文字效果如图10.78所示。

图 10.78

步骤 20 在【基本图形】面板中单击【编辑】选项，接着单击【新建图层】按钮，选择【矩形】命令，在【对齐并变换】中设置【位置】为(402,430)，【宽】为47，【高】为47；在【外观】中设置【填充颜色】为蓝色，如图10.79所示。此时画面中的蓝色正圆效果如图10.80所示。

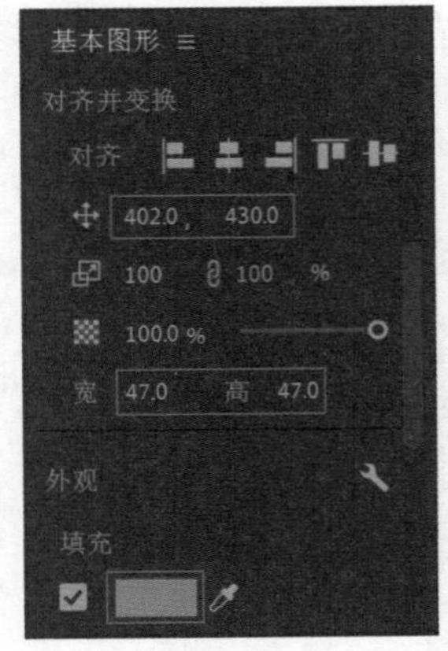

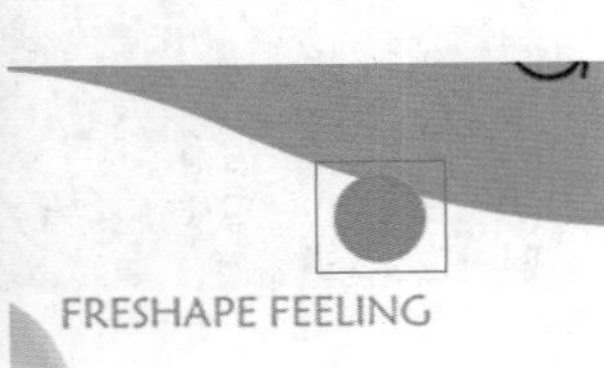

图 10.79　　图 10.80

步骤 21 在【基本图形】面板中单击【编辑】选项，接着单击【新建图层】按钮，选择【文本】命令，然后双击文字并更改文字内容，接着在【对齐并变换】中设置【位置】为(395.3,443.9)；在【文本】中设置合适的【字体系列】及【字体样式】，设置【字体大小】为35；在【外观】中设置【填充颜色】为白色，如图10.81所示。

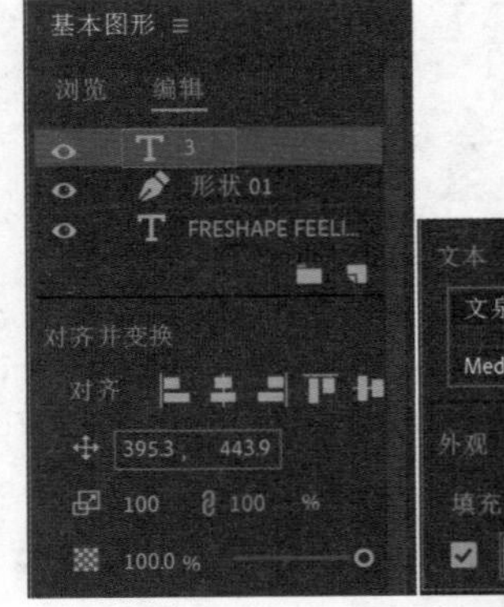

图 10.81

步骤 22 此时文字效果如图10.82所示。

图 10.82

步骤 23 继续使用同样的方法制作其他文字和图形，如图 10.83 所示。此时实例制作完成，最终效果如图 10.84 所示。

图 10.83

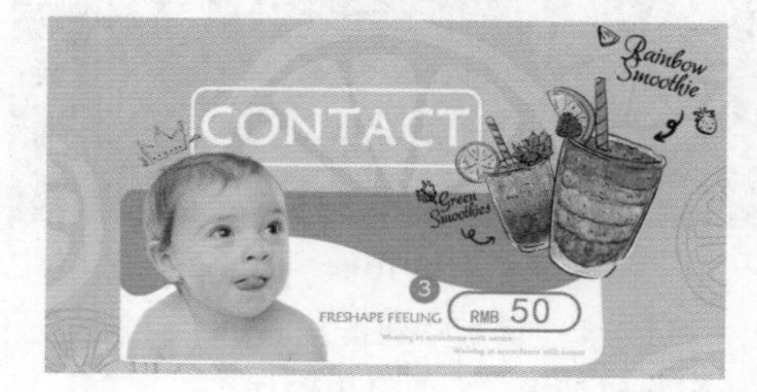

图 10.84

10.2 常用文字实例

通过对创建字幕和认识字幕面板的学习，大家对创建文字、修改文字已不陌生。为了夯实基础，接下来我们针对字幕的应用进行大量的实例学习。

实例：制作电影片尾字幕

扫一扫，看视频

文件路径：Chapter 10 文字→实例：制作电影片尾字幕

本实例主要使用【文字工具】创建文字并添加位置关键帧动画制作向上滑动的文字效果。实例效果如图 10.85 所示。

图 10.85

步骤 01 执行【文件】/【新建】/【项目】命令，新建一个项目。在【项目】面板的空白处右击，执行【新建项目】/【序列】命令，弹出【新建序列】窗口，选择HDV文件夹下方的HDV 1080p24，设置【序列名称】为【序列01】。执行【文件】/【导入】命令，导入音频和视频素材文件，如图 10.86 所示。

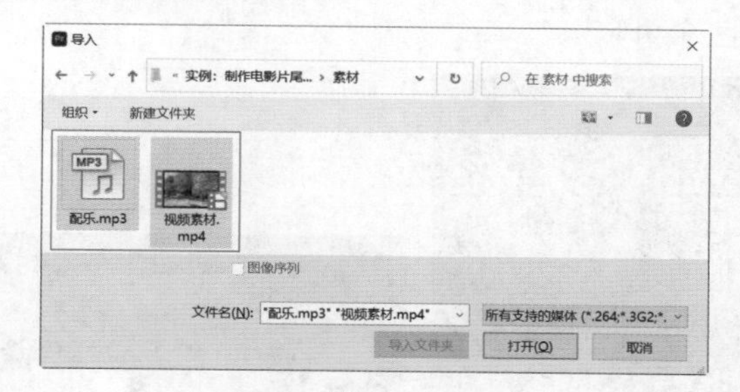

图 10.86

步骤 02 在【项目】面板中选择视频素材文件，将其分别拖曳到【时间轴】面板中V1和V2轨道上，如图 10.87 所示。

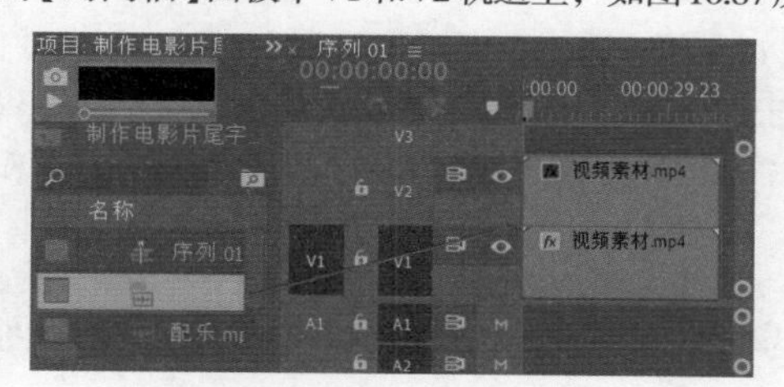

图 10.87

步骤 03 选择V1轨道上的视频，在【效果控件】面板中设置【位置】为(990,485)，【缩放】为110，如图 10.88 所示。接着在【效果】面板中搜索【垂直翻转】，按住鼠标左键将该效果拖曳到V2轨道的视频上，如图 10.89 所示。

图 10.88

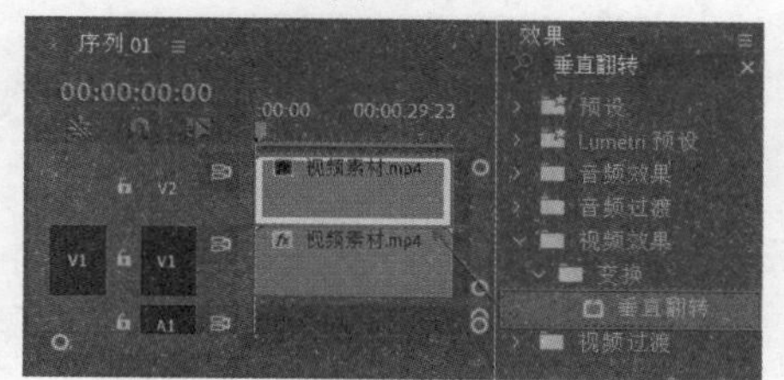

图 10.89

步骤 04 选择V2轨道上的视频，在【效果控件】面板中设置【位置】为(990,1090)，【缩放】为110，展开【不透明度】属性，单击前方的按钮，关闭自动关键帧，设置【不透明度】为30%，如图10.90所示。此时画面效果如图10.91所示。

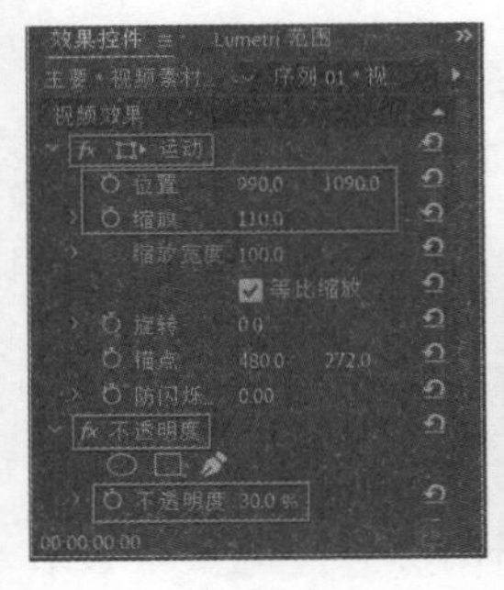

图 10.90

图 10.91

步骤 05 制作字幕。将时间线滑动至起始位置，在【工具】面板中选择T(文字工具)，在工作区域中单击插入光标输入字幕内容，接着在【效果控件】面板中展开【文本】/【源文本】，设置合适的【字体系列】和【字体样式】，设置【字体大小】为60，单击(居中对齐文本)按钮，设置【字距】为20，【行距】为60，【填充颜色】为白色，如图10.92所示。

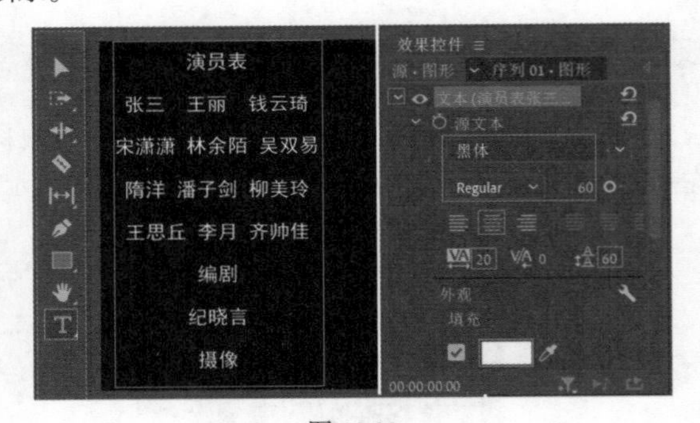

图 10.92

步骤 06 在【时间轴】面板中设置V3轨道上文字图层的结束时间为40秒22帧，如图10.93所示。

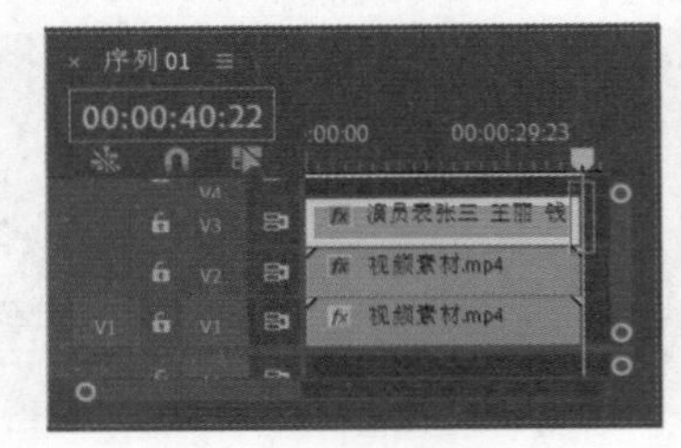

图 10.93

步骤 07 在【时间轴】面板中选中文字图层，在【效果控件】面板中展开【矢量运动】，将时间线滑动至起始位置，单击【位置】前方的(切换动画)按钮，设置【位置】为(720,1600)，如图10.94所示；将时间线滑动至40秒22帧位置，设置【位置】为(720,-1400)。

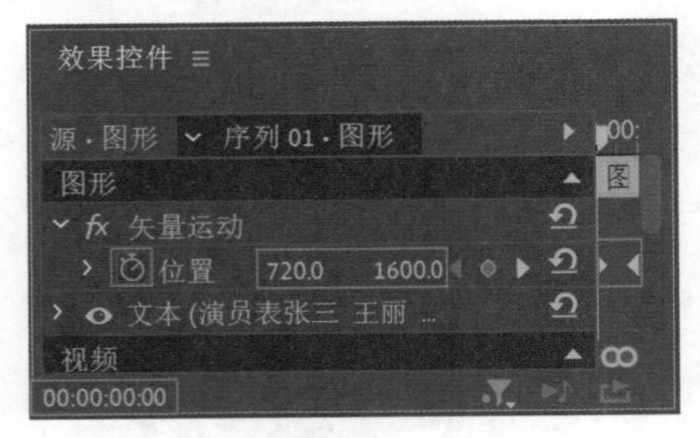

图 10.94

步骤 08 在【项目】面板中将配乐.mp3素材拖曳到【时间轴】面板中的A1轨道上，如图10.95所示。

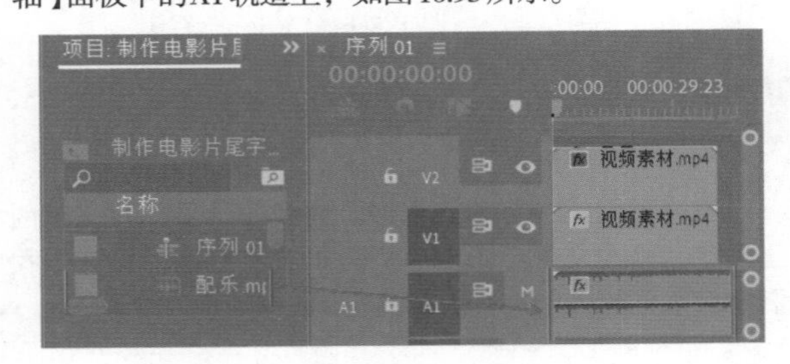

图 10.95

步骤 09 将时间线滑动至40秒22帧位置，在英文半角状态下按C键，将光标快速切换到(剃刀工具)，在时间线位置单击剪辑音频素材，如图10.96所示。

步骤 10 按V键将光标快速切换到(选择工具)，选择剪辑的后半部分音频，按Delete键删除，如图10.97所示。本实例制作完成，滑动时间线查看电影片尾的制作效果，如图10.98所示。

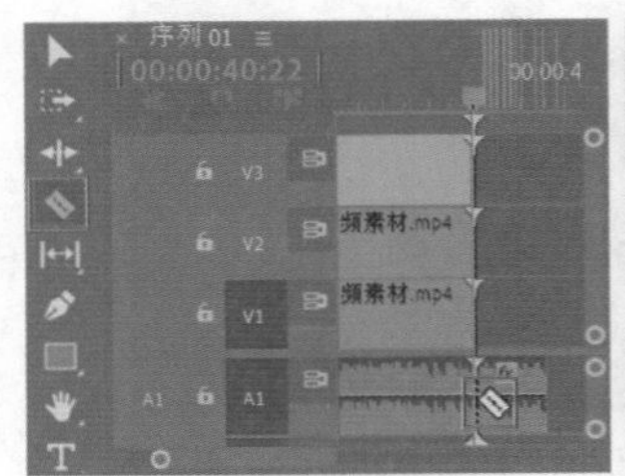

图 10.96

图 10.97

图 10.98

实例：制作MV字幕

文件路径：Chapter 10 文字→实例：制作MV字幕

扫一扫，看视频

本实例主要使用【文字工具】及【裁剪】效果制作出类似KTV字幕滑动的效果。实例效果如图10.99所示。

图 10.99

步骤 01 执行【文件】/【新建】/【项目】命令，新建一个项目。执行【文件】/【导入】命令，导入视频素材和配乐素材，如图10.100所示。

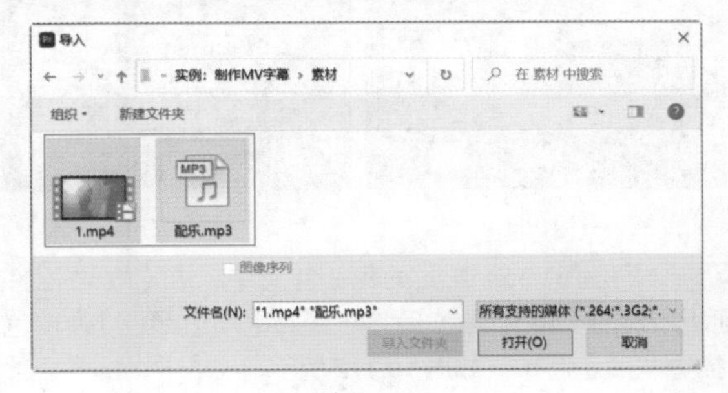

图 10.100

步骤 02 在【项目】面板中将1.mp4视频素材拖曳到【时间轴】面板中的V1轨道上，如图10.101所示。

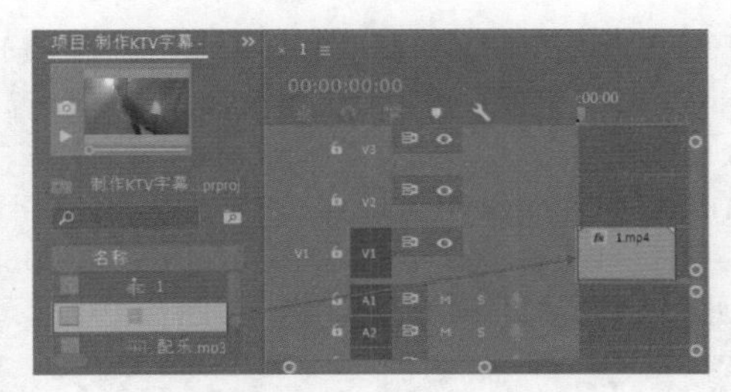

图 10.101

步骤 03 在【时间轴】面板中选择V1轨道上的素材，右击执行【速度/持续时间】命令，在弹出的窗口中设置【持续时间】为16秒25帧，单击【确定】按钮，如图10.102所示。

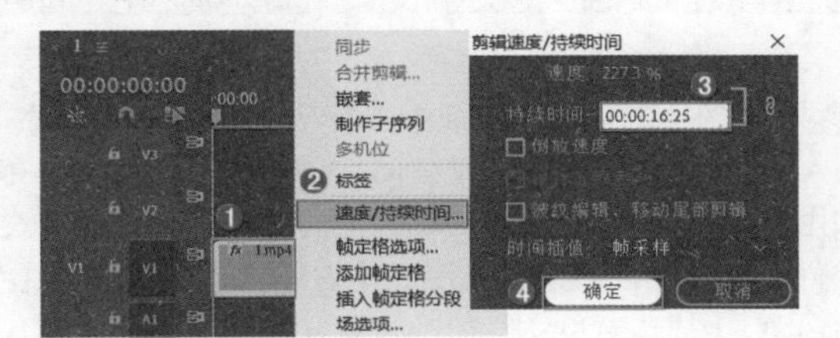

图 10.102

步骤 04 在【项目】面板中选择配乐.mp3音频素材，将其拖曳到【时间轴】面板中的A1轨道上，如图10.103所示。

图 10.103

步骤 05 将时间线滑动到16秒25帧位置，按C键将光标切换为（剃刀工具），在当前位置剪辑音频，如图10.104所示。按V键将光标切换为（选择工具），选择后半部分音频，按Delete键删除，如图10.105所示。

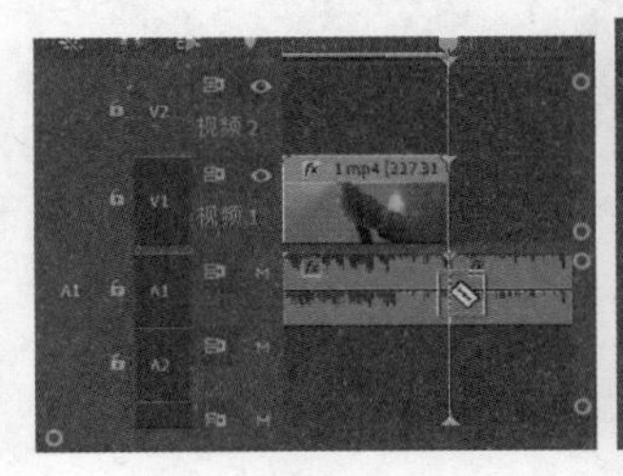

图 10.104

按Delete键删除

图 10.105

步骤 06 制作文字。在工具栏中选择T（文字工具），在【节目监视器】面板中输入歌词并调整文字的位置，如图10.106所示。

步骤 07 将时间线滑动到10秒19帧位置，将文字图层拖曳到时间线位置，设置结束时间为此句歌词唱完的位置，此时它的持续时间为3秒3帧，如图10.107所示。

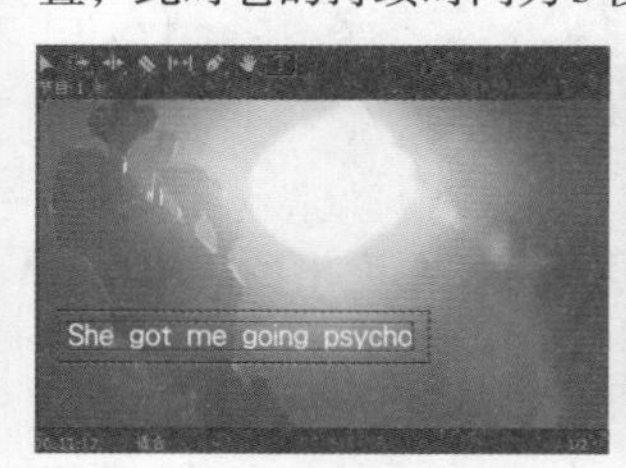

图 10.106

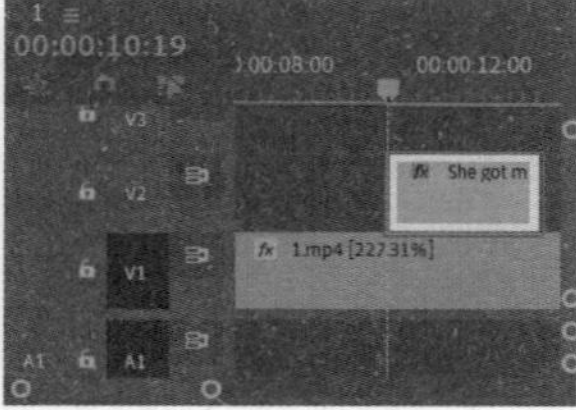

图 10.107

步骤 08 在【时间轴】面板中选择V2轨道上的素材，按住Alt键的同时按住鼠标左键向V3轨道上拖动复制一份，如图10.108所示。选择V3轨道上的文字图层，在【效果控件】面板中设置【填充颜色】为洋红色，【描边颜色】为白色，【描边宽度】为10，如图10.109所示。

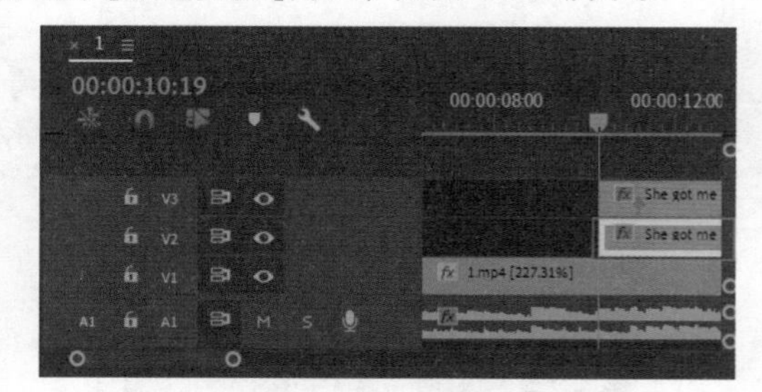

图 10.108

图 10.109

步骤 09 在【效果】面板中搜索【裁剪】，将该效果拖曳到V3轨道的文字上，如图10.110所示。

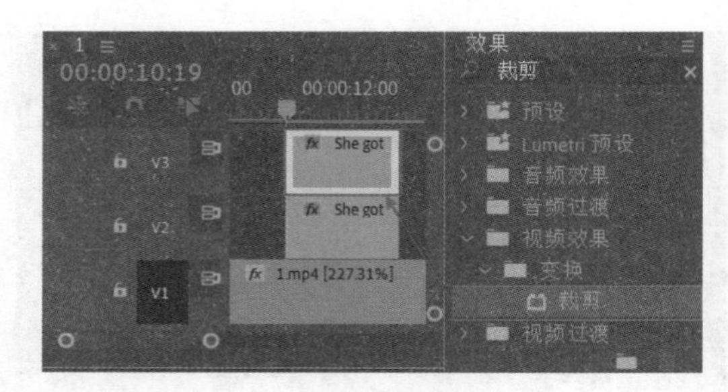

图 10.110

步骤 10 选择V3轨道上的文字，在【效果控件】面板中展开【裁剪】属性，将时间线滑动到10秒19帧，单击【右侧】前的（切换动画）按钮，开启自动关键帧，设置【右侧】为100%；继续将时间线滑动到13秒22帧位置，设置【右侧】为0%，如图10.111所示。滑动时间线查看文字效果，如图10.112所示。

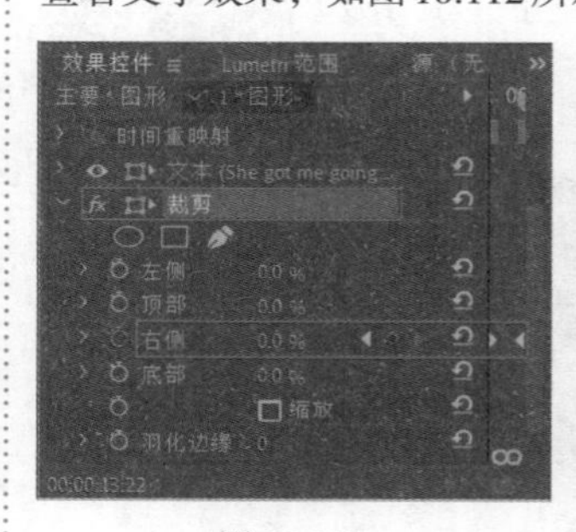

图 10.111

图 10.112

步骤 11 使用同样的方式继续新建下一句歌词的字幕，将该字幕拖曳到V2轨道上的第1句歌词的后面，将歌词的结束时间与下方的视频对齐，如图10.113所示。继续选择第2句文字，按住Alt键的同时按住鼠标左键向V3轨道上拖动复制，如图10.114所示。

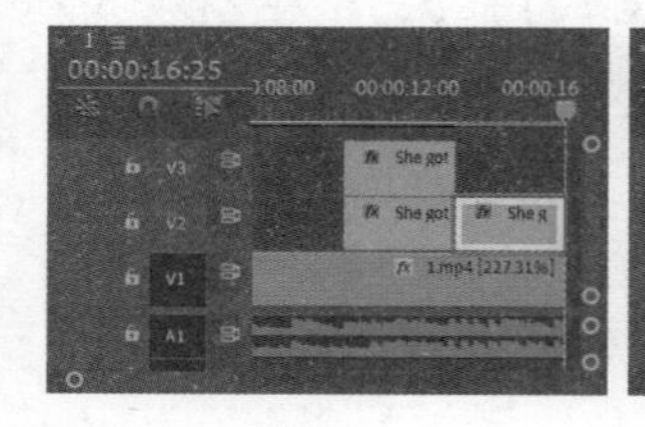

图 10.113

图 10.114

步骤 12 选择V3轨道上的第2个文字，在【效果控件】面板中设置【填充颜色】为洋红色，【描边颜色】为白色，【描边宽度】为10，如图10.115所示。

图 10.115

步骤 13 选择V3轨道上的第1句歌词，在【效果控件】面板中选择【裁剪】效果，使用快捷键Ctrl+C复制，接着选择V3轨道上的第2句歌词，在【效果控件】面板下方的空白处使用快捷键Ctrl+V进行粘贴，如图10.116所示。

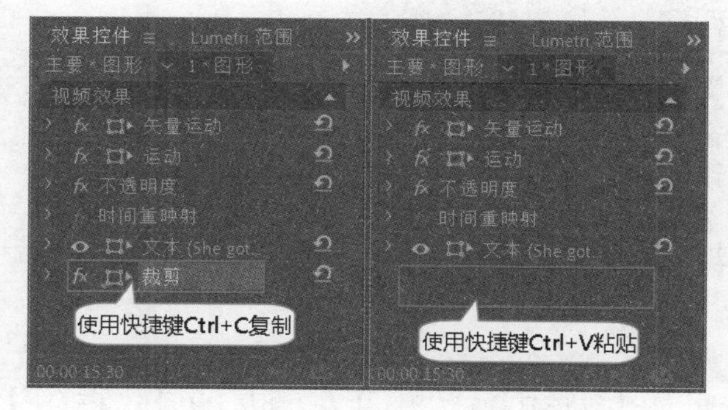

图 10.116

步骤 14 本实例制作完成，滑动时间线查看文字效果，如图10.117所示。

图 10.117

实例：制作Vlog常用文字遮罩

扫一扫，看视频

文件路径：Chapter 10 文字→实例：制作Vlog常用文字遮罩

本实例主要使用【轨道遮罩键】及【颜色遮罩】效果制作反底文字遮罩。实例效果如图10.118所示。

图 10.118

步骤 01 执行【文件】/【新建】/【项目】命令，新建一个项目。执行【文件】/【导入】命令，导入视频素材，如图10.119所示。

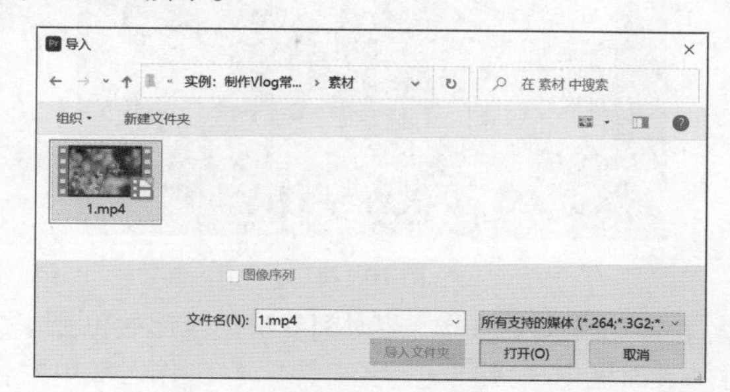

图 10.119

步骤 02 在【项目】面板中将1.mp4素材拖曳到V1轨道上，如图10.120所示。

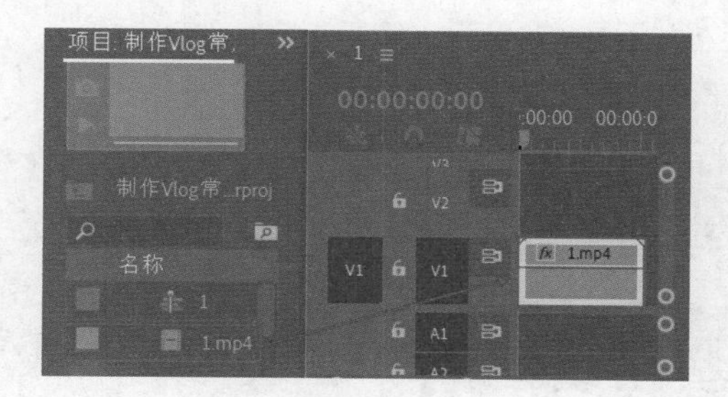

图 10.120

步骤 03 新建一个颜色遮罩。执行【文件】/【新建】/【颜色遮罩】命令。接着在弹出的【拾色器】对话框中设置颜色为黄色，此时会弹出一个【选择名称】对话框，设置名称为【颜色遮罩】，单击【确定】按钮，如图10.121所示。

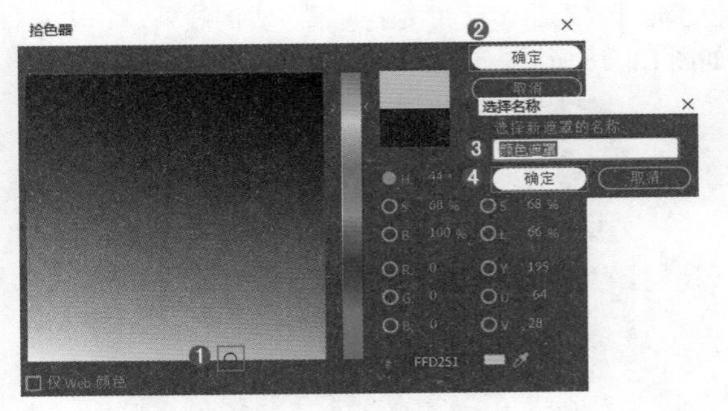

图 10.121

步骤 04 将【项目】面板中的【颜色遮罩】拖曳到【时间轴】面板中的V2轨道上并设置结束位置与下方对齐，如图10.122所示。

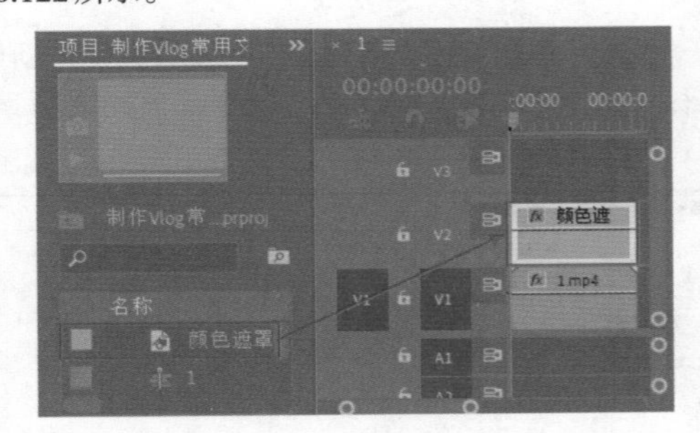

图 10.122

步骤 05 制作文字部分。将时间线滑动至起始位置。在【工具】面板中选择T（文字工具），在工作区域中的合适位置单击输入文字DIDA，接着在【效果控件】面板中展开【文本】/【源文本】，设置合适的【字体系列】和【字体样式】，设置【字体大小】为598，【填充颜色】为灰色，如图10.123所示。

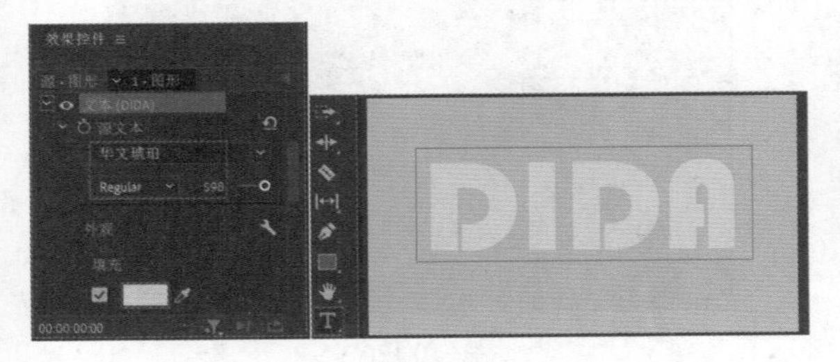

图 10.123

步骤 06 文字制作完成后。在【时间轴】面板中设置V3轨道上的文字图层的结束位置与下方图层对齐，如图10.124所示。在【效果】面板中搜索【轨道遮罩键】，将该效果拖曳到V2轨道的颜色遮罩上，如图10.125所示。

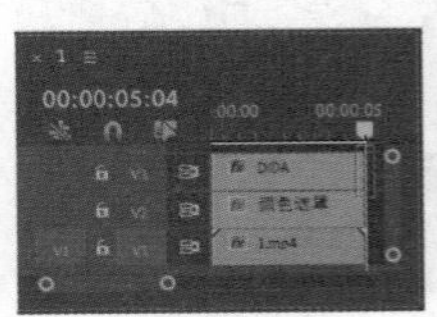

图 10.124

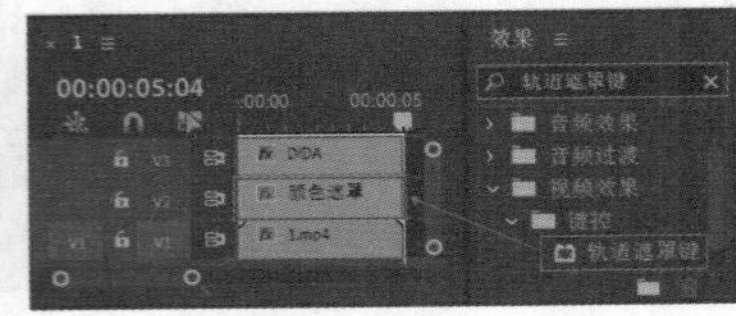

图 10.125

步骤 07 选择V2轨道上的素材，在【效果控件】面板中展开【轨道遮罩键】效果，设置【遮罩】为【视频3】，勾选【反向】，如图10.126所示。画面效果如图10.127所示。

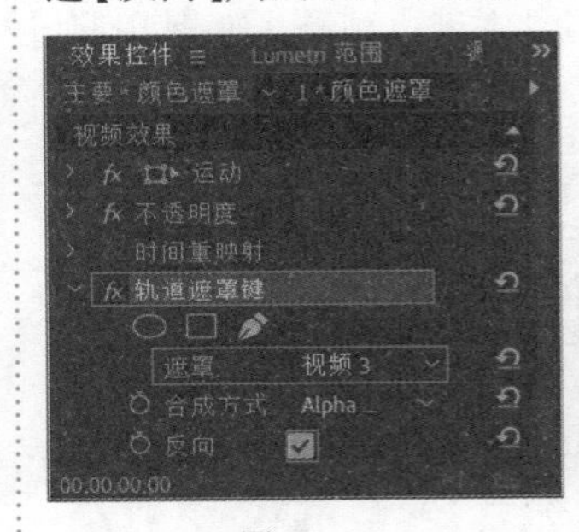

图 10.126

图 10.127

步骤 08 制作文字动态效果。将时间线滑动到起始帧位置，在【时间轴】面板中选择文字图层，在【效果控件】面板中展开【矢量运动】，取消勾选【等比缩放】，在当前位置开启【位置】【缩放高度】【缩放宽度】关键帧，设置【位置】为(3387,540)，【缩放高度】为550，【缩放宽度】为500，如图10.128所示；继续将时间线滑动到2秒位置，设置【位置】为(960,540)；最后将时间线滑动到5秒位置，设置【缩放高度】与【缩放宽度】均为100。滑动时间线查看实例效果，如图10.129所示。

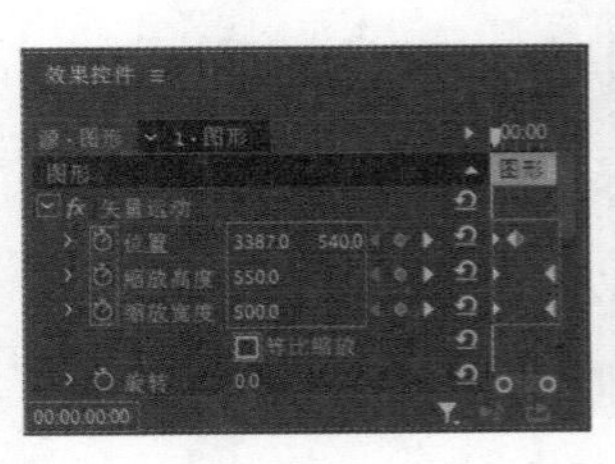

图 10.128

图 10.129

实例：制作玻璃滑动文字

文件路径：Chapter 10　文字→实例：制作玻璃滑动文字

扫一扫，看视频

本实例主要使用工具栏中的【文字工具】及【矩形工具】制作玻璃滑动效果。实例效果如图10.130所示。

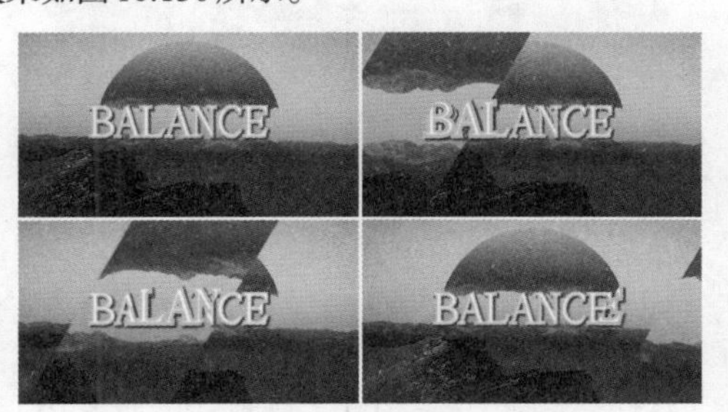

图 10.130

步骤 01 执行【文件】/【新建】/【项目】命令，新建一个项目。执行【文件】/【导入】命令，导入视频素材，如图10.131所示。

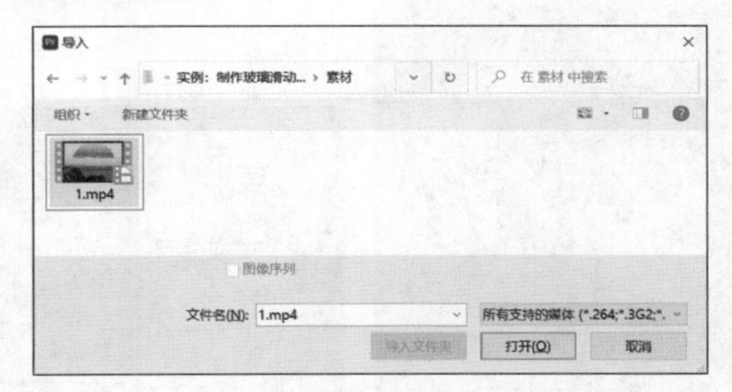

图 10.131

步骤 02 在【项目】面板中将1.mp4素材拖曳到V1和V2轨道上，如图10.132所示。

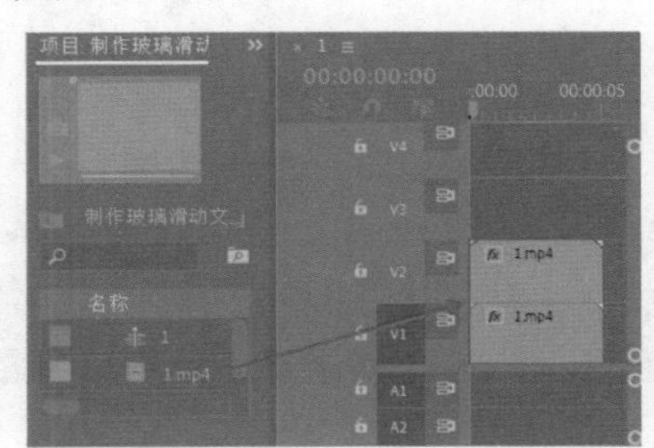

图 10.132

步骤 03 制作文字部分。在工具栏中选择T（文字工具），在【节目监视器】面板中输入文字balance，接着在【效果控件】面板中设置合适的【字体系列】和【字体样式】，设置【字体大小】为287，单击TT（全部大写字母）按钮，如图10.133所示。

图 10.133

步骤 04 勾选【描边】，设置【描边颜色】为淡黄色，【描边宽度】为20，勾选【阴影】，设置【距离】为15；接着展开下方的【变换】，设置【位置】为(400,625)，如图10.134所示。选择V3轨道上的文字，按住Alt键的同时按住鼠标左键向V4轨道上拖动，释放鼠标后完成复制，如图10.135所示。

图 10.134

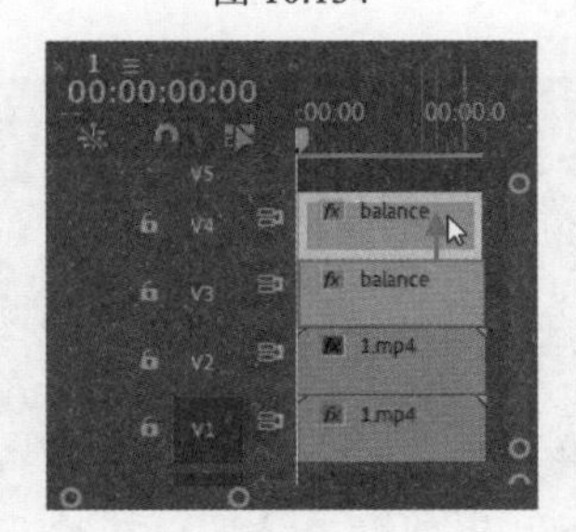

图 10.135

步骤 05 选择V4轨道上的文字，在【效果控件】面板中设置【缩放】为110，文字的【描边宽度】为35，如图10.136和图10.137所示。

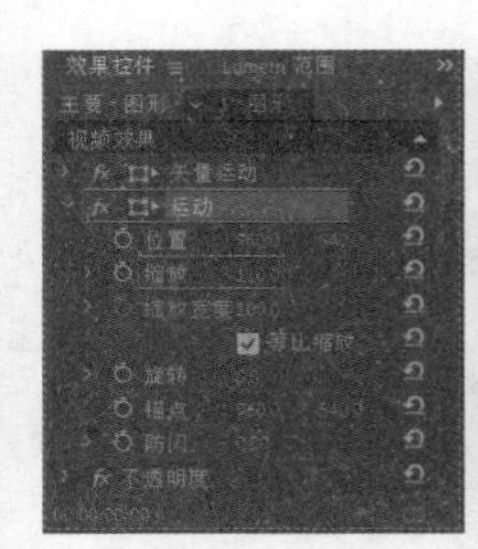

图 10.136

图 10.137

步骤 06 在工具栏中长按【钢笔工具】，在弹出的工具组中选择【矩形工具】，在文字右侧按住鼠标左键绘制一个长条矩形，如图10.138所示。

图 10.138

步骤 07 在【时间轴】面板中选择图形，在【效果控件】面板中展开【运动】属性，设置【缩放】为150，【旋转】为30°，将时间线滑动到起始帧位置，打开【位置】关键帧，设置【位置】为(–665,540)，将时间线滑动到3秒位置，设置【位置】为(110,540)，继续将时间线滑动到5秒位置，设置【位置】为(1005,540)，如图10.139所示。

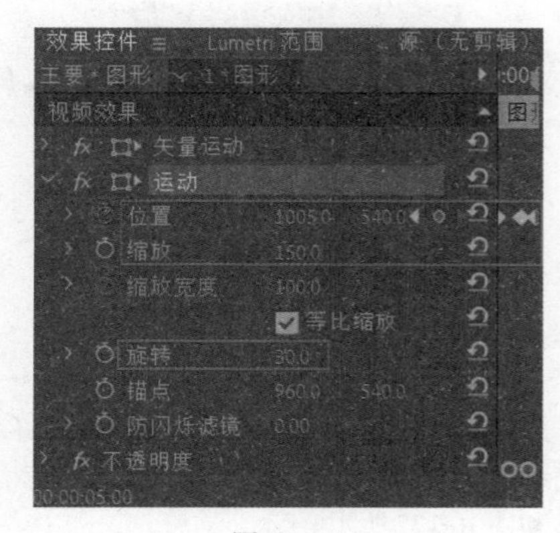

图 10.139

步骤 08 在【时间轴】面板中选择V2和V4轨道上的内容，接着在【效果】面板中搜索【轨道遮罩键】，将该效果拖曳到V2和V4轨道上，如图10.140所示。

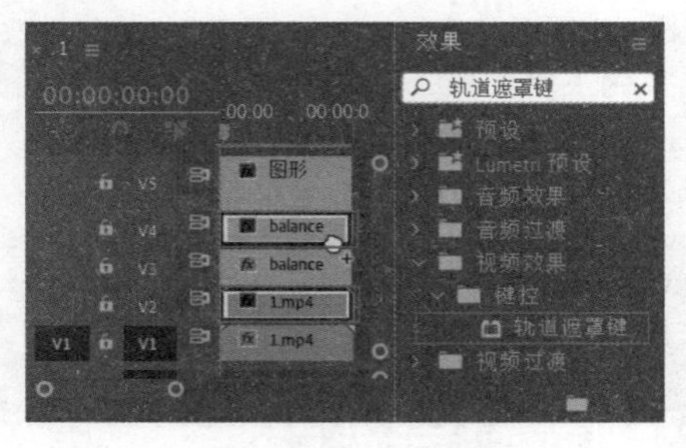

图 10.140

步骤 09 选择V2轨道上的内容，在【效果控件】面板中展开【运动】属性，设置【缩放】为200；展开【轨道遮罩键】属性，设置【遮罩】为【视频5】，如图10.141所示。继续选择V4轨道上的内容，在【效果控件】面板中展开【轨道遮罩键】属性，同样设置【遮罩】为【视频5】，如图10.142所示。

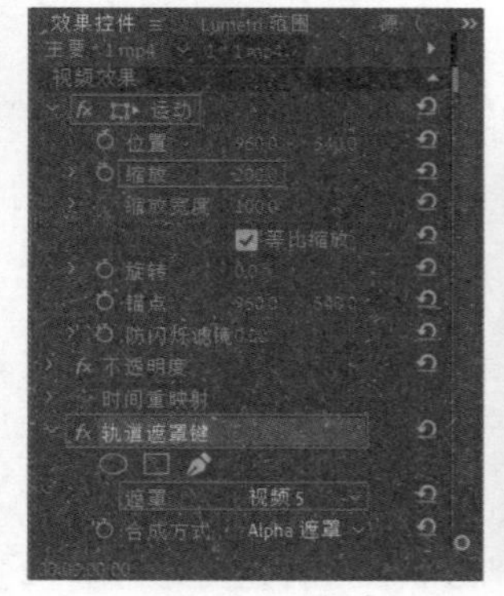

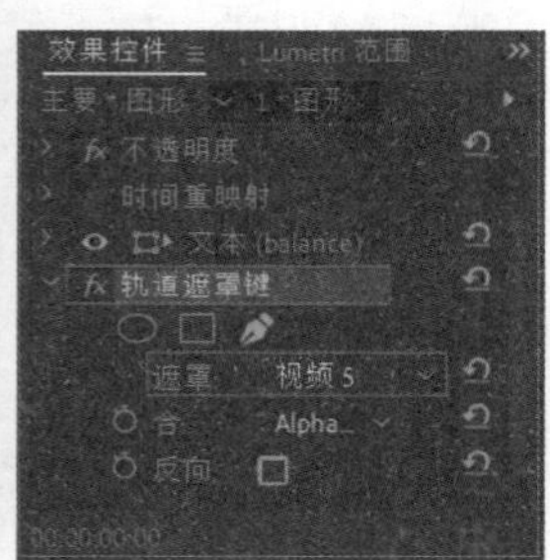

图 10.141　　图 10.142

步骤 10 本实例制作完成，滑动时间线查看玻璃滑动效果，如图10.143所示。

图 10.143

实例：使用阴影效果制作3D影视广告

扫一扫，看视频

文件路径：Chapter 10 文字→实例：使用阴影效果制作3D影视广告

本实例主要使用【阴影】效果为主体文字制作3D视觉感，接着使用【基本3D】效果制作出具有空间效果的文字动画。实例效果如图10.144所示。

图 10.144

步骤 01 执行【文件】/【新建】/【项目】命令，新建一个项目。在【项目】面板的空白处右击，执行【新建项目】/【序列】命令，弹出【新建序列】窗口，在HDV文件夹下选择HDV 720p24。执行【文件】/【导入】命令，导入01.jpg素材文件，如图10.145所示。

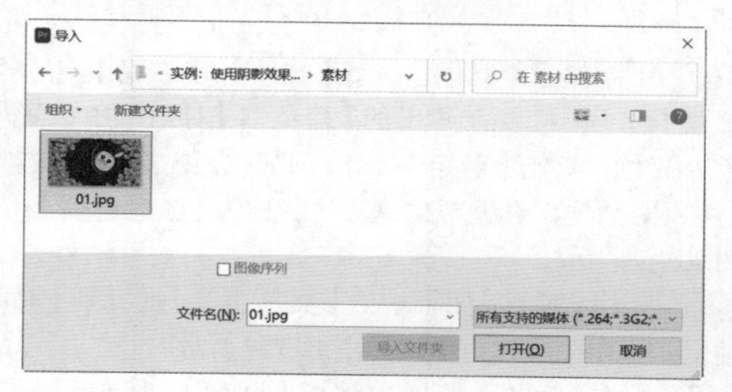

图 10.145

步骤 02 将【项目】面板中的01.jpg素材文件拖曳到V1轨道上，如图10.146所示。

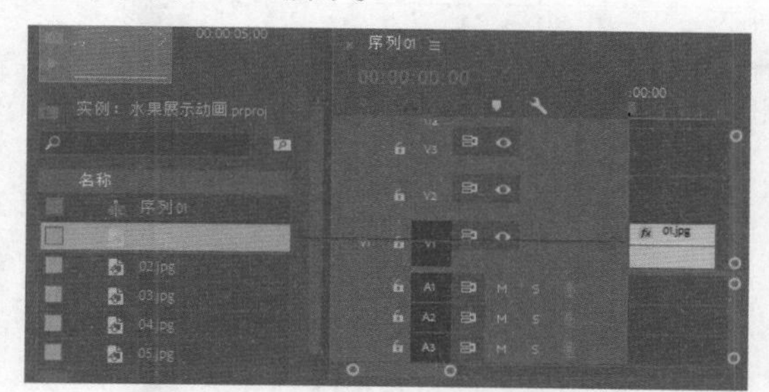

图 10.146

步骤 03 选择【时间轴】面板中V1轨道上的01.jpg文件，在【效果控件】面板中展开【运动】属性，设置【缩放】为57，如图10.147所示。画面效果如图10.148所示。

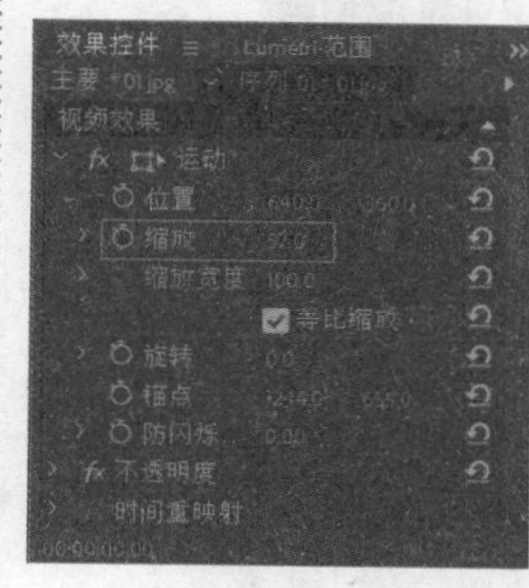

图 10.147

图 10.148

步骤 04 制作文字部分，将时间线滑动至起始位置，在【工具】面板中选择T（文字工具），在【节目监视器】面板中左侧的合适位置单击输入文字，接着在【效果控件】面板中展开【文本】/【源文本】，设置合适的【字体系列】及【字体样式】，【字体大小】为130，单击（居中对齐文本）按钮，设置【字距】为79，【行距】为-29，设置【填充颜色】为白色，勾选【阴影】，设置【阴影颜色】为灰色，【不透明度】为100%，【角度】为125°，【距离】为15，【大小】为7.9，如图10.149所示。

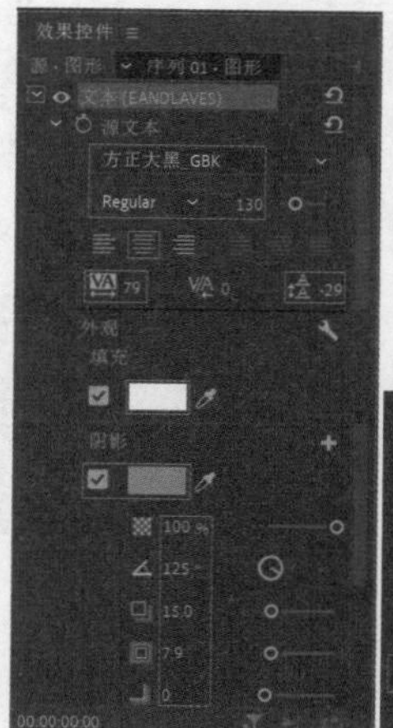

图 10.149

步骤 05 在文字图层选中状态下，继续使用【文字工具】在主体文字上方和下方输入文字内容并设置合适的参数，如图10.150所示。

步骤 06 在【效果】面板中搜索【基本3D】，按住鼠标左键将该效果拖曳到V2轨道的文字图层文件上，如图10.151所示。

图 10.150

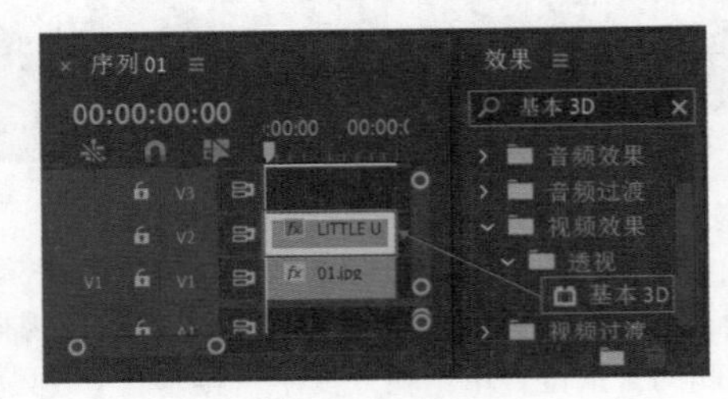
图 10.151

步骤 07 在【效果控件】面板中展开【基本 3D】效果，将时间线滑动到起始帧位置，单击【倾斜】前面的按钮，开启自动关键帧，设置【倾斜】为0°，如图10.152所示；继续将时间线滑动到1秒15帧位置，单击【旋转】前面的按钮，开启自动关键帧，设置【旋转】为0°，将时间线滑动到3秒位置，设置【旋转】和【倾斜】均为1×0.0°。本实例制作完成，滑动时间线查看画面效果，如图10.153所示。

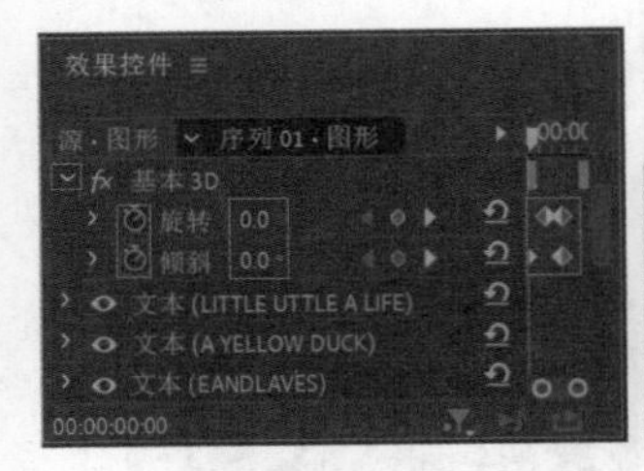
图 10.152

图 10.153

实例：制作趣味感文字

扫一扫，看视频

文件路径：Chapter 10 文字→实例：制作趣味感文字

本实例首先使用【颜色遮罩】效果制作画面背景，使用【渐变】效果将平淡的纯色背景制作出径向渐变的感觉，接着使用【文字工具】效果制作文字并为文字添加旋转扭曲效果。实例效果如图10.154所示。

图 10.154

步骤 01 执行【文件】/【新建】/【项目】命令，新建一个项目。在【项目】面板的空白处右击，执行【新建项目】/【序列】命令，弹出【新建序列】窗口，在HDV文件夹下选择HDV 720p24。执行【文件】/【导入】命令，导入01.png素材文件，如图10.155所示。

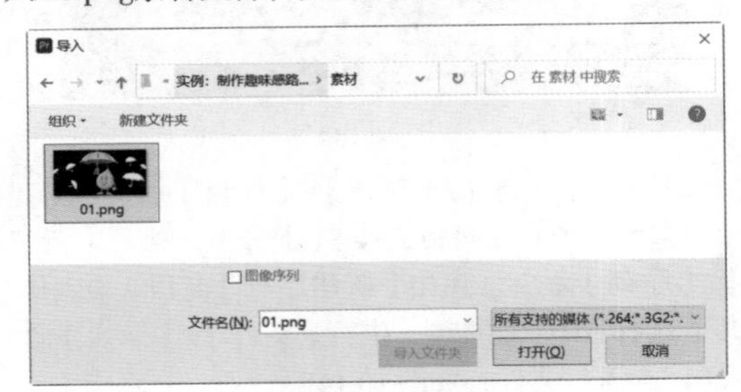
图 10.155

步骤 02 制作画面背景。执行【文件】/【新建】/【颜色遮罩】命令，接着在弹出的【拾色器】对话框中设置颜色为蓝色，单击【确定】按钮，此时会弹出一个【选择名称】对话框，设置新建遮罩的名称为【颜色遮罩】，如图10.156所示。

步骤 03 将【项目】面板中的【颜色遮罩】拖曳到【时间轴】面板中的V1轨道上，如图10.157所示。

步骤 04 在【效果】面板中搜索【渐变】，按住鼠标左键将该效果拖曳到V1轨道的【颜色遮罩】文件上，如图10.158所示。

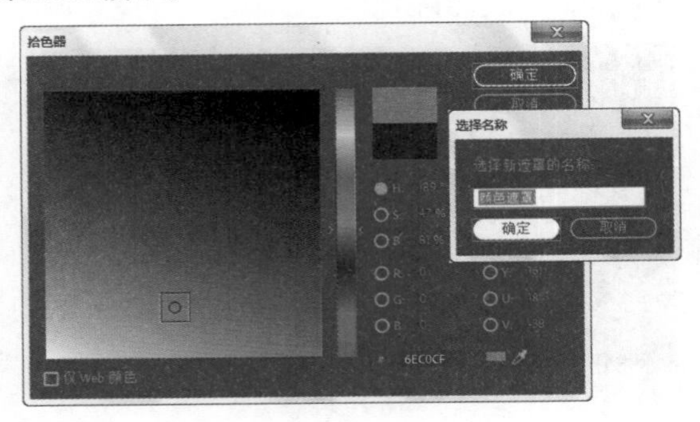
图 10.156

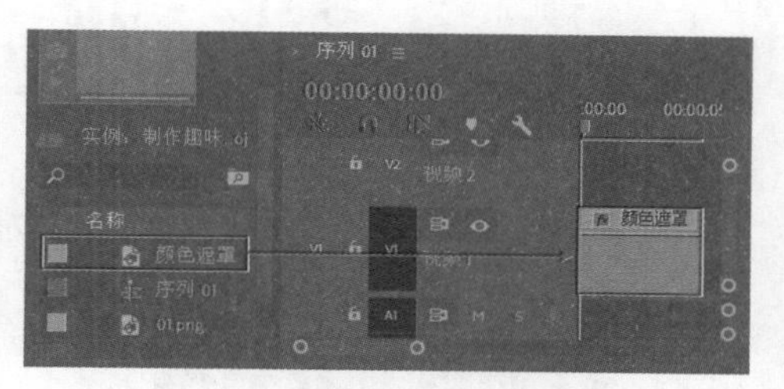

图 10.157

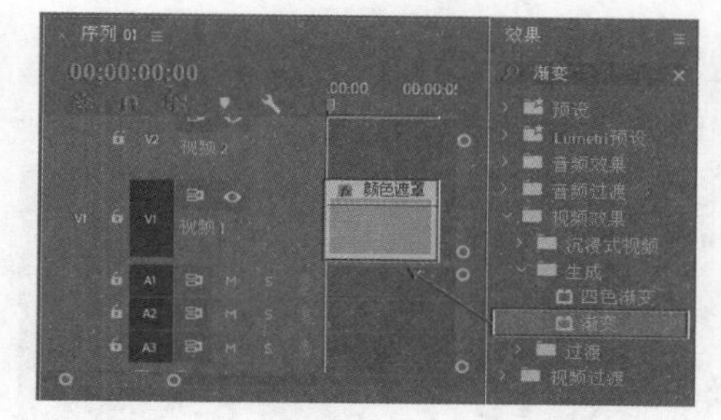

图 10.158

步骤 05 在【效果控件】面板中展开【渐变】效果，设置【起始颜色】为白色，【结束颜色】为蓝色，【渐变形状】为【径向渐变】，接着调整【渐变起点】为(640,264)，【渐变终点】为(797,720)，如图 10.159 所示。此时背景效果如图 10.160 所示。

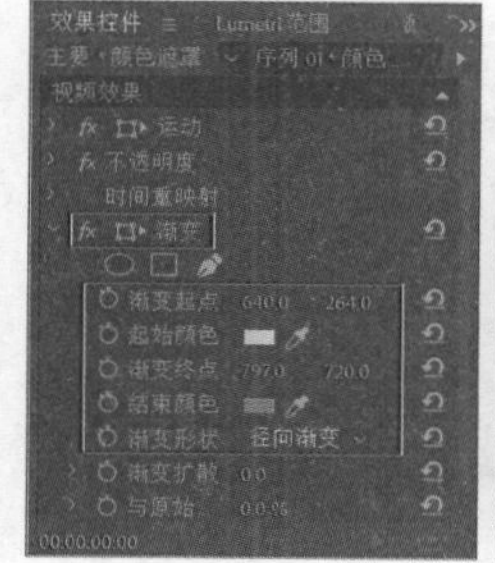

图 10.159

图 10.160

步骤 06 将【项目】面板中的01.png素材文件拖曳到【时间轴】面板中的V2轨道上，如图 10.161 所示。

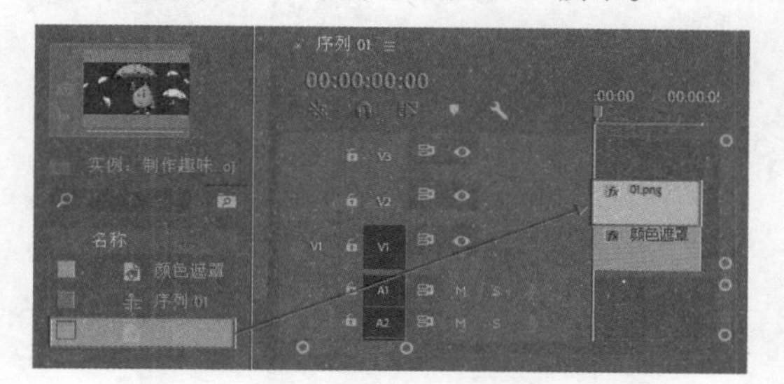

图 10.161

步骤 07 选择V2轨道上的01.png素材文件，在【效果控件】面板中设置【缩放】为38，如图 10.162 所示。此时画面效果如图 10.163 所示。

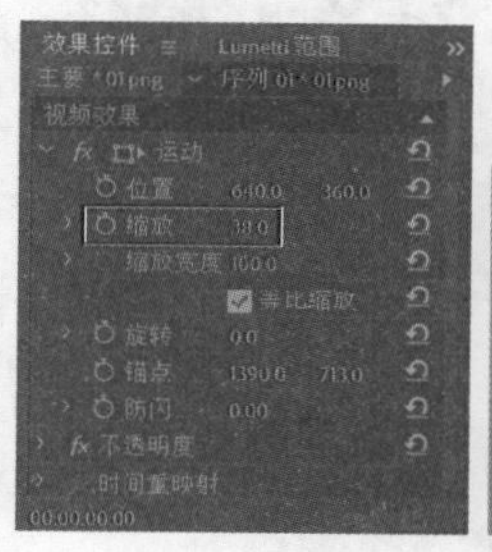

图 10.162

图 10.163

步骤 08 制作文字部分。将时间线滑动至起始位置，在【工具】面板中选择T（文字工具），在【节目监视器】面板中左侧的合适位置单击输入文字，如图 10.164 所示。

图 10.164

步骤 09 在【效果控件】面板中展开【文本】/【源文本】，设置合适的【字体系列】及【字体样式】，设置【字体大小】为52，【字距】为29，【填充颜色】为白色；接着展开【变换】，设置【位置】为(290.2,173.7)，取消勾选【等比缩放】，设置【垂直缩放】为120，【旋转】为-5°，如图 10.165 所示。

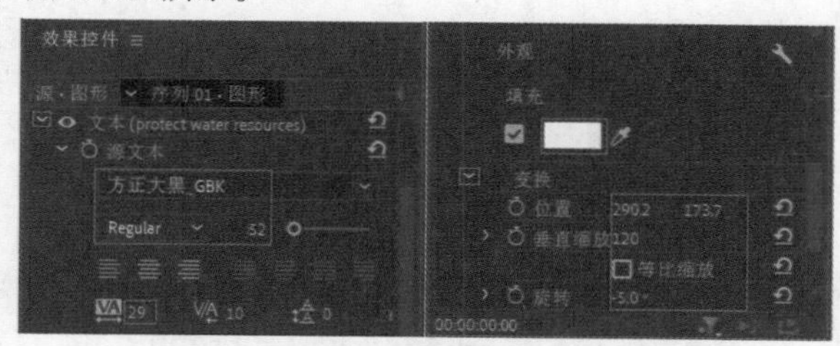

图 10.165

步骤 10 在【效果】面板中搜索【旋转扭曲】，将该效果拖曳到【时间轴】面板中的V3轨道上，如图 10.166 所示。

步骤 11 在【效果控件】面板中展开【旋转扭曲】效果，设置【角度】为31°，【旋转扭曲半径】为49，【旋转扭曲中心】为(849.6,215.9)，如图 10.167 所示。

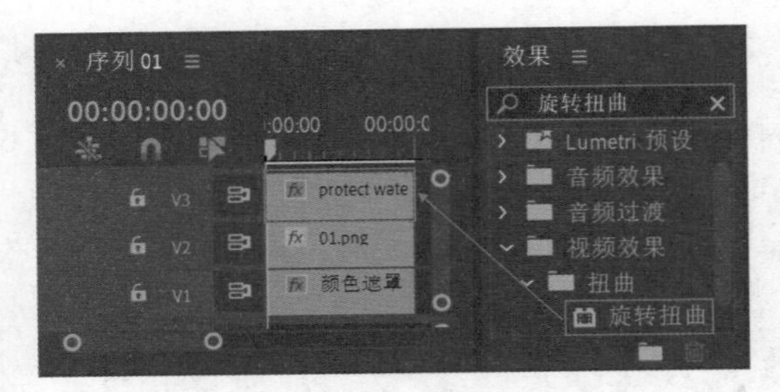

图 10.166

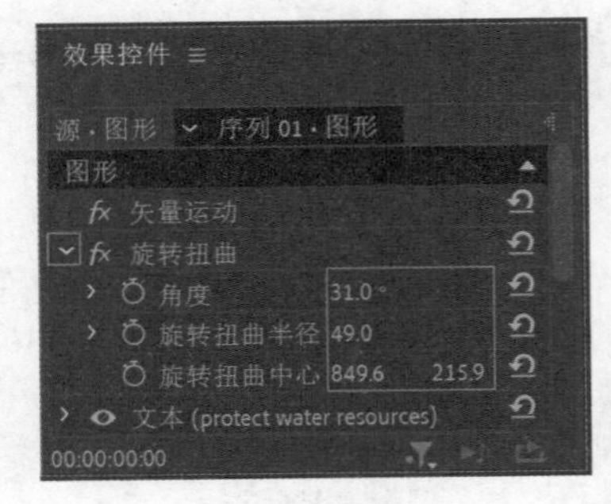

图 10.167

步骤 12 此时画面效果如图10.168所示。

图 10.168

步骤 13 在【时间轴】面板中选中V3轨道上的文字图层，右击执行【嵌套】命令，在弹出的【嵌套序列名称】窗口中单击【确定】按钮，如图10.169所示。

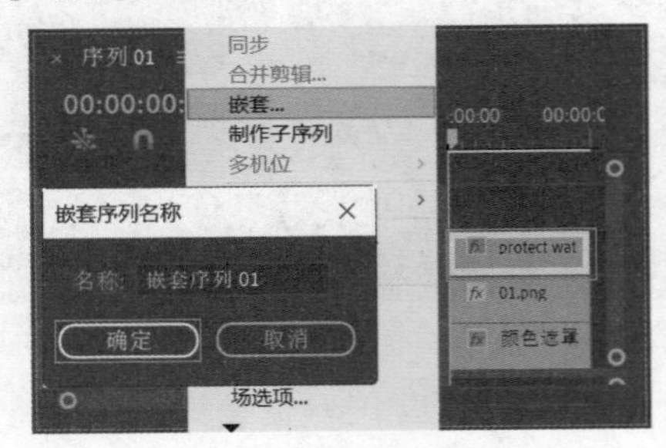

图 10.169

步骤 14 在【时间轴】面板中选中V3轨道上的嵌套序列，按住Alt键的同时按住鼠标左键向V4轨道上拖动，将其复制一份，如图10.170所示。

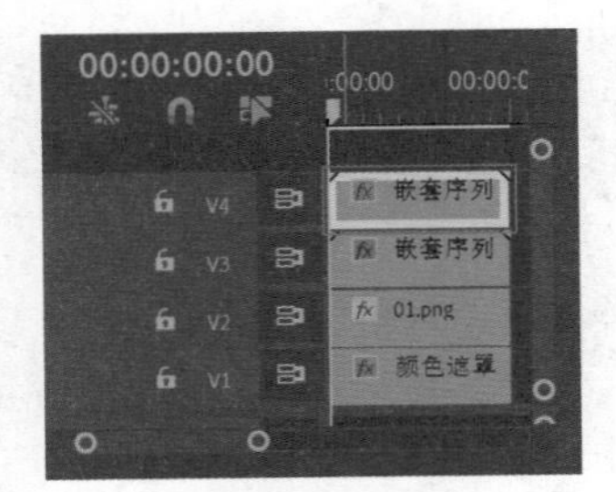

图 10.170

步骤 15 在【效果】面板中搜索【水平翻转】，将该效果拖曳到【时间轴】面板中的V4轨道上，如图10.171所示。

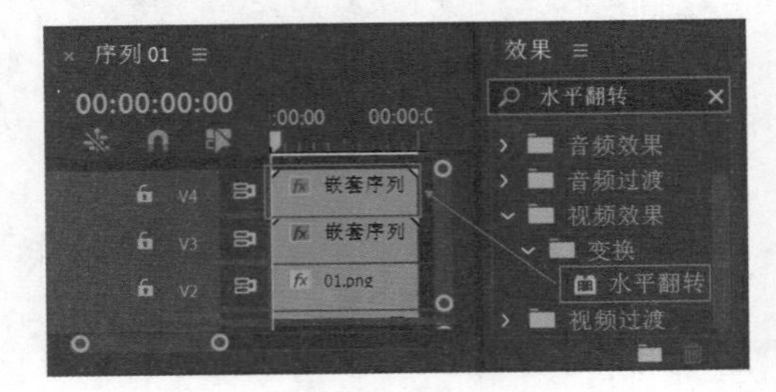

图 10.171

步骤 16 在【效果】面板中搜索【垂直翻转】，将该效果拖曳到【时间轴】面板中的V4轨道上，如图10.172所示。此时实例制作完成，画面最终效果如图10.173所示。

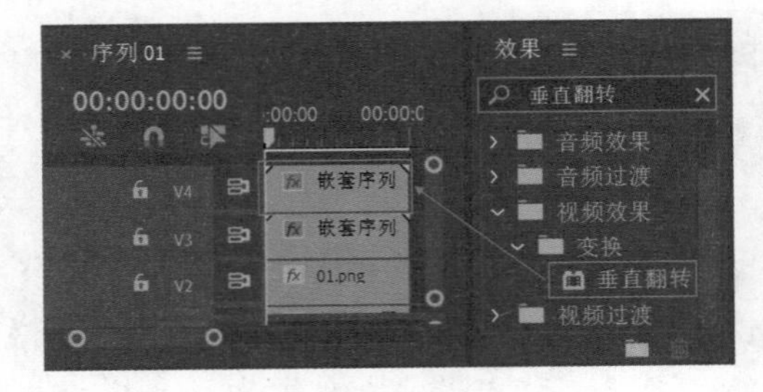

图 10.172

图 10.173

综合实例：Vlog短片手写文字

文件路径：Chapter 10　文字→综合实例：Vlog短片手写文字

扫一扫，看视频

本实例主要使用【书写】效果制作出Vlog拍摄短片中的手写文字，使用多个转场效果衔接画面，最后使用【剃刀工具】及关键帧制作音频的淡入与淡出。实例效果如图10.174所示。

图 10.174

Part 01　制作手写文字

步骤 01 执行【文件】/【新建】/【项目】，新建一个项目。执行【文件】/【导入】，导入1.MOV、2.MOV、配乐.MP3素材文件，如图10.175所示。

图 10.175

步骤 02 将【项目】面板中的1.MOV、2.MOV 素材文件依次拖曳到【时间轴】面板中的V1轨道上，如图10.176所示，此时【项目】面板中自动生成与1.MOV画面等大的序列。

步骤 03 将音频部分删除。在【时间轴】面板中选择这两个素材，右击执行【取消链接】命令，如图10.177所示。加选A1轨道上的2个音频素材，在选中的状态下按Delete键进行删除，如图10.178所示。

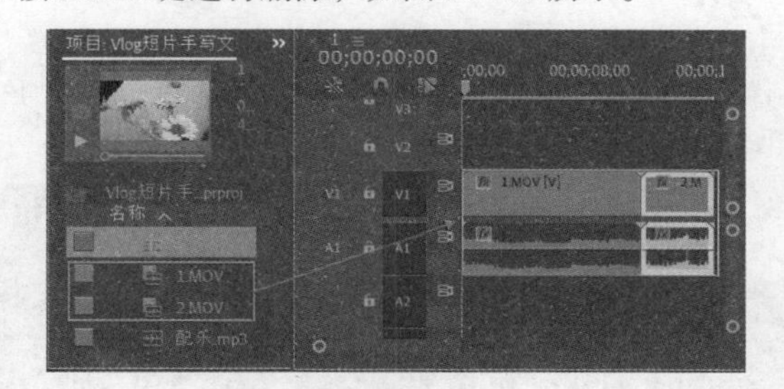

图 10.176

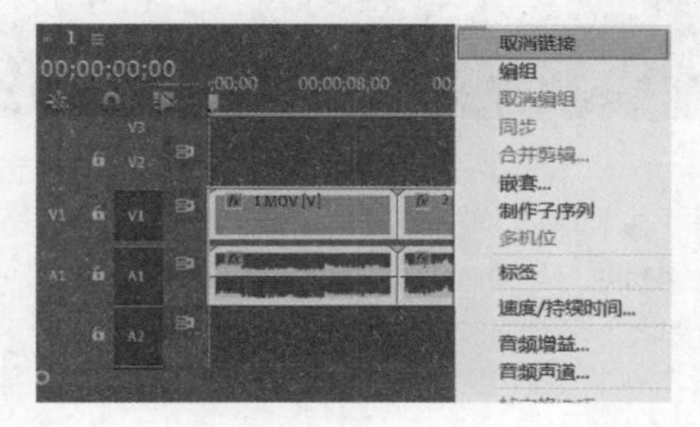

图 10.177

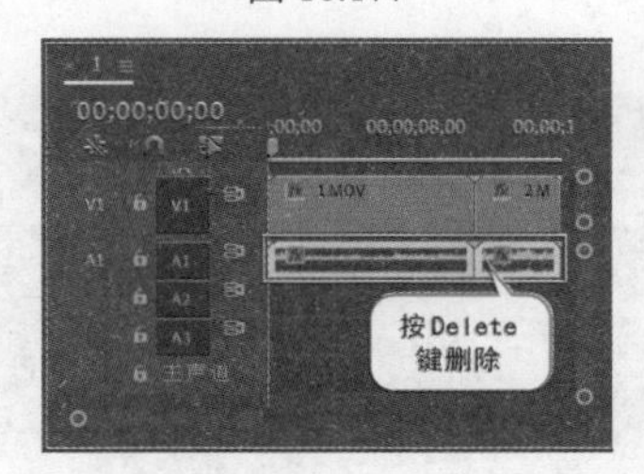

图 10.178

步骤 04 由于2.MOV素材结束位置出现镜头晃动现象，针对2.MOV素材进行剪辑。在工具栏中选择 (剃刀工具)，将时间线滑动到13秒位置，在当前位置单击进行剪辑，如图10.179所示。在英文输入法状态下按V键，快速切换到【选择工具】，选择2.MOV素材后半部分，按Delete键删除，如图10.180所示。

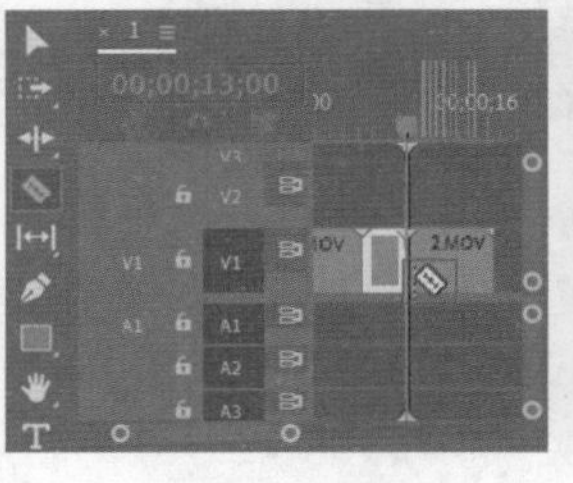

图 10.179

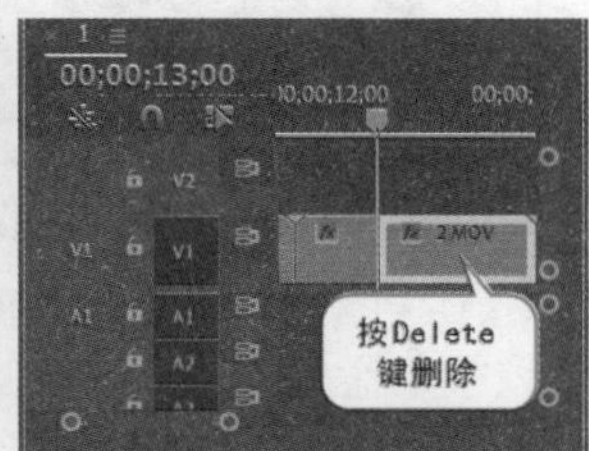

图 10.180

步骤 05 制作手写文字部分。将时间线滑动至2秒15帧位置，在【工具】面板中选择T（文字工具），在工作区域的合适位置输入文字，接着在【效果控件】面板中展开【文本】/【源文本】，设置合适的【字体系列】和【字体样式】，设置【字体大小】为378，【填充颜色】为白色，如图10.181所示。

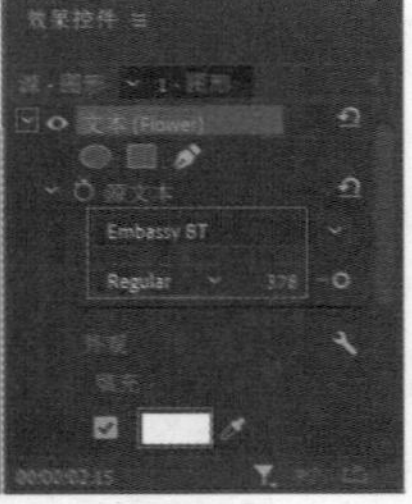

图 10.181

步骤 06 在【时间轴】面板中设置V2轨道上文字图层的结束时间与V1轨道上的2.MOV结束时间相同，如图10.182所示。接着在【时间轴】面板中选择文字图层，右击执行【嵌套】命令，在弹出的【嵌套序列名称】窗口中设置【名称】为【文字】，单击【确定】按钮，如图10.183所示。

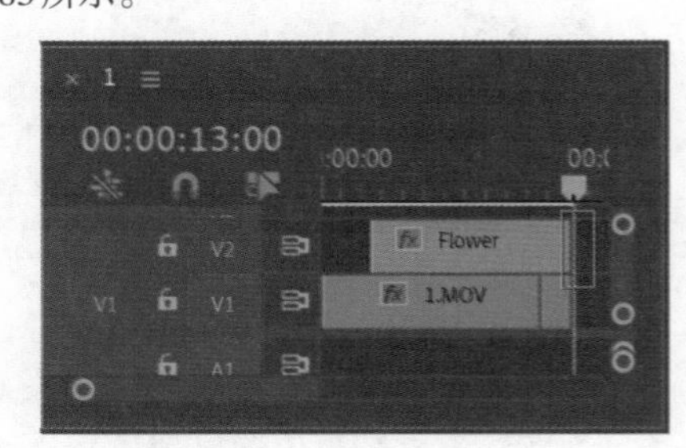

图 10.182

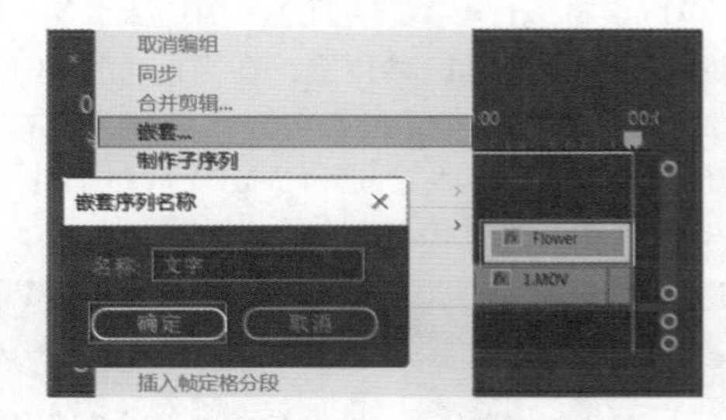

图 10.183

步骤 07 在【效果】面板中搜索【书写】，按住鼠标左键将该效果拖曳到V2轨道的嵌套文字上，如图10.184所示。选择V2轨道的文字，在【效果控件】面板中展开【书写】效果，设置【画笔大小】为30，此时在画面中出现一个圆形的锚点，如图10.185所示。

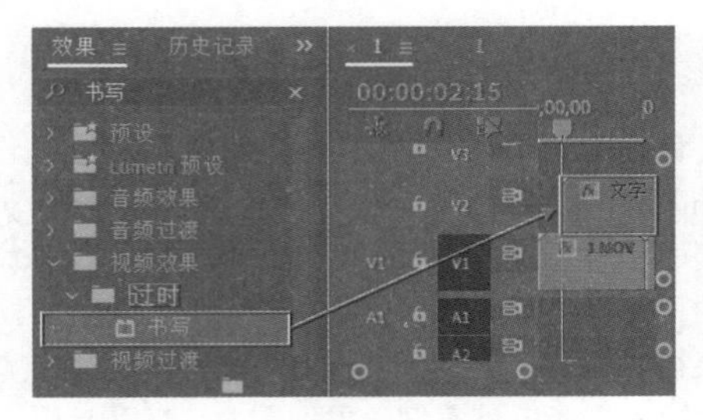

图 10.184

图 10.185

提示：

为素材添加【书写】效果后，圆形锚点有时不会在【节目监视器】面板中显现，可能是【画笔大小】设置得太小，此时可适当调整【画笔大小】的参数值；另外，可调整【节目监视器】面板下方的缩放级别并适当拖动【节目监视器】面板调整大小。

步骤 08 将【节目监视器】面板中的白色锚点移动到字母F的开头处，如图10.186所示。将时间线滑动到3秒27帧位置，单击【画笔位置】前的（切换动画）按钮，开启自动关键帧，设置【画笔位置】为(854.8,341.7)，如图10.187所示。

图 10.186

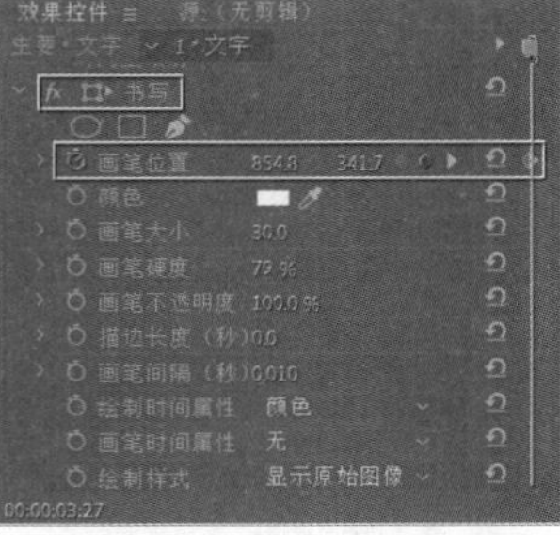

图 10.187

步骤 09 选择【书写】效果，按一下小键盘上的右箭头键(→)，在【节目监视器】面板中按住锚点沿着文字进行拖动，释放鼠标后再次按小键盘上的右箭头键，使用同样的方式沿着字母绘制锚点路径，如图10.188所示。

图 10.188

步骤 10 此时在【书写】下方【画笔位置】的后方出现多个关键帧。设置【绘制样式】为【显示原始图像】，滑动时间线即可看到手写文字动画，如图10.189所示。滑动时间线，画面效果如图10.190所示。

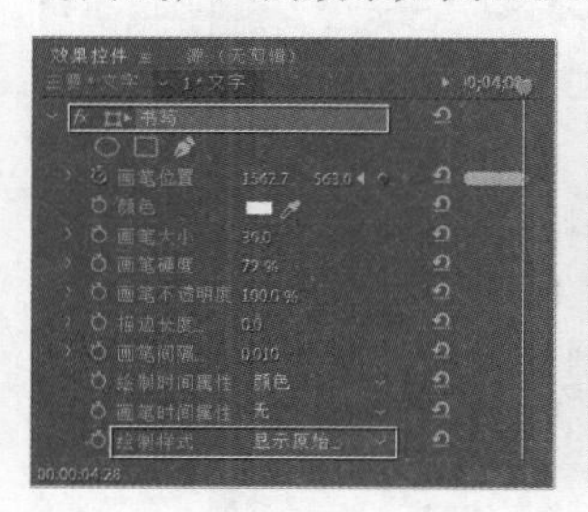

图 10.189

图 10.190

Part 02　制作画面过渡效果

步骤 01 在【效果】面板中搜索【白场过渡】，按住鼠标左键将该效果拖曳到V1轨道上的1.MOV素材文件的起始位置，如图10.191所示。

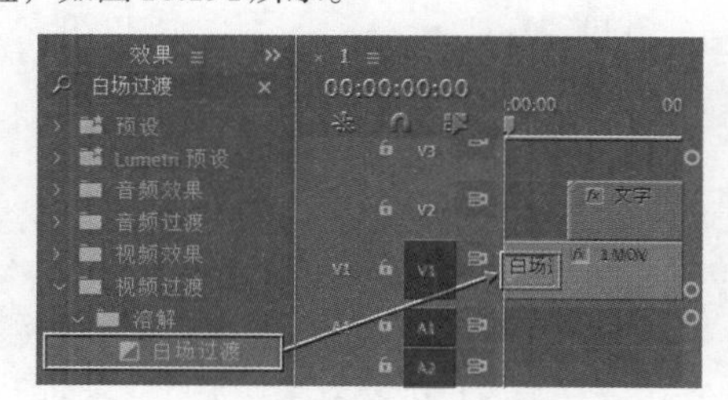

图 10.191

步骤 02 在【时间轴】面板中选择【白场过渡】效果，在【效果控件】面板中设置【持续时间】为2秒，如图10.192所示。滑动时间线查看画面效果，如图10.193所示。

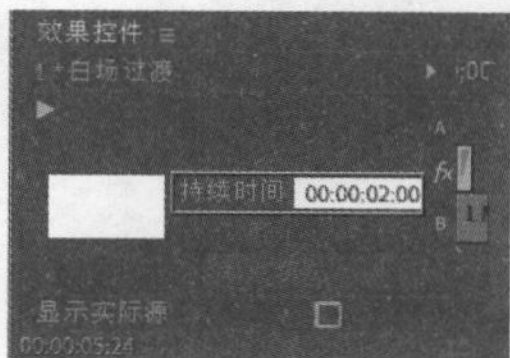

图 10.192

图 10.193

步骤 03 在【效果】面板中搜索【交叉溶解】，按住鼠标左键将该效果拖曳到V1轨道上的1.MOV和2.MOV素材文件的交接位置，如图10.194所示。

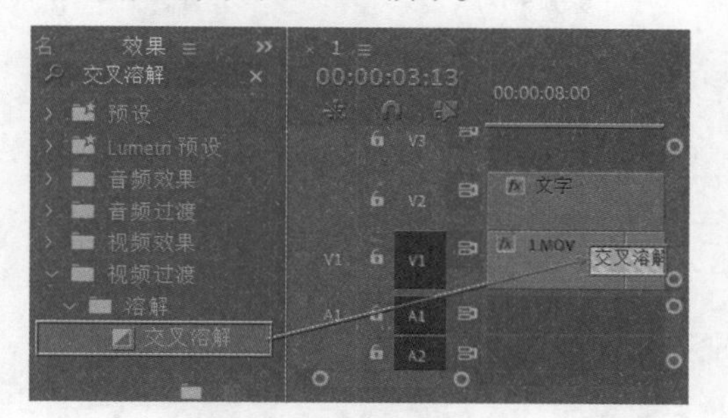

图 10.194

步骤 04 在【时间轴】面板中选择V1轨道上的【交叉溶解】，在【效果控件】面板中设置【持续时间】为3秒，滑动时间线查看转场效果，如图10.195所示。

图 10.195

步骤 05 在【效果】面板中搜索【立方体旋转】，按住鼠标左键将该效果拖曳到嵌套文字尾部位置，如图10.196所示。

步骤 06 在【时间轴】面板中选择【立方体旋转】效果，在【效果控件】面板中设置【持续时间】为3秒，如图10.197所示。滑动时间线查看文字效果，如图10.198所示。

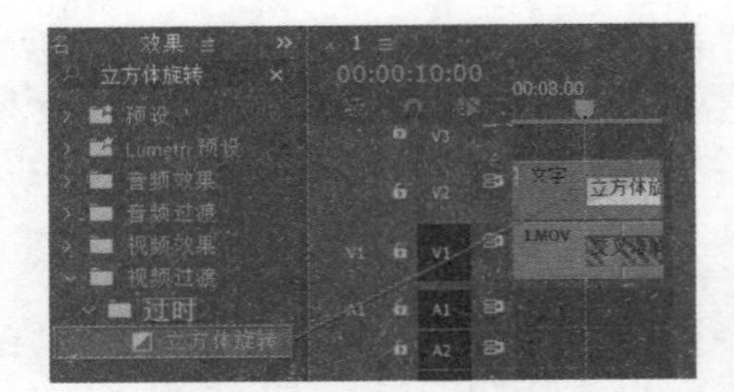

图 10.196

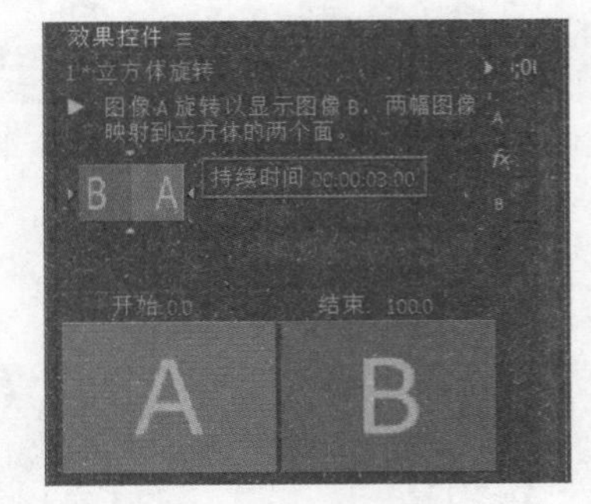

图 10.197

图 10.198

Part 03　添加配乐

步骤 01 在【项目】面板中选择配乐素材文件，按住鼠标左键将其拖曳到【时间轴】面板中的A1轨道上，如图 10.199 所示。

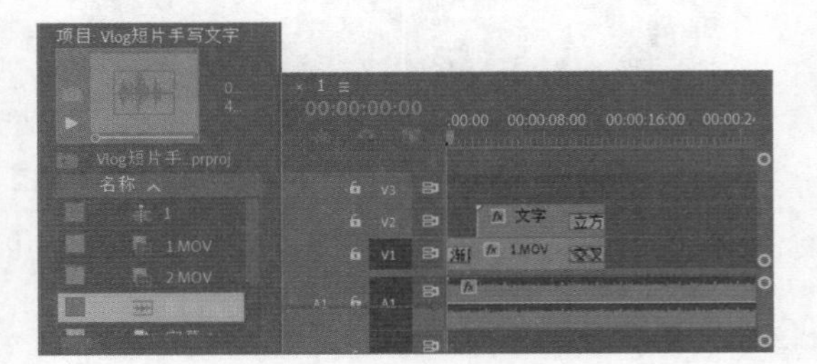

图 10.199

步骤 02 将时间线滑动到13秒位置，在工具栏中选择（剃刀工具），将光标移动到A1轨道上的时间线位置，单击进行剪辑，如图 10.200 所示。在工具栏中选择（选择工具），选择A1轨道中音频的后半部分，按Delete键删除，如图 10.201 所示。

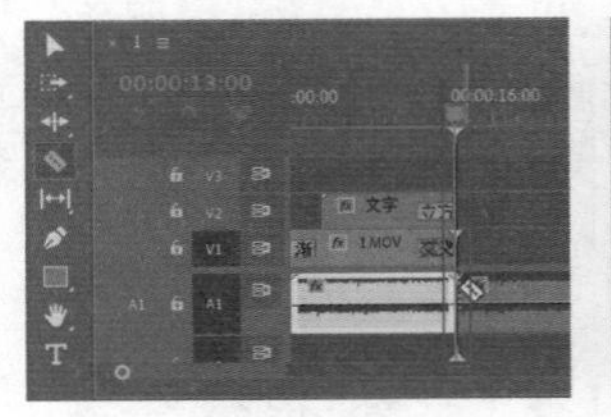

图 10.200

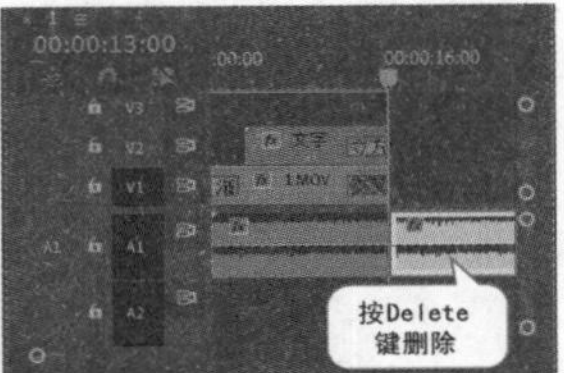

图 10.201

步骤 03 制作淡入淡出的声音效果。在【时间轴】面板中双击配乐素材，此时A1轨道上出现（添加/移除关键帧），分别将时间线滑动到起始帧和结束帧位置，单击添加关键帧，如图 10.202 所示。再次将时间线滑动到2秒和11秒位置，为音频添加关键帧，如图 10.203 所示。

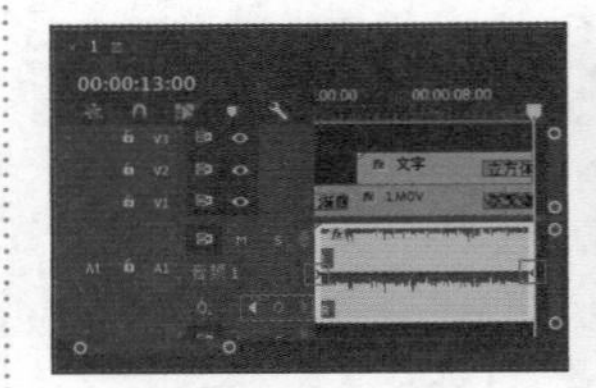

图 10.202

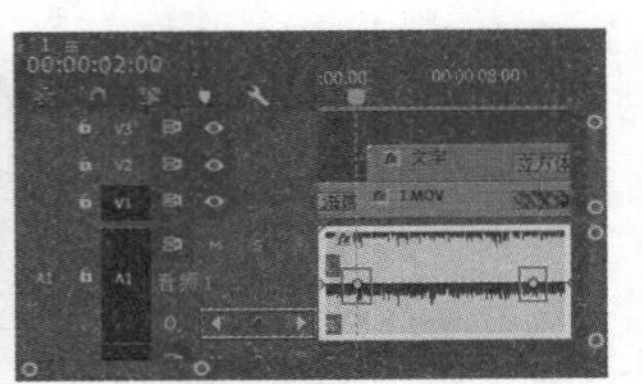

图 10.203

步骤 04 将光标移动到起始帧和结束帧之间的关键帧上方，按住鼠标左键将关键帧向下拖动，此时音量降低，如图 10.204 所示。本实例制作完成，按Enter键进行渲染，使视频更加流畅，画面效果如图 10.205 所示。

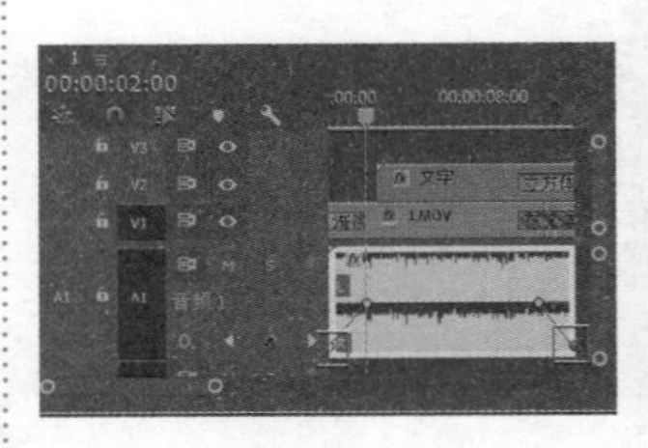

图 10.204

图 10.205

综合实例：大光晕文字片头

扫一扫，看视频

文件路径：Chapter 10　文字→综合实例：大光晕文字片头

本实例主要使用【镜头光晕】效果制作文字后方的光晕效果。实例效果如图 10.206

所示。

图 10.206

步骤 01 执行【文件】/【新建】/【项目】命令，新建一个项目。执行【文件】/【导入】命令，导入全部素材文件，如图10.207所示。

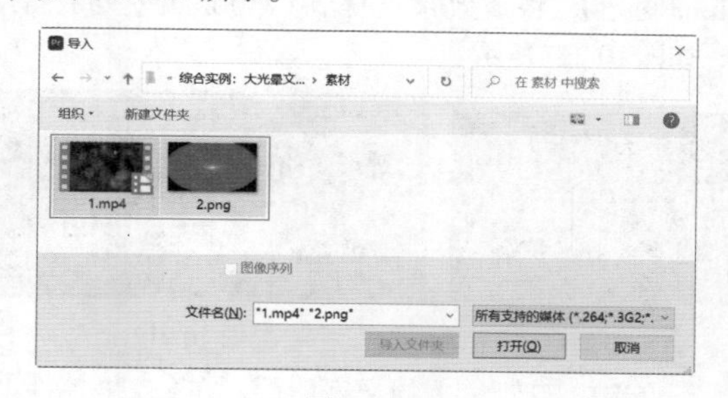

图 10.207

步骤 02 在【项目】面板中选择1.mp4素材，按住鼠标左键将其拖曳到【时间轴】面板中，如图10.208所示，此时在【项目】面板中自动生成序列。

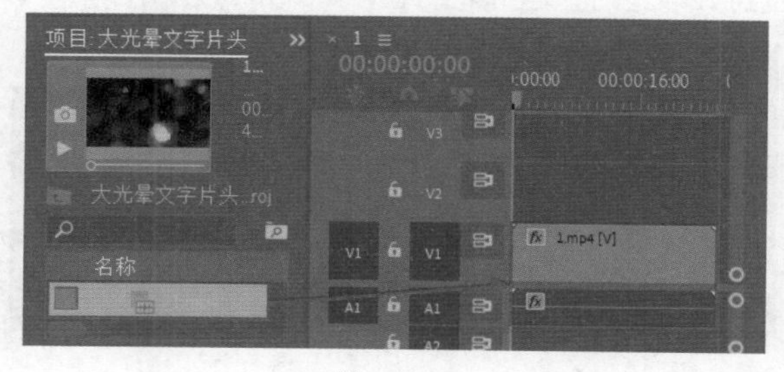

图 10.208

步骤 03 选择【时间轴】面板中V1轨道上的1.mp4素材文件，右击执行【取消链接】命令，如图10.209所示。接着选择A1轨道上的素材，然后按Delete键进行删除，如图10.210所示。

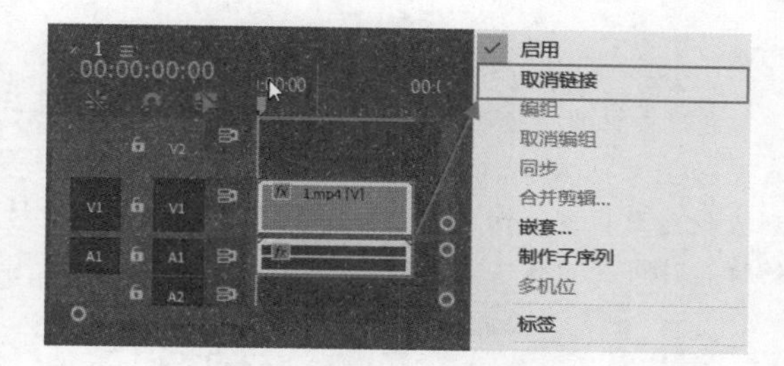

图 10.209

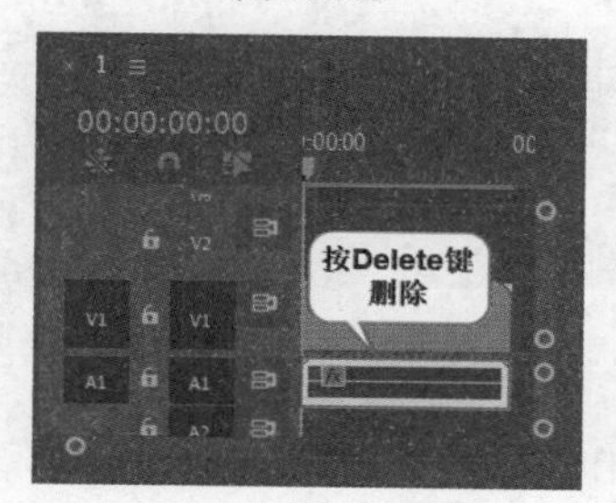

图 10.210

步骤 04 选择V1轨道上的1.mp4素材文件，右击执行【速度/持续时间】命令，如图10.211所示。在弹出的【剪辑速度/持续时间】窗口中设置【持续时间】为7秒，如图10.212所示。

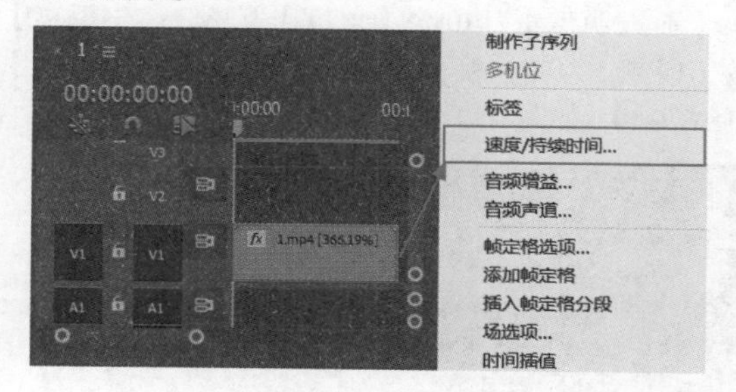

图 10.211

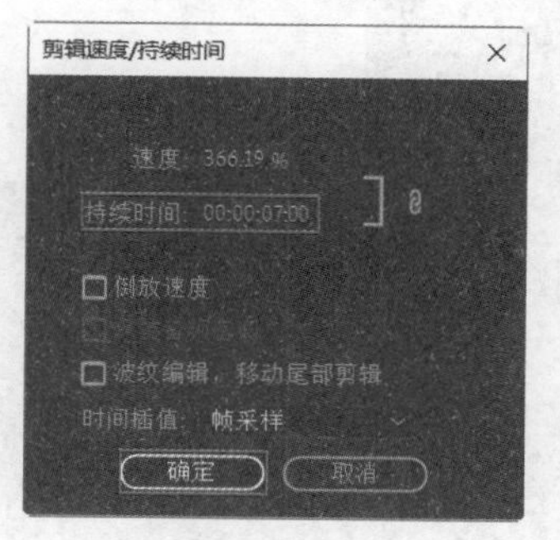

图 10.212

> **提示：**
>
> 更改素材的持续时间，也可在工具栏中选择（比率拉伸工具），将时间线滑动到7秒位置，将光标移动到素材结束位置，向时间线位置移动，此时更改素材的持续时间，如图10.213所示。
>
> 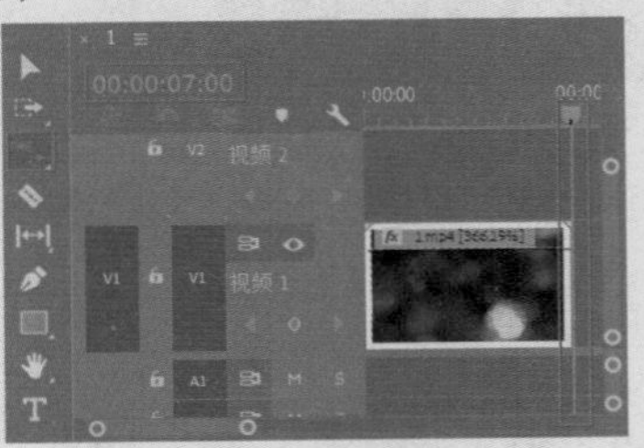
>
> 图 10.213

步骤 05 制作文字部分。将时间线滑动至起始位置，在【工具】面板中选择（文字工具），在工作区域中输入文字DELICACY，接着在【效果控件】面板中展开【文本】/【源文本】，设置合适的【字体系列】和【字体样式】，设置【字体大小】为184，【字距】为-19，【填充颜色】为白色；接着勾选【阴影】，设置【阴影颜色】为黑色，【不透明度】为70%，【角度】为135°，【距离】为10，【模糊】为30；接着展开【变换】，设置【位置】为（518,640.1），如图10.214所示。

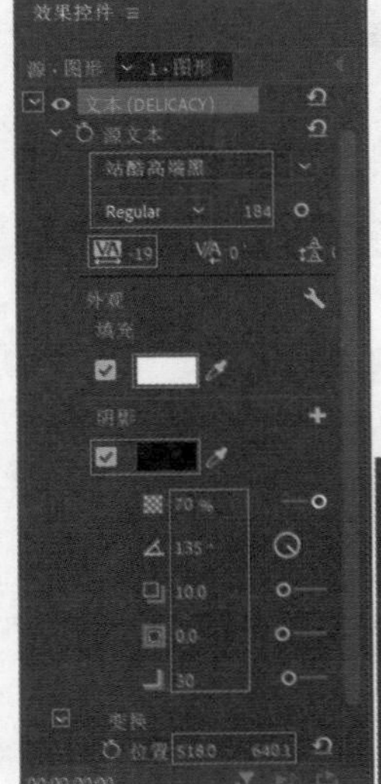

图 10.214

步骤 06 在【时间轴】面板中设置V2轨道上的文字图层的结束时间为7秒，如图10.215所示。

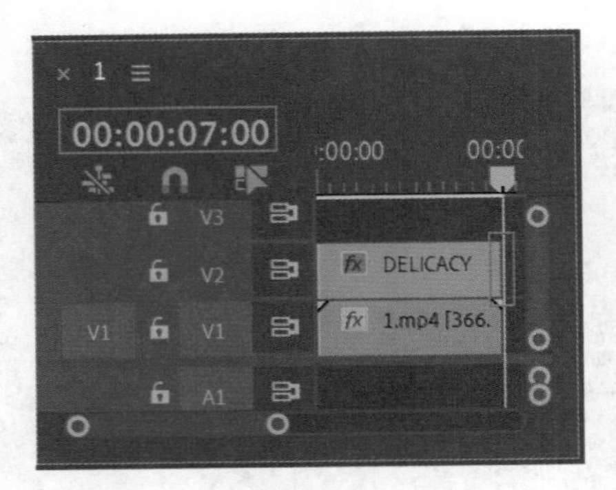

图 10.215

步骤 07 选择V2轨道上的【文字图层】，将时间线滑动到起始帧位置，在【效果控件】面板中展开【矢量运动】，单击【缩放】前的（切换动画）按钮，开启自动关键帧，设置【缩放】为100，如图10.216所示；将时间线滑动到3秒位置，设置【缩放】为150；继续将时间线滑动到4秒20帧位置，设置【缩放】为100。在【效果】面板中搜索【Alpha发光】，将该效果拖曳到V2轨道的【文字图层】上，如图10.217所示。

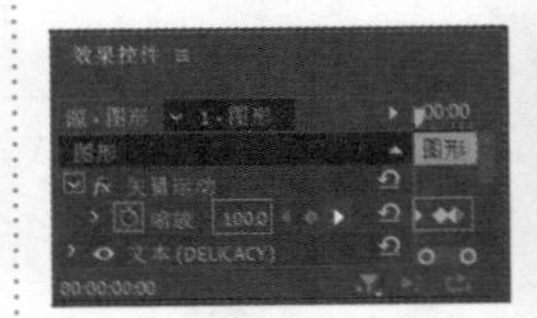

图 10.216

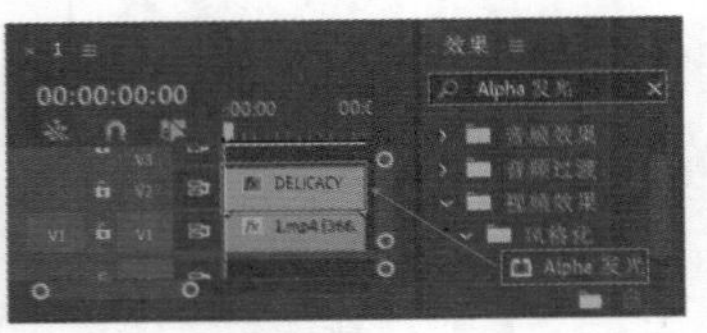

图 10.217

步骤 08 选中V2轨道上的文字图层，在【效果控件】面板中展开【Alpha发光】属性，设置【发光】为25，【亮度】为200，【起始颜色】为淡黄色，如图10.218所示。

步骤 09 在【效果】面板中搜索【块溶解】，将该效果拖曳到V2轨道的【文字图层】上，如图10.219所示。

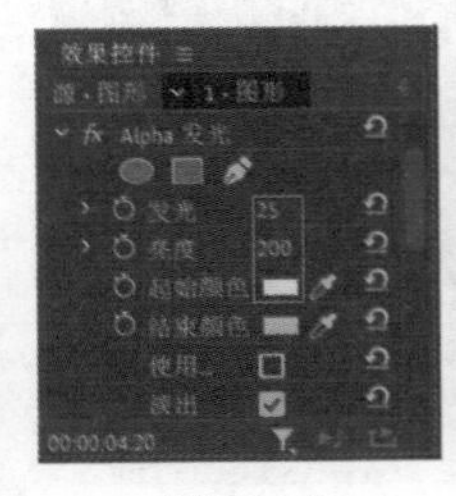

图 10.218

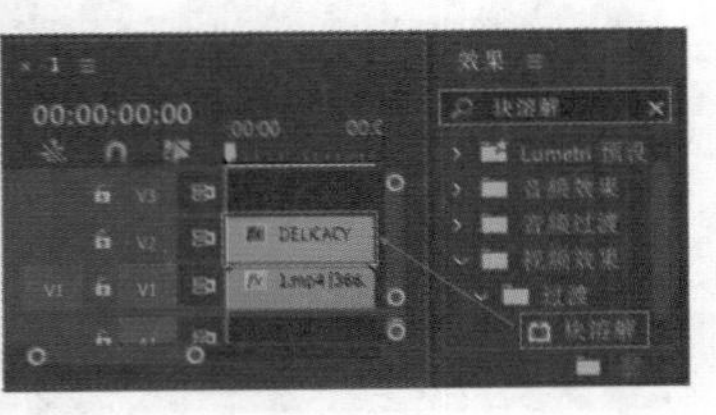

图 10.219

步骤 10 选中V2轨道上的【文字图层】，将时间线滑动到起始帧位置，在【效果控件】面板中展开【块溶解】属性，单击【过渡完成】前的（切换动画）按钮，开启自动关键帧，设置【过渡完成】为100%，如图10.220所示；

继续将时间线滑动到2秒15帧位置，设置【过渡完成】为0。滑动时间线查看文字动态效果，如图10.221所示。

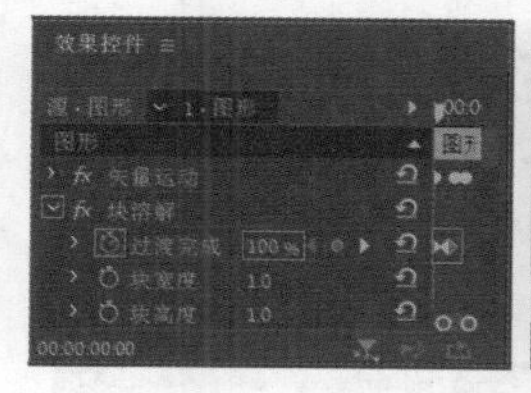

图 10.220

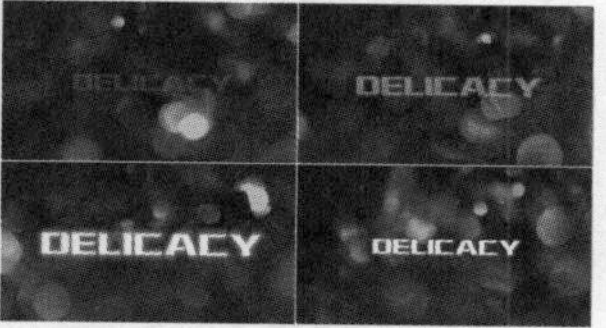

图 10.221

步骤 11 执行【文件】/【新建】/【颜色遮罩】命令。在弹出的对话框中单击【确定】按钮。接着在弹出的【拾色器】对话框中设置颜色为黑色，此时会弹出一个【选择名称】对话框，设置名称为【颜色遮罩】，如图10.222所示。

图 10.222

步骤 12 在【项目】面板中选择【颜色遮罩】，按住鼠标左键将其拖曳到V3轨道上，并设置结束时间为7秒，如图10.223所示。

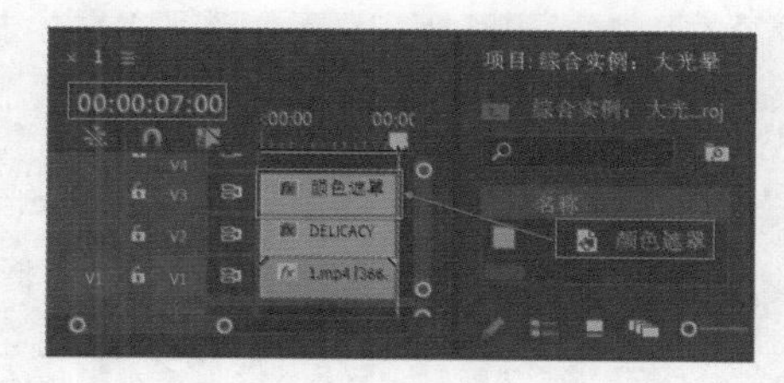

图 10.223

步骤 13 在【效果】面板中搜索【镜头光晕】，将该效果拖曳到V3轨道的【颜色遮罩】上，如图10.224所示。

步骤 14 选中V3轨道上的【颜色遮罩】，在【效果控件】面板中展开【不透明度】属性，设置【混合模式】为变亮；接着展开【镜头光晕】属性，设置【光晕中心】为（1056.2,576.8）。将时间线滑动到2秒15帧位置，单击【光晕亮度】前的(切换动画)按钮，开启自动关键帧，设置【光晕亮度】为0%；接着将时间线滑到3秒位置，设置【光晕亮度】为200；继续将时间线滑动到3秒20帧，设置【光晕亮度】为0%，【镜头类型】为【105毫米定焦】，如图10.225所示。画面效果如图10.226所示。

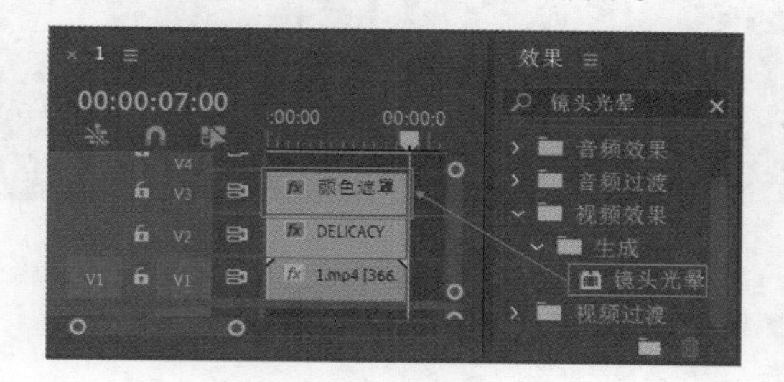

图 10.224

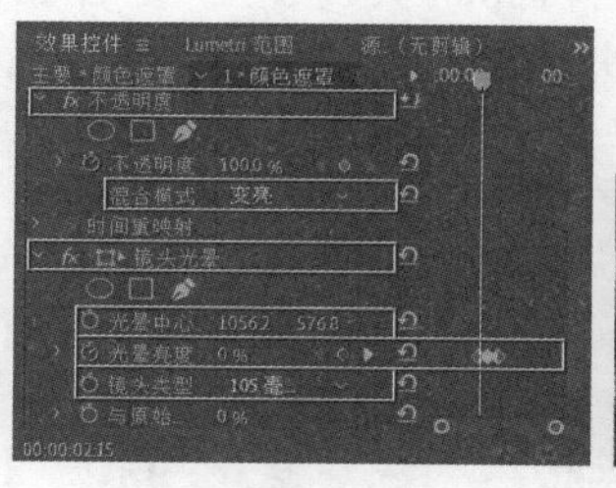

图 10.225

图 10.226

步骤 15 在【项目】面板中选择2.png素材，按住鼠标左键将其拖曳到V4轨道上并设置结束时间与下方素材的结束时间对齐，如图10.227所示。

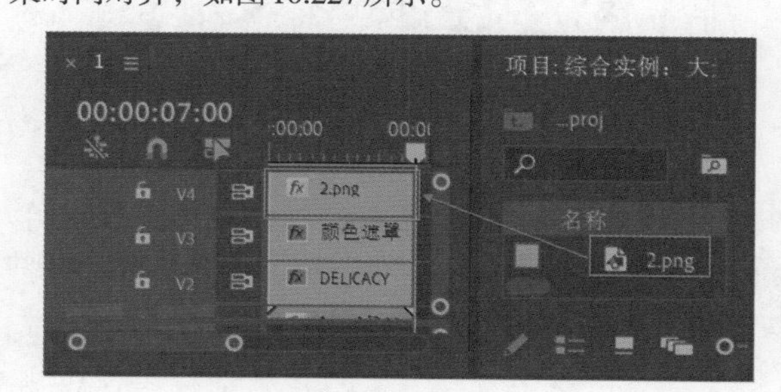

图 10.227

步骤 16 选中V4轨道上的2.png素材文件，将时间线滑动到3秒5帧位置，单击【缩放】前的(切换动画)按钮，开启自动关键帧，设置【缩放】为0；将时间线滑动到4秒位置，设置【缩放】为700；继续将时间线滑动到4秒20帧位置，设置【缩放】为130。接着展开【不透明度】属性，设置【混合模式】为【强光】，如图10.228所示。本实例制作完成，滑动时间线查看实例制作效果，如图10.229所示。

第10章 文字

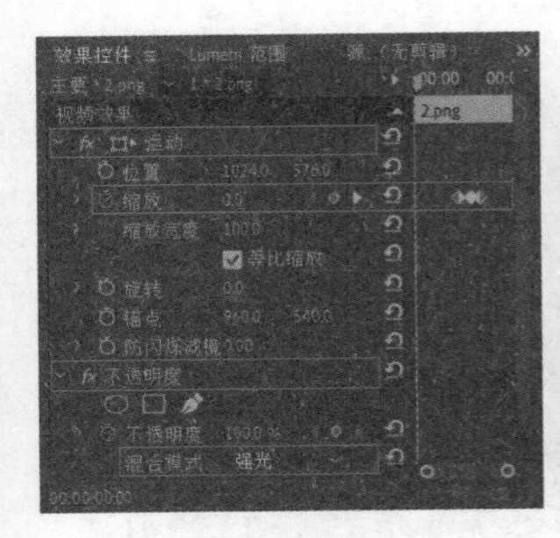

图 10.228

图 10.229

综合实例：网红冲泡饮品宣传文字动画

扫一扫，看视频

文件路径：Chapter 10 文字→综合实例：网红冲泡饮品宣传文字动画

本实例主要使用【文字工具】制作文字，使用【矩形工具】制作加号形状，最后制作【运动】和【不透明度】关键帧动画。实例效果如图10.230所示。

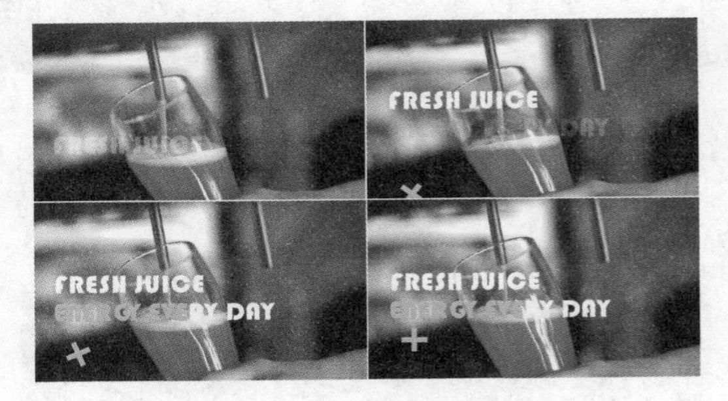

图 10.230

步骤 01 在Premiere Pro软件中新建一个项目，执行【文件】/【导入】命令，打开【导入】窗口，选择【素材】文件夹中的1.mp4素材，单击【打开】按钮，如图10.231所示。

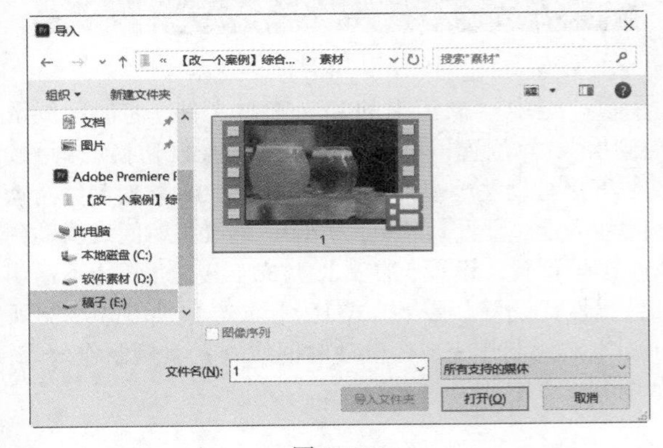

图 10.231

步骤 02 将【项目】面板中的1.mp4素材拖曳到【时间轴】面板中，如图10.232所示。

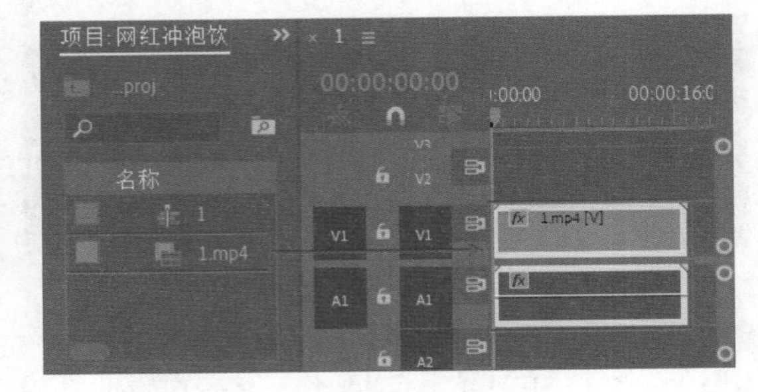

图 10.232

步骤 03 在【时间轴】面板中选择1.mp4素材文件，右击执行【取消链接】命令，如图10.233所示。选择A1轨道上的音频图层，按Delete键删除，如图10.234所示。

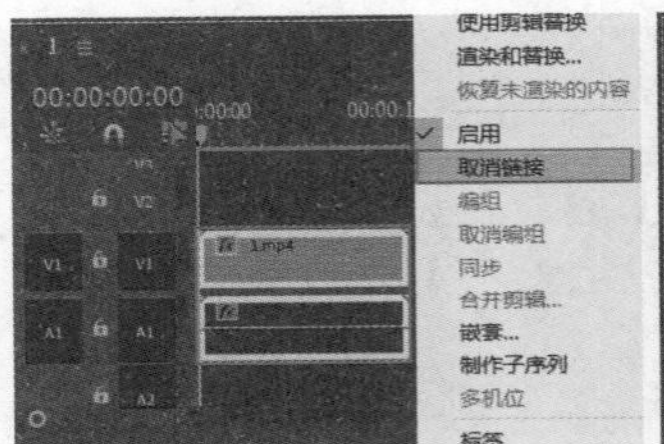

图 10.233

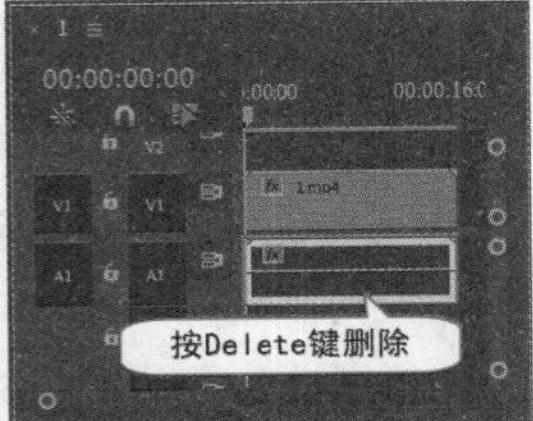

图 10.234

步骤 04 将时间线滑动到8秒位置，按C键将光标切换为【剃刀工具】，在当前位置剪辑1.mp4视频素材，如图10.235所示。接着按V键将光标切换为【选择工具】，选择1.mp4素材后半部分，按Delete键删除，如图10.236所示。

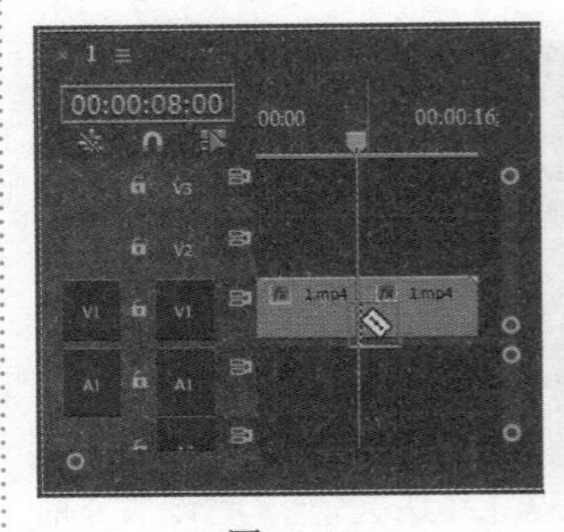

图 10.235

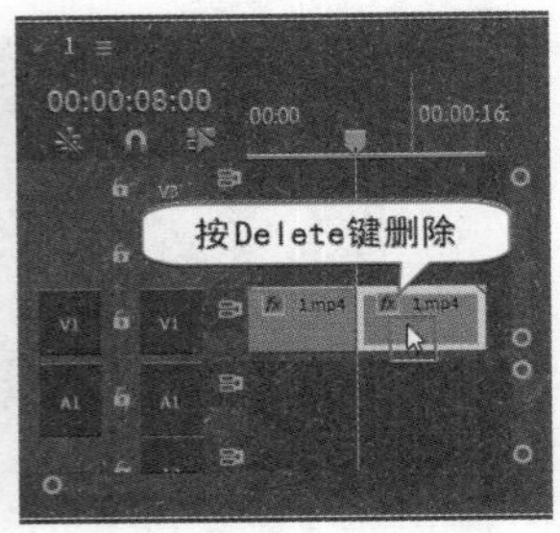

图 10.236

步骤 05 制作字幕部分。将时间线滑动到起始位置，在【工具】面板中单击 T（文字工具）按钮，在【节目监视器】面板中的合适位置输入文字内容，如图10.237所示。

图 10.237

步骤 06 在【工具】面板中单击▶(选择工具)按钮，在【时间轴】面板中选择V2轨道上的文字图层，在【效果控件】面板中展开【文本】/【源文本】，设置合适的【字体系列】和【字体样式】，设置【字体大小】为157，【填充颜色】为白色；展开【变换】，设置【位置】为(96.5,542.5)，如图10.238所示。在【时间轴】面板中将V2轨道上的文字图层的结束时间设置为6秒，如图10.239所示。

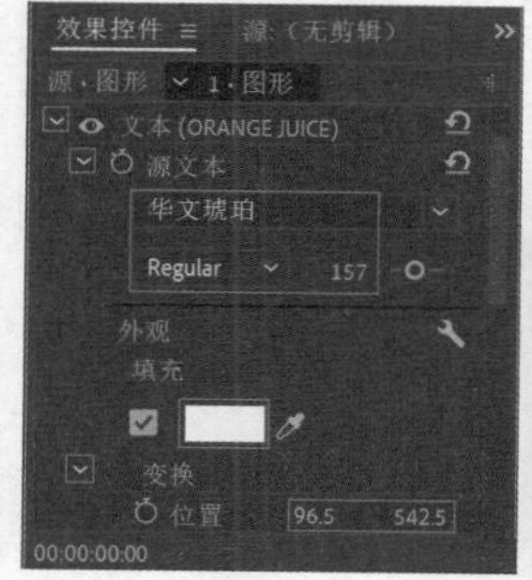

图 10.238

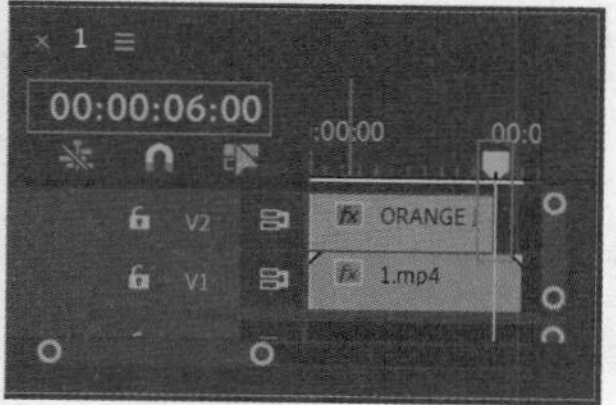

图 10.239

步骤 07 将时间线拖动到起始帧位置，在【时间轴】面板中选择V2轨道上的【文字图层】，在【效果控件】面板中开启【位置】和【不透明度】关键帧，设置【位置】为(720,1235)，如图10.240所示；将时间线滑动到1秒位置，更改【位置】为(720,540)；将时间线滑动到0帧位置，设置【不透明度】为0%；将时间线滑动到26帧位置，设置【不透明度】为100%；将时间线滑动到3秒位置，设置【不透明度】为100%；将时间线滑动到3秒20帧位置，设置【不透明度】为0%。

步骤 08 此时滑动时间线，文本动画效果如图10.241所示。

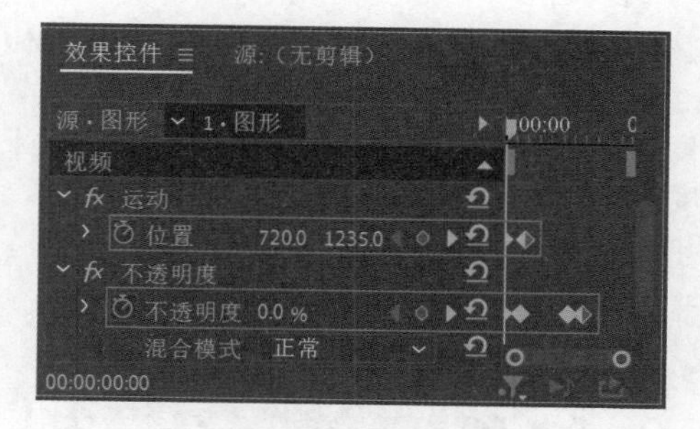

图 10.240

图 10.241

步骤 09 将时间线滑动到15帧位置，在【工具】面板中单击T(文字工具)按钮，在【节目监视器】面板中的合适位置输入文字内容。选择V3轨道上的文字图层，在【效果控件】面板中展开【文本】/【源文本】，设置合适的【字体系列】和【字体样式】，设置【字体大小】为165，【颜色】为白色；展开【变换】，设置【位置】为(90.1,710.3)，如图10.242所示。在【工具】面板中单击T(文字工具)按钮，在【节目监视器】面板中选中ENERGY EVE，在【效果控件】面板中更改【颜色】为黄绿色，如图10.242所示。此时文本效果如图10.243所示。

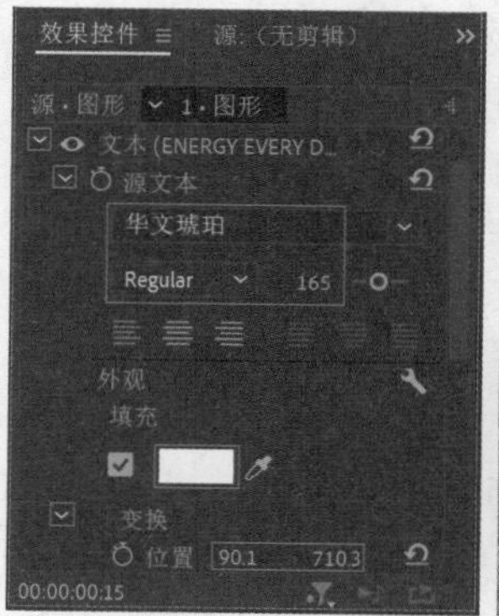

图 10.242

图 10.243

步骤 10 将时间线滑动到1秒位置，在【时间轴】面板中选择V3轨道上的【文字图层】，在【效果控件】面板中开启【不透明度】关键帧，设置【不透明度】为0%，如图10.244所示；将时间线滑动到1秒15帧位置，设置【不透明度】为100%；将时间线动滑到4秒位置，设置【不透明度】为100%；将时间线滑动到5秒14帧位置，设置【不透明度】为0%。

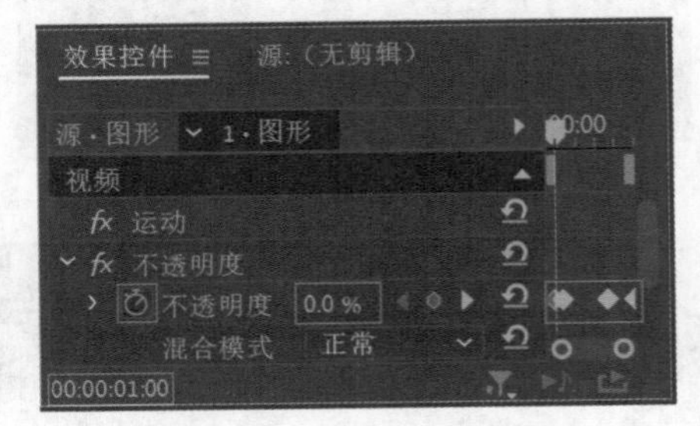

图 10.244

步骤 11 此时滑动时间线，文本动画效果如图10.245所示。

图 10.245

步骤 12 制作加号。将时间线滑动到15帧位置，在【工具】面板中单击▇（矩形工具）按钮，在【节目监视器】面板中的合适位置绘制图形，如图10.246所示。

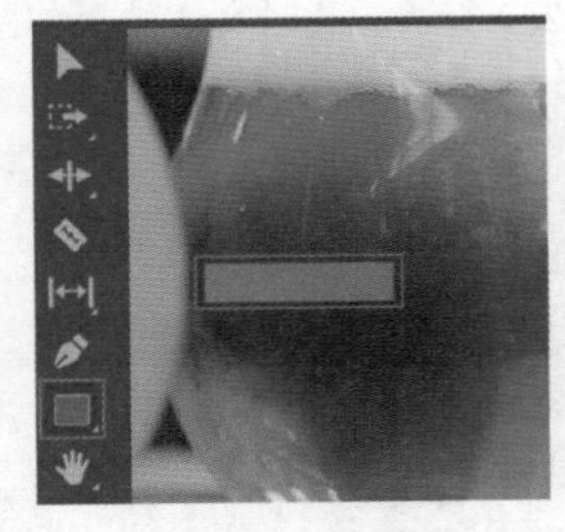

图 10.246

步骤 13 在【时间轴】面板选中V4轨道上的图形图层，在【效果控件】面板中展开【形状（形状01）】/【外观】，设置【填充颜色】为黄绿色，如图10.247所示。在该图形选中状态下，继续使用【矩形工具】绘制另一个图形，如图10.248所示。

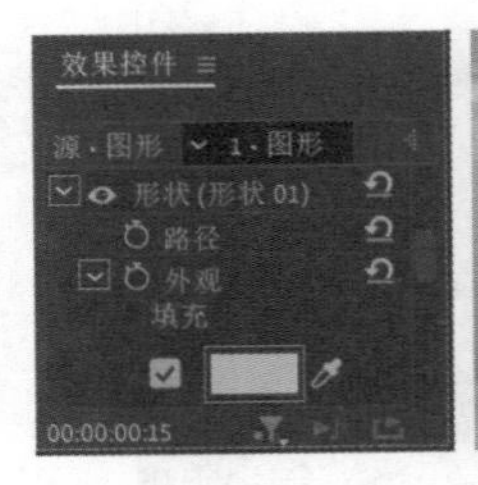

图 10.247

图 10.248

步骤 14 将时间线滑动到15帧位置，在【效果控件】面板中开启【位置】【旋转】关键帧，设置【位置】为(197,1195)，【旋转】为1×0°，如图10.249所示；将时间线滑动到2秒3帧位置，设置【位置】为(197,838)，【旋转】为0°。接下来制作加号的不透明度效果。将时间线拖动到3秒19帧位置，设置【不透明度】为100%；将时间线滑动到4秒6帧位置，设置【不透明度】为0%。本实例制作完成，滑动时间线查看画面效果，如图10.250所示。

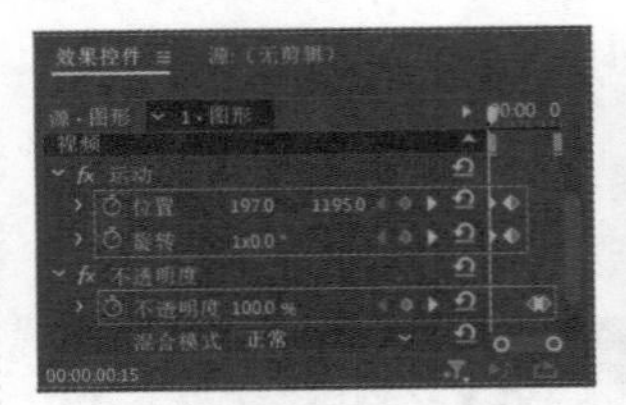

图 10.249

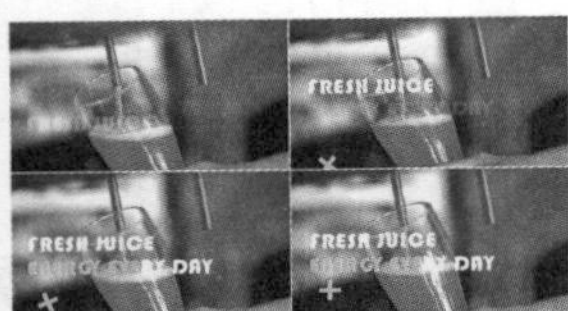

图 10.250

综合实例：制作文字弹出效果

扫一扫，看视频

文件路径：Chapter 10 文字→综合实例：制作文字弹出效果

本实例主要使用【文字工具】制作文字，使用【变换】效果制作弹出效果。实例效果如图10.251所示。

图 10.251

步骤 01 执行【文件】/【新建】/【项目】命令，新建一个项目。执行【文件】/【导入】命令，导入视频素材文件，如图10.252所示。

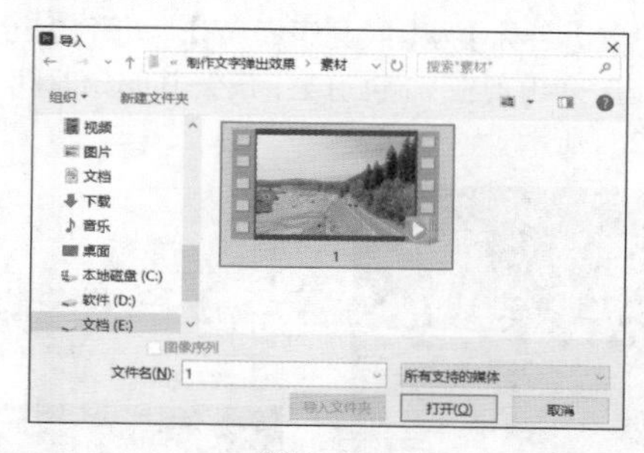

图 10.252

步骤 02 在【项目】面板中将1.mp4视频素材拖曳到【时间轴】面板中的V1轨道上，如图10.253所示。

图 10.253

步骤 03 制作文字。将时间线滑动至起始位置，在【工具】面板中选择T(文字工具)，在【节目监视器】面板单击输入文字“新”，接着在【效果控件】面板中展开【文本】/【源文本】，设置合适的【字体系列】和【字体样式】，设置【字体大小】为230，【填充颜色】为黄色系的线性渐变，勾选【阴影】，设置【不透明度】为50%，【角度】为135°，【距离】为12，【扩展】为40；接着展开【变换】，设置【位置】为(113.9,478)，如图10.254所示。

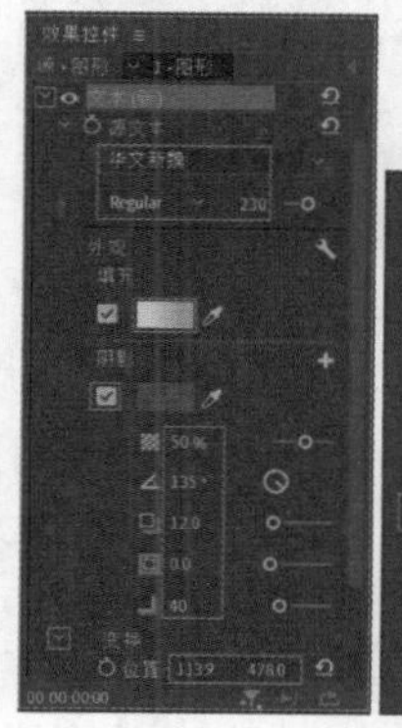

图 10.254

步骤 04 在【效果】面板中搜索【变换】，将该效果拖曳到V2轨道的【文字图层】上，如图10.255所示。

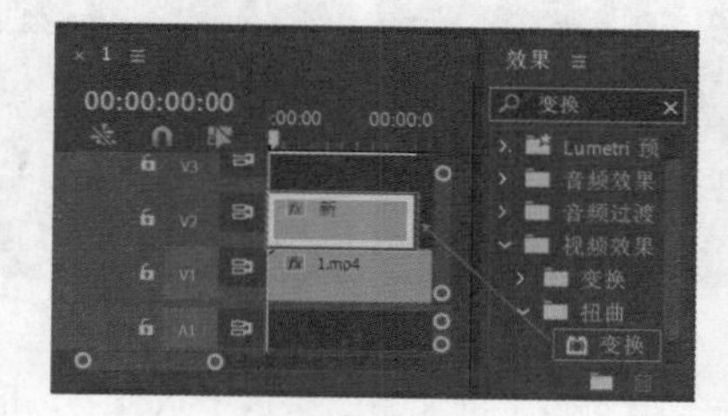

图 10.255

步骤 05 在【时间轴】面板中选择V2轨道上的文字图层，将时间线滑动至起始位置，在【效果控件】面板中展开【变换】效果，开启【缩放】关键帧，设置【缩放】为100；将时间线滑动到5帧位置，设置【缩放】为150；继续将时间线滑动到10帧，设置【缩放】为100，然后取消勾选【使用合成的快门角度】，设置【快门角度】为360，如图10.256所示。。

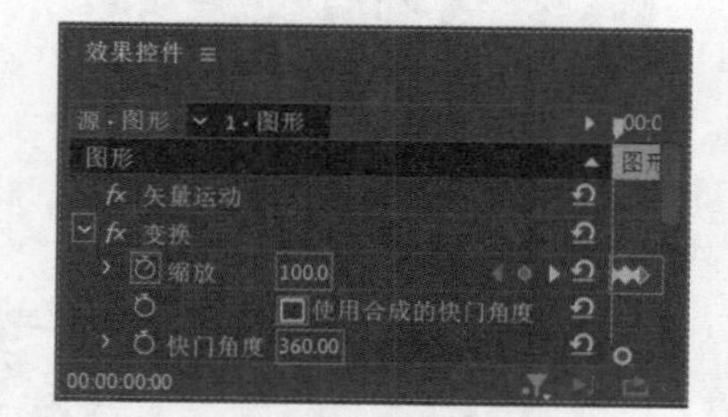

图 10.256

步骤 06 此时滑动时间线查看文字效果，如图10.257所示。

图 10.257

步骤 07 将时间线滑动至10帧位置，选择V2轨道上的文字图层，按住Alt键的同时按住鼠标左键向V3轨道上拖动，将其复制一份，如图10.258所示。

步骤 08 选中V3轨道上的文字图层，在【效果控件】面板中展开【文本】/【变换】，设置【位置】为(362.1,497)，如图10.259所示。

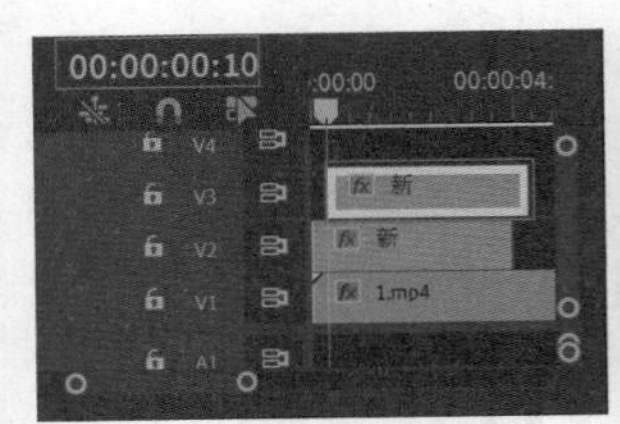

图 10.258

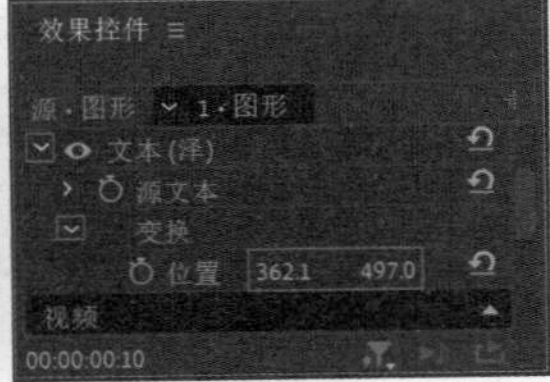

图 10.259

步骤 09 在V3轨道上的文字图层选中状态下，单击【工具】面板中的T（文字工具）按钮，在【节目监视器】面板中更改文字内容，如图10.260所示。

图 10.260

步骤 10 继续使用同样的方法制作其他文字，此时滑动时间线查看文字效果，如图10.261所示。

图 10.261

步骤 11 在【时间轴】面板中设置V2~V7轨道上的文字图层的结束时间为8秒，如图10.262所示。

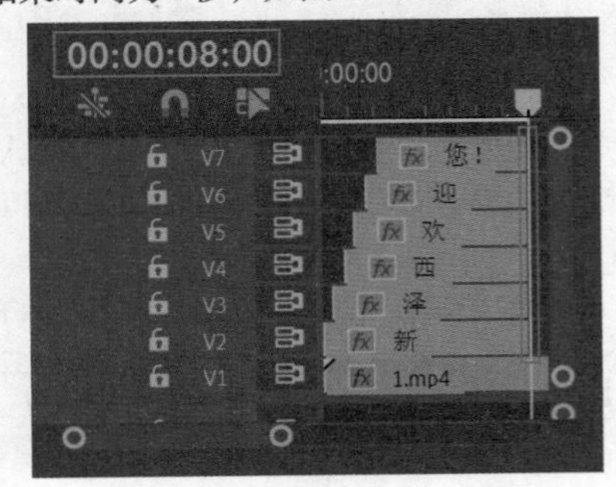

图 10.262

步骤 12 制作文字由模糊到消失的效果。在【时间轴】面板中选择V2~V7轨道上的文字图层，右击执行【嵌套】命令，设置【名称】为【嵌套序列01】，如图10.263所示。此时嵌套序列出现在V2轨道上，设置其起始时间为1秒，如图10.264所示。

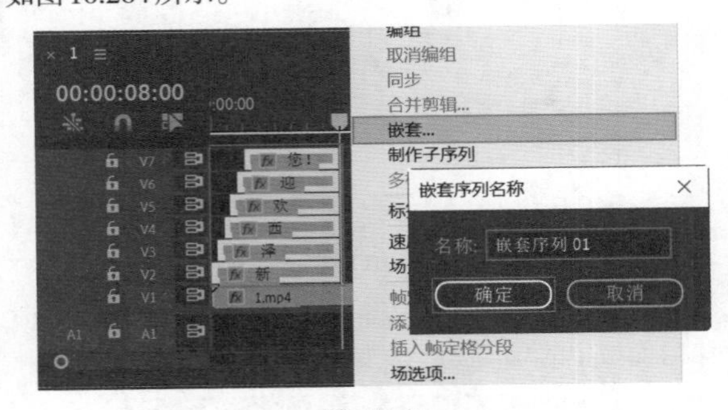

图 10.263

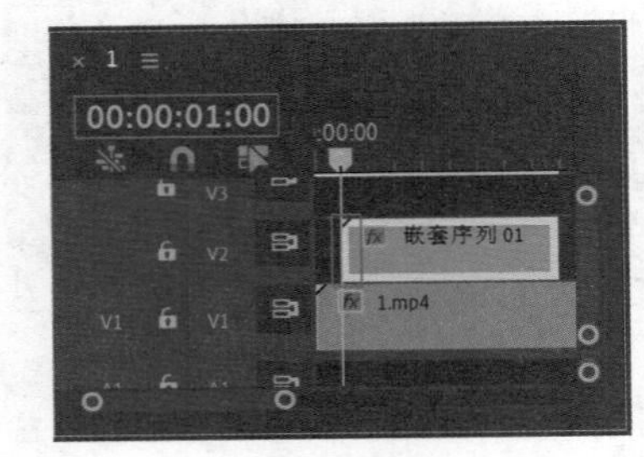

图 10.264

步骤 13 在【效果】面板中搜索【高斯模糊】，将该效果拖曳到V2轨道的嵌套序列上，如图10.265所示。

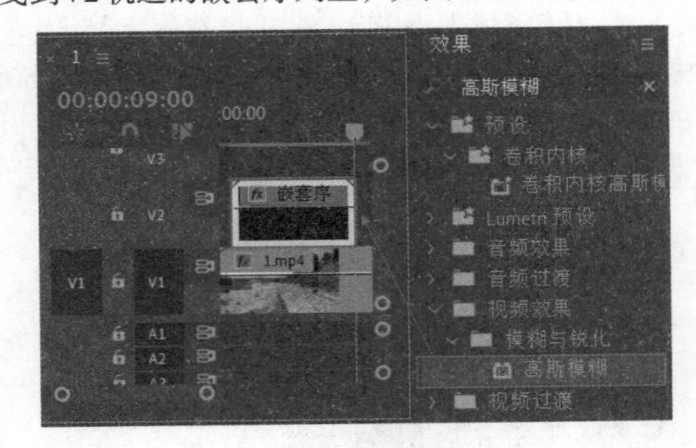

图 10.265

步骤 14 在【时间轴】面板中选择嵌套序列，将时间线滑动到7秒位置，在【效果控件】面板中展开【高斯模糊】，开启【模糊度】关键帧，设置【模糊度】为0，如图10.266所示；继续将时间线滑动到9秒位置，设置【模糊度】为75。本实例制作完成，滑动时间线查看实例效果，如图10.267所示。

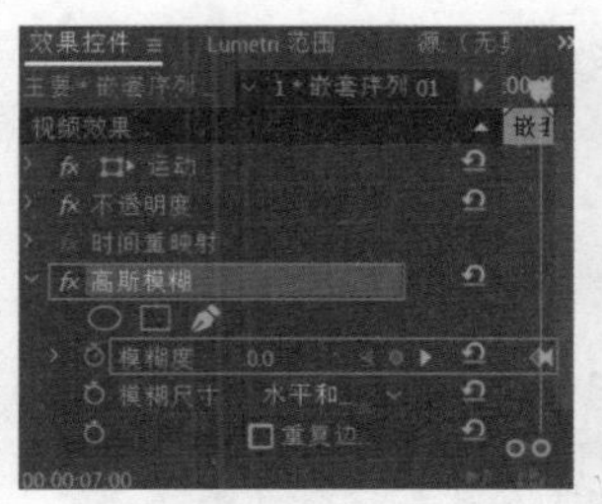

图 10.266

图 10.267

综合实例：制作音频同步字幕

扫一扫，看视频

文件路径：Chapter 10　文字→综合实例：制作音频同步字幕

本实例主要使用【文字工具】及【钢笔工具】制作开头部分，使用描边制作音频同步文字。实例效果如图10.268所示。

图 10.268

步骤 01 执行【文件】/【新建】/【项目】命令，新建一个项目。执行【文件】/【导入】命令，导入视频素材文件，如图10.269所示。

步骤 02 在【项目】面板中将1.mp4视频素材拖曳到V1轨道上，设置起始时间为1秒25帧，如图10.270所示。

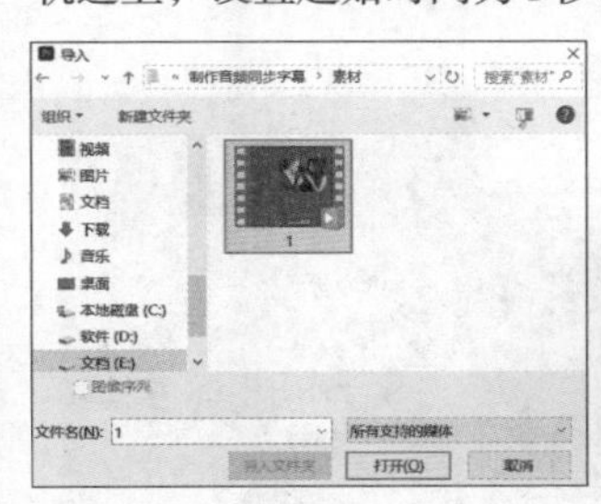

图 10.269

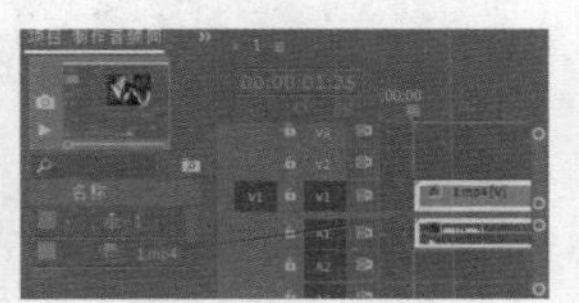

图 10.270

步骤 03 将音频部分变声并调大音量。在【效果】面板中搜索【音高换挡器】，将该效果拖曳到【时间轴】面板中的1.mp4上，如图10.271所示。

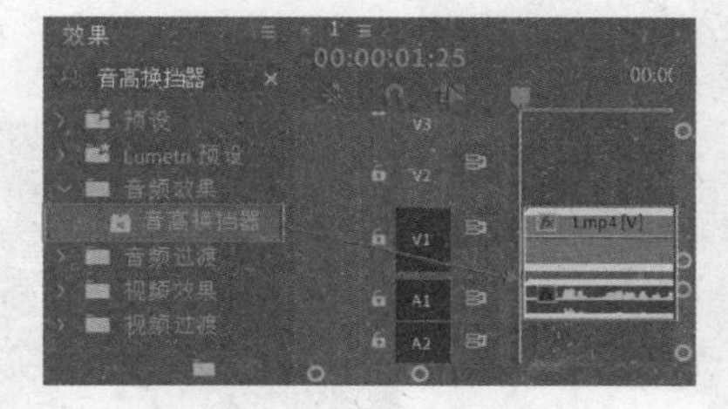

图 10.271

步骤 04 选择【时间轴】面板中的1.mp4素材，在【效果控件】面板中设置【级别】【左】【右】均为6；展开【音高换挡器】，单击【编辑】按钮，设置【预设】为【愤怒的沙鼠】，【半音阶】为10，【精度】为【高精度】，如图10.272所示。

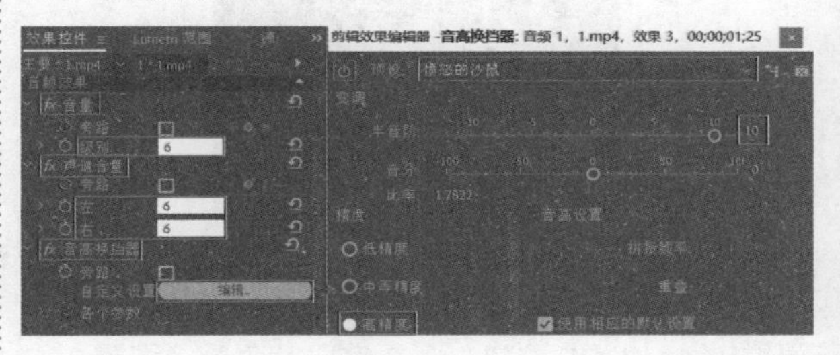

图 10.272

步骤 05 制作开头文字。将时间线滑动至起始位置，在【工具】面板中单击T（文字工具）按钮，在【节目监视器】面板中的合适位置单击输入文字“小课堂”，如图10.273所示。

图 10.273

步骤 06 在【时间轴】面板中选中文字图层，在【效果控件】面板中展开【文本】/【源文本】，设置合适的【字体系列】和【字体样式】，设置【字体大小】为90，【填充颜色】为白色，如图10.274所示。此时画面文字效果如图10.275所示。

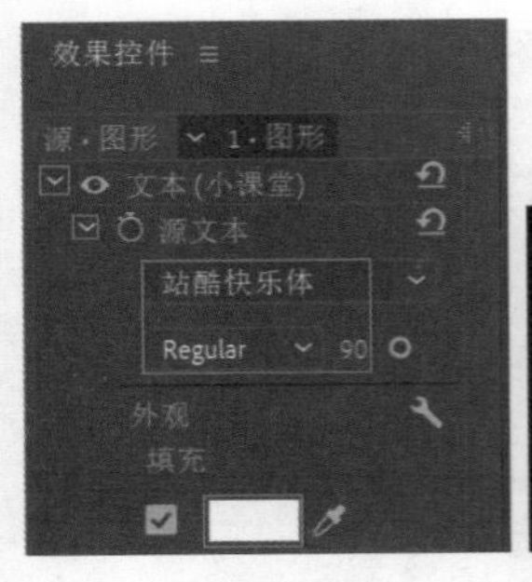

图 10.274

图 10.275

步骤 07 继续使用同样的方法制作下方文字，如图 10.276 所示。

图 10.276

步骤 08 在文字图层选中状态下，单击【工具】面板中的（钢笔工具）按钮，在文字左上角绘制图形，如图 10.277 所示。在【效果控件】面板中设置【填充颜色】为白色，如图 10.278 所示。

图 10.277

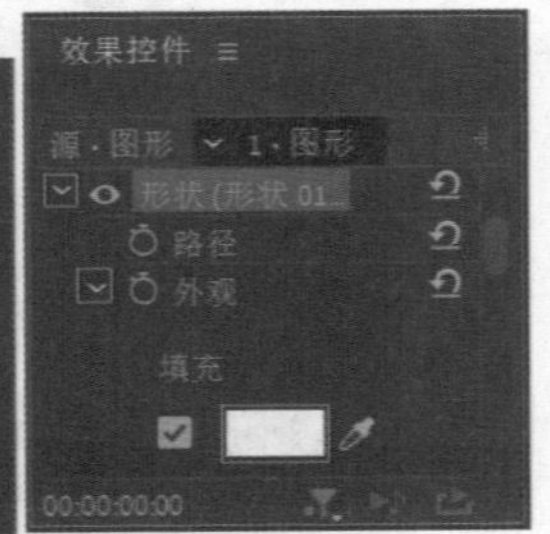

图 10.278

步骤 09 继续在文字图层选中状态下使用【钢笔工具】在文字其他位置绘制其他图形，如图 10.279 所示。

图 10.279

步骤 10 在文字图层选中状态下，单击【工具】面板中的（钢笔工具）按钮，在文字底部绘制图形，接着在【效果控件】面板中取消勾选【填充】，勾选【描边】，设置【描边颜色】为白色，【描边宽度】为5，【描边类型】为中心，如图 10.280 所示。

图 10.280

步骤 11 单击【工具】面板中的（选择工具）按钮，选中绘制的曲线，将其复制一份并移动到合适位置，如图 10.281 所示。

图 10.281

步骤 12 将时间线滑动至1秒13帧位置，在【工具】面板中单击（文字工具）按钮，在【节目监视器】面板中底部的合适位置单击输入文字；接着在【效果控件】面板中设置合适的【字体系列】和【字体样式】，设置【字体大小】为30，【填充颜色】为白色；接着勾选【描边】，设置【描边颜色】为蓝绿色，【描边宽度】为2，如图 10.282 所示。

图 10.282

步骤 13 将时间线滑动至6秒3帧位置，在【时间轴】面板中设置文字图层的结束时间为6秒3帧，如图10.283所示。

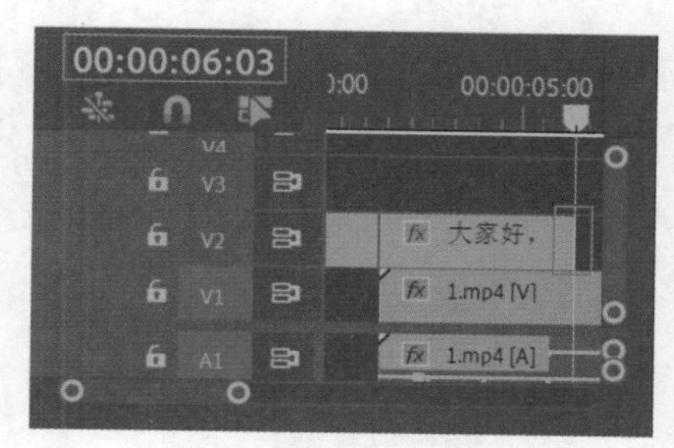

图 10.283

步骤 14 继续使用同样的方式在画面中的合适位置制作其他文字，如图10.284所示。

图 10.284

步骤 15 在【效果】面板中搜索【交叉溶解】，将该效果拖曳到1秒13帧两个文字图层的相邻位置，如图10.285所示。

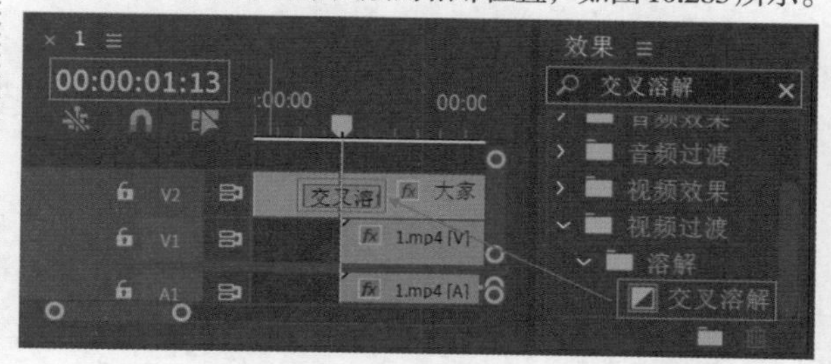

图 10.285

步骤 16 本实例制作完成，滑动时间线查看画面效果，如图10.286所示。

图 10.286

Chapter 11

第11章

扫一扫，看视频

音频效果

本章内容简介：

在Premiere Pro中不仅可以改变音频的音量大小，还可以制作各类音频效果，模拟不同的声音，从而辅助作品的画面产生更丰富的气氛和视觉情感。本章主要介绍在Premiere Pro中添加音频效果的主要流程、如何为音频素材添加关键帧、各类音频效果的使用方法以及音频过渡效果的应用等。

重点知识掌握：

- 认识音频
- 音频效果使用的基本流程
- 音频效果及音频过渡效果的应用

11.1 认识音频

声音是物体振动时产生的声波，它会以空气、水、固体等作为介质，通过不断运动将声波传递到人类的耳朵中，人类会通过声音的音调、音色、音频及响度等辨别声音的类型，它是人类沟通的重要纽带。在影视作品中，会通过声音的不同效果渲染剧情和传递情感。

11.1.1 什么是音频

音频包括很多形式，人们听到的说话声、歌声、噪音、乐器声等一切与声音相关的声波都属于音频，不同音频的振动特点不同。Premiere Pro作为一款视频编辑软件，在音频效果方面也不甘示弱，可以通过音频类效果模拟各种不同音质的声音。不同的画面情节可以搭配不同的音频。

重点 11.1.2 【效果控件】面板中默认的音频效果

在【时间轴】面板中单击音频素材，此时在【效果控件】面板中可针对音频素材的【音量】【通道音量】【声像器】等进行调整，如图11.1所示。

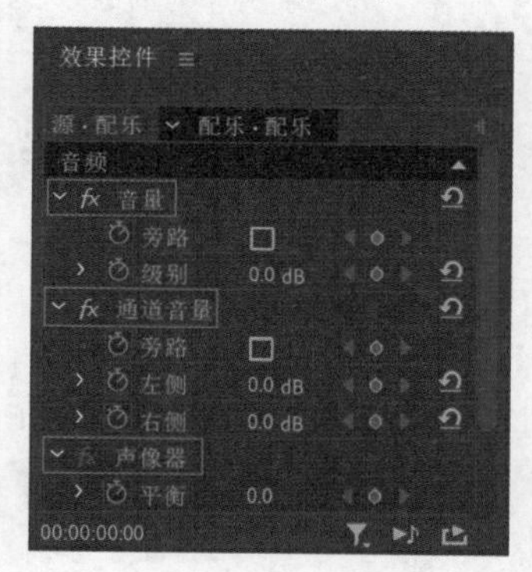

图 11.1

- 旁路:【旁路】可理解为取消。勾选该选项，音频特效将不发生效果。
- 级别：可调节音频的音量大小。
- 通道音量：可调节左侧声道和右侧声道的声音大小。
- 声像器：调整音频素材的声像位置，去除混响声。

1. 手动添加关键帧

(1)通常情况下，【时间轴】面板中的关键帧为隐藏状态，双击A1轨道前面的空白位置，如图11.2所示。此时关键帧按钮显现出来，如图11.3所示。

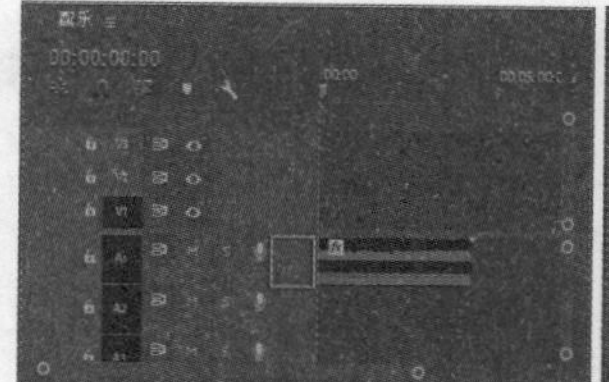

图 11.2

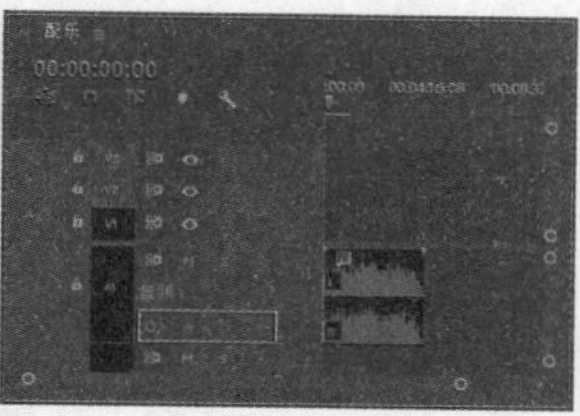

图 11.3

(2)可以看出，此时A1轨道前的 (添加/删除关键帧)按钮为灰色。单击【时间轴】面板中的音频素材文件，此时 (添加/删除关键帧)按钮显示出来，如图11.4所示。

(3)选择A1轨道上的音频素材文件，将时间线滑动到合适的位置，单击素材文件前面的 (添加/删除关键帧)按钮即可为音频素材文件手动添加一个关键帧，如图11.5所示。

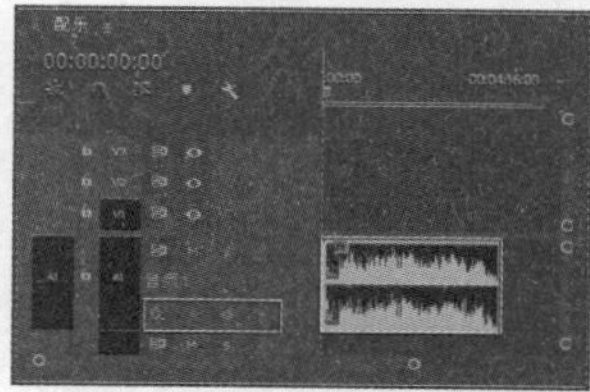

图 11.4

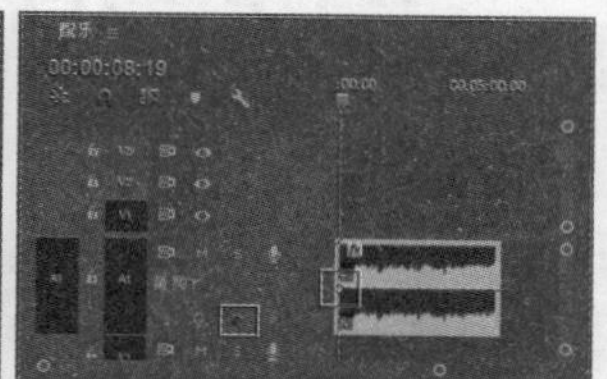

图 11.5

2. 自动添加关键帧

选择【时间轴】面板中A1轨道上的素材文件，在【效果控件】面板中展开【音量】【通道音量】及【声像器】属性，在属性下方会呈现出多个属性，如图11.6所示。将时间线滑动到合适的位置并编辑某种属性的数值，在更改参数的同时，属性右侧会自动出现一个关键帧。图11.7所示为更改【级别】属性参数时的面板。

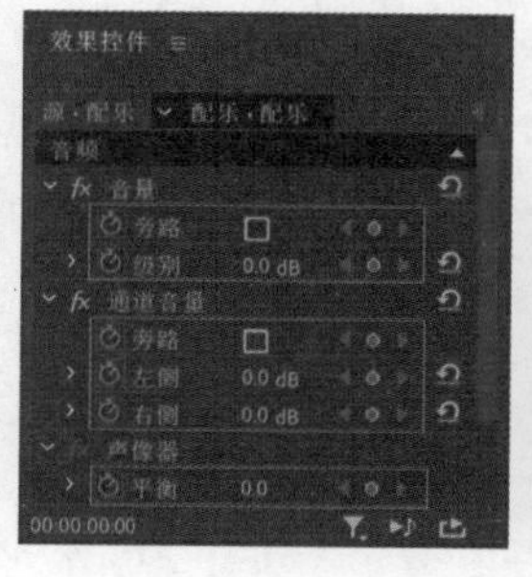

图 11.6

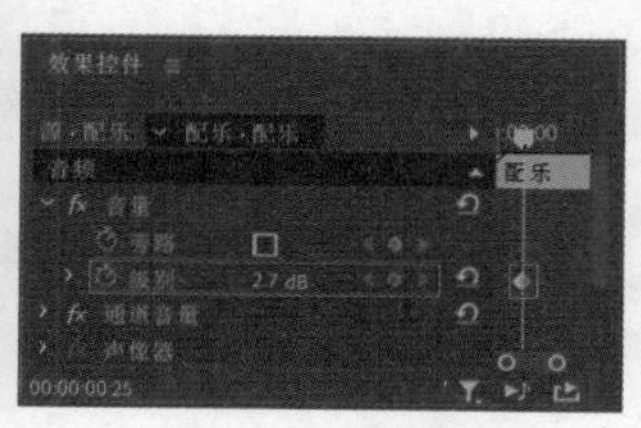

图 11.7

实例：声音的淡入淡出

扫一扫，看视频

文件路径：Chapter 11 音频效果→实例：声音的淡入淡出

本实例主要使用【剃刀工具】进行音频剪辑，使用关键帧制作出声音的淡入淡出效果。实例效果如图11.8所示。

图 11.8

步骤 01 打开配套资源01.prproj，如图11.9所示。

图 11.9

步骤 02 执行【文件】/【导入】命令，导入配乐.mp3素材文件，如图11.10所示。

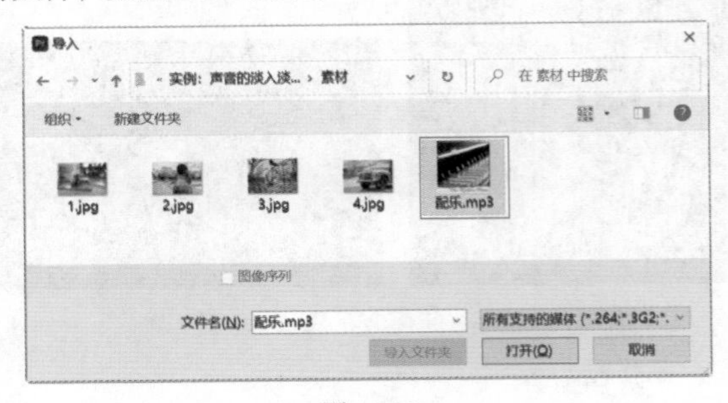

图 11.10

步骤 03 按住鼠标左键将【项目】面板中的配乐.mp3素材文件拖曳到【时间轴】面板中的A1轨道上，如图11.11所示。

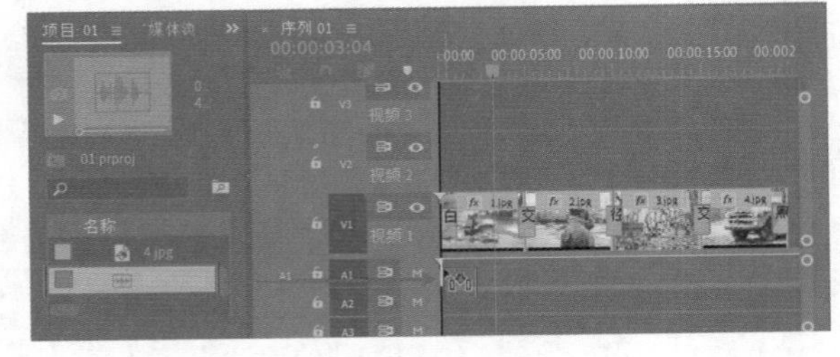

图 11.11

步骤 04 在【工具】面板中选择（剃刀工具），选择【时间轴】面板中A1轨道上的配乐.mp3素材文件，然后将时间线滑动到20秒位置，单击剪辑配乐.mp3素材文件，如图11.12所示。

图 11.12

步骤 05 在【工具】面板中选择（选择工具），然后选中【时间轴】面板中剪辑后的配乐.mp3素材文件的后半部分，接着按Delete键删除，如图11.13所示。

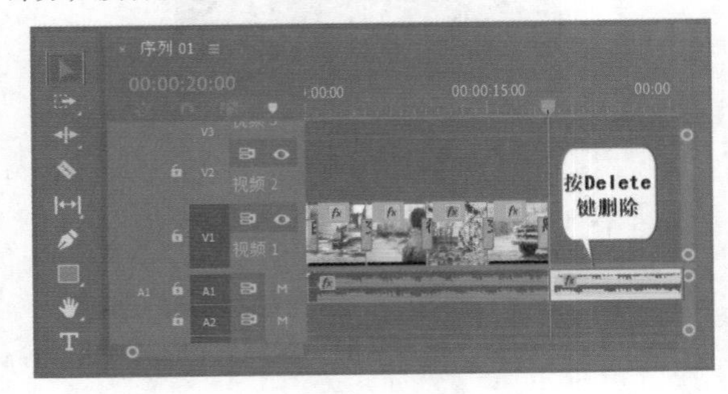

图 11.13

步骤 06 在【时间轴】面板中选择A1轨道上的配乐.mp3音频素材文件，在起始帧和结束帧的位置单击按钮，各添加一个关键帧，如图11.14所示。接着在2秒和18秒的位置各添加一个关键帧，如图11.15所示。

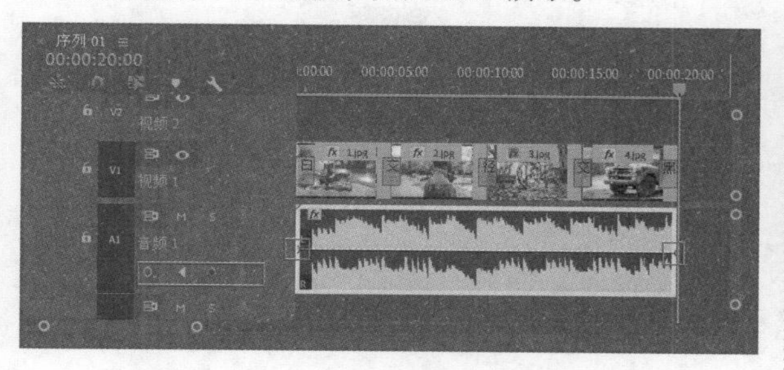

图 11.14

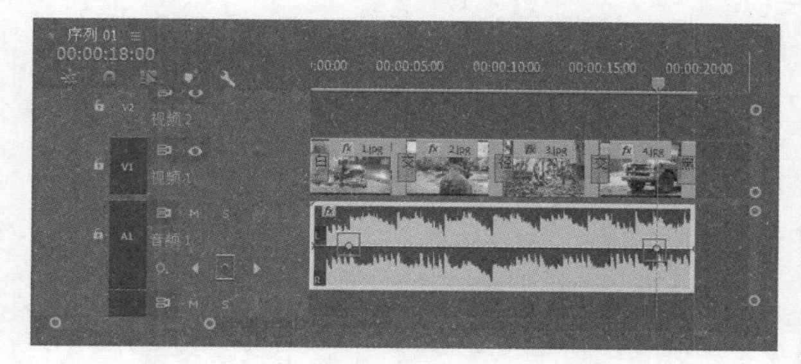

图 11.15

步骤 07 将光标分别放置在第一个和最后一个关键帧上，按住鼠标左键向下拖曳，制作淡入淡出效果，如图11.16所示。此时按空格键播放预览，即可听到音频的淡入淡出效果。

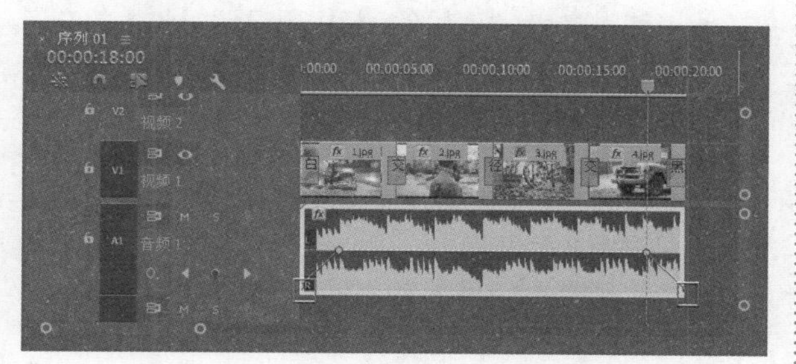

图 11.16

提示：如何取消视频与音频的链接，从而单独对音频进行调整？

在调整影片视频时，视频素材中的音频轨道和视频轨道通常会处于链接状态。此时若想单独对音频素材进行剪辑或调整，可先将该素材拖曳到【时间轴】面板中并选择该素材文件，右击执行【取消链接】命令，如图11.17所示。此时即可单独对音频轨道进行调整（如剪辑），并且视频轨道不受影响，如图11.18所示。

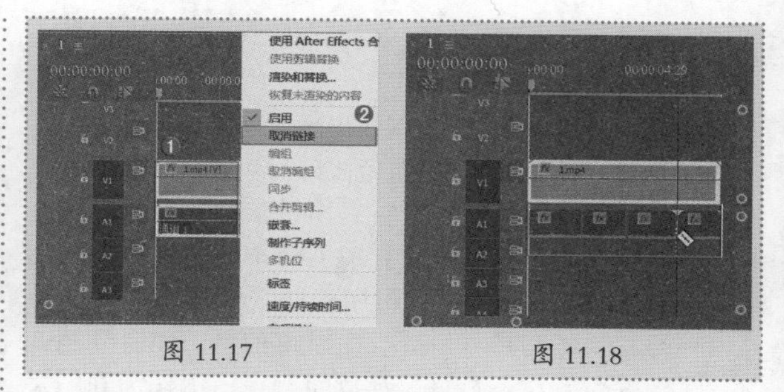

图 11.17　　图 11.18

11.2 音频类效果

Premiere Pro 2023的【效果】面板中包含50多种音频效果，每一种音频效果产生的声音各不相同。每种效果的参数很多，建议大家为素材添加效果后分别调整一下每个参数，并感受该参数变化产生的不同音效，以加深印象。若要使用单声道文件，在应用合唱效果之前将这些文件转换为立体声方可取得最佳效果。图11.19所示为【音频效果】分类面板。

扫一扫，看视频

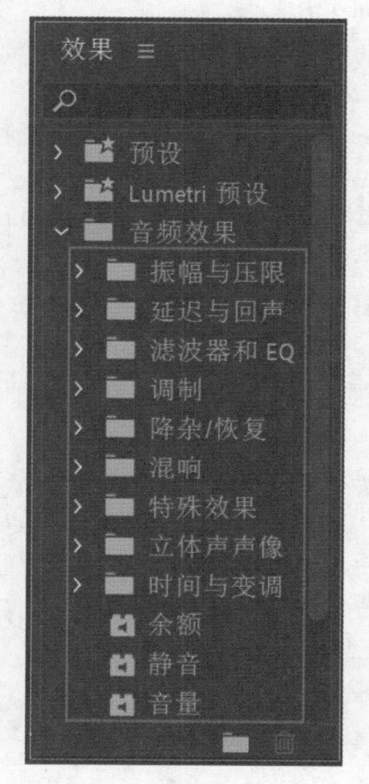

图 11.19

- 吉他套件：可模拟吉他弹奏的效果，使音质更加浑厚。
- 多功能延迟：在原音频素材基础上制作延迟音效的回声效果。

- 多频段压缩器：可以将不同频率的音频进行适当的压缩。
- 模拟延迟：可为音频制作出缓慢的回音声。
- 带通：可以移除在指定范围外发生的频率或频段。
- 用右侧填充左侧：清空右声道信息，同时复制音频的左侧声道信息，存放右侧声道中作为新的右声道信息。该效果只可用于立体声剪辑。
- 用左侧填充右侧：清空左声道信息，同时复制音频的右侧声道信息，存放左侧声道中作为新的左声道信息。该效果只可用于立体声剪辑。
- 电子管建模压缩器：用于单声道和立体声剪辑，可适当压缩电子管建模的频率。
- 强制限幅：可控制音频素材的频率。
- Binauralizer-Ambisonics：主要用于Premiere Pro音频效果中的原场传声器设置。
- FFT 滤波器：用于音频的频率输出设置。
- 降噪：减除音频中的噪音。
- 扭曲：可将少量砾石与饱和效果应用于任何音频。
- 低通：用于删除高于指定频率外的其他频率信息，与【高通】相反。
- 低音：可增大或减小低频。选择【效果】面板中的【音频效果】/【低音】。
- Panner-Ambisonics：用于调整音频信号的定调，适用于立体声编辑。
- 单频段压缩器：用于设置单频段中的波段压缩设置。
- 镶边：用于混合与原始信号大致等比例，延迟时间及短暂频率周期变化。
- 陷波滤波器：可迅速衰减音频信号，属于带阻滤波器的一种。
- 卷积混响：用于在一个位置录制掌声，然后将音响效果应用到不同的录制内容，使它听起来像在原始环境中录制的那样。
- 静音：可将指定音频部分制作出消音效果。选择【效果】面板中的【音频效果】/【静音】。
- 简单的陷波滤波器：阶数为二阶以上，用于阻碍频率信号的作用。
- 简单的参数均衡：可增加或减少特定频率邻近的音频频率，使音调在一定范围内达到均衡。
- 互换通道：用于交换左右声道的信息内容。选择效果】面板中的【音频效果】/【互换声道】。
- 人声增强：可将音频中的声音更加偏向于男性声音或女性声音，突出人声特点。
- 减少混响：减少音频中的混响效果。
- 动态：可增强或减弱一定范围内的音频信号，使音调更加灵活有特点。
- 动态处理：可模拟乐器声音，将音频素材制作出声音与乐器同时工作的音效声。
- 参数均衡器：可增大或减小位于指定中心频率附近的频率。
- 和声/镶边：可模拟乐器制作出音频的混合特效。
- 图形均衡器（10 段）：可调节各频段信号的增益值。
- 图形均衡器（20 段）：可精细地调节各频段信号的增益值。
- 图形均衡器（30 段）：可更精准地调节各频段信号的增益值，调整范围相对较大。
- 增幅：可对左右声道的分贝进行控制。
- 通道音量：用于独立控制立体声、5.1 剪辑或轨道中的每条声道的音量。
- 室内混响：可模拟在室内演奏时的混响音乐效果。
- 延迟：用于添加音频剪辑声音的回声，可在指定时间量之后播放。
- 母带处理：可将录制的人声与乐器声混合，常用于光盘或磁带中。
- 消除齿音：可消除在前期录制中产生的刺耳齿音。
- 消除嗡嗡声：可去除音频中因录制时收入的杂音而产生的嗡嗡声音。
- 环绕声混响：可模拟声音在房间中的效果和氛围。
- 科学滤波器：可控制左右两侧立体声的音量比。
- 移相器：可通过频率来改变声音，从而模拟出另一种声音效果。
- 立体声扩展器：可控制立体声音的动态范围。
- 自动咔嗒声移除：可消除前期录制音频中产生的咔嗒声音。
- 音量：如果想在其他标准效果之前渲染音量，可使用音量效果代替固定音量效果。正值为增加音量，负值为降低音量。
- 音高换挡器：可将音效进行伸展，从而进行音频换挡。
- 高通：用于删除低于指定频率界限的其他频率。
- 高音：可用于增高或降低高频。选择【效果】面板中的【音频效果】/【高音】。

实例：使用【环绕声混响】效果制作混声音效

文件路径:Chapter 11　音频效果→实例：使用【环绕声混响】效果制作混声音效

扫一扫，看视频

本实例使用了【剃刀工具】将音频进行裁剪，使用【环绕声混响】效果模拟声音在房间中的效果和氛围。实例效果如图11.20所示。

图 11.20

步骤 01 打开配套资源02.prproj，如图11.21所示。

图 11.21

步骤 02 执行【文件】/【导入】命令，导入配乐.mp3素材文件，如图11.22所示。

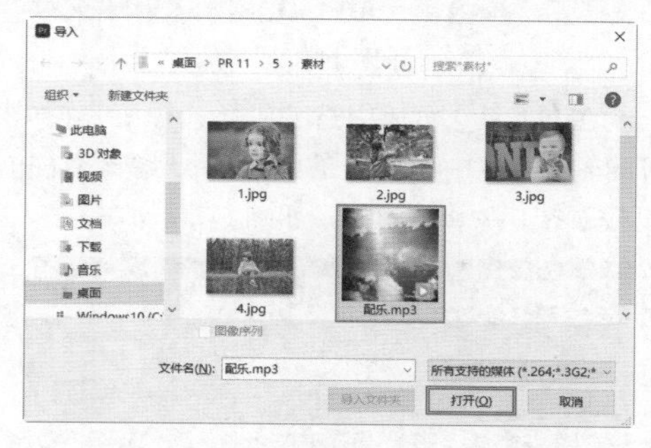

图 11.22

步骤 03 按住鼠标左键将【项目】面板中的配乐.mp3素材文件拖曳到【时间轴】面板中的A1轨道上，如图11.23所示。

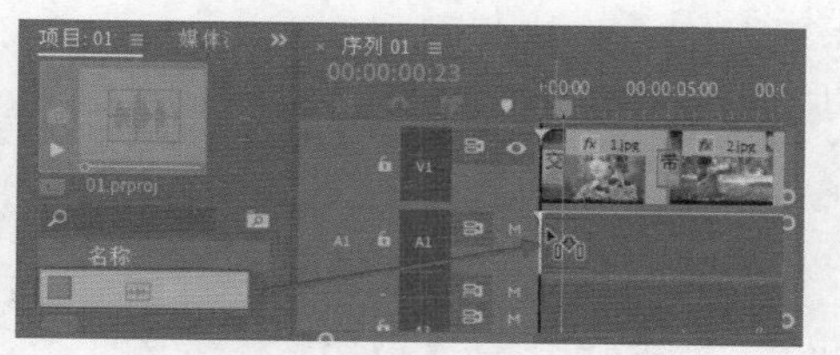

图 11.23

步骤 04 在【工具】面板中选择 (剃刀工具)，选择【时间轴】面板中A1轨道上的配乐.mp3素材文件，然后将时间线滑动到20秒位置，单击剪辑配乐.mp3素材文件，如图11.24所示。

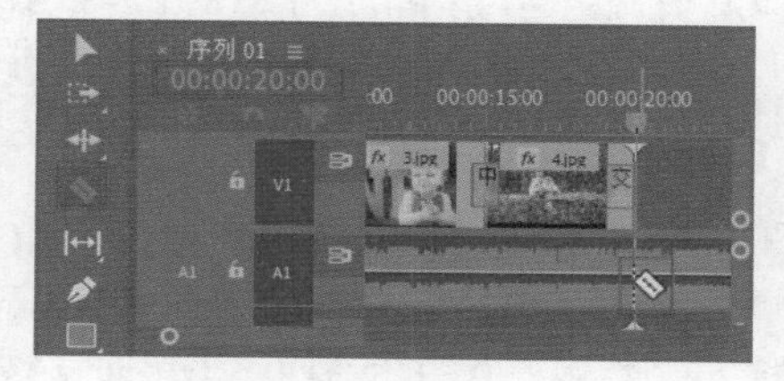

图 11.24

步骤 05 在【工具】面板中选择 (选择工具)，然后选中【时间轴】面板中剪辑后的配乐.mp3素材文件的后半部分，按Delete键删除，如图11.25所示。

图 11.25

步骤 06 为音频添加效果。在【效果】面板中搜索【环绕声混响】，然后按住鼠标左键将该效果拖曳到【时间轴】面板中A1轨道的配乐.mp3素材文件上，如图11.26所示。

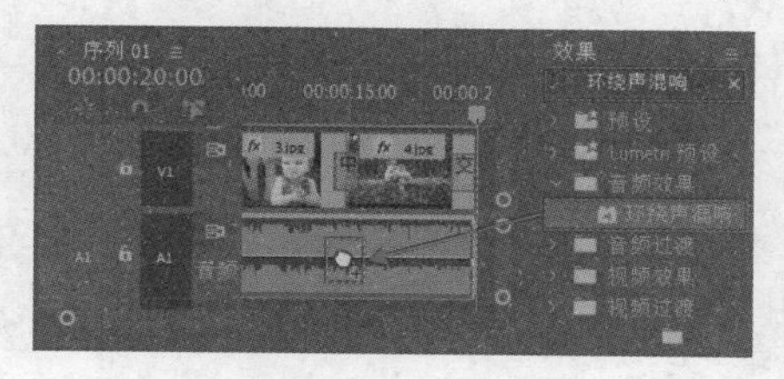

图 11.26

步骤 07 选中【时间轴】面板中A1轨道上的配乐.mp3素材文件，在【效果控件】面板中展开【环绕声混响】效果，单击【自定义设置】后方的【编辑】按钮，在弹出的【剪辑效果编辑器】窗口中设置【预设】为【鼓室】，如图11.27所示。

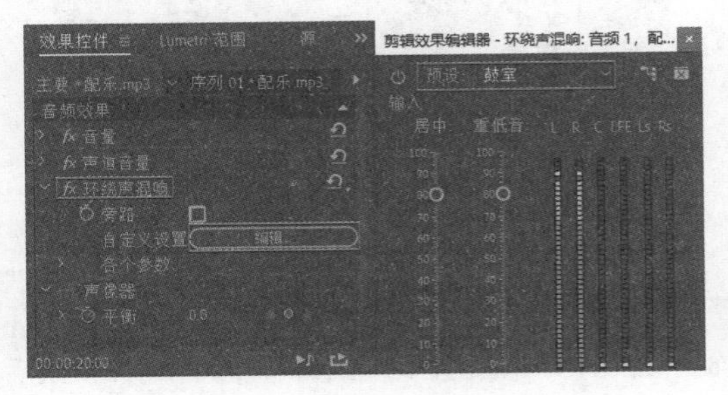

图 11.27

实例：使用【动态处理】效果制作混声音效

扫一扫，看视频

文件路径：Chapter 11 音频效果→实例：使用【动态处理】效果制作混声音效

本实例使用【剃刀工具】将音频进行剪辑，使用【动态处理】效果模拟乐器声音，将音频素材制作出声音与乐器同时工作的音效声，如图11.28所示。

图 11.28

步骤 01 打开配套资源03.prproj，如图11.29所示。

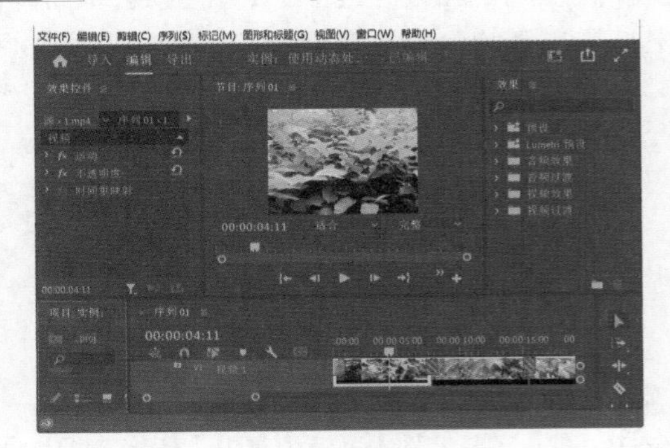

图 11.29

步骤 02 执行【文件】/【导入】命令，导入配乐.mp3素材文件，如图11.30所示。

图 11.30

步骤 03 按住鼠标左键将【项目】面板中的配乐.mp3素材文件拖曳到【时间轴】面板中的A1轨道上，如图11.31所示。

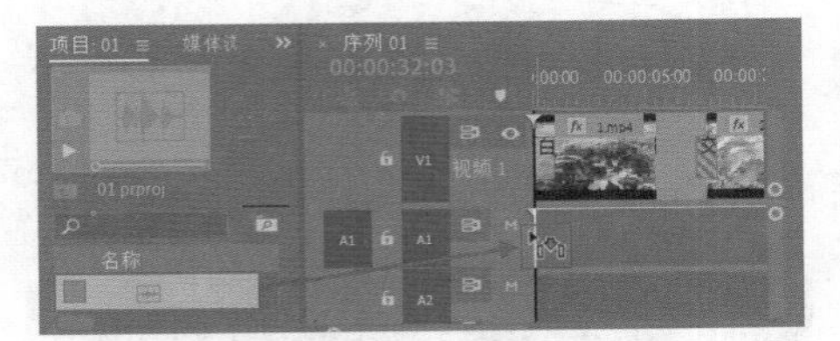

图 11.31

步骤 04 在【工具】面板中选择 (剃刀工具)，选择【时间轴】面板中A1轨道上的配乐.mp3素材文件，然后将时间线滑动到29秒位置，单击剪辑配乐.mp3素材文件，如图11.32所示。

图 11.32

步骤 05 在【工具】面板中选择 (选择工具)，然后选中【时间轴】面板中剪辑后的配乐.mp3素材文件的后半部分，接着按Delete键删除，如图11.33所示。

图 11.33

步骤 06 为音频添加效果。在【效果】面板中搜索【动态处理】，然后按住鼠标左键将该效果拖曳到【时间轴】面板中A1轨道的配乐.mp3素材文件上，如图11.34所示。

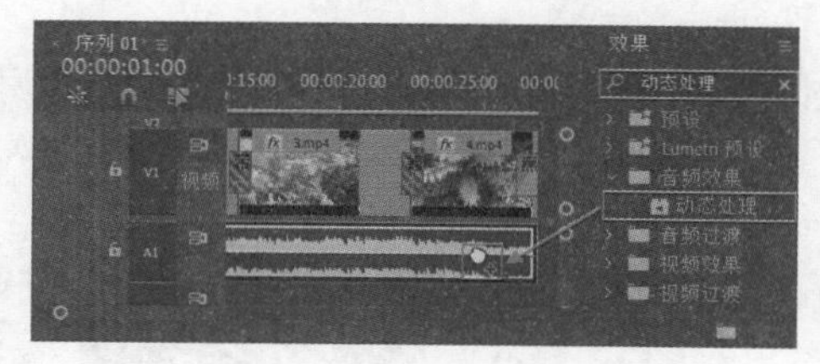

图 11.34

步骤 07 选中【时间轴】面板中A1轨道上的配乐.mp3素材文件，在【效果控件】面板中展开【动态处理】效果，单击【自定义】后方的【编辑】按钮，在弹出的【剪辑效果编辑器】窗口中设置【预设】为【纸板低音鼓】，如图11.35所示。

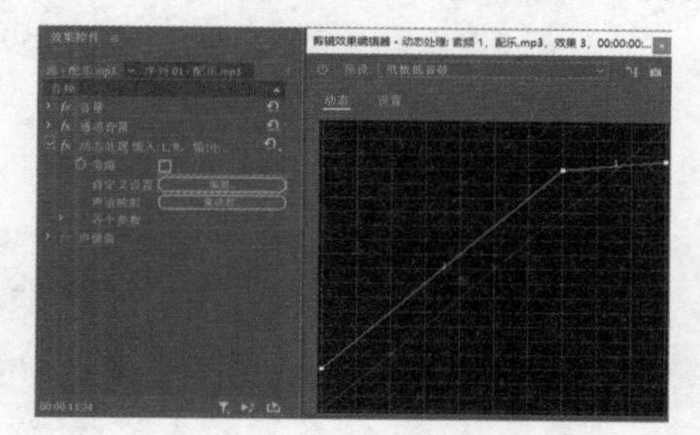

图 11.35

实例：使用【多频段压缩器】效果制作震撼音感

文件路径：Chapter 11 音频效果→实例：使用【多频段压缩器】效果制作震撼音感

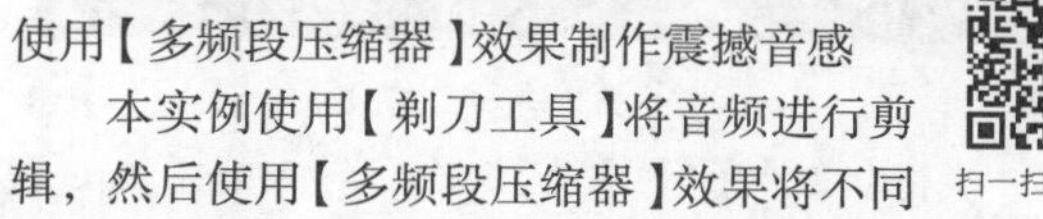

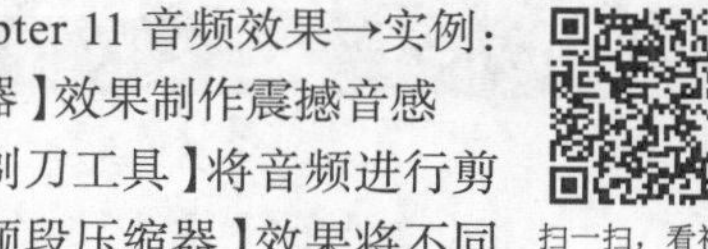

本实例使用【剃刀工具】将音频进行剪辑，然后使用【多频段压缩器】效果将不同频率的音频进行适当的压缩。实例效果如图11.36所示。

扫一扫，看视频

图 11.36

步骤 01 打开配套资源04.prproj，如图11.37所示。

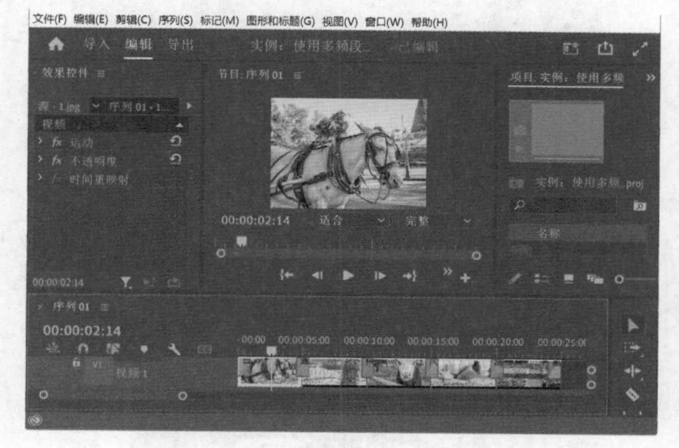

图 11.37

步骤 02 执行【文件】/【导入】命令，导入配乐.mp3素材文件，如图11.38所示。

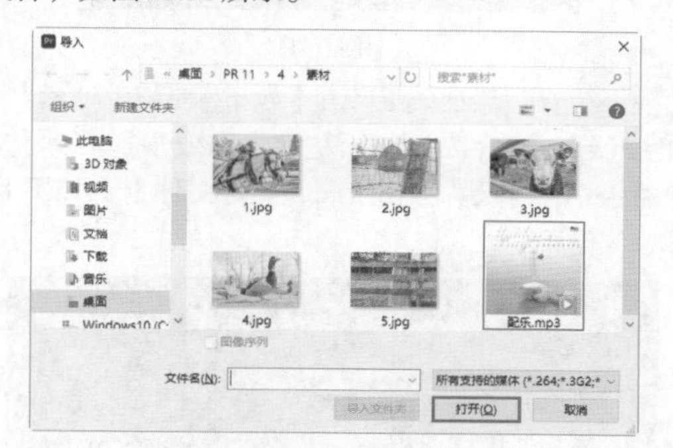

图 11.38

步骤 03 按住鼠标左键将【项目】面板中的配乐.mp3素材文件拖曳到【时间轴】面板中的A1轨道上，如图11.39所示。

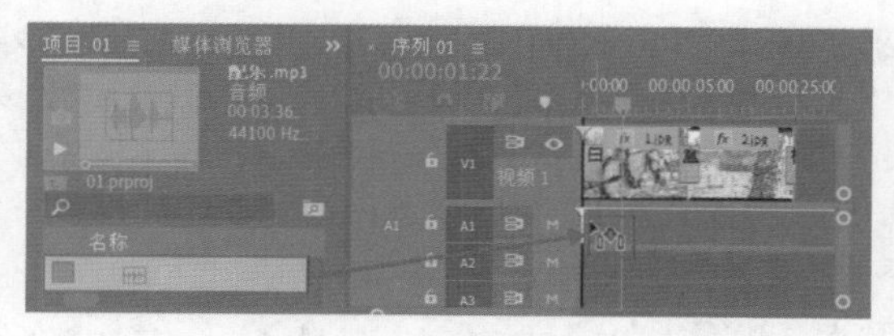

图 11.39

步骤 04 在【工具】面板中选择（剃刀工具），选择【时间轴】面板中A1轨道上的配乐.mp3素材文件，然后将时间线滑动到25秒位置，单击剪辑配乐.mp3素材文件，如图11.40所示。

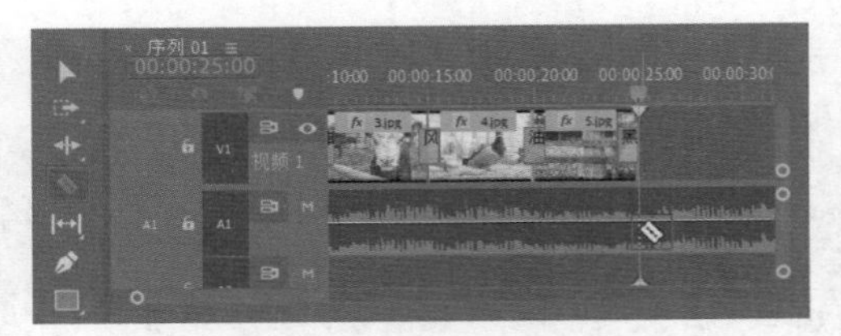

图 11.40

步骤 05 在【工具】面板中选择▶（选择工具），然后选中【时间轴】面板中剪辑后的配乐.mp3素材文件的后半部分，接着按Delete键删除，如图11.41所示。

图 11.41

步骤 06 为音频添加效果。在【效果】面板中搜索【多频段压缩器】，然后按住鼠标左键将该效果拖曳到【时间轴】面板中A1轨道的配乐.mp3素材文件上，如图11.42所示。

图 11.42

步骤 07 选中【时间轴】面板中A1轨道上的配乐.mp3素材文件，在【效果控件】面板中展开【多频段压缩器】效果，单击【自定义设置】后方的【编辑】按钮，在弹出的【剪辑效果编辑器】窗口中设置【预设】为【流行音乐大师】，如图11.43所示。

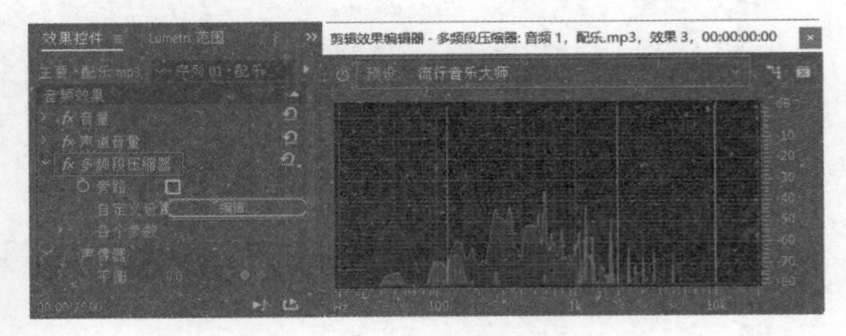

图 11.43

实例：使用【模拟延迟】效果制作混声音效

文件路径：Chapter 11 音频效果→实例：使用【模拟延迟】效果制作混声音效

本实例使用【剃刀工具】将音频进行剪辑，使用【模拟延迟】效果为音频制作出缓慢的回音声。实例效果如图11.44所示。

扫一扫，看视频

图 11.44

步骤 01 打开配套资源05.prproj，如图11.45所示。

图 11.45

步骤 02 执行【文件】/【导入】命令，导入配乐.mp3素材文件，如图11.46所示。

图 11.46

步骤 03 将【项目】面板中的配乐.mp3素材文件按住鼠标左键拖曳到【时间轴】面板中的A1轨道上，如图11.47所示。

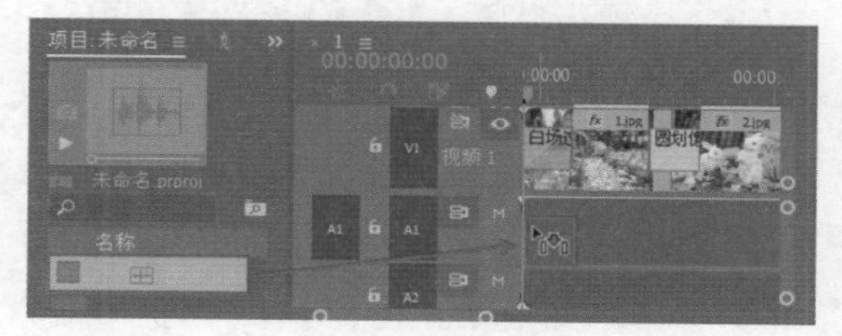

图 11.47

步骤 04 在【工具】面板中选择（剃刀工具），选择【时间轴】面板中A1轨道上的配乐.mp3素材文件，然后将时间线滑动到12秒位置，单击剪辑配乐.mp3素材文件，如图11.48所示。

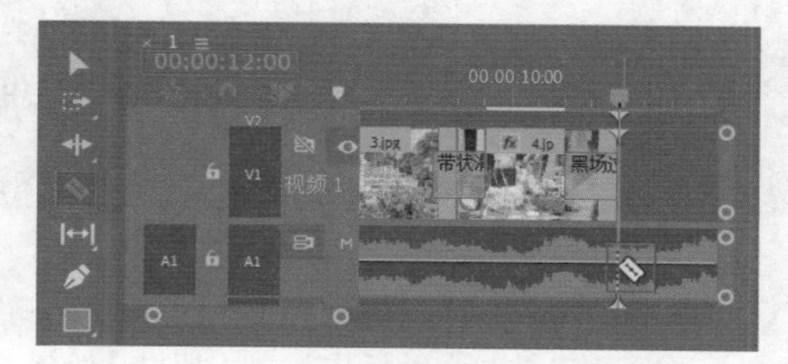

图 11.48

步骤 05 在【工具】面板中选择（选择工具），然后选中【时间轴】面板中剪辑后的配乐.mp3素材文件的后半部分，接着按Delete键删除，如图11.49所示。

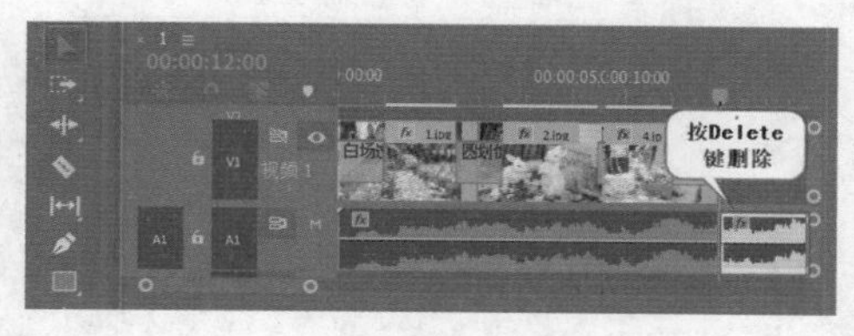

图 11.49

步骤 06 为音频添加效果。在【效果】面板中搜索【模拟延迟】，然后按住鼠标左键将该效果拖曳到【时间轴】面板中A1轨道的配乐.mp3素材文件上，如图11.50所示。

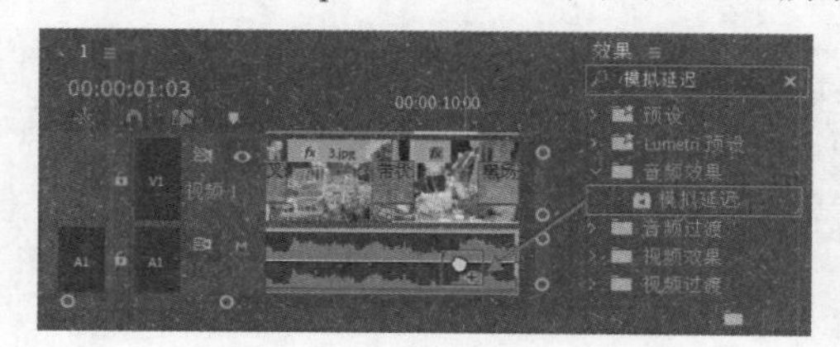

图 11.50

步骤 07 选中【时间轴】面板中A1轨道上的配乐.mp3素材文件，在【效果控件】面板中展开【模拟延迟】效果，单击【自定义】后方的【编辑】按钮，在弹出的【剪辑效果编辑器】窗口中设置【预设】为【峡谷回声】，如图11.51所示。

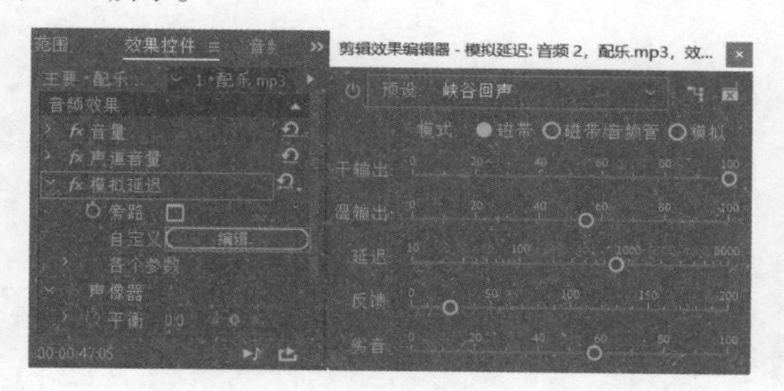

图 11.51

实例：使用【扭曲】效果制作震撼音感

扫一扫，看视频

文件路径：Chapter 11 音频效果→实例：使用【扭曲】效果制作震撼音感

本实例使用【剃刀工具】将音频进行剪辑，使用【扭曲】效果将少量砾石与饱和效果应用于音频。实例效果如图11.52所示。

图 11.52

步骤 01 打开配套资源06.prproj，如图11.53所示。

图 11.53

步骤 02 执行【文件】/【导入】命令，导入配乐.mp3素材文件，如图11.54所示。

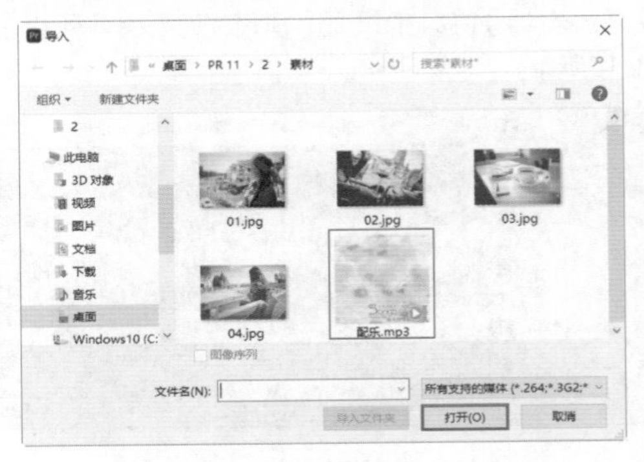

图 11.54

步骤 03 按住鼠标左键将【项目】面板中的配乐.mp3素材文件拖曳到【时间轴】面板中的A1轨道上，如图11.55所示。

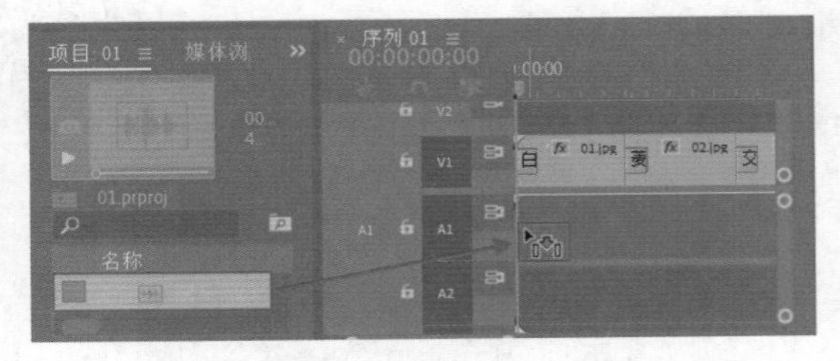

图 11.55

步骤 04 在【工具】面板中选择 (剃刀工具)，选择【时间轴】面板中A1轨道上的配乐.mp3素材文件，然后将时间线滑动到20秒位置，单击剪辑配乐.mp3素材文件，如图11.56所示。

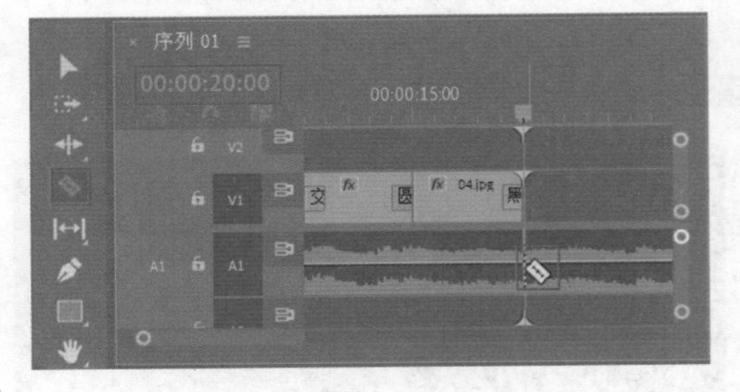

图 11.56

步骤 05 在【工具】面板中选择 (选择工具)，然后选中【时间轴】面板中剪辑后的配乐.mp3素材文件的后半部分，接着按Delete键删除，如图11.57所示。

图 11.57

步骤 06 为音频添加效果。在【效果】面板中搜索【扭曲】，然后按住鼠标左键将该效果拖曳到【时间轴】面板中A1轨道的配乐.mp3素材文件上，如图11.58所示。

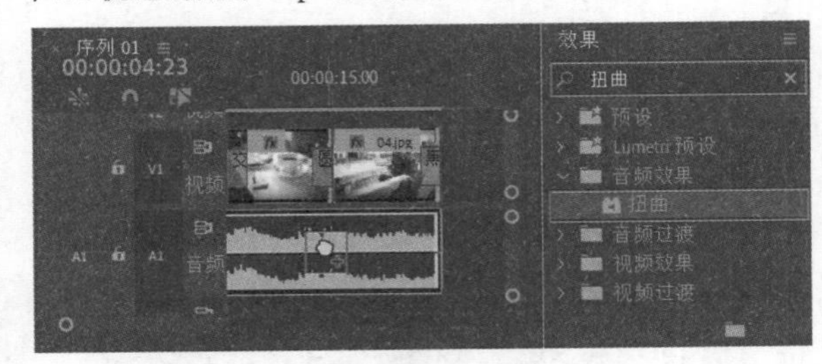

图 11.58

步骤 07 选中【时间轴】面板中A1轨道上的配乐.mp3素材文件，在【效果控件】面板中展开【扭曲】效果，单击【自定义设置】后方的【编辑】按钮，在弹出的【剪辑效果编辑器】窗口中设置【预设】为【演员休息室–安格斯】，如图11.59所示。

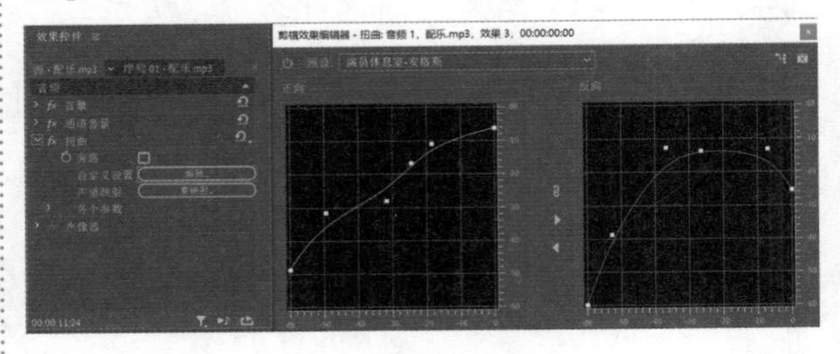

图 11.59

实例：使用【强制限幅】效果制作震撼音感

扫一扫，看视频

文件路径：Chapter 11 音频效果→实例：使用【强制限幅】效果制作震撼音感

本实例使用【剃刀工具】将音频进行剪辑，使用【强制限幅】效果控制音频的频率。实例效果如图11.60所示。

图 11.60

步骤 01 打开配套资源07.prproj，如图11.61所示。

图 11.61

步骤 02 执行【文件】/【导入】命令，导入配乐.mp3素材文件，如图11.62所示。

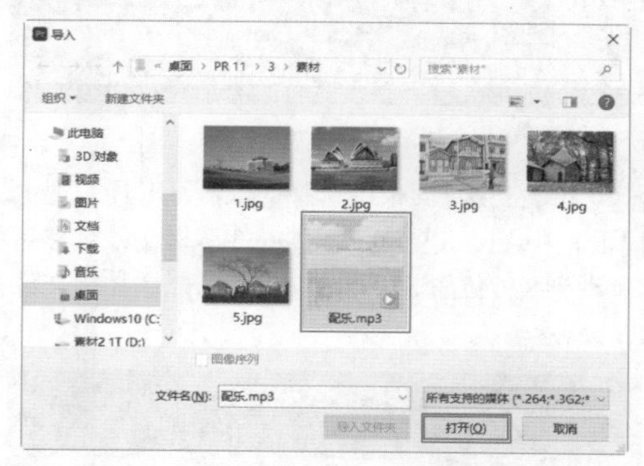

图 11.62

步骤 03 按住鼠标左键将【项目】面板中的配乐.mp3素材文件拖曳到【时间轴】面板中的A1轨道上，如图11.63所示。

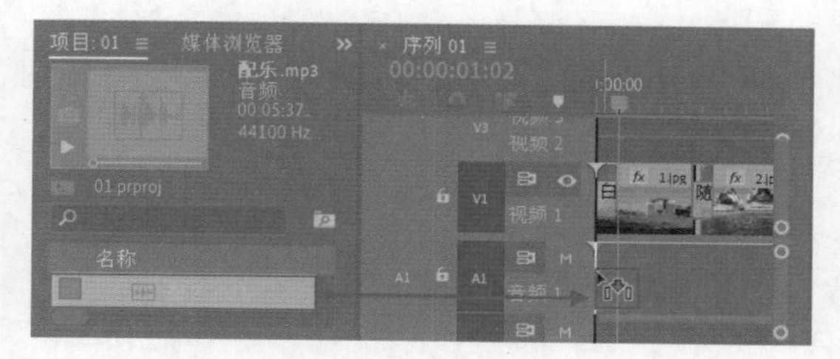

图 11.63

步骤 04 在【工具】面板中选择 (剃刀工具)，选择【时间轴】面板中A1轨道上的配乐.mp3素材文件，然后将时间线滑动到25秒位置，单击剪辑配乐.mp3素材文件，如图11.64所示。

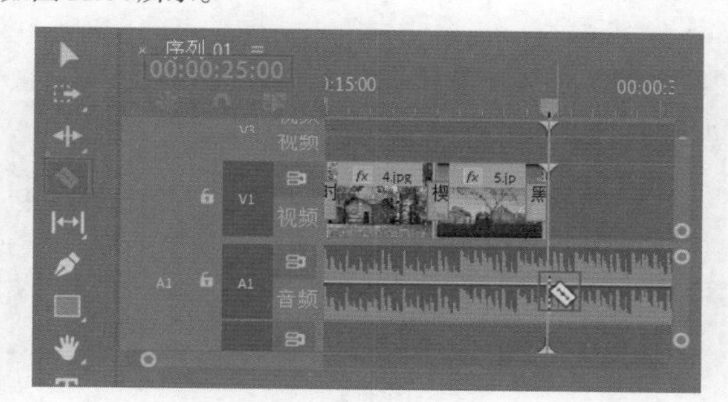

图 11.64

步骤 05 在【工具】面板中选择 (选择工具)，然后选中【时间轴】面板中剪辑后的配乐.mp3素材文件的后半部分，接着按Delete键删除，如图11.65所示。

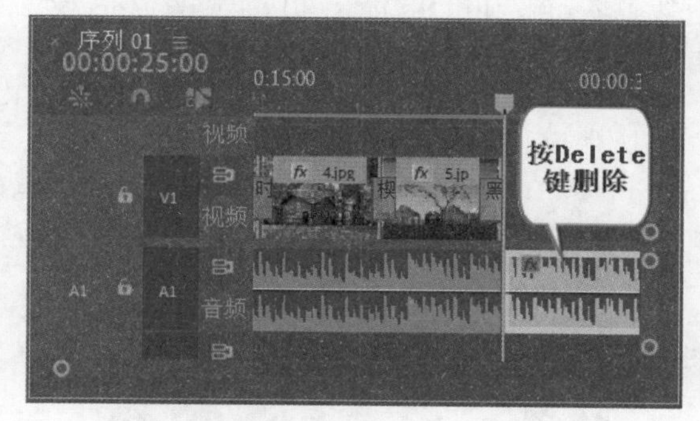

图 11.65

步骤 06 为音频添加效果。在【效果】面板中搜索【强制限幅】，然后按住鼠标左键将该效果拖曳到【时间轴】面板中A1轨道的配乐.mp3素材文件上，如图11.66所示。

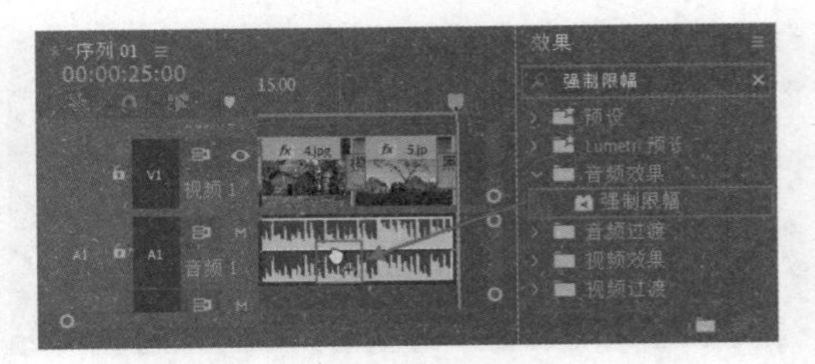

图 11.66

步骤 07 选中【时间轴】面板中A1轨道上的配乐.mp3素材文件，在【效果控件】面板中展开【强制限幅】效果，单击【自定义设置】后方的【编辑】按钮，在弹出的【剪辑效果编辑器】窗口中设置【预设】为【这是一匹死马】，如图11.67所示。

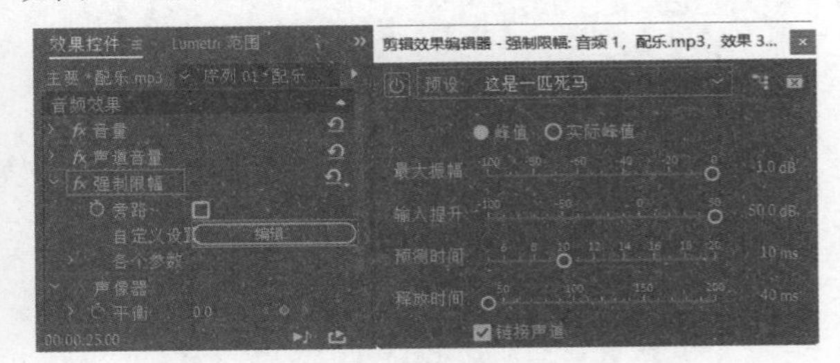

图 11.67

实例：使用【室内混响】效果制作混声音效

扫一扫，看视频

文件路径：Chapter 11 音频效果→实例：使用【室内混响】效果制作混声音效

本实例使用【剃刀工具】将音频进行剪辑，然后使用【室内混响】效果模拟在室内演奏时的混响音乐效果。实例效果如图11.68所示。

图 11.68

步骤 01 打开配套资源08.prproj，如图11.69所示。

步骤 02 执行【文件】/【导入】命令，导入配乐.mp3素材文件，如图11.70所示。

步骤 03 按住鼠标左键将【项目】面板中的配乐.mp3素材文件拖曳到【时间轴】面板中的A1轨道上，如图11.71所示。

图 11.69

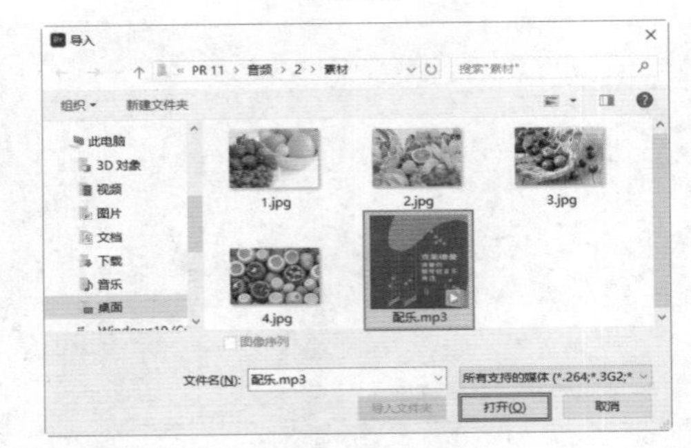

图 11.70

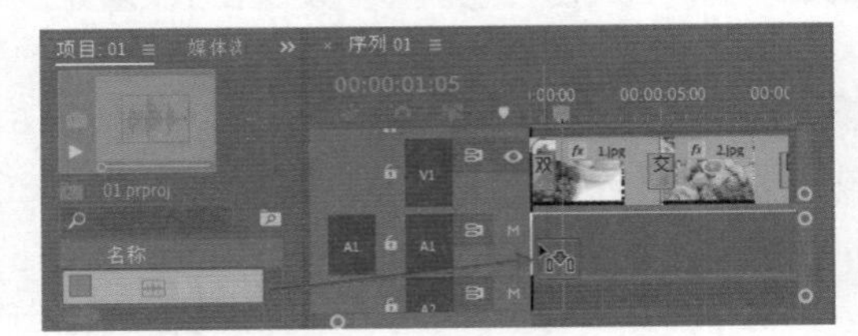

图 11.71

步骤 04 在【工具】面板中选择（剃刀工具），选择【时间轴】面板中A1轨道上的配乐.mp3素材文件，然后将时间线滑动到8秒位置，单击剪辑配乐.mp3素材文件，如图11.72所示。

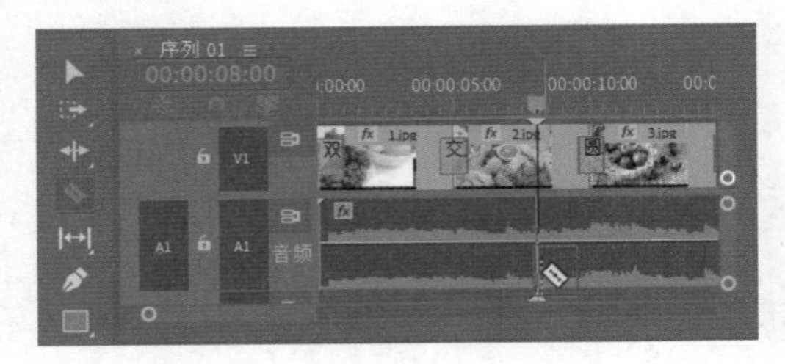

图 11.72

步骤 05 在【工具】面板中选择 (选择工具)，然后选中【时间轴】面板中剪辑后的配乐.mp3素材文件的前半部分，接着按Delete键删除，如图11.73所示。

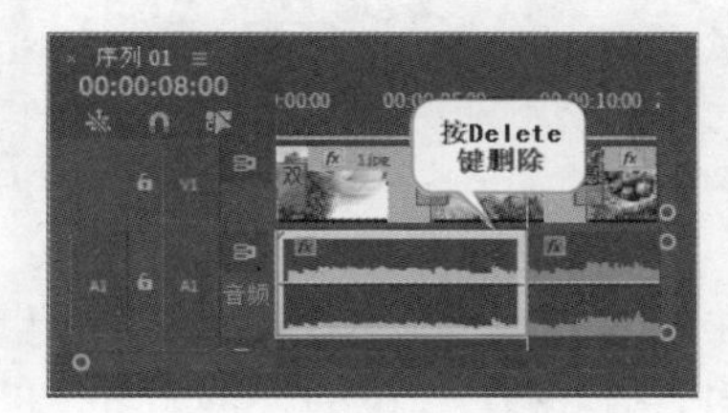

图 11.73

步骤 06 选择【时间轴】面板中A1轨道上的配乐.mp3素材文件，按住鼠标左键将其拖曳到起始帧位置，如图11.74所示。

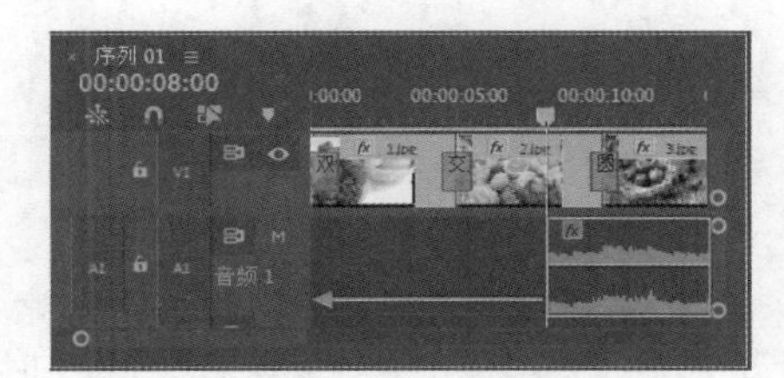

图 11.74

步骤 07 继续选择【工具】面板中的 (剃刀工具)，选择【时间轴】面板中A1轨道上的配乐.mp3素材文件，然后将时间线滑动到20秒位置，单击剪辑配乐.mp3素材文件，如图11.75所示。

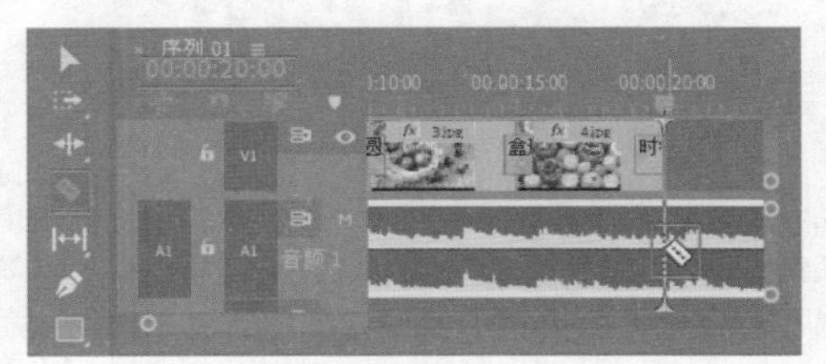

图 11.75

步骤 08 选择 (选择工具)，然后选择剪辑后的后面部分配乐.mp3素材文件的后半部分，接着按Delete键删除，如图11.76所示。

图 11.76

步骤 09 为音频添加效果。在【效果】面板中搜索【室内混响】，然后按住鼠标左键将该效果拖曳到【时间轴】面板中A1轨道的配乐.mp3素材文件上，如图11.77所示。

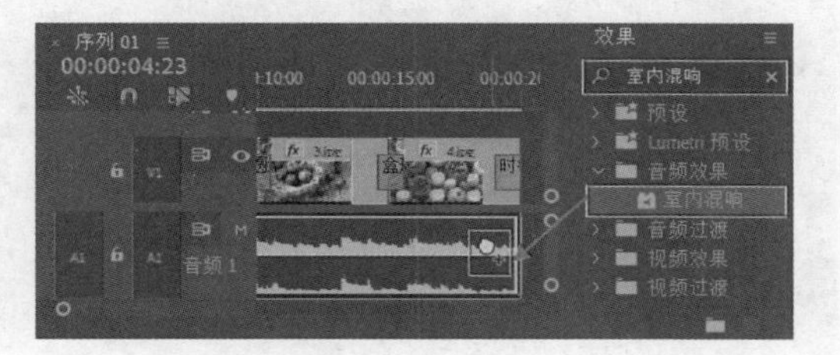

图 11.77

步骤 10 选中【时间轴】面板中A1轨道上的配乐.mp3素材文件，在【效果控件】面板中展开【室内混响】效果，单击【自定义】后方的【编辑】按钮，在弹出的【剪辑效果编辑器】窗口中设置【预设】为【俱乐部外】，如图11.78所示。

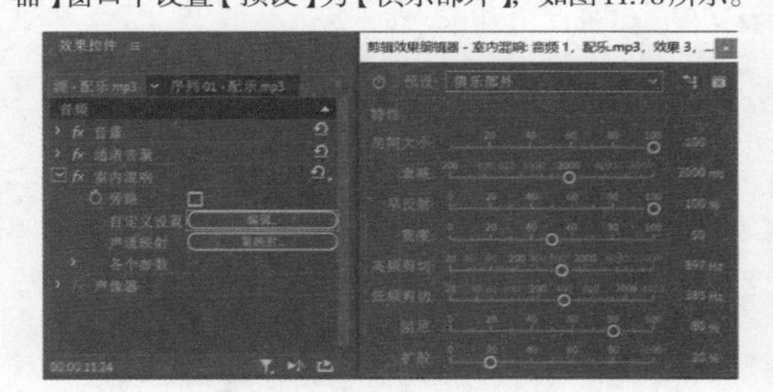

图 11.78

实例：使用【音高换挡器】效果制作混声音效

文件路径：Chapter 11 音频效果→实例：使用【音高换挡器】效果制作混声音效

扫一扫，看视频

本实例使用【剃刀工具】将音频进行剪辑，使用【音高换挡器】效果将音效进行伸展，从而实现音频换挡。实例效果如图11.79所示。

图 11.79

步骤 01 打开配套资源09.prproj，如图11.80所示。

图 11.80

步骤 02 执行【文件】/【导入】命令，导入配乐.mp3素材文件，如图11.81所示。

图 11.81

步骤 03 按住鼠标左键将【项目】面板中的配乐.mp3素材文件拖曳到【时间轴】面板中的A1轨道上，如图11.82所示。

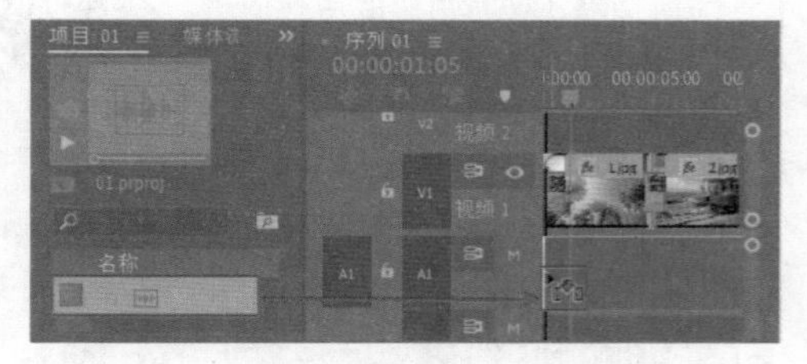

图 11.82

步骤 04 在【工具】面板中选择 （剃刀工具），选择【时间轴】面板中A1轨道上的配乐.mp3素材文件，然后将时间线滑动到20秒位置，单击剪辑配乐.mp3素材文件，如图11.83所示。

图 11.83

步骤 05 在【工具】面板中选择 （选择工具），然后选中【时间轴】面板中剪辑后的配乐.mp3素材文件的后半部分，接着按Delete键删除，如图11.84所示。

图 11.84

步骤 06 为音频添加效果。在【效果】面板中搜索【音高换挡器】，然后按住鼠标左键将该效果拖曳到【时间轴】面板中A1轨道的配乐.mp3素材文件上，如图11.85所示。

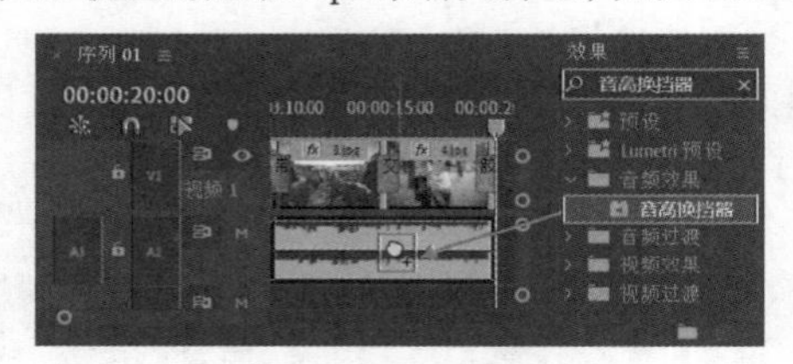

图 11.85

步骤 07 选中【时间轴】面板中A1轨道上的配乐.mp3素材文件，在【效果控件】面板中展开【音高换挡器】效果，单击【自定义】后方的【编辑】按钮，在弹出的【剪辑效果编辑器】窗口中设置【预设】为【愤怒的沙鼠】，如图11.86所示。

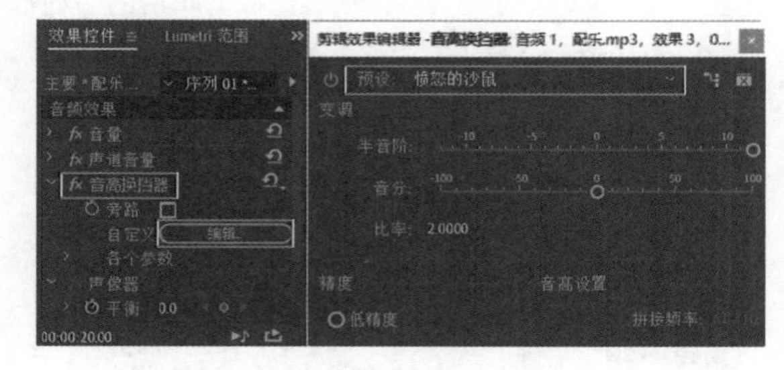

图 11.86

11.3 音频过渡类效果

音频过渡是对同轨道上相邻的两个音频通过转场效果实现声音的交叉过渡。该【效果】面板中只包含【交叉淡化】效果组，如图11.87所示。

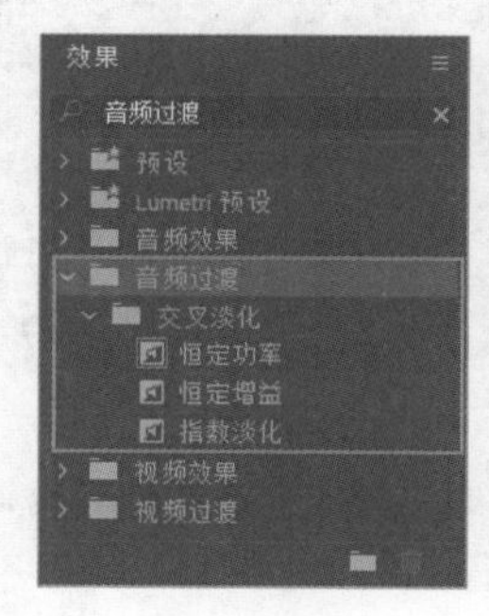

图 11.87

该效果组下包含【恒定功率】【恒定增益】【指数淡化】3种效果，如图11.88所示。

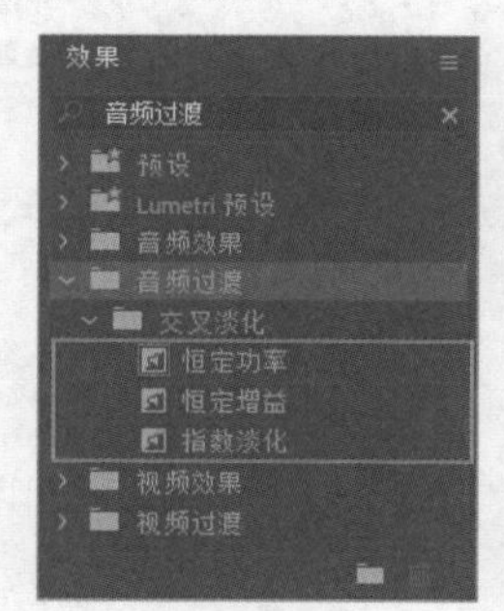

图 11.88

- 恒定功率：用于以交叉淡化创建平滑渐变的过渡，与视频剪辑之间的溶解过渡类似。
- 恒定增益：用于以恒定速率更改音频进出的过渡。
- 指数淡化：用于以指数方式自下而上地淡入音频。

综合实例：声音和音乐的混合配音

文件路径：Chapter 11 音频效果→实例：声音和音乐的混合配音

扫一扫，看视频

本实例使用【剃刀工具】将音频进行剪辑，使用【音高换挡器】效果将音效进行伸展，从而进行音频换挡。实例效果如图11.89所示。

图 11.89

步骤 01 打开配套资源10.prproj，如图11.90所示。

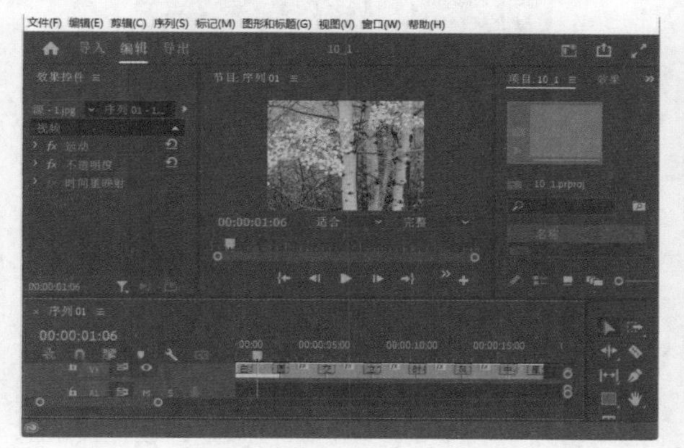

图 11.90

步骤 02 执行【文件】/【导入】命令，导入配乐1.m4a和配乐2.mp3素材文件，如图11.91所示。

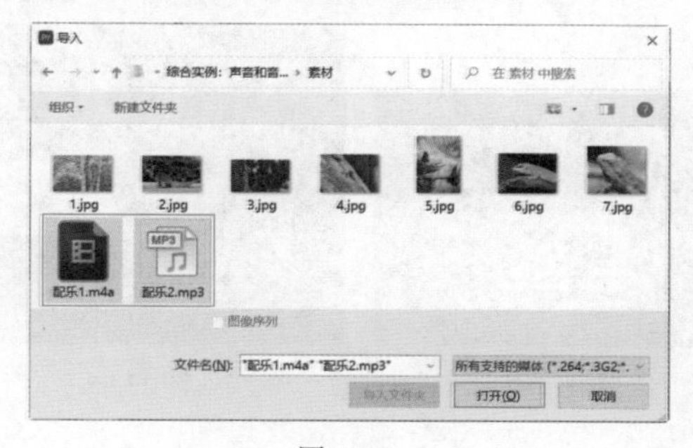

图 11.91

步骤 03 按住鼠标左键将【项目】面板中的配乐1.m4a和配乐2.mp3素材文件分别拖曳到【时间轴】面板中的A1

和A2轨道上，如图11.92所示。

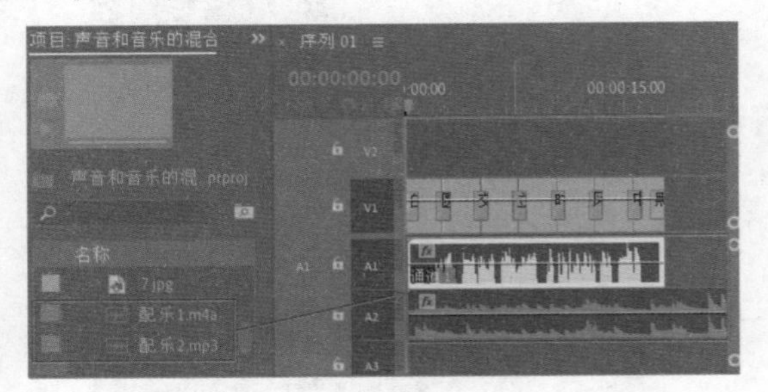

图 11.92

步骤 04 增强人声。将时间线滑动到起始帧位置，选择A1轨道上的配乐1.m4a素材文件，在【效果控件】面板中设置【级别】为5dB，如图11.93所示。

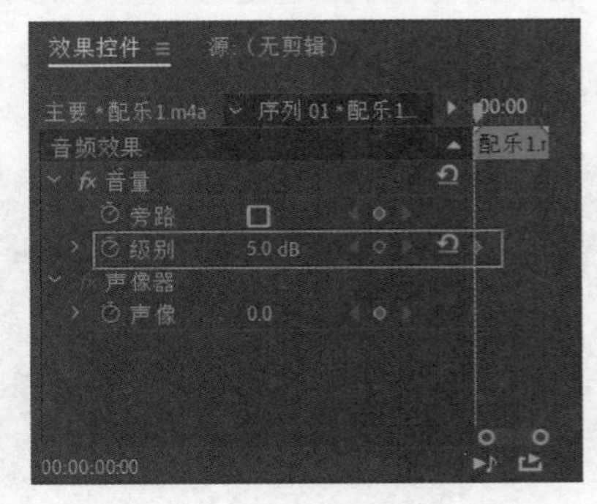

图 11.93

步骤 05 剪辑音频。在【工具】面板中选择 (剃刀工具)，选择【时间轴】面板中A2轨道上的配乐2.mp3素材，将时间线滑动到图片素材的结束位置，也就是17秒17帧位置，单击剪辑配乐2.mp3素材文件，如图11.94所示。按V键将光标切换为 (选择工具)，选择配乐2.mp3素材文件的后半部分，按Delete键删除，如图11.95所示。

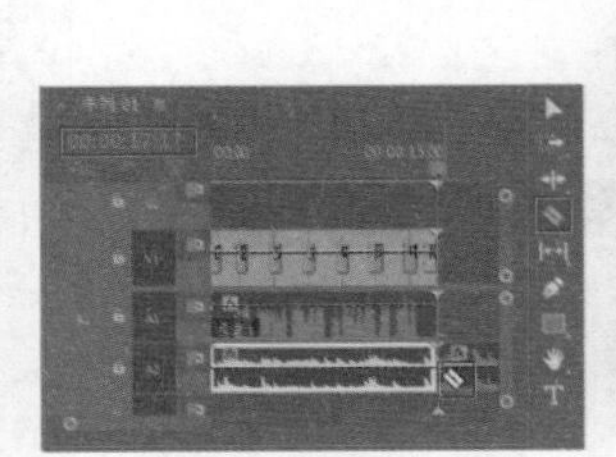

图 11.94

图 11.95

步骤 06 制作背景音乐的淡出效果。在【效果】面板中搜索【指数淡化】，按住鼠标左键将效果拖曳到A2轨道上配乐2.mp3素材文件的结束位置，如图11.96所示。

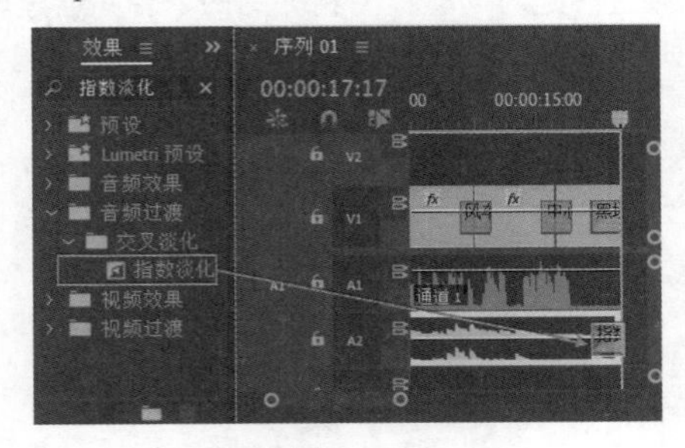

图 11.96

步骤 07 本实例制作完成，滑动时间线查看画面与配乐效果，如图11.97所示。

图 11.97

扫一扫，看视频

输出作品

本章内容简介：

在Premiere Pro中制作作品时，大多数读者认为，作品创作完成就是操作的最后一个步骤，其实并非如此，而是通常会在作品制作完成后进行渲染操作，将合成面板中的画面渲染出来，便于影像的保留和传输。本章主要讲解如何渲染不同格式的文件，包括常用的视频数量、图片格式、音频格式等。

重点知识掌握：

- 什么是输出
- 导出设置窗口输出作品
- 使用 Adobe Media Encoder 输出作品
- 输出常用格式的作品

12.1 认识输出

很多三维软件、后期制作软件在制作完成作品后，都需要进行渲染，将最终的作品以可以打开或播放的格式呈现出来，以便可以在更多的设备上播放。影片的渲染是指将构成影片的每帧进行逐帧渲染。

输出通常是指最终的渲染过程。其实创建在【节目监视器】面板中显示的预览过程也属于渲染，但这些并不是最终渲染。真正的渲染是最终输出为一个需要的文件格式。在Premiere Pro中主要有两种渲染方式，分别是在【导出】窗口中渲染和在Adobe Media Encoder中渲染。

不同的输出目的可以选择不同的输出格式。例如，若想输出小文件，推荐选择FLV格式进行输出；若想输出文件后继续编辑，可选择MOV格式；若输出文件后想存放或观看，可选择MP4格式。

12.2 【导出】窗口

扫一扫，看视频

在视频编辑完成时，需要将其导出。激活【时间轴】面板，然后选择菜单栏中的【文件】/【导出】/【媒体】命令（快捷键为Ctrl+M），此时可以打开【导出】窗口，该窗口中包括【预览】【导出设置】【扩展参数】【调整预计】【选择目标】等，如图12.1所示。。

图 12.1

重点 12.2.1 预览

1. 预览

【预览】面板是文件在渲染时的预览位置，分为【预览】和【指定导出范围】两个选项，如图12.2所示。

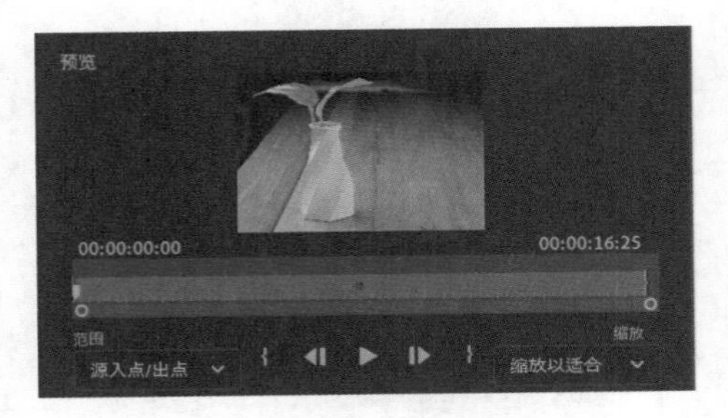

图 12.2

- 00:00:00:00：设置视频在播放时的时间停留位置。
- 00:00:16:25：设置输出影片的持续时间。

2. 指定导出范围

在【预览】面板中可以在【指定导出范围】中设置输出素材的【范围】【出点】【入点】和【缩放】等，如图12.3所示。

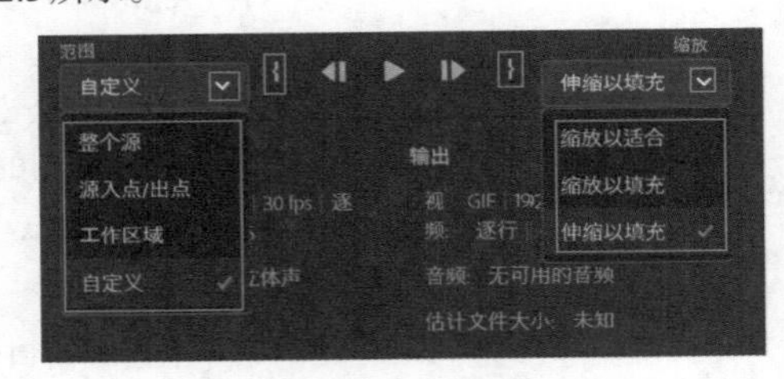

图 12.3

重点 12.2.2 调整预设

【调整预设】可应用于多种播放设备的传输或观看，在该面板中可针对视频的【格式】及【输出名称】等进行设置。图12.4所示为Adobe流媒体的【调整预设】面板。

图 12.4

- 文件名：设置文件输出的名称。
- 位置：设置视频导出的文件名及所在路径。
- 预设：设置视频的编码配置。
- 格式：在下拉列表中可选择视频素材或音频素材的文件格式，如图12.5所示。

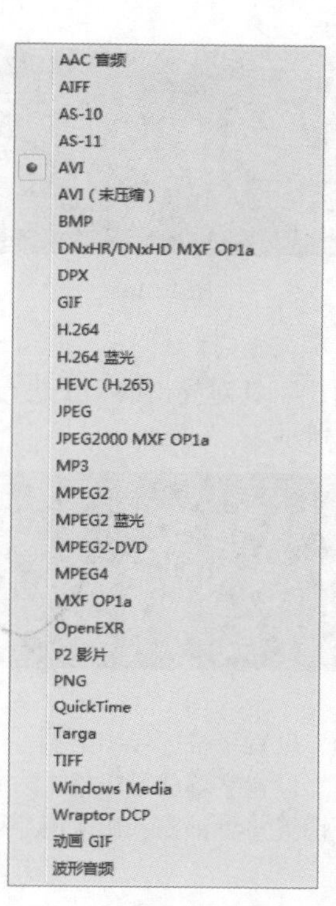

图 12.5

12.2.3 扩展参数

【扩展参数】面板可针对影片的导出设置进行更详细的编辑，包括【效果】【视频】【音频】【多路复用器】【字幕】【元数据】和【常规】7部分，如图12.6所示。

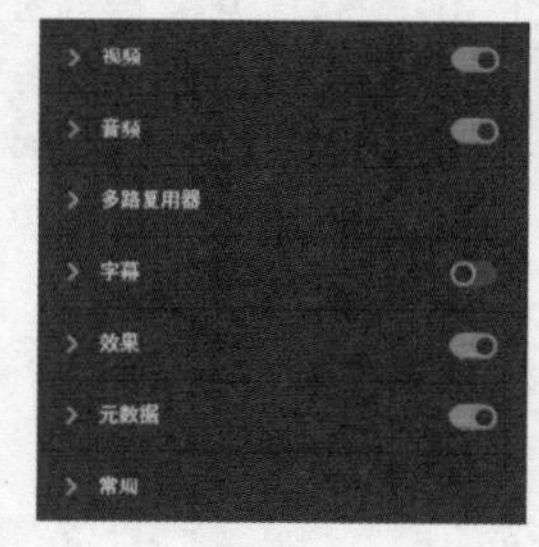

图 12.6

1. 效果

在【效果】中可设置【Lumetri Look/LUT】【SDR遵从情况】【图像叠加】【名称叠加】【时间码叠加】【时间调谐器】等，如图12.7所示。

- Lumetri Look/LUT：可针对视频进行调色预设设置。图12.8所示为其下拉列表中的所有参数。

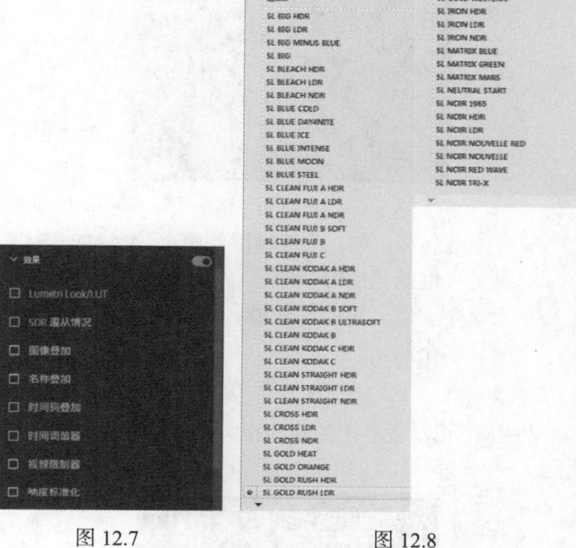

图 12.7　　图 12.8

图12.9所示为设置不同参数的对比效果。

图 12.9

- SDR遵从情况：可对素材进行【亮度】【对比度】【软阈值】的调整。图12.10所示为设置不同【亮度】的画面对比效果。

图 12.10

- 图像叠加：勾选【图像叠加】时，可在【已应用】列表中选择所要叠加的图像，并与原图像进行混合叠加。
- 名称叠加：勾选【名称叠加】，会在素材上方显现出该素材序列的名称。
- 时间码叠加：勾选【时间码叠加】，在视频下方会显示出视频的播放时间，如图12.11所示。
- 时间调谐器：勾选【时间调谐器】，可针对素材目标持续时间进行更改。

图 12.11

- 视频限制器：勾选【视频限制器】，可降低素材文件的亮度及色度的范围。
- 响度标准化：勾选【响度标准化】，可调整素材的响度大小。

2. 视频

【视频】可设置导出视频的相关参数设置，如图12.12所示。

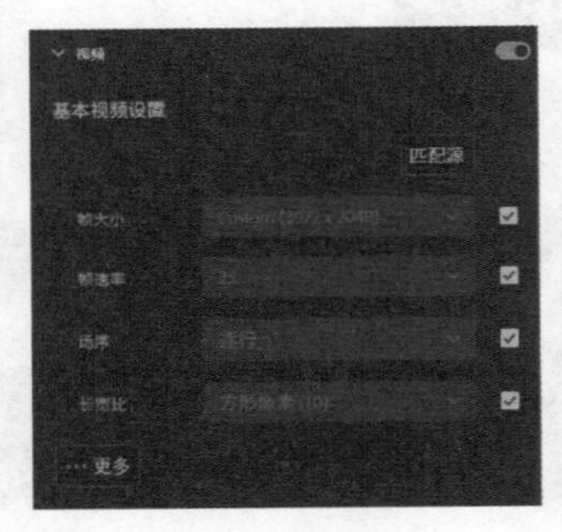

图 12.12

3. 音频

可针对【音频】进行相关参数的导出设置，如图12.13所示。

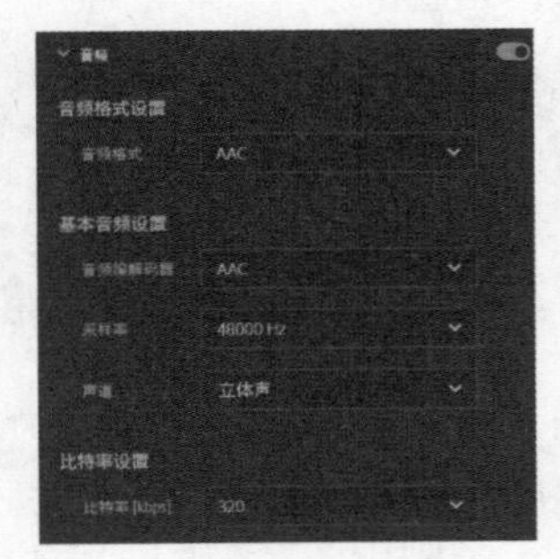

图 12.13

基本音频设置：可设置声音的【采样率】【声道】【样本大小】【音频交错】等。

4. 多路复用器

可对【多路复用器】相关参数进行设置，如图12.14所示。

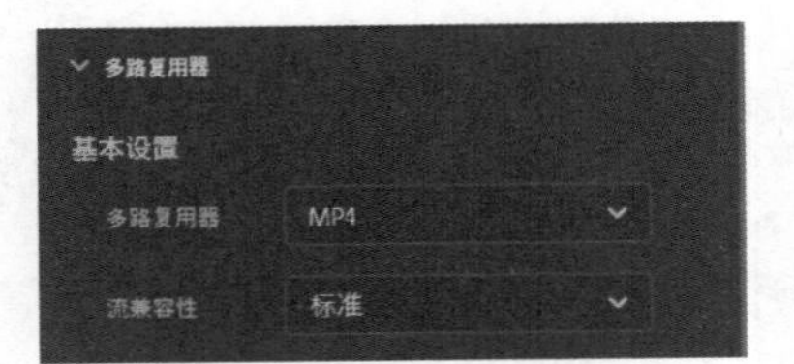

图 12.14

5. 字幕

在【字幕】中可针对导出的文字进行相关参数的调整，如图12.15所示。

图 12.15

- 导出选项：设置字幕的导出类型。
- 文件格式：设置字幕的导出格式。
- 帧速率：设置每秒钟刷新出来的字幕帧数。

6. 元数据

在【元数据】中可以设置版权、创作者、权利管理等相关信息，如图12.16所示。

图 12.16

7. 常规

在【常规】中可以对导入、预览和代理进行相关设置，如图12.17所示。

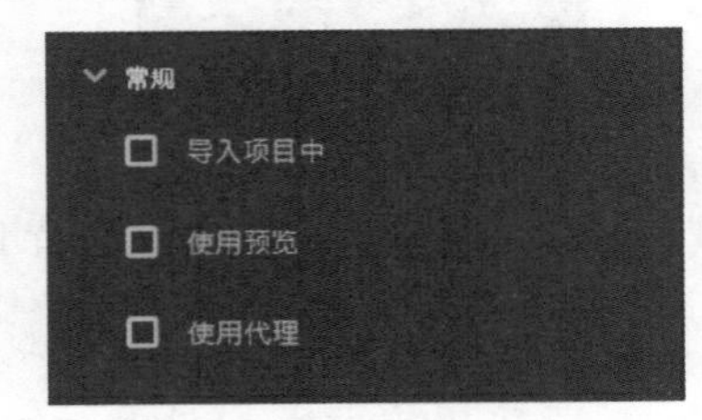

图 12.17

12.3 渲染常用的作品格式

在导出文件时，有很多格式供应用，为了适应不同的播放软件，可针对各个软件进行不同格式的导出处理。接下来针对常用格式类型进行实例讲解。

实例：输出AVI视频格式文件

文件路径：Chapter 12 输出作品→实例：输出AVI视频格式文件

扫一扫，看视频

AVI格式使用广泛，许多视频媒体都会用到这种格式，其缺点是体积过于庞大，本实例主要针对【输出AVI视频格式文件】的方法进行练习，如图12.18所示。

图 12.18

步骤 01 打开配套资源中的01.prproj，如图12.19所示。

图 12.19

步骤 02 选择【时间轴】面板，执行【文件】/【导出】/【媒体】命令，或者使用快捷键Ctrl+M打开【导出】窗口，如图12.20所示。

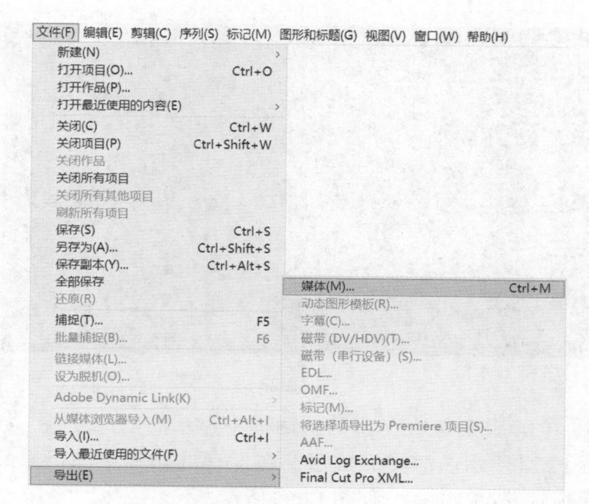

图 12.20

步骤 03 在弹出的【导出设置】面板中设置【格式】为AVI。然后单击【位置】右侧的保存路径，在弹出的【另存为】对话框中设置文件的保存路径及文件名，设置完成后单击【保存】按钮，如图12.21和图12.22所示。

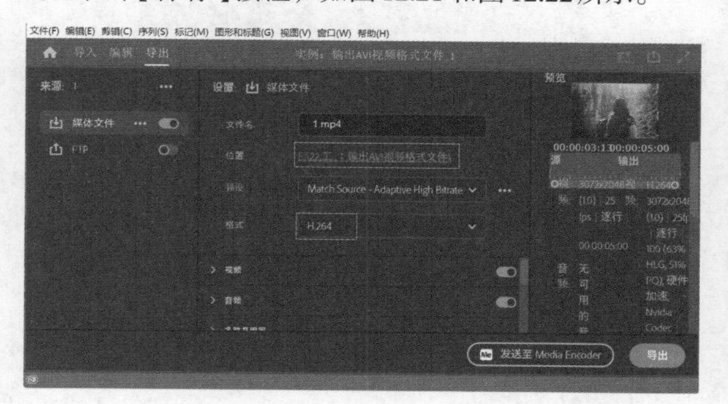

图 12.21

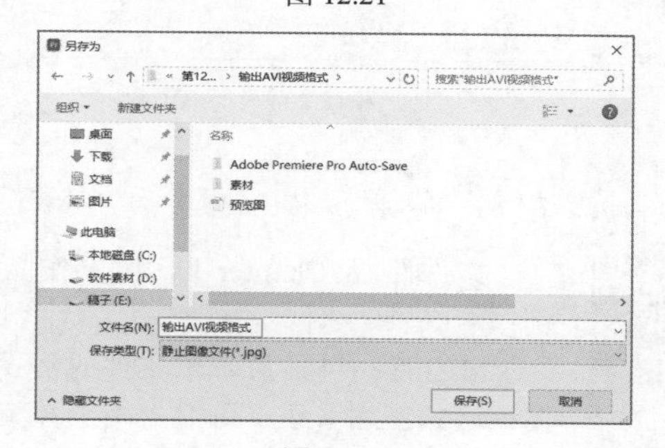

图 12.22

步骤 04 在【视频】选项卡中勾选【使用最高渲染质量】复选框。单击【导出】按钮即可开始渲染，如图12.23所示。

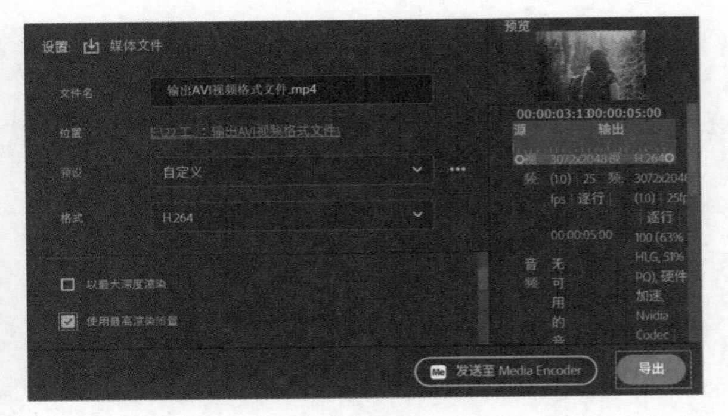

图 12.23

步骤 05 此时会在弹出的对话框中显示渲染进度条，如图 12.24 所示。渲染完成后，在保存的路径中即可出现该视频的AVI格式，如图 12.25 所示。

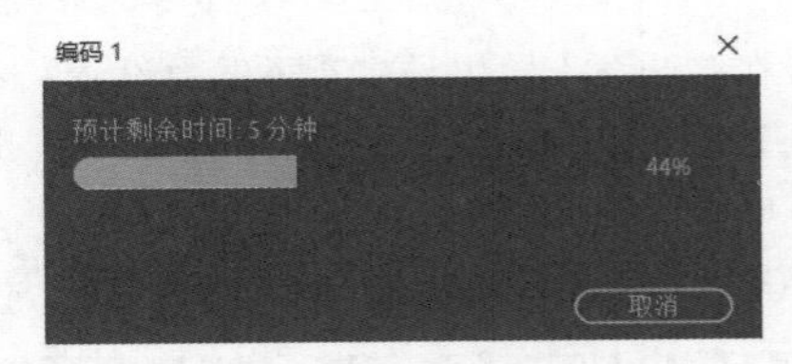

图 12.24

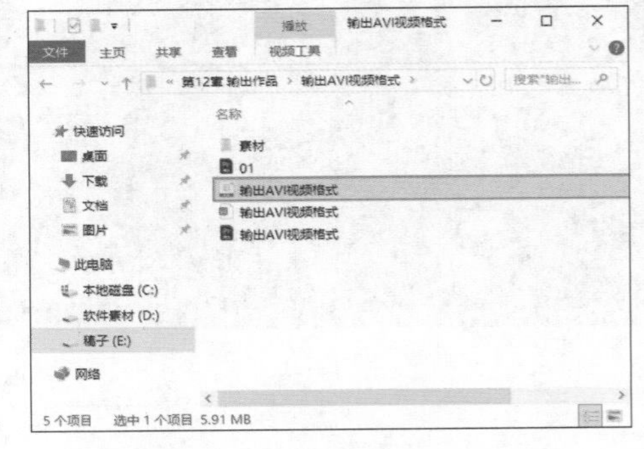

图 12.25

实例：输出音频文件

扫一扫，看视频

文件路径：Chapter 12 输出作品→实例：输出音频文件

MP3 是一种播放音乐文件的格式，使用该格式压缩音乐，可大大减少音频的损失程度。本实例主要针对【输出音频文件】的方法进行练习，如图 12.26 所示。

图 12.26

步骤 01 打开配套资源中的 02.prproj，如图 12.27 所示。

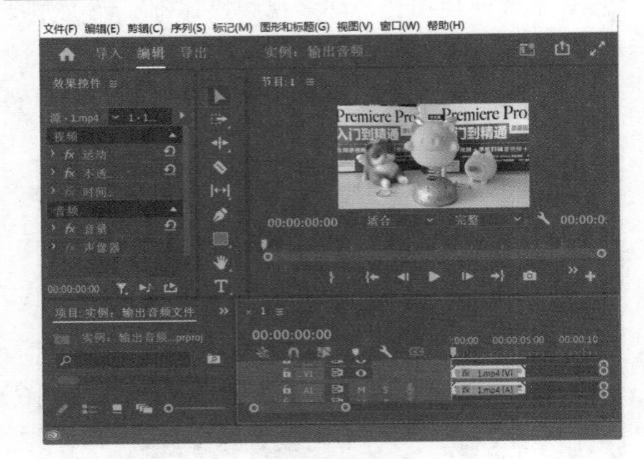

图 12.27

步骤 02 选择【时间轴】面板，执行【文件】/【导出】/【媒体】命令，或者使用快捷键Ctrl+M打开【导出】窗口，如图 12.28 所示。

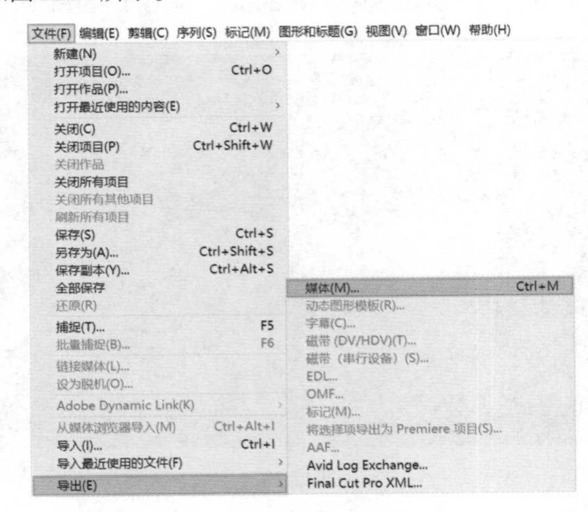

图 12.28

步骤 03 在【导出设置】面板中设置【格式】为MP3。然后单击【位置】右侧的保存路径，在弹出的【另存为】对话框中设置文件的保存路径及文件名，设置完成后单击【保存】按钮，最后单击【导出】按钮，如图12.29所示。

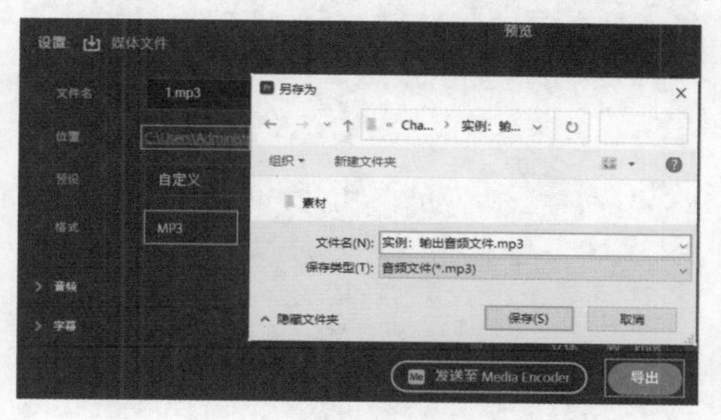

图 12.29

步骤 04 输出完成后，在刚刚设置的保存路径中即可出现MP3格式的音频文件，如图12.30所示。

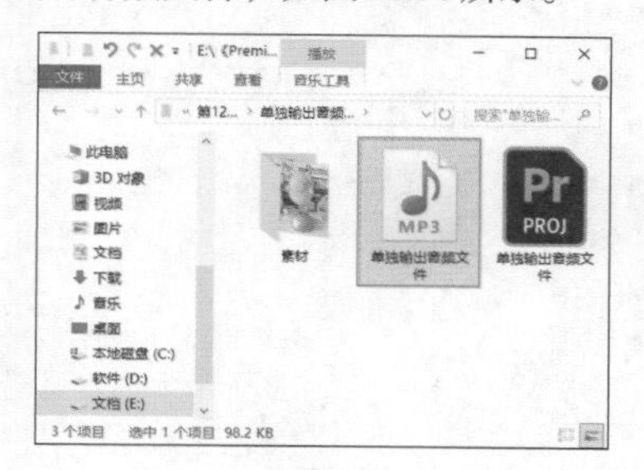

图 12.30

实例：输出GIF表情包

文件路径：Chapter 12 输出作品→实例：输出GIF表情包

GIF采用无损压缩存储，在不影响图像质量的情况下，可以生成很小的文件，其次它可以制作动画，这是它最突出的一个特点。本实例主要针对【输出GIF表情包】的方法进行练习，如图12.31所示。

扫一扫，看视频

图 12.31

步骤 01 打开配套资源中的03.prproj，如图12.32所示。

图 12.32

步骤 02 选择【时间轴】面板，执行【文件】/【导出】/【媒体】命令，或者使用快捷键Ctrl+M打开【导出】窗口，如图12.33所示。

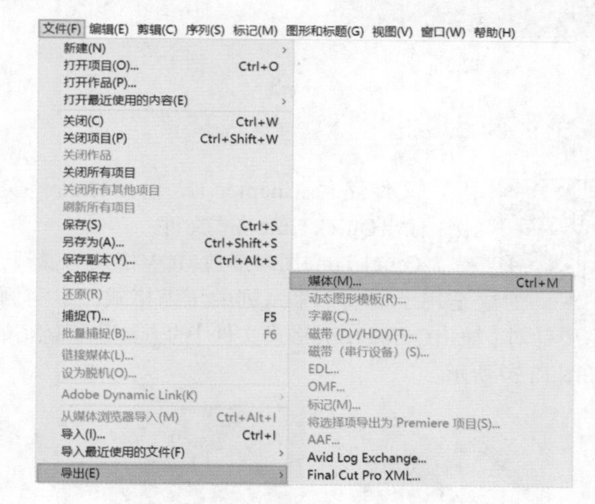

图 12.33

步骤 03 在【导出设置】面板中设置【格式】为GIF。然后单击【位置】右侧的保存路径，在弹出的【另存为】对话框中设置文件的保存路径及文件名，设置完成后单击【保存】按钮。最后勾选【使用最高渲染质量】复选框，并单击【导出】按钮，如图12.34所示。

步骤 04 此时会在弹出的对话框中显示渲染进度条，如图12.35所示。当输出完成后，在所设置的保存路径中出现刚刚输出的GIF文件，如图12.36所示。

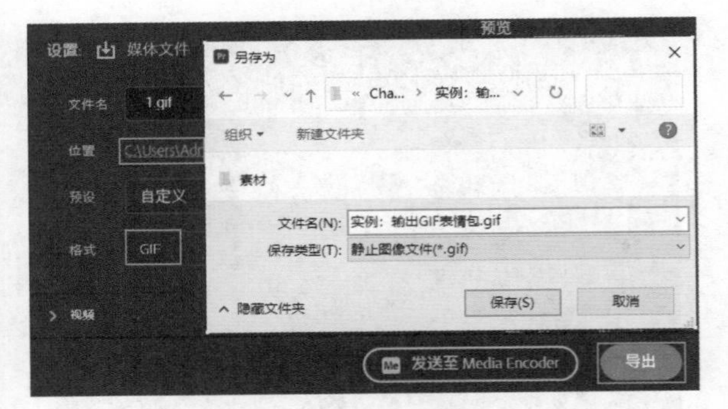

图 12.34

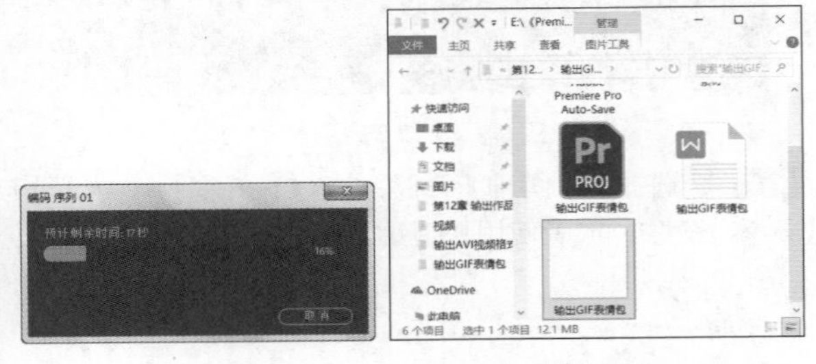

图 12.35　　图 12.36

实例：输出QuickTime格式文件

扫一扫，看视频

文件路径：Chapter 12　输出作品→实例：输出QuickTime格式文件

QuickTime用来播放MOV格式的视频，适用于播放苹果系列的压缩格式。本实例主要针对【输出QuickTime格式文件】的方法进行练习，如图12.37所示。

图 12.37

步骤 01 打开配套资源中的04.prproj，如图12.38所示。

步骤 02 选择【时间轴】面板，执行【文件】/【导出】/【媒体】命令，或者使用快捷键Ctrl+M打开【导出】窗口，如图12.39所示。

图 12.38

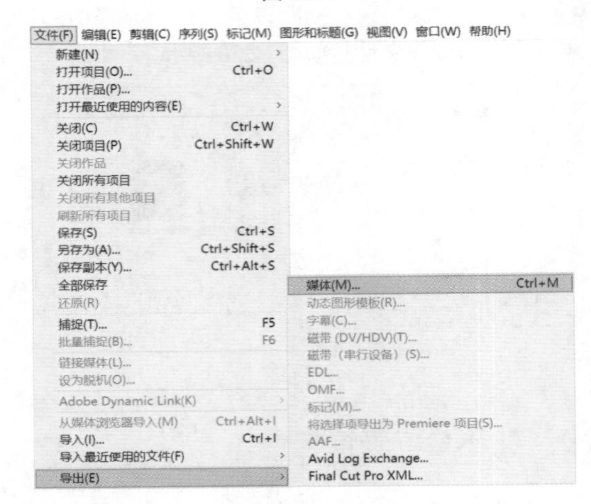

图 12.39

步骤 03 在【导出设置】面板中设置【格式】为QuickTime，【预设】为PAL DV。然后单击【位置】右侧的保存路径，在弹出的【另存为】对话框中设置保存路径和文件名，设置完成后单击【保存】按钮，最后单击【导出】按钮，如图12.40所示。

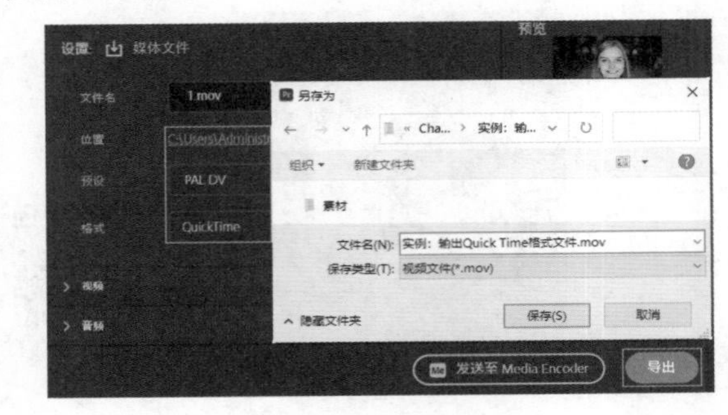

图 12.40

步骤 04 此时在弹出的对话框中显示渲染进度条，如图12.41所示。等待视频输出完成后，即可看到设置的保存路径中出现了【输出QuickTime格式文件】，如图12.42所示。

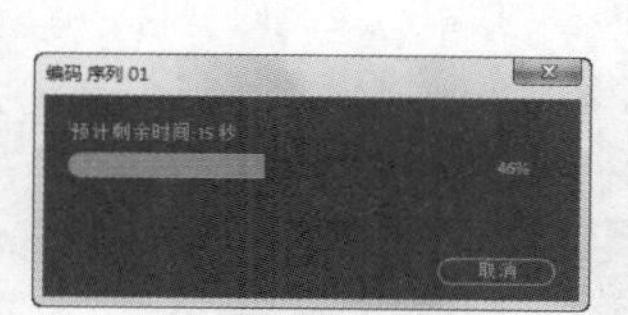

图 12.41

图 12.42

实例：输出单帧图片

文件路径：Chapter 12 输出作品→实例：输出单帧图片

扫一扫，看视频

单帧图片是指一幅静止的画面，将动态影像输出为单帧图片在Premiere Pro中尤为简单，在输出时将【格式】设置为BMP即可完成操作。本实例主要针对【输出单帧图片】的方法进行练习，如图12.43所示。

图 12.43

步骤 01 打开配套资源中的05.prproj，如图12.44所示。

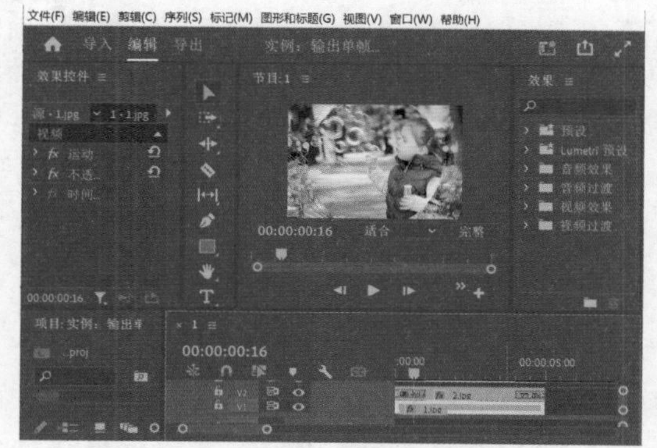

图 12.44

步骤 02 选择【时间轴】面板，执行【文件】/【导出】/【媒体】命令，或者使用快捷键Ctrl+M打开【导出】窗口，如图12.45所示。

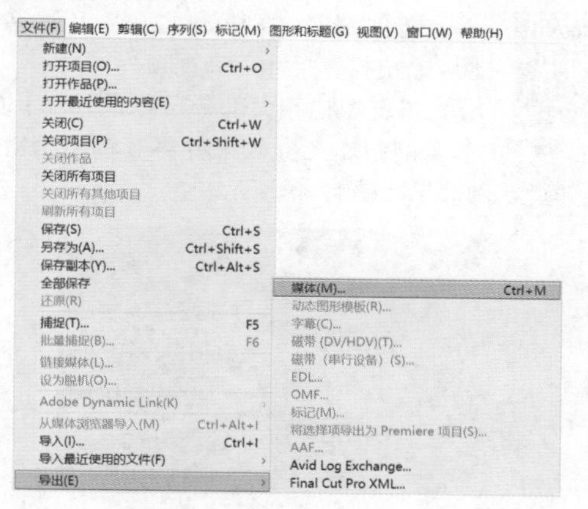

图 12.45

步骤 03 在【导出设置】面板中设置【格式】为BMP。然后单击【输出名称】右侧的保存路径，在弹出的【另存为】对话框中设置文件的保存路径及文件名，设置完成后单击【保存】按钮，然后取消勾选【导出为序列】复选框，单击【导出】按钮，如图12.46所示。

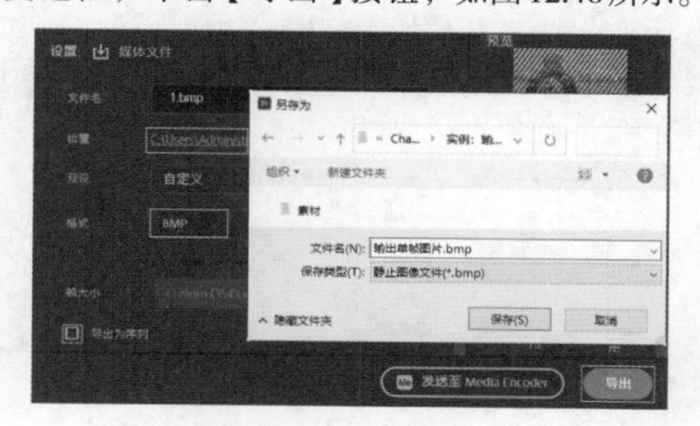

图 12.46

步骤 04 输出完成后，在刚刚设置的保存路径中即可查看单帧图片文件，如图12.47所示。

图 12.47

实例：输出抖音尺寸三屏视频

扫一扫，看视频

文件路径：Chapter 12 输出作品→实例：输出抖音尺寸三屏视频

抖音短视频大部分尺寸是1080×1920，本实例制作三屏效果并将其输出为MP4格式视频。实例效果如图12.48所示。

图 12.48

步骤 01 在Premiere Pro软件中新建一个项目，接着在【项目】面板的空白处右击，执行【新建项目】/【序列】命令，在弹出的【新建序列】窗口中选择【设置】模块，设置【编辑模式】为【自定义】，【时基】为【24.00帧/秒】，【帧大小】为1080，【水平】为1920，【像素长宽比】为【方形像素（1.0）】，【序列名称】为【序列01】。执行【文件】/【导入】命令，导入1.mp4素材文件，如图12.49所示。

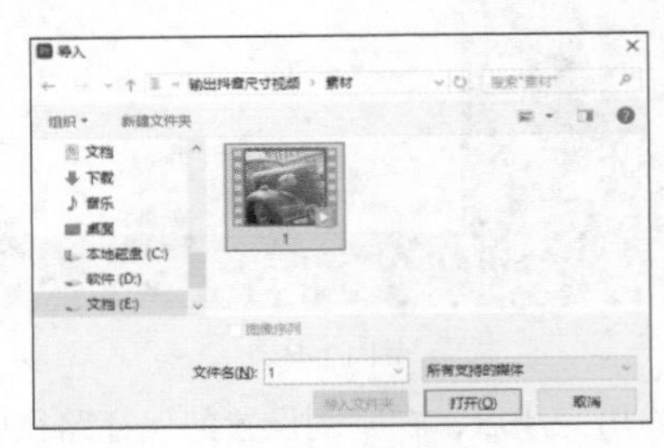
图 12.49

步骤 02 在【项目】面板中选择1.mp4视频素材，将其拖曳到【时间轴】面板中的V1轨道上，如图12.50所示。此时会弹出【剪辑不匹配警告】窗口，选择【保持现有设置】，如图12.51所示。

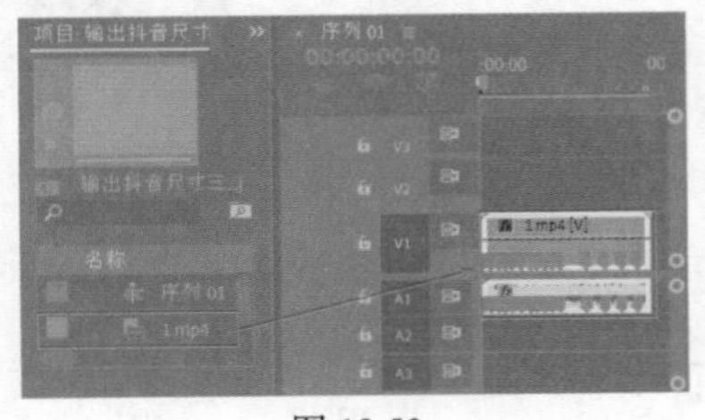
图 12.50

图 12.51

步骤 03 调整素材大小。在【时间轴】面板中选择1.mp4视频素材，在【效果控件】面板中展开【运动】属性，设置【位置】为（540,1600），【缩放】为123，如图12.52所示。此时视频移动到序列底部，如图12.53所示。

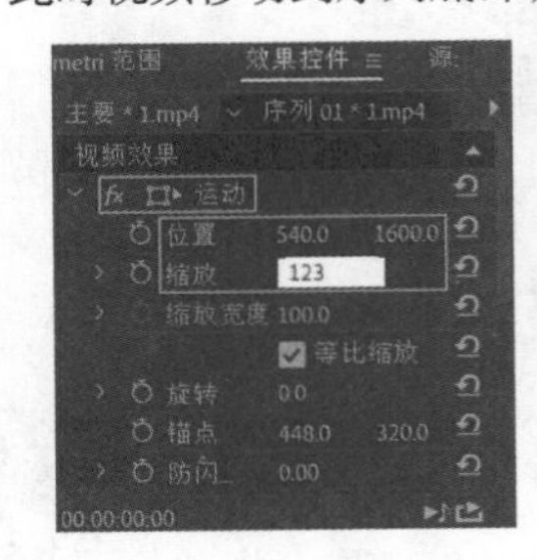
图 12.52

图 12.53

步骤 04 选择V1轨道上的视频素材，按住Alt键的同时按住鼠标左键分别向V2和V3轨道上移动，释放鼠标后完成复制，如图12.54所示。

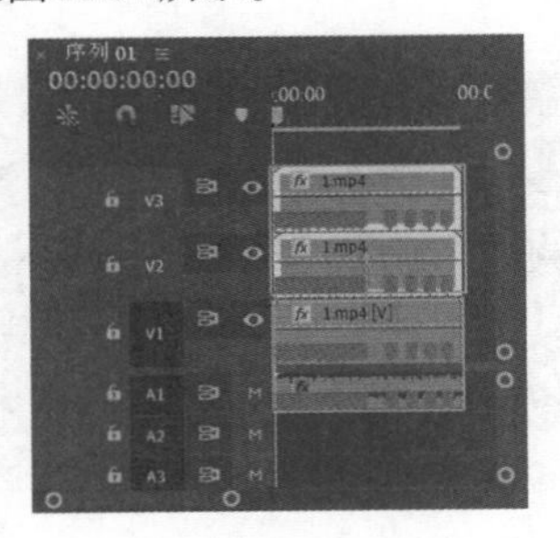
图 12.54

步骤 05 选择V2轨道上的视频素材，在【效果控件】面板中更改【位置】为（540,930），然后选择V3轨道上的视频素材，更改【位置】为（540,285），如图12.55和图12.56所示。

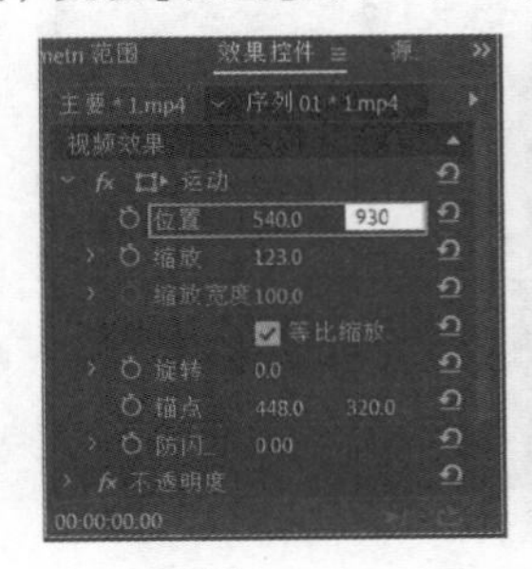
图 12.55

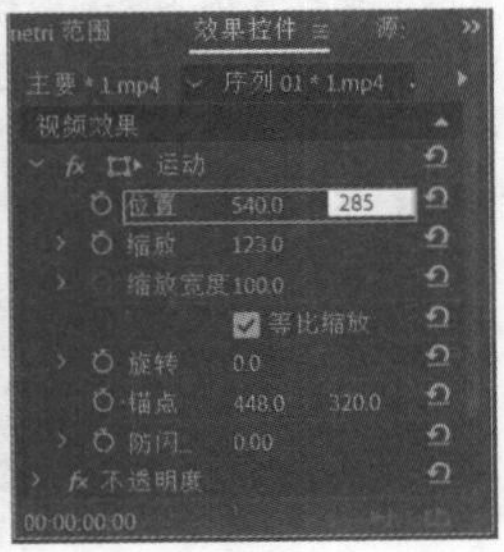

图 12.56

步骤 06 此时滑动时间线查看三屏效果，如图12.57所示。

图 12.57

步骤 07 选择【时间轴】面板，执行【文件】/【导出】/【媒体】命令，或者使用快捷键Ctrl+M打开【导出】窗口，如图12.58所示。

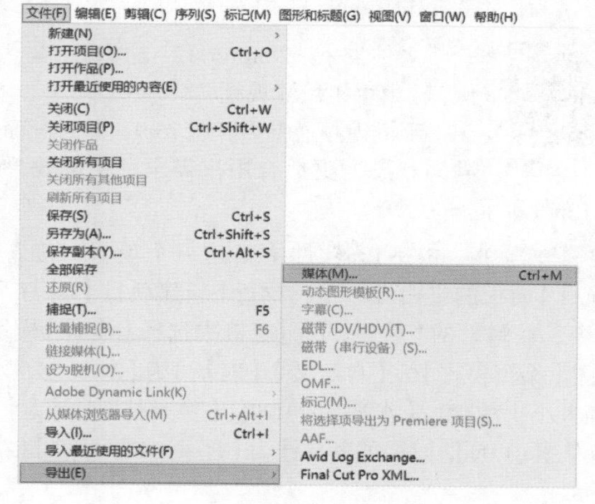

图 12.58

步骤 08 在【导出设置】面板中设置【格式】为H.264。然后单击【位置】右侧的保存路径，在弹出的【另存为】对话框中设置文件的保存路径及文件名，设置完成后单击【保存】按钮，如图12.59所示。最后勾选【使用最高渲染质量】复选框，单击【导出】按钮即可开始渲染。

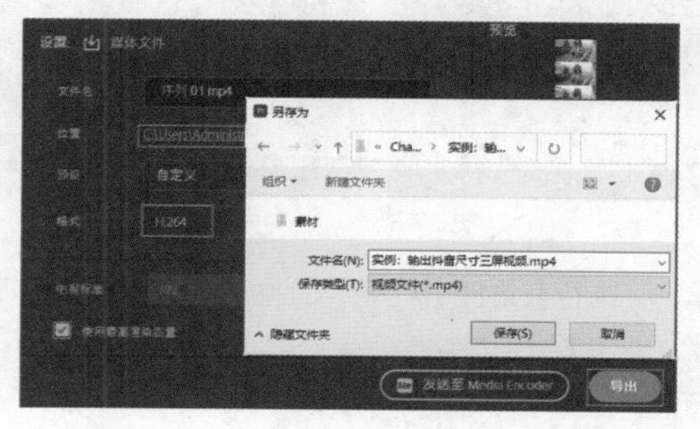

图 12.59

步骤 09 在渲染过程中会在弹出的对话框中显示渲染进度条，如图12.60所示。渲染完成后，在保存的路径中即可出现MP4格式视频，如图12.61所示。

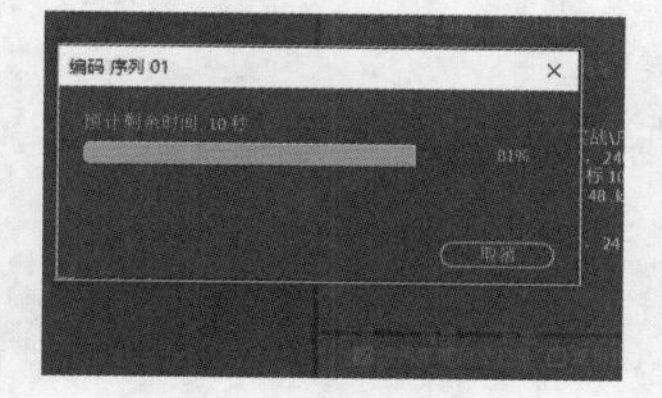

图 12.60

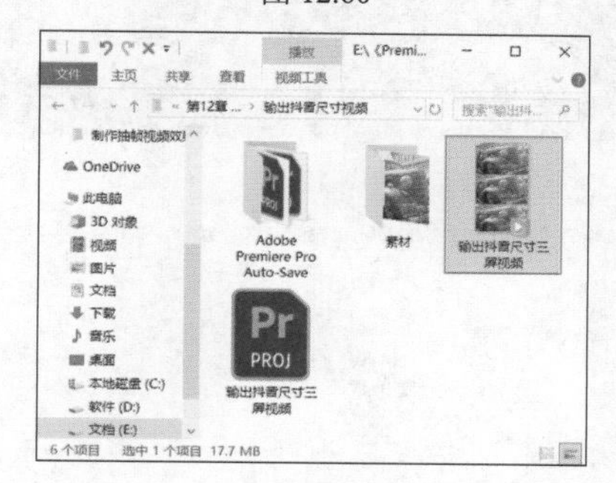

图 12.61

实例：输出静帧序列

文件路径：Chapter 12 输出作品→实例：输出静帧序列

扫一扫，看视频

连续的单帧图像就形成了动态效果，而动态效果可以输出为静帧序列图像。本实例主要针对【输出静帧序列】的方法进行练习，如图12.62所示。

图 12.62

步骤 01 打开配套资源中的06.prproj，如图12.63所示。

步骤 02 选择【时间轴】面板，执行【文件】/【导出】/【媒体】命令，或者使用快捷键Ctrl+M打开【导出】窗口，如图12.64所示。

图 12.63

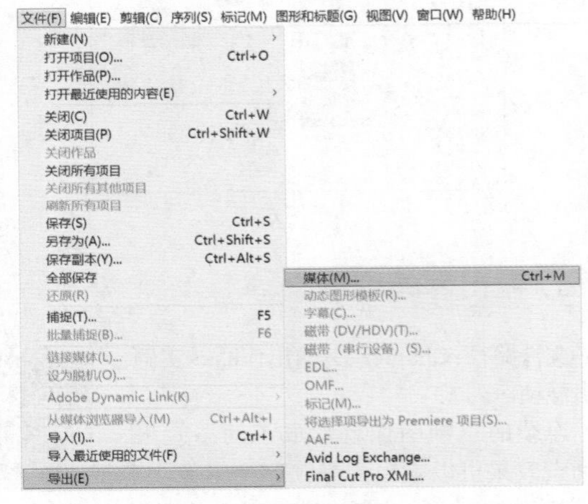

图 12.64

步骤 03 在【导出设置】面板中设置【格式】为Targa。然后单击【位置】右侧的保存路径，在弹出的【另存为】对话框中设置保存路径和文件名称，设置完成后单击【保存】按钮，然后单击【导出】按钮，如图12.65所示。

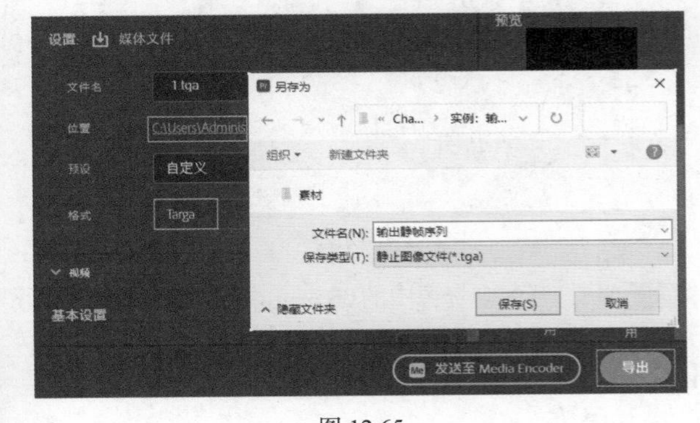

图 12.65

步骤 04 此时会在弹出的对话框中显示渲染进度条，如图12.66所示。当序列渲染完成后，在设置的保存路径中出现多个静帧序列文件，如图12.67所示。

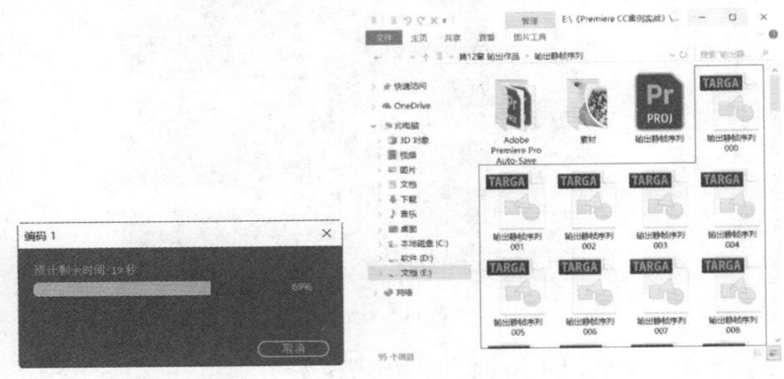

图 12.66　　图 12.67

实例：输出手机尺寸视频

扫一扫，看视频

文件路径：Chapter 12　输出作品→实例：输出手机尺寸视频

手机视频通常为竖版16:9，此时画面为满屏状态，更适合用户需求。实例效果如图12.68所示。

步骤 01 在Premiere Pro软件中新建一个项目，接着在【项目】面板的空白处右击，执行【新建项目】/【序列】命令，在弹出的【新建序列】窗口中选择【设置】模块，设置【编辑模式】为【自定义】，【时基】为【24.00帧/秒】，【帧大小】为720，【水平】为1080，【像素长宽比】为【方形像素（1.0）】，【序列名称】为【序列01】，如图12.69所示。

图 12.68　　图 12.69

步骤 02 执行【文件】/【导入】命令，导入1.mp4素材文件，如图12.70所示。

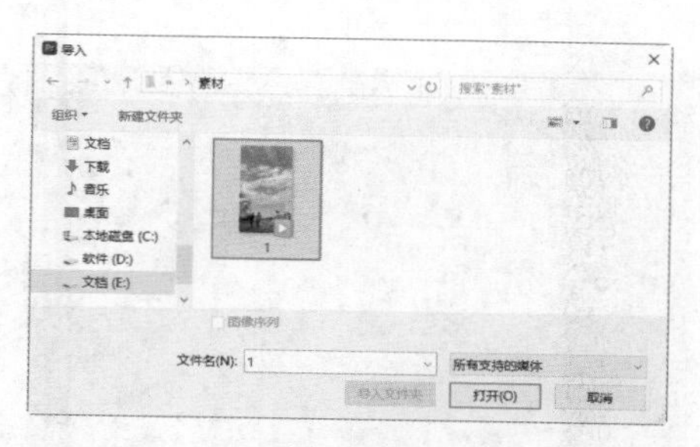

图 12.70

步骤 03 在【项目】面板中选择1.mp4视频素材，将其拖曳到【时间轴】面板中的V1轨道上，如图12.71所示。此时会弹出【剪辑不匹配警告】窗口，选择【保持现有设置】，如图12.72所示。

图 12.71

图 12.72

步骤 04 调整素材大小。在【时间轴】面板中选择1.mp4视频素材，在【效果控件】面板中展开【运动】属性，设置【位置】为(360,460)，【缩放】为132，如图12.73所示。此时画面与序列大小相匹配，如图12.74所示。

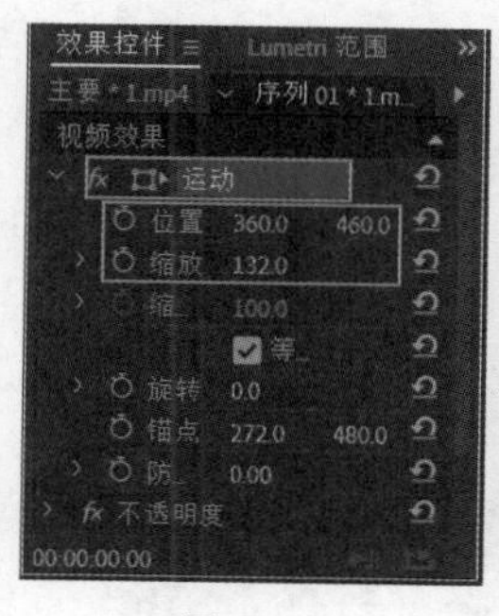

图 12.73

图 12.74

步骤 05 选择【时间轴】面板，执行【文件】/【导出】/【媒体】命令，打开【导出】窗口，如图12.75所示。

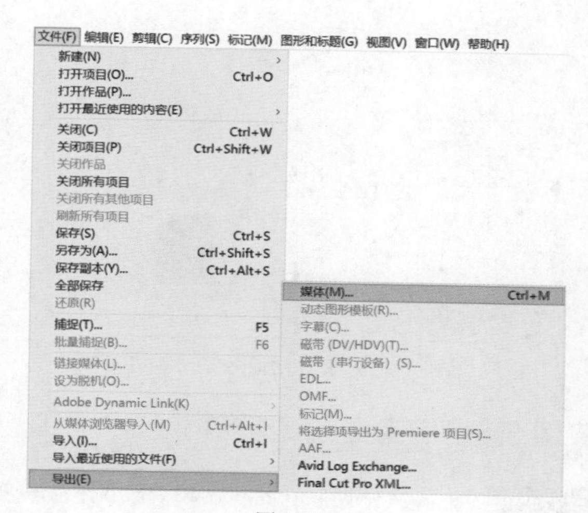

图 12.75

步骤 06 在【导出设置】面板中设置【格式】为H.264。然后单击【位置】右侧的保存路径，在弹出的【另存为】对话框中设置文件的保存路径及文件名，设置完成后单击【保存】按钮，如图12.76所示。最后勾选【使用最高渲染质量】复选框。

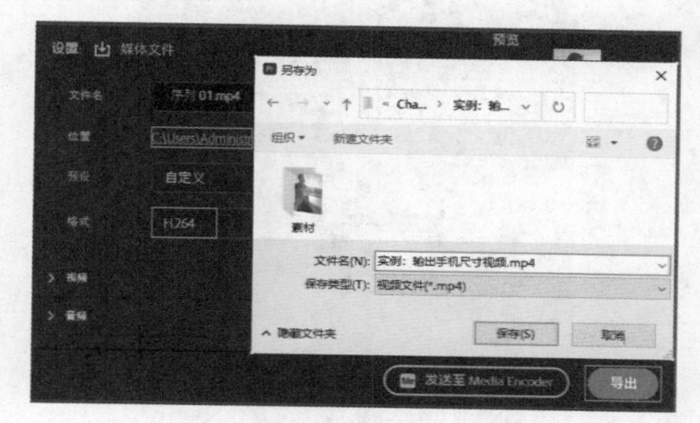

图 12.76

步骤 07 单击窗口底部的【导出】按钮即可开始渲染，此时会在弹出的对话框中显示渲染进度条，如图12.77所示。渲染完成后，在保存的路径中即可出现MP4格式视频，如图12.78所示。

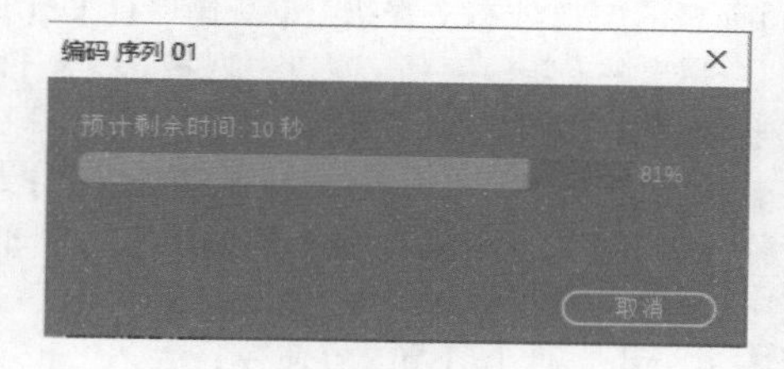

图 12.77

图 12.78

实例：输出淘宝主图视频尺寸

扫一扫，看视频

文件路径：Chapter 12 输出作品→实例：输出淘宝主图视频尺寸

淘宝主图视频尺寸为1:1或3:4，本实例主要针对淘宝主图视频尺寸进行输出。实例效果如图12.79所示。

图 12.79

步骤 01 在Premiere Pro软件中新建一个项目，接着在【项目】面板的空白处右击，执行【新建项目】/【序列】命令，在弹出的【新建序列】窗口中选择【设置】模块，设置【编辑模式】为【自定义】,【时基】为【25.00帧/秒】,【帧大小】为750,【水平】为1000,【像素长宽比】为【方形像素(1.0)】,【序列名称】为【序列01】，如图12.80所示。

步骤 02 执行【文件】/【导入】命令，导入1.mp4素材文件，如图12.81所示。

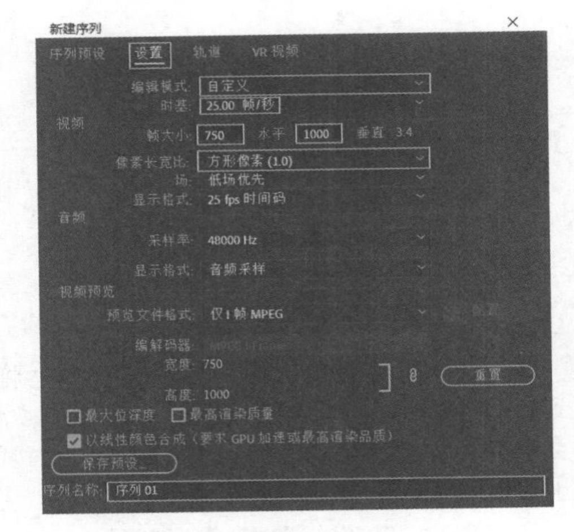

图 12.80

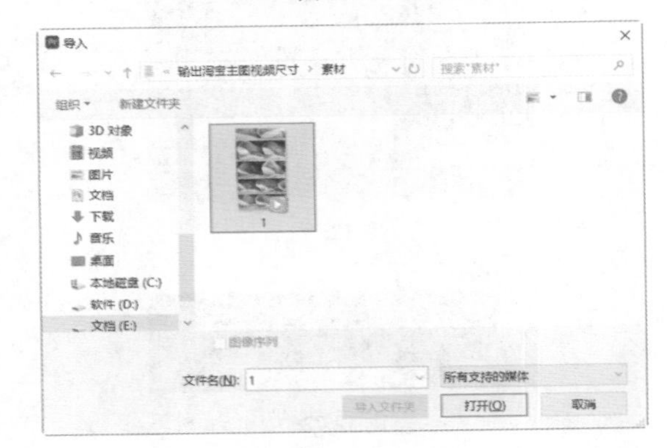

图 12.81

步骤 03 在【项目】面板中选择1.mp4视频素材，将其拖曳到【时间轴】面板中的V1轨道上，如图12.82所示。此时会弹出【剪辑不匹配警告】窗口，选择【保持现有设置】，如图12.83所示。

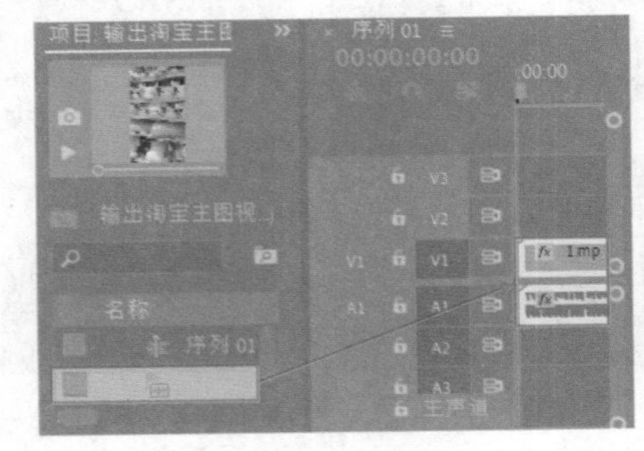

图 12.82

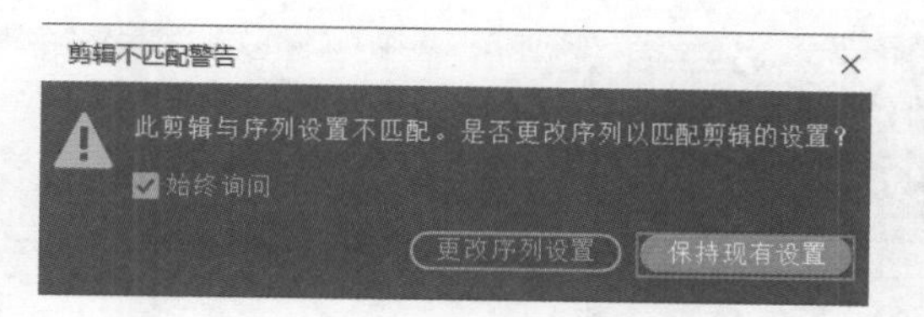

图 12.83

步骤 04 调整素材大小。在【时间轴】面板中选择1.mp4视频素材，在【效果控件】面板中展开【运动】属性，设置【位置】为(375,663)，【缩放】为238，如图12.84所示。此时画面与序列大小相匹配，如图12.85所示。

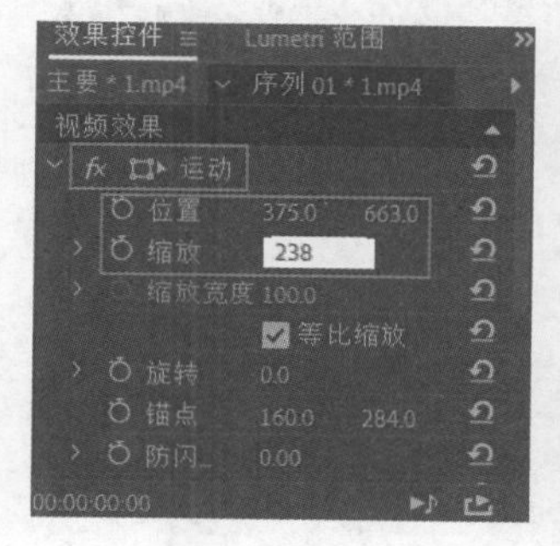

图 12.84

图 12.85

步骤 05 选择【时间轴】面板，执行【文件】/【导出】/【媒体】命令，或者使用快捷键Ctrl+M打开【导出】窗口，如图12.86所示。

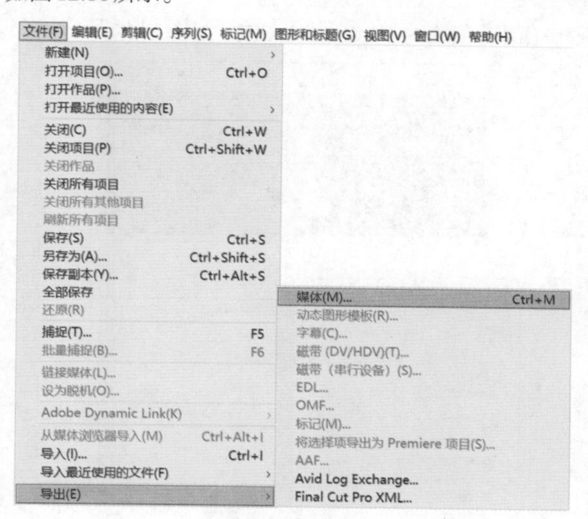

图 12.86

步骤 06 在【导出设置】面板中设置【格式】为H.264。然后单击【位置】右侧的保存路径，在弹出的【另存为】对话框中设置文件的保存路径及文件名，设置完成后单击【保存】按钮，如图12.87所示。最后勾选【使用最高渲染质量】复选框。

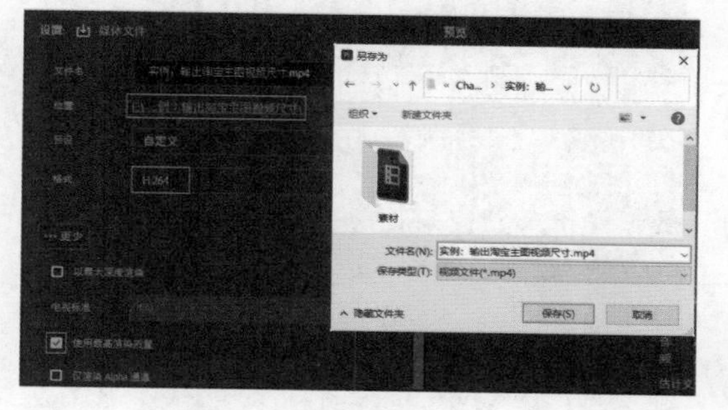

图 12.87

步骤 07 单击窗口底部的【导出】按钮即可开始渲染，此时会在弹出的对话框中显示渲染进度条，如图12.88所示。渲染完成后，在保存的路径中即可出现MP4格式视频，如图12.89所示。

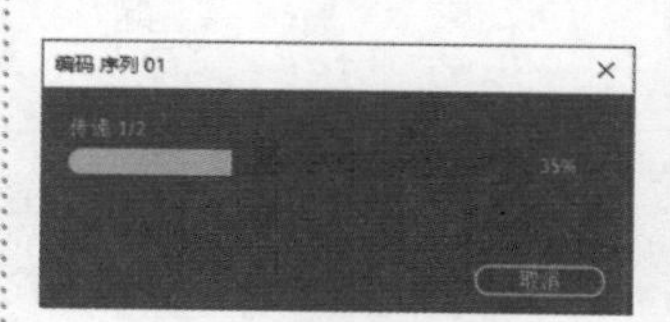

图 12.88

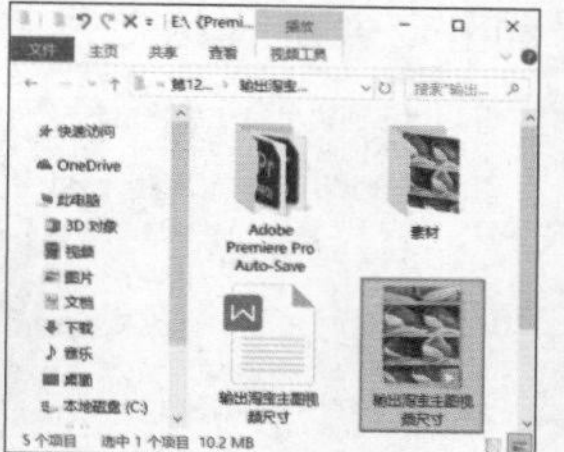

图 12.89

实例：输出小格式视频

文件路径:Chapter 12 输出作品→实例：输出小格式视频

扫一扫，看视频

小格式视频能有效地减少视频在中转时所带来的烦琐性。本实例主要针对【输出小格式视频】的方法进行练习，如图12.90所示。

图 12.90

步骤 01 打开配套资源中的07.prproj，如图12.91所示。

图 12.91

步骤 02 选择【时间轴】面板，执行【文件】/【导出】/【媒体】命令，或者使用快捷键Ctrl+M打开【导出】窗口，如图12.92所示。

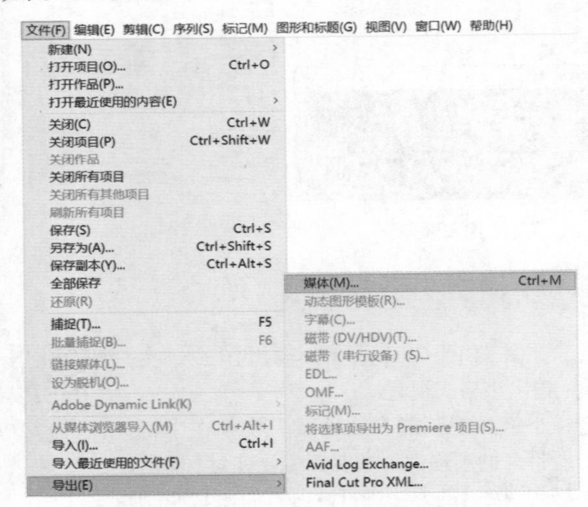

图 12.92

步骤 03 在【导出设置】面板中设置【格式】为H.264。然后单击【位置】右侧的保存路径，在弹出的【另存为】对话框中设置保存路径和文件名，设置完成后单击【保存】按钮，如图12.93所示。

步骤 04 在【视频】选项中展开【比特率设置】选项组，设置【目标比特率】和【最大比特率】均为最小值，单击【导出】按钮，如图12.94所示。

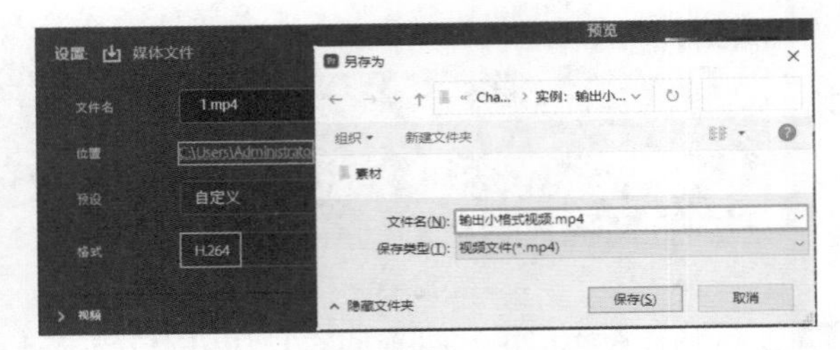

图 12.93

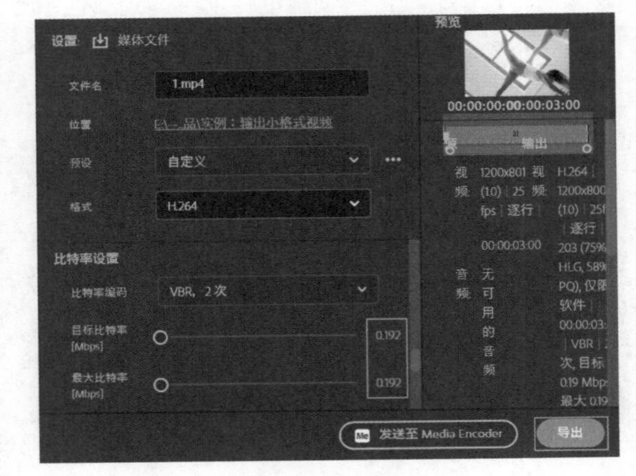

图 12.94

步骤 05 此时在弹出的对话框中显示渲染进度条，如图12.95所示。等待视频输出完成后，在刚刚的保存路径中出现【输出小格式视频】文件，如图12.96所示。

图 12.95

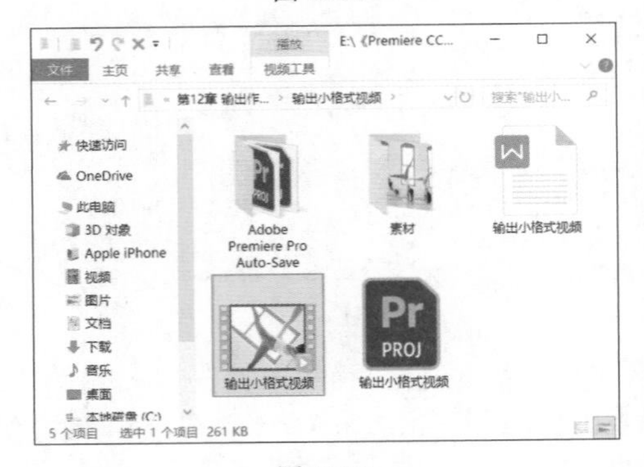

图 12.96

12.4 使用 Adobe Media Encoder 渲染

Adobe Media Encoder是视频、音频编码程序，可用于渲染输出不同格式的作品。需要安装与Adobe Premiere Pro 2023版本一致的Adobe Media Encoder 2023，才可以打开并使用Adobe Media Encoder。

扫一扫，看视频

Adobe Media Encoder界面包括5大部分，分别是【媒体浏览器】【预设浏览器】【队列】【监视文件夹】和【编码】面板，如图12.97所示。

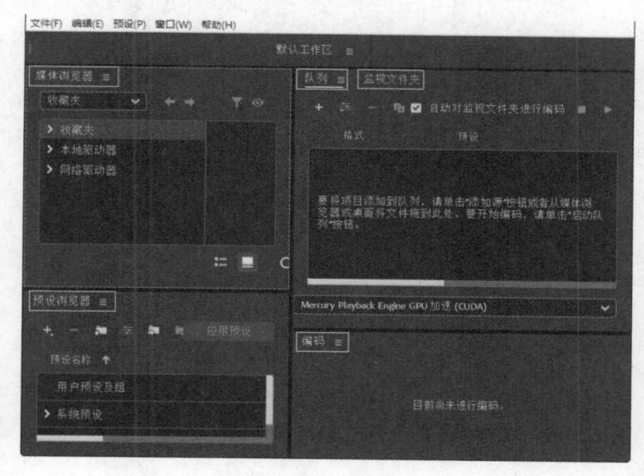

图 12.97

1. 媒体浏览器

使用媒体浏览器，可以在将媒体文件添加到队列之前预览这些文件，如图12.98所示。

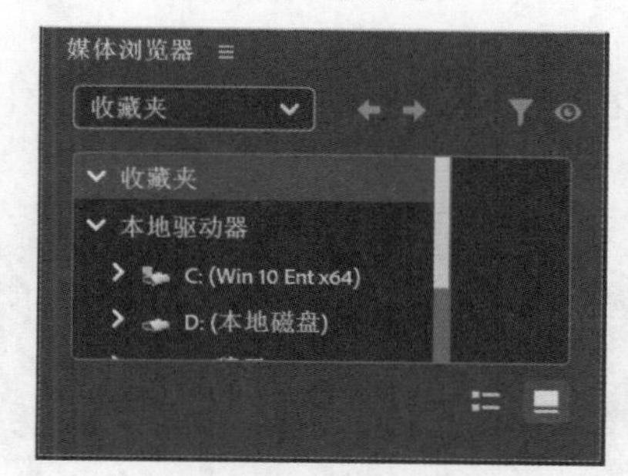

图 12.98

2. 预设浏览器

预设浏览器提供了各种选项，这些选项可帮助简化Adobe Media Encoder 中的工作流程，如图12.99所示。

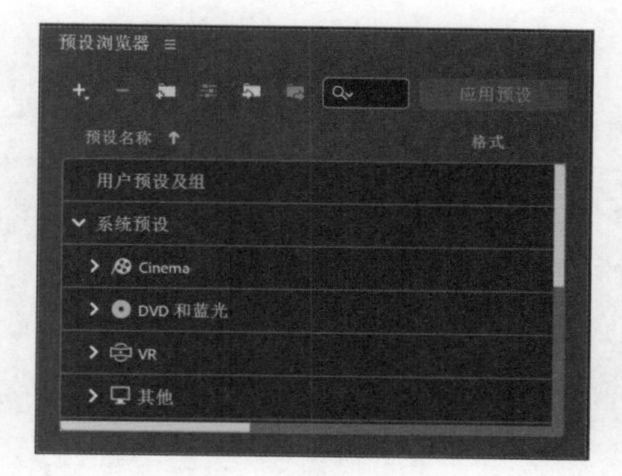

图 12.99

3. 队列

将想要编码的文件添加到【队列】面板中。可以将源视频或音频文件、Adobe Premiere Pro 序列和 Adobe After Effects 合成添加到要编码的项目队列中，如图12.100所示。

图 12.100

4. 监视文件夹

硬盘驱动器中的任何文件夹都可以被指定为【监视文件夹】。当选择【监视文件夹】后，任何添加到该文件夹的文件都将使用所选预设进行编码，如图12.101所示。

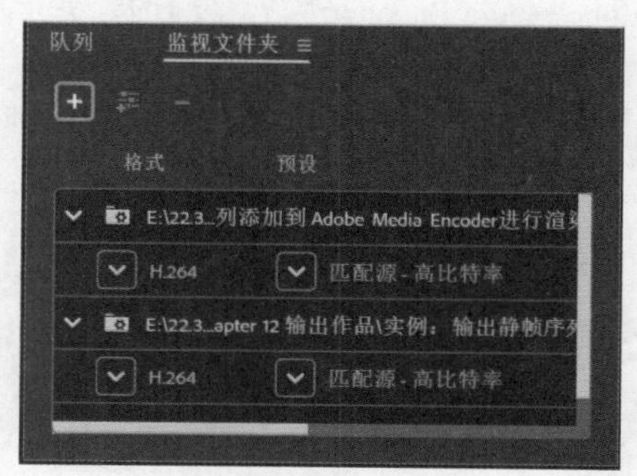

图 12.101

5. 编码

【编码】面板提供了有关每个编码项目的状态信息，如图12.102所示。

图 12.102

提示：除了修改比特率的方法外，还有什么方法可以让视频变小？

有时需要渲染特定格式的视频，但是这些格式在Premiere Pro渲染完成后文件依然很大。那么怎么办呢？建议下载并安装一些视频转换软件（可百度【视频转换软件】选择一两款下载安装），这些软件可以快速将较大的文件转为较小的文件，而且还可以将格式更改为需要的其他格式。

实例：将序列添加到Adobe Media Encoder进行渲染

扫一扫，看视频

文件路径：Chapter 12 输出作品→实例：将序列添加到Adobe Media Encoder进行渲染

Adobe Media Encoder是一个视频和音频编码应用程序，同时也可以对图片进行转码，支持常见的jpg、gif、tif、png等，本实例主要针对【将序列添加到Adobe Media Encoder进行渲染】的方法进行练习，如图12.103所示。

图 12.103

步骤 01 打开配套资源中的【实例：将序列添加到Adobe Media Encoder进行渲染.prproj】，如图12.104所示。

图 12.104

步骤 02 选择【时间轴】面板，执行【文件】/【导出】/【媒体】命令，或者使用快捷键Ctrl+M打开【导出】窗口，如图12.105所示。

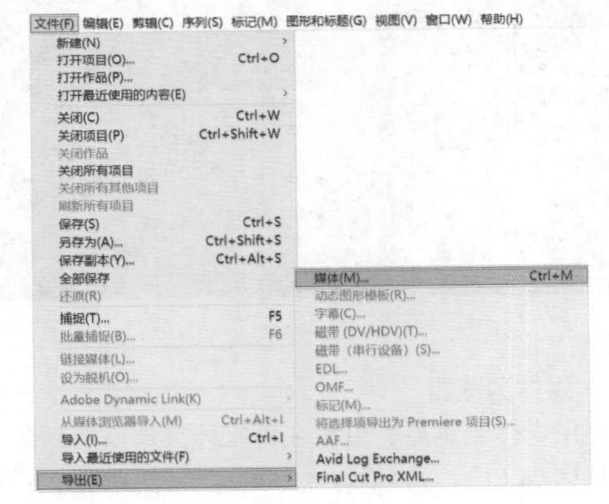

图 12.105

步骤 03 在【导出设置】面板中单击底部的【发送至Media Encoder】按钮，如图12.106所示。

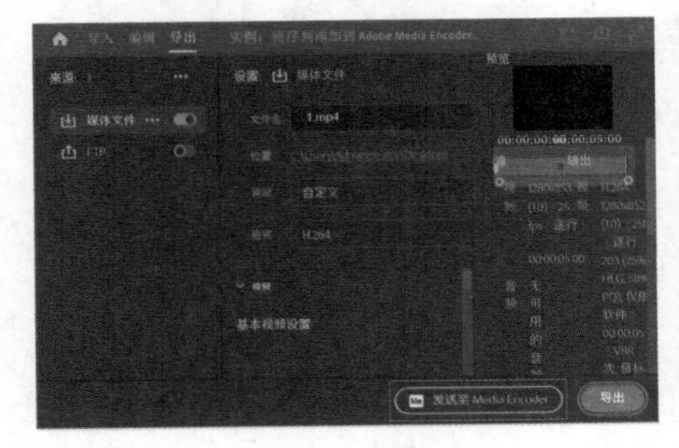

图 12.106

步骤 04 此时正在开启Adobe Media Encoder，如图12.107所示。

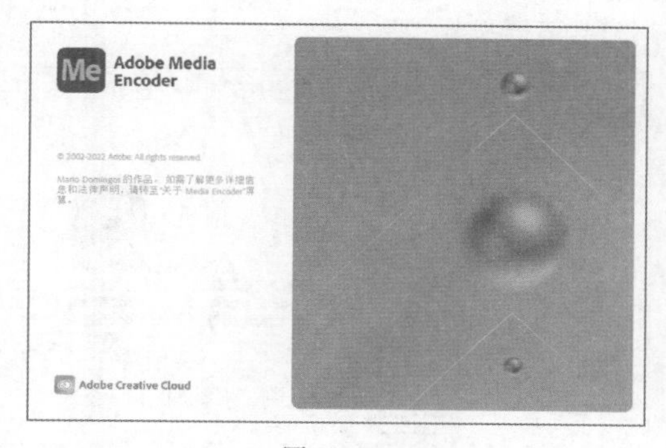

图 12.107

步骤 05 此时已经打开了Adobe Media Encoder，如图12.108所示。

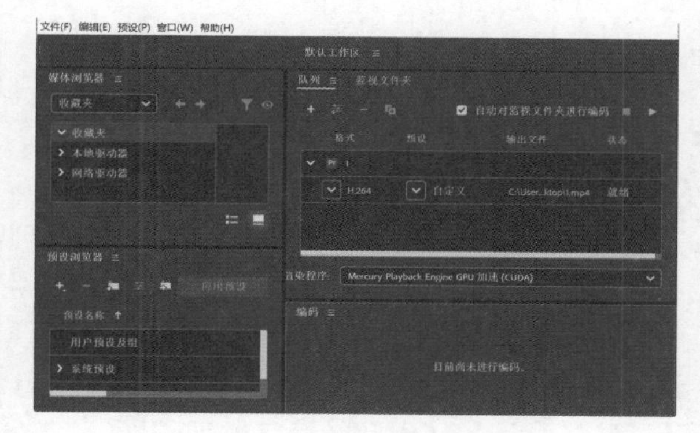

图 12.108

步骤 06 单击进入【队列】面板，单击按钮，选择H.264，然后设置保存文件的位置和名称，如图12.109所示。

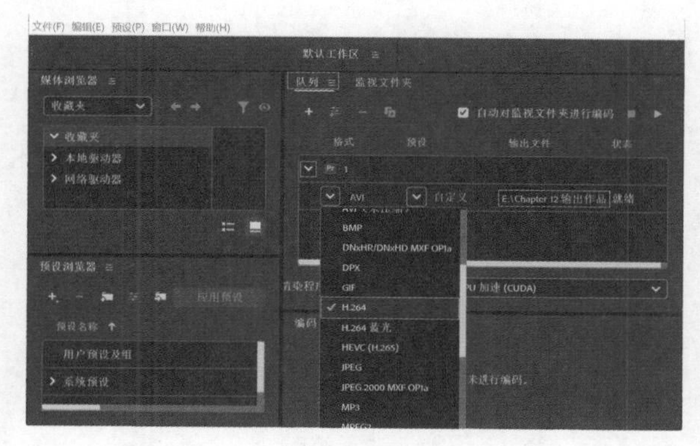

图 12.109

步骤 07 单击H.264，如图12.110所示。

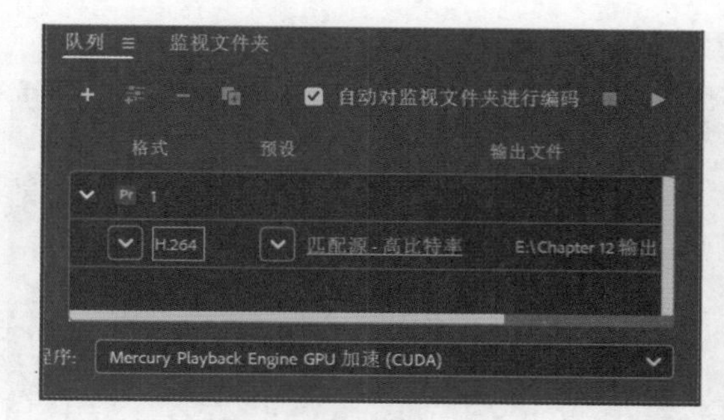

图 12.110

步骤 08 在弹出的【导出设置】面板中单击【视频】，设置【目标比特率】为5、【最大比特率】为5，如图12.111所示。

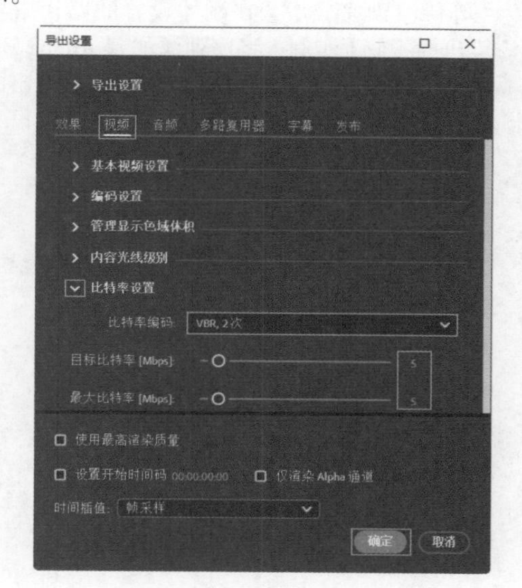

图 12.111

步骤 09 单击右上角的（启动队列）按钮，如图12.112所示。

图 12.112

步骤 10 此时开始进行渲染，如图12.113所示。

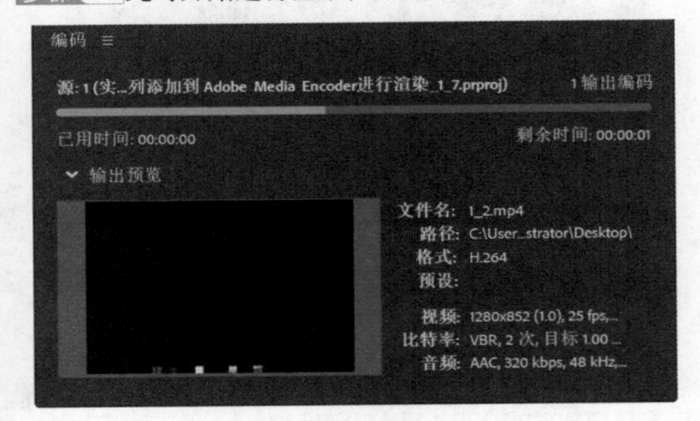

图12.113

步骤 11 等待渲染完成后，在刚才设置的路径中可以找到渲染出的视频【实例：将序列添加到 Adobe Media Encoder进行渲染.mp4】，如图12.114所示。渲染出的文件是非常小的，但是画面清晰度还是不错的，若需要更小的视频文件，可以将刚才的【目标比特率】和【最大比特率】数值再调小一些。

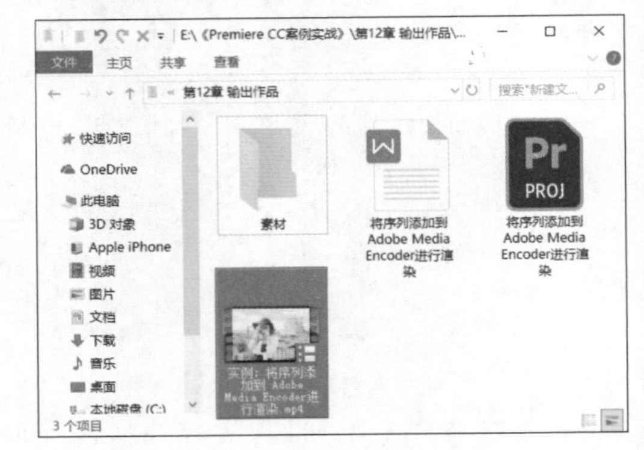

图12.114

广告动画综合应用

本章内容简介：

广告设计是Premiere Pro重要的应用领域之一，Premiere Pro中大量的效果可以模拟不同的画面质感，配合关键帧动画则会创建出动画的更多可能性。本章将重点对广告动画实例进行学习。

重点知识掌握：

- MG动画的制作
- 产品广告的制作
- 饼图动画的制作

综合实例：果蔬电商广告动画

扫一扫，看视频

文件路径：Chapter 13 广告动画综合应用→综合实例：果蔬电商广告动画

果蔬电商广告通常颜色鲜亮，灵活性的布局更突出果蔬特色，使果蔬看起来更加可口。本实例首先使用【颜色遮罩】制作背景，使用【钢笔工具】制作出画面的横幅，接着使用路径文字输入主体文字，并为画面添加动画效果。实例效果如图13.1所示。

图 13.1

Part 01 制作图片部分

步骤 01 执行【文件】/【新建】/【项目】命令，新建一个项目。在【项目】面板的空白处右击，执行【新建项目】/【序列】命令，弹出【新建序列】窗口，在DV-PAL文件夹下选择【标准48kHz】。执行【文件】/【导入】命令，导入全部素材文件，如图13.2所示。

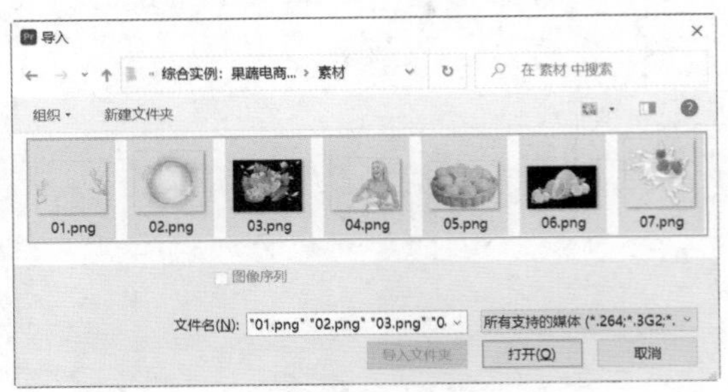

图 13.2

步骤 02 在画面中制作绿色调背景。执行【文件】/【新建】/【颜色遮罩】命令，在弹出的【拾色器】对话框中设置颜色为绿色，此时会弹出一个【选择名称】对话框，设置新遮罩的名称为【颜色遮罩】，如图13.3所示。

图 13.3

步骤 03 将【项目】面板中的【颜色遮罩】素材文件拖曳到V1轨道上并设置结束时间为9秒，如图13.4所示。

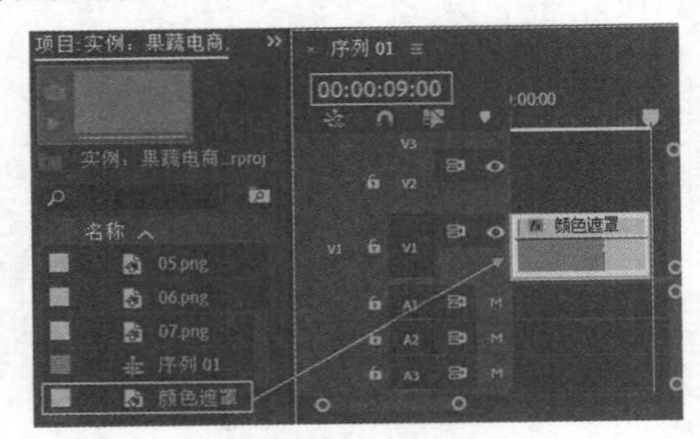

图 13.4

步骤 04 将【项目】面板中的01.png、02.png、03png及04.png素材文件拖曳到【时间轴】面板中的V2~V5轨道上，将01.png、02.png素材文件与下方的【颜色遮罩】对齐，设置03.png素材文件的起始时间为1秒，04.png素材文件的起始时间为2秒，设置它们的结束时间均为9秒，如图13.5所示。

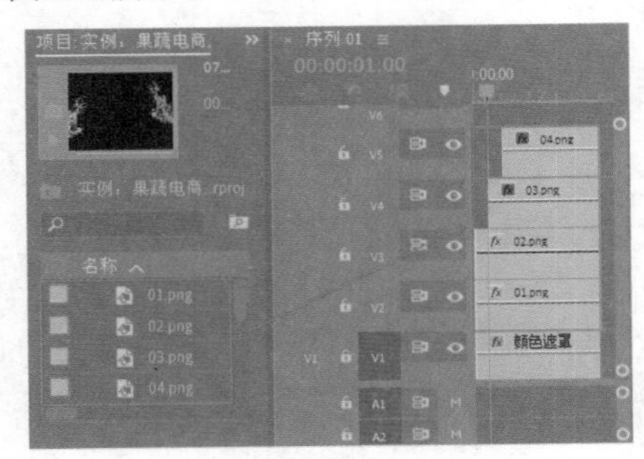

图 13.5

步骤 05 为了便于操作和观看，单击V3~V5轨道前的👁按钮将轨道内容隐藏，然后选择V2轨道上的01.png素材文件，在【效果控件】面板中展开【运动】属性，设置【位置】为(360,253)，展开【不透明度】属性，设置【混合模式】为【强光】；接着将时间滑动到起始帧位置，单击【缩放】前面的按钮，开启自动关键帧，设置【缩放】为120；继续将时间线滑动到15帧位置，设置【缩放】为57，如图13.6所示。此时画面效果如图13.7所示。

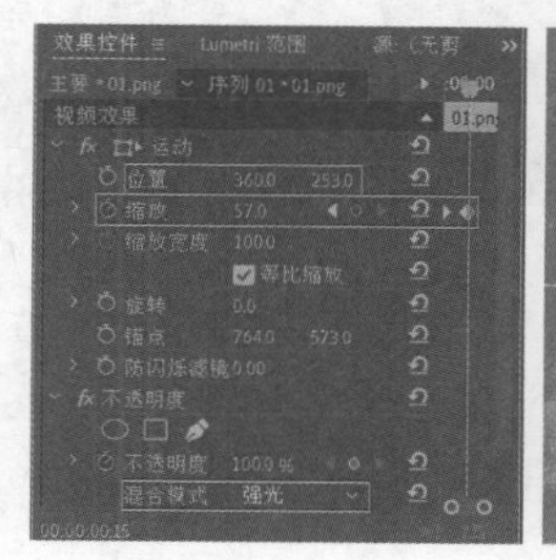

图 13.6

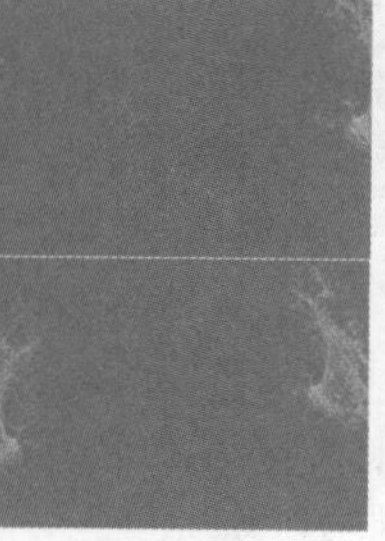

图 13.7

步骤 06 显现并选择V3轨道上的02.png，在【效果控件】面板中展开【运动】属性，设置【位置】为(450,122)，展开【不透明度】属性，设置【混合模式】为【强光】；接着将时间滑动到14帧位置，单击【缩放】前面的按钮，开启自动关键帧，设置【缩放】为0；继续将时间线滑动到1秒位置，设置【缩放】为50，如图13.8所示。此时画面效果如图13.9所示。

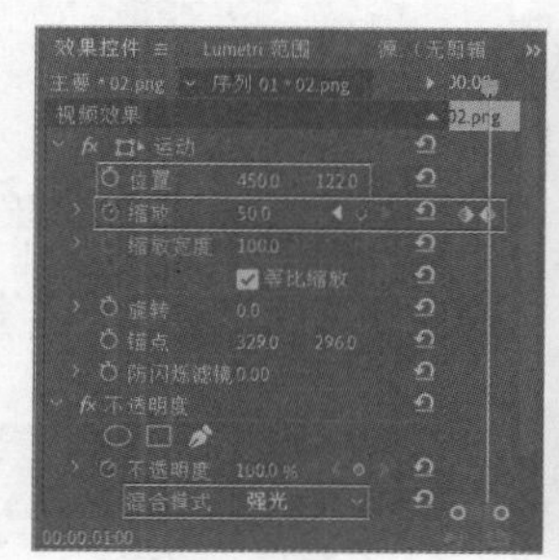

图 13.8

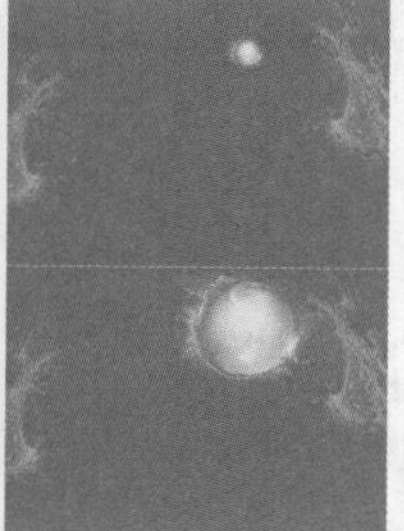

图 13.9

步骤 07 显现并选择V4轨道上的03.png，在【效果控件】面板中设置【位置】为(365,272)，【缩放】为48，如图13.10所示。此时画面效果如图13.11所示。

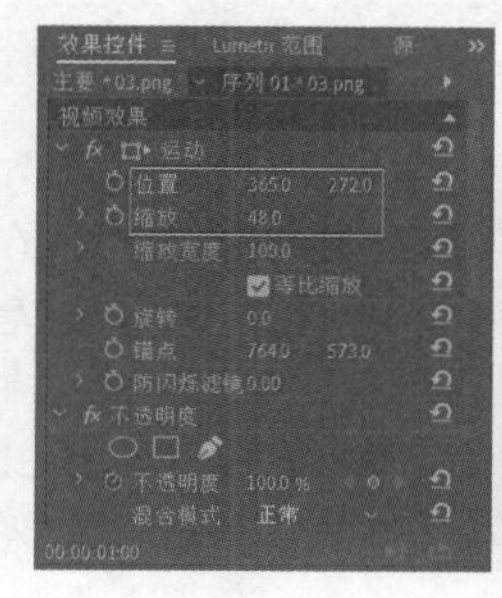

图 13.10

图 13.11

步骤 08 提亮果蔬的颜色。在【效果】面板中搜索【亮度曲线】，按住鼠标左键将该效果拖曳到V4轨道的03.png素材文件上，如图13.12所示。

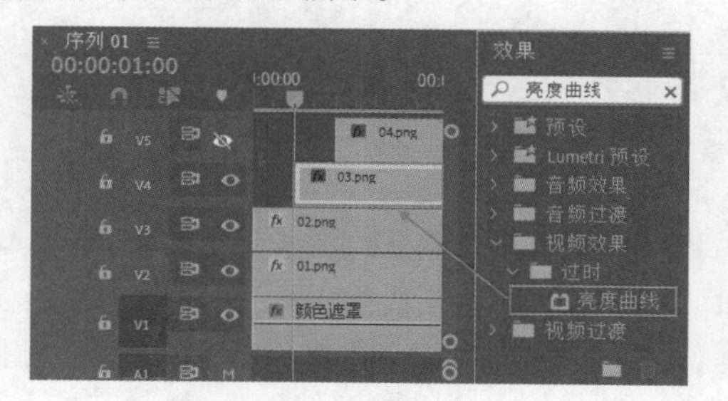

图 13.12

步骤 09 在【效果控件】面板中展开【亮度曲线】效果，在【亮度波形】下方的曲线上单击添加一个控制点并向左上角拖曳，提高画面亮度，如图13.13所示。此时画面效果如图13.14所示。

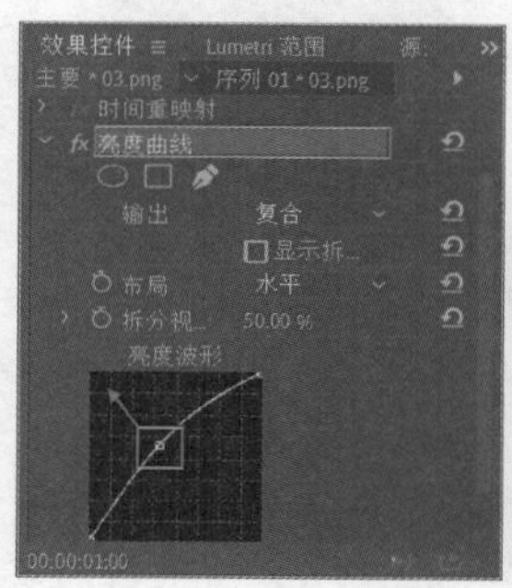

图 13.13

图 13.14

步骤 10 在【效果】面板中搜索【带状内滑】，按住鼠标左键将该效果拖曳到V4轨道上03.png素材文件的起始位置，如图13.15所示。滑动时间线查看效果，如图13.16所示。

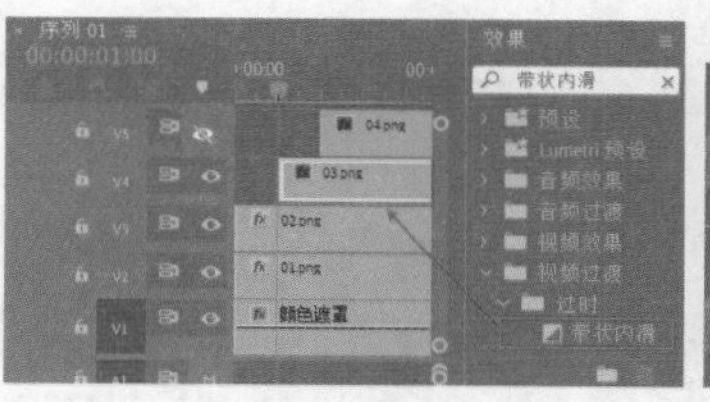

图 13.15

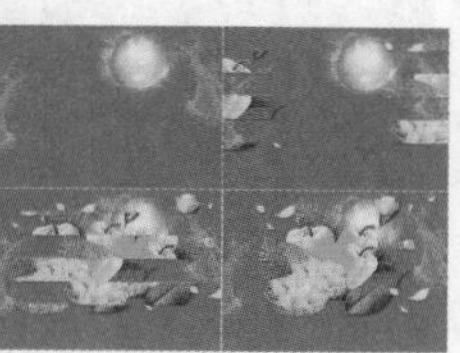

图 13.16

步骤 11 显现并选择V5轨道上的04.png，在【效果控件】面板中设置【位置】为(265,278)，【缩放】为26，如图13.17所示。此时画面效果如图13.18所示。

图 13.17

图 13.18

步骤 12 在【效果】面板中搜索【RGB曲线】，按住鼠标左键将该效果拖曳到V5轨道的04.png素材文件上，如图13.19所示。

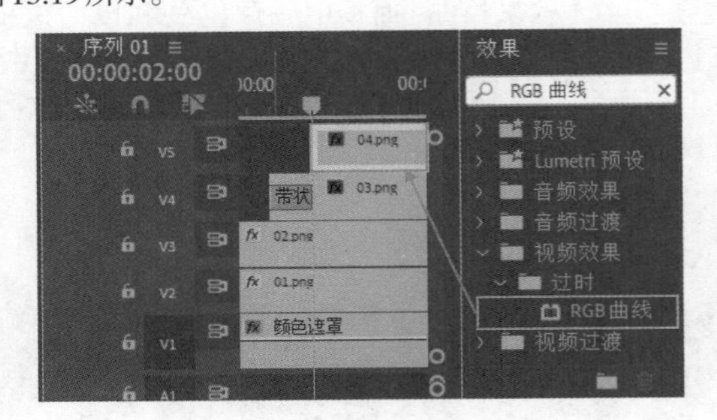

图 13.19

步骤 13 在【效果控件】面板中展开【RGB曲线】效果，在【主要】下方的曲线上单击添加一个控制点并向左上角拖曳，提高画面亮度，如图13.20所示。此时画面效果如图13.21所示。

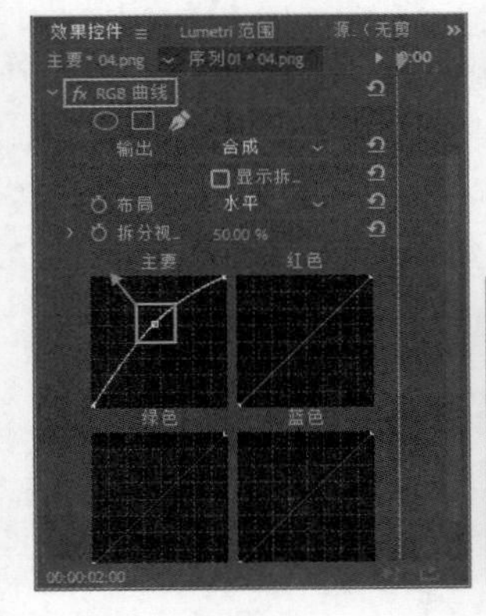

图 13.20

图 13.21

步骤 14 在【效果】面板中搜索【风车】，按住鼠标左键将该效果拖曳到V5轨道上04.png素材文件的起始位置，如图13.22所示。此时画面效果如图13.23所示。

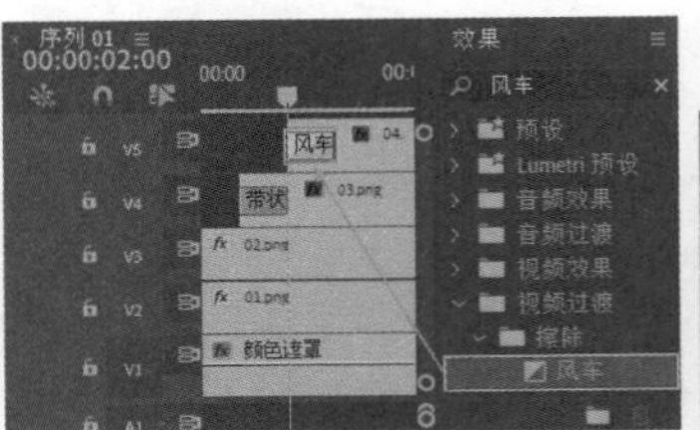

图 13.22

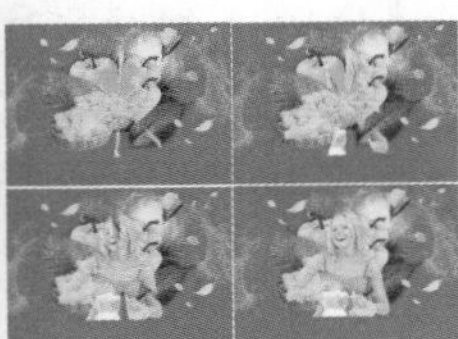
图 13.23

步骤 15 制作条幅形状。将时间线滑动至3秒位置，在不选中任何图层的状态下，在【工具】面板中选择（钢笔工具），在工作区域右下角单击建立锚点绘制一个四边形，如图13.24所示。

图 13.24

步骤 16 选中图形图层，在【效果控件】面板中展开【形状（形状01）】/【外观】，设置【填充颜色】为橙色，如图13.25所示。此时图形效果如图13.26所示。

图 13.25

图 13.26

步骤 17 继续在橙色形状左侧绘制条幅的阴影部分。在图形图层选中状态下，在【工具】面板中选择（钢笔工具），并在工作区域中建立锚点绘制四边形，然后在【效果控件】面板中设置【填充颜色】为较深一些的橙色，如图13.27所示。使用同样的方式制作左侧形状，如图13.28所示。

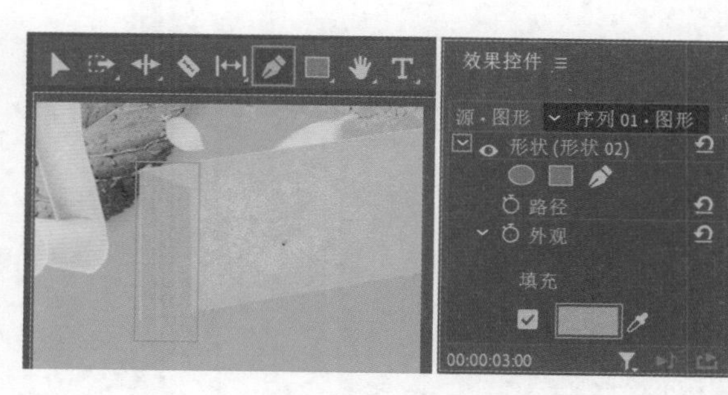

图 13.27

图 13.28

步骤 18 制作横幅的曲面。在图形图层选中状态下，在【工具】面板中选择（钢笔工具），并在工作区域中建立锚点绘制四边形，然后在【效果控件】面板中设置【填充颜色】为浅橙色，适当调整图形位置，如图13.29所示。

图 13.29

步骤 19 在【时间轴】面板中设置图形图层的结束时间与其他素材文件对齐，如图13.30所示。

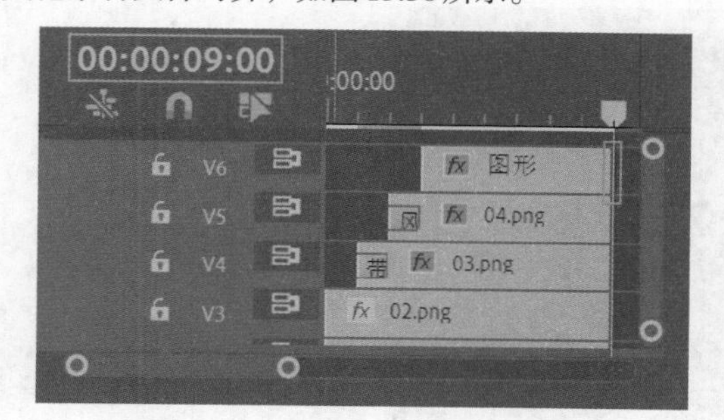

图 13.30

步骤 20 选中图形图层，在【效果控件】面板中展开【不透明度】属性，将时间滑动到3秒位置，单击【不透明度】前方的（切换动画）按钮，设置【不透明度】为0%；继续将时间滑动到3秒15帧位置，设置【不透明度】为100%，如图13.31所示。此时画面效果如图13.32所示。

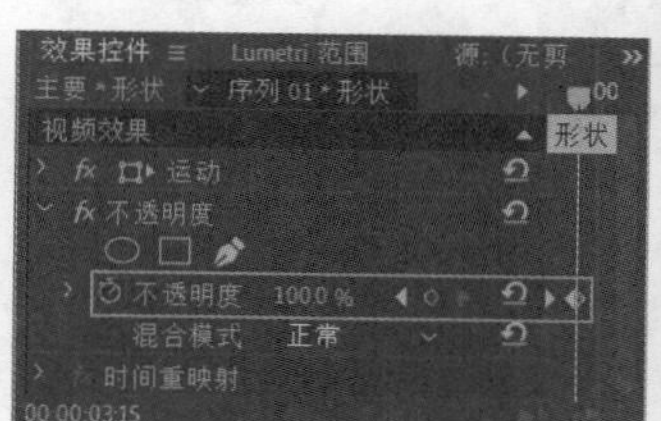

图 13.31

图 13.32

步骤 21 将【项目】面板中的05.png、06.png、07.png素材文件拖曳到【时间轴】面板中的V7~V10轨道上，其中05.png分别拖曳到V7和V8轨道上，如图13.33所示。

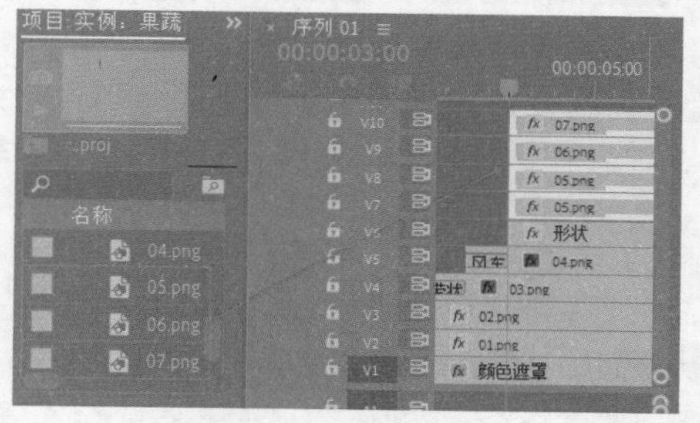

图 13.33

步骤 22 为了便于操作和观看，先将V8~V10轨道进行隐藏，并选择V7轨道上的05.png素材文件，在【效果控件】面板中设置【位置】为(217,404)，将时间线滑动到4秒位置，单击【缩放】和【不透明度】前面的按钮，开启自动关键帧，设置【缩放】为200，【不透明度】为0%，如图13.34所示；继续将时间线滑动到4秒15帧位置，设置【缩放】为33，【不透明度】为100%，如图13.34所示。此时画面效果如图13.35所示。

步骤 23 显现并选择V8轨道上的05.png素材文件，在【效果控件】面板中设置【缩放】为25，将时间线滑动到4秒15帧位置，单击【位置】前面的按钮，开启自动关键帧，设置【位置】为(800,385)；继续将时间线滑动到5秒位置，设置【位置】为(455,385)，如图13.36所示。此时画面效果如图13.37所示。

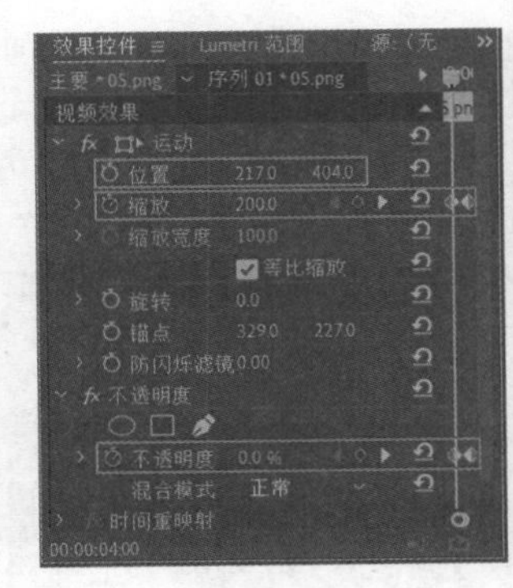

图 13.34

图 13.35

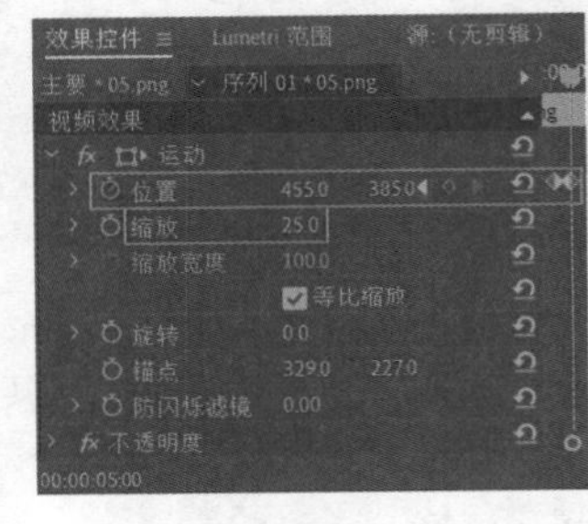

图 13.36

图 13.37

步骤 24 显现并选择V9轨道上的06.png素材文件，在【效果控件】面板中设置【位置】为(360,408)，【缩放】为60，将时间线滑动到5秒位置，单击【不透明度】前方的（切换动画）按钮，设置【不透明度】为0%，如图13.38所示；继续将时间线滑动到5秒15帧位置，设置【不透明度】为100%。此时画面效果如图13.39所示。

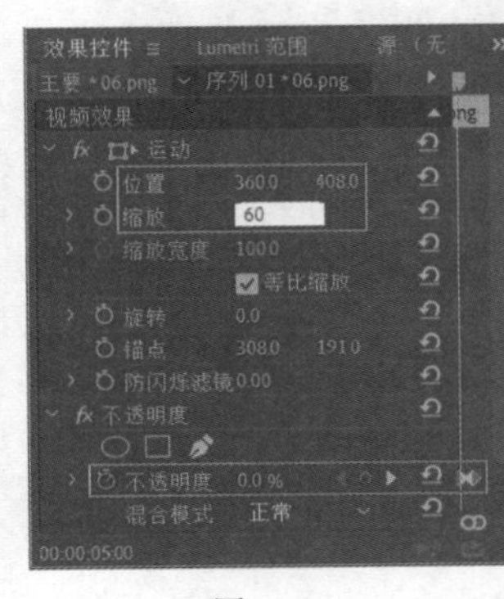

图 13.38

图 13.39

步骤 25 显现并选择V10轨道上的07.png素材文件，在【效果控件】面板中设置【缩放】为45，将时间线滑动到5秒15帧位置，单击【位置】前面的按钮，开启自动关键帧，设置【位置】为(475,-100)；继续将时间线滑动到6秒位置，设置【位置】为(475,288)，如图13.40所示。此时画面效果如图13.41所示。

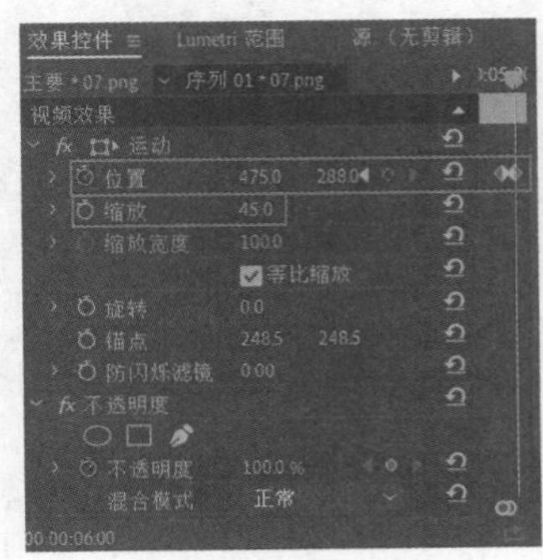

图 13.40

图 13.41

Part 02 制作文字部分

步骤 01 制作画面中的文字部分。将时间线滑动至6秒位置，在【工具】面板中单击（钢笔工具）按钮，在画面中的合适位置单击输入文字，如图13.42所示。

图 13.42

步骤 02 选中文字图层，在【效果控件】面板中展开【文本】/【源文本】，设置合适的【字体系列】及【字体样式】，设置【字体大小】为60，【字距】为-40，【填充颜色】为白色；接着展开【变换】，设置【位置】为(25.6,128.3)，【旋转】为-15°，如图13.43所示。此时文字效果如图13.44所示。

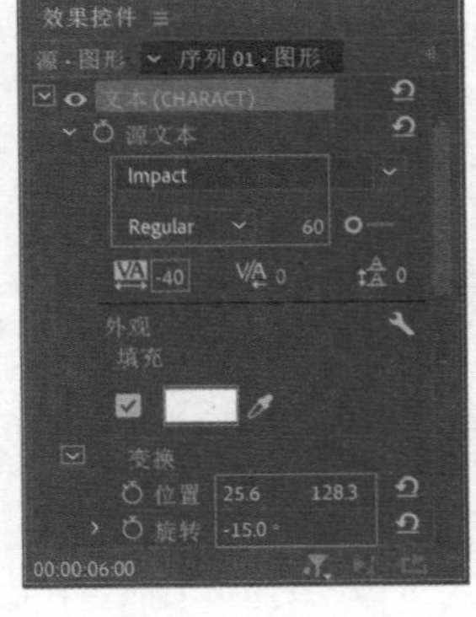

图 13.43

图 13.44

步骤 03 继续使用文字工具制作下方文字并设置合适的参数，效果如图13.45所示。

图 13.45

步骤 04 将时间线滑动至6秒位置，在【工具】面板中单击T（钢笔工具）按钮，在画面中的合适位置单击输入文字，在【效果控件】面板中展开【文本】/【源文本】，设置合适的【字体系列】及【字体样式】，设置【字体大小】为45，【字距】为-20，【填充颜色】为白色，如图13.46所示。

图 13.46

步骤 05 在【时间轴】面板中设置V11和V12轨道上的文字图层的结束时间9秒，然后在【效果】面板中搜索【旋转扭曲】，按住鼠标左键将该效果拖曳到V12轨道的文字图层上，如图13.47所示。

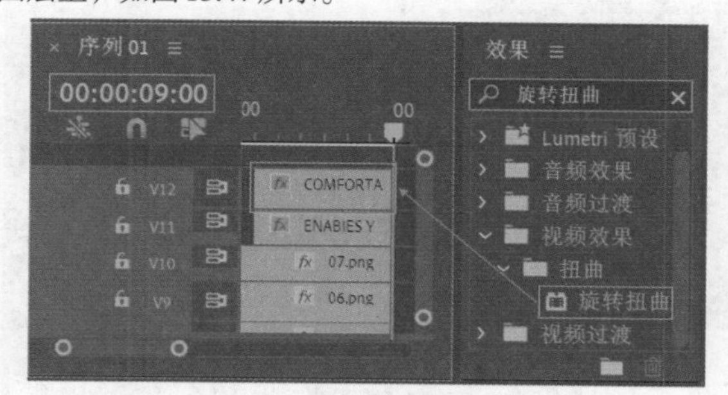

图 13.47

步骤 06 在【效果控件】面板中展开【旋转扭曲】效果，设置【角度】为-25°，【旋转扭曲半径】为49，【旋转扭曲中心】为(432.8,347.8)，如图13.48所示。此时文字效果如图13.49所示。

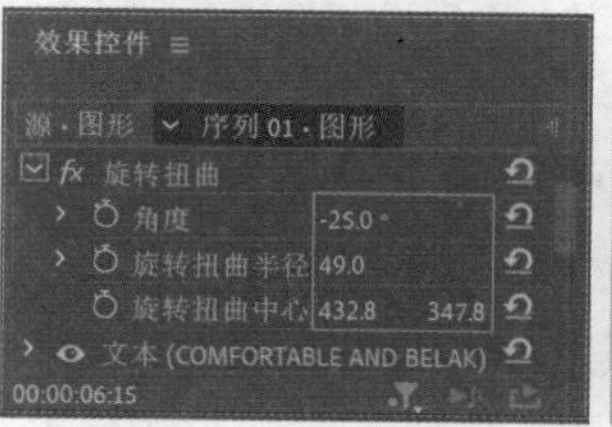

图 13.48

图 13.49

步骤 07 在【效果】面板中搜索【中心拆分】，按住鼠标左键将该效果拖曳到V11和V12轨道上的文字图层的起始位置，如图13.50所示。滑动时间线，此时画面效果如图13.51所示。

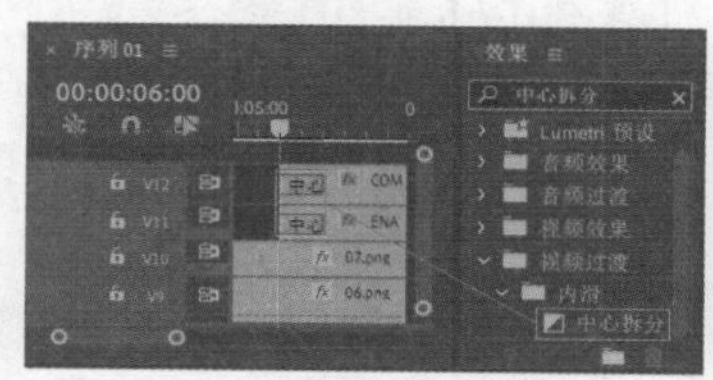

图 13.50

图 13.51

步骤 08 此时实例制作完成，效果如图13.52所示。

图 13.52

综合实例：化妆品产品展示动画

文件路径：Chapter 13 广告动画综合应用→综合实例：化妆品产品展示动画

扫一扫，看视频

在化妆品广告中主体物通常在黄金分割位置，吸引消费者注意。本实例使用【字幕】面板中的直线工具制作画面的背景线段部分，并使用【线性渐变】赋予线段渐变颜色；接着使用【垂直翻转】效果制作化妆品倒影，并为素材添加一系列的动画效果，增强画面空间感。实例效果如图13.53所示。

图 13.53

步骤 01 执行【文件】/【新建】/【项目】命令，新建一个项目。在【项目】面板的空白处右击，执行【新建项目】/【序列】命令，弹出【新建序列】窗口，在DV-PAL文件夹下选择【标准48kHz】。执行【文件】/【导入】命令，导入全部素材文件，如图13.54所示。

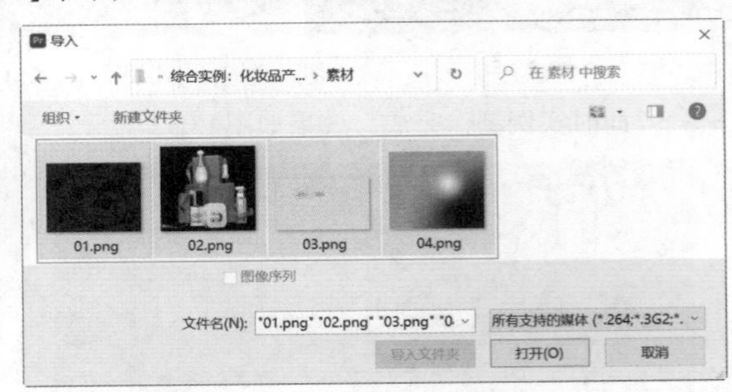

图 13.54

步骤 02 将【项目】面板中的01.png素材文件拖曳到V1轨道上，如图13.55所示。

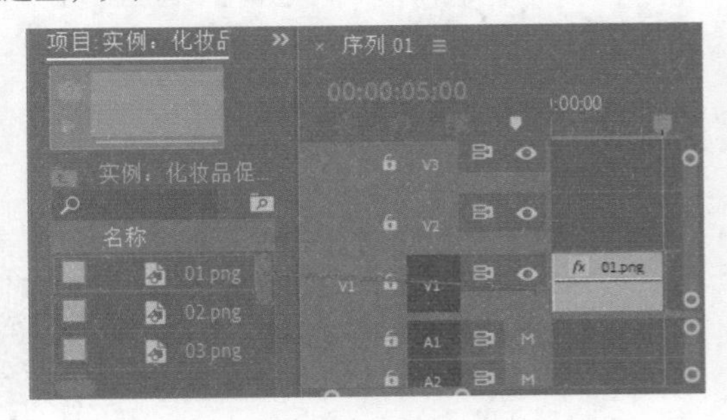

图 13.55

步骤 03 在【效果控件】面板中展开【运动】属性，设置【缩放】为110，如图13.56所示。画面效果如图13.57所示。

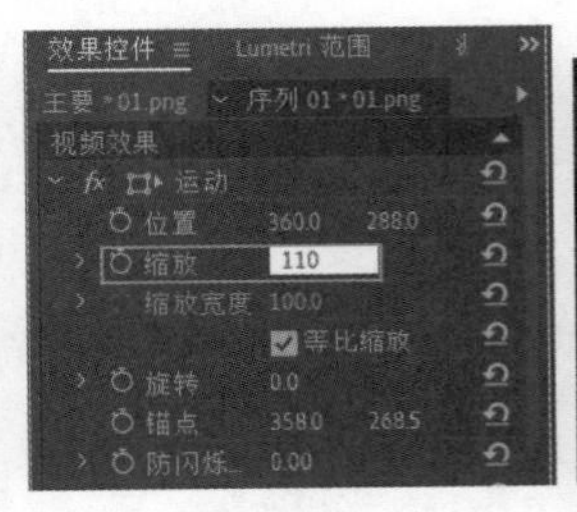

图 13.56

图 13.57

步骤 04 制作背景形状。将时间线滑动至起始位置，在【工具】面板中的工具栏中选择（钢笔工具），在工作区域单击建立锚点，绘制一个不规则图形，如图13.58所示。

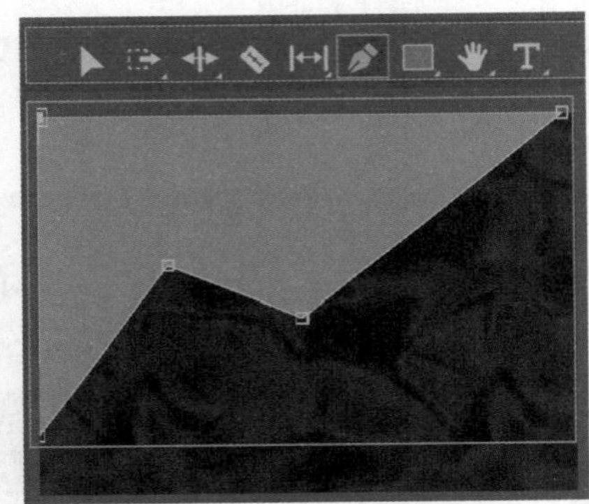

图 13.58

步骤 05 在图形图层选中状态下，在【效果控件】面板中展开【形状(形状01)】/【外观】，单击填充颜色，在弹出的【拾色器】窗口中设置【填充选项】为【线性渐变】，接着设置【填充颜色】为一个由深红色到红色的渐变，如图13.59所示。

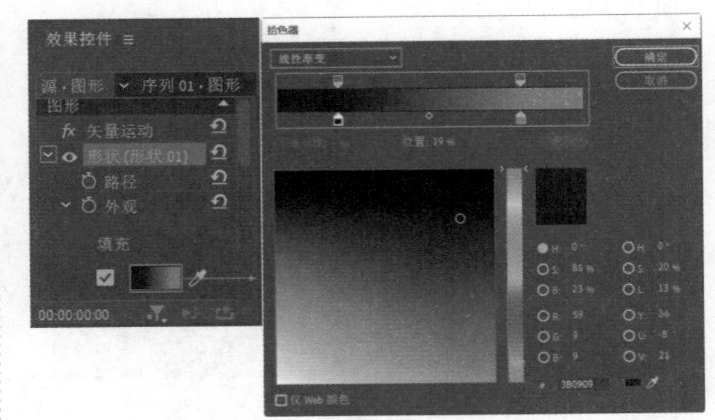

图 13.59

步骤 06 此时画面效果如图13.60所示。

图 13.60

步骤 07 继续使用【钢笔工具】在不规则图形左下方绘制图形，并填充合适的渐变颜色，效果如图 13.61 所示。

图 13.61

步骤 08 选择V2轨道上的图形图层文件，在【效果控件】面板中展开【不透明度】属性，设置【不透明度】为75%，如图 13.62 所示。此时画面效果如图 13.63 所示。

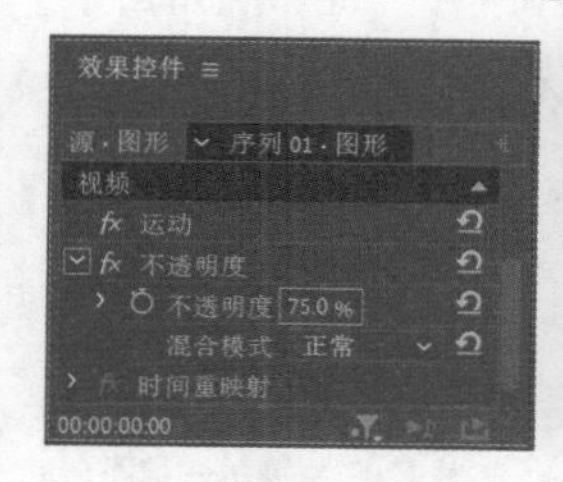

图 13.62

图 13.63

步骤 09 在【效果】面板中搜索【带状擦除】，按住鼠标左键将该效果拖曳到V2轨道的图形图层文件上，如图 13.64 所示。

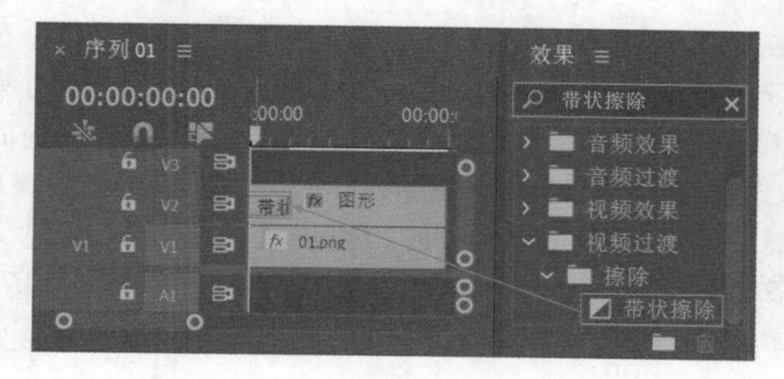

图 13.64

步骤 10 此时滑动时间线查看效果，如图 13.65 所示。

图 13.65

步骤 11 将【项目】面板中的04.png素材文件拖曳到【时间轴】面板中的V3轨道上，如图 13.66 所示。

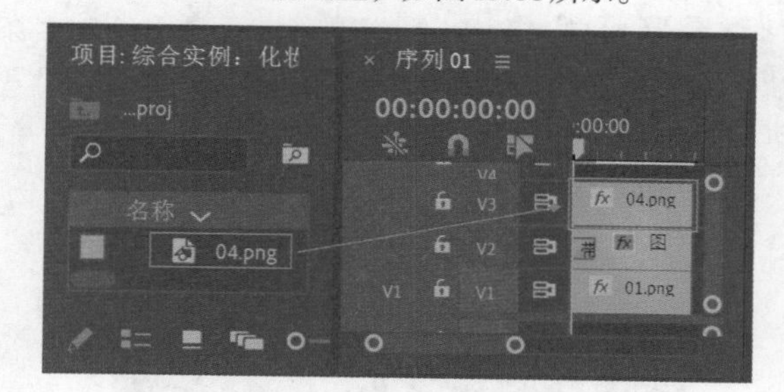

图 13.66

步骤 12 在【效果控件】面板中展开【运动】属性，设置【位置】为(366,293)，【缩放】为128，展开【不透明度】属性，将时间线滑动到15帧位置，单击【不透明度】前方的(切换动画)按钮，设置【不透明度】为0%；继续将时间线滑动到1秒15帧位置，设置【不透明度】为100%，如图 13.67 所示。此时画面效果如图 13.68 所示。

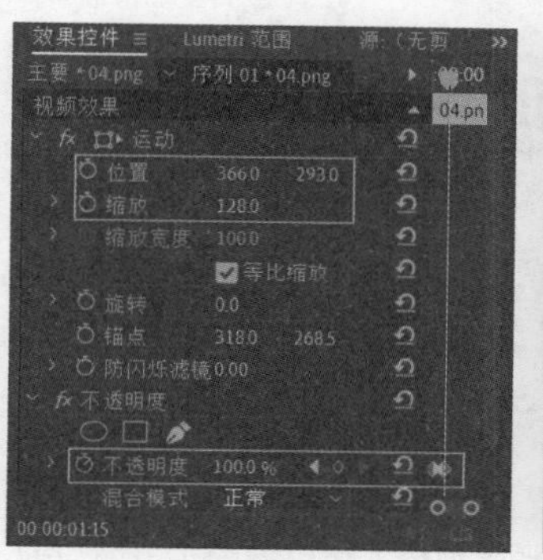

图 13.67

图 13.68

步骤 13 制作画面中的线条。将时间线滑动至1秒15帧位置，在【工具】面板中选择(钢笔工具)，在画面顶部合适位置单击绘制一条直线，接着在【效果控件】面板中取消勾选【填充】，勾选【描边】，设置【描边颜色】为由暗红色到橘色的线性渐变，【描边宽度】为3，【描边类型】为外侧，如图13.69所示。

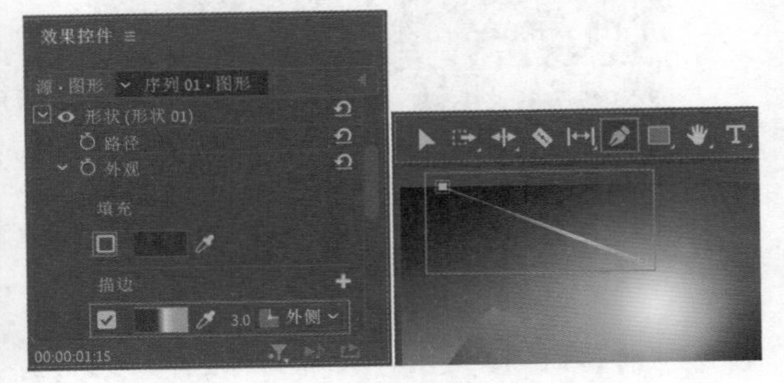

图 13.69

步骤 14 使用同样的方式在【工作区域】中绘制多条渐变线条并适当调整线条的渐变颜色，效果如图13.70所示。

图 13.70

步骤 15 线条制作完成后，在【时间轴】面板中设置V4轨道上图形图层的结束时间与其他素材文件对齐，如图13.71所示。

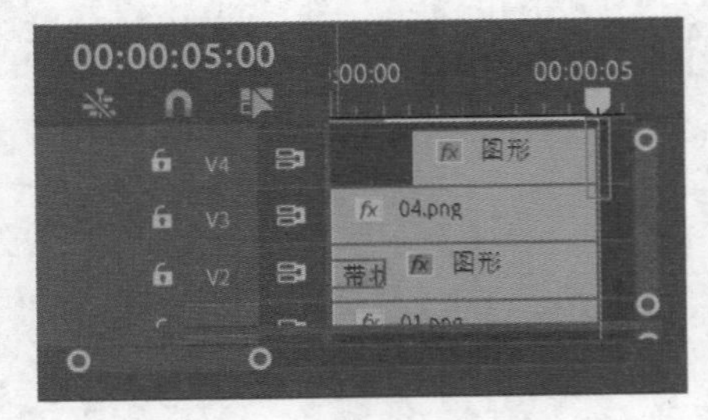

图 13.71

步骤 16 在【效果】面板中搜索【随机擦除】，按住鼠标左键将该效果拖曳到V4轨道上线条素材文件的起始位置，如图13.72所示。此时滑动时间线查看画面效果，如图13.73所示。

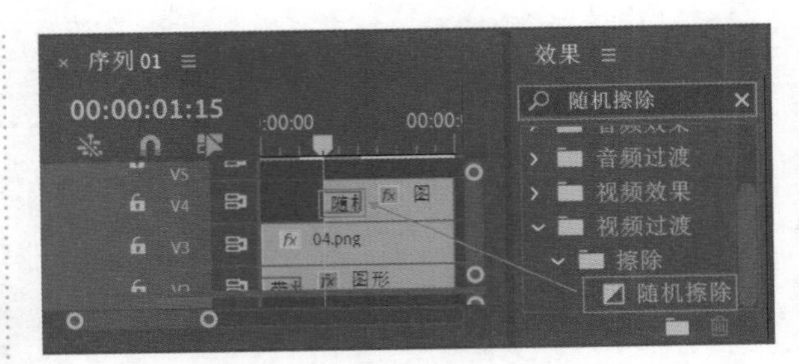

图 13.72

图 13.73

步骤 17 将【项目】面板中的02.png、03.png素材依次拖曳到【时间轴】面板中的V6、V7轨道上，设置它们的起始时间为2秒15帧，结束时间为5秒，如图13.74所示。

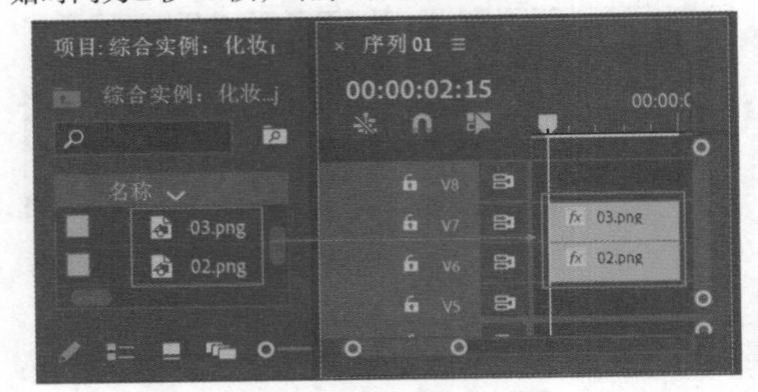

图 13.74

步骤 18 为了便于操作，单击V7轨道前的按钮，将轨道内容隐藏，然后选择V6轨道上的02.png素材文件，在【效果控件】面板中展开【运动】属性，设置【缩放】为105，将时间线滑动到2秒15帧位置，单击【位置】前面的按钮，开启自动关键帧，设置【位置】为(915,320)；继续将时间线滑动到3秒20帧位置，设置【位置】为(512,320)，如图13.75所示。此时画面效果如图13.76所示。

图 13.75

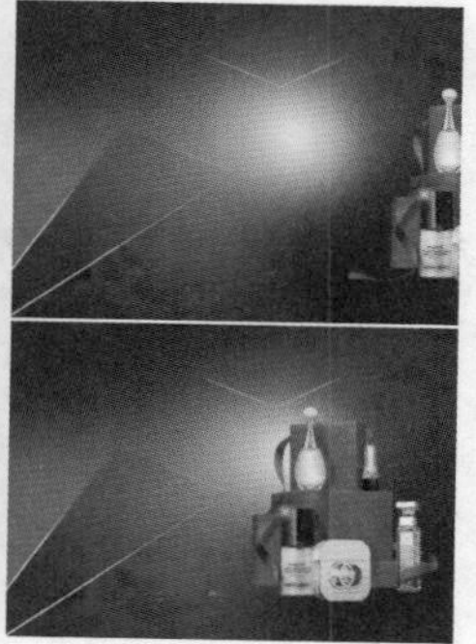

图 13.76

步骤 19 制作倒影部分。选择V6轨道上的02.png素材文件，按住Alt键的同时按住鼠标左键向V5轨道上拖动，释放鼠标后，文字自动进行复制，如图13.77所示。

步骤 20 在【效果控件】面板中展开【运动】属性，将时间线滑动到2秒15帧位置，更改【位置】为(915,666)；继续将时间线滑动到3秒20帧位置，更改【位置】为(512,666)，展开【不透明度】属性，设置【不透明度】为30%，如图13.78所示。

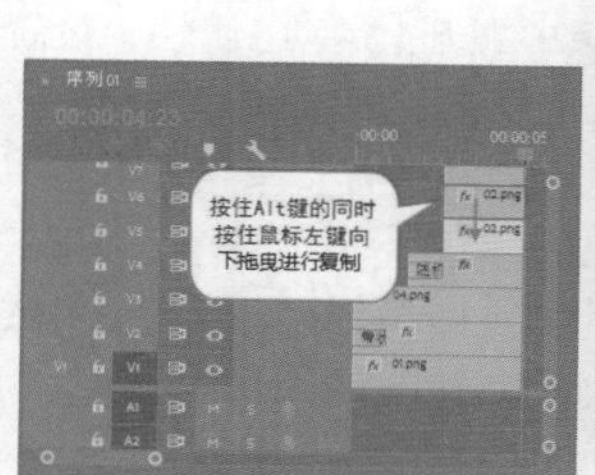

图 13.77

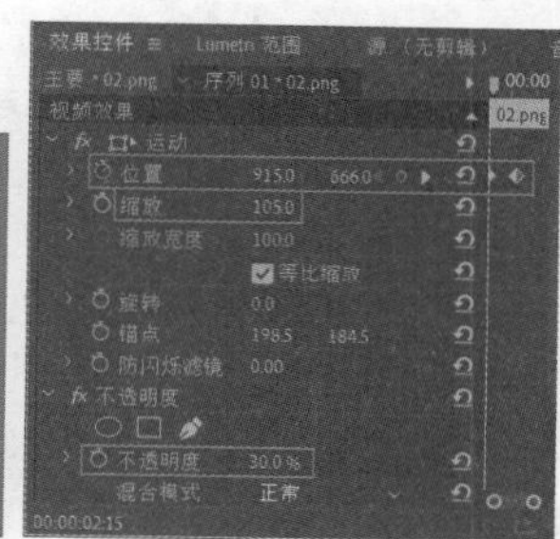

图 13.78

步骤 21 在【效果】面板中搜索【垂直翻转】，按住鼠标左键将该效果拖曳到V5轨道的02.png素材文件上，如图13.79所示。此时素材自动进行翻转，如图13.80所示。

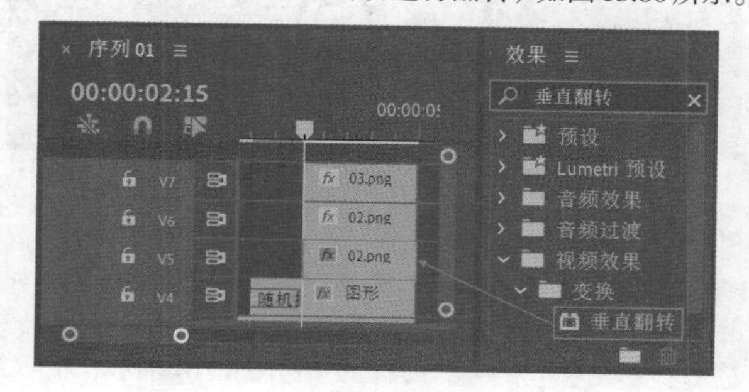

图 13.79

图 13.80

步骤 22 显现并选择V7轨道上的03.png，在【效果控件】面板中展开【运动】属性，设置【位置】为(355,268)，接着将时间滑动到3秒20帧位置，单击【缩放】前面的⏱按钮，开启自动关键帧，设置【缩放】为900；继续将时间线滑动到4秒15帧位置，设置【缩放】为110，如图13.81所示。此时画面效果如图13.82所示。

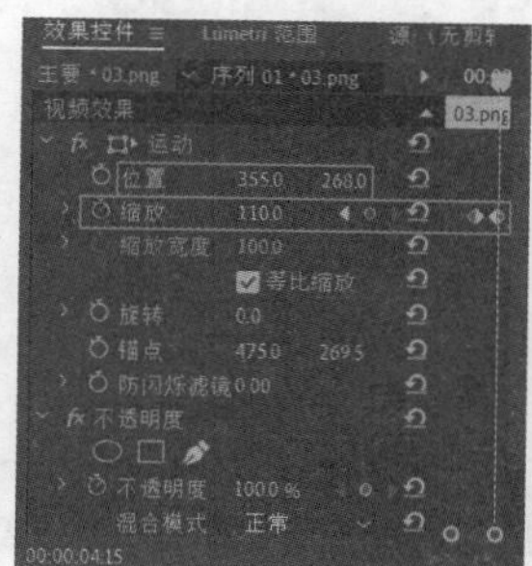

图 13.81

图 13.82

步骤 23 本实例制作完成，滑动时间线查看画面效果，如图13.83所示。

图 13.83

综合实例：口红产品促销广告动画

扫一扫，看视频

文件路径：Chapter 13 广告动画综合应用→综合实例：口红产品促销广告动画

画面中的原木质背景和鲜嫩树叶与天然调色、滋润保湿的口红主题相契合。本实例首先使用【RGB曲线】调整背景亮度，使用【运动】【不透明度】属性及【随机擦除】【百叶窗】等效果制作出画面的动画效果。实例效果如图13.84所示。

图 13.84

Part 01 制作图片部分

步骤 01 执行【文件】/【新建】/【项目】命令，新建一个项目。在【项目】面板的空白处右击，执行【新建项目】/【序列】命令，弹出【新建序列】窗口，在DV-PAL文件夹下选择【标准48kHz】。执行【文件】/【导入】命令，导入全部素材文件，如图13.85所示。

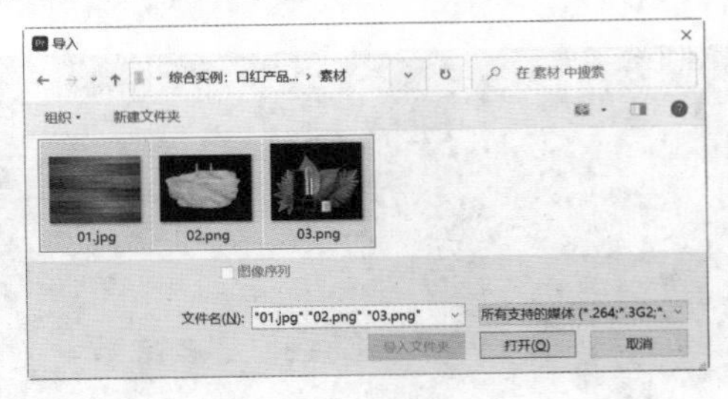

图 13.85

步骤 02 将【项目】面板中的01.jpg、02.png及03.png素材文件分别拖曳到V1、V2、V3轨道上，如图13.86所示。

步骤 03 为了便于操作和观看，单击V2、V3轨道前的 按钮，将该轨道隐藏，然后选择V1轨道上的01.jpg素材文件，如图13.87所示。

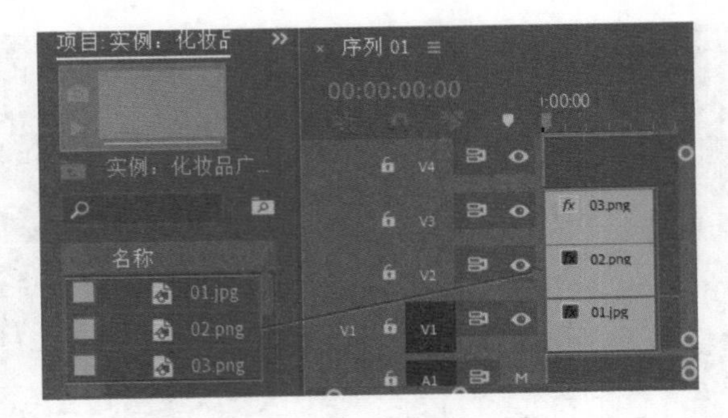

图 13.86

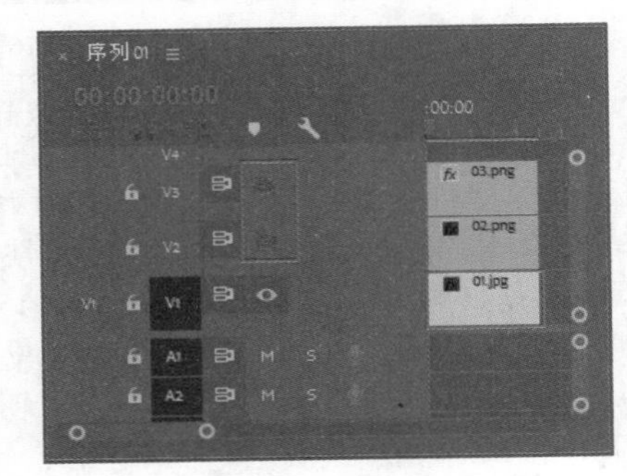

图 13.87

步骤 04 在【效果控件】面板中展开【运动】属性，设置【位置】为(383,288)，【缩放】为65，接着展开【不透明度】属性，将时间线滑动到起始帧位置，单击【不透明度】前方的 (切换动画)按钮，设置【不透明度】为0%，如图13.88所示；将时间线滑动到15帧位置，设置【不透明度】为100%。此时画面效果如图13.89所示。

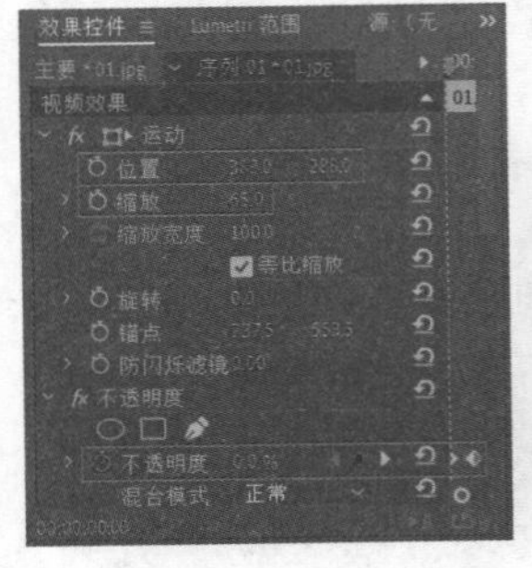

图 13.88

图 13.89

步骤 05 在【效果】面板中搜索【RGB 曲线】，按住鼠标左键将该效果拖曳到V1轨道的01.jpg素材文件上，如图13.90所示。

步骤 06 在【效果控件】面板中展开【RGB 曲线】效果，在【红色】通道曲线上单击添加一个控制点并向右下角拖动，减少画面中的红色数量；在【绿色】通道曲线上单击添加一个控制点并向右下角拖动，减少画面中的绿色数量；在【蓝色】通道曲线上单击添加一个控制点并稍微向左上角拖动，增加画面中的蓝色数量，如图13.91所示。此时画面效果如图13.92所示。

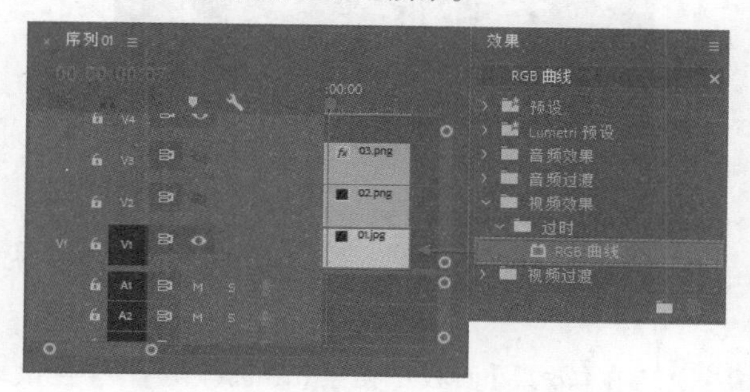

图 13.90

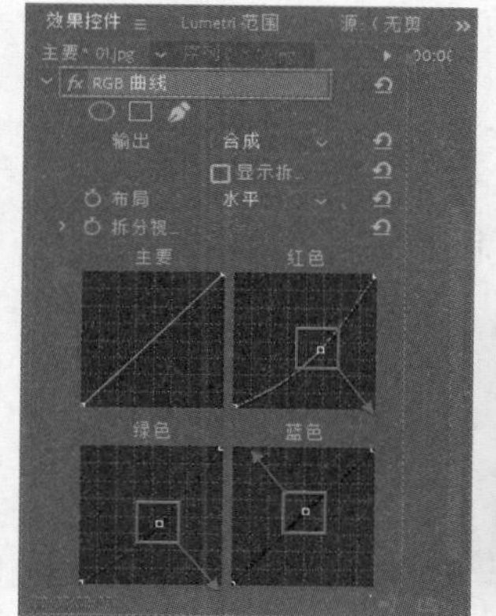

图 13.91

图 13.92

步骤 07 显现并选择V2轨道上的02.png素材文件，设置【位置】为(350,290)，【缩放】为57，如图13.93所示。此时画面效果如图13.94所示。

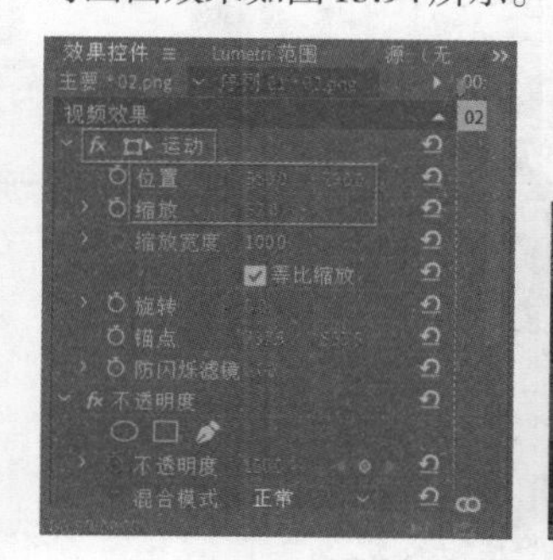

图 13.93

图 13.94

步骤 08 在【效果】面板中搜索【百叶窗】，按住鼠标左键将该效果拖曳到V2轨道的02.png素材文件上，如图13.95所示。

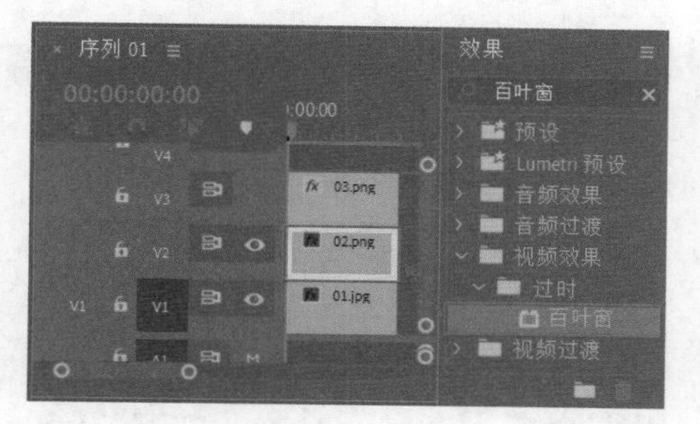

图 13.95

步骤 09 在【效果控件】面板中展开【百叶窗】效果，设置【方向】为45°，【宽度】为50，将时间滑动到15帧位置，单击【过渡完成】前面的按钮，开启自动关键帧，设置【过渡完成】为100%；继续将时间线滑动到1秒10帧位置，设置【过渡完成】为0%，如图13.96所示。滑动时间线查看效果，如图13.97所示。

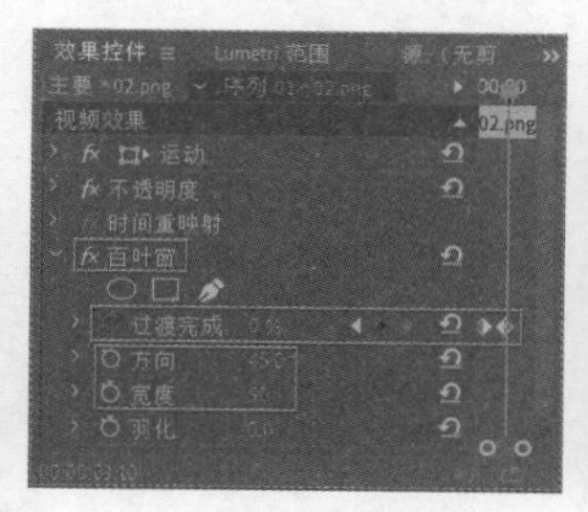

图 13.96

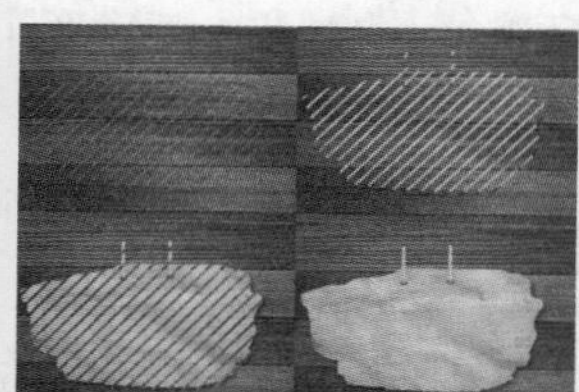

图 13.97

步骤 10 显现并选择V3轨道上的03.png素材文件，设置【缩放】为62，将时间滑动到1秒20帧位置，单击【位置】前面的按钮，开启自动关键帧，设置【位置】为(930,252)，如图13.98所示；继续将时间线滑动到2秒10帧位置，设置【位置】为(510,252)。滑动时间线查看效果，如图13.99所示。

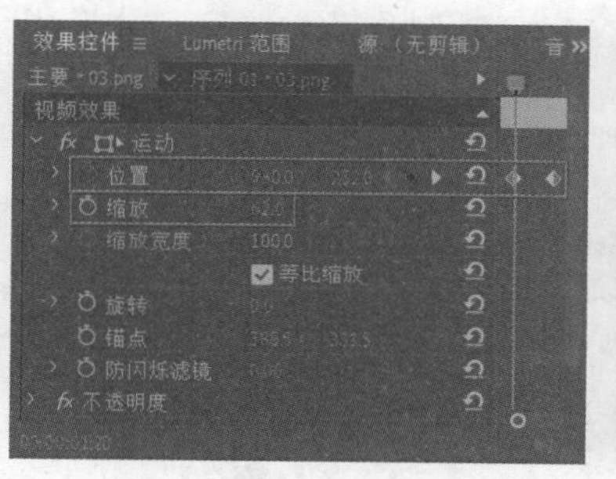

图 13.98

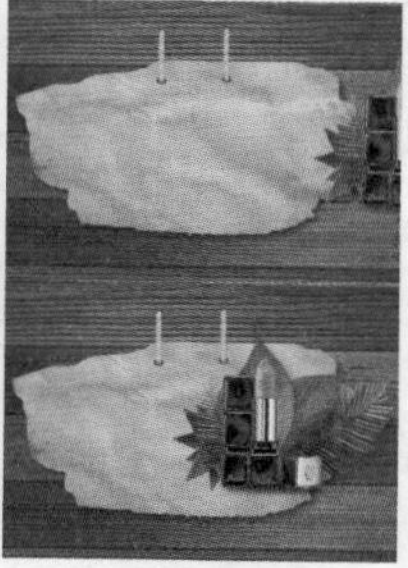

图 13.99

Part 02　制作文字部分

步骤 01 制作画面中的文字。将时间线滑动至2秒8帧位置，单击【工具】面板中的T（文字工具）按钮，在画面中的合适位置单击输入文字，如图13.100所示。

图 13.100

步骤 02 选中文字，在【效果控件】面板中展开【文本】/【源文本】，设置合适的【字体系列】及【字体样式】，设置【字体大小】为27，【字距】为-25，设置【填充颜色】为橘色，如图13.101所示。此时文字效果如图13.102所示。

图 13.101

图 13.102

步骤 03 继续使用文字工具制作其他文字，效果如图13.103所示。

图 13.103

步骤 04 文字输入完成后在【时间轴】面板中设置V4轨道的结束时间与其他素材文件对齐，如图13.104所示。

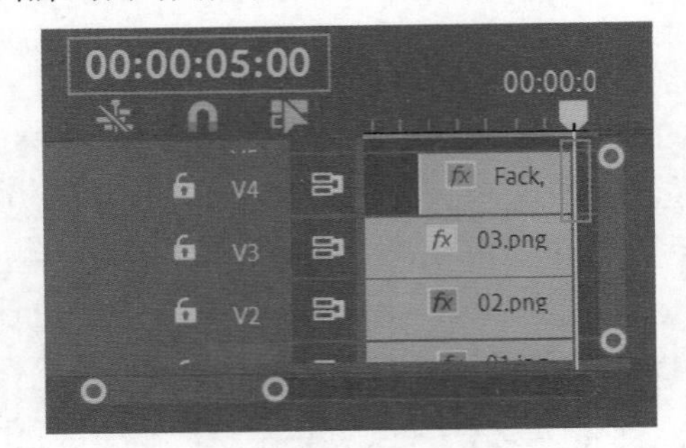

图 13.104

步骤 05 在【效果】面板中搜索【随机擦除】，按住鼠标左键将该效果拖曳到V4轨道上的文字图层的起始位置，如图13.105所示。滑动时间线查看画面效果，如图13.106所示。

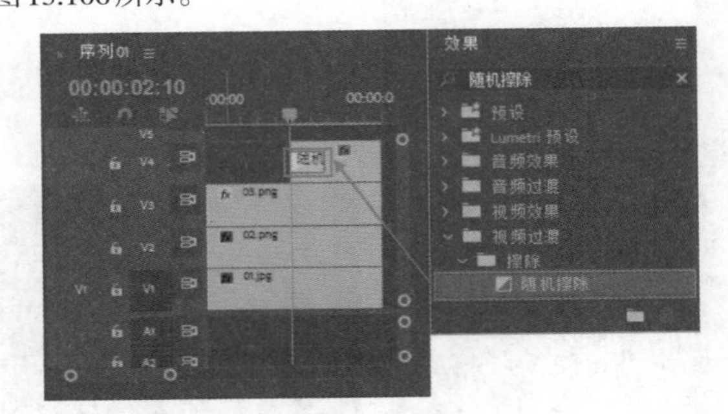

图 13.105

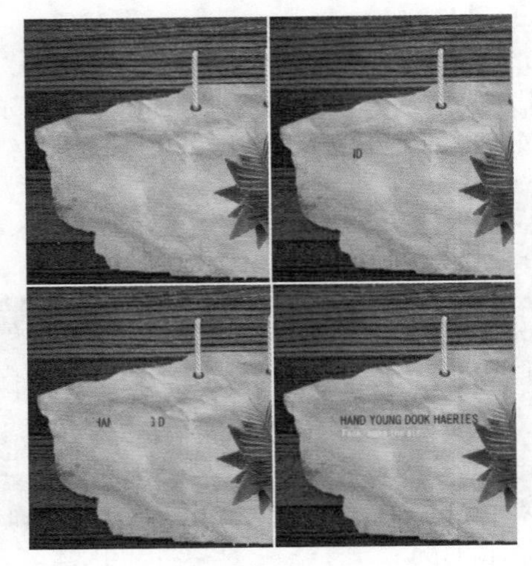

图 13.106

步骤 06 将时间线滑动至2秒8帧位置，在【工具】面板中单击（钢笔工具）按钮，在画面中的合适位置绘制一条直线，接着在【效果控件】面板中取消勾选【填充】，勾选【描边】，设置【描边颜色】为白色，【描边宽度】为5，【描边类型】为中心，如图13.107所示。

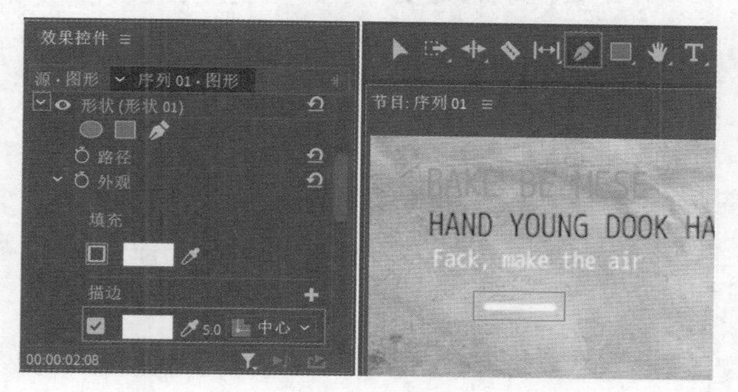

图 13.107

步骤 07 在图形选中状态下，单击【工具】面板中的T（文字工具）按钮，在图形下方单击输入文字，接着在【效果控件】面板中设置合适的【字体系列】及【字体样式】，设置【字体大小】为26，【字距】为33，【填充颜色】为黑色，如图13.108所示。

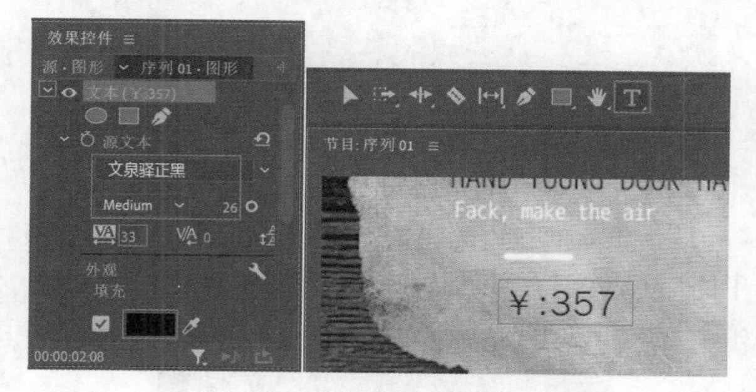

图 13.108

步骤 08 单击【工具】面板中的T（文字工具）按钮，选中357，在【效果控件】面板中更改【字体大小】为38，如图13.109所示。

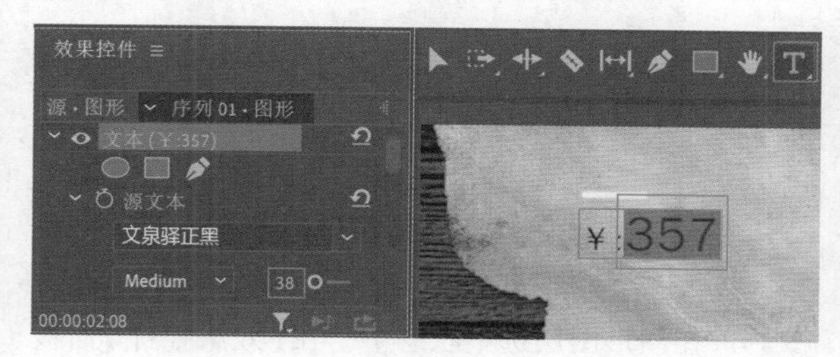

图 13.109

步骤 09 继续使用同样的方法制作其他文字及图形，效果如图13.110所示。

图 13.110

步骤 10 在【时间轴】面板中设置V5轨道的结束时间与其他素材文件对齐，如图13.111所示。

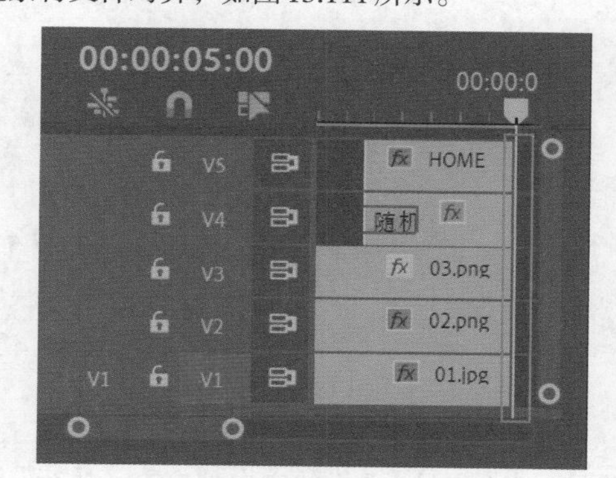

图 13.111

步骤 11 在【时间轴】面板中选择V5轨道上的文字图层，接着在【效果控件】面板中将时间滑动到2秒24帧位置，单击【缩放】和【不透明度】前面的按钮，开启自动关键帧，设置【缩放】为400，【不透明度】为0%；继续将时间线滑动到3秒14帧位置，设置【缩放】为100，【不透明度】为100%，如图13.112所示。本案例制作完成，滑动时间线查看画面效果，如图13.113所示。

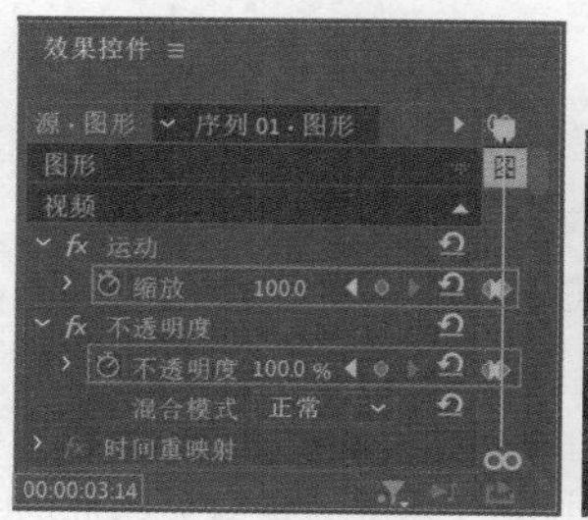

图 13.112

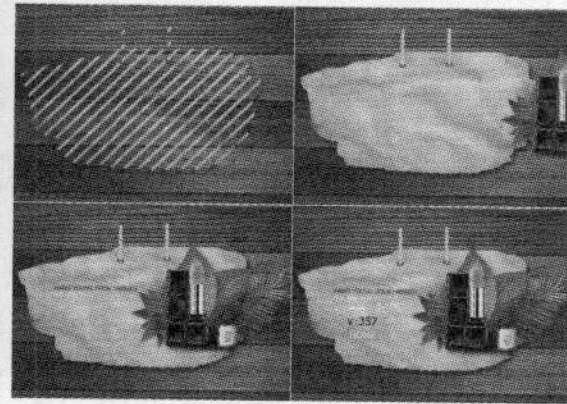

图 13.113

综合实例：运动产品广告

扫一扫，看视频

文件路径：Chapter 13 广告动画综合应用→综合实例：运动产品广告

左侧弧线像跑道一样让运动产品更加与众不同，画面构图轻松，体现出一种轻松欢快的运动主题。本实例首先使用【颜色遮罩】制作黄绿色的画面背景，然后使用【钢笔工具】绘制画面左侧弧面、使用【矩形工具】绘制不同颜色的文字背景，最后在画面中输入合适的文字内容。实例效果如图13.114所示。

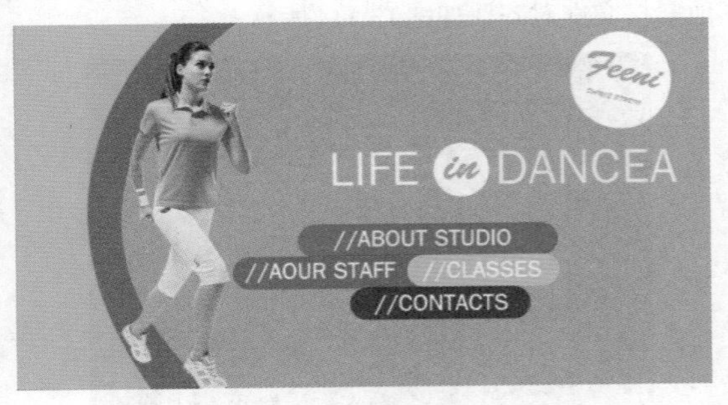

图 13.114

步骤 01 执行【文件】/【新建】/【项目】命令，新建一个项目。在【项目】面板的空白处右击，执行【新建项目】/【序列】命令，弹出【新建序列】窗口，在DV-PAL文件夹下选择【宽屏48kHz】。执行【文件】/【导入】命令，导入全部素材文件，如图13.115所示。

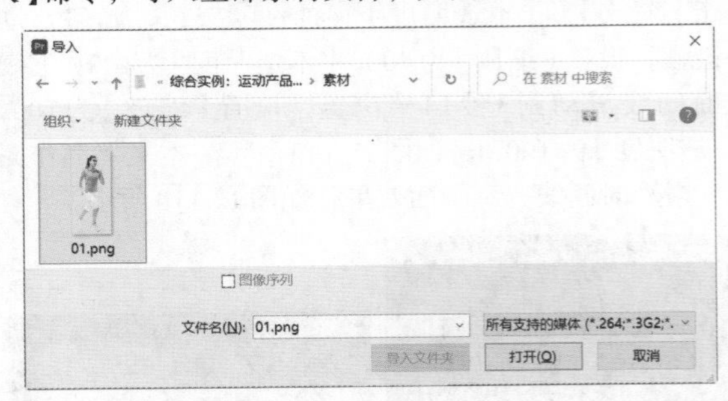

图 13.115

步骤 02 制作画面背景。执行【文件】/【新建】/【颜色遮罩】命令，在弹出的对话框中单击【确定】按钮。接着在弹出的【拾色器】对话框中设置颜色为黄绿色，此时会弹出【选择名称】对话框，设置新遮罩的名称为【颜色遮罩】，如图13.116所示。

图 13.116

步骤 03 将【项目】面板中的【颜色遮罩】素材文件拖曳到V1轨道上，如图13.117所示。

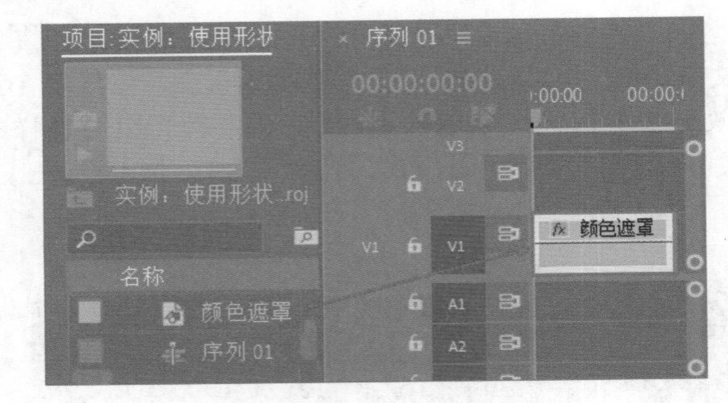

图 13.117

步骤 04 将时间线滑动至起始位置，单击【工具】面板中的（钢笔工具）按钮，在画面中单击建立锚点绘制一个弧形形状，如图13.118所示。

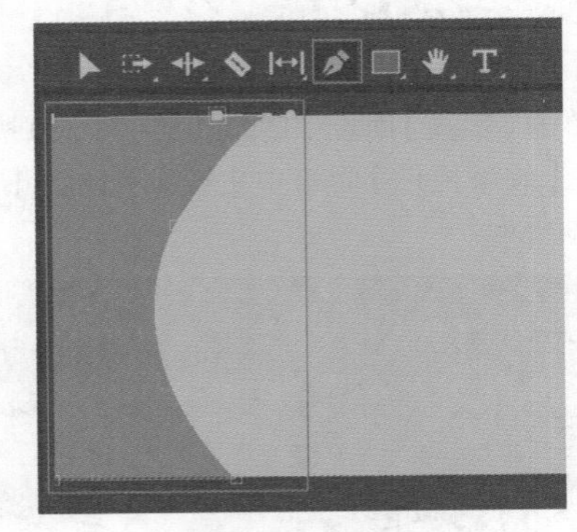

图 13.118

步骤 05 在图形图层选中状态下，在【效果控件】面板中展开【形状(形状01)】/【外观】，设置【填充颜色】为粉红色，如图13.119所示。此时图形效果如图13.120所示。

图 13.119

图 13.120

步骤 06 将时间线滑动至起始位置，单击【工具】面板中的（钢笔工具）按钮，在画面左侧的合适位置绘制图形，接着在【效果控件】面板中设置【填充颜色】为淡粉色，如图13.121所示。

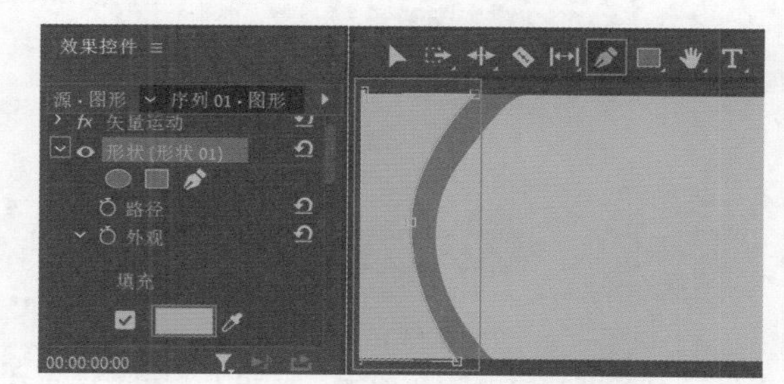

图 13.121

步骤 07 在【项目】面板中将01.png素材文件拖曳到【时间轴】面板中的V4轨道上，如图13.122所示。

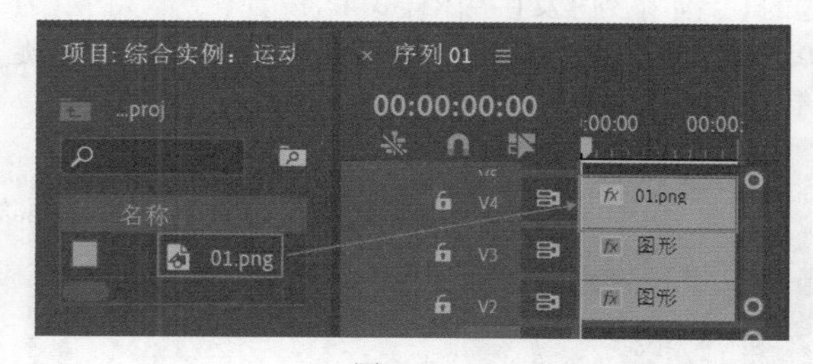

图 13.122

步骤 08 此时画面效果如图13.123所示。

图 13.123

步骤 09 调整人物大小及位置。在【时间轴】面板中选择V4轨道上的01.png素材文件，接着在【效果控件】面板中展开【运动】属性，设置【位置】为(178,295)，【缩放】为71，如图13.124所示。此时画面效果如图13.125所示。

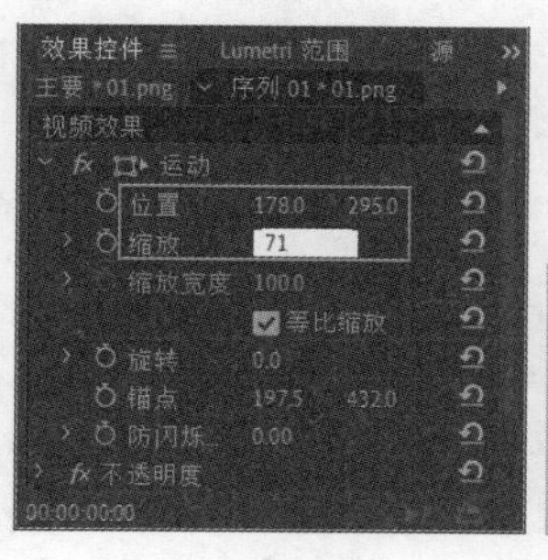

图 13.124

图 13.125

步骤 10 将时间线滑动至起始位置，单击【工具】面板中的（矩形工具）按钮，在画面中的合适位置绘制一个矩形，如图13.126所示。

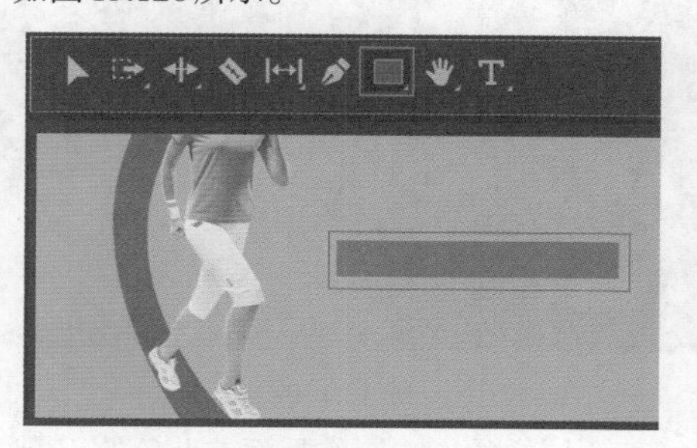

图 13.126

步骤 11 在图形图层选中状态下，在【基本图形】面板中设置【角半径】为50，【填充颜色】为洋红色，如图13.127所示。此时图形效果如图13.128所示。

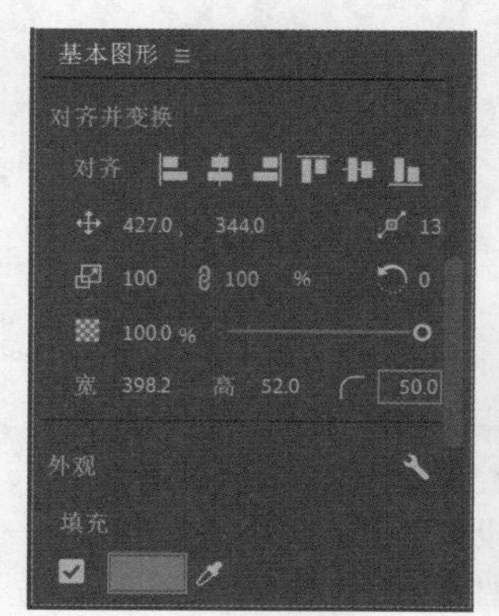

图 13.127

图 13.128

步骤 12 使用同样的方式制作其他图形，效果如图13.129所示。

图 13.129

步骤 13 在图形图层选中状态下，在工具栏中选择⬭（椭圆工具），在画面中的合适位置按住Shift键的同时按住鼠标左键绘制一个正圆，接着在【效果控件】面板中设置【填充颜色】为白色，如图13.130所示。

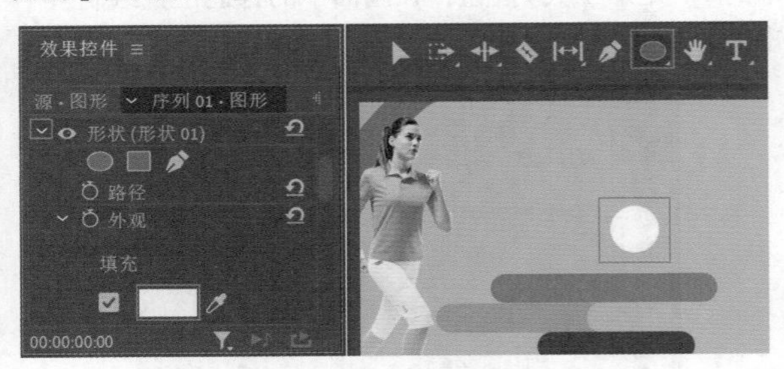

图 13.130

步骤 14 使用同样的方式制作画面右上角的正圆。此时画面效果如图13.131所示。

图 13.131

步骤 15 制作文字部分。将时间线滑动至起始位置，单击【工具】面板中的T（文字工具），在洋红色图形上单击输入文字，接着在【效果控件】面板中设置合适的【字体系列】及【字体样式】，设置【字体大小】为36，【字距】为-10，【填充颜色】为白色，勾选【描边】，设置【描边颜色】为白色，【描边宽度】为1，【描边类型】为外侧，如图13.132所示。

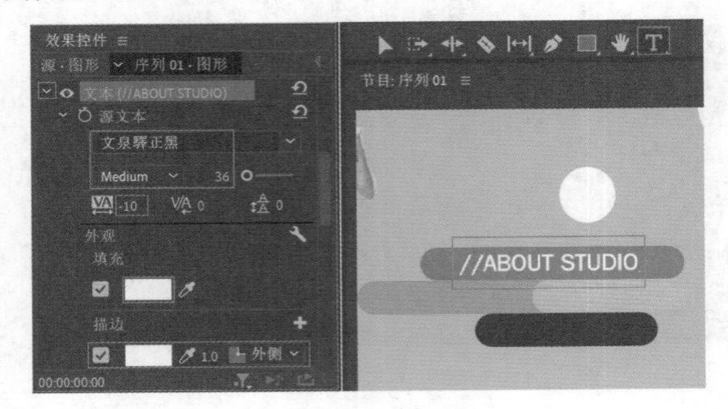

图 13.132

步骤 16 使用同样的方式制作其他图形上方的文字，如图13.133所示。

图 13.133

步骤 17 在文字图层选中状态下，单击【工具】面板中的T（文字工具）按钮，在画面右上角大圆合适位置单击输入合适的文字，然后在【效果控件】面板中设置合适的【字体系列】及【字体样式】，设置【字体大小】为60，【填充颜色】为黄绿色；接着展开【变换】，设置【旋转】为13°，如图13.134所示。

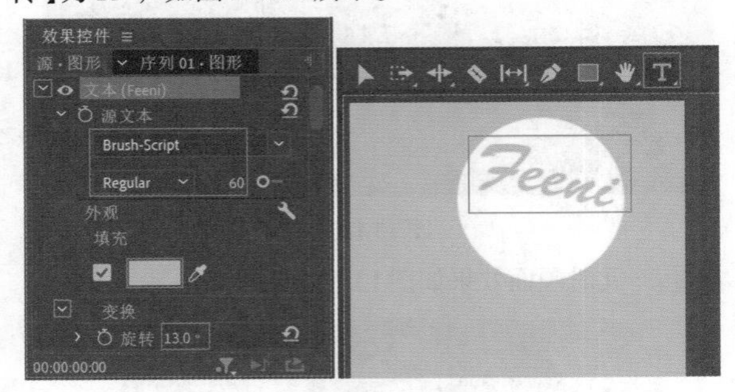

图 13.134

步骤 18 使用同样的方式制作下方的小文字，如图13.135所示。

步骤 19 此时实例制作完成，画面效果如图13.136所示。

图 13.135

图 13.136

综合实例：淘宝主图视频展示

文件路径：Chapter 13 广告动画综合应用→综合实例：淘宝主图视频展示

扫一扫，看视频

淘宝主图视频对卖家来说可增强宝贝的权重；对买家来说，视频比图片更有说服力。以动态的方式阐述产品功能性，展示方式更加新颖。本实例使用【时间重映射】及【剃刀工具】剪辑视频，并添加文字及音频进行完善。实例效果如图13.137所示。

图 13.137

步骤 01 执行【文件】/【新建】/【项目】命令，新建一个项目。执行【文件】/【导入】命令，导入全部素材，如图13.138所示。

图 13.138

步骤 02 在【项目】面板中选择1.mp4素材文件，将1.mp4素材拖曳到V1轨道上，如图13.139所示。

图 13.139

步骤 03 调整1.mp4速度，选择V1轨道上的1.mp4素材，右击执行【显示剪辑关键帧】/【时间重映射】/【速度】命令，如图13.140所示。

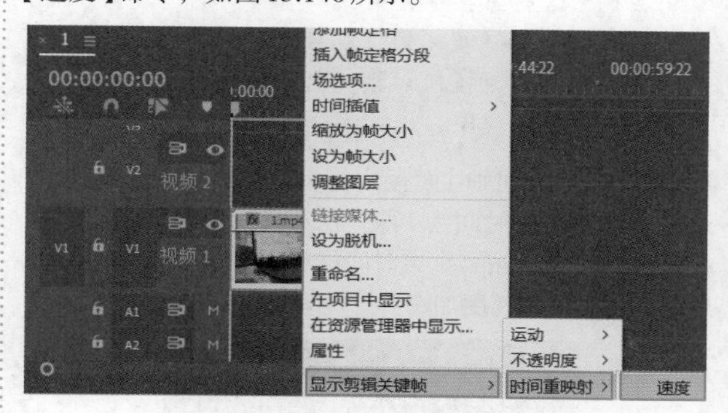

图 13.140

步骤 04 双击V1后方的空白位置，此时在V1轨道上出现【添加-移除关键帧】按钮，将时间线滑动到3秒位置添加关键帧，如图13.141所示；继续将时间线滑动到8秒位置，再次为1.mp4添加速度关键帧，如图13.142所示。按住关键帧适当调整视频速度，如图13.143所示。此时视频结束时间为14秒15帧，滑动时间线可查看视频变速效果。

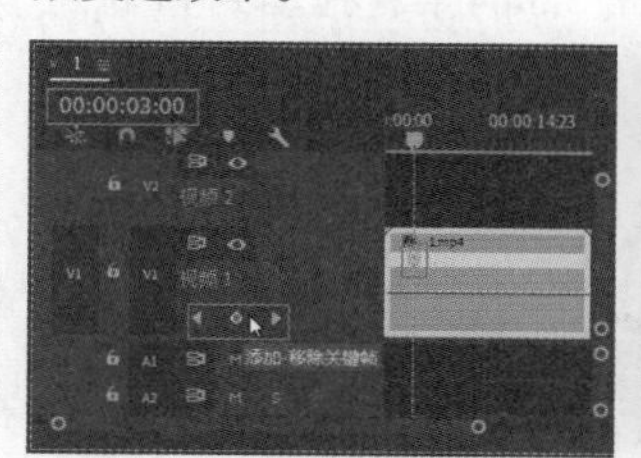

图 13.141

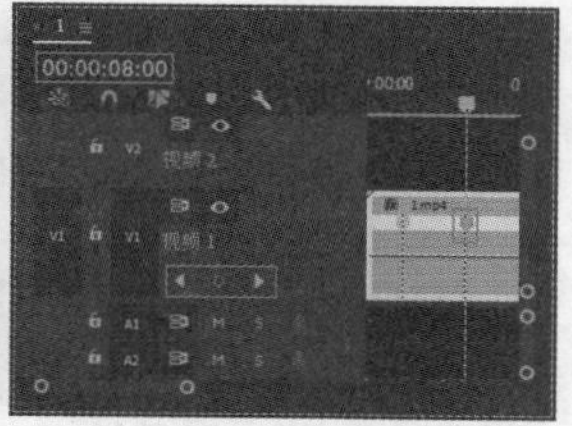

图 13.142

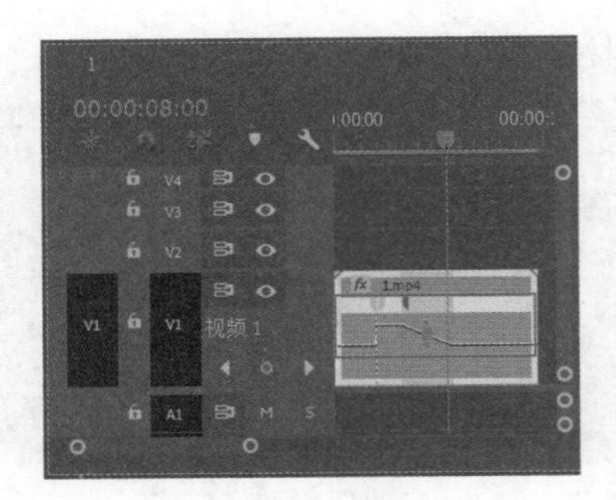

图 13.143

> **提示：调整速度的注意事项**
>
> 在视频素材上按住关键帧调整素材的速度时，由于每个人调整的速度不同，视频的结束时间也随之不同，在这里读者朋友可以按照自己调整的速度来，无须跟实例中完全一样。

步骤 05 在【时间轴】面板中将2.mp4素材拖曳到V2轨道上，设置起始时间为9秒，在工具栏中选择（比率拉伸工具），将2.mp4结束时间拖曳到16秒，如图13.144所示，此时视频速度加快。

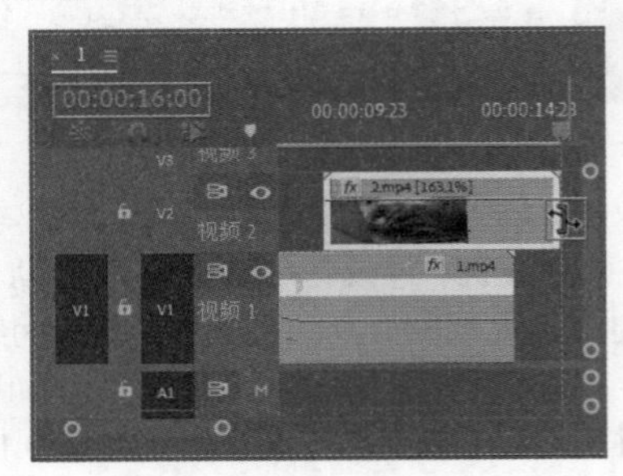

图 13.144

步骤 06 将【项目】面板中的3.mp4素材拖动到V1轨道上，设置起始时间为16秒，选择3.mp4视频素材，右击执行【速度/持续时间】命令，在弹出的窗口中勾选【倒放速度】，单击【确定】按钮完成操作，如图13.145所示。

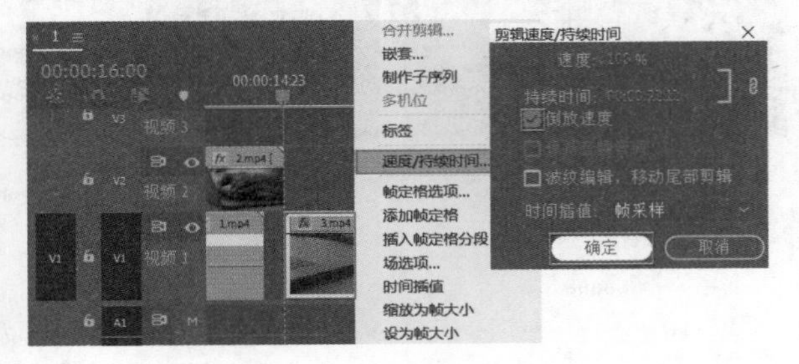

图 13.145

步骤 07 将时间线滑动到25秒位置，按C键将光标切换为【剃刀工具】，在当前位置剪辑3.mp4素材，如图13.146所示。接着选择剪辑后的前半部分素材，右击执行【波纹删除】命令，如图13.147所示。

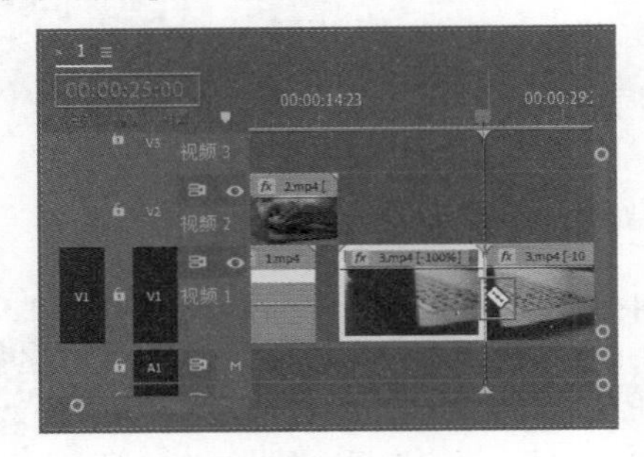

图 13.146

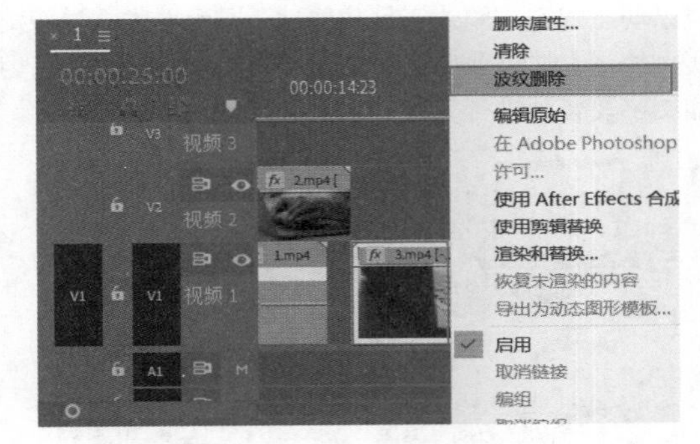

图 13.147

步骤 08 继续将时间线滑动到23秒位置，将光标移动到3.mp4结束位置，当变为图标时，按住鼠标左键向时间线位置拖动进行快速剪辑，如图13.148所示。由于画面偏色，在【效果】面板中搜索【RGB 曲线】，将该效果拖曳到3.mp4素材上，如图13.149所示。

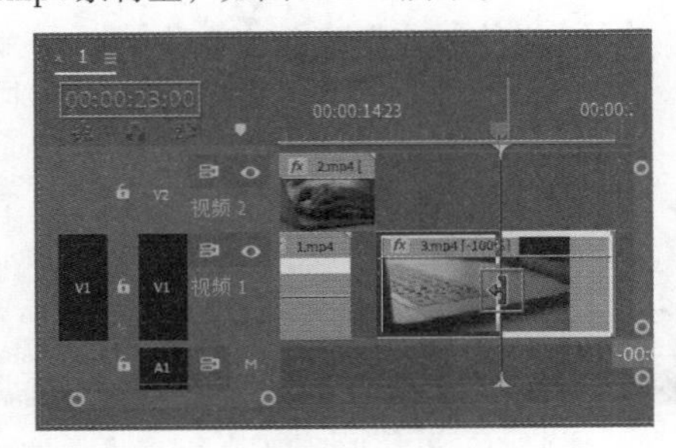

图 13.148

图 13.149

步骤 09 在【效果控件】中展开【RGB 曲线】效果，在【主要】下方的曲线上单击添加一个控制点并向左上角拖动，提高画面亮度；接着在【绿色】下方的曲线上单击添加一个控制点并稍微向右下角拖动，如图13.150所示。画面色调如图13.151所示。

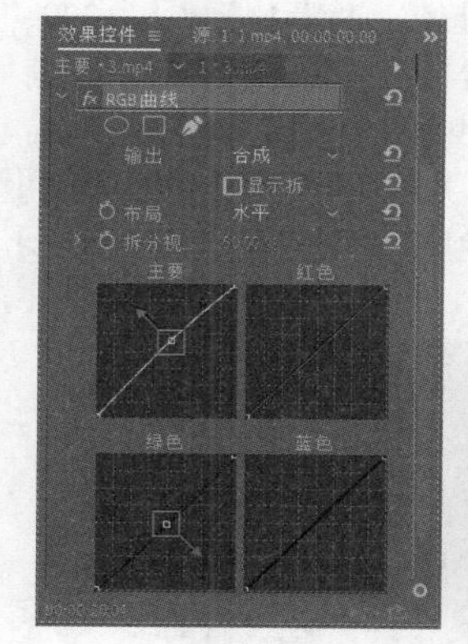

图 13.150

图 13.151

步骤 10 将【项目】面板中的4.mp4素材拖曳到V1轨道上，设置起始时间为23秒，接着在24秒15帧位置剪辑该素材，并使用【波纹删除】命令删除前半部分4.mp4素材，如图13.152所示。

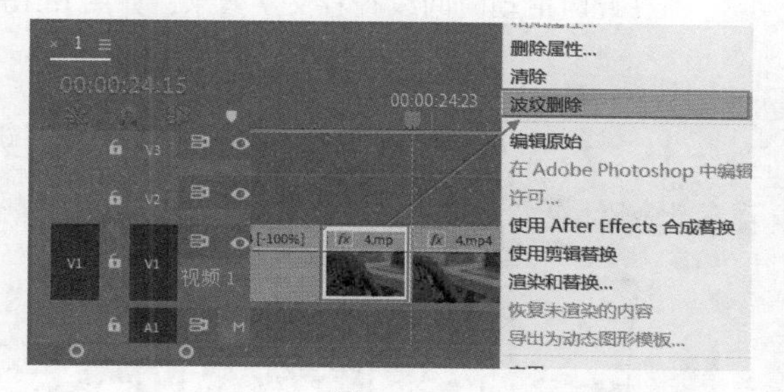

图 13.152

步骤 11 整体调亮画面。在【项目】面板下方的空白处右击，执行【新建项目】/【调整图层】命令，如图13.153所示。将【调整图层】拖曳到V3轨道上，持续时间与下方素材对齐，如图13.154所示。

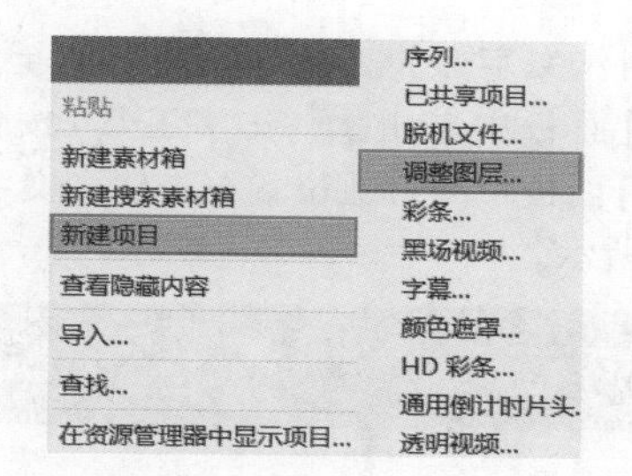

图 13.153

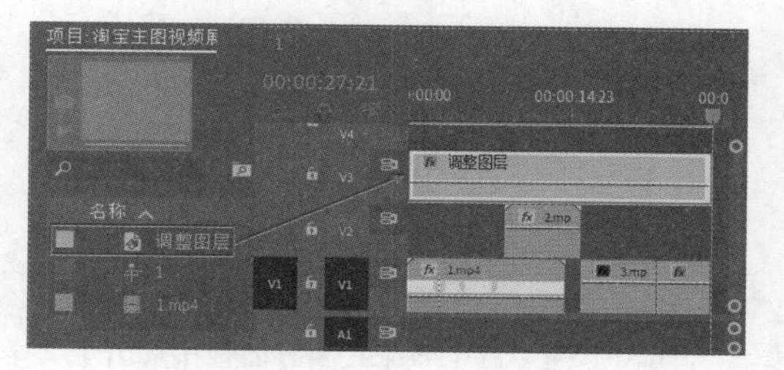

图 13.154

步骤 12 在【效果】面板中搜索【RGB 曲线】，将该效果拖曳到V3轨道的【调整图层】上，如图13.155所示。

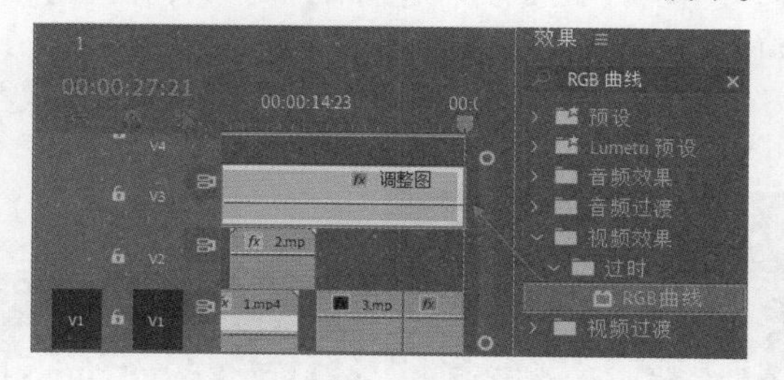

图 13.155

步骤 13 在【效果控件】中展开【RGB曲线】效果，在【主要】下方的曲线上单击添加一个控制点并向左上角拖动，使曲线呈现抛物线状，如图13.156所示。画面效果如图13.157所示。

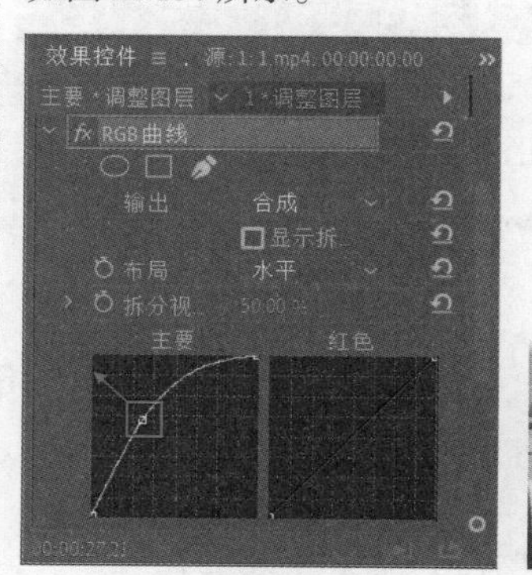

图 13.156

图 13.157

步骤 14 制作文字部分。将时间线滑动至起始位置，在【工具】面板中单击T（文字工具）按钮，在【节目监视器】面板中的合适位置单击输入文字内容，如图13.158所示。

图 13.158

步骤 15 选中文字，在【效果控件】面板中展开【文本】/【源文本】，设置合适的【字体系列】和【字体样式】，设置【字体大小】为160，单击（居中对齐文本）按钮，设置【字距】为69，【行距】为-37，设置【填充颜色】为灰色，勾选【阴影】，设置【不透明度】为90%，【角度】为135°，【距离】为10，【模糊】为30，如图13.159所示。

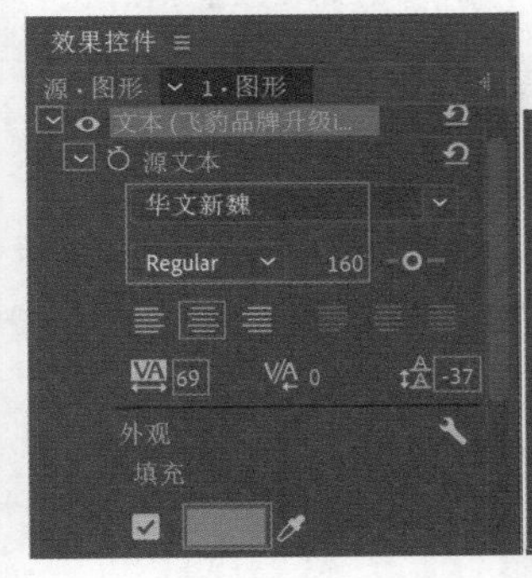

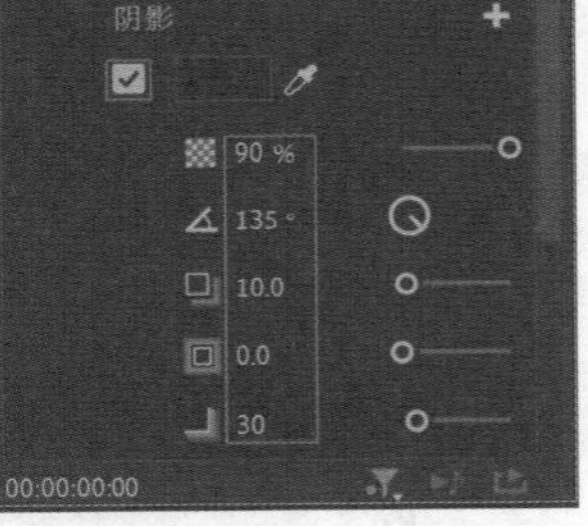

图 13.159

步骤 16 此时文字效果如图13.160所示。

图 13.160

步骤 17 将时间线滑动至9秒位置，在【时间轴】面板中设置V4轨道文字的结束时间为9秒，如图13.161所示。

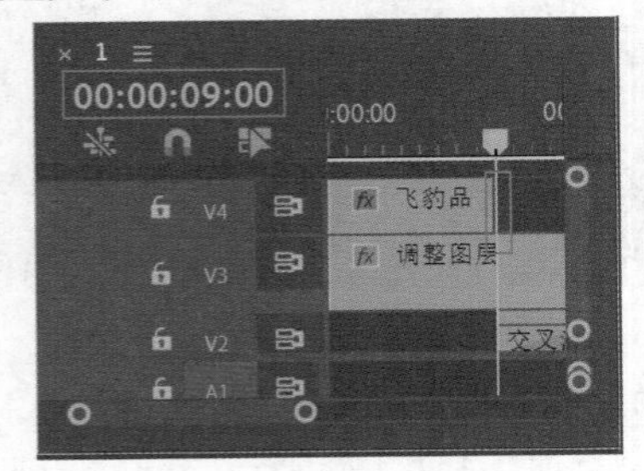

图 13.161

步骤 18 选中文字，在【效果控件】面板中展开【运动】属性，将时间线滑动至起始位置，单击【缩放】前方的（切换动画）按钮，开启关键帧，设置【缩放】为220，如图13.162所示；将时间线滑动至2秒10帧，设置【缩放】为100；接着在当前时间线位置单击【不透明度】前方的（切换动画）按钮，开启关键帧，设置【不透明度】为100%；将时间线滑动至9秒位置，设置【不透明度】为0%。

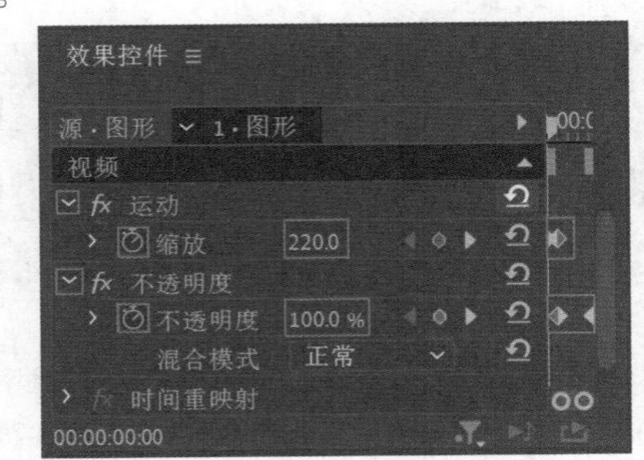

图 13.162

步骤 19 在此时滑动时间线查看文字效果，如图13.163所示。

图 13.163

步骤 20 将时间线滑动至11秒1帧位置，在【工具】面板中单击T（文字工具）按钮，在【节目监视器】面板中的合适位置单击输入文字内容，在【效果控件】面板中展开【文本】/【源文本】，设置合适的【字体系列】和【字体样式】，设置【字体大小】为107，设置【字距】为48，【行距】为-37，设置【填充颜色】为灰色，勾选【阴影】，设置【不透明度】为90%，【角度】为135°，【距离】为10，【模糊】为30，如图13.164所示。

图13.164

步骤 21 在文字选中状态下，单击【工具】面板中的T（文字工具）按钮，在【节目监视器】面板中选择文字“高”，接着在【效果控件】面板中更改【字体大小】为150，如图13.165所示。

图13.165

步骤 22 使用同样的方式更改其他文字的大小，效果如图13.166所示。

图13.166

步骤 23 使用同样的方式制作其他文字，此时滑动时间线画面效果如图13.167所示。

图13.167

步骤 24 在【效果】面板中搜索【交叉溶解】，将该效果拖曳到全部字幕素材的起始位置与结束位置上，如图13.168所示。

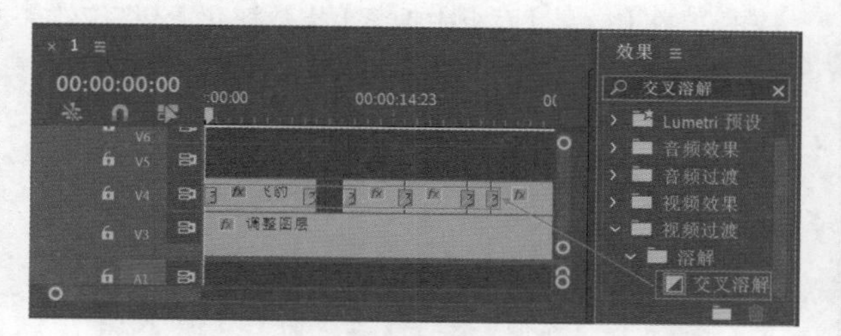

图13.168

步骤 25 继续将【交叉溶解】效果拖曳到V2轨道上的2.mp4素材的起始位置，如图13.169所示。在【效果控件】面板中设置【持续时间】为5秒，如图13.170所示。

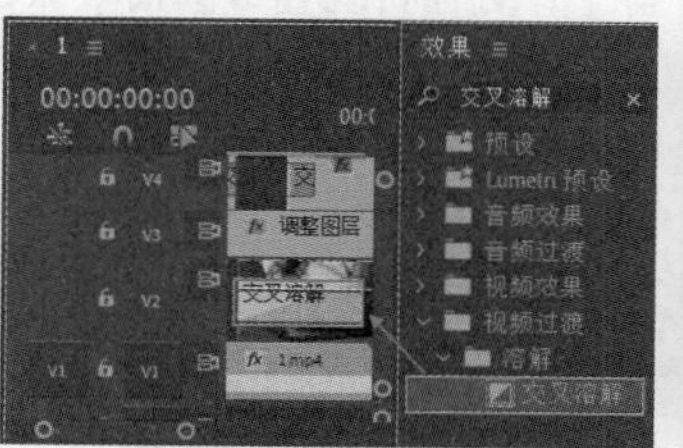

图13.169

图13.170

步骤 26 在【项目】面板中将配乐素材拖曳到A1轨道上，如图13.171所示。

步骤 27 将时间线滑动到视频素材的结束位置，按C键将光标切换为【剃刀工具】，在当前位置剪辑配乐素材，如图13.172所示。选择后面部分素材，按Delete键删除，如图13.173所示。

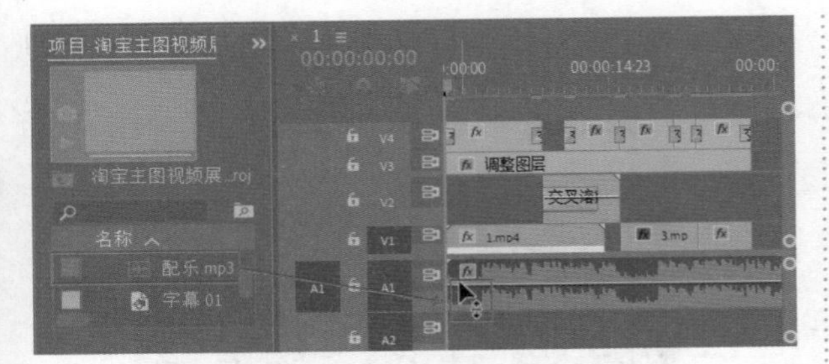

图 13.171

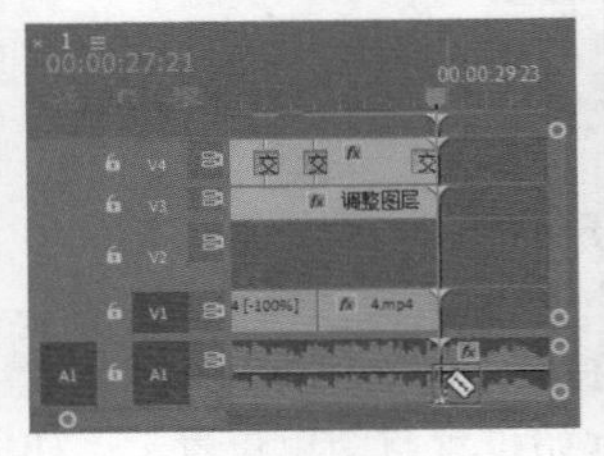

图 13.172

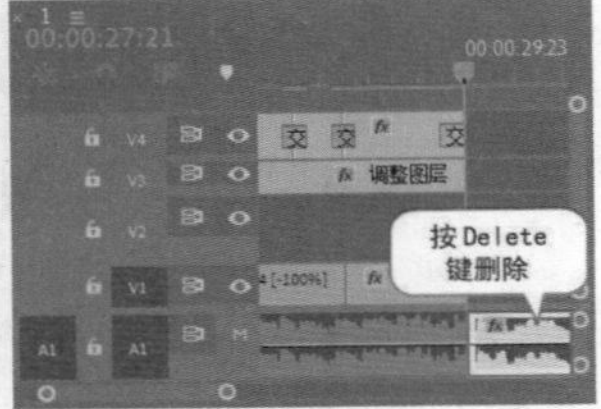

图 13.173

步骤 28 在【效果】面板中搜索【指数淡化】，将该效果拖曳到音频素材结束位置，如图13.174所示。此时音频呈现出一种淡出的音效。

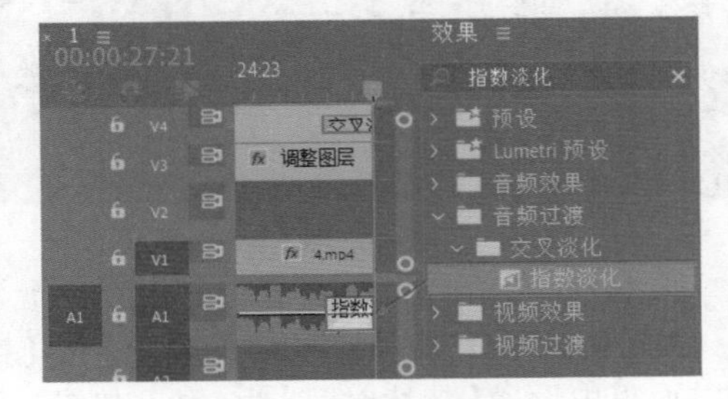

图 13.174

步骤 29 本实例制作完成，滑动时间线查看画面效果，如图13.175所示。

图 13.175

综合实例：精品咖啡视频展示

扫一扫，看视频

文件路径：Chapter 13 广告动画综合应用→综合实例：精品咖啡视频展示

商品视频通常能多角度展示出产品细节及使用步骤等，在剪辑时可使用分镜拍摄原则根据逻辑进行剪辑。本实例首先将多段视频按照流程进行剪辑，在制作时使用倒放及过渡效果完善视频，最后为画面添加字幕，起到说明与引导作用。实例效果如图13.176所示。

图 13.176

Part 01 视频剪辑

步骤 01 执行【文件】/【新建】/【项目】命令，新建一个项目。执行【文件】/【导入】命令，导入全部素材，如图13.177所示。

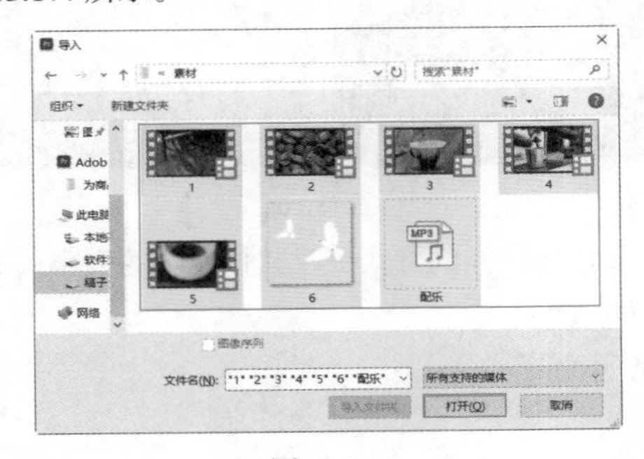

图 13.177

步骤 02 在【项目】面板中将1.mp4素材拖曳到V1轨道上，使用工具栏中的（比率拉伸工具）调整素材持续时间为10秒，此时素材持续时间缩短速度变快，如图13.178所示。

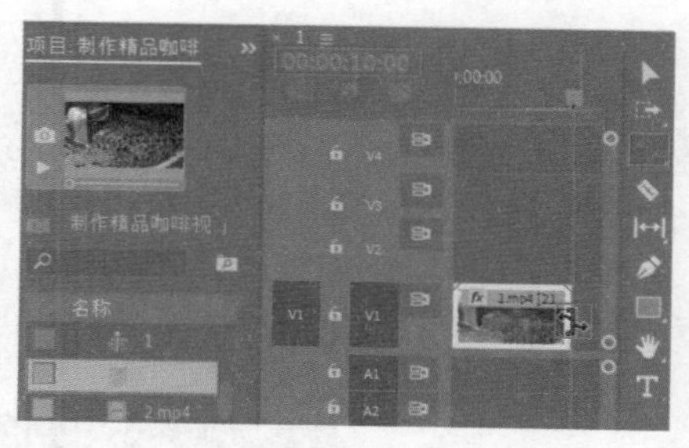

图 13.178

步骤 03 将【项目】面板中的2.mp4视频素材拖曳到V2轨道上，设置起始位置为5秒，接着按C键将光标切换为【剃刀工具】，分别在6秒10帧、8秒、10秒及13秒位置进行剪辑，如图13.179所示。将光标切换为【选择工具】，按住Shift键加选V2轨道上的第1段、第3段和最后一段视频，按Delete键删除，如图13.180所示。

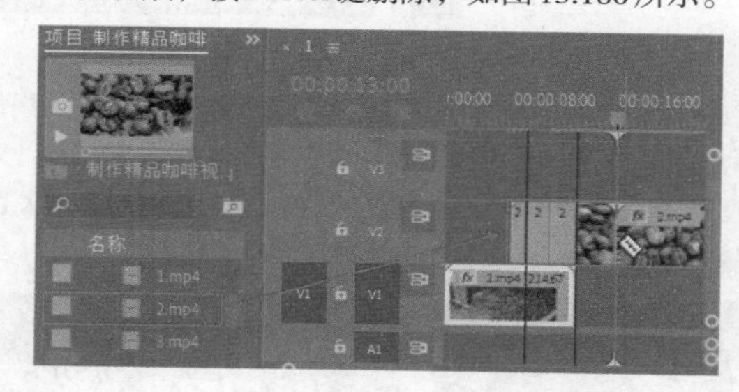

图 13.179

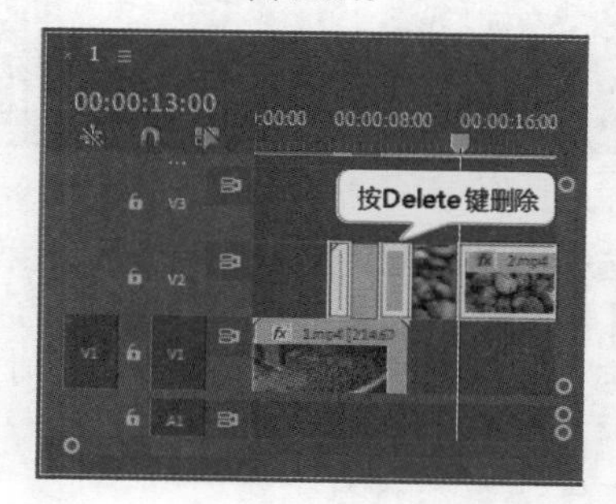

图 13.180

步骤 04 使用同样的方式将3.mp4视频素材拖曳到V1轨道上，设置起始位置为12秒，选择V1轨道上的素材，右击执行【速度/持续时间】命令，在弹出的窗口中勾选【倒放速度】，如图13.181所示。将时间线滑动到18秒位置，使用【剃刀工具】进行剪辑并删除后半部分的3.mp4素材，如图13.182所示。

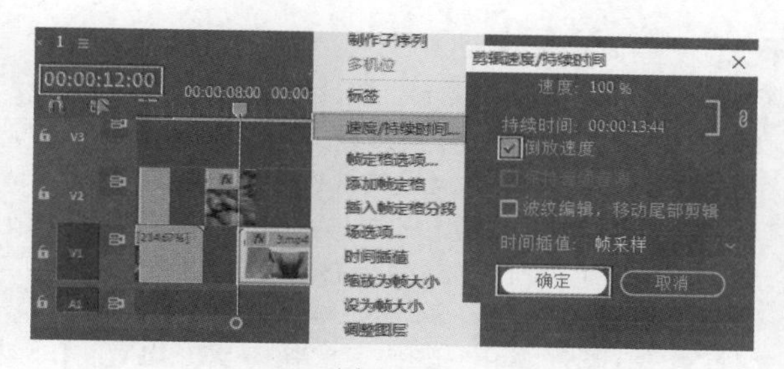

图 13.181

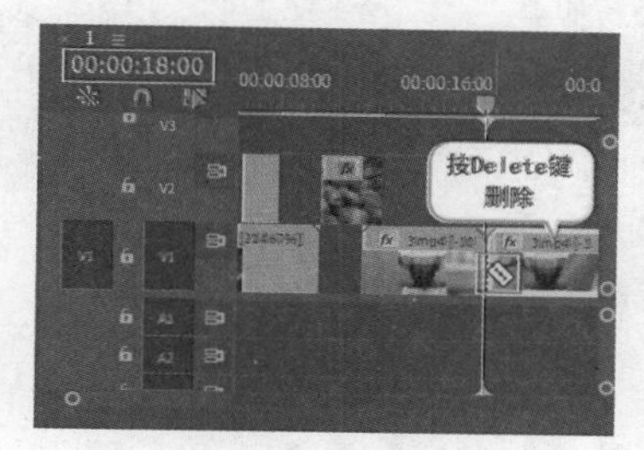

图 13.182

步骤 05 将【项目】面板中的4.mp4素材拖曳到V1轨道上的3.mp4后方，在当前18秒位置开启【缩放】关键帧，设置【缩放】为260，如图13.183所示；继续将时间线滑动到18秒45帧，设置【缩放】为160；将时间线滑动到21秒，设置【缩放】为100。接着在23秒位置使用【剃刀工具】剪辑【时间轴】面板中的4.mp4素材并删除剪辑之后的部分素材，如图13.184所示。

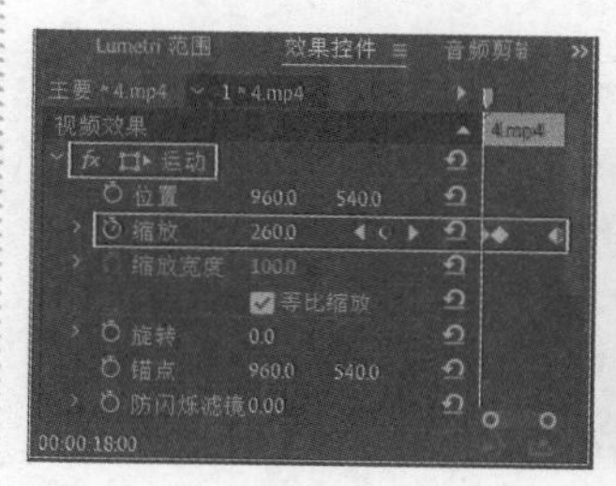

图 13.183

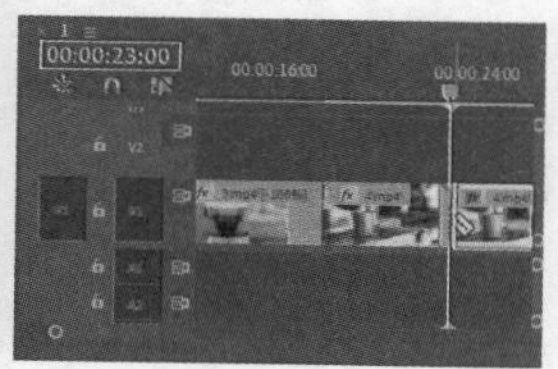

图 13.184

步骤 06 将【项目】面板中的5.mp4素材拖曳到V1轨道上的4.mp4后方，将素材设置为倒放速度，如图13.185所示。

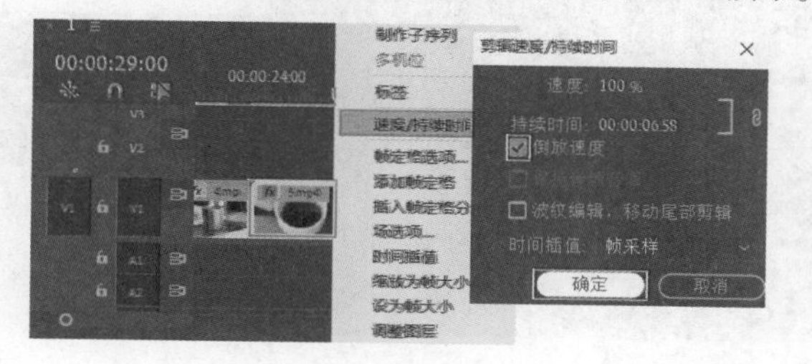

图 13.185

步骤 07 将时间线滑动到29秒，在当前位置剪辑5.mp4素材，右击选择后半部分5.mp4素材，执行【速度/持续时间】命令，在窗口中设置【持续时间】为3秒，调慢素材的速度，如图13.186所示。选择5.mp4慢放素材，在当前29秒位置开启【缩放】关键帧，设置【缩放】为100，继续将时间线滑动到31秒10帧，设置【缩放】为150，如图13.187所示。

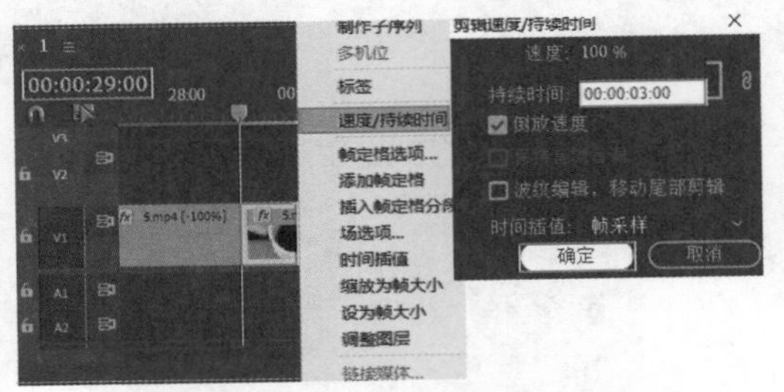

图 13.186

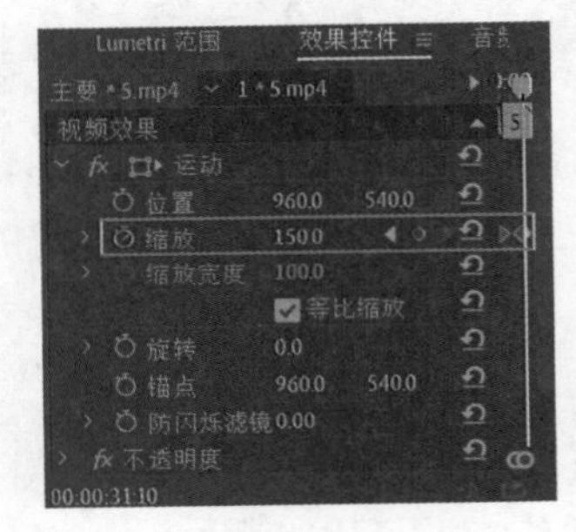

图 13.187

Part 02 制作文字部分

步骤 01 新建一个颜色遮罩。在菜单栏中执行【文件】/【新建】/【颜色遮罩】命令。接着在弹出的【拾色器】对话框中设置颜色为白色，此时会弹出一个【选择名称】对话框，设置名称为【颜色遮罩】，如图13.188所示。

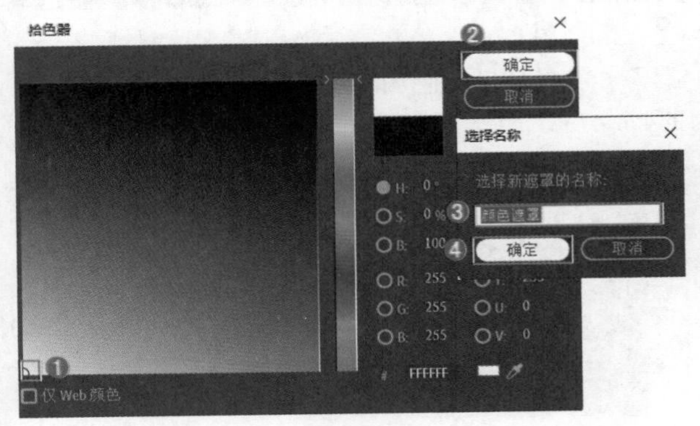

图 13.188

步骤 02 制作文字部分。将时间线滑动到起始位置，在【工具】面板中单击 (文字工具)按钮，在【节目监视器】面板中输入文本，如图13.189所示。在【时间轴】面板中选中文本，在【效果控件】面板中展开【文本】/【源文本】，设置合适的【字体系列】和【字体样式】，设置【字体大小】为180；展开【变换】，设置位置为(207,588)，如图13.190所示。

图 13.189

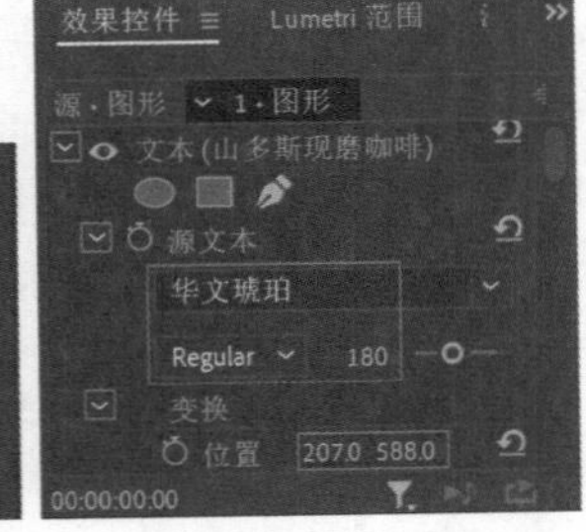

图 13.190

步骤 03 在【时间轴】面板中设置V2和V3轨道的结束时间为3秒，如图13.191所示。在【效果】面板中搜索【轨道遮罩键】，将该效果拖曳到V2轨道的【颜色遮罩】上，如图13.192所示。

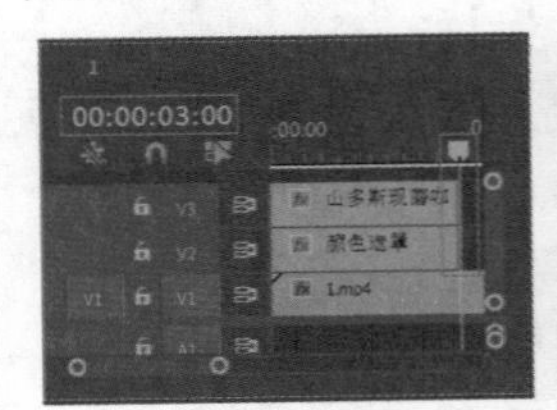

图 13.191

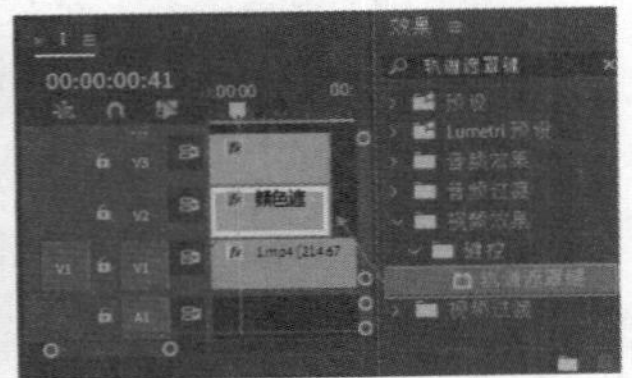

图 13.192

步骤 04 选择V2轨道上的素材文件，在【效果控件】面板中展开【轨道遮罩键】效果，设置【遮罩】为【视频3】，勾选【反向】复选框，如图13.193所示。此时画面效果如图13.194所示。

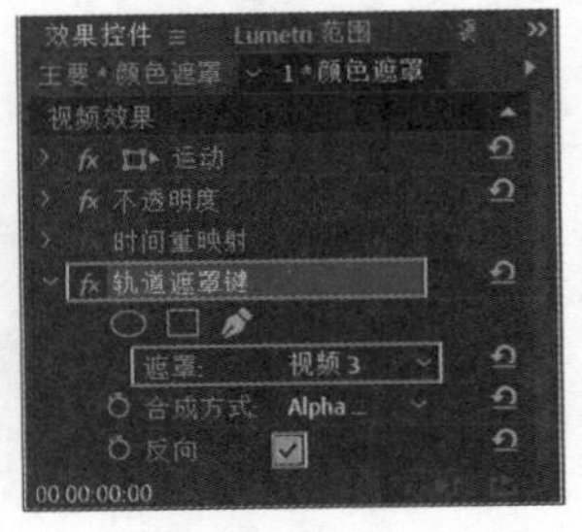

图 13.193

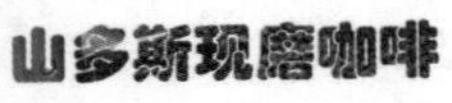

山多斯现磨咖啡

图 13.194

步骤 05 在【时间轴】面板中选择【颜色遮罩】和文字图层并右击，在弹出的快捷菜单中执行【嵌套】命令，在弹出的【嵌套序列名称】对话框中设置【名称】为【嵌套序列01】，如图13.195所示。

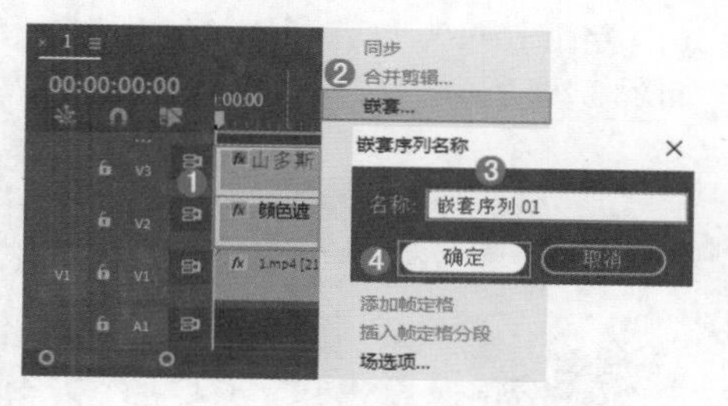

图 13.195

步骤 06 在【效果】面板中搜索【高斯模糊】，将该效果拖曳到【嵌套序列01】上，如图13.196所示。

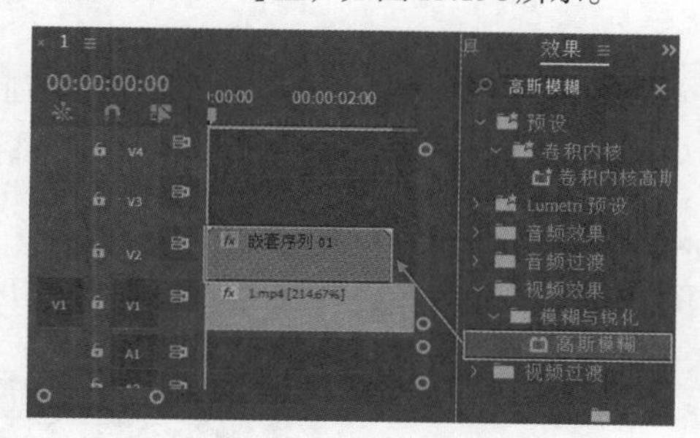

图 13.196

步骤 07 选择【嵌套序列01】，在【效果控件】面板中展开【高斯模糊】效果，将时间线滑动到起始帧位置，开启【模糊度】关键帧，设置【模糊度】为600，如图13.197所示；继续将时间线滑动到1秒位置，设置【模糊度】为0，勾选【重复边缘像素】。此时滑动时间线查看画面效果，如图13.198所示。

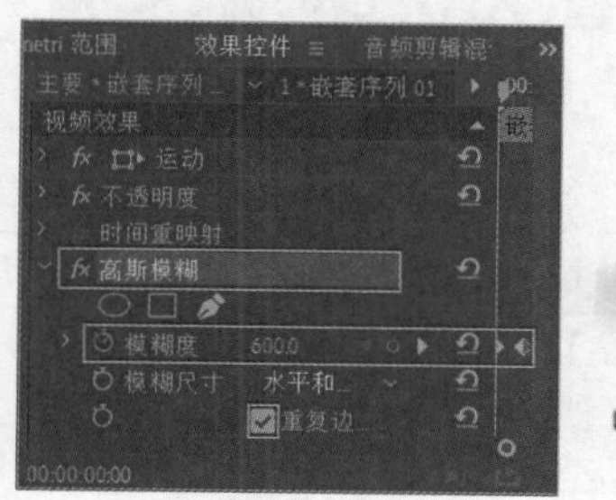

图 13.197

图 13.198

步骤 08 将时间线滑动到4秒10帧位置，在【工具】面板中单击 (文字工具)按钮，在【节目监视器】面板中输入文本，在【效果控件】面板中展开【文本】/【源文本】，设置合适的【字体系列】和【字体样式】，设置【字体大小】为75，单击 (居中对齐文本)按钮，设置【字距】为15，【填充颜色】为白色，如图13.199所示。

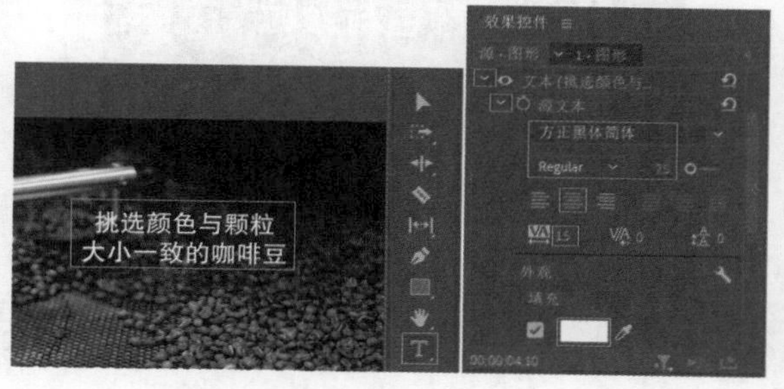

图 13.199

步骤 09 在【时间轴】面板选中4秒10帧位置的文字图层，在【工具】面板中选择 (钢笔工具)，在【节目监视器】面板中文字的下方绘制一条折线，接着在【效果控件】面板中取消勾选【填充】，勾选【描边】，设置【描边颜色】为白色，【描边宽度】为3，【描边类型】为中心，如图13.200所示。

图 13.200

步骤 10 选择文字图层，在【工具】面板中选择 (椭圆工具)按钮，在【节目监视器】面板中按住Shift键的同时按住鼠标左键在工作区域中折线的左侧绘制正圆，接着在【效果控件】面板中设置【填充颜色】为白色，如图13.201所示。

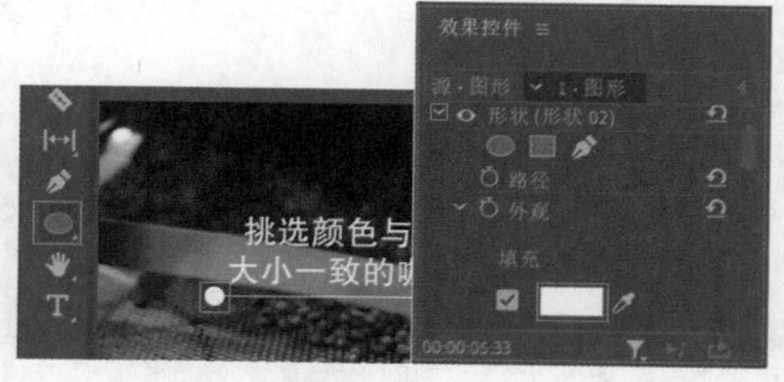

图 13.201

步骤 11 继续使用同样的方法制作折线右侧的正圆，如图13.202所示。

图 13.202

步骤 12 将时间线滑动至7秒位置，在【工具】面板中单击(垂直文字工具)按钮，在【节目监视器】面板中输入文本，在【效果控件】面板中展开【文本】/【源文本】，设置合适的【字体系列】和【字体样式】，设置【字体大小】为81，【字距】为-138，【填充颜色】为白色，如图13.203所示。

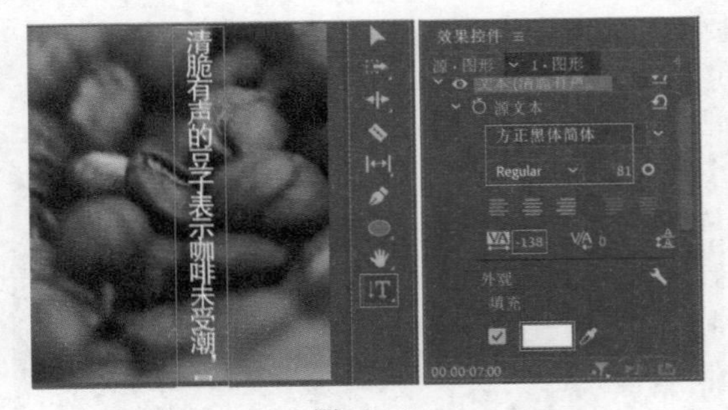

图 13.203

步骤 13 选择文字，在菜单栏中执行【窗口】/【基本图形】命令，在【基本图形】面板中单击【编辑】选项，在【响应式设计-时间】中勾选【滚动】，设置【缓入】为7秒，【缓出】为11秒28帧，如图13.204所示。此时文字效果如图13.205所示。

图 13.204

图 13.205

步骤 14 将时间线滑动至16秒位置，在【工具】面板中单击(文字工具)按钮，在【节目监视器】面板中输入文本，在【效果控件】面板中展开【文本】/【源文本】，设置合适的【字体系列】和【字体样式】，设置【字体大小】为76，【字距】为10，【行距】为-18，【填充颜色】为白色，如图13.206所示。

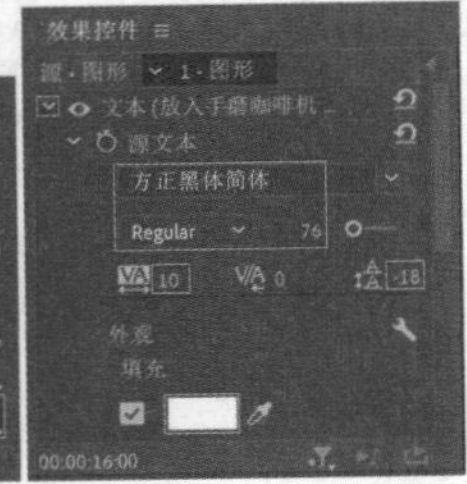

图 13.206

步骤 15 将时间线滑动至27秒23帧位置，在【工具】面板中单击(文字工具)按钮，在【节目监视器】面板中输入文本，在【效果控件】面板中展开【文本】/【源文本】，设置合适的【字体系列】和【字体样式】，设置【字体大小】为210，【填充颜色】为白色，接着展开【不透明度】，设置【混合模式】为【颜色加深】，如图13.207所示。

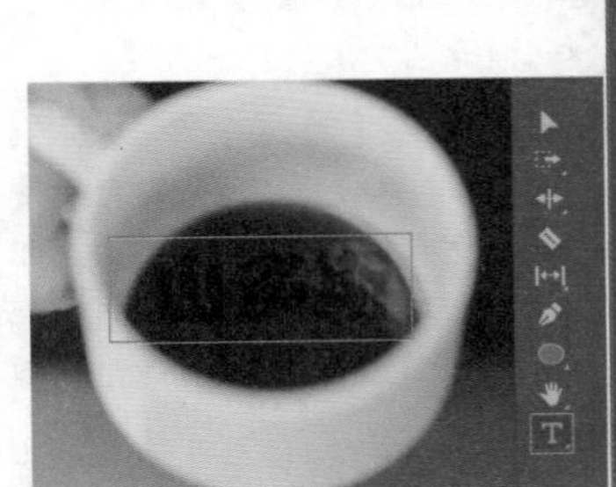

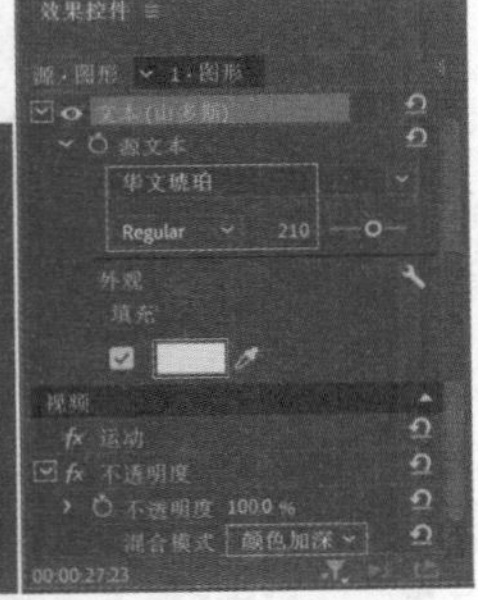

图 13.207

步骤 16 将时间线滑动至27秒23帧位置，在【时间轴】面板中选中V2轨道上的文字图层，在【效果控件】面板中展开【矢量运动】，单击【位置】前方的(切换动画)按钮，设置【位置】为(960,540)，如图13.208所示；将时间线滑动至27秒50帧位置，设置【位置】为(960,644)；将时间线滑动至28秒7帧位置，设置【位置】为(893,600)；将时间线滑动至29秒位置，单击【缩放】前方的(切换动画)按钮，设置【缩放】为100；将时间线滑动至29秒17帧位置，设置【位置】为(988,545)；将时间线滑动至31秒10帧位置，设置【缩放】为150。

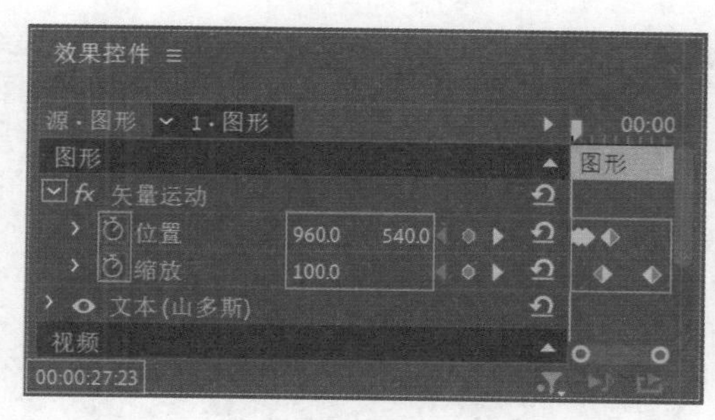

图 13.208

步骤 17 此时文字效果如图13.209所示。

图 13.209

步骤 18 将【项目】面板中的6.png素材文件拖曳到V4轨道上，设置起始时间为17秒8帧。将时间线滑动到该素材的起始帧位置，选择白鸽素材，在【效果控件】面板中开启【位置】【缩放】【不透明度】关键帧，设置【位置】为(1575,850)，【缩放】为13，将时间线滑动18秒位置，为【不透明度】添加关键帧；将时间线滑动到21秒位置，设置【位置】为(1357,711)，【缩放】为35，【不透明度】为0%，如图13.210所示。此时画面效果如图13.211所示。

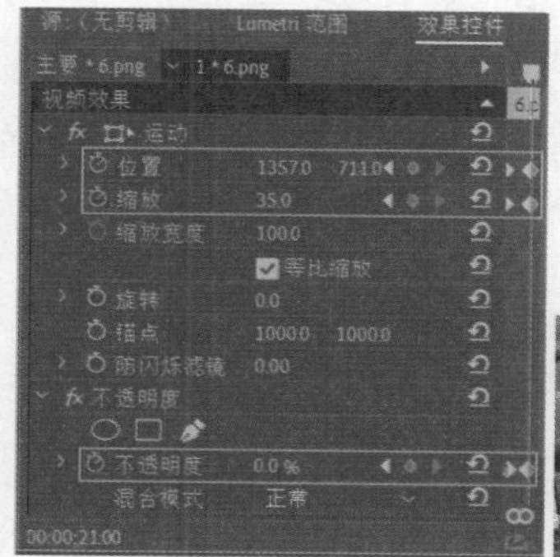

图 13.210

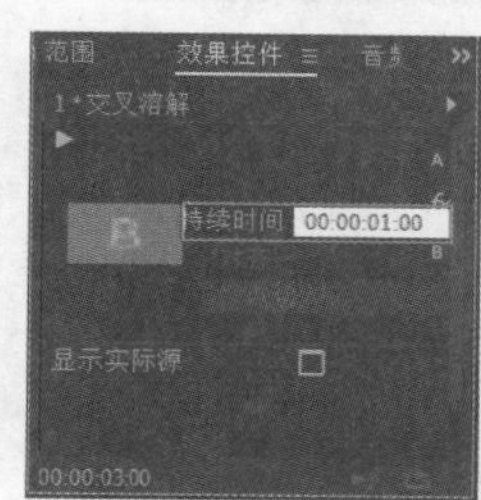

图 13.211

步骤 19 在【效果】面板中搜索【交叉溶解】，将该效果拖曳到【嵌套序列01】的结束位置，如图13.212所示。

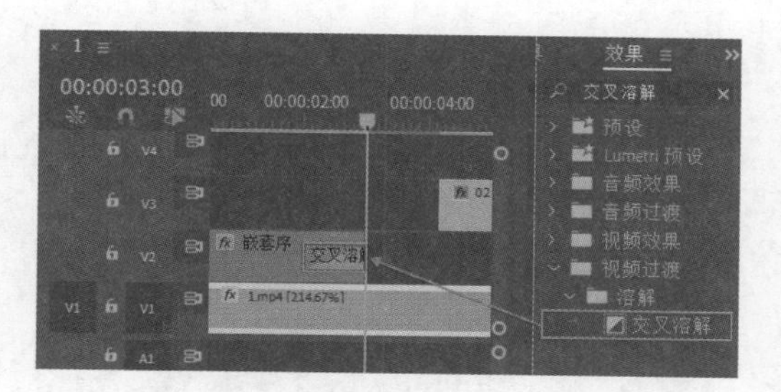

图 13.212

步骤 20 选择刚刚拖入的【交叉溶解】效果，在【效果控件】面板中设置【持续时间】为1秒，如图13.213所示。滑动时间线查看画面效果，如图13.214所示。

图 13.213

图 13.214

步骤 21 使用同样的方式为2.mp4、5.mp4及文字图层02和文字图层04添加过渡效果并适当调整过渡效果的持续时间，如图13.215所示。滑动时间线查看画面效果，如图13.216所示。

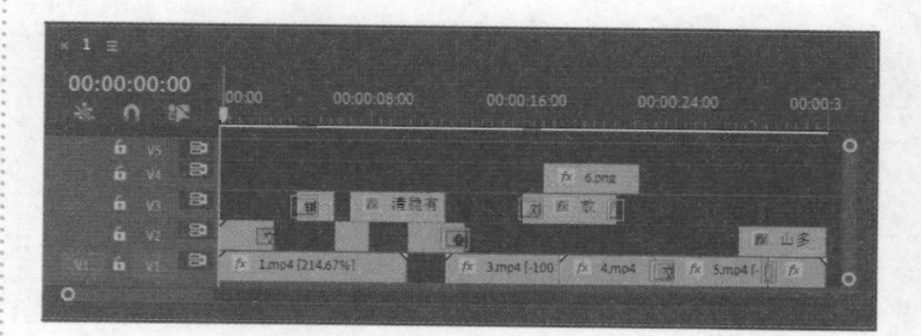

图 13.215

图 13.216

Part 03　添加配乐

步骤 01 将【项目】面板中的配乐素材拖曳到A1轨道上，如图13.217所示。

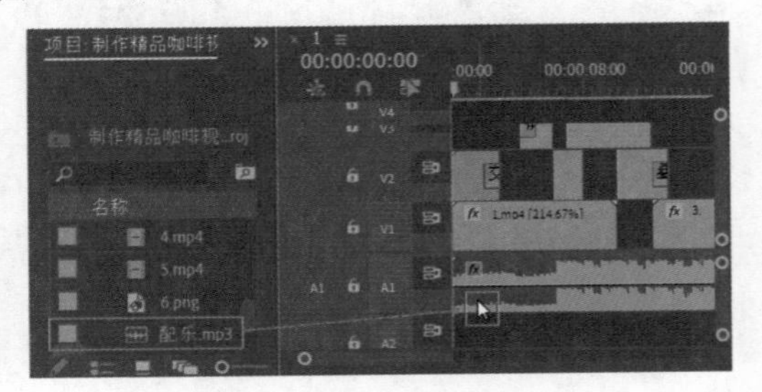

图 13.217

步骤 02 将时间线滑动到视频素材的结束位置，在该位置使用【剃刀工具】剪辑配乐素材，选择后面部分配乐，按Delete键删除，如图13.218所示。

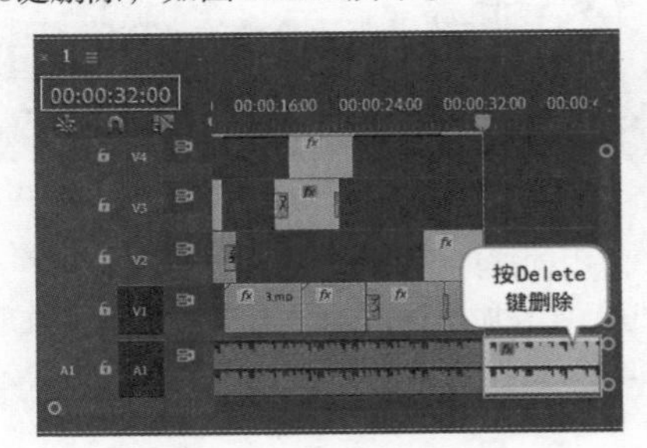

图 13.218

步骤 03 在【效果】面板中搜索【指数淡化】，将该效果拖曳到配乐素材的结束位置，设置该效果的持续时间为1秒，如图13.219和图13.220所示，此时滑动时间线聆听配乐，在配乐结束位置可听到声音由大逐渐变小的淡出效果。

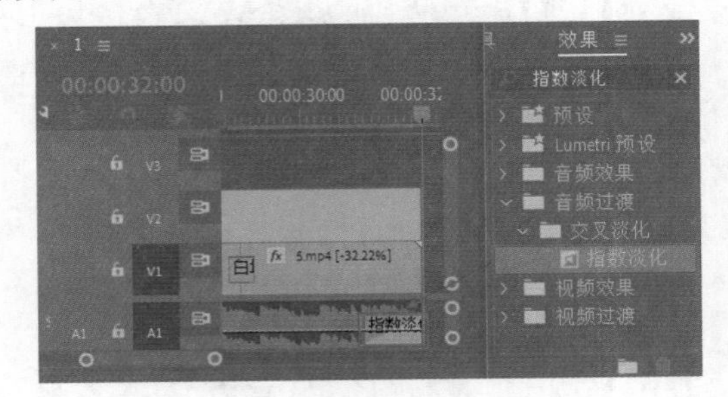

图 13.219

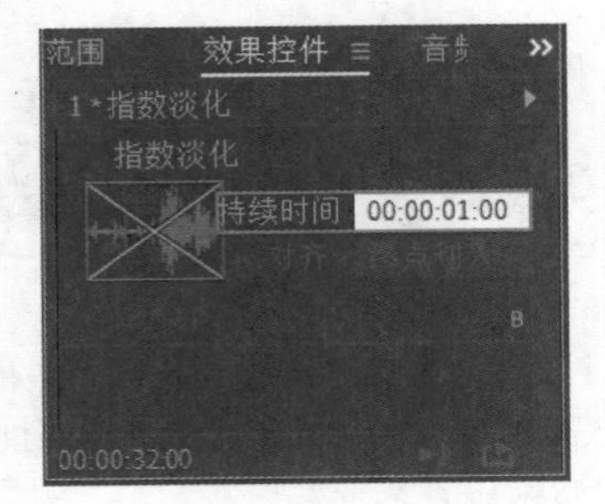

图 13.220

扫一扫，看视频

视频特效综合应用

本章内容简介：

影视特效是影视作品中重要的组成部分，几乎所有的电影中都有特效镜头的存在。除了院线电影外，微电影、自媒体短视频也越来越多地应用视频特效，使得影视作品给人更震撼的感觉。本章将通过多个实例学习常见视频特效的应用。

重点知识掌握：

常见视频特效实例的制作方法

综合实例：制作Vlog文字反底闪屏

文件路径：Chapter 14 视频特效综合应用→综合实例：制作Vlog文字反底闪屏

一些普通的视频内容加上闪屏效果会显得更加炫酷，闪屏是当下抖音热门特效之一。本实例主要使用【轨道遮罩键】及【反向】关键帧制作闪屏画面。实例效果如图14.1所示。

扫一扫，看视频

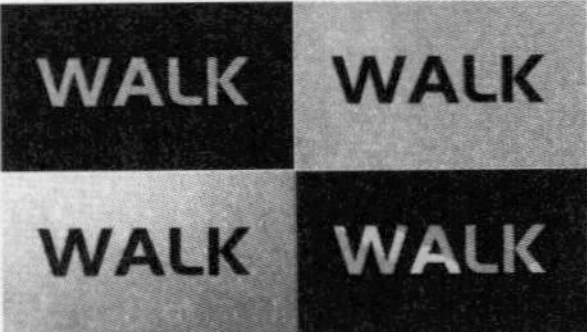

图 14.1

步骤 01 在Premiere Pro软件中新建一个项目。接着新建序列，设置【编辑模式】为【自定义】,【时基】为23.976,【帧大小】为700,【水平】为550,【像素长宽比】为【HD变形1080】,【场】为【无场(逐行扫描)】。执行【文件】/【导入】命令，导入视频素材文件，如图14.2所示。

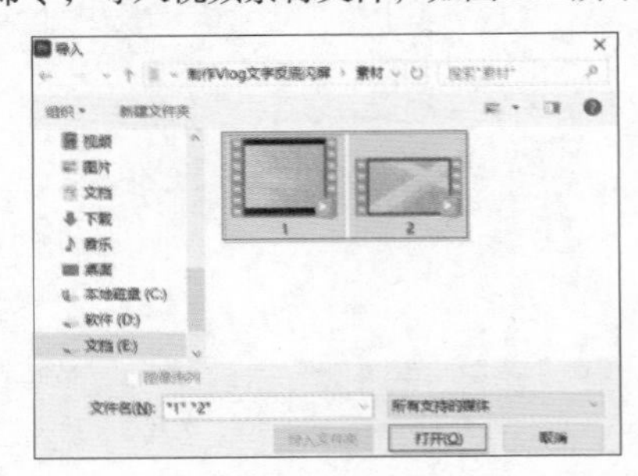

图 14.2

步骤 02 在【项目】面板中将1.mp4、2.mp4视频素材拖曳到【时间轴】面板中的V1轨道上，如图14.3所示。在工具栏中选择(比率拉伸工具)，将1.mp4视频素材的【持续时间】设为5秒，将2.mp4视频素材的【持续时间】设为1秒，如图14.4所示。

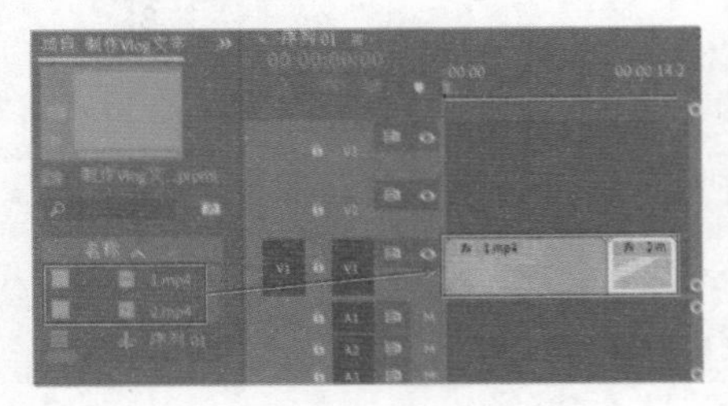

图 14.3

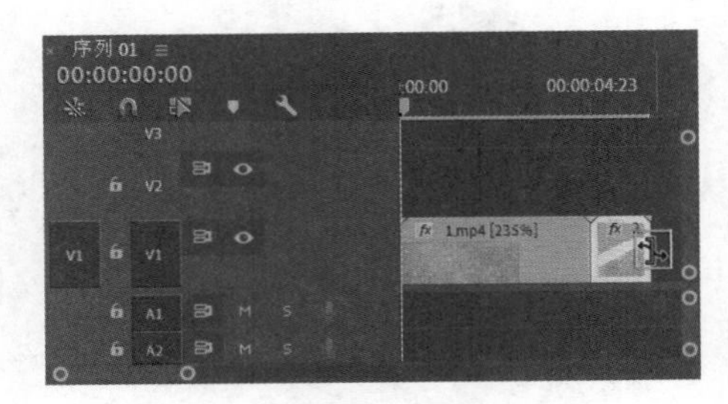

图 14.4

步骤 03 在【时间轴】面板中选择V1轨道上的两个视频素材，右击执行【嵌套】命令，在弹出的窗口中设置【名称】为【嵌套序列01】，如图14.5所示。此时在【时间轴】面板中得到【嵌套序列01】，如图14.6所示。

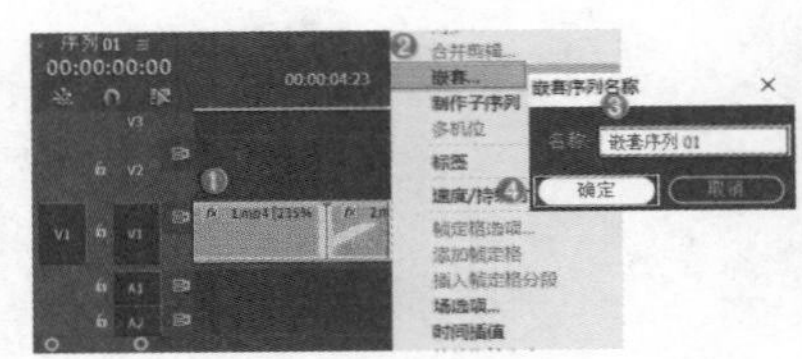

图 14.5

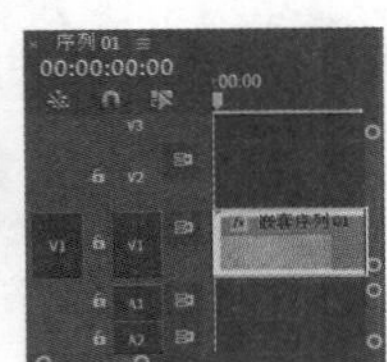

图 14.6

步骤 04 制作文字。将时间线滑动至起始位置，在【工具】面板中选择(文字工具)，在工作区域中输入文字WALK，接着在【效果控件】面板中设置合适的【字体系列】和【字体样式】，设置【字体大小】为228，【填充颜色】为白色，如图14.7所示。

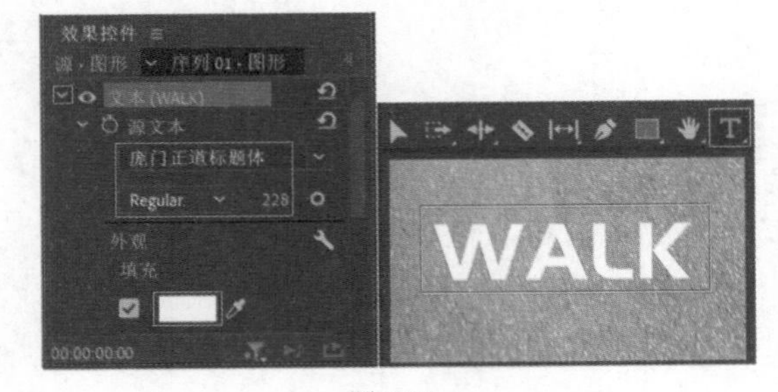

图 14.7

步骤 05 在【时间轴】面板中设置V2轨道上的文字图层的持续时间与V1轨道上的【嵌套序列01】对齐，如图14.8所示。在【效果】面板中搜索【轨道遮罩键】，将该效果拖曳到【时间轴】面板中的【嵌套序列01】上，如图14.9所示。

步骤 06 在【时间轴】面板中选择V1轨道上的【嵌套序列01】，在【效果控件】面板中展开【轨道遮罩键】，设置【遮罩】为【视频2】。接着将时间线滑动到起始帧位置，单击【反向】前的(切换动画)按钮，开启自动关键帧，按住Shift键的同时按住小键盘上的右键，此时时间线向右侧滑动了5帧，勾选【反向】；继续按住Shift键的同时按住小键盘上的右键向右侧滑动5帧，取消勾选【反向】；使用同样的方式继续制作其他关键帧，如图14.10所示。滑动时间线查看制作的闪屏文字画面，如图14.11所示。

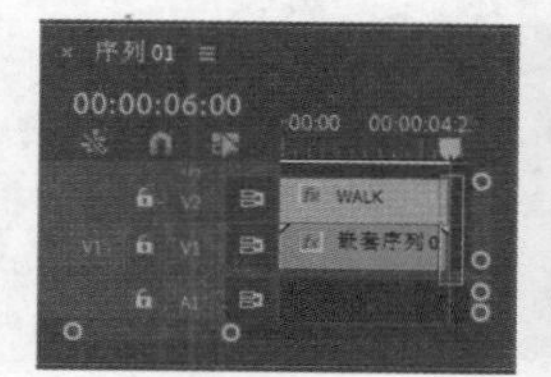

图 14.8

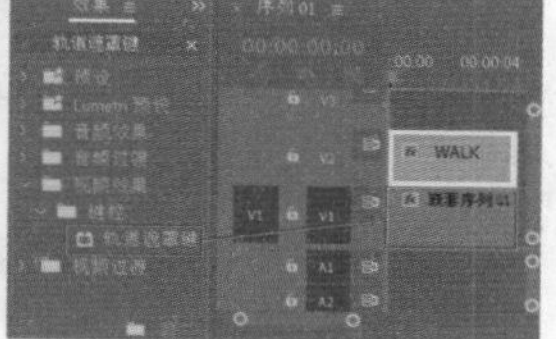

图 14.9

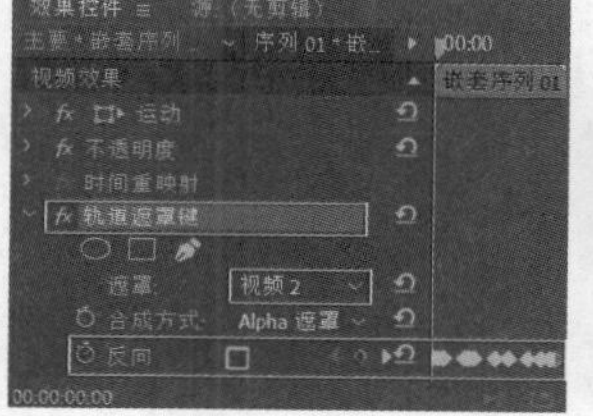

图 14.10

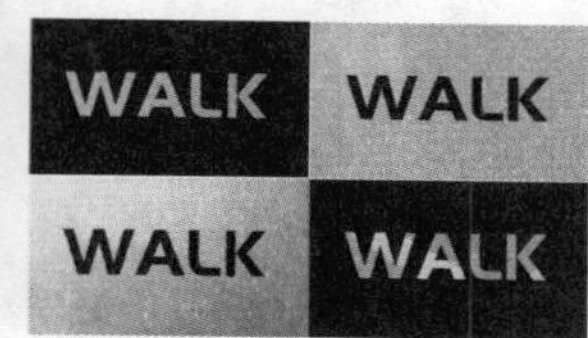

图 14.11

综合实例：更换暗淡天空

文件路径：Chapter 14 视频特效综合应用→综合实例：更换暗淡天空

在拍摄视频时往往由于天气原因，拍摄出来的天空显得特别白，此时通常会用到更换天空的方法提升画面效果。本实例主要使用【颜色键】效果将天空进行替换，并使用【移动】属性制作由左向右滑动的效果。实例效果如图14.12所示。

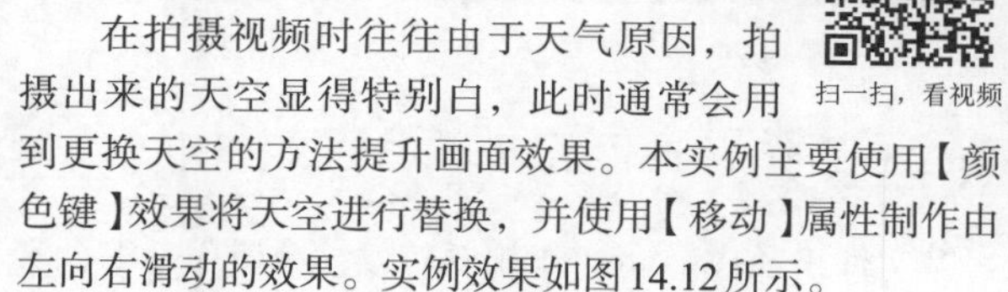

扫一扫，看视频

图 14.12

步骤 01 在Premiere Pro软件中新建一个项目。执行【文件】/【导入】命令，导入视频素材文件，如图14.13所示。

步骤 02 在【项目】面板中将1.mp4视频素材拖曳到V1和V3轨道上，将2.jpg素材文件拖曳到V2轨道上，如图14.14所示。

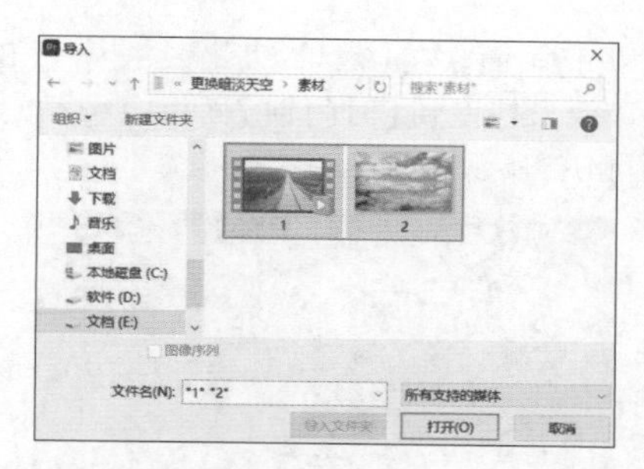

图 14.13

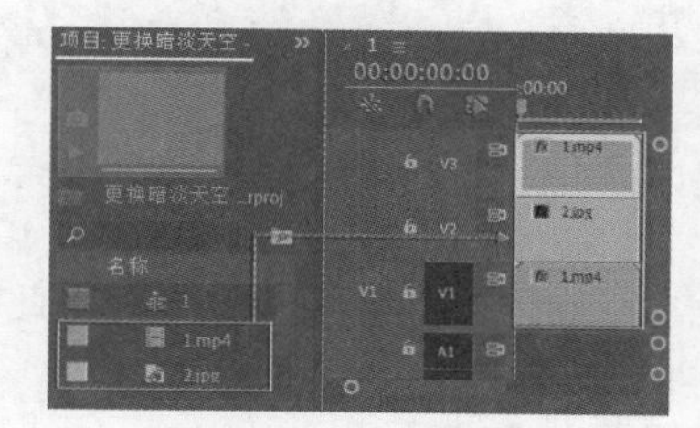

图 14.14

步骤 03 在【效果】面板中搜索【颜色键】，将该效果拖曳到【时间轴】面板中V3轨道的素材上，如图14.15所示。选择V3轨道上的1.mp4素材文件，在【效果控件】面板中展开【颜色键】，在【主要颜色】后方单击【吸管工具】，吸取天空中的白色，设置【颜色容差】为20，如图14.16所示。

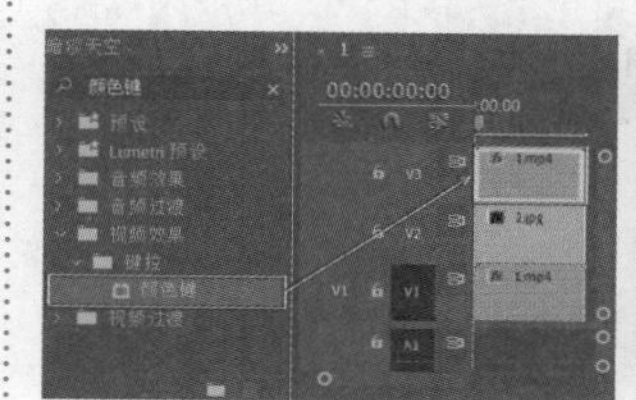

图 14.15

图 14.16

步骤 04 再次在【效果】面板中搜索【颜色键】，将该效果拖曳到【时间轴】面板中V3轨道的素材上，然后选择V3轨道上的素材，在【效果控件】面板中展开第2个【颜色键】，单击【主要颜色】后方的【吸管工具】，吸取残留的偏灰色的天空部分，设置【颜色容差】为21，如图14.17所示。

图 14.17

步骤 05 提亮画面。在【效果】面板中搜索【（RGB）曲线】，将该效果拖曳到【时间轴】面板中V3轨道的素材上，如图14.18所示。

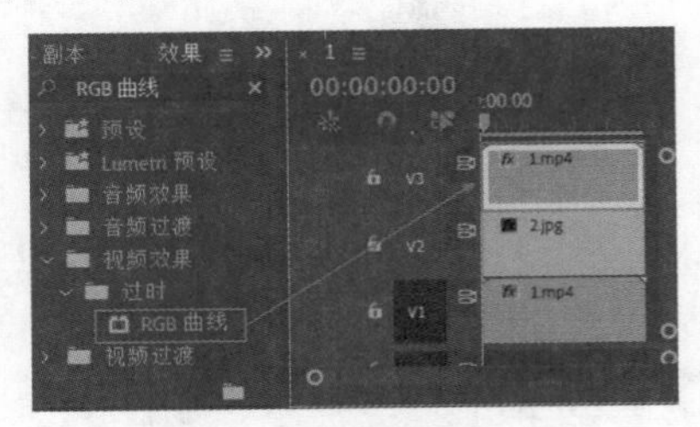

图 14.18

步骤 06 在【时间轴】面板中选择1.mp4视频素材，在【效果控件】面板中的【主要】下方的曲线上添加2个控制点并调整曲线的形状，如图14.19所示。此时画面效果如图14.20所示。

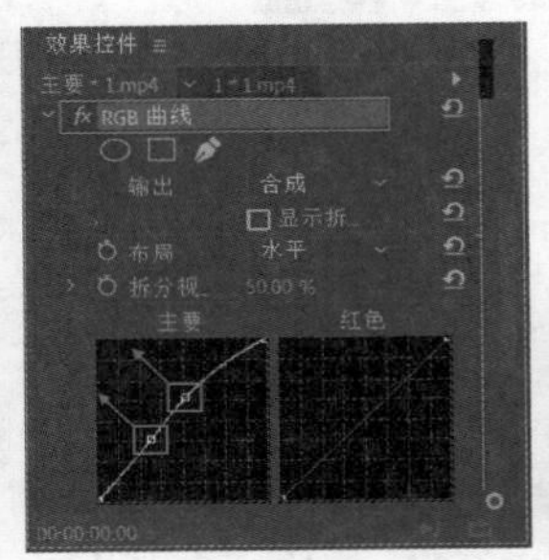

图 14.19

图 14.20

步骤 07 选择【时间轴】面板中的2.jpg素材文件，在【效果控件】面板中设置【缩放】为203，将时间线滑动到起始帧位置，单击【位置】前方 （切换动画）按钮，开启关键帧，设置【位置】为（-1130,540）；继续将时间线滑动到15秒位置，设置【位置】为（960,540），如图14.21所示。画面效果如图14.22所示。

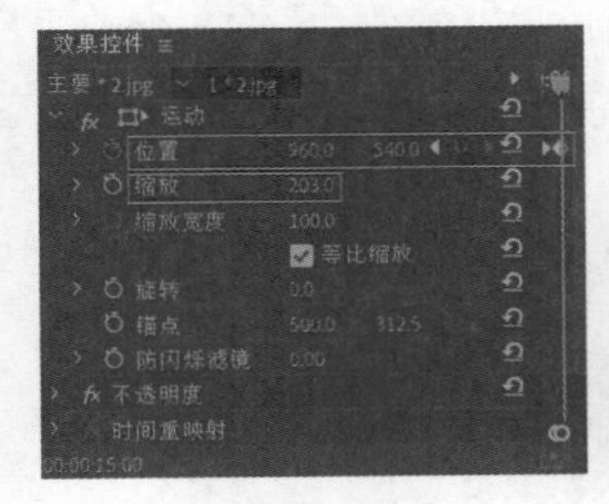

图 14.21

图 14.22

步骤 08 可以看出此时天空饱和度较高，与地面颜色不符。接着在【效果】面板中搜索【（RGB）曲线】，将该效果拖曳到【时间轴】面板中V2轨道的2.jpg素材上，如图14.23所示。

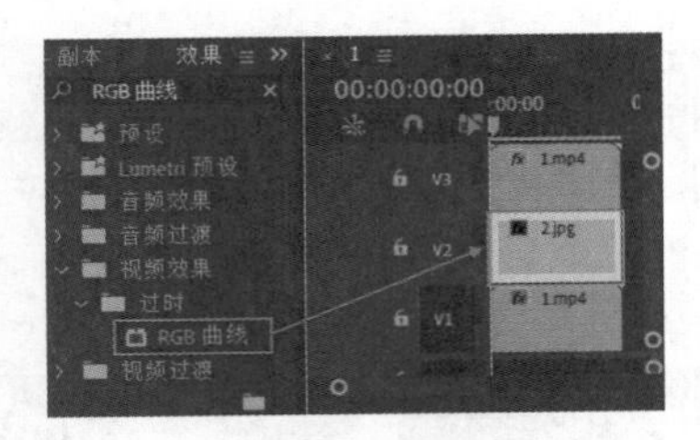

图 14.23

步骤 09 在【时间轴】面板中选择2.jpg图片素材，在【效果控件】面板中的【主要】下方的曲线上单击添加一个控制点并向左上角拖动，提高画面亮度；继续在【蓝色】下方的曲线上单击添加一个控制点并向右下角拖动，减少画面中的蓝色数量，如图14.24所示。此时画面效果如图14.25所示。

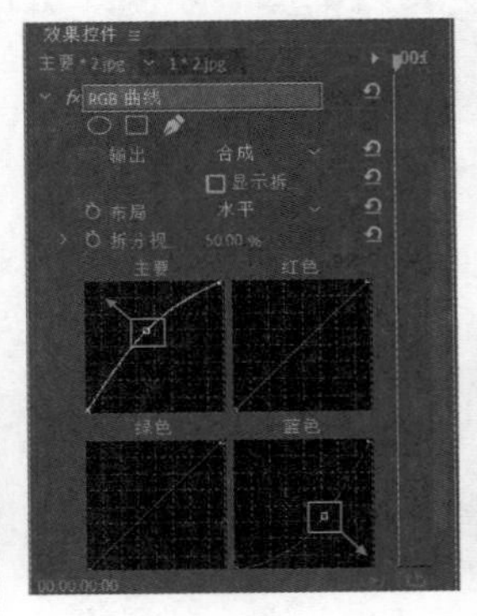

图 14.24

图 14.25

综合实例：快速制作失帧色调效果

文件路径：Chapter 14 视频特效综合应用→综合实例：快速制作失帧色调效果

失帧是图片在转存的过程中图像信息丢失而产生的图像质量波动或出现条纹、雪花等现象。本实例主要使用【Color Balance（RGB）】效果制作色调分离，并为画面制作出杂色质感。实例效果如图14.26所示。

扫一扫，看视频

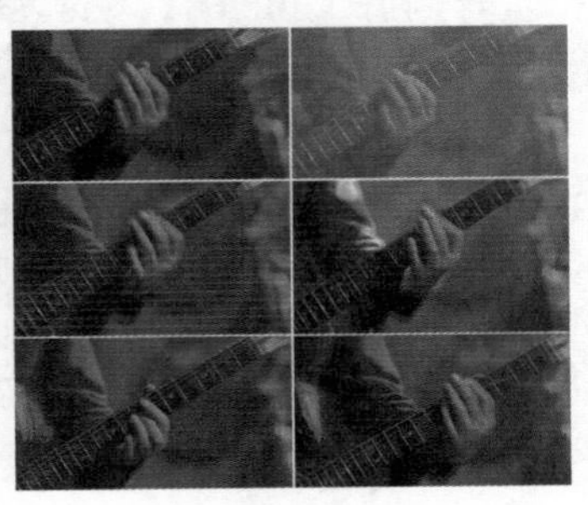

图 14.26

步骤 01 在Premiere Pro软件中新建一个项目，执行【文件】/【导入】命令，导入视频素材文件，如图14.27所示。

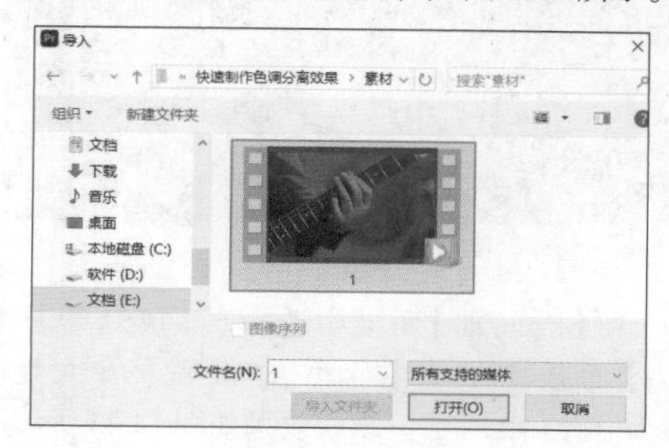

图 14.27

步骤 02 在【项目】面板中将1.mp4视频素材拖曳到【时间轴】面板中的V1~V3轨道上，如图14.28所示。

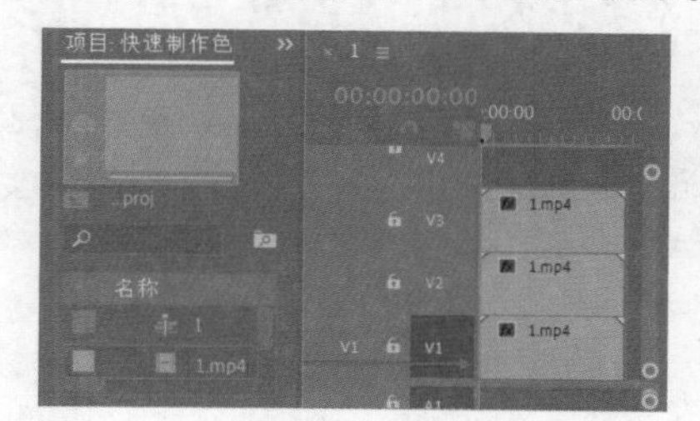

图 14.28

步骤 03 在【时间轴】面板中选择3个视频素材，在【效果】面板中搜索【Color Balance（RGB）】，将该效果拖曳到选中的素材上，如图14.29所示。

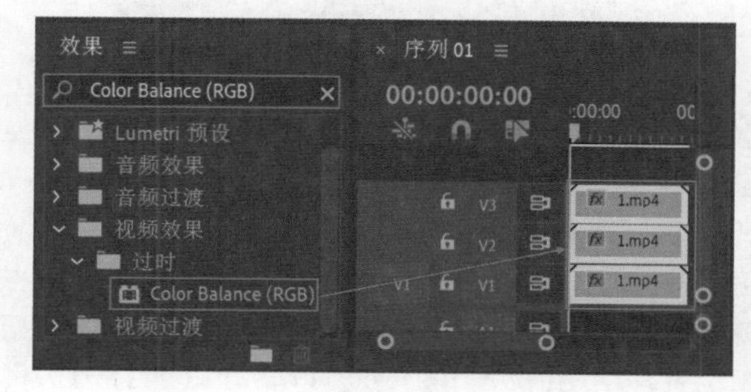

图 14.29

步骤 04 在【时间轴】面板中选择V3轨道上的素材，在【效果控件】面板中展开【Color Balance（RGB）】，设置【Red】为100，【Green】和【Blue】为0；接着选择V2轨道上的素材，在【效果控件】面板中设置【Green】为100，【Red】和【Blue】为0；最后选择V1轨道上的素材，在【效果控件】面板中设置【Red】和【Green】为0，【Blue】为100，如图14.30~图14.32所示。

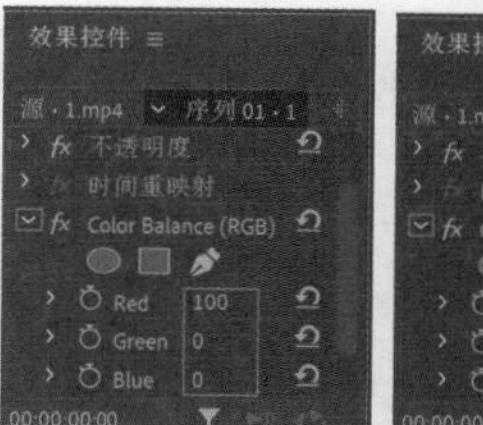

图 14.30

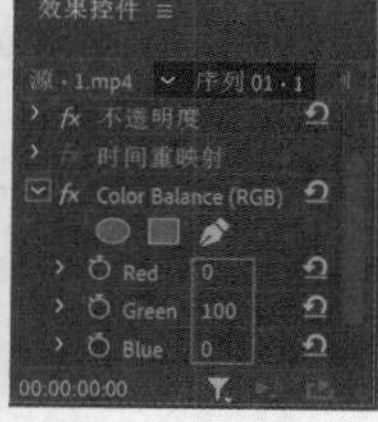

图 14.31

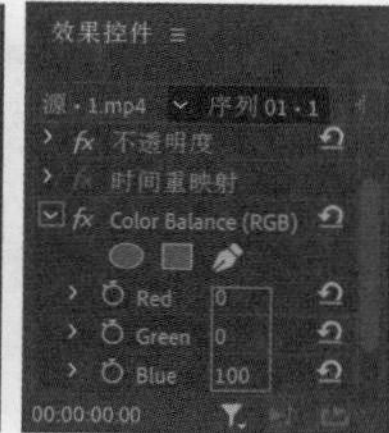

图 14.32

步骤 05 设置这3个图层的【混合模式】均为【滤色】，如图14.33所示。此时画面效果如图14.34所示。

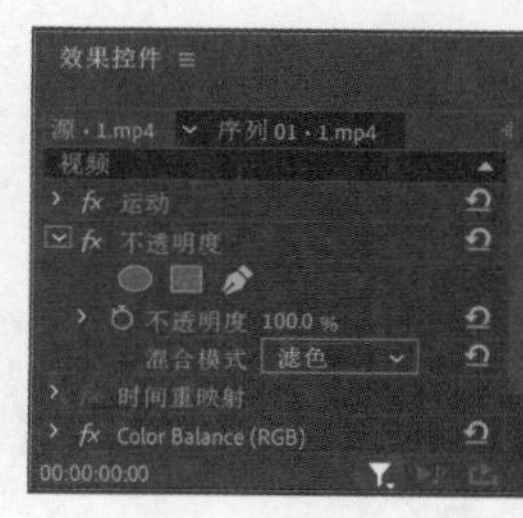

图 14.33

图 14.34

步骤 06 再次在【时间轴】面板中选择V3轨道上的素材，将时间线滑动到起始帧位置，开启【缩放】关键帧，设置【缩放】为120，如图14.35所示；继续将时间线滑动到10帧，设置【缩放】为110。选择V2轨道上的素材，使用同样的方式将时间线滑动到起始帧位置，开启【缩放】关键帧，设置【缩放】为110，如图14.36所示；将时间线滑动到10帧，设置【缩放】为100。选择V1轨道上的素材，将时间线滑动到起始帧位置，开启【缩放】关键帧，设置【缩放】为100，如图14.37所示；将时间线滑动到10帧，设置【缩放】为105。

步骤 07 新建一个【颜色遮罩】。执行【文件】/【新建】/【颜色遮罩】命令，如图14.38所示。接着在【拾色器】对话框中设置【颜色】为黑色，设置遮罩名称为【颜色遮罩】，如图14.39所示。

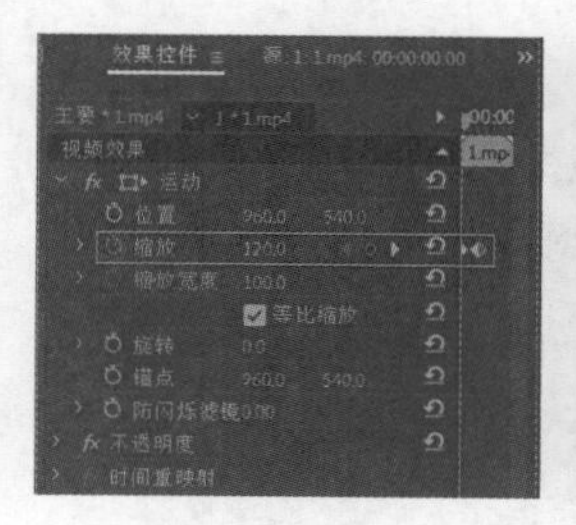

图 14.35

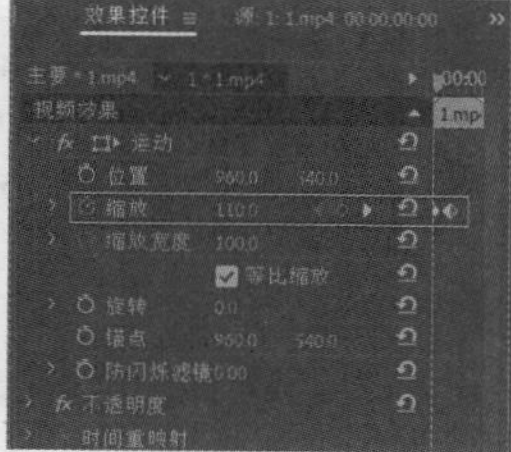

图 14.36

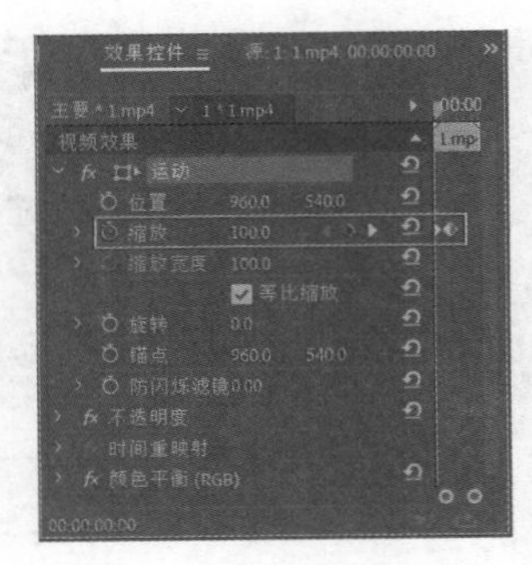

图 14.37

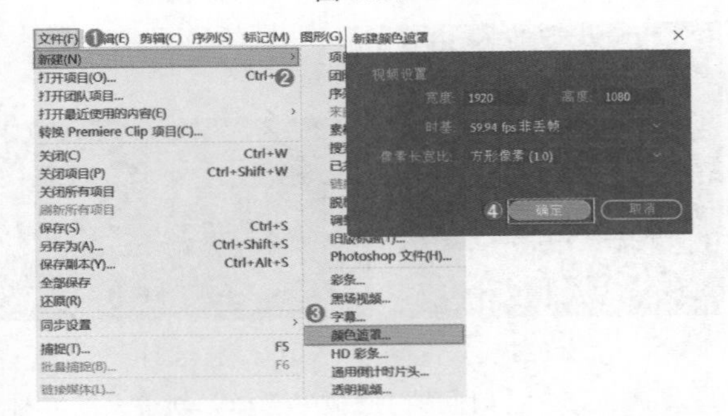

图 14.38

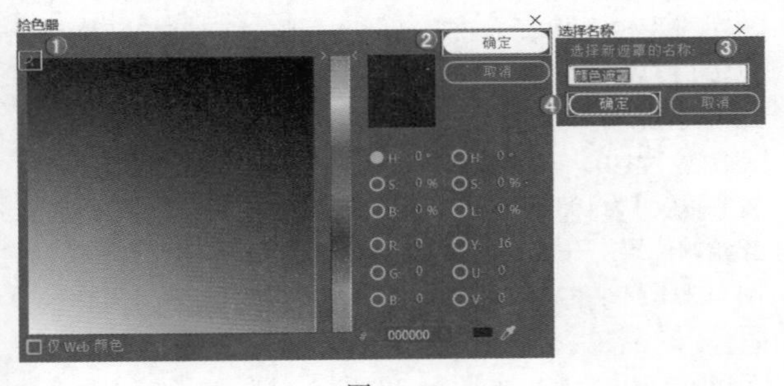

图 14.39

步骤 08 在【项目】面板中将【颜色遮罩】拖曳到【时间轴】面板中的V4轨道上，如图14.40所示。

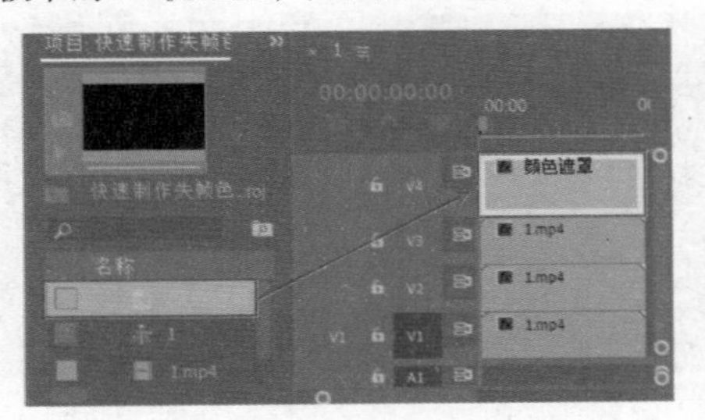

图 14.40

步骤 09 在【效果】面板中搜索【杂色】，将该效果拖曳到V4轨道的【颜色遮罩】上，如图14.41所示。

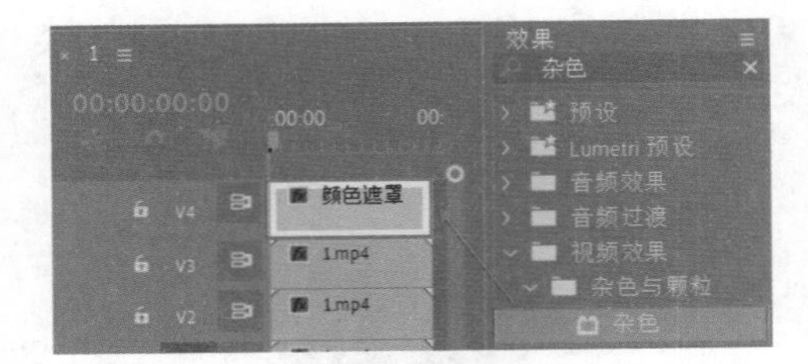

图 14.41

步骤 10 在【时间轴】面板中选择【颜色遮罩】，在【效果控件】面板中展开【杂色】，设置【杂色数量】为100%，如图14.42所示。画面效果如图14.43所示。

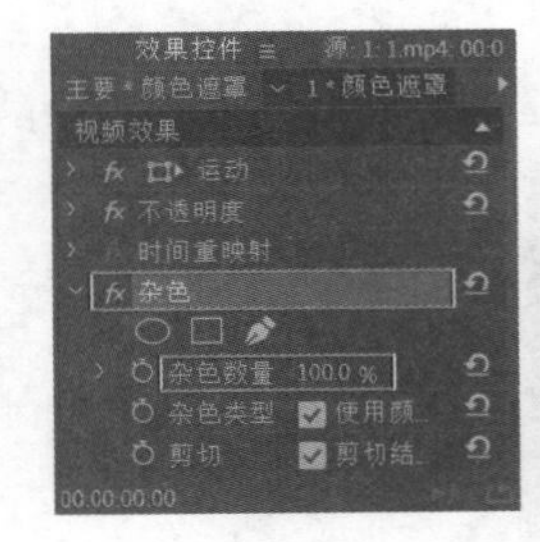

图 14.42

图 14.43

步骤 11 在【效果】面板中搜索【百叶窗】，将该效果拖曳到V4轨道的【颜色遮罩】上，如图14.44所示。

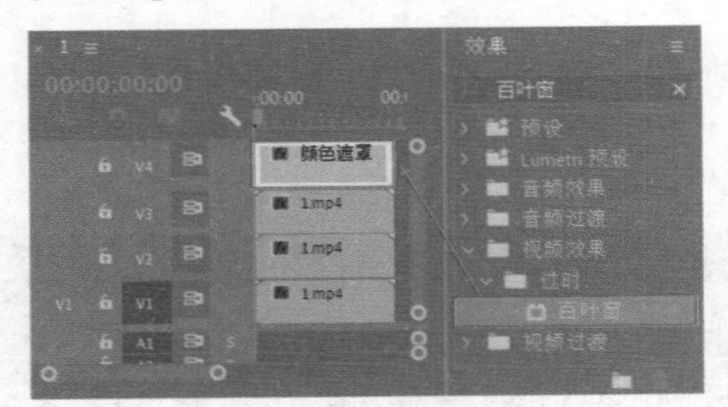

图 14.44

步骤 12 在【时间轴】面板中选择【颜色遮罩】，在【效果控件】面板中设置【缩放】为200，展开【百叶窗】，设置【方向】为90°，【宽度】为30，将时间线滑动到起始帧位置，设置【位置】为(960,540)，开启【定格】关键帧，设置【过渡完成】为95%，同样开启【定格】关键帧，如图14.45所示。按住Shift键的同时单击2次小键盘上的右键，此时时间线向右侧移动10帧，设置【位置】为(960,1500)，【过渡完成】为80%；继续将时间线滑动到20帧处，设置【位置】为(960,-350)，【过渡完成】为90%；最后将时间线滑动到30帧处，设置【位置】为(960,540)，【过渡完成】为95%。本实例制作完成，滑动时间线查看实例效果，如图14.46所示。

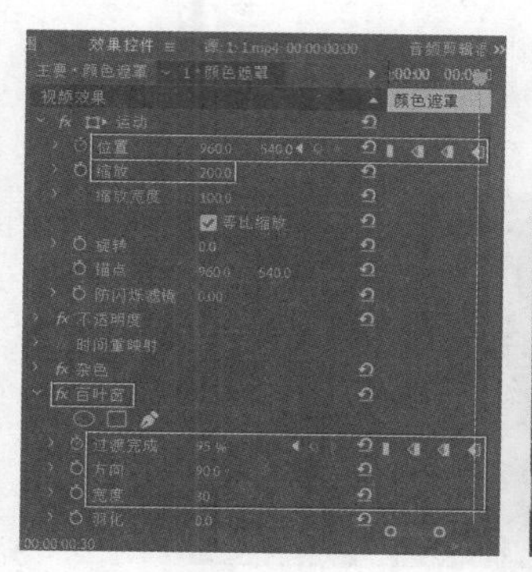

图 14.45

图 14.46

综合实例：视觉错位效果

扫一扫，看视频

文件路径：Chapter 14　视频特效综合应用→综合实例：视觉错位效果

视觉错位一般是通过视错觉创作出的作品，这种错位效果在摄影、摄像或画展、游戏中经常使用，十分有趣。本实例主要使用【不透明度】下方的椭圆形蒙版及关键帧制作画面错位的视觉效果。实例效果如图14.47所示。

图 14.47

步骤 01 在Premiere Pro软件中新建一个项目。执行【文件】/【导入】命令，导入素材，如图14.48所示。

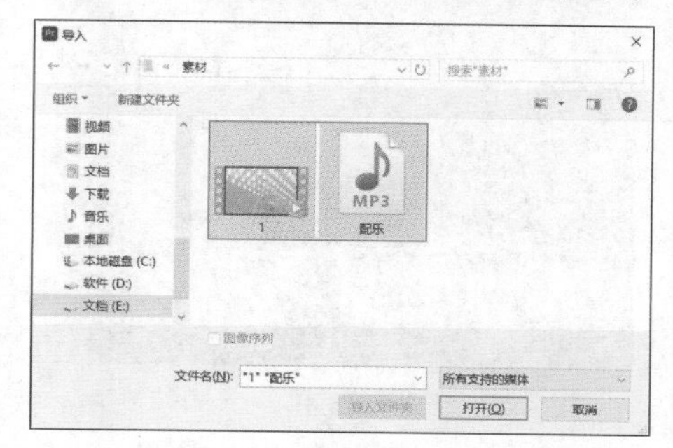

图 14.48

步骤 02 在【项目】面板中将1.mp4素材文件拖曳到V1轨道上，如图14.49所示。选择V1轨道上的1.mp4素材，按住Alt键的同时按住鼠标左键向V2轨道上拖动进行复制，如图14.50所示。

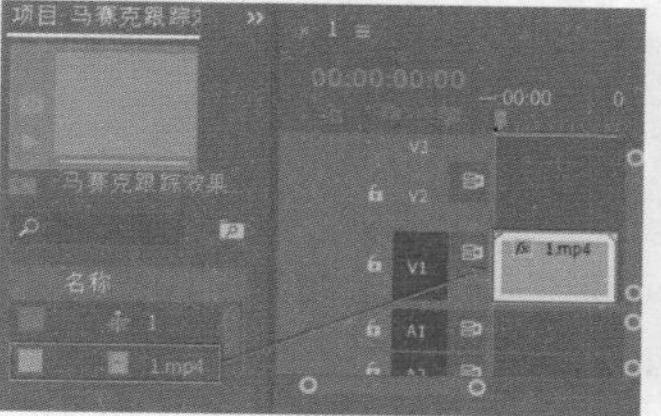

图 14.49

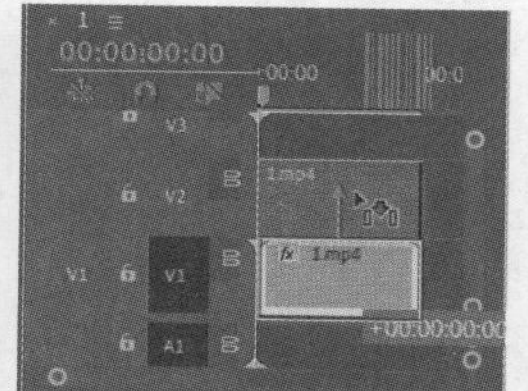

图 14.50

步骤 03 在【时间轴】面板中单击V1轨道前的 (切换轨道输出)按钮，选择V2轨道上的素材，在【效果控件】面板中单击【不透明度】下方的 (创建椭圆形蒙版)按钮，在【节目监视器】面板中调整椭圆形蒙版的形状和位置，如图14.51所示。使用同样的方式继续制作其他4个椭圆形蒙版，如图14.52所示。

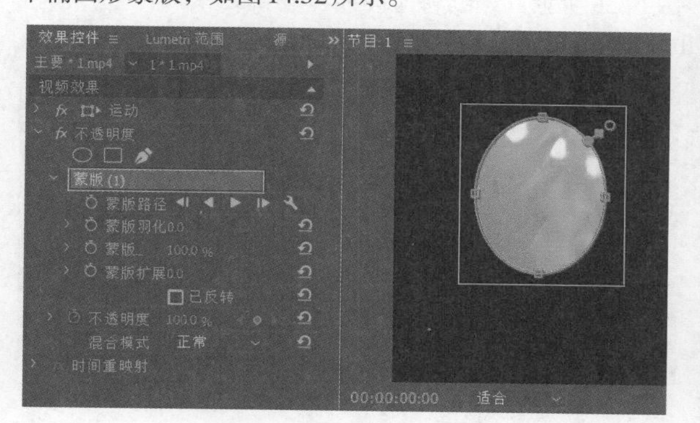

图 14.51

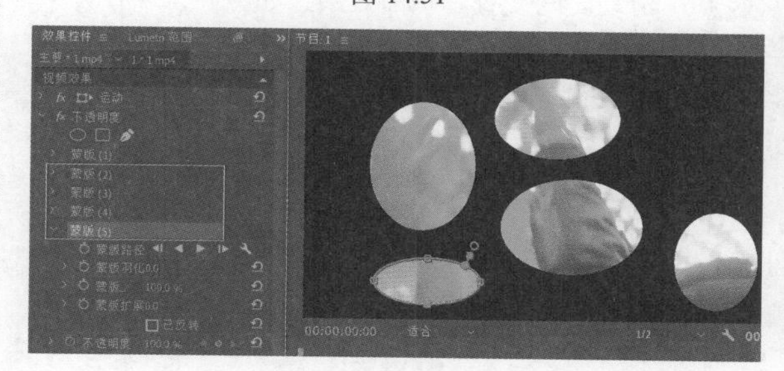

图 14.52

步骤 04 选择V2轨道上的1.mp4素材，右击执行【嵌套】命令，在弹出的【嵌套序列名称】窗口中设置【名称】为【嵌套序列01】，如图14.53所示。此时在【时间轴】面板中得到【嵌套序列01】，如图14.54所示。

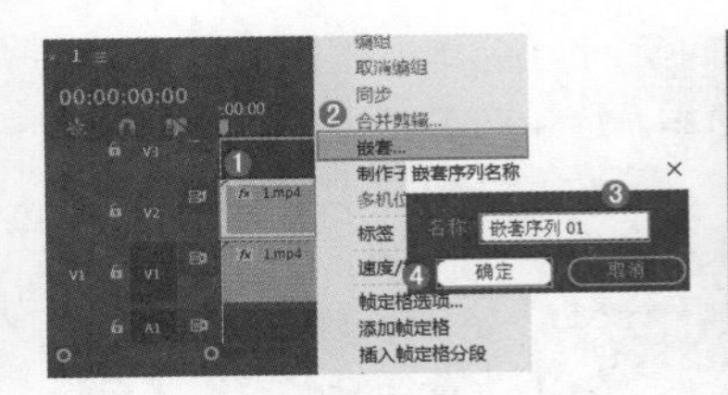

图 14.53

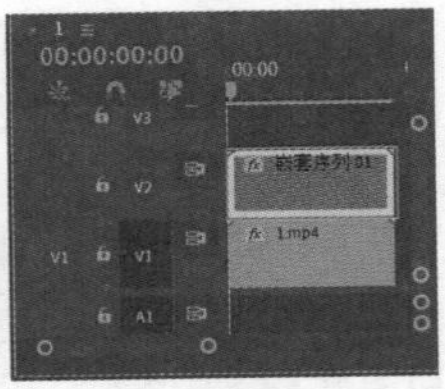

图 14.54

步骤 05 制作错位效果。在【时间轴】面板中选择V2轨道上的【嵌套序列01】，在【效果控件】面板中将时间线滑动到起始帧位置，单击【缩放】【旋转】前的⏱（切换动画）按钮，开启自动关键帧，设置【缩放】为135，【旋转】为10°，如图14.55所示；继续将时间线滑动到结束帧位置，设置【缩放】为90，【旋转】为0°。

步骤 06 在【时间轴】面板中选择V1轨道的1.mp4视频素材并显现V1轨道，在【效果控件】面板中将时间线滑动到起始帧位置，单击【缩放】【旋转】前的⏱（切换动画）按钮，设置【缩放】为160，【旋转】为-5°，如图14.56所示；继续将时间线滑动到结束帧位置，设置【缩放】为120，【旋转】为7°。

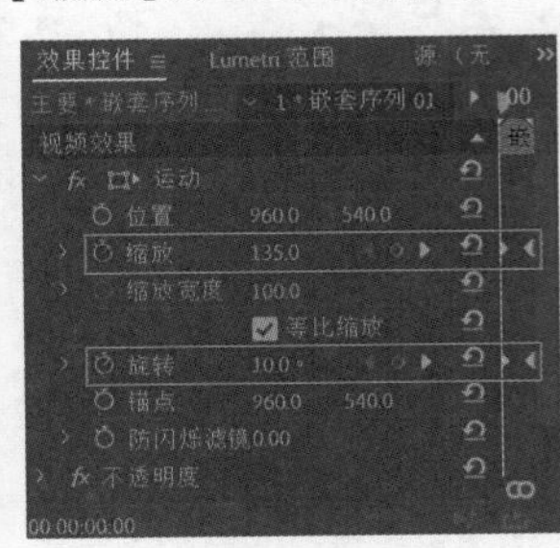

图 14.55

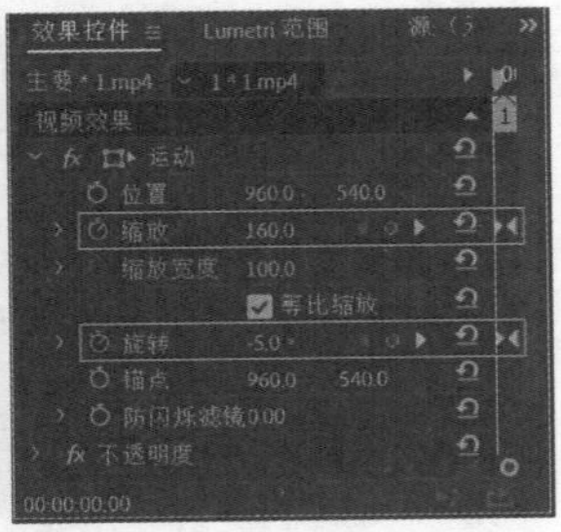

图 14.56

步骤 07 滑动时间线查看画面效果，如图14.57所示。

图 14.57

步骤 08 将【项目】面板中的音频素材拖曳到A1轨道上，如图14.58所示。

步骤 09 将时间线滑动到视频素材结束位置，按C键将光标切换为【剃刀工具】，然后在当前位置剪辑音频素材，如图14.59所示。选择剪辑之后的后半部分素材，按Delete键将多余的素材删除，如图14.60所示。此时滑动时间线即可聆听配乐效果。

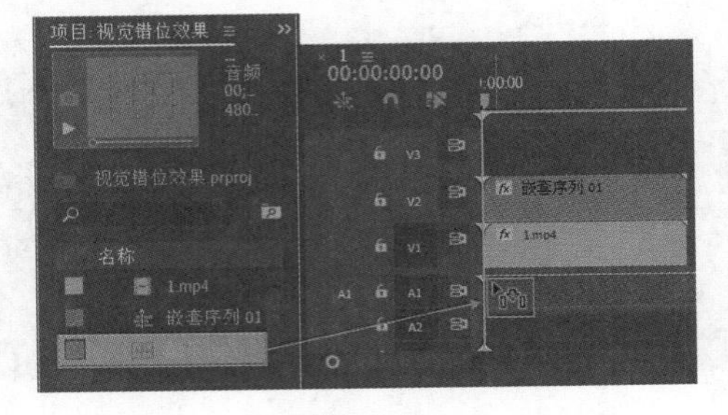

图 14.58

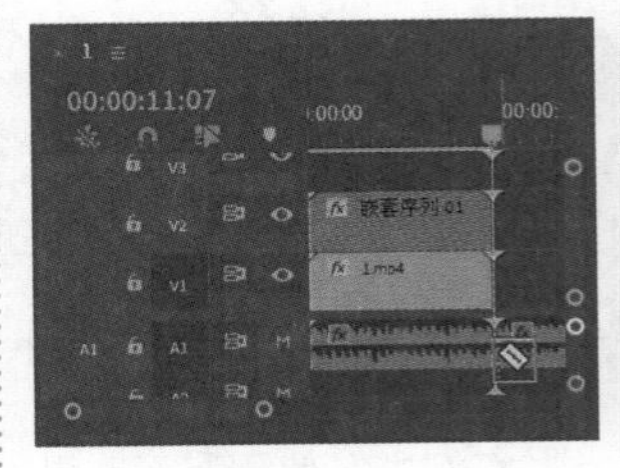

图 14.59

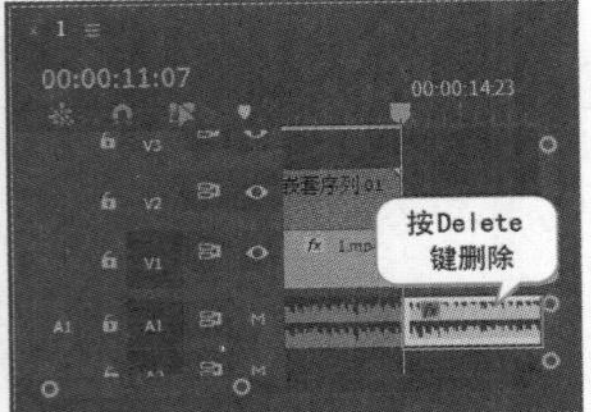

图 14.60

综合实例：抖动卡点效果

扫一扫，看视频

文件路径：Chapter 14 视频特效综合应用→综合实例：抖动卡点效果

抖音中十分火爆的抖动卡点效果之一是从一个画面模糊过渡到另一个画面，节奏感强且弹性高。本实例主要使用【变换】效果制作出由上至下的抖动现象。实例效果如图14.61所示。

图 14.61

步骤 01 在Premiere Pro软件中新建一个项目。执行【文件】/【导入】命令，导入全部素材，如图14.62所示。

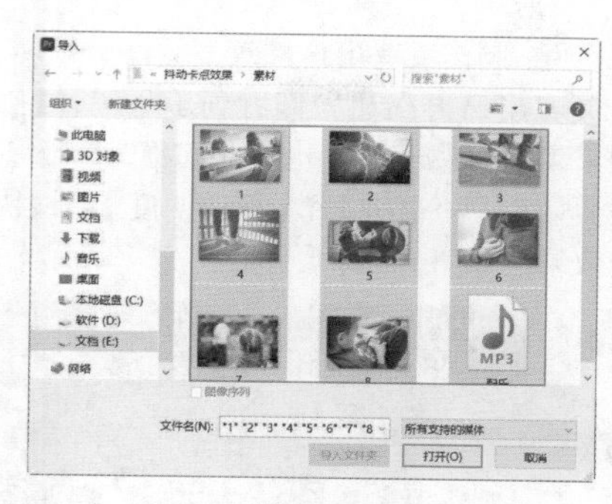

图 14.62

步骤 02 在【项目】面板中选择1.jpg~8.jpg素材文件，将素材拖曳到【时间轴】面板中的V1轨道上，如图14.63所示。接着将音频素材拖曳到A1轨道上，设置结束时间为9秒13帧，如图14.64所示。

步骤 03 根据音乐节奏更改图片素材的持续时间，同样设置结束时间为9秒13帧，如图14.65所示。

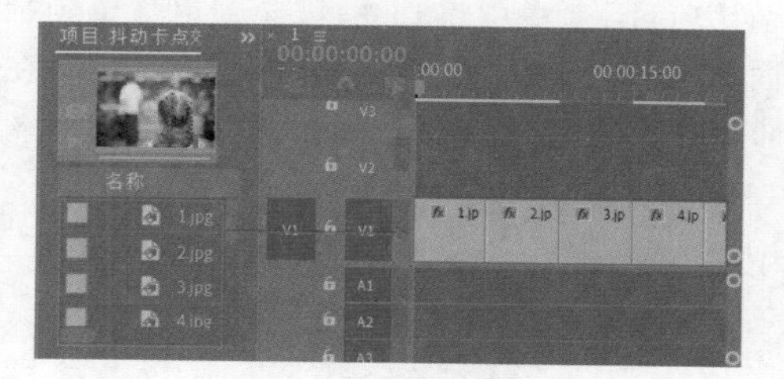

图 14.63

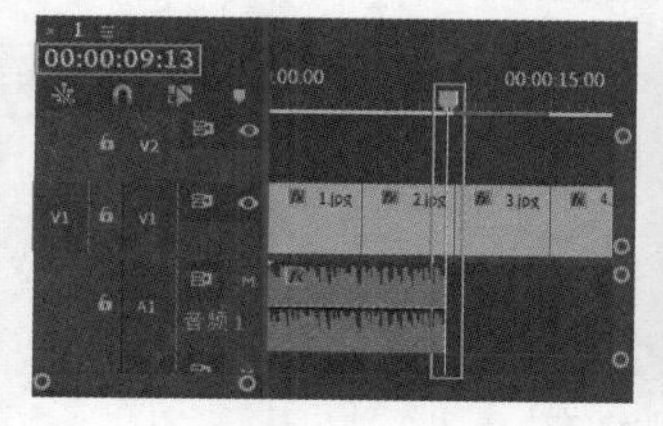

图 14.64

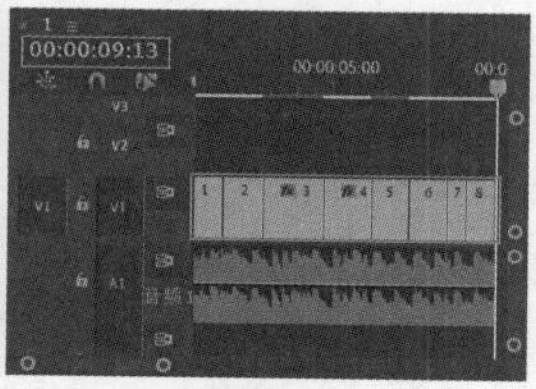

图 14.65

步骤 04 制作抖动效果。在【项目】面板下方的空白处右击，执行【新建项目】/【调整图层】命令，如图14.66所示。在弹出的【调整图层】窗口中单击【确定】按钮，如图14.67所示。

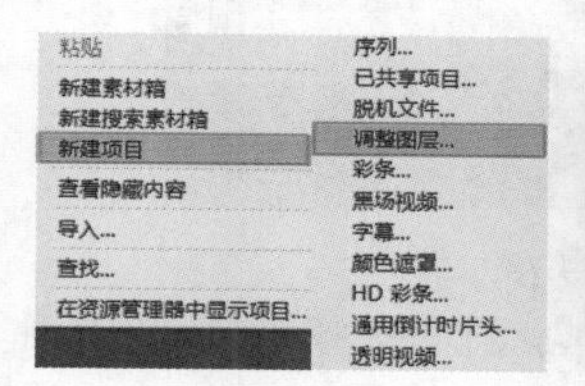

图 14.66

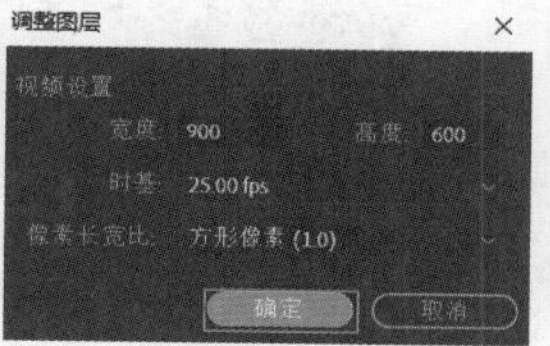

图 14.67

步骤 05 将【项目】面板中的【调整图层】拖曳到V2轨道上，起始时间和结束时间与下方的1.jpg素材文件对齐，如图14.68所示。在【效果】面板中搜索【变换】，将该效果拖曳到【时间轴】面板中的【调整图层】上，如图14.69所示。

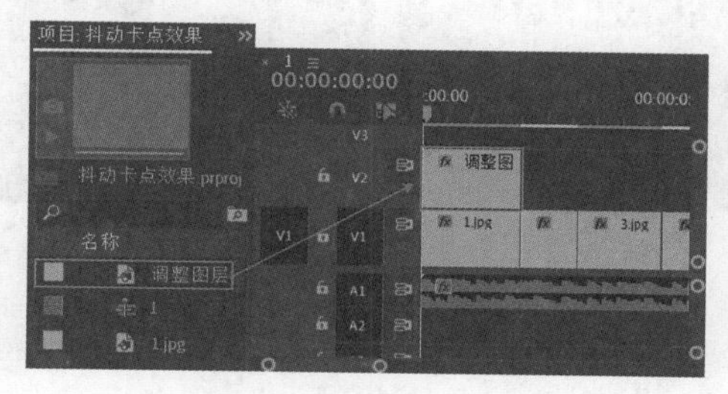

图 14.68

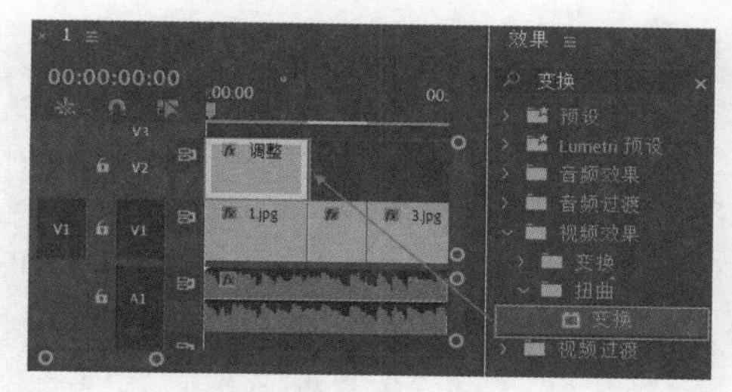

图 14.69

步骤 06 选择V2轨道上的【调整图层】，在【效果控件】面板中展开【变换】效果，将时间线滑动到起始帧处，单击【位置】前的 (切换动画) 按钮，开启自动关键帧，设置【位置】为(450,55)；将时间线滑动到3帧，设置【位置】为(450,840)；继续将时间线滑动到7帧，设置【位置】为(450,470)；最后将时间线滑动到12帧，设置【位置】为(450,300)，接着取消勾选【使用合成的快门角度】，设置【快门角度】为360，如图14.70所示。滑动时间线查看画面效果，如图14.71所示。

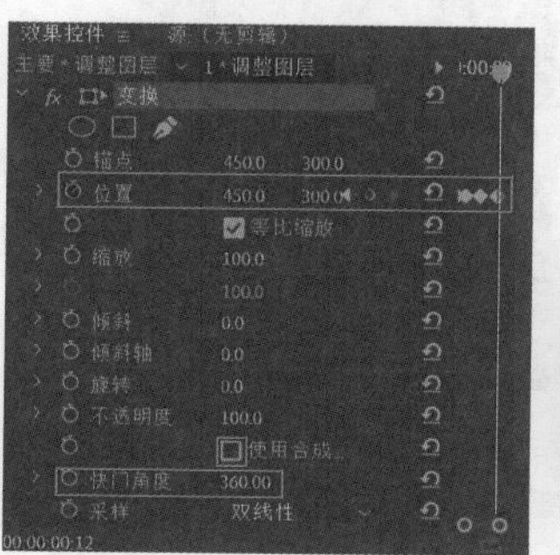

图 14.70

图 14.71

步骤 07 选择V2轨道上的【调整图层】，按住Alt键的同时按住鼠标左键向右侧拖动，释放鼠标后完成复制，接着设置持续时间与下方的2.jpg素材文件对齐，如图14.72所示。滑动时间线查看画面效果，如图14.73所示。

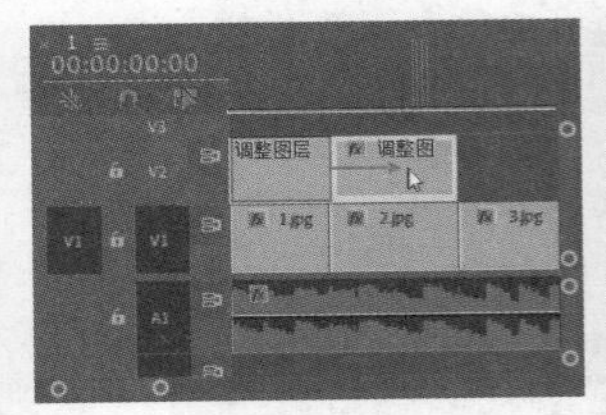

图 14.72

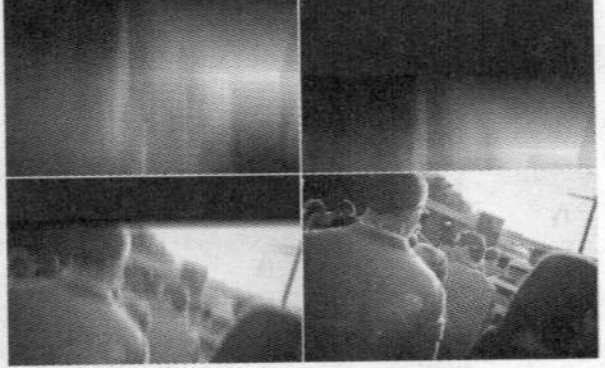

图 14.73

步骤 08 使用同样的方式将【调整图层】继续进行复制，拖动到V1轨道上各个素材文件上方对应的位置，如图14.74所示。

图 14.74

步骤 09 滑动时间线查看实例制作效果，如图14.75所示。

图 14.75

扫一扫，看视频

综合实例：制作灵魂出窍特效

文件路径：Chapter 14 视频特效综合应用→综合实例：制作灵魂出窍特效

抖音灵魂出窍再次让人们看到了另一种特效魅力，对于人们来说新鲜感十足，也被人们称为“魔鬼相机”。本实例主要使用【帧定格】和【不透明度】属性快速制作灵魂出窍效果，如图14.76所示。

图 14.76

步骤 01 在Premiere Pro软件中新建一个项目。执行【文件】/【导入】命令，导入视频素材文件，如图14.77所示。在【项目】面板中将1.mp4视频素材拖曳到【时间轴】面板中的V1轨道上，如图14.78所示，此时在【项目】面板中自动生成序列。

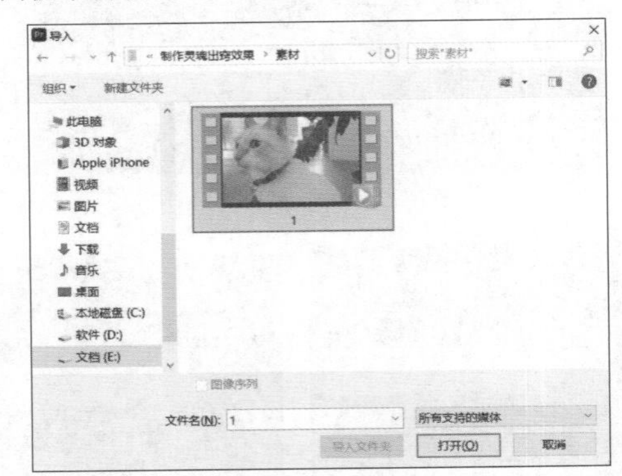

图 14.77

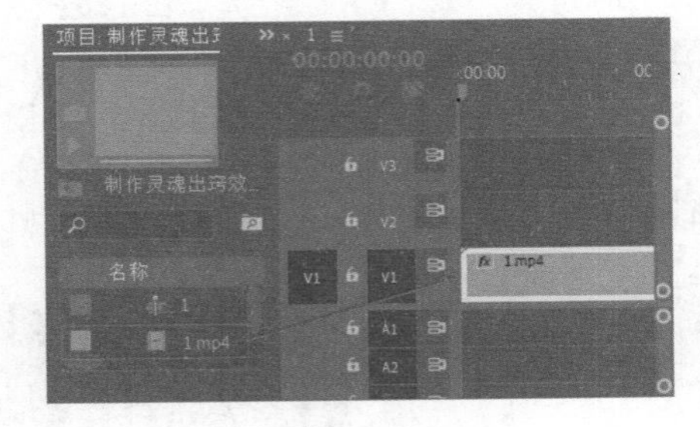

图 14.78

步骤 02 在【时间轴】面板中将时间线滑动到6秒10帧，按下C键将光标切换为（剃刀工具），在当前位置进行剪辑，如图14.79所示。接着按下V键，此时光标切换为

▶（选择工具），选择1.mp4素材的后半部分向V2轨道上拖动，如图14.80所示。

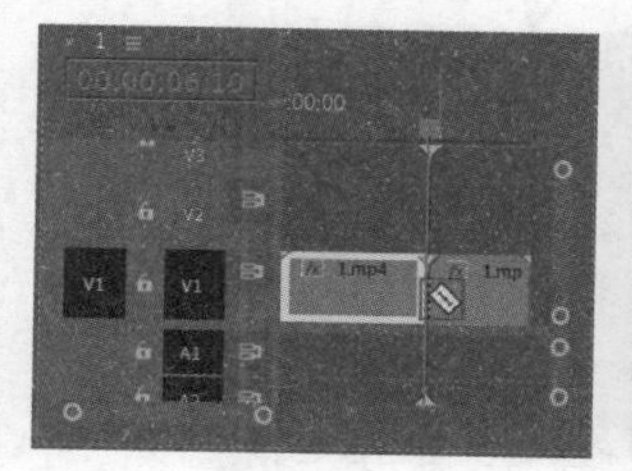

图 14.79

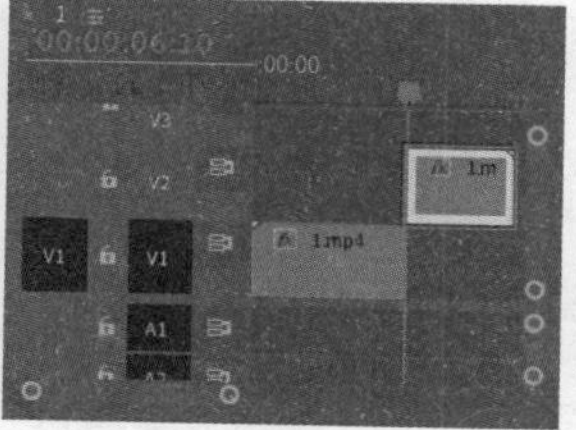

图 14.80

步骤 03 将时间线向前滑动1帧停留在6秒9帧位置，选择V1轨道上的1.mp4素材，右击执行【添加帧定格】命令，如图14.81所示。选择帧定格素材，将结束时间与V2轨道上的素材结束时间对齐，如图14.82所示。

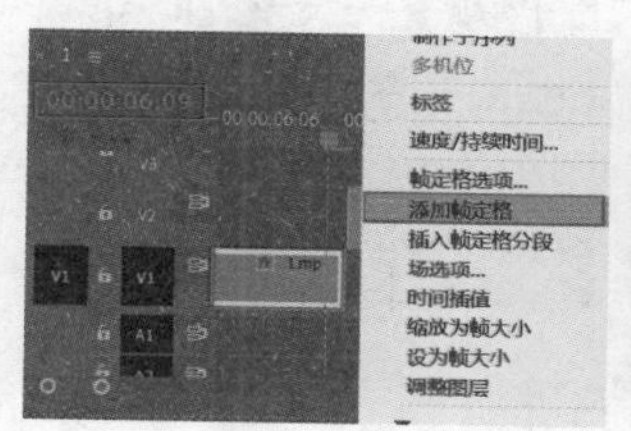

图 14.81

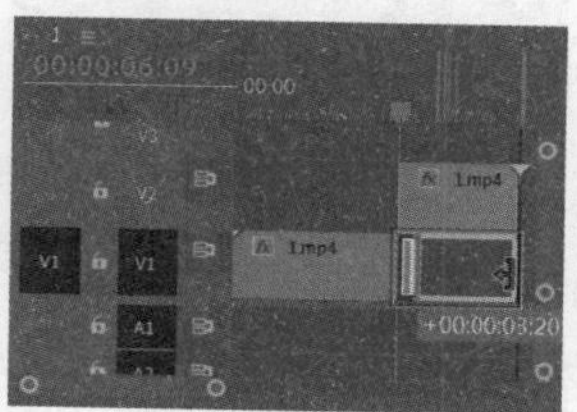

图 14.82

步骤 04 选择V2轨道上的1.mp4素材，在【效果控件】面板中设置【不透明度】为65%，如图14.83所示。此时滑动时间线查看实例效果，如图14.84所示。

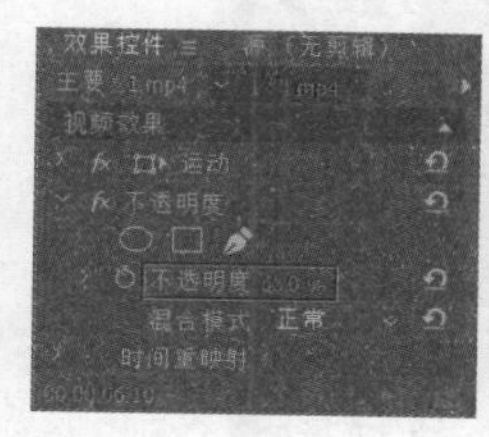

图 14.83

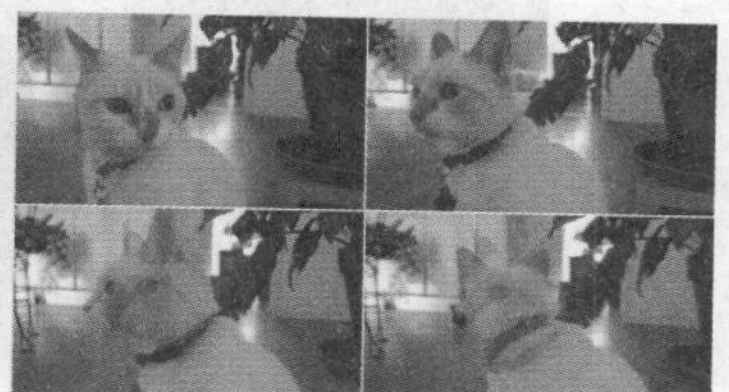

图 14.84

综合实例：制作闪屏效果

文件路径：Chapter 14 视频特效综合应用→综合实例：制作闪屏效果

扫一扫，看视频

闪屏画面通常会出现闪烁效果或不规则闪动效果，是当下一种较潮流的视频制作方式。本实例主要使用闪光灯快速制作出各种颜色的闪屏画面。实例效果如图14.85所示。

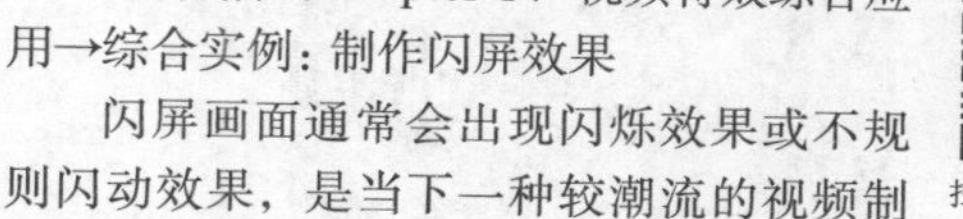

图 14.85

Part 01 制作图片部分

步骤 01 在Premiere Pro软件中新建一个项目。执行【文件】/【导入】命令，导入视频素材文件，如图14.86所示。

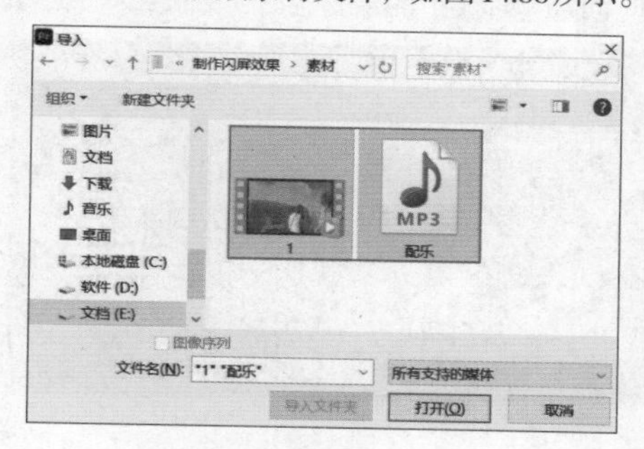

图 14.86

步骤 02 在【项目】面板中将1.mp4视频素材拖曳到【时间轴】面板中的V1轨道上，如图14.87所示，此时在【项目】面板中自动生成序列。

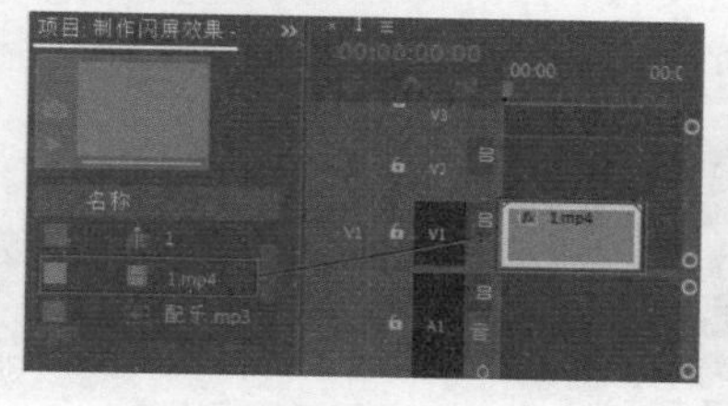

图 14.87

步骤 03 在【项目】面板下方的空白位置右击，执行【新建项目】/【调整图层】命令，如图14.88所示。

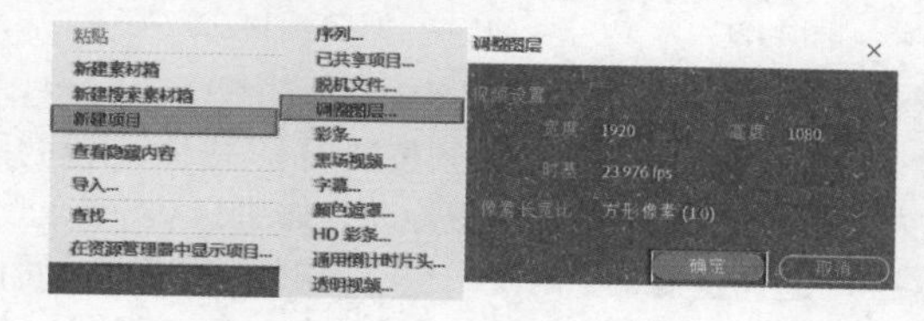

图 14.88

步骤 04 在【项目】面板中选择【调整图层】，在【时间轴】面板中将时间线滑动到1秒位置，然后将调整图层拖曳到该位置处，设置它的持续时间为1秒，如图14.89所示。

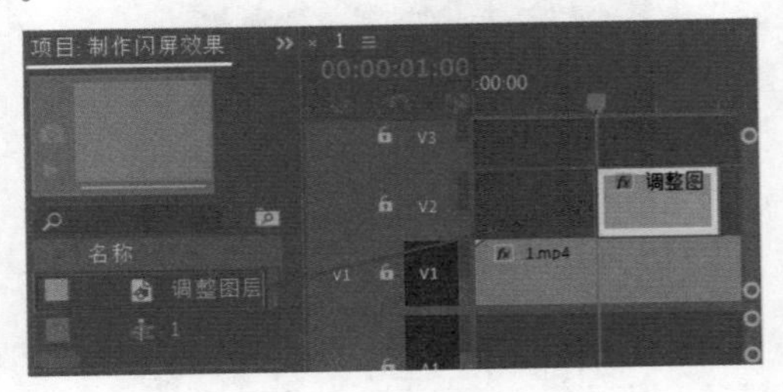

图 14.89

步骤 05 在【效果】面板中搜索【闪光灯】，将该效果拖曳到【时间轴】面板中的素材上，如图14.90所示。

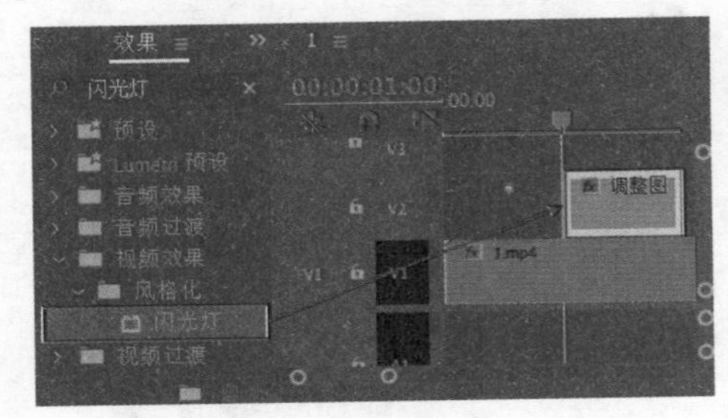

图 14.90

步骤 06 在【时间轴】面板中选择V2轨道上的【调整图层】，在【效果控件】面板中设置【闪光色】为白色，【闪光持续时间】为0.02，【闪光周期(秒)】为0.03，如图14.91所示。此时滑动时间线查看闪光画面，如图14.92所示。

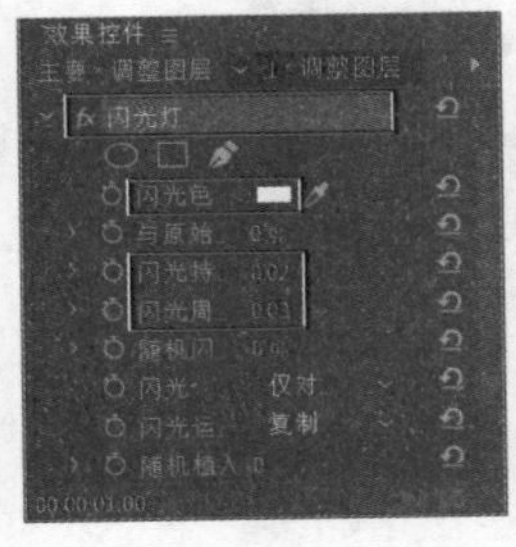

图 14.91

图 14.92

步骤 07 首先在【时间轴】面板中将时间线滑动到4秒位置，接着选择V2轨道上的【调整图层】，按住Alt键的同时按住鼠标左键向时间线位置拖动，如图14.93所示。

步骤 08 选择复制的【调整图层】，在【效果控件】面板中展开【闪光灯】，设置【闪光色】为蓝色，如图14.94所示。接着展开【不透明度】属性，设置【混合模式】为变暗，如图14.95所示。

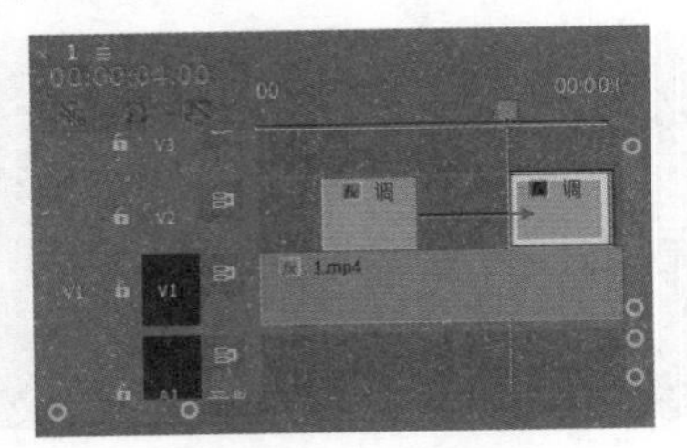

图 14.93

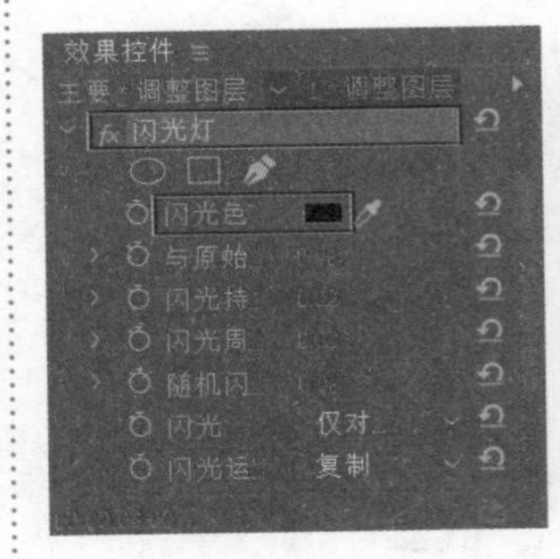

图 14.94

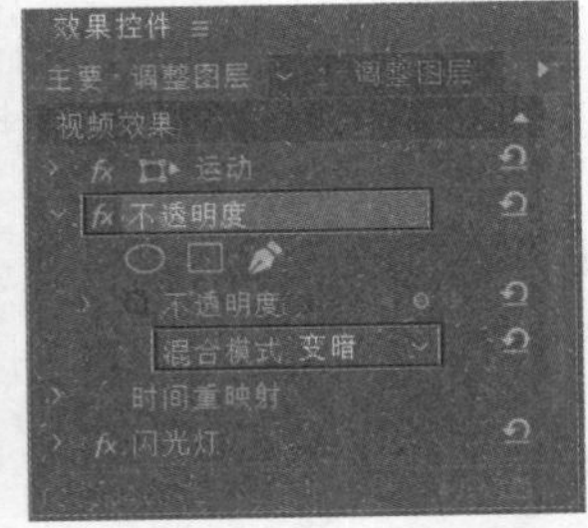

图 14.95

步骤 09 滑动时间线查看蓝色闪光画面，如图14.96所示。

图 14.96

步骤 10 继续制作红色闪光画面。将时间线滑动到7秒位置，选择V2轨道上的第2个【调整图层】，按住Alt键的同时按住鼠标左键向时间线位置拖动，释放鼠标后完成复制，如图14.97所示。

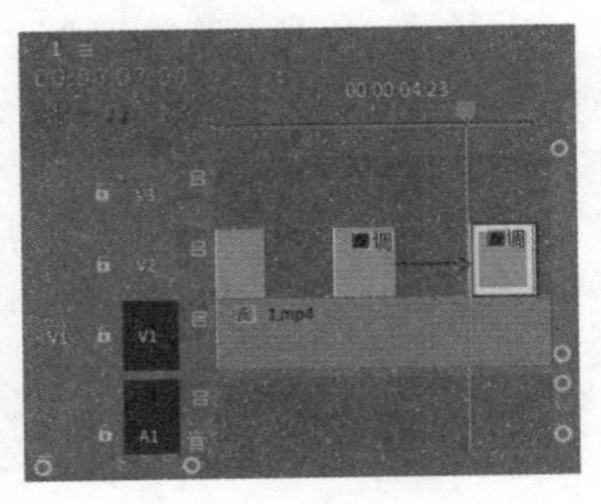

图 14.97

步骤 11 选择V2轨道上的第3个【调整图层】，在【效果控件】面板中更改【闪光色】为红色，如图14.98所示。滑动时间线查看红色闪光画面效果，如图14.99所示。

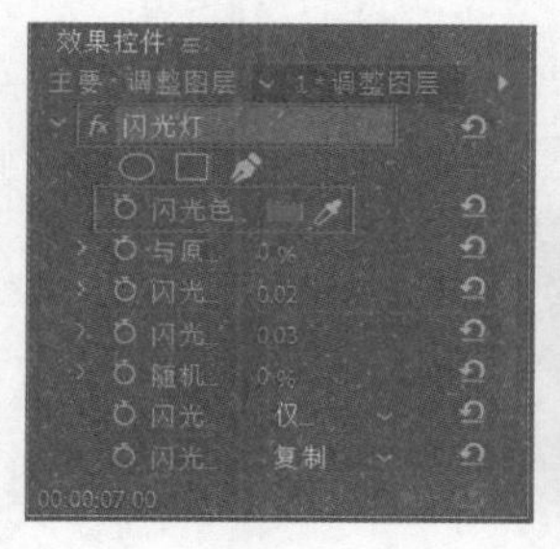

图 14.98

图 14.99

Part 02 添加配乐

步骤 01 制作音频部分。在【项目】面板中将配乐.mp3素材文件拖曳到【时间轴】面板中的A1轨道上，如图14.100所示。

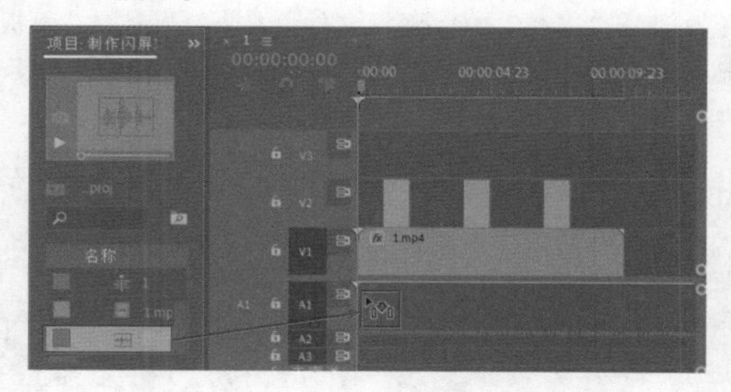

图 14.100

步骤 02 在【时间轴】面板中将时间线滑动到10秒位置，按下C键将鼠标切换到（剃刀工具），在当前位置剪辑音频素材，如图14.101所示。接着选择剪辑后的后半部分音频，按Delete键删除，如图14.102所示。

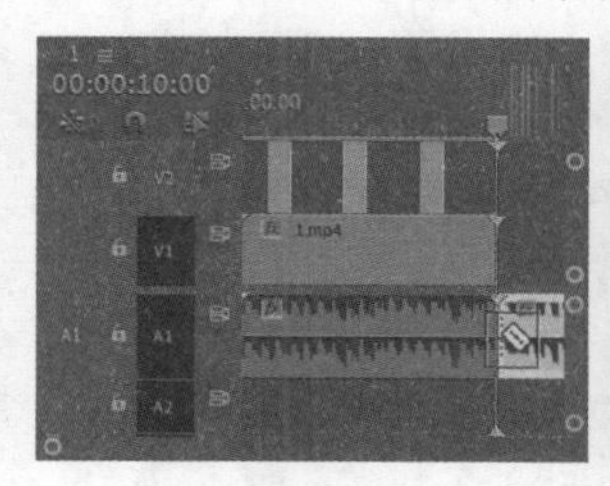

图 14.101

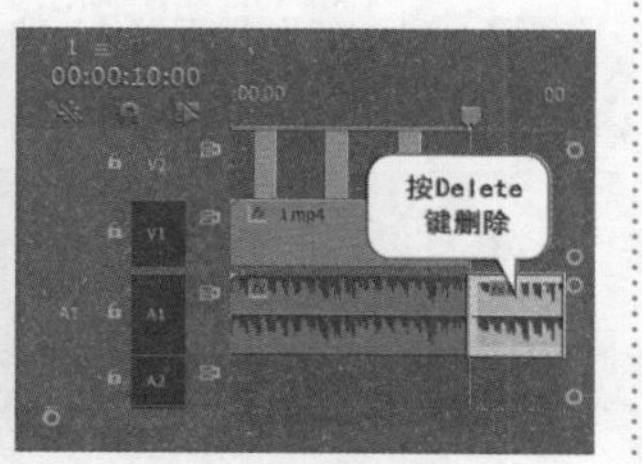

图 14.102

步骤 03 制作淡入淡出音频效果。选择A1轨道上的音频素材，双击A1轨道上的空白位置，此时出现关键帧，将时间线滑动到起始帧、结束帧，以及1秒和9秒位置，分别添加关键帧，如图14.103所示。

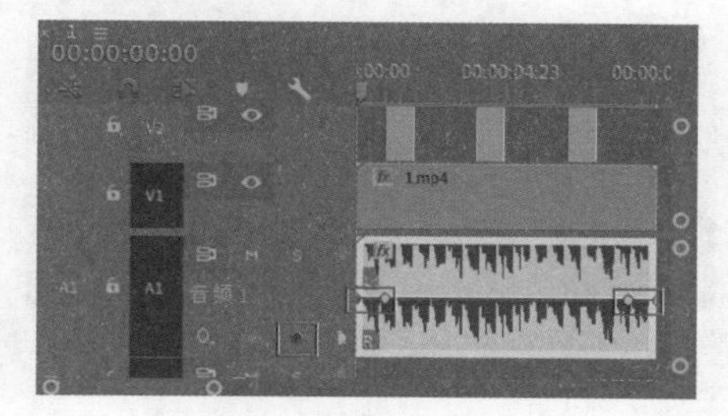

图 14.103

步骤 04 在【时间轴】面板中按住鼠标左键将起始帧和结束帧向下拖动，调低音量，如图14.104所示。

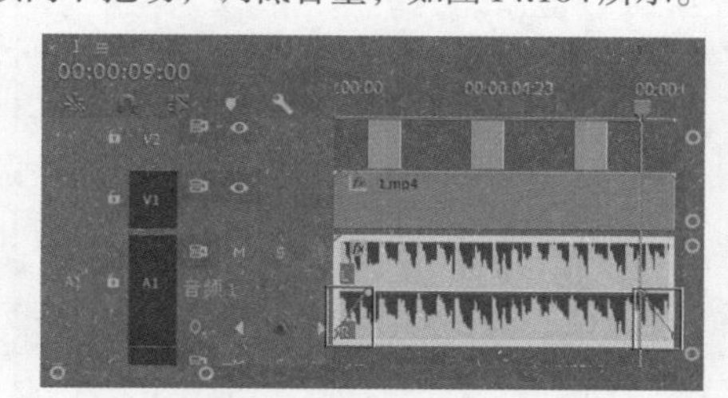

图 14.104

步骤 05 本实例制作完成，滑动时间线查看画面效果，如图14.105所示。

图 14.105

综合实例：制作视频分屏效果

文件路径：Chapter 14 视频特效综合应用→综合实例：制作视频分屏效果

扫一扫，看视频

分屏可理解为在同一个画面中同时播放两个或多个不同效果的画面，使视觉效果更加充实和丰富。本实例主要使用【线性擦除】制作画面倾斜现象，使用【矩形工具】和【钢笔工具】绘制分割线。实例效果如图14.106所示。

图 14.106

步骤 01 新建一个项目。执行【文件】/【导入】命令，导入全部素材文件，如图14.107所示。

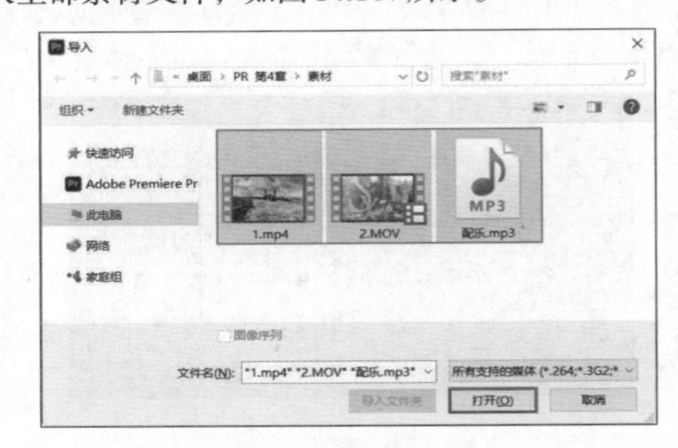

图 14.107

步骤 02 在【项目】面板中将1.mp4素材文件拖曳到【时间轴】面板中，此时在【项目】面板中自动生成序列，如图14.108所示。

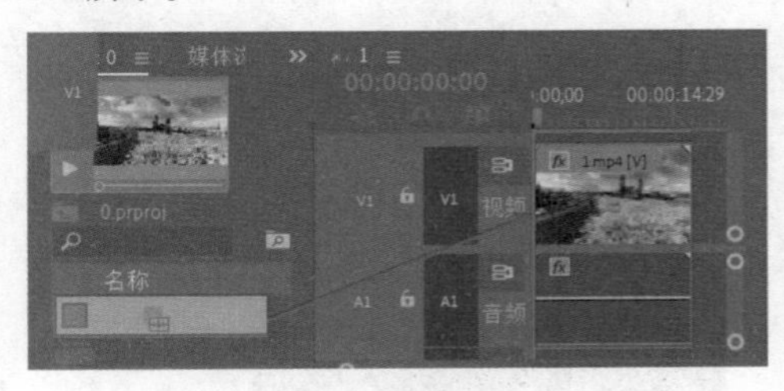

图 14.108

步骤 03 在【时间轴】面板中选中1.mp4素材文件，右击执行【取消链接】命令，如图14.109所示。选择【时间轴】面板中A1轨道上的素材文件，按Delete键将其删除，如图14.110所示。

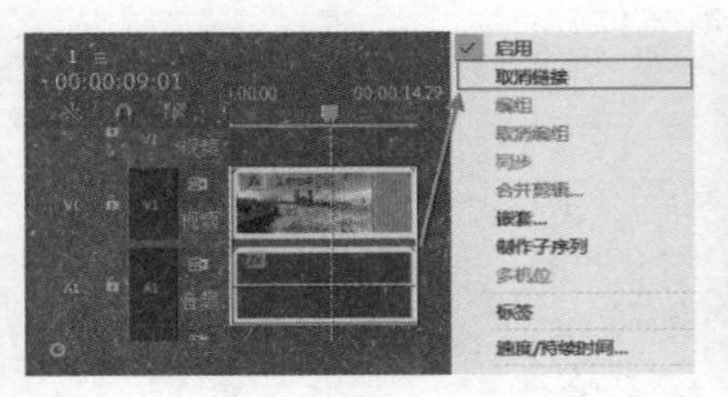

图 14.109

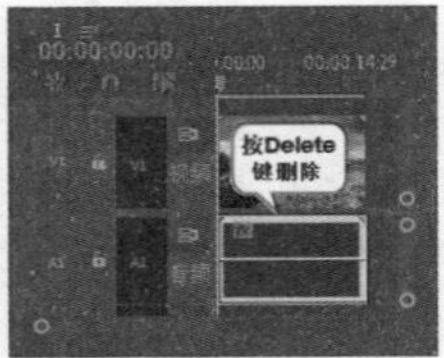

图 14.110

步骤 04 在【效果】面板中搜索【曲线（RGB）】，然后按住鼠标左键将该效果拖曳到【时间轴】面板中V1轨道的1.mp4素材文件上，如图14.111所示。

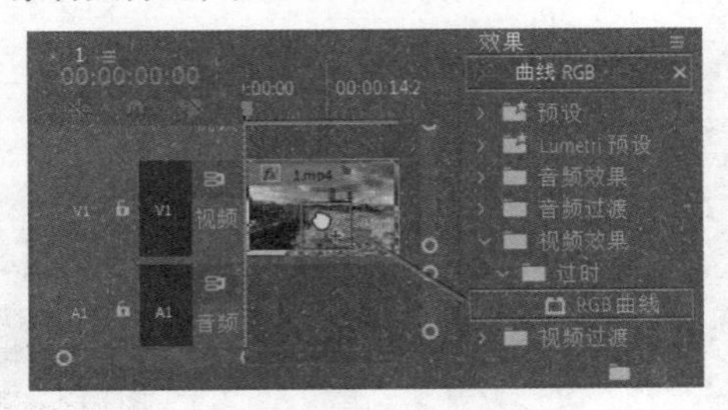

图 14.111

步骤 05 选中【时间轴】面板中V1轨道上的1.mp4素材文件，在【效果控件】面板中展开【曲线（RGB）】效果，在【主要】下方的曲线上单击添加一个控制点并向左上角拖动，增强画面的亮度，如图14.112所示。

步骤 06 使用同样的方法将【项目】面板中的2.MOV素材文件拖曳到【时间轴】面板中的V2轨道上，并删除音频部分。选择2.MOV素材文件，在【效果控件】面板中展开【运动】属性，设置【缩放】为35，如图14.113所示。

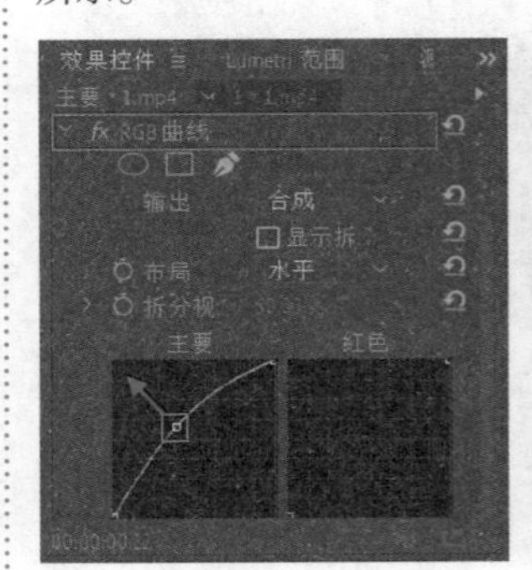

图 14.112

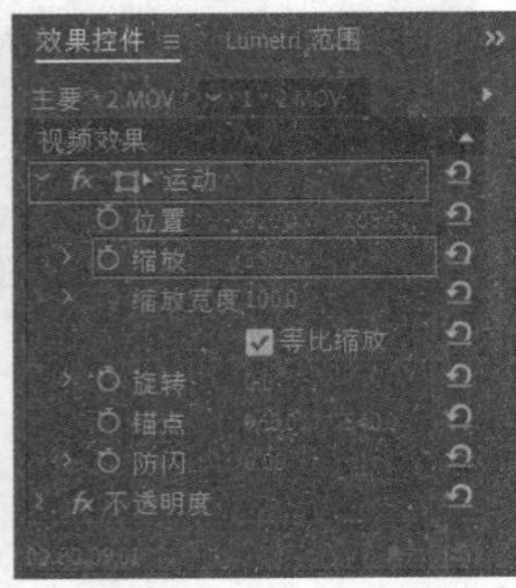

图 14.113

步骤 07 继续将【项目】面板中的配乐.mp3素材文件拖曳到A1轨道上，如图14.114所示。

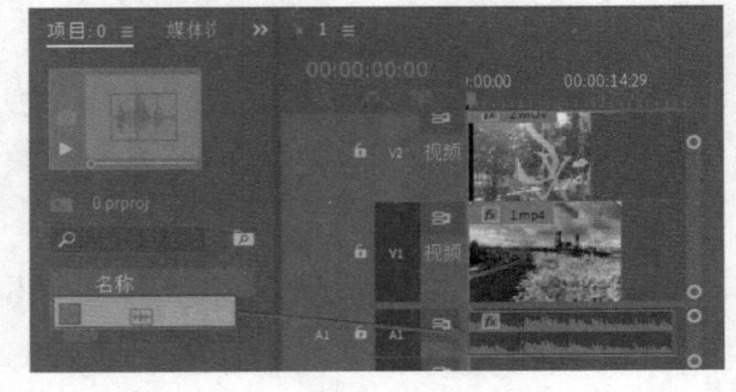

图 14.114

步骤 08 在工具栏中选择 (剃刀工具)，选中【时间轴】面板中的1.mp4和配乐.mp3素材，然后将时间线滑动到13秒20帧位置，依次单击剪辑1.mp4和配乐.mp3素材文件，也可以在按住Shift键的同时剪辑其中一个素材，此时两个素材同时被剪辑，如图14.115所示。

步骤 09 在【工具】面板中选择 (选择工具)，选中【时间轴】面板中剪辑后的后半部分的1.mp4和配乐.mp3素材文件，按Delete键删除，如图14.116所示。

图 14.115

图 14.116

步骤 10 在【效果】面板中搜索【线性擦除】，按住鼠标左键将该效果拖曳到V2轨道的2.MOV素材上，如图14.117所示。

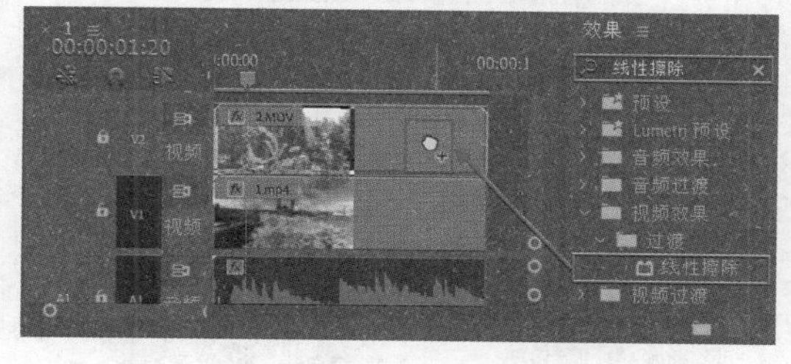

图 14.117

步骤 11 选中【时间轴】面板中的2.MOV素材，在【效果控件】面板中展开【线性擦除】效果，设置【过渡完成】为50%，【擦出角度】为117°，如图14.118所示。

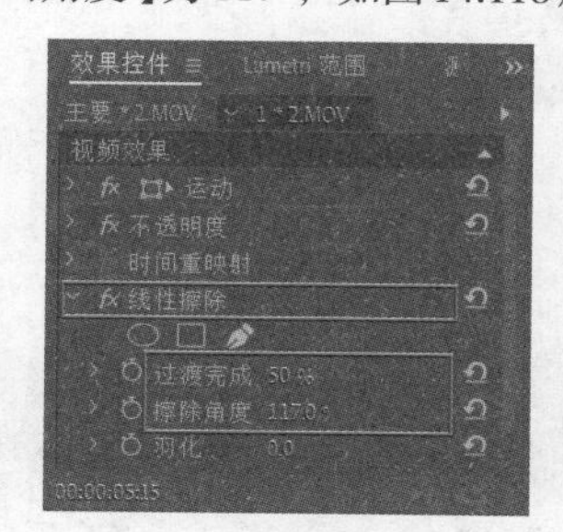

图 14.118

步骤 12 制作边框。将时间线滑动至起始位置，在【工具】面板中单击 (矩形工具)按钮，在工作区域中绘制一个矩形，接着在【效果控件】面板中取消勾选【填充】，勾选【描边】，设置【描边颜色】为白色，【描边宽度】为12，【描边类型】为【内侧】，效果如图14.119所示。

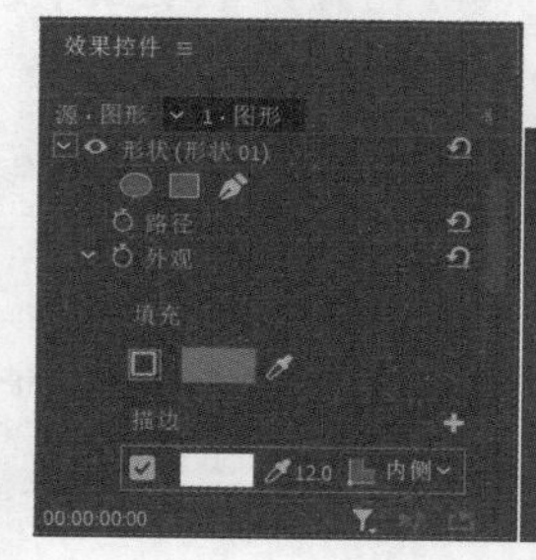

图 14.119

步骤 13 在图形选中状态下，在【工具】面板中单击 (钢笔工具)按钮，在工作区域中绘制一条直线，接着在【效果控件】面板中取消勾选【填充】，勾选【描边】，设置【描边颜色】为白色，【描边宽度】为8，【描边类型】为【中心】，如图14.120所示。

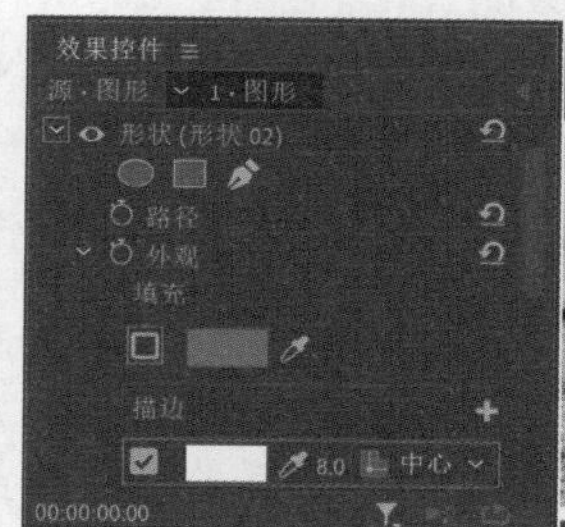

图 14.120

步骤 14 在【时间轴】面板中设置V3轨道上的图形图层的结束时间与下方其他素材文件对齐，如图14.121所示。

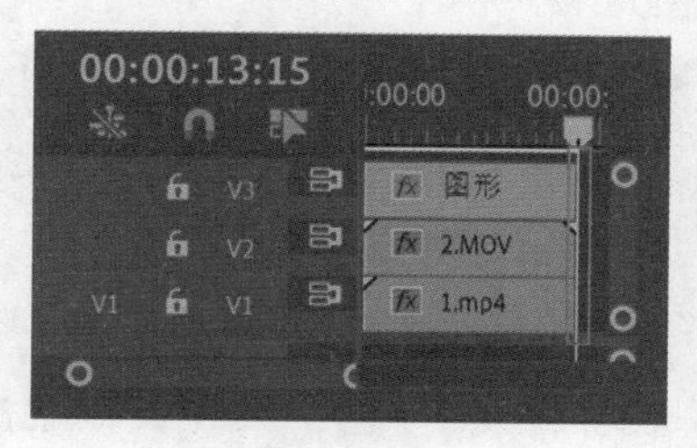

图 14.121

步骤 15 为音频制作淡入淡出的效果。在【时间轴】面板中双击A1轨道上的配乐.mp3素材文件，在起始帧和结束帧的位置单击 按钮，各添加一个关键帧，如图14.122所示。接着在3秒的位置和10秒20帧的位置各添加一个关键帧，如图14.123所示。

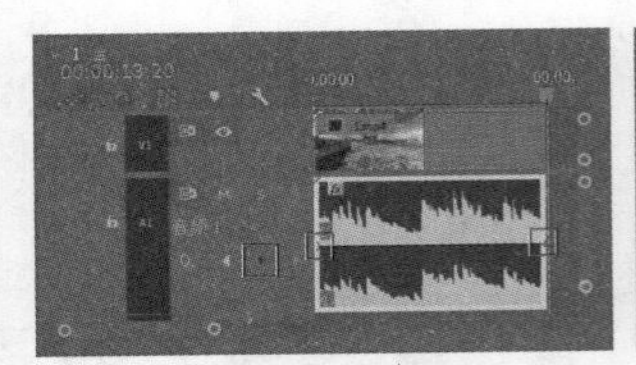
图 14.122

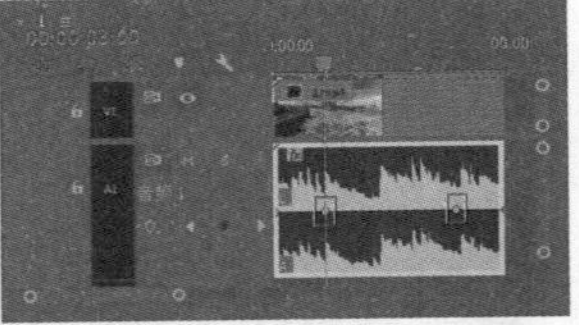
图 14.123

步骤 16 将光标分别移动到第一个和最后一个关键帧上，按住鼠标左键向下拖曳，制作淡入淡出效果，如图14.124所示。此时按空格键播放预览，即可感受到音频的淡入淡出效果。

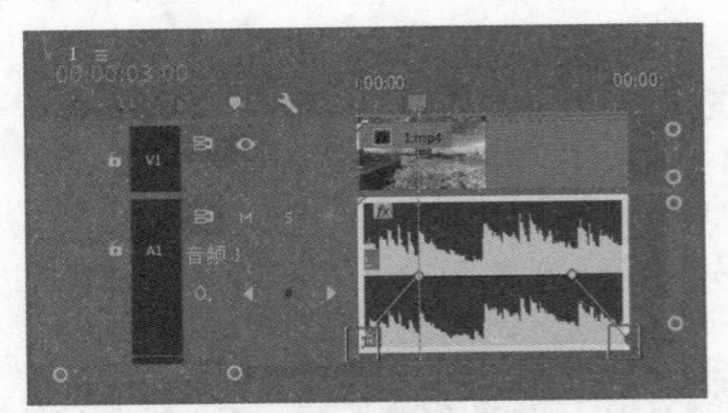
图 14.124

综合实例：制作信号干扰效果

扫一扫，看视频

文件路径：Chapter 14 视频特效综合应用→综合实例：制作信号干扰效果

信号干扰是指对有用信号的接收造成损伤的信号，用在视频画面中会呈现出一种波动的画面效果，常用于片头视频或Vlog短视频制作。本实例使用【波形变形】效果制作信号干扰抖动感。实例效果如图14.125所示。

图 14.125

步骤 01 在Premiere Pro软件中新建一个项目。执行【文件】/【导入】命令，导入视频素材文件，如图14.126所示。

图 14.126

步骤 02 在【项目】面板中将1.mp4视频素材拖曳到【时间轴】面板中的V1轨道上，如图14.127所示，此时在【项目】面板中自动生成序列。

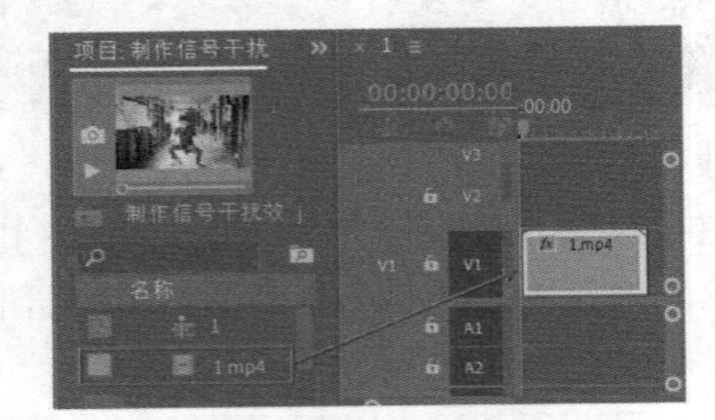
图 14.127

步骤 03 调整视频速度，选择V1轨道上的1.mp4素材文件，右击执行【速度/持续时间】命令，在弹出的【剪辑速度/持续时间】窗口中设置【持续时间】为7秒，如图14.128所示。

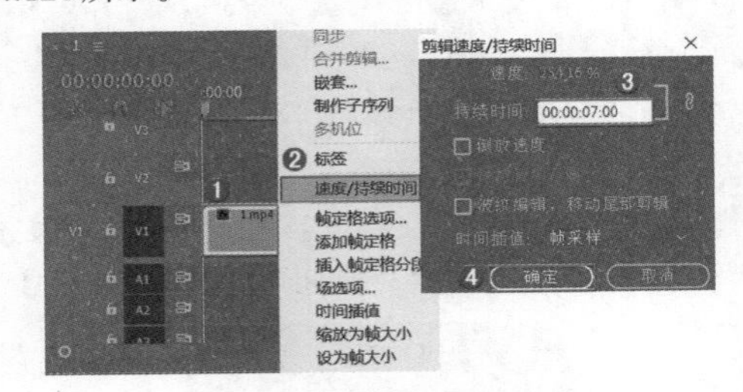
图 14.128

步骤 04 在【效果】面板中搜索【亮度曲线】，将该效果拖曳到【时间轴】面板中的素材上，如图14.129所示。

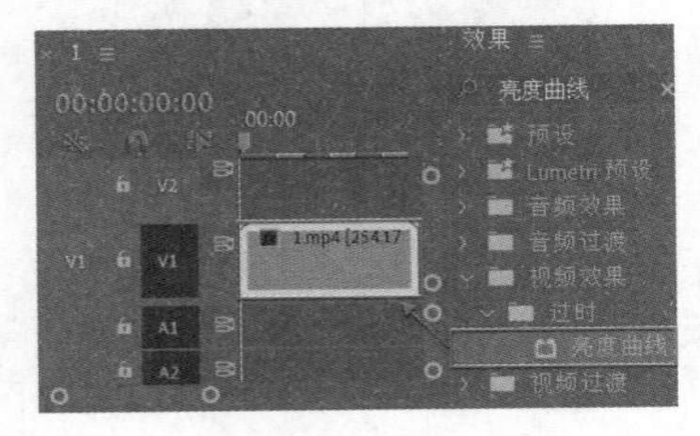
图 14.129

步骤 05 选择【时间轴】面板中的素材，在【效果控件】面板中展开【亮度曲线】，在【亮度波形】下方的曲线上单击添加一个控制点并向左上角拖动，如图 14.130 所示。此时画面被提亮，如图 14.131 所示。

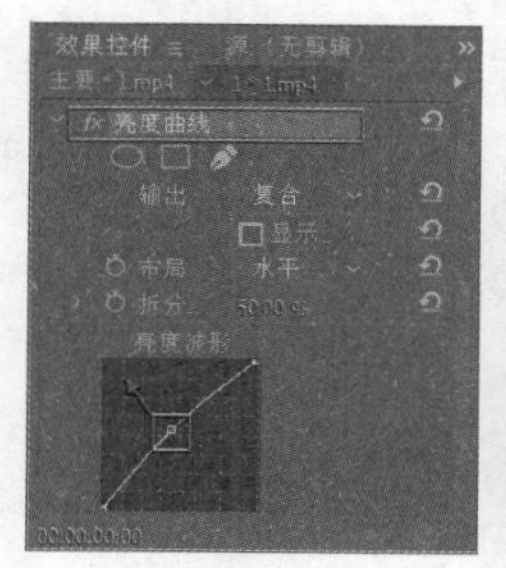

图 14.130

图 14.131

步骤 06 制作干扰效果。在【项目】面板下方的空白位置右击，执行【新建项目】/【调整图层】命令，如图 14.132 所示。

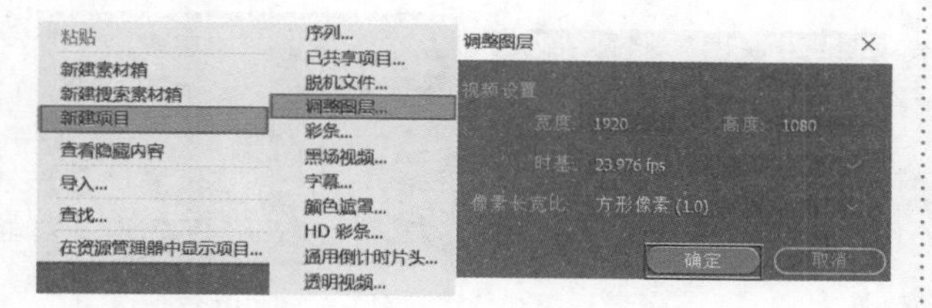

图 14.132

步骤 07 在【项目】面板中将【调整图层】拖曳到【时间轴】面板中的V2轨道上，设置起始时间为1秒15帧，持续时间为1秒，如图14.133所示。在【效果】面板中搜索【波形变形】，将该效果拖曳到【时间轴】面板中的素材上，如图14.134所示。

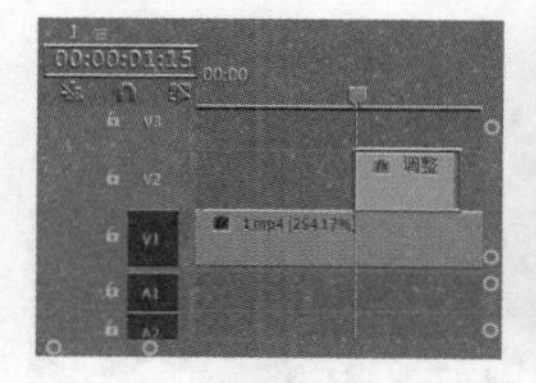

图 14.133

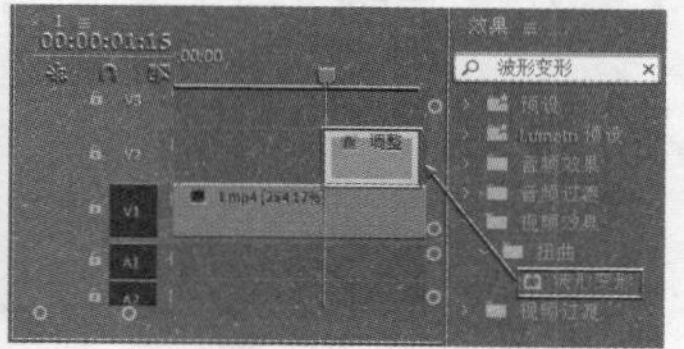

图 14.134

步骤 08 在【时间轴】面板中选择【调整图层】，在【效果控件】面板中展开【波形变形】，设置【波形类型】为【杂色】，【波形高度】为15，【固定】为【所有边缘】，如图 14.135 所示。画面效果如图 14.136 所示。

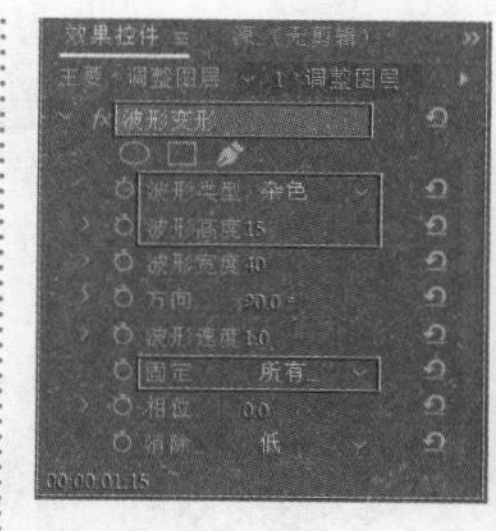

图 14.135

图 14.136

步骤 09 将时间线滑动到3秒15帧位置，选择V2轨道上的【调整图层】，按住Alt键的同时按住鼠标左键向时间线位置拖动，如图 14.137 所示。

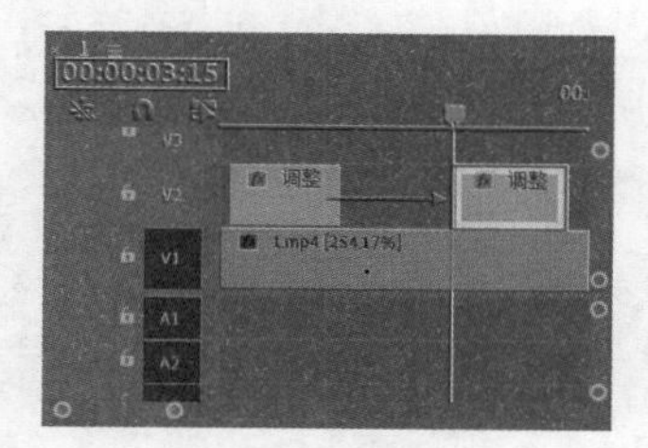

图 14.137

步骤 10 选择V2轨道上的第2个【调整图层】，在【效果控件】面板中展开【波形变形】，更改【方向】为180°，如图 14.138 所示。画面效果如图 14.139 所示。

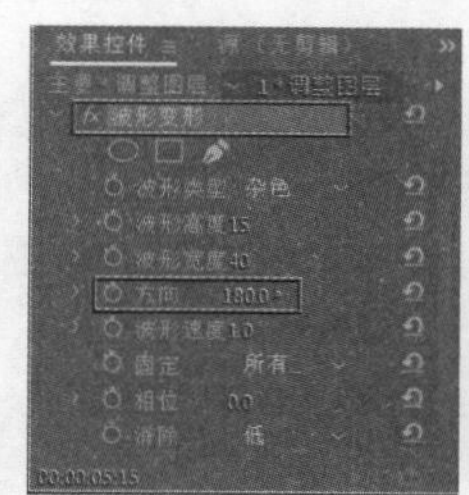

图 14.138

图 14.139

步骤 11 继续将时间线滑动到5秒15帧位置，选择V2轨道上的【调整图层】，按住Alt键的同时按住鼠标左键向时间线位置拖动，如图 14.140 所示。

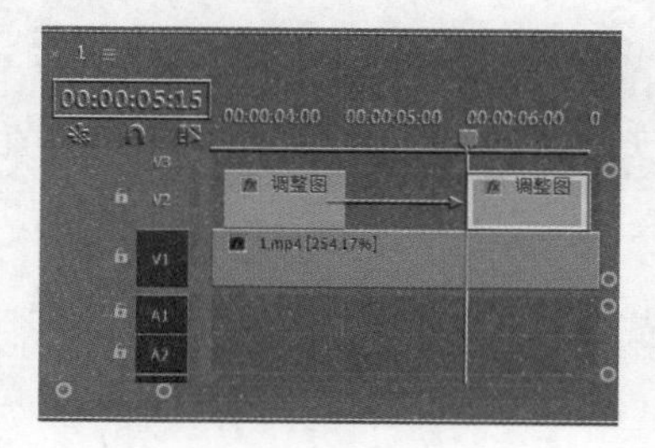

图 14.140

步骤 12 选择V2轨道上的第3个【调整图层】，在【效果控件】面板中更改【波形变形】下方的【方向】为210°，如图14.141所示。此时画面效果如图14.142所示。

图 14.141

图 14.142

步骤 13 本实例制作完成，滑动时间线查看制作效果，如图14.143所示。

图 14.143

综合实例：制作长腿效果

扫一扫，看视频

文件路径：Chapter 14 视频特效综合应用→综合实例：制作长腿效果

当下很多视频软件中都增添了拉长腿部的功能，大大增添了视频的观赏性。本实例主要使用【变换】和【钢笔蒙版】制作出长腿效果。实例效果如图14.144所示。

图 14.144

步骤 01 在Premiere Pro软件中新建一个项目。执行【文件】/【导入】命令，导入视频素材，如图14.145所示。

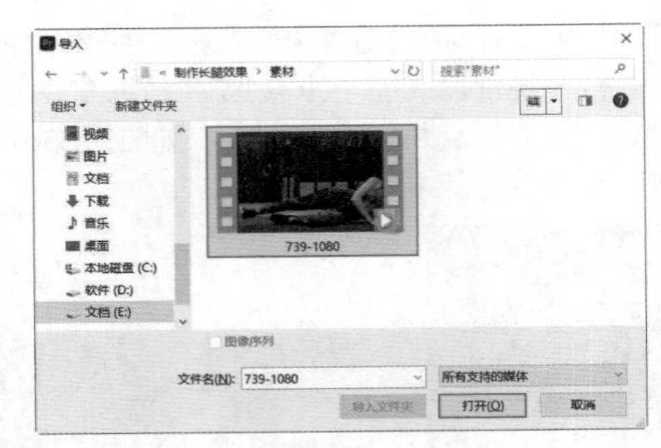

图 14.145

步骤 02 在【项目】面板中将1.mp4素材文件拖曳到V1轨道上，如图14.146所示。此时在【项目】面板中自动生成序列。

步骤 03 将画面提亮。在【效果】面板中搜索【(RGB)曲线】，将该效果拖曳到V1轨道的视频素材上，如图14.147所示。

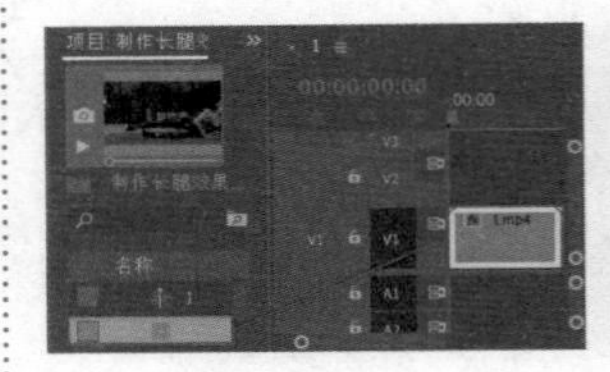
图 14.146

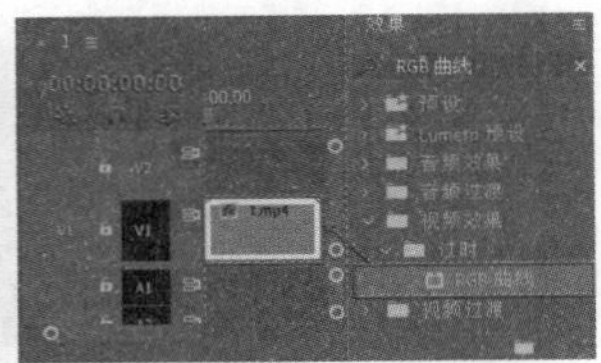
图 14.147

步骤 04 在【时间轴】面板中选择视频素材，在【效果控件】面板中展开【(RGB)曲线】，在【主要】下方的曲线上单击添加一个控制点并向左上角拖动，提高画面亮度，如图14.148所示。画面效果如图14.149所示。

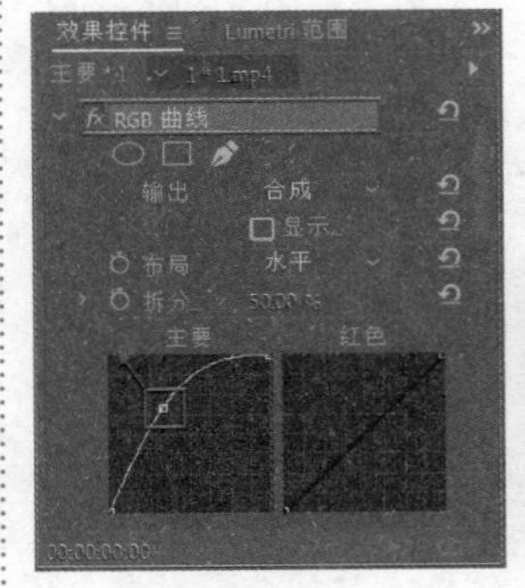

图 14.148

图 14.149

步骤 05 拉长人物腿部。在【效果】面板中搜索【变换】，将该效果拖曳到V1轨道的视频素材上，如图14.150所示。

步骤 06 在【效果控件】面板中单击【变换】下方的

（自由贝塞尔曲线）按钮，在【节目监视器】面板中单击建立锚点绘制一个四边形路径，如图14.151所示。

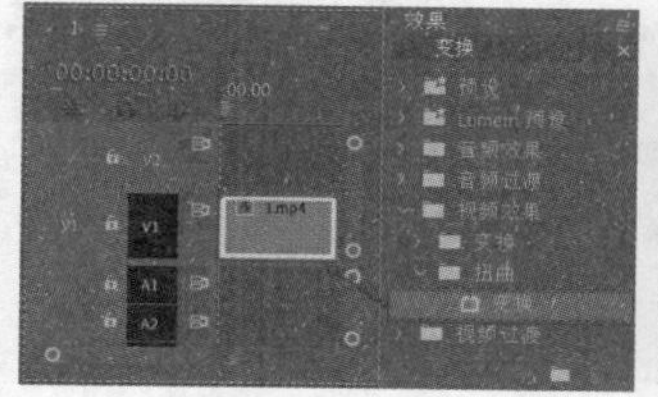
图 14.150

图 14.151

步骤 07 在【效果控件】面板中取消勾选【等比缩放】，设置【缩放宽度】为125，调整【位置】为（877,543），如图14.152所示。滑动时间线查看制作后的画面效果，如图14.153所示。

图 14.152

图 14.153

综合实例：制作残影风格画面

文件路径：Chapter 14 视频特效综合应用→综合实例：制作残影风格画面

扫一扫，看视频

残影可理解为眼睛捕获移动事物的速度不及事物自身的移动速度时，眼睛无法看清事物在运动中的位置，但因视觉暂留的影响，眼睛能看见事物相较之前位置移动的影像。本实例主要使用【Color Balance（RGB）】及【滤色】制作残影画面。实例效果如图14.154所示。

图 14.154

步骤 01 在Premiere Pro中新建一个项目，执行【文件】/【导入】命令，导入1.jpg、2.jpg素材文件，如图14.155所示。

图 14.155

步骤 02 将【项目】面板中的1.jpg、2.jpg素材文件依次拖曳到【时间轴】面板中的V1轨道上，如图14.156所示。

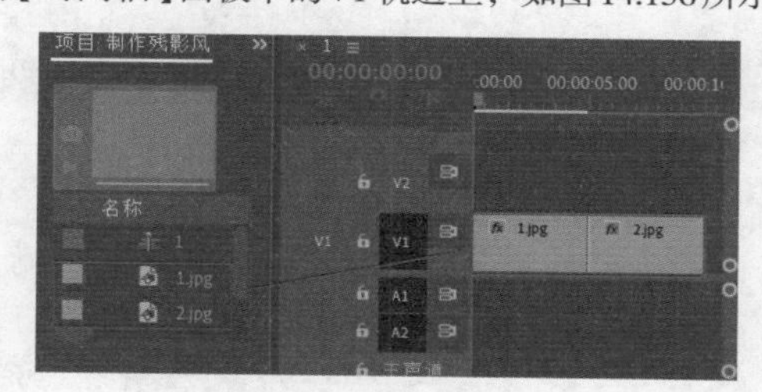
图 14.156

步骤 03 在【时间轴】面板中框选这两个素材文件，右击执行【速度/持续时间】命令，如图14.157所示。在弹出的窗口中设置【持续时间】为3秒，勾选【波纹编辑，移动尾部剪辑】，如图14.158所示。

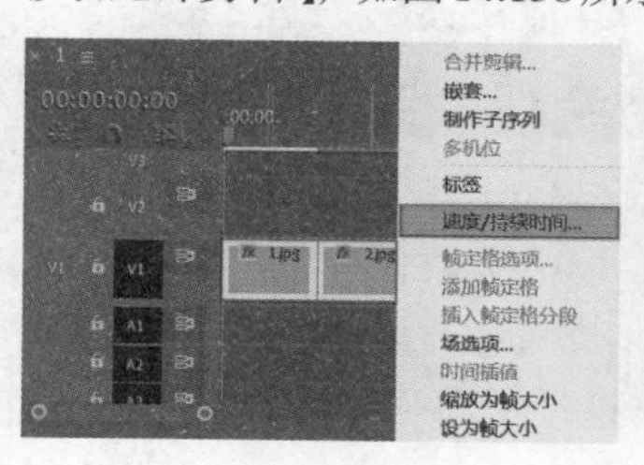
图 14.157

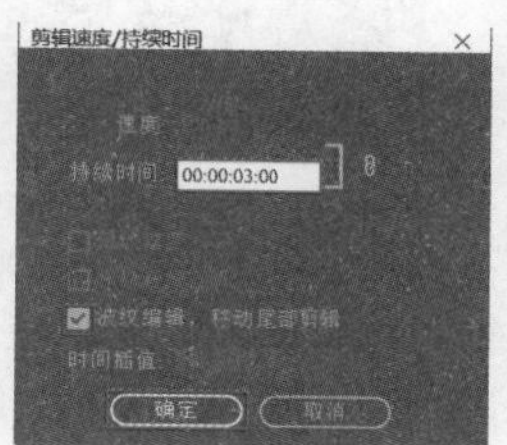
图 14.158

步骤 04 此时素材结束时间为6秒位置，如图14.159所示。

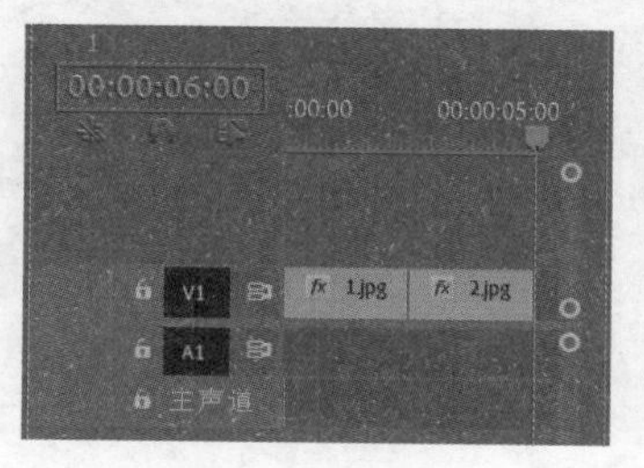
图 14.159

步骤 05 在【时间轴】面板中选择1.jpg素材文件，在【效果控件】面板中展开【运动】属性，将时间线滑动到起始帧位置，单击【缩放】前的■(切换动画)按钮，开启自动关键帧，设置【缩放】为230，如图14.160所示；继续将时间线滑动到1秒15帧，设置【缩放】为100。在【时间轴】面板中选择2.jpg素材文件，在【效果控件】面板中设置【缩放】为127，如图14.161所示。

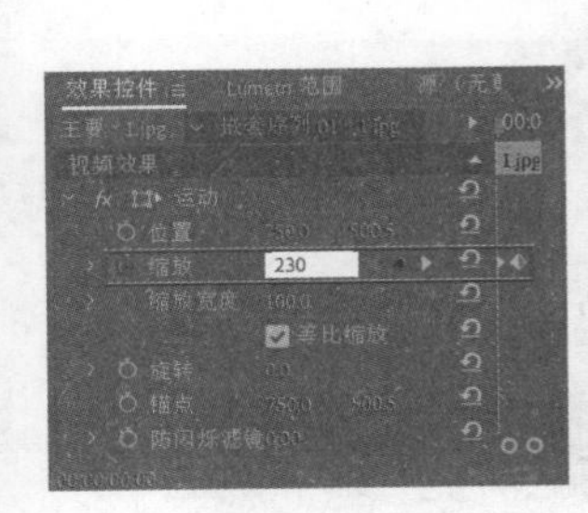

图 14.160

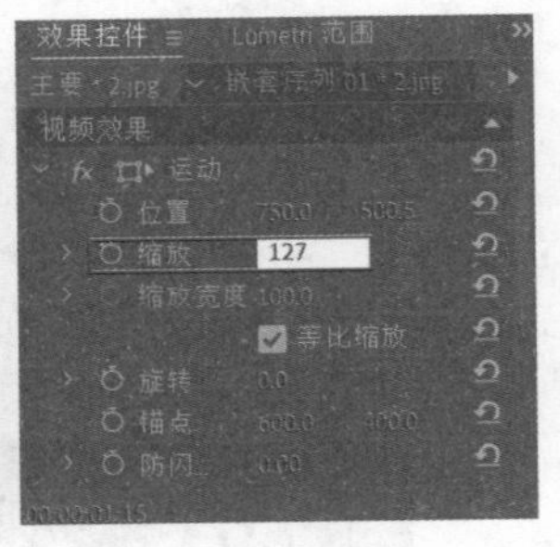

图 14.161

步骤 06 在【效果】面板中搜索【圆划像】，按住鼠标左键将该效果拖曳到1.jpg素材和2.jpg素材中间，如图14.162所示。

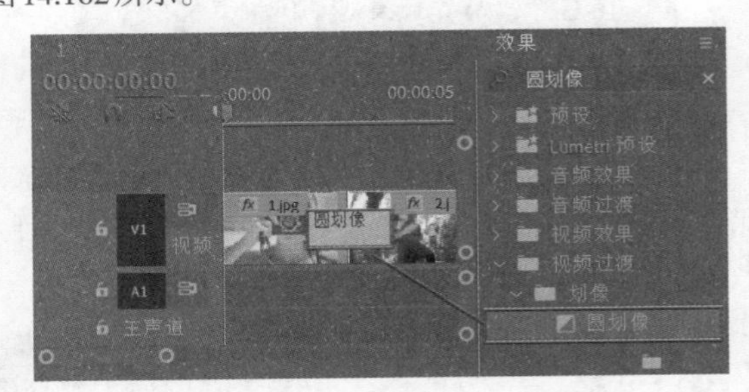

图 14.162

步骤 07 在【时间轴】面板中选中【圆划像】效果，在【效果控件】面板中设置【持续时间】为2秒，如图14.163所示。此时画面效果如图14.164所示。

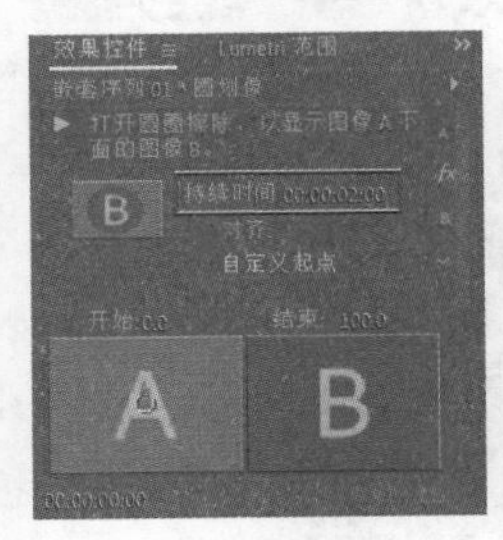

图 14.163

图 14.164

步骤 08 选择【时间轴】面板中的全部内容，在素材上方右击，执行【嵌套】命令，在弹出的【嵌套序列名称】窗口中设置【名称】为【嵌套序列01】，如图14.165所示。此时【时间轴】面板如图14.166所示。

步骤 09 复制【嵌套序列】。单击选择V1轨道上的【嵌套序列01】，按住Alt键的同时按住鼠标左键分别向V2和V3轨道上拖动，释放鼠标后完成复制，如图14.167所示。在【效果】面板中搜索【Color Balance（RGB）】，按住鼠标左键将该效果分别拖曳到V1、V2、V3轨道的【嵌套序列01】上，如图14.168所示。

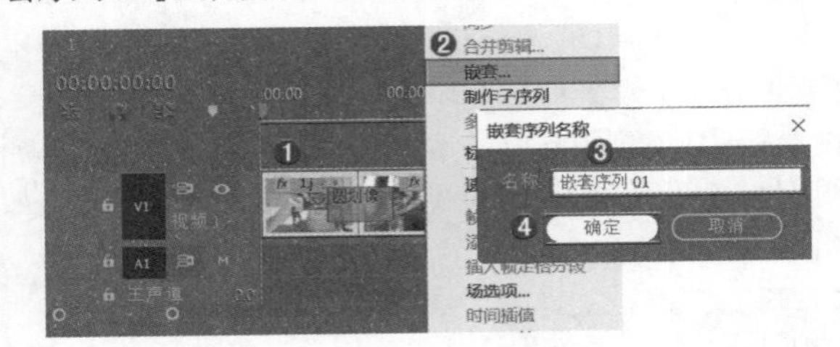

图 14.165

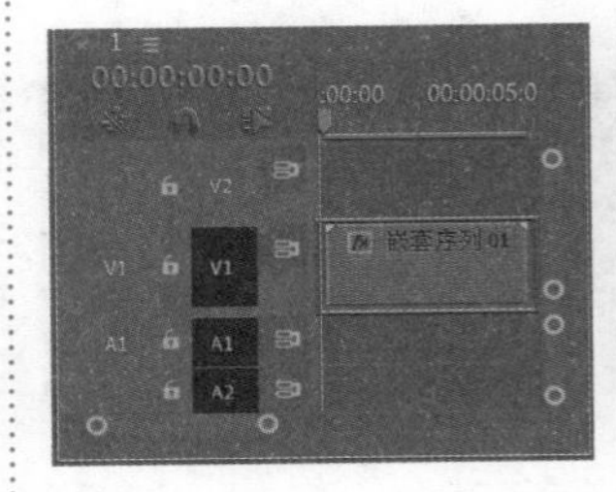

图 14.166

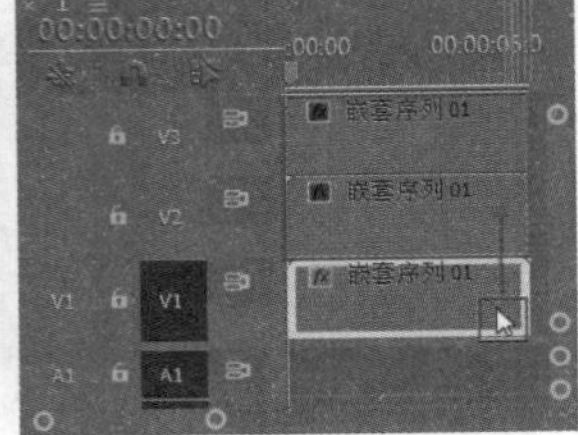

图 14.167

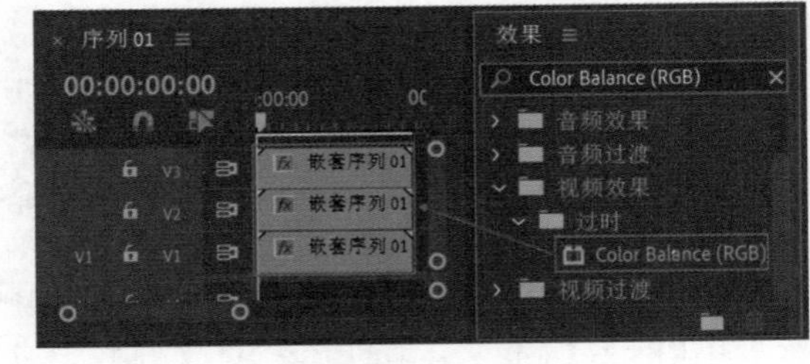

图 14.168

步骤 10 在【时间轴】面板中选择V1轨道上的【嵌套序列01】，在【效果控件】面板中展开【Color Balance（RGB）】，设置【Red】为39，【Green】和【Blue】为0；接着选择V2轨道上的素材，在【效果控件】面板中设置【Green】为39，【Red】和【Blue】为0；最后选择V1轨道上的素材，在【效果控件】面板中设置【Red】和【Green】为0，【Blue】为39，如图14.169所示。

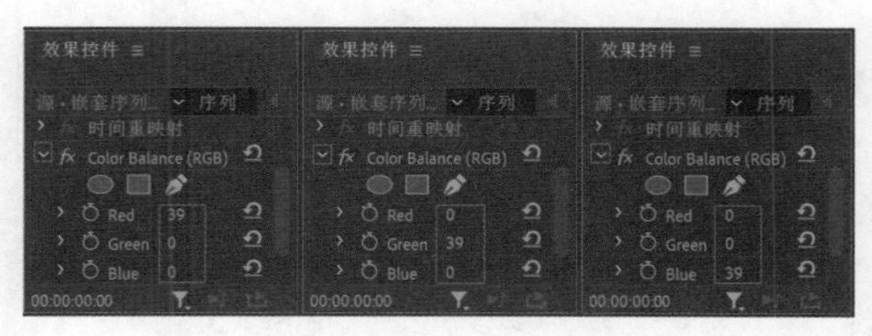

图 14.169

步骤 11 分别选择V2和V3轨道上的内容，在【效果控件】面板中的【不透明度】属性下方设置【混合模式】为【滤色】，如图14.170所示。

步骤 12 在【时间轴】面板中将V1和V2轨道上的【嵌套序列01】向右侧拖动，设置V2轨道上的【嵌套序列01】的起始时间为3帧位置，V1轨道上的【嵌套序列01】的起始时间为6帧位置，如图14.171所示。

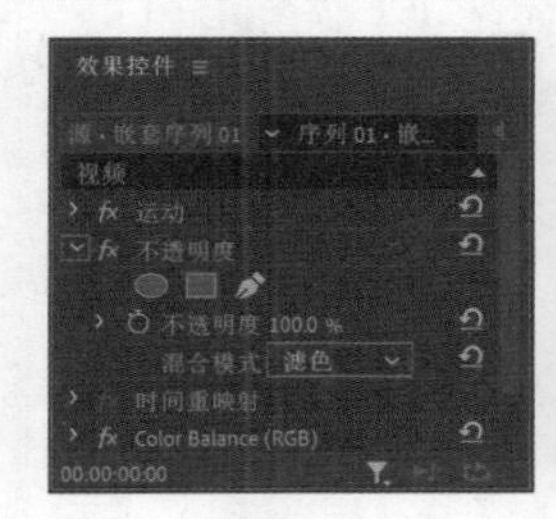

图 14.170

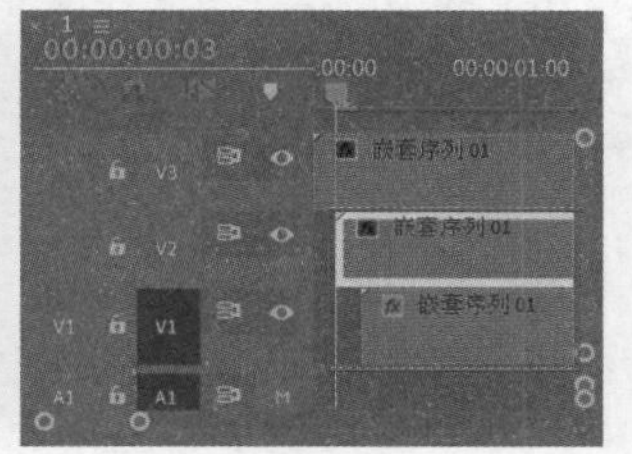

图 14.171

步骤 13 在工具栏中选择（剃刀工具），在6帧位置单击剪辑V2和V3轨道上的素材，如图14.172所示。接着按住Shift键的同时按住鼠标左键选择V2和V3轨道上的【嵌套序列01】的前半部分，按Delete键将素材删除，如图14.173所示。

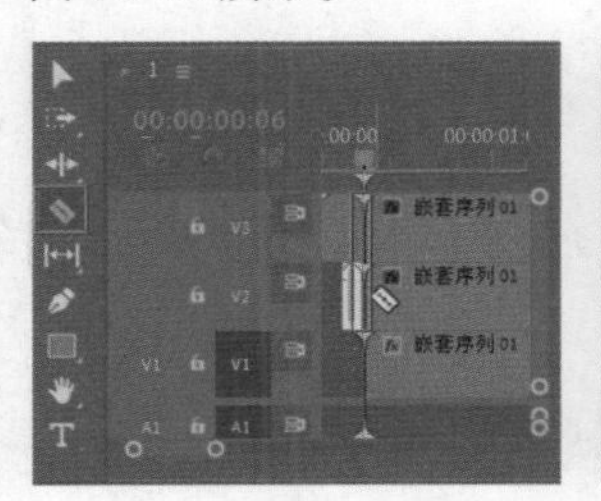

图 14.172

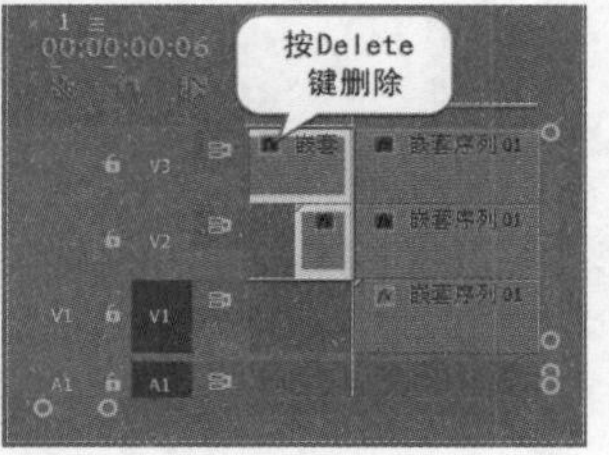

图 14.173

步骤 14 继续将时间线滑动到6秒位置，在工具栏中继续选择（剃刀工具），在当前位置单击剪辑V1和V2轨道上的素材，如图14.174所示。接着按住Shift键的同时按住鼠标左键选择V1和V2轨道上的【嵌套序列01】的后半部分，按Delete键将素材删除，如图14.175所示。

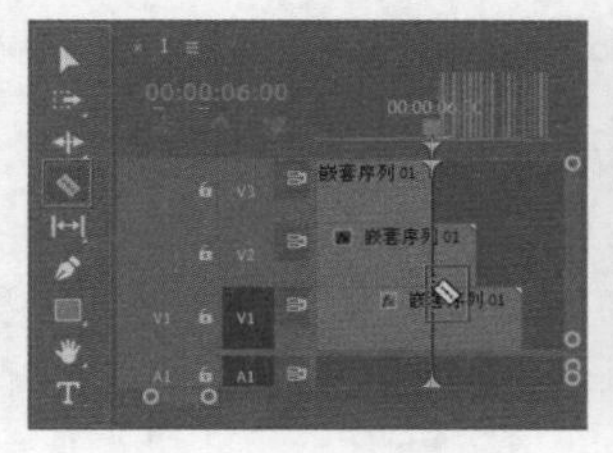

图 14.174

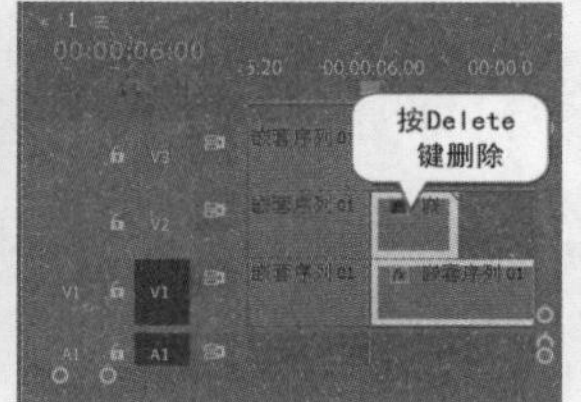

图 14.175

步骤 15 选择V1~V3轨道上的全部内容，按住鼠标左键向左侧拖动，使起始时间为0帧位置，如图14.176所示。此时滑动时间线查看实例效果，如图14.177所示。

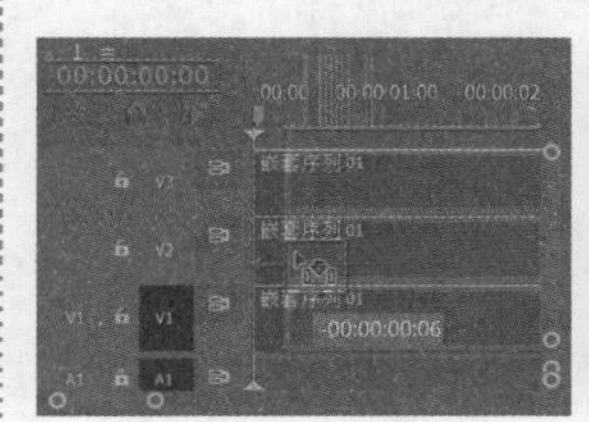

图 14.176

图 14.177

Chapter 15

第15章

扫一扫，看视频

电子相册综合应用

本章内容简介：

本章将通过案例学习电子相册动画的制作方法，电子相册动画常用于儿童电子相册、婚纱电子相册、产品电子相册等。

重点知识掌握：

常见电子相册案例的制作方法

综合实例：3D儿童电子相册

扫一扫，看视频

文件路径：Chapter 15 电子相册综合应用→综合实例：3D儿童电子相册

越来越多的家长选择电子相册作为儿童成长道路上的一份纪念，电子相册便于保存、不易丢失的特点深受人们所青睐。本实例主要使用【高斯模糊】效果制作朦胧感背景，接着为素材添加【基本3D】效果并开启相应的关键帧。实例效果如图15.1所示。

图 15.1

步骤 01 执行【文件】/【新建】/【项目】命令，新建一个项目。执行【文件】/【导入】命令，导入音频和视频素材文件，如图15.2所示。

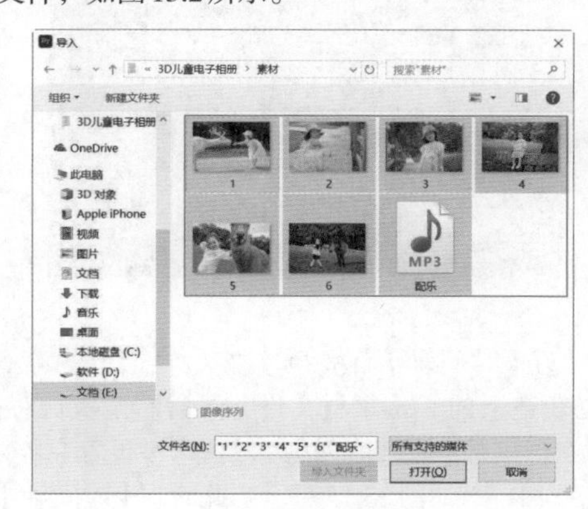

图 15.2

步骤 02 在【项目】面板中选择1.jpg~6.jpg素材文件，将它们拖曳到【时间轴】面板中的V1轨道上，如图15.3所示。

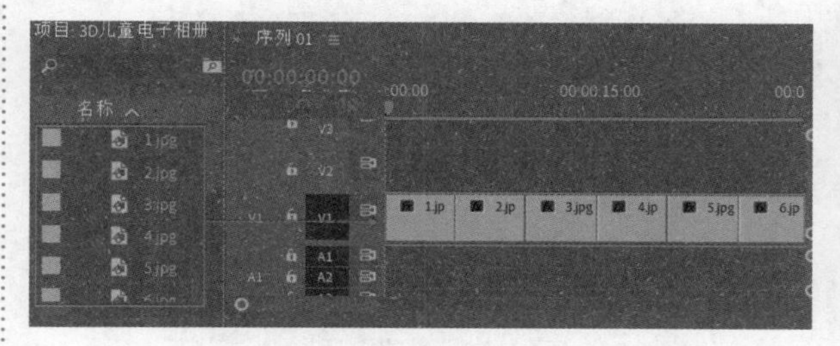

图 15.3

步骤 03 在【时间轴】面板中选中V1轨道上的全部素材文件，右击执行【缩放为帧大小】命令，如图15.4所示。

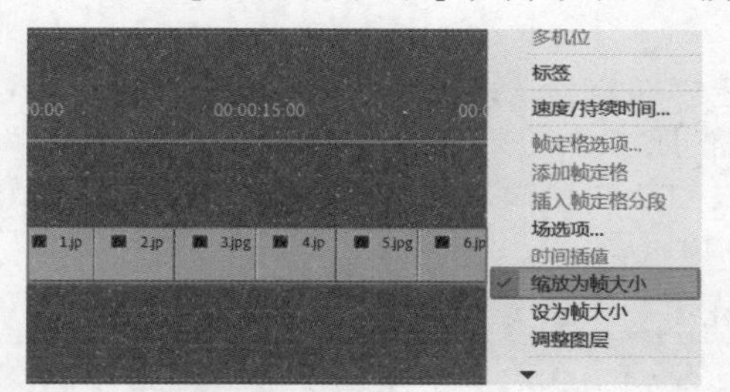

图 15.4

步骤 04 分别选择1.jpg~6.jpg素材文件，在【效果控件】面板中设置【缩放】为110，如图15.5所示。此时画面与序列尺寸等大，如图15.6所示。

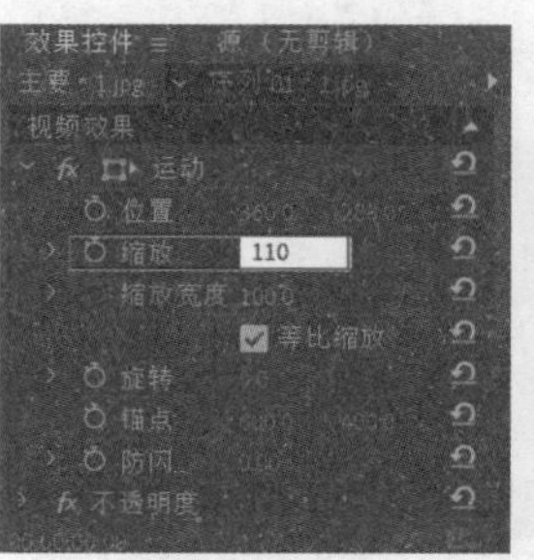

图 15.5

图 15.6

步骤 05 进行复制。选择V1轨道上的全部素材，按住Alt键的同时按住鼠标左键向V2轨道上拖动，释放鼠标后完成复制，如图15.7所示。

步骤 06 隐藏V2轨道，选择V1轨道上的1.jpg素材文件。在【效果】面板中搜索【高斯模糊】，按住鼠标左键将该效果拖曳到V1轨道的视频上，如图15.8所示。

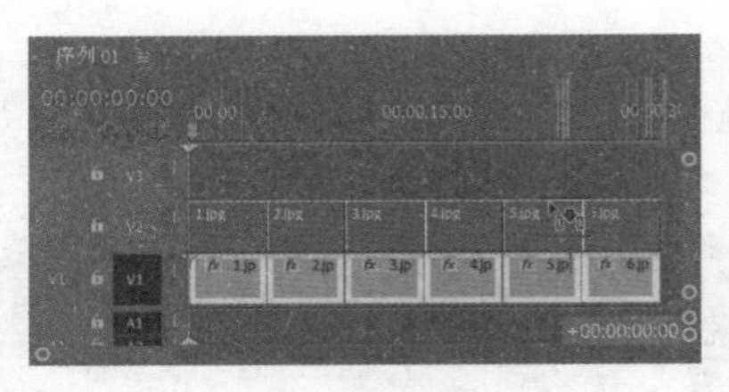

图 15.7

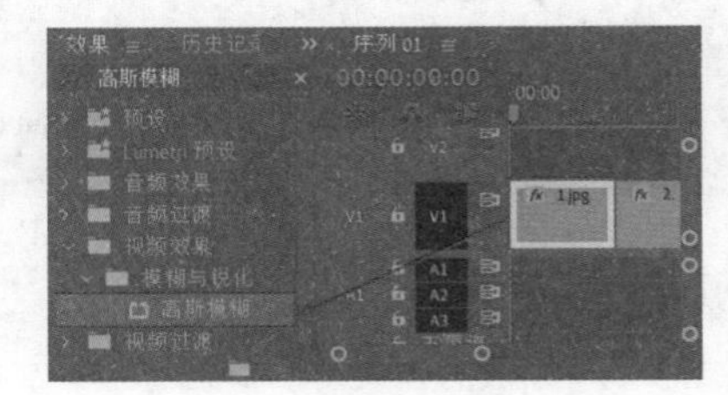

图 15.8

步骤 07 在【时间轴】面板中选择1.jpg素材文件，在【效果控件】面板中展开【高斯模糊】，设置【模糊度】为20，勾选【重复边缘像素】，如图15.9所示。此时画面效果如图15.10所示。

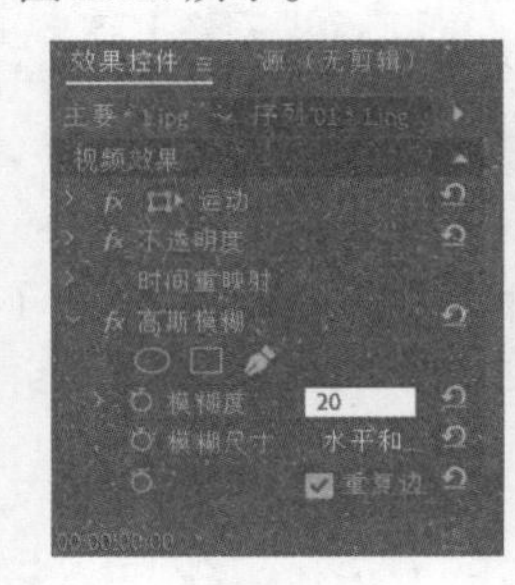

图 15.9

图 15.10

步骤 08 选择当前【效果控件】面板中的【高斯模糊】，使用快捷键Ctrl+C复制效果，接着分别选择2.jpg~6.jpg素材文件，在素材上使用快捷键Ctrl+V进行粘贴，如图15.11所示。

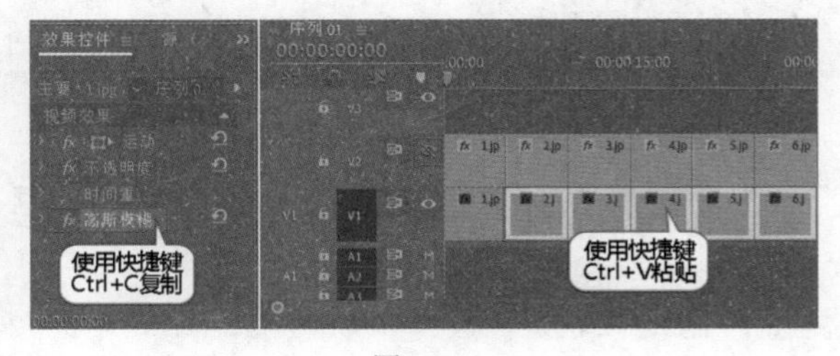

图 15.11

步骤 09 显现V2轨道，将时间线滑动到起始帧位置，在工具栏中选择▢（矩形工具），然后在画面中按住鼠标左键绘制一个与图片等大的矩形，如图15.12所示。选择V3轨道上的图形，在【效果控件】面板中展开【形状（形状01）】，取消勾选【填充】，勾选【描边】，并设置【描边颜色】为白色，【描边宽度】为15；接着展开【变换】，设置【位置】为（-84.9,-72），【锚点】为（-86.8,-74.1），如图15.13所示。

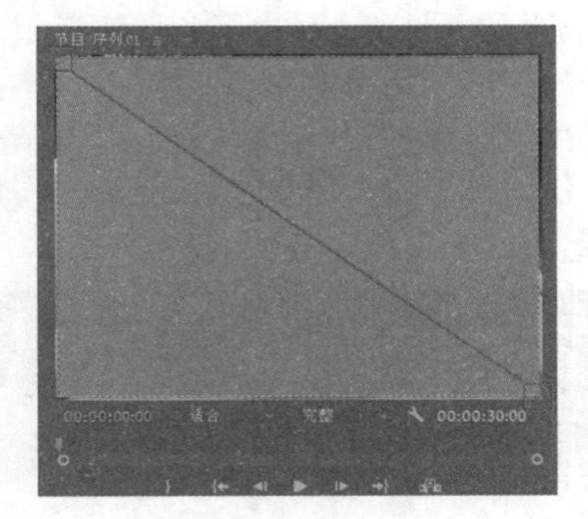

图 15.12

图 15.13

步骤 10 选择V3轨道上的图形，按住Alt键分别向右侧拖动复制5次，效果如图15.14所示。

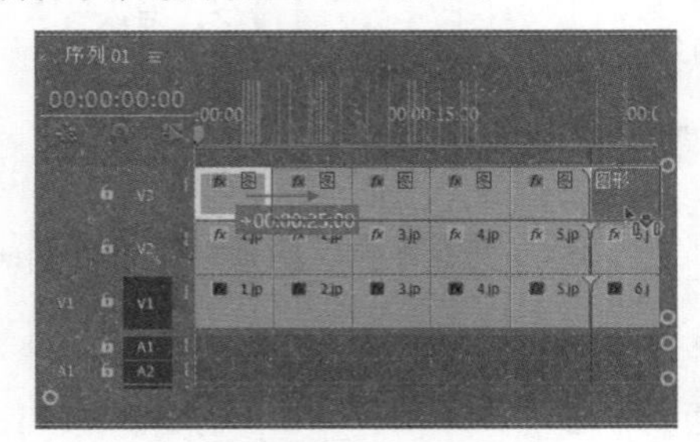

图 15.14

步骤 11 在【时间轴】面板中选择V3轨道上的第1个图形及V2轨道上的1.jpg素材文件，然后右击执行【嵌套】命令，在弹出的【嵌套序列名称】窗口中设置【名称】为【嵌套序列01】，如图15.15所示。此时在【时间轴】面板中得到【嵌套序列01】，如图15.16所示。

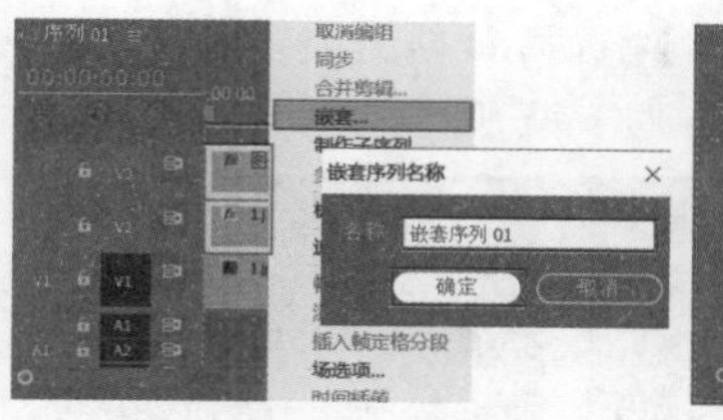

图 15.15

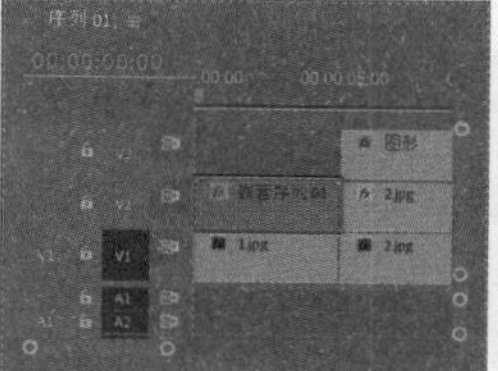

图 15.16

步骤 12 使用同样的方式制作【嵌套序列02】~【嵌套序列06】，如图15.17所示。

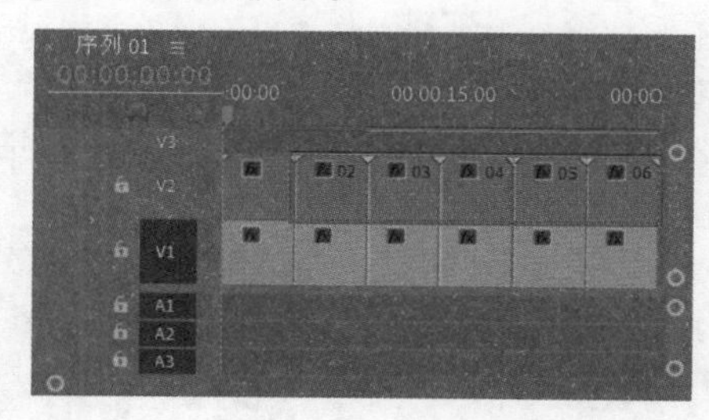

图 15.17

步骤 13 在【效果】面板中搜索【基本3D】，按住鼠标左键将该效果拖曳到V2轨道的【嵌套序列01】上，如图15.18所示。

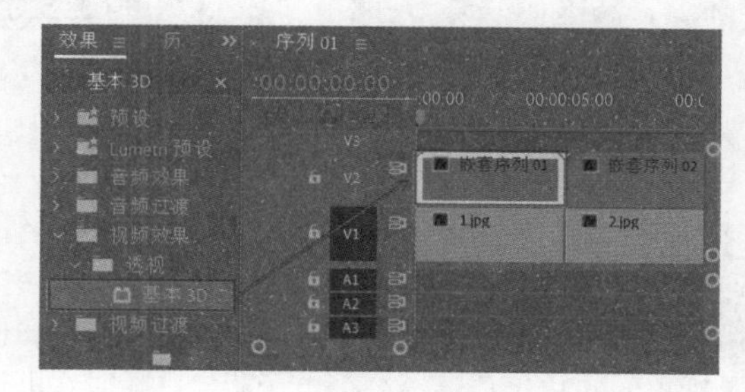

图 15.18

步骤 14 选择V2轨道上的【嵌套序列01】，在【效果控件】面板中展开【运动】属性，设置【缩放】为70，将时间线滑动到起始帧位置，单击 (切换动画)按钮打开【位置】【旋转】及【基本3D】效果下方的【旋转】【倾斜】关键帧，设置【位置】为(–288,288)，【旋转】为18°，【基本3D】下方的【旋转】为65°，【倾斜】为5°，如图15.19所示；继续将时间线滑动到5秒位置，单击它们后方的 (重置参数)按钮，使参数恢复到默认状态。滑动时间线查看动画效果，如图15.20所示。

步骤 15 选择【嵌套序列01】，在【效果控件】面板中按住Ctrl键加选【运动】属性和【基本3D】效果，右击执行【复制】命令，如图15.21所示。接着在【时间轴】面板中分别选择【嵌套序列02】~【嵌套序列06】，使用快捷键Ctrl+V进行粘贴，如图15.22所示。

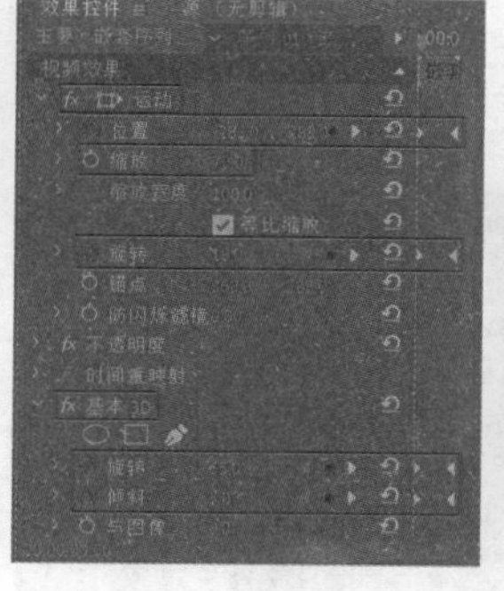

图 15.19

图 15.20

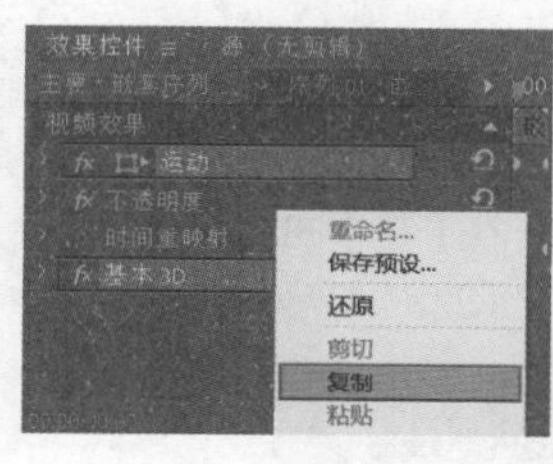

图 15.21

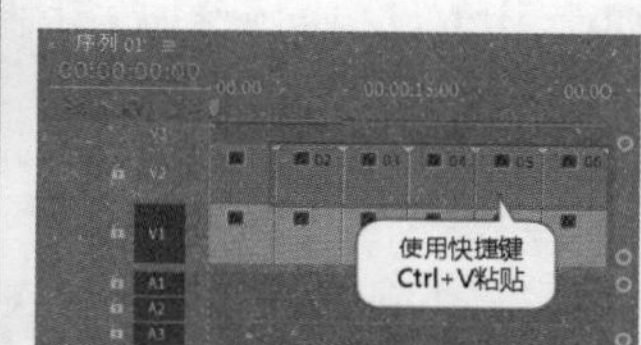

图 15.22

步骤 16 调整【嵌套序列02】~【嵌套序列06】中的参数。首先选择【嵌套序列02】，将时间线滑动到5秒位置，在【运动】属性下方更改【位置】为(–575,288)，【旋转】为–40°，在【基本3D】下方更改【旋转】为24°，【倾斜】为–20°，如图15.23所示。选择【嵌套序列03】，将时间线滑动到10秒位置，在【运动】属性下方更改【位置】为(–390,288)，【旋转】为34°，如图15.24所示。

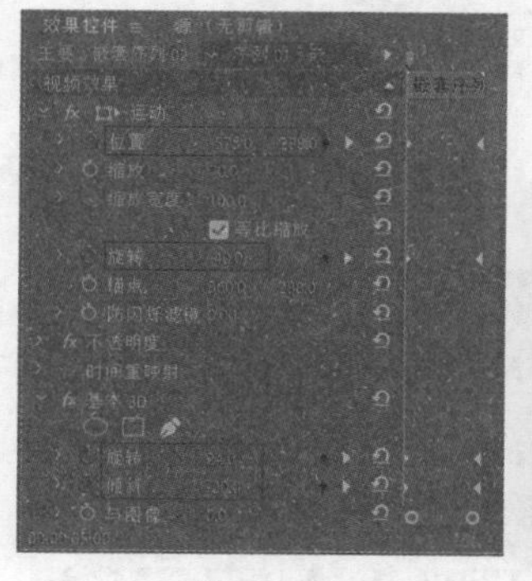

图 15.23

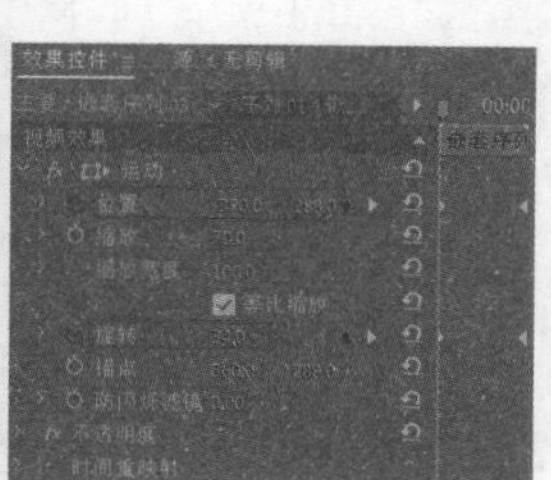

图 15.24

步骤 17 首先选择【嵌套序列04】，将时间线滑动到15秒位置，在【运动】属性下方更改【位置】为(–575,288)，【旋转】为65°，在【基本3D】下方更改【旋转】为70°，【倾斜】为–83°，如图15.25所示。选择【嵌套序列05】，将时间线滑动到20秒位置，在【运动】属性下方更改【位置】

为（-403,288),【旋转】为-80°，在【基本3D】下方更改【旋转】为27°,【倾斜】为45°，如图15.26所示。

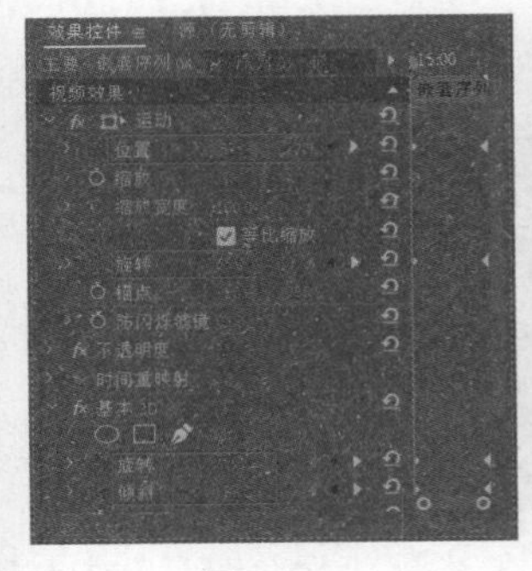

图 15.25

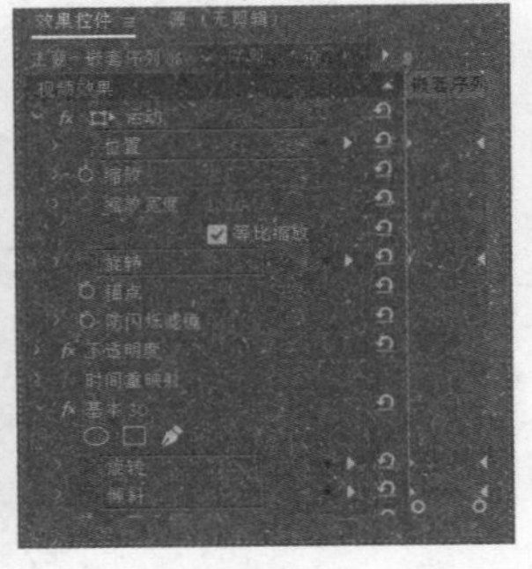

图 15.26

步骤 18 在【时间轴】面板中选择【嵌套序列06】，将时间线滑动到25秒位置，在【运动】属性下方更改【位置】为（-176,288),【旋转】为-100°，在【基本3D】下方更改【旋转】为-50°,【倾斜】为60°，如图15.27所示。

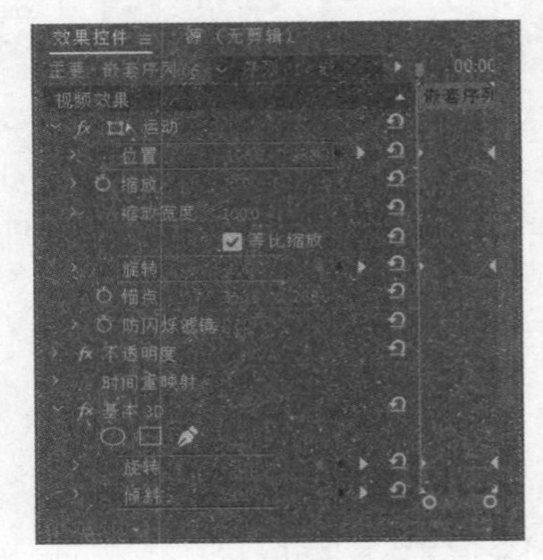

图 15.27

步骤 19 在【项目】面板中将配乐.mp3素材文件拖曳到A1轨道上，如图15.28所示。

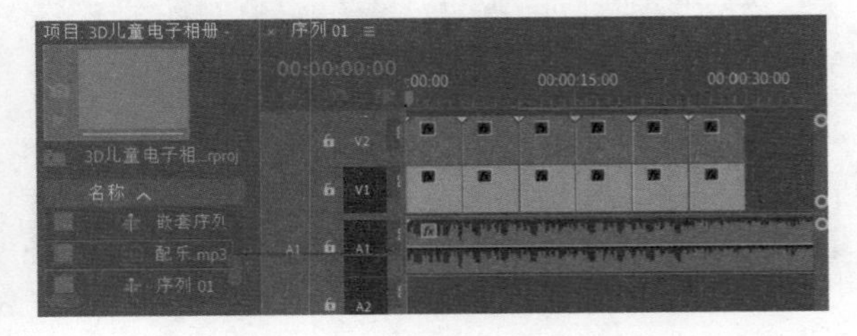

图 15.28

步骤 20 在【时间轴】面板中将时间线滑动到13秒24帧位置，此时将输入法切换到半角英文状态，在A1时间线位置按C键剪辑音频，如图15.29所示。继续按V键，将光标切换为【选择工具】，选择A1轨道前半部分音频，按Delete键将音频删除，如图15.30所示。

图 15.29

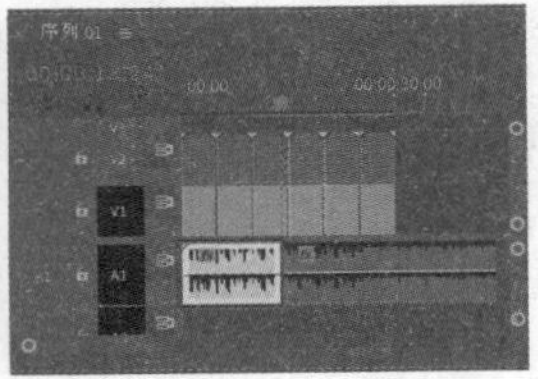

图 15.30

步骤 21 选中A1轨道上的音频素材将它移动到起始帧位置，如图15.31所示。

步骤 22 本实例制作完成，滑动时间线查看实例制作效果，如图15.32所示。

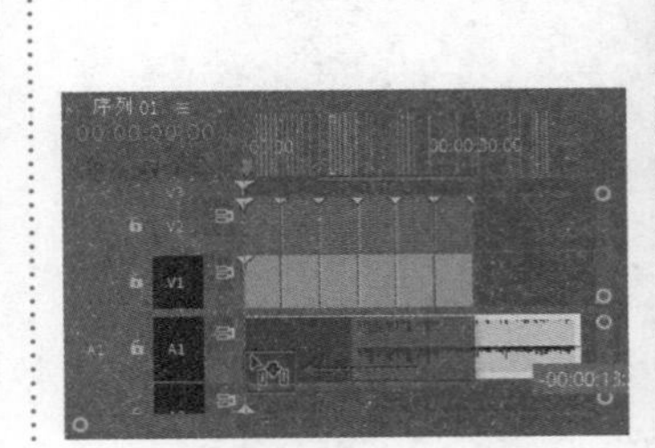

图 15.31

图 15.32

综合实例：可爱儿童电子相册

扫一扫，看视频

文件路径：Chapter 15 电子相册综合应用→综合实例：可爱儿童电子相册

在电子信息不断发展的时代中，相册也由纸质逐渐变为电子版，可随时在电子设备中打开进行查看，且不像纸质照片那样容易褪色或发生褶皱等。本实例主要使用【圆划像】【百叶窗】及【中心拆分】效果为画面添加过渡效果，使用【缩放】及【旋转】属性调整图片运动状态，最终呈现出电子相册的动画效果。实例效果如图15.33所示。

图 15.33

步骤 01 在菜单栏中执行【文件】/【新建】/【项目】命令，新建一个项目。在【项目】面板的空白处右击，执行【新建项目】/【序列】命令，弹出【新建序列】窗口，在DV-PAL文件夹下选择【宽屏48kHz】。执行【文件】/【导入】命令，导入全部素材文件，如图15.34所示。

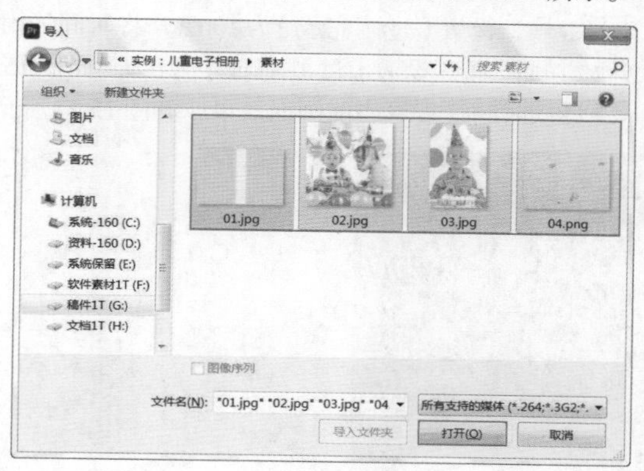

图 15.34

步骤 02 将【项目】面板中的01.jpg素材文件拖曳到V1轨道上，如图15.35所示。

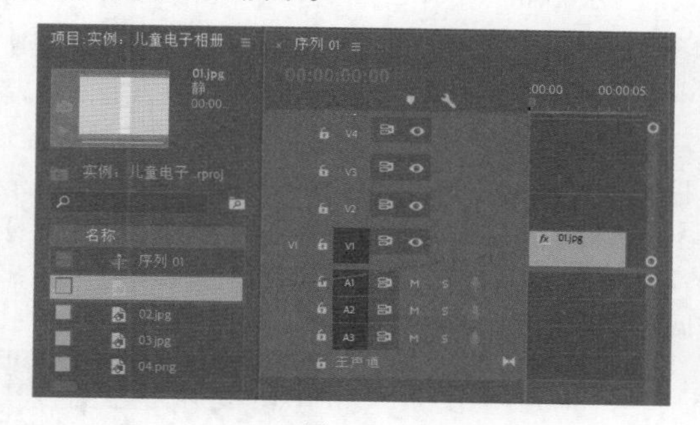

图 15.35

步骤 03 在【效果控件】面板中展开【运动】属性，设置【缩放】为70，如图15.36所示。此时画面效果如图15.37所示。

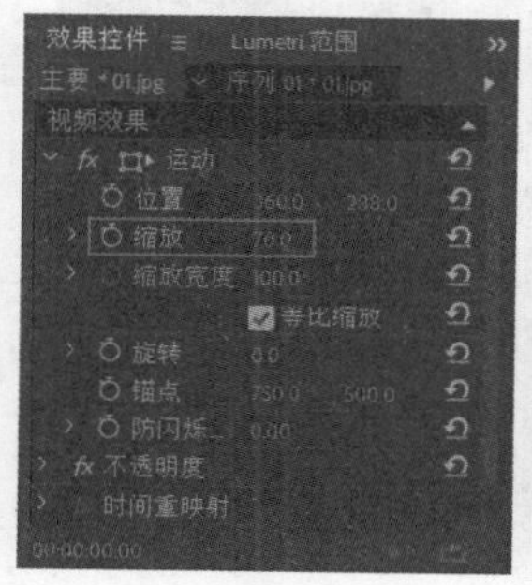

图 15.36

图 15.37

步骤 04 在【效果】面板中搜索【圆划像】，按住鼠标左键将该效果拖曳到V1轨道上的01.jpg素材文件的起始位置，如图15.38所示。此时画面效果如图15.39所示。

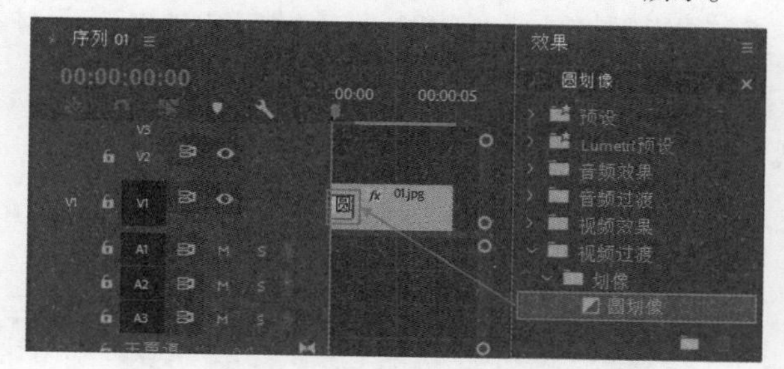

图 15.38

图 15.39

步骤 05 制作图片底部背景。将时间线滑动至1秒位置，在【工具】面板选择▣(矩形工具)，接着在工作区域的合适位置按住鼠标左键拖曳绘制一个正方形，如图15.40所示。

步骤 06 选择V2轨道上的图形图层，在【效果控件】面板中展开【形状(形状01)】/【外观】，设置【填充颜色】为淡粉色，接着勾选【阴影】，设置【不透明度】为60%，【角度】为-160°，【距离】为12.0，【模糊】为40；接着展开【变换】，设置【旋转】为-4°，如图15.41所示。

图 15.40　　图 15.41

步骤 07 在【项目】面板中将正方形与02.jpg素材依次拖曳到【时间轴】面板中的V2和V3轨道上，设置它们的起始时间为1秒位置，结束时间与V1轨道上的01.jpg素材文件对齐，如图15.42所示。

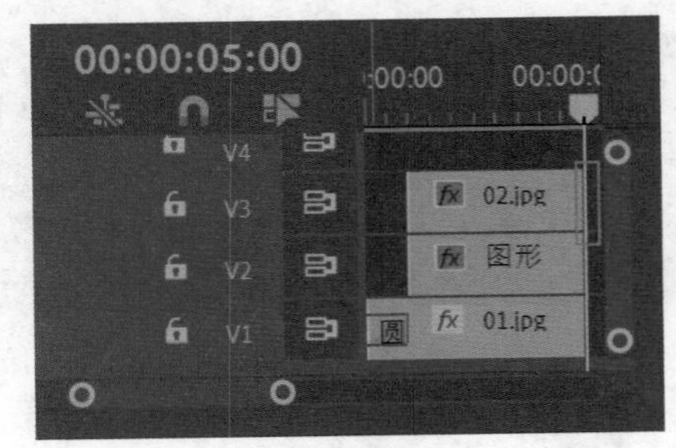

图 15.42

步骤 08 为了便于观看，单击V3轨道前的（切换轨道输出）按钮，将V3轨道上的内容隐藏，接着选择V2轨道上的文件，将时间线滑动到1秒位置，在【效果控件】面板中展开【矢量运动】，单击【缩放】前面的按钮，开启自动关键帧，设置【缩放】为0，如图15.43所示；将时间线滑动到1秒15帧位置，设置【缩放】为120；继续将时间线滑动到2秒位置，设置【缩放】为100。滑动时间线查看形状效果，如图15.44所示。

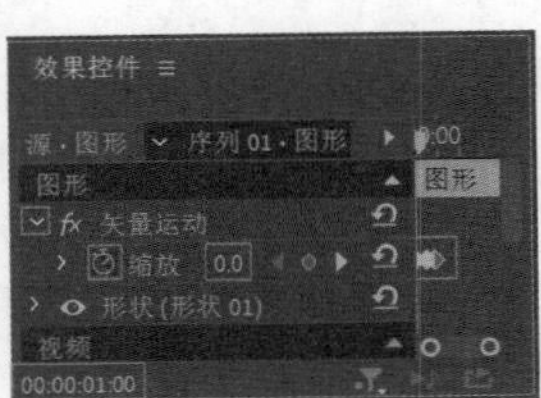

图 15.43

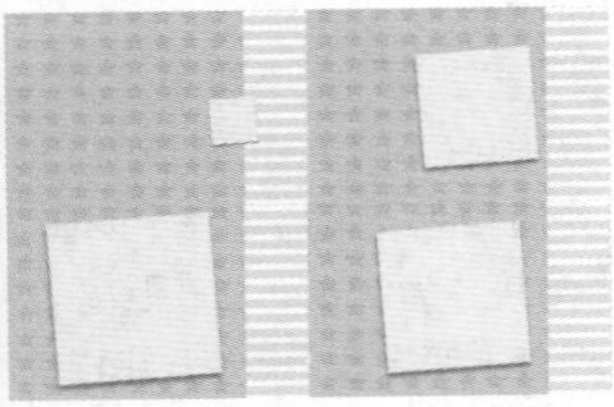

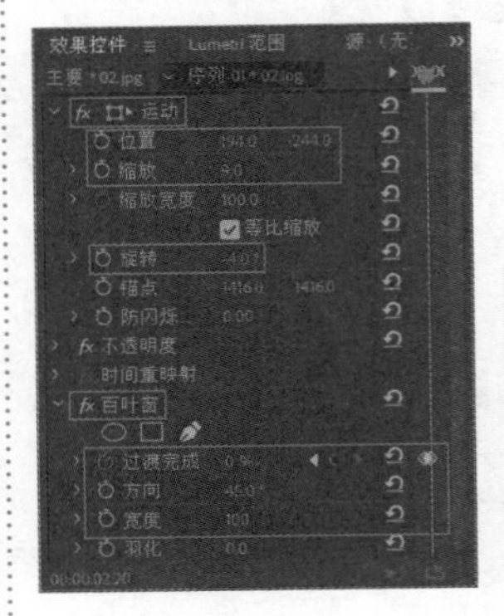

图 15.44

步骤 09 在【效果】面板中搜索【百叶窗】，按住鼠标左键将该效果拖曳到V3轨道的02.jpg素材文件上，如图15.45所示。

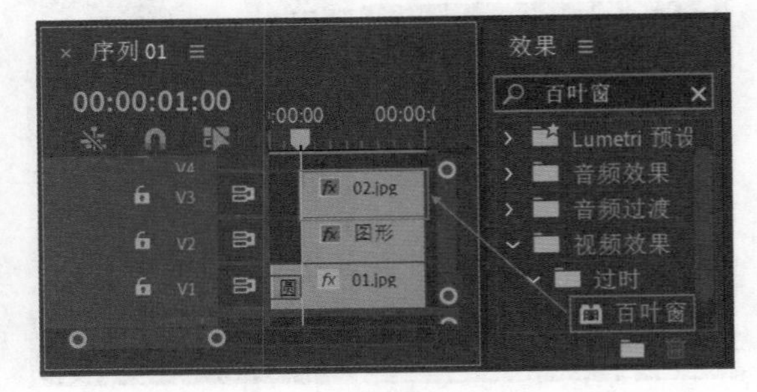

图 15.45

步骤 10 显现并选择V3轨道上的文件，首先在【效果控件】面板中展开【运动】属性，设置【位置】为（194，244），【缩放】为9，【旋转】为-4°，接着展开【百叶窗】效果，设置【方向】为45°，【宽度】为100，将时间线滑动到2秒位置，单击【过渡完成】前面的按钮，开启自动关键帧，设置【过渡完成】为100%，将时间线滑动到2秒20帧位置，设置【过渡完成】为0%，如图15.46所示。滑动时间线查看当前画面效果，如图15.47所示。

图 15.46

图 15.47

步骤 11 将时间线滑动至2秒05帧位置，在【工具】面板中选择（矩形工具），在工作区域右侧合适的位置按住鼠标左键拖曳绘制一个长方形，接着在【效果控件】面板中展开【形状（形状01）】/【外观】，设置【填充颜色】为淡粉色，接着勾选【阴影】，设置【不透明度】为60%，【角度】为120°，【距离】为12，【模糊】为40，接着展开【变换】，设置【旋转】为3°，如图14-48所示。

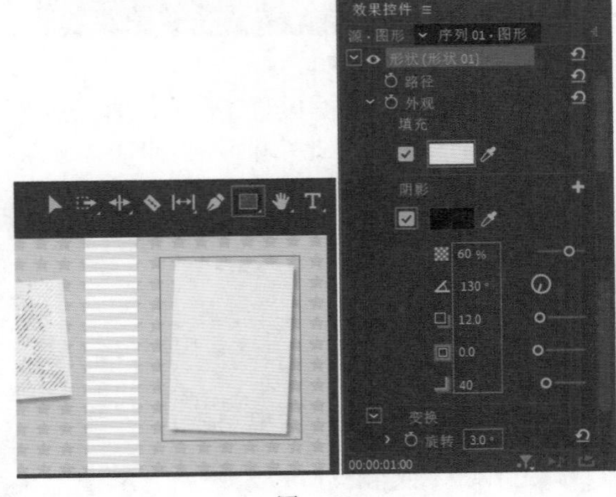

图 15.48

步骤 12 将时间线滑动至2秒05帧位置，在【项目】面板中将03.jpg和04.png素材依次拖曳到【时间轴】面板中的V5和V6轨道上，并设置V4、V5、V6轨道的结束时间与下方轨道文件对齐，如图15.49所示。

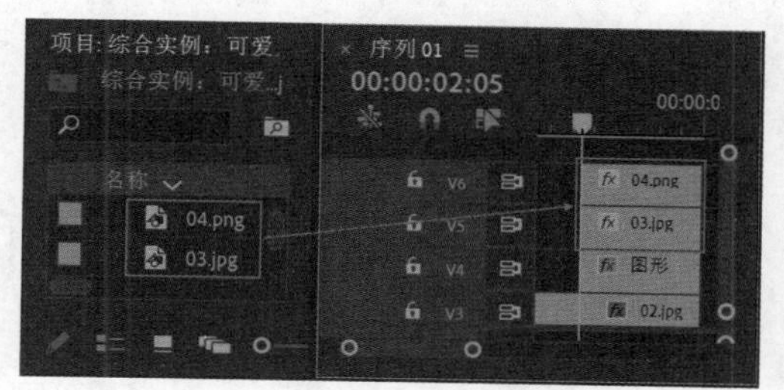

图 15.49

步骤 13 为了便于观看，单击V5和V6轨道前的（切换轨道输出）按钮，将这两个轨道中的内容隐藏，然后在【效果】面板中搜索【中心拆分】，按住鼠标左键将该效果拖曳到V4轨道上长方形的起始位置，如图15.50所示。此时滑动时间线查看画面效果，如图15.51所示。

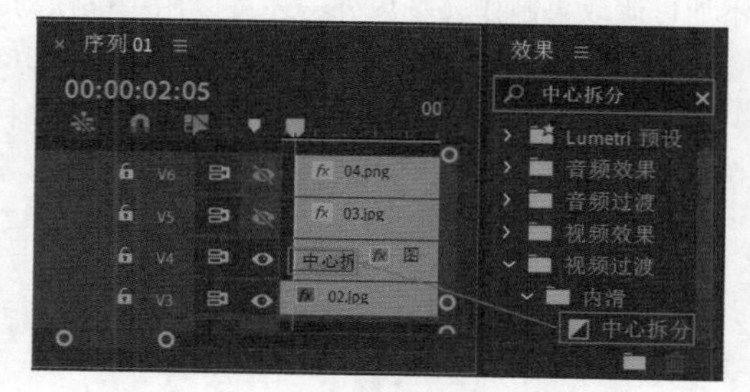

图 15.50

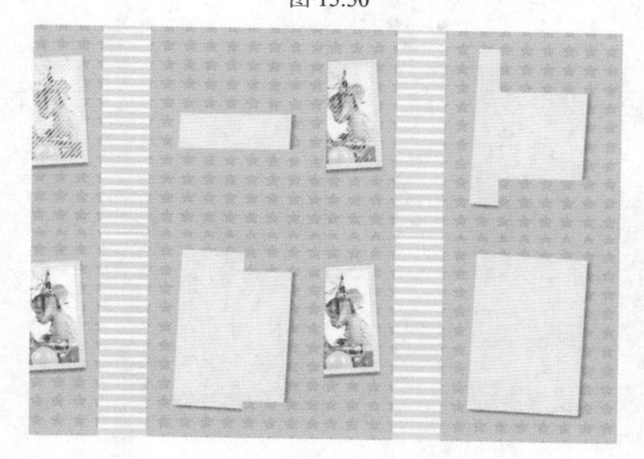

图 15.51

步骤 14 显现并选择V5轨道上的03.jpg素材文件，在【效果控件】面板中展开【运动】属性，设置【位置】为（557,275），将时间线滑动到3秒位置，单击【缩放】及【旋转】前面的按钮，开启自动关键帧，设置【缩放】为0，【旋转】为2×0.0°；将时间线滑动到4秒位置，设置【缩放】为9，【旋转】为3°，如图15.52所示。滑动时间线查看画面效果，如图15.53所示。

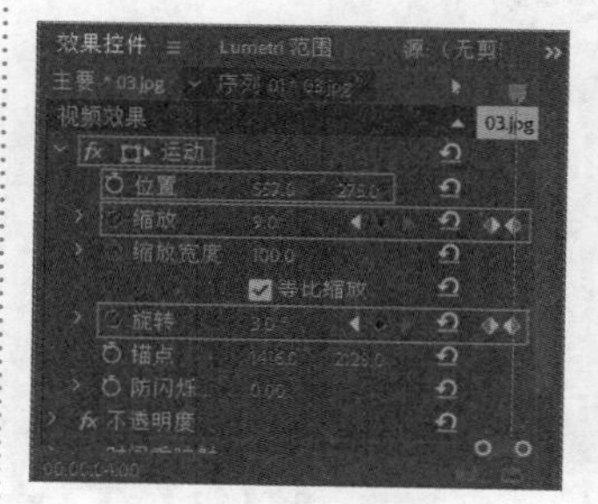

图 15.52

图 15.53

步骤 15 显现并选择V6轨道上的04.png素材文件，在【效果控件】面板中展开【运动】属性，设置【位置】为（390,288），将时间线滑动到3秒23帧位置，单击【缩放】前面的按钮，开启自动关键帧，设置【缩放】为205；将时间线滑动到4秒20帧位置，设置【缩放】为67，如图15.54所示。本实例制作完成，滑动时间线查看画面效果，如图15.55所示。

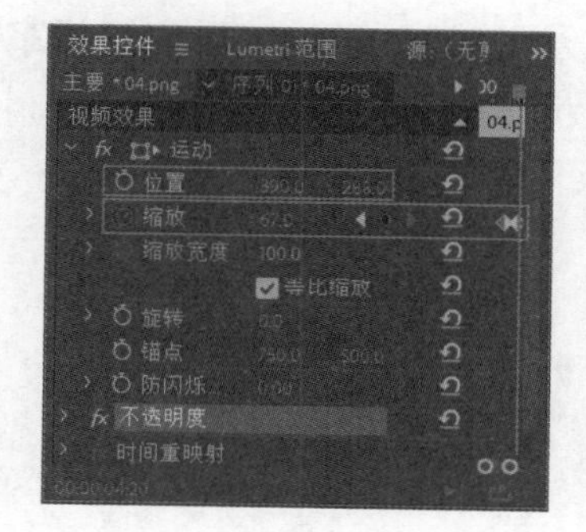

图 15.54

图 15.55

Chapter 16

第16章

高级转场效果综合应用

本章内容简介：

转场是Premiere Pro中比较重要的部分，一个素材过渡到另外一个素材上的过程称为转场。除了通过为素材添加过渡效果制作转场以外，还可以用关键帧动画、效果等制作更具氛围的转场效果。合适的转场效果可以使视频产生丰富的画面情感，比如快速模糊转场可以产生刺激的运动感、柔和的转场可以产生唯美的感觉。

重点知识掌握：

常见转场案例的制作方法

综合实例：短视频常用热门特效

文件路径：Chapter 16 高级转场效果综合应用→综合实例：短视频常用热门特效

扫一扫，看视频

热门短视频特效是由一张图片快速模糊到另一张图片中，拼接精准快速，呈现出一种震撼的视觉效果。本实例主要通过使用【方向模糊】效果改变模糊角度，并添加多个关键帧，将图片制作出快速模糊并伴随着颤抖的效果。实例效果如图16.1所示。

图 16.1

步骤 01 执行【文件】/【新建】/【项目】命令，新建一个项目。在【项目】面板的空白处右击，执行【新建项目】/【序列】命令，弹出【新建序列】窗口，并在DV-PAL文件夹下选择【宽屏48kHz】，接着设置【序列名称】为【序列01】。执行【文件】/【导入】命令，导入全部素材文件，如图16.2所示。

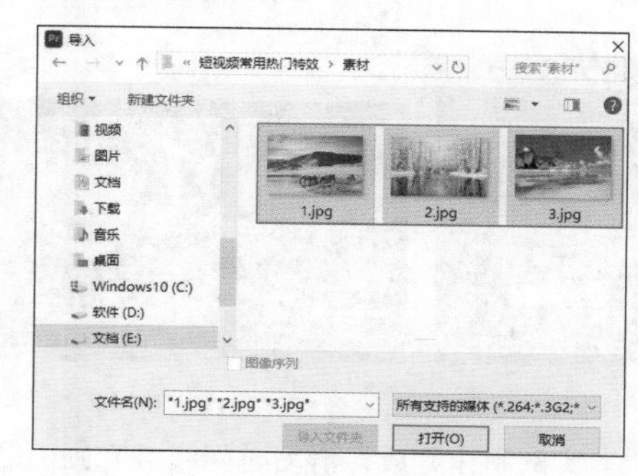

图 16.2

步骤 02 在【项目】面板中依次选择1.jpg、2.jpg和3.jpg素材文件，按住鼠标左键将它们拖曳到【时间轴】面板中的V1轨道上，如图16.3所示。

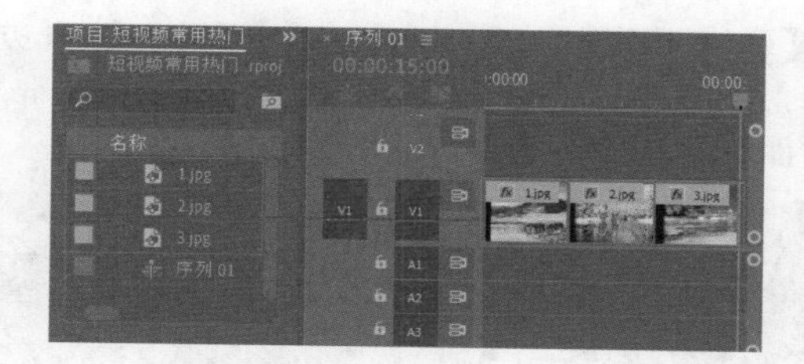

图 16.3

步骤 03 更改素材的持续时间。选中V1轨道上的3个素材文件，右击执行【速度/持续时间】命令，如图16.4所示。在弹出的【剪辑速度/持续时间】窗口中设置【持续时间】为1秒，勾选【波纹编辑，移动尾部剪辑】，如图16.5所示。

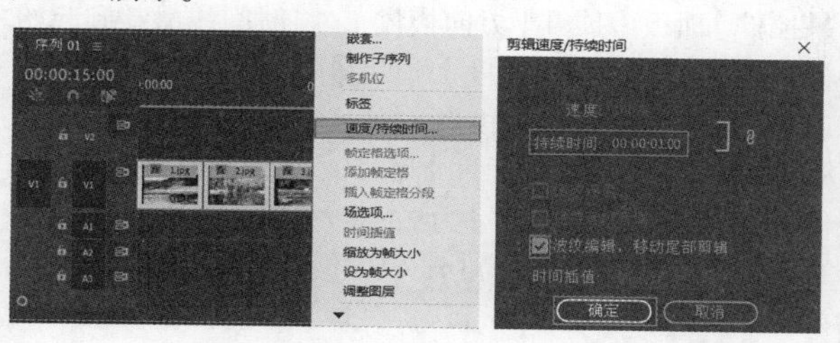

图 16.4　　图 16.5

步骤 04 此时【时间轴】面板中的素材持续时间缩短，如图16.6所示。

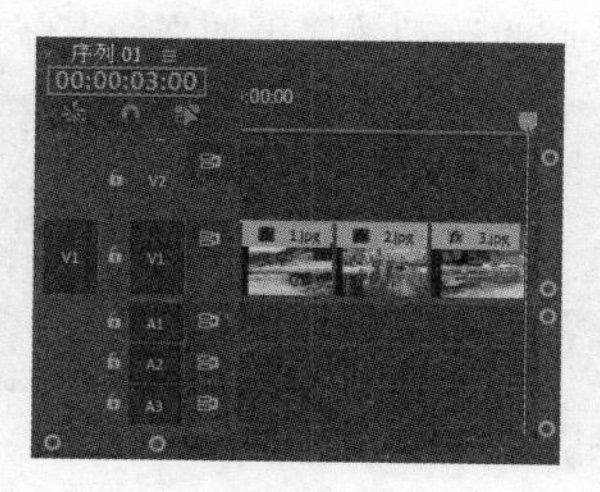

图 16.6

步骤 05 调整素材大小。在【时间轴】面板中分别选择1.jpg和2.jpg素材文件，接着在【效果控件】面板中设置它们的【缩放】均为105，如图16.7所示。此时画面效果如图16.8所示。

图 16.7　　图 16.8

步骤 06 为画面制作效果。在【效果】面板中搜索【方向模糊】，按住鼠标左键将该效果拖曳到V1轨道的1.jpg素材文件上，如图16.9所示。

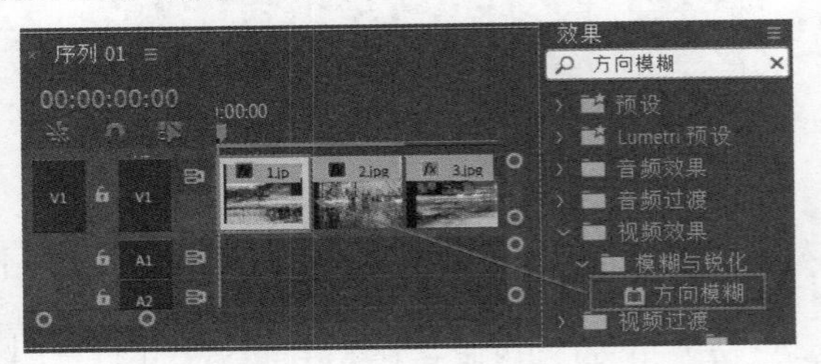

图 16.9

步骤 07 在【时间轴】面板中选择1.jpg素材文件，在【效果控件】面板中展开【方向模糊】，将时间线滑动到起始帧位置，单击【模糊长度】前的⏱（切换动画）按钮，开启自动关键帧，设置【模糊长度】为0；将时间线滑动到8帧位置，设置【模糊长度】为150；将时间线滑动到9帧位置，设置【模糊长度】为9；将时间线滑动到10帧位置，设置【模糊长度】为14；将时间线滑动到11帧位置，设置【模糊长度】为0；将时间线滑动到12帧位置，设置【模糊长度】为5；最后将时间线滑动到14帧位置，设置【模糊长度】为0，如图16.10所示。选中所有关键帧，在关键帧上方右击执行【连续贝塞尔曲线】命令，如图16.11所示，此时运动效果更加平稳流畅。

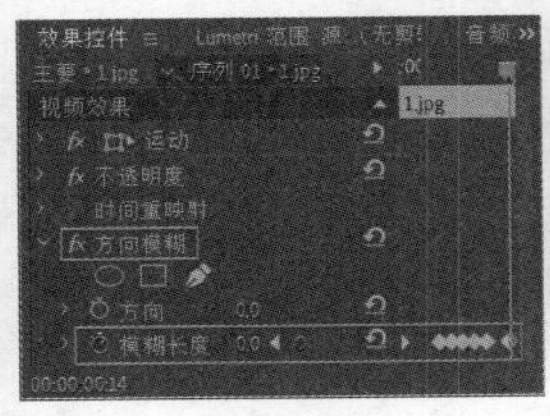

图 16.10

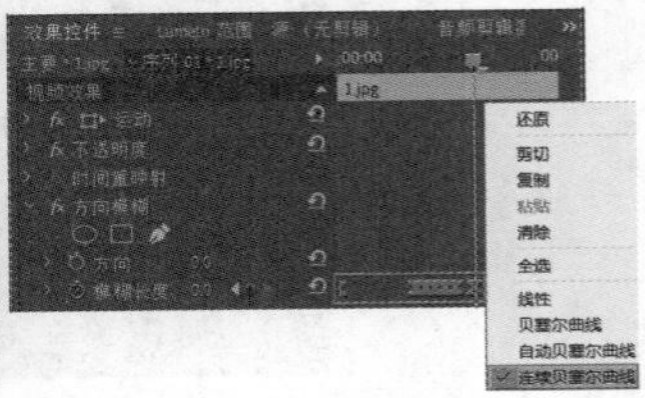

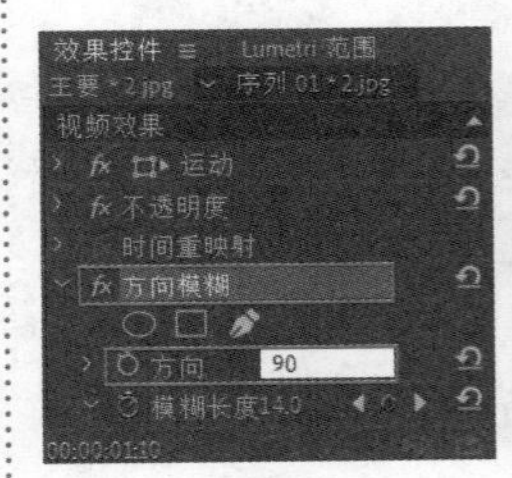

图 16.11

步骤 08 滑动时间线查看画面运动效果，如图16.12所示。

图 16.12

步骤 09 为V1轨道上的2.jpg素材文件和3.jpg素材文件制作相同类型的效果。首先在【时间轴】面板中选择1.jpg素材文件，在【效果控件】面板中选择【方向模糊】，使用快捷键Ctrl+C进行复制，接着分别选择2.jpg素材文件和3.jpg素材文件，在【效果控件】底部的空白处使用快捷键Ctrl+V进行粘贴，如图16.13所示。

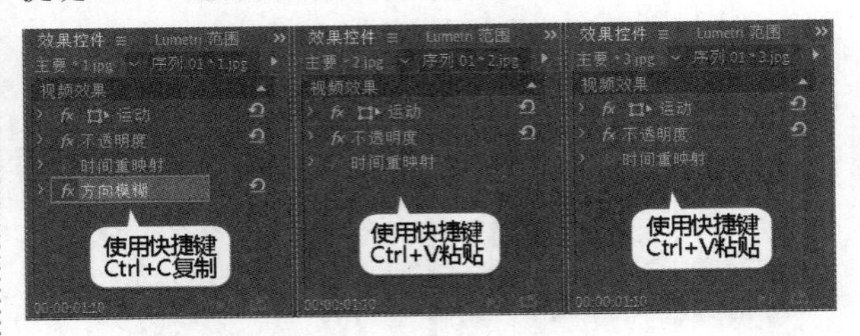

图 16.13

步骤 10 选择V1轨道上的2.jpg素材文件，在【效果控件】面板中展开【方向模糊】，设置方向为90°，如图16.14所示。滑动时间线查看画面效果，如图16.15所示。

图 16.14

图 16.15

步骤 11 选择V1轨道上的3.jpg素材文件，在【效果控件】面板中展开【方向模糊】，设置方向为60°，如图16.16所示。滑动时间线查看画面效果，如图16.17所示。

图 16.16

图 16.17

步骤 12 本实例制作完成，滑动时间线查看画面制作效果，如图16.18所示。

图 16.18

综合实例：制作多彩幻影船舶

扫一扫，看视频

文件路径：Chapter 16 高级转场效果综合应用→综合实例：制作多彩幻影船舶

幻影画面是影视剪辑中的常用手法之一，可升华作品的艺术性和表现性。本实例主要应用ProcAmp、【高斯模糊】及【色调】和【浮雕】效果将视频制作出幻影变色的画面。实例效果如图16.19所示。

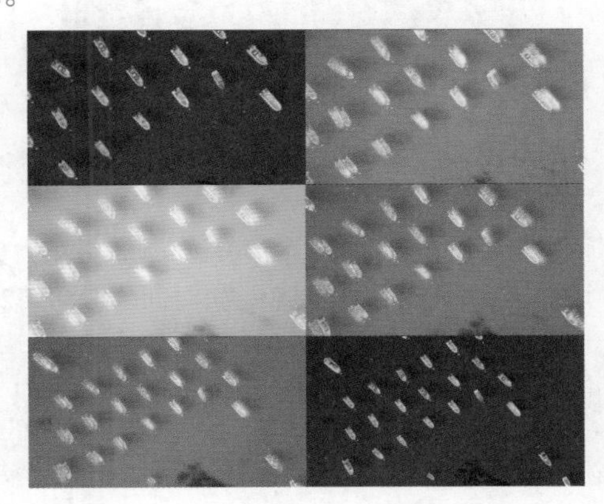

图 16.19

步骤 01 执行【文件】/【新建】/【项目】命令，新建一个项目。在【项目】面板的空白处右击，执行【新建项目】/【序列】命令，弹出【新建序列】窗口，在DV-PAL文件夹下选择【宽屏48kHz】，接着设置【序列名称】为【序列01】。执行【文件】/【导入】命令，导入1.mp4素材文件，如图16.20所示。

步骤 02 单击【时间轴】面板中V1轨道前的 V1 （对插入和覆盖进行源修补）按钮，使素材只对视频轨道发生作用。接着在【项目】面板中选择1.mp4素材文件，将它分别拖曳到【时间轴】面板中的V1、V2、V3轨道上，如图16.21所示。此时会弹出一个【剪辑不匹配警告】窗口，在窗口中单击【更改序列设置】按钮，如图16.22所示，此时画面与序列相吻合。

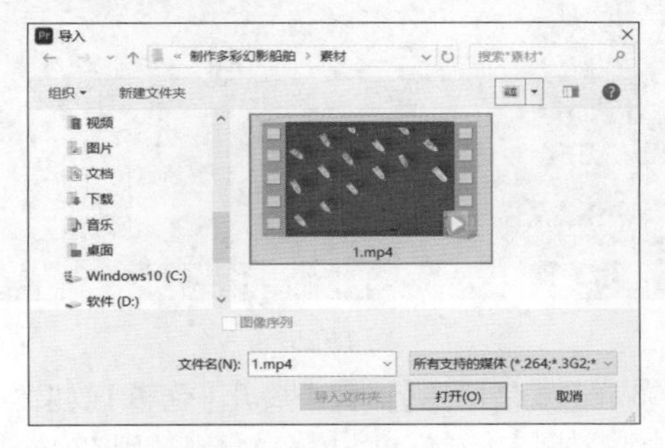

图 16.20

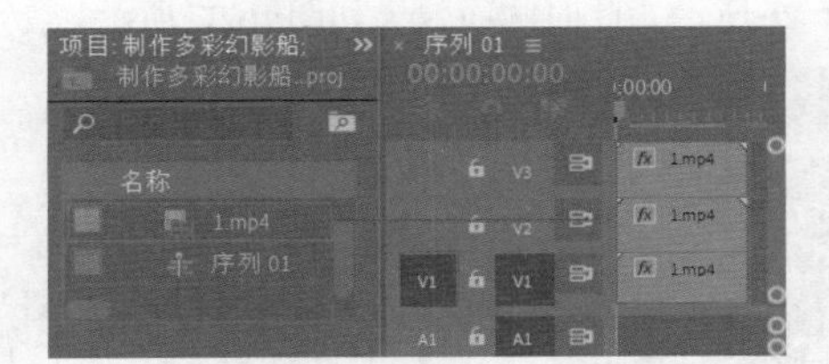

图 16.21

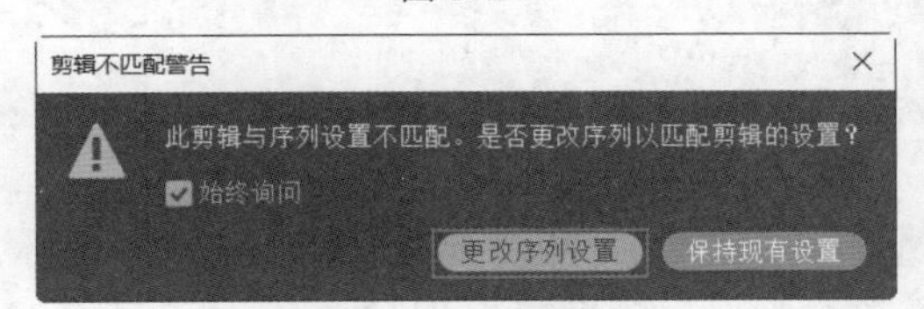

图 16.22

步骤 03 对素材进行剪辑。将时间线滑动到20帧位置，在工具栏中选择（剃刀工具），当光标变为时，分别在V2和V3轨道上的时间线位置单击，针对这两个轨道上的素材进行剪辑；接着将时间线滑动到4秒15帧位置，再次在时间线位置单击这两个素材进行剪辑，如图16.23所示。接着按住Shift键加选剪辑后的这4个素材文件，按Delete键将其快速删除，如图16.24所示。

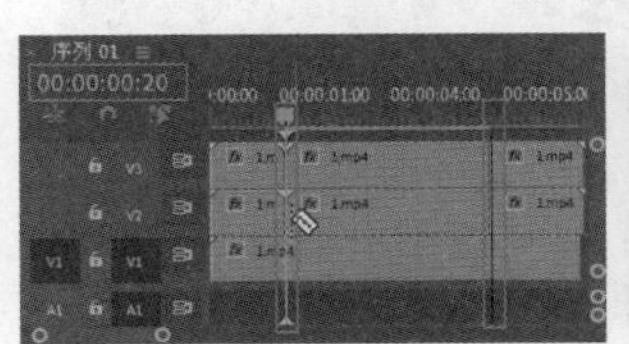

图 16.23

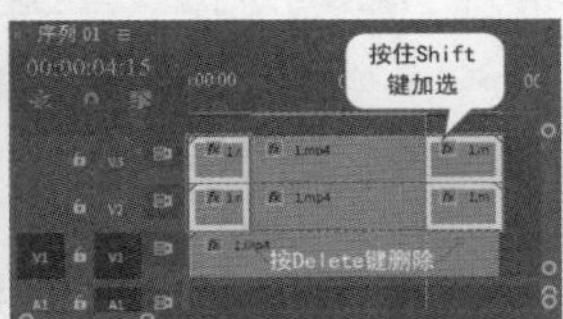

图 16.24

步骤 04 为了便于观看，单击V3轨道前的（切换轨道输出）按钮，将通道内容隐藏，然后在【效果】面板中搜索【色彩】，按住鼠标左键将该效果拖曳到V2轨道上的1.mp4素材文件上，如图16.25所示。

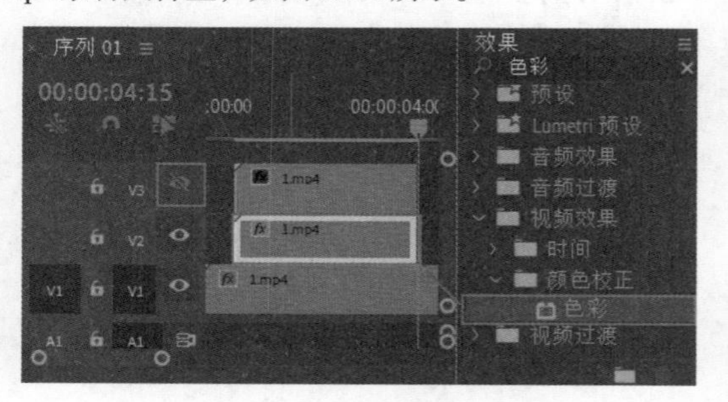

图 16.25

步骤 05 在【效果控件】面板中展开【色彩】效果，设置【将黑色映射到】为洋红色，【将白色映射到】为柠檬黄，如图16.26所示。此时画面效果如图16.27所示。

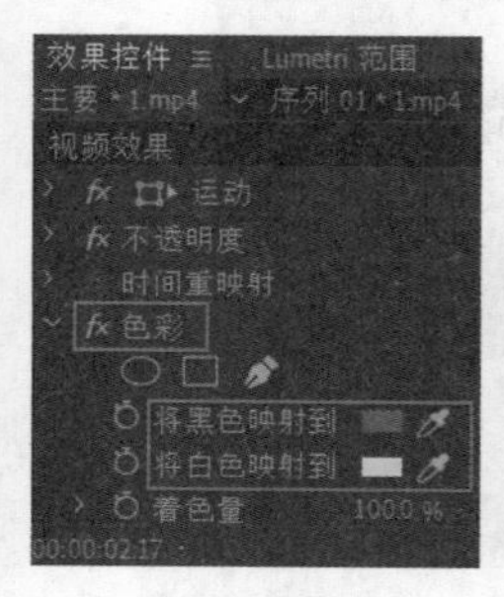

图 16.26

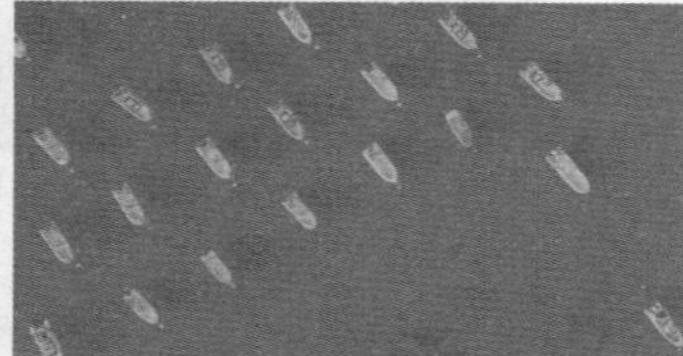

图 16.27

步骤 06 在【效果】面板中搜索【浮雕】，按住鼠标左键将该效果拖曳到V2轨道的1.mp4素材文件上，如图16.28所示。

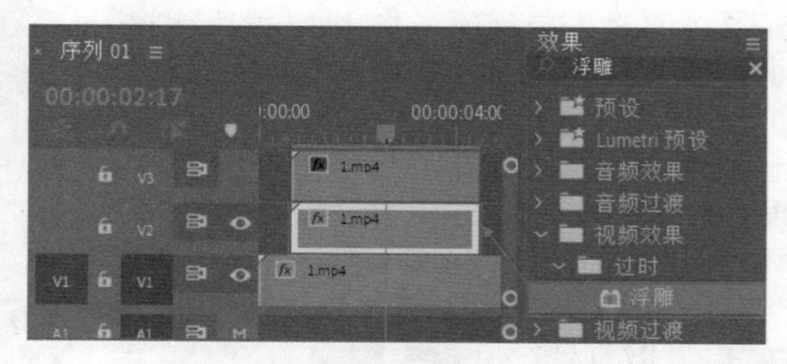

图 16.28

步骤 07 在【效果控件】面板中展开【浮雕】效果，设置【方向】为105°，【起伏】为10，【对比度】为90，如图16.29所示。此时画面效果如图16.30所示。

步骤 08 在【效果控件】面板中展开【不透明度】属性，设置【混合模式】为【强光】，如图16.31所示。此时画面效果如图16.32所示。

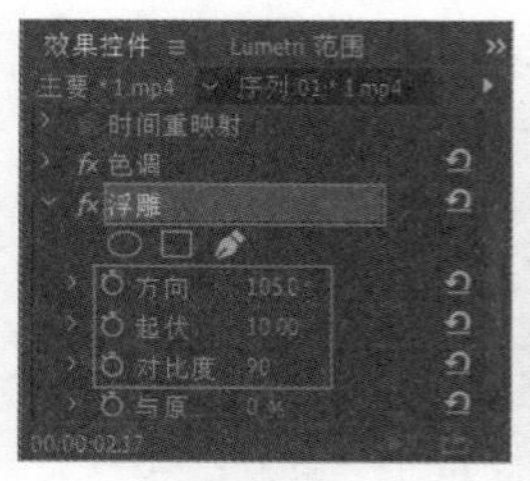

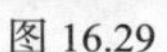

图 16.29

图 16.30

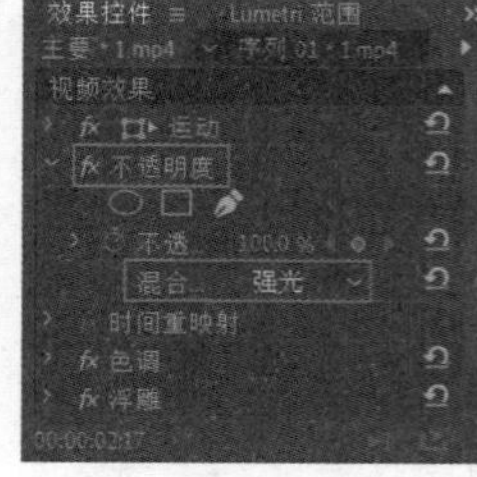

图 16.31

图 16.32

步骤 09 显现并选择V3轨道上的1.mp4素材文件，在【效果】面板中搜索ProcAmp，按住鼠标左键将该效果拖曳到V3轨道上的1.mp4素材文件上，如图16.33所示。

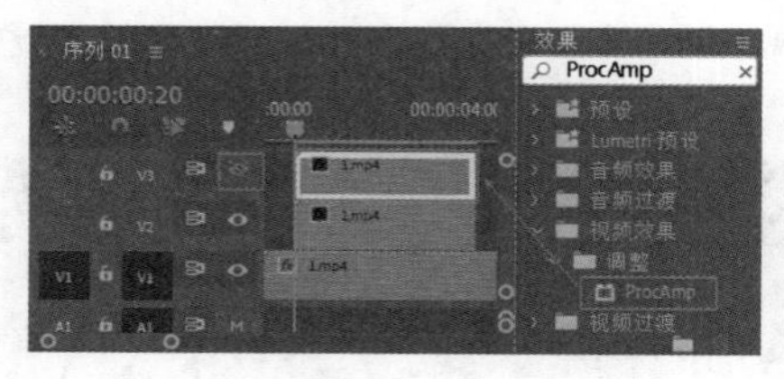

图 16.33

步骤 10 在【效果控件】面板中展开ProcAmp效果，设置【色相】为100°，【饱和度】为150，将时间线滑动到20帧位置，单击【亮度】【对比度】前的 (切换动画)按钮，开启自动关键帧，设置【亮度】为0，【对比度】为100，如图16.34所示；继续将时间线滑动到1秒13帧位置，设置【亮度】为40，【对比度】为200；最后将时间线滑动到2秒8帧位置，设置【亮度】为0，【对比度】为100。滑动时间线查看画面效果，如图16.35所示。

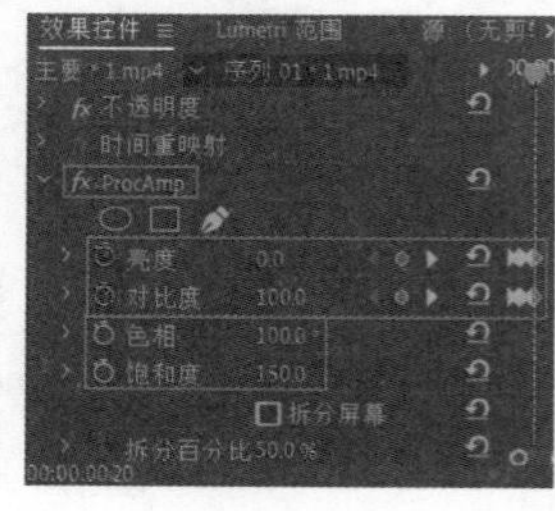

图 16.34

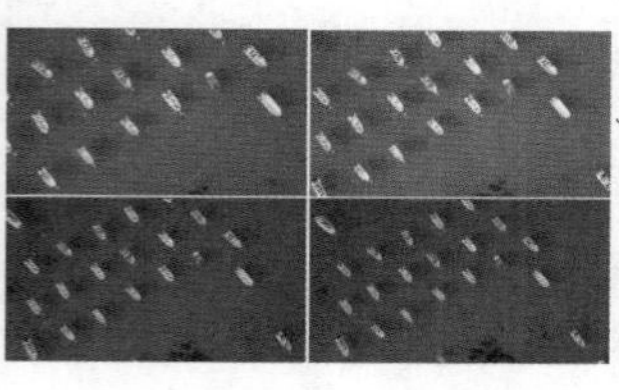

图 16.35

步骤 11 在【效果】面板中搜索【高斯模糊】，按住鼠标左键将该效果拖曳到V3轨道的1.jpg素材文件上，如图16.36所示。

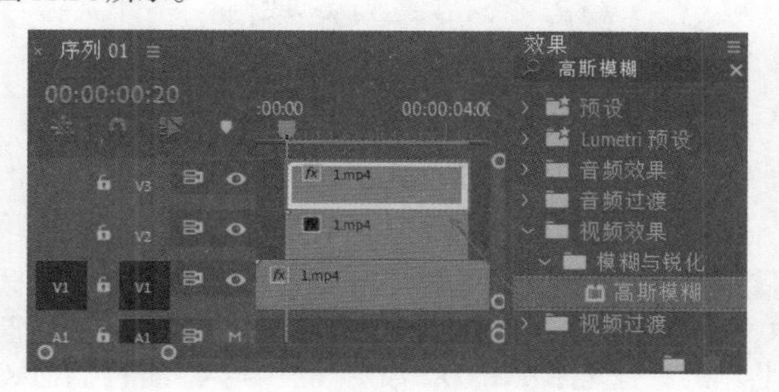

图 16.36

步骤 12 在【效果控件】面板中展开【高斯模糊】效果，将时间线滑动到20帧位置，单击【模糊度】前的⏱（切换动画）按钮，开启自动关键帧，设置【模糊度】为0；继续将时间线滑动到1秒13帧位置，设置【模糊度】为200；最后将时间线滑动到2秒8帧位置，设置【模糊度】为100，如图16.37所示。滑动时间线查看画面效果，如图16.38所示。

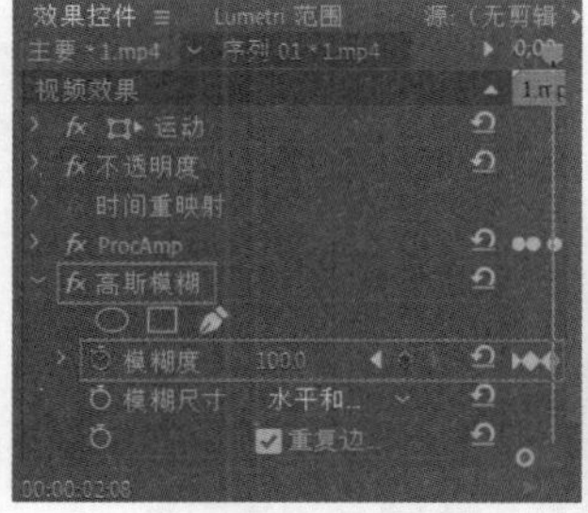

图 16.37

图 16.38

步骤 13 在【效果控件】面板中展开【不透明度】属性，设置【混合模式】为【滤色】，如图16.39所示。此时滑动时间线查看实例制作效果，如图16.40所示。

图 16.39

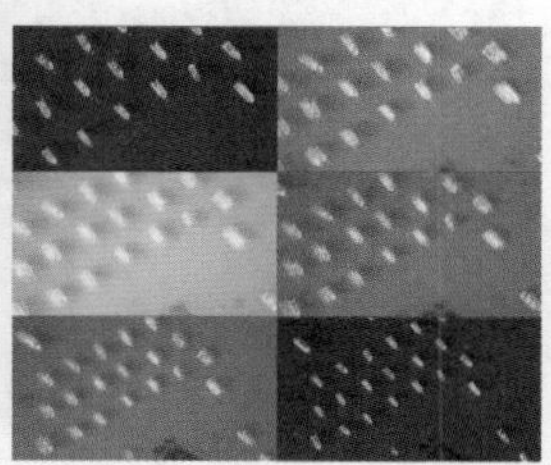

图 16.40

综合实例：制作高速移动的转场效果

文件路径：Chapter 16 高级转场效果综合应用→综合实例：制作高速移动的转场效果

扫一扫，看视频

镜头的合理连接实现了场景的划像和晃动效果，从而形成镜头序列。本实例应用到【偏移】【复制】【Alpha调整】【变换】【色调】及【浮雕】等多个效果，主要通过调整【变换】效果下方的【位置】和【倾斜】数值来制作画面抖动现象，使用【色调】及【浮雕】制作出多种颜色的重影效果。实例效果如图16.41所示。

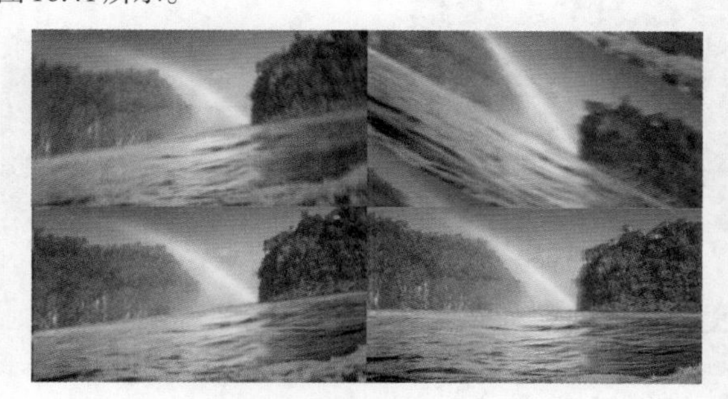

图 16.41

步骤 01 执行【文件】/【新建】/【项目】命令，新建一个项目。在【项目】面板的空白处右击，执行【新建项目】/【序列】命令，弹出【新建序列】窗口，在DV-PAL文件夹下选择【宽屏48kHz】，接着设置【序列名称】为【序列01】。执行【文件】/【导入】命令，导入全部素材文件，如图16.42所示。

图 16.42

步骤 02 在【项目】面板中选择1.jpg素材文件，按住鼠标左键将其拖曳到【时间轴】面板中的V1轨道上，如图16.43所示。

步骤 03 调整图片大小。在【时间轴】面板中选择1.jpg素材文件，在【效果控件】面板中设置【缩放】为80，如图16.44所示。此时画面效果如图16.45所示。

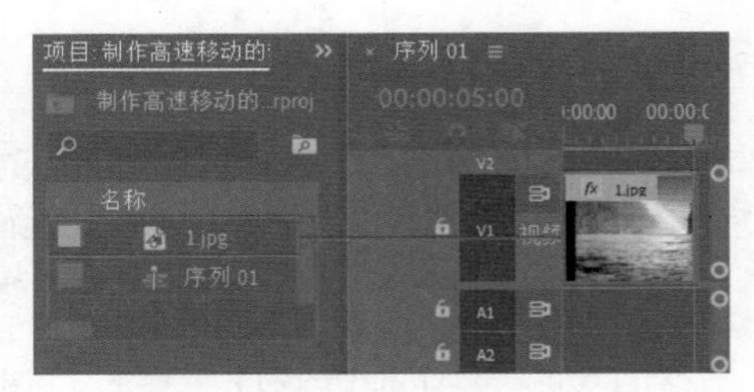

图 16.43

图 16.44　　图 16.45

步骤 04 选择V1轨道上的素材文件，按住Alt键的同时按住鼠标左键向V2轨道上拖曳，松开鼠标后即可复制文件，如图16.46所示。

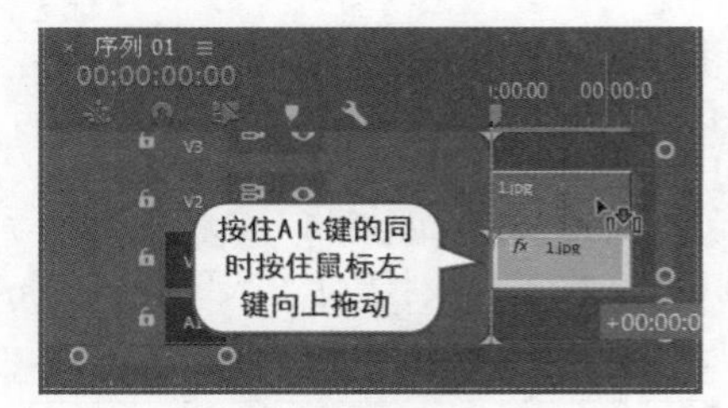

图 16.46

步骤 05 将时间线滑动到1秒20帧位置，选择工具栏中的（剃刀工具），将光标移动到该位置后按下鼠标左键进行剪辑，如图16.47所示。此时V2轨道上的1.jpg素材文件分成两部分，如图16.48所示。

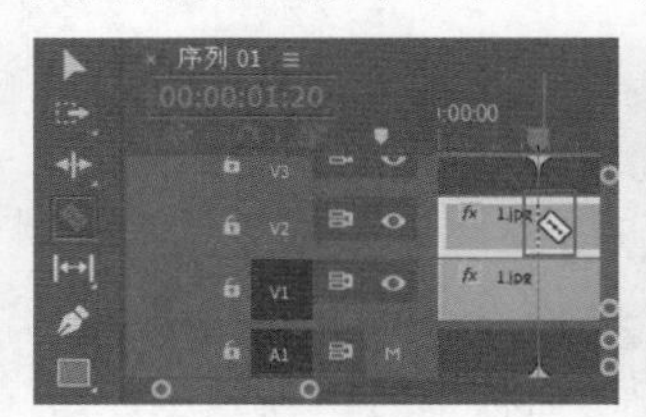

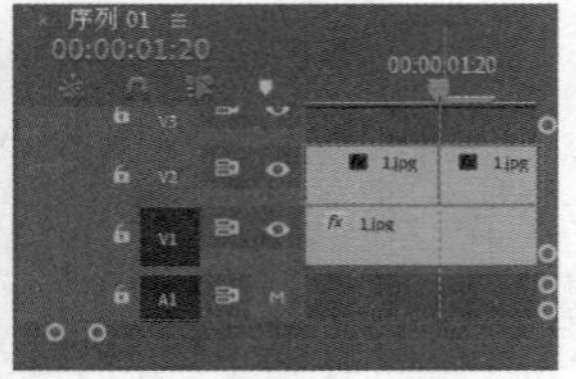

图 16.47　　图 16.48

步骤 06 在工具栏中切换回（选择工具），然后在【效果】面板中搜索【偏移】，按住鼠标左键将该效果拖曳到V2轨道的1.jpg素材文件上，如图16.49所示。

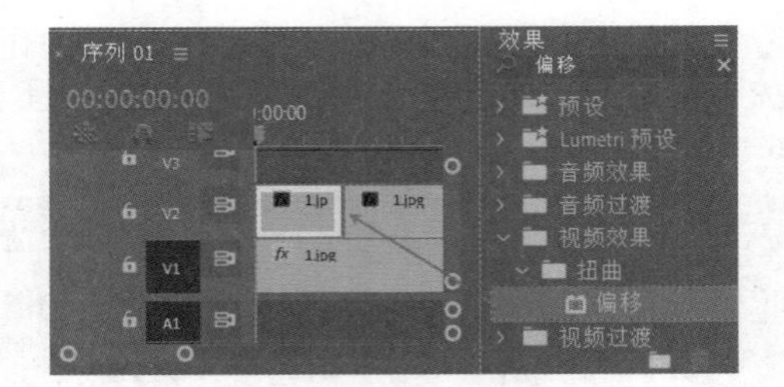

图 16.49

步骤 07 在【时间轴】面板中选择V2轨道上的1.jpg素材文件，在【效果控件】面板中展开【偏移】效果，设置【将中心移位至】为(0,0)，如图16.50所示。此时画面效果如图16.51所示。

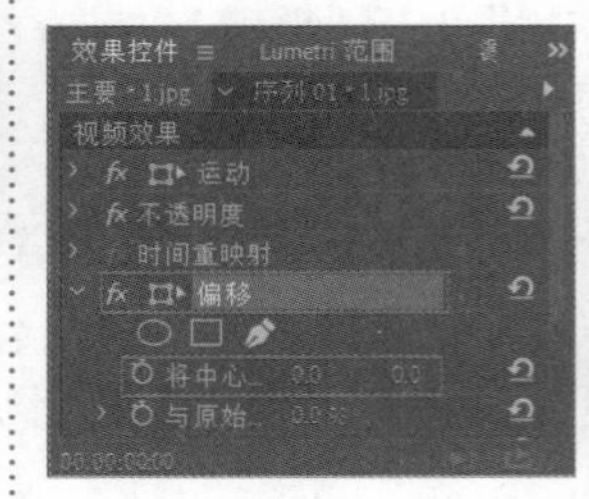

图 16.50　　图 16.51

步骤 08 在【效果】面板中搜索【复制】，按住鼠标左键将该效果拖曳到V2轨道上的1.jpg素材文件的前面部分，如图16.52所示。此时画面效果如图16.53所示。

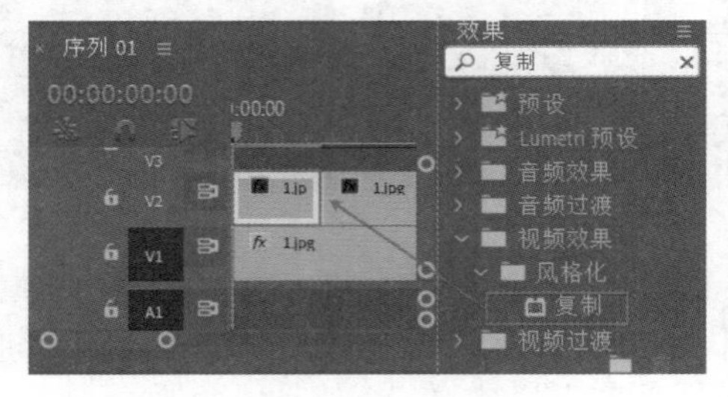

图 16.52

图 16.53

步骤 09 在【效果】面板中搜索【Alpha 调整】，按住鼠标左键将该效果拖曳到V2轨道上的1.jpg素材文件的前面部分，如图16.54所示。接着在【效果】面板中搜索【变换】，按住鼠标左键将该效果拖曳到V2轨道上的1.jpg素材文件的前面部分，如图16.55所示。

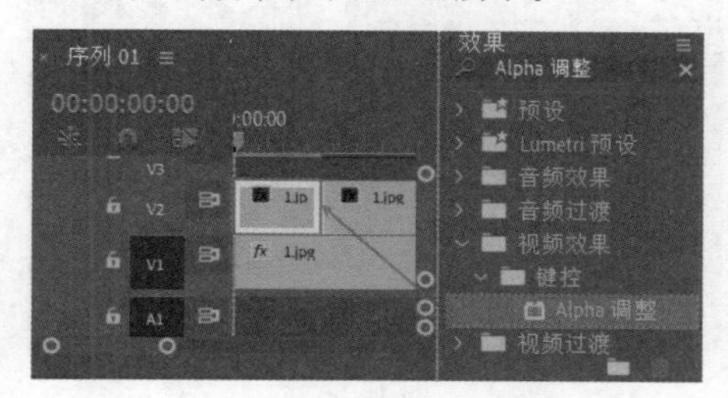

图 16.54

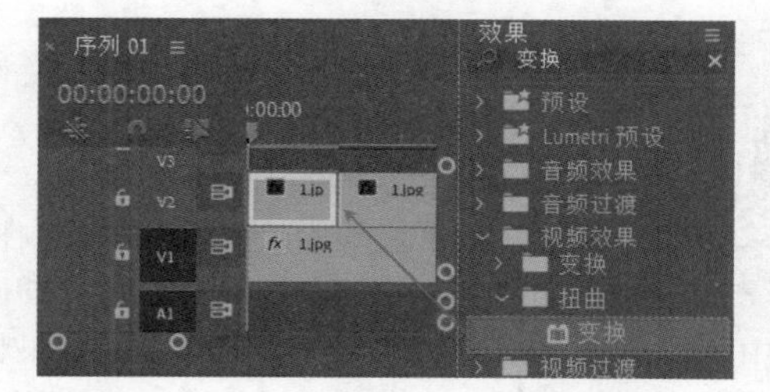

图 16.55

步骤 10 在【效果控件】面板中展开【变换】效果，设置【缩放】为200，【快门角度】为180°，将时间线滑动到起始帧位置，单击【位置】及【倾斜】前的 （切换动画）按钮，开启自动关键帧，设置【位置】为(700,437.5)，【倾斜】为0°；将时间线滑动到3帧位置，设置【位置】为(633.1,437.5)，【倾斜】为-7.8°；将时间线滑动到6帧位置，设置【位置】为(712.7,437.5)，【倾斜】为-11.1°；将时间线滑动到9帧位置，设置【位置】为(835.8,437.5)，【倾斜】为26°；将时间线滑动到12帧位置，设置【位置】为(458.7,437.5)，【倾斜】为32.2°；将时间线滑动到15帧位置，设置【位置】为(208.8,437.5)，【倾斜】为-15.1°；将时间线滑动到18帧位置，设置【位置】为(566.3，437.5)，【倾斜】为-27.2°；将时间线滑动到21帧位置，设置【位置】为(738.4,437.5)，【倾斜】为-10.8°；将时间线滑动到24帧位置，设置【位置】为(775.4,437.5)，【倾斜】为-3.4°；将时间线滑动到1秒2帧位置，设置【位置】为(750.1,437.5)，【倾斜】为-3.3°；将时间线滑动到1秒5帧位置，设置【位置】为(711.7,437.5)，【倾斜】为3.2°；将时间线滑动到1秒8帧位置，设置【位置】为(688,437.5)，【倾斜】为1.5°；将时间线滑动到1秒11帧位置，设置【位置】为(683.1,437.5)，【倾斜】为-0.7°；将时间线滑动到1秒14帧位置，设置【位置】为(691.8,437.5)，【倾斜】为-0.8°；将时间线滑动到1秒17帧位置，设置【位置】为(698.1,437.5)，【倾斜】为-0.4°；最后将时间线滑动到1秒20帧位置，设置【位置】为(700,437.5)，【倾斜】为0°，如图16.56所示。此时画面效果如图16.57所示。

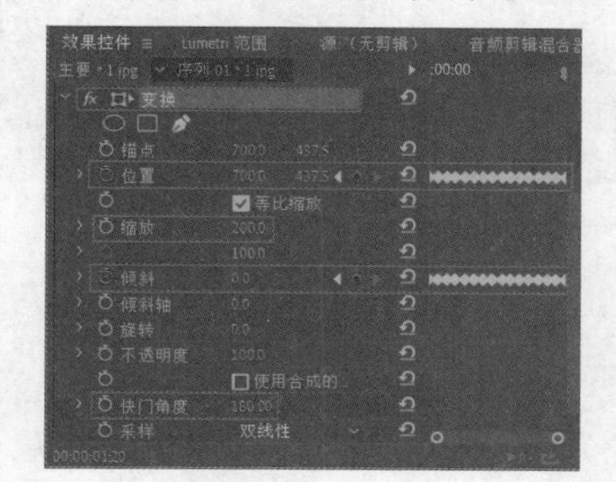

图 16.56

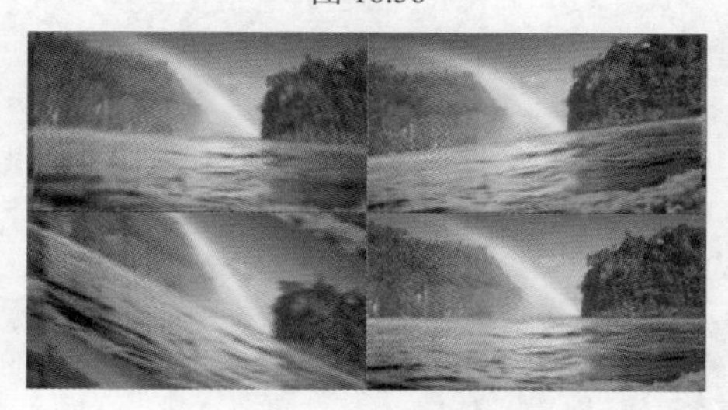

图 16.57

步骤 11 在【效果】面板中搜索【色调】，按住鼠标左键将该效果拖曳到V2轨道上的1.jpg素材文件的后面部分，如图16.58所示。

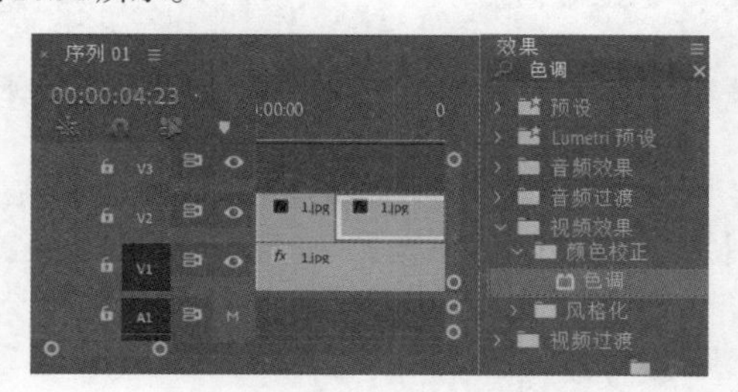

图 16.58

步骤 12 在【效果控件】面板中展开【色调】效果，设置【将黑色映射到】为蓝色，【将白色映射到】为红色，如图16.59所示。此时画面效果如图16.60所示。

步骤 13 在【效果】面板中搜索【浮雕】，按住鼠标左键将该效果拖曳到V2轨道上的1.jpg素材文件的后面部分，如图16.61所示。

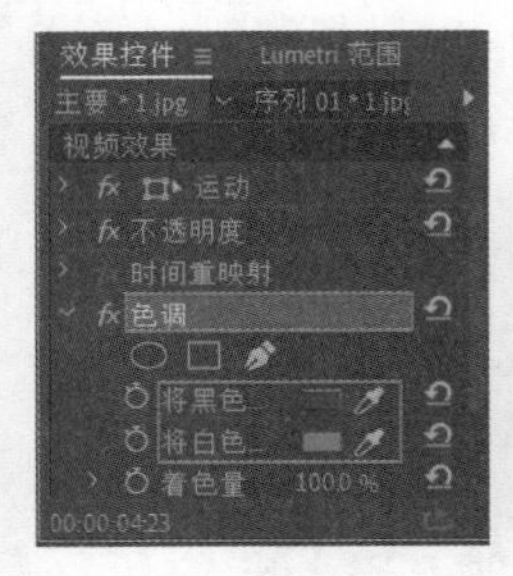

图 16.59

图 16.60

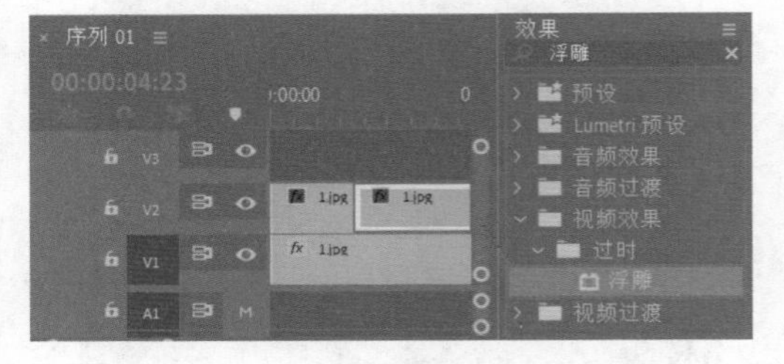

图 16.61

步骤 14 在【效果控件】面板中展开【浮雕】效果，设置【方向】为95°，【起伏】为10，【对比度】为75，如图16.62所示。此时画面效果如图16.63所示。

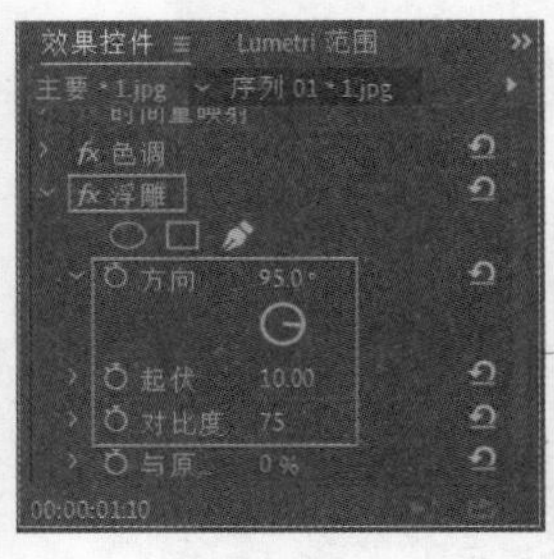

图 16.62

图 16.63

步骤 15 展开【效果控件】面板中的【不透明度】属性，设置【混合模式】为【强光】，如图16.64所示。画面效果如图16.65所示。

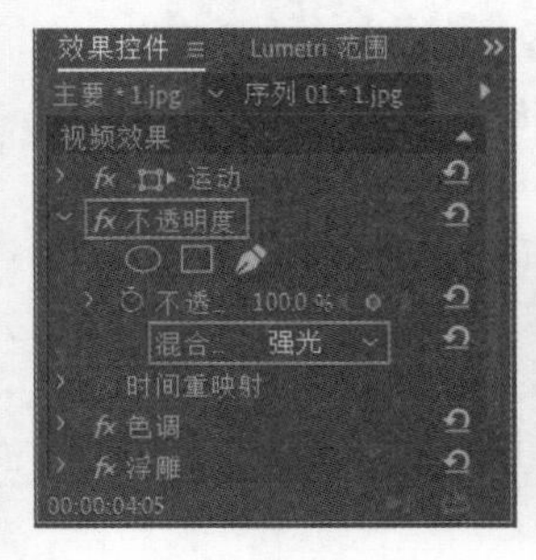

图 16.64

图 16.65

步骤 16 本实例制作完成，滑动时间线查看实例效果，如图16.66所示。

图 16.66

综合实例：制作聚焦冲击效果

扫一扫，看视频

文件路径：Chapter 16 高级转场效果综合应用→综合实例：制作聚焦冲击效果

该种效果通常在电视剧的回忆剧情中由现实场景逐渐淡化弯曲从而过渡到回忆场景中。本实例主要使用【Lens Distortion】效果将图片四周像素制作出扭曲、模糊的视觉感。实例效果如图16.67所示。

图 16.67

步骤 01 执行【文件】/【新建】/【项目】命令，新建一个项目。在【项目】面板的空白处右击，执行【新建项目】/【序列】命令，弹出【新建序列】窗口，在HDV文件夹下选择HDV 1080p24。执行【文件】/【导入】命令，导入全部素材文件，如图16.68所示。

步骤 02 在【项目】面板中依次选择1.jpg素材文件和2.jpg素材文件，按住鼠标左键将其拖曳到【时间轴】面板中的V1轨道上，并设置1.jpg素材文件的结束时间为4秒位置，设置2.jpg素材文件的结束时间为9秒位置，如图16.69所示。

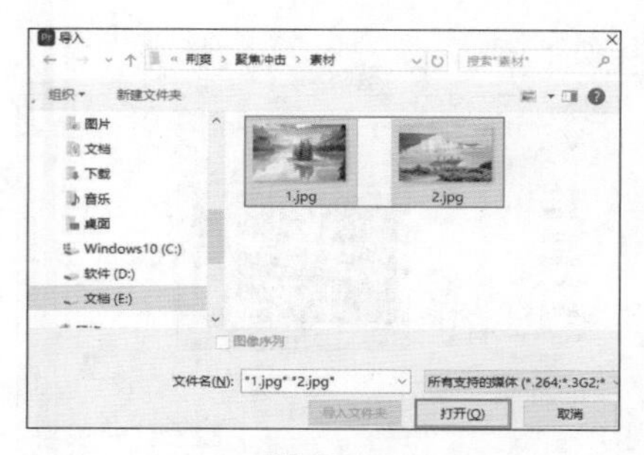

图 16.68

图 16.69

步骤 03 调整素材的大小。在【时间轴】面板中选择V1轨道上的1.jpg素材文件，接着在【效果控件】面板中展开【运动】属性，设置【缩放】为167，如图16.70所示。此时素材效果如图16.71所示。

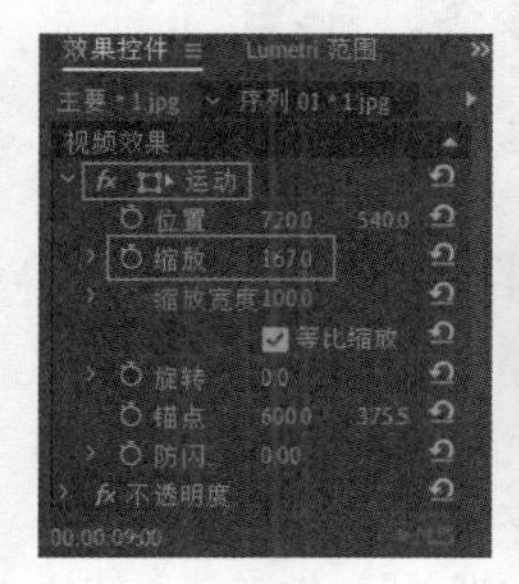

图 16.70　　图 16.71

步骤 04 为画面制作动画效果。在【效果】面板中搜索【Lens Distortion】，按住鼠标左键将该效果拖曳到V1轨道的1.jpg素材文件上，如图16.72所示。

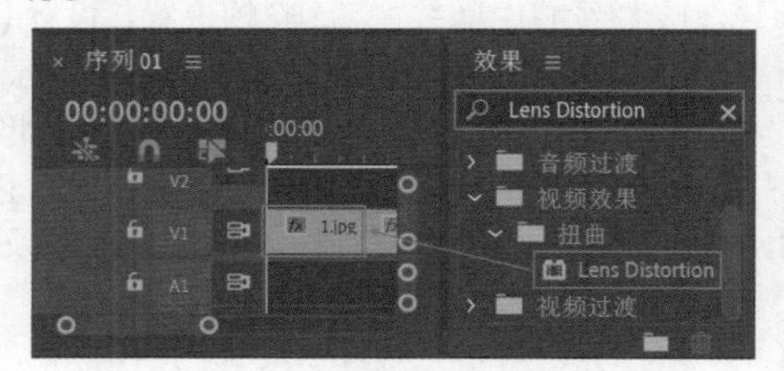

图 16.72

步骤 05 在【时间轴】面板中选择1.jpg素材文件，在【效果控件】面板中展开【Lens Distortion】效果，将时间线滑动到起始帧位置，单击【Curvature】前的■(切换动画)按钮，开启自动关键帧，设置【Curvature】为0，如图16.73所示；接着将时间线滑动到4秒位置，设置【Curvature】为-100。滑动时间线查看画面效果，如图16.74所示。

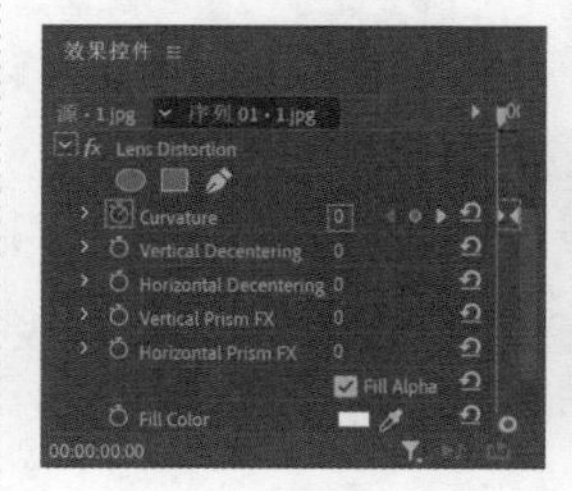

图 16.73　　图 16.74

步骤 06 使用同样的方法，在【效果】面板中再次搜索【Lens Distortion】，按住鼠标左键将该效果拖曳到V1轨道的2.jpg素材文件上，如图16.75所示。

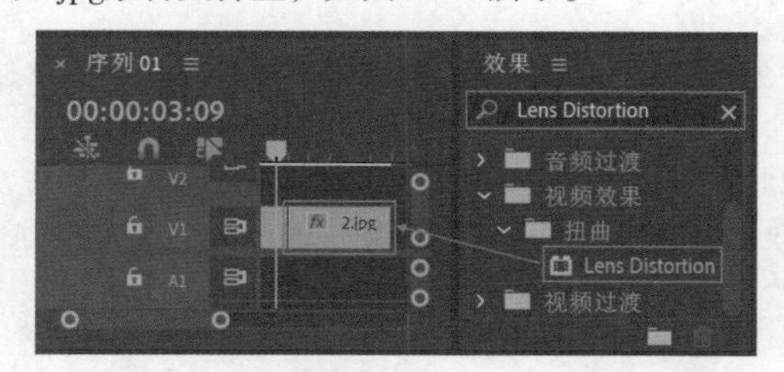

图 16.75

步骤 07 在【时间轴】面板中选择2.jpg素材文件，在【效果控件】面板中展开【Lens Distortion】效果，接着将时间线滑动到4秒位置，单击【Curvature】前的■(切换动画)按钮，开启自动关键帧，设置【Curvature】为-59，如图16.76所示；继续将时间线滑动到5秒21帧位置，设置【Curvature】为0。滑动时间线查看画面效果，如图16.77所示。

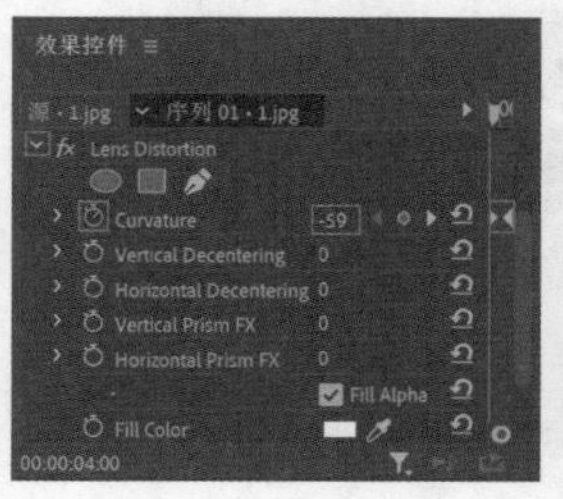

图 16.76　　图 16.77

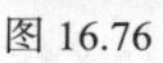

步骤 08 本实例制作完成，滑动时间线查看画面整体效果，如图16.78所示。

图 16.78

综合实例：制作快速抖动的影视转场效果

扫一扫，看视频

文件路径：Chapter 16 高级转场效果综合应用→综合实例：制作快速抖动的影视转场效果

抖动转场多用于卡点视频中，多使用图片组成拼接，会带给观众一种视觉艺术性和美感。本实例主要使用【偏移】效果将像素偏离自己的位置，在该效果中制作多个关键帧使其呈现出上下快速抖动的动态效果。实例效果如图16.79所示。

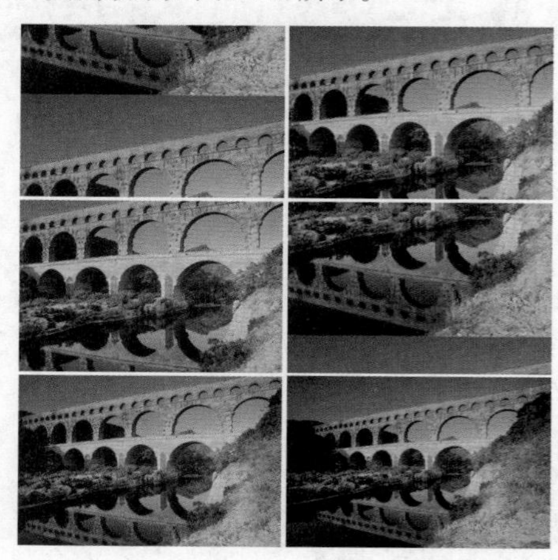

图 16.79

步骤 01 执行【文件】/【新建】/【项目】命令，新建一个项目。执行【文件】/【导入】命令，导入1.jpg素材文件，如图16.80所示。

步骤 02 在【项目】面板中选择1.jpg素材文件，按住鼠标左键将其拖曳到【时间轴】面板中的V1轨道上，如图16.81所示，此时【项目】面板中出现与1.jpg素材文件等大的序列。

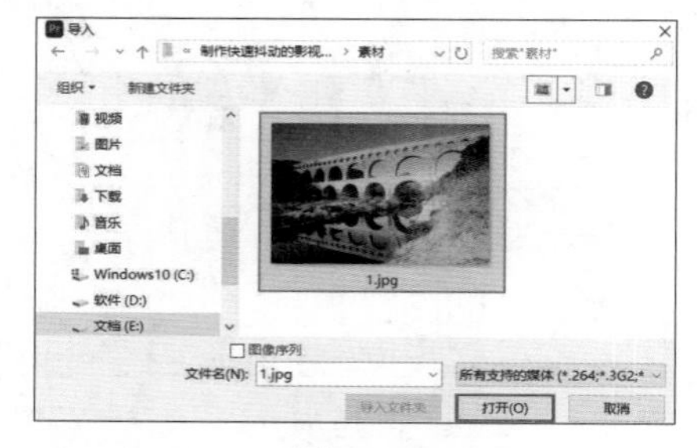

图 16.80

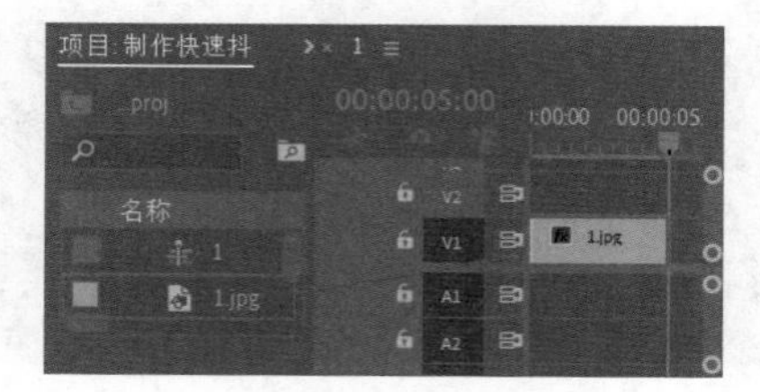

图 16.81

步骤 03 制作抖动的画面动效。在【效果】面板中搜索【偏移】，按住鼠标左键将该效果拖曳到V1轨道的1.jpg素材文件上，如图16.82所示。

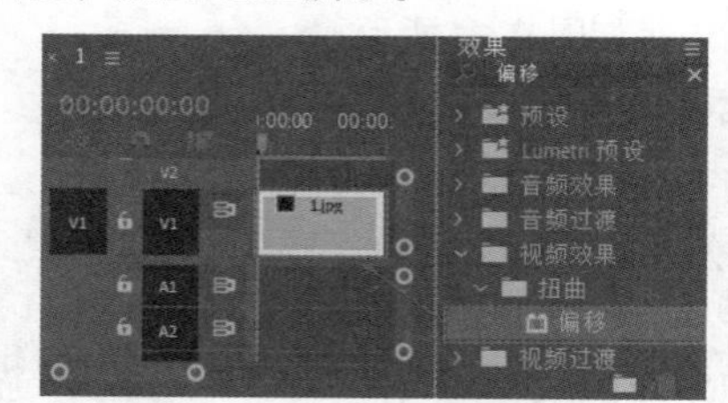

图 16.82

步骤 04 在【时间轴】面板中选择1.jpg素材文件，在【效果控件】面板中展开【偏移】，将时间线滑动到起始帧位置，单击【将中心移位至】前的 (切换动画)按钮，开启自动关键帧，设置【将中心移位至】为(350,-25.9)；接着将时间线滑动到1帧位置，设置【将中心移位至】为(350,116.2)；继续将时间线滑动到2帧位置，设置【将中心移位至】为(350,137.8)，如图16.83所示。接着选中这3个关键帧，使用快捷键Ctrl+C进行复制，然后将时间线向右侧每隔4帧使用快捷键Ctrl+V进行粘贴，也就是将时间线滑动到4帧、8帧、12帧、16帧、20帧及24帧位置，如图16.84所示。

步骤 05 将时间线滑动到2秒位置，设置【将中心移位至】为(350,-699.4)，如图16.85所示。此时滑动时间线查看画面效果，如图16.86所示。

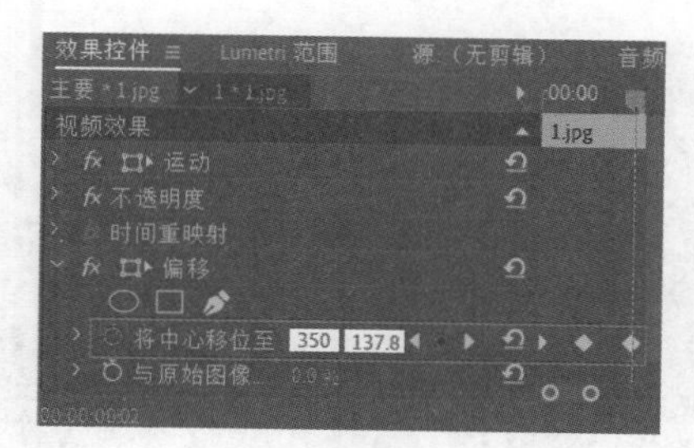

图 16.83

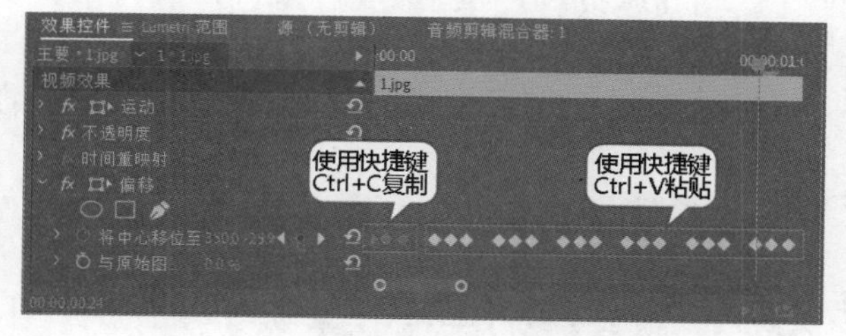

图 16.84

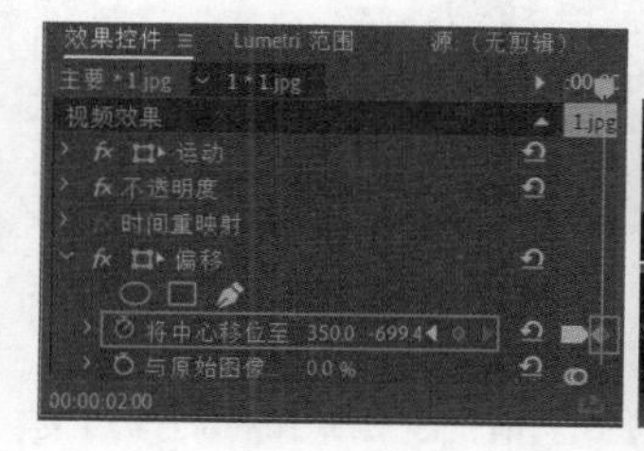

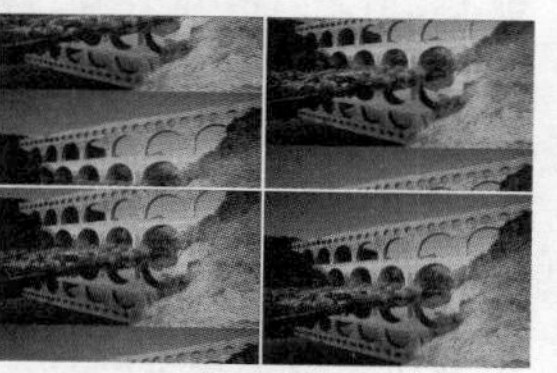

图 16.85　　图 16.86

步骤 06 展开【运动】属性，将时间线滑动到2秒位置，单击【缩放】前的 ◼（切换动画）按钮，开启自动关键帧，设置【缩放】为160；接着将时间线滑动到3秒位置，设置【缩放】为100，如图16.87所示。此时画面效果如图16.88所示。

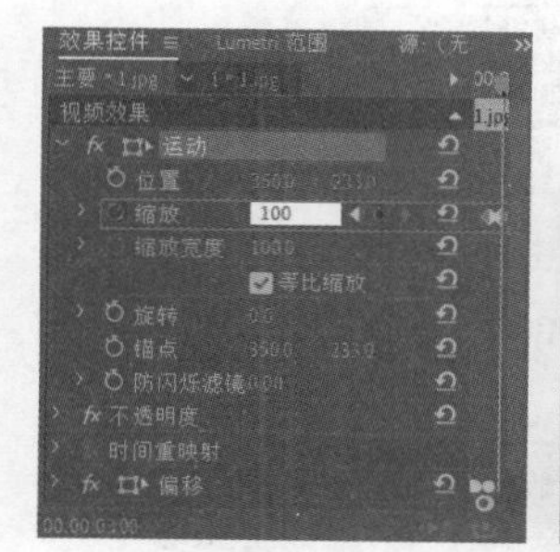

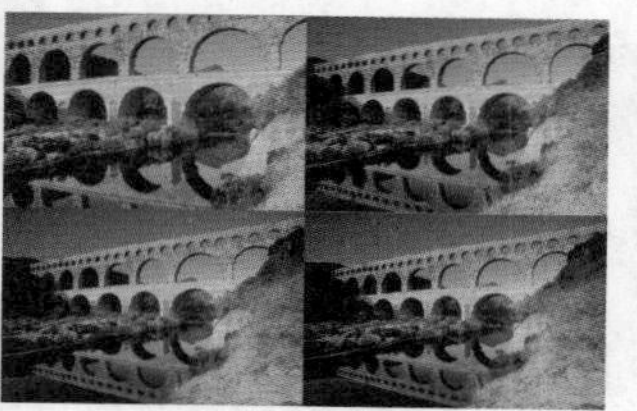

图 16.87　　图 16.88

步骤 07 本实例制作完成，滑动时间线查看制作效果，如图16.89所示。

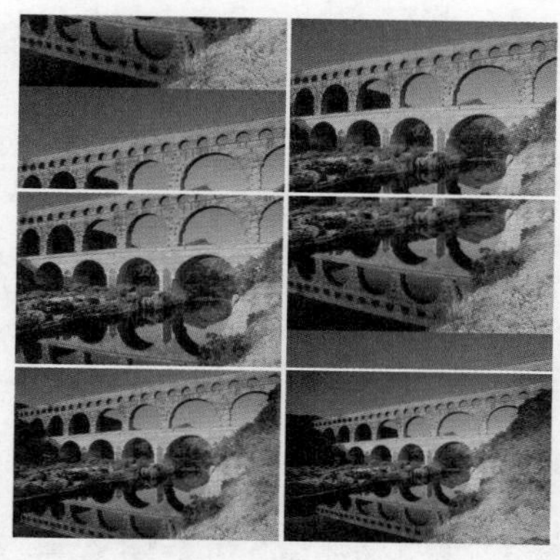

图 16.89

综合实例：制作朦胧感弹性转场效果

文件路径：Chapter 16 高级转场效果综合应用→综合实例：制作朦胧感弹性转场效果

扫一扫，看视频

冲击弹性的无缝转场效果让视频衔接更流畅，常用于抖音、小咖秀等短视频热门平台。本实例主要通过使用【偏移】【复制】及【变换】效果将图片制作出顺滑、Q弹的画面效果。实例效果如图16.90所示。

图 16.90

步骤 01 执行【文件】/【新建】/【项目】命令，新建一个项目。在【项目】面板的空白处右击，执行【新建项目】/【序列】命令，弹出【新建序列】窗口，在DV-PAL文件夹下选择【宽屏48kHz】，接着设置【序列名称】为【序列01】。执行【文件】/【导入】命令，导入全部素材文件，如图16.91所示。

步骤 02 在【项目】面板中依次选择1.jpg、2.jpg素材文件，按住鼠标左键将它们拖曳到【时间轴】面板中的V1轨道上，如图16.92所示。接着在【时间轴】面板中选择1.jpg素材文件，右击执行【速度/持续时间】命令，在弹出的窗口中设置【持续时间】为1秒，勾选【波纹编辑，移动尾部剪辑】，如图16.93所示。

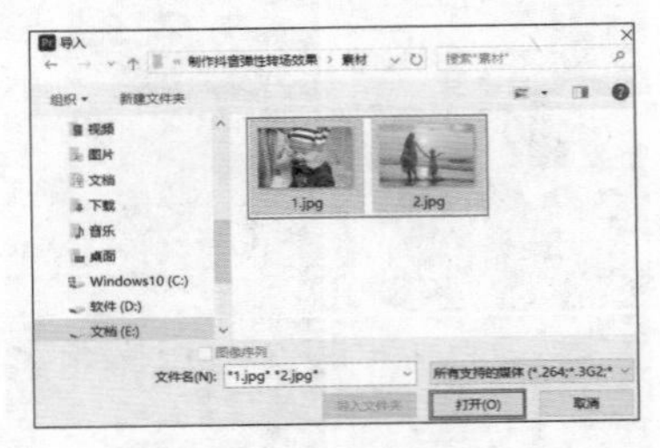

图 16.91

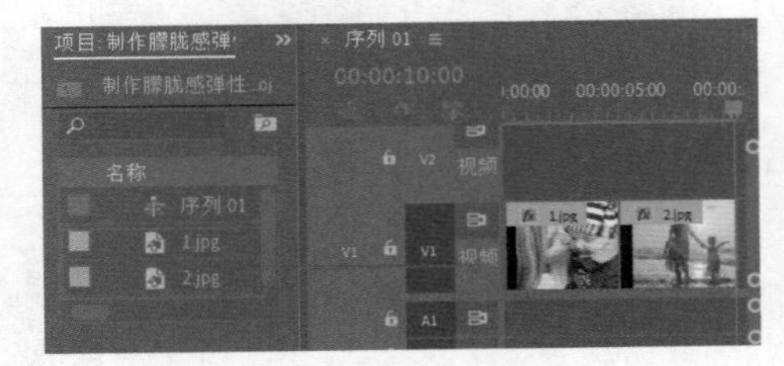

图 16.92

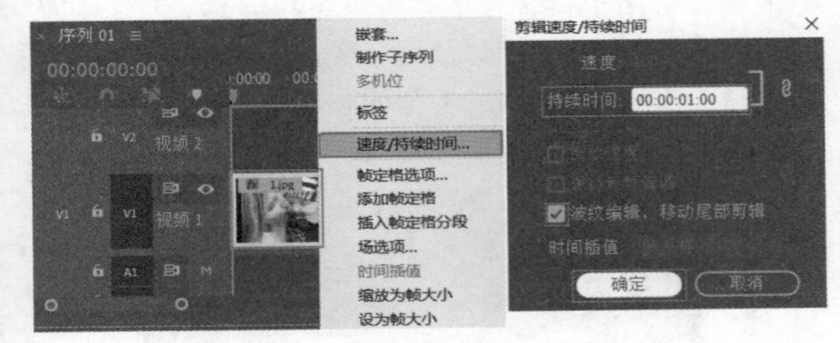

图 16.93

步骤 03 此时【时间轴】面板中的1.jpg素材持续时间缩短，如图16.94所示。使用同样的方式将2.jpg素材文件的持续时间缩短，设置其结束时间为2秒20帧位置，如图16.95所示。

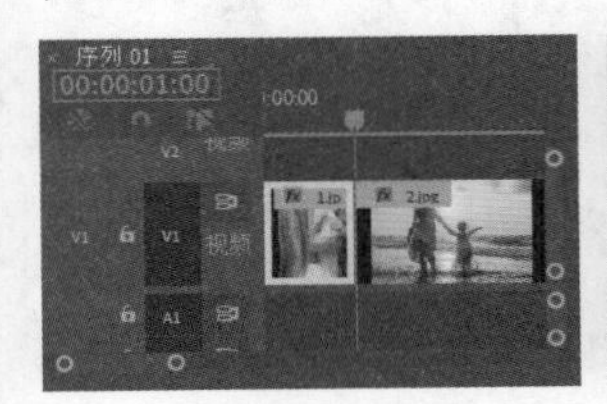

图 16.94

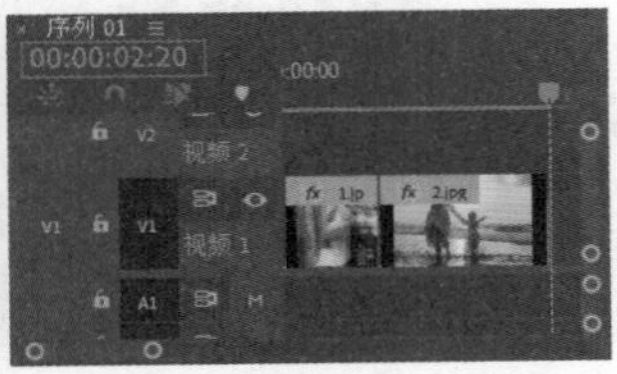

图 16.95

步骤 04 调整图片大小。选择1.jpg素材和2.jpg素材，右击执行【缩放为帧大小】命令。在【时间轴】面板中选择1.jpg素材文件，在【效果控件】面板中设置【缩放】为120，如图16.96所示。此时画面效果如图16.97所示。

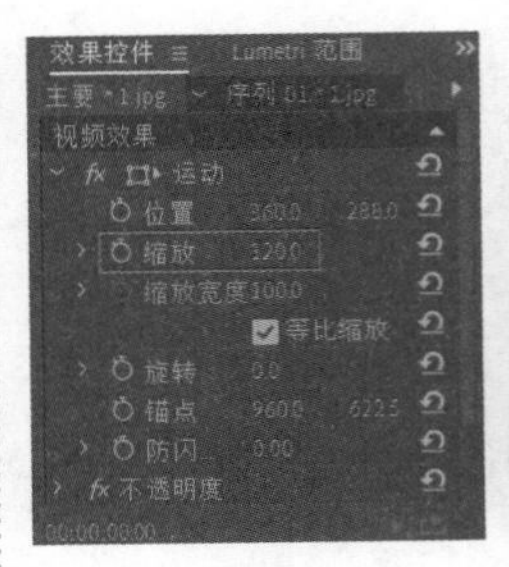

图 16.96

图 16.97

步骤 05 在【时间轴】面板中选择2.jpg素材文件，在【效果控件】面板中设置【缩放】为125，如图16.98所示。此时画面效果如图16.99所示。

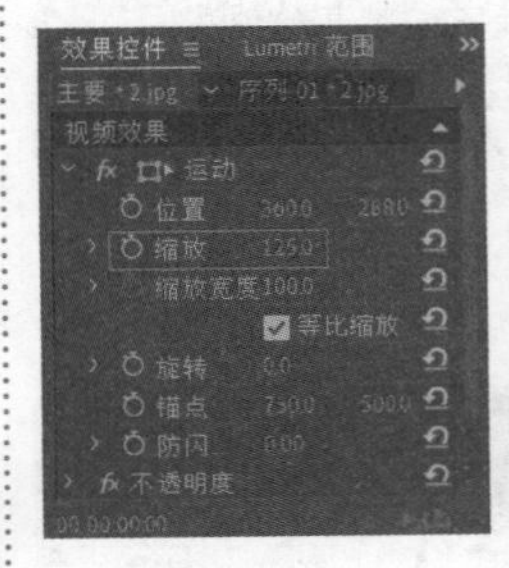

图 16.98

图 16.99

步骤 06 选择V1轨道上的两个素材文件，按住Alt键的同时按住鼠标左键向V2轨道上拖曳，松开鼠标后即可复制文件，如图16.100所示。

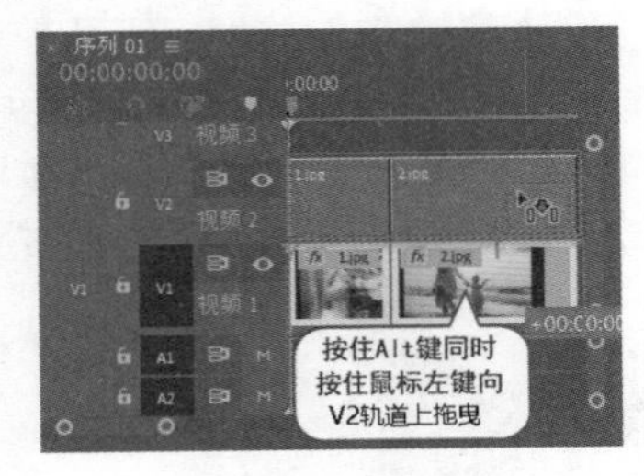

图 16.100

步骤 07 在【效果】面板中搜索【变换】，按住鼠标左键将该效果拖曳到V2轨道的1.jpg素材文件上，如图16.101所示。

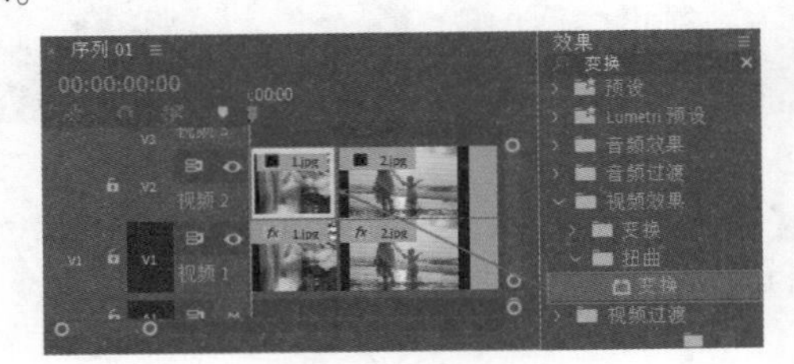

图 16.101

步骤 08 在【时间轴】面板中选择V2轨道上的1.jpg素材文件，在【效果控件】面板中展开【变换】效果，设置【锚点】及【位置】均为(1920,0)，【快门角度】为180，将时间线滑动到起始帧位置，单击【缩放】前的 (切换动画)按钮，开启自动关键帧，设置【缩放】为100；将时间线滑动到24帧位置，设置【缩放】为300，如图16.102所示。选中【缩放】后方的两个关键帧，在关键帧上方位置右击执行【连续贝塞尔曲线】命令，此时运动效果较之前相比更加平稳流畅，如图16.103所示。

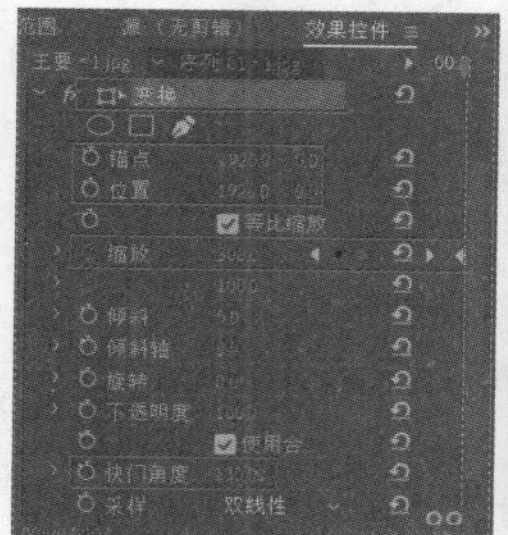

图 16.102

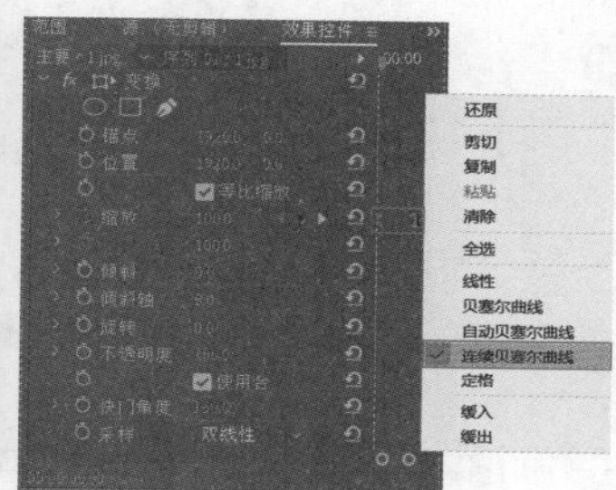

图 16.103

步骤 09 滑动时间线查看画面运动效果，如图16.104所示。

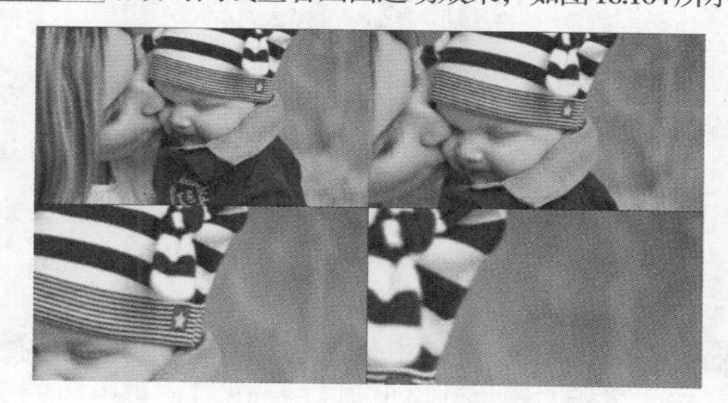
图 16.104

步骤 10 在【效果】面板中搜索【偏移】，按住鼠标左键将该效果拖曳到V2轨道的2.jpg素材文件上，如图16.105所示。

步骤 11 在【效果控件】面板中展开【偏移】效果，设置【将中心移位至】为(0,0)，如图16.106所示。此时画面效果如图16.107所示。

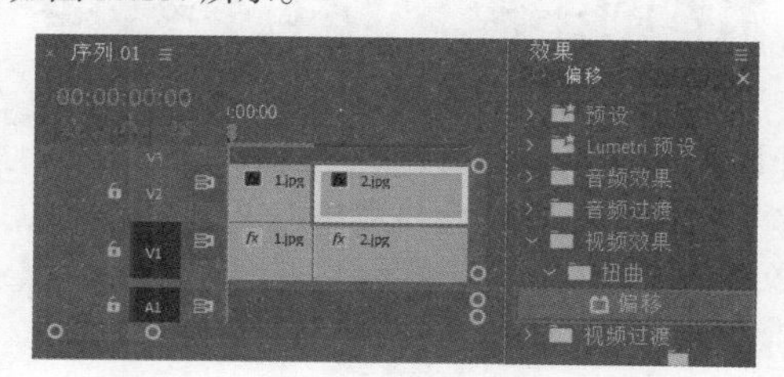

图 16.105

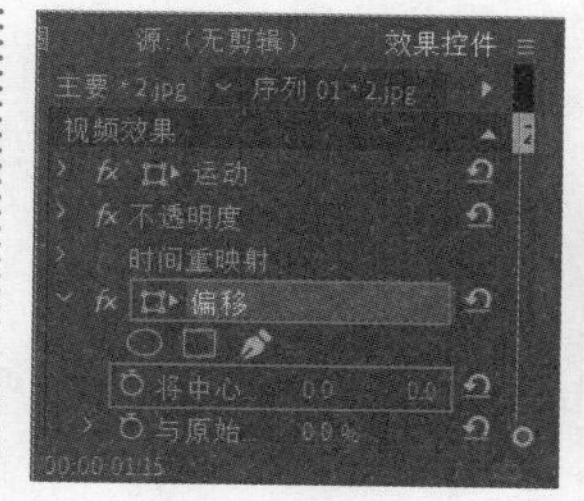

图 16.106

图 16.107

步骤 12 在【效果】面板中搜索【复制】，按住鼠标左键将该效果拖曳到V2轨道的2.jpg素材文件上，如图16.108所示。此时画面效果如图16.109所示。

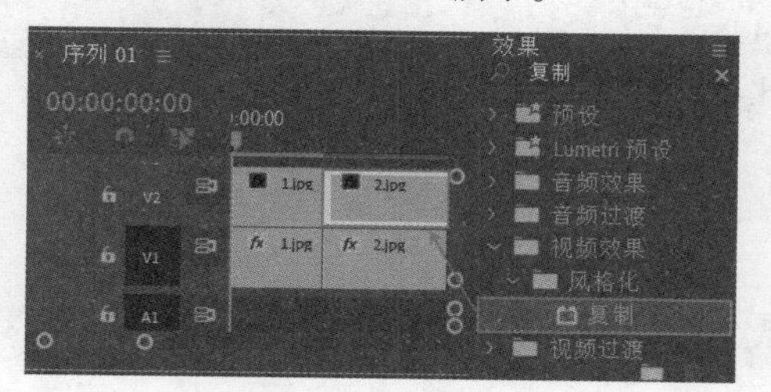

图 16.108

图 16.109

步骤 13 在【效果】面板中搜索【变换】，按住鼠标左键将该效果拖曳到V2轨道的2.jpg素材文件上，如图16.110所示。

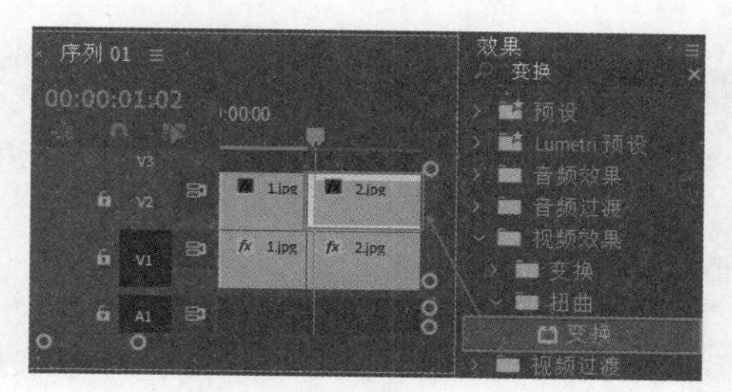

图 16.110

步骤 14 在【时间轴】面板中选择V2轨道上的2.jpg素材文件，在【效果控件】面板中展开【变换】效果，设置【锚点】为(1125,250)，【位置】为(1332,0)，【快门角度】为180，将时间线滑动到1秒位置，单击【缩放】前的■(切换动画)按钮，开启自动关键帧，设置【缩放】为135；将时间线滑动到1秒13帧位置，设置【缩放】为280；将时间线滑动到1秒20帧位置，设置【缩放】为190；将时间线滑动到2秒10帧位置，设置【缩放】为200，如图16.111所示。接着选中【缩放】后方的全部关键帧，在关键帧上方位置右击执行【连续贝塞尔曲线】命令，如图16.112所示。

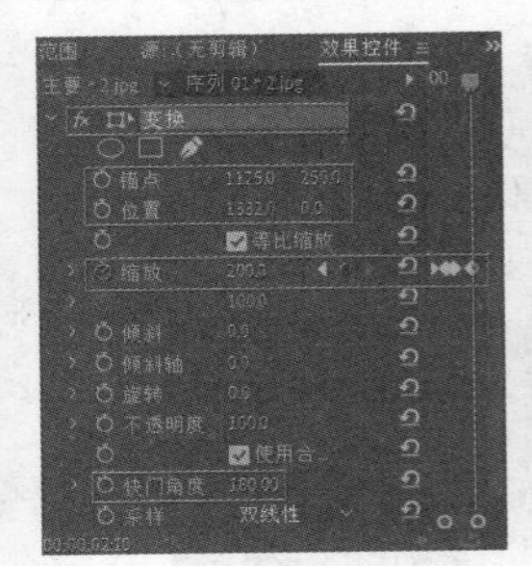

图 16.111

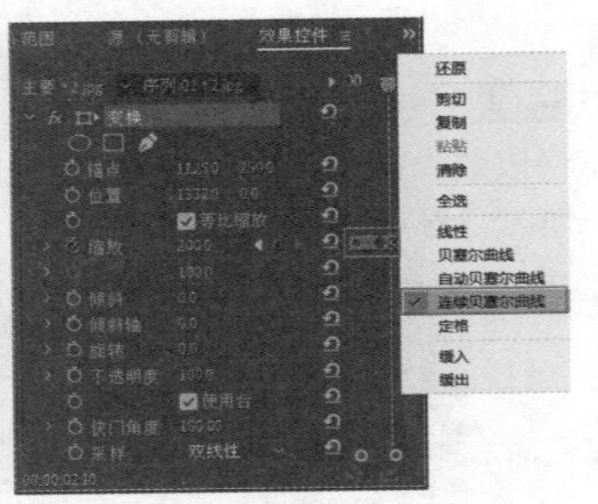

图 16.112

步骤 15 本实例制作完成，滑动时间线查看实例效果，如图16.113所示。

图 16.113

综合实例：制作图片拆分滑动效果

扫一扫，看视频

文件路径：Chapter 16 高级转场效果综合应用→综合实例：制作图片拆分滑动效果

图片拆分是指将一张图片拆分为多部分碎片或变形弹窗，常用于一些特效大片中。本实例主要使用【偏移】及【蒙版】将图片制作出拆分滑动的转场效果。实例效果如图16.114所示。

步骤 01 执行【文件】/【新建】/【项目】命令，新建一个项目。在【项目】面板的空白处右击，执行【新建项目】/【序列】命令，弹出【新建序列】窗口，在DV-PAL文件夹下选择【宽屏48kHz】，接着设置【序列名称】为【序列01】。执行【文件】/【导入】命令，导入全部素材文件，如图16.115所示。

图 16.114

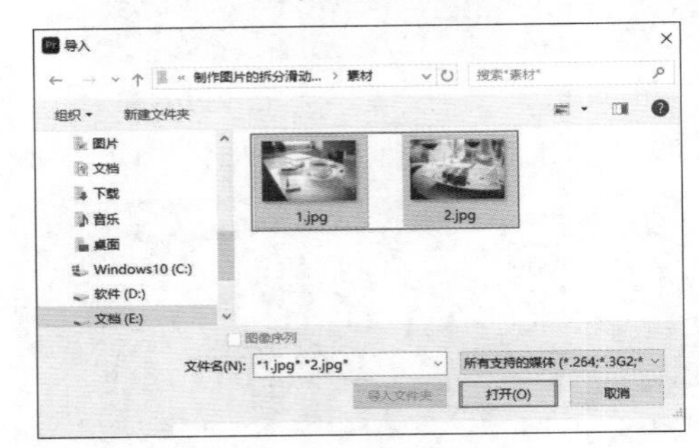

图 16.115

步骤 02 在【项目】面板中依次选择1.jpg、2.jpg素材文件，按住鼠标左键将其拖曳到【时间轴】面板中的V1轨道上，如图16.116所示。

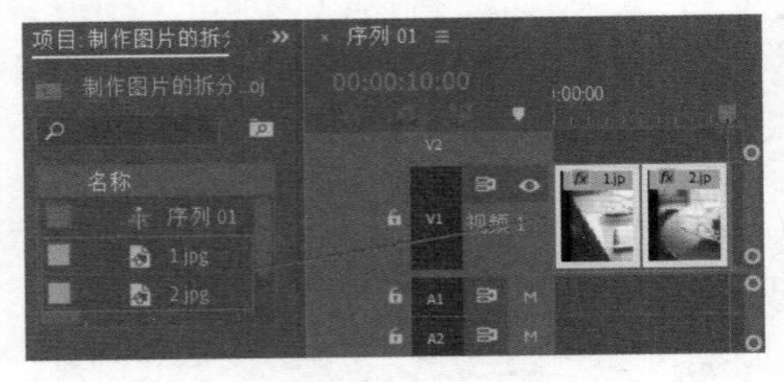

图 16.116

步骤 03 为画面制作动画效果。在【效果】面板中搜索【偏移】，按住鼠标左键将该效果拖曳到V1轨道的1.jpg素材文件上，如图16.117所示。

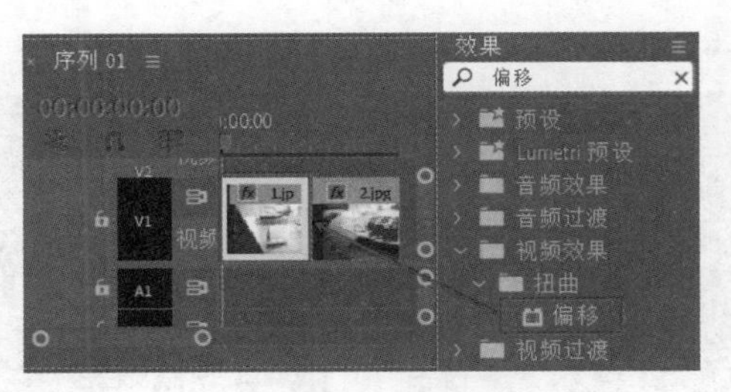

图 16.117

步骤 04 在【时间轴】面板中选择1.jpg素材文件，在【效果控件】面板中展开【偏移】，单击(自由绘制贝塞尔曲线)按钮，接着将光标移动到【节目监视器】面板中，单击建立锚点，绘制一个不规则的四边形状，如图16.118所示。

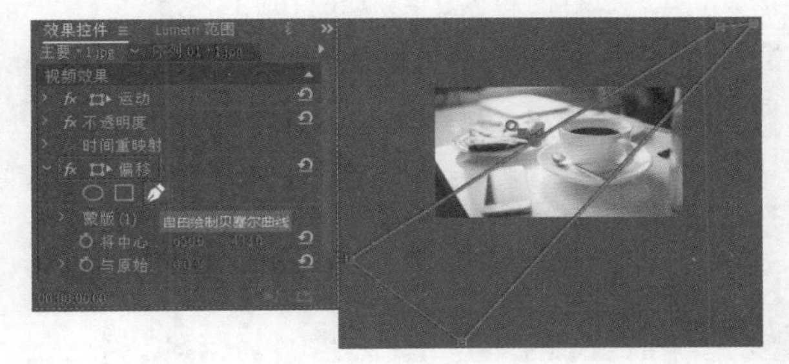

图 16.118

步骤 05 将时间线滑动到起始帧位置，单击【将中心移位至】前的(切换动画)按钮，开启自动关键帧，设置【将中心移位至】为(650,433)；继续将时间线滑动到1秒位置，设置【将中心移位至】为(650,1299)，如图16.119所示。滑动时间线查看画面效果，如图16.120所示。

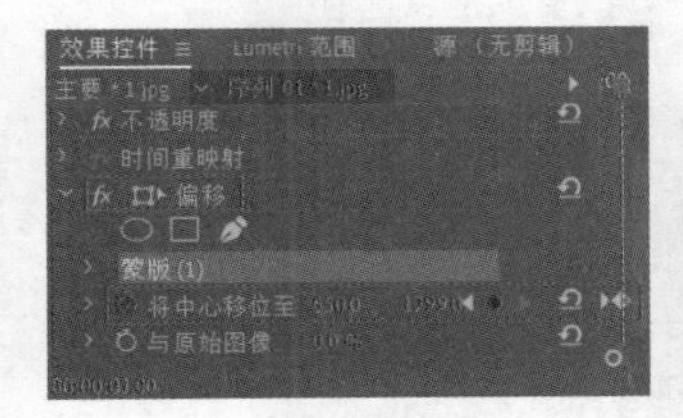

图 16.119

图 16.120

步骤 06 在【效果控件】面板中选择【偏移】效果，使用快捷键Ctrl+C进行复制，接着在【效果控件】下方的空白位置使用快捷键Ctrl+V进行粘贴，如图16.121所示。

步骤 07 展开复制的【偏移】效果，单击【蒙版(1)】，此时【节目监视器】面板中出现绘制的蒙版路径，将光标移动到锚点上方，按住鼠标左键调整锚点位置从而改变蒙版形状，如图16.122所示。

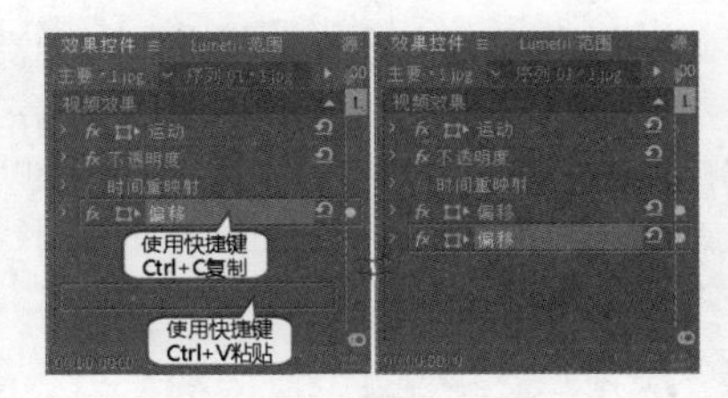

图 16.121

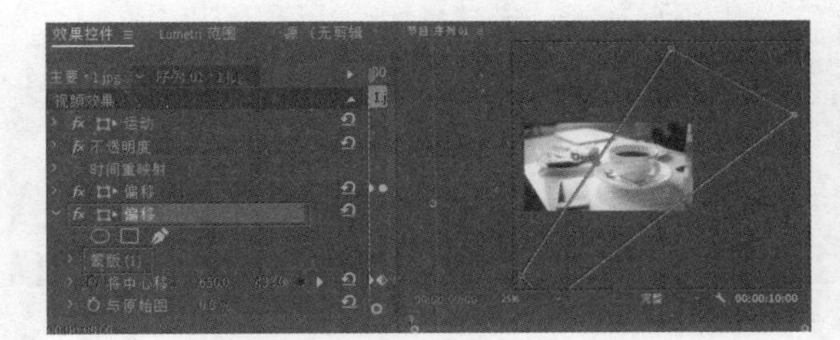

图 16.122

步骤 08 将时间线滑动到1秒位置，在【将中心移位至】后方的关键帧上按住Ctrl键的同时按住鼠标左键加选这两个关键帧，将其向右侧拖动，使第1个关键帧移动到时间线位置，如图16.123所示。此时滑动时间线查看画面效果，如图16.124所示。

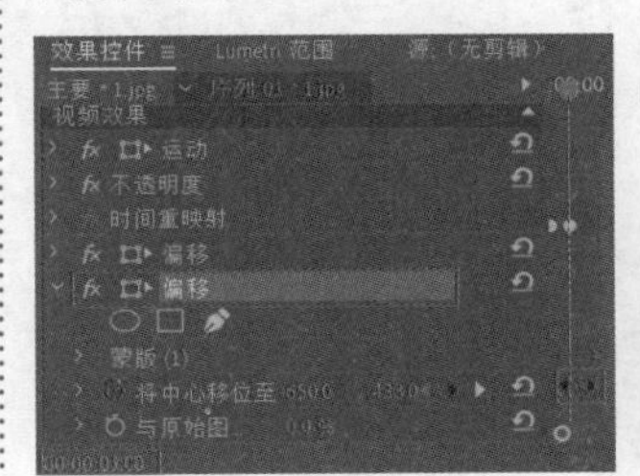

图 16.123

图 16.124

步骤 09 使用同样的方式再次在【效果控件】面板中选择【偏移】效果，使用快捷键Ctrl+C进行复制，使用快捷键Ctrl+V进行粘贴，然后展开新复制的【偏移】效果，单击【蒙版(1)】，此时在【节目监视器】面板中出现蒙版路径，再次将光标放在路径中的锚点上方进行调整从而更改四边形的形状，如图16.125所示。

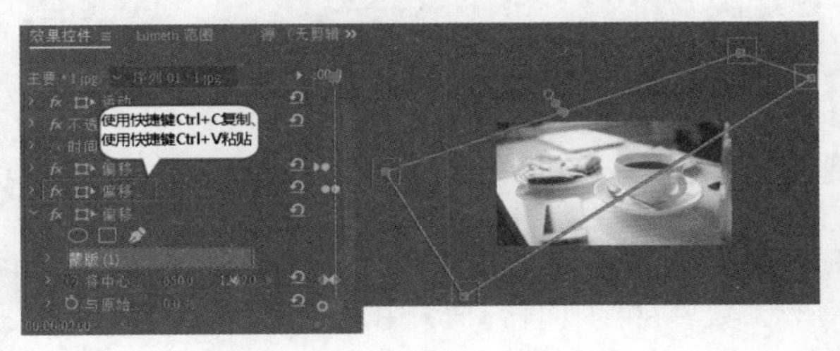

图 16.125

步骤 10 将时间线滑动到2秒位置，在【将中心移位至】后方的关键帧上按住Ctrl键的同时按住鼠标左键加选这两个关键帧，将其向右侧拖动，使第1个关键帧移动到时间线位置，如图16.126所示。此时滑动时间线查看画面效果，如图16.127所示。

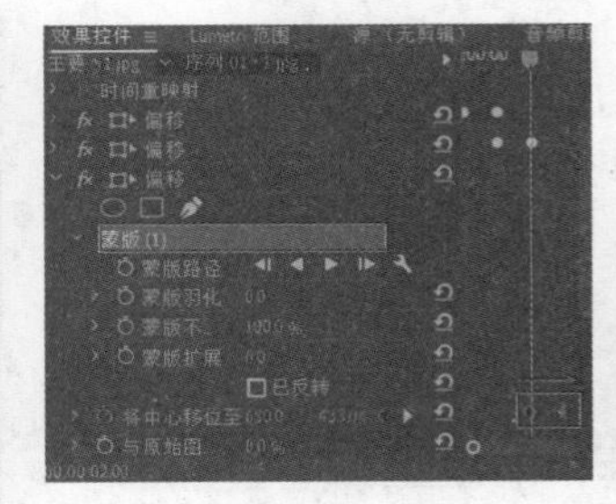

图 16.126

图 16.127

步骤 11 使用同样的方式继续复制两个【偏移】效果，在【节目监视器】面板中适当更改蒙版形状并在【效果控件】面板中移动关键帧的位置，如图16.128和图16.129所示。

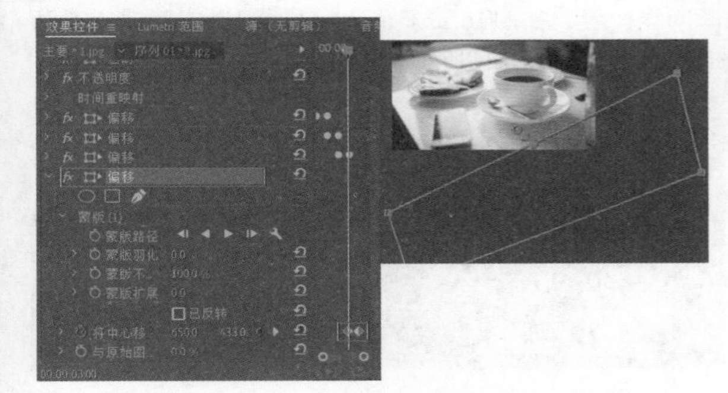

图 16.128

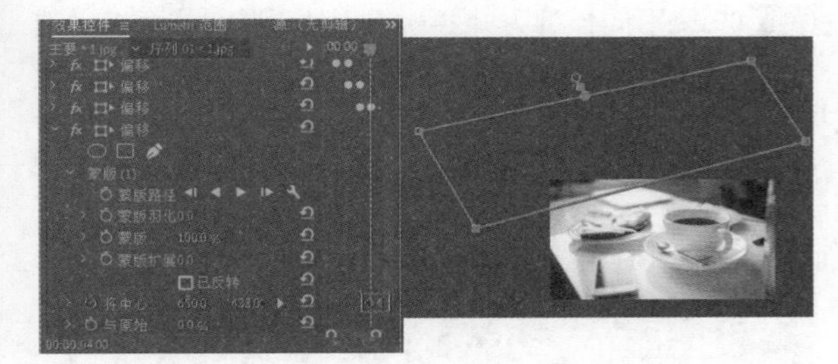

图 16.129

步骤 12 在【时间轴】面板中选择V1轨道上的1.jpg素材文件，在【效果控件】面板中按住Ctrl键加选下方的5个【偏移】效果，使用快捷键Ctrl+C进行复制，如图16.130所示。接着在【时间轴】面板中选择V1轨道上的2.jpg素材文件，在【效果控件】面板下方的空白处使用快捷键Ctrl+V进行粘贴，如图16.131所示。

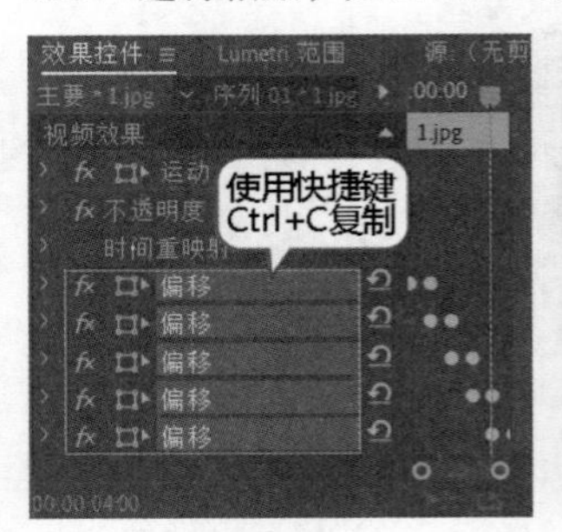

图 16.130

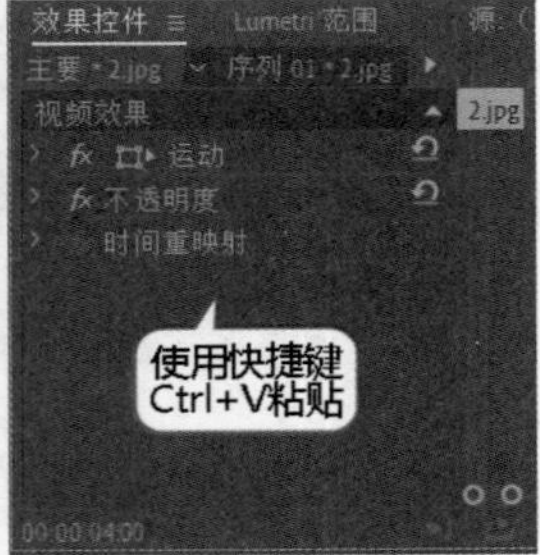

图 16.131

步骤 13 此时2.jpg素材文件拥有与1.jpg素材文件相同的效果，【效果控件】面板如图16.132所示。滑动时间线查看2.jpg素材文件的动态效果，如图16.133所示。

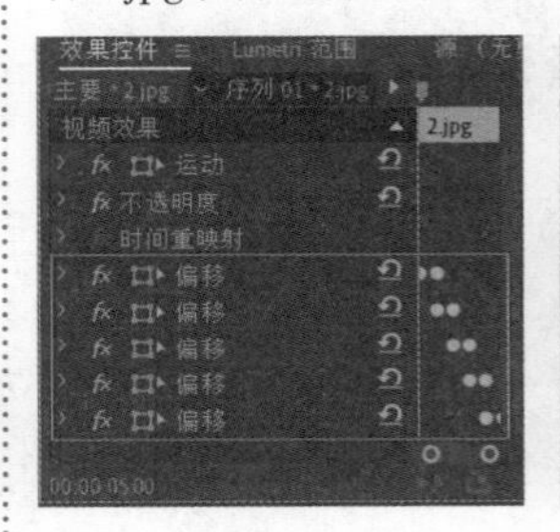

图 16.132

图 16.133

步骤 14 本实例制作完成，滑动时间线查看画面效果，如图16.134所示。

图 16.134

综合实例：制作像素损坏类型的转场效果

文件路径：Chapter 16 高级转场效果综合应用→综合实例：制作像素损坏类型的转场效果

扫一扫，看视频

像素损坏转场也就是信号干扰效果，画面风格另类，颜色大胆，具有强烈的视觉冲击力。本实例主要使用【色调】【浮雕】制作多彩重影效果，使用【交叉缩放】衔接两张照片，制作逐渐放大后又逐渐缩小的转场效果。实例效果如图16.135所示。

图 16.135

步骤 01 在菜单栏中执行【文件】/【新建】/【项目】命令，新建一个项目。在【项目】面板的空白处右击，执行【新建项目】/【序列】命令，弹出【新建序列】窗口，在DV-PAL文件夹下选择【宽屏48kHz】，设置【序列名称】为【序列01】。在菜单栏中执行【文件】/【导入】命令，导入全部素材文件，如图16.136所示。

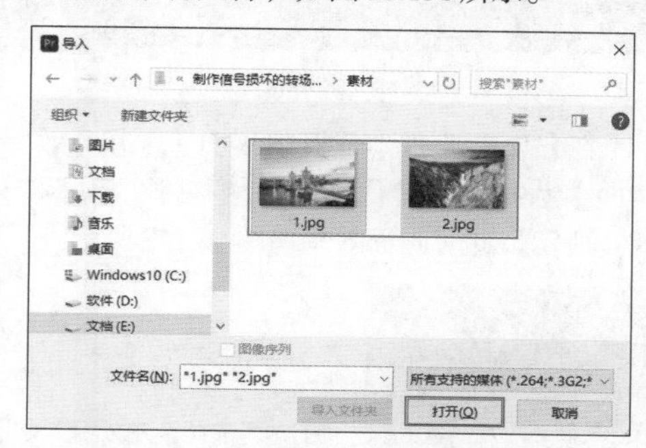

图 16.136

步骤 02 在【项目】面板中依次选择1.jpg、2.jpg素材文件，按住鼠标左键将它们拖曳到【时间轴】面板中的V1轨道上，如图16.137所示。

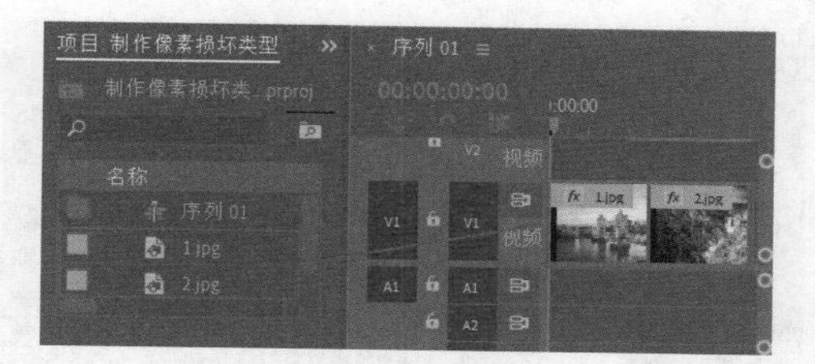

图 16.137

步骤 03 在【时间轴】面板中选择V1轨道上的1.jpg素材文件，在【效果控件】面板中展开【运动】属性，将时间线滑动到起始帧位置，单击【缩放】前的■(切换动画)按钮，开启自动关键帧，设置【缩放】为130；继续将时间线滑动到3秒24帧位置，设置【缩放】为75，如图16.138所示。滑动时间线查看画面效果，如图16.139所示。

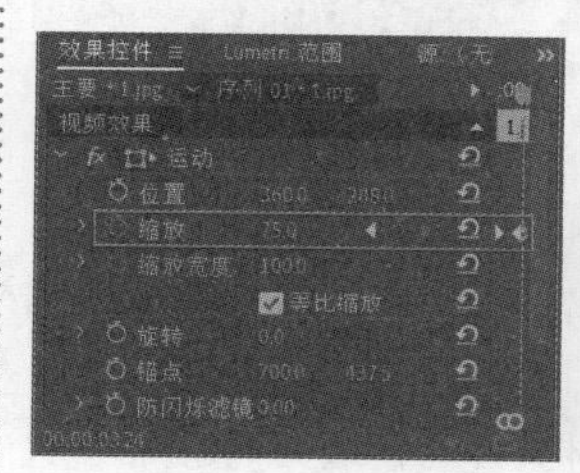

图 16.138

图 16.139

步骤 04 在【时间轴】面板中选择2.jpg素材文件，在【效果控件】面板中设置【缩放】为108，如图16.140所示。此时画面效果如图16.141所示。

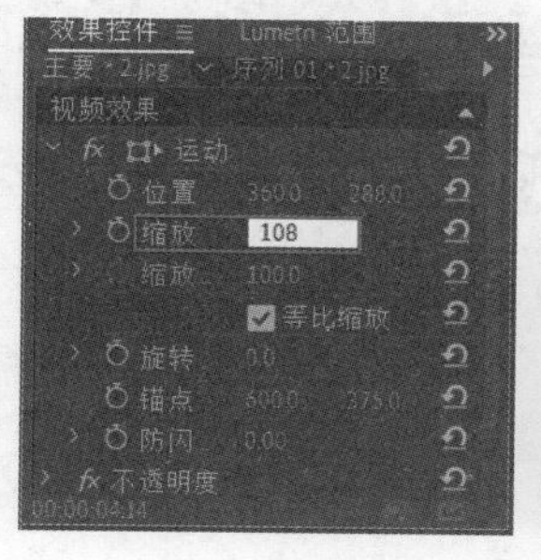

图 16.140

图 16.141

步骤 05 制作转场效果。在【效果】面板中搜索【交叉缩放】，按住鼠标左键将该效果拖曳到V1轨道上的1.jpg素材文件和2.jpg素材文件的交接位置，如图16.142所示。此时画面效果如图16.143所示。

步骤 06 在【时间轴】面板中选择V1轨道上的全部内容，然后按住Alt键的同时按住鼠标左键向V2轨道上拖曳，释放鼠标后复制完成，如图16.144所示。

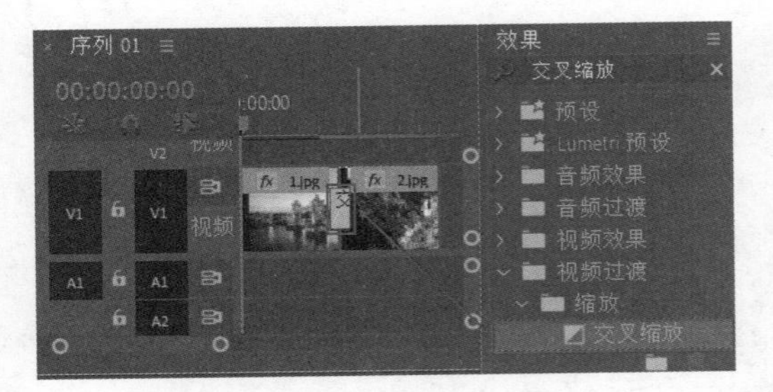

图 16.142

图 16.143

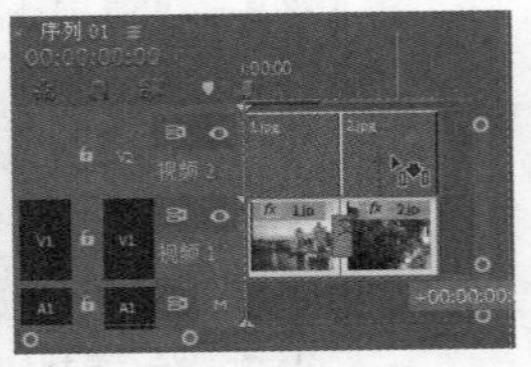

图 16.144

步骤 07 在【时间轴】面板中选择V2轨道上的1.jpg素材文件，接着将时间线滑动到4秒位置，然后将光标移动到1.jpg素材文件的起始位置，当光标变为▶时，按住鼠标左键向右侧拖动，将其拖动到时间线位置，如图16.145所示，此时1.jpg素材文件的持续时间缩短。下面在【效果控件】面板中单击【缩放】前的⏱(切换动画)按钮，关闭自动关键帧，并设置【缩放】为75，如图16.146所示。

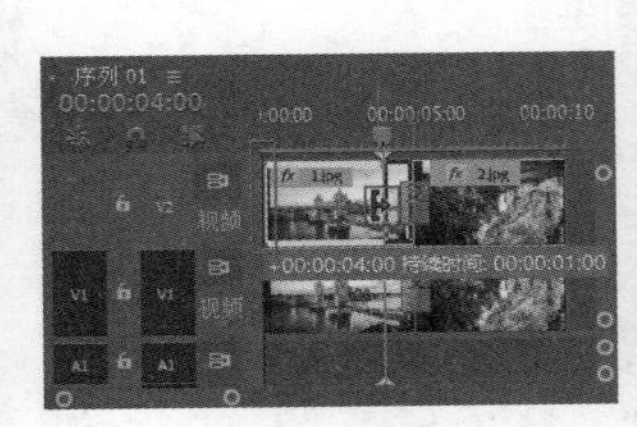

图 16.145

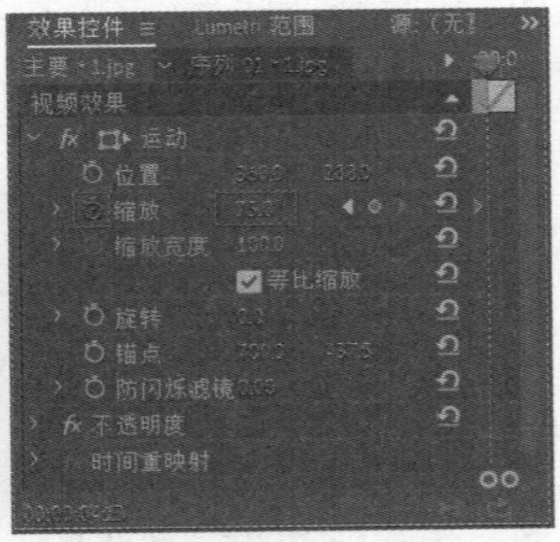

图 16.146

步骤 08 在【效果】面板中搜索【色彩】，按住鼠标左键将该效果拖曳到V2轨道的1.jpg素材文件上，如图16.147所示。

步骤 09 在【效果控件】面板中展开【色彩】效果，设置【将黑色映射到】为橙色，【将白色映射到】为青蓝色，如图16.148所示。此时画面效果如图16.149所示。

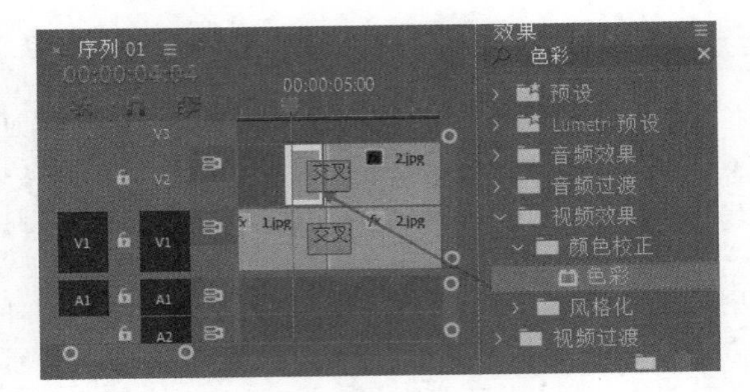

图 16.147

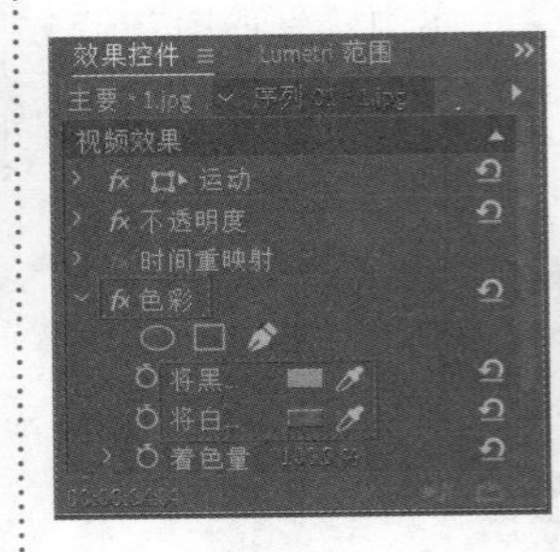

图 16.148

图 16.149

步骤 10 在【效果】面板中搜索【浮雕】，按住鼠标左键将该效果拖曳到V2轨道的1.jpg素材文件上，如图16.150所示。

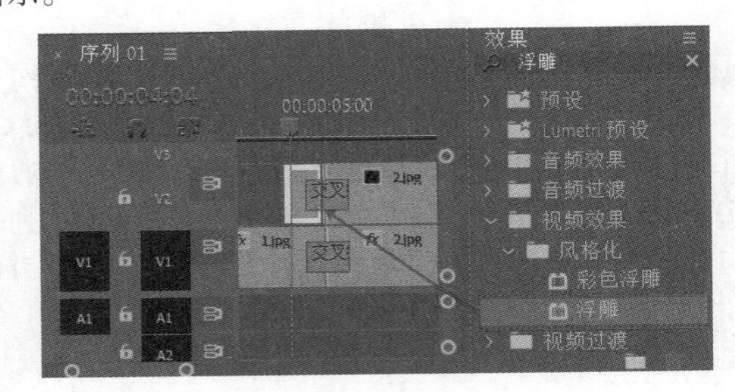

图 16.150

步骤 11 在【效果控件】面板中展开【浮雕】效果，设置【方向】为95°，【起伏】为10，【对比度】为75，如图16.151所示。此时画面效果如图16.152所示。

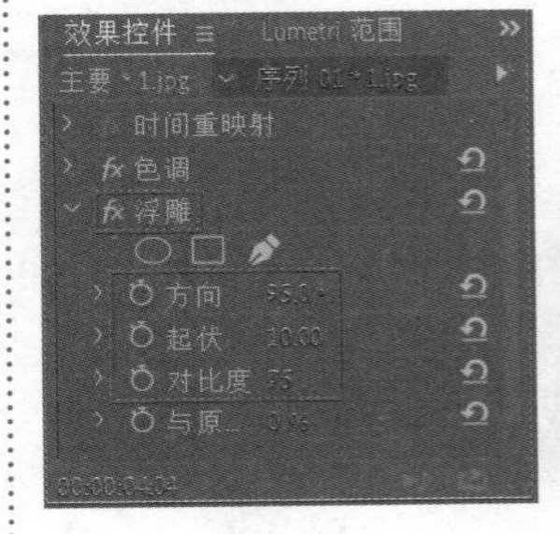

图 16.151

图 16.152

步骤 12 在【效果控件】面板中展开【不透明度】属性，设置【混合模式】为【强光】，如图16.153所示。此时画面效果如图16.154所示。

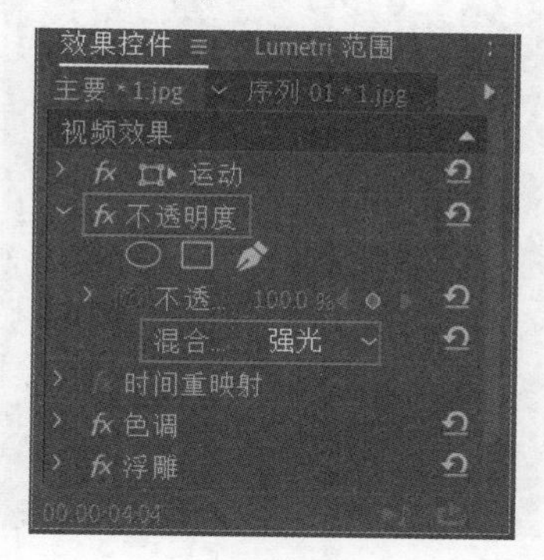

图 16.153

图 16.154

步骤 13 在【效果控件】面板中按住Ctrl键加选【不透明度】【色彩】【浮雕】，使用快捷键Ctrl+C进行复制；接着在【时间轴】面板中选择V2轨道上的2.jpg素材文件，在【效果控件】面板下方的空白处使用快捷键Ctrl+V进行粘贴，如图16.155和图16.156所示。

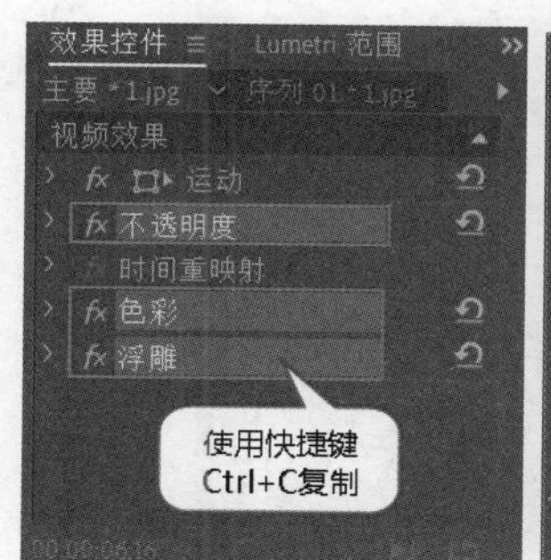

图 16.155

使用快捷键

Ctrl+V粘贴

图 16.156

步骤 14 本实例制作完成，滑动时间线查看画面效果，如图16.157所示。

图 16.157

综合实例：制作眼睛转场效果

扫一扫，看视频

文件路径：Chapter 16　高级转场效果综合应用→综合实例：制作眼睛转场效果

抖音上的眼睛转场效果是从一个画面逐渐从瞳孔处淡入到另一个画面中，常用于人物的场景回忆。本实例主要使用【蒙版】抠除眼球部分，使用【运动】属性制作动效。实例效果如图16.158所示。

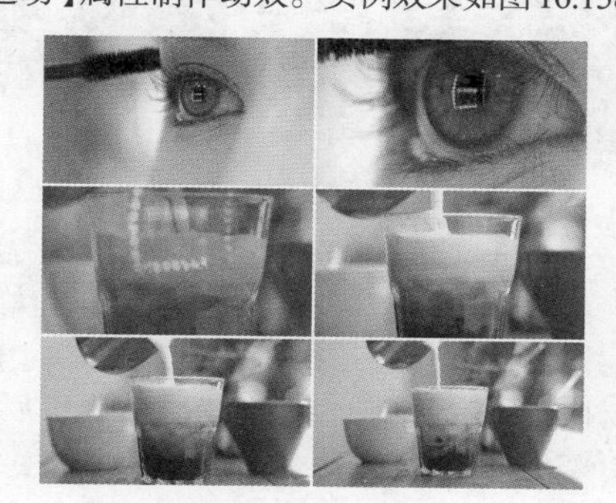

图 16.158

步骤 01 执行【文件】/【新建】/【项目】命令，新建一个项目。执行【文件】/【导入】命令，导入视频素材文件，如图16.159所示。

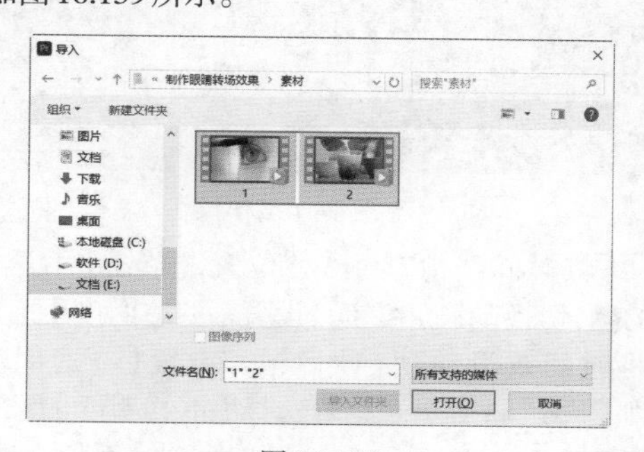

图 16.159

步骤 02 在【项目】面板中将1.mp4视频素材拖曳到【时间轴】面板中的V2轨道和V3轨道上，将2.mp4素材拖曳到V1轨道上，设置起始时间为4秒7帧，如图16.160所示。

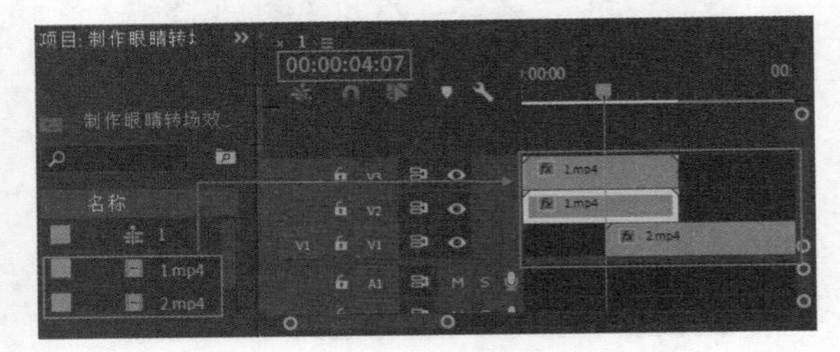

图 16.160

步骤 03 调整视频速度，选择V1和V2轨道上的1.mp4素材文件，右击执行【速度/持续时间】命令，在弹出的【剪辑速度/持续时间】窗口中设置【持续时间】为7秒，然后单击【确定】按钮，如图16.161所示。

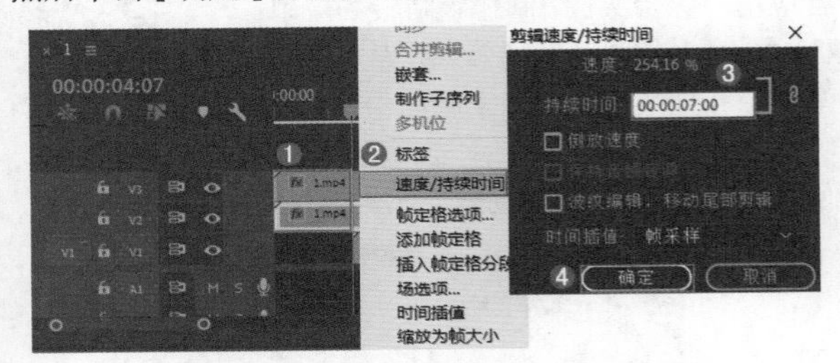

图 16.161

步骤 04 选择V3轨道上的素材，在【效果控件】面板中展开【不透明度】属性，单击下方的◯（创建椭圆形蒙版）按钮，然后在【节目监视器】面板中调整蒙版形状，使蒙版与眼球边缘重合，接着设置【蒙版扩展】为10，如图16.162所示。

图 16.162

步骤 05 将时间线滑动到3秒位置，单击【不透明度】前方的◙（切换动画）按钮，设置【不透明度】为100%；继续将时间线滑动到7秒13帧，设置【不透明度】为0%，如图16.163所示。接着选择【不透明度】属性，使用快捷键Ctrl+C进行复制，在【时间轴】面板中选择V2轨道上的1.mp4素材，使用快捷键Ctrl+V进行粘贴，如图16.164所示。

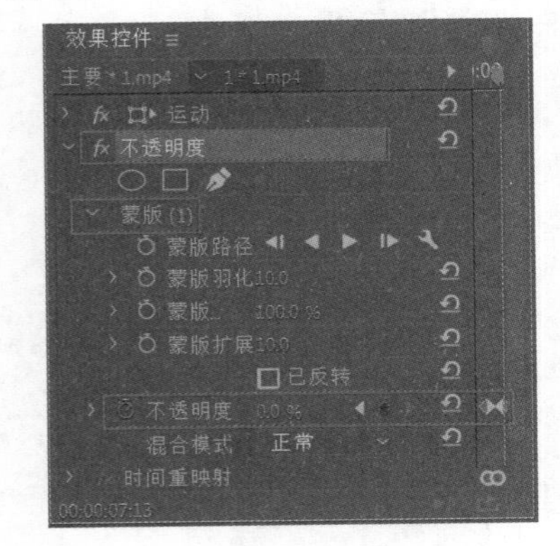

图 16.163

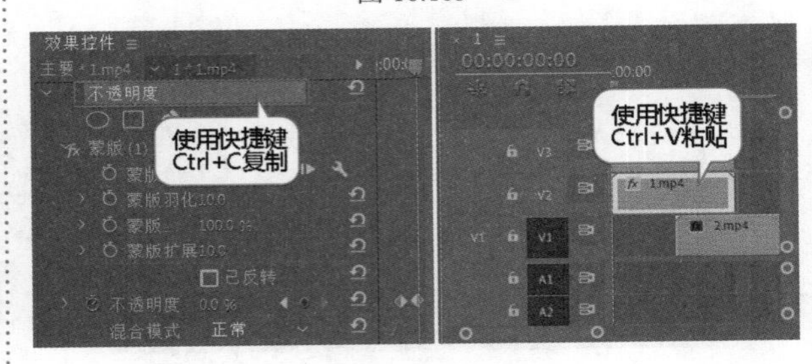

图 16.164

步骤 06 选择V2轨道上的1.mp4素材，在【时间轴】面板中更改【不透明度】参数，设置【蒙版(1)】下方的【蒙版羽化】为30，【蒙版扩展】为0，勾选【已反转】，然后删除【不透明度】后方的两个关键帧，设置【不透明度】为100%，如图16.165所示。

图 16.165

步骤 07 在【时间轴】面板中选中V2和V3轨道上的素材，右击执行【嵌套】命令，在弹出的【嵌套序列名称】窗口中设置【名称】为【嵌套序列01】，如图16.166所示。

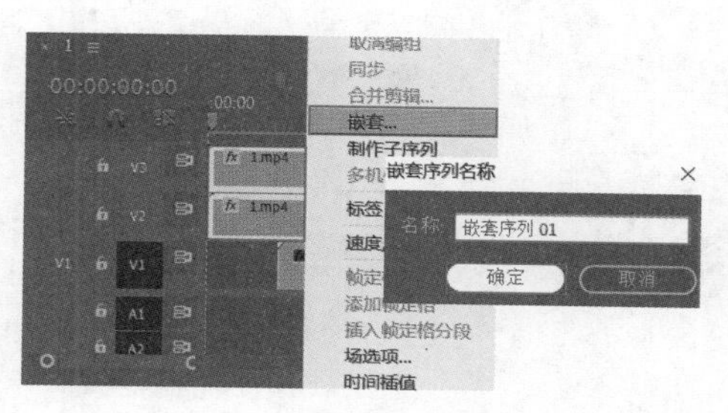

图 16.166

步骤 08 此时在【时间轴】面板中得到【嵌套序列01】，如图16.167所示。选择【嵌套序列01】，将时间线滑动到3秒3帧位置，在【效果控件】面板中开启【位置】和【缩放】关键帧，设置【位置】为(960,540)，【缩放】为100；继续将时间线滑动到7秒13帧，设置【位置】为(-643,1400)，【缩放】为1150，如图16.168所示。

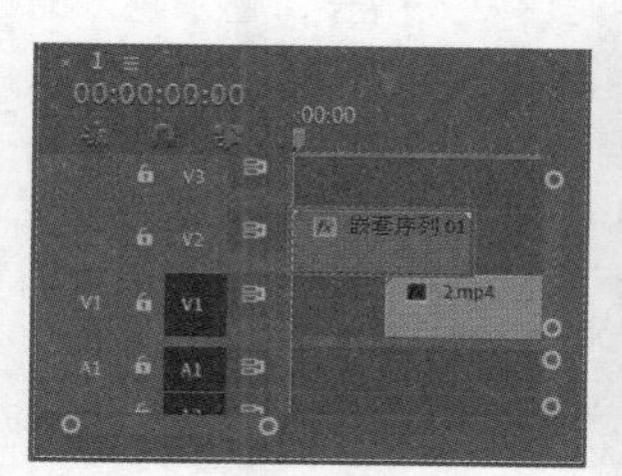

图 16.167

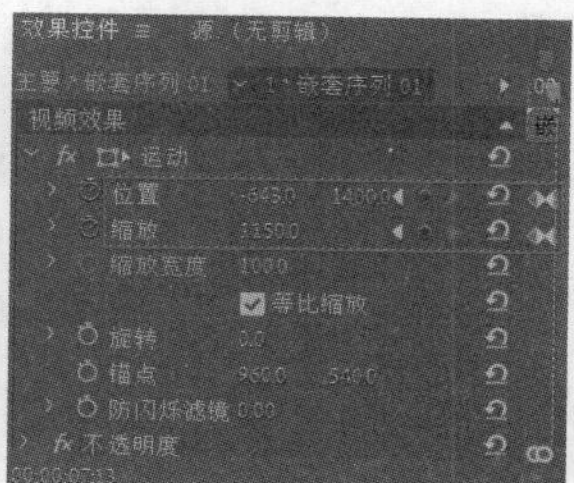

图 16.168

步骤 09 在【时间轴】面板中选择2.mp4素材，在【效果控件】面板中将时间线滑动到4秒7帧，单击【缩放】前的（切换动画）按钮，设置【缩放】为300；继续将时间线滑动到10秒位置，设置【缩放】为100，如图16.169所示。可以看出此时画面偏暗，在【效果】面板中搜索【RGB 曲线】，将该效果拖曳到2.mp4素材文件上，如图16.170所示。

图 16.169

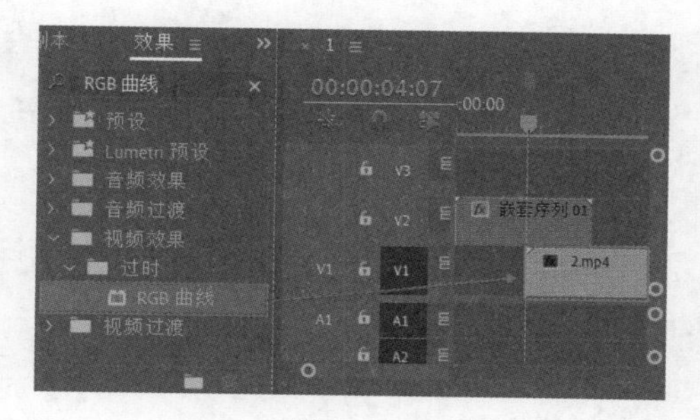

图 16.170

步骤 10 在【时间轴】面板中选择2.mp4素材文件，在【效果控件】面板中展开【RGB 曲线】，在【主要】下方的曲线上单击添加两个控制点并适当调整曲线的形状，如图16.171所示。本实例制作完成，滑动时间线查看实例效果，如图16.172所示。

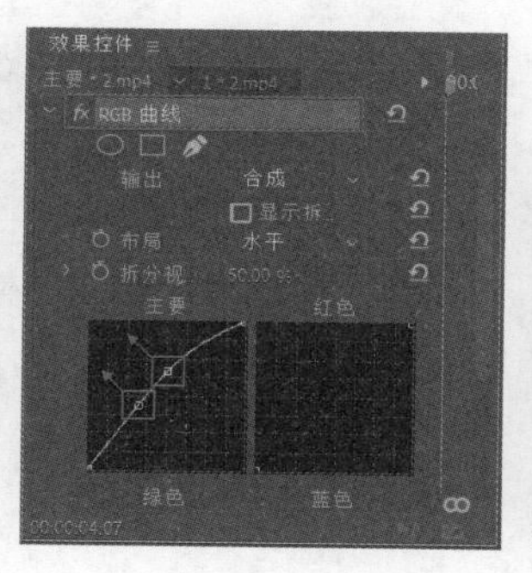

图 16.171

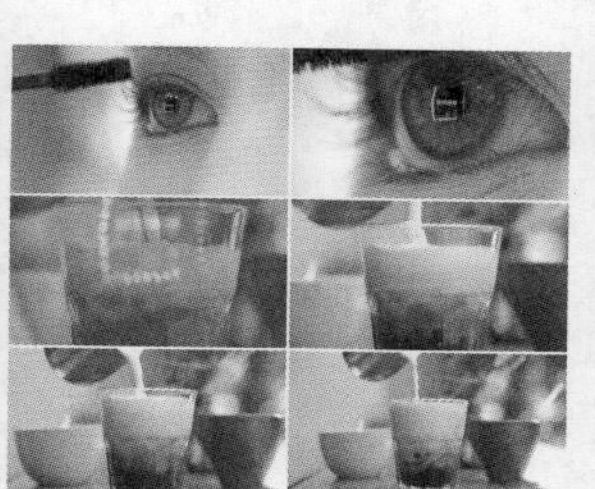

图 16.172

Chapter 17

第17章

扫一扫，看视频

自媒体视频制作综合应用

本章内容简介：

随着视频社交类、新闻类、购物类App的用户群体的爆发式增长，越来越多的App需要大量的、专业的自媒体视频，如抖音短视频、微博视频、淘宝广告视频、今日头条视频等。因此，学会如何使用Premiere Pro剪辑自媒体视频变得越来越重要，几年前的图片作为主体的形式早已发生改变，现如今5G的繁荣视频已成为主导地位。本章将学习自媒体视频的制作方法。

重点知识掌握：

常见自媒体视频案例的制作方法

综合实例：奋斗主题Vlog

文件路径：Chapter 17　自媒体视频制作综合应用→综合实例：奋斗主题Vlog

扫一扫，看视频

Vlog是当下较流行的一种短视频影像日志，多为记录作者的个人生活日常，主题非常广泛。本实例主要使用【颜色遮罩】和【蒙版】制作灰色背景，使用【剃刀工具】剪辑视频，然后使用【文字工具】制作文字，最后添加一段配乐。实例效果如图17.1所示。

图17.1

步骤 01 执行【文件】/【新建】/【项目】命令，新建一个项目。在【项目】面板的空白处右击，执行【新建项目】/【序列】命令，弹出【新建序列】窗口，选择【设置】模块，设置【编辑模式】为自定义，【时基】为【23.976帧/秒】，【帧大小】为540，【水平】为960，【像素长宽比】为【方形像素(1.0)】。执行【文件】/【导入】命令，导入所有素材，如图17.2所示。

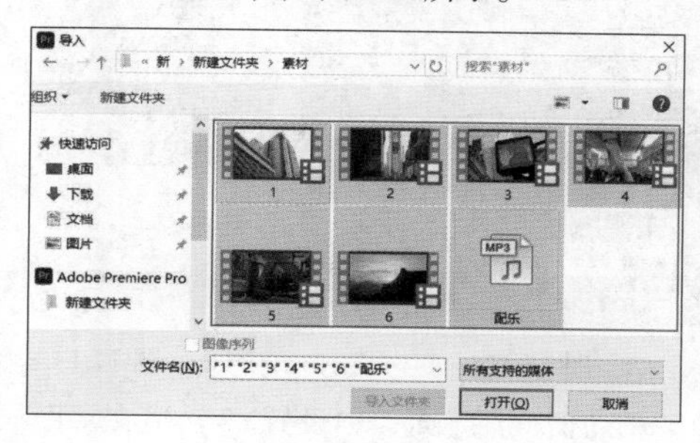

图17.2

步骤 02 在【项目】面板下方的空白位置右击，执行【新建项目】/【颜色遮罩】命令，在弹出的窗口中单击【确定】按钮，然后在【拾色器】窗口中设置颜色为灰色，设置遮罩名称为【颜色遮罩】，如图17.3所示。

图17.3

步骤 03 将【颜色遮罩】拖曳到V2轨道上，设置结束时间为23秒，如图17.4所示。选择V2轨道上的【颜色遮罩】，在【效果控件】面板中展开【不透明度】属性，单击■(创建4点多边形蒙版)按钮，设置【蒙版羽化】为0，勾选【已反转】，接着在【节目监视器】面板中调整四边形蒙版的形状，如图17.5所示。

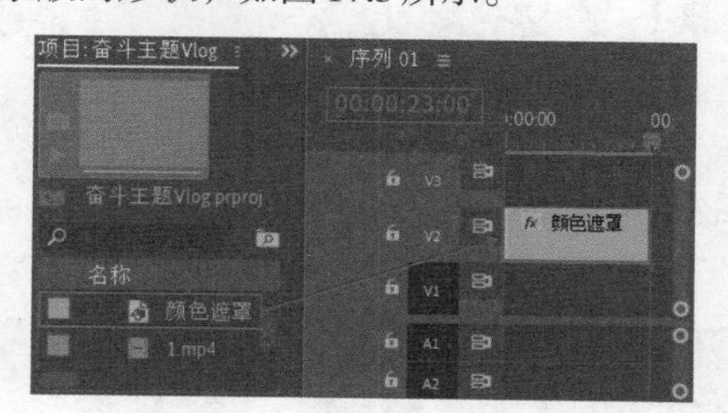

图17.4

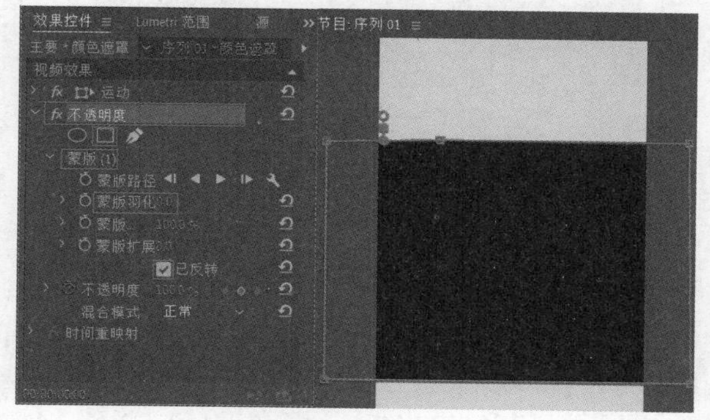

图17.5

步骤 04 在【项目】面板中将1.mp4~3.mp4素材拖曳到V1轨道上，设置1.mp4素材的结束时间为1秒，2.mp4

素材随其后，结束时间为5秒，将时间线滑动到9秒位置，在当前位置按下C键，将光标切换为【剃刀工具】，剪辑3.mp4素材，如图17.6所示。接着按V键，将光标切换为【选择工具】，选择前半部分3.mp4素材，右击执行【波纹删除】命令，如图17.7所示，此时后半部分3.mp4向前跟进，将它的结束时间设置为8秒10帧位置。

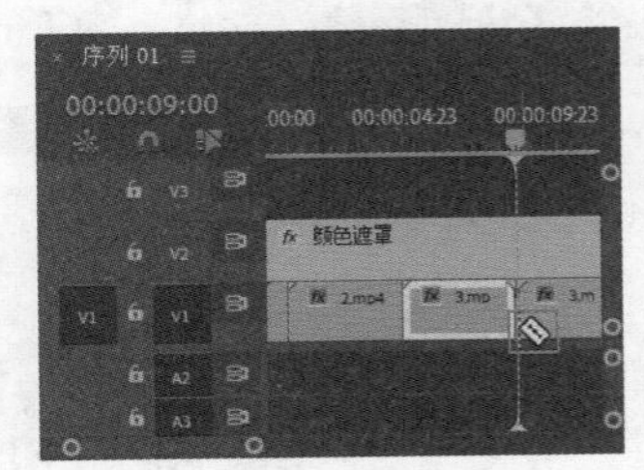

图 17.6

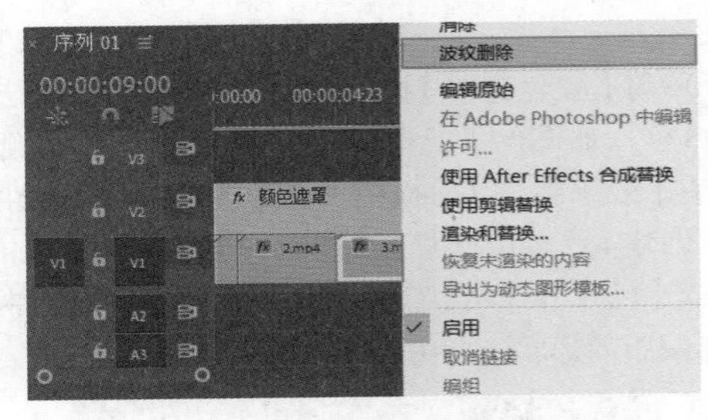

图 17.7

步骤 05 选择V1轨道上的3.mp4素材，在【效果控件】面板中设置【缩放】为55，如图17.8所示。画面效果如图17.9所示。

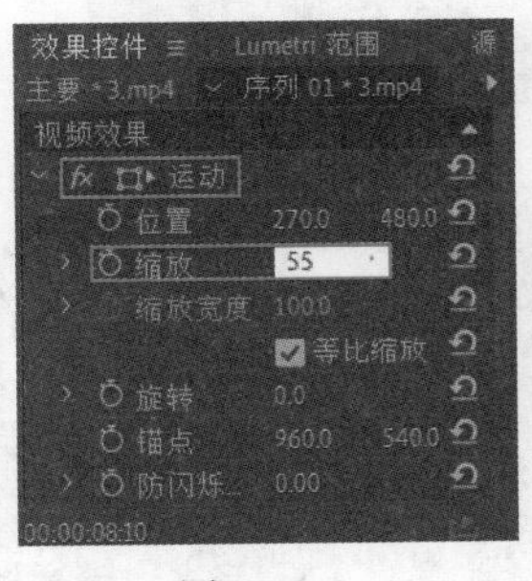

图 17.8

图 17.9

步骤 06 使用同样的方式将4.mp4~6.mp4素材拖曳到V1轨道上，使用（比率拉伸工具）将4.mp4的结束时间拖动到13秒10帧位置，此时该素材的速度为215%，设置它的【位置】为(270,443)，【缩放】为50；将5.mp4素材的持续时间设置为17秒12帧，设置它的【位置】为(270,372)，【缩放】为70；最后将6.mp4素材的结束时间与V1轨道上的【颜色遮罩】对齐，设置【缩放】为33，如图17.10所示。

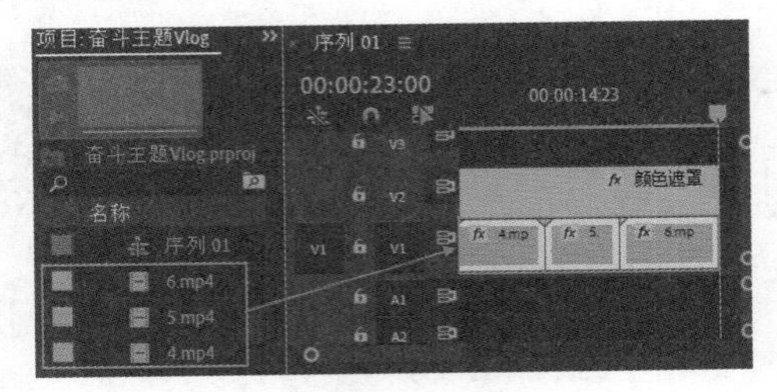

图 17.10

步骤 07 制作文字部分。将时间线滑动至起始位置，在【工具】面板中选择（文字工具），在工作区域顶部的合适位置输入文字内容，如图17.11所示。

图 17.11

步骤 08 在【效果控件】面板中展开【文本】/【源文本】，设置合适的【字体系列】和【字体样式】，设置【字体大小】为57，单击（居中对齐文本）按钮，设置【行距】为-17，单击（小型字母大写），设置【填充颜色】为白色，如图17.12所示。此时画面效果如图17.13所示。

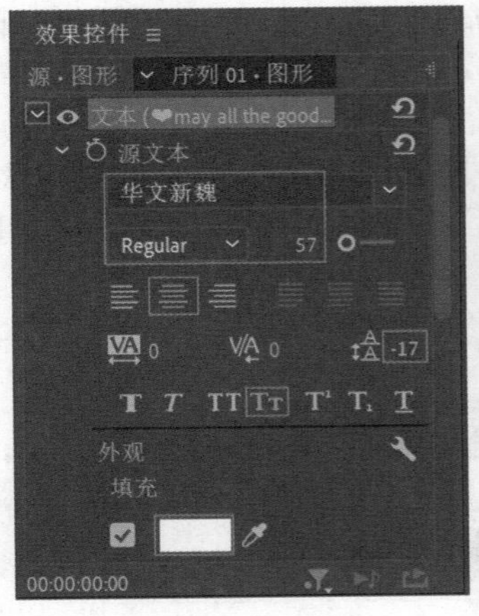

图 17.12

图 17.13

步骤 09 在【时间轴】面板中设置V3轨道文字图层的结束时间为23秒，如图17.14所示。

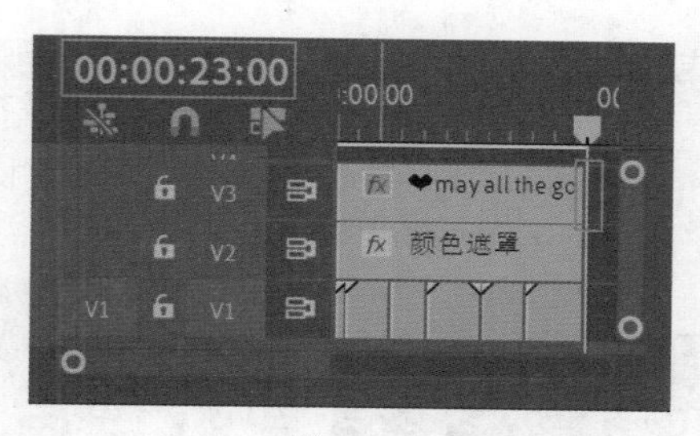

图 17.14

步骤 10 将时间线滑动至起始位置，在【工具】面板中选择T（文字工具），在工作区域底部的合适位置输入文字内容，在【效果控件】面板中展开【文本】/【源文本】，设置合适的【字体系列】和【字体样式】，设置【字体大小】为37，设置【填充颜色】为蓝色，如图17.15所示。

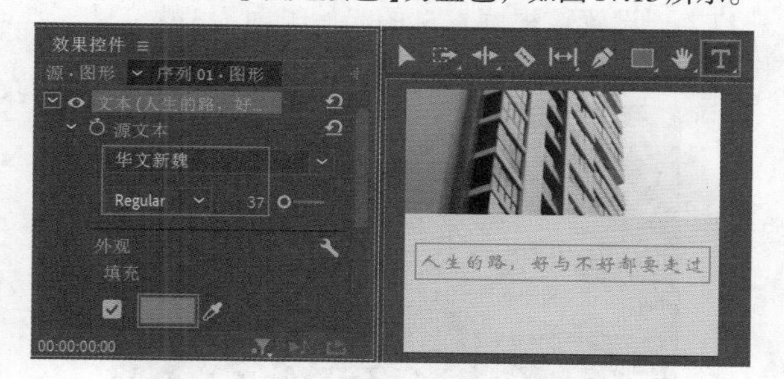

图 17.15

步骤 11 使用同样的方式制作其他文字并设置合适的参数，效果如图17.16所示。

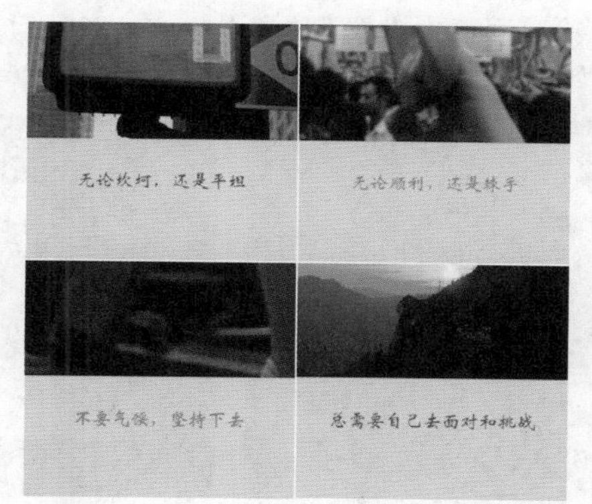

图 17.16

步骤 12 将【项目】面板中的配乐素材拖曳到A1轨道上，将时间线滑动到23秒，在当前位置使用【剃刀工具】剪辑音频素材，如图17.17所示。接着选择剪辑后的后半部分音频素材，按Delete键删除，如图17.18所示。

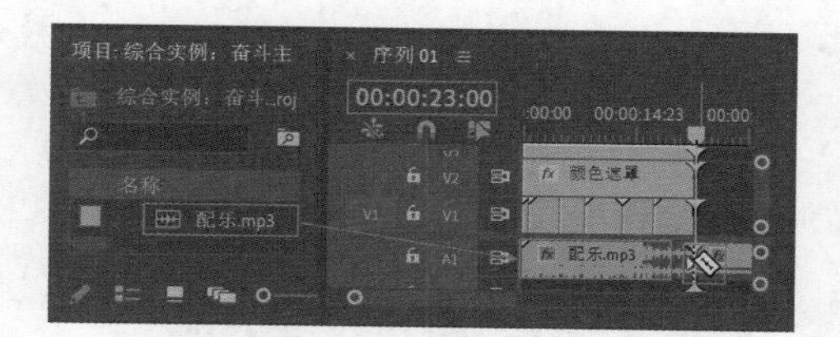

图 17.17

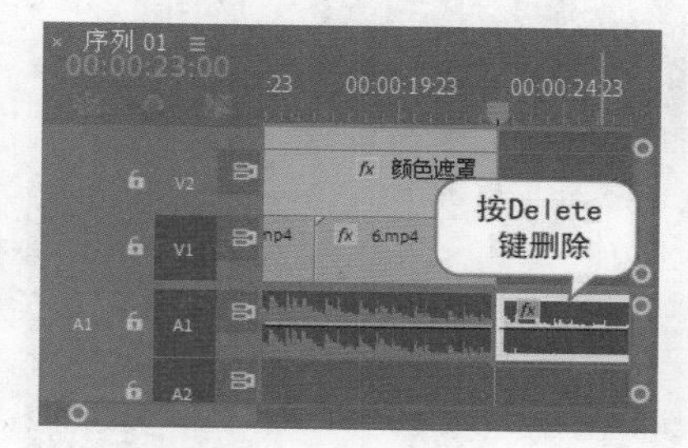

图 17.18

步骤 13 滑动时间线查看实例效果，如图17.19所示。

图 17.19

综合实例：制作婚戒淘宝主图视频

扫一扫，看视频

文件路径：Chapter 17 自媒体视频制作综合应用→综合实例：制作婚戒淘宝主图视频

淘宝主图视频可以快速、全面地展示宝贝的细节及全貌，可以获得更多的浏览和关注，因此深受广大卖家喜爱。本实例首先调整素材的持续时间，接着为素材进行调色，然后使用过渡效果将视频素材进行衔接，并使用【文字工具】制作字幕部分，最后配上好听的钢琴曲作为主图视频背景音乐。实例效果如图17.20所示。

图 17.20

Part 01 剪辑视频素材

步骤 01 执行【文件】/【新建】/【项目】命令，新建一个项目。在【项目】面板的空白处右击，执行【新建项目】/【序列】命令，在弹出的【新建序列】窗口中选择【设置】模块，设置【编辑模式】为自定义，【时基】为【23.976帧/秒】，【帧大小】为750，【水平】为1000，【像素长宽比】为【方形像素(1.0)】，【序列名称】为【序列01】。执行【文件】/【导入】命令，导入全部素材文件，如图17.21所示。

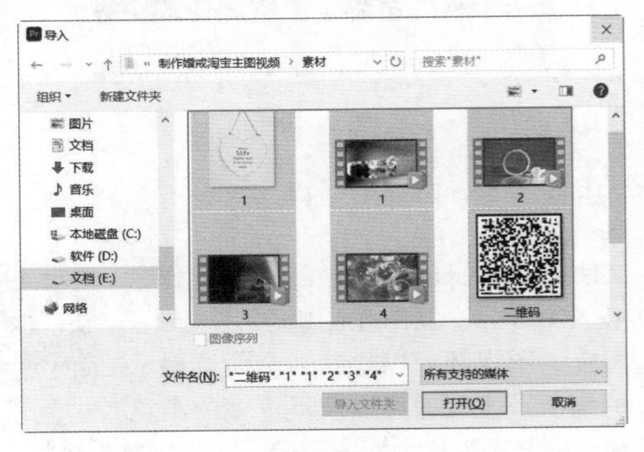

图 17.21

步骤 02 在【项目】面板中将图片素材文件拖曳到【时间轴】面板中的V1轨道上，设置【结束时间】为3秒位置，如图17.22所示。在【时间轴】面板中选择该素材，在【效果控件】面板中设置【位置】为(357,500)，将时间线滑动到起始帧位置，单击【缩放】【旋转】前的 (切换动画)按钮，开启关键帧，设置【缩放】为585，【旋转】为65°，如图17.23所示；继续将时间线滑动到2秒位置，设置【缩放】为32，【旋转】为0°。

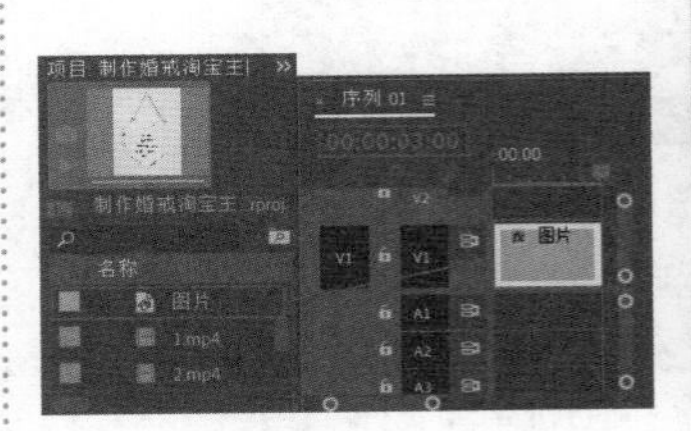

图 17.22

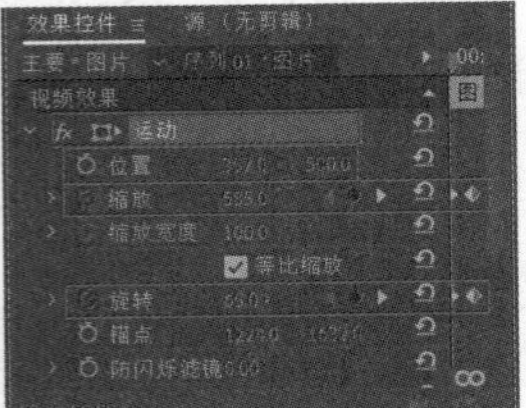

图 17.23

步骤 03 在【项目】面板中将1.mp4视频素材拖曳到V2轨道上，设置该视频素材的起始时间为3秒位置，如图17.24所示。

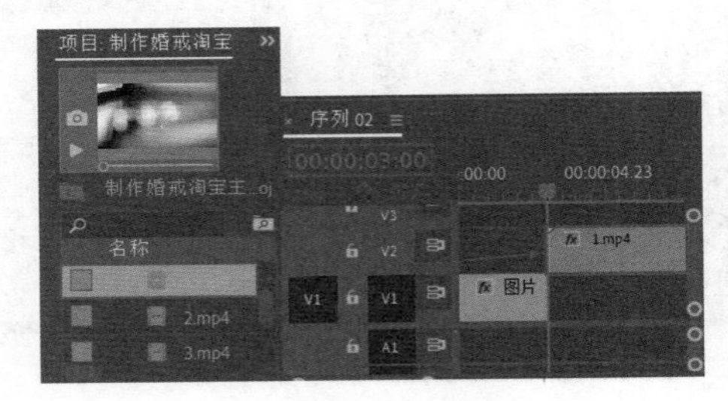

图 17.24

步骤 04 在【时间轴】面板中选择1.mp4视频素材，在【效果控件】面板中设置【位置】为(478,500)，【缩放】为60，如图17.25所示。此时视频效果如图17.26所示。

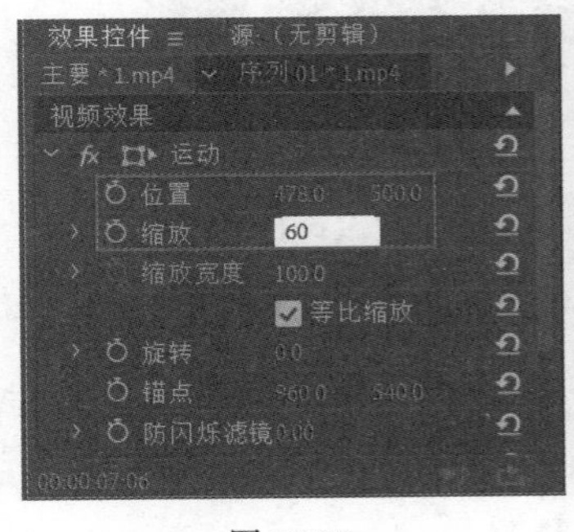

图 17.25

图 17.26

步骤 05 在【时间轴】面板中选择1.mp4视频素材，右击执行【速度/持续时间】命令，如图17.27所示。此时在弹出的【剪辑速度/持续时间】窗口中设置【速度】为70%，如图17.28所示。

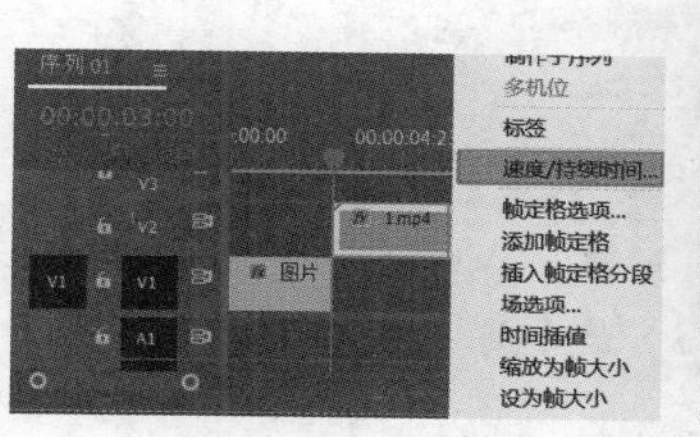

图 17.27

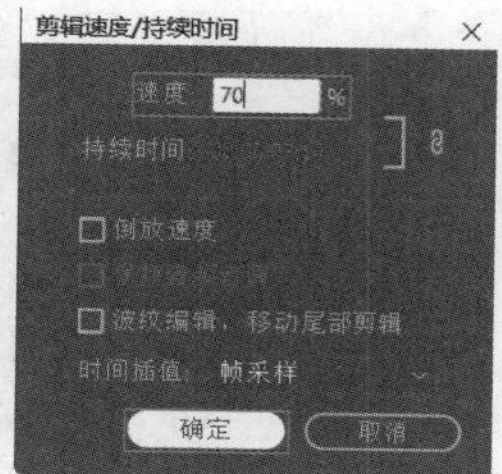

图 17.28

步骤 06 将时间线滑动到7秒13帧位置，将光标移动到1.mp4素材结束位置，当光标变为时，按住鼠标左键向时间线位置拖动，改变素材持续时间，如图17.29所示。

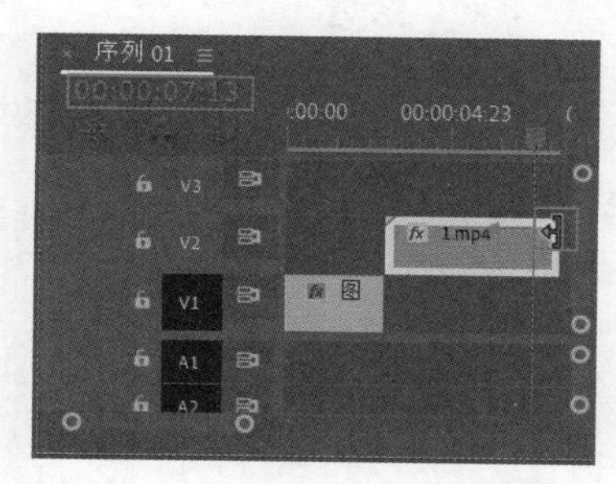

图 17.29

步骤 07 在【项目】面板中将2.mp4素材拖曳到【时间轴】面板中1.mp4素材的后方，设置结束时间为10秒9帧位置，如图17.30所示。接着设置2.mp4视频素材的【缩放】为60，如图17.31所示。

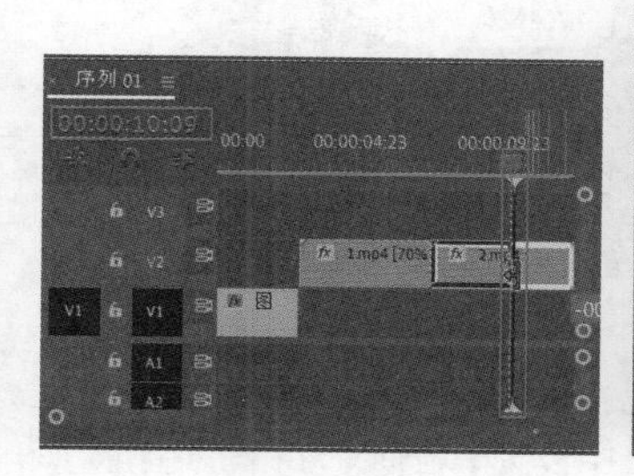

图 17.30

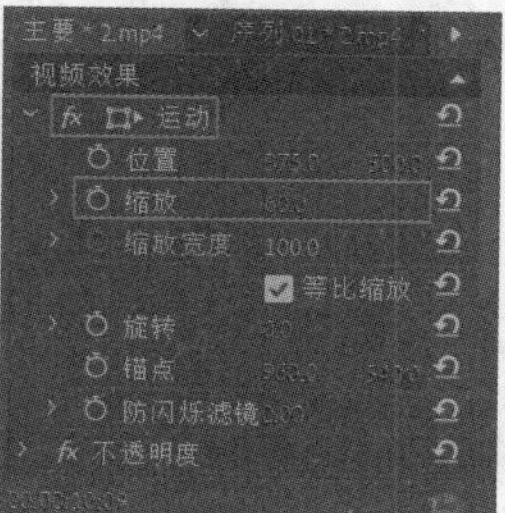

图 17.31

步骤 08 将【项目】面板中的3.mp4素材拖曳到V2轨道上的2.mp4素材的结束位置，使用【剃刀工具】分别在18秒15帧和19秒9帧位置剪辑，如图17.32所示。选择3.mp4素材前半部分，右击执行【波纹删除】命令，此时后方素材自动向前跟进，如图17.33所示。

步骤 09 继续选择3.mp4素材后半部分，按Delete键将素材删除，如图17.34所示。

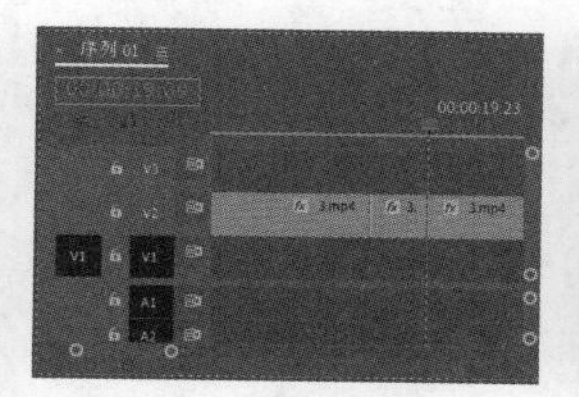

图 17.32

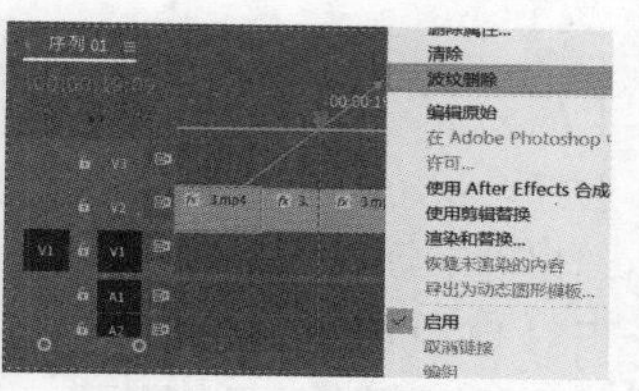

图 17.33

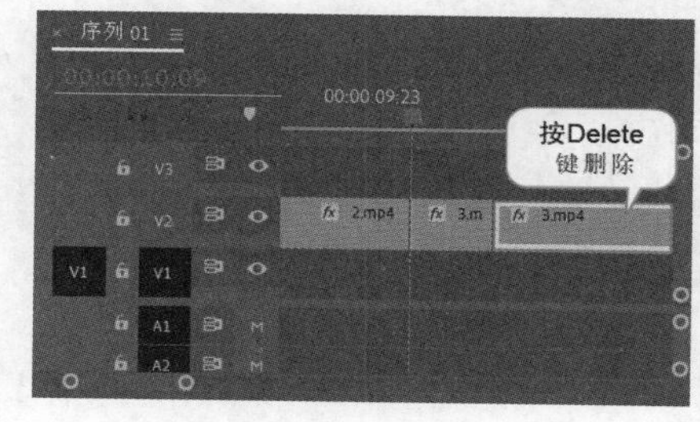

图 17.34

步骤 10 此时选择V2轨道上的3.mp4素材，在【效果控件】面板中设置【位置】为(180,500)，【缩放】为60，如图17.35所示。画面效果如图17.36所示。

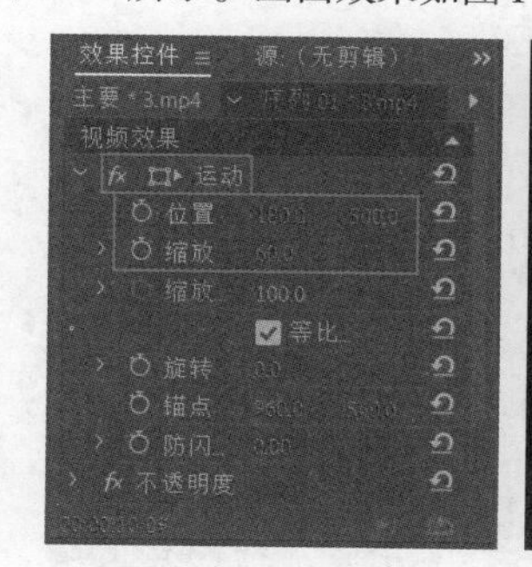

图 17.35

图 17.36

步骤 11 继续选择V2轨道上的3.mp4素材，右击执行【速度/持续时间】命令，在弹出的【剪辑速度/持续时间】窗口中设置【持续时间】为2秒，勾选【倒放速度】，如图17.37所示。

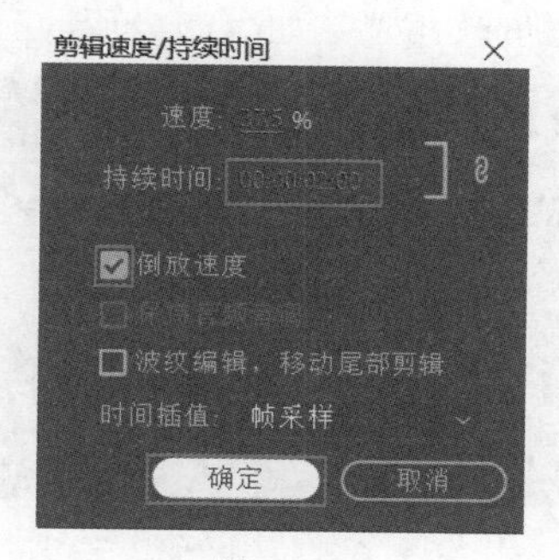

图 17.37

步骤 12 将【项目】面板中的4.mp4素材拖曳到V2轨道上的3.mp4素材后方，设置它的结束时间为16秒22帧。选择4.mp4素材，右击执行【速度/持续时间】命令，在弹出的【剪辑速度/持续时间】窗口中设置【持续时间】为11秒15帧，如图17.38所示。

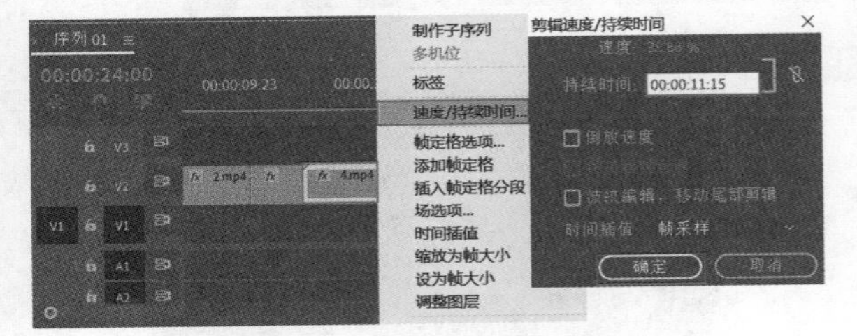

图 17.38

步骤 13 选择V2轨道上的4.mp4素材，在【效果控件】面板中设置【位置】为(200,500)，【缩放】为60，展开【不透明度】属性，将时间线滑动到18秒5帧，单击【不透明度】前方的(切换动画)按钮，设置【不透明度】为100%；继续将时间线滑动到24秒位置，设置【不透明度】为0%，如图17.39所示。画面效果如图17.40所示。

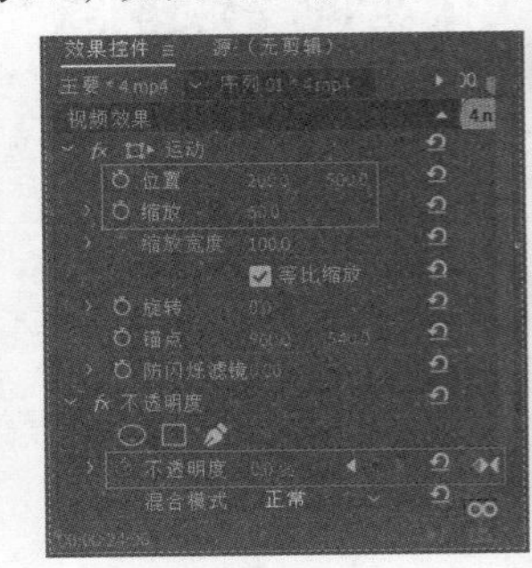

图 17.39

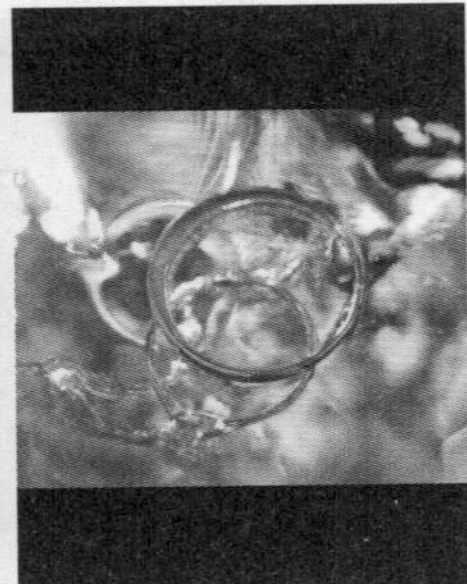

图 17.40

步骤 14 在【效果】面板中搜索【白场过渡】，将该效果拖曳到2.mp4和3.mp4素材的中间位置，如图17.41所示。继续在【效果】面板中搜索【叠加溶解】，将该效果拖曳到4.mp4素材的起始位置，如图17.42所示。

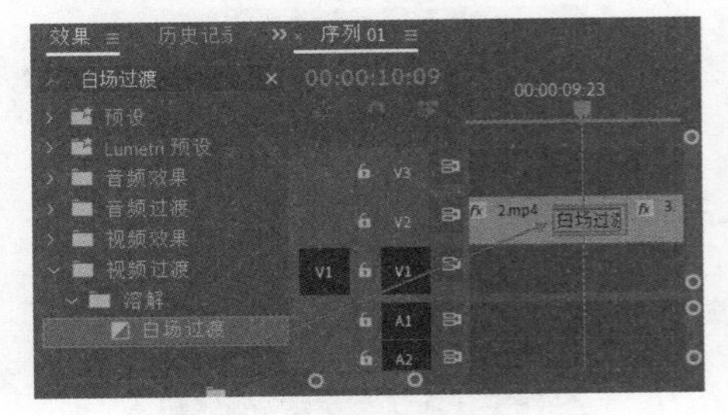

图 17.41

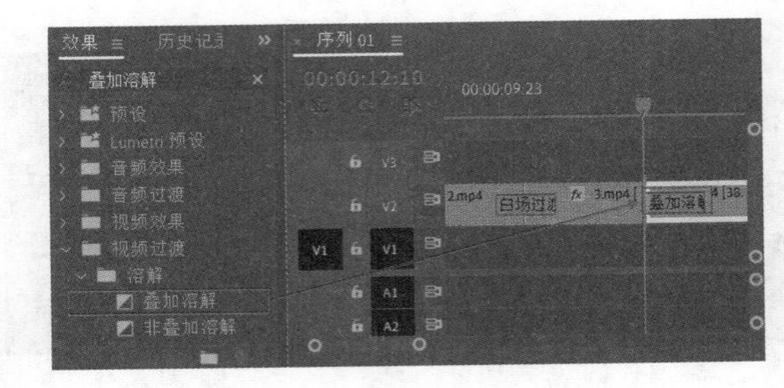

图 17.42

步骤 15 滑动时间线查看过渡效果，如图17.43所示。

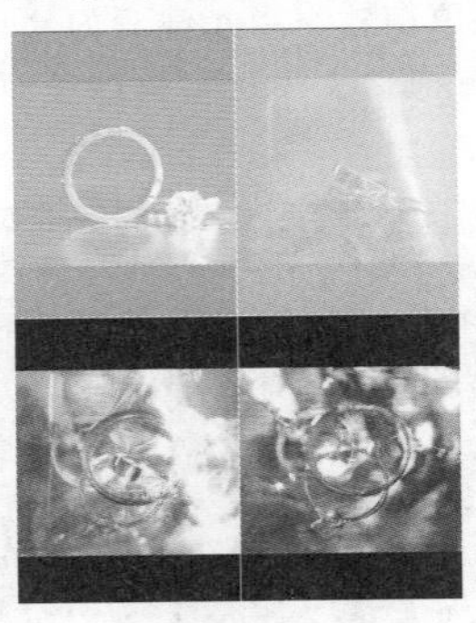

图 17.43

步骤 16 制作画面背景。选择V2轨道上的所有视频素材，按住Alt键的同时按住鼠标左键向V1轨道上拖动，释放鼠标后完成复制，如图17.44所示。

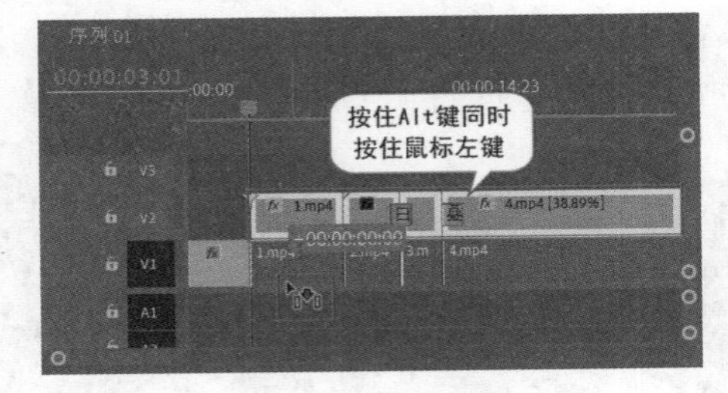

图 17.44

步骤 17 选中V1轨道上的所有视频素材，右击执行【嵌套】命令，在弹出的窗口中设置【名称】为【画面背景】，如图17.45所示。

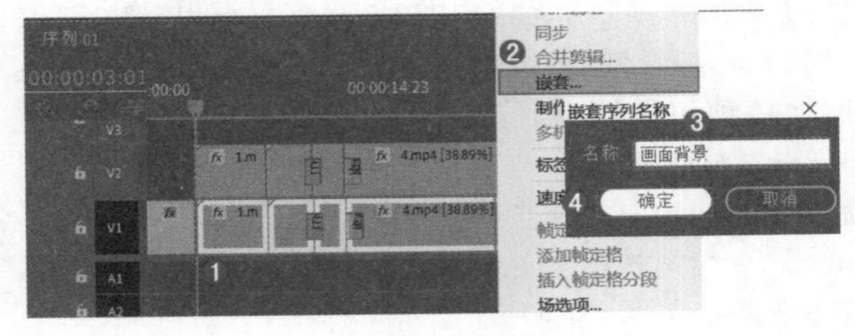

图 17.45

步骤 18 选择V1轨道上的【画面背景】嵌套序列，在【效果控件】面板中设置【缩放】为170，如图17.46所示。此时画面效果如图17.47所示。

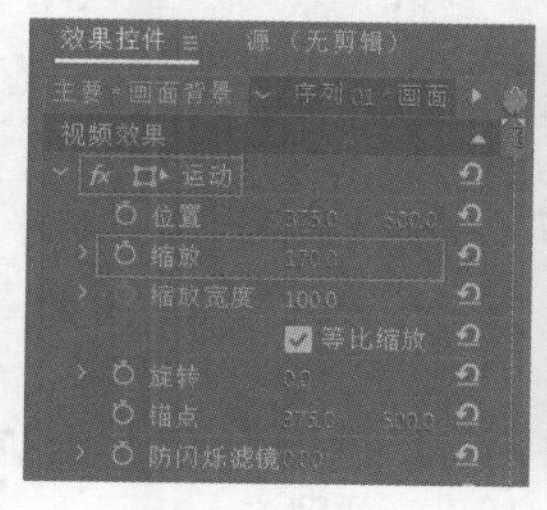
图 17.46

图 17.47

步骤 19 调整画面背景颜色。在【效果】面板中搜索【亮度曲线】，将该效果拖曳到【画面背景】上，如图17.48所示。

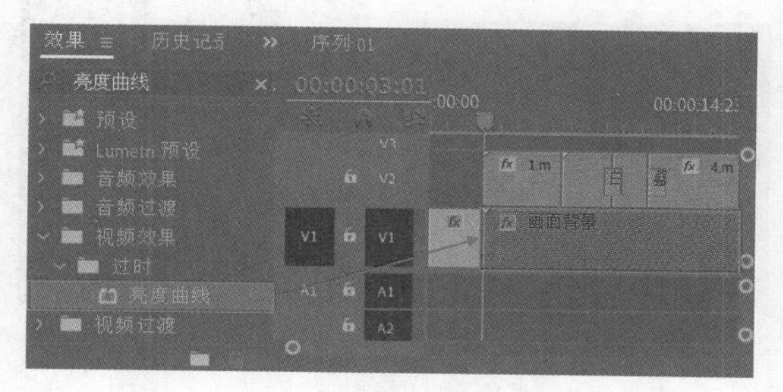
图 17.48

步骤 20 在【效果控件】面板中展开【亮度曲线】，在【亮度波形】下方的曲线上单击添加一个控制点并向左上角拖动，如图17.49所示。此时画面变亮，如图17.50所示。

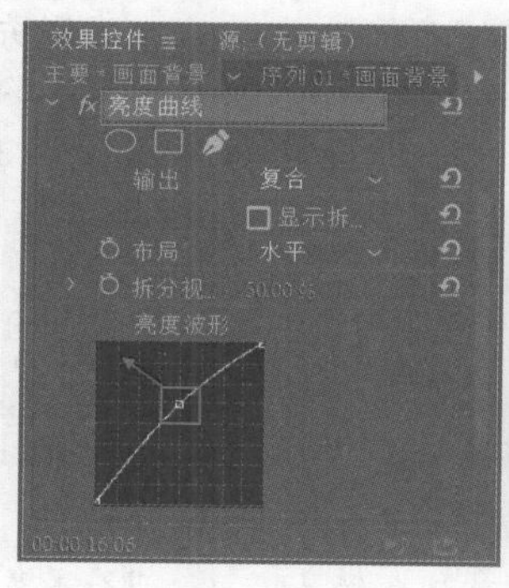
图 17.49

图 17.50

步骤 21 将背景进行模糊。在【效果】面板中搜索【高斯模糊】，将该效果拖曳到【画面背景】上，如图17.51所示。

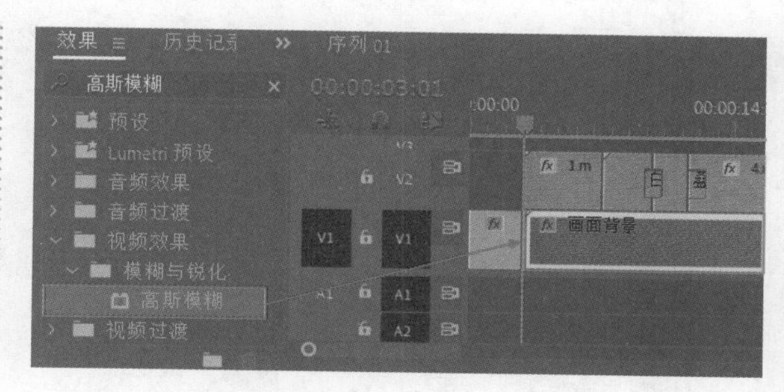
图 17.51

步骤 22 使用同样的方式在【效果控件】面板中展开【高斯模糊】，设置【模糊度】为60，如图17.52所示。画面背景效果如图17.53所示。

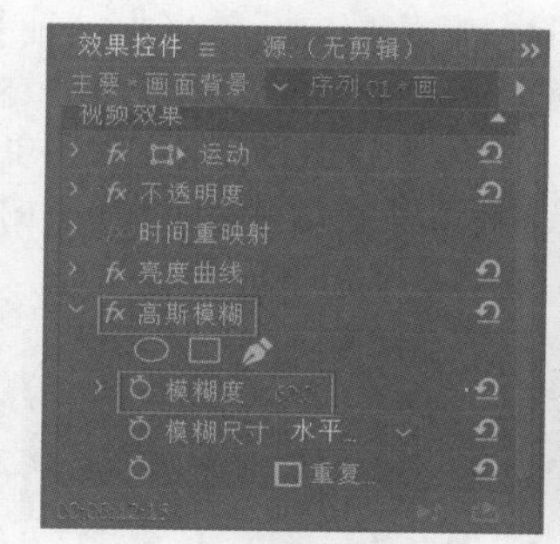
图 17.52

图 17.53

Part 02 制作字幕部分

步骤 01 制作字幕。将时间线滑动至3秒位置，在【工具】面板中单击T（文字工具）按钮，在工作区域顶部输入文字“||珍你对戒||”，如图17.54所示。接着选中文字，在【效果控件】面板中展开【文本】/【源文本】，设置合适的【字体系列】和【字体样式】，设置【字体大小】为65，【填充颜色】为白色，如图17.55所示。

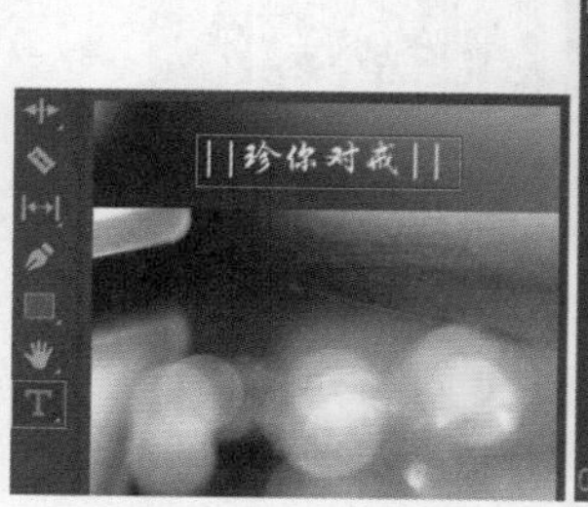

图 17.54

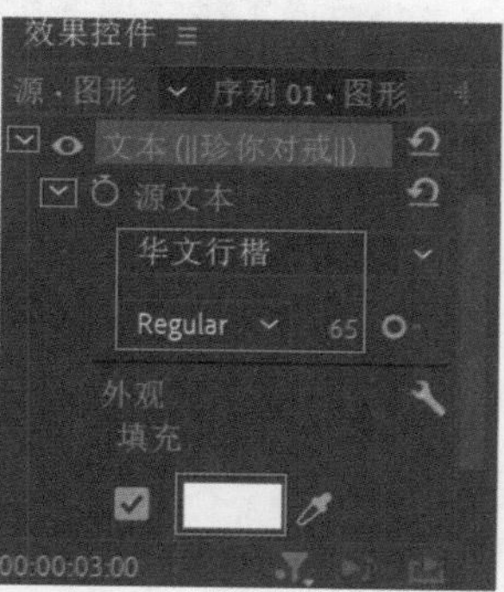

图 17.55

步骤 02 继续使用同样的方法在工作区域底部输入文字内容，如图17.56所示。

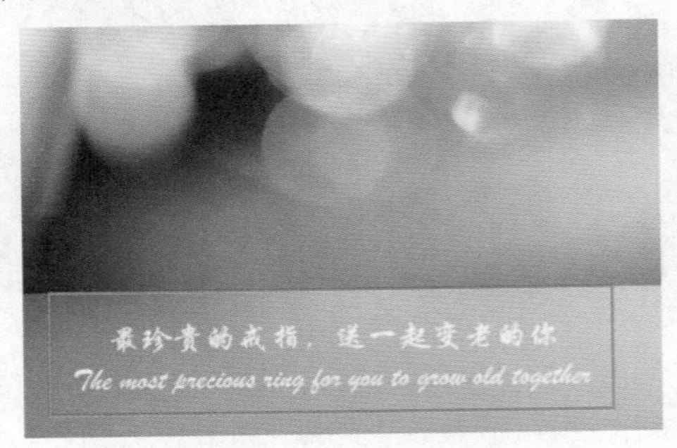

图 17.56

步骤 03 将时间线滑动到18秒15帧位置，在【时间轴】面板中设置V3轨道上的文字图层的结束时间为18秒15帧，接着将【项目】面板中的二维码.png素材文件拖曳到V3轨道上的文字图层的右侧，设置结束时间与下方的素材文件对齐，如图17.57所示。

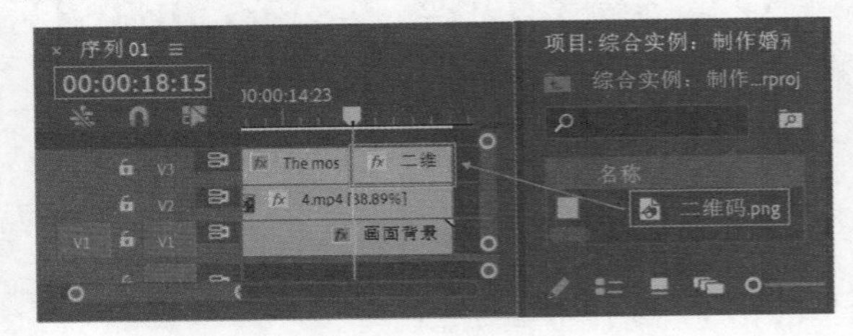

图 17.57

步骤 04 在【时间轴】面板中选择V3轨道上的二维码.png素材文件，在【效果控件】面板中设置【位置】为(391,543)，如图17.58所示。此时画面效果如图17.59所示。

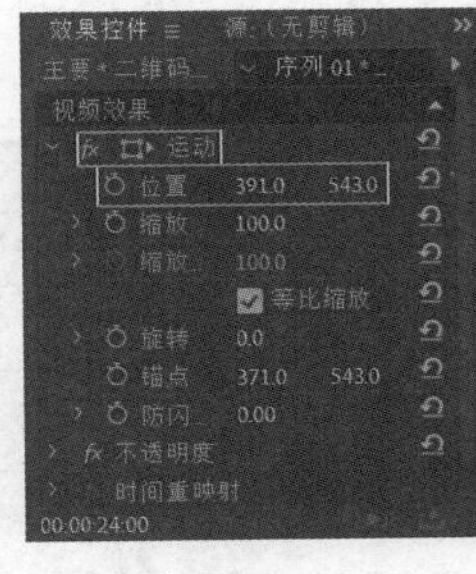

图 17.58

图 17.59

步骤 05 在【效果】面板中搜索【交叉溶解】，将该过渡效果拖曳到二维码.png素材文件的起始位置，如图17.60所示。

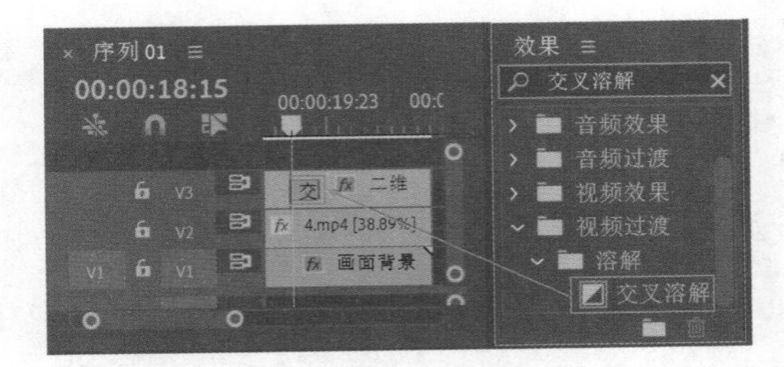

图 17.60

步骤 06 在【时间轴】面板中选择【交叉溶解】效果，在【效果控件】面板中设置【持续时间】为3秒，如图17.61所示。滑动时间线查看画面效果，如图17.62所示。

图 17.61

图 17.62

Part 03 为素材添加音频

步骤 01 在【项目】面板中将配乐素材拖曳到【时间轴】面板中的A1轨道上，如图17.63所示。

步骤 02 将时间线滑动到24秒位置，按C键将光标切换到【剃刀工具】，在当前位置剪辑音频素材，选择剪辑后的后半部分音频素材，按Delete键将其删除，如图17.64所示。

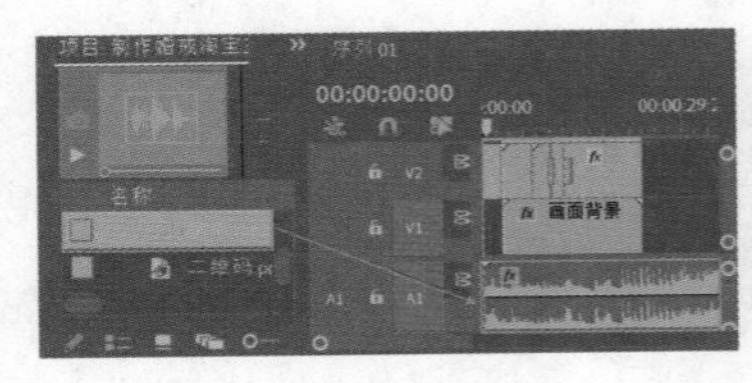

图 17.63

图 17.64

步骤 03 选择A1轨道上的音频素材文件，分别在起始位置、结束位置以及3秒和21秒位置添加关键帧，如图17.65所示。选择音频素材首尾位置的关键帧，按住鼠标左键向下拖动，制作淡入淡出效果，如图17.66所示。

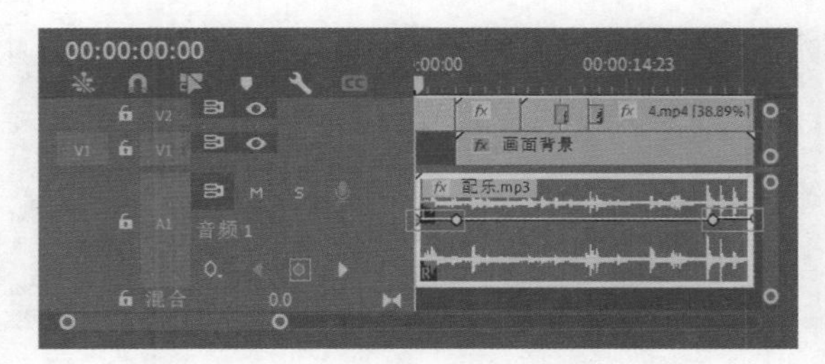

图 17.65

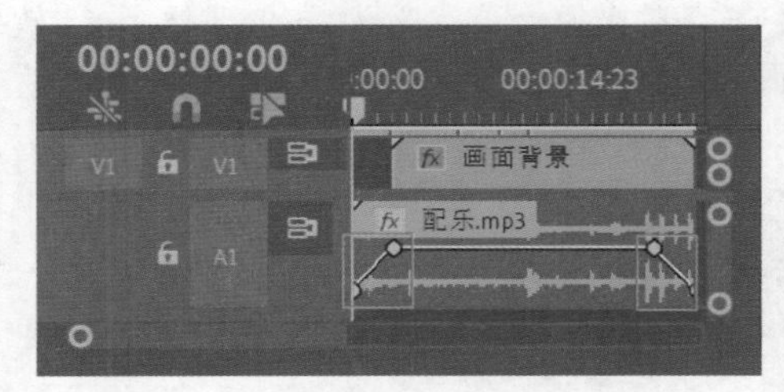

图 17.66

步骤 04 本实例制作完成，滑动时间线查看实例效果，如图17.67所示。

图 17.67

综合实例：每日轻食

扫一扫，看视频

文件路径：Chapter 17 自媒体视频制作综合应用→综合实例：每日轻食

自媒体时代以个人传播为主，是以现代化、电子化手段向不特定的大多数或者特定的单个人传递规范性及非规范性信息的媒介时代。本实例使用文字及过渡效果展示轻食的制作流程。实例效果如图17.68所示。

图 17.68

Part 01 视频剪辑

步骤 01 执行【文件】/【新建】/【项目】命令，新建一个项目。执行【文件】/【导入】命令，导入全部素材文件，如图17.69所示。

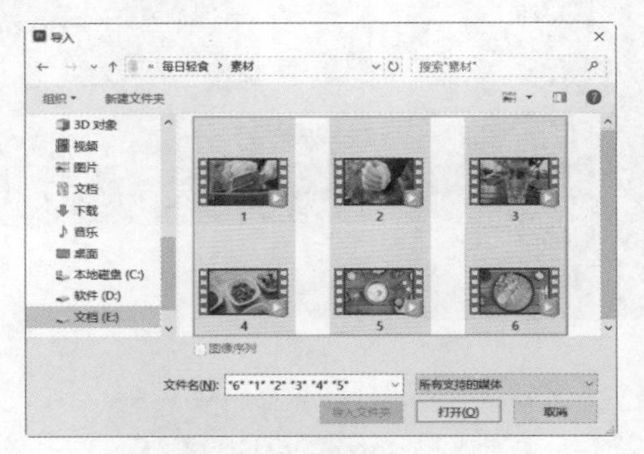

图 17.69

步骤 02 在【项目】面板中将1.mp4~4.mp4视频素材拖曳到V1轨道上，如图17.70所示。将时间线滑动到3秒20帧位置，按下C键将光标切换为【剃刀工具】，在当前位置剪辑，如图17.71所示。

步骤 03 选择后半部分1.mp4素材，右击执行【波纹删除】命令，如图17.72所示。此时后方素材自动向前跟进。

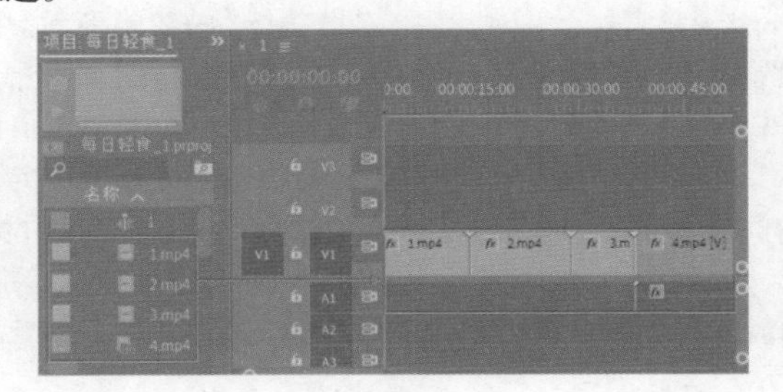

图 17.70

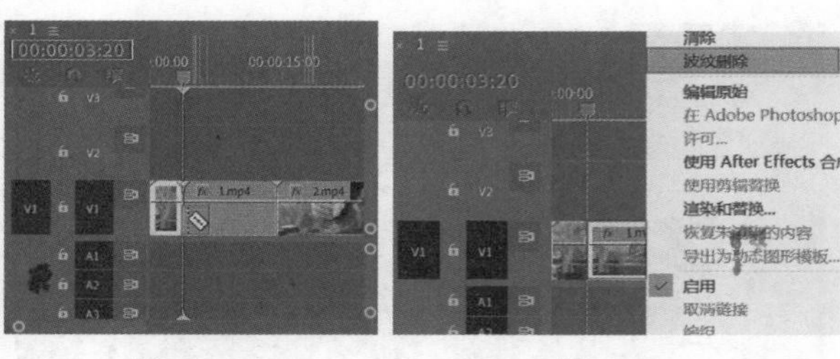

图 17.71　　图 17.72

步骤 04 选择2.mp4视频素材，右击执行【速度/持续时间】命令，在弹出的窗口中设置【速度】为200%，勾选【波纹编辑，移动尾部剪辑】，如图17.73所示。将时间线滑动到8秒5帧位置，在当前位置剪辑2.mp4素材，选择后半部分2.mp4素材，执行【波纹删除】命令，如图17.74所示。

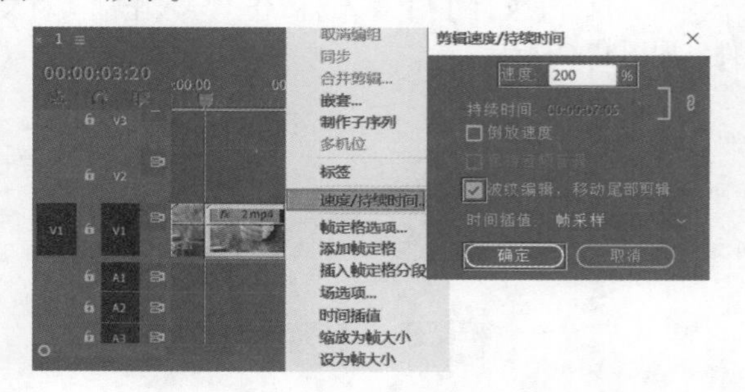

图 17.73

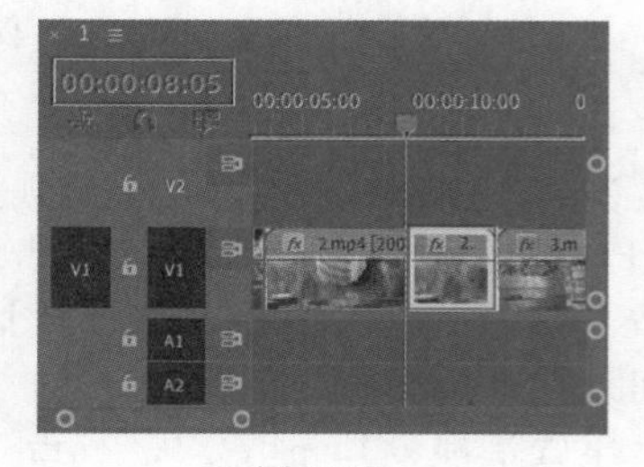

图 17.74

步骤 05 将时间线滑动到13秒位置，在当前位置剪辑3.mp4视频素材，并对其后半部分执行【波纹删除】命令；接着将时间线滑动到8秒5帧，在【效果控件】面板中开启【缩放】关键帧，设置【缩放】为380，如图17.75所示；继续将时间线滑动到11秒1帧，设置【缩放】为100。选择4.mp4素材文件，删除音频部分，将时间线滑动到18秒位置，选择（比率拉伸工具），将4.mp4的结束时间拖动到当前位置，此时素材持续时间缩短，速度加快，如图17.76所示。

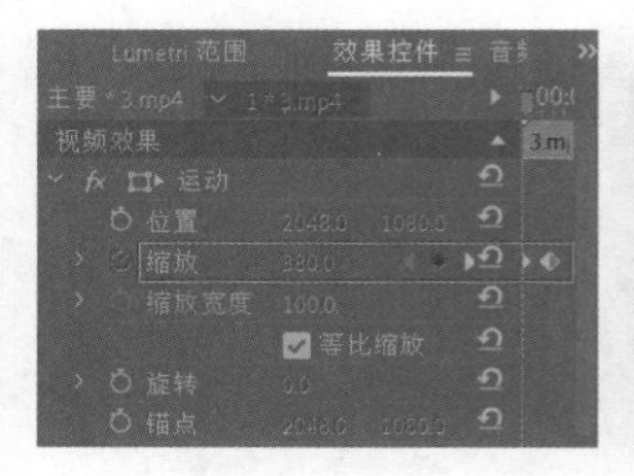

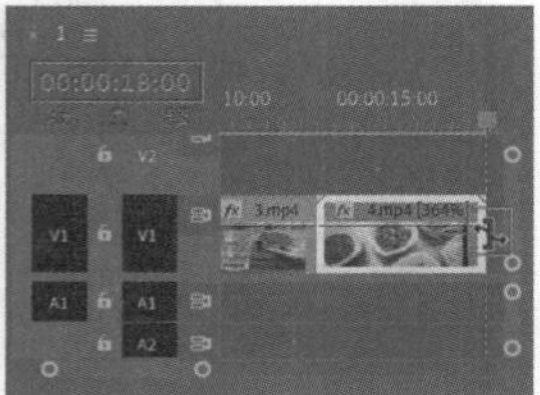

图 17.75　　图 17.76

步骤 06 调整画面大小。选择4.mp4素材，在【效果控件】面板中设置【缩放】为227，如图17.77所示。画面效果如图17.78所示。

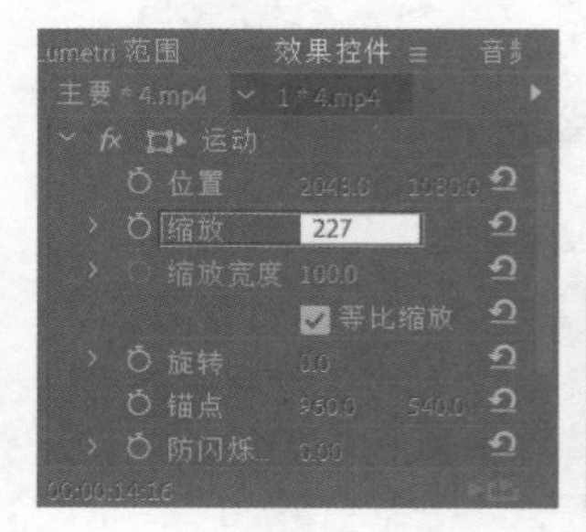

图 17.77　　图 17.78

步骤 07 将5.mp4素材拖曳到V2轨道上，设置起始时间为15秒，使用【比率拉伸工具】将结束时间设置为32秒，接着将6.mp4视频素材拖曳到V1轨道上，设置起始时间为30秒，如图17.79所示。

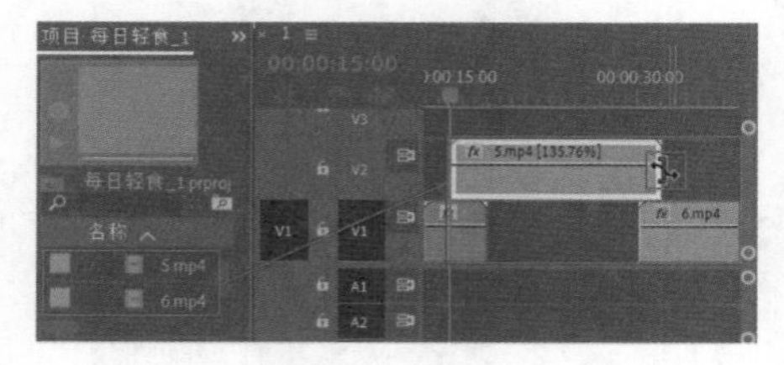

图 17.79

步骤 08 为视频添加过渡效果。在【效果】面板中搜索【胶片溶解】，将该效果拖曳到1.mp4和2.mp4素材的中间位置，如图17.80所示。

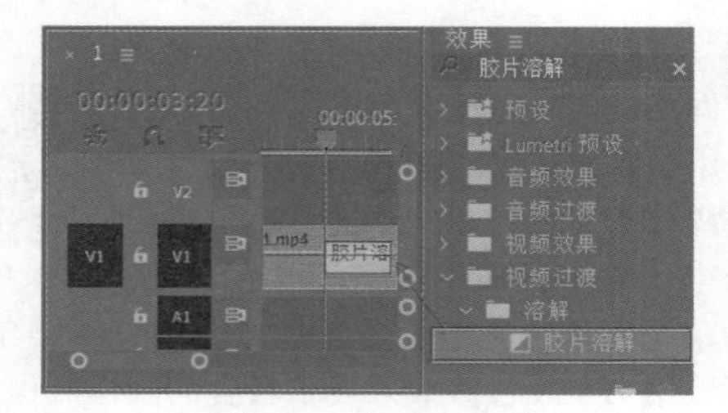

图 17.80

步骤 09 选择V1轨道上的【胶片溶解】，在【效果控件】面板中设置【持续时间】为2秒，如图17.81所示。滑动时间线查看画面效果，如图17.82所示。

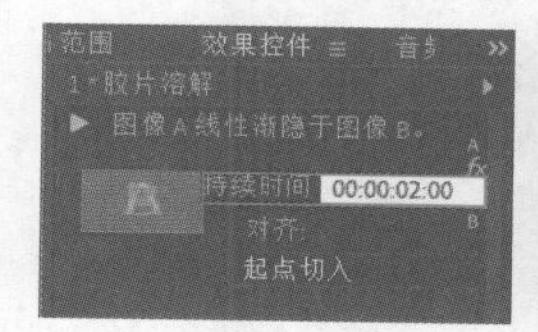

图 17.81

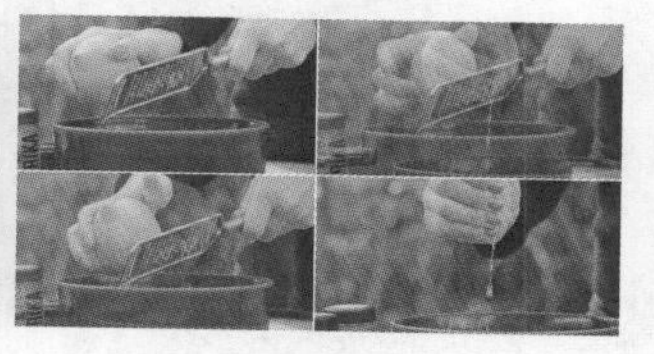
图 17.82

步骤 10 在【效果】面板中搜索【白场过渡】，将该效果拖曳到2.mp4和3.mp4素材的中间位置，如图17.83所示。使用同样的方式在【效果】面板中搜索【双侧平推门】，将效果拖曳到3.mp4和4.mp4素材的中间位置，如图17.84所示。

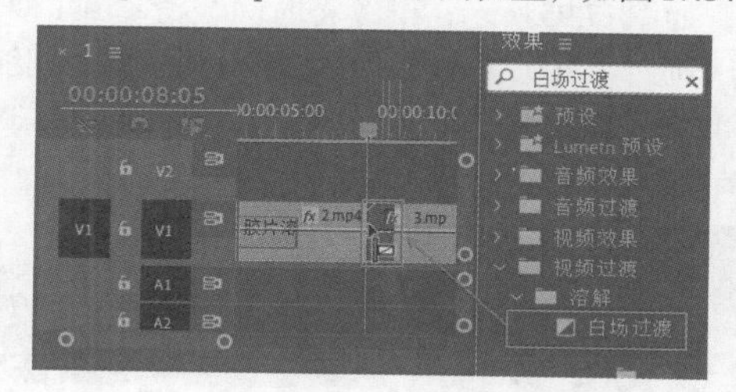

图 17.83

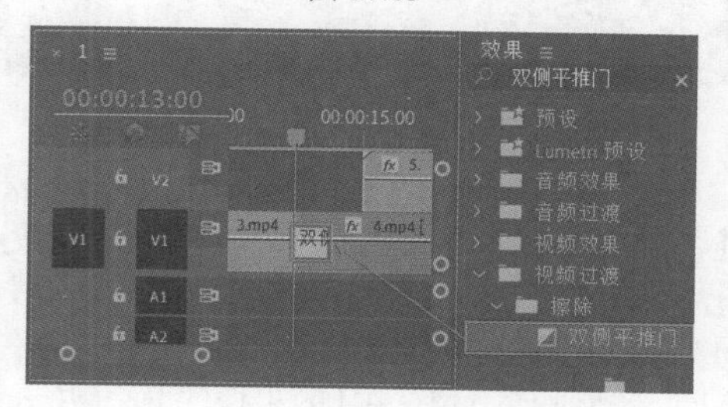

图 17.84

步骤 11 在【效果】面板中搜索【交叉溶解】，将该效果拖曳到V2轨道上的5.mp4素材的起始位置，如图17.85所示。将该过渡效果的持续时间设置为3秒，滑动时间线查看画面效果，如图17.86所示。

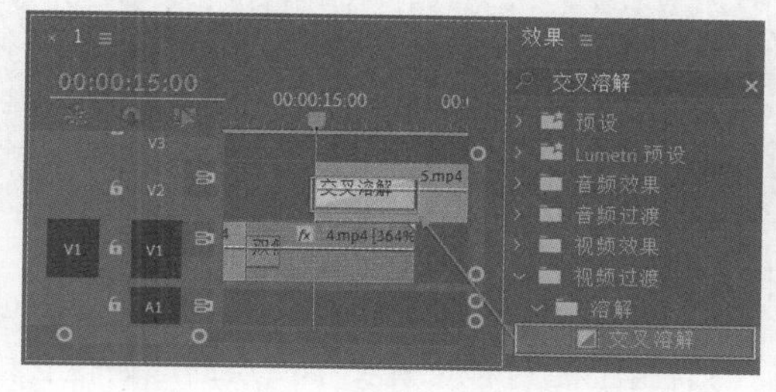

图 17.85

图 17.86

步骤 12 使用同样的方式将【交叉溶解】效果拖曳到5.mp4素材的结束位置，设置【持续时间】为2秒，接着将【黑场过渡】效果拖曳到6.mp4素材的结束位置，设置【持续时间】同样为2秒，如图17.87所示。此时滑动时间线的画面效果如图17.88所示。

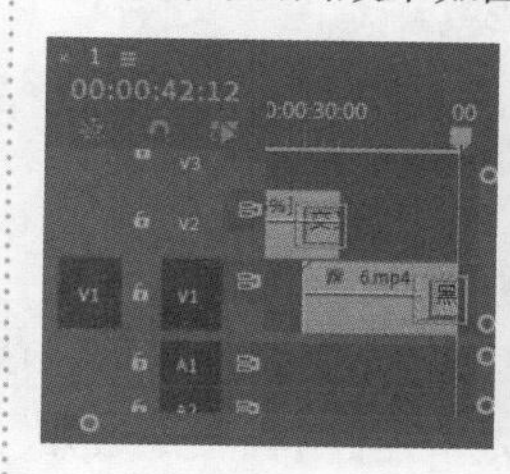

图 17.87

图 17.88

Part 02 制作字幕

步骤 01 将时间线滑动到起始位置。在【工具】面板中单击T（文字工具）按钮，在工作区域中合适的位置输入文字"低卡轻食"，如图17.89所示。接着在【效果控件】面板中展开【文本】/【源文本】，设置合适的【字体系列】和【字体样式】，设置【字体大小】为450，【颜色】为浅灰色，展开【变换】，设置【位置】为（1051.6,1128），如图17.90所示。

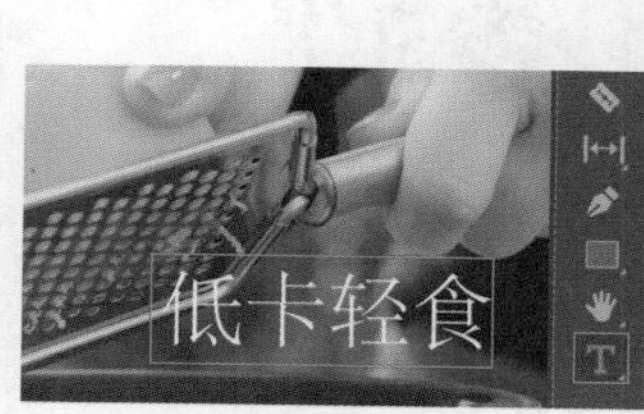

图 17.89

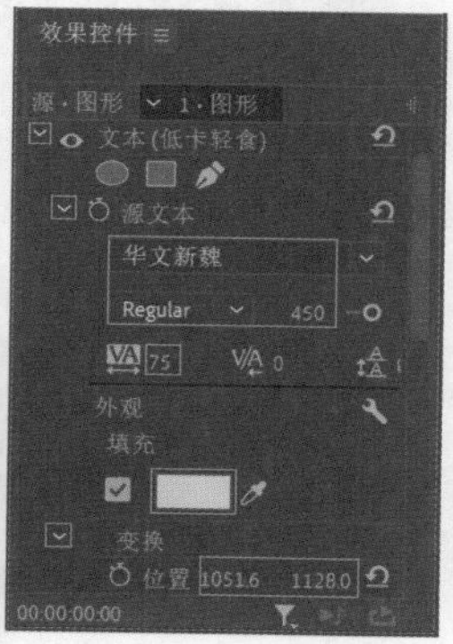

图 17.90

步骤 02 将时间线滑动至5秒位置，在【工具】面板中单击T（文字工具）按钮，在工作区域中合适的位置输入“挤出适量柠檬汁”，接着在【效果控件】面板中展开【文本】/【源文本】，设置合适的【字体系列】和【字体样式】，设置【字体大小】为260，设置【填充颜色】为浅灰色，接着展开【变换】，设置【位置】为（1827.6,1277.2），【旋转】为6°，如图17.91所示。

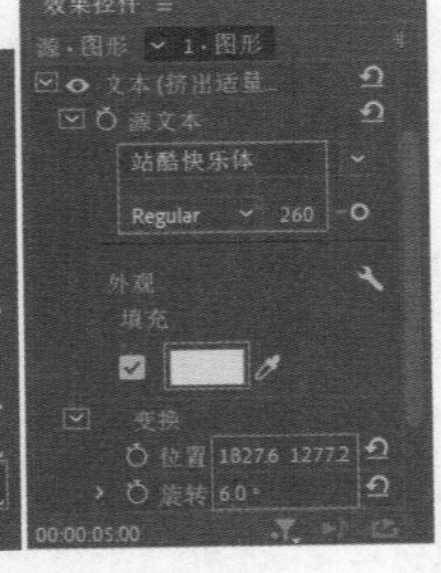

图 17.91

步骤 03 在【时间轴】面板选中5秒位置的文字图层，在【工具】面板中选择【钢笔工具】，在文字上方位置绘制一条弯曲的箭头形状，接着在【效果控件】面板中展开【形状（形状01）】/【外观】，取消勾选【填充】，勾选【描边】，设置【描边颜色】为浅灰色，【描边宽度】为15，【描边类型】为中心，如图17.92所示。

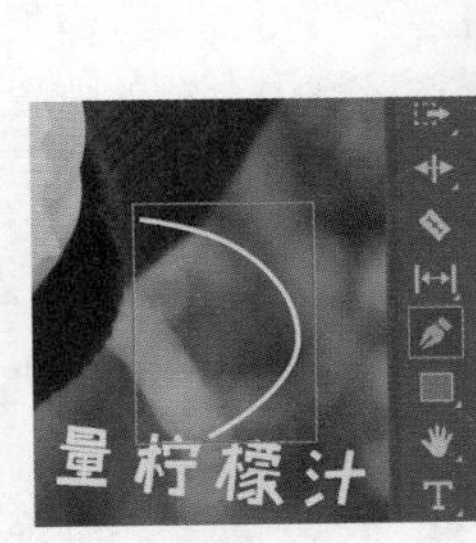

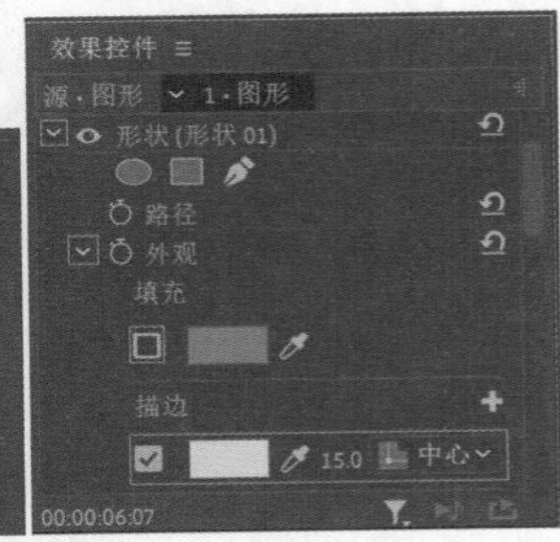

图 17.92

步骤 04 继续使用【钢笔工具】在文字图层选中状态下绘制图形，效果如图17.93所示。

图 17.93

步骤 05 继续使用同样的方法制作其他文字，滑动时间线查看画面效果，如图17.94所示。

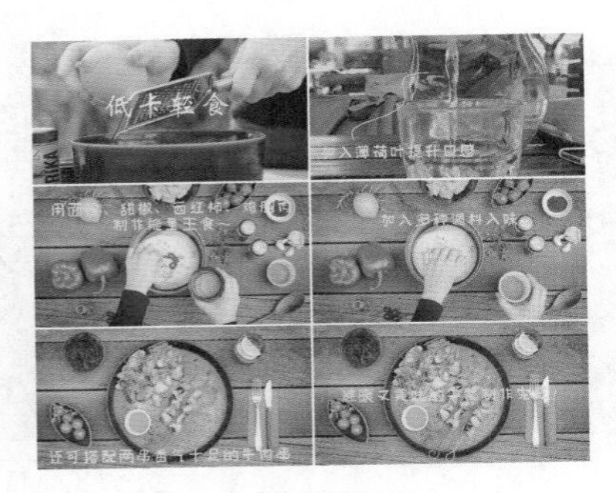

图 17.94

步骤 06 选择V3轨道上起始位置的文字图层，将时间线滑动到起始帧位置，在【效果控件】面板中开启【缩放】和【不透明度】关键帧，设置【缩放】为170，【不透明度】为0%，如图17.95所示；继续将时间线滑动到1秒位置，设置【缩放】为100，【不透明度】为100%；将时间线滑动到3秒位置，设置【不透明度】为0%。滑动时间线查看文字效果，如图17.96所示。

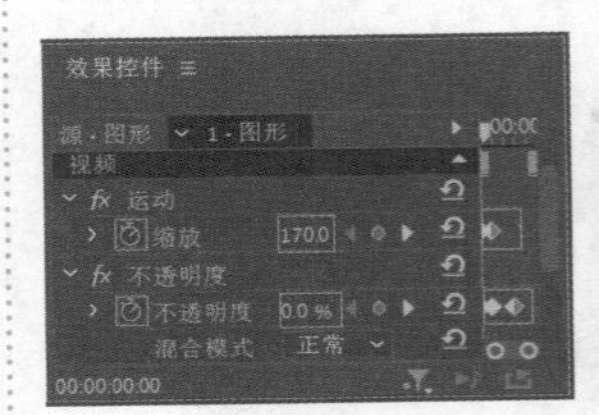

图 17.95

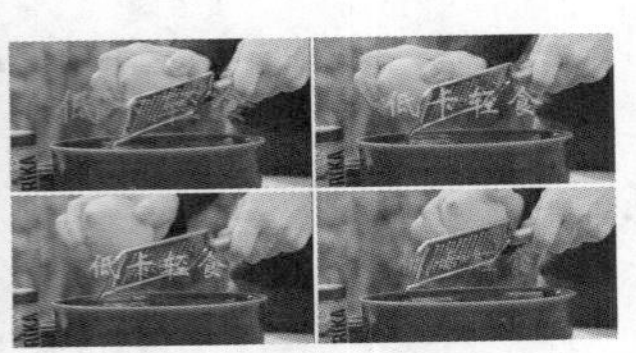

图 17.96

步骤 07 选择V3轨道上5秒位置的文字图层，在5秒位置单击【不透明度】前方的（切换动画）按钮，设置【不透明度】为0%，如图17.97所示；在5秒20帧位置设置【不透明度】为100%。选择V3轨道上8秒5帧位置的文字图层，将时间线滑动到8秒5帧，在【效果控件】面板中开启【缩放】和【不透明度】关键帧，设置【缩放】为300，【不透明度】为0%，如图17.98所示；将时间线滑动到10秒位置，设置【缩放】为100，【不透明度】为100%。

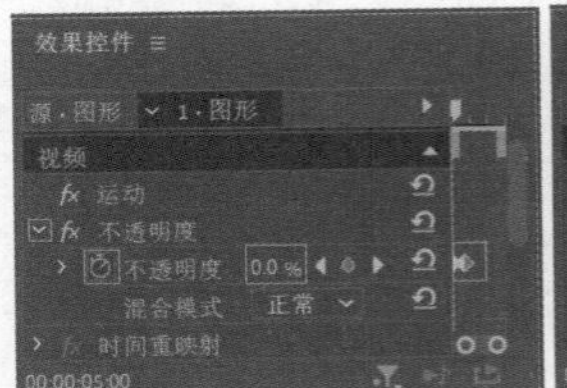

图 17.97

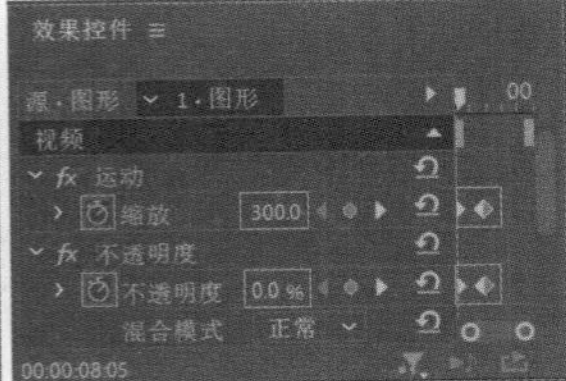

图 17.98

步骤 08 在【效果】面板中搜索【拆分】，将该效果拖曳到V3轨道上的14秒位置文字图层的起始位置，如图17.99所示，接着设置该过渡效果的持续时间为3秒。

继续在【效果】面板中搜索【带状内滑】【交叉溶解】及【带状擦除】，将效果依次拖曳到后方两两素材的中间位置，设置持续时间分别为3秒、3秒、2秒，如图17.100所示。

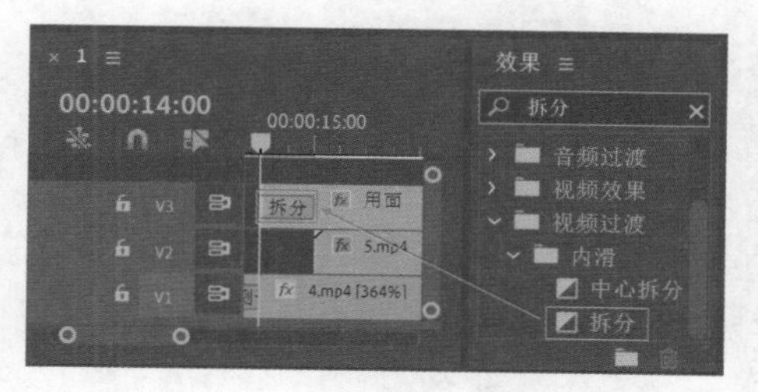

图 17.99

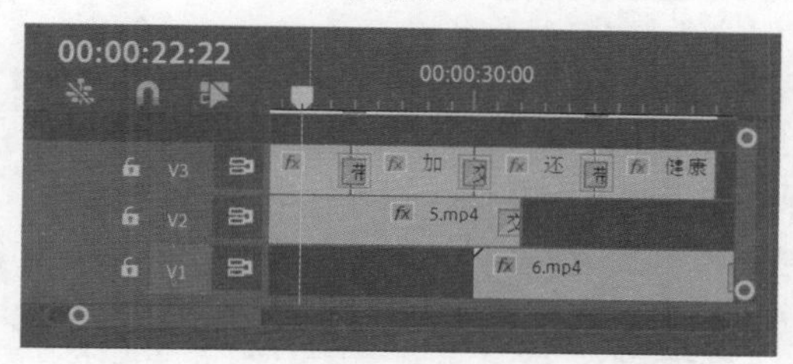

图 17.100

步骤 09 在【项目】面板中将配乐素材拖曳到A1轨道上，如图17.101所示。

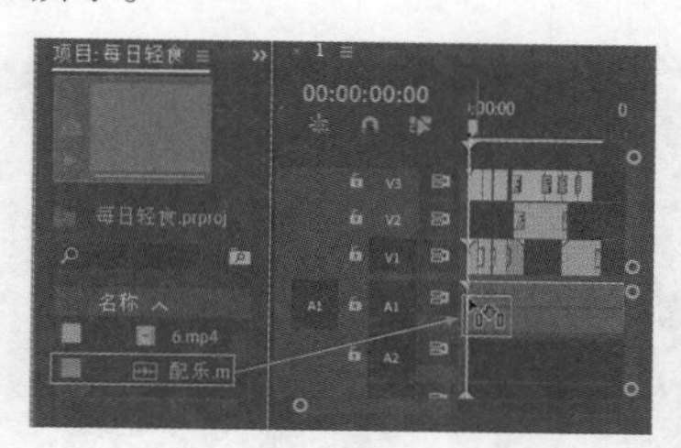

图 17.101

步骤 10 将时间线滑动到视频素材的结束位置，按C键将光标切换为【剃刀工具】，在当前位置剪辑音频素材，如图17.102所示。选择后半部分音频，按Delete键将音频删除，如图17.103所示。

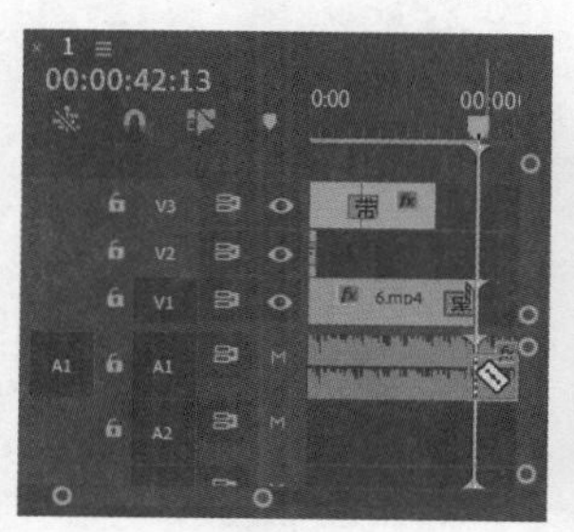

图 17.102

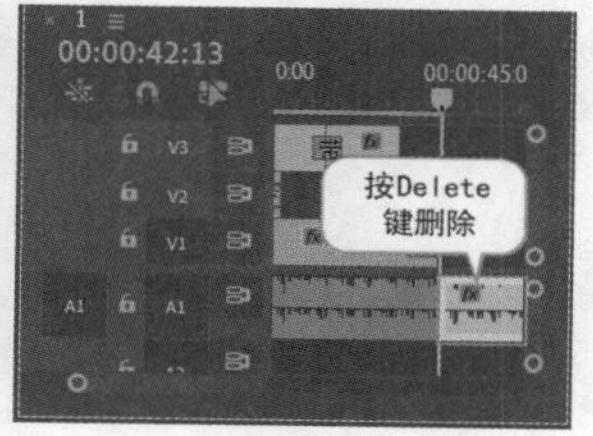

图 17.103

步骤 11 在【效果】面板中搜索【指数淡化】，将该效果拖曳到配乐素材的结束位置，如图17.104所示。

步骤 12 本实例制作完成，滑动时间线查看实例效果，如图17.105所示。

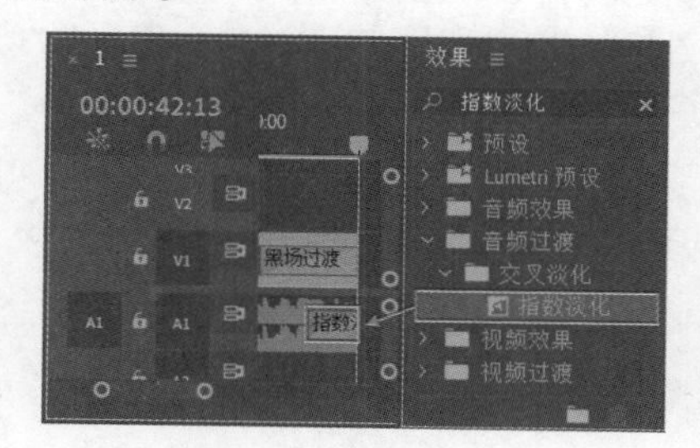

图 17.104

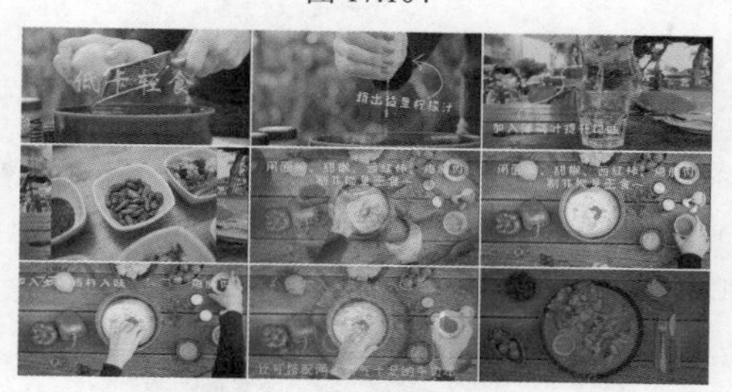

图 17.105

综合实例：朋友圈美肤直播课广告

文件路径：Chapter 17　自媒体视频制作综合应用→综合实例：朋友圈美肤直播课广告

扫一扫，看视频

本实例首先使用【高斯模糊】制作人像，使用【钢笔工具】制作四边形和五边形，最后使用动画预设制作文字动效。实例效果如图17.106所示。

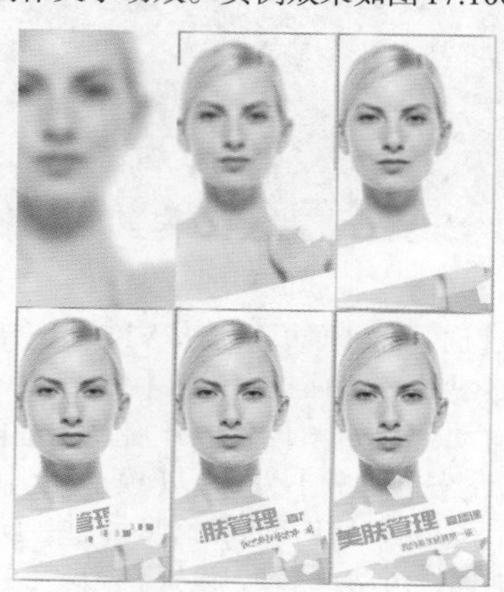

图 17.106

步骤 01 在Premiere Pro软件中新建一个项目，接着新建一个自定义序列，设置【帧大小】为1080，【水平】为1920，【时基】为24，【像素长宽比】为【方形像素(1.0)】。执行【文件】/【导入】/【文件】命令，在弹出的【导入】窗口中选择两个图片素材，选择完成后单击【打开】按钮，如图17.107所示。

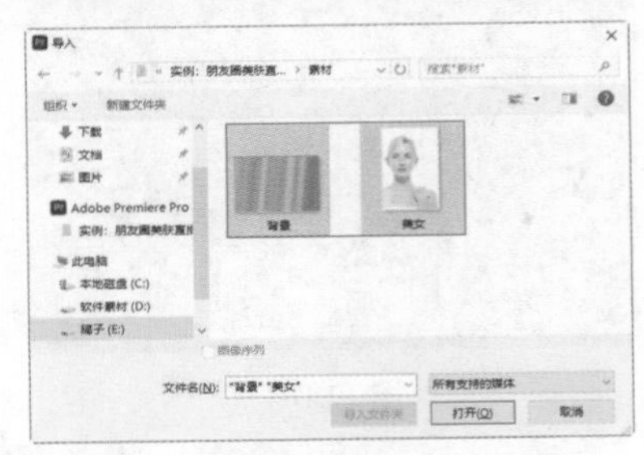

图 17.107

步骤 02 在【项目】面板中将美女.jpg素材拖曳到【时间轴】面板中的V1轨道上，如图17.108所示。在【效果】面板中搜索【高斯模糊】，按住鼠标左键将该效果拖曳到V1轨道的美女.jpg图层上，如图17.109所示。

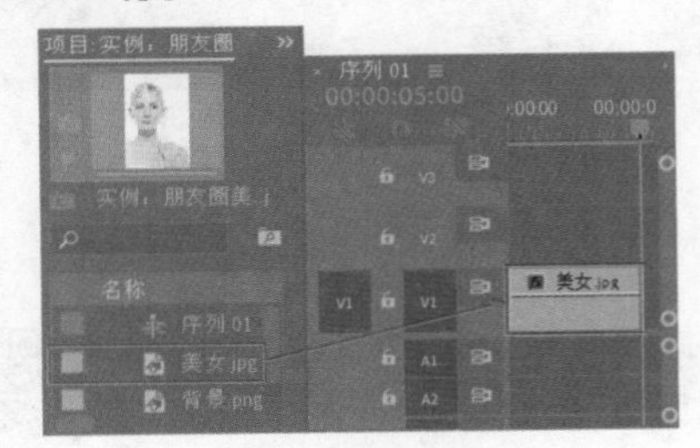

图 17.108

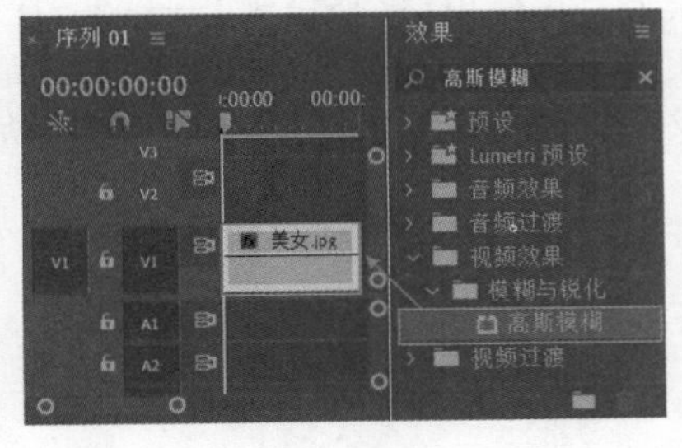

图 17.109

步骤 03 在【时间轴】面板中选择V1轨道上的美女.jpg图层，在【效果控件】面板中设置【位置】为(585,885)，将时间线滑动到起始帧位置，开启【缩放】【模糊度】关键帧，设置【缩放】为200，【模糊度】为50，如图17.110所示；继续将时间线滑动到1秒，设置【缩放】为130；将时间线滑动到3秒，设置【模糊度】为0。此时画面效果如图17.111所示。

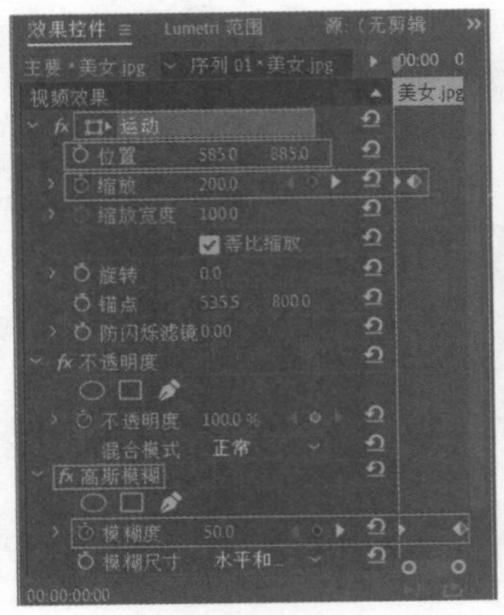

图 17.110

图 17.111

步骤 04 制作文字底部形状。执行【窗口】/【基本图形】命令，打开【基本图形】面板，在【基本图形】面板中单击【新建图层】按钮，选择【多边形】命令，如图17.112所示。接着在【对齐并变换】中设置【位置】为(455,1244.1)，【旋转】为-14°，【宽】为190，【高】为190，【边数】为5，在【外观】中设置【填充颜色】为土黄色，如图17.113所示。此时图形效果如图17.114所示。

步骤 05 使用同样的方式在画面底部绘制多个五边形，如图17.115所示。

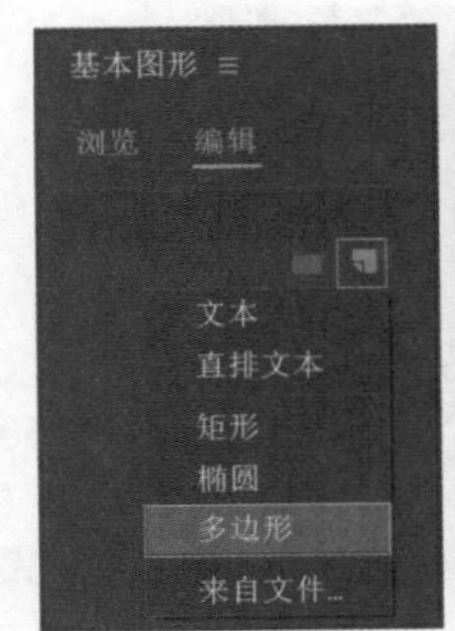

图 17.112

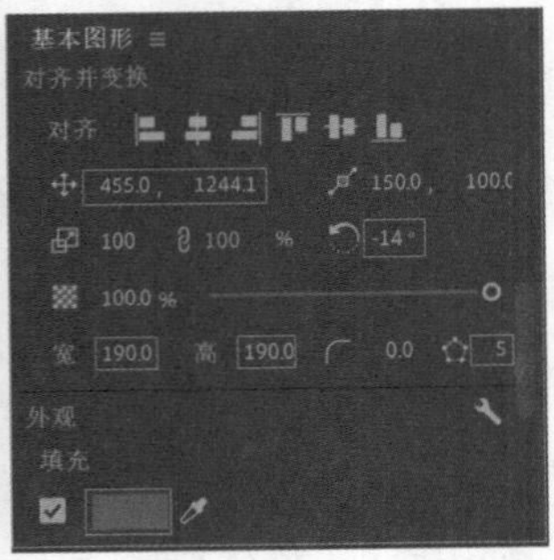

图 17.113

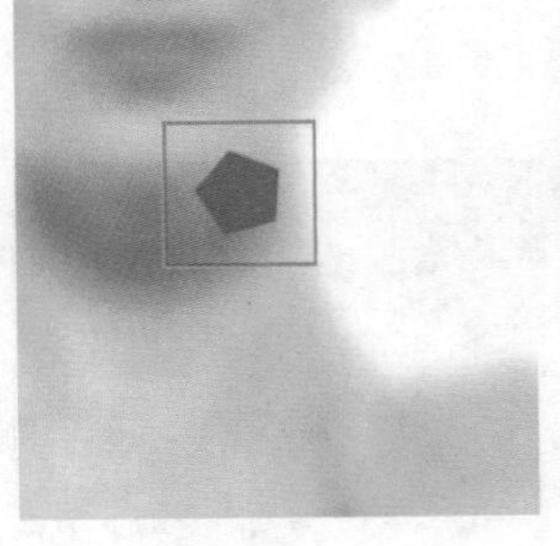

图 17.114

图 17.115

步骤 06 制作形状动画。首先在【时间轴】面板中选择V2轨道上的图形图层，将时间线滑动到20帧位置，在【效果控件】面板中开启【缩放】关键帧，设置【缩放】为275，如图17.116所示；继续将时间线滑动到2秒位置，设置【缩放】为100。接着选择V3轨道上的图形图层，将时间线滑动到起始帧位置，开启【旋转】关键帧位置，设置【旋转】为-116°；继续将时间线滑动到3秒15帧，设置【旋转】为0°,接着展开【不透明度】属性，设置【混合模式】为【颜色减淡】，如图17.117所示。

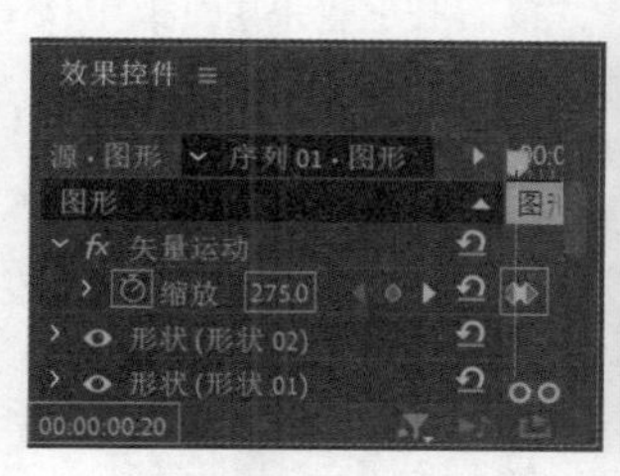

图 17.116

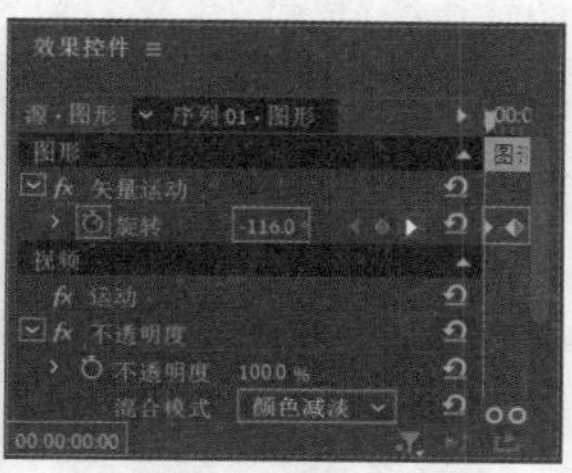

图 17.117

步骤 07 滑动时间线查看制作效果，如图17.118所示。

图 17.118

步骤 08 在【项目】面板中将背景.png素材拖曳到V4轨道上，将起始时间设置为20帧，结束时间与下方素材对齐，如图17.119所示。

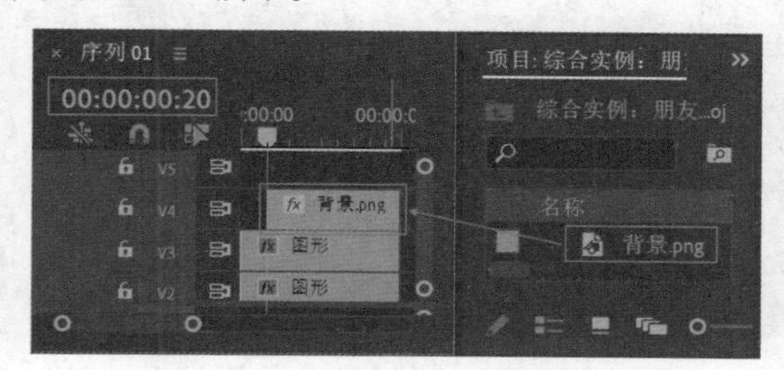

图 17.119

步骤 09 选择背景.png图层，在【效果控件】面板中设置【缩放】为275，展开【不透明度】属性，单击▢(创建4点多边形蒙版)按钮，在【节目监视器】面板中调整蒙版形状，设置【蒙版羽化】为0，勾选【已反转】，如图17.120所示。

图 17.120

步骤 10 在【效果】面板中搜索【螺旋框】，按住鼠标左键将该效果拖曳到V4轨道上的背景.png图层的起始位置，如图17.121所示。

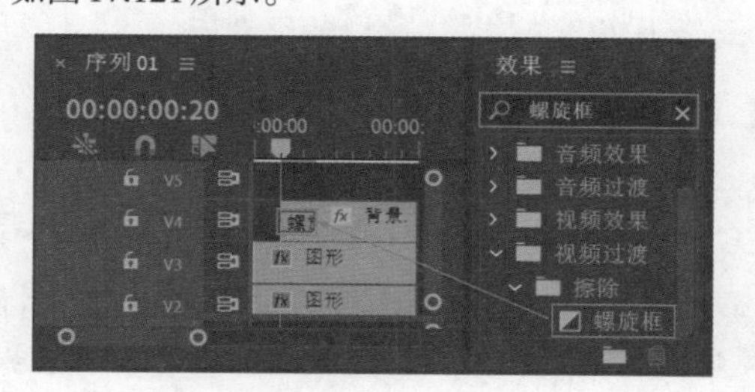

图 17.121

步骤 11 将螺旋框的【持续时间】设置为3秒，如图17.122所示。滑动时间线查看边框效果，如图17.123所示。

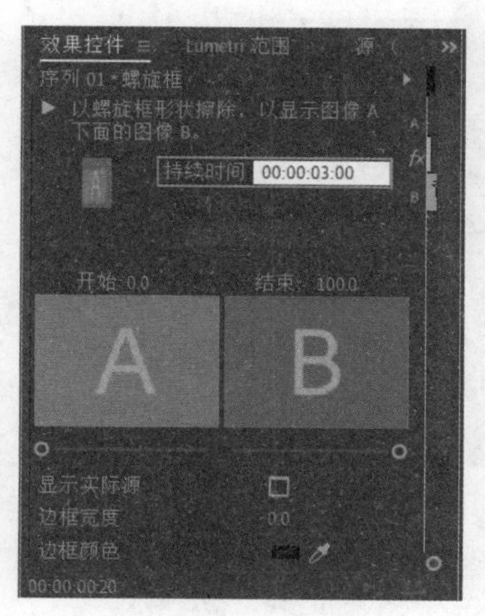

图 17.122

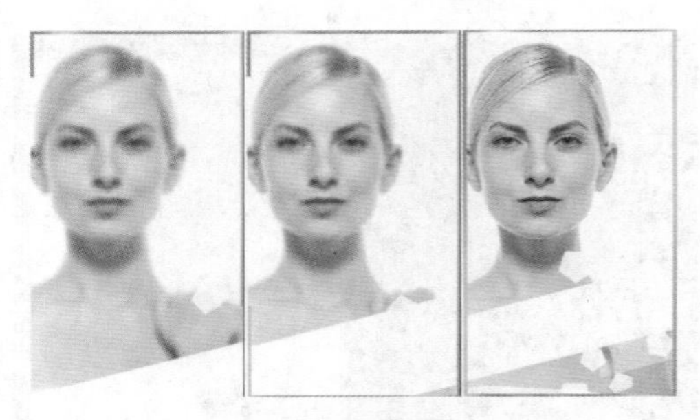

图 17.123

步骤 12 制作文字部分。将时间线滑动至2秒位置，在【工具】面板中单击T（文字工具）按钮，在画面合适位置单击输入文本，如图17.124所示。

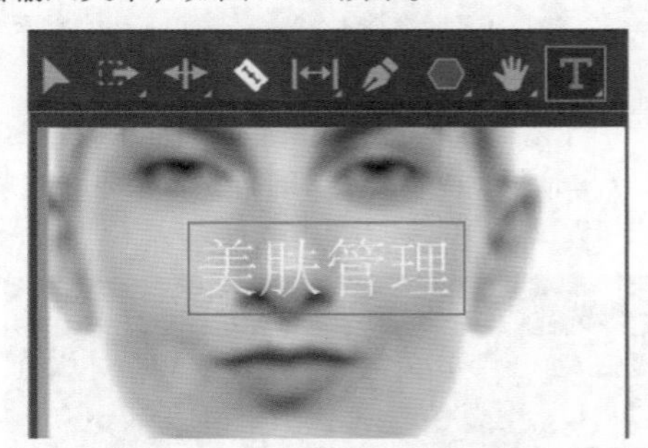

图 17.124

步骤 13 在文字图层选中状态下，在【效果控件】面板中展开【文本】/【源文本】，设置合适的【字体系列】和【字体样式】，设置【字体大小】为191，【填充颜色】为橙色；接着展开【变换】，设置【位置】为(59,1678)，【旋转】为-14°，如图17.125所示。此时文字效果如图17.126所示。

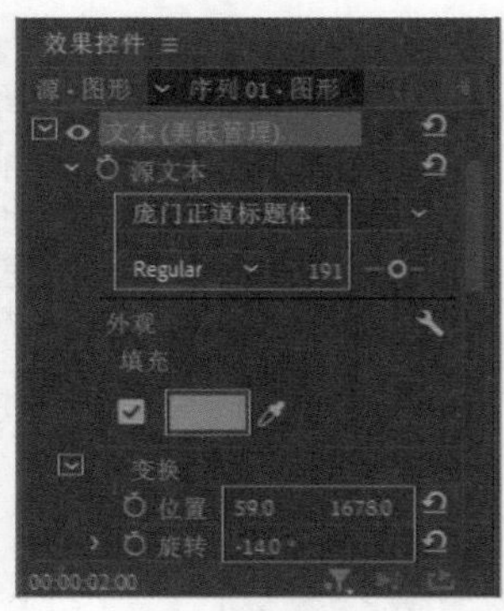

美肤管理

图 17.125　　图 17.126

步骤 14 在文字图层选中状态下，继续使用【文字工具】制作右侧文字，效果如图17.127所示。

图 17.127

步骤 15 在【时间轴】面板中设置V5轨道上的文字图层的结束时间与下方素材对齐，接着在【效果】面板中搜索【双侧平推门】，将该效果拖曳到V5轨道上的文字图层的起始位置，如图17.128所示。

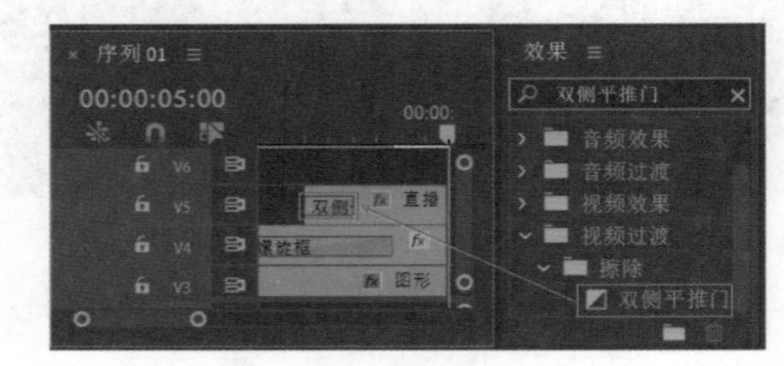

图 17.128

步骤 16 将时间线滑动至2秒位置，在【工具】面板中单击T（文字工具）按钮，在画面合适位置单击输入文本，接着在【效果控件】面板中设置合适的【字体系列】和【字体样式】，设置【字体大小】为51，【填充颜色】为肤色；接着展开【变换】，设置【位置】为(485,1660.3)，【旋转】为-14°，如图17.129所示。

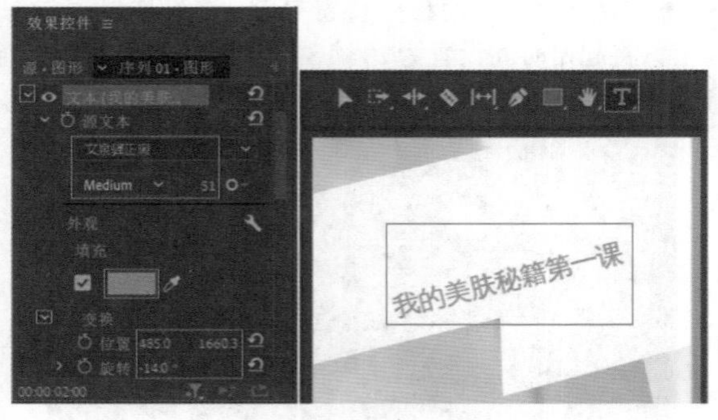

图 17.129

步骤 17 在【时间轴】面板中设置V6轨道上的文字图层的结束时间与下方素材对齐，接着在【效果】面板中搜索【马赛克入点】，将该效果拖曳到V6轨道的文字图层上，如图17.130所示。

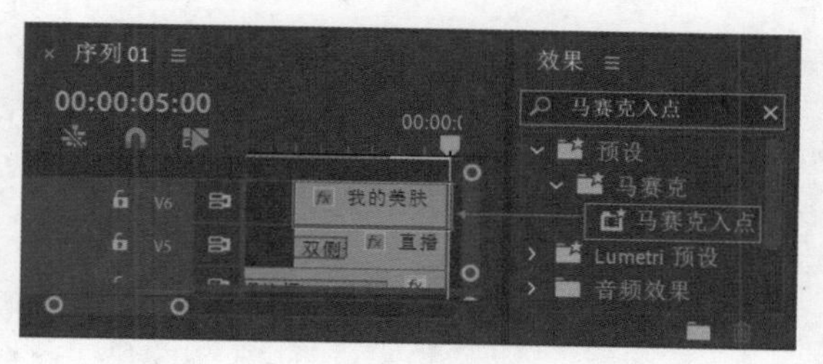

图 17.130

步骤 18 本实例制作完成，滑动时间线查看实例效果，如图 17.131 所示。

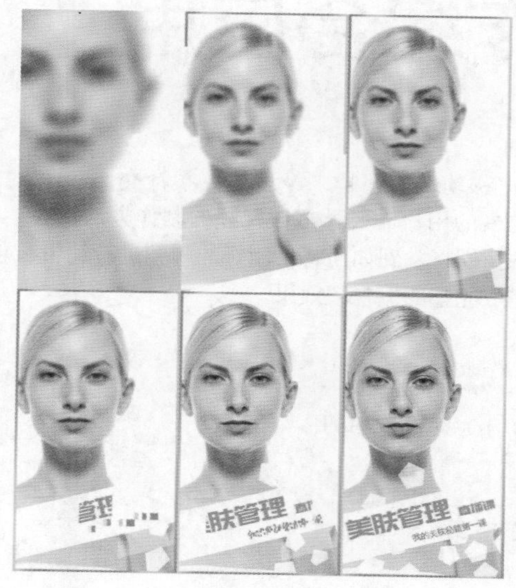

图 17.131

Chapter 18

第18章

短视频制作综合应用

本章内容简介：

随着移动互联网的不断发展，移动端出现越来越多的视频社交App，如抖音、快手、微博等，这些App中越来越多的用户需要学习短视频的制作方法。在本章将学习短视频的制作方法，通过本章我们将学到如何将录制好的视频进行编辑、包装、添加文字、转场、动画等，最终完成完整的短视频效果。

重点知识掌握：

- 短视频制作的步骤
- 为视频添加动画、效果、转场、字幕综合应用

综合实例：制作Vlog片头

扫一扫，看视频

文件路径：Chapter 18 短视频制作综合应用→综合实例：制作Vlog片头

拉幕式Vlog常用于短视频或电影开头部分，穿插自身特色所在的手法，呈现出优良画质，以吸引观众。本实例主要使用【黑场视频】制作遮幕动画，使用【轨道遮罩键】制作镂空文字。实例效果如图18.1所示。

图 18.1

步骤 01 执行【文件】/【新建】/【项目】命令，新建一个项目。执行【文件】/【导入】命令，导入视频素材文件，如图18.2所示。

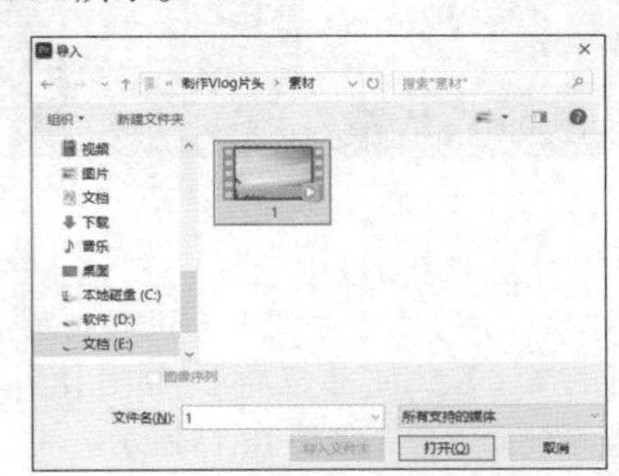

图 18.2

步骤 02 在【项目】面板中将1.mp4视频素材拖曳到【时间轴】面板中的V1轨道上，如图18.3所示，此时在【项目】面板中自动生成序列。

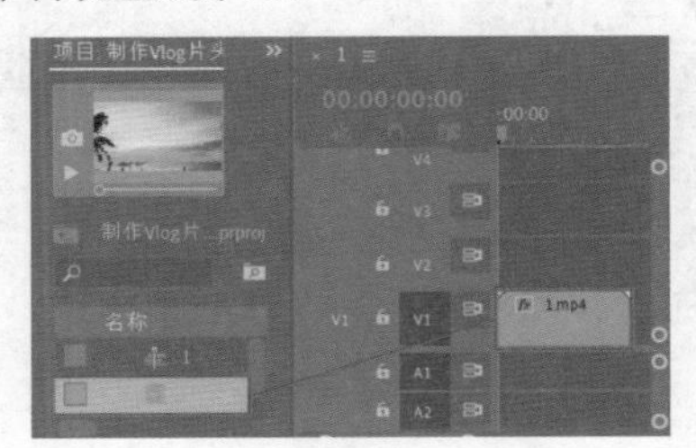

图 18.3

步骤 03 执行【新建】/【黑场视频】命令，如图18.4所示。

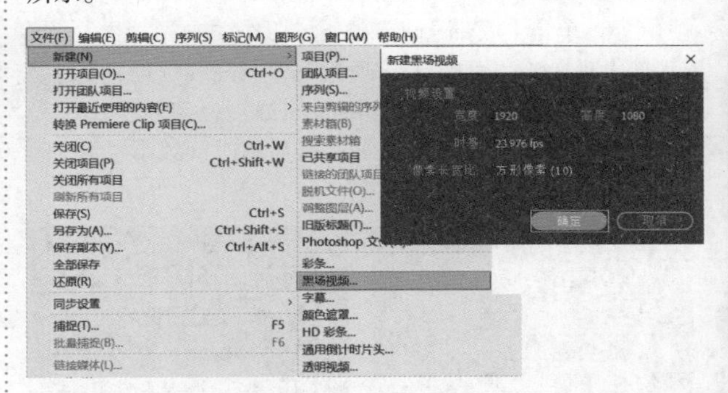

图 18.4

步骤 04 在【时间轴】面板中将【黑场视频】拖曳到V2、V3轨道上，设置结束时间与下方的1.mp4素材文件对齐，如图18.5所示。

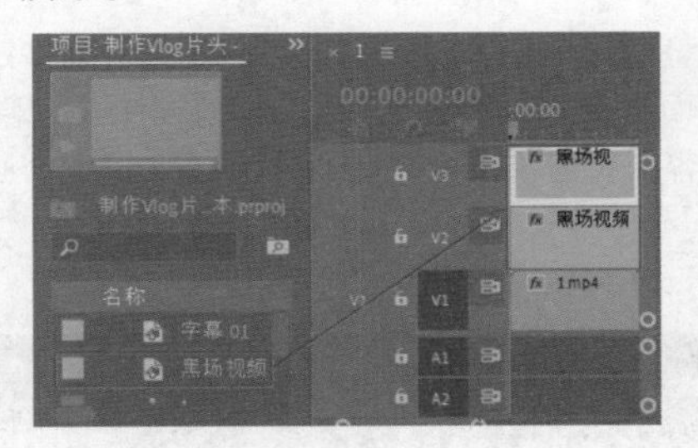

图 18.5

步骤 05 在【效果】面板中搜索【裁剪】，将该效果拖曳到【时间轴】面板中的两个【黑场视频】上，如图18.6所示。

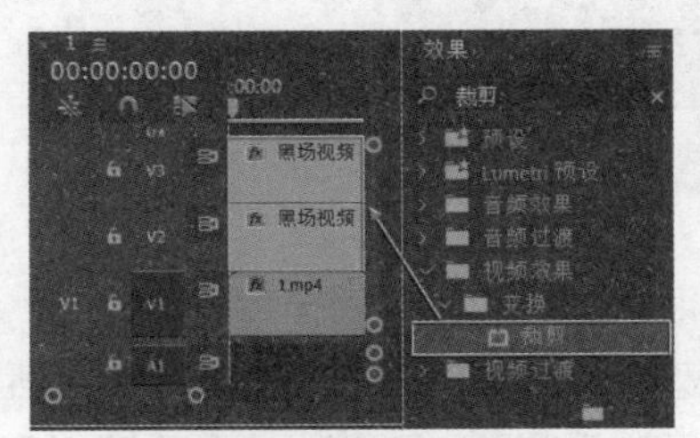

图 18.6

步骤 06 在【时间轴】面板中单击 （切换轨道输出）按钮，隐藏V3轨道，接着选择V2轨道上的【黑场视频】，在【效果控件】面板中展开【裁剪】效果，将时间线滑动到起始帧位置，单击【顶部】前方的 （切换动画）按钮，开启自动关键帧，设置【顶部】为100%，如图18.7所示；将时间线滑动到3秒位置，设置【顶部】为85%；继续将时间线滑动到5秒10帧位置，同样设置【顶部】为85%；最后将时间线滑动到7秒位置，设置【顶部】为100%。

步骤 07 显现并选择V3轨道上的【黑场视频】，在【效果控件】面板中展开【裁剪】效果，将时间线滑动到起始帧位置，单击【底部】前方的 (切换动画)按钮，设置【底部】为100%，如图18.8所示；将时间线滑动到3秒位置，设置【底部】为58%；将时间线滑动到5秒10帧位置，设置【底部】同样为58%；最后将时间线滑动到7秒位置，设置【底部】为100%。

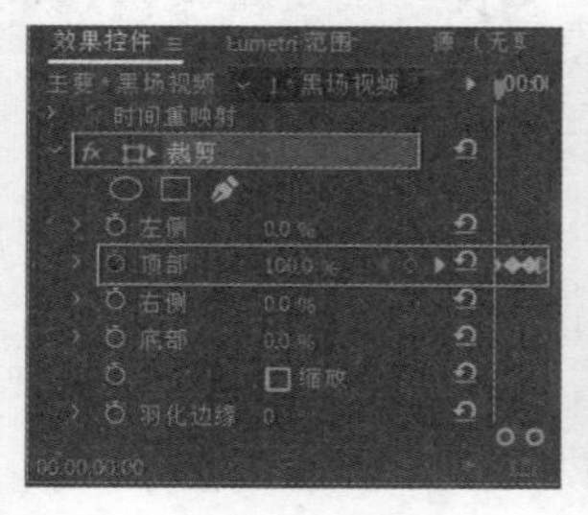

图 18.7

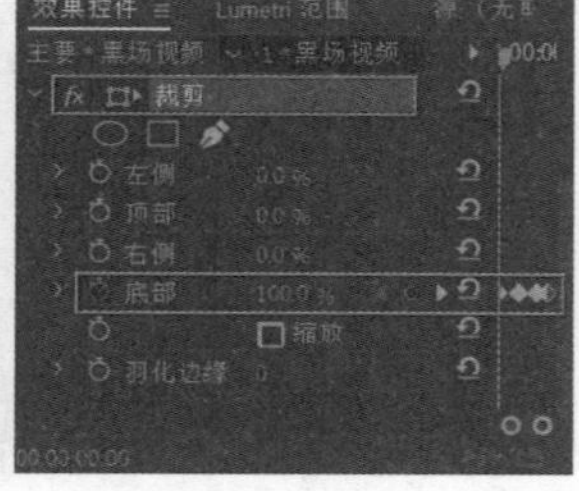

图 18.8

步骤 08 制作文字部分。将时间线滑动至起始位置，在【工具】面板中选择 T (文字工具)，在工作区域中输入文字内容，接着在【效果控件】面板中设置合适的【字体系列】和【字体样式】，设置【字体大小】为220，【填充颜色】为白色，如图18.9所示。

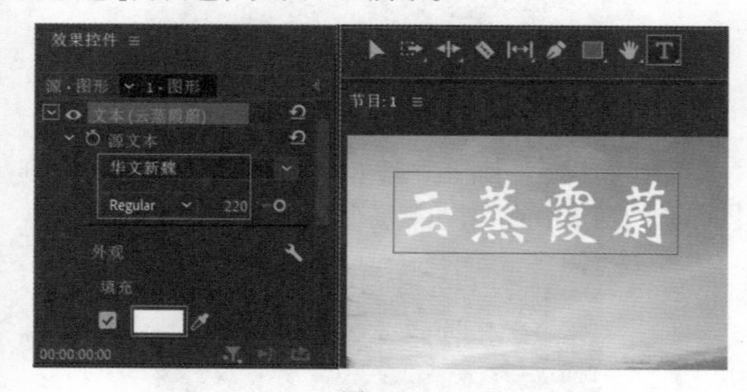

图 18.9

步骤 09 设置完成后，在【时间轴】面板中设置【文字图层】的结束时间与下方素材对齐，如图18.10所示。

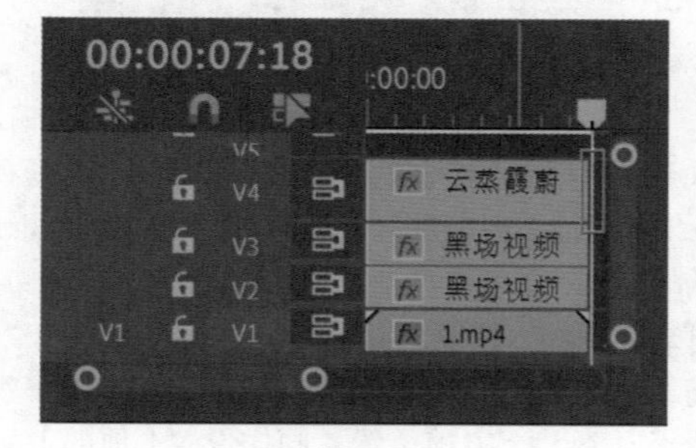

图 18.10

步骤 10 制作不透明度动画文字。在【时间轴】面板中选择V4轨道上的【文字图层】，在【效果控件】面板中展开【不透明度】属性，将时间线滑动到2秒8帧位置，单击【不透明度】前方的 (切换动画)按钮，设置【不透明度】为0%；继续将时间线滑动到3秒15帧位置，设置【不透明度】为100%，如图18.11所示。滑动时间线查看文字效果，如图18.12所示。

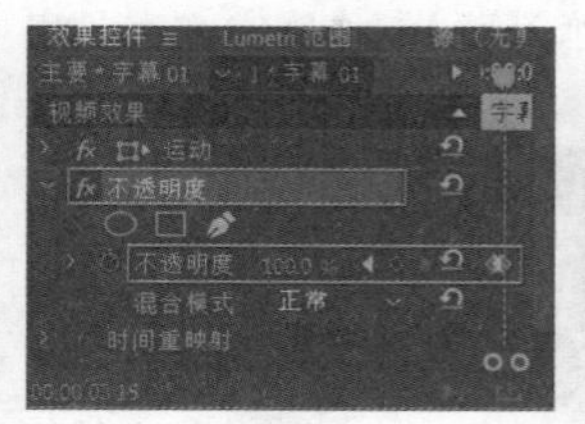

图 18.11

图 18.12

步骤 11 制作镂空文字效果。在【效果】面板中搜索【轨道遮罩键】，将该效果拖曳到V3轨道的【黑场视频】上，如图18.13所示。

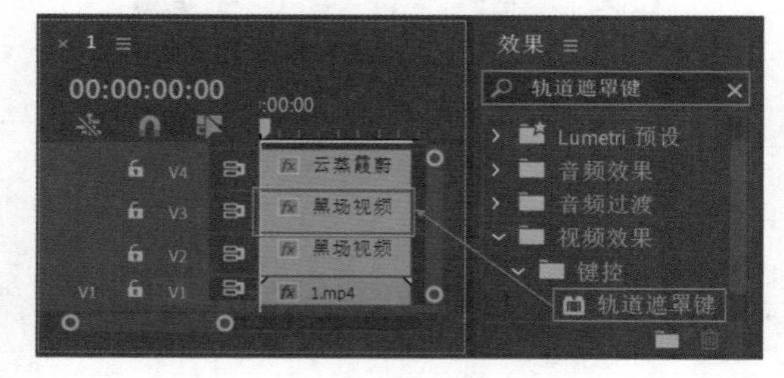

图 18.13

步骤 12 在【时间轴】面板中选择V3轨道上的【黑场视频】，在【效果控件】面板中展开【轨道遮罩键】，设置【遮罩】为【视频4】，勾选【反向】，如图18.14所示。滑动时间线查看画面效果，如图18.15所示。

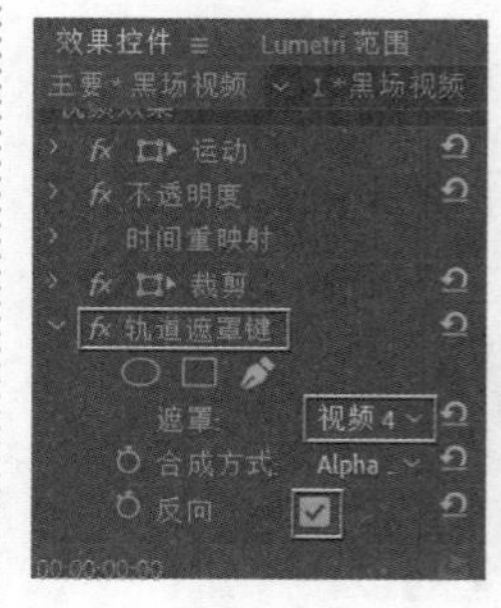

图 18.14

图 18.15

综合实例：抖音弹跳字幕

文件路径：Chapter 18 短视频制作综合应用→综合实例：抖音弹跳字幕

扫一扫，看视频

抖音中常用的弹跳字幕一般应用到视频画面的开始位置，多以单色背景为主，简单清晰，使文字直观入目。本实例首先标记出音乐节奏，使用【颜色遮罩】及【旧版标题】制作节奏性快闪字幕。实例效果如图18.16所示。

步骤 01 执行【文件】/【新建】/【项目】命令，新建一个项目。在【项目】面板的空白处右击，执行【新建项目】/【序列】命令，弹出【新建序列】窗口，在DV-PAL文件夹下选择【标准48kHz】。执行【文件】/【导入】命令，导入音频素材文件，如图18.17所示。将【项目】面板中的配乐.mp3音频素材拖曳到A1轨道上，如图18.18所示。

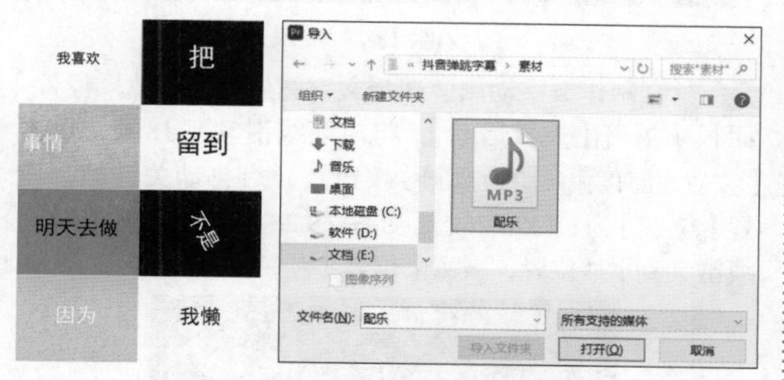

图 18.16　　图 18.17

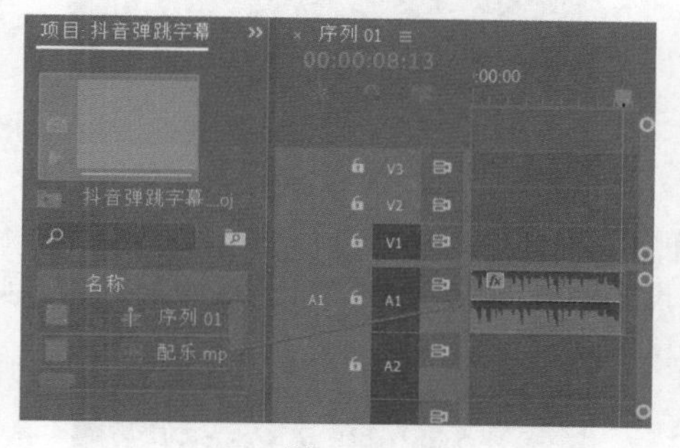

图 18.18

步骤 02 将时间线滑动到起始帧位置，单击▶（播放/停止切换）按钮聆听配乐，观察音频波形图，在节奏感强烈的位置按M键快速添加标记，此时在【时间轴】面板中添加15个标记，如图18.19所示。

步骤 03 制作文字背景。执行【文件】/【新建】/【颜色遮罩】命令，在弹出的【拾色器】窗口中设置颜色为白色，颜色设置完成后设置遮罩的名称为【颜色遮罩1】，如图18.20所示。

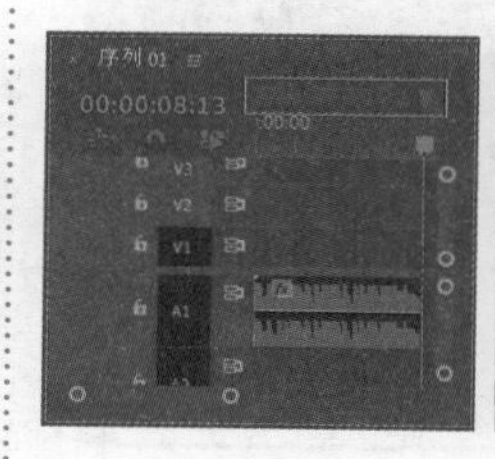

图 18.19

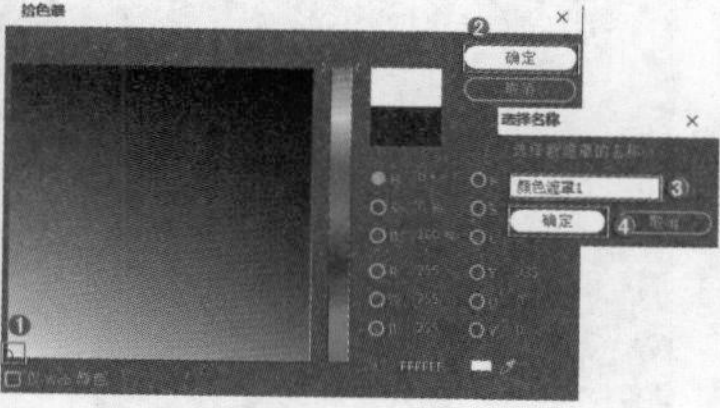

图 18.20

步骤 04 使用同样的方式再次新建13个不同颜色的颜色遮罩，将时间线滑动到起始帧位置，在【项目】面板中选择【颜色遮罩1】~【颜色遮罩14】，单击【项目】面板下方的（自动匹配序列）按钮，在弹出的【匹配自动化】窗口中设置【放置】为【在未编号标记】，此时颜色遮罩的持续时间按照标记自动进行匹配剪辑，如图18.21和图18.22所示。

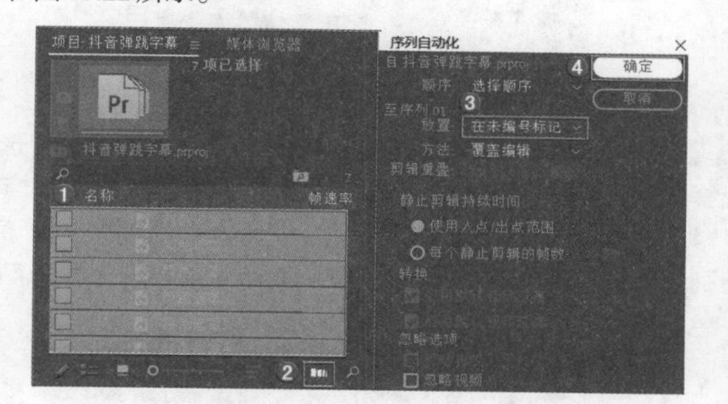

图 18.21

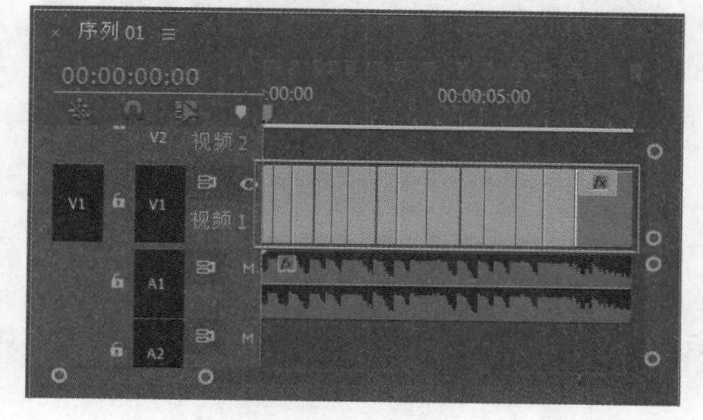

图 18.22

步骤 05 制作文字部分，将时间线滑动至起始位置，在【工具】面板中选择T（文字工具），在工作区域中心位置输入文字“我喜欢”，接着在【效果控件】面板中设置合适的【字体系列】和【字体样式】，设置【字体大小】为95，【填充颜色】为黑色，如图18.23所示。

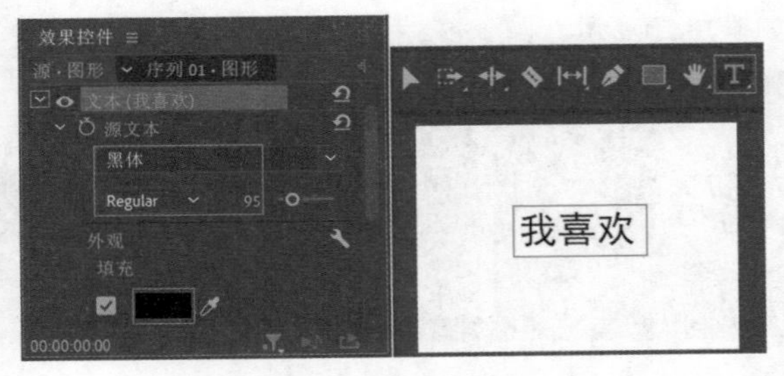

图 18.23

步骤 06 将时间线滑动至7帧位置，在【时间轴】面板中设置文字图层的结束时间为7帧，如图18.24所示。

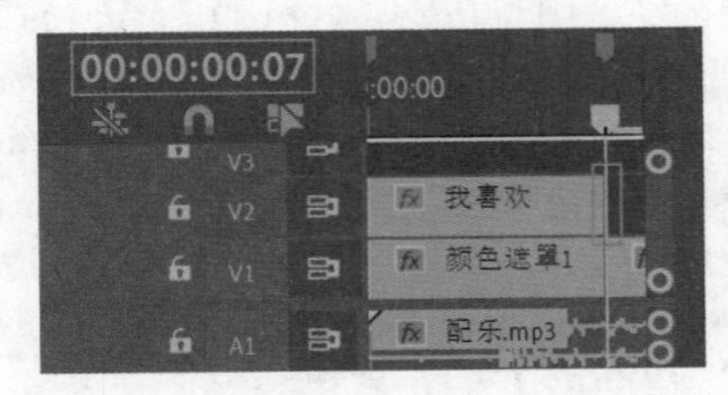

图 18.24

步骤 07 将时间线滑动至7帧位置，在【工具】面板中选择T（文字工具），在工作区域中的合适位置输入文字"把"，接着在【效果控件】面板中设置合适的【字体系列】和【字体样式】，设置【字体大小】为145，【填充颜色】为白色，如图18.25所示。

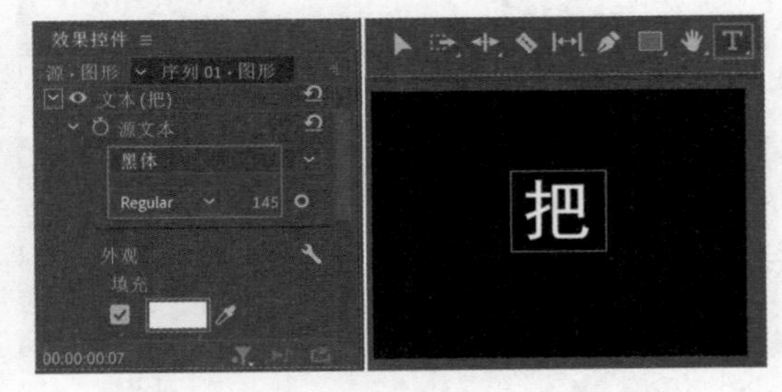

图 18.25

步骤 08 将时间线滑动至18帧位置，在【时间轴】面板中设置V2轨道文字"把"的结束时间为18帧，如图18.26所示。

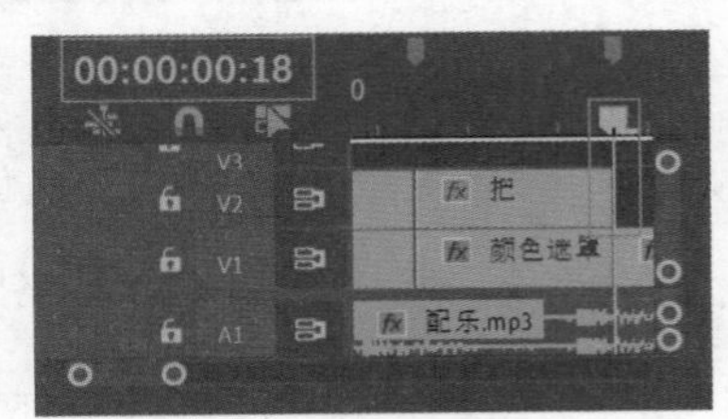

图 18.26

步骤 09 将时间线滑动至18帧位置，在【工具】面板中选择T（文字工具），在工作区域中的合适位置输入文字"事情"，接着在【效果控件】面板中设置合适的【字体系列】和【字体样式】，设置【字体大小】为139，【填充颜色】为白色；接着展开【变换】，设置【位置】为（229.9,308.5），如图18.27所示。

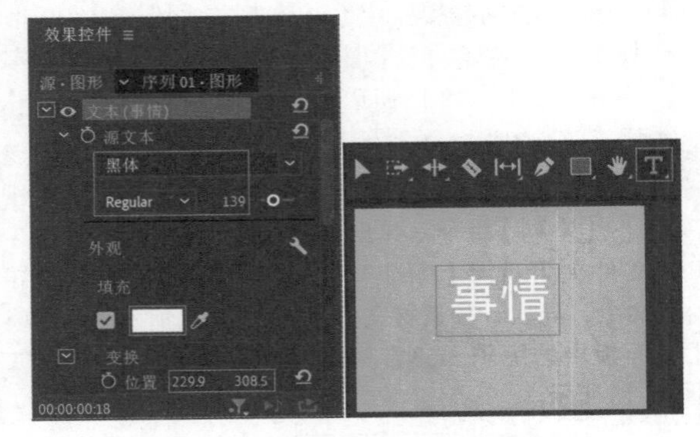

图 18.27

步骤 10 制作文字动画。选择文字图层，在【效果控件】面板中展开【矢量运动】，将时间线滑动到18帧，单击【位置】前的（切换动画）按钮，开启自动关键帧，设置【位置】为（−122,288），如图18.28所示；接着将时间线滑动到1秒位置，设置【位置】为（360,288）。

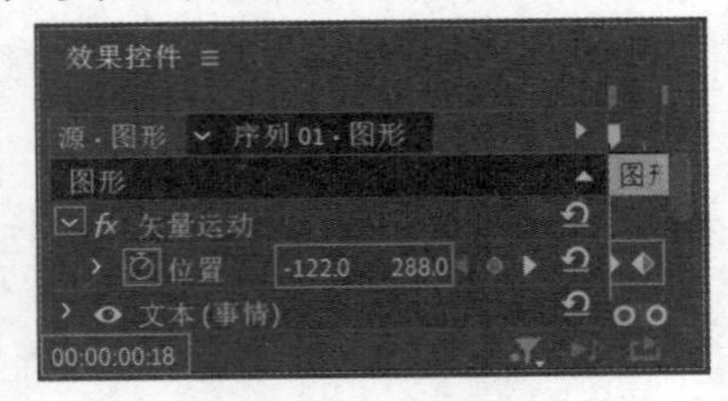

图 18.28

步骤 11 将时间线滑动至1秒5帧位置，在【时间轴】面板中设置V2轨道文字"事情"的结束时间为1秒5帧，如图18.29所示。

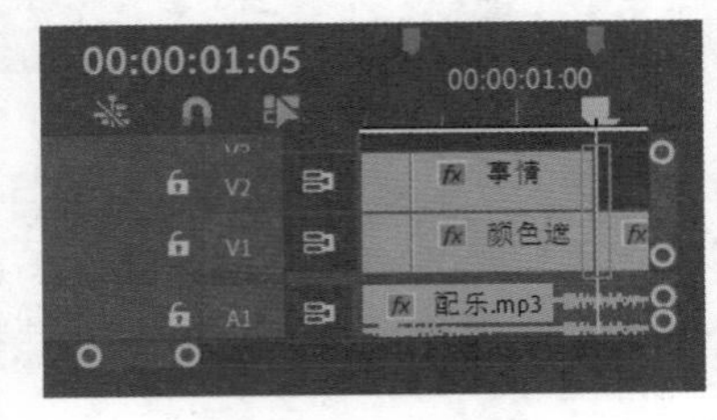

图 18.29

步骤 12 此时滑动时间线查看制作的文字效果，如图18.30所示。

步骤 13 使用同样的方式继续制作其他文字，并设置合适的文字属性，滑动时间线查看文字效果，如图18.31所示。

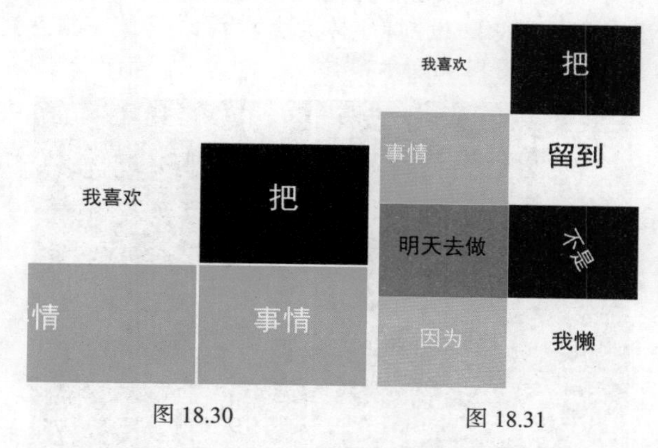

图 18.30　　图 18.31

综合实例：制作抖音快闪字幕

文件路径：Chapter 18 短视频制作综合应用→综合实例：制作抖音快闪字幕

扫一扫，看视频

根据音频制作卡点文字是当下短视频中较流行的一种制作方式，形式可爱俏皮，深得年轻群体喜欢。本实例主要使用【标记】快速标记出音频节奏，使用【序列自动化】将照片之前的文字部分按照标记进行排列，接着使用【运动】属性及【视频过渡】制作图片部分的效果，最后再次添加一些文字制作结束部分。实例效果如图18.32所示。

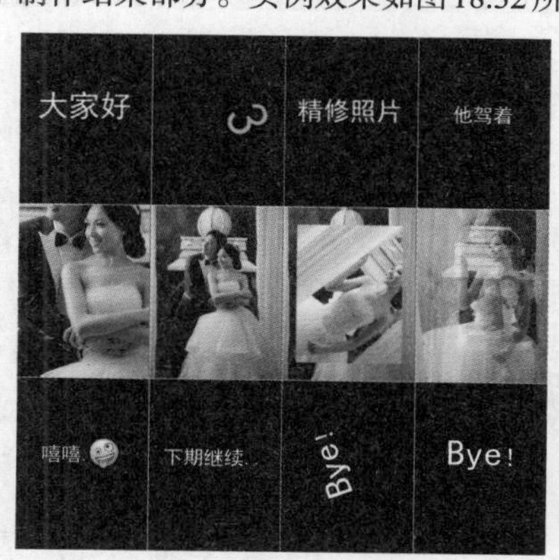

图 18.32

Part 01　制作照片前快闪字幕

步骤 01 执行【文件】/【新建】/【项目】命令，新建一个项目。在【项目】面板的空白处右击，执行【新建项目】/【序列】命令，弹出【新建序列】窗口，选择【设置】模块，设置【编辑模式】为自定义，【时基】为【25.00 帧/秒】，【帧大小】为540，【水平】为960，【像素长宽比】为【D1/DVPAL（1.0940）】。执行【文件】/【导入】命令，导入全部素材文件，如图18.33所示。

图 18.33

步骤 02 在【项目】面板中将配乐.mp3素材文件拖曳到【时间轴】面板中的A1轨道上，如图18.34所示。在【时间轴】面板中右击选择音频素材，执行【速度/持续时间】命令，在弹出的【剪辑速度/持续时间】窗口中设置【速度】为200%，如图18.35所示。

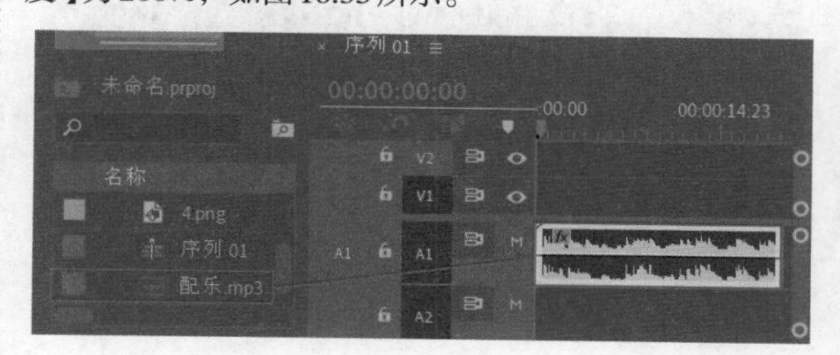

图 18.34

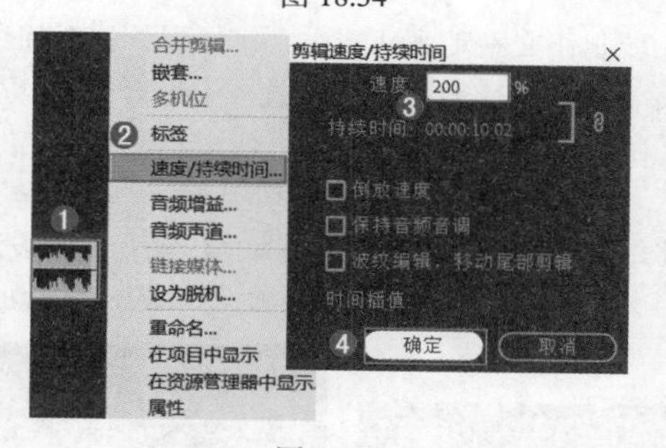

图 18.35

步骤 03 将时间线滑动到起始帧位置，单击▶（播放/停止切换）按钮聆听配乐，观察音频波形图，波峰位置往往节奏感较强烈，按M键在节奏点上快速添加标记，直到音频结束，此时共添加了30个标记，如图18.36所示。

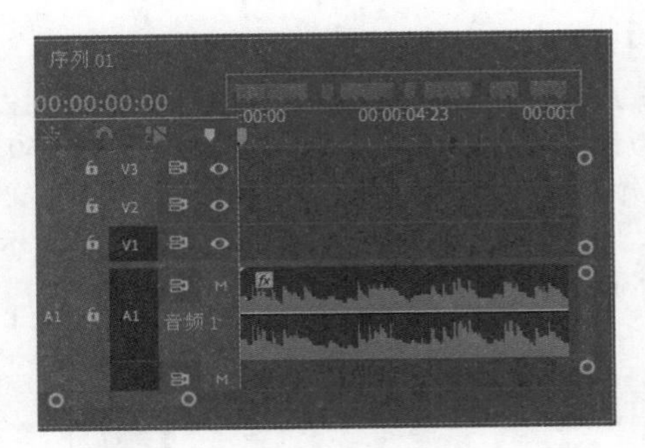

图 18.36

步骤 04 制作文字部分。由于在【时间轴】面板中设置了30个标记，所以需要制作30个字幕与标记进行匹配。将时间线滑动至起始位置，在【工具】面板中选择T（文字工具），在工作区域中心位置输入文字“大家好”，接着在【效果控件】面板中设置合适的【字体系列】和【字体样式】，设置【字体大小】为111，【填充颜色】为白色，如图18.37所示。

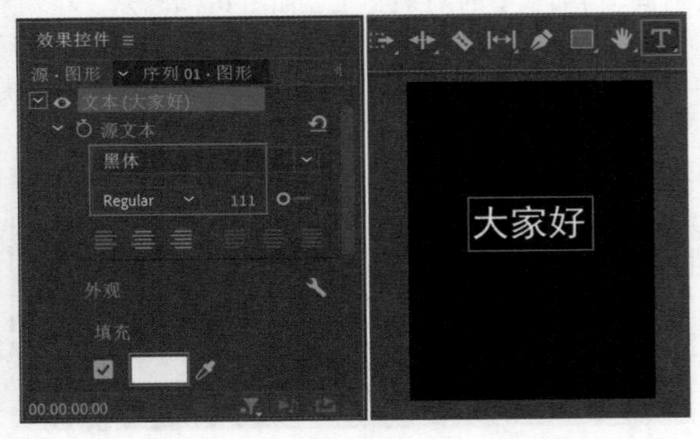

图 18.37

步骤 05 制作文字动画。选中文字图层，将时间线滑动至起始位置，在【效果控件】面板中展开【矢量运动】，单击【缩放】前方的（切换动画）按钮，设置【缩放】为155，如图18.38所示；接着将时间线滑动至3帧位置，设置【缩放】为100；将时间线滑动至9帧位置，设置“大家好”文字图层的结束时间为9帧，如图18.39所示。

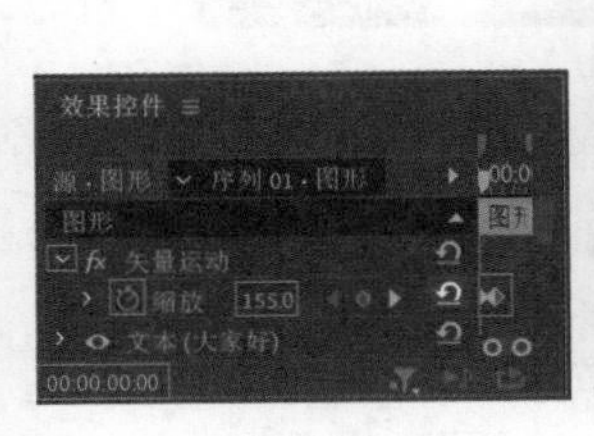

图 18.38

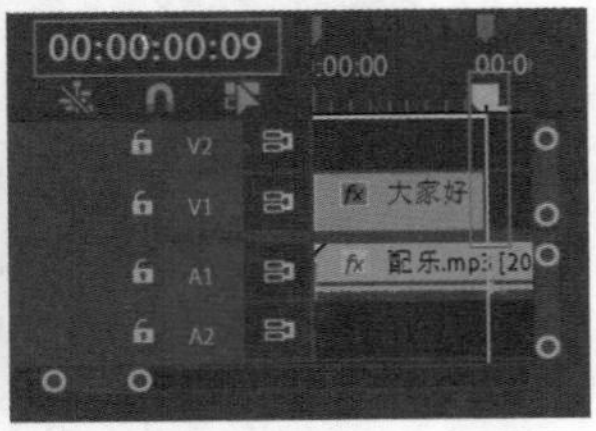

图 18.39

步骤 06 将时间线滑动至9帧位置，在【工具】面板中选择T（文字工具），在工作区域中心位置输入文字“不要”，接着在【效果控件】面板中设置合适的【字体系列】和【字体样式】，设置【字体大小】为113，【填充颜色】为绿色，如图18.40所示。

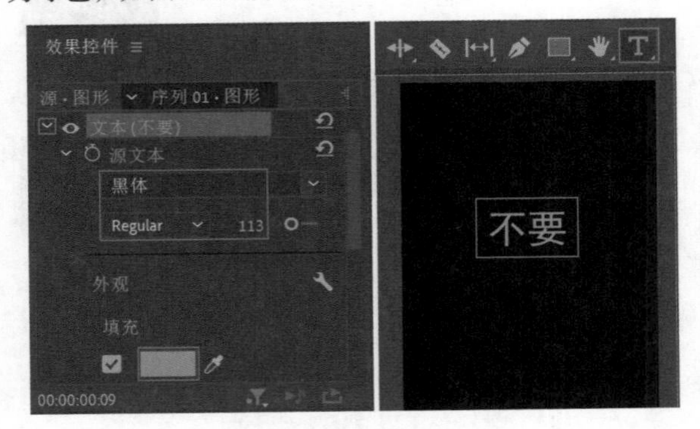

图 18.40

步骤 07 将时间线滑动至13帧位置，设置“不要”文字图层的结束时间为13帧，如图18.41所示。

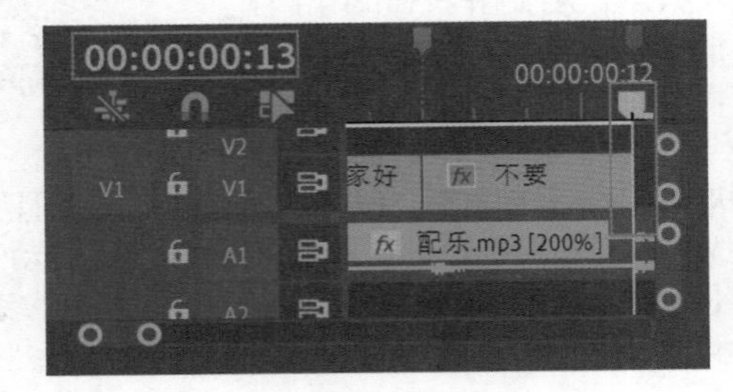

图 18.41

步骤 08 继续使用同样的方式制作其他文字，滑动时间线查看画面效果，如图18.42所示。

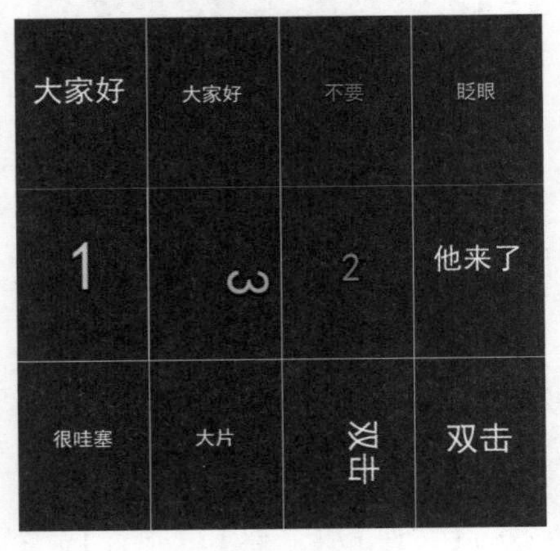

图 18.42

Part 02　制作婚纱照部分

步骤 01 在【项目】面板中再次将音频素材拖曳到A1轨道上，如图18.43所示。

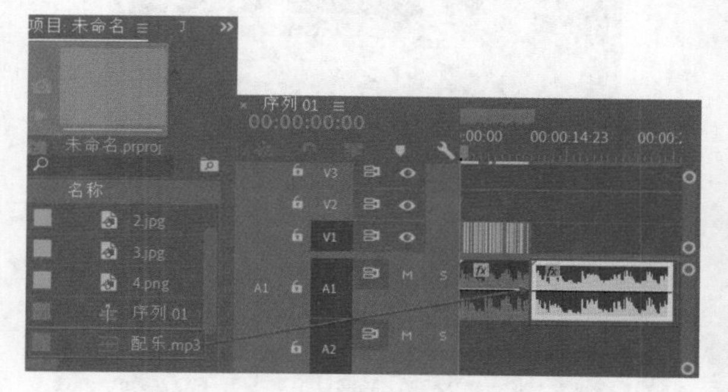

图 18.43

步骤 02 将时间线滑动到25秒8帧位置，使用快捷键C将光标切换为【剃刀工具】，在时间线位置剪辑配乐素材，如图18.44所示。接着使用快捷键V将光标切换为【选择工具】，选择剪辑之后的后半部分音频，按Delete键将视频删除，如图18.45所示。

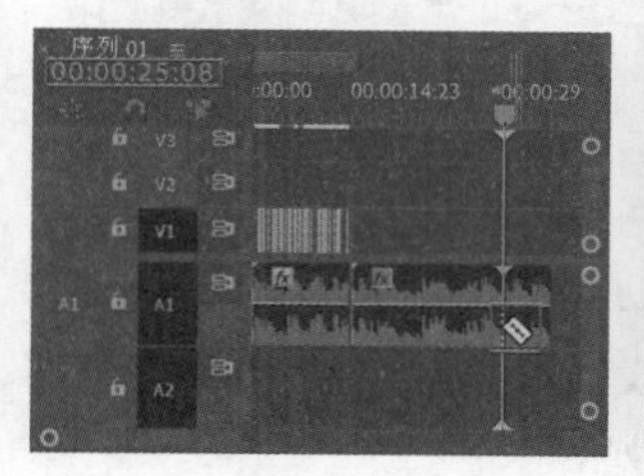

图 18.44

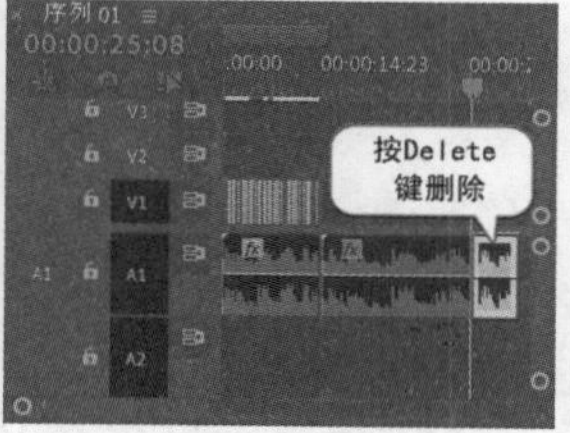

图 18.45

步骤 03 在【项目】面板中依次选择1.jpg、2.jpg、3.jpg素材文件，按住鼠标左键将素材拖曳到V1轨道上的【字幕30】后方，设置1.jpg素材的持续时间为3秒21帧，2.jpg素材的持续时间为3秒17帧，3.jpg素材的持续时间为2秒21帧，如图18.46所示。选择V1轨道上的1.jpg素材文件，在【效果控件】面板中设置【位置】为(270,393)，将时间线滑动到10秒2帧位置，单击【缩放】前的⏱(切换动画)按钮，设置【缩放】为280；继续将时间线滑动到12秒11帧位置，设置【缩放】为66，如图18.47所示。

步骤 04 选择2.jpg素材文件，在【效果控件】面板中将时间线滑动到13秒23帧位置，开启【旋转】关键帧，设置【旋转】为70°，如图18.48所示；继续将时间线滑动到16秒10帧位置，设置【旋转】为0°。最后选择3.jpg素材文件，在【效果控件】面板中设置【位置】为(270,420)，【缩放】为62，如图18.49所示。

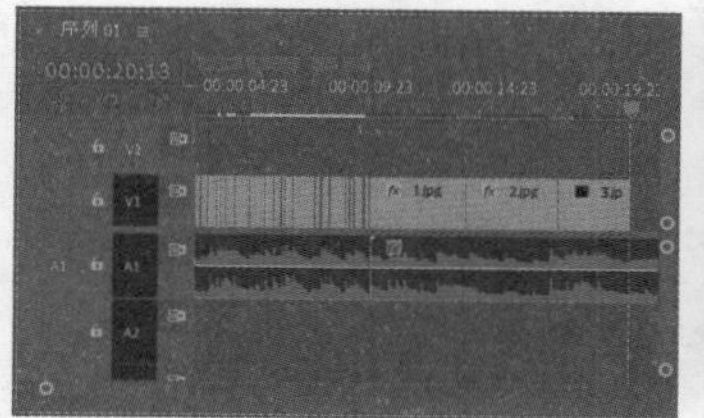

图 18.46

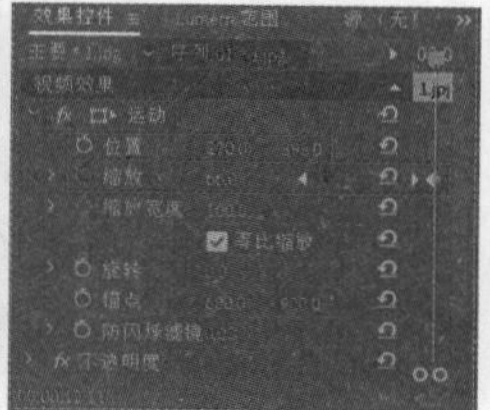

图 18.47

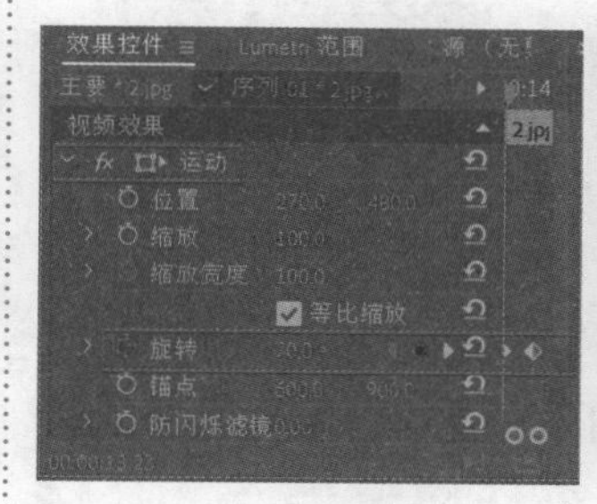

图 18.48

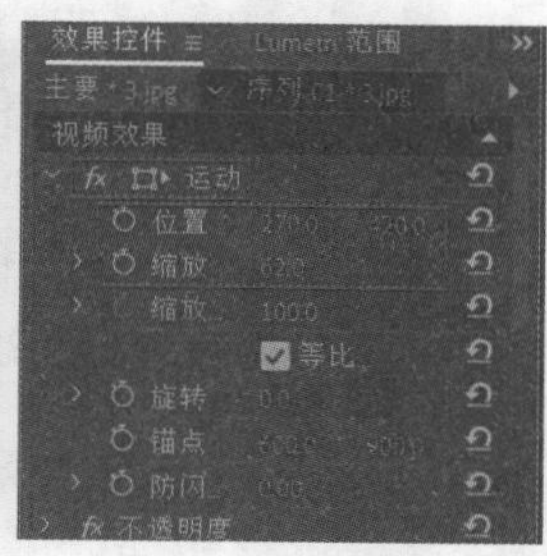

图 18.49

步骤 05 在【效果】面板中搜索【裁剪】，将该效果拖曳到3.jpg素材文件上，制作字幕闭合的效果，如图18.50所示。

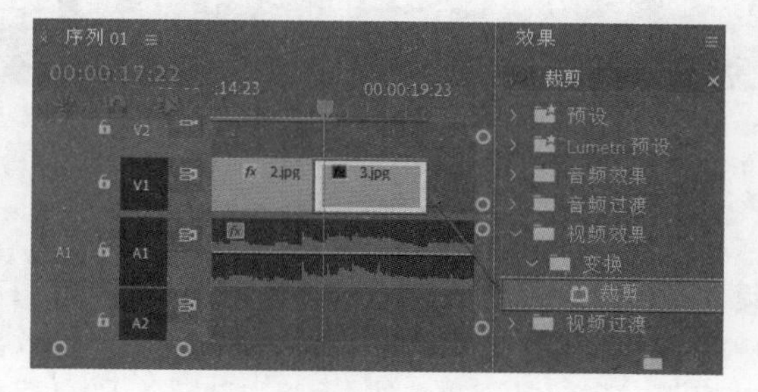

图 18.50

步骤 06 选择3.jpg素材文件，在【效果控件】面板中展开【裁剪】，将时间线滑动到19秒20帧位置，开启【顶部】【底部】关键帧，设置【顶部】【底部】均为0%；继续将时间线滑动到20秒12帧，设置【顶部】【底部】均为55%，如图18.51所示。

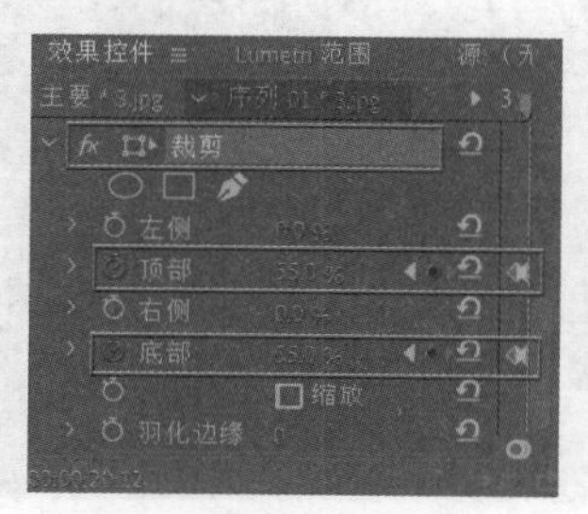

图 18.51

步骤 07 为图片添加过渡效果。在【效果】面板中搜索【白场过渡】，将该效果拖曳到1.jpg素材文件的起始位置，如图18.52所示。使用同样的方式在【效果】面板中搜索【盒形划像】和【交叉溶解】，分别拖曳到图片素材的交接位置，如图18.53所示。

步骤 08 滑动时间线查看图片效果，如图18.54所示。

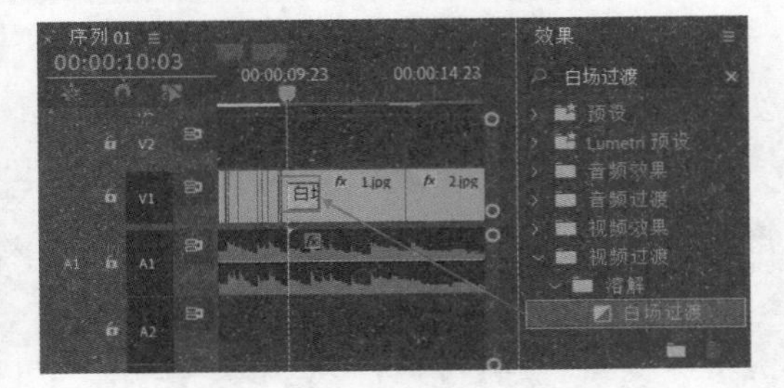

图 18.52

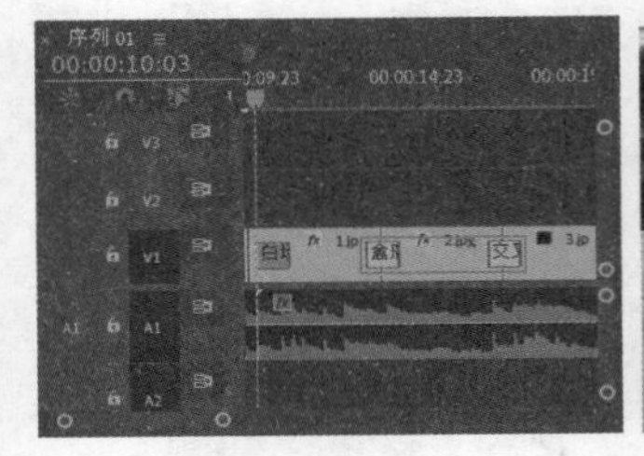

图 18.53

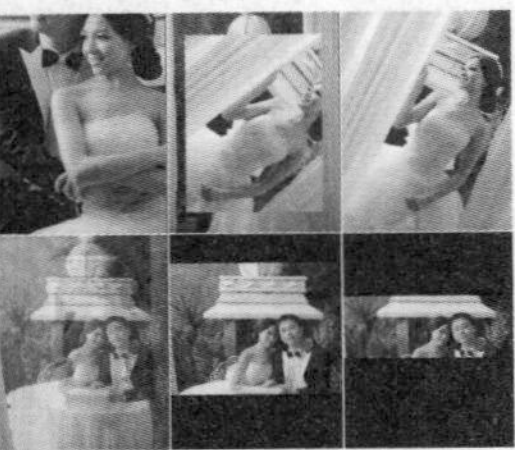

图 18.54

Part 03 制作视频的结束字幕

步骤 01 将时间线滑动至20秒13帧位置，在【工具】面板中选择T（文字工具），在工作区域中心位置输入文字"嘻嘻."，接着在【效果控件】面板中设置合适的【字体系列】和【字体样式】，设置【字体大小】为112，【填充颜色】为白色，如图18.55所示。

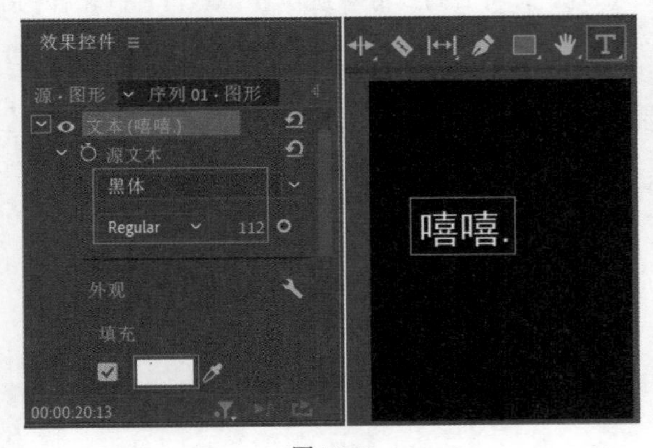

图 18.55

步骤 02 将时间线滑动至21秒20帧位置，设置文字图层"嘻嘻."的结束时间为21秒20帧，如图18.56所示。

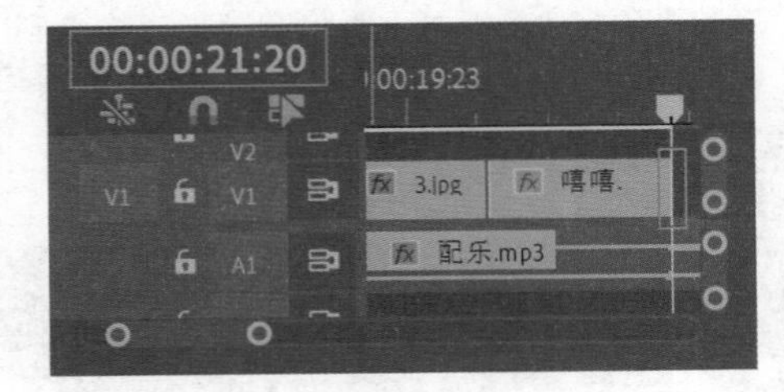

图 18.56

步骤 03 在【项目】面板中将4.png素材文件拖曳到V2轨道上，使其与V1轨道上的文字图层对齐，如图18.57所示。

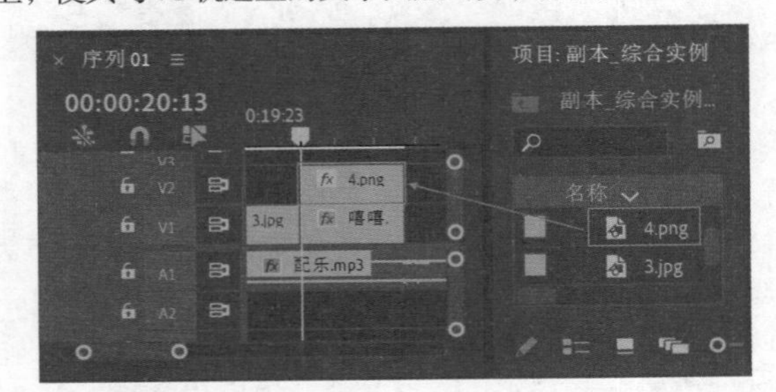

图 18.57

步骤 04 将时间线滑动至21秒20帧位置，在【工具】面板中选择T（文字工具），在工作区域中心位置输入文字"留些悬念"，接着在【效果控件】面板中设置合适的【字体系列】和【字体样式】，设置【字体大小】为75，【填充颜色】为白色，如图18.58所示。

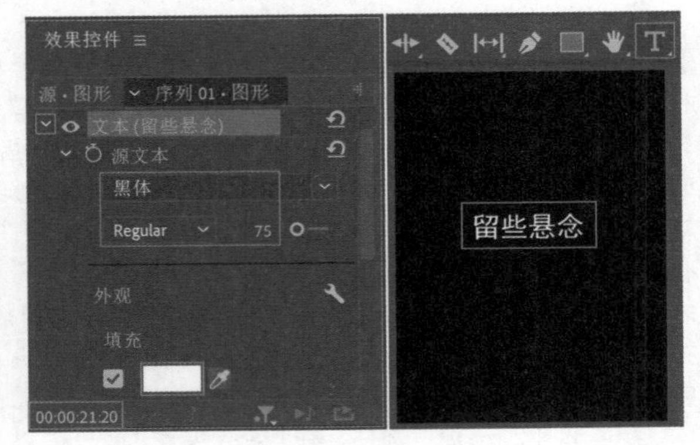

图 18.58

步骤 05 将时间线滑动至22秒14帧位置，设置文字图层的结束时间为22秒14帧，如图18.59所示。

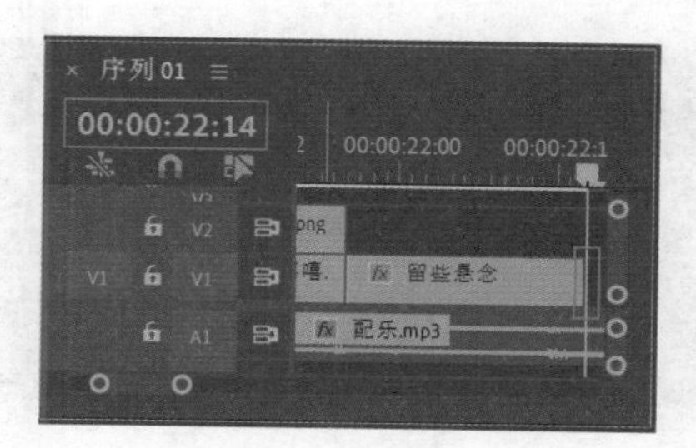

图 18.59

步骤 06 继续使用同样的方式制作其他文字，本实例制作完成，滑动时间线查看制作的效果，如图18.60所示。

图 18.60

综合实例：制作热门抖音卡点短视频

文件路径：Chapter 18 短视频制作综合应用→综合实例：制作热门抖音卡点短视频

抖音卡点视频非常火爆，这种视频搭配着有节奏的背景音乐，有趣的制作方法使视频看起来非常有节奏感。本实例主要使用【标记】快速标记出音频节奏，接着使用序列自动化将每个图片的持续时间按照标记进行排列，最后为画面添加粒子光效。实例效果如图18.61所示。

扫一扫，看视频

图 18.61

步骤 01 执行【文件】/【新建】/【项目】命令，新建一个项目。在【项目】面板的空白处右击，执行【新建项目】/【序列】命令，弹出【新建序列】窗口，选择【设置】模块，设置【编辑模式】为【自定义】,【时基】为【25.00帧/秒】,【帧大小】为540,【水平】为960,【像素长宽比】为【D1/DVPAL（1.0940）】。执行【文件】/【导入】命令，选择素材文件夹，单击【导入文件夹】按钮，如图18.62所示。

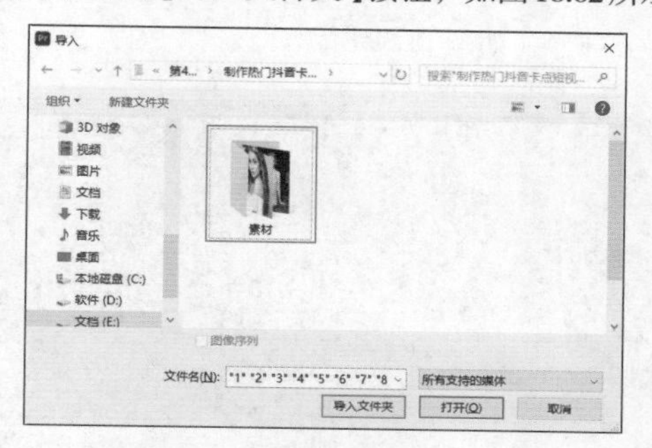

图 18.62

步骤 02 在【项目】面板中打开素材文件夹，将配乐.mp3素材文件拖曳到【时间轴】面板中的A1轨道上，如图18.63所示。将时间线滑动到11秒21帧位置，在工具栏中选择（剃刀工具），在当前位置单击剪辑音频素材，如图18.64所示。

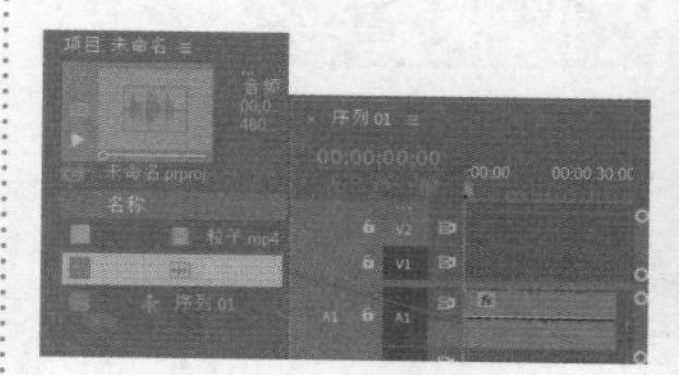

图 18.63

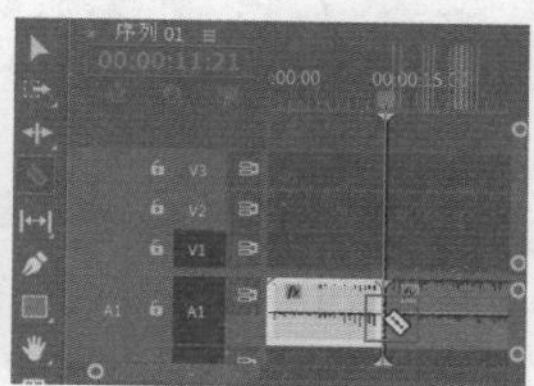

图 18.64

步骤 03 选择A1轨道上的后半部分音频，按Delete键将音频删除，如图18.65所示。

步骤 04 将时间线滑动到起始帧位置，单击（播放/停止切换）按钮聆听配乐，当聆听到节奏强烈的位置时按M键快速添加标记，直到音频结束，如图18.66所示。

图 18.65

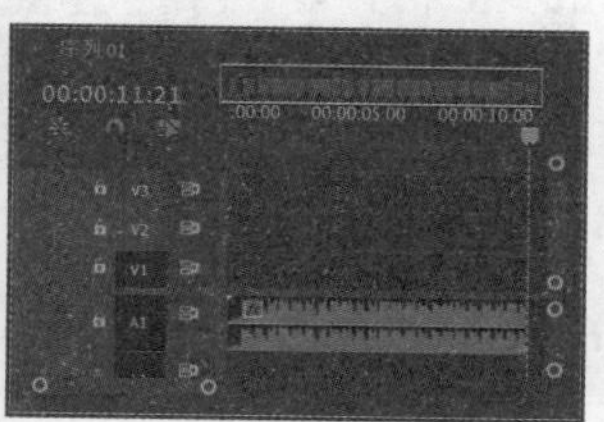

图 18.66

步骤 05 将时间轴移动到第0帧，在【项目】面板中选择1.jpg ~ 23.jpg图片素材，单击【项目】面板下方的 (自动匹配序列)按钮，在弹出的【序列自动化】窗口中设置【放置】为【在未编号标记】，此时素材的持续时间按照【时间轴】面板中的标记自动匹配剪辑，如图18.67和图18.68所示。

步骤 06 选择V1轨道上的全部素材，右击执行【缩放为帧大小】命令，如图18.69所示。

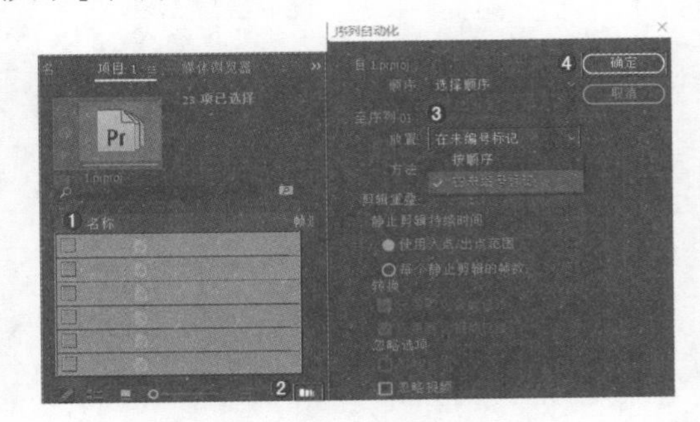

图 18.67

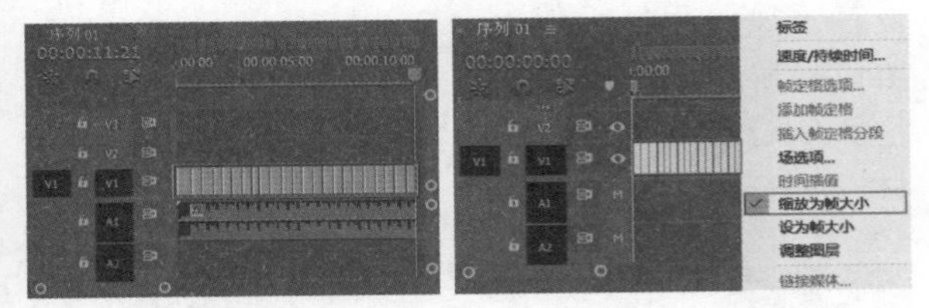

图 18.68　　图 18.69

步骤 07 选择V1轨道上的1.jpg素材，在【效果控件】面板中设置【缩放】为112，如图18.70所示。在【运动】属性上方使用快捷键Ctrl+C进行复制，接着在【时间轴】面板中框选第2个素材到最后一个素材，使用快捷键Ctrl+V进行粘贴，如图18.71所示。

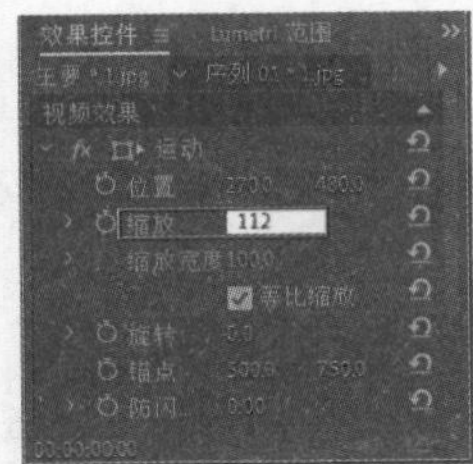

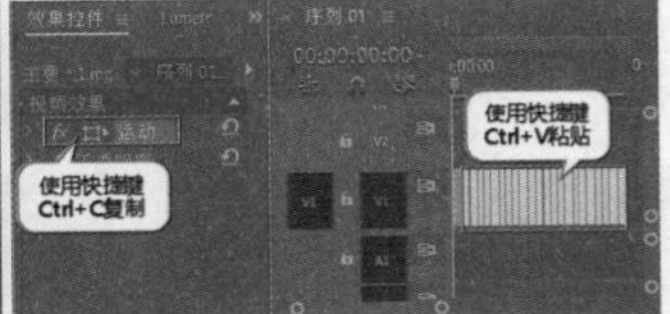

图 18.70　　图 18.71

步骤 08 将【项目】面板中的粒子素材文件拖曳到【时间轴】面板中的V2轨道上，如图18.72所示。将时间线滑动到11秒21帧位置，按C键，此时光标切换到【剃刀工具】，在时间线位置剪辑粒子素材，如图18.73所示。

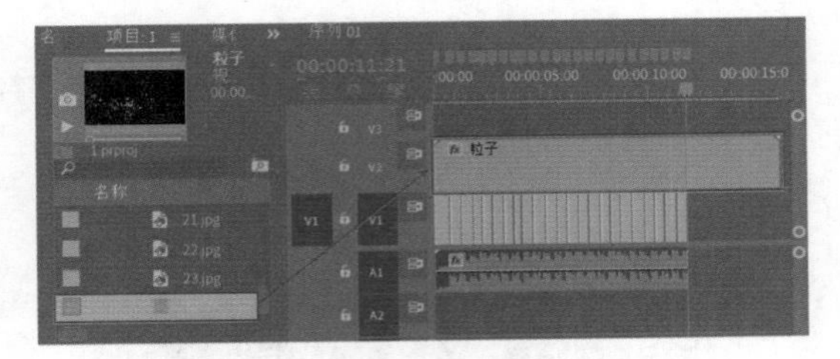

图 18.72

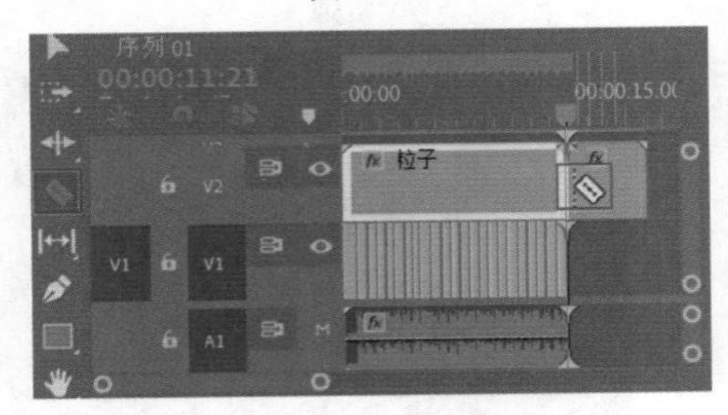

图 18.73

步骤 09 选择V2轨道上的后半部分粒子素材并将其删除，如图18.74所示。

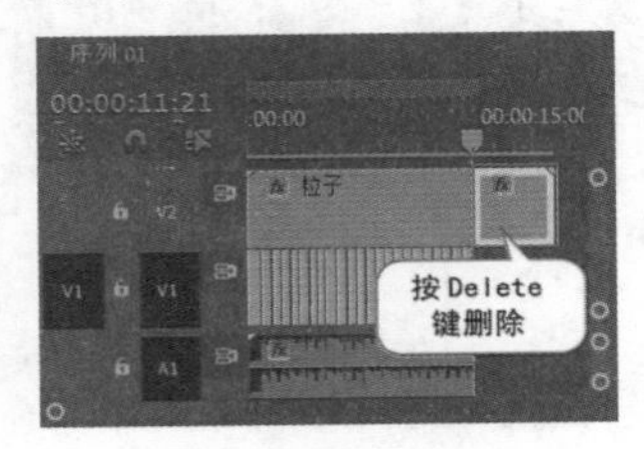

图 18.74

步骤 10 在【时间轴】面板中选择粒子素材，在【效果控件】面板中展开【运动】属性，设置【位置】为(2,835)，【缩放】为150，展开【不透明度】属性，设置【混合模式】为【滤色】，如图18.75所示。此时滑动时间线查看画面效果，如图18.76所示。

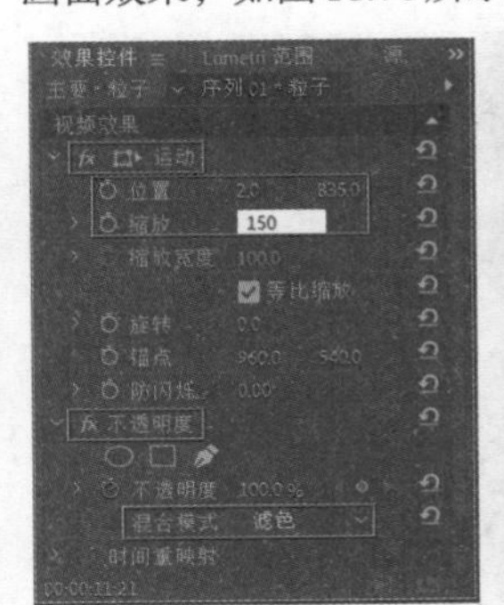

图 18.75　　图 18.76